普通高等教育“十二五”卓越工程能力培养规划教材

普通高等教育“十二五”规划教材

FUNDAMENTAL OF ENGINEERING DRAWING

工程制图基础

王一军　编著

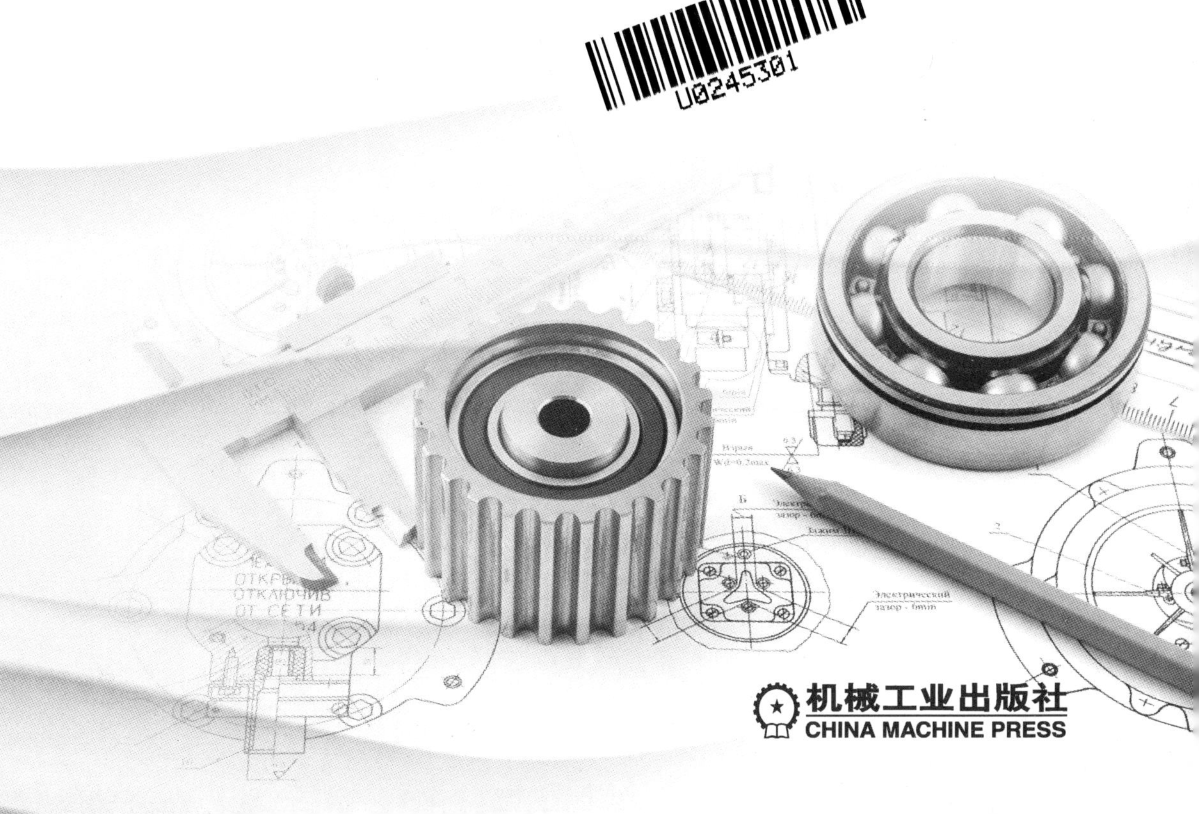

为了满足对工程制图相关知识和方法的理解的需要，本书尽量以通俗易懂的形式解释工程制图中的相关概念、术语及方法，并采用大量图例说明这些概念及方法如何应用于实际的工程制图过程中。为了满足对知识和方法的实际应用需要，本书安排了配套的习题集，该习题集贴近工程实际，以仪器作图和徒手作图训练为核心，可用于学习者学习如何解决工程制图中的各种问题。

本书可作为一般院校工程制图课程的教材使用，也可供相关技术人员参考。

图书在版编目（CIP）数据

工程制图基础/王一军编著. —北京：机械工业出版社，2014.3（2016.8重印）

普通高等教育“十二五”规划教材　普通高等教育“十二五”卓越工程能力培养规划教材

ISBN 978-7-111-45740-4

Ⅰ.①工…　Ⅱ.①王…　Ⅲ.①工程制图－高等学校－教材　Ⅳ.①TB23

中国版本图书馆CIP数据核字（2014）第023807号

机械工业出版社（北京市百万庄大街22号　邮政编码100037）
策划编辑：余　皞　责任编辑：余　皞　舒　恬
版式设计：霍永明　责任校对：樊钟英
封面设计：张　静　责任印制：乔　宇
保定市中画美凯印刷有限公司印刷
2016年8月第1版第2次印刷
210mm×285mm·22.5印张·612千字

标准书号：ISBN 978-7-111-45740-4
定价：49.80元

凡购本书，如有缺页、倒页、脱页，由本社发行部调换

电话服务　　网络服务
服务咨询热线：010-88379833　　机 工 官 网：www.cmpbook.com
读者购书热线：010-88379649　　机 工 官 博：weibo.com/cmp1952
教育服务网：www.cmpedu.com
金 书 网：www.golden-book.com

前言

优秀的工程师可能不是一个天赋超群的人，但一定是一个对工程有着强烈兴趣的人。本书是为那些怀有工程兴趣的人所编著的，而不论其天赋的高或低。

一、工程制图简介

1. 工程制图首先是一门基础工程课程

工程制图为多种工程应用提供了数量众多的工程概念和术语。例如，多数人可能意识不到螺钉、螺母与螺栓等“小东西”在日常生活中的广泛存在，但事实上，这些“小东西”有着大作用。绝大多数产品只有依靠这些“小东西”才能实现零件之间的可靠与廉价的连接与固定，并最终实现其产品的功能。而关于这些“小东西”的设计与制造的知识与技术却来源于工程制图中的“螺纹”这一基本概念。

在工程制图中，概念和术语众多，不少概念还相当抽象，其知识相当的“厚”且“深”，要想真正理解其中许多概念和术语的含义也并非是一件轻而易举的事情。本书的很大一部分工作就是在作这类概念和术语的解释，并希望依据作者有限的理解能力尽量提供最通俗与最形象的解释。

作者坚信，这种解释工作是有益和必要的。对于大多数怀有工程兴趣的学习者来说，其初次接触的工程知识很可能就是工程制图，一般而言，初次工程学习是至关重要的，如果初次就感觉“难以理解”、“学不好”，则很可能导致工程兴趣的丧失，并导致对工程学习的远离和抵触。更为严重的是，这种“丧失”、“远离”和“抵触”还将在未来很长的一段学习时期呈现其恶果，即在学习以这些“难以理解”、“学不好”的概念和术语为基础的专业知识或技能时，学习者通常会出现“心有余而力不足”或“事倍功半”等不良的学习心态或效果。不仅如此，对于除机械专业外的其他专业的学习者来说，他们在整个大学阶段学习一些重要的工程概念和术语（如公差、螺纹等）的唯一机会就出现在工程制图课程中，如果没有学习或没有真正地理解与掌握这些重要的工程知识，他们也许将终生丧失这一机会。

在解释过程中，本书通常给出了相关概念和术语的英文原文。这是因为，必须承认，由这些概念和术语构成的相关科学与技术的起源和发展主要用英文文献表述，英文原文更能清晰而深刻地揭示这些概念和术语的真实含义；而且，在将这些概念和术语翻译为中文的过程中，一些非专业的翻译家为了追求所谓的“信、雅、达”的中文翻译效果，往往造成“词不能完全达意”的现象，这就导致学习者仅仅依靠中文的描述难以真正理解工程制图中的许多概念和术语，甚至造成理解的障碍。

2. 工程制图更是一项基础工程技能

如同画家比一般的美术爱好者掌握更多的美术技巧并能更熟练地运用这些技巧一样，工程师也是一个工程图绘制技巧出众的群体。

与美术不同的是，工程制图所要求的技巧是精确表达物体的技巧。例如，在精确表达物体的形状时，需要掌握多种物体形状的绘制方法（即画法）；在精确表达物体的大小时，需要掌握多种物体尺寸的标注方法（即尺寸注法）。当然，掌握这些技巧的基础在于真正理解相关的基本概念和术语。

3. 工程制图还是一种工程语言

所谓语言，就是一套公认的用于沟通和表达的符号、规则与方法。工程制图就是这样一种语言，它以国家标准的公认形式规定了一套用于表达物体形状与大小的符号（包括图线、字母与文字等）、规则与方法。因此，从语言的意义上来说，工程制图的学习也同时是相关国家标准的学习。

显然，只有严格遵守“工程语言”规定的工程图样才能在工程师与工程师之间、工程师与生产者之间架起沟通的桥梁，产品的生产才能顺利完成。

4. 工程制图也是一种态度

学习者还必须清楚，工程图样不是用来欣赏的，而是用来指导产品生产的。在大规模生产的情况下，一旦用于指导生产的工程图样中出现了任何微小错误，都将可能导致大批量的不合格产品，给企业造成难以估量的损失。这就要求工程制图的学习者在学习和训练过程中必须养成一丝不苟、精益求精的工作态度。

二、学习指导

显然，就像成为画家必须经过大量的写生训练一样，初学者成长为工程师的道路也是由辛勤训练的汗水铺就的。

世界范围内长期制图教学实践表明，在工程制图学习阶段，最为有效的能够显著提升学习者制图能力的、并使学习者在未来的职业生涯中终身受益的制图训练有两类，一类为徒手作图训练，另一类为仪器绘图训练。

在工程师的职业生涯中，徒手作图通常应用于构思设计过程、设计思想或意图的交流与沟通过程和现场施工过程等多种产品设计与生产过程中。

现代企业的工程制图工作通常在计算机上完成，即使用计算机辅助制图技术（*Computer Aided Drawing*，简称 CAD），工程师很少或基本不采用仪器绘图。但是，仪器绘图训练却是工程制图学习过程中最重要的一个环节，它可以使学习者在一笔一画的训练过程中，更深层次地感悟和理解制图的相关知识，并在潜意识中形成各种终身无法忘记的制图技能，有着“润物细无声”的效果，这种效果为学习者在未来的职业生涯中从事计算机辅助制图工作打下了一个坚实的知识与能力基础。相比而言，如果直接采用计算机辅助制图训练作为工程制图学习过程中的训练环节，则意味着学习者一方面必须花费大量的时间和精力学习相关制图软件，而不是把有限的学习时间和精力花费在基本知识和技能的理解与掌握上，有“本末倒置”之嫌；另一方面，通过轻点鼠标轻易得来的图线或图形使学习者无法体验到作图过程中的各种细节，不利于制图知识的理解和技能的形成，有着“鼠标得来终觉浅”的弊端。因此，仪器绘图训练是初学者成长为工程师的必由之路。

在学习工程制图时，学习者会发现，其学习过程被自然而然地划分为两个部分，第一部分为工程制图相关知识和方法的理解，即通过图例理解并讨论相关概念或术语的含义以及相关方法的原理等；第二部分为这些知识和方法的实际应用，即通过作图训练学习如何利用所掌握的知识与方法去解决问题（事实上，对于任何课程，解决问题都是一个重要的学习过程）。

为了满足第一部分学习过程的需要，本书尽量以通俗易懂的形式解释工程制图中的相关概念、术语及方法，并采用大量图例显示这些概念及方法如何应用于实际的工程制图过程中。为了满足第二部分学习过程的需要，本书安排了配套的习题集，该习题集贴近工程实际，以仪器作图和徒手作图训练为核心，可用于学习者学习如何解决工程制图中的各种问题。

三、教与学的安排建议

建议教师在完成各个章节（或知识点）的讲解之后，安排一定学时的课堂训练，其中，讲解与课堂训练的学时比例建议为 1∶1 或 1∶2 为宜。建议课程的总学时为 90 ~ 120，并分为两个学期为宜。

王一军

目 录

第1章 概 述

通过本章的学习，学习者应能够：

☺ 理解工程制图技术的重要性。
☺ 理解并掌握多种投影法，如中心投影法、平行投影法。
☺ 理解并描述与投影法相关的术语。
☺ 具体描述各种投影图的区别，并了解其应用领域。
☺ 理解并掌握轴测图、视图、多面视图的概念和得到的方法。
☺ 了解工程制图课程的内容和学习进程。

1.1 产品制造与工程制图

只要稍加留意就会发现，在当今世界，人类日常使用的绝大多数物体绝非天然的物体，而是人类创造与制造（人造）出来的。

在一个物体的“人造”过程中，只有创造者将其头脑中构思与设计的物体以“图”的形式精确表达出来，企业才能按“图”组织大规模的生产与施工。工程制图就是一种关于如何以“图”的形式精确表达产品及其生产要求的技术。可以毫不夸张地说，工程制图技术是“人造”的关键所在，没有了它也就没有了今天的规模化与社会化大生产。

1.2 投影法与投影图

在以“图”的形式表达物体（该物体即可以是一个天然存在的物体，也可以是一个“人造”的物体）时，工程制图技术采取了与艺术不同的表达形式。工程制图技术中的“图”通常是由一个或由一定数量的图线（直线或曲线）构成的、具有一定几何形状的“图形”（*drawing*）。例如，图1.1所示为同一物体的两种“图形”表达方式。其中，图1.1a使用一个图形表达物体，该图形由若干条直线和若干条椭圆形曲线构成；图1.1b使用两个图形表达物体，一个图形全部由若干条直线构成，另一个图形全部由若干条圆形曲线构成。

(a) 使用一个图形表达物体

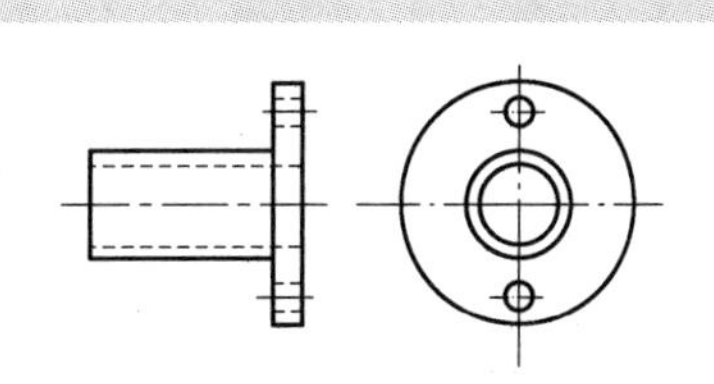

(b) 使用两个图形表达物体

图1.1 工程制图中表达物体所使用的“图形”示例

在工程制图中，得到“图形”的方法是**投影法**（*projection method*）。投影法要求利用投射中心发射的投射线将物体向一个投影面投射，并规定，点的投影就是过该点的投射线与投影面的交点（例如，在图1.2a中，过*A*点的投射线与投影面*P*的交点*a*就是*A*点在投影面*P*上的投影）。在投影面上得到的物体的投影应该是一个由轮廓线围成的、具有一定几何形状的图形。其中，轮廓线是一条图线（直线或曲线），它表示了物体表面的某一**轮廓**（*contours*）或**棱边**（*edges*）在相同投影面上的投影，并且轮廓（或棱边）的投影应通过点的投影获得。

例如，在图1.2a中，实际表面*ABCD*的投影就是一个由四条轮廓线*ab*、*bc*、*cd*、*da*围成的长方形图形。其中，棱边*AB*的投影是通过点*A*和点*B*投影获得的，使用轮廓线*ab*表示。在这里，可将投影法和投影按一种通俗易懂的方式理解，即可认为投射中心就是一个点光源，投射线就是该光源发射的光线，棱边*AB*的投影就是棱边*AB*被光线投射到投影面*P*上的“影子”，它是棱边*AB*上所有点的“影子”的集合，并使用一条图线——轮廓线*ab*表示。

因此，工程制图技术中使用的，具有一定几何形状的“图形”是运用投影法得到的，通常被简称为物体的**投影**（*projection*），或**投影图**。

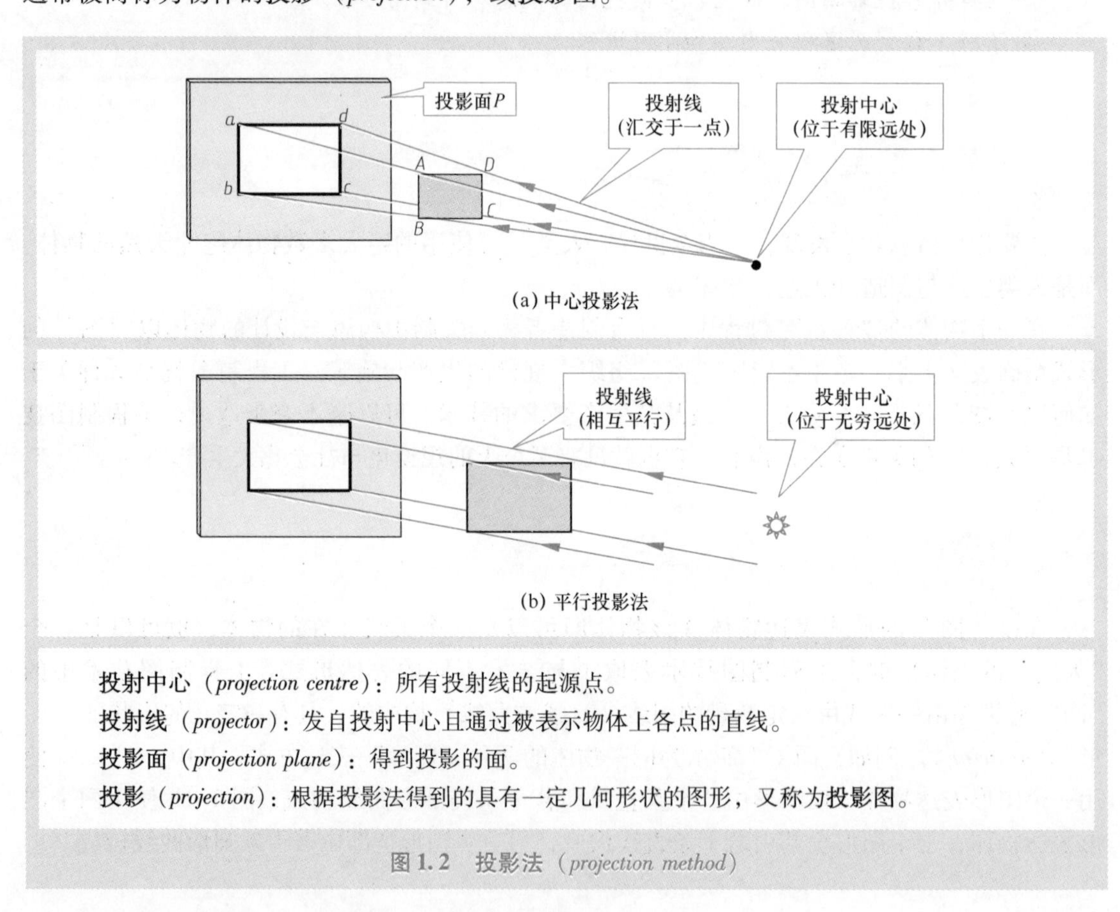

图1.2 投影法（*projection method*）

得到物体投影的方法有两种。当投射中心与物体保持一定的距离（即投射中心位于有限远处）时，利用投射中心发射的投射线将物体向一个投影面投射，并在该投影面上得到物体投影（或投影图）的方法称为**中心投影法**（*central projection method*），如图1.2a所示。当投射中心与物体保持无穷远的距离（这意味着所有的投射线之间相互平行，例如太阳发射的光线可被近似地认为是相互平行的投射线）时，利用投射中心发射的这种相互平行的投射线将物体向一个投影面投射，并在该投影面上得到物体投影（或投影图）的方法称为**平行投影法**（*parallel projection method*），如图1.2b所示。在平行投影法中，如果投射线垂直于投影面，则这种得到投影的方法称为**正投影法**（*orthogonal projection method*）；如果投射线倾斜于投影面，则这种得到投影的方法称为**斜投影法**（*oblique projection method*）。

显然，对同一物体使用不同的投影法，就会得到几何形状不同的投影图。工程上常用的投影法及其得到的投影（或投影图）如图1.3所示，其中：

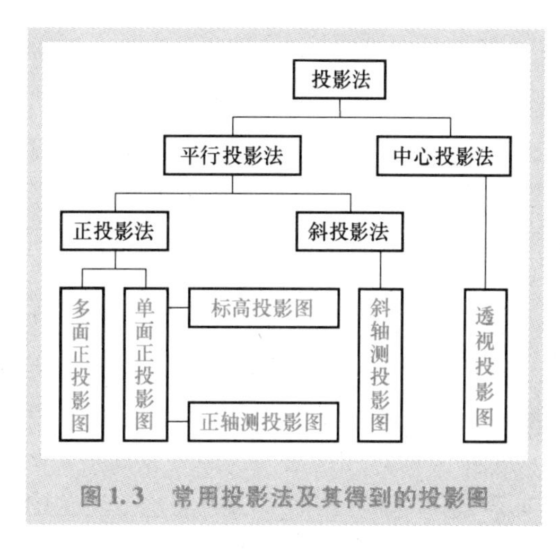

图1.3 常用投影法及其得到的投影图

（1）**多面正投影图**（*multiview projection*）由多个**正投影图**（*orthogonal projection*）组成。在采用正投影法向一个投影面投射物体时，如果平行投射线在垂直于该投影面的同时，还垂直于物体的某个（或某几个）表面，则在该投影面上得到的投影图就是一个正投影图。将从多个不同投射方向得到的正投影图按照国家标准规定的方法排列在一起就构成多面正投影图。在工程中，多面正投影图是表达物体最主要的形式，通常又称为"**多面视图**"（如图1.1b所示为由两个正投影图组成的两面视图）。

（2）**单面正投影图**包括标高投影图和正轴测投影图。在采用正投影法向一个投影面投射物体时，如果平行投射线在垂直于该投影面的同时与物体的表面既不平行、也不垂直，则在该投影面上得到的投影图就是一个**正轴测投影图**（*axonometric projection*）。**标高投影图**（*indexed projection*，如图1.4所示）依据正投影法得到，其投影面通常是一个水平放置的平面，其投影方法是：假想用一系列距投影面一定高度且与之平行的平面切割物体（例如图1.4所示的山体），则切割平面与物体会形成一系列交线（这些交线称为等高线），再将所有等高线依据正投影法向投影面投影，并在等高线上标出其高程数值，则得到标高投影图。标高投影图常用于描述一些复杂的曲线或曲面，如用于绘制形状复杂的地形图等。

（3）**斜轴测投影图**（*oblique projection*）是依据斜投影法将物体向一个投影面投射，并在该投影面上得到的图形。在工程上，正轴测投影图和斜轴测投影图又被合称为"轴测图"（如图1.1a就是一个轴测图）。轴测图具有较好的"立体感"，广泛应用于工程产品的构思与交流等产品设计过程，并在生产过程中用于辅助工程图样的阅读。

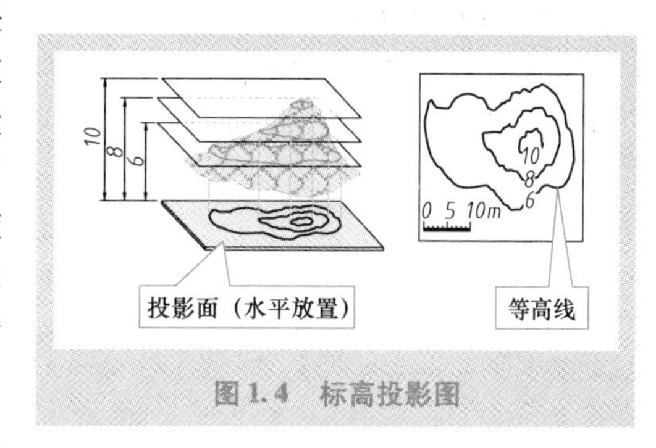

图1.4 标高投影图

（4）**透视投影图**（*perspective projection*，简称为透视图）是依据中心投影法将物体向一个投影面投射，并在该投影面上得到的图形（见图1.5）。透视图有三种，分别为一点透视、两点透视和三点透视（图1.5所示为两种透视图的示例）。透视图立体效果逼真，符合人眼观察物体的习惯，但作图较为复杂，通常用于建筑、室内设计、工业设计及其他需要表达"真实感"的工程领域。

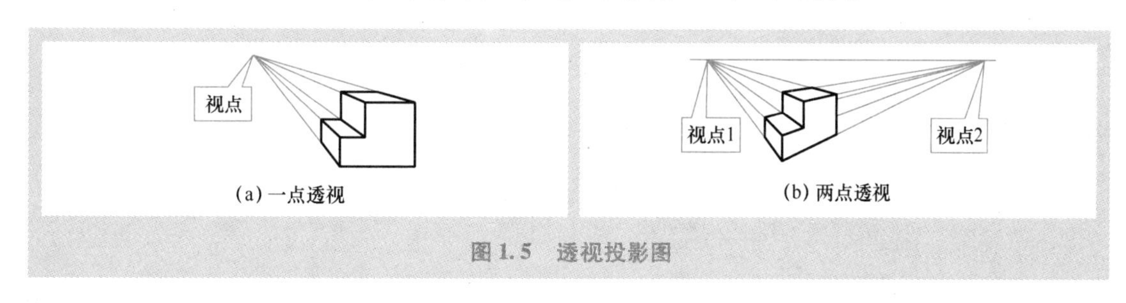

图1.5 透视投影图

1.3 工程制图的学习

在企业中，用于指导“人造”物体生产或施工的“图”称为工程图样。工程图样有零件图与装配图两种，它通常由一组图形、一组尺寸和一组注释组成。其中，一组图形用于精确表达物体的形状，它们通常是一个多面视图；一组尺寸用于给出物体大小的具体数值，它们通常被直接标注在多面视图上；一组注释用于表达设计者对物体的生产要求（包括制造、装配、维修等多种生产要求），它们通常由各类具有特定含义的字母、数字、汉字和符号等组成。

因此，工程制图技术通常的学习步骤（或进程）为：

第一步：学习物体形状的视图表达方法或技巧，包括基本绘图技术（见第2章）、多面视图的绘制技术（见第3章）、剖视图与断面图的绘制技术（见第4章）、斜视图的绘制技术（见第5章）和画法几何原理及其相关画法（见第6章）。

第二步：学习物体大小的描述方法或技巧，即尺寸标注（见第7章）。

第三步：学习生产要求的表达方法或技巧，即公差及其标注等（见第8章）。

第四步：在第3章~第8章的基础上，学习工程常用零件的形状、大小和生产要求的表达方法（见第9章）。

第五步：在第3章~第9章的基础上，学习零件图与装配图的形状、大小和生产要求的表达方法（见第10章）。

第六步：学习轴测投影图的画法（见第11章）。

需要强调的是，工程制图能力的培养不可能一蹴而就，它一定需要一个日积月累的漫长的学习过程，在这个学习过程中，应注意以下两点：一是学习者应时刻清醒地认识到，技术的掌握与能力的提升始终是以相关基本概念和术语等基础知识的真正理解为条件的，概念和术语理解得越深刻，则技术就掌握得越好、能力就提升得越高，反则反之；二是大量的练习与训练是掌握技术和提升能力的根本方法，试图少做练习甚至不做练习而去寻找什么“捷径”是一件非常愚蠢的事情。

第2章 基本绘图技术

本章目标

通过本章的学习，学习者应能够：

☺ 掌握绘图用品及其使用方法，理解并掌握相关国家标准。

☺ 书写符合国家标准要求的字体，理解并掌握相关国家标准。

☺ 掌握仪器绘图的基本方法，理解并掌握相关国家标准。

☺ 掌握常用的几何作图方法，具备绘制各种常用几何图形的能力。

☺ 掌握徒手制图方法，具备绘制平面草图的能力。

基本绘图技术主要包括绘图用品的相关知识及其使用方法、“标准”图线的相关知识及其绘制要求、“标准”字体的相关知识及其书写要求、仪器绘图技术、常用几何作图技术和徒手制图技术等内容。掌握基本绘图技术，意味着一个设计者不仅能够使用绘图仪器精确绘制出“标准”的平面图形，还能够绘制草图以快速表达与记录自己的设计构思。同时，由于任何投影图都是一个平面图形，因此，基本绘图技术还是绘制各类投影图的基础。

2.1 绘图用品及其使用方法

使用绘图仪器绘制出干净、清晰与美观的“标准”图线是工程师必备的基本功。常用绘图用品如图2.1所示。

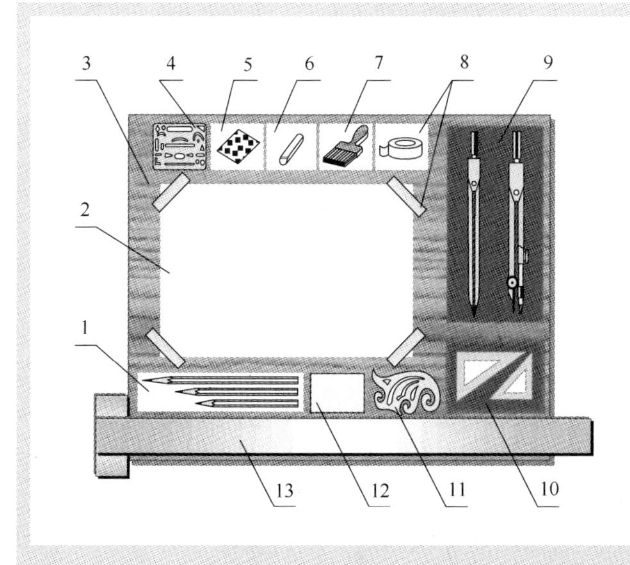

1. 绘图铅笔（*drawing pencils*）
2. 绘图纸（*drawing paper*）
3. 绘图板（*drawing board*）
4. 擦图片（*erasing shield*）
5. 砂纸（*sandpaper*）
6. 橡皮擦（*pencil erasing*）
7. 清洁小刷（*dusting brush*）
8. 胶带纸（*drafting tape*）
9. 绘图仪器（*set of instruments*）
10. 三角板（*triangle*）
11. 曲线板（*irregular curve*）
12. 草图纸（*sketch paper*）
13. 丁字尺（*T-square*）

图2.1 常用绘图用品

2.1.1 绘图铅笔与线型

绘图铅笔是最主要和最重要的手工绘图工具。在工程制图过程中，需要绘制不同类型的图线（*lines*），而且，所绘制的图线应符合国家标准（我国的国家标准统一使用字母“GB”编号。其中，“G”与“B”分别为“国”与“标”的汉语拼音的第一个字母）的规定（见表2.1），也就是说，绘制的每一条图线都应是一条“标准”图线。因此，只有使用不同类型的铅笔才能绘制出满足国家标准规定的不同类型（即不同线型）的“标准”图线。

表2.1 常用图线的线型及其相关尺寸规定（摘自GB/T 17450—1998，GB/T 4457.4—2002）

图线的类型（线型）		线型示意图	图线的尺寸要求
实线	细实线		线宽（d或D）
	波浪线		
	双折线		
	粗实线		
虚线	细虚线		12d（或12D）；3d（或3D）；线宽（d或D）
	粗虚线		
点画线	细点画线		24d（或24D）；3d（或3D）；≤0.5d（或0.5D）；线宽（d或D）
	粗点画线		

图线线宽的解释与选用规定

（1）常用图线的宽度（即线宽）有粗、细两种（如GB/T 4457.4—2002规定，在机械图样中采用粗细两种线宽，它们之间的比例为2:1），表中使用符号D和d分别表示粗线和细线的宽度。

（2）表中的细实线、波浪线、双折线、细虚线和细点画线采用细线，粗实线、粗虚线和粗点画线采用粗线。

（3）表中D与d的数值应在下列数值系列组（单位为mm）中选取：

D	0.25	0.35	0.5*	0.7*	1	1.4	2
d	0.13	0.18	0.25	0.35	0.5	0.7	1

其中，D与d的数值应对应选取。例如，若在一个工程图样中采用0.5mm作为粗线宽图线的宽度，则在该图样中使用的细线宽图线的宽度应当为0.25mm（而不能用其他数值）。

同时，应注意，标记“*”号的数值应优先选用。例如，工程图样通常采用0.7-0.35mm的线宽组别（绘制本书的所有习题时推荐采用这一组别的线宽数值系列组），即粗线的宽度选用0.7mm，细线的宽度选用0.35mm。

（4）波浪线与双折线具有相同的含义，在一张图样上一般应使用其中的一种，即要么采用波浪线、要么采用双折线。

铅笔依据其铅芯的软硬程度被分为不同的等级（见图2.2）。在使用铅笔绘制工程图样时，通常先使用铅芯较硬（如2H）的铅笔（铅芯较硬意味着所画图线痕迹较浅，易于擦除）画底稿，再使用铅芯较软（如2B）的铅笔（铅芯较软意味着所画图线痕迹较深，图线乌黑发亮，极具美感，且不易擦除）在底稿上加深或加粗图线，最后使用软硬程度适中的HB铅笔在所绘工程图样上书写字体（包括数字、字母与汉字等）。

为了能够绘制出满足国家标准规定的“标准”图线，除了保证铅芯的软硬外，还应保证铅芯的形状。不同的铅芯形状能够得到不同类型的“标准”图线。例如，常用的铅芯形状分为圆锥形和矩形两种（见图2.3），圆锥形铅芯通常在绘制底稿、加深细线（如细实线、细虚线和细点画线等）和书写字体时使用，矩形铅芯通常在绘制粗线时使用（即加粗底稿中的一些图线）。铅笔铅芯的形状可使用砂纸、铅笔刀等工具经过修磨后得到。

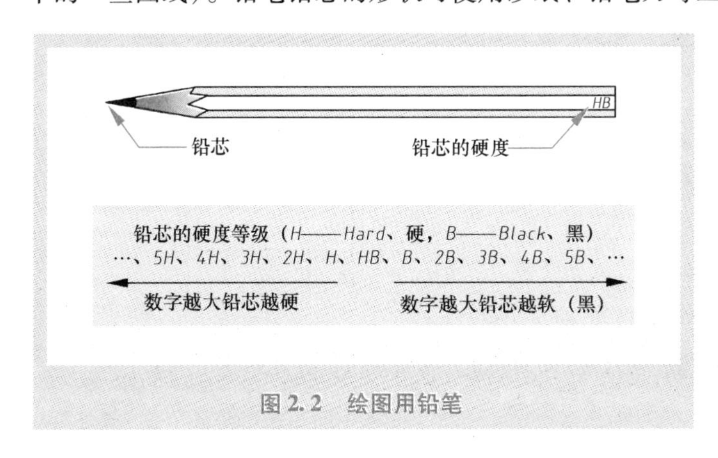

图2.2 绘图用铅笔

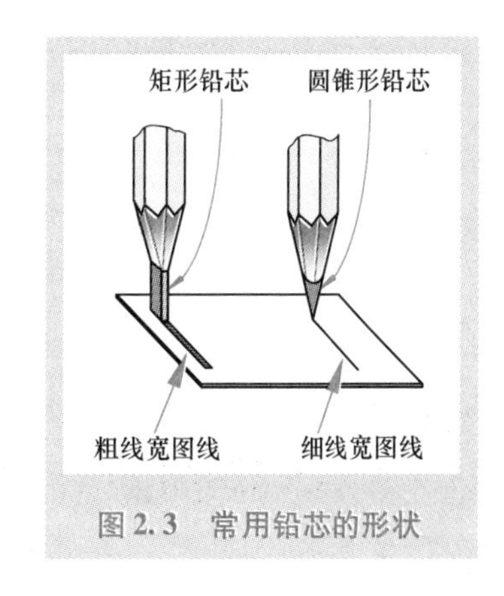

图2.3 常用铅芯的形状

2.1.2 绘图纸及其大小与格式

工程制图专用的绘图纸比普通书写或复印用纸要厚，约相当于3~4张复印纸的厚度。在使用专用绘图纸绘制工程图样时，绘图纸的大小（*size*）和格式（*format*）应符合GB/T 14689—2008和GB/T 10609.1—2008的规定。

1. 绘图纸的大小

绘图纸的大小通常称为幅面，其幅面尺寸用$B \times L$表示（B为图纸的宽度，L为图纸的长度，见图2.4）。国家标准规定，绘制工程图样时，应优先选用表2.2中规定的基本幅面（第一选择）；必要时，也允许选用表2.2中规定的加长幅面（第二选择或第三选择），加长幅面的尺寸是由基本幅面的短边成整数倍增加后得出的（见图2.5）。

一般，图幅的选用与表达对象的复杂程度有关，在绘制形状复杂的表达对象时，一般选择较大的图幅；在绘制形状简单的对象时，一般选择较小的图幅。

2. 绘图纸的格式

国家标准规定，每张工程图样中均应绘制图框和标题栏。其中：

(1) **图框**（*border*，见图2.4）是一个矩形线框，它限定了一个作图区域，即图线与字体应绘制或书写在该区域内，而不能在该区域之外。图框规定使用粗实线绘制（即图框的线宽应等于所绘粗线的宽度），其规定的格式分为不留装订边（见图2.4a、b）和留有装订边（见图2.4c、d）两种格式，但同一产品的图样只能采用一种格式。基本幅面的图框尺寸应符合表2.3中的规定，加长幅面的图框尺寸按所选用的基本幅面大一号的图框尺寸确定（例如，A2×3的图框尺寸，按A1的图框尺寸确定，即e为20或c为10；而A3×4的图框尺寸，按A2的图框尺寸确定，即e为10或c为10）。

(2) **标题栏**（*title block*，见图2.6）用于表达与所绘图样相关的一些基本信息，如设计者的姓名与单位、所绘图形的名称与代号、绘图比例和制造时使用的材料等。标题栏的格式和尺寸应符合图2.6所示的规定。标题栏的位置应位于图样的右下角（见图2.4）。如果标题栏的长边置于水平方向并与图纸的长边平行，则构成X型图纸（见图2.4a、c）；如果标题栏的长边与图纸的长边垂直，则构成Y型图纸（见图2.4b、d）。一般情况下，看图的方向与看标题栏的方向一致。此外，绘制标题栏时还应注意以下几个要点：一是标题栏的线型应使用“标准”粗实线和细实线绘制；二是标题栏中的字体应使用“标准”字体（见2.2节）书写，但签字（包括签名和签写的日期等）除外；三是企业用标题栏（见图2.6）所需填写的内容较多，且许多内容与生产过程相关，在以掌握知识和提高技能为目的学习阶段，建议学习者在绘图训练时使用图 2.7 所示的“习题版”标题栏。

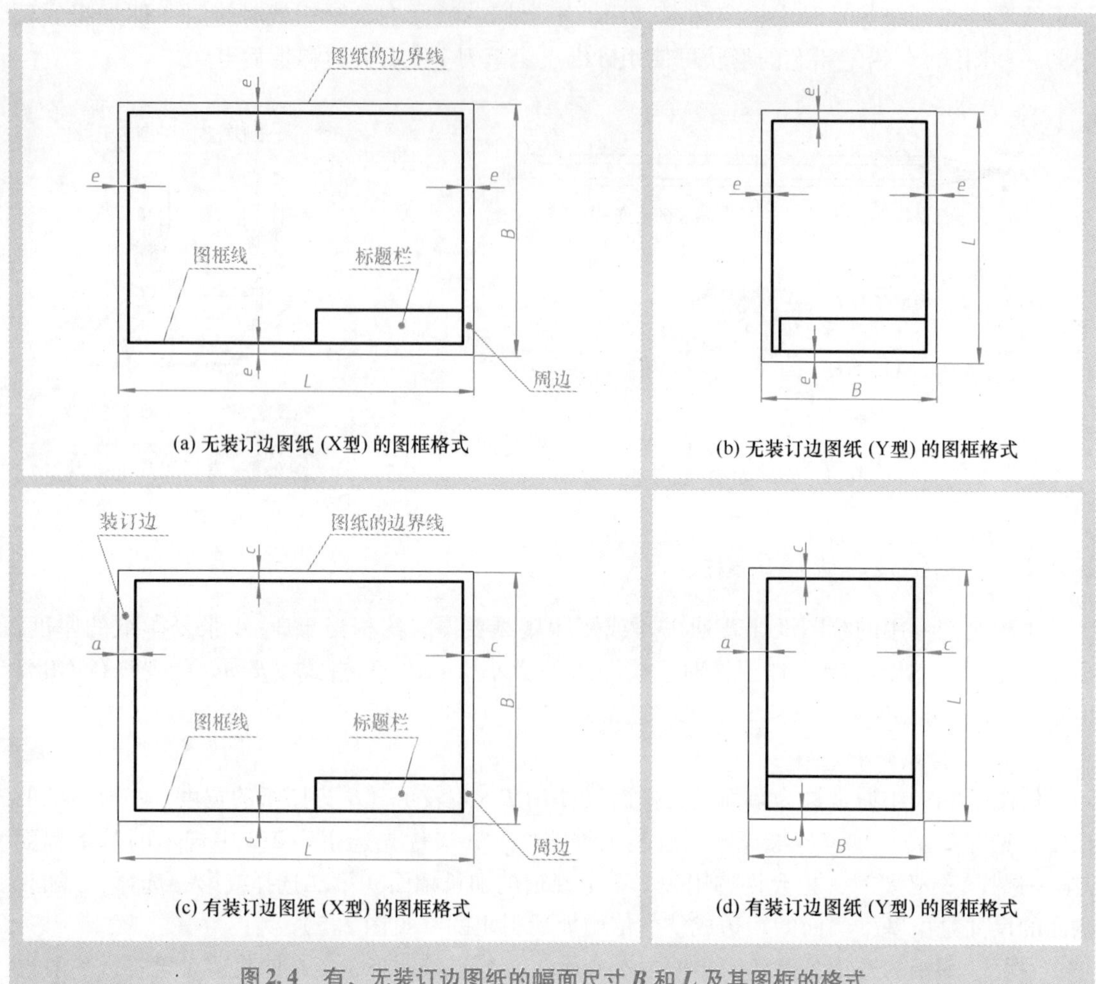

(a) 无装订边图纸 (X型) 的图框格式

(b) 无装订边图纸 (Y型) 的图框格式

(c) 有装订边图纸 (X型) 的图框格式

(d) 有装订边图纸 (Y型) 的图框格式

图 2.4　有、无装订边图纸的幅面尺寸 B 和 L 及其图框的格式

表 2.2　图纸的幅面尺寸（GB/T 14689—2008）　　（单位：mm）

基本幅面（第一选择）		加长幅面（第二选择）		加长幅面（第三选择）	
幅面代号	幅面尺寸 $B\times L$	幅面代号	幅面尺寸 $B\times L$	幅面代号	幅面尺寸 $B\times L$
A0	841×1189			A0×2	1189×1682
				A0×3	1189×2523
A1	594×841			A1×3	841×1783
				A1×4	841×2378
A2	420×594			A2×3	594×1261
				A2×4	594×1682
				A2×5	594×2102
A3	297×420	A3×3	420×891	A3×5	420×1486
		A3×4	420×1189	A3×6	420×1783
				A3×7	420×2080
A4	210×297	A4×3	297×630	A4×6	297×1261
		A4×4	297×841	A4×7	297×1471
		A4×5	297×1051	A4×8	297×1682
				A4×9	297×1892

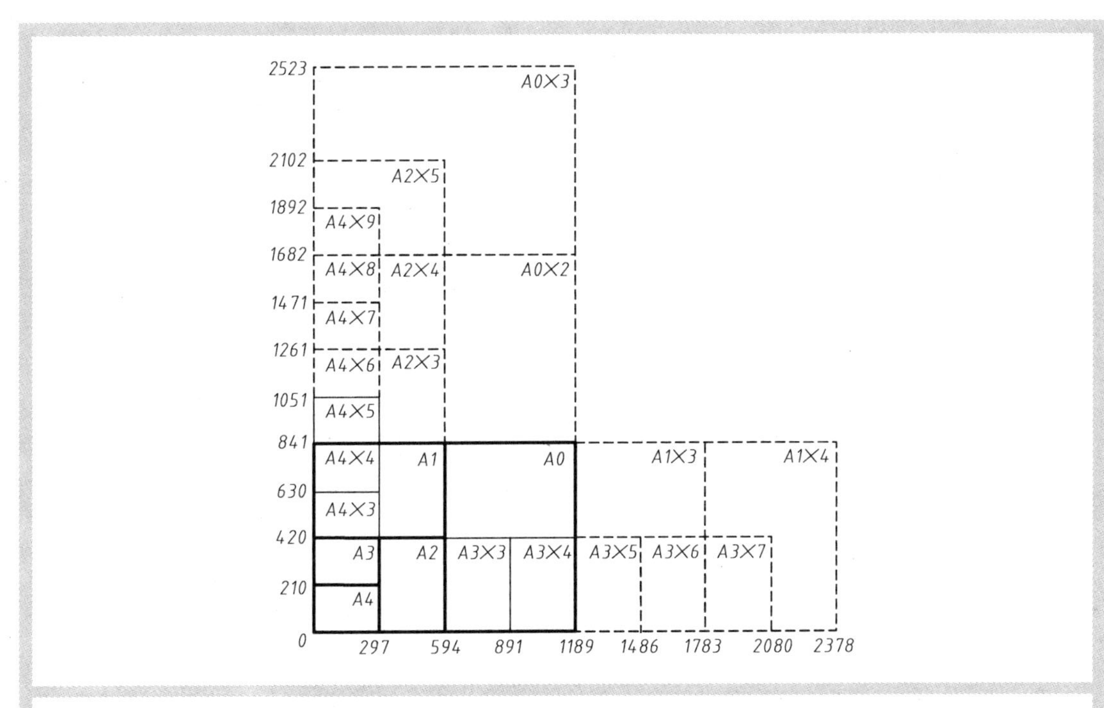

说　　明:

在本图中，粗实线所示为表 2.2 中规定的基本幅面（第一选择），细实线所示为表 2.2 中规定的加长幅面（第二选择），细虚线所示为表 2.2 中规定的加长幅面（第三选择）。

图 2.5　图纸的幅面尺寸

表 2.3　图框尺寸（GB/T 14689—2008）　　（单位：mm）

幅面代号	A0	A1	A2	A3	A4
$B\times L$	841×1189	594×841	420×594	297×420	210×297
e	20		10		
c	10			5	
a	25				

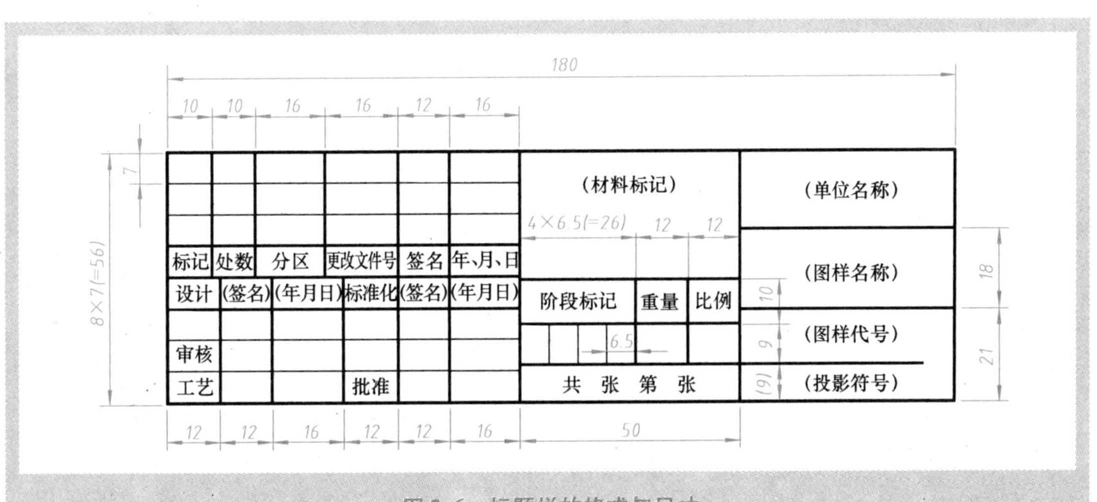

图 2.6　标题栏的格式与尺寸

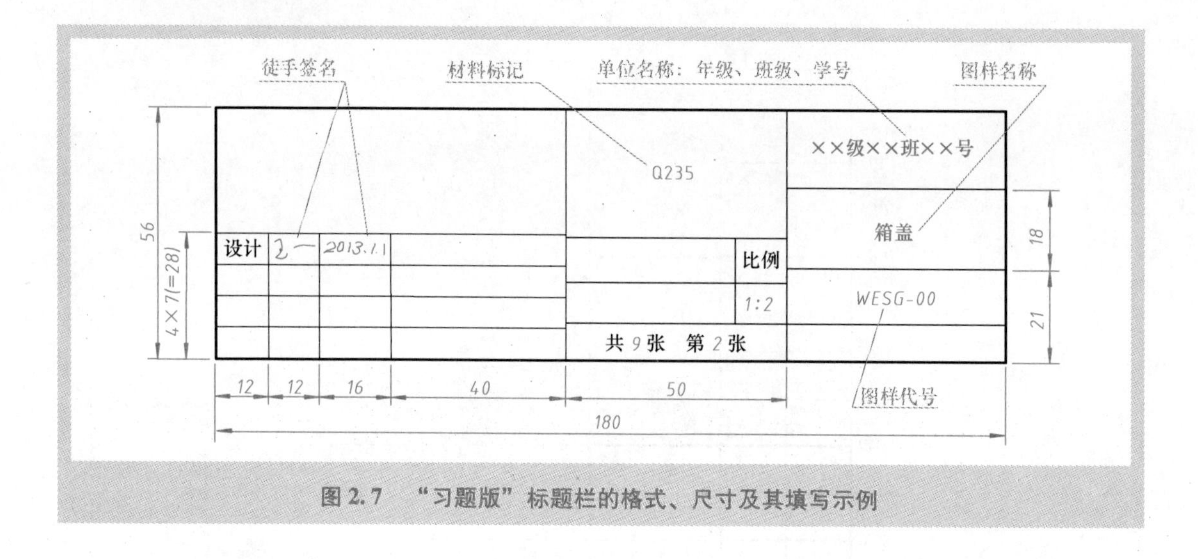

图 2.7　“习题版”标题栏的格式、尺寸及其填写示例

2.1.3　绘图仪器

绘图仪器主要指圆规（*compass*）和分规（*divider*）。其中：

（1）**圆规**用于绘制圆形和圆弧形的图线（见图 2.8）。在使用圆规画圆（或圆弧）时，为了使所绘制的圆（或圆弧）更加精确，圆规的针尖端和铅芯端均应始终与图纸保持垂直。圆规所用的铅芯有铲形和矩形两种常见的形状，矩形铅芯一般用于绘制粗线宽的圆形（或圆弧形）图线，铲形铅芯一般用于绘制细线宽的圆形（或圆弧形）图线。圆规铅芯的形状可使用砂纸、铅笔刀等工具经过修磨后得到。

（2）**分规**的两脚均为针尖，它用来量取尺寸和等分线段，其使用方法见 2.4 节的图 2.15 所示。

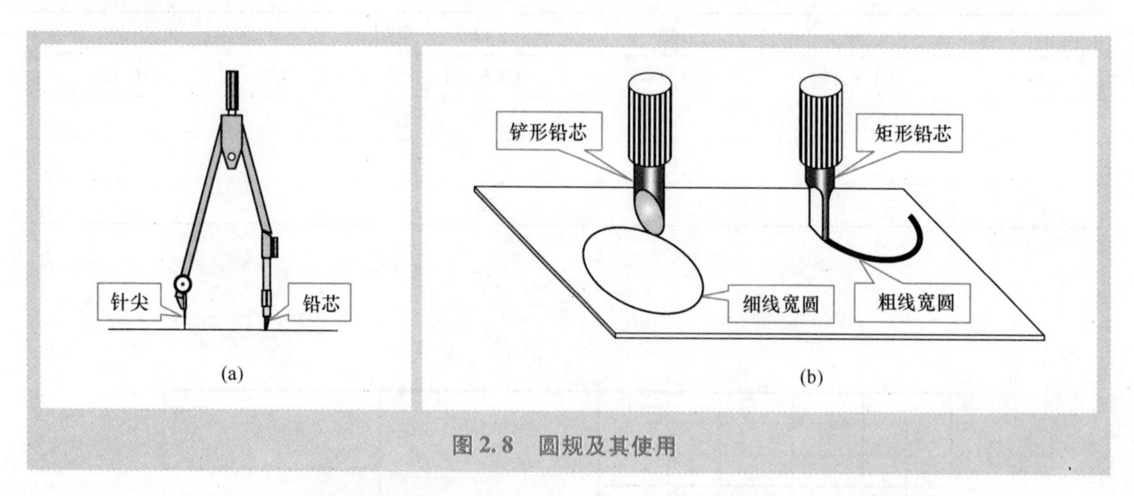

图 2.8　圆规及其使用

2.1.4　丁字尺与三角板

丁字尺（T-*square*）由尺头和尺身构成（见图 2.9）。在使用丁字尺绘制图线时，其尺头应始终紧贴图板的导边，并可沿着导边上下移动。**三角板**（*triangle*）通常有 2 块，一块为 45°三角板，另一块为 30°—60°三角板。

单独使用丁字尺可绘制任意位置的水平线（见图 2.9a）。将丁字尺与一块三角板配合使用，可绘制任意位置的垂直线（见图 2.9b）。将丁字尺与一块或两块三角板配合使用，可绘制与水平线成 15°倍角的倾斜线（见图 2.10）。三角板与丁字尺互相配合使用，可作已知直线的平行线或垂直线（见图 2.11）。

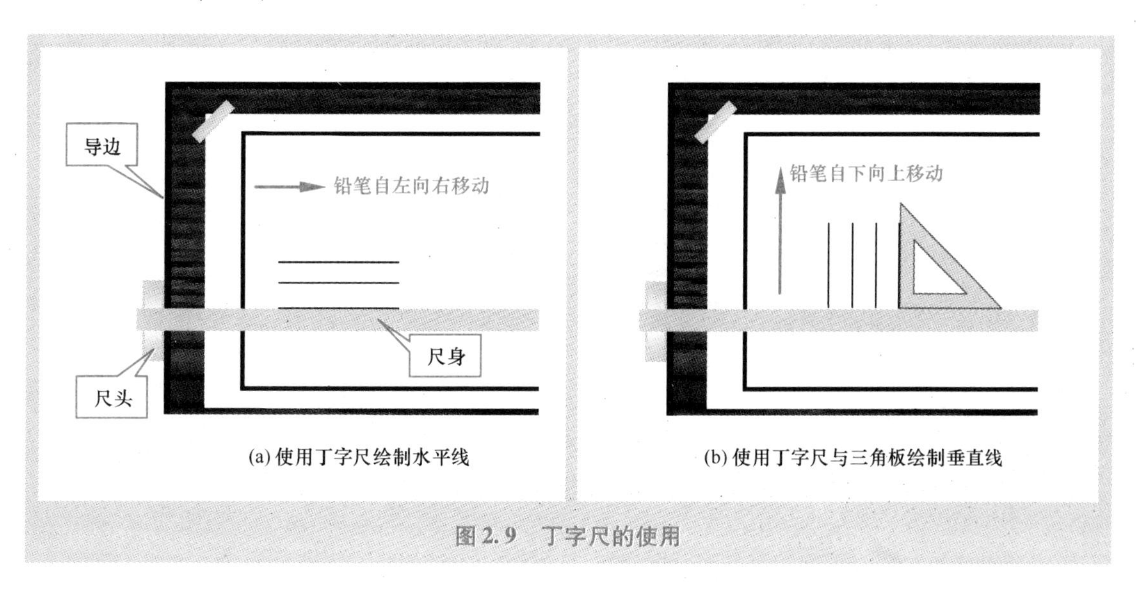

图 2.9 丁字尺的使用

图 2.10 使用丁字尺与三角板配合绘制与水平线成 15°倍角的倾斜线

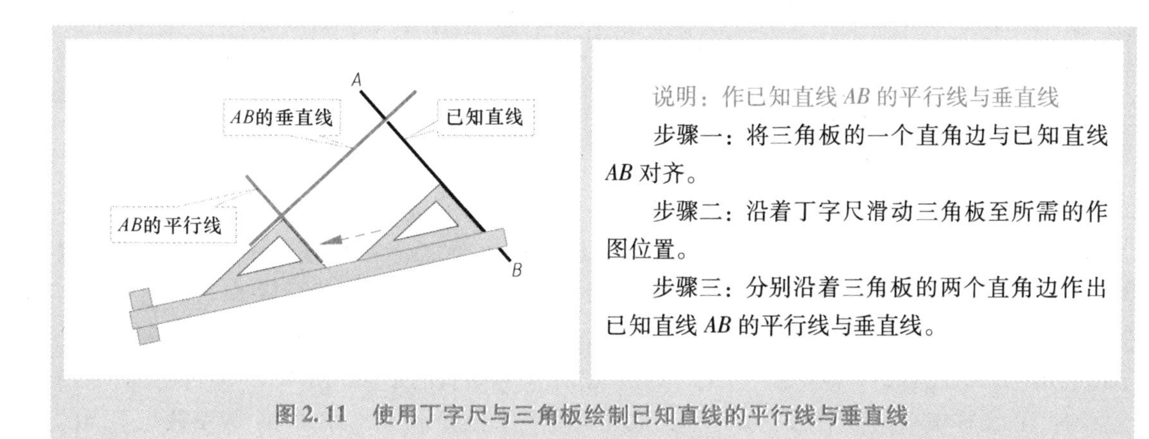

图 2.11 使用丁字尺与三角板绘制已知直线的平行线与垂直线

2.1.5 其他绘图工具

其他绘图工具（见图 2.12）包括胶带纸、擦图片、橡皮擦、砂纸、曲线板、清洁小刷，草图纸等。**胶带纸**（*drafting tape*）用于将图纸固定在图板上，其固定方法如图 2.1 所示。**擦图片**（*erasing shield*）又称擦线板，用于擦去制图过程中不需要的底稿线或画错的图线，并保护邻近的正确图线不被擦去。**砂纸**（*sandpaper*）用于将铅笔或圆规的铅芯修磨成所需的形状。**曲线板**（*irregular curve*）用于将一些作图点连接成一条平滑的非圆曲线（例如，在图 2.12 中，使用曲线板将作图点 3、4、5、6 连接成一条平滑的非圆曲线）。**清洁小刷**

(*dusting brush*)用于清除绘图纸上的橡皮屑等污物，以保持图面清洁。草图纸（*sketch paper*）是一种用于徒手绘制技术草图的网格纸。

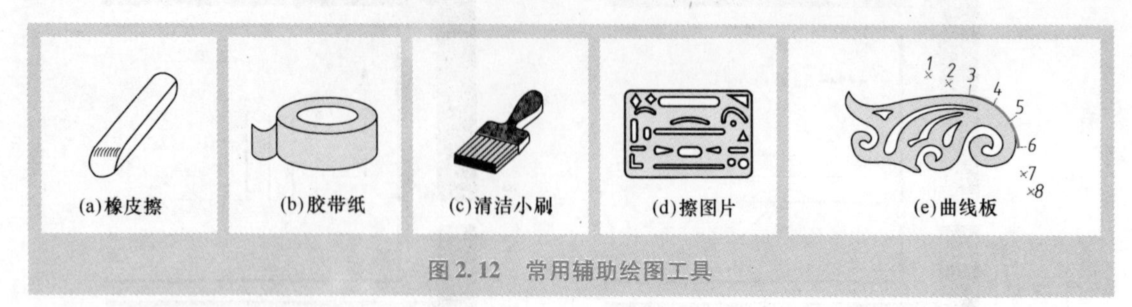

图 2.12　常用辅助绘图工具

2.2　字体

字体（*lettering*）包括汉字、数字与字母，其用途在于表达诸如尺寸、制造、安装、检验等生产要求。通常选择 HB 铅笔书写字体。

为了准确无误地表达上述生产要求，国家标准（GB/T 14691—1993）规定，在工程图样中书写的字体，必须做到：字体工整、笔画清楚、间隔均匀、排列整齐。同时，字体的高度（即字高，用 h 表示）应在下列给定的数值系列中选取：1.8mm，2.5mm，3.5mm，5mm，7mm，10mm，14mm，20mm。如需要书写更大的字体，其字体高度应按$\sqrt{2}$的比率递增。字体高度代表字体的号数（如字高为 3.5mm 的字体称为 3.5 号字）。其中：

（1）**汉字**。应书写成长仿宋体字，并采用规范的简化字。汉字的高度应不小于 3.5mm，其字宽一般为 $h/\sqrt{2}$。图 2.13 所示为汉字字高与字宽的说明，并给出了长仿宋体汉字示例。

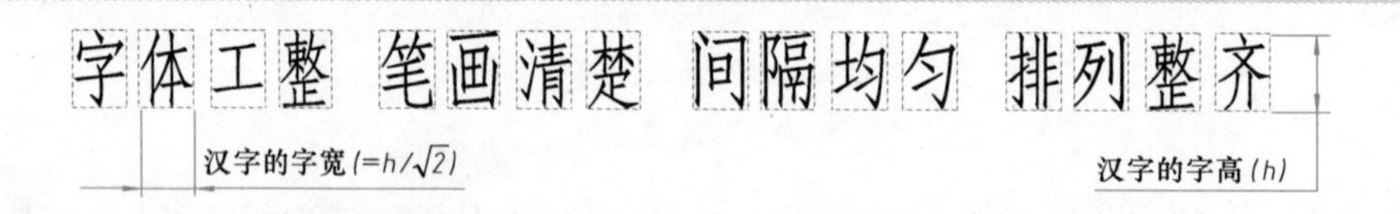

图 2.13　汉字字高与字宽的说明及长仿宋体汉字示例

（2）**数字与字母**。数字与字母分 A 型和 B 型，A 型字的笔画宽度（d）为字高（h）的十四分之一，B 型字的笔画宽度（d）为字高（h）的十分之一（见图 2.14），即 A 型字比 B 型字的笔画宽度要细一些。数字与字母可书写成直体或斜体，斜体字字头向右倾斜，与水平基准线成 75°。表 2.4 和表 2.5 分别给出了 A 型和 B 型、直体和斜体的阿拉伯数字与拉丁字母的示例。应注意，在同一图样中，只允许选用一种型式的字体。

在工程图样中书写数字与字母时，其笔画宽度、字宽和字体之间的间距等参数与字高的比例，可参考表 2.4 和表 2.5 中所给出的比例。此外，国家标准还对罗马数字（如Ⅰ，Ⅱ，Ⅲ等）与希腊字母（如 α，β，γ，δ 等）的书写作出了规定（详见 GB/T 14691—1993）。计算机辅助制图（CAD）使用的字体规范可查阅 GB/T 18594—2001（该标准对拉丁字母、数字和符号的 CAD 字体作出了规范）。

在绘制工程图样时，必须按照国家标准的要求认真书写字体。缭乱甚至错误的书写会导致较严重的后果，一方面，将可能导致企业相关人员的误读，从而生产出次品，造成不必要的经济损失；另一方面，容易给他人造成工作不认真、不负责、工作态度不好等不良印象，并进而影响工程师的职业前途。就初学者而言，在开始学习书写字体时就严格遵循国家标准的要求认真书写，是避免上述错误最好的方式。

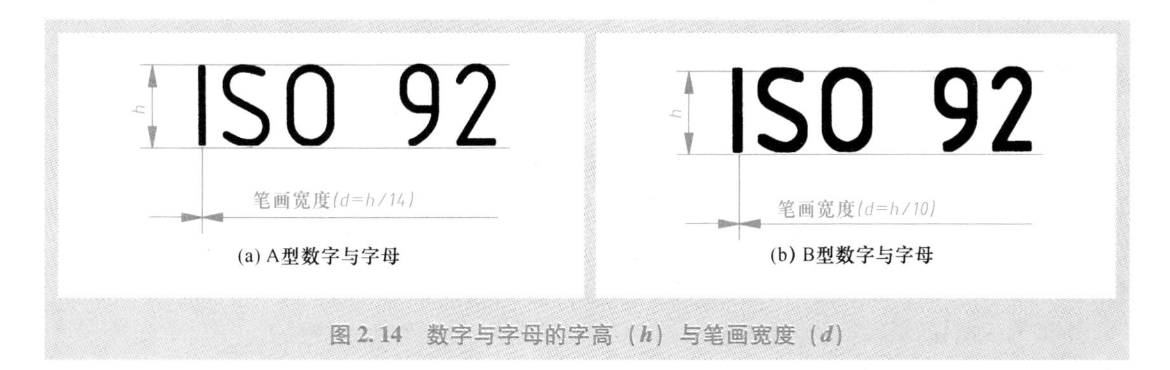

(a) A型数字与字母　(b) B型数字与字母

图 2.14　数字与字母的字高（h）与笔画宽度（d）

表 2.4　阿拉伯数字示例（GB/T 14691—1993）

	A 型	B 型
直体	0123456789	0123456789
斜体	*0123456789*	*0123456789*

表 2.5　拉丁字母示例（GB/T 14691—1993）

		A 型	B 型
大写拉丁字母	直体	ABCDEFGHIJKLMNOP QRSTUVWXYZ	ABCDEFGHIJKLMNOP QRSTUVWXYZ
	斜体	*ABCDEFGHIJKLMNOP* *QRSTUVWXYZ*	*ABCDEFGHIJKLMNOP* *QRSTUVWXYZ*
小写拉丁字母	直体	abcdefghijklmnopq rstuvwxyz	abcdefghijklmnopq rstuvwxyz
	斜体	*abcdefghijklmnopq* *rstuvwxyz*	*abcdefghijklmnopq* *rstuvwxyz*

2.3 作图比例

表达物体的大小需要不同的作图**比例**（*scale*）。例如，一座房屋，可能需要选择 1∶100 的**缩小比例**（*reduction scale*），才能在一张尺寸有限的图纸上表达其形状与大小；而一枚图钉，则可能需要选择5∶1 的**放大比例**（*enlargement scale*）作图。应该注意，作图比例通常不能随意自定，应在表2.6 列出的国家标准规定的比例中选取。

1∶1 的作图比例也称为**原值比例**（*full size*），其含义为，所绘线段的长度与实际轮廓或棱边的长度相等，所绘图形反映了实际物体的真实形状与真实大小。

表 2.6　国家标准规定的比例选用系列（GB/T 14690—1993）

种　类	优先选用的比例	必要时可以选用的比例
原值比例	1∶1	
放大比例	5∶1　2∶1 5×10^n∶1　2×10^n∶1　1×10^n∶1	4∶1　2.5∶1 4×10^n∶1　2.5×10^n∶1
缩小比例	1∶2　1∶5　1∶10 1∶2×10^n　1∶5×10^n　1∶1×10^n	1∶1.5　1∶2.5　1∶3　1∶4　1∶6 1∶1.5×10^n　1∶2.5×10^n　1∶3×10^n　1∶4×10^n　1∶6×10^n

注：n 为正整数。

2.4 仪器绘图技术

任何投影图形都是由直线、圆（或圆弧）以及非圆曲线这三种类型的图线构成的平面图形。因此，如何使用绘图仪器按照基本绘图步骤绘制出“标准”（即符合国家标准规定）的直线、圆（或圆弧）和非圆曲线就成为初学者必须熟练掌握的基础制图技能。

2.4.1 基本绘图步骤

工程制图是一门精确表达物体的技术，它需要精确地表达出物体的投影图形的形状，即需要精确绘制平面图形（或投影图形）。为了得到线型“标准”、尺寸精确的图形，以下两个基本绘图步骤是必需的：

第一步、绘制底稿。绘制底稿是一个利用多种绘图仪器、尺寸测量工具以及辅助绘图工具绘制各类图线和完成图形绘制的过程。绘制底稿时通常应使用铅芯较硬（如2H）的笔尖为圆锥状的铅笔。其中，应注意“辅助作图线”的使用，一方面，“辅助作图线”不是所需图线（即在完成作图后需要被擦除），另一方面，它又是为了得到所需图线必须绘制的图线。

第二步、加深与加粗。根据国家标准的规定（见表2.1），图线的线宽有粗细之分，细线宽图线和粗线宽图线的线宽尺寸是不同的。因此，加深与加粗就是将所绘底稿中的图线（通常称为底稿线，它颜色较浅、线宽不“标准”）依据国家标准加深或加粗至“标准”线宽，即将底稿线或者加深为细线宽图线、或者加粗为粗线宽图线。通常使用铅芯较软（如2B）铅笔加深与加粗底稿线，其中，加深细线宽图线使用笔尖为圆锥状的铅笔，加粗粗线宽图线使用笔尖为矩形的铅笔。

2.4.2 直线的画法

图2.15 所示平面图形的画法示例，既说明了**直线**（*straight lines*）的画法，也展示了一个完整的基本绘图步骤，还同时说明了分规的使用方法。

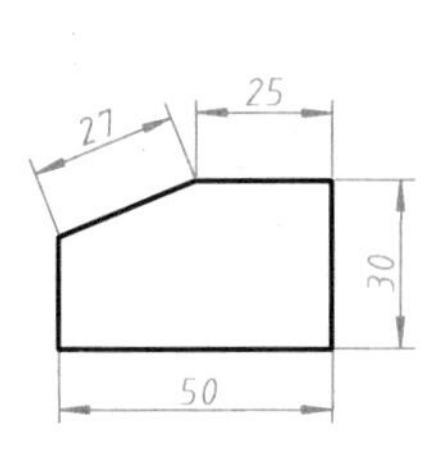

例2.1：请按照1∶1的作图比例绘制图示平面图形。

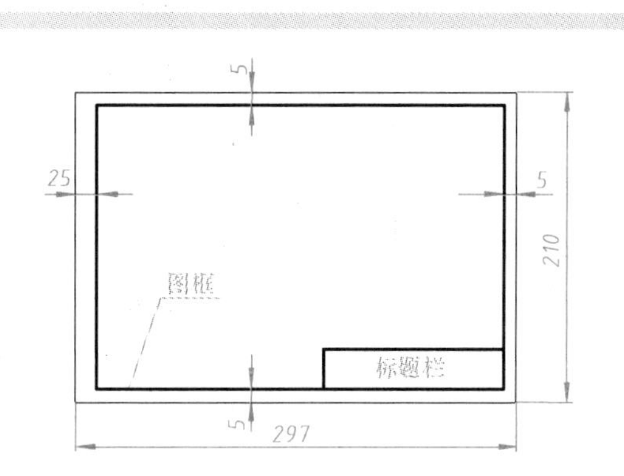

题解步骤一：确定图幅、绘制图框与标题栏。

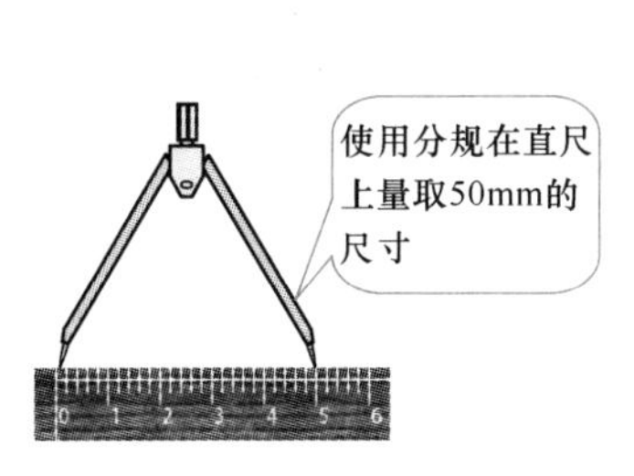

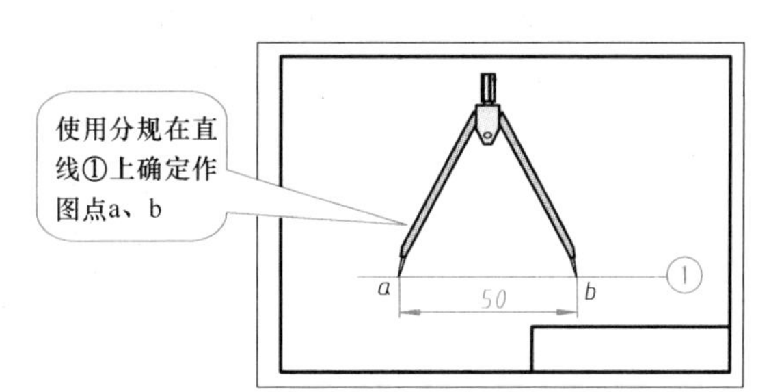

题解步骤二：绘制底稿。用丁字尺绘制水平线①，用分规在直尺上量取50mm并在所作水平线①上确定作图点 a、b，则线段 ab = 50mm。

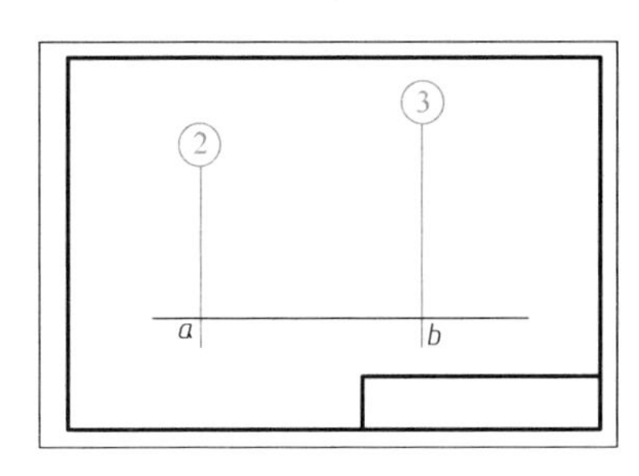

题解步骤三：绘制底稿。使用丁字尺与三角板配合，分别过 a、b 点作直线 ab 的垂直线②、③。

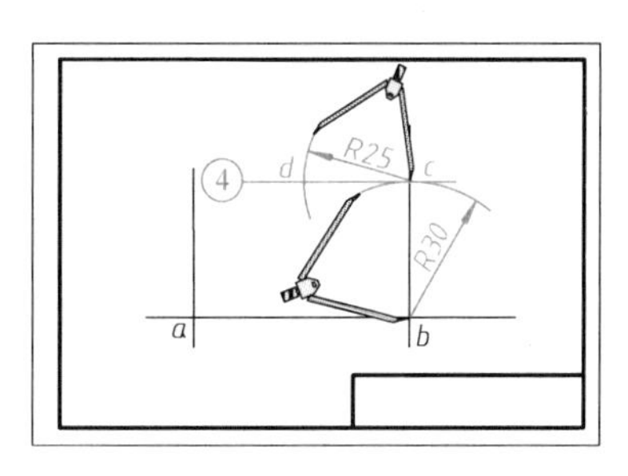

题解步骤四：绘制底稿。用分规在直线③上量取点 c，使 bc = 30mm；过 c 点作辅助线④；用分规在直线④上量取点 d，使 dc = 25mm。

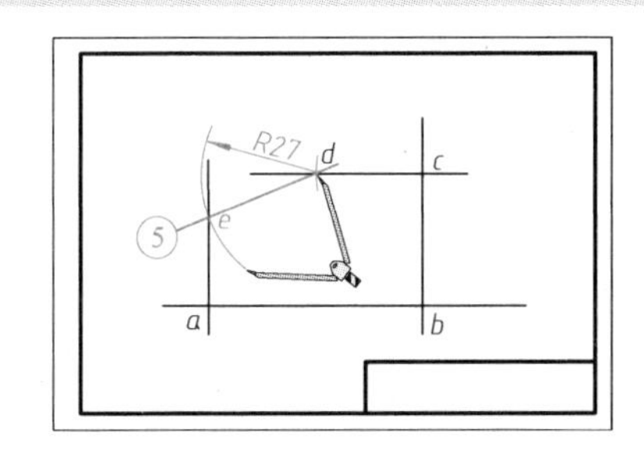

题解步骤五：绘制底稿。用分规在直线②上量取点 e，使 de = 27mm，连接 de。

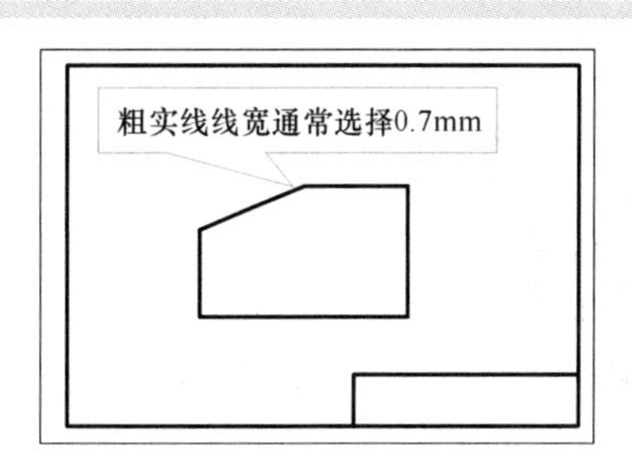

题解步骤六：擦除多余图线并清洁图纸。

题解步骤七：加粗所需图线。

图2.15　由直线构成的平面图形的画法

2.4.3 圆与圆弧的画法

绘制圆（*circles*）或圆弧（*arcs*）的主要仪器是圆规，其正确的绘图步骤（见图 2.16）为：先确定圆心，再确定所作圆（或圆弧）的半径，最后使用圆规绘制所需圆（或圆弧）。同时，还应遵循表 2.7 列出的绘制要求并注意避免其中的各种常见错误。

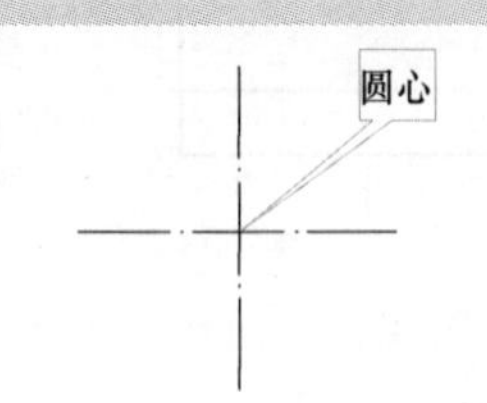

第一步：确定圆心。使用两条互相垂直的细点画线的交点表示圆（或圆弧）的圆心。

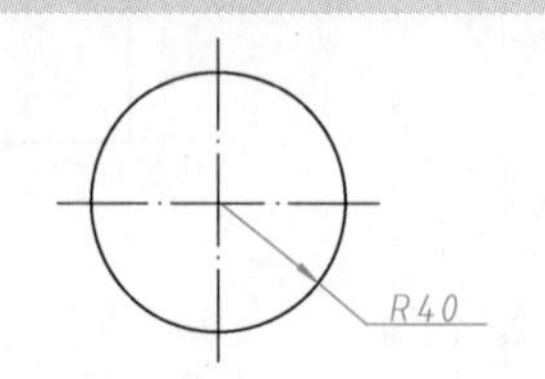

第二步：确定半径。假设圆的实际半径为 20mm，采用 2∶1 的作图比例，则所绘圆的半径应为（2∶1）×20mm = 40mm。

第三步：绘制底稿圆。绘制底稿线时，圆规一般使用铲形 2H 铅芯（见图 2.8b）。

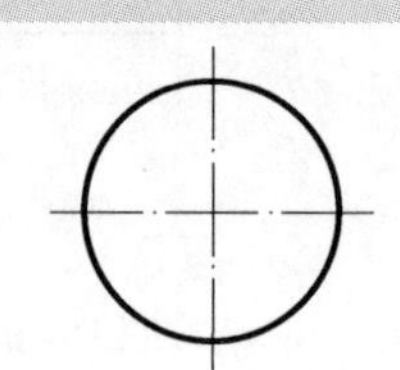

第四步：加粗圆。加粗时圆规一般使用矩形 2B 铅芯（通常选用 0.7mm 的线宽）。

图 2.16 圆（或圆弧）的绘图步骤

表 2.7 表示圆心的细点画线的绘制要求及其常见错误

画法要求	常见错误
（1）圆心应为长画的交点 （2）点画线的两端应是长画而不是点 （3）点画线应超出图形轮廓线约 3～5mm （4）在较小的图形上绘制点画线有困难时，可用细实线代替	长画　点 错误1：圆心应为长画的交点 错误3：超出轮廓线过长 错误4：未超出轮廓线 错误2：两端应是长画而不是点

2.4.4 非圆曲线的画法

绘制非圆曲线（*irregular curves*）时，首先应利用各种制图方法作出其上的若干个点（即得到作图点），然后使用曲线板将各个作图点光滑连接为一条非圆曲线。其中，连接作图点时，一般应分段连接（见图 2.17）。

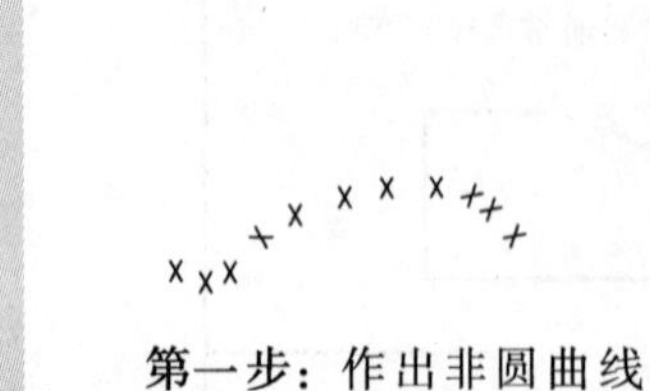

第一步：作出非圆曲线上的若干个作图点。

第二步：用曲线板连接部分点，得到第一段非圆曲线。

第三步：用曲线板连接部分点，得到第二段非圆曲线，并继续分段连接，直至完成。

图 2.17 非圆曲线的画法

2.5 几何作图技术

在精确绘制平面图形（或投影图形）时，设计者常常会面临许多需要利用各种几何学原理来解决的作图问题。常见的几何作图问题包括线段的任意等分及其定比分割、角度的平分、常见正多边形的绘制、切线的绘制、椭圆的绘制、圆弧连接等。

2.5.1 直线段的任意等分及其定比分割的几何作图方法

直线段的任意等分及其定比分割的几何作图方法分别如图2.18和图2.19所示。

例2.2：将已知直线段*AB*五等分。

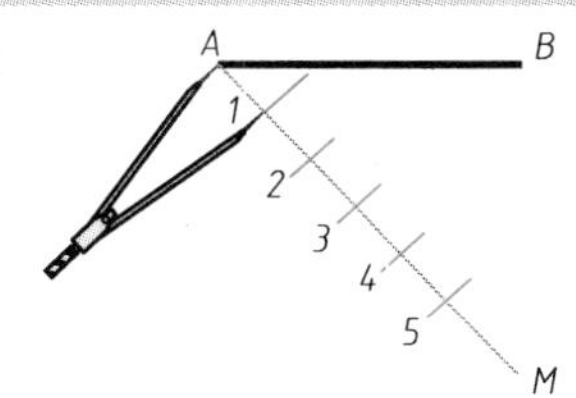

题解步骤一：过端点*A*任作辅助直线*AM*。

题解步骤二：用分规以任意尺寸在辅助直线*AM*上取作图点1～5，使*A*1＝12＝23＝34＝45。

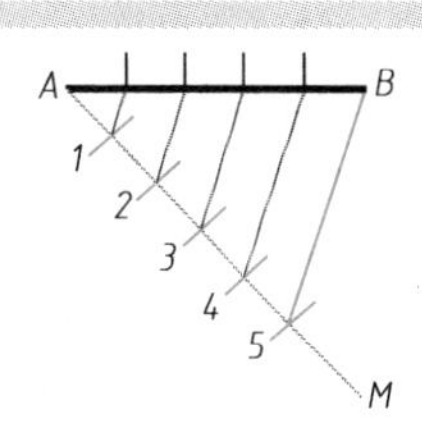

题解步骤三：连接*B*5，分别自1～4点作直线*B*5的平行线，则得到*AB*线段的五等分点。

图2.18　任意等分已知直线段的几何作图方法

例2.3：在已知直线*AB*上取点*C*，使*AC*:*CB*＝3:1。

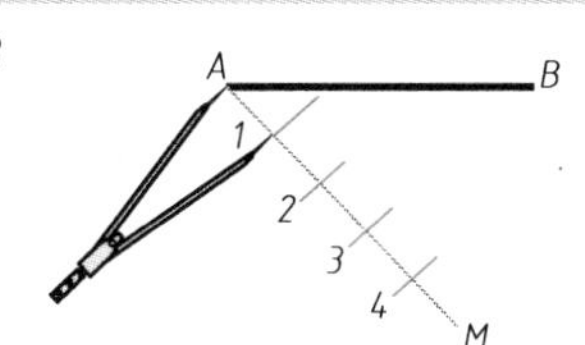

题解步骤一：过端点*A*任作辅助直线*AM*。

题解步骤二：计算比例总和＝1＋3＝4。

题解步骤三：用分规以任意尺寸在辅助直线*AM*上取点1～4，使*A*1＝12＝23＝34。

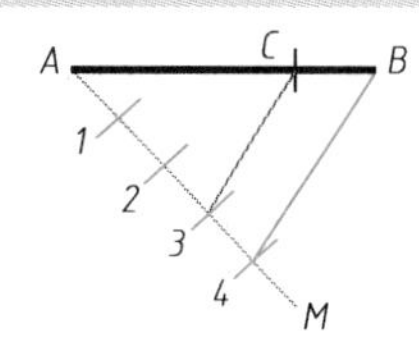

题解步骤四：连接*B*4。自3点作直线*B*4的平行线，交*AB*于*C*点，则*AC*:*CB*＝3:1。

图2.19　定比分割已知直线段的几何作图方法

2.5.2 平分任意角度的几何作图方法

平分任意角度的几何作图方法如图2.20所示。

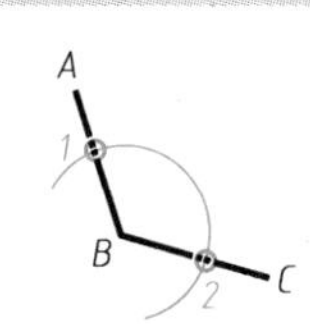

第一步：以*B*点为圆心、以任意半径画圆弧，得交点1、2。

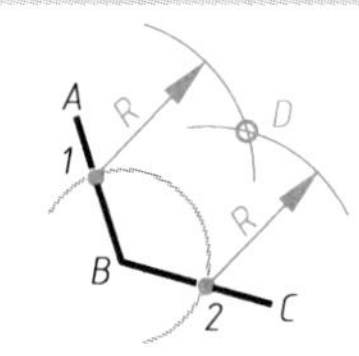

第二步：分别以点1、2为圆心，以任意相同半径*R*画圆弧，得两圆弧交点*D*。

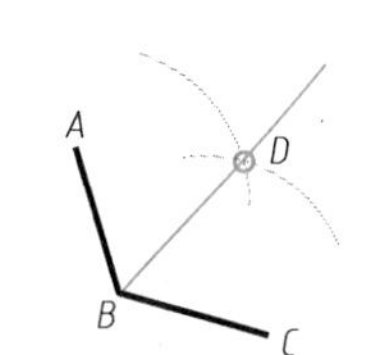

第三步：连接*BD*，则∠*DBA*＝∠*DBC*。

说明：本方法也可用于绘制直线段的垂直平分线（即180°角的平分线）

图2.20　平分任意角度的几何作图方法

2.5.3 正多边形的几何作图方法

常用的正多边形有正三角形（即等边三角形）、正四边形（即正方形）、正五边形和正六边形，其几何作图方法分别如图 2.21 ~ 图 2.26 所示。

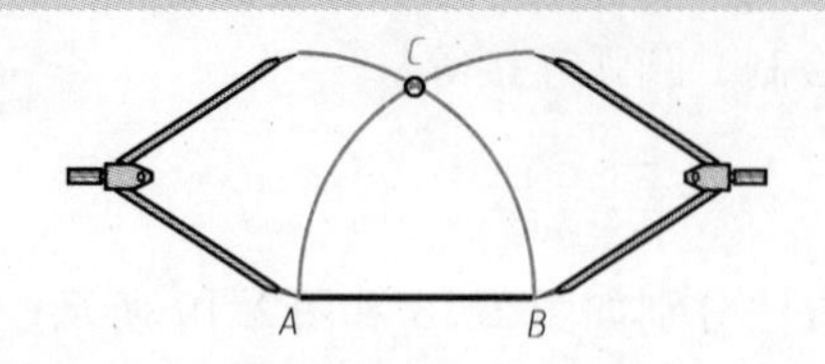

第一步：分别以已知直线 AB 的端点 A、B 为圆心，以其长度为半径使用分规画圆弧，得两圆弧交点 C。

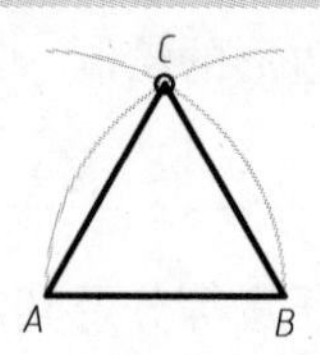

第二步：分别连接 AC 与 BC，则得正三角形 ABC。

图 2.21 正三角形的几何作图方法

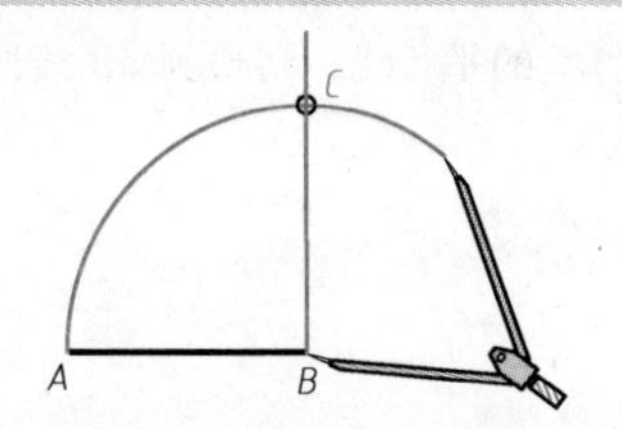

第一步：过点 B 作已知直线 AB 的垂直线。以点 B 为圆心、以 AB 为半径画圆弧，得点 C。

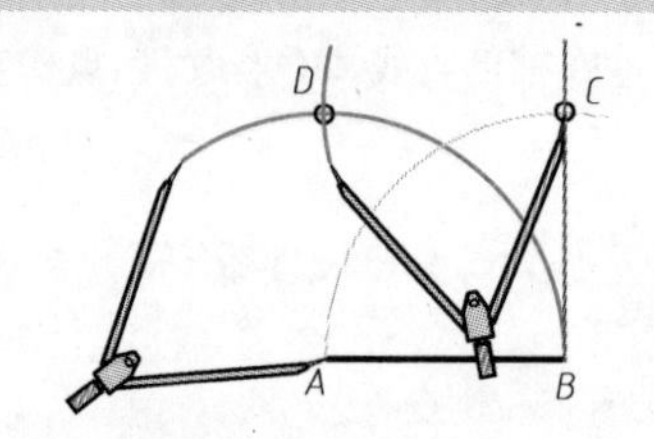

第二步：分别以点 A、C 为圆心，以 AB 为半径画圆弧，得两圆弧交点 D。

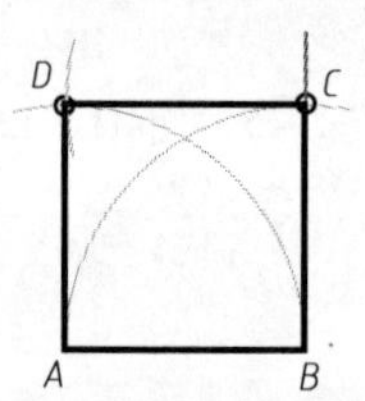

第三步：依次连接四个作图点，得正四边形 ABCD。

图 2.22 正四边形的几何作图方法

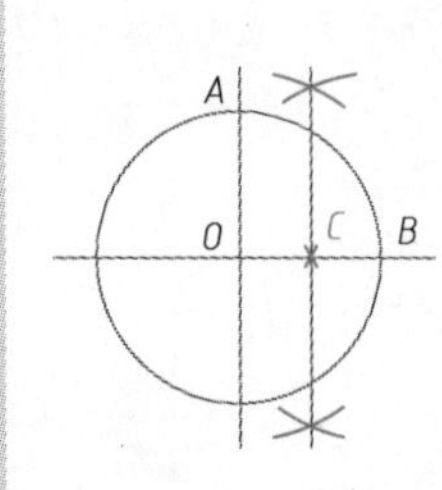

第一步：根据已知正五边形的外接圆半径作圆。

第二步：作半径线 OB 的垂直平分线，得 OB 的中点 C。

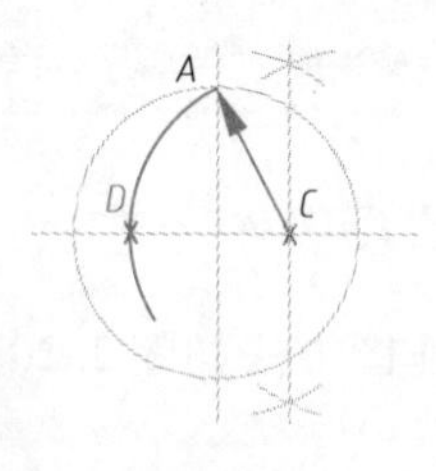

第三步：以点 C 为圆心、线段 CA 为半径作圆弧，得到交点 D。

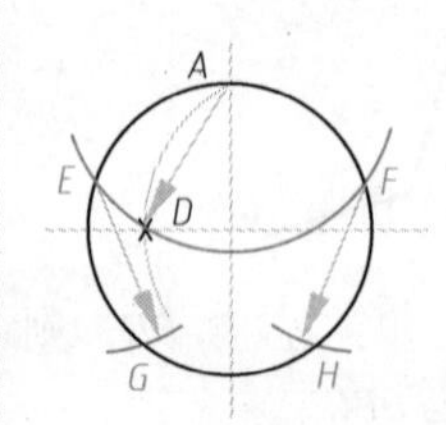

第四步：以点 A 为圆心、AD 为半径作圆弧，得交点 E、F。

第五步：分别以点 E、F 为圆心，AE 为半径画圆弧，得到点 G、H。

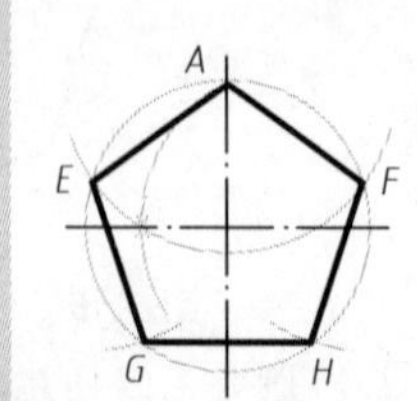

第六步：依次连接五个作图点，得正五边形 AEGHF。

第七步：加深点画线，加粗轮廓线。

图 2.23 正五边形的几何作图方法之一：已知正五边形的外接圆半径

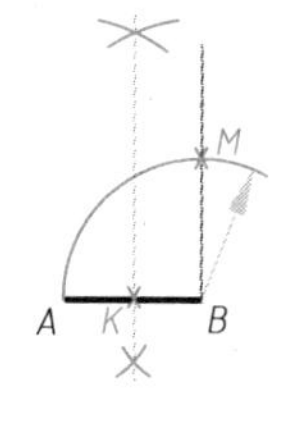

第一步：作直线段 *AB*，使其长度等于已知边长。

第二步：过点 *B* 作 *AB* 的垂线。作 *AB* 的垂直平分线，得 *AB* 的中点 *K*。

第三步：以点 *B* 为圆心、*BA* 为半径作圆弧，得点 *M*。

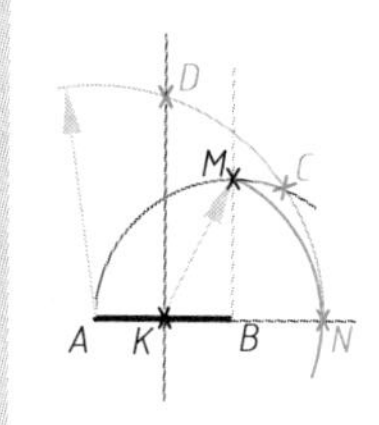

第四步：以点 *K* 为圆心、*KM* 为半径作圆弧，与 *AB* 的延长线交于点 *N*。

第五步：以点 *A* 为圆心、*AN* 为半径作圆弧，得交点 *C*、*D*。

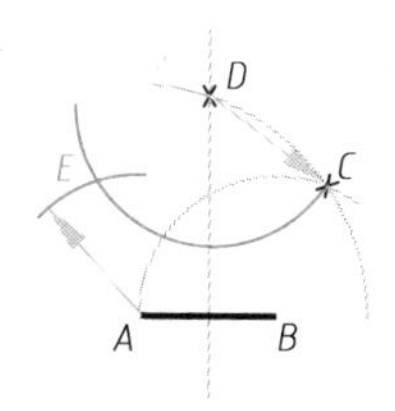

第六步：以点 *D* 为圆心、*DC* 为半径作圆弧。

第七步：以点 *A* 为圆心、*DC* 线段的长度为半径作圆弧。得两圆弧的交点 *E*。

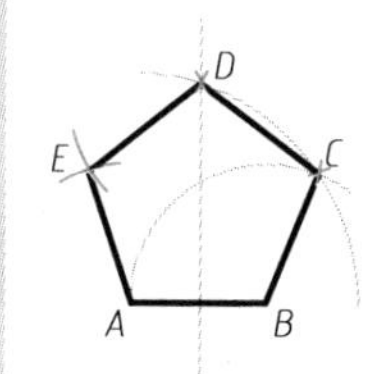

第八步：依次连接五个作图点，得正五边形 *ABCDE*。

第九步：加粗轮廓线。

图 2.24　正五边形的几何作图方法之二：已知正五边形的边长

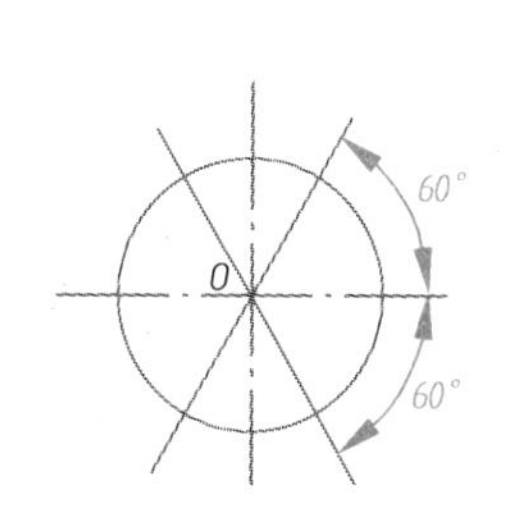

第一步：根据已知正六边形内切圆半径作圆。

第二步：过圆心 *O* 作两条 60°斜线（使用三角板与丁字尺配合）。

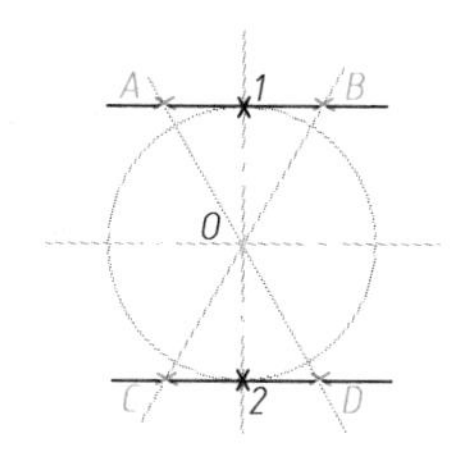

第三步：分别过点 1、2 作水平线，与所作 60°斜线相交，得点 *A*、*B*、*C*、*D*。

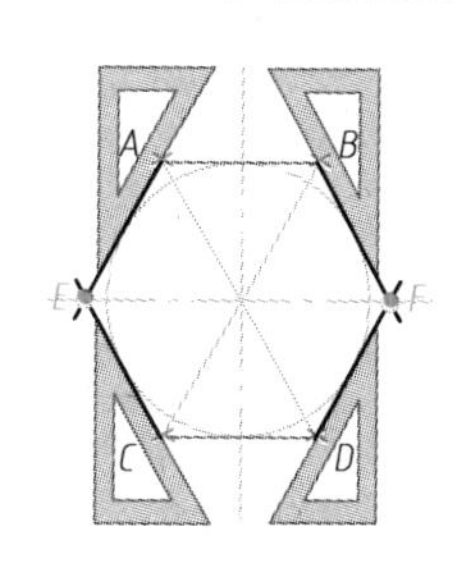

第四步：分别过点 *A*、*B*、*C*、*D* 作与水平线成 60°的斜线（使用三角板），得交点 *E*、*F*。

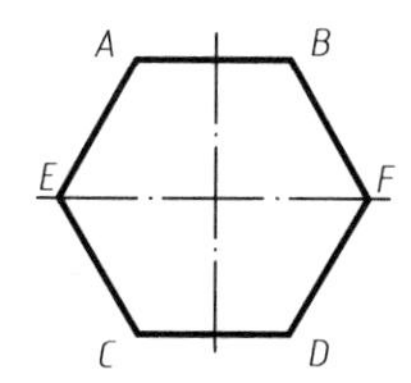

第五步：将六个作图点依图示次序连接，得正六边形。

第二种　作图方法

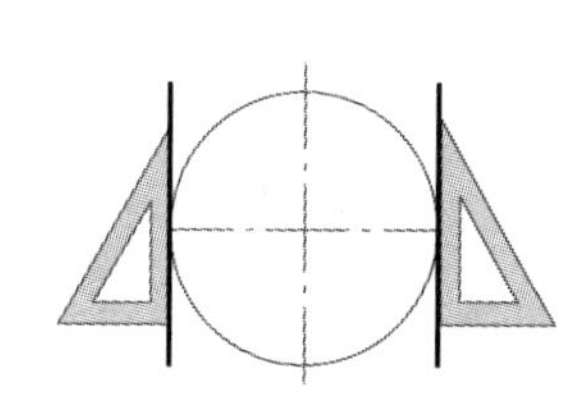

第一步

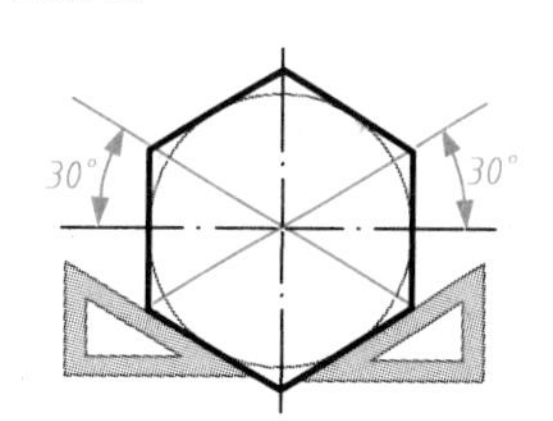

第二步

图 2.25　正六边形的几何作图方法之一：已知正六边形的内切圆半径

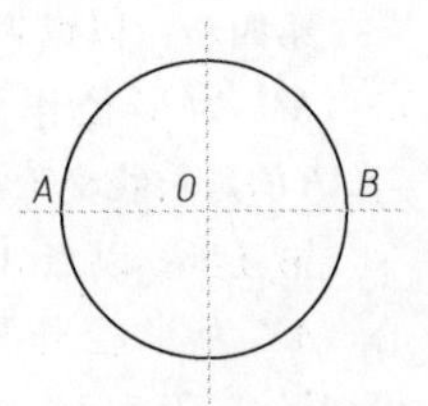

第一步：根据已知正六边形外接圆半径作圆。

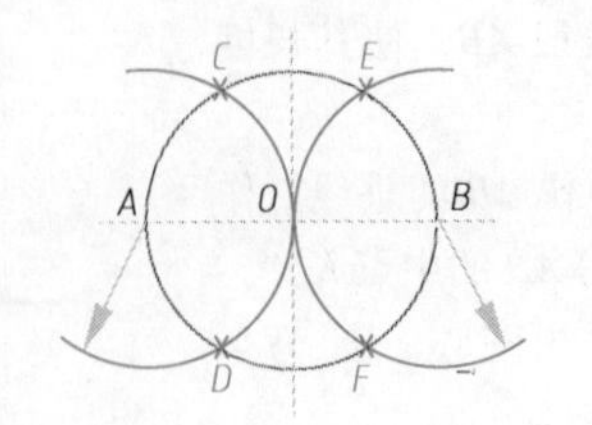

第二步：以点 A 为圆心、AO 为半径作圆弧，得点 C、D。

第三步：以点 B 为圆心、BO 为半径作圆弧，得点 E、F。

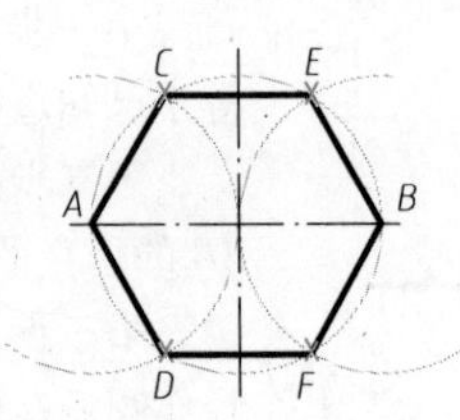

第四步：将六个作图点依图示次序连接，得正六边形。

第五步：加深点画线，加粗轮廓线。

图 2.26　正六边形的几何作图方法之二：已知正六边形的外接圆半径

2.5.4　切线的几何作图方法

常见的切线作图问题包括过圆（或圆弧）外一点作该圆（或圆弧）的切线、作两个圆（或圆弧）的公切线，其几何作图方法分别如图 2.27 和图 2.28 所示。

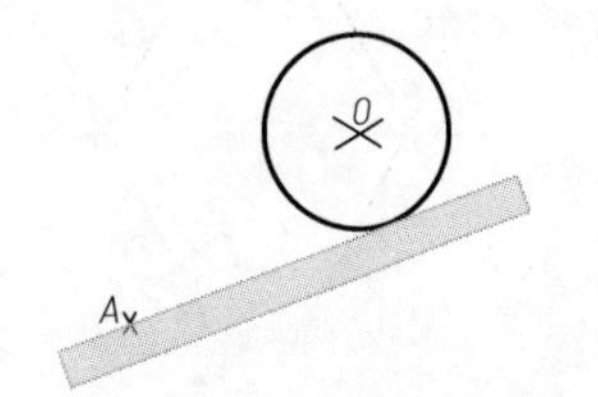

第一步：在图纸上移动直尺（或丁字尺），通过观察保证尺身的一边位于切线位置。

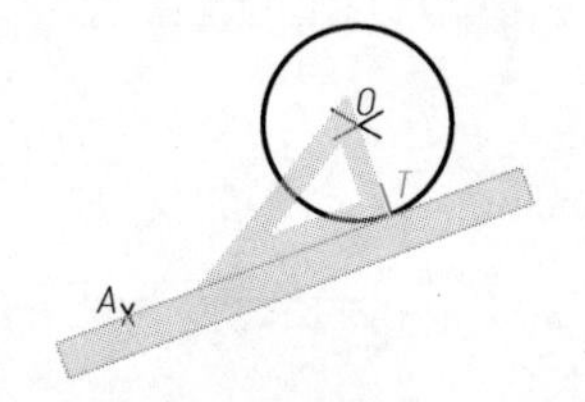

第二步：沿着直尺（或丁字尺）移动三角板，使三角板的一边与圆心 O 对齐，则得切点 T。

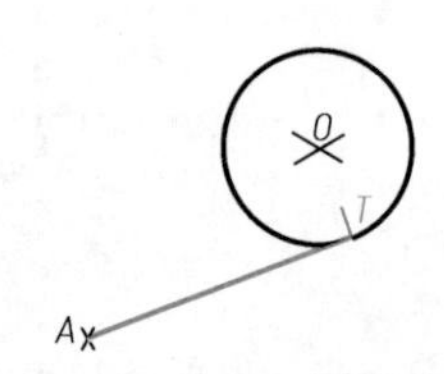

第三步：将点 A 和点 T 连线，则直线 AT 即为已知点 A 与已知圆的切线。

图 2.27　过已知点作已知圆切线的几何作图方法

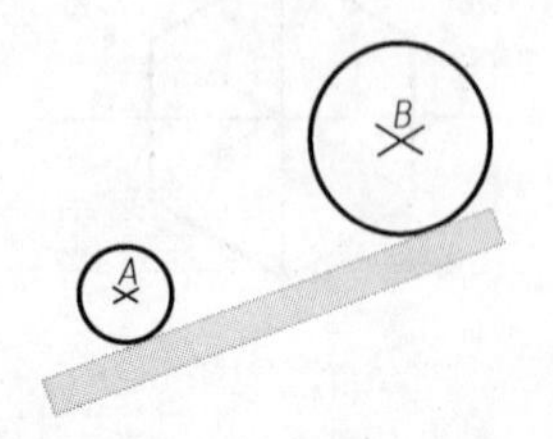

第一步：在图纸上移动直尺（或丁字尺），通过观察保证尺身的一边位于公切线位置。

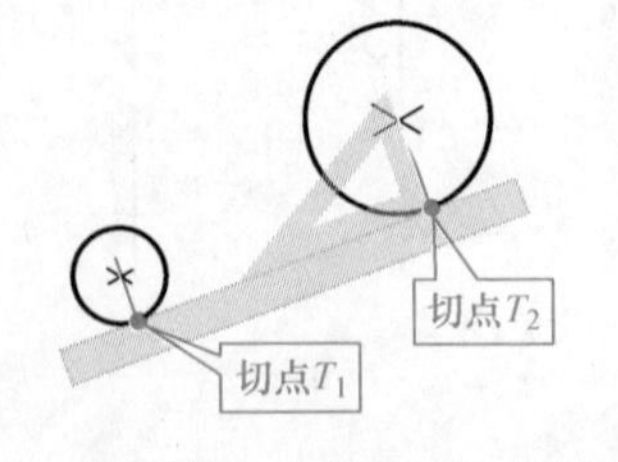

第二步：沿着直尺（或丁字尺）移动三角板，分别作出切点 T_1 和 T_2。

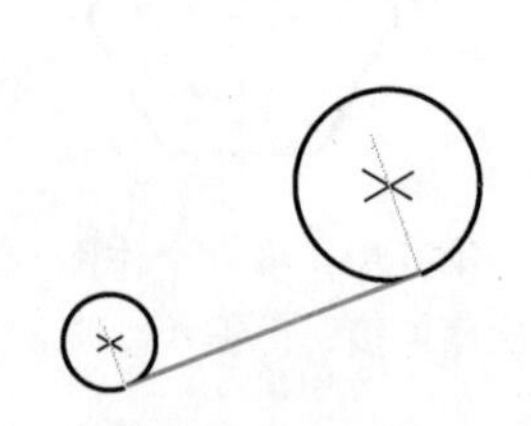

第三步：将两个切点连线，则得到所求公切线。

图 2.28　作两已知圆公切线的几何作图方法

2.5.5　椭圆的几何作图方法

椭圆是非圆曲线，其几何作图方法有多种，常用的有同心圆法（见图2.29）和四心法（见图2.30）。

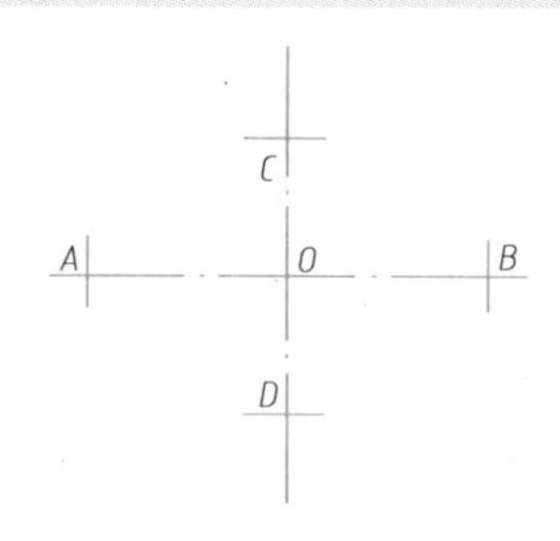

第一步：绘制两条垂直相交的细点画线，交点即为椭圆圆心 O。

第二步：根据已知长短轴的尺寸确定点 A、B、C、D，使 AB 为长轴、CD 为短轴。

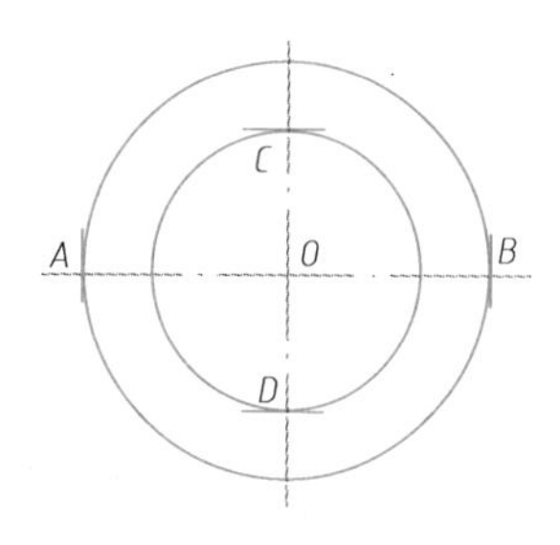

第三步：以点 O 为圆心、OA 为半径画圆。

第四步：以点 O 为圆心、OC 为半径画圆。

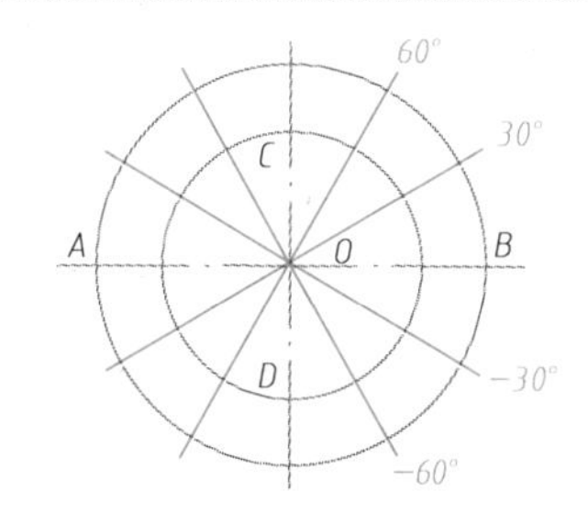

第五步：过椭圆圆心 O 作与线段 OB 的夹角分别为30°、60°、－30°和－60°的倾斜线。

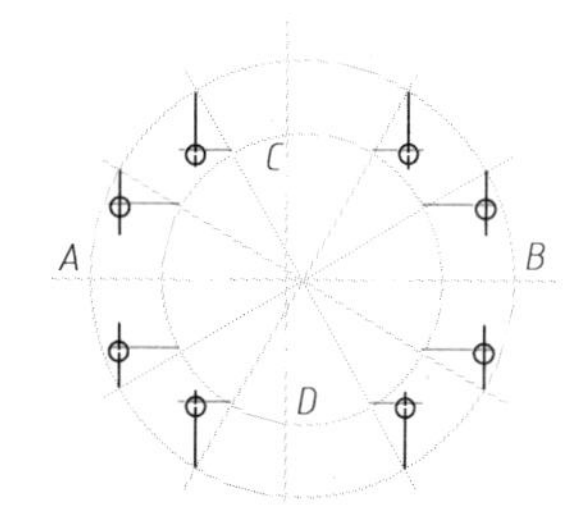

第六步：过各倾斜线与大圆的交点分别作轴线 AB 的垂直线。过各倾斜线与小圆的交点分别作轴线 AB 的平行线。所作平行线与垂直线的交点即为椭圆上的点。

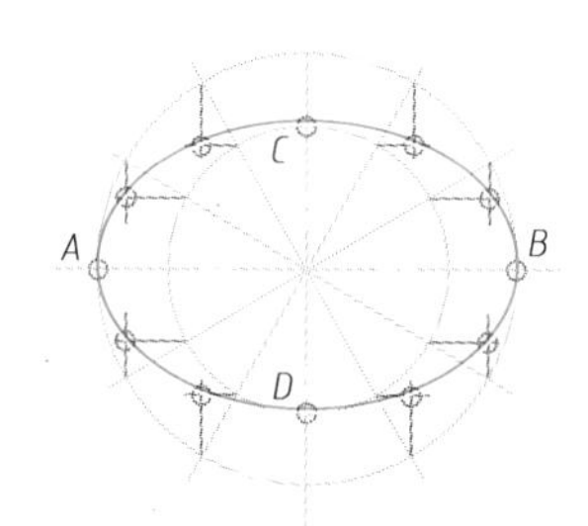

第七步：使用曲线板将所得作图点按照图中所示次序分段光滑连接。

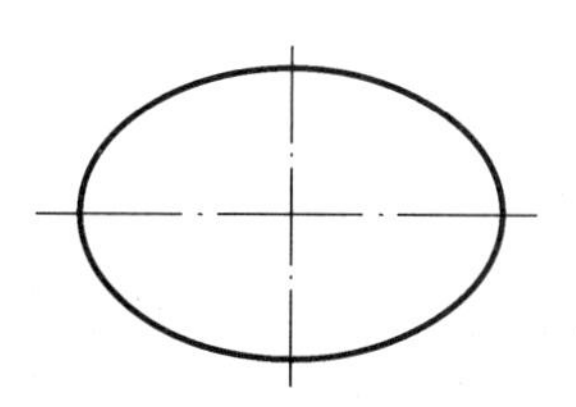

第八步：擦除多余线条和符号等，清洁图纸。

第九步：加深点画线，加粗椭圆轮廓线（使用曲线板分段加粗）。

说明：在已知椭圆长、短轴尺寸的条件下，同心圆法画椭圆的关键有两点：一是必须作出两个同心圆，二是必须依据本图所示的几何作图方法得到若干个椭圆上的点。

图2.29　椭圆的几何作图方法——同心圆法

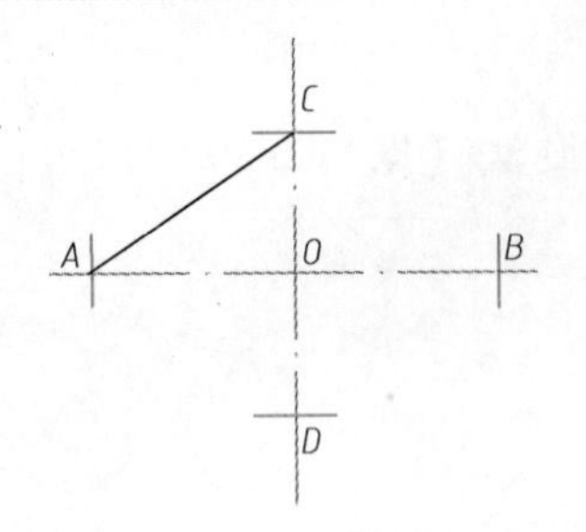

第一步：绘制两条垂直相交的细点画线以确定椭圆圆心 O 及其长短轴的端点 A、B、C、D。连接 AC。

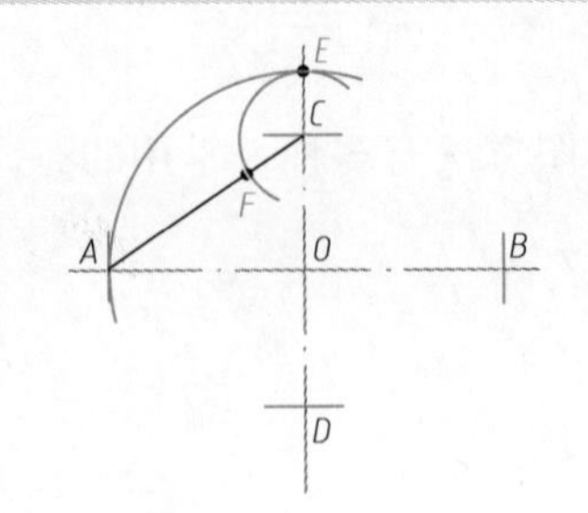

第二步：以点 O 为圆心、OA 为半径画圆，交 DC 的延长线于点 E。

第三步：以点 C 为圆心、CE 为半径画圆，交 AC 于点 F。

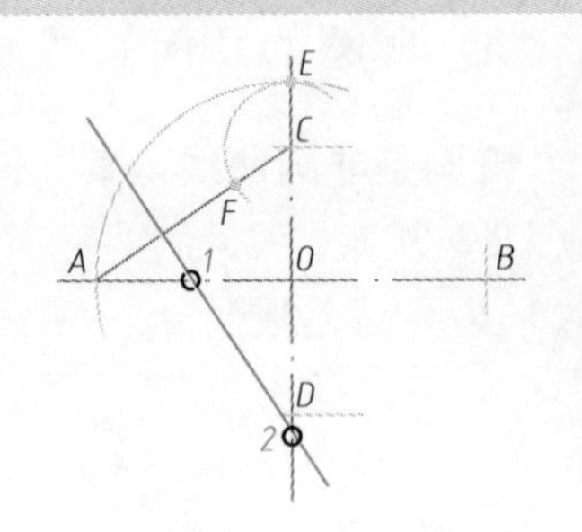

第四步：作 AF 的垂直平分线，交长轴 AB 于点 1，交短轴 CD 的延长线于点 2。

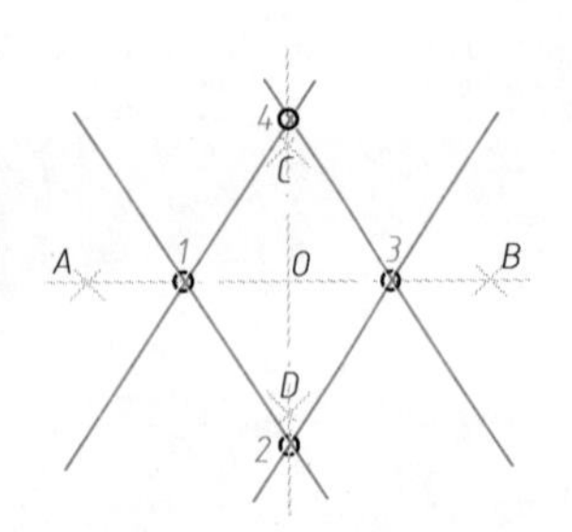

第五步：用分规分别在 AB 与 CD 上量取点 3、4，使 $O1 = O3$，$O2 = O4$。分别连接 12、23、34 和 41，并延长。

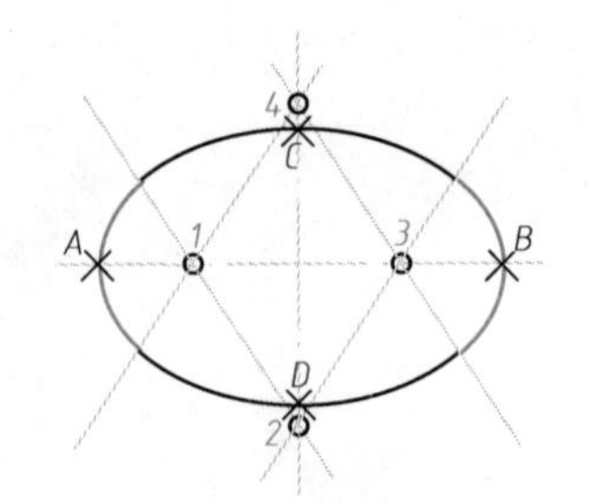

第六步：分别以点 1、3 为圆心、以 $1A$ 为半径画圆弧。

第七步：分别以点 2、4 为圆心、以 $2C$ 为半径画圆弧。

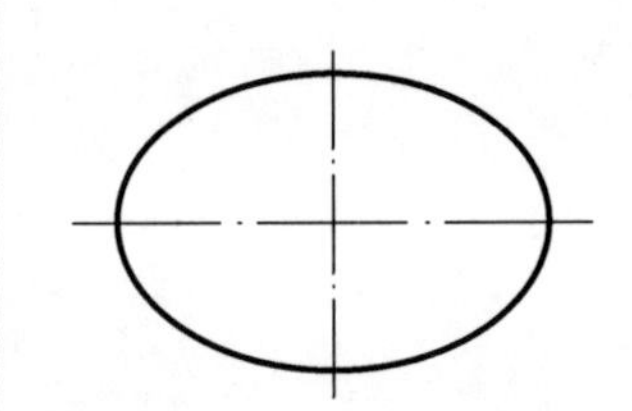

第八步：擦除多余线条并清洁图纸。

第九步：加深点画线，加粗椭圆轮廓线（使用圆规分四段加粗）。

说明：四心法是一种近似画椭圆的方法。在已知椭圆长短轴尺寸的条件下，四心法采用四段圆弧（即需确定四个圆心）近似地代替椭圆曲线。

图 2.30　椭圆的几何作图方法——四心法

2.5.6　圆弧连接的几何作图方法

在绘制许多常用工程物体的投影图形时，常常会面临圆弧连接的作图问题。所谓圆弧连接，就是指以给定半径作圆弧（该圆弧通常称为“连接圆弧”），并使所作圆弧与两条已知图线（直线或圆弧）相切（见图 2.31）。

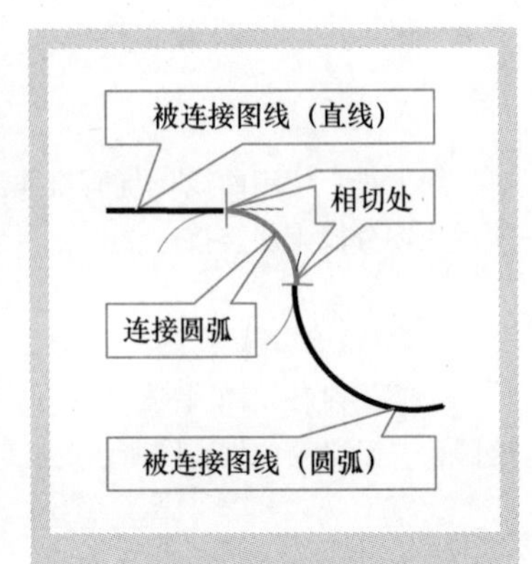

图 2.31　圆弧连接的概念

被连接图线的类型不同（如直线或圆弧），则其连接圆弧绘制的几何原理和方法就不同。当两条被连接图线均为直线时，其连接圆弧的几何作图原理与方法分别如图 2.32 和图 2.33 所示；当两条被连接图线中的一条为直线、另一条为圆弧时，其连接圆弧的几何作图原理分别如图 2.32 和图 2.34 所示，几何作图方法如图 2.35 所示；当两条被连接图线均为圆弧时，其连接圆弧的几何作图原理和方法分别如图 2.34 和图 2.36 所示。

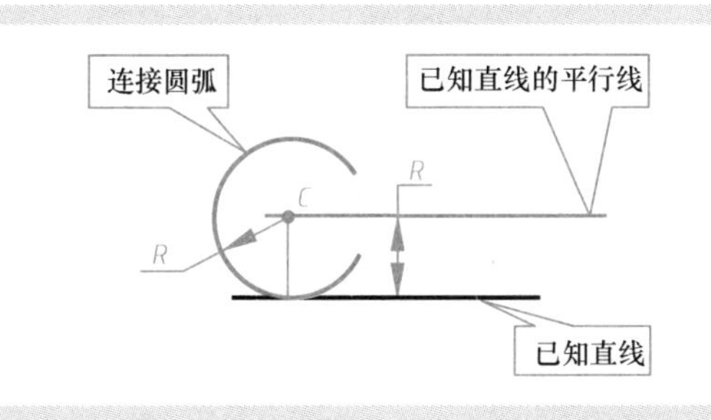

说明：与直线相切时，连接圆弧圆心 C 到已知直线的距离应始终等于连接圆弧的半径 R。由于圆心 C 的位置是未知的，故圆心 C 应在与已知直线平行且相距 R 的直线上。

图 2.32　确定与直线相切的连接圆弧圆心的几何作图原理

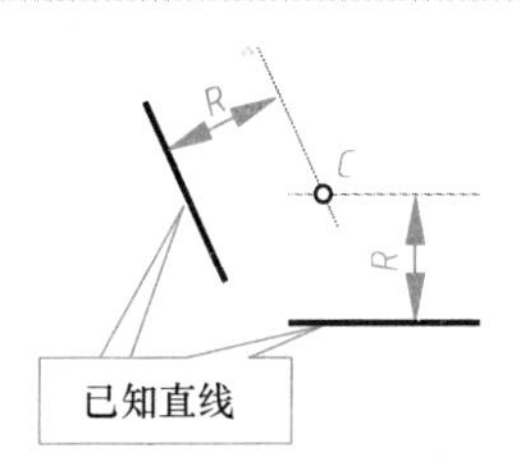

第一步：求圆心。分别作两已知直线的平行线（距离均为已知半径 R），得交点 C，则点 C 即为连接圆弧的圆心。

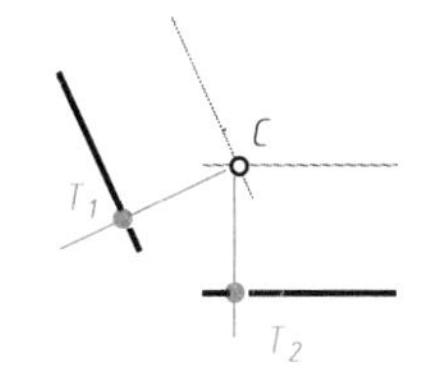

第二步：求切点。过点 C 分别作两已知直线的垂线，得交点 T_1 和 T_2。则点 T_1 和 T_2 即分别为连接圆弧与两已知直线的切点。

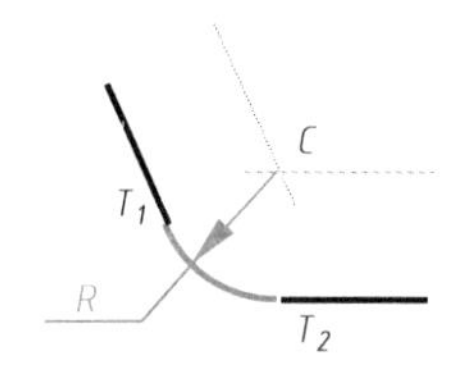

第三步：圆弧连接。以点 C 为圆心、以已知半径 R 为半径、以点 T_1 和 T_2 为端点画圆弧，则得到两已知直线的连接圆弧。

图 2.33　已知连接圆弧半径时，作两已知直线连接圆弧的几何作图方法

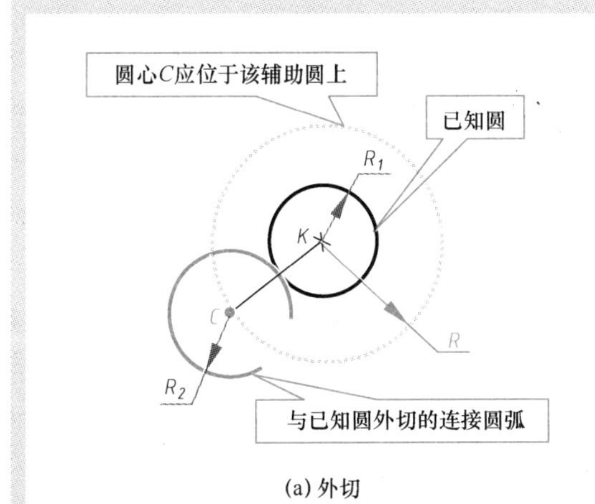

(a) 外切

说　明

R_1—已知圆的半径。R_2—连接圆弧的半径。

R—辅助圆的半径。则：$R=KC=R_1+R_2$

外切时，连接圆弧圆心 C 到已知圆圆心 K 的距离应始终等于 R（$=R_1+R_2$）。故所求圆心 C 应在一个以点 K 为圆心、以 R 为半径的圆上。

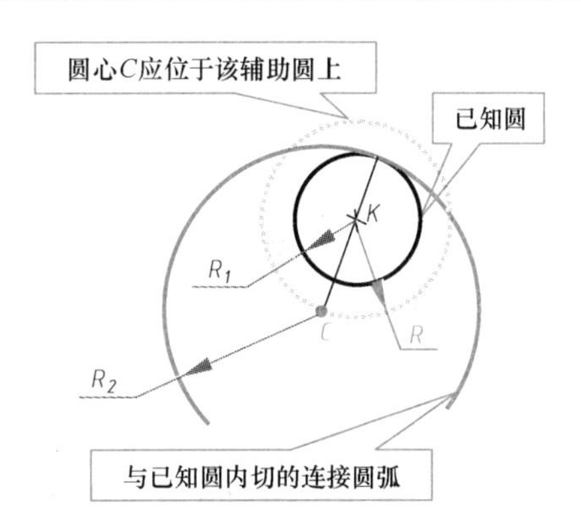

(b) 内切

说　明

R_1—已知圆的半径。R_2—连接圆弧的半径。

R—辅助圆的半径。则：$R=KC=R_2-R_1$

内切时，连接圆弧圆心 C 到已知圆圆心 K 的距离应始终等于 R（$=R_2-R_1$）。故所求圆心 C 应在一个以点 K 为圆心、以 R 为半径的圆上。

图 2.34　确定与圆（或圆弧）外切或内切的连接圆弧圆心的几何作图原理

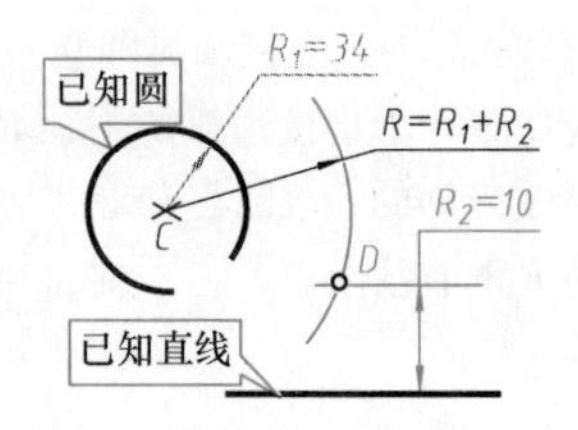

第一步：作与已知直线平行且相距为 R_2（=10mm）的直线。

第二步：以点 C 为圆心、以 R（$=R_1+R_2=34\text{mm}+10\text{mm}=44\text{mm}$）为半径画圆弧，得连接圆弧的圆心 D。

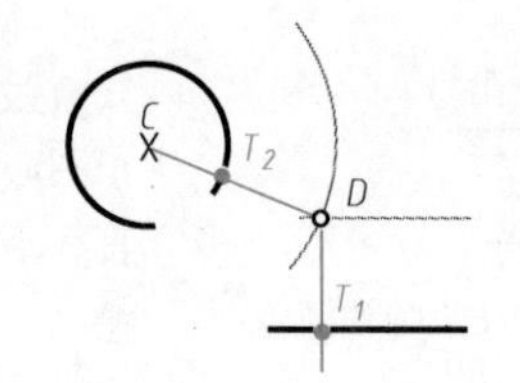

第三步：过点 D 作已知直线的垂线，得切点 T_1。

第四步：连接点 D 与点 C，得切点 T_2。

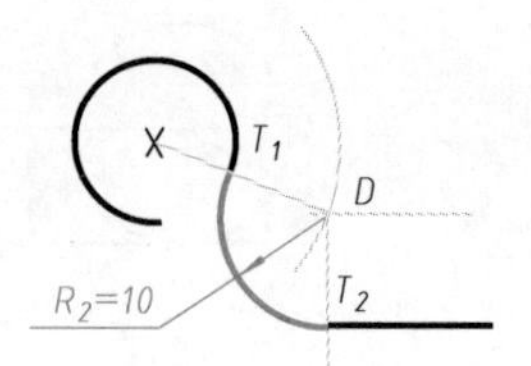

第五步：以点 D 为圆心、以线段 DT_1 为半径、以 T_1 和 T_2 为端点画圆弧，则得半径为 R_2（=10）连接圆弧。

图 2.35　已知连接圆弧半径时，作已知直线与已知圆弧的连接圆弧的几何作图方法

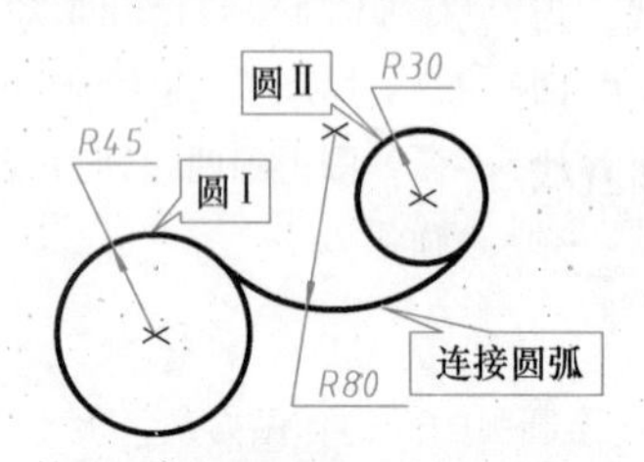

例 2.4：试按图示尺寸以 1∶1 的比例作两已知圆 Ⅰ、Ⅱ的连接圆弧。

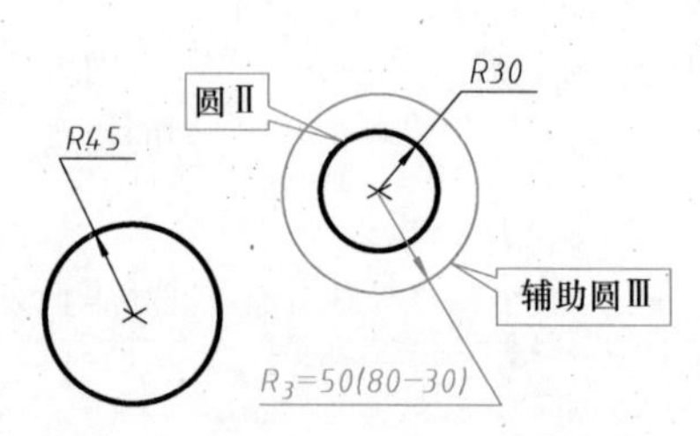

题解步骤一：作辅助圆Ⅲ。连接圆弧与已知圆Ⅱ内切，故辅助圆Ⅲ的半径为 50mm（见图 2.34b）。可以圆Ⅱ的圆心为圆心，以 50 为半径画出辅助圆Ⅲ。

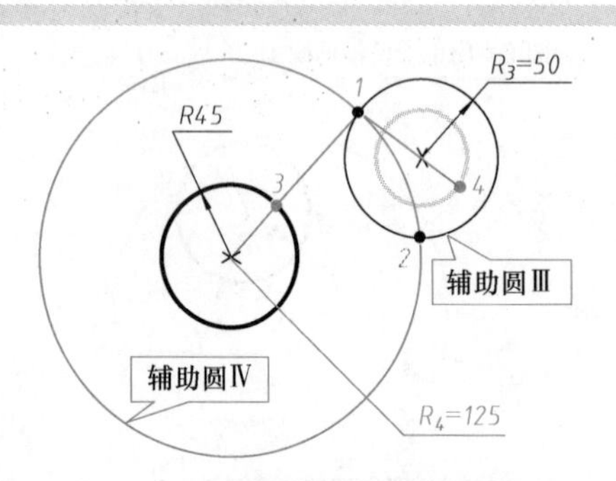

题解步骤二：作辅助圆Ⅳ。连接圆弧与已知圆Ⅰ外切，故辅助圆Ⅳ的半径为 125mm（见图 2.34a）。可以圆Ⅰ的圆心为圆心，以 125mm 为半径画出辅助圆Ⅳ。

题解步骤三：求圆心。辅助圆Ⅲ、Ⅳ的交点 1、2 就是连接圆弧的圆心（即所求圆心有两个）。

题解步骤四：求切点。依题意连接点 1 和圆Ⅰ的圆心，得交点 3。连接点 1 和圆Ⅱ的圆心并延长，得交点 4。则点 3、4 即为所求切点。

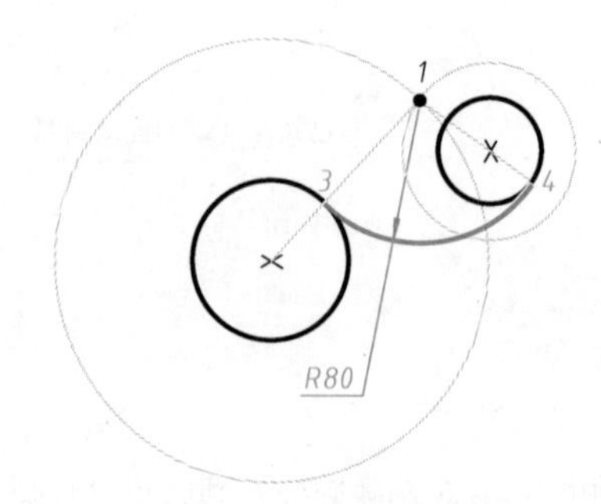

题解步骤五：作连接圆弧。以 1 点为圆心，以 80mm 为半径画圆弧，得所求连接圆弧。

图 2.36　已知连接圆弧半径时，作两已知圆弧的连接圆弧的几何作图方法

2.5.7 常见平面图形的几何作图方法

在遵循仪器绘图的基本步骤和方法（见2.4节）的前提下，2.5.1～2.5.6节所示的各种几何作图方法可综合应用于常见平面图形（或投影图形）的绘制过程中（见图2.37～图2.39）。

例 2.5：试按1:1的比例绘制图b所示的平面图形。

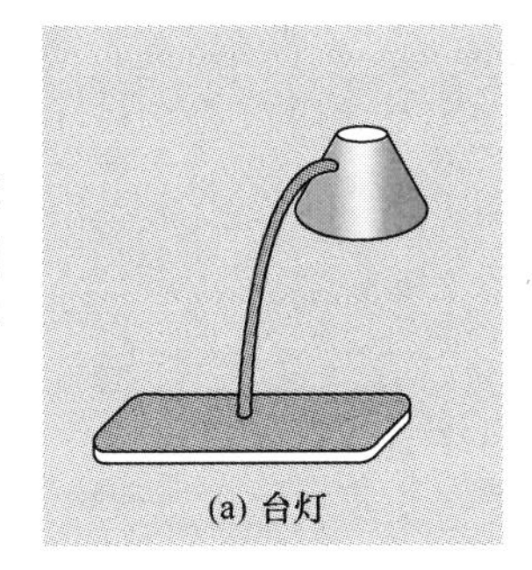

(a) 台灯

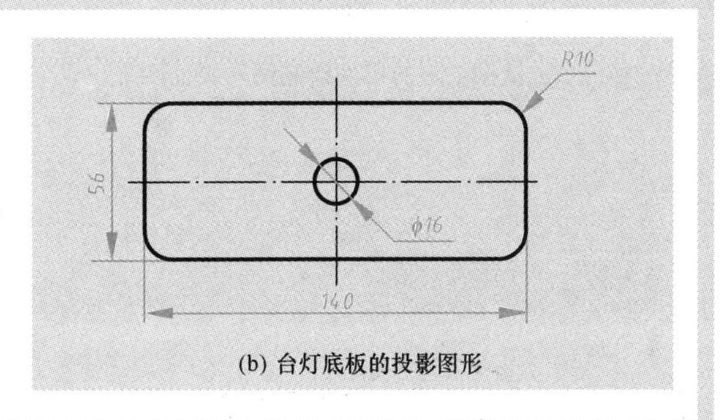

(b) 台灯底板的投影图形

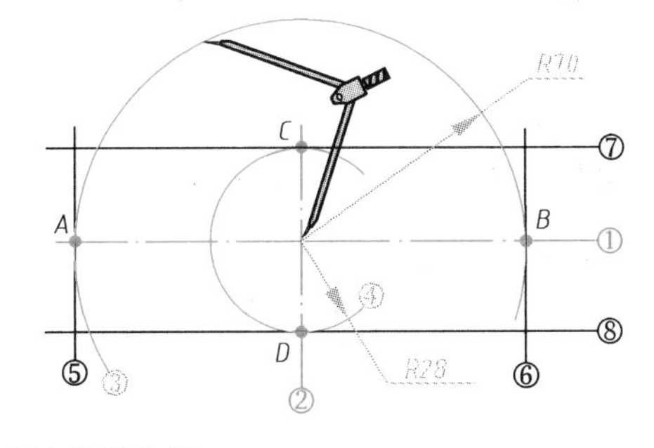

题解步骤一：绘制对称中心线①和②。

题解步骤二：用分规在对称中心线①上对称量取70mm，得到作图点*A*、*B*。用分规在对称中心线②上对称量取28mm，得到作图点*C*、*D*。

题解步骤三：分别过*A*、*B*点作对称中心线①的垂直线⑤、⑥。分别过*C*、*D*点作对称中心线②的垂直线⑦、⑧。

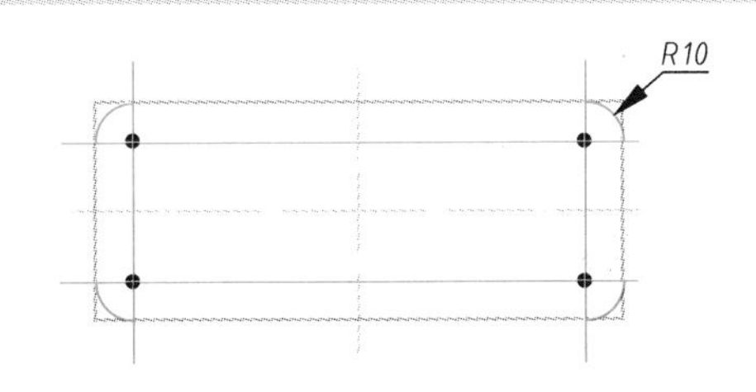

题解步骤四：作与长方形的各边相距10mm且与之平行的四条直线。

题解步骤五：分别以所作直线的交点为圆心，以10mm为半径，作1/4圆弧。

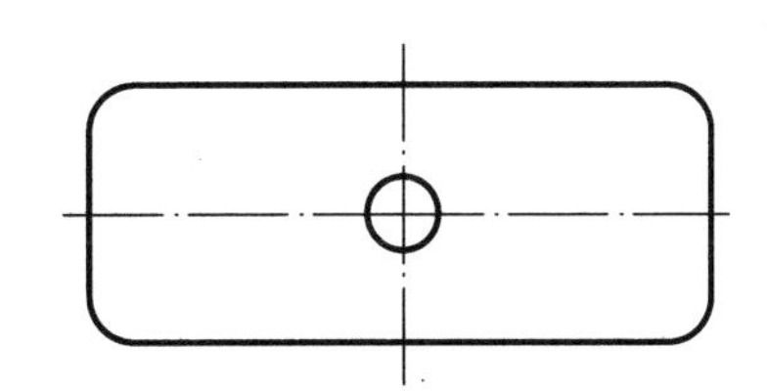

题解步骤六：作直径为16mm的圆。

题解步骤七：擦除多余图线，加深与加粗图线，完成作图。

对称图形及其对称中心线的说明：在工程图样中，要求使用细点画线表示对称图形的对称中心线。

图2.37 几何作图方法的综合应用——绘制台灯底板的投影图形

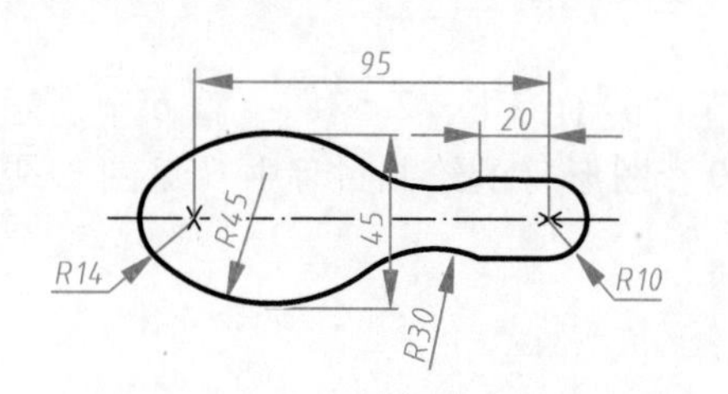

例 2.6：试按 1:1 的比例绘制图示平面图形。

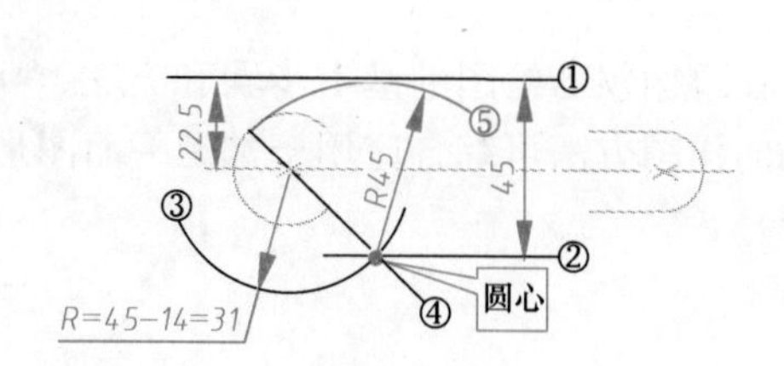

题解步骤三：作图线①～④，得连接圆弧⑤。

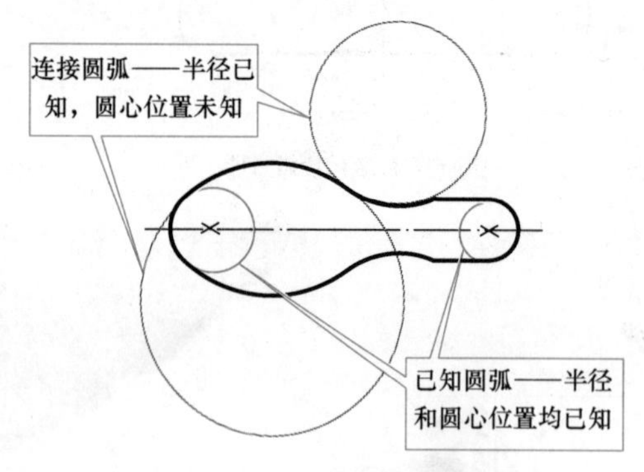

题解步骤一：已知圆弧和连接圆弧分析。

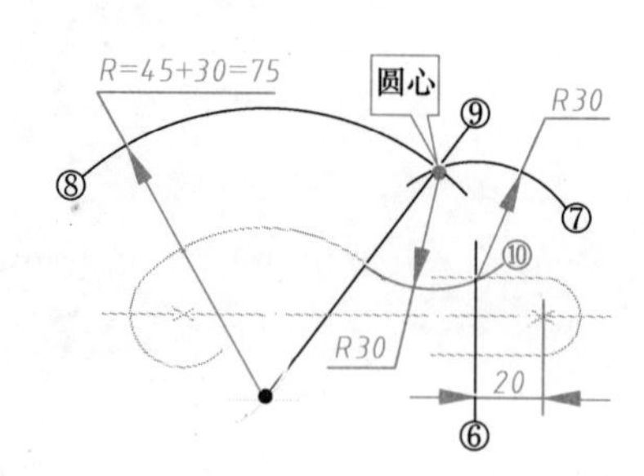

题解步骤四：作图线⑥～⑨，得连接圆弧⑩。

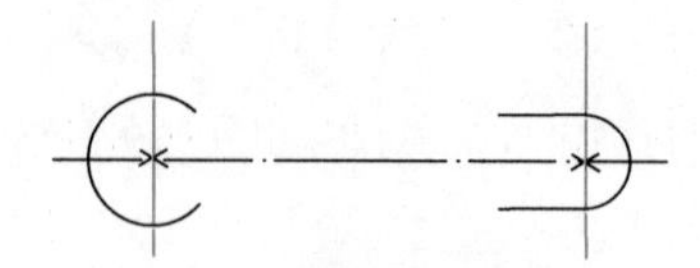

题解步骤二：作已知圆弧和直线。

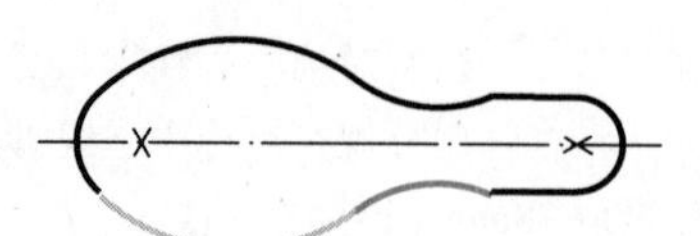

题解步骤五：相同方法作对称的连接圆弧。

图 2.38　几何作图方法的综合应用——绘制小梳柄的外形轮廓图

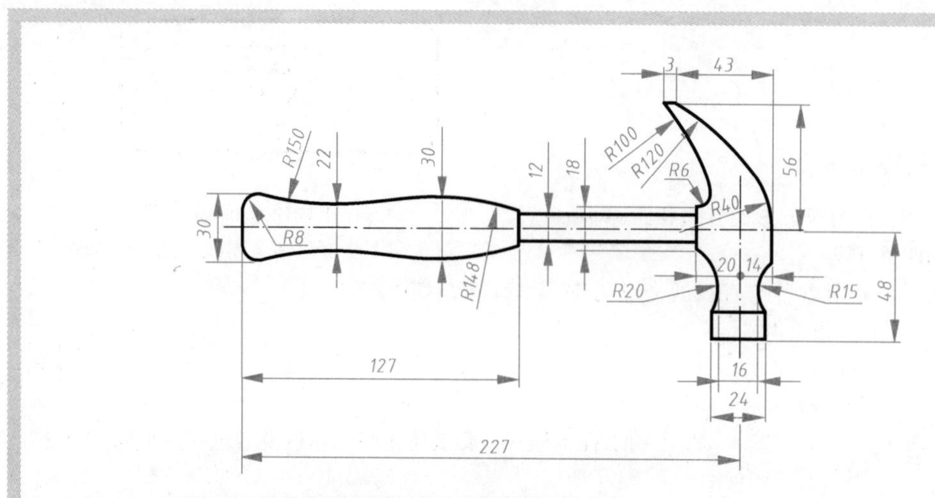

例 2.7：试按 1:1 的比例绘制图示起钉锤的外形轮廓图。

图 2.39　几何作图方法的综合应用——绘制起钉锤的外形轮廓图

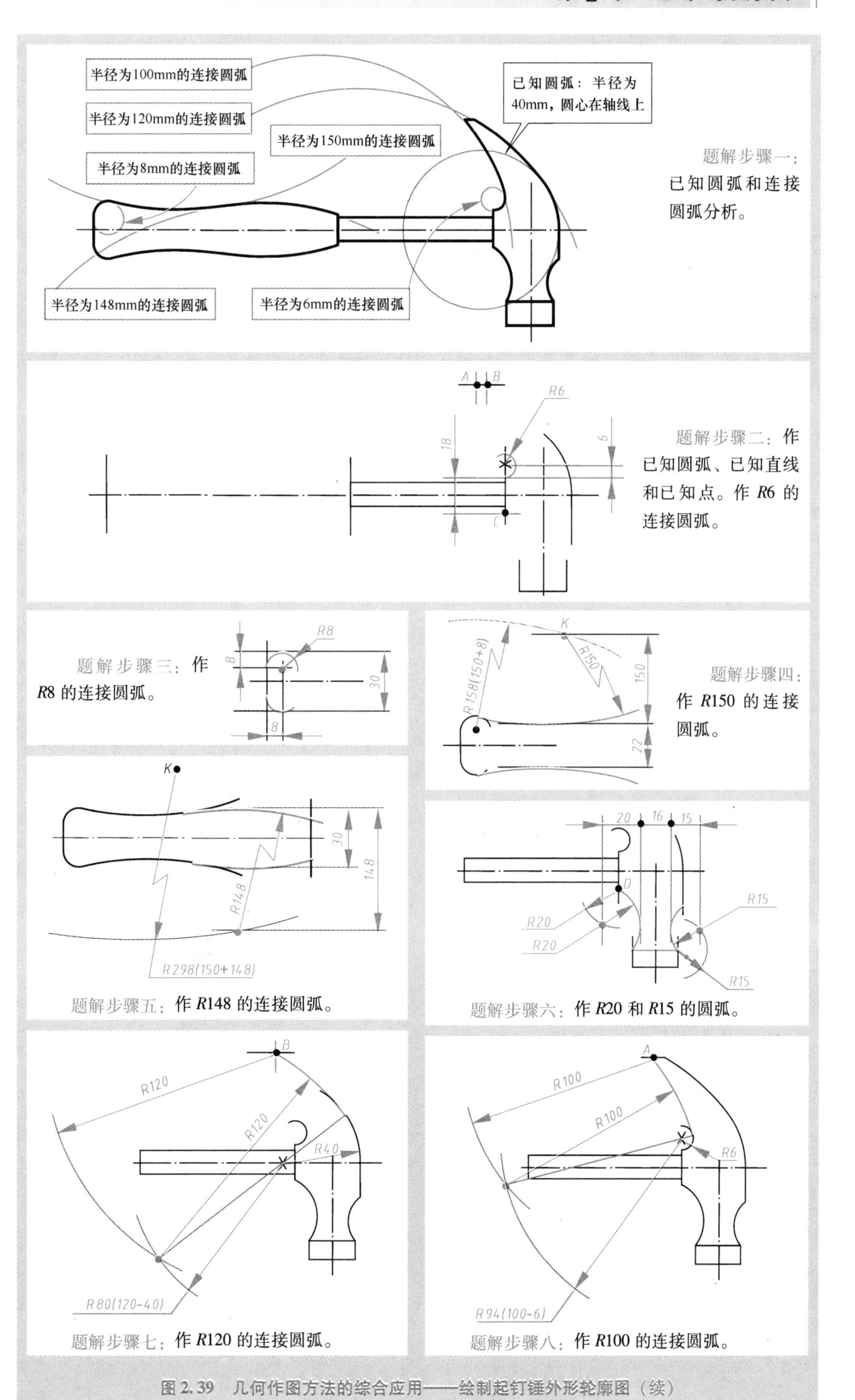

图 2.39　几何作图方法的综合应用——绘制起钉锤外形轮廓图（续）

2.6 徒手制图技术

徒手制图就是绘图时仅使用铅笔而不使用其他各种绘图仪器的绘图方法。徒手绘制的图样称为“草图（*sketch*）”。

显然，与仪器绘图相比，徒手制图更加快捷，同时也更加方便与灵活（如可以使用任意纸张和绘图比例等）。因此，工程师通常使用草图表达与记录其设计意图。比如，在产生一个好的想法或新的产品设计灵感时，习惯的做法是，绘制草图将这些想法或灵感表达与记录下来，即一个好的设计构思往往从绘制草图开始的。再如，随着现代产品的日趋复杂与精密，现代产品设计与创新越来越依靠团队的力量，团队成员之间的交流与沟通（甚至设计思想的碰撞）也因此日趋频繁和重要，而草图就是这些交流与沟通的主要媒介，即草图为工程师们提供了一种快速而有效的沟通手段并因而成为其沟通时自然的选择。

事实上，人类很早就懂得绘制草图能够更加清晰与明确地表达与记录工程产品的形状与结构，并掌握了多种徒手制图的技术。如中国元代学者王祯在其农业巨著《农书》中绘制了大量元代前期中国工程师首创的各种农业器具草图（见图2.40），几乎包括了传统的所有农具，一些农具至今仍在使用；在中国古代兵书巨著《武经总要》中，著作者绘制了当时中国工程师创造与发明的多种军事器械草图（见图2.41）。这些绘制精美的草图向全世界展现了中华民族曾经有过的伟大智慧和巨大创造力。

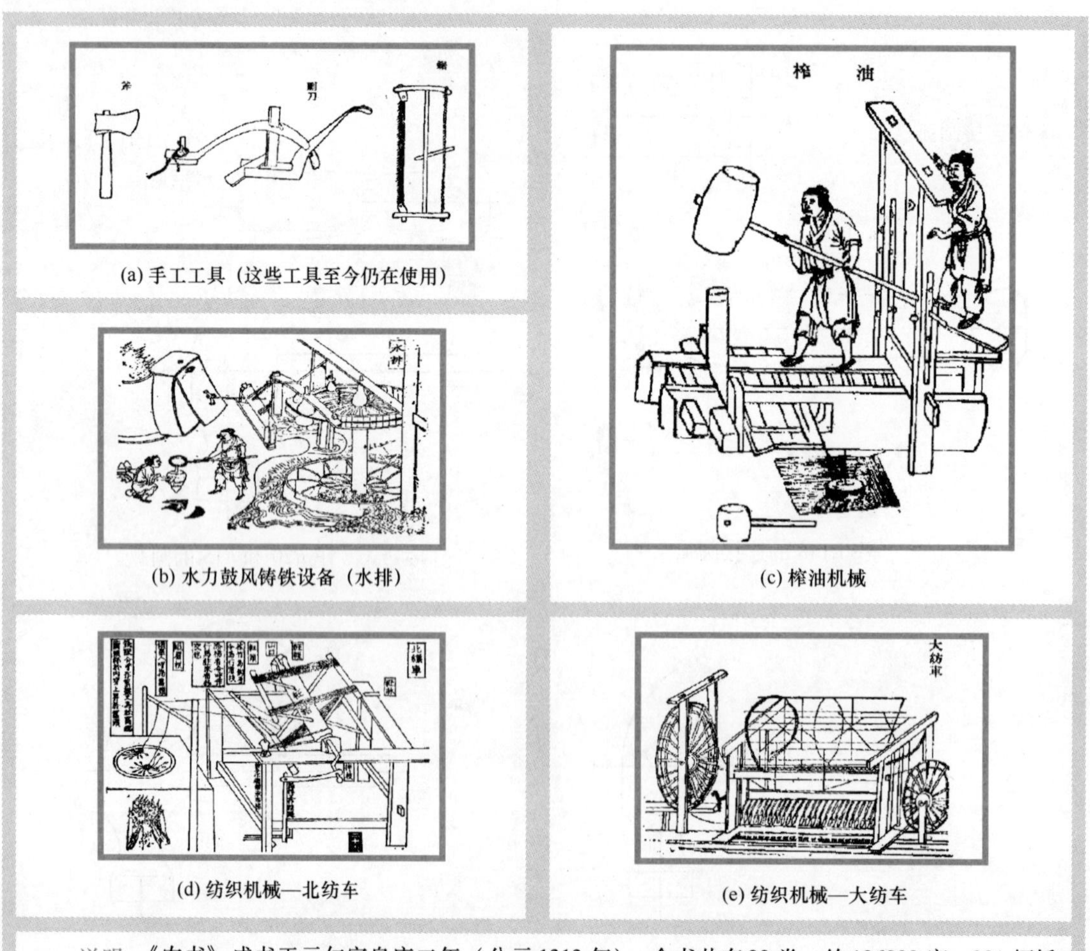

(a) 手工工具（这些工具至今仍在使用）

(b) 水力鼓风铸铁设备（水排）

(c) 榨油机械

(d) 纺织机械—北纺车

(e) 纺织机械—大纺车

说明：《农书》成书于元仁宗皇庆二年（公元1313年），全书共有22卷、约136000字，281幅插图。许多失传的中国古代机械都是根据其中的插图得以在现代复原的。

图2.40 《农书》中的机械工具与设备草图

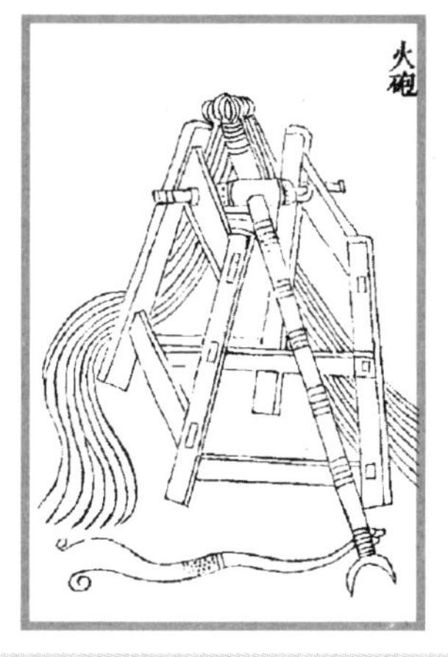

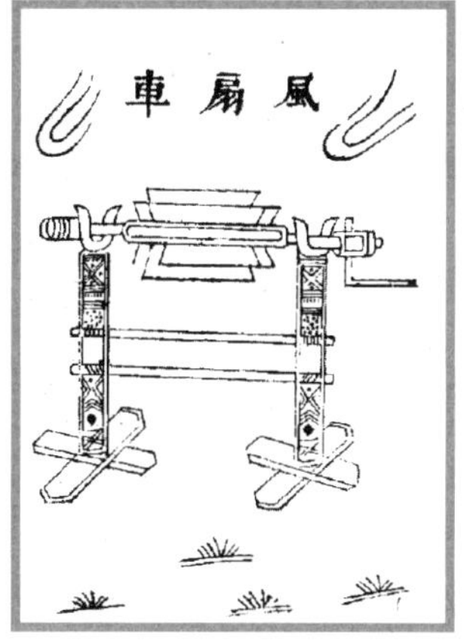

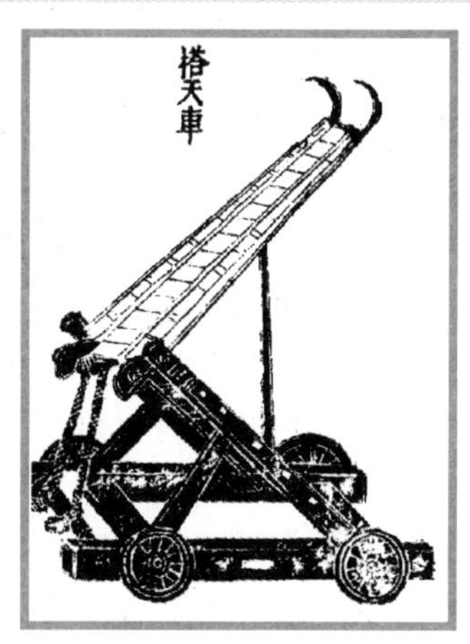

说明：《武经总要》成书于宋仁宗（公元1010年～1063年）时期，作者为一个庞大的群体，该群体由众多学者和工程师组成，并由丁度和曾公亮领衔。全书共40卷，2000余页，附有各式插图270幅以上（其中各类器械插图180幅以上）。在该书中，仅兵器就记载了中国古代工程师首创的各种冷兵器、火器、战船等器械（如炮就有火炮、单梢炮、双梢炮、五梢炮、七梢炮、虎蹲炮、柱腹炮、旋风炮、合炮、卧车炮、车行炮、行炮车等十几种不同式样）。

图2.41 《武经总要》中的器械草图（摘选）

草图既可以是一个多面正投影图，也可以是一个具有较强立体感的轴测图，如图2.42所示。然而，无论何种类型的草图，都以两个基本制图技能为技术基础，一是能够徒手绘制各类图线（如直线、圆与圆弧、椭圆等），二是掌握各类投影图形的画法（多面正投影图的画法见第4～6章，轴测图的画法见第11章）。

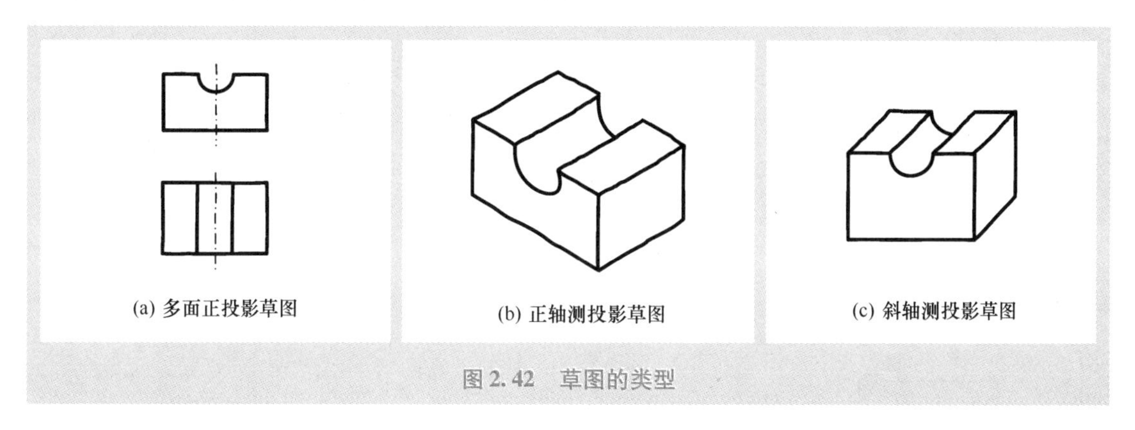

(a) 多面正投影草图　(b) 正轴测投影草图　(c) 斜轴测投影草图

图2.42 草图的类型

2.6.1 各类图线的徒手画法

一般而言，徒手制图使用HB或2B铅笔，可使用各种类型的纸张，并且，通常绘制草图的图纸不必固定在一个工作台面上（例如桌面上）。

徒手制图时，各类图线的徒手画法是不同的，其中：

（1）**徒手绘制水平线**（或垂直线）时，应将铅笔轻压在纸面上（在整个绘制过程中应保持这一轻压状态），眼睛始终注视所绘水平线（或垂直线）的端点，手腕不动，沿水平（或垂直）方向移动手臂。注意，手臂在移动过程中应尽量保持一个不快不慢的、稳定的速度（见图2.43a、b）。

（2）**徒手绘制倾斜直线**时，通常使所绘倾斜直线位于水平（或垂直）方向，再采用水平线（或垂直线）的徒手画法画出（见图2.43c）。

（3）**徒手绘制圆**时，可先徒手绘制一个正方形（其边长为圆的直径）并作出其对角线，再目测估计出所作图线与圆的交点，最后，徒手将这些点光滑连接为一个圆（见图2.44）。另一种实用的徒手作圆的方法是，使用两支铅笔，一支铅笔的一端固定在圆心位置并旋转，另一支铅笔以一定的半径跟随旋转的那支铅笔转动，就可以得到徒手圆（见图2.45a）。第三种实用的方法同样是使用两支铅笔，不过两支铅笔应交叉成圆规状，这时，只需慢慢转动图纸，就可以得到漂亮的徒手圆（见图2.45b）。

（4）**徒手绘制圆弧**时，可采用上述徒手作圆的各种方法（见图2.46a）。但对于一些尺寸较小的圆弧，则可以采用更为简易和快捷的“方框法”（见图2.46b）。

（5）**徒手绘制连接圆弧**时，应先采用前述各种几何作图方法定出圆心和切点，再根据上述各种徒手作圆与圆弧的方法绘制连接圆弧（见图2.47）。

（6）**徒手绘制椭圆**时，应先根据椭圆的长短轴徒手作出一个长方形，再使用铅芯较硬的铅笔（如2H铅笔）徒手绘制四段小的椭圆弧（在这个阶段，可多次擦除和修正，直至绘制出满意的椭圆弧为止），最后使用铅芯较软的铅笔（如2B铅笔）徒手画出椭圆（见图2.48）。

（7）**徒手绘制不规则曲线**时，先确定曲线的总体轮廓方框，再确定该不规则曲线的一些切线，最后，依据所绘方框与切线画出不规则曲线（见图2.49）。

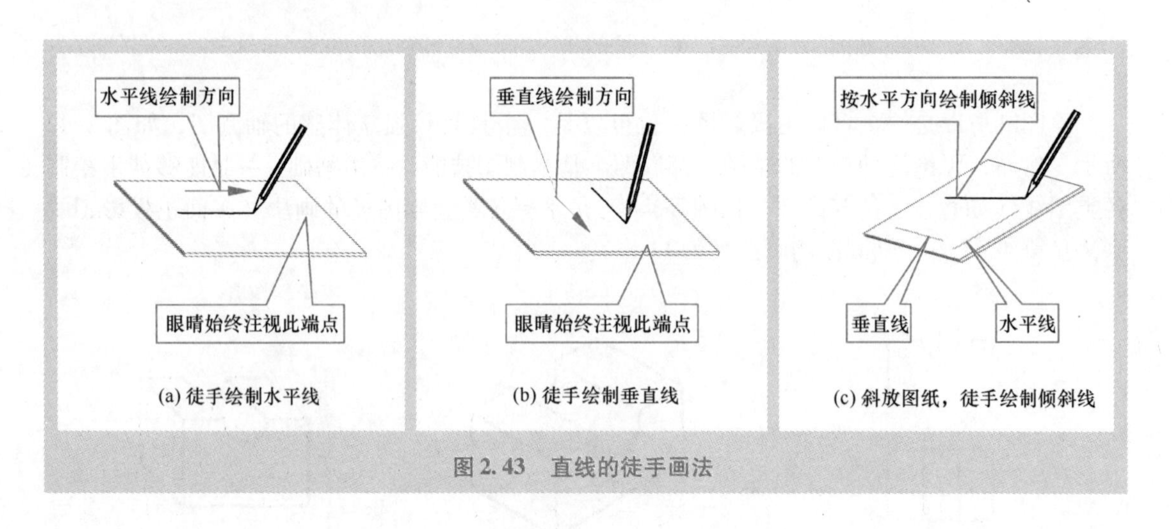

(a) 徒手绘制水平线　(b) 徒手绘制垂直线　(c) 斜放图纸，徒手绘制倾斜线

图2.43　直线的徒手画法

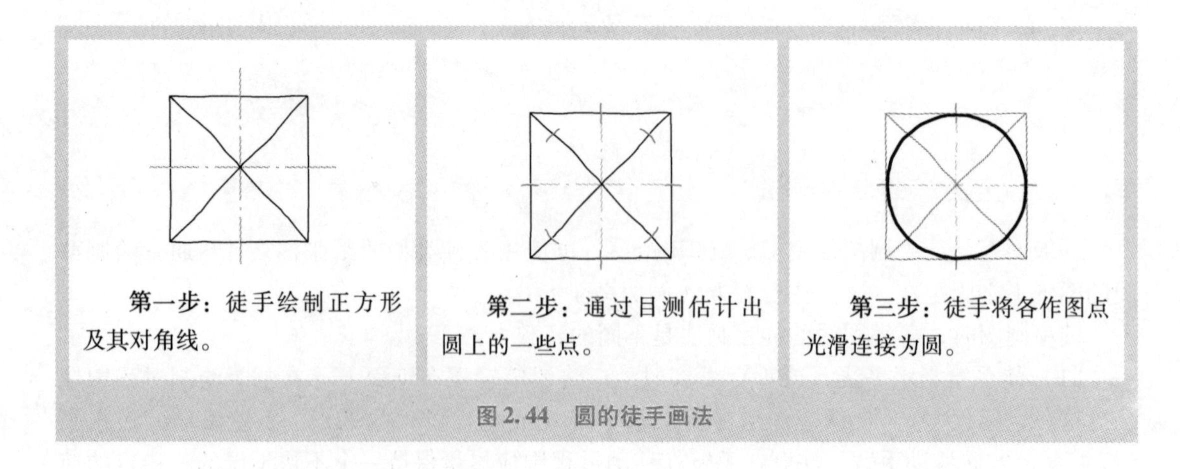

第一步：徒手绘制正方形及其对角线。　第二步：通过目测估计出圆上的一些点。　第三步：徒手将各作图点光滑连接为圆。

图2.44　圆的徒手画法

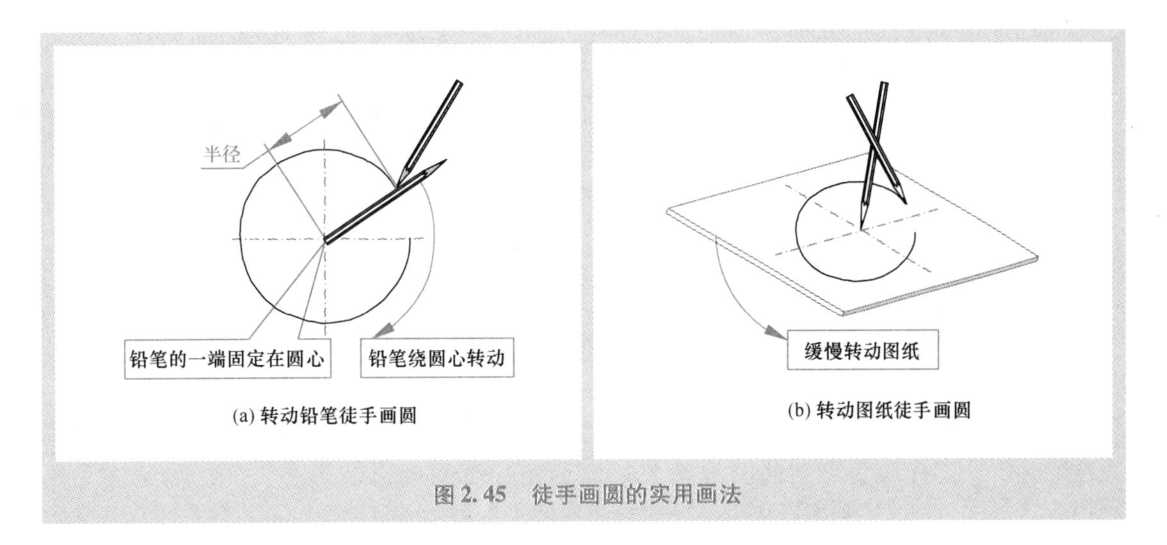

图 2.45 徒手画圆的实用画法

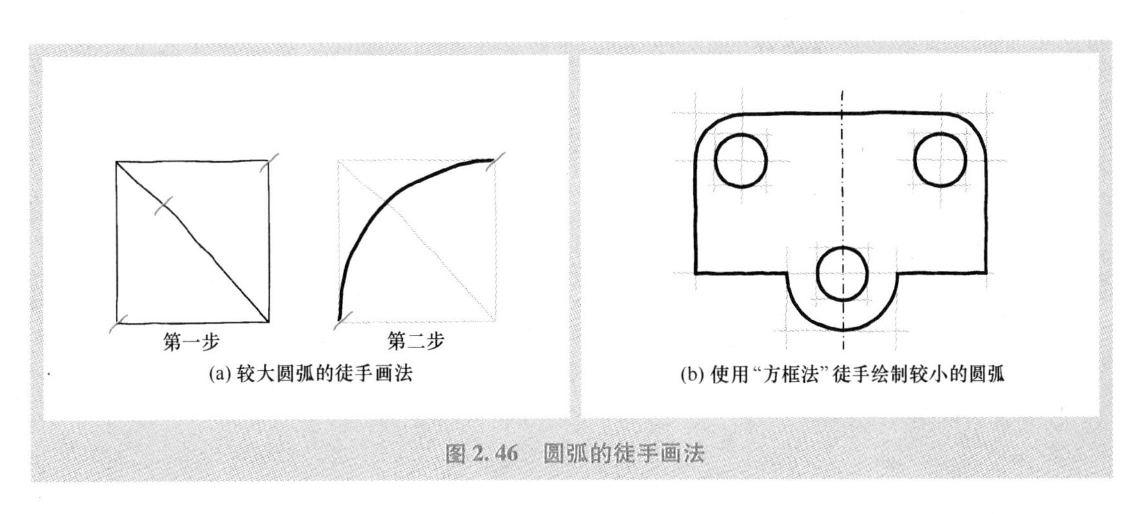

图 2.46 圆弧的徒手画法

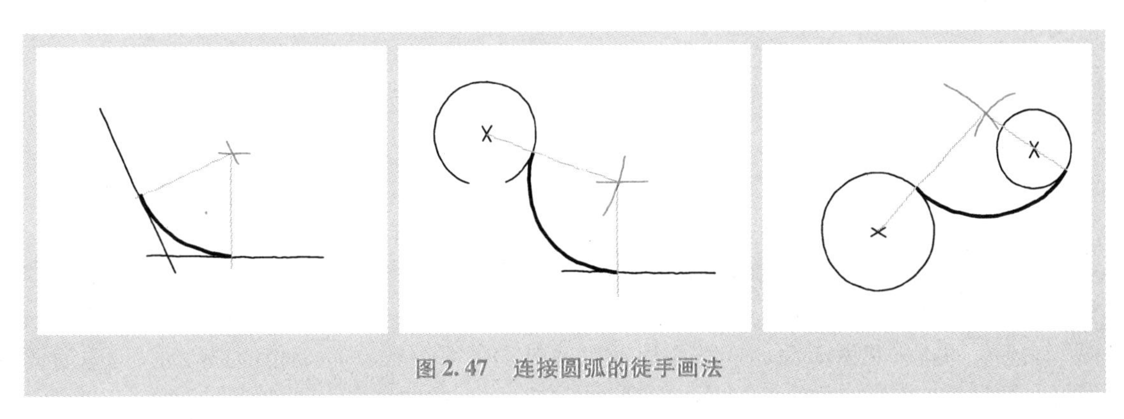

图 2.47 连接圆弧的徒手画法

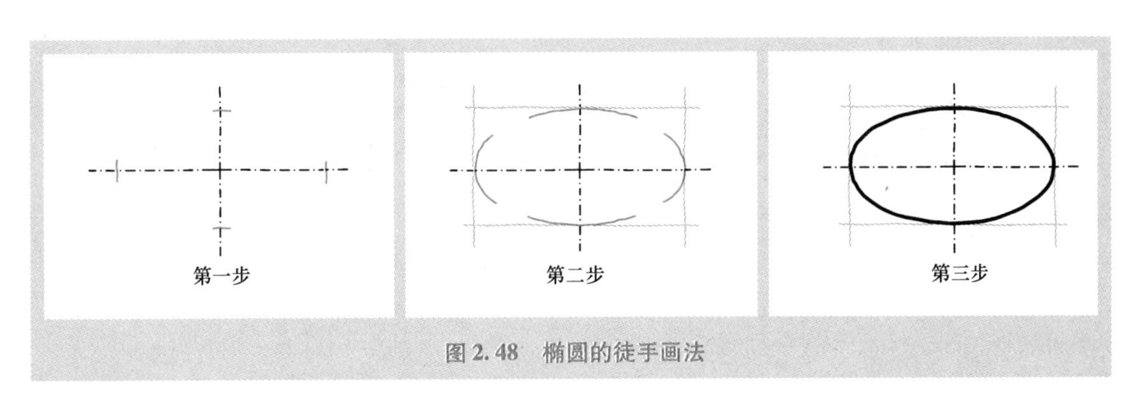

图 2.48 椭圆的徒手画法

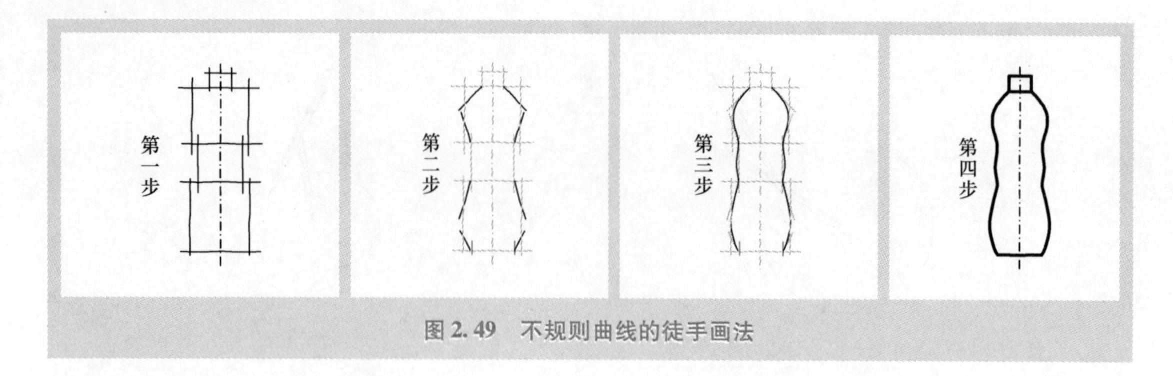

图 2.49　不规则曲线的徒手画法

徒手制图常见的错误如图 2.50 所示。徒手制图的要求是，除了绘制底稿可以多次修正与擦除之外，所有徒手绘制的图线都应一笔画出，而不应拖泥带水、反复描绘（见图 2.50a）。并且，在徒手制图过程中手臂移动的速度不能过快或过慢，移动过慢容易导致手腕或手臂的抖动（见图 2.50b），移动过快容易导致所绘图线偏离预定的方向（见图 2.50c）。当然，那些不按照徒手制图方法而胡乱涂鸦的草图，所犯的错误已经不是“技术”错误，而是严重的“态度”错误。

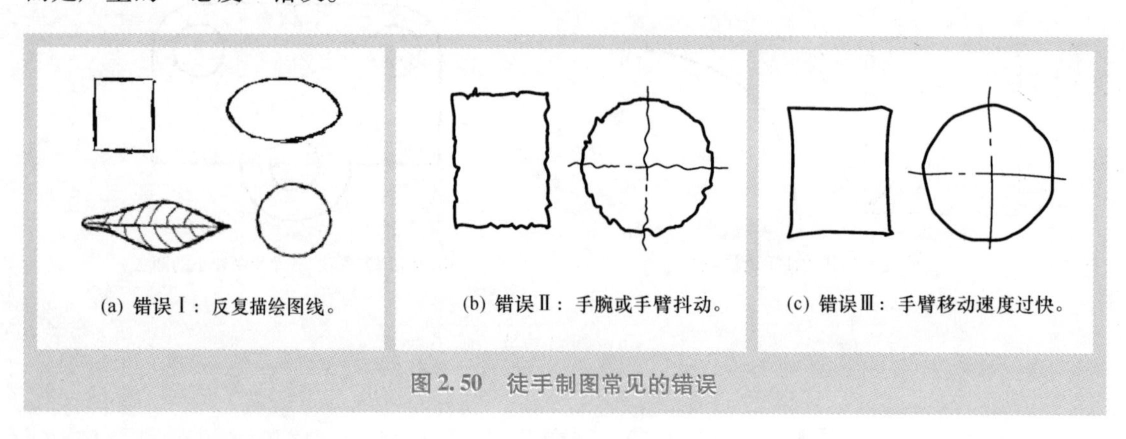

图 2.50　徒手制图常见的错误

2.6.2　徒手制图的比例

在这里，比例有两个含义，一个含义是作图的比例，即徒手制图时可自由选择作图比例，既可以选择国家标准规定的比例（表 2.6 中规定的比例），也可以自定一个作图比例；另一个含义是指相对比例，即物体长、宽、高各部分的相对比例。

在徒手制图时，所绘图线的相对比例应与实际物体轮廓线的相对比例一致，这一点非常重要。如果所绘草图长、宽、高各部分的相对比例与实际一致，则所绘草图看起来就“很像”实际的物体（见图 2.51a）；如果相对比例与实际不一致（甚至相差很大），无论图线画得多么漂亮与美观，所绘草图看起来都“不像”实际的物体（见图 2.51b）。

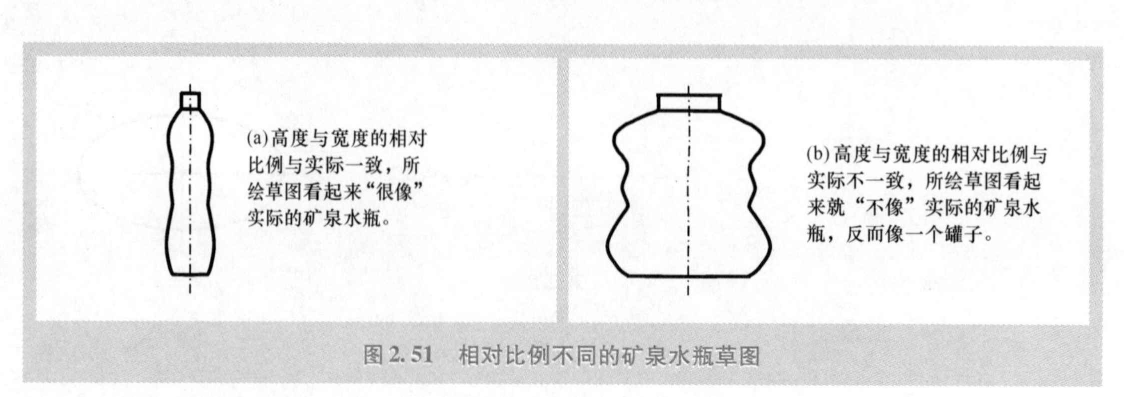

图 2.51　相对比例不同的矿泉水瓶草图

在绘制一个实际物体的草图时，可通过以下方法保持相对比例的一致：

（1）**实测法**　可以先使用直尺或卷尺测量物体的实际尺寸，再自行确定一个合适的徒手作图比例，最后徒手绘制出尺寸符合所定作图比例的图线。

（2）**目测法**　当实际物体较大或尺寸不易测量时，可以采用如图 2.52 所示的方法目测物体轮廓的尺寸。图 2.53 所示为使用目测法绘制草图的一个示例。目测时应注意，为了使目测尺寸的相对比例与实际物体的相对比例保持一致，每次目测时手臂应尽量伸直，并使铅笔尽量与所测轮廓平行。同时，目测者与物体的距离应保持不变（这一距离应根据绘图需要确定。若距离较近，则可能目测尺寸较大，所作图形将超出图框范围；若距离较远，则可能目测尺寸较小，导致所作图形太小）。另外，采用一个合理的目测步骤能够更好地保证这种相对比例关系，即应先目测总体轮廓的尺寸、再目测各局部轮廓形状的尺寸。使用目测法绘制草图时还应注意，同样可以按照一个放大或缩小的作图比例，将目测得到的尺寸放大或缩小。

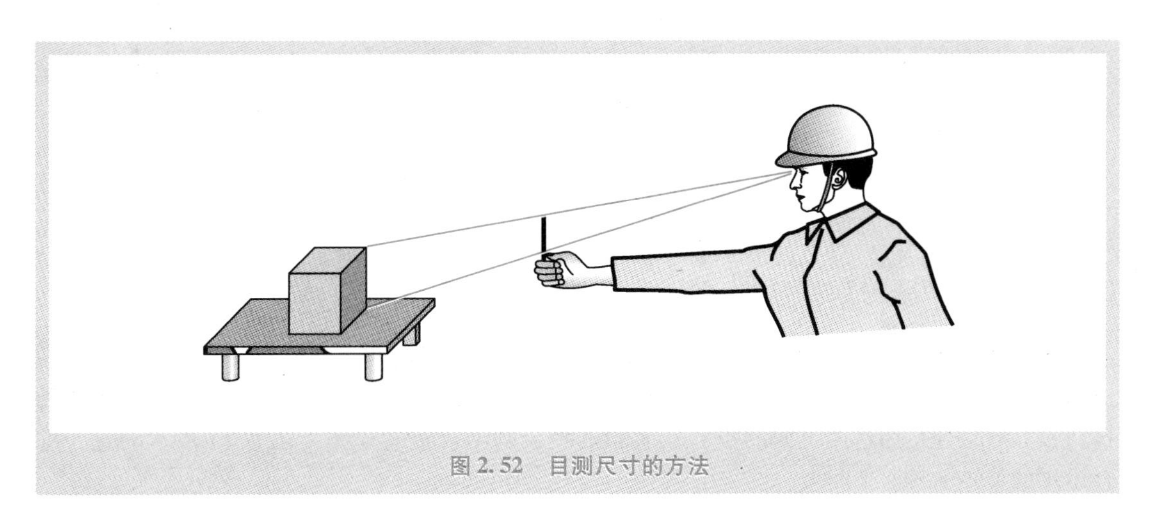

图 2.52　目测尺寸的方法

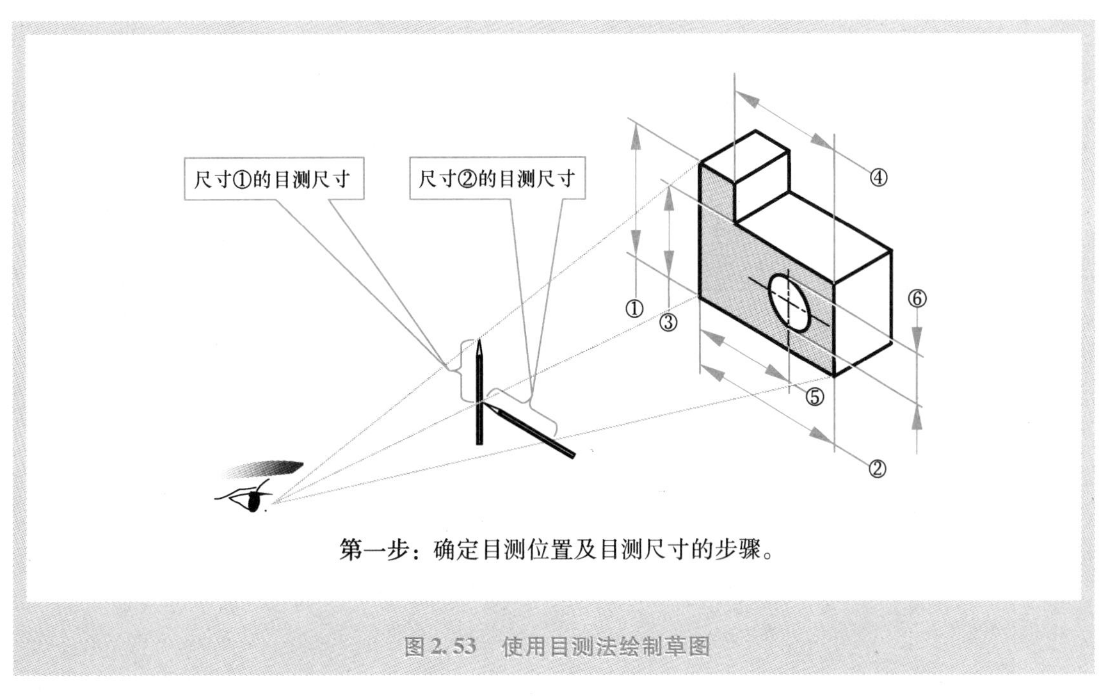

图 2.53　使用目测法绘制草图

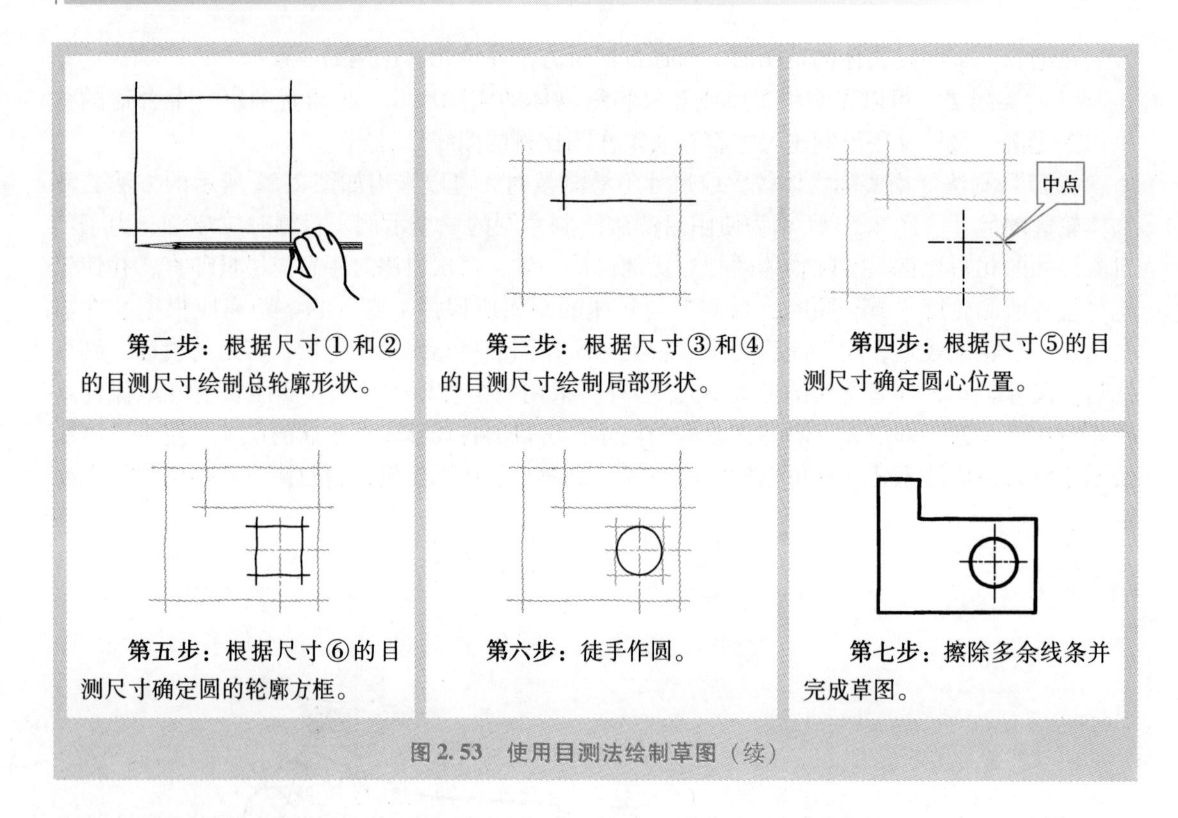

图 2.53　使用目测法绘制草图（续）

2.6.3　徒手制图的基本方法

徒手制图前，应首先明确，草图尽管是徒手绘制的，但绝非潦草的图。徒手制图时，一方面应采取与仪器绘图相同的绘图步骤和画法；另一方面还应使用上述各种徒手绘制图线的技巧。只有综合运用这两方面的技巧，才能徒手绘制出合格的草图。图 2.54 所示为这一综合运用的具体示例。

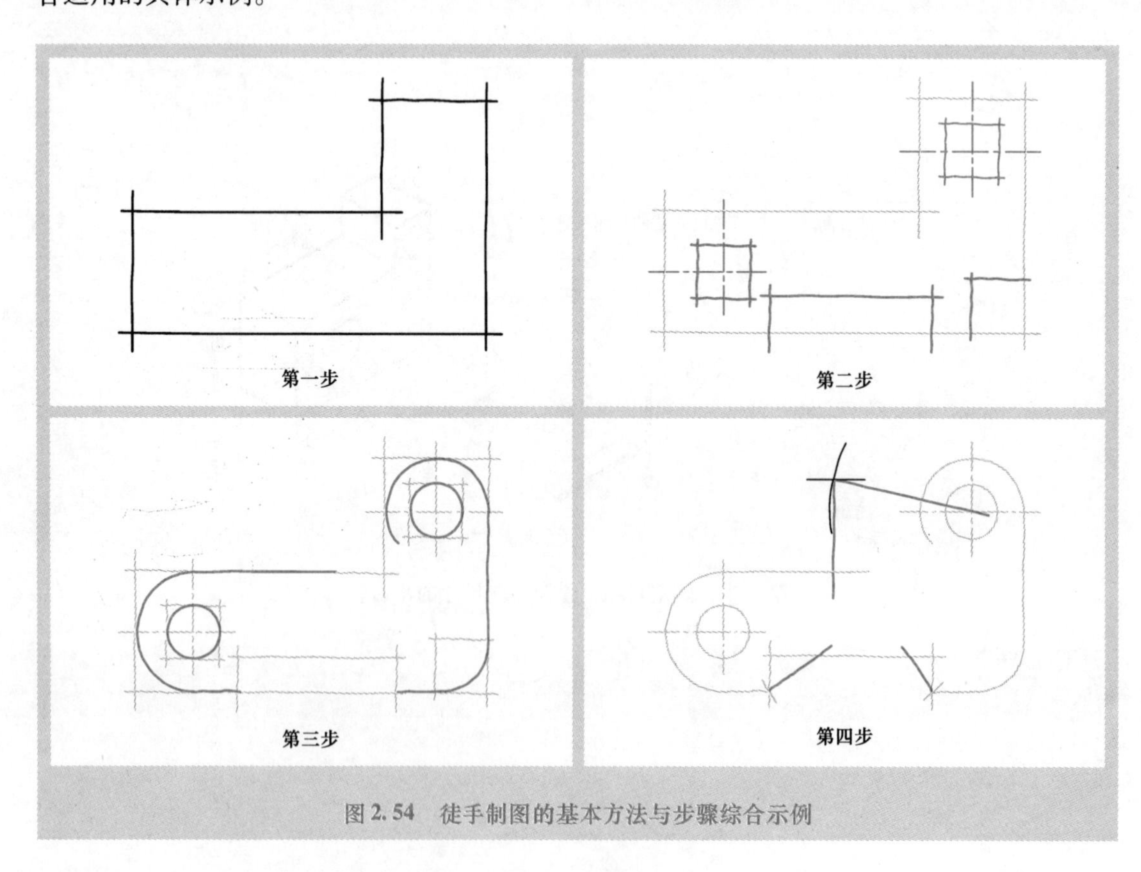

图 2.54　徒手制图的基本方法与步骤综合示例

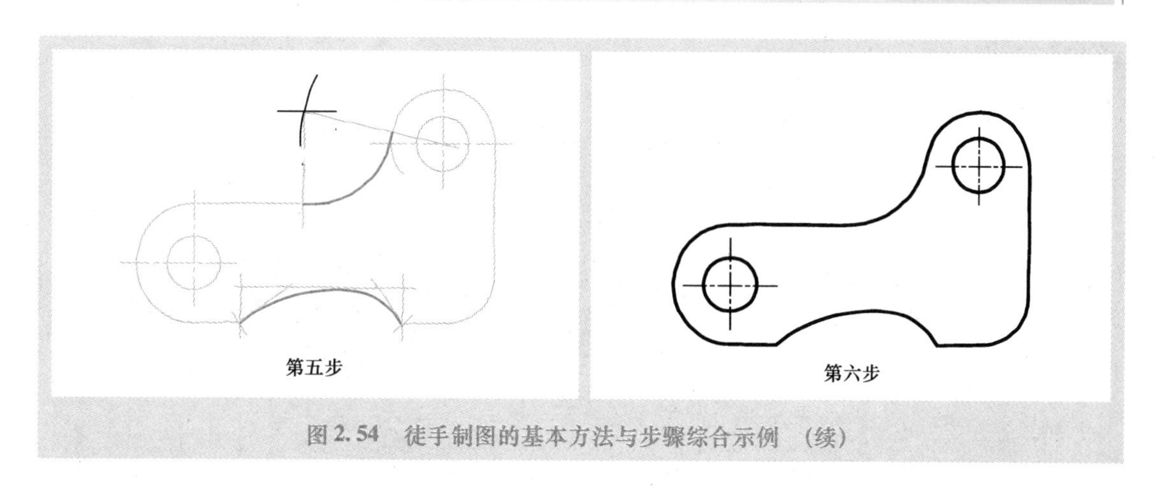

图2.54　徒手制图的基本方法与步骤综合示例（续）

2.6.4　复杂图形的徒手制图

有些图形是由许多不规则曲线构成的，绘制这类复杂图形的草图时，可采用网格法，即先在图纸上徒手绘制出网格线（这些网格线由一系列间距相等的水平线和垂直线组成），再以网格线为基础徒手绘制所需图线（见图2.55）。显然，依据网格线更易于准确地估计出不规则曲线上的一些点，也就更易于绘制出更“像”实际轮廓的不规则曲线。

事实上，中国人很早就掌握了网格法绘制草图的技术。如中国古代学者茅元仪在其编著的《武备志》中使用网格法绘制了大量中国各省方舆图的草图（见图2.56）。

对于初学者来说，使用如图2.57所示的用于徒手绘制草图的各种网格纸，更利于其掌握和提高徒手制图的技能。

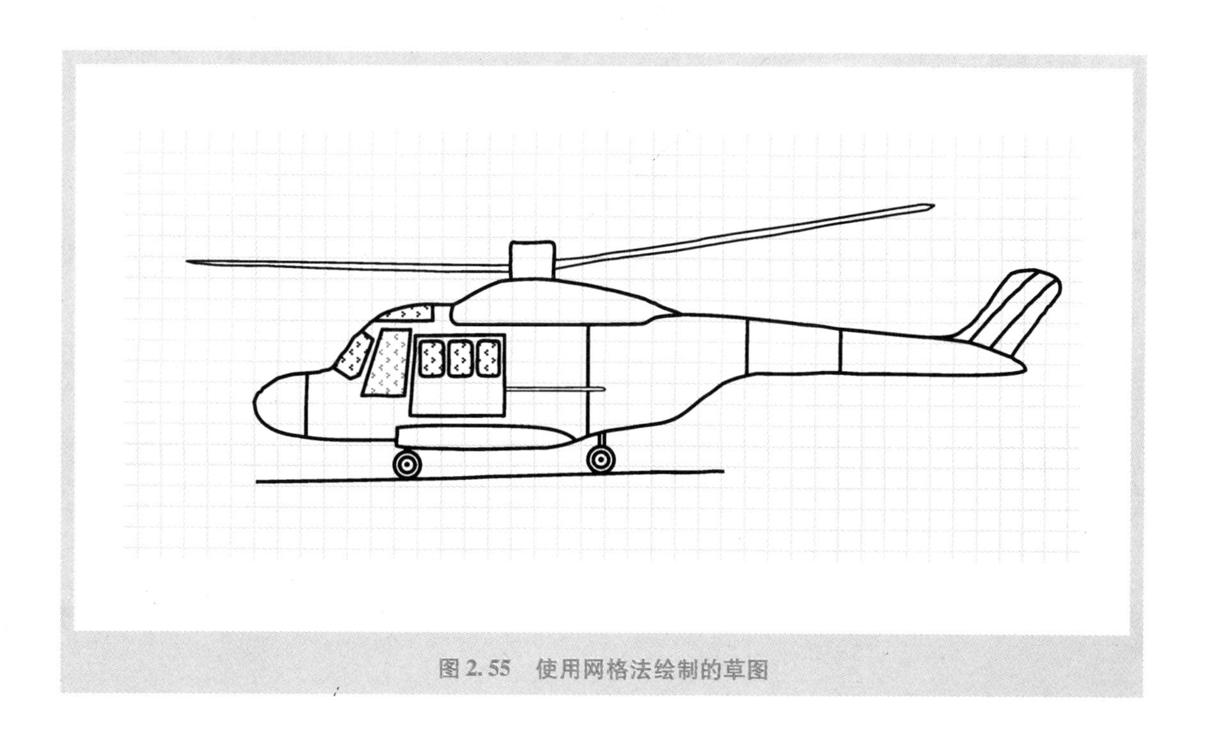

图2.55　使用网格法绘制的草图

说明：《武备志》成书于明天启元年（公元1621年），作者为茅元仪。全书共240卷，文200余万字，图738幅。

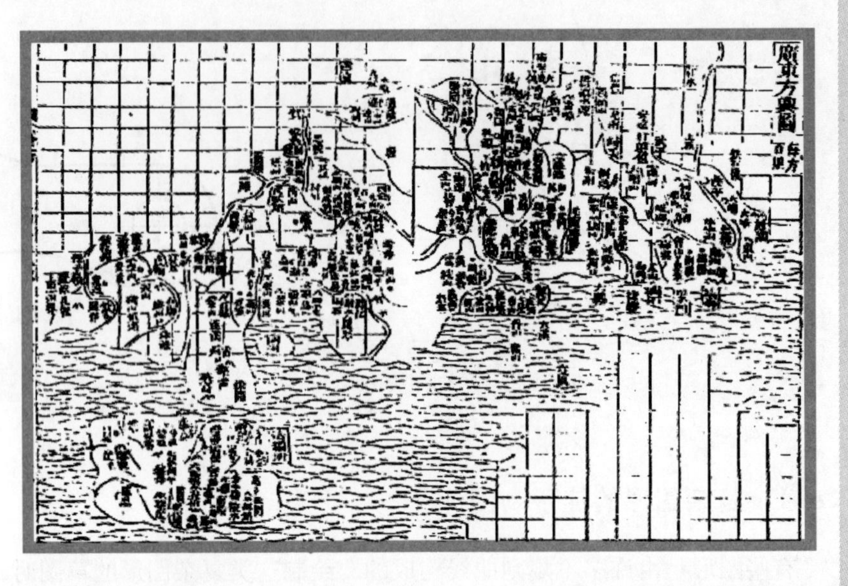

图2.56 《武备志》中使用网格法绘制的广东省方舆图

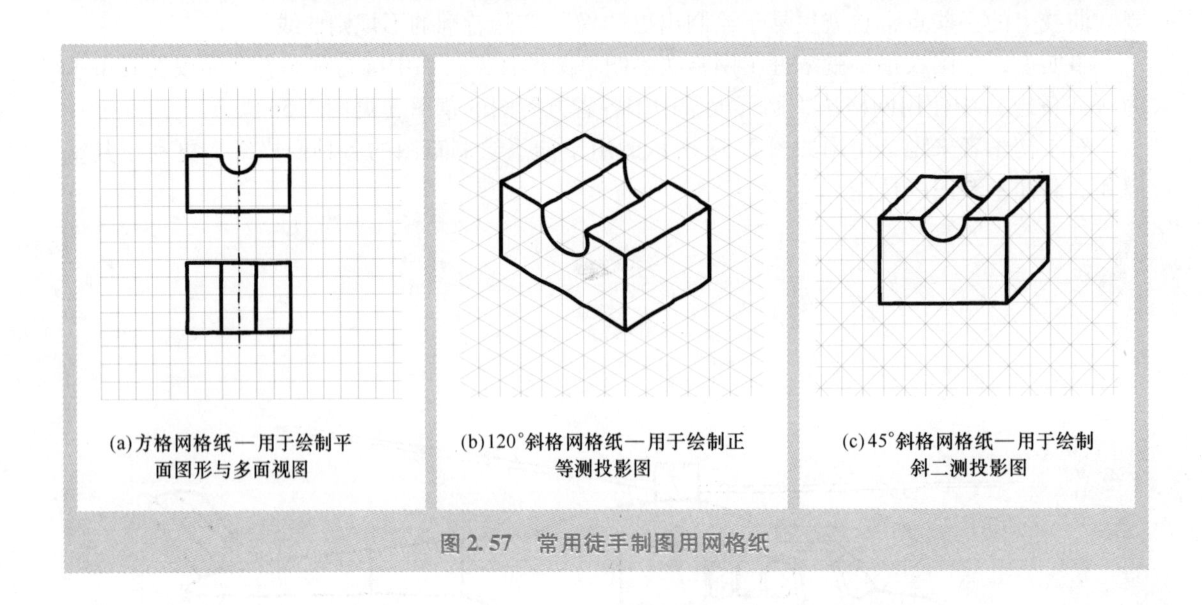

(a)方格网格纸—用于绘制平面图形与多面视图

(b)120°斜格网格纸—用于绘制正等测投影图

(c)45°斜格网格纸—用于绘制斜二测投影图

图2.57 常用徒手制图用网格纸

第3章 多面视图

本章目标

通过本章的学习，学习者应能够：

☺ 理解并掌握基本视图的含义。
☺ 描述得到与展开基本视图的方法。
☺ 理解并掌握基本视图在图纸内的排列（或配置）方式。
☺ 根据表达需要选择必要的视图。
☺ 理解并掌握视图中各类图线的含义与优先次序，并能够使用正确的图线绘制视图。
☺ 理解并掌握两面视图和三视图的基本绘制方法。
☺ 理解并掌握平面体三视图的绘制方法，具备平面体三视图的绘制能力。
☺ 理解并掌握常见回转体三视图的绘制方法，具备该类物体三视图的绘制能力。
☺ 理解并掌握相交与相切表面的视图绘制方法，具备相应视图的绘制能力。
☺ 掌握空间曲线的视图绘制方法。
☺ 掌握读图（或视图的可视化）的基本方法，具备初步的视图阅读能力。
☺ 掌握向视图与局部视图在图纸内的配置方式，并能够根据表达需要配置这类视图。
☺ 理解并掌握局部放大图及其画法。
☺ 理解并掌握各种规定画法与简化画法。
☺ 理解第三角画法，掌握第三角画法与第一角画法的区别，能够"读懂"采用第三角画法的视图，并根据表达需要在第一角视图中按照第三角画法配置局部视图。

3.1 正投影图及视图

如图3.1a所示，在采用平行投影法获得一个物体的投影图时，如果投射线的投射方向在垂直于投影面 P 的同时，还垂直于物体的部分表面，则在投影面 P 上得到的投影图就是一个**正投影图**（*orthogonal projection*）。在工程上，通常将正投影图称为**视图**（*view*），即如果把图3.1a中的投射方向看作是一位观察者（理论上，该观察者应距离物体无穷远）的视线方向，则此时观察者"观察"到的显示物体形状的平面图形就称为"视图"。显然，该"视图"就是一个正投影图。

在理解正投影图（或视图）的概念时，应注意以下两个要点：

（1）得到正投影图（或视图）有两个基本条件，一个条件是平行投射线必须与得到正投影图（或视图）的投影面垂直，另一个条件是平行投射线必须与物体的某个（或某几个）表面垂直。前一个条件表明正投影图是采用正投影法得到的，后一个条件表明得到正投影图（或视图）的目的是为了表达物体上那些与投射线垂直的表面的真实形状。例如，图3.1b中的正投影图（或视图）是采用正投影法得到的，而且，由于物体的表面 $ABGH$ 与投射方向垂直，因此该正投影图中由四条轮廓线 ab、bg、gh、ha 围成的长方形 $abgh$ 就表达了表面

ABGH 的真实形状。

（2）正投影图（或视图）的得到方法应符合投影法（见 1.2 节）的规定，即构成物体正投影图（或视图）的轮廓线应是物体表面的轮廓或棱边在相同投影面上的投影，它们应通过点的投影获得（见图 3.1b）。

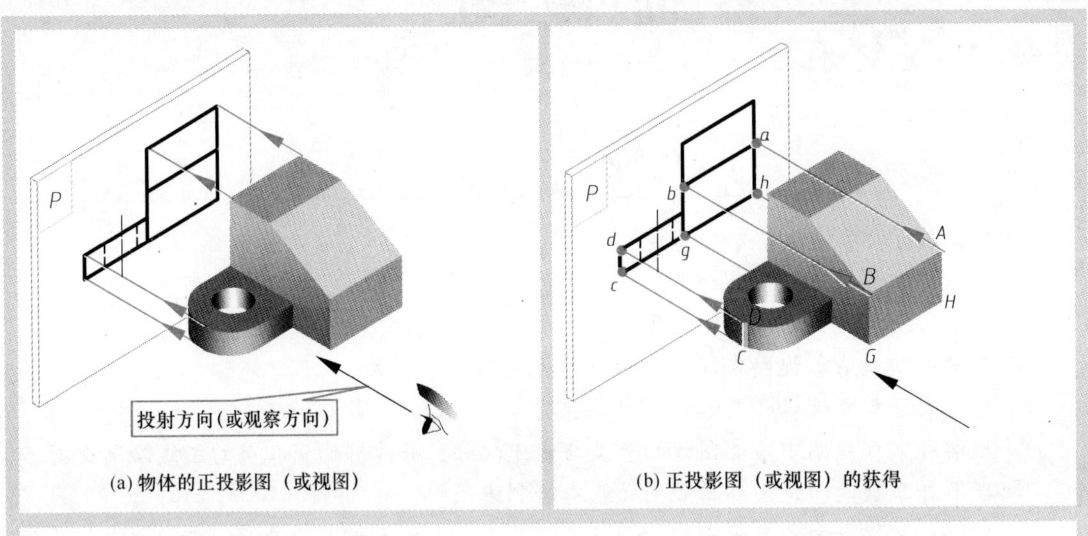

(a) 物体的正投影图（或视图）　　(b) 正投影图（或视图）的获得

说明：投影法规定的棱边与轮廓的投影及其正投影图（或视图）的得到方法（见图 b）

棱边投影的得到方法：点 *a* 为过空间点 *A* 的投射线与投影面 *P* 的交点，则点 *a* 就是空间点 *A* 在投影面 *P* 上的投影；类似地，点 *b* 就是空间点 *B* 在投影面 *P* 上的投影；连接 *a*、*b* 两点得直线 *ab*，则 *ab* 即为棱边 *AB* 在投影面 *P* 上的投影。

轮廓投影的得到方法：与得到棱边 *AB* 的投影类似，连接空间点 *C*、*D* 在投影面 *P* 上的投影 *c*、*d* 得直线 *cd*，则 *cd* 即为棱边 *CD* 在投影面 *P* 上的投影。

正投影图（或视图）的得到方法：采用上述获得投影的方法可以得到物体上所有棱边与轮廓的投影，这些投影围成了一个具有一定几何形状的平面图形，该平面图形就是物体的正投影图（或视图）。

图 3.1　正投影图（或视图）

3.2　基本视图

如图 3.2 所示，通常情况下，许多物体的真实形状可以从长、宽、高三个相互垂直的方向（即通常所说的三维方向）描述。也就是说，在描述这类物体时，观察者可以分别从三个与长、宽、高方向平行的方向“垂直观察”（即每个观察方向都垂直于物体的某个或某几个表面）物体。显然，这样的观察方向有六个，并且每个观察方向上都能够得到一个视图，这些具有一定几何形状的视图反映了物体不同表面的真实形状。这就意味着，只要使用足够数量的视图，就可以完整与清晰地描述出多数物体的真实形状。

在国家标准（GB/T 14692—2008）中，图 3.2 所示的 *A* ~ *F* 六个观察方向称为**基本投射方向**，与基本投射方向垂直的投影面称为**基本投影面**，在基本投影面上得到的视图称为**基本视图**，显然，有六个基本投射方向，就有六个相应的基本投影面，也就有六个基本视图。

同时，国家标准（GB/T 14692—2008 和 GB/T 17451—1998）规定了基本视图的得到方法、配置方法、选择方法及其绘制图线等。

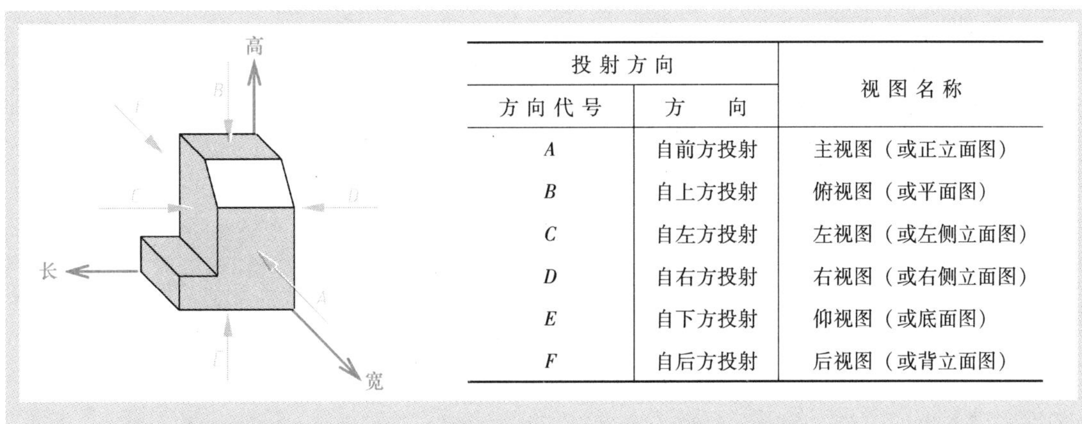

投射方向		视图名称
方向代号	方　　向	
A	自前方投射	主视图（或正立面图）
B	自上方投射	俯视图（或平面图）
C	自左方投射	左视图（或左侧立面图）
D	自右方投射	右视图（或右侧立面图）
E	自下方投射	仰视图（或底面图）
F	自后方投射	后视图（或背立面图）

图 3.2　基本视图的投射方向及其相应视图的名称

3.2.1　基本视图的得到方法

国家标准规定，按照正投影法得到物体基本视图的方法（或步骤）为：

第一步：放置物体。物体应置于由三个互相垂直的基本投影面 *V*、*H* 和 *W* 形成的第一分角内（见图 3.3a）。

第二步：采用正投影法得到基本视图。分别从六个基本投射方向将物体向对应的基本投影面投射，以得到六个基本视图（见图 3.3）。

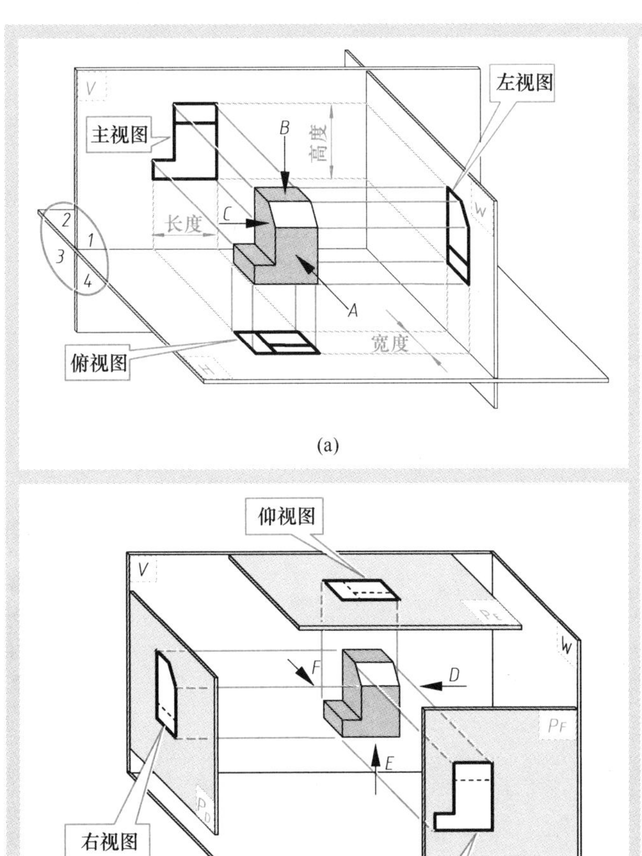

说明：第一角与第三角投影

得到主视图、俯视图和左视图的三个基本投影面通常使用符号 *V*、*H*、*W* 表示（见图 a）。这三个互相垂直的基本投影面将空间分割为八个分角（图 a 中显示了分角 1 ~ 4）。将物体置于第一分角内以得到其基本视图的方法称为第一角投影法，其多面视图的绘制方法称为第一角画法（见图 a）。

显然，将物体置于不同的分角就有不同的投射方法和画法，如将物体置于第三分角的视图画法就称为第三角画法。

在世界范围内通行的视图画法有两种，即第一角画法和第三角画法。欧洲许多国家（如德国、瑞士、法国、挪威等国家）采用第一角画法，美国和日本等国家采用第三角画法。

我国国家标准规定采用第一角画法。

图 3.3　投影分角、物体在第一分角的放置及其六个基本视图

第三步：展开基本投影面及其视图。保持 V 投影面不动，将其他五个基本投影面连同其上的基本视图都向 V 投影面打开，使展开后的六个基本投影面处于同一平面内（见图 3.4）。该展开过程类似于将一个长方形纸盒的各个表面展开为一个平面。显然，展开后的六个基本视图在长、宽、高三个方向存在着一定的位置对应关系（见图 3.5）。

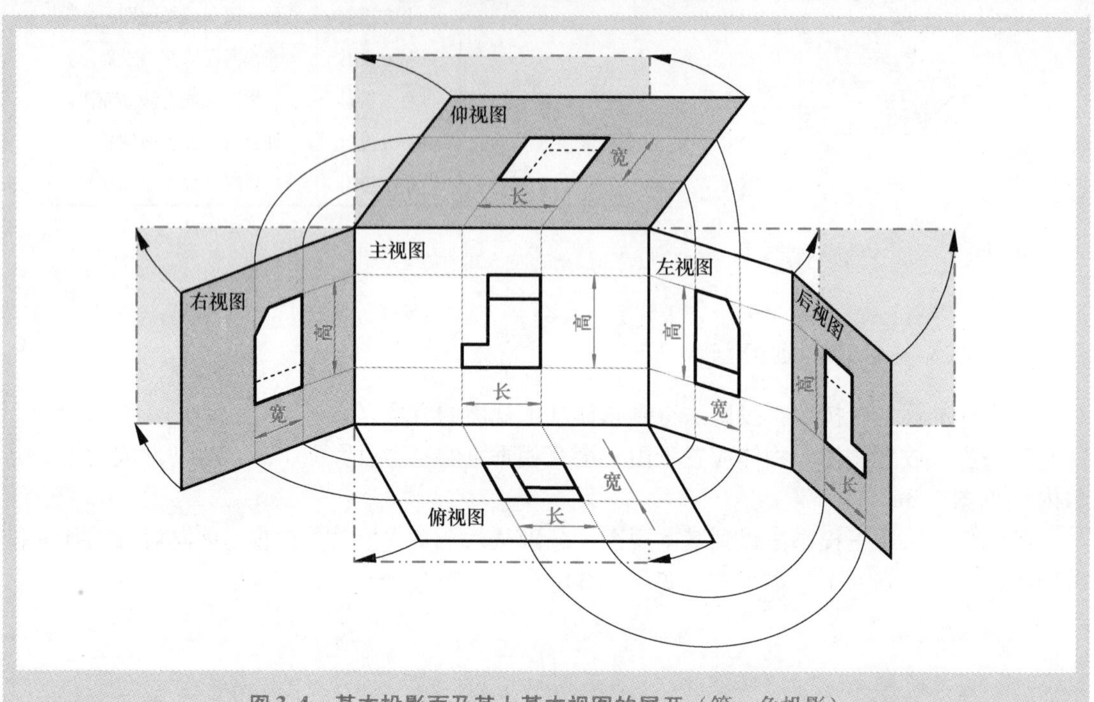

图 3.4　基本投影面及其上基本视图的展开（第一角投影）

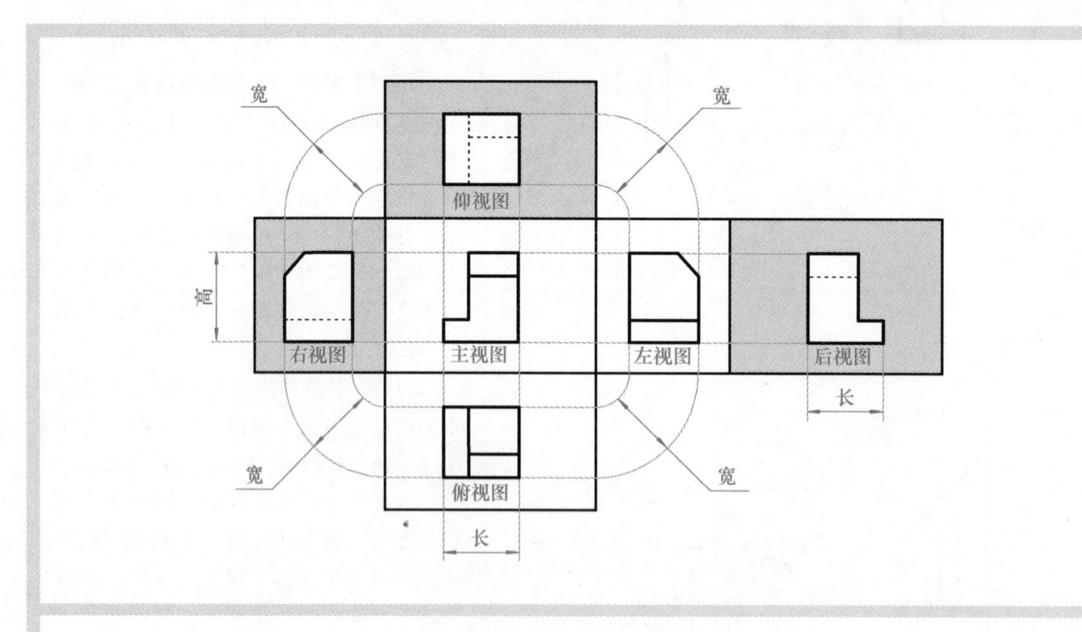

基本视图之间的位置对应关系

（1）主、左、右、后四个视图具有相同的高度，且在水平方向对齐。

（2）主、俯、仰、后四个视图具有相同的长度，且主、俯、仰三个视图在垂直方向对齐。

（3）左、右、俯、仰四个视图具有相同的宽度，且宽度在旋转 90°后对齐。

图 3.5　展开后的基本视图及其相互之间的位置对应关系（第一角投影）

3.2.2 六个基本视图的排列规则（或配置方法）

国家标准规定，六个基本视图在图纸内可以按照展开形式（见图3.6）和向视形式（见图3.7）两种方式排列（或配置）。通常按照展开形式配置六个基本视图，必要时也可以选择向视形式配置。

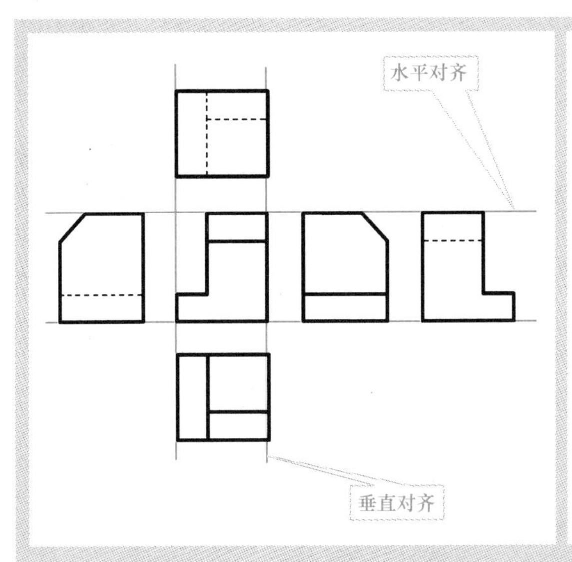

视图排列（或配置）说明

按展开形式配置基本视图，就是在排列所绘基本视图时，应使各基本视图之间的位置关系（上与下、左与右）与图3.5所示的位置关系一致，即主视图在中间，俯视图在其正下方，仰视图在其正上方，左视图在其正右方，右视图在其正左方，而后视图在左视图的正右方。其中，“正”的含义是指相关视图应在水平和垂直方向对齐（即主、左、右、后四个视图应在水平方向对齐，主、俯、仰三个视图应在垂直方向对齐）。

按展开方式配置时，一律不注视图的名称。

图3.6 按展开形式排列（或配置）基本视图

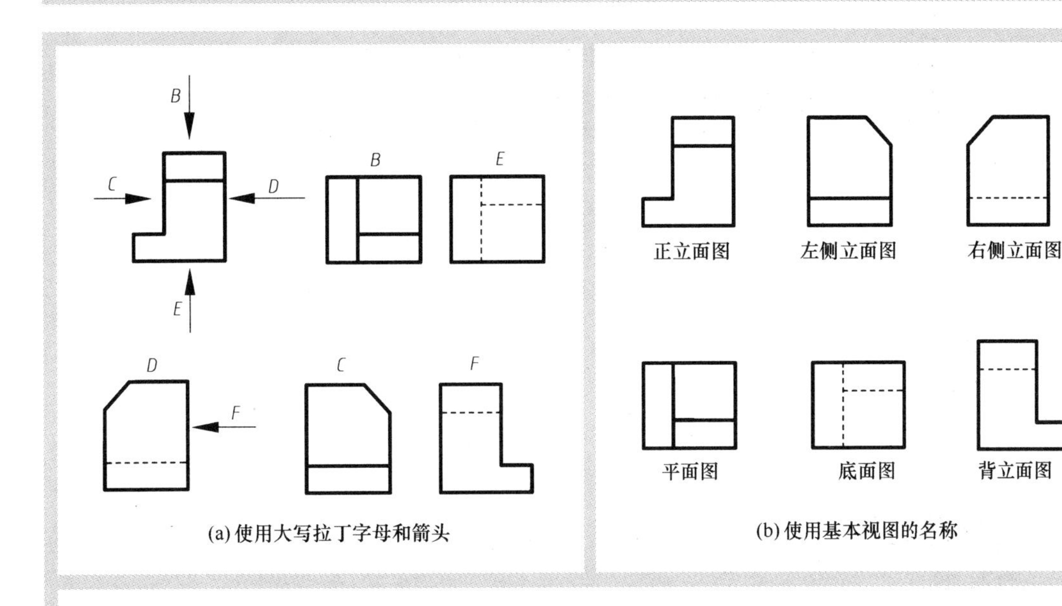

(a) 使用大写拉丁字母和箭头

(b) 使用基本视图的名称

说　明

按向视形式排列基本视图，就是可以根据需要在图纸内自由排列基本视图，但只能在图a和图b所示的两种排列方式中选择一种。其中：

（1）图a所示的排列方式是，在基本视图上方标出“×”（其中“×”为大写拉丁字母），在相应的视图附近用箭头表示出得到该视图的投射方向（且应注上同样的字母）。但应注意，表示投射方向的箭头应尽可能绘制在主视图附近（图a所示俯视图、左视图、右视图和仰视图的投射方向 *B*、*C*、*D* 和 *E*），必要时才绘制在其他视图附近（图a所示后视图的投射方向 *F* 无法绘制在主视图附近）。

（2）图b所示的排列方式是，在基本视图下方（或上方）标注该基本视图的名称。

图3.7 按向视形式排列（或配置）基本视图

3.2.3 基本视图的选择

为了完整、清晰地表达物体的真实形状，通常情况下，只需使用若干个必要的基本视图，而不必使用六个基本视图。

在使用多个基本视图表达物体时，首先应确定主视图。所谓主视图就是最主要的视图，它表达了物体最主要的形状特征。主视图不仅是一个必要的基本视图，而且是一个必须首先确定的视图。如果只使用一个基本视图表达物体，则这个基本视图就必须是主视图。图3.8给出了确定主视图的原则及其相关说明。

在确定了主视图之后，其他基本视图的选择原则是，在完整、清晰地表示物体的前提下，应使视图的数量最少，并尽量避免使用虚线表示物体的轮廓及棱边。其具体选择方法是：多数物体通常可选择使用**三视图**（即主视图、俯视图和左视图组成的三面视图被简称为三视图）表达（见图3.9）；有些物体可选择使用**两面视图**（由主视图和俯视图组成，或者由主视图和左视图组成）表达（见图3.10），一些柱状物体或使用板材制造的物体等可选择使用**单面视图**（即仅有一个主视图）表达（见图3.11）。

事实上，图3.9和图3.10给出了一个实用的视图选择方法——排除法（即可以先画出六个基本视图，然后再根据表达需要排除一些不必要的基本视图）。但应正确使用排除法，不能在排除一些视图后导致物体形状表达的歧义（如图3.12所示的示例及其说明）。

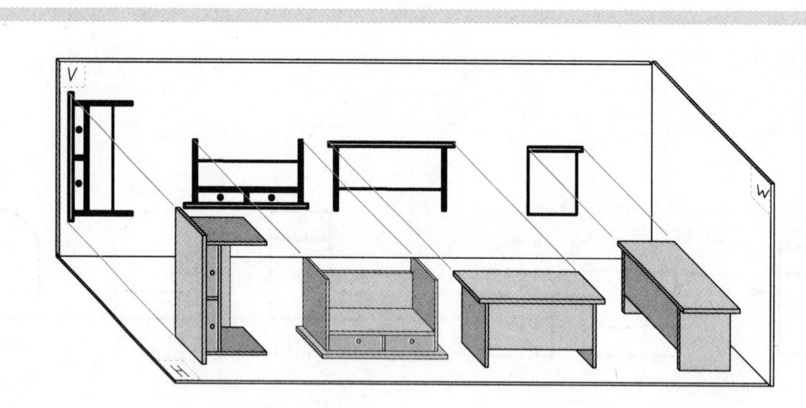

(a) 错误：没有按照日常使用位置摆放桌子，所得主视图的形状看起来“不像”桌子的形状。

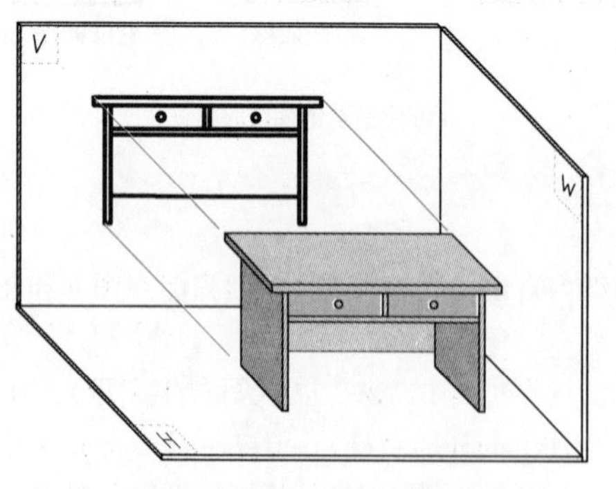

(b) 正确：桌子按照其日常使用位置摆放，所得主视图的形状看起来“像”桌子的形状。

确定主视图的原则及其说明

显然，物体在第一分角内摆放的方位不同，则将得到不同形状的主视图。

确定主视图的原则是，通常应按照使用位置摆放物体，以使得到的主视图能够反映物体的主要形状特征。例如，桌子在第一分角内摆放的位置不同，则其主视图的形状就不同（见图a、b），但通常只有在按照其日常使用位置摆放时，所得主视图才能反映桌子的主要形状特征（对比图a与图b）。

对于机器或设备，其使用位置就是工作位置。对于正在加工的零件，其加工过程中所处的位置即为使用位置。

图3.8 确定主视图的原则及其相关说明

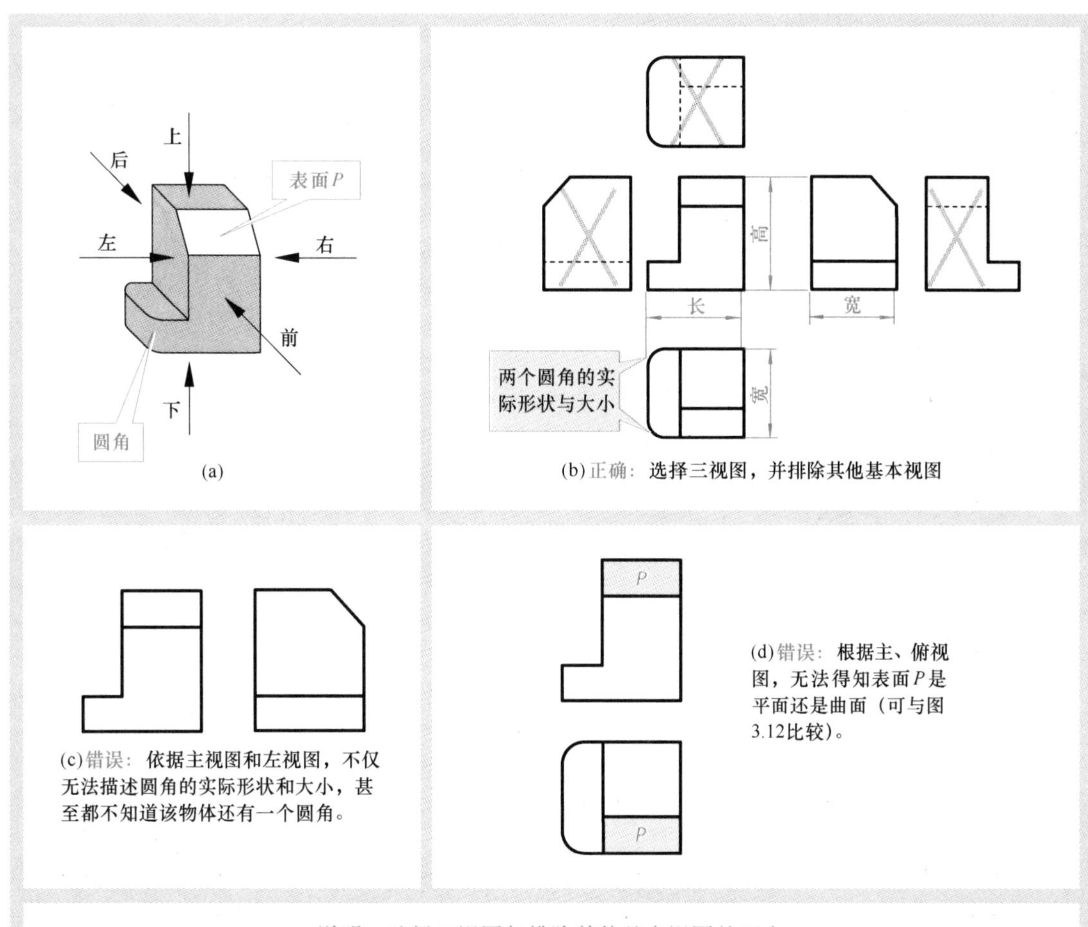

说明：选择三视图与排除其他基本视图的理由

与左视图相比，右视图表达的表面形状相同，但多了一条虚线（该虚线表示了右视方向看不见的一条棱边），因此，可排除右视图。仰视图和后视图也有着类似的排除理由。

如果排除了左视图或俯视图，则物体的形状不能得到明确的表达（见图 c 和图 d），因此，该物体应使用三视图表达。类似地，图 3.2 所示的物体也应使用三视图表达。

图 3.9　必要的视图：排除法的示例与说明

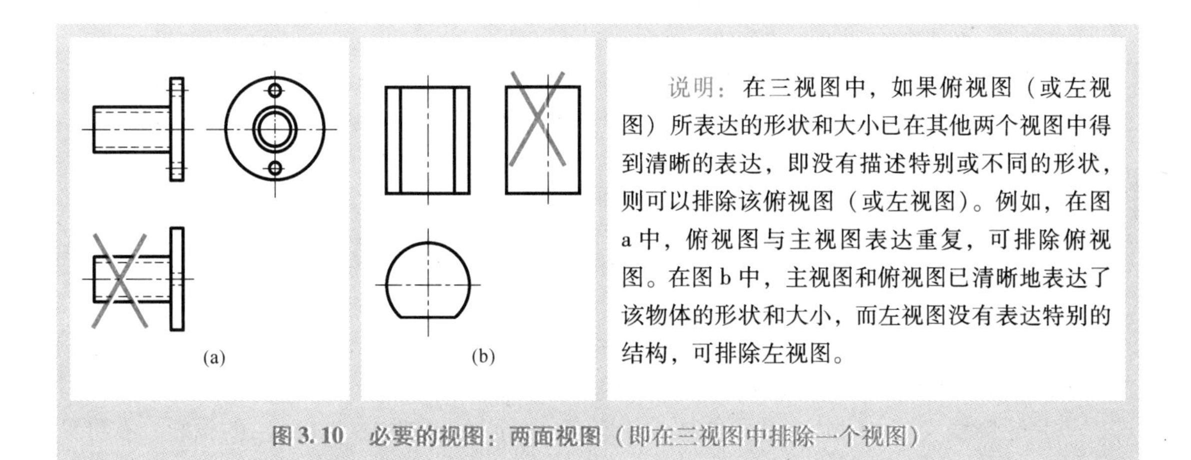

说明：在三视图中，如果俯视图（或左视图）所表达的形状和大小已在其他两个视图中得到清晰的表达，即没有描述特别或不同的形状，则可以排除该俯视图（或左视图）。例如，在图 a 中，俯视图与主视图表达重复，可排除俯视图。在图 b 中，主视图和俯视图已清晰地表达了该物体的形状和大小，而左视图没有表达特别的结构，可排除左视图。

图 3.10　必要的视图：两面视图（即在三视图中排除一个视图）

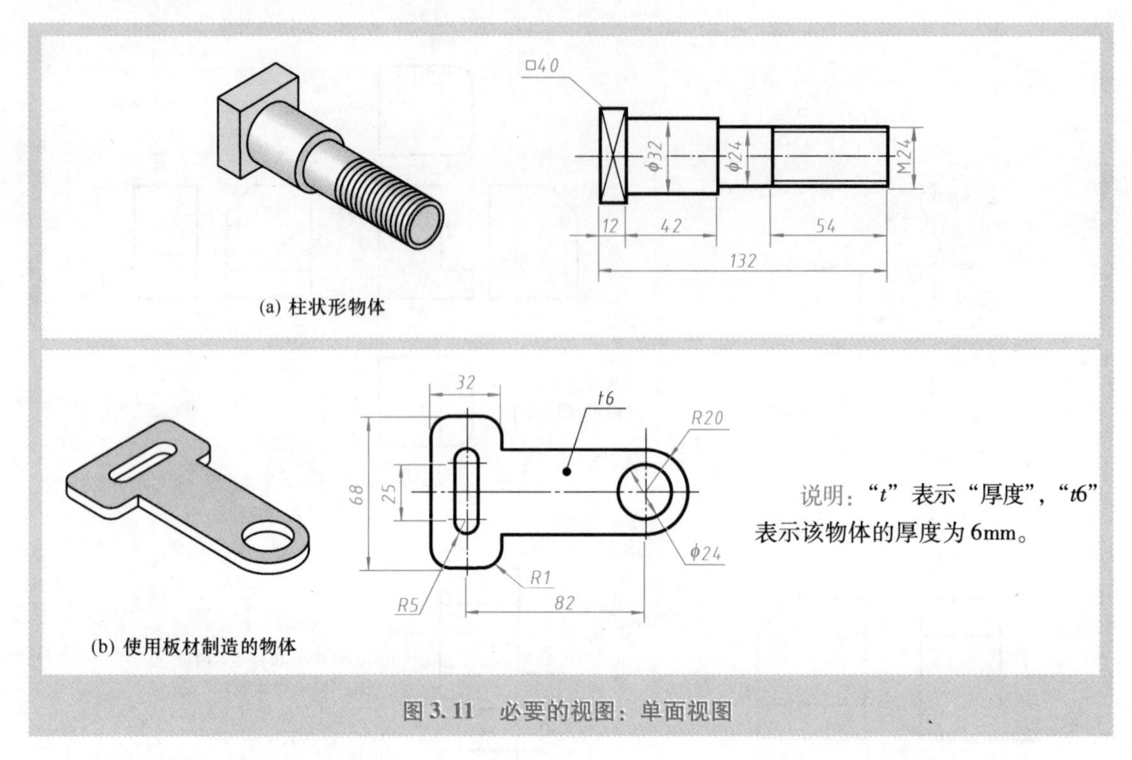

(a) 柱状形物体

(b) 使用板材制造的物体

图 3.11　必要的视图：单面视图

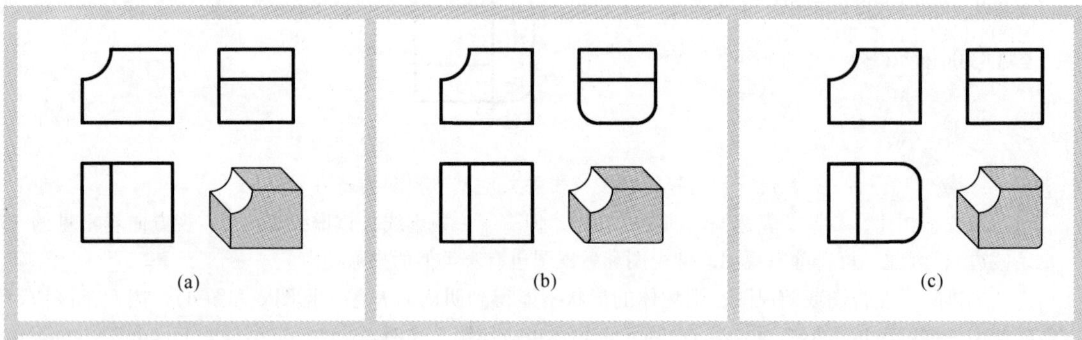

(a)　(b)　(c)

说　明

图 a 与图 b 所示的物体具有相同的主视图和俯视图，但左视图不同。图 a 与图 c 所示物体具有相同的主视图和左视图，但俯视图不同。因此，表达图 a 所示的物体时，既不能排除俯视图，也不能排除左视图，即不能选择两面视图。类似地，表达图 b 与图 c 所示的物体时，同样不能使用两面视图。

初学者（甚至许多工程师）常犯的一个错误是，喜欢使用两面视图表达一个物体，并自以为已经表达清楚。然而，其他人却可能依据该两面视图"读"出不同的形状（例如，如果图 a 所示的物体采用两面视图表达，则其他人可能"读"成图 b 或图 c 所示物体的形状）。避免这类错误的方法是，除非绝对肯定所选择的两面视图能够唯一描述一个物体，否则，应选择三视图。

图 3.12　必要的视图：不能在三视图中排除俯视图（或左视图）的示例

3.2.4　绘制视图的图线

视图通常由轮廓线和中心线这两类图线构成。其中：

（1）**轮廓线**（*outlines*）表达了物体的轮廓（*contours*）或棱边（*edges*）的投影，有可见轮廓线和不可见轮廓线两种。从设定的观察方向观察物体，如果物体的某条轮廓或棱边可以被"看"到，则其投影就称为可见轮廓线，反之，不能够被"看"到的轮廓或棱边的投影就称为不可见轮廓线。国家标准规定，可见轮廓线采用粗实线绘制，不可见轮廓线采用细虚线绘制（在视图中绘制细虚线的方法如图 3.13 所示），其线型的规定见第 2 章的表 2.1。

（2）**中心线**（见图3.14）主要用于表达物体（或其局部结构）的对称性，应采用细点画线绘制（其线型规定见表2.1）。常见的中心线有**对称中心线**和**轴线**。如果视图是一个对称图形，则应绘制对称中心线以表达该图形具有的对称特征。对于物体上的圆柱（或圆孔）这类局部对称结构，在绘制其视图的同时还应绘制轴线以表达该圆柱（或圆孔）的对称轴及其位置。类似地，对于物体上的其他局部对称结构，也应使用对称中心线描述其局部的对称特征。

（3）**视图中各类图线的优先次序**。在视图中，粗实线、细虚线与细点画线等各类图线可能会在同一绘图位置完全重合，这时在该绘图位置只能绘制一条图线，即必须确定图线的优先次序。国家标准规定，图线的优先次序是，粗实线优先于细点画线，细点画线优先于细虚线，且两条平行图线之间的最小间隙不得小于0.7mm。图3.15～图3.17给出了各类图线之间优先次序的示例与说明。

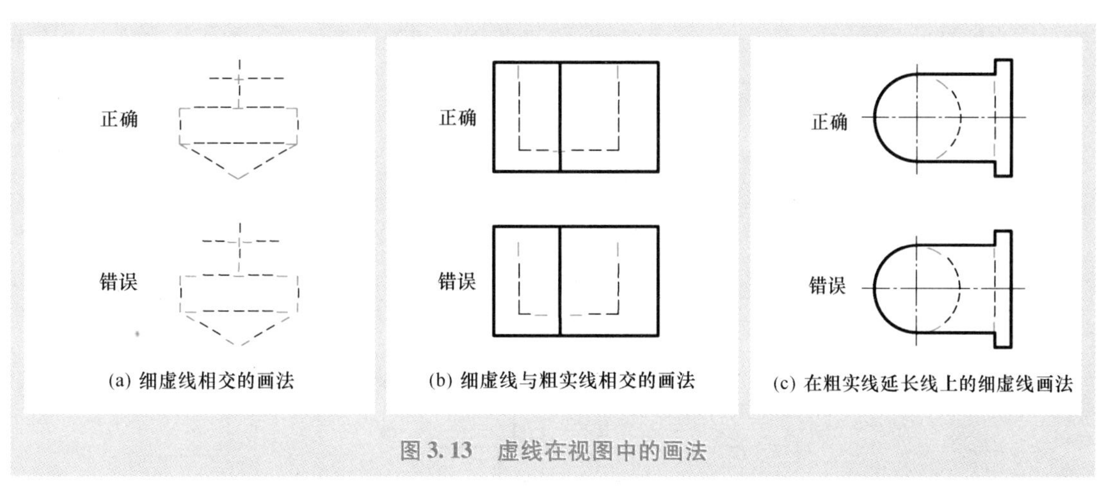

(a) 细虚线相交的画法　(b) 细虚线与粗实线相交的画法　(c) 在粗实线延长线上的细虚线画法

图3.13　虚线在视图中的画法

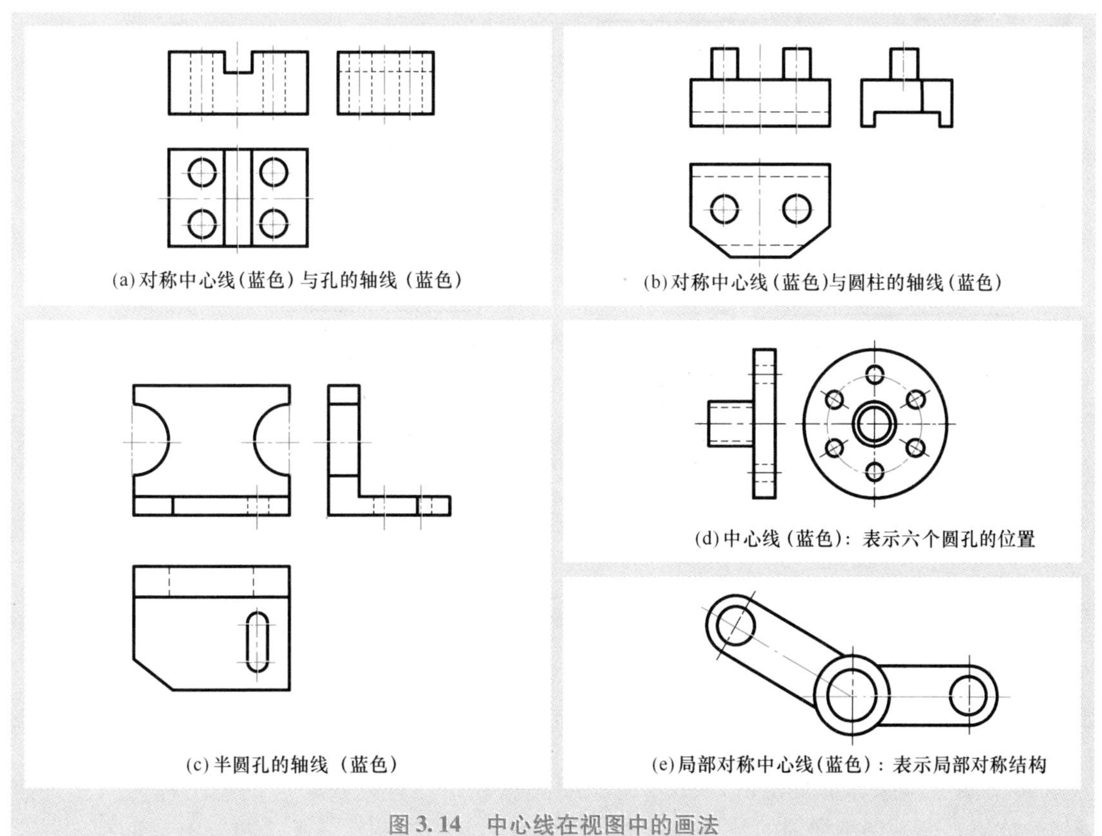
(a) 对称中心线（蓝色）与孔的轴线（蓝色）　(b) 对称中心线（蓝色）与圆柱的轴线（蓝色）

(c) 半圆孔的轴线（蓝色）　(d) 中心线（蓝色）：表示六个圆孔的位置　(e) 局部对称中心线（蓝色）：表示局部对称结构

图3.14　中心线在视图中的画法

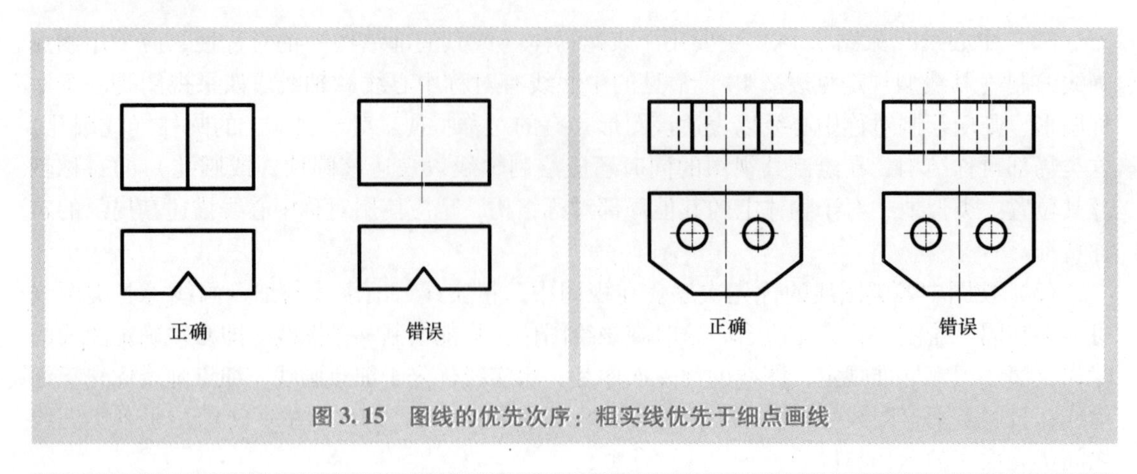

图 3.15　图线的优先次序：粗实线优先于细点画线

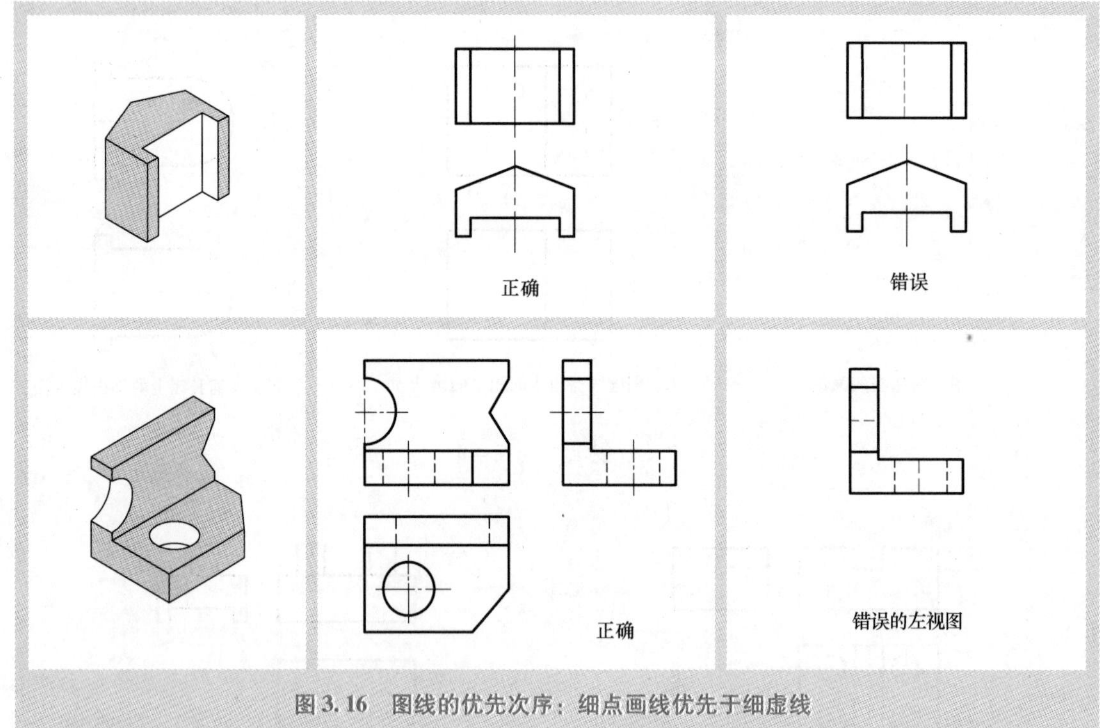

图 3.16　图线的优先次序：细点画线优先于细虚线

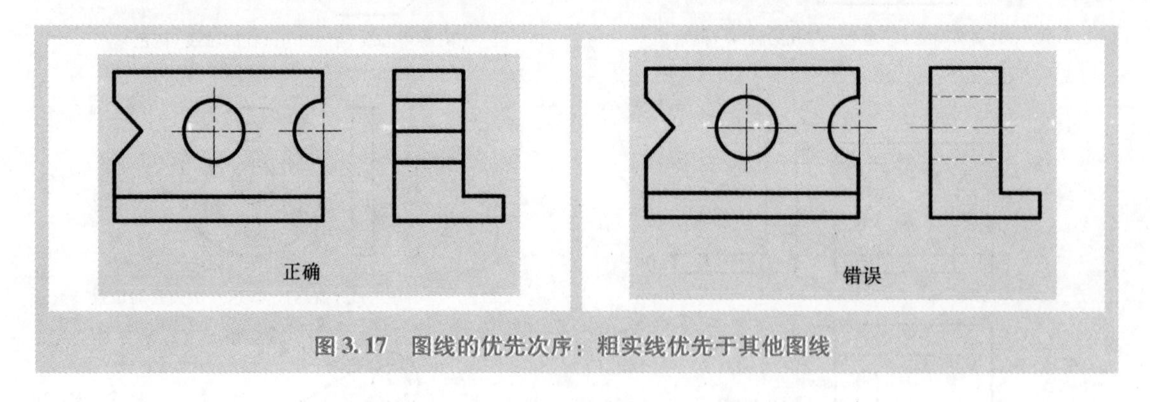

图 3.17　图线的优先次序：粗实线优先于其他图线

3.3　多面视图、三视图及其基本绘制步骤与方法

多个按照国家标准规定的展开方式（或向视方式）排列在一起的视图称为“多面视图”。如果多面视图中视图的数量是两个，则称其为两面视图，依此类推，有三面视图、六面视图等。多面视图一般按照展开方式排列。

由主视图、俯视图和左视图组成的三面视图通常被简称为“三视图”。在工程上，许多物体都使用三视图来精确表达其真实形状。绘制物体的三视图时，不仅应遵循必要的基本绘图步骤和方法（见图3.18），而且还应注意以下几个画图要点：

（1）应遵循仪器绘图的基本步骤，即先绘制底稿，再加深与加粗，并且应在不同的绘图步骤使用不同类型的铅笔。

（2）三视图的绘制应以各种仪器绘图技术（见2.4节）和几何作图技术（见2.5节）为基础。

（3）三视图通常是按照展开方式配置的，即三个视图间应保持水平和垂直方向的对齐关系。

（4）图线的绘制次序是，中心线→圆与圆弧→轮廓线。

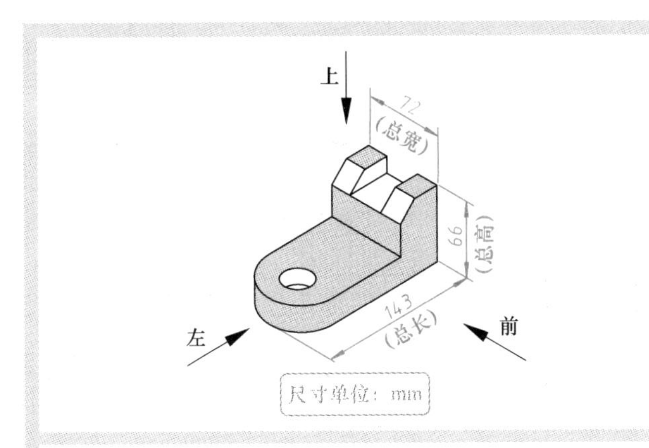

第一步：选择主视图。假设物体按图示工作位置被置于第一分角内，其三视图的投射方向如图所示。

第二步：选择作图比例与图幅等。假设选择的作图比例为1:1，选择幅面代号为A3、有装订边的X型图纸（见图2.4c）。并假设所有的作图尺寸均从物体上量取。

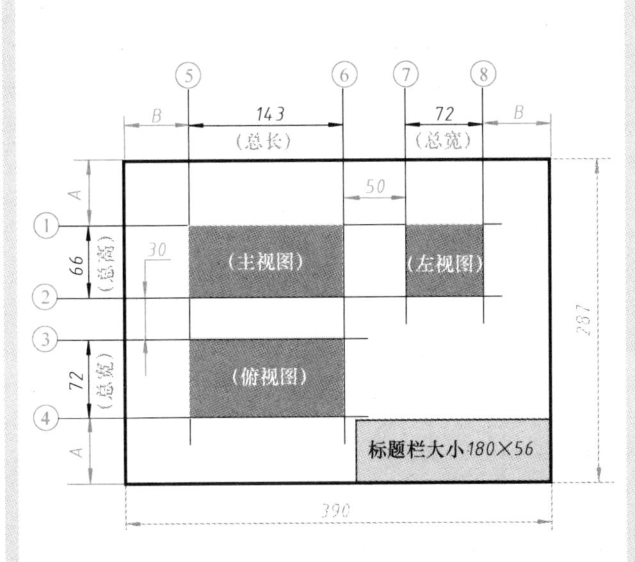

说明：视图之间的间隙

各个基本视图间应留有一定的间隙，以标注尺寸等。该间隙通常为30～50mm。

在本图中，选择主视图与俯视图的间隙为30mm，主视图与左视图的间隙为50mm。

第三步：在图纸内布局视图。根据作图比例、图幅（即X型A3图纸的幅面尺寸为297mm×420mm，图框尺寸为287mm×390mm）、总体尺寸（即总长、总宽和总高）及布局尺寸A和B，依次绘制布局辅助线①～⑧，以使三个视图的作图区域位于图纸的中部。其中，布局尺寸A、B的计算方法为

$$A=\frac{287-(66+72+30)}{2}\text{mm}=59.5\text{mm}\qquad B=\frac{390-(143+72+50)}{2}\text{mm}=62.5\text{mm}$$

图3.18 三视图的基本绘图步骤与方法（第一步～第三步）

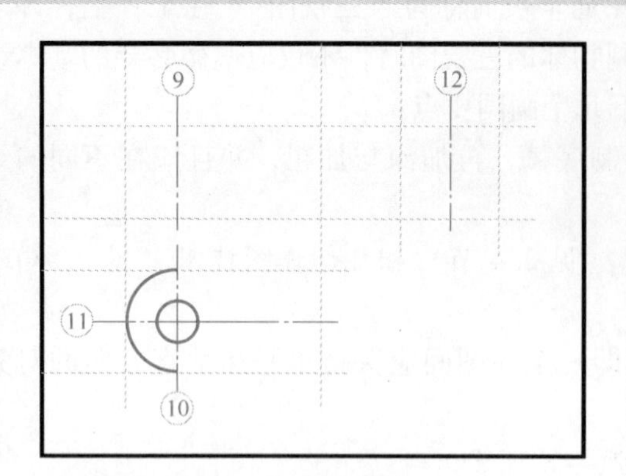

第四步：绘制中心线⑨～⑫。

第五步：绘制圆与圆弧。

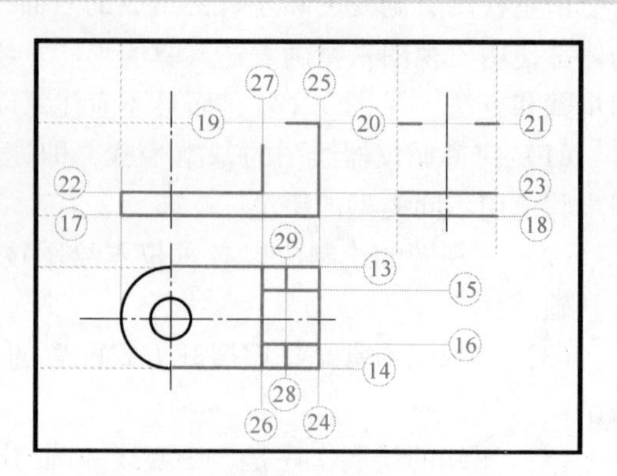

第六步：绘制轮廓线⑬～㉙。三个视图之间应保持水平与垂直方向的对齐关系。

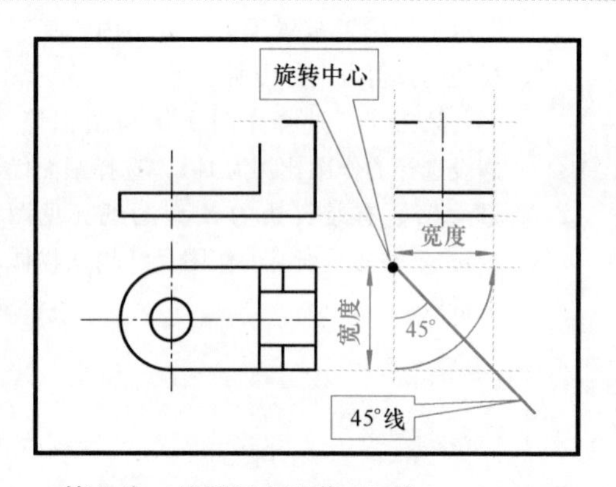

第七步：按图示方法作45°线。

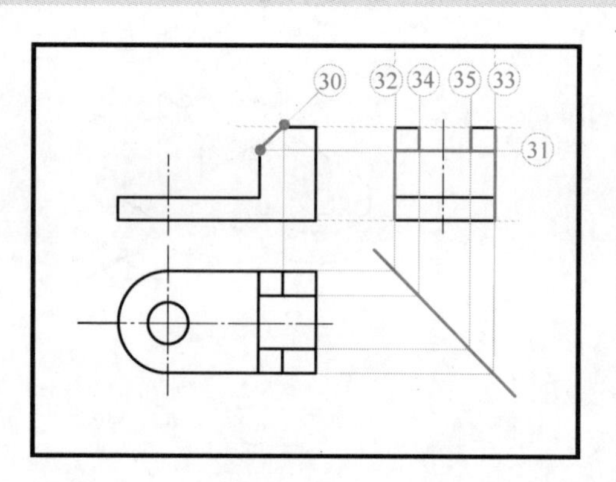

第八步：量取端点尺寸，绘出轮廓线㉚。利用45°线依次绘制轮廓线㉛～㉟。

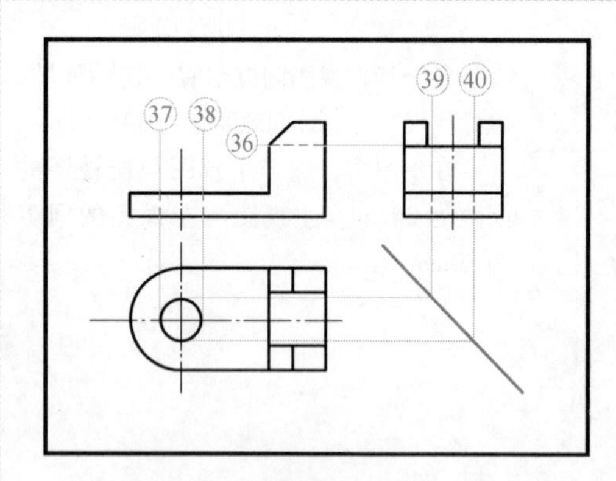

第九步：绘制细虚线㊱～㊵。

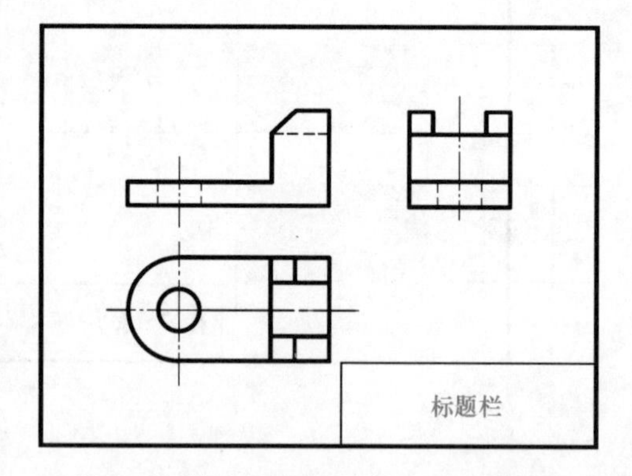

第十步：擦除辅助作图线，绘制标题栏，并加深、加粗图线。

说明：45°线

由于俯视图与左视图的宽度在旋转90°后对齐，因此，在得到俯视图后，可利用45°线画出左视图上的各条垂直轮廓线。

图3.18　三视图的基本绘图步骤与方法（第四步～第十步）（续）

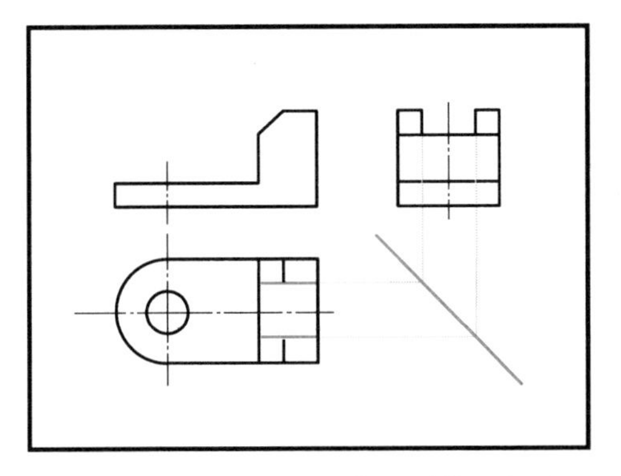

补充说明一：三视图的第二种作图方法

也可以先画出主视图和左视图，再利用45°线绘制俯视图上的轮廓线。在左视图上有较多圆与圆弧时，应采用此画法。

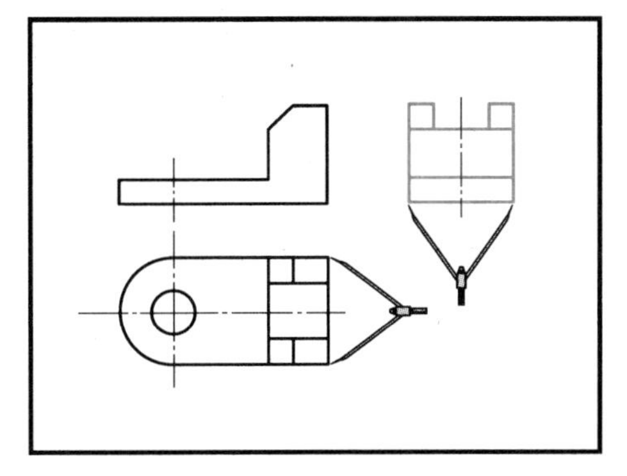

补充说明二：三视图的第三种作图方法

还可以利用分规在所绘出的视图上量取尺寸，以作出所需轮廓线（即不必使用45°线）。

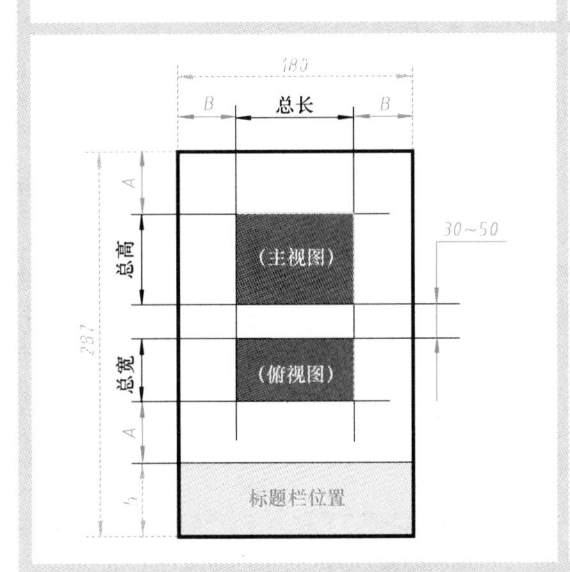

补充说明三：关于视图的布局

按照展开方式配置视图时，如果必要的视图是两面视图，则计算其布局尺寸 A 和 B 时通常需要考虑标题栏的尺寸。

左图给出了这一布局的示例。该示例假设需要将两面视图布局在一张A4图纸上（图纸竖放并留有装订边，即图框的尺寸为180mm × 287mm），其布局尺寸 A 和 B 的计算方法为（假设主视图与俯视图之间的间隙为40mm）：

$$A=\frac{287-(\text{总高}+\text{总宽}+40)-h}{2}$$

$$B=\frac{180-\text{总长}}{2}$$

图3.18 三视图的基本绘图步骤与方法（补充说明）（续）

3.4 平面体及其三视图

物体的表面（*surfaces*）可分为**平面**（*flat surfaces*）和**曲面**（*curved surfaces*）两种类型。如果一个物体的表面都是平面（即平的表面，简称为平面），则可将其简称为**平面体**。显然，平面体的棱边是其相邻表面的交线，并均为直线。

3.4.1 平面体的表面、棱边及其三视图

在采用第一角投影时，平面体的表面和棱边与三个基本投影面 H、V、W 存在着三种可能的位置关系，即平行、垂直和倾斜。其中：

（1）**平行表面**是一个与某一基本投影面平行的平面，其三视图分别为，在其平行的那个投影面上得到的视图是一个显示了该表面真实大小和形状的多边形，其他两个基本视图都是一条垂直线或水平线。例如，在图3.19中，表面 A 与投影面 V 平行，主视图中的长方形5-6-8-7显示了表面 A 的真实大小与形状，表面 A 的其他两个基本视图分别为水平线15-16和垂直线21-23。类似地，表面 B 与表面 C 分别与投影面 H、W 平行，其真实的大小与形状分

别由多边形 9-10-14-13-11 和多边形 17-18-20-21-23-22 显示。

（2）**垂直表面**是一个与某一基本投影面垂直、但与其他两个基本投影面倾斜的平面，其三视图分别为，在其垂直的那个投影面上得到的视图是一条倾斜的直线，其他两个视图都是一个缩小的与实际形状类似的多边形。例如，在图 3.19 中，表面 *D* 与投影面 *W* 平行、并与其他两个投影面倾斜，其左视图为斜线 19-21，其他两个基本视图分别为一个比其实际形状缩小的五边形 2-3-6-5-4 和 12-13-14-16-15。

（3）**倾斜表面**是一个与所有基本投影面均倾斜的平面，其三个基本视图都是一个缩小的与实际形状类似的多边形。例如，在图 3.19 中，表面 *E* 与三个投影面均倾斜，其三个基本视图分别为一个比其实际形状缩小的三角形 1-2-4、11-13-12 和 18-19-20。

（4）**垂直棱边**是一条与某一基本投影面垂直的直线，其三视图分别为，在其垂直的那个投影面上的视图是一个点，其他两个基本视图都是一条显示了其实际长度的水平线或垂直线。例如，在图 3.19 中，棱边 *L* 与投影面 *H* 垂直，在俯视图中棱边 *L* 被显示为一个点（点 9），在主视图和左视图中棱边 *L* 分别被显示为一条反映了其真实长度的垂直线 1-7 和 17-22。显然，该图中的其他垂直棱边的三视图也具有类似的特点。

（5）**平行棱边**是一条与某一基本投影面平行、但与其他两个基本投影面倾斜的直线，其三视图分别为，在其平行的那个基本投影面上的视图是一条显示了其实际长度的斜线，其他两个基本视图都是一条缩短的水平线或垂直线。例如，在图 3.19 中，棱边 *M* 与投影面 *H* 平行、并与其他两个投影面倾斜，其俯视图为一条显示了其实际长度的斜线 11-13，其他两个基本视图分别为一条比其实际长度缩短的水平线 1-2 和 18-19。

（6）**倾斜棱边**是一条与所有基本投影面均倾斜的直线，其三个基本视图都是一条缩短的斜线。例如，在图 3.19 中，棱边 *N* 与三个投影面均倾斜，其三个基本视图分别为一条比其实际长度缩短的斜线 2-4、12-13 和 19-20。

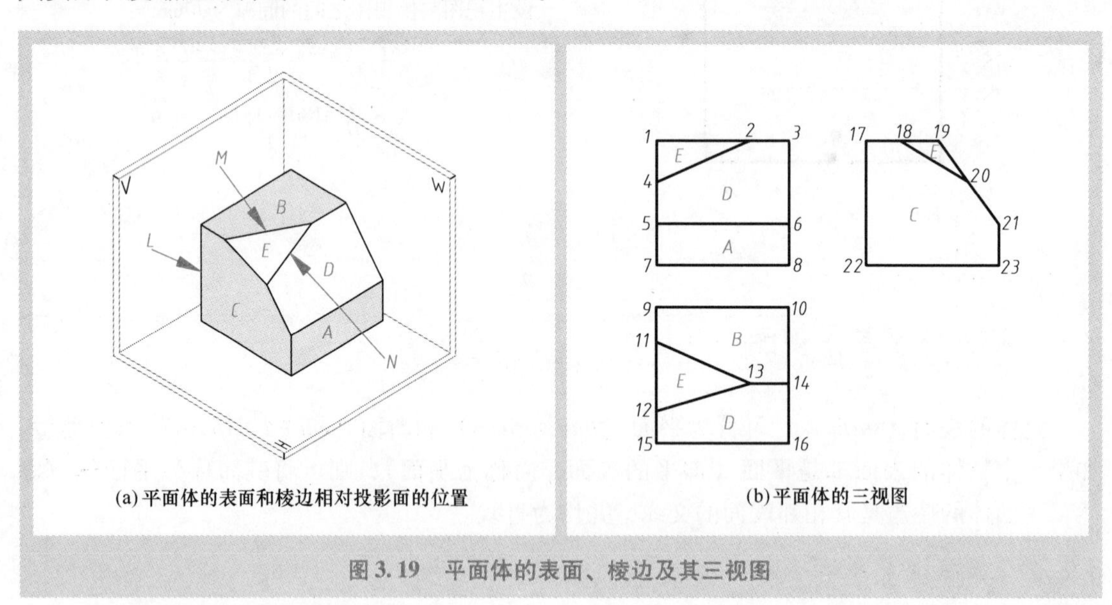

(a) 平面体的表面和棱边相对投影面的位置　　(b) 平面体的三视图

图 3.19　平面体的表面、棱边及其三视图

3.4.2　平面体的表达

显然，物体上与投影面位置不同的表面，其多面视图的几何形状具有显著的区别。这些区别表明，一方面，可以使用多面视图表达出物体某一表面的形状特征（即是否是一个平面），例如，在图 3.20 中，如果仅使用俯视图，则不仅不能表达清楚表面 *A* 是一个平面还是一个曲面（对比图 a 与图 b），而且也不能表达清楚俯视图中的图形是否显示了表面 *A* 的真实大小和形状（将图 a 与图 c、d 对比），只有使用多面视图，才能够清楚地表达出表面 *A* 是

一个平行于投影面 H 的平面，且其真实的大小和形状在俯视图中得到显示；另一方面，可以使用多面视图表达出物体各主要表面（即与某一基本投影面平行的表面）的真实形状，例如，在图 3.19 中，该平面体的主要表面 A、B、C 的真实形状分别在主视图、俯视图和左视图中得到显示。

因此，多面视图提供了一组制造所需的信息，这组信息完整而又清晰地描述了物体各表面的真实形状。根据这组信息，不同制造者就可以精确制造出三维形状完全相同的、符合设计意图的物体。

事实上，即使是一个形状简单的长方体，也必须使用三视图才能完整、清晰地表达其三维形状和大小，而使用单面视图或两面视图是无法表达清楚的（见图 3.21）。

另外，如果一个垂直表面很重要，并需要表达其真实的形状，则可以使用一个斜视图（见第 5 章）或采用换面法（见 6.5 节）。如果需要表达一个倾斜表面的真实形状和大小，则可以使用换面法或旋转法（见 6.6 节）。

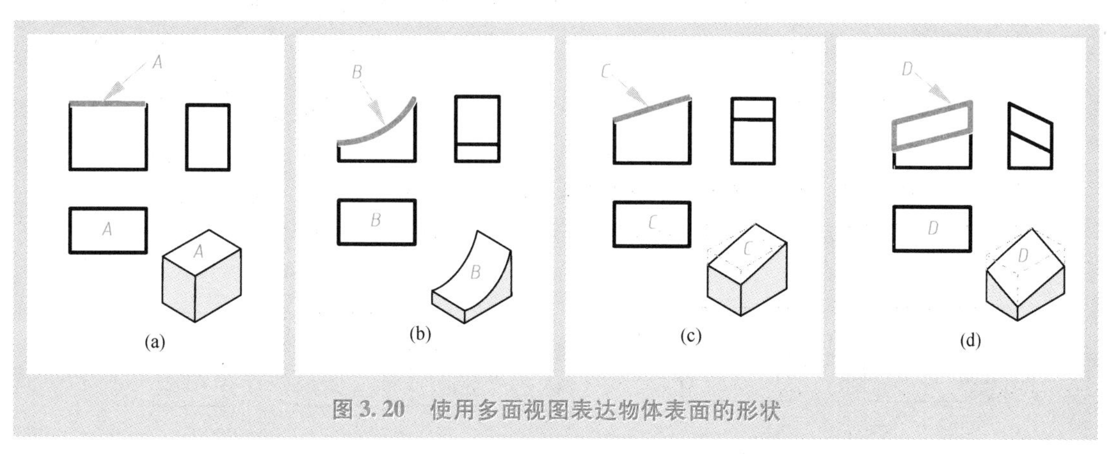

图 3.20　使用多面视图表达物体表面的形状

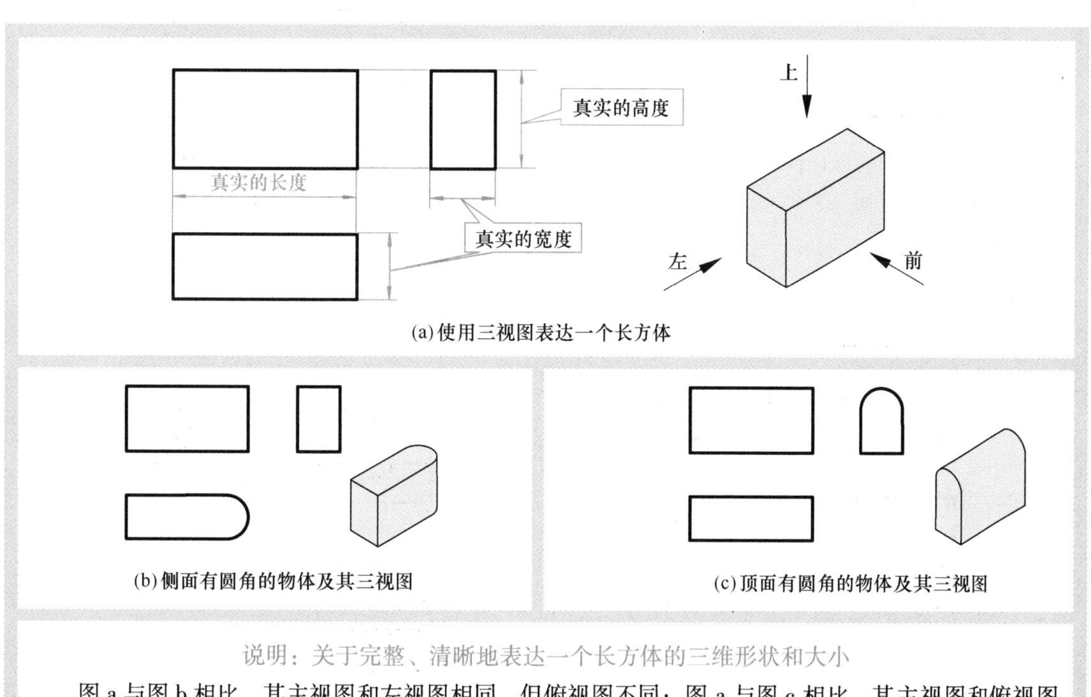

说明：关于完整、清晰地表达一个长方体的三维形状和大小

图 a 与图 b 相比，其主视图和左视图相同，但俯视图不同；图 a 与图 c 相比，其主视图和俯视图相同，但左视图不同。因此，表达图 a 所示的长方体时，既不能排除俯视图，也不能排除左视图，即必须选择三视图。

图 3.21　使用三视图表达一个长方体

3.4.3 平面体三视图的绘制

在绘制平面体的三视图时，常用的方法是，先确定平面体的制造（或形成）次序，再按照该制造（或形成）次序作图（如图3.22～图3.24所示，其中，各图均假设作图比例为1:1，并假设所有作图尺寸均从物体上量取）。绘制时应注意以下几个要点：

（1）应在分析平面体各个表面和棱边的类型（即分析表面和棱边与基本投影面 *H*、*V*、*W* 的位置关系）的基础上，依据各表面和棱边的三视图特点（即不同类型的表面和棱边的三视图具有不同的几何形状）绘制所需的轮廓线。

（2）许多情况下，只有求出相关棱边之间的交点，才能作出所需轮廓线。

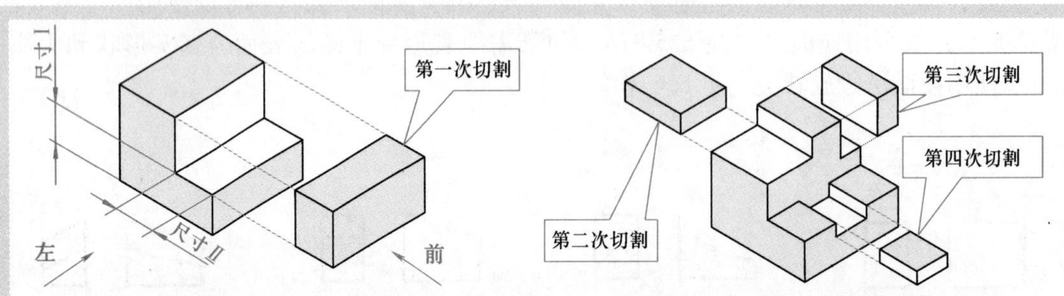

第一步：制造（或形成）过程分析。该平面体通过切割一个长方体形成，其形成次序如图所示。

第二步：表面与棱边分析：切割后形成的所有表面均为平行表面，所有棱边均为垂直棱边。

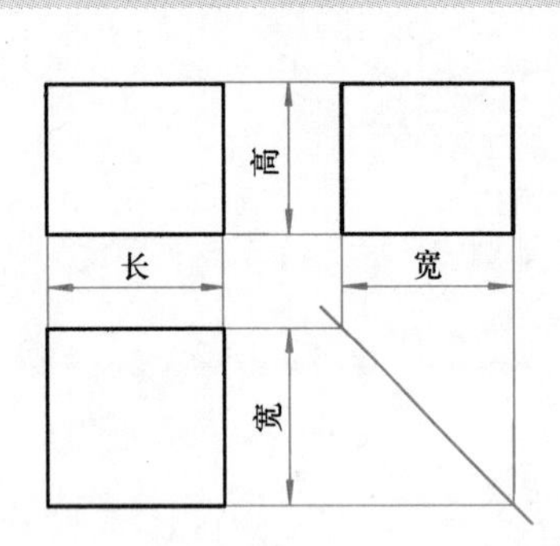

第三步：绘制长方体的三视图。在平面体上量取其总长、总宽和总高尺寸，并依据所量取的尺寸绘制。

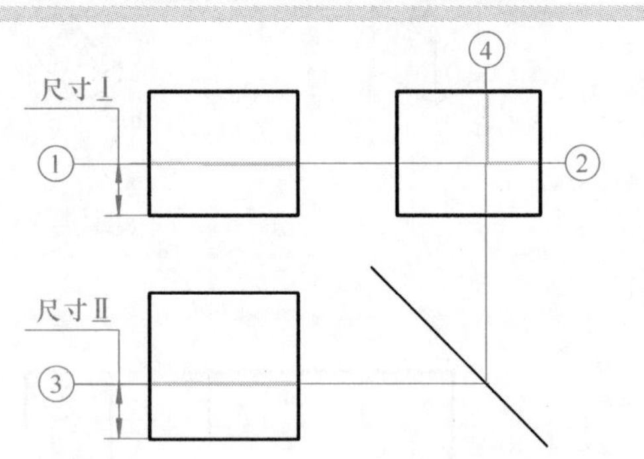

第四步：绘制第一次切割形成的表面与棱边的三视图。量取作图尺寸Ⅰ、Ⅱ，依次绘制所需轮廓线①～④。

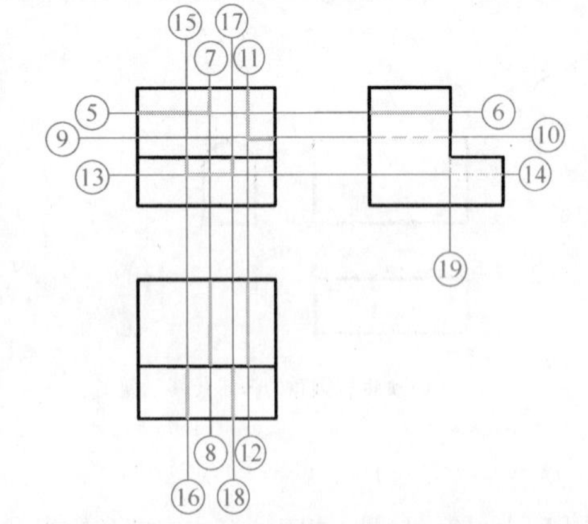

第五步：分别绘制各次切割形成的表面与棱边的三视图。按第四步的方法量取作图所需尺寸，并依次绘制轮廓线⑤～⑲。

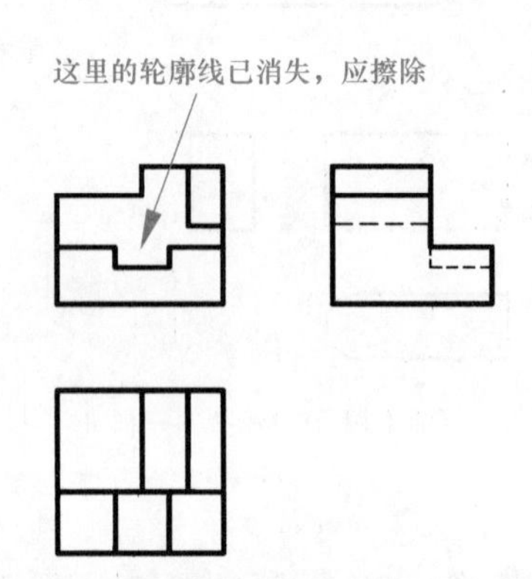

第六步：擦除多次切割后消失的轮廓线、辅助作图线，并加粗轮廓线等。作图时，应注意棱边的可见性。

图3.22　平行表面及其有关平面体的三视图画法示例

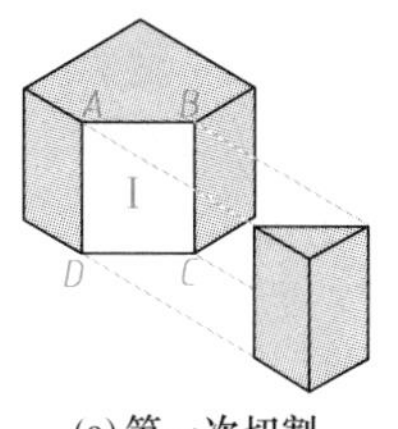

(a)第一次切割

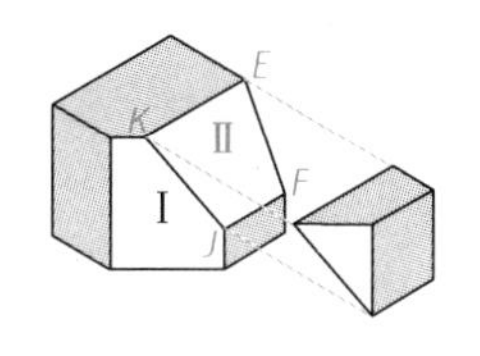

(b)第二次切割

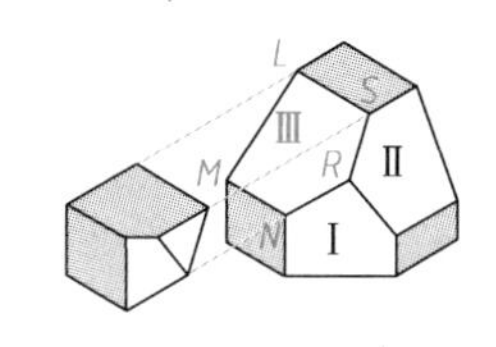

(c)第三次切割

第一步：制造（或形成）过程分析。该平面体通过切割一个长方体形成，其形成次序如图所示。

第二步：表面与棱边分析。

制造次序	形成的新表面	形成的新棱边
第一次切割	新表面Ⅰ、Ⅱ、Ⅲ均为垂直表面（即分别垂直于投影面 *H*、*W*、*V*）	平行棱边：*AB*、*CD*；垂直棱边：*AD*、*BC*
第二次切割		平行棱边：*EF*；垂直棱边：*KE*、*FJ*；倾斜棱边：*KJ*
第三次切割		平行棱边：*LM*；垂直棱边：*MN*、*LS*；倾斜棱边：*NR*、*SR*

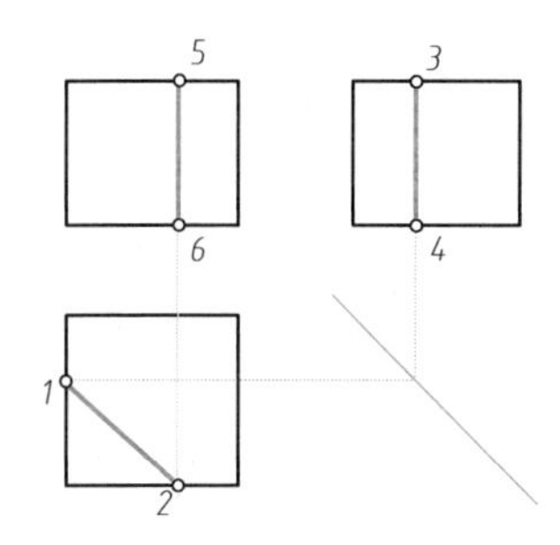

第三步：绘制第一次切割形成的表面与棱边。量取尺寸得到作图点1、2，连线得轮廓线1-2。分别依据点1、2绘制轮廓线3-4和5-6。

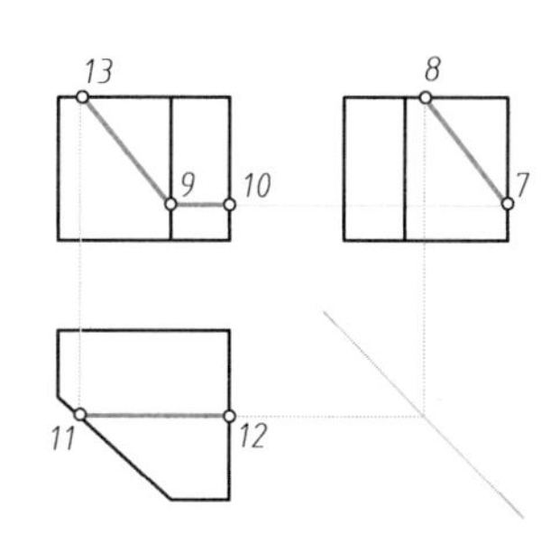

第四步：绘制第二次切割形成的表面与棱边。量取尺寸得到作图点7、8，连线得轮廓线7-8。分别依据点7、8绘制轮廓线9-10和11-12。依据点11得点13，并绘制轮廓线9-13。

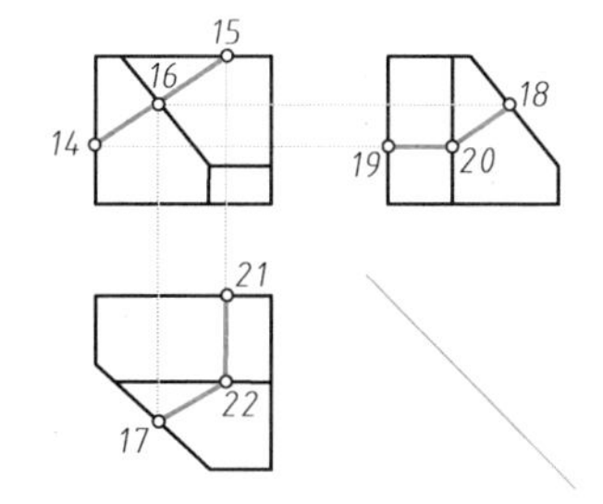

第五步：绘制第三次切割形成的表面与棱边。量取尺寸得到作图点14、15，连线得轮廓线14-15，并得到交点16。依据点16得到点17、18。分别依据点14、15绘制轮廓线19-20和21-22。绘制轮廓线17-22和18-20。

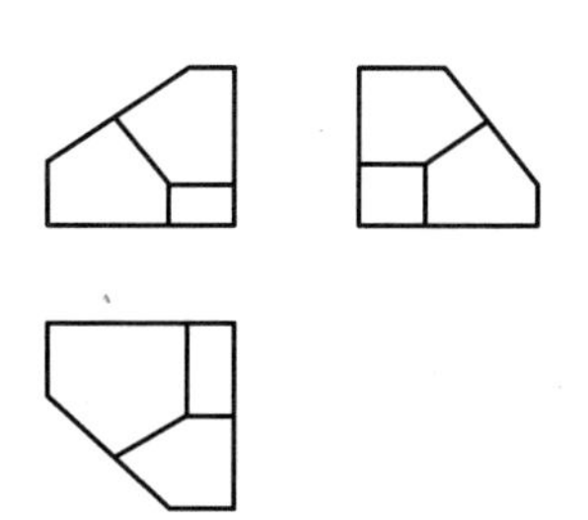

第六步：擦除多余轮廓线、辅助作图线，加粗轮廓线等。

说明：点16、17、18分别为空间点 *R* 在基本投影面 *V*、*H*、*W* 上的投影。

图3.23 垂直表面及其有关平面体的三视图画法示例

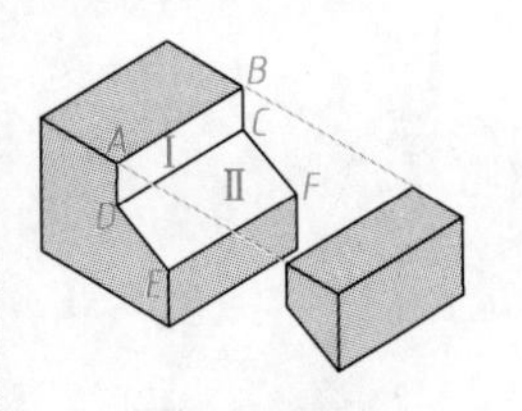

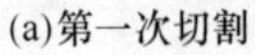
(a)第一次切割

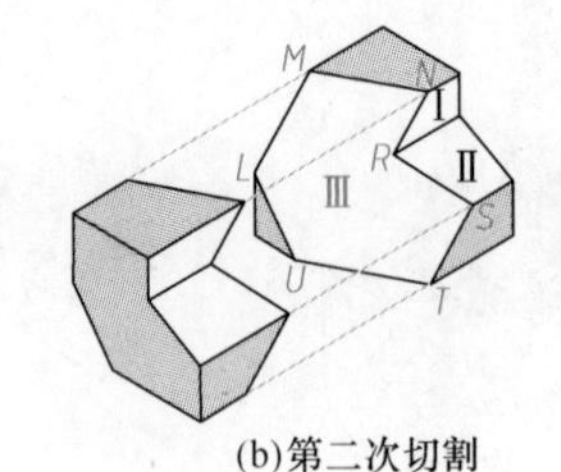

(b)第二次切割

第一步：制造（或形成）过程分析。该平面体通过切割一个长方体形成，其形成次序如图所示。

第二步：表面与棱边分析。

制造次序	形成的新表面	形成的新棱边
第一次切割	新表面Ⅰ为平行表面，新表面Ⅱ为垂直表面，新表面Ⅲ为倾斜表面	平行棱边：*DE*、*CF*；垂直棱边：*AB*、*DC*、*EF*、*AD*、*BC*
第二次切割		平行棱边：*MN*、*UT*、*LM*、*NR*、*ST*、*LU*（其中，*MN*//*UT*，*LM*//*RN*//*TS*）；倾斜棱边：*RS*

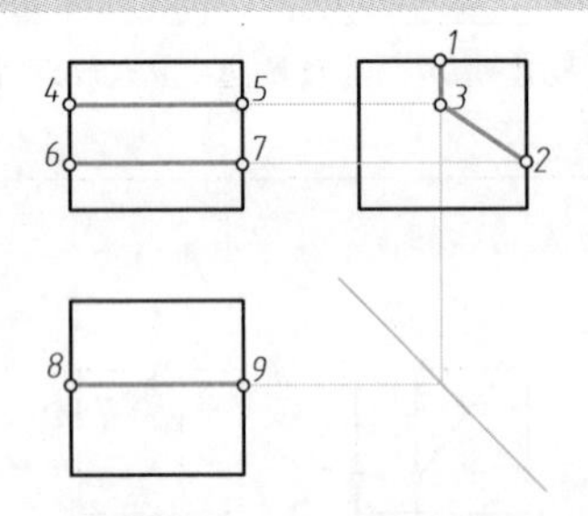

第三步：绘制第一次切割形成的表面与棱边。量取尺寸得作图点1、2、3，连线得轮廓线1-3和2-3。分别绘制轮廓线4-5、6-7和8-9。

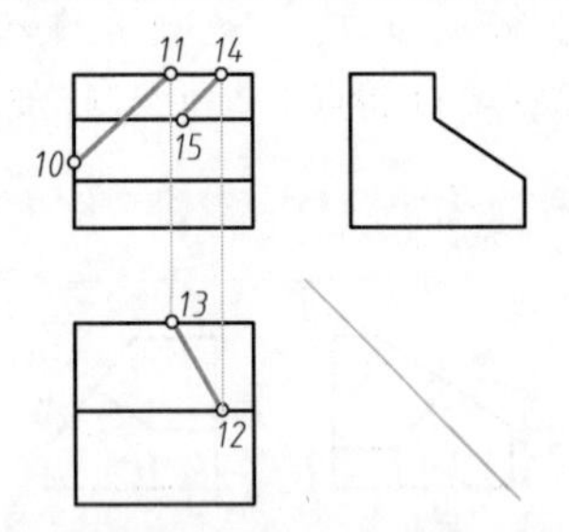

第四步：绘制第二次切割形成的表面与棱边。量取尺寸得作图点10、11和12。分别根据点11、12得到点13和14。连线得轮廓线10-11和12-13。过点14作直线10-11的平行线得到轮廓线14-15。

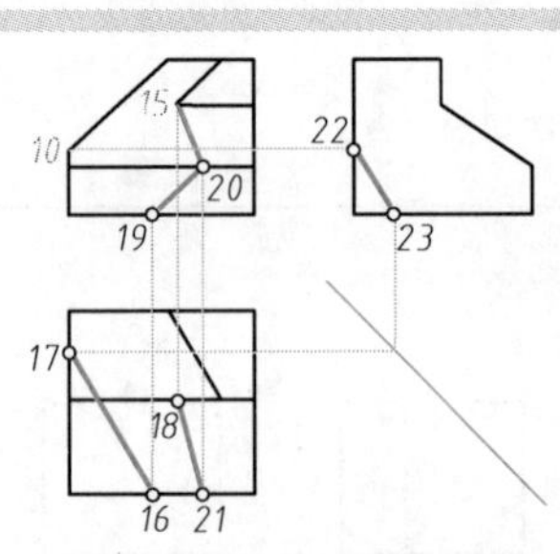

第四步（续）：量取尺寸得作图点16，过点16作直线12-13的平行线得到轮廓线16-17。分别根据点15、16得到点18和19，过点19作直线14-15的平行线得到轮廓线19-20。分别根据点20、10和17得到点21、22和23，连线得轮廓线15-20、18-21和22-23。

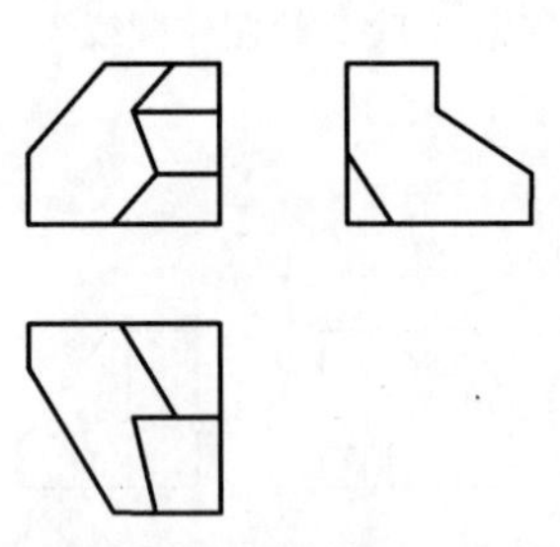

第五步：擦除多余轮廓线、辅助作图线，加粗轮廓线等。

说明：绘制物体的投影图时，可利用各类几何原理作图（见第6章），以使所绘轮廓线能够精确表达出物体上各线、面之间的平行、垂直或相交等空间几何关系。例如，在本图中，轮廓线14-15、16-17和19-20都是依据“若两条空间直线平行，则它们在同一投影面的投影必然相互平行”这一几何原理绘制的。

图3.24　倾斜表面及其有关平面体的三视图画法示例

3.5 回转体及其三视图

若干（一个或多个）表面是回转曲面的物体被简称为**回转体**。**回转曲面**是指由一条直线（或曲线）绕着另一条固定不动的直线旋转一周所形成的曲面（见图3.25）。

由于使用各种机械加工设备即可较为容易地获得所需的回转曲面，因此，回转体在工程中有着广泛的应用。工程中常用的回转体有圆柱体、圆锥体、圆球体和圆环体，其形成与三视图画法示例分别如图3.26～图3.31所示。

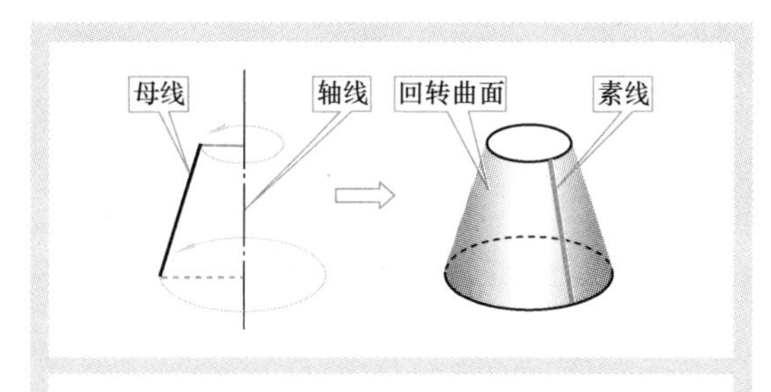

说明：旋转的直线（或曲线）称为母线，固定不动的直线称为轴线，回转曲面上任一位置的母线称为素线。

图3.25　回转曲面的形成

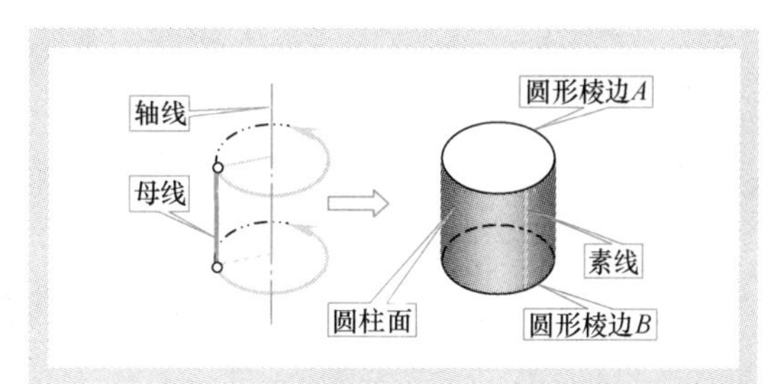

说明：形成圆柱面的母线是一条与轴线平行的直线，该母线以固定半径绕着轴线旋转一周即形成圆柱面。

图3.26　圆柱面的形成

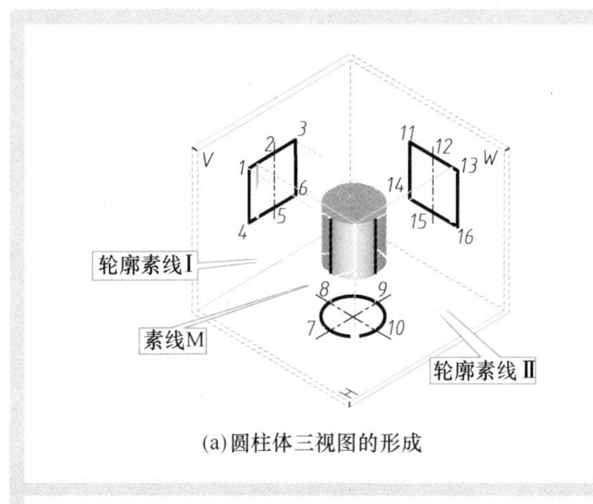

(a)圆柱体三视图的形成

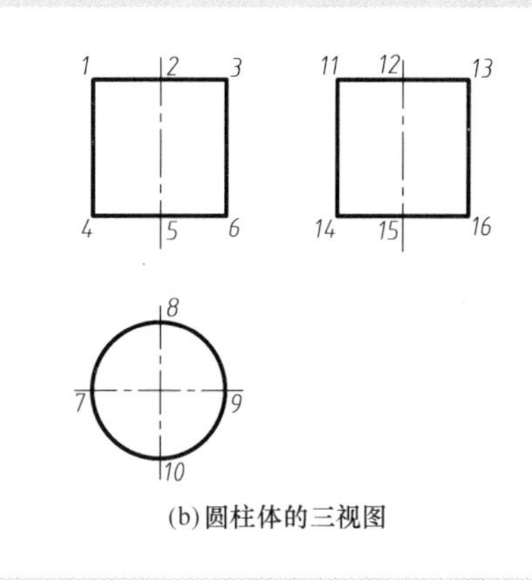

(b)圆柱体的三视图

说明：圆柱体的三视图及圆柱体真实形状的表达

圆柱体的俯视图是一个圆，该圆既表达了圆形棱边A、B（见图3.26）的真实形状，也表达了圆柱体的真实直径。圆柱体的主视图与左视图的形状相同，均为一个高度反映圆柱体真实高度、宽度反映圆柱体真实直径的长方形，但其中的垂直轮廓线是圆柱体表面上不同**轮廓素线**（即形成曲面轮廓的素线）的投影（例如，主视图的垂直轮廓线1-4是表面轮廓素线Ⅰ的投影，左视图的垂直轮廓线13-16是表面轮廓素线 Ⅱ的投影）。

在绘制圆柱体的三视图时，还应注意以下两点：一是圆柱面上任一素线通常与某一投影面垂直，其投影或为一点、或为一垂直线（图中素线M的投影），但素线的投影一般无需在视图中画出；二是圆柱面上的轮廓素线仅需表达在一个视图中（例如，轮廓素线Ⅰ在主视图中的投影为轮廓线1-4，但不应画出其在左视图中的投影，即显然不能将点12和点15连接为一条轮廓线）。

图3.27　圆柱体的三视图及圆柱体真实形状的表达

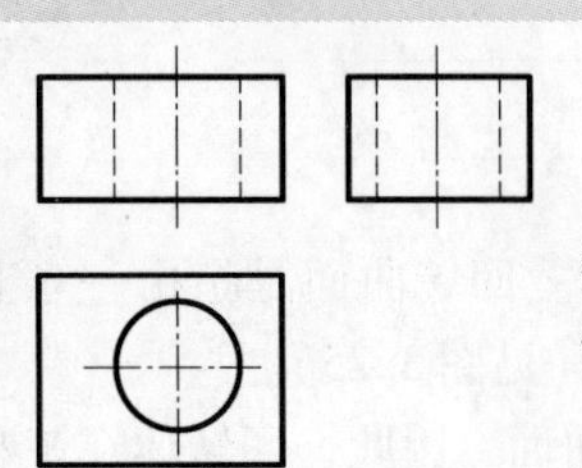

说明：在工程中，一种常见的圆柱面形式为圆孔。圆孔与圆柱体的三视图画法基本相同，唯一不同之处在于：圆孔的轮廓素线是不可见的，应使用细虚线表示。

图 3.28 圆孔的三视图

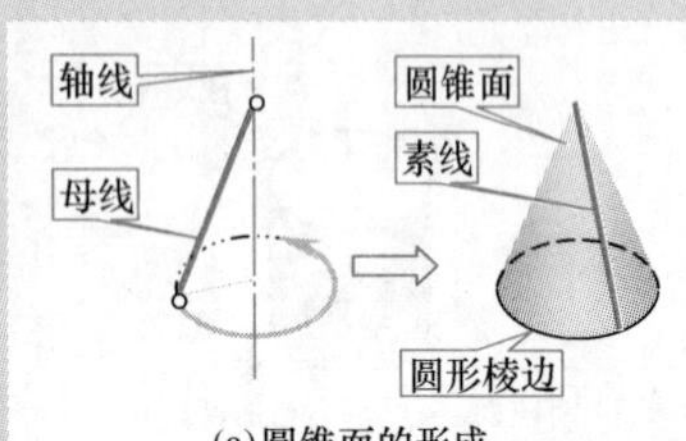

(a)圆锥面的形成

说明：形成圆锥面的母线是一条与轴线相交的直线，该母线绕着轴线旋转一周即形成圆锥面。

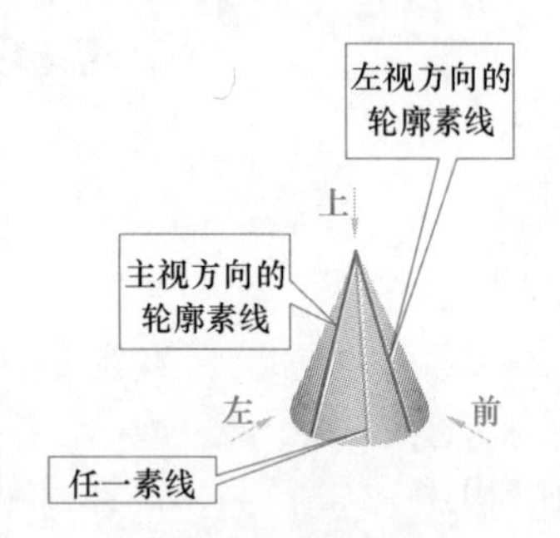

(b)圆锥体三视图的形成

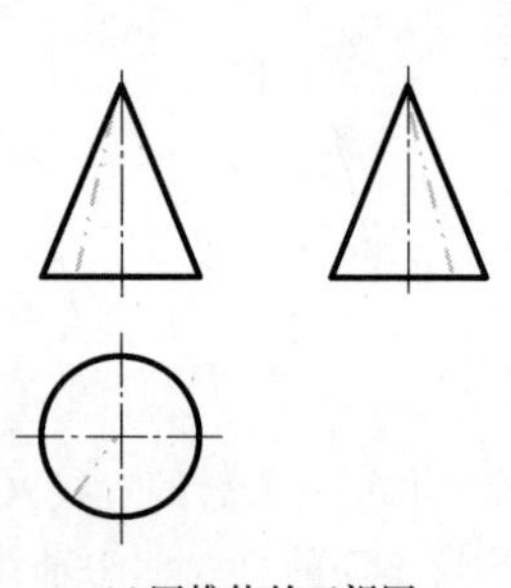

(c)圆锥体的三视图

图 3.29 圆锥面的形成及其圆锥体的三视图

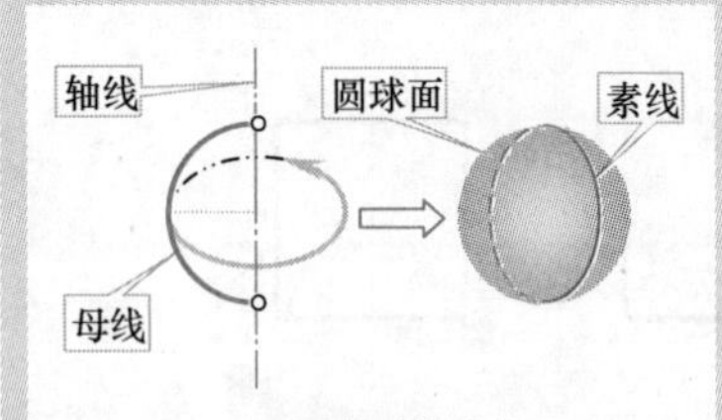

(a)圆球面的形成

说明：形成圆球面的母线是一个与轴线相交的半圆弧，该母线绕轴线旋转一周即形成圆球面。圆球面上的任一素线均为一个圆。

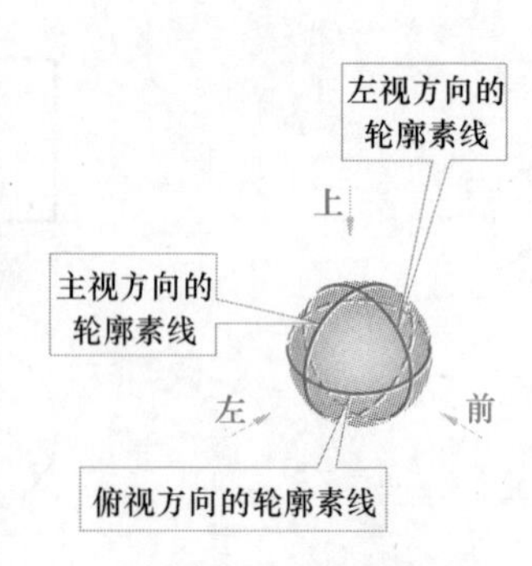

(b)圆球体三视图的形成

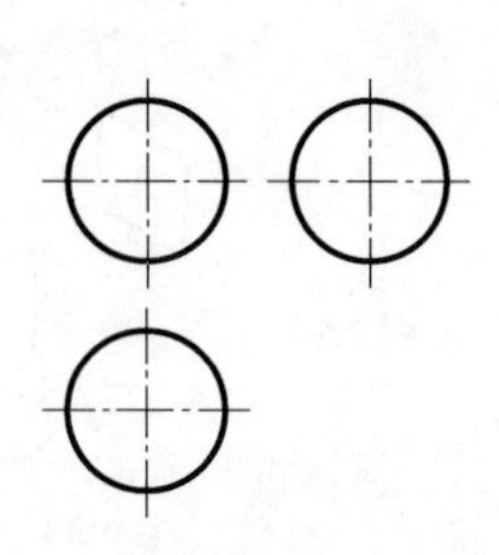

(c)圆球体的三视图

图 3.30 圆球面的形成及其圆球体的三视图

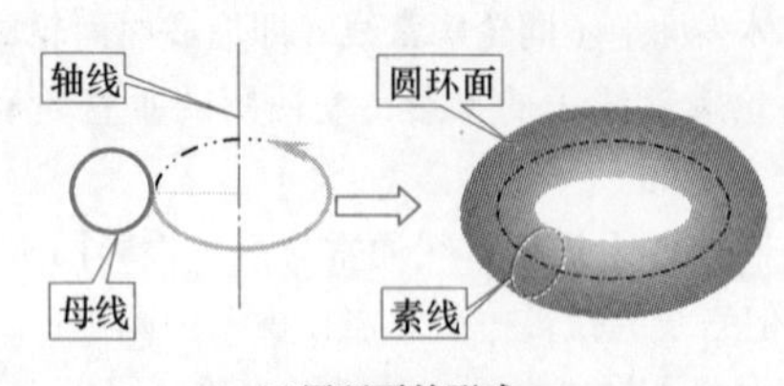

(a)圆环面的形成

说明：形成圆环面的母线为一个圆，该母线绕轴线旋转一周即形成圆环面。

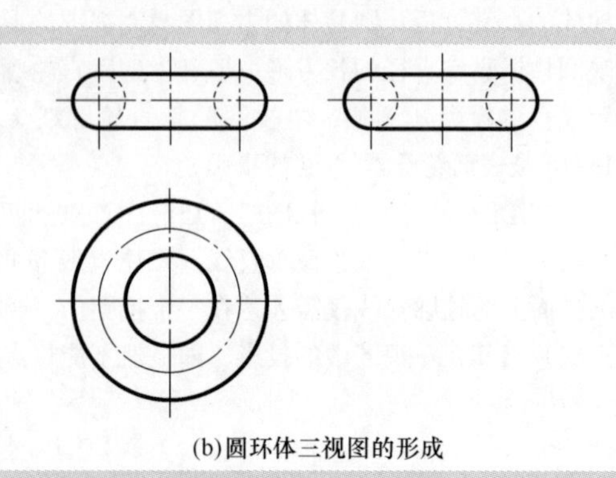

(b)圆环体三视图的形成

图 3.31 圆环面的形成及其圆环体的三视图

在各类常用回转体中，由于圆柱面更易于获得，因此圆柱体（或圆孔）相对而言在工程中的应用就更为广泛。例如，可以制造出具有多个圆柱形表面的物体（见图3.32），也可以使用多种切割方式切割一个圆柱体以制造出所需形状的物体（见图3.33和图3.34），或者在平面体上加工出一些圆柱形表面（见图3.35）。

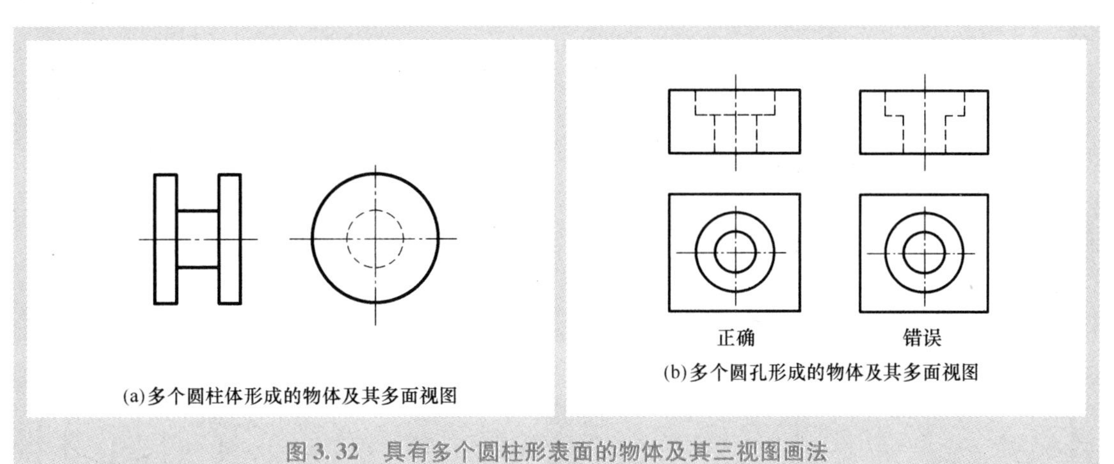

(a)多个圆柱体形成的物体及其多面视图

(b)多个圆孔形成的物体及其多面视图

图3.32　具有多个圆柱形表面的物体及其三视图画法

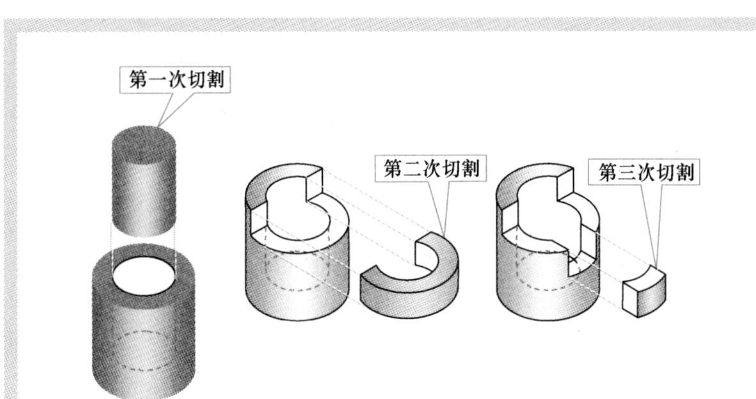

第一步：制造过程、表面与棱边分析。物体通过三次切割一个圆柱体形成。其中，新表面均为平行表面，新的直线形棱边均为垂直棱边，新的圆形棱边均平行于投影面 H。

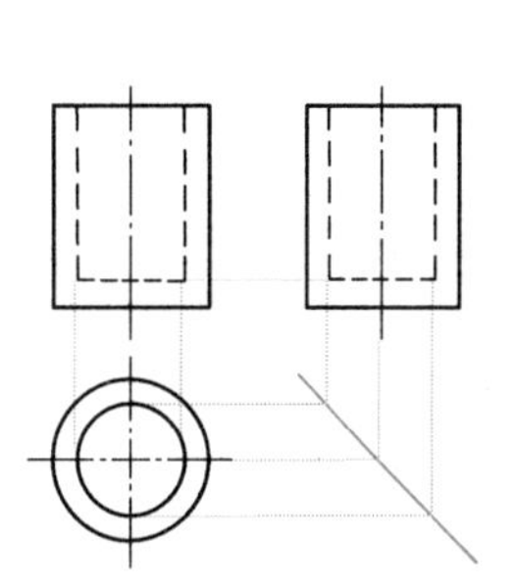

第二步：绘制圆柱与圆孔的三视图。

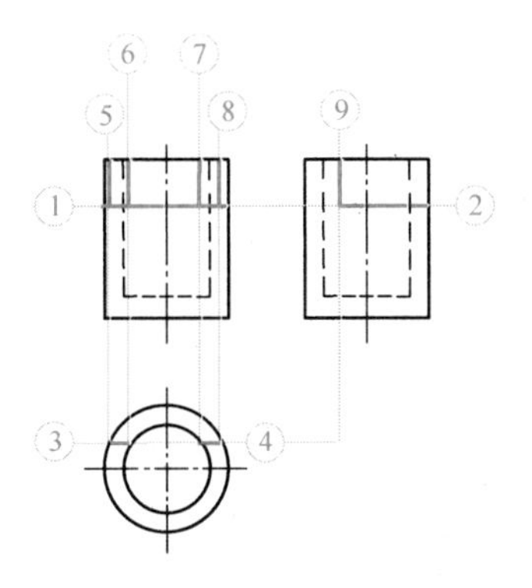

第三步：绘制第二次切割形成的表面与棱边。依次绘制所需轮廓线①～⑨。

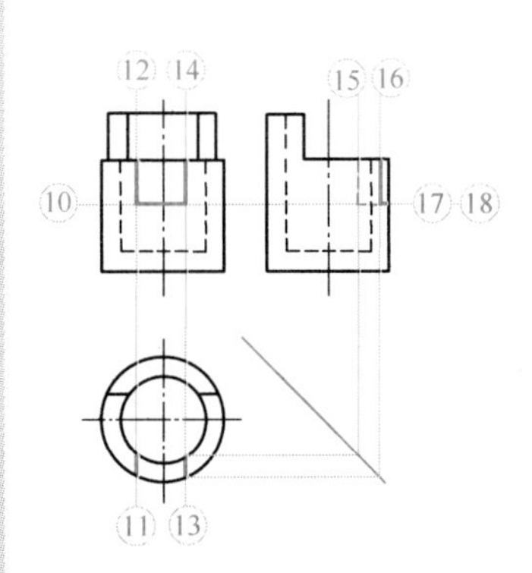

第四步：绘制第三次切割形成的表面与棱边。依次绘制所需轮廓线⑩～⑱。

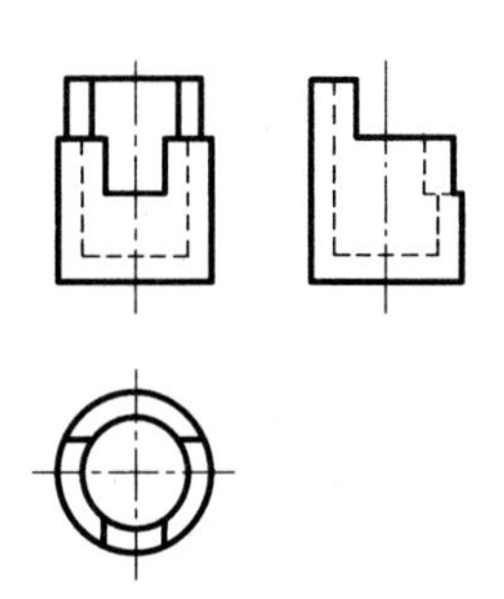

第五步：擦除多余轮廓线、辅助作图线，加粗轮廓线等。

图3.33　平行或垂直切割一个圆柱体及其绘图步骤示例

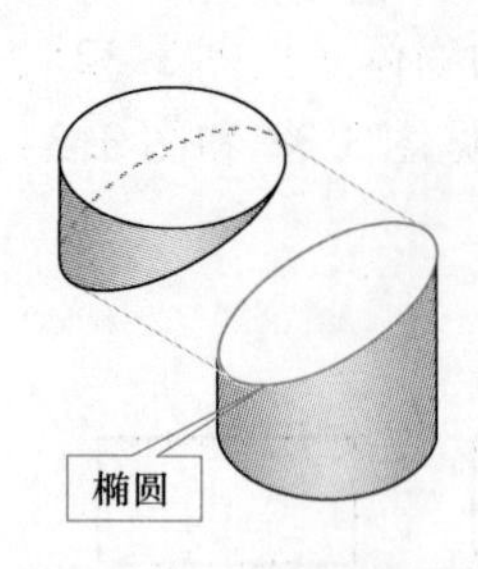

第一步：切割过程分析。倾斜切割形成的新表面为垂直表面，新棱边的实际形状为椭圆。

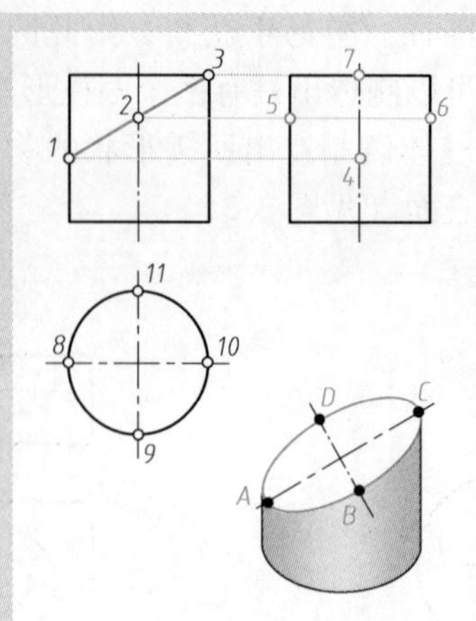

第二步：绘制圆柱三视图。

第三步：绘制椭圆形棱边的三视图。显然，该棱边在主视图中的投影为直线1-3，在俯视图中的投影为圆8-9-10-11，在左视图中为所求椭圆。可根据点*A*的两个已知投影点1、8，作图得到棱边上点*A*在左视图中的投影点4。类似地，可以得到点5、6、7，它们分别是新棱边上点*D*、*B*、*C*在左视图中的投影点。

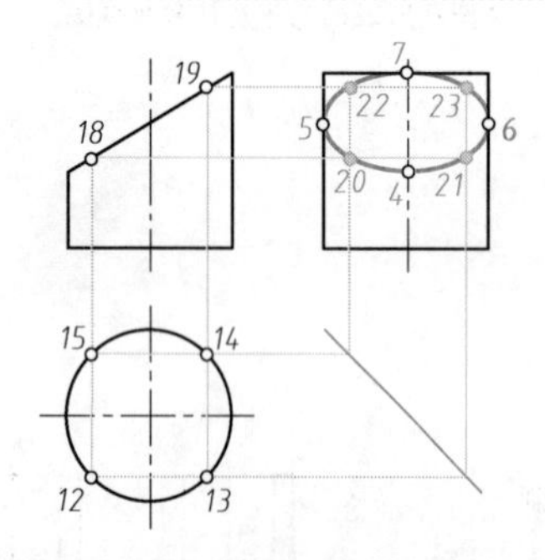

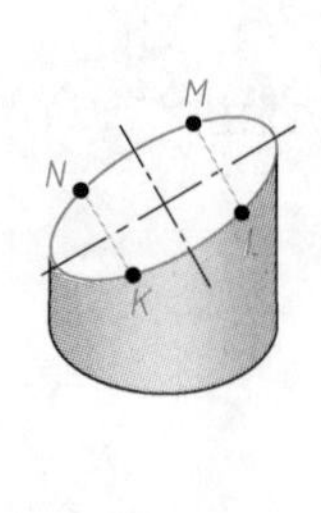

第四步：在新棱边上任取四点（如图中的点*K*、*L*、*M*、*N*），分别根据各点在主视图和俯视图上的已知投影求出其在左视图中的投影。例如，根据点*K*的两个投影18和12即可求出其在左视图中的投影点21。

第五步：使用曲线板依次连接点5-20-4-21-6-23-7-22。

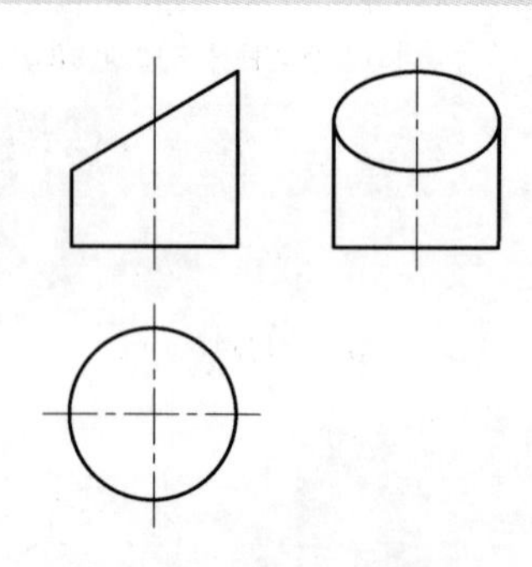

第六步：擦除多余轮廓线、辅助作图线，加粗轮廓线等。

说　明

本图例表明，可采用取点法近似地绘制非圆曲线的三视图，即可利用非圆曲线的已知投影求出其上若干点的三面投影、再将各点依次平滑连接的方式求非圆曲线的三视图。

如下图所示，倾斜切割形成的椭圆，其长、短轴随切割平面与圆柱轴线夹角的变化而改变。当切割平面与轴线成45°夹角时，其投影为圆。

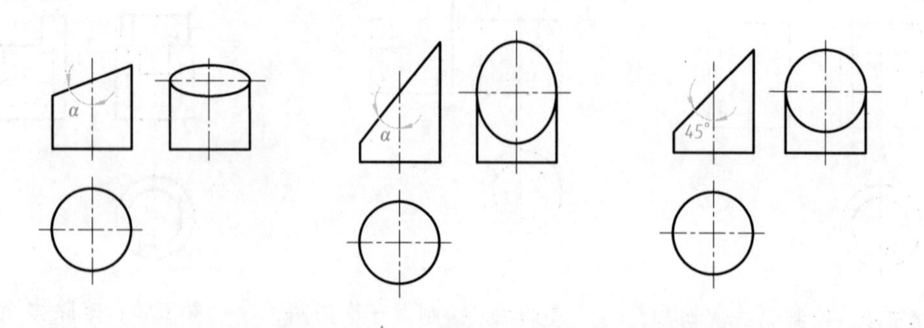

图3.34　倾斜切割一个圆柱体及其绘图步骤示例

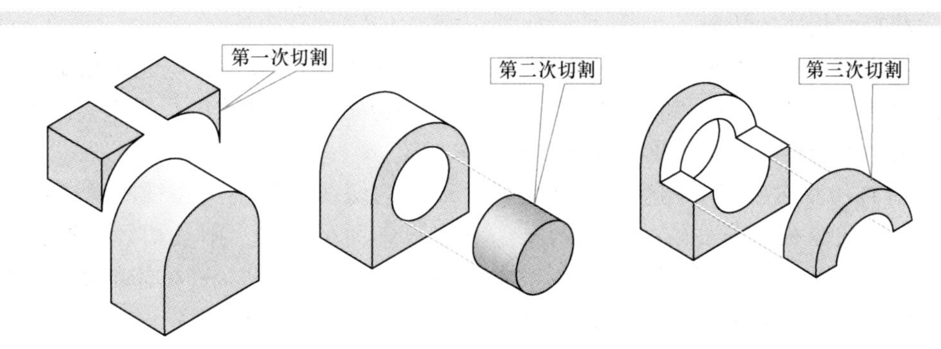

第一步：切割过程分析。切割次序如图所示。

第二步：表面与棱边分析。第一、二次切割分别形成了一个与投影面 V 垂直的半圆柱面和圆柱孔。第三次切割形成了两个平行表面，两条圆形棱边平行于投影面 V，其他棱边为垂直棱边。

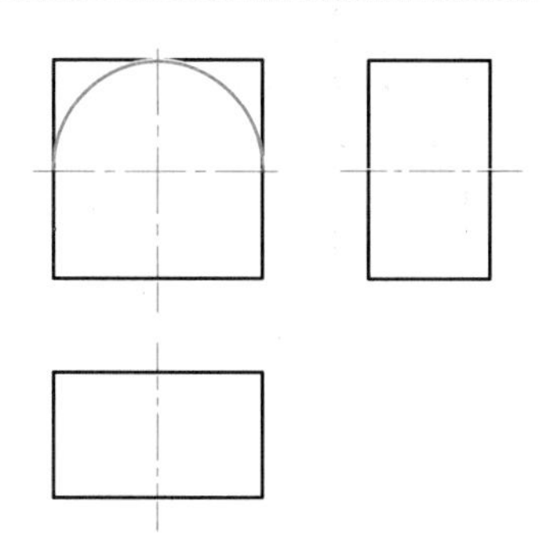

第三步：绘制长方体的三视图。

第四步：绘制第一次切割形成的半圆柱形表面的三视图，即绘制中心线和主视图中的半圆形轮廓线。

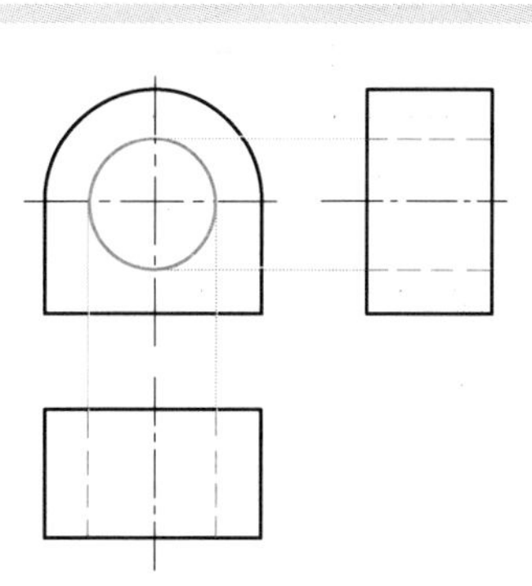

第五步：绘制第二次切割形成的圆柱孔的三视图。

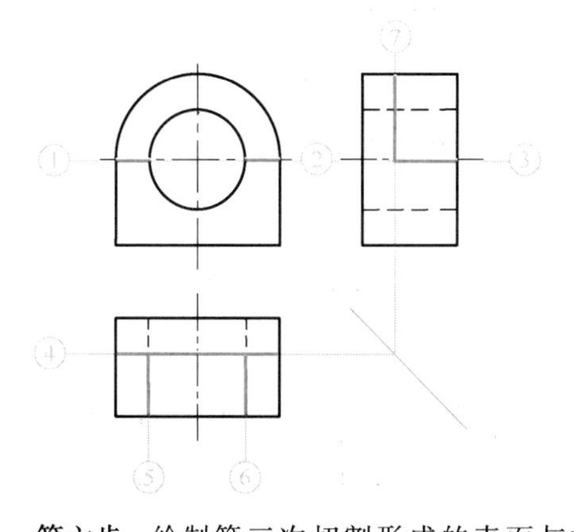

第六步：绘制第三次切割形成的表面与棱边。依次绘制所需轮廓线①～⑦。

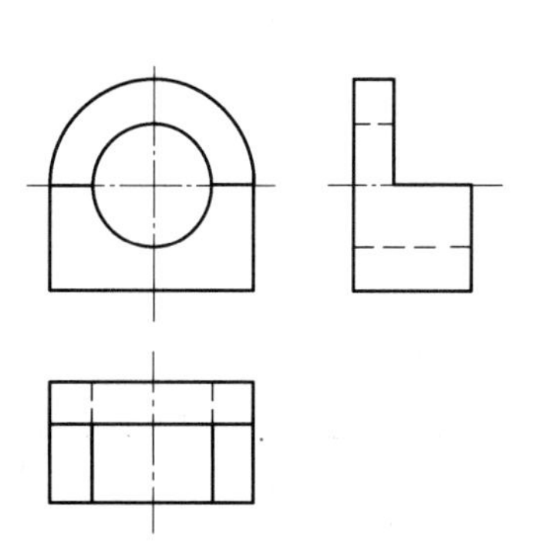

第七步：擦除多余轮廓线、辅助作图线，加粗轮廓线等。

图 3.35 在平面体上加工一些圆柱面及其绘图步骤示例

3.6 表面的相交与相切

物体相邻表面的相交与相切有以下三种情况：

（1）两个平的表面相交（即两平面相交）形成直线形棱边，其画法见 3.4 节。显然，不会出现两平面相切的情况。

（2）平面与曲面相交或相切。相交则形成直线形或曲线形棱边，应画出相交后形成的新棱边的投影（见图 3. 36a 和图 3. 37a、d）。相切则形成切线，切线的投影不应画出，但应在视图中精确地表达出切点（见图 3. 36b 和图 3. 37b、c）。

（3）曲面和曲面相交或相切。曲面相切时形成的切线一般不应在视图中画出（见图 3. 38a），但当两个相切曲面的公切面与某一基本投影面平行时，则其切线的投影应画出（见图 3. 38b）。相交两曲面形成的交线称为**相贯线**，在工程中，两个圆柱体正交（即相交的两个圆柱体的轴线相互垂直）时形成的相贯线最为常见，其画法如图 3. 39 和图 3. 40 所示，圆孔的相贯线画法与圆柱体相同（见图 3. 44）；必要时，相贯线还可以采用如图 3. 41 所示的模糊画法。

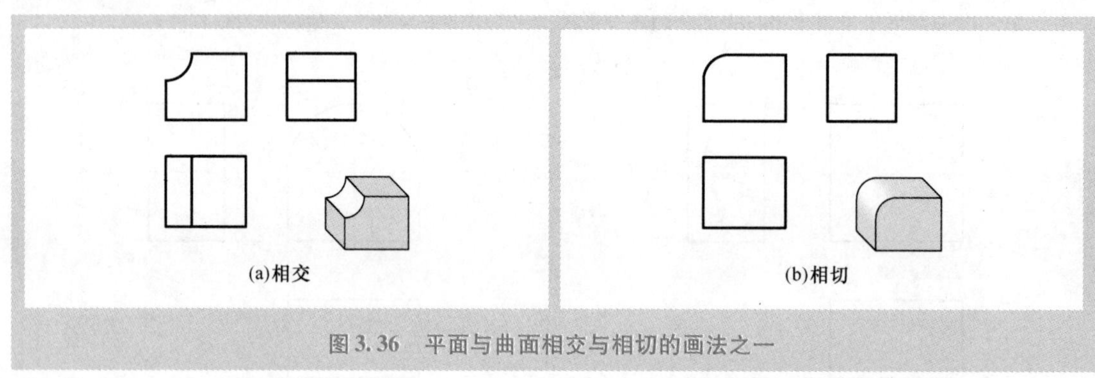

图 3. 36　平面与曲面相交与相切的画法之一

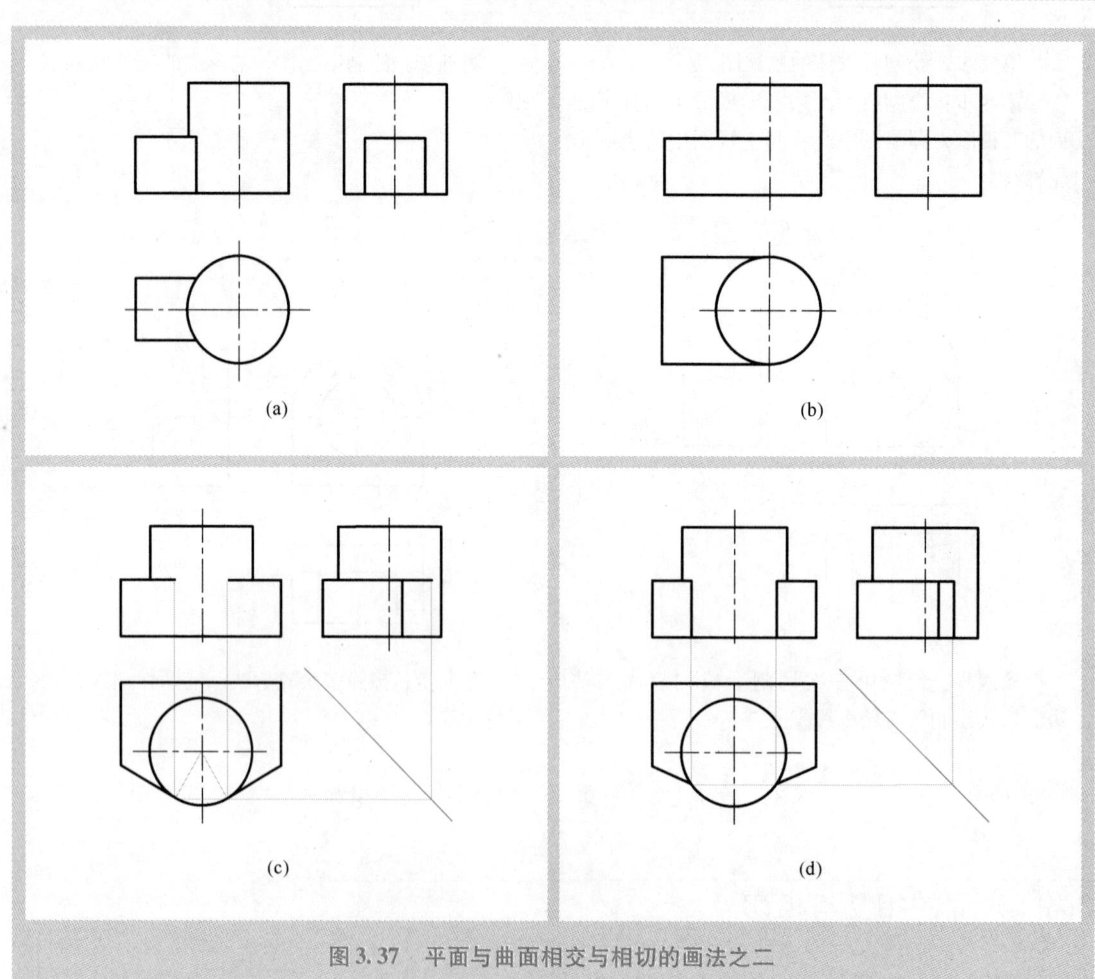

图 3. 37　平面与曲面相交与相切的画法之二

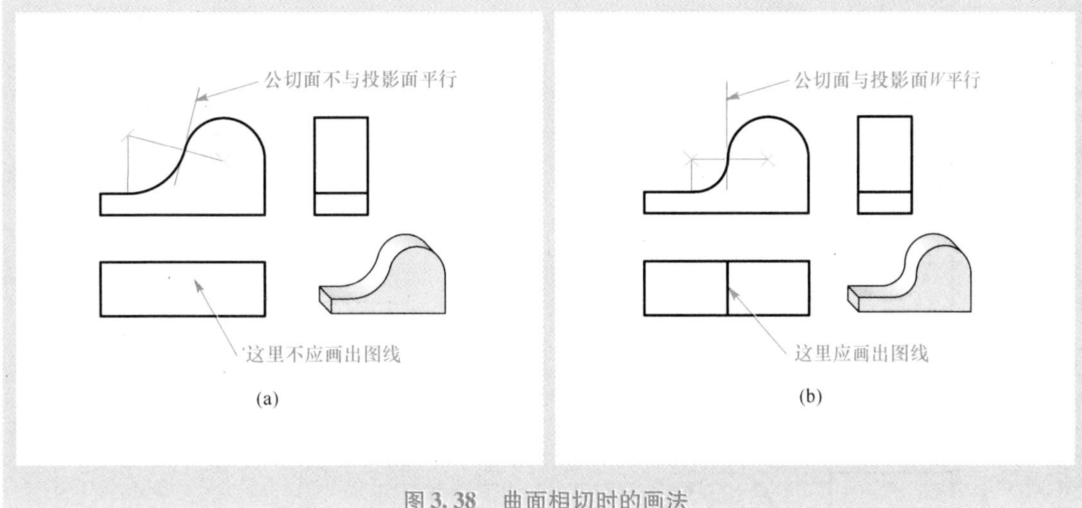

图 3.38 曲面相切时的画法

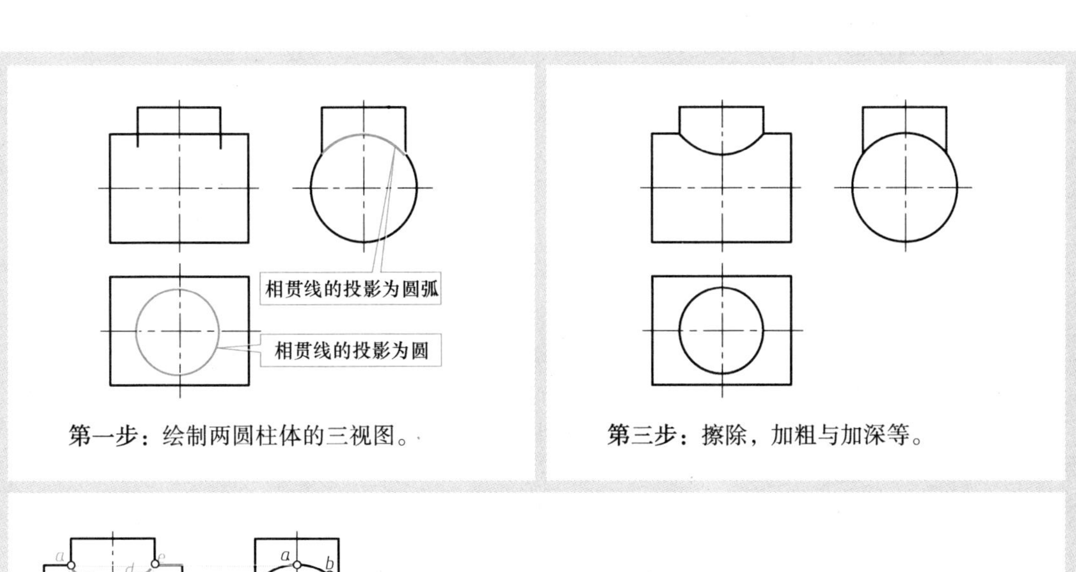

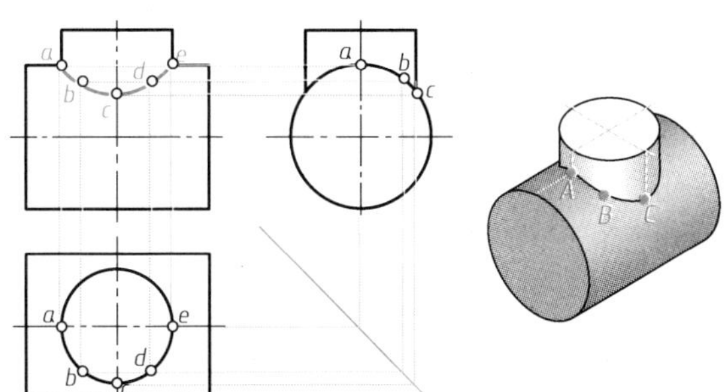

第二步：绘制相贯线的三视图。

利用相贯线上若干点在俯视图和左视图中的投影，分别求出各点在主视图中的投影，并将所求点依次平滑连接（图中给出了求点 *A*、*B*、*C* 在主视图中投影的示例，其他点的求法与之类似）。

说明：相贯线的近似画法

显然，正交两圆柱体形成的相贯线是一条空间非圆曲线，其在俯视图和左视图中的投影是已知的，即在俯视图中其投影图形为一个完整的圆，在左视图中其投影图形为一段圆弧。因此，可根据该相贯线的两个已知投影，采用非圆曲线的作图方法近似地绘制该相贯线在主视图中的投影。

图 3.39 使用取点法绘制相贯线的作图方法与步骤

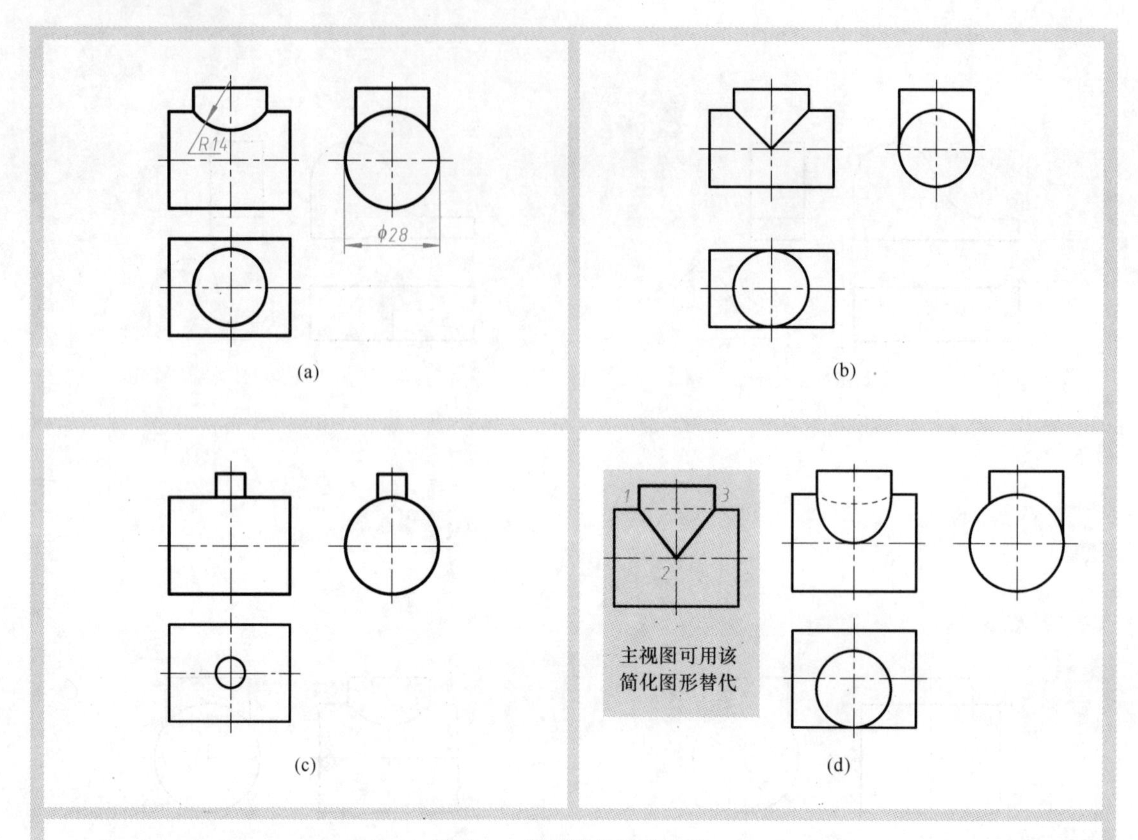

说明一：相贯线的简化画法

在不致引起误解时，图形中的相贯线可以简化，可用圆弧或直线代替非圆曲线，甚至省略不画（但如果采用简化画法可能引起对视图的误解时，则应采用取点法绘制相贯线）。例如：

在图 a 中，ϕ28 表示大圆柱的直径为 28mm，则可以用大圆柱的半径 14mm（即图中的 *R*14）为半径作一圆弧，代替图 3.39 所示主视图中的非圆曲线。

在图 c 中，较小的相贯线通常省略不画。

在图 d 中，可用直线 1-2、2-3 和 1-3 分别代替主视图中的非圆曲线。

说明二：相贯线的变化趋势

图 a 表明，相贯线总是通过小圆柱向大圆柱相贯形成的（即曲线向直径大的圆柱的轴线弯曲），而不是相反。

图 b 表明，若两个正交圆柱体直径相同，则其相贯线在主视图中的投影是直线。

图 3.40　正交圆柱体相贯线的简化画法及其变化趋势

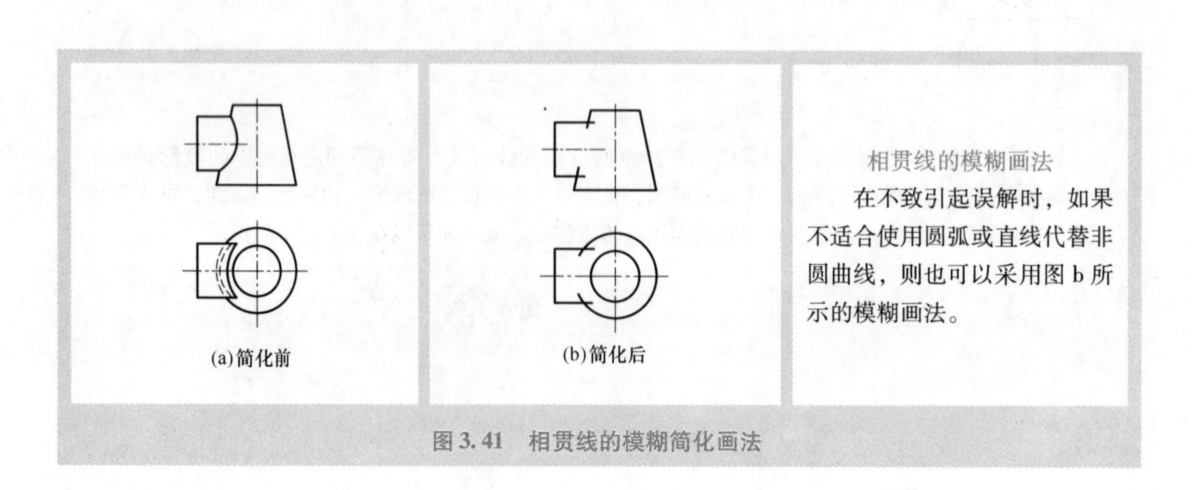

相贯线的模糊画法

在不致引起误解时，如果不适合使用圆弧或直线代替非圆曲线，则也可以采用图 b 所示的模糊画法。

图 3.41　相贯线的模糊简化画法

3.7 向视图

如图3.42a所示，在采用三视图表达物体时，左视图上的虚线与实线交错，这一图形混乱的左视图不仅不能清晰地表达右侧面的真实形状，而且也使得左侧面的表达不够清晰。在这种情况下，根据尽量避免使用虚线的视图表达原则，可按如图3.42b所示的方法增加一个右视图并略去虚线，同时将左视图和右视图按照向视形式配置。显然，图3.42b比图3.42a能够更为清晰地表达左、右侧面的真实形状。

事实上，向视与展开配置方式并无本质的区别。采用向视配置方式的常见理由是，能够更节省图纸或能够更好地在图纸内配置各个基本视图。

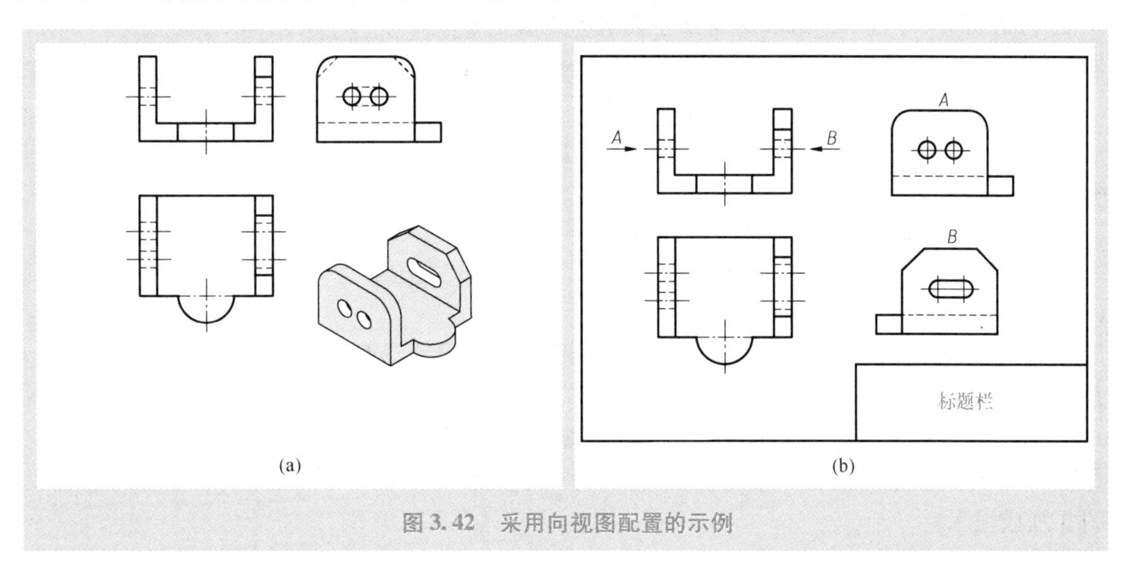

图3.42 采用向视图配置的示例

3.8 局部视图

局部视图是将物体的某一部分向基本投影面投射所得的视图，它是一个不完整的视图。当物体的其他形状已得到清晰的表达，而仅有一些局部的形状没有表达清楚时，可以采用局部视图。局部视图可以按照展开或向视形式配置（分别见图3.43和图3.44）。

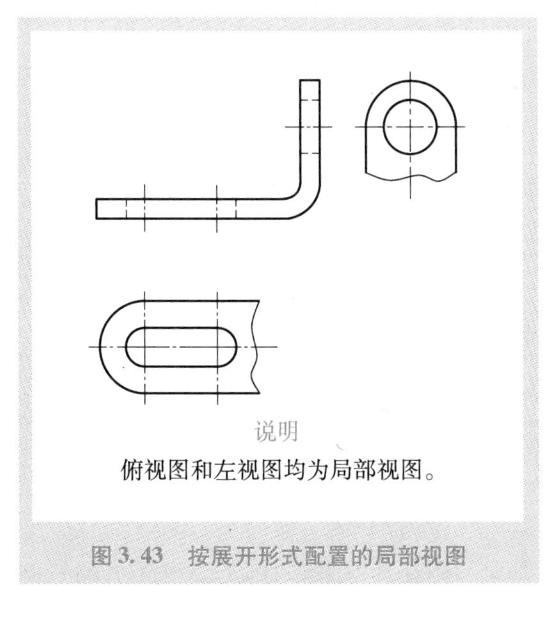

图3.43 按展开形式配置的局部视图

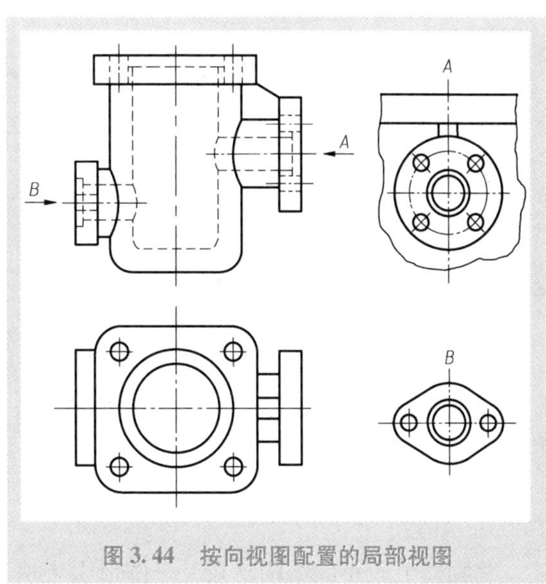

图3.44 按向视图配置的局部视图

绘制局部视图时，应注意以下几个表达要点：

（1）局部视图的断裂边界应使用波浪线或双折线绘制。但在同一张图样上，只能采用其中的一种线型。

（2）当所表达的局部视图的外形轮廓构成封闭图形时，则不必画出其断裂边界线（见图3.44中的*B*向局部视图）。

（3）必要时采用局部视图，将提高作图效率，并使表达更加清晰。

3.9 局部放大图

将物体的部分结构用大于原图形所采用的比例放大画出，这种图形称为局部放大图。有些物体的局部尺寸较小，其多面视图不能清晰地表达这些较小尺寸的局部结构，这时可以使用局部放大图（如图3.45和图3.46所示，各图均假设原图形所采用的比例为1:1）。

绘制局部放大图时，应注意以下几个要点：

（1）局部放大图可自由配置在图纸内的任何位置，但通常应尽量配置在被放大部位的附近。

（2）应使用细实线圈出被放大的部位。

（3）当物体上被放大的部分仅有一处时，在局部放大图的上方只需注明所采用的比例（见图3.45）。

（4）当同一物体上有几处被放大的部分时，应使用罗马数字依次标明被放大的部位，并在局部放大图的上方标注出相应的罗马数字和所采用的比例（见图3.46）。

（5）局部放大图可画成视图也可画成剖视图，它与被放大部分的表达方法无关（例如，在图3.46中，被放大部分的表达方法为视图形式，而局部放大图Ⅰ画成剖视图，局部放大图Ⅱ画成视图）。

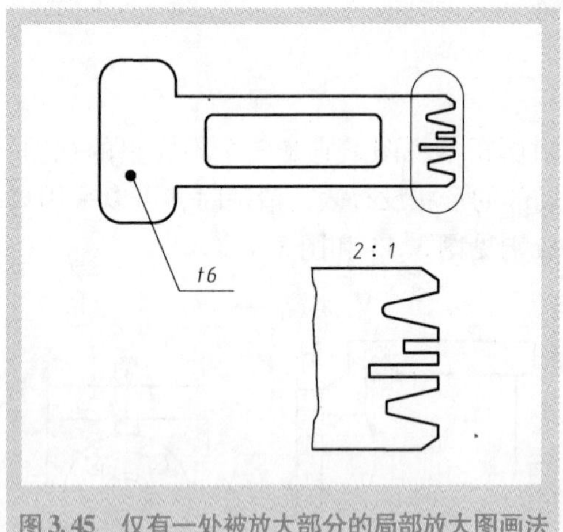

图3.45 仅有一处被放大部分的局部放大图画法

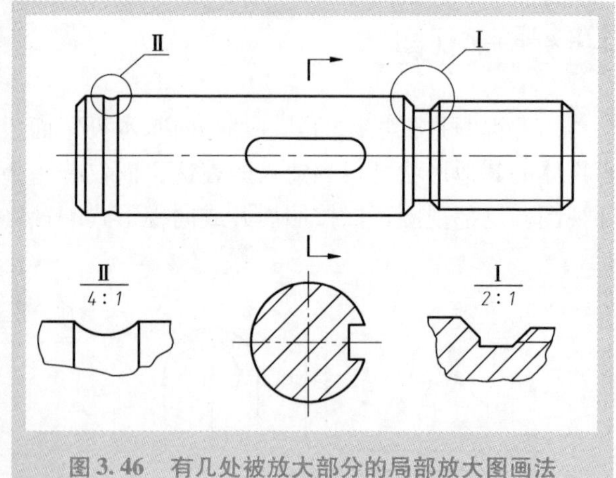

图3.46 有几处被放大部分的局部放大图画法

3.10 其他常用视图画法

其他常用视图画法主要有较小结构的画法、平面画法、断裂画法、对称物体的简化画法和重复结构的简化画法等。

3.10.1 较小结构的简化画法

当物体上较小的结构已在一个图形中表达清楚时，则在其他图形中应当简化或省略。例如，在图3.47的主视图中，棱边*1-2*的投影与物体轮廓线的投影间距较小（即形成所谓的较小结构，如图3.47b所示），因此，棱边*1-2*在主视图中的轮廓线应当省略（见图3.47c），相反，棱边*3-4*在主视图中的轮廓线却不应省略（见图3.47c、d）。

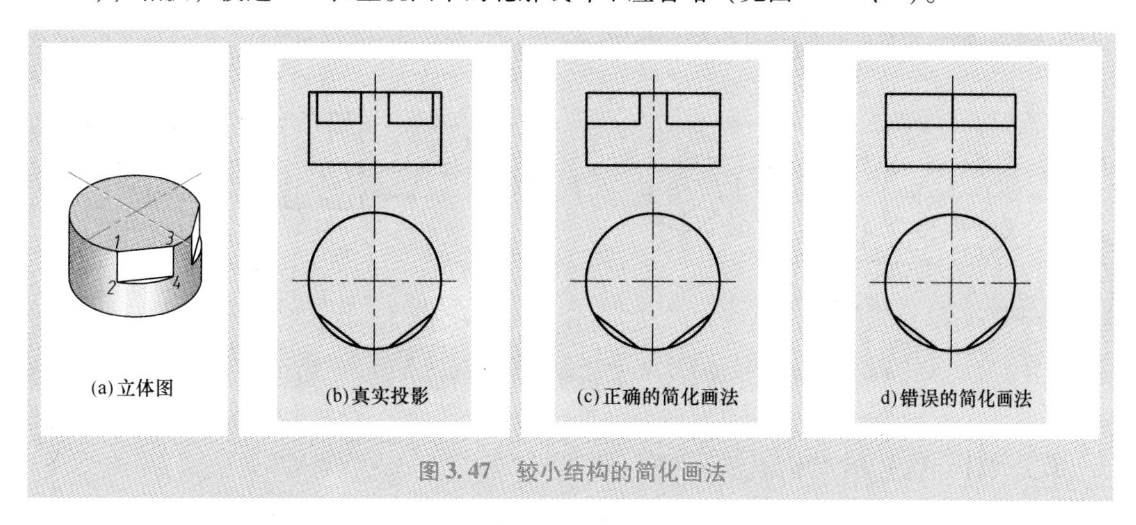

图3.47　较小结构的简化画法

3.10.2　平面画法

为了避免增加视图数量，可用细实线绘出对角线表示平面（见图3.48）。当回转体上的平面在图形中不能充分表达时，可用两条相交的细实线表示这些平面以减少视图数量（见图3.49和图3.50所示的简化画法）。

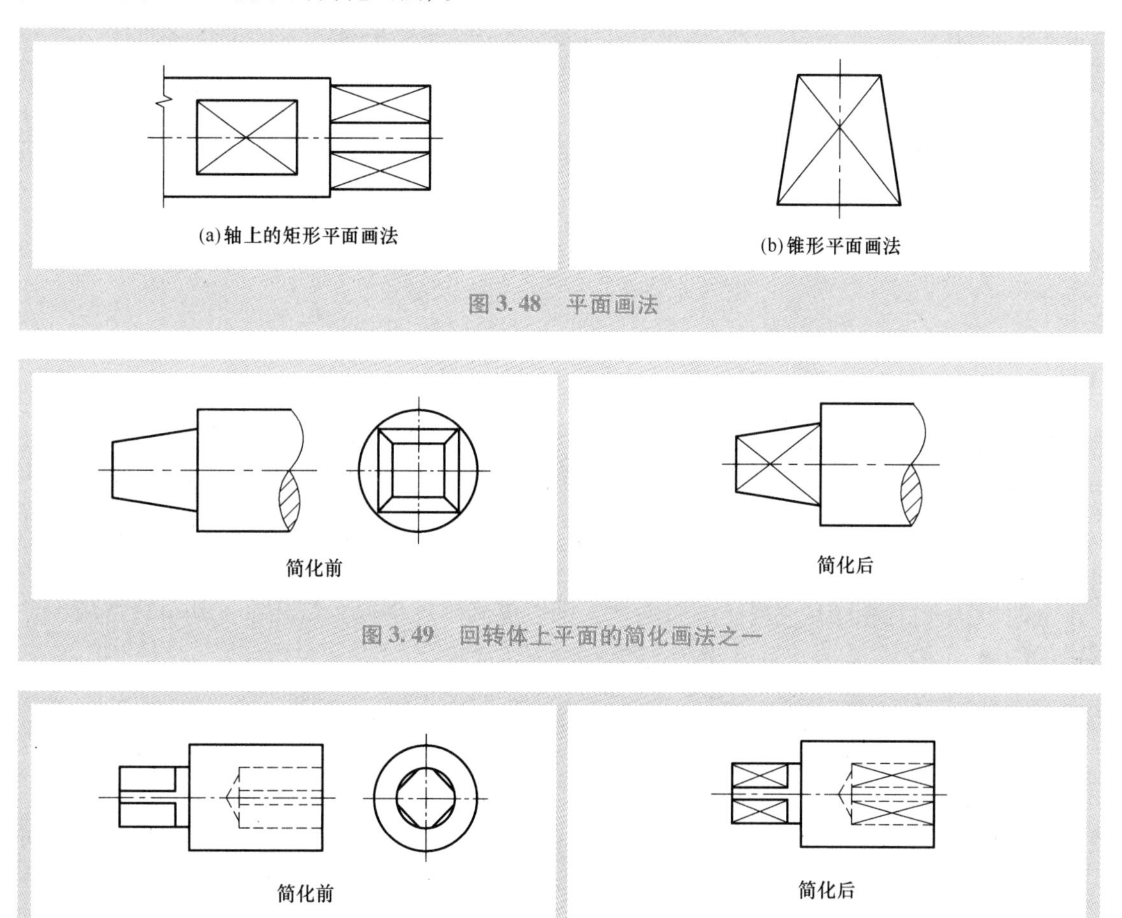

图3.48　平面画法

图3.49　回转体上平面的简化画法之一

图3.50　回转体上平面的简化画法之二

3.10.3 断裂画法

当较长的物体（轴、杆、型材、连杆等）沿长度方向的形状一致或按一定规律变化时，可断开后缩短绘制，其断裂边界可用波浪线（见图3.51）、双折线或细双点画线绘制。

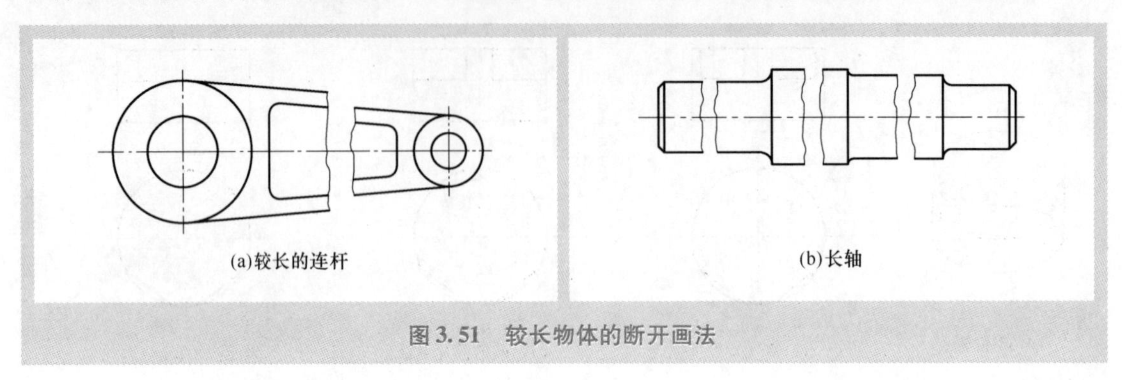

图3.51 较长物体的断开画法

3.10.4 对称物体的简化画法

在不致引起误解时，对称物体的视图可画四分之一或一半，并在对称中心线的两端画出两条与其垂直的平行细实线（见图3.52）。

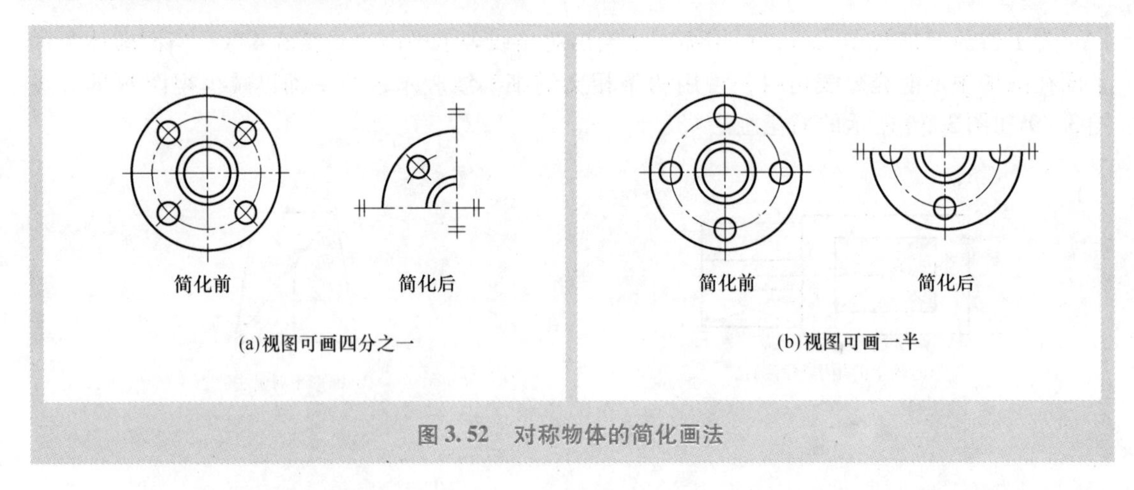

图3.52 对称物体的简化画法

3.10.5 重复结构的简化画法

物体上成规律分布的重复结构，允许只绘制出一个或几个完整的结构，并在视图中表达其分布情况。重复结构的数量和类型应按相关国家标准的规定标注（见第7章）。其中：

（1）对称的重复结构用细点画线表示各重复结构的位置（见图3.53）。不对称的重复结构则用相连的细实线代替（见图3.54）。

（2）若干直径相同且成规律分布的孔，可以仅画出一个或少量几个，其余只需用细点画线或“+”表示其中心位置（见图3.55）。

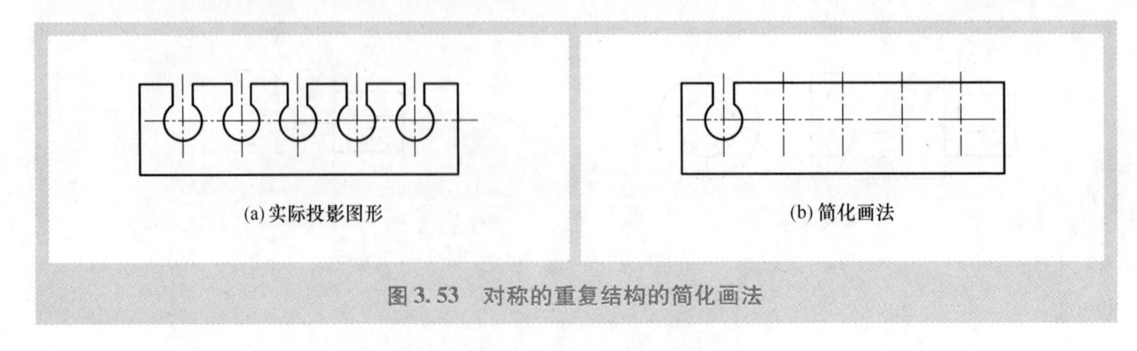

图3.53 对称的重复结构的简化画法

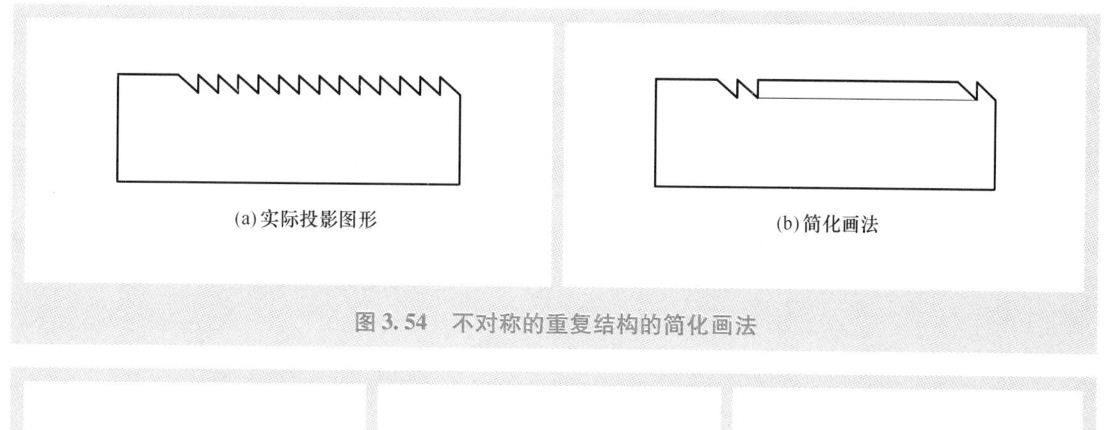

图 3.54　不对称的重复结构的简化画法

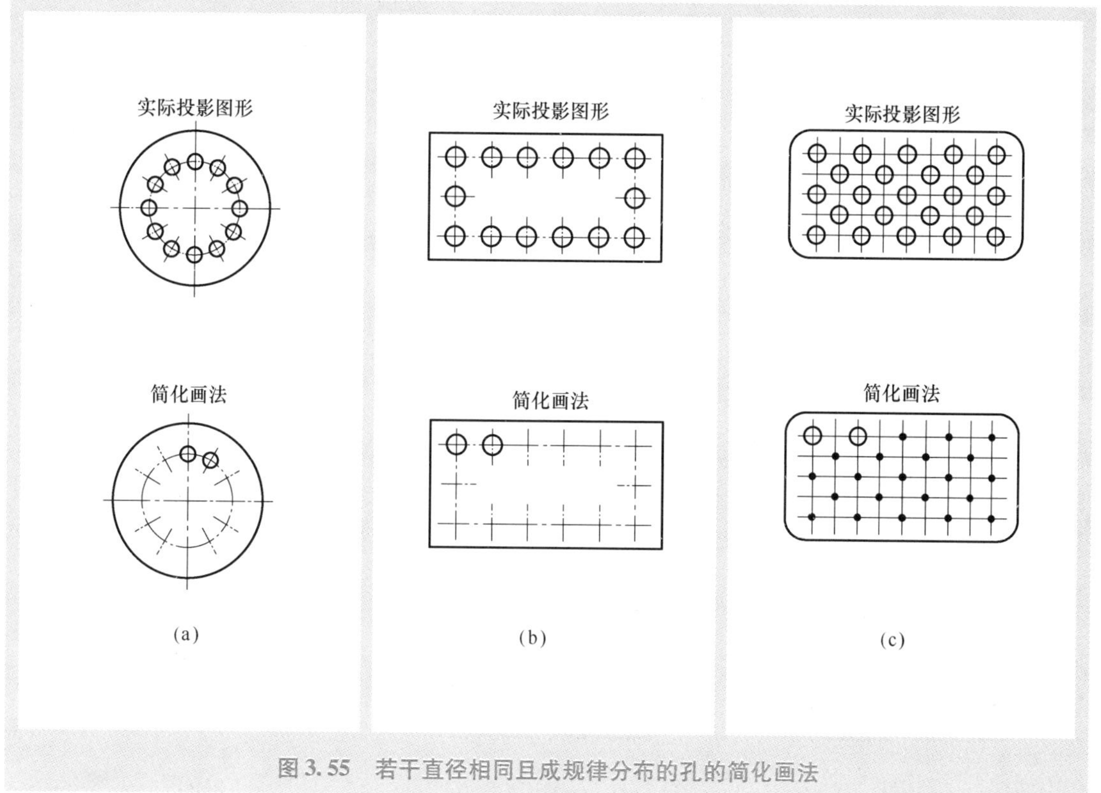

图 3.55　若干直径相同且成规律分布的孔的简化画法

3.11　物体的加工及其相应加工结构的表达

在工程中应用的物体通常是使用各种制造方法加工得到的。传统的制造方法有成形加工（包括铸造、锻压和焊接）和机加工（包括车削、铣削、刨削和磨削加工）两类。随着现代科学技术的进步，特别是材料技术、微电子技术和计算机技术的发展，新的制造方法不断涌现，如出现了数控加工、线切割加工、电火花加工、电解加工、超声波加工、电子束加工以及激光加工等多种现代加工方法。

然而，就目前而言，传统的制造方法仍然是最主要的制造方式。图 3.56 ~ 图 3.60 给出了各种常用制造方法的示意图。在企业中，通常把处于加工过程的物体称为零件或工件，把制造完成的零件称为完工零件，把通过铸造、锻压以及机加工方式得到的零件分别称为铸件（常又称为毛坯）、锻件、机加工件（常简称为机件），把处于不同加工位置的工件表面分别称为平面、端面和斜面，把圆柱面和圆孔分别称为外圆表面和内圆表面。

由不同制造方法得到的工件或表面具有不同的结构或形状，其多面视图具有不同的画法。

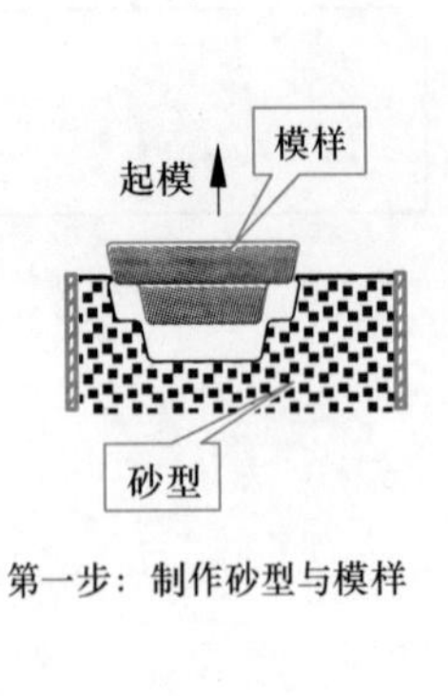

第一步：制作砂型与模样

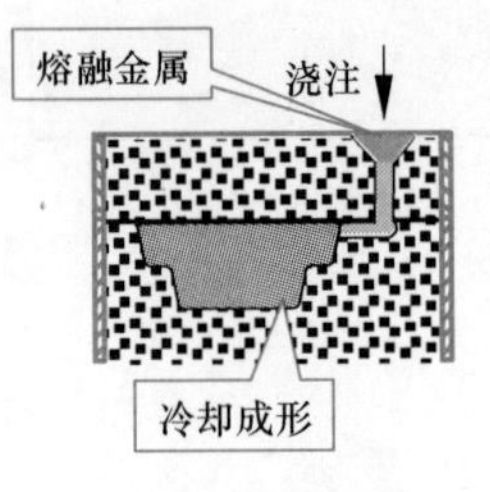

第二步：浇铸并冷却

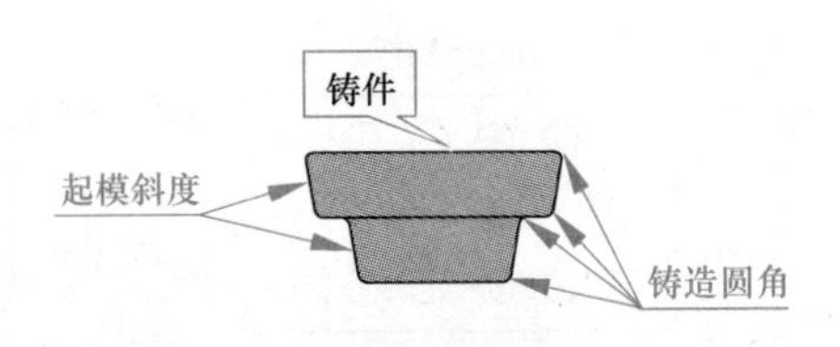

第三步：取出铸件

(a) 铸造

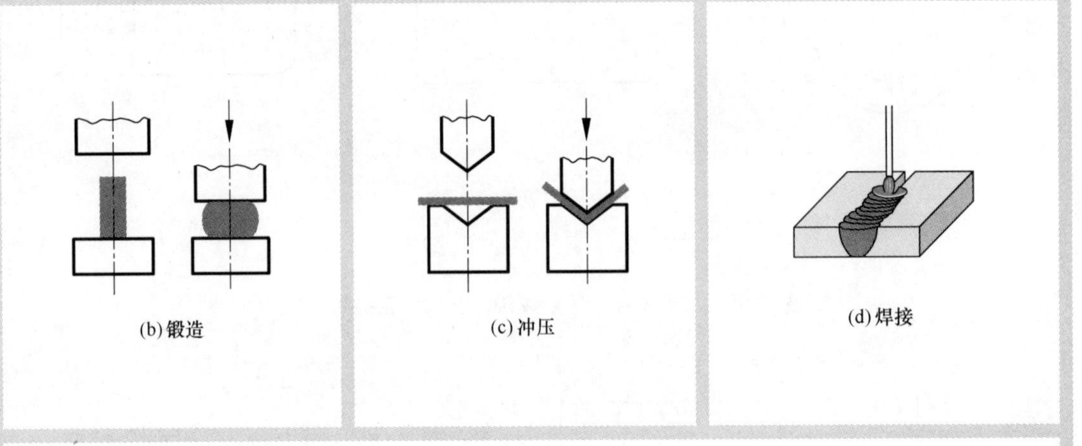

(b) 锻造　　(c) 冲压　　(d) 焊接

说　明

铸造是将金属熔化为液体并浇进铸型里，经冷却凝固后获得所需形状、尺寸和性能的铸件的成形加工方法。在铸件冷却收缩的成形过程中，为了防止各表面相交处形成尖锐的棱角并因此导致裂纹和缩孔等缺陷的产生，铸造时要求铸件各表面相交处应形成圆角，这种圆角称为铸造圆角。为了便于将模样从砂型中取出，通常应将模样设计成具有一定的斜度，这个斜度称为起模斜度。显然，铸造时的起模要求使铸件的一些表面也具有相同的起模斜度。

锻压是锻造和冲压的合称，是利用锻锤、冲头或模具对坯料施加压力，使之产生塑性变形，从而获得所需形状和尺寸的零件的成形加工方法。

焊接是通过加热（和/或加压）使两个分离工件（这两个工件既可以是金属材料，也可以是非金属材料）之间形成永久性连接的加工方法。焊接过程中，工件和焊料熔化形成熔池，熔池冷却凝固后便形成工件之间的永久性连接。

图 3.56　成形加工示意图：铸造、锻压和焊接

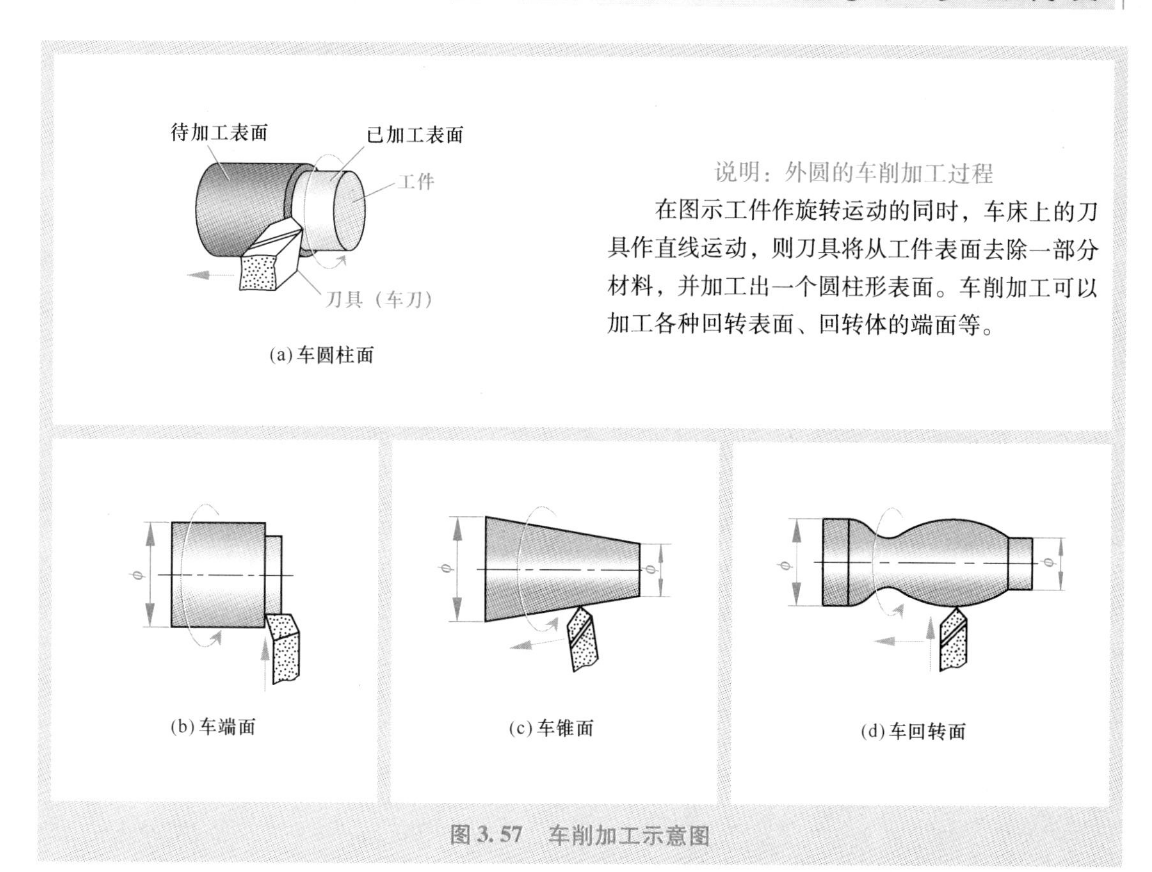

说明：外圆的车削加工过程

在图示工件作旋转运动的同时，车床上的刀具作直线运动，则刀具将从工件表面去除一部分材料，并加工出一个圆柱形表面。车削加工可以加工各种回转表面、回转体的端面等。

图3.57　车削加工示意图

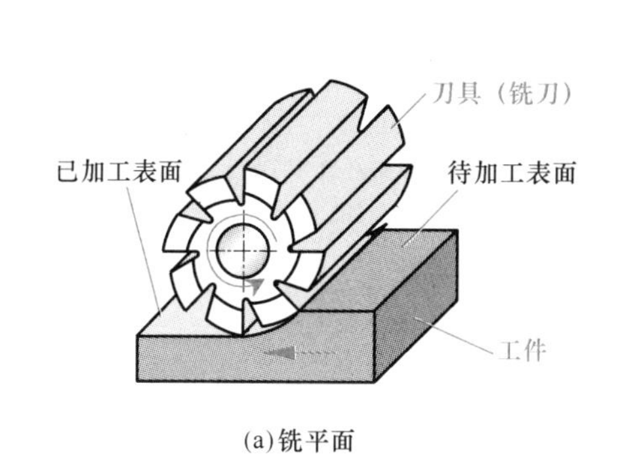

说明：平面的铣削加工过程-周铣

用圆柱铣刀加工平面的方法称为周铣。图示工件作直线运动的同时，铣床上的刀具作旋转运动，则刀具将从工件表面去除一部分材料，并在工件表面上加工出一个平面。使用不同形状的铣刀可以加工各种平面、台阶、沟槽、螺旋面等。

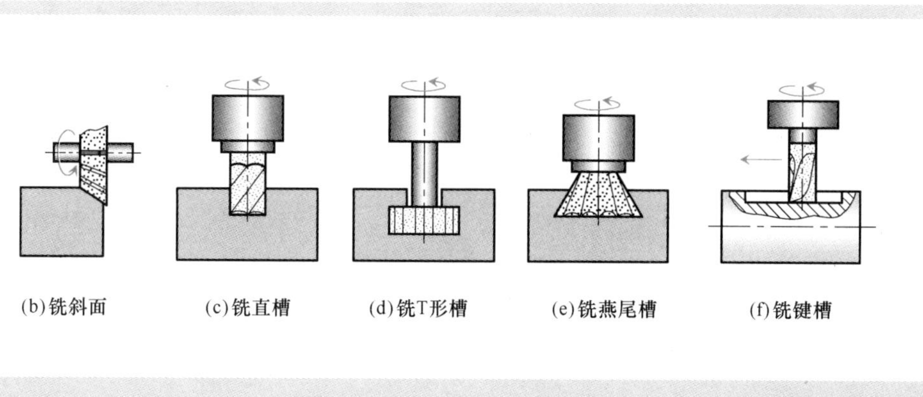

图3.58　铣削加工示意图

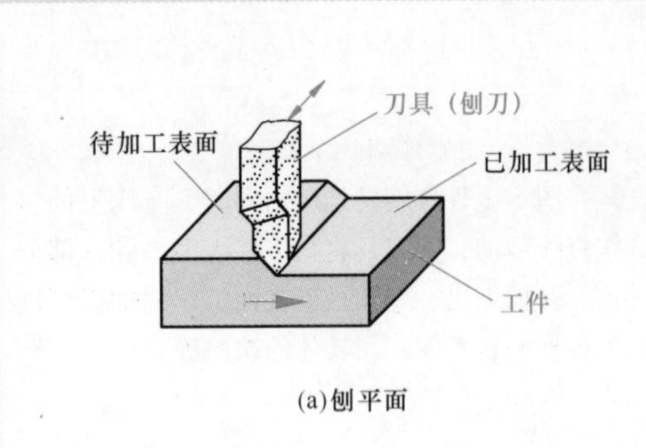

(a)刨平面

说明：平面的刨削加工过程

在图示的刨削过程中，刨床上的刀具作往复直线运动，工件作间歇直线运动，则刀具将从工件表面去除一部分材料，并在工件表面上加工出一个平面。刨削加工可以加工各种平面、台阶、沟槽等。

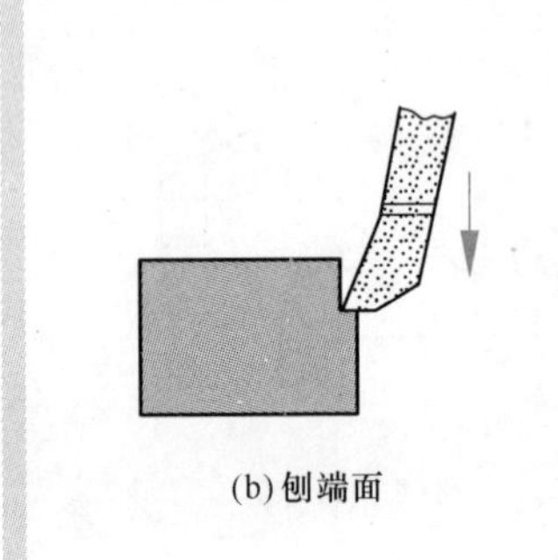

(b)刨端面

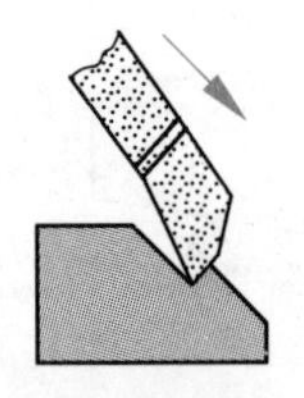

(c)刨斜面

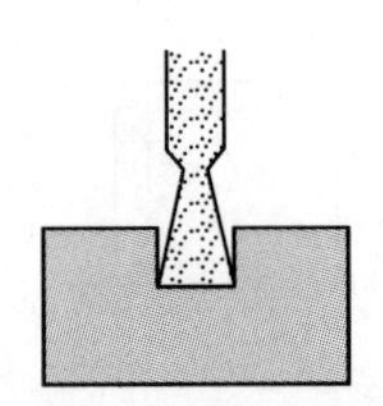

(d)刨直槽

图 3.59　刨削加工示意图

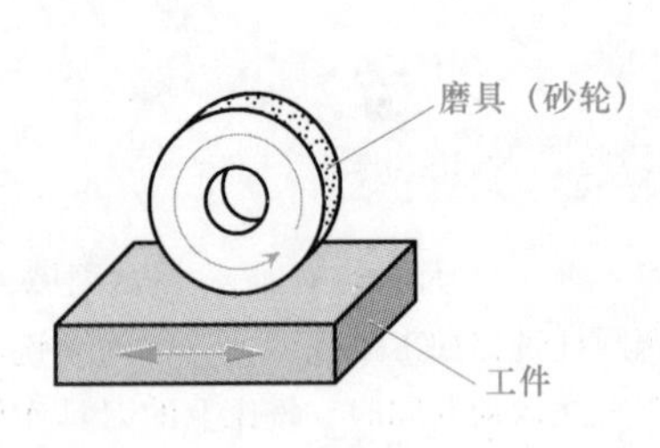

(a)平面磨削

说明：平面的磨削加工过程——圆周磨削

在磨削过程中，磨床上的砂轮作旋转运动，工件作直线运动，则砂轮将从工件表面去除一部分材料，并在工件表面上加工出一个平面。除砂轮外，磨削的磨具还有砂带、油石和研磨料等。磨削加工通常用于平面、外圆与内孔的精加工。

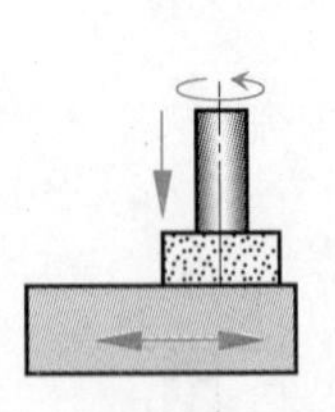

平面磨削通常使用平面磨床。

(b)平面（端面）磨削

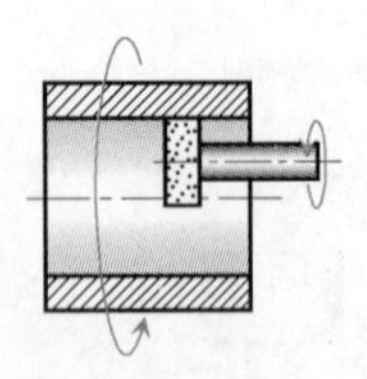

磨孔通常使用专用的内圆磨床。

(c)内圆磨削

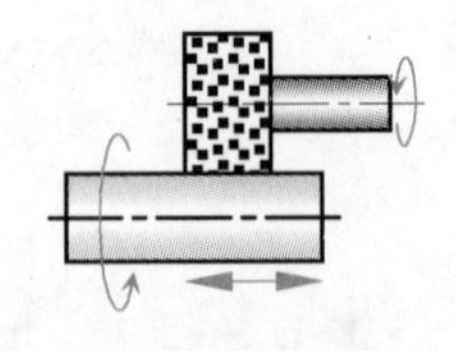

外圆磨削通常使用普通外圆磨床或万能外圆磨床。

(d)外圆磨削

图 3.60　磨削加工示意图

3.11.1 斜面及其斜度

如果零件上的一个平面在加工过程中与水平面倾斜，则该平面通常称为斜面。斜面一般可通过多种机加工方式得到。在设计时，可以使用斜度描述一个斜面。所谓斜度，是指一直线（或一平面）对另一直线（或另一平面）的倾斜程度，其大小用他们之间夹角的正切值来表示，并习惯上写成1∶n的形式（见图3.61）。

对于一个斜度为1∶n的斜面，其多面视图通常采用图3.62所示的画法。但如果一个斜面的斜度较小、且其形状已在一个图形中表达清楚时，则其他图形可按小端画出（见图3.63）。

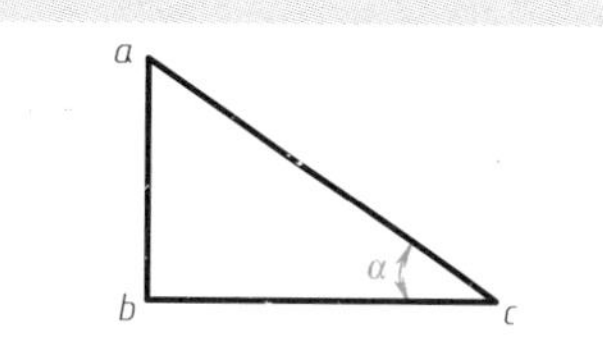

说明：直线（或平面）的斜度

设直线 ab = 20mm，bc = 30mm，则直线 ac 相对于直线 bc 的斜度计算方法如下：

$$斜度 = \tan\alpha = \frac{20}{30} = 1:1.5$$

图3.61 斜度的概念及其表示

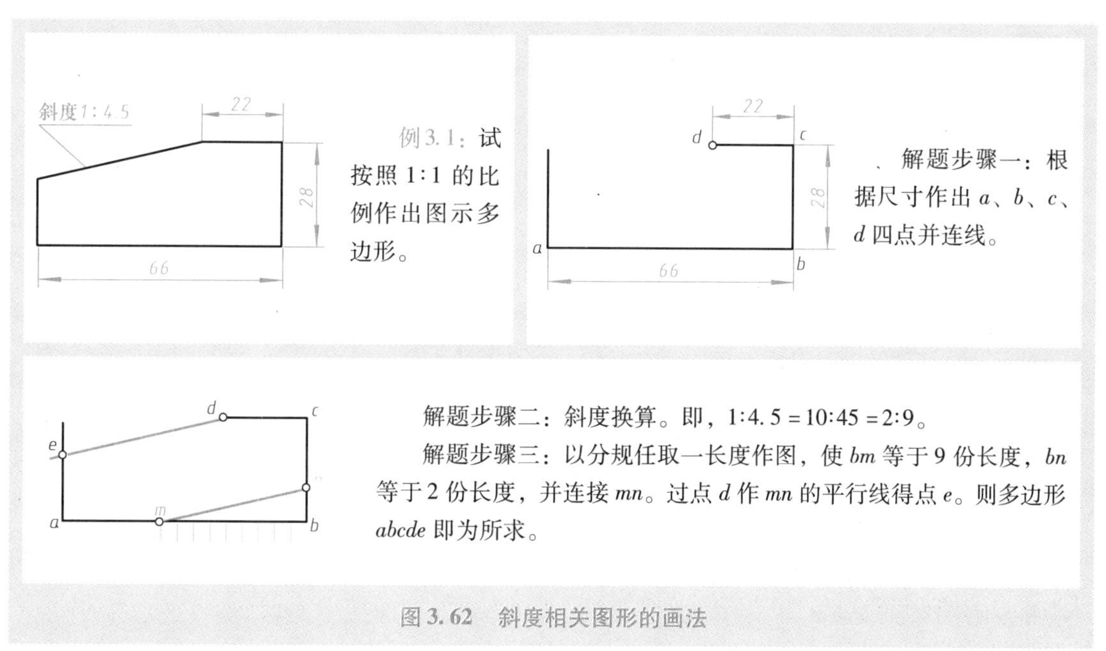

图3.62 斜度相关图形的画法

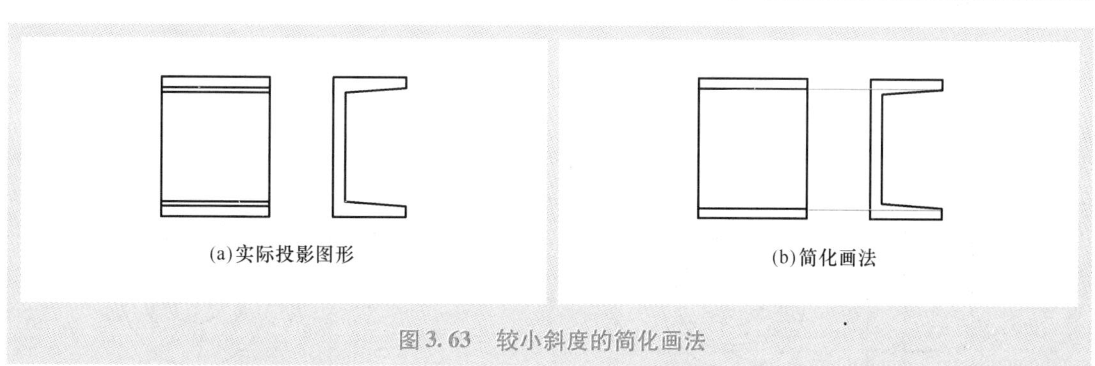

(a)实际投影图形　　(b)简化画法

图3.63 较小斜度的简化画法

3.11.2 圆锥面及其锥度

圆锥面一般通过车削方式得到。在设计时，可以使用锥度描述一个圆锥面。所谓锥度，是指正圆锥底圆直径与圆锥高度之比（或正圆锥台两底圆直径之差与圆锥台高度之比），习惯上也写成1∶n的形式（见图3.64）。

圆锥面的多面视图通常采用图3.65所示的画法，但如果一个圆锥面的锥度较小、且其形状已在一个图形中表达清楚时，则其他图形可按小端画出（见图3.66）。

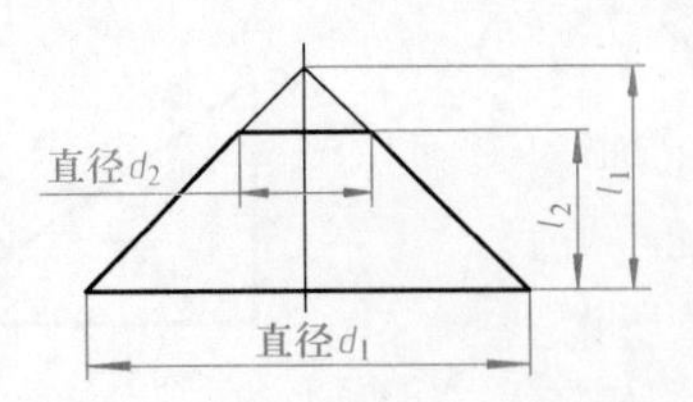

$$锥度 = \frac{d_1}{l_1} = \frac{d_1 - d_2}{l_2} = 1:n$$

图 3.64　锥度的概念及其表示

例 3.2：已知一正圆锥台的下底圆直径为 34mm，高为 50mm，锥度为 1:4，试按照 1:1 的比例作出该圆锥台的两面视图。

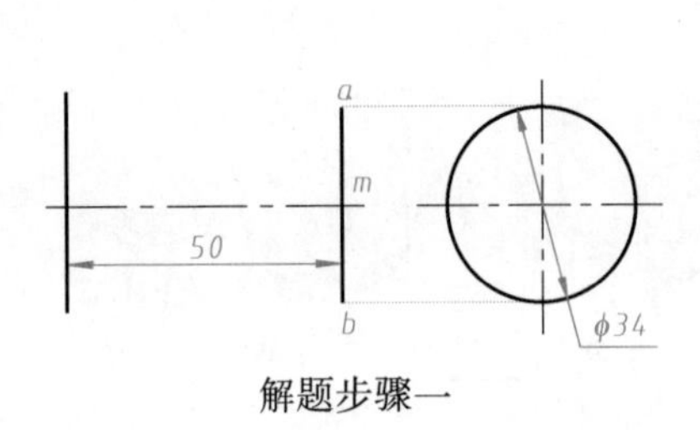

解题步骤一

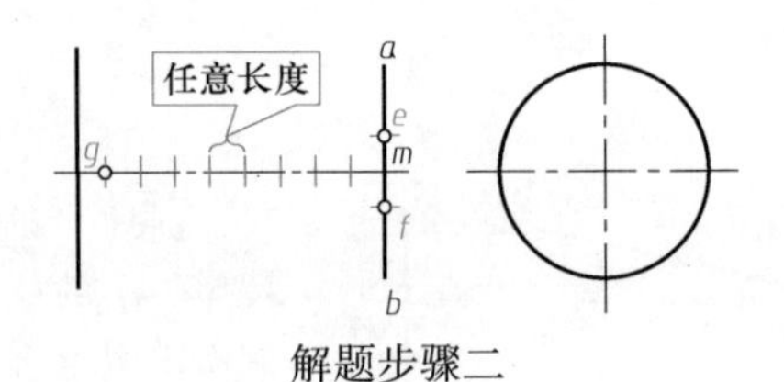

解题步骤二

其中，$me = mf$，$mg = 8me$，则 $ef:mg = 2:8 = 1:4$

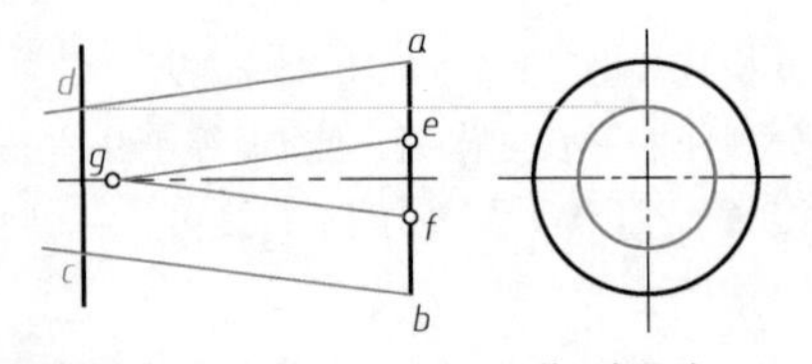

解题步骤三：连接 eg 和 fg。分别过点 a、b 作直线 eg 和 fg 的平行线得交点 d、c。并依据点 d（或点 c）作左视图中的圆。

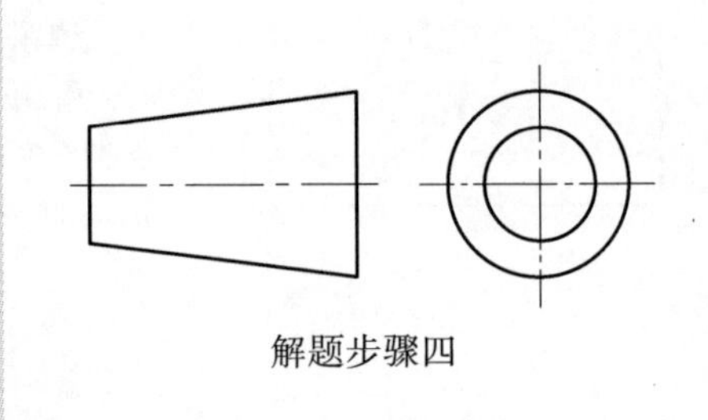

解题步骤四

图 3.65　锥度相关图形的画法

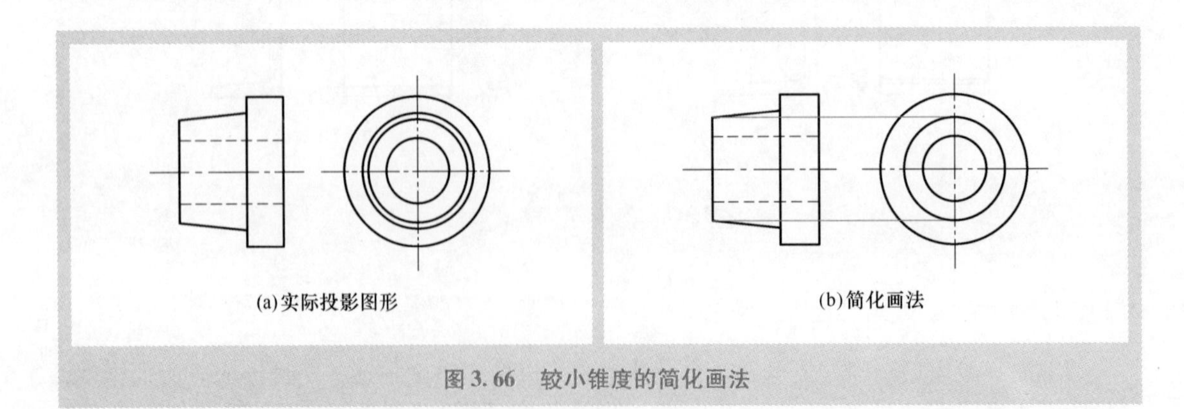

(a) 实际投影图形　　(b) 简化画法

图 3.66　较小锥度的简化画法

3.11.3　铸件及其相关结构的画法

铸件上常见的结构是铸造圆角和起模斜度（见图 3.56a）。绘制铸件的多面视图时，应注意以下几个绘图要点：一是应画出铸造圆角（见图3.67a），但如果一个铸造圆角已通过机加工方式被切除，则不应画出（见图3.67c）。二是通常起模斜度可以不画出，也不加任何标注（见图3.68）。三是由于铸造圆角的存在，有些铸件的实际视图反而不能够清晰地表达该铸件的形状特征，这时，通常可在相关视图中绘制一些必要的图线（见图3.69）；而且，在斜度或锥度较小时，这类必要的图线还可以按小端画出（见图3.70和图3.71）。四是通常在小圆角难以按比例绘制时，可省略不画，但需说明（见图3.72和图3.73）。五是铸造圆角导致铸件相邻表面的交线变得模糊不清，为了区分并清晰地表达不同的铸件表面，通常以**过渡线**的形式表示该类不明显的交线，过渡线的基本画法如图3.74所示，各类过渡线与过渡弧的画法如图3.75所示。

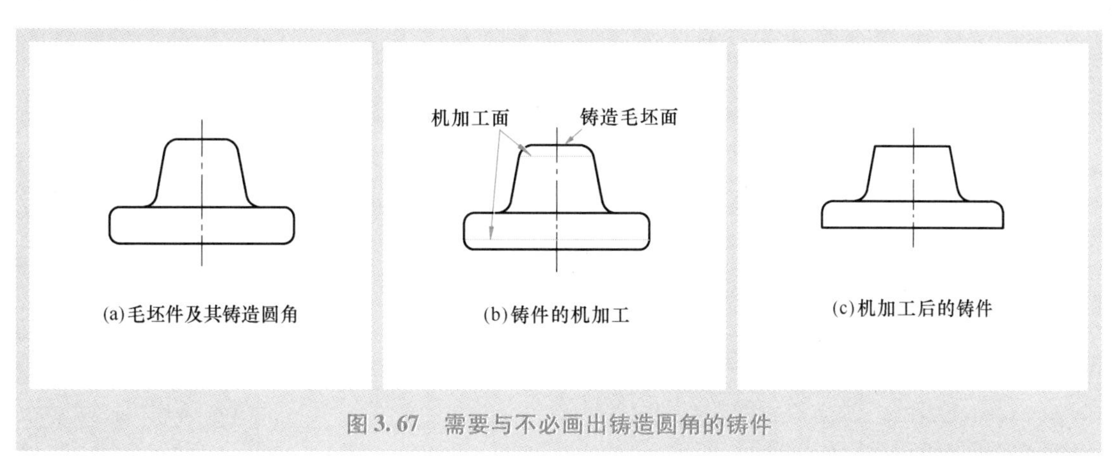

图3.67 需要与不必画出铸造圆角的铸件

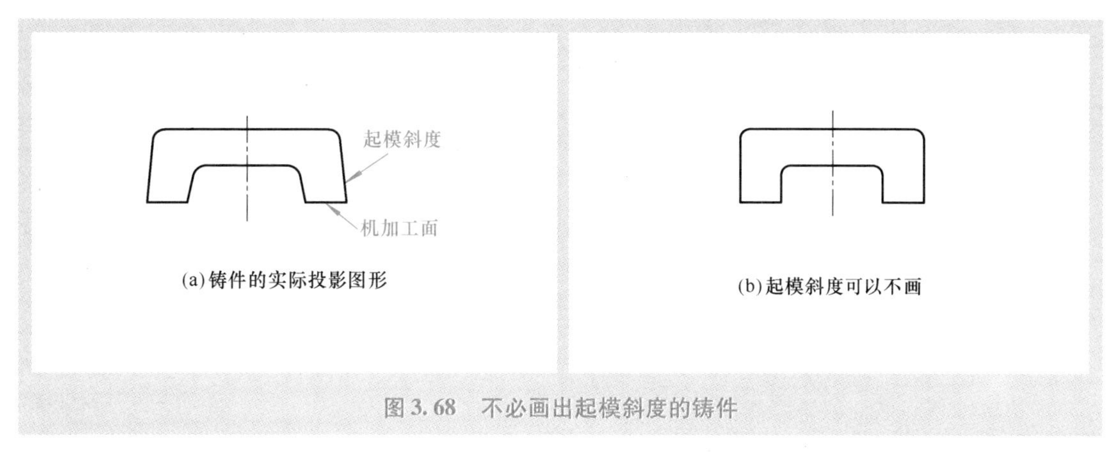

图3.68 不必画出起模斜度的铸件

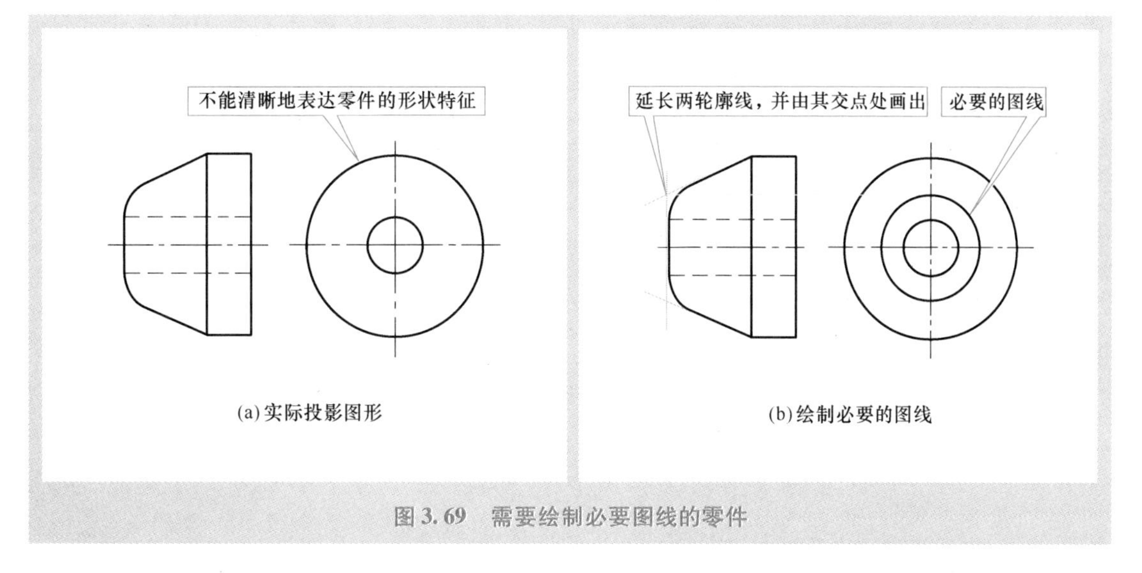

图3.69 需要绘制必要图线的零件

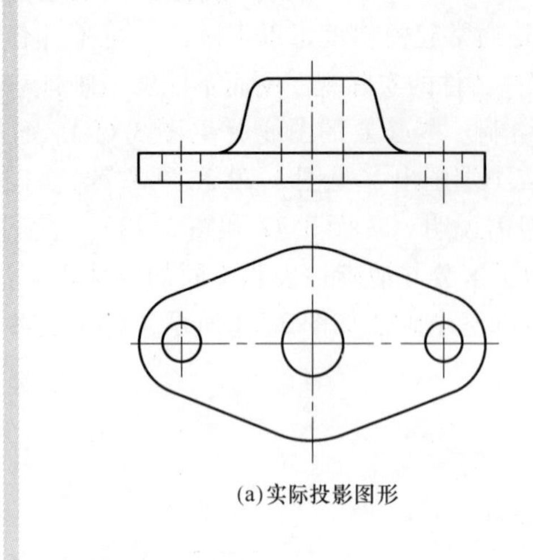
(a)实际投影图形

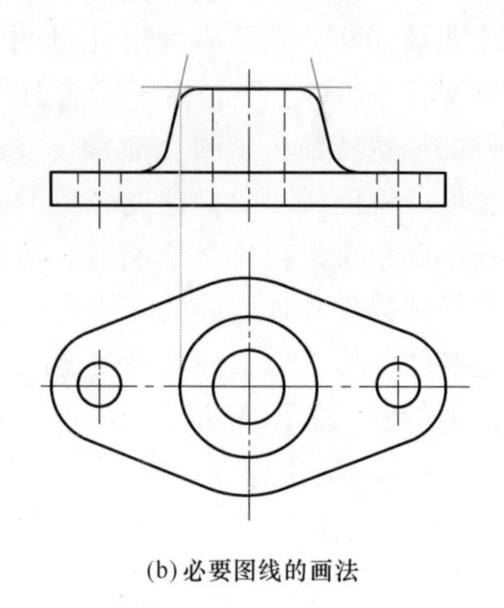
(b)必要图线的画法

图 3.70　具有较小锥度零件的必要图线的画法

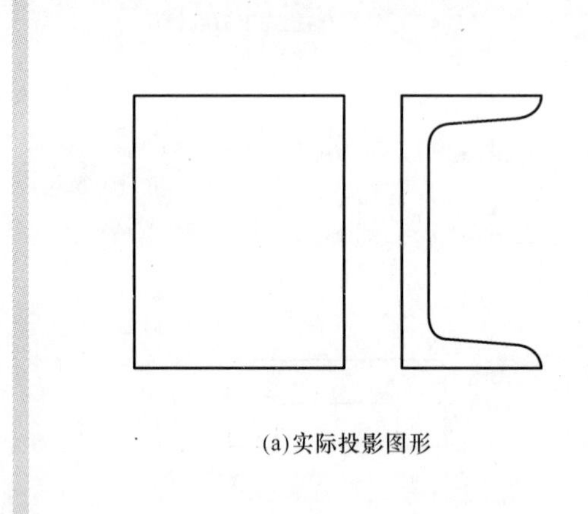
(a)实际投影图形

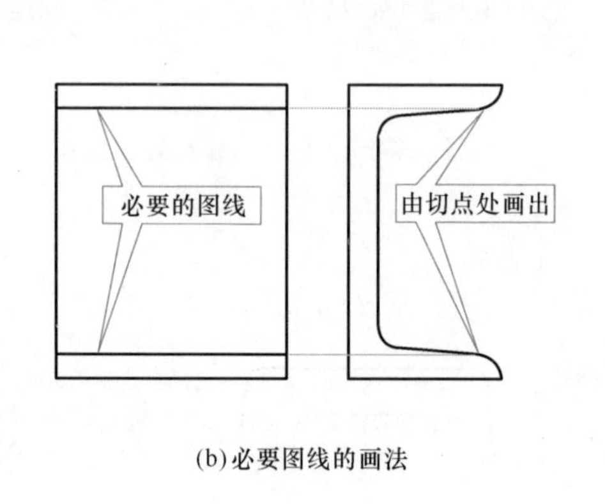

(b)必要图线的画法

图 3.71　具有较小斜度零件的必要图线的画法

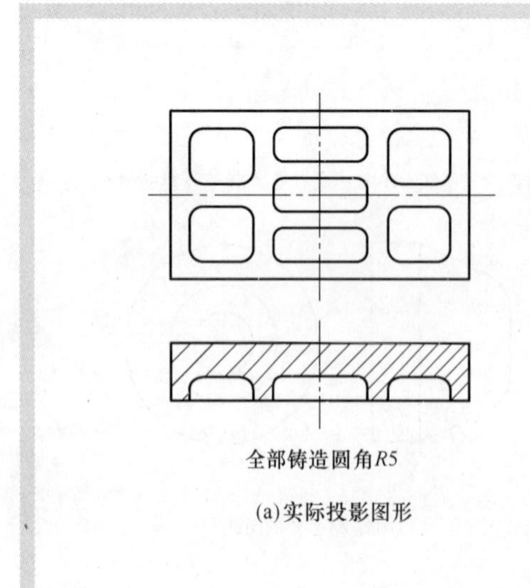

(a)实际投影图形

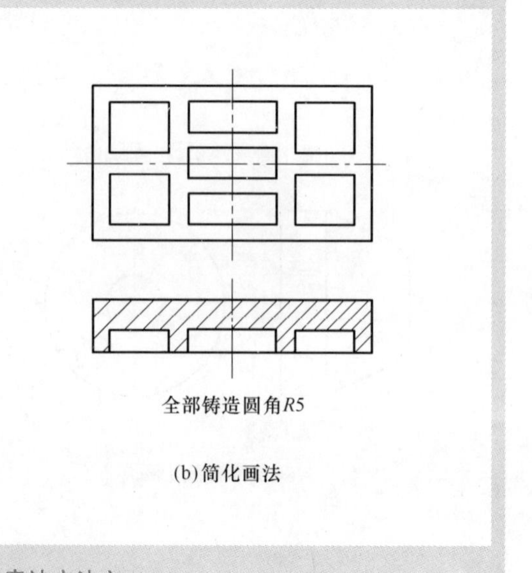

(b)简化画法

图 3.72　小圆角的简化表达方法之一

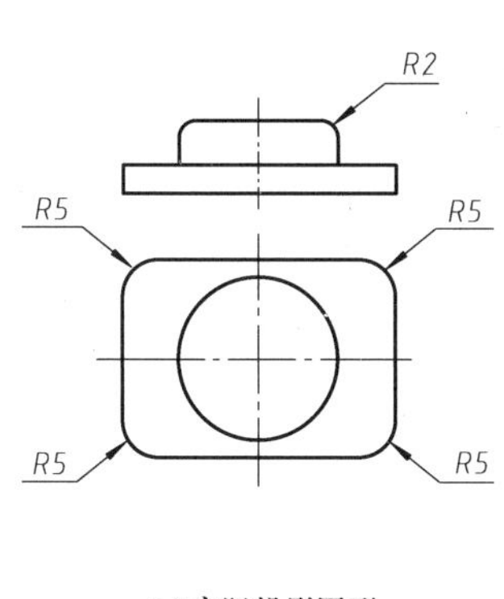

(a)实际投影图形

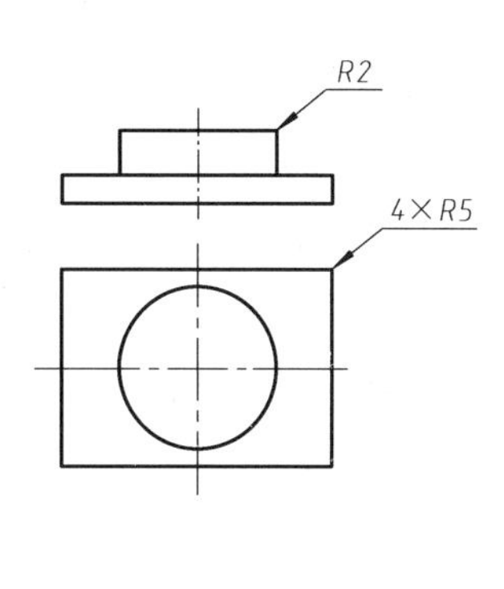

(b)简化画法

说明：圆角的简化表达方法

除确属需要表达的某些结构圆角外，其他圆角在视图中均可不画，但必须在技术要求中加以说明（如图3.72b所示的说明“全部铸造圆角 *R*5”）或注明尺寸（见图b），即任何加工方法得到的圆角均可根据绘图需要采用任何一种简化表达方法。

图3.73　小圆角的简化表达方法之二

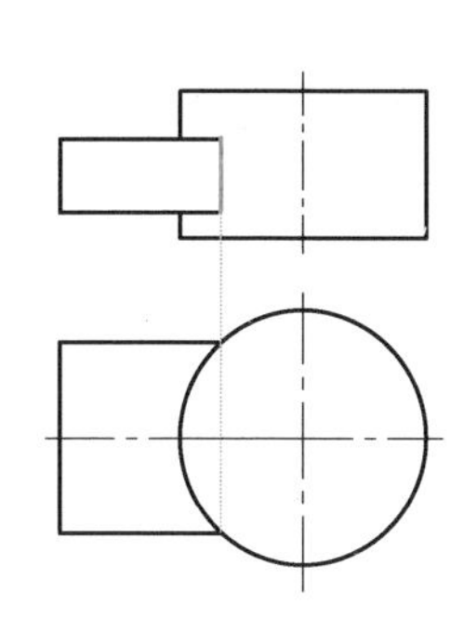

第一步：按没有圆角时表面交线的画法绘制。

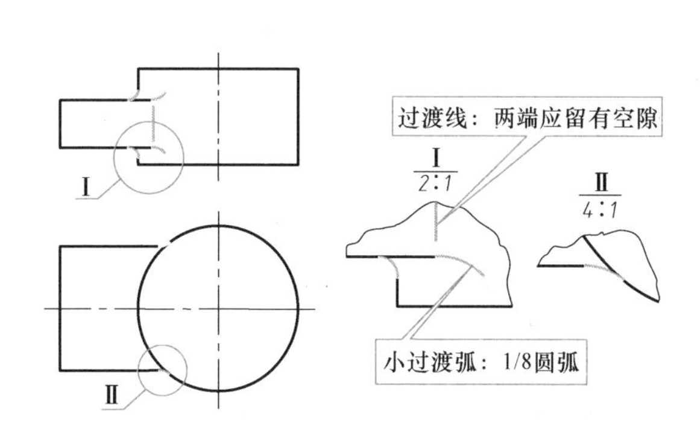

第二步：断开交线形成过渡线，并绘制圆角和过渡弧。

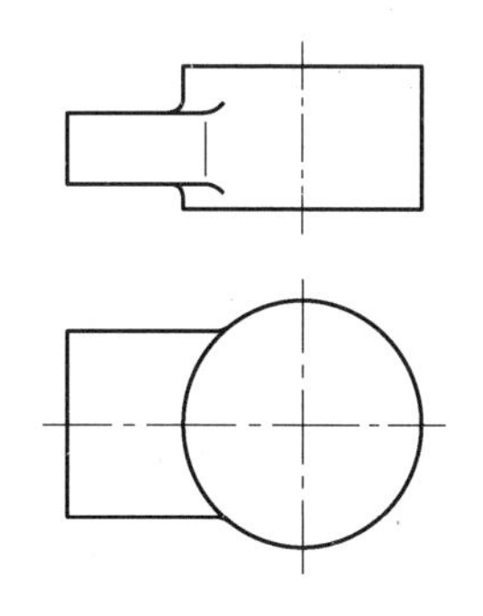

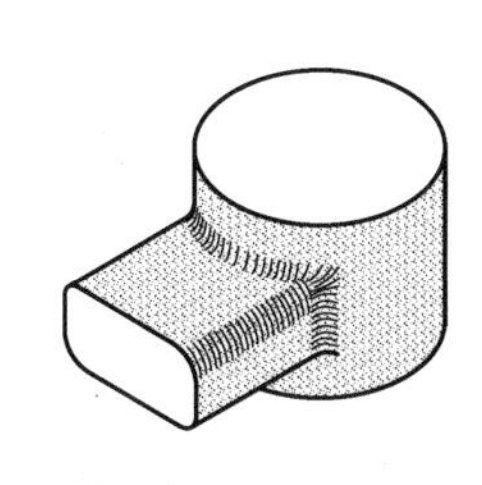

第三步：完成作图。

说明：过渡线与过渡弧的基本画法

过渡线应使用细实线绘制，且不宜与轮廓线相连。

小过渡弧通常使用1/8圆弧画出，其半径等于相应圆角的半径。

图3.74　过渡弧与过渡线的基本画法

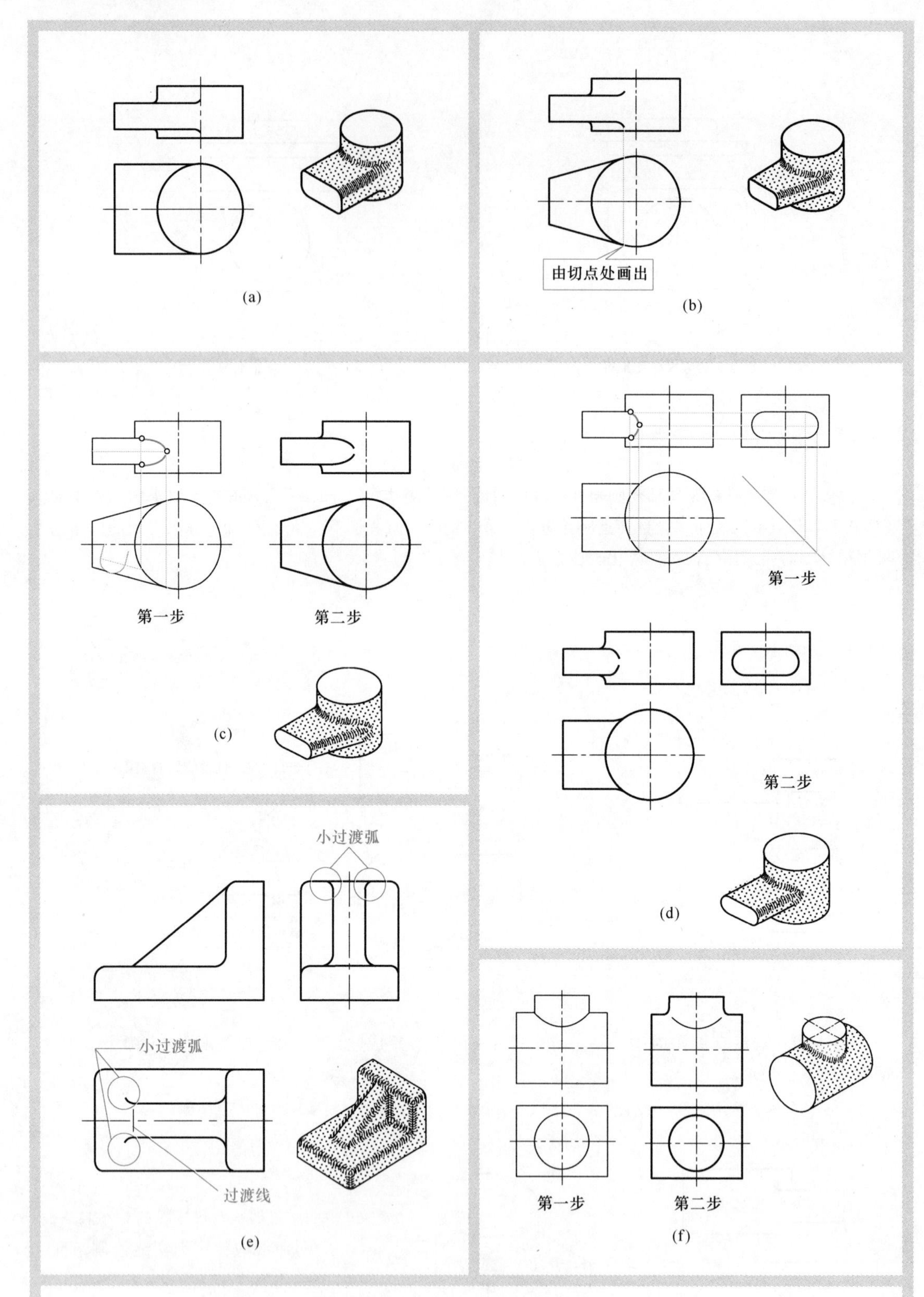

说明：各类过渡弧与过渡线的画法

小过渡弧通常采用如图 3.74 所示的画法，使用 1/8 圆弧画出（见图 a、b、e)，它们表示了平面与平面或平面与曲面以小圆角过渡而形成的轮廓的投影。

大过渡弧应按相贯线形式断开画出（见图 c、d)。

过渡线应使用细实线绘制并与轮廓线断开（见图 e、f)，但相切时无过渡线（见图 a～c)。

图 3.75　各类过渡弧与过渡线的画法

3.11.4 圆孔

通常情况下，圆孔是通过各种钻削加工方式得到的（见图3.76）。钻削时使用不同的钻头，则得到不同的钻削结构或形状（例如，图3.76a所示的钻头在工程中最为常用，使用该钻头所得到的盲孔，其头部会有一个120°的圆锥面结构）。因此，所绘圆孔的多面视图应表达出这类钻削结构（见图3.77）。

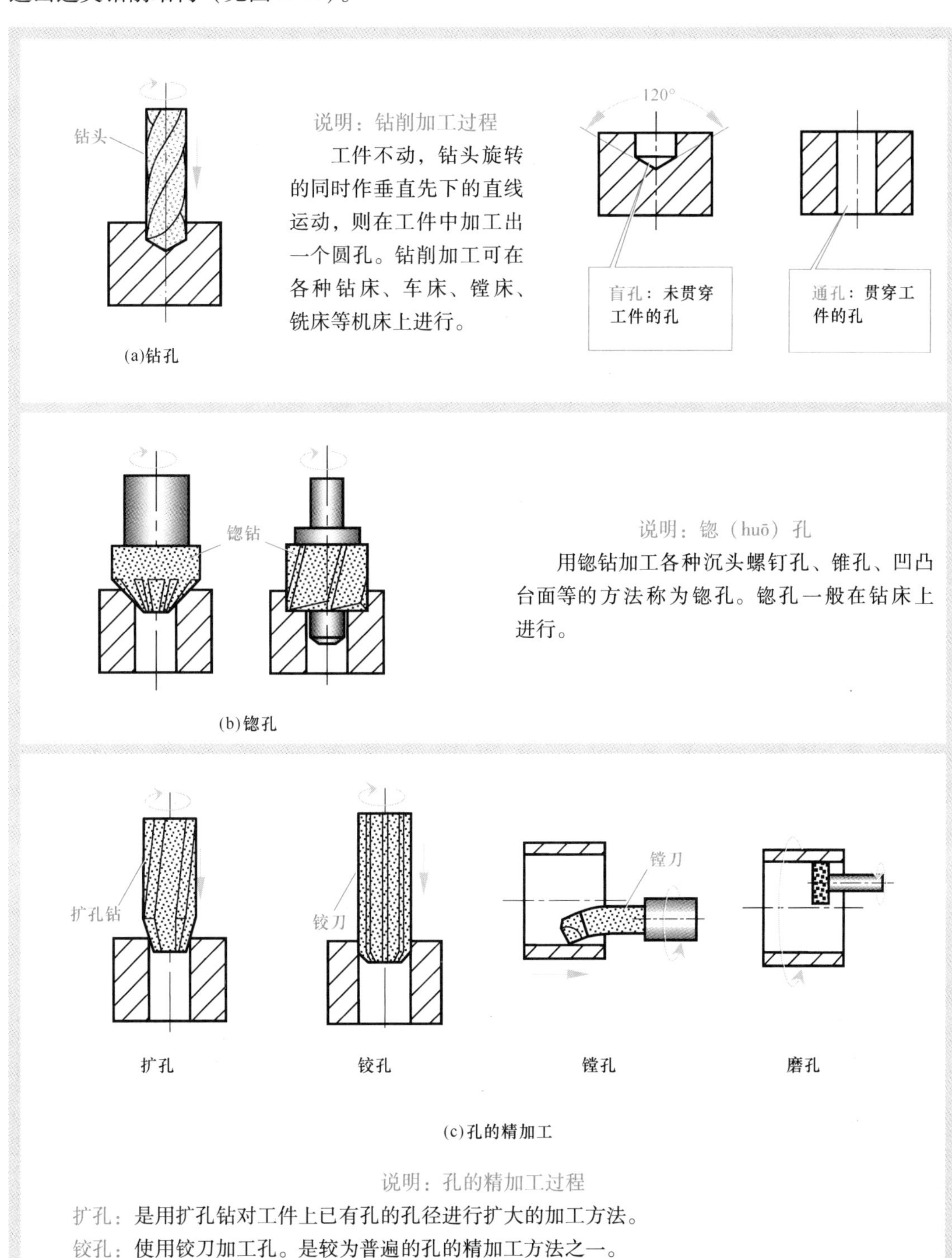

图3.76 钻削加工示意图

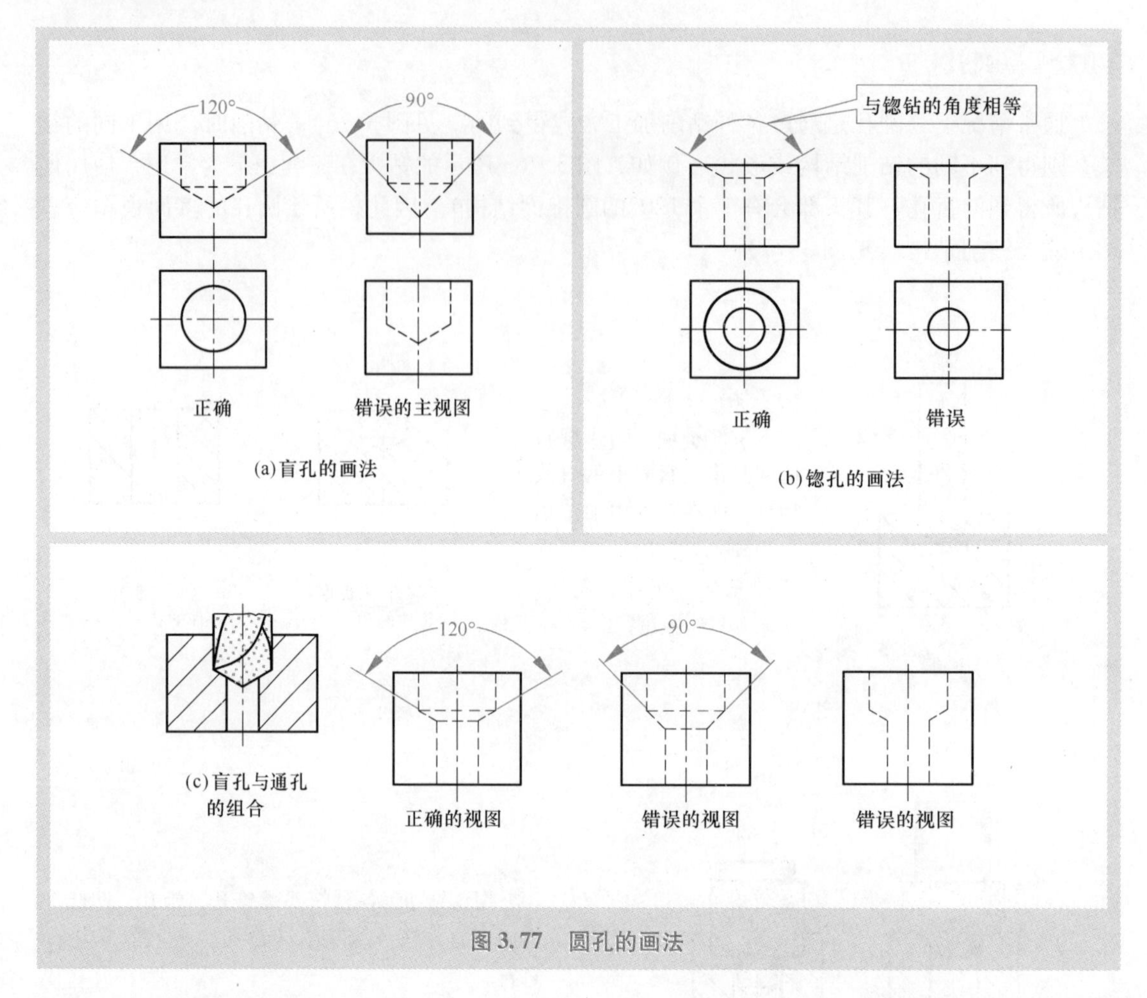

图 3.77　圆孔的画法

3.11.5　倒圆和倒角

一个经过一般机械切削加工方式得到的圆形内、外角称为**倒圆**(*rounding*)，在轴与圆孔的两端加工出的小的圆锥面（或在两个表面相交处加工得到的小斜面）称为**倒角**(*chamfer*)，如图 3.78 所示。显然，加工倒圆和倒角的目的是为了避免表面相交成尖锐的棱角，以便于装配并保证操作安全等。应注意，小的倒圆和倒角均可采用图 3.72 或图 3.73 所示的简化表达方法。

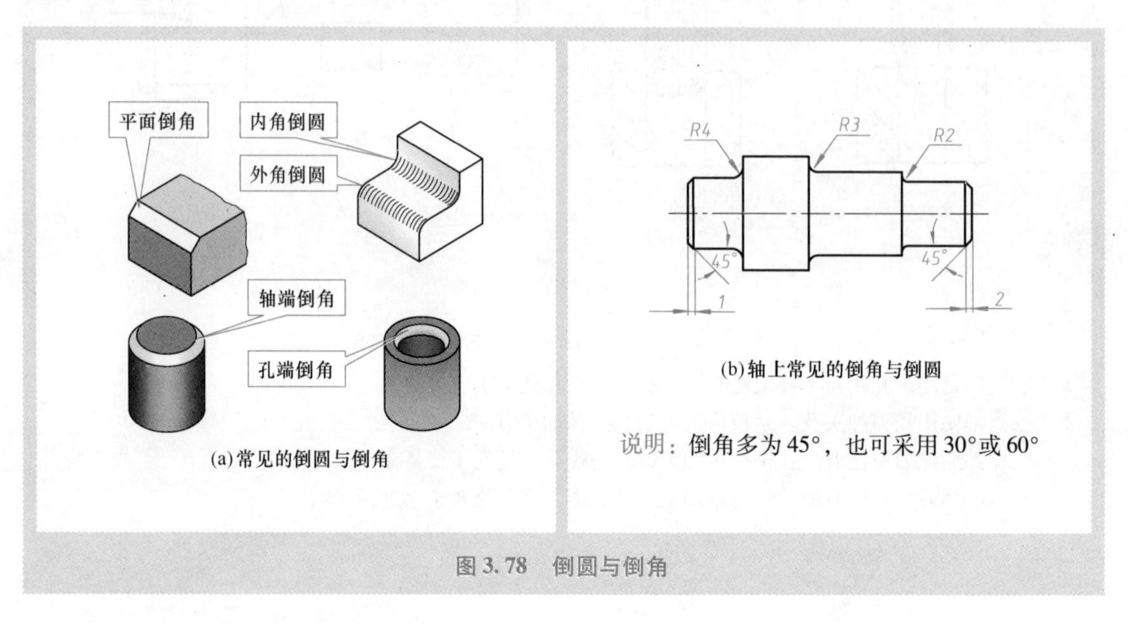

图 3.78　倒圆与倒角

3.11.6 槽类结构

槽类结构如直槽、T形槽、燕尾槽和半圆槽等不仅较易加工（见图3.58c～f），而且能够与相应的凸起结构形成所需的各种配合，因此在工程中有着广泛的应用。

3.11.7 滚花

滚花（*knurl*）是指用滚花刀在零件的表面滚压出花纹（见图3.79a）的加工工艺。滚花结构常用于零件的手柄部分，如螺丝刀的手柄。常见的滚花型式有直纹和网纹两种（见图3.79b）。滚花应使用粗实线完全或部分地表示出来（见图3.79c）。

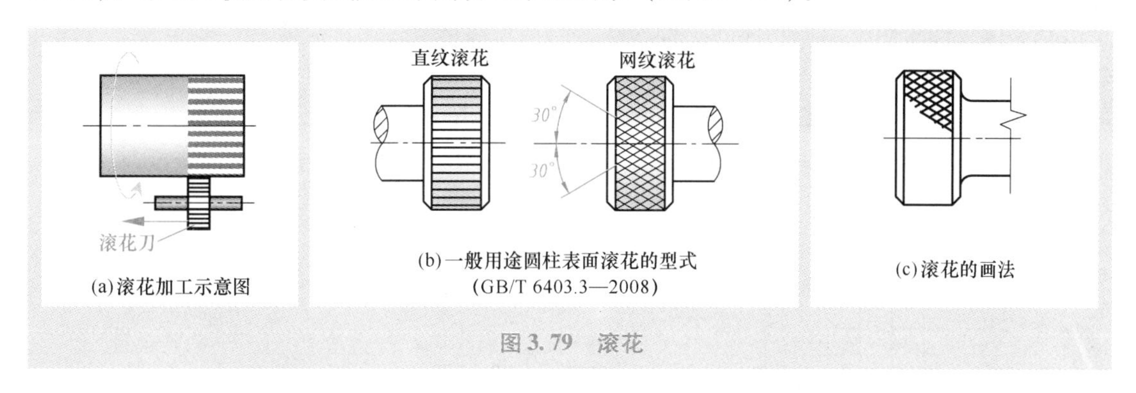

图3.79 滚花

3.11.8 完工零件和毛坯件

国家标准允许用细双点画线（其线型与相关尺寸见表2.1）在毛坯图中画出完工零件的形状，或者在完工零件图上画出毛坯的形状（见图3.80）。

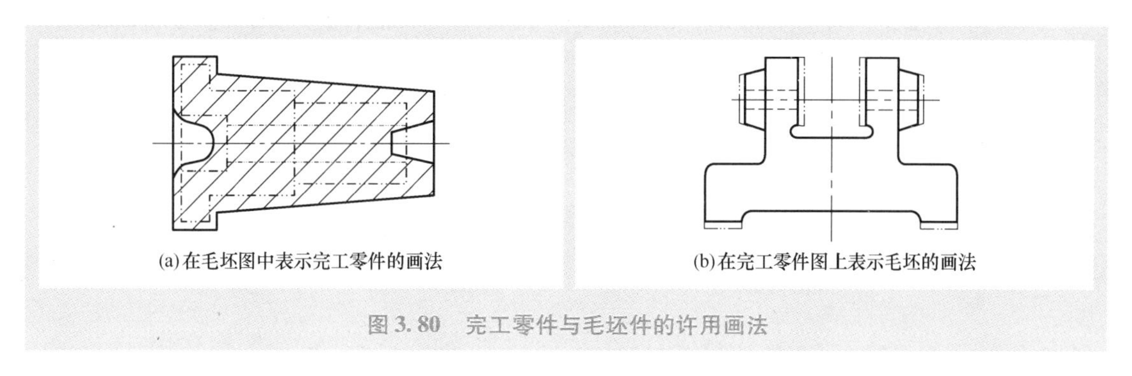

图3.80 完工零件与毛坯件的许用画法

3.12 读图

读图也称为视图的可视化，它是一个阅读物体的多面视图、并想象其三维形状和大小的过程。就工程师而言，读图能力与制图能力同等重要，它们都是极为重要的工程能力。

常用的读图方法有表面可视化法、视图可视化法和模型法。形状不同的物体可使用不同的读图方法，或者同时使用多种读图方法。

3.12.1 表面可视化法

表面可视化法就是根据多面视图分析物体各个表面的形状和大小以及它们之间的相互位置关系，并进而想象出该物体三维形状和大小的读图方法（见图3.81）。

采用表面可视化法读图时，应注意以下几个要点：一是每个视图中通常有多个封闭的线框，每个线框都具有一定的几何形状，它们分别表示了物体不同表面在某个投影面上的投影图形。例如，图 3.81 主视图所示的线框 1-2-3-4-5-6、线框 11-12-2-1 和线框 1-6-5-4-19-18-17 分别是物体的三个表面 *A*、*B*、*C* 在投影面 *V* 上的投影图形。二是同一表面在多个基本投影面上的投影图形，要么是一个几何形状类似的封闭线框，要么是一条完整的直线或曲线。例如，平面体上各种位置的表面在多个基本投影面上得到的投影图形或者为一个与实际形状类似的多边形线框、或者为一条直线（参见 3.4.1 节）；垂直于投影面的圆柱面，其多个投影图形或者为一个圆、或者为一个长方形线框。因此，读图时只要找到视图中各封闭线框所对应的投影图形，就可以逐个想象出物体各表面的形状等，并最终想象出物体完整的三维形状和大小（见图 3.81）。三是通常只需想象出几个主要表面的三维形状和位置，就可以想象出物体的三维形状。例如，通常只需想象出图 3.81 所示物体的主要表面 *A*、*B*、*C* 的三维形状和位置即可想象出该物体的三维形状。但对于初学者，通常需要对更多的表面进行可视化分析（例如，在图 3.81 中，如果不能在第四步完成读图，则可继续分析表面 *D*、*E*、*F*、*M*、*N* 等）。四是对中心线的分析将有助于多面视图的阅读（例如，通过分析图 3.81 中的中心线和虚线框，就可以清晰地“读”出，物体上有一个圆孔、且主视图清晰地表达了该圆孔的实际大小和位置）。

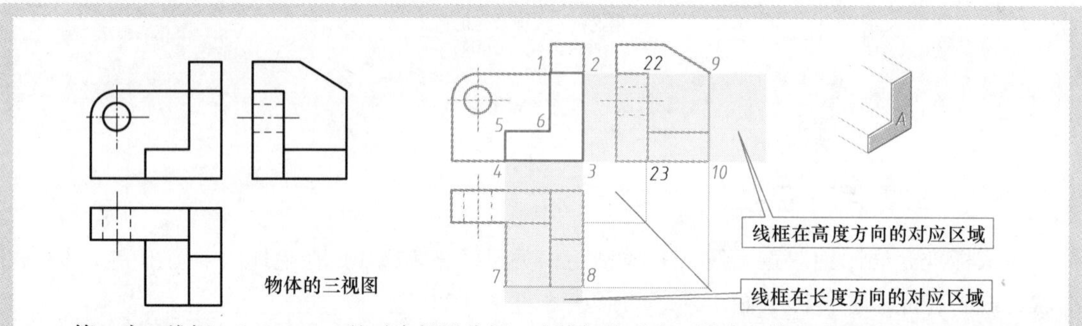

第一步：线框 1-2-3-4-5-6 的对应投影分析。在线框的对应区域内，俯、左视图中均无形状类似的线框。该线框对应的完整轮廓线，在高度方向可能为轮廓线 9-10 或 22-23，但在长度方向则只能为轮廓线 7-8。结合三个视图的对应关系可知，轮廓线 7-8 和 9-10 才是其实际的对应投影。

第二步：表面 *A* 的可视化。根据步骤一可读出，该线框所表达的表面 *A* 为一“*L*”形平行表面。

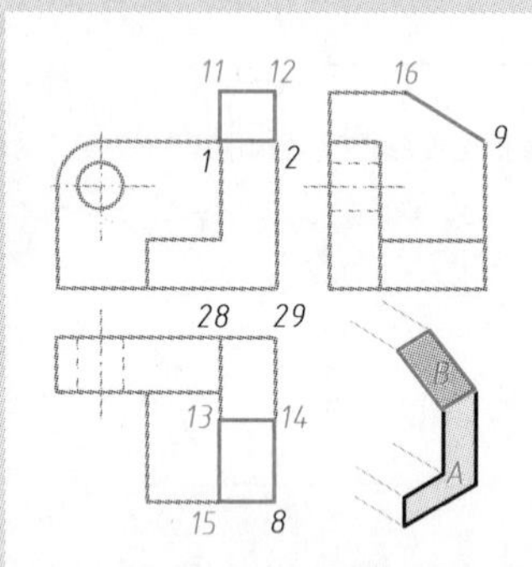

第三步：线框 11-12-2-1 在俯视图中对应的投影图形可能是线框 28-29-14-13、28-29-8-15、13-14-8-15，但对应左视图可知，轮廓线 16-9 和线框 13-14-8-15 才是该线框的对应投影。因此，可读出该线框所表达的表面 *B* 是一个与表面 *A* 相邻的垂直表面。

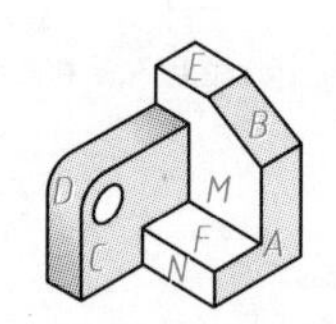

第六步：分析其他线框，可读出 *E*、*F*、*M*、*N* 等表面。

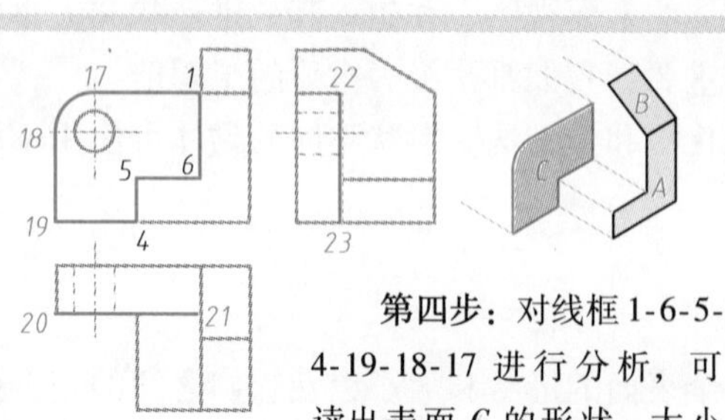

第四步：对线框 1-6-5-4-19-18-17 进行分析，可读出表面 *C* 的形状、大小和位置。

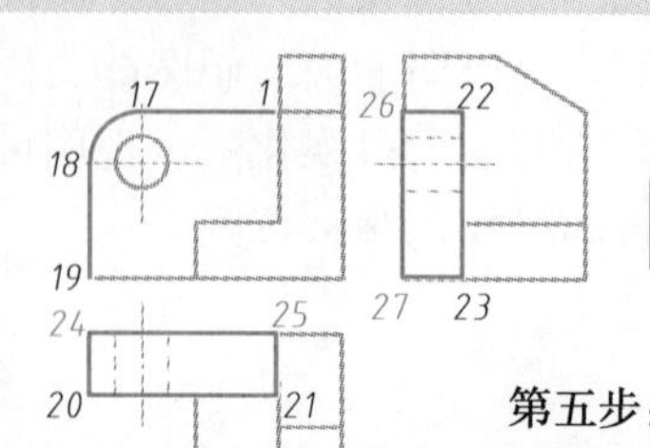

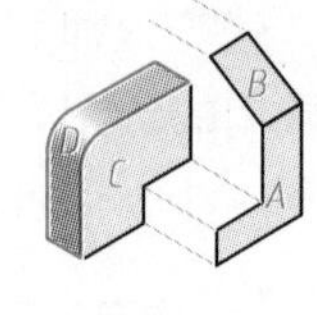

第五步：对线框 24-25-21-20 进行分析，可读出表面 *D* 的形状、大小和位置。

图 3.81　表面可视化法的读图步骤示例

3.12.2 视图可视化法

视图可视化法就是根据多个视图逐步想象出物体整体三维形状与大小的读图方法（见图3.82）。

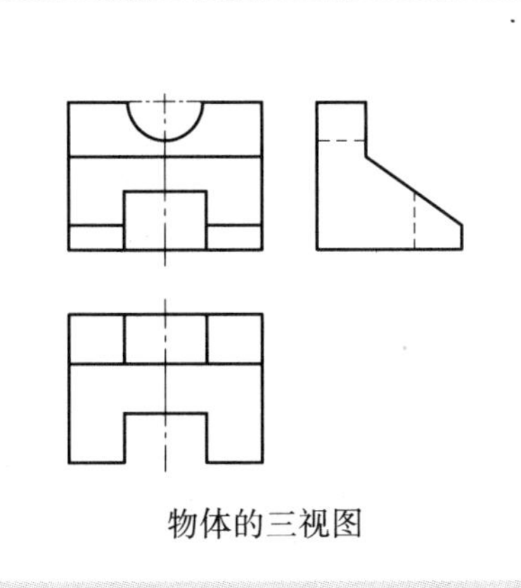

物体的三视图

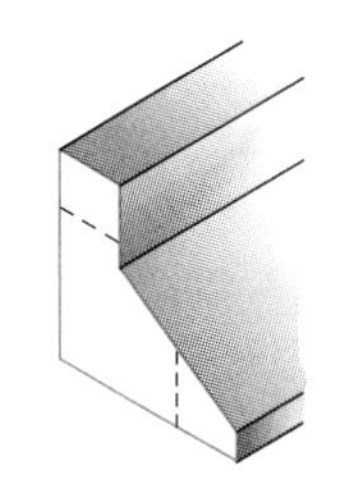

第一步：左视图显示了物体的主要表面为三个平行表面和一个垂直表面，并显示了物体的高度和宽度，但没有显示物体的长度，而且还不清楚两条虚线的含义。

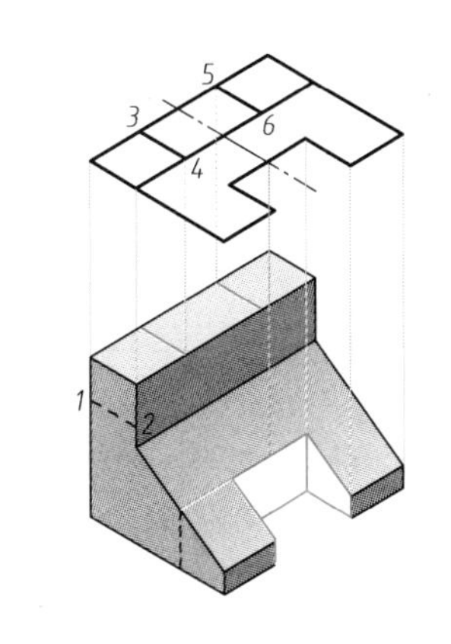

第二步：俯视图显示了物体的长度和宽度，并表明物体在对称部位被切割了一个直槽。但仍然不清楚虚线1-2和轮廓线3-4、5-6以及中心线的含义。

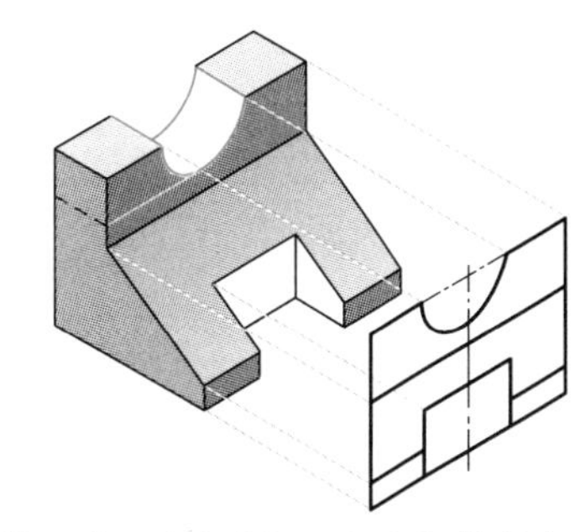

第三步：主视图显示了物体的长度和高度，并表明物体在对称部位被切割了一个半圆槽。

图3.82 视图可视化法的读图步骤示例

3.12.3 模型法

对于一些表面难以分析（或三维形状难以想象）的物体，一个实用的读图方法是模型法，即使用橡皮泥、粘土、肥皂等易于成形的材料制作一个实际的模型以辅助读图（见图3.83和图3.84）。

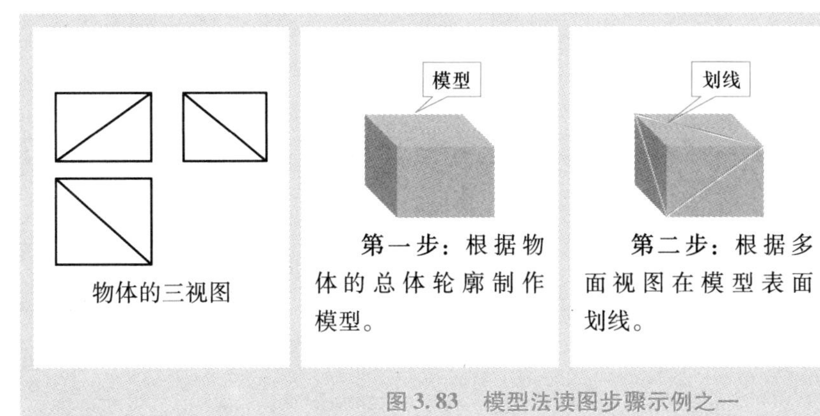

物体的三视图

第一步：根据物体的总体轮廓制作模型。

第二步：根据多面视图在模型表面划线。

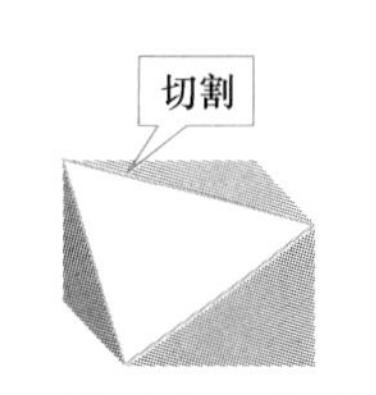

第三步：沿着划线切割模型。

图3.83 模型法读图步骤示例之一

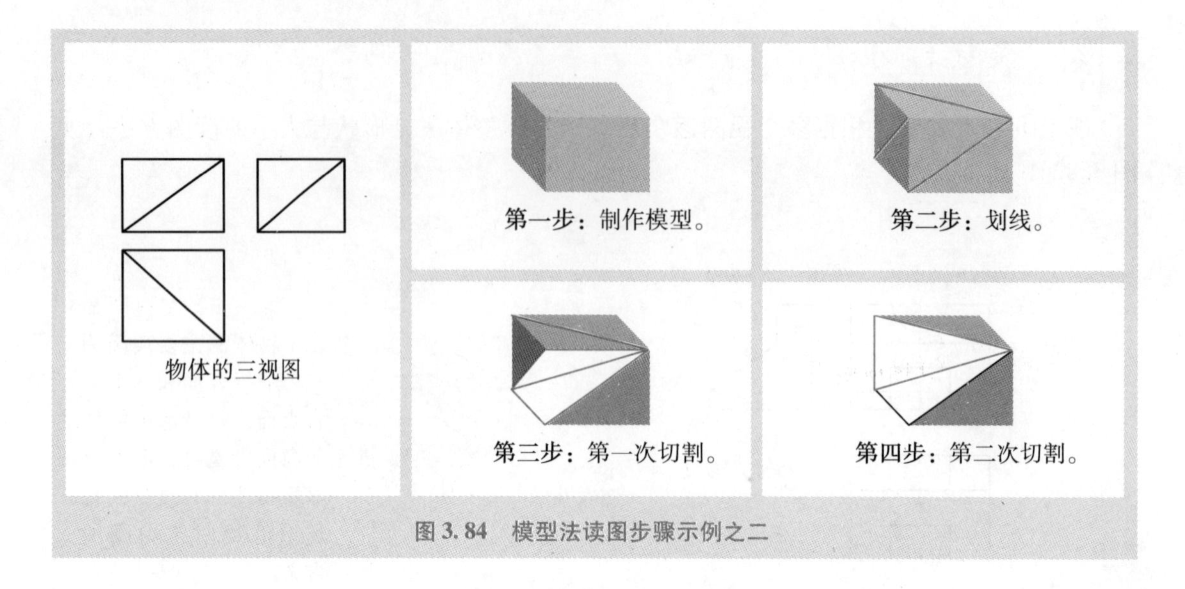

图 3.84　模型法读图步骤示例之二

3.13　第三角画法

国家标准（GB/T 17451—1998）明确规定，“技术图样应采用正投影法绘制，并优先采用第一角画法”。事实上，在通常情况下，我国企业的工程图样都是采用第一角画法绘制的。然而，工程师有时可能需要采用第三角画法绘制多面视图，或者在国际技术交流过程中阅读来自美国等国家的采用第三角画法绘制的多面视图。

第三角投影得到六个基本视图的方法与第一角投影类似，也是采用相同的六个基本投射方向，但第三角投影是将各个基本投影面均置于观察者和物体之间，而不是如同第一角投影那样将基本投影面置于观察者和物体之后（见图 3.85）。因此，第三角投影可被理解为，六个基本投影面构成了一个位于第三角的长方体透明盒子，而物体被置于该透明盒子中，观察者在盒子外观察物体并在六个基本投影面上分别得到物体的一个视图（见图 3.86）。

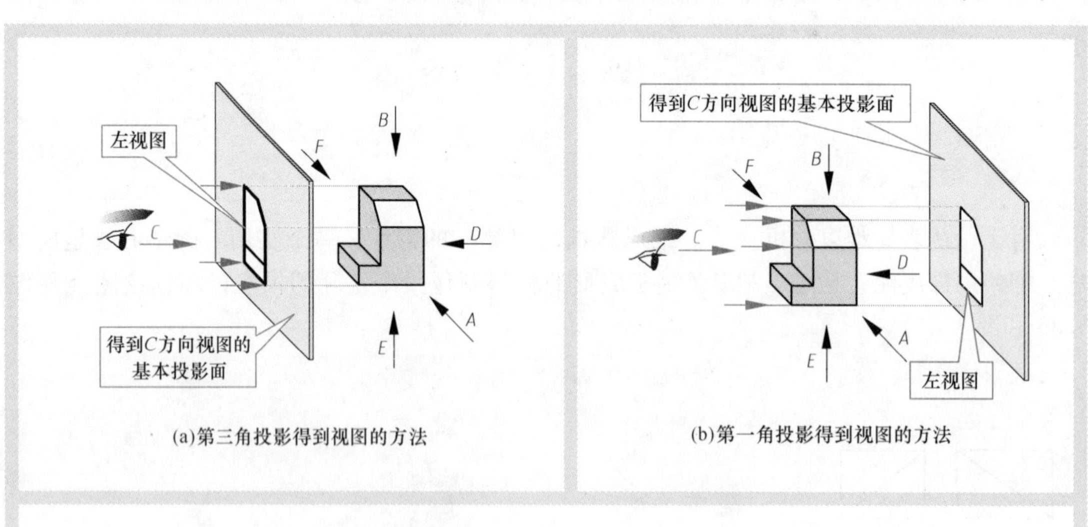

(a)第三角投影得到视图的方法

(b)第一角投影得到视图的方法

说明：第三角投影与第一角投影的异同

两者采用的六个基本投射方向相同。

两者基本投影面的位置不同。例如，在得到 C 方向的视图时，第三角投影将投影面置于观察者和物体之间（见图 a），而第一角投影却将投影面置于观察者和物体之后（见图 b）。

图 3.85　第三角投影与第一角投影得到视图方法的比较

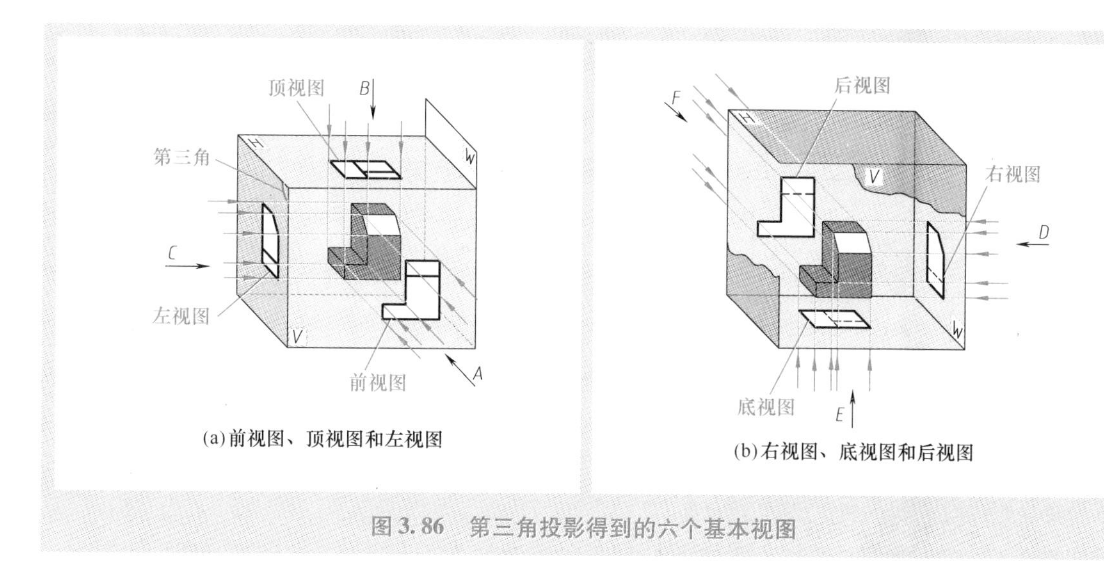

图 3.86 第三角投影得到的六个基本视图

在绘制和阅读以第三角画法得到的多面视图时，应注意以下几个要点：

(1) 采用第三角投影得到的六个基本视图分别被称为前视图、顶视图、左视图、右视图、底视图和后视图（见图 3.86）。其基本投影面的展开方法是，保持基本投影面 V 不动，将其他五个基本投影面连同其上的基本视图都向 V 面展开（见图 3.87a）。展开后，各基本视图之间的位置对应关系为（见图 3.87b）：前视图、左视图、右视图和后视图具有相同的高度，且在水平方向对齐。前视图、顶视图、底视图和后视图具有相同的长度，且前视图、顶视图、底视图在垂直方向对齐。顶视图、左视图、右视图和底视图具有相同的宽度。

(2) 对于同一物体，第三角投影法与第一角投影法得到的六个基本视图，其形状相同，但名称不完全相同，即第三角投影法得到的前视图、顶视图、左视图、右视图、底视图和后视图分别与第一角投影法得到的主视图、俯视图、左视图、右视图、仰视图和后视图是同一个视图（比较图 3.86 和图 3.3）。同时，两种投影法展开后的基本视图间的相互位置关系不同（比较图 3.87b 和图 3.5）。

(3) 采用第三角画法时，其多面视图在图纸上可以按照展开或向视形式排列（或配置），但通常按照展开形式配置。

(4) 第三角画法与第一角画法在绘图方法上并无本质的区别，其主要的区别在于视图的位置。因此，对于习惯于第一角画法的工程师，在阅读采用第三角画法绘制的多面视图时，可以先将其转换为按照第一角投影方式配置的形式，然后再按照通常习惯的方式读图即可。例如，阅读如图 3.88a 所示的三视图时，可将其顶视图配置在主视图的正下方，并将其右视图配置在主视图的正左方（见图 3.88b）、或者把右视图作为一个向视图（见图 3.88c）、或者也可根据右视图绘制一个左视图（见图 3.88d）。

(5) 国家标准（GB/T 4458.1—2002）规定，除了可以按照第一角画法绘制局部视图外，还可以将局部视图按第三角画法配置在视图上所需表示物体局部结构的附近，并用细点画线将两者相连（见图 3.89）。

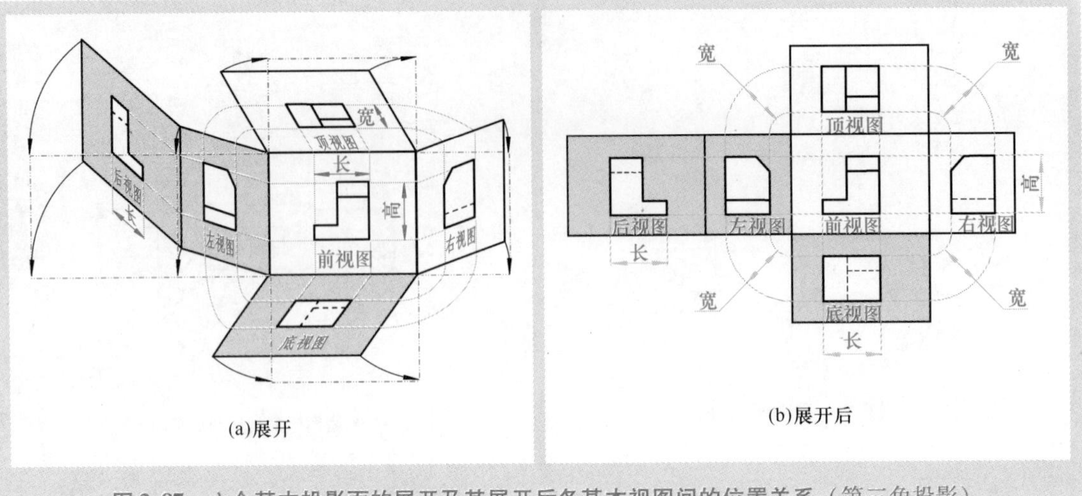

图 3.87　六个基本投影面的展开及其展开后各基本视图间的位置关系（第三角投影）

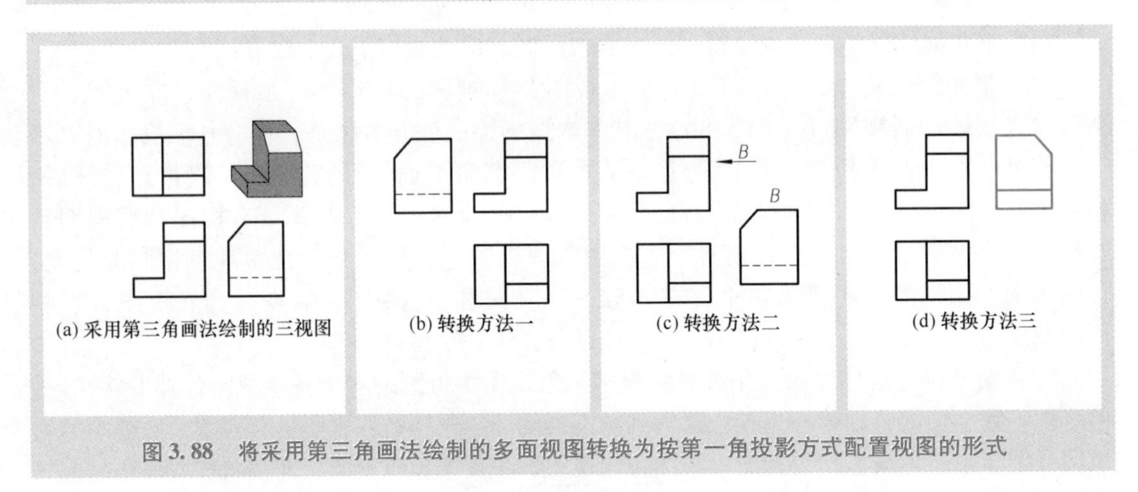

图 3.88　将采用第三角画法绘制的多面视图转换为按第一角投影方式配置视图的形式

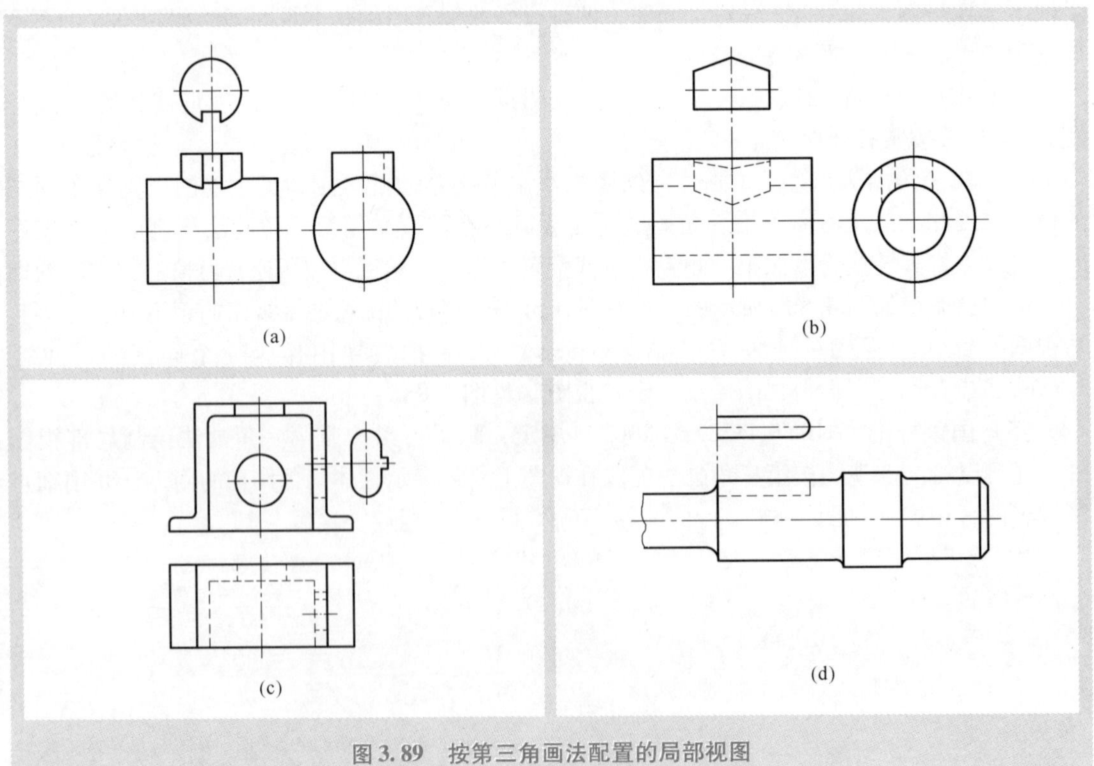

图 3.89　按第三角画法配置的局部视图

第4章 剖视图与断面图

本章目标

通过本章的学习，学习者应能够：

☺ 理解、掌握并描述剖视图与剖切面的定义。

☺ 理解并掌握剖视图的得到方法与选择原则。

☺ 理解并描述剖面区域、剖面线的意义，掌握剖面区域和剖面线画法，掌握剖视图的基本绘制要求。

☺ 理解并掌握剖视图在图纸内的配置与标注方法，具备在图纸内配置与标注剖视图的能力。

☺ 理解并掌握剖视图的基本画法及其相关要点。

☺ 理解并掌握剖切面的种类及其相关剖视图画法，具备选择合适类型的剖切面并绘制全剖视图、半剖视图、局部剖视图、"阶梯"剖视图和"旋转"剖视图的能力。

☺ 理解并掌握剖视图的其他规定画法，如按不剖处理的剖视图画法、规则分布结构要素的剖视图画法、位于剖切平面前结构的剖视图画法等。

☺ 理解并掌握国家标准规定的剖视图简化标注方法，具备相应的简化标注能力。

☺ 理解并掌握移出断面图和重合断面图的规定画法、配置方式和标注方法，具备绘制、配置与标注移出断面图和重合断面图的能力。

4.1 剖切面与剖视图、剖视图的得到与选择

在使用基本视图表达物体时，物体的内部形状只能使用虚线表达。一般而言，虚线不能较为清晰地显示物体的内部形状，并且虚线较多的视图势必造成读图的困难。

为了能够清晰地（或避免使用虚线）表达物体的内部形状，可以使用剖视图。所谓**剖视图**（*section*），就是假想用**剖切面**（*cutting plane*）剖开物体、将处于观察者与剖切面之间的部分移去、而将其余部分采用正投影法向投影面投射所得到的投影图形（见图4.1和图4.2）。

剖视图应与基本视图一样采用正投影法得到，即剖切面一般应与投射方向垂直，且通常选择沿着六个基本投射方向将物体向相应的基本投影面投射，以得到所需的剖视图。

在选择必要的视图时，既可以选择基本视图，也可以选择剖视图，但无论怎样选择，都应遵循"在明确表示物体的前提下，应使视图（包括基本视图与剖视图）的数量为最少、且主视图应能够反映物体的主要形状特征，同时应尽量避免使用虚线"这一基本的视图选择原则。

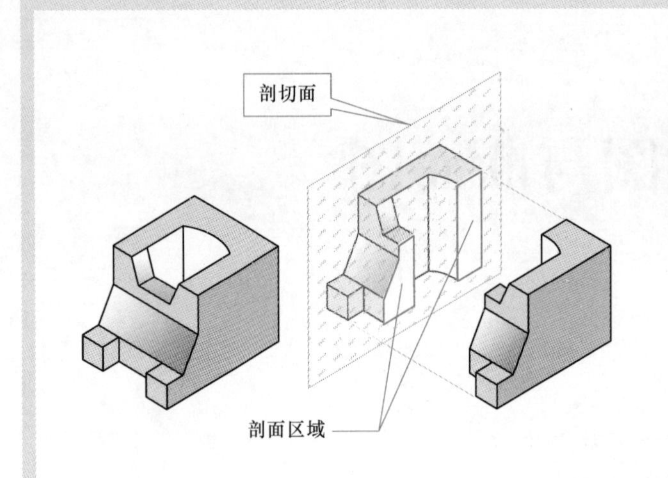

说明：剖面区域

剖面区域就是剖切面与物体的接触部分。可将其理解为，是由一些新棱边围成的区域，这些新棱边是剖切面与物体各个表面相交形成的。显然，图中有两个剖面区域。

第一步：使用假想的剖切面剖开物体。

第二步：将处于观察者与剖切面之间的部分移去、而将其余部分采用正投影法向投影面（如图所示的投影面 *P*）投射。

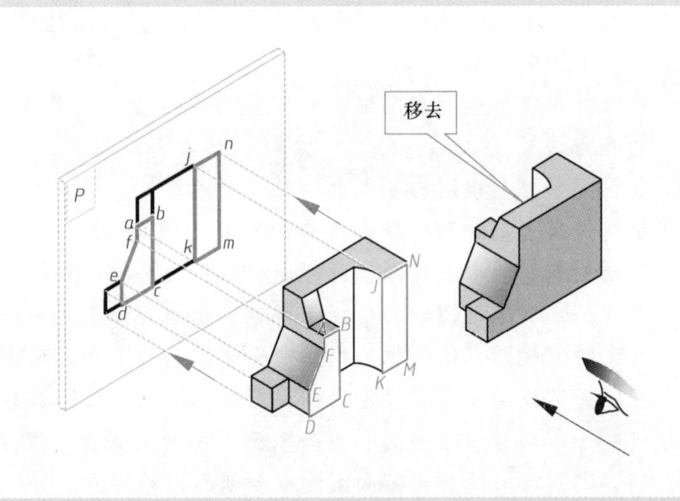

图 4.1　剖切面、剖面区域与剖视图的得到

4.2　剖视图的基本绘制要求

可将剖视图理解为“是一个被剖开物体的基本视图”，也就是说，绘制剖视图时也应遵循基本视图的绘制要求，即应使用粗实线表示“一个被剖开物体”的可见轮廓或棱边（应注意，围成剖面区域的棱边是在剖切后形成的，其轮廓线是可见的，应在剖视图中使用粗实线表示，如图 4.3 所示的两个剖面区域 *a-b-c-d-e-f* 和 *j-k-m-n*），应使用细虚线表示“一个被剖开物体”的不可见轮廓或棱边，并应使用细点画线表示必要的中心线。

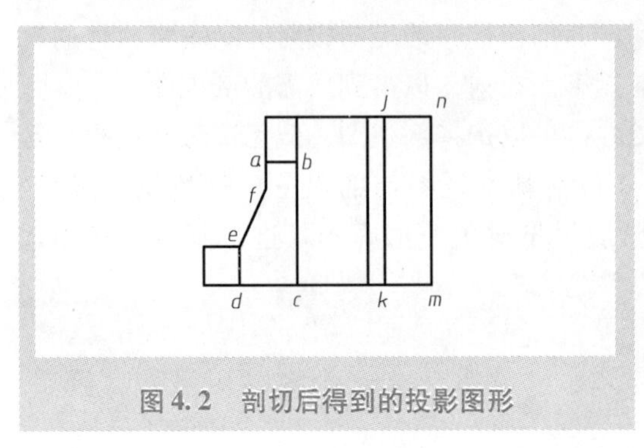

图 4.2　剖切后得到的投影图形

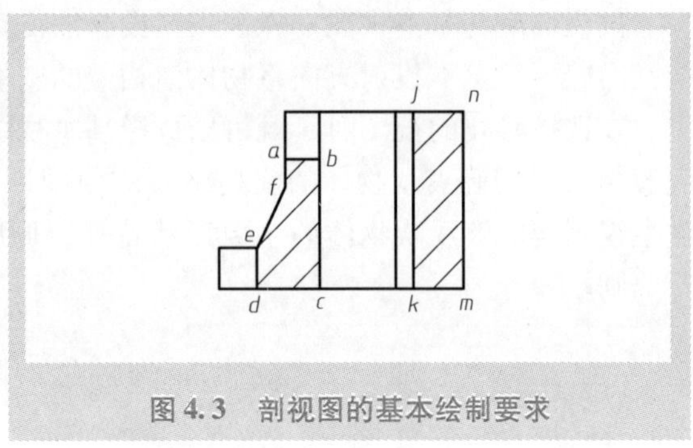

图 4.3　剖视图的基本绘制要求

除此之外，在绘制剖视图时，还要求在剖视图的**剖面区域**（*section area*）内绘制剖面线，

以使剖视图明显区别于基本视图。其中，剖面线是一组间距相等、相互平行且与围成剖面区域的主要轮廓线成一个合适的角度（通常为45°）的细实线（正确与错误的剖面线画法示例分别如图 4.4 和图 4.5 所示）。绘制剖面线时应注意以下几个要点：

（1）应参考图 4.4 的示例正确地绘制剖面线，并应避免犯图 4.5 所示的各种常见错误。

（2）对于使用各类剖切面（包括单一剖切面、几个平行的剖切面、几个相交的剖切面）得到的剖视图，其相隔的各个剖面区域应使用相同的剖面线（即其剖面线的方向和间隔应一致），其基本示例见图 4.6，其他示例见 4.5 节的相关图例。

（3）较大面积的剖面区域可使用沿周长等长的剖面线表示（见图 4.7）。

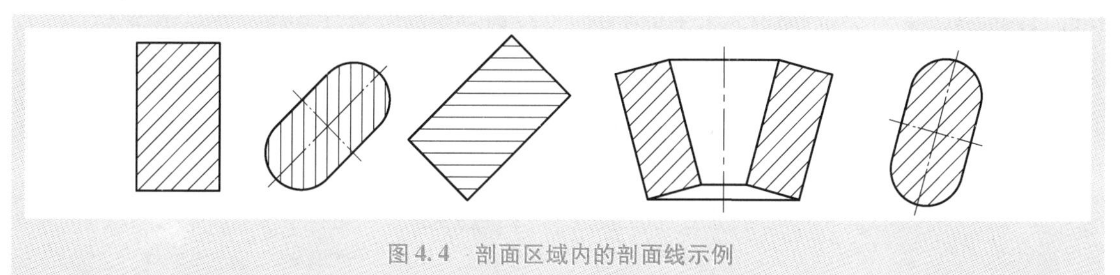

图 4.4　剖面区域内的剖面线示例

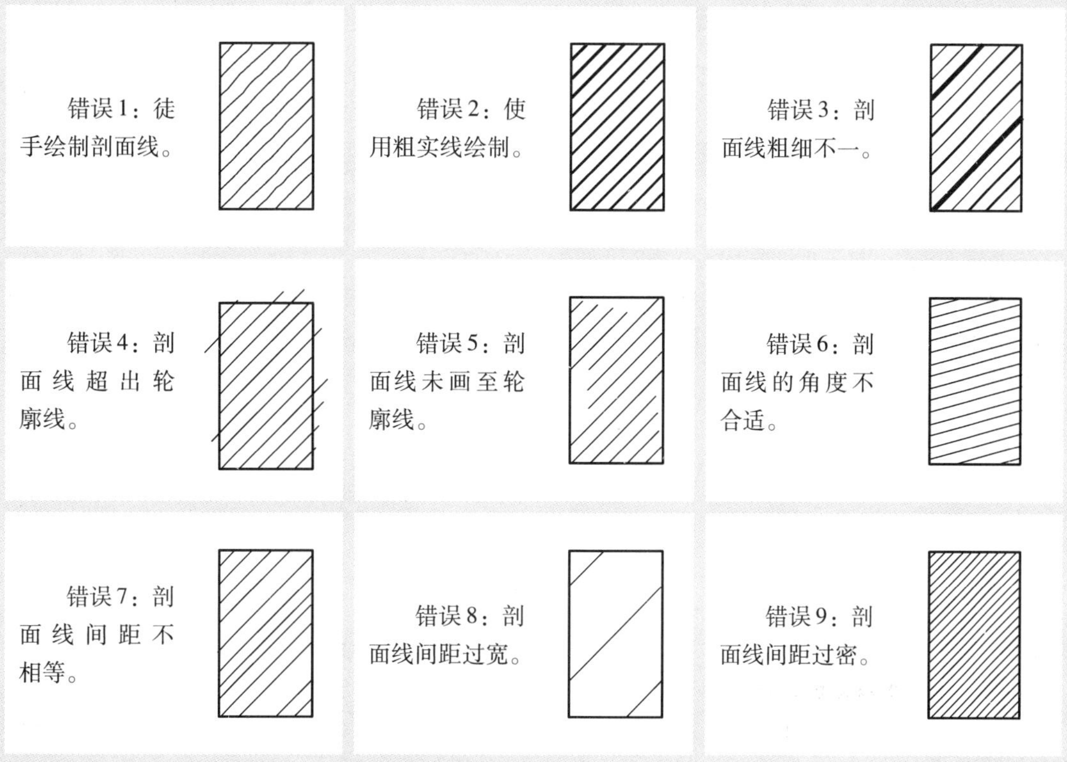

错误1：徒手绘制剖面线。
错误2：使用粗实线绘制。
错误3：剖面线粗细不一。
错误4：剖面线超出轮廓线。
错误5：剖面线未画至轮廓线。
错误6：剖面线的角度不合适。
错误7：剖面线间距不相等。
错误8：剖面线间距过宽。
错误9：剖面线间距过密。

图 4.5　常见的剖面线错误画法示例

正确
错误：方向不一致。
错误：间距不一致。

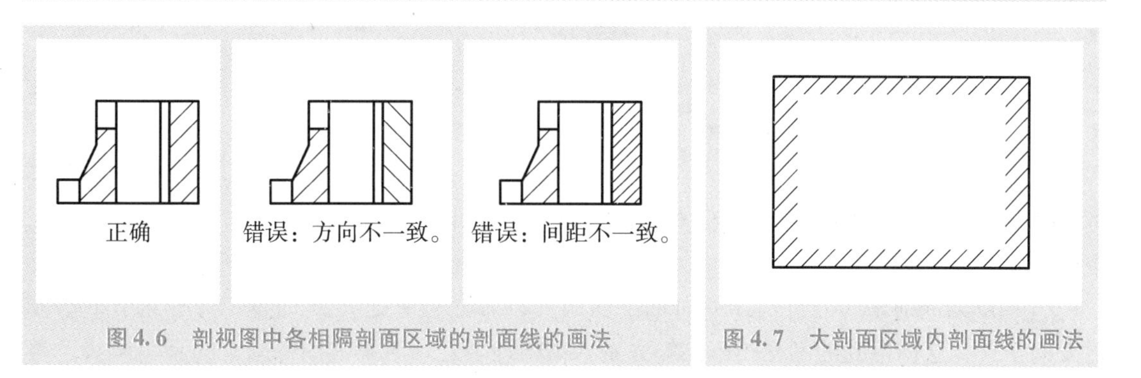

图 4.6　剖视图中各相隔剖面区域的剖面线的画法

图 4.7　大剖面区域内剖面线的画法

4.3 剖视图在图纸内的配置与标注

基本视图的配置规定同样适用于剖视图。也就是说，剖视图在图纸内一般应按展开形式配置（见图 4. 8 中的 *A—A* 剖视图），必要时也可以按照向视形式配置（见图 4. 8 中的 *B—B* 剖视图）。但无论采取何种配置方式，一般应标注出剖视图的名称、剖切位置与投射方向。标注时，应使用符号“ ×—×”在剖视图上方标注其名称(×应为大写拉丁字母或阿拉伯数字，如“*A—A*”或“2—2”等)，并在其他相应视图上用剖切符号（*cutting symbol*）和剖切线（*cutting line*）表示剖切位置与投射方向、且标注相同的字母或数字（见图 4. 8）。

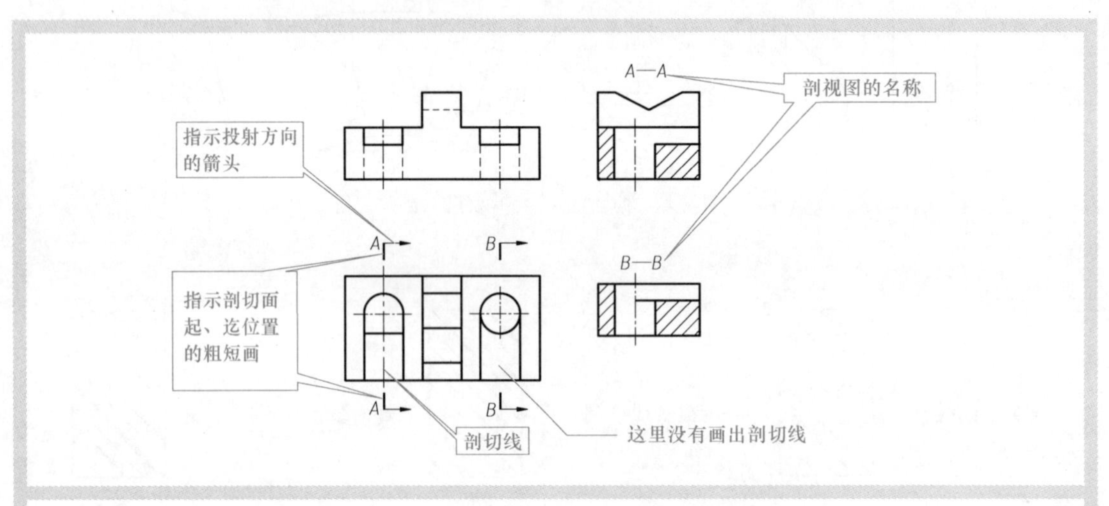

说明：剖切符号与剖切线

（1）剖切符号：由粗短画和箭头组成的符号。其中，粗短画指示剖切面起、迄和转折的位置，箭头指示投射方向。粗短画的绘制要求如图 4. 9 所示，本图中的剖切面均无转折位置，箭头也允许用粗短画代替。

（2）剖切线：是指示剖切面位置的图线。应使用细点画线绘制，通常不必画出（在图中指示 *B—B* 剖切面位置的细点画线就没有画出）。

图 4. 8　剖视图在图纸内的配置及其标注

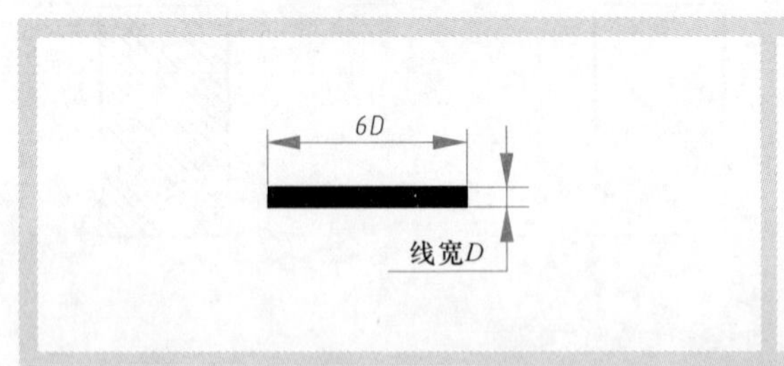

说明：粗短画的绘制要求

粗短画的线宽 *D* 一般应等于视图中粗实线的线宽。例如，通常选择粗实线的线宽为 0. 7mm，则粗短画的线宽 *D* 一般应为 0. 7mm，粗短画的长度应为 6 ×0. 7 =4. 2mm。

图 4. 9　粗短画的绘制要求

4.4 剖视图的基本画法及其要点

绘制剖视图时，不仅应遵循必要的基本画法（见图 4. 10 中的示例），还应注意以下几个画图要点：

（1）剖切面通常应通过物体的对称平面（或基本对称平面）或轴线、并与某个基本投射方向垂直，这样得到的剖视图就能够完整、清晰地表达出了物体内部结构的真实形状。否则，将导致不完整的表达（见图4.11）。

（2）由于剖切面是假想的，因此，一个视图是剖视图并不影响对其他视图的选择，即其他视图既可以是一个基本视图、也可以是一个剖视图（见图4.12）。

（3）剖视图中的可见轮廓线应完整画出，即位于剖切面后的可见轮廓线应全部画出，而不能漏画、多画或将剖切面后的可见轮廓线画为虚线（见图4.13）。

（4）剖视图中的虚线一般不应画出，即位于剖切面后的不可见轮廓线一般不必表达（见图4.14b的主视图）。但如果物体的某个局部结构或形状需要在剖视图中表达时，则应在剖视图中画出必要的虚线。

（5）在剖视图中已表达清楚的结构或形状，在其他视图中一般不必画出表示该结构或形状的虚线（见图4.14）。但如果某个局部结构或形状在剖视图中没有表达清楚，则应在其他视图中使用虚线表达（见图4.14b左视图中的虚线）。

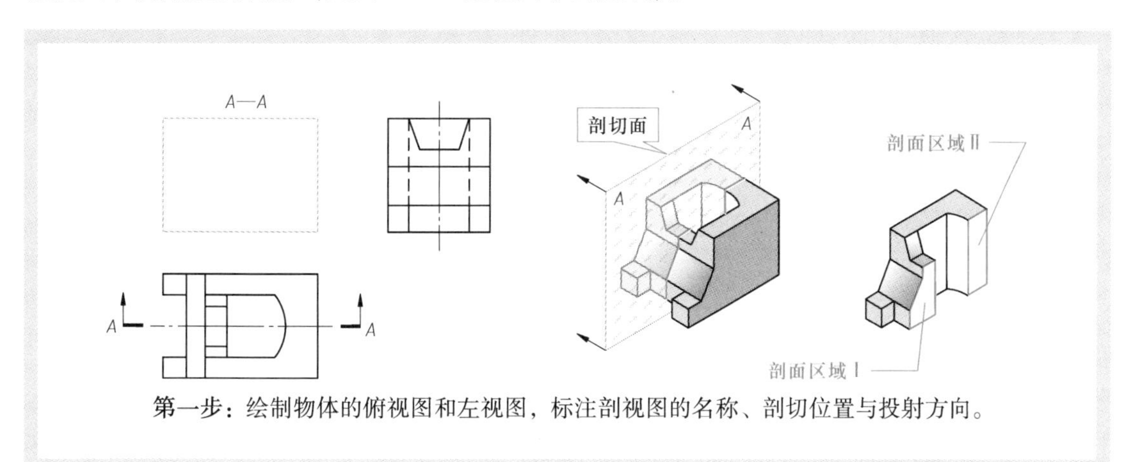

第一步：绘制物体的俯视图和左视图，标注剖视图的名称、剖切位置与投射方向。

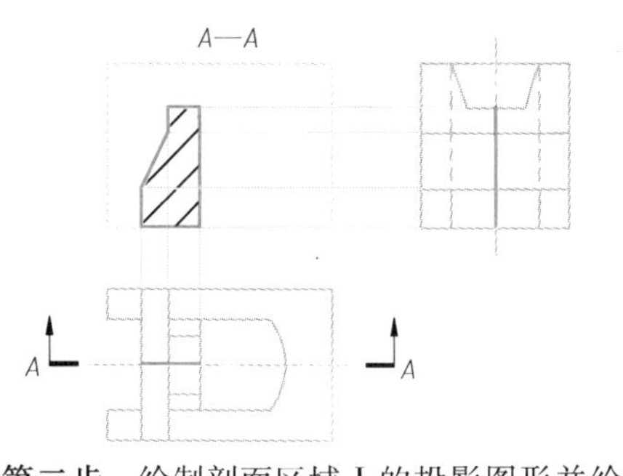

第二步：绘制剖面区域Ⅰ的投影图形并绘制剖面线。

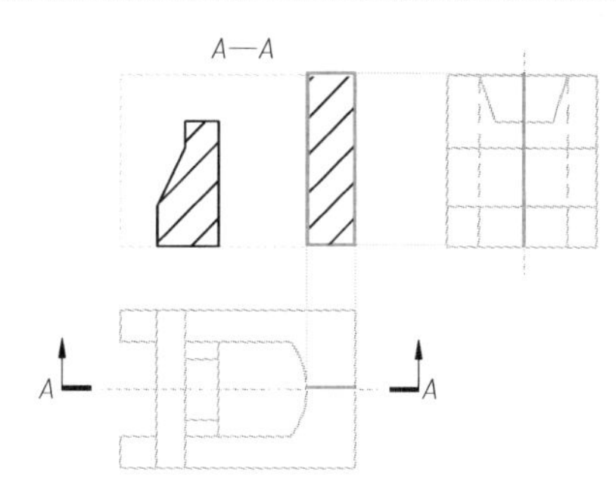

第三步：绘制剖面区域Ⅱ的投影图形并绘制剖面线。

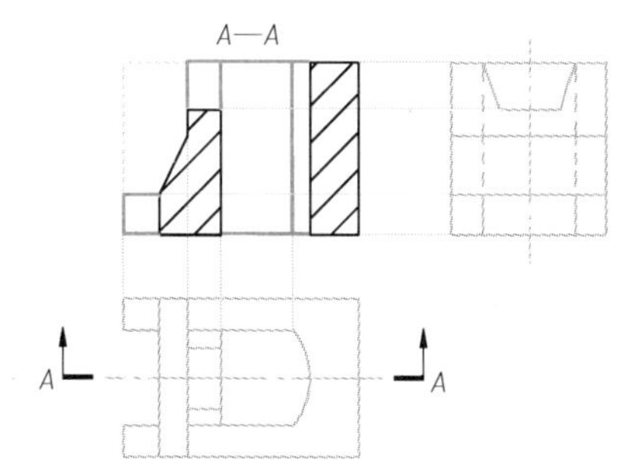

第四步：绘制位于剖切面后的轮廓或棱边的投影。

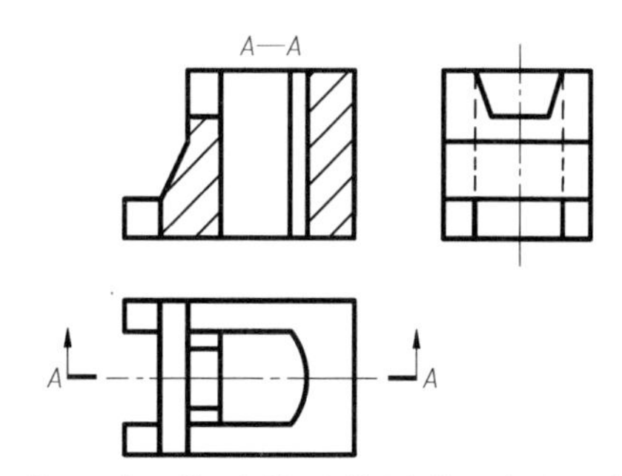

第五步：擦除辅助作图线，加深、加粗图线。

图4.10　剖视图的基本画法示例

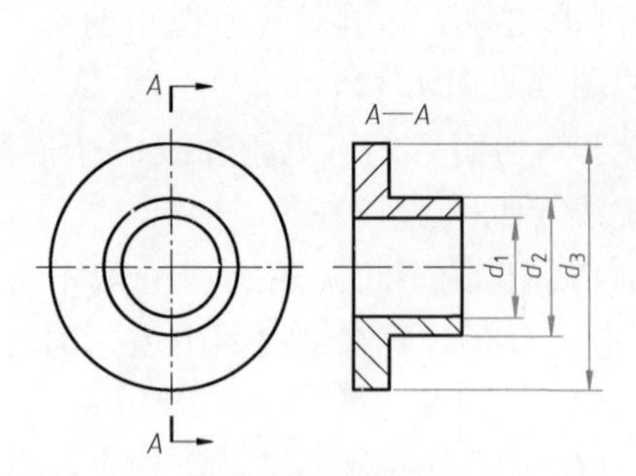

正确的剖切面位置

A—A 剖视图完整、清晰地表达了圆孔和两个外圆柱面的实际大小和形状。

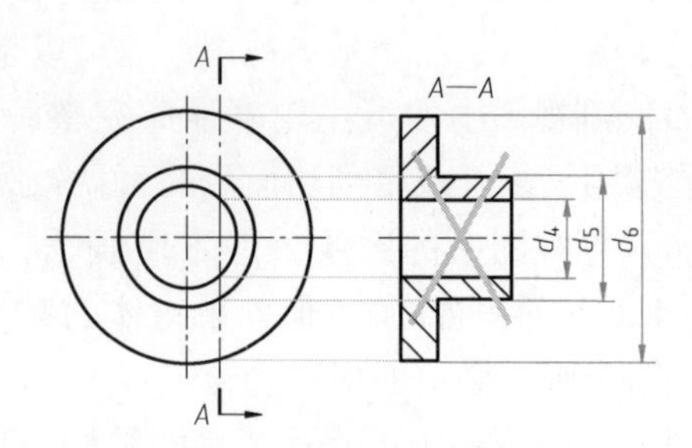

错误的剖切面位置

A—A 剖视图没有完整表达圆孔和两个外圆柱面的实际大小和形状。

图 4.11　剖切面位置的选择

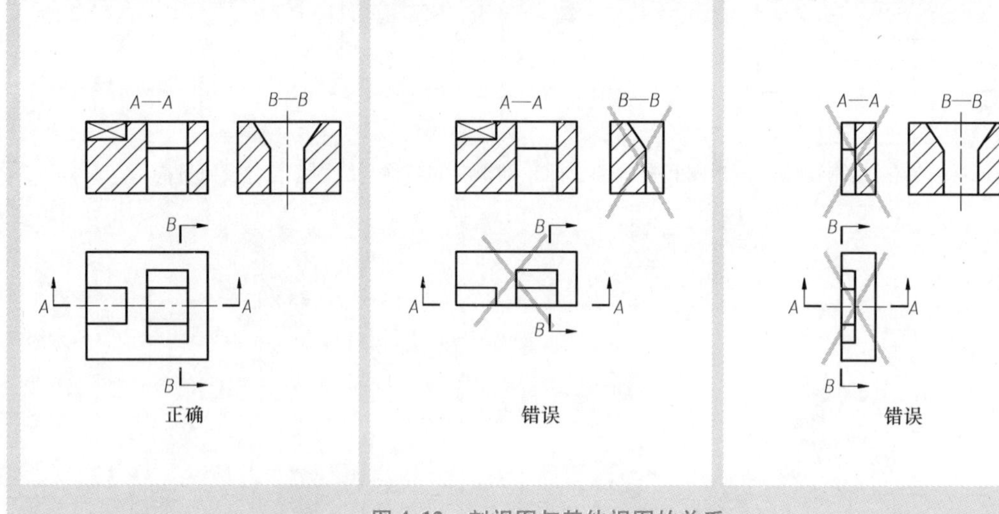

图 4.12　剖视图与其他视图的关系

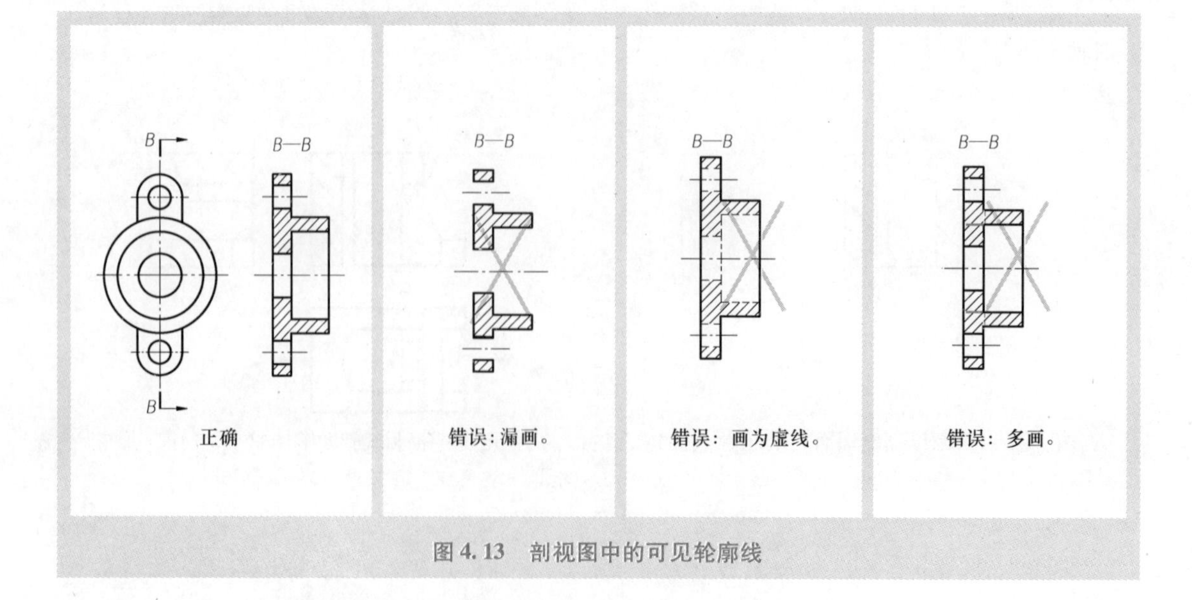

图 4.13　剖视图中的可见轮廓线

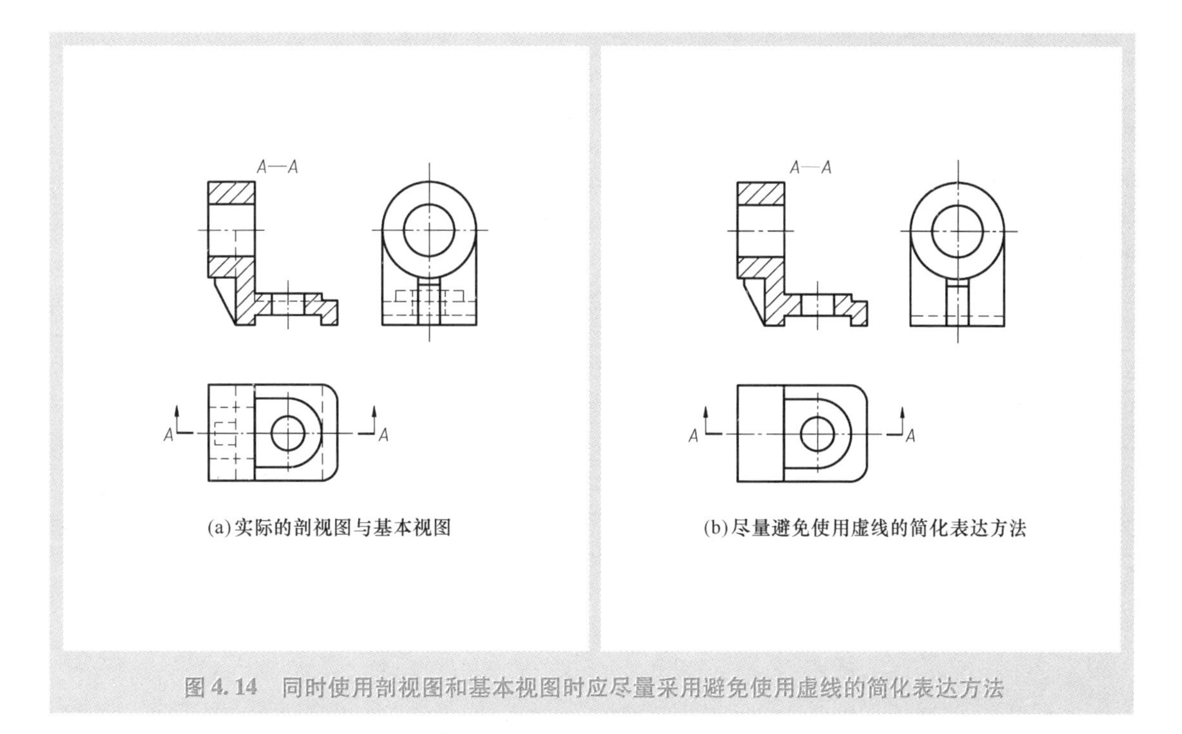

图4.14 同时使用剖视图和基本视图时应尽量采用避免使用虚线的简化表达方法

4.5 剖切面的种类及其相关剖视图画法

根据物体的结构特点，可选择单一剖切面、几个平行的剖切面、几个相交的剖切面剖开物体。使用不同种类的剖切面得到的剖视图，用于表达不同类型的物体，并且在画法和标注方面有一定的区别。

4.5.1 使用单一剖切面得到的剖视图及其画法

使用单一剖切面可得到全剖视图、半剖视图和局部剖视图。其中：

（1）**全剖视图**是指用剖切面完全地剖开物体所得的剖视图。当需要使用剖视图表达物体内部结构的形状和大小、且物体外部结构的形状和大小在其他视图中已得到完整与清晰的表达时，通常选择全剖视图。全剖视图的绘制方法如图4.10所示，其剖视图名称、剖切位置与投射方向的标注应符合如图4.8和图4.9所示的相关规定。

（2）**半剖视图**(见图4.15c）是指用剖切面将物体剖开一半后所得的剖视图。当物体具有对称平面（或基本对称平面）时，通常选择半剖视图用于同时表达物体的内、外形状。绘制半剖视图时，可以对称中心线为界，一半画成剖视图，另一半画成视图。半剖视图的绘制方法与标注规定与全剖视图相同。

（3）**局部剖视图**是指用剖切面局部剖开物体所得的剖视图。当物体没有对称平面而又需要同时表达其内、外形状时，通常选择局部剖视图。局部剖视图除了只需画出局部的剖视图，并使用波浪线或双折线分界（即作为视图和局部剖视图的界线）之外，其绘制方法和标注规定与全剖视图一致（见图4.16a）。在绘制局部剖视图时应注意以下几个要点：一是波浪线和双折线既不能和图样上其他图形重合（见图4.16c），也不能超出轮廓线（见图4.16d），更不能绘制在未分界处（见图4.16e）；二是当被剖切结构为回转体时，允许将其中心线作为局部剖视图与视图的分界线（见图4.17）；三是当对称物体的轮廓线与中心线重合时，不宜采用半剖视图而应采用局部剖视图（见图4.18）。

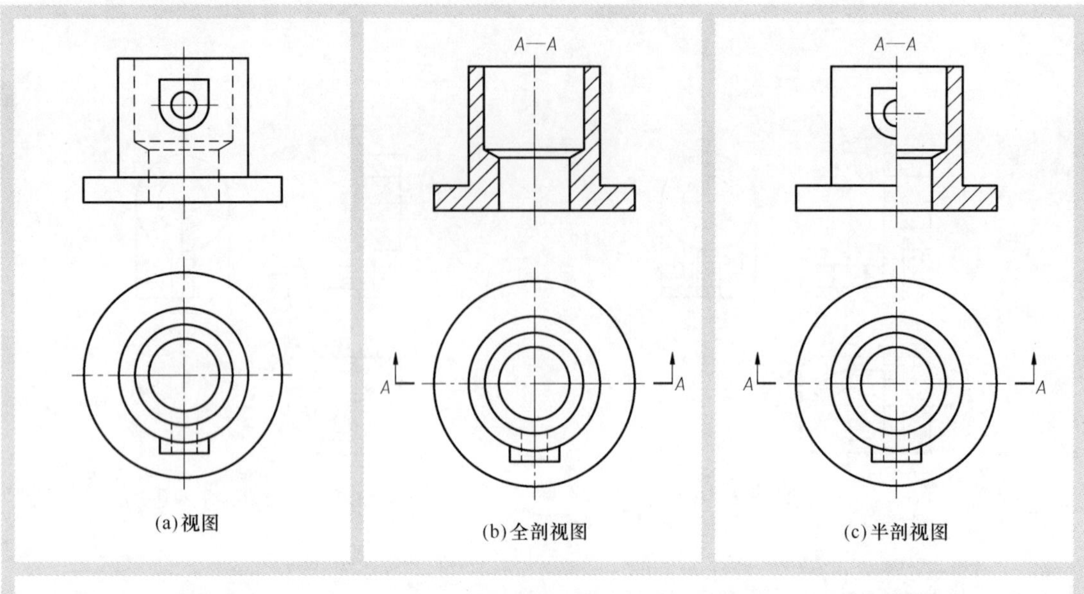

说明：半剖视图的绘制与标注

绘制图 c 所示的半剖视图时，可以对称中心线为界，左半边绘制成图 a 所示的视图形式，右半边绘制成图 b 所示的剖视图形式，即可把半剖视图理解为由半个视图和半个全剖视图构成的视图。

半剖视图的标注要求与全剖视图相同，即图 c 与图 b 所示的标注是相同的。

图 4.15　半剖视图的绘制与标注

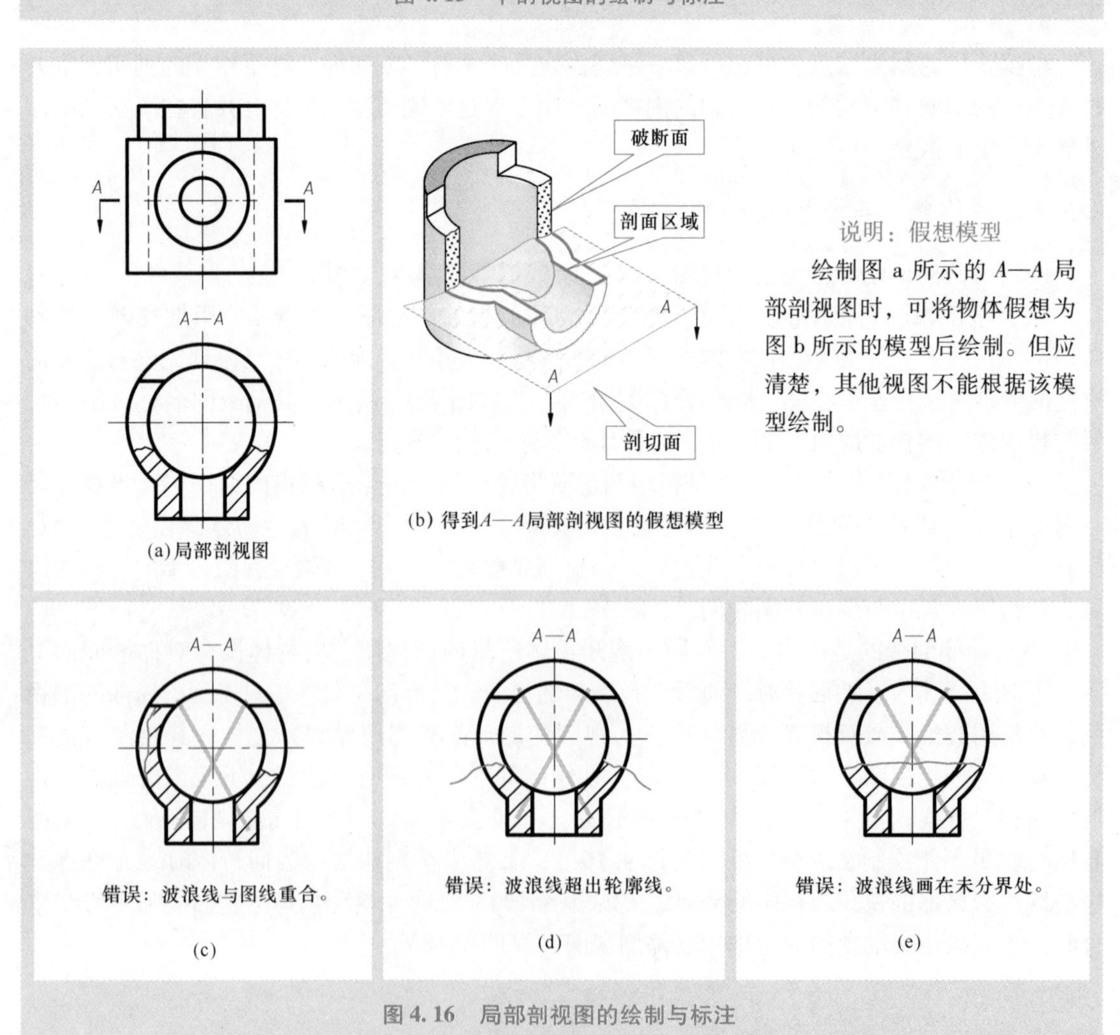

图 4.16　局部剖视图的绘制与标注

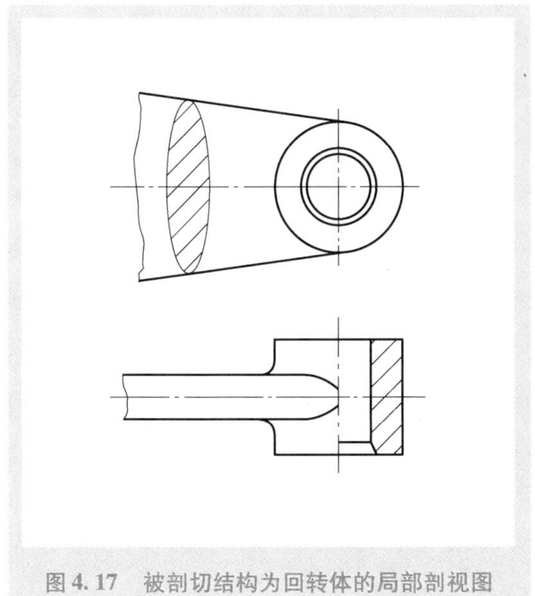

图4.17 被剖切结构为回转体的局部剖视图

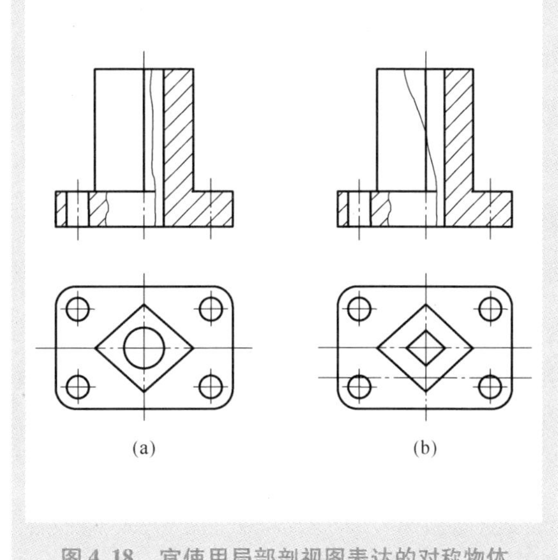

图4.18 宜使用局部剖视图表达的对称物体

4.5.2 使用几个平行的剖切面得到的剖视图及其画法

有时需要使用几个平行的剖切面共同剖开物体，以使所得到的剖视图能够同时表达物体多个内部结构的形状与大小。以这种方法得到的剖视图在企业中通常被形象地称为“阶梯剖”。绘制这类剖视图时，除了应遵循剖视图的绘制、配置和标注的基本方法或规定之外，还应注意以下几个要点：

（1）几个剖切面应相互平行、且均应与投射方向垂直（见图4.19）。

（2）剖切面的转折位置也应使用与指示剖切面起、迄位置相同的粗短画表示（见图4.19）。转折位置处的字母可省略标注（见图4.21）。

（3）剖切面的转折位置在剖视图中不使用任何图线表示（见图4.19b）。

（4）在剖视图中不应出现不完整要素（见图4.20）。

（5）当两个要素在图形上具有公共对称中心线或轴线时，可以各画一半，但应以对称中心线或轴线为界（见图4.21）。

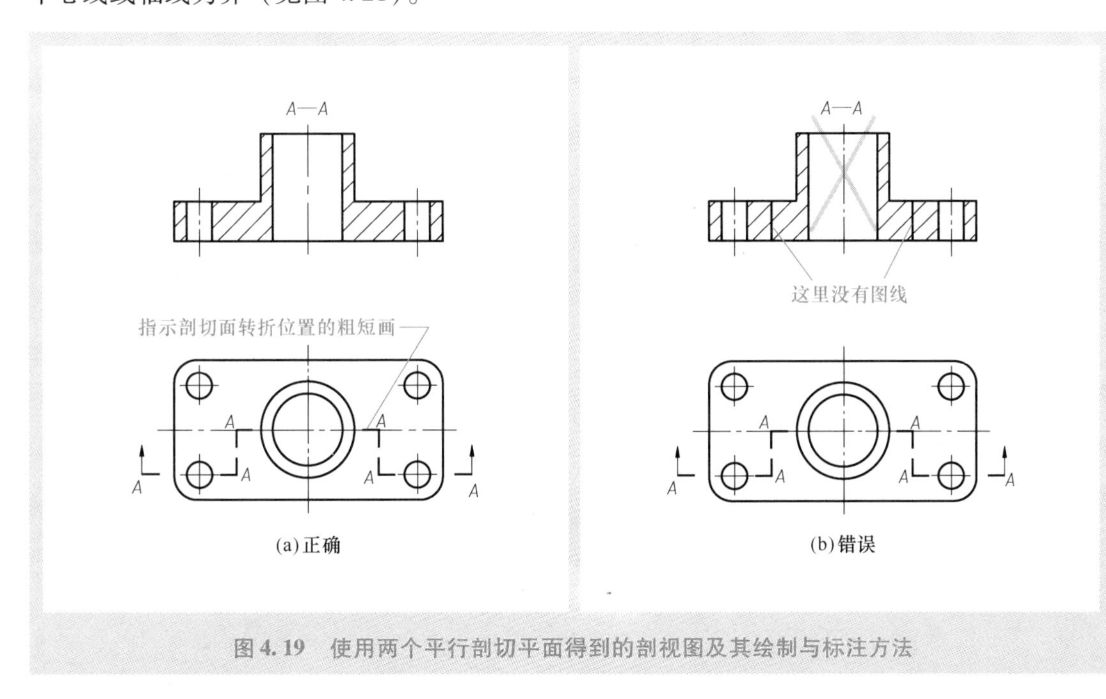

图4.19 使用两个平行剖切平面得到的剖视图及其绘制与标注方法

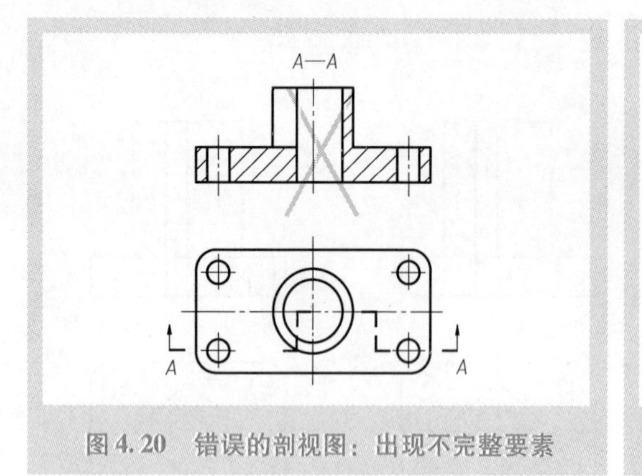

图 4.20　错误的剖视图：出现不完整要素

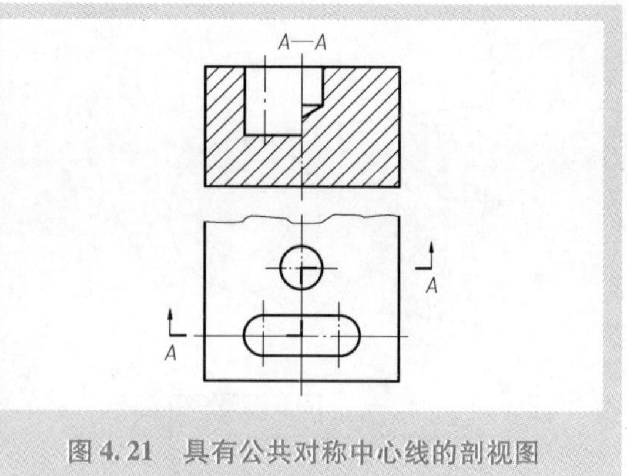

图 4.21　具有公共对称中心线的剖视图

4.5.3　使用几个相交的剖切面得到的剖视图及其画法

有时需要使用几个相交的剖切面共同剖开物体，以使所得到的剖视图能够同时表达物体多个内部结构的真实形状。以这种方法得到的剖视图在企业中通常被形象地称为“旋转剖”，其基本画法与标注方法如图 4.22 所示。绘制这类剖视图时，还应注意以下几个要点：

（1）在剖切面后的其他结构一般仍按原来位置投射（见图 4.23）。

（2）当剖切后产生不完整要素时，应将此部分按不剖绘制（见图 4.24）。

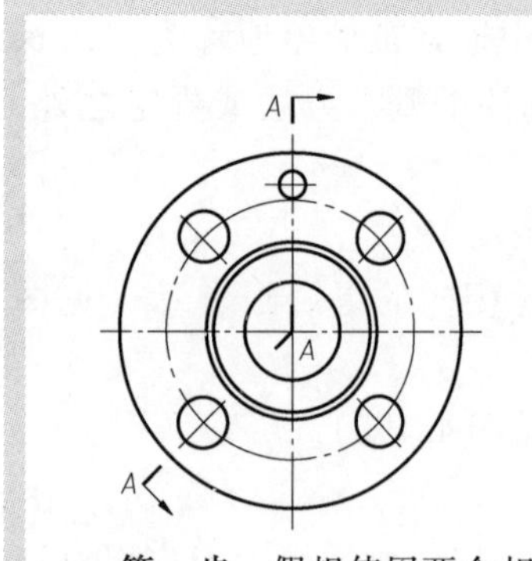

第一步：假想使用两个相交的剖切平面剖开物体。

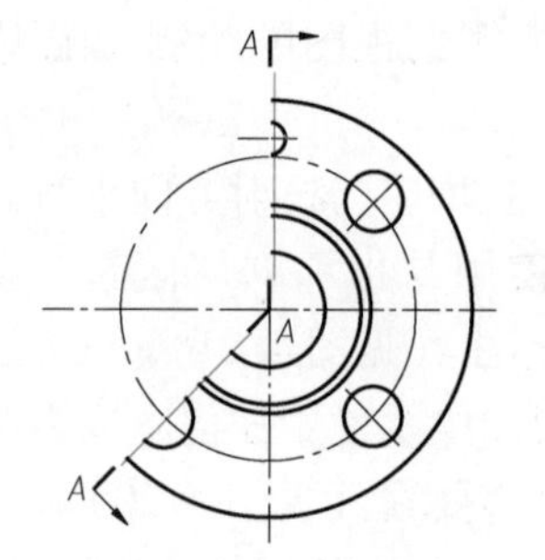

第二步：假想移去剖切面之前的部分。

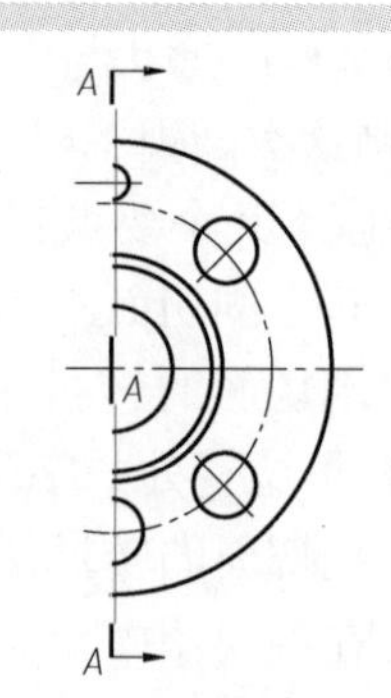

第三步：假想将被剖切面剖开的结构旋转至与投影面 *W* 平行的位置。

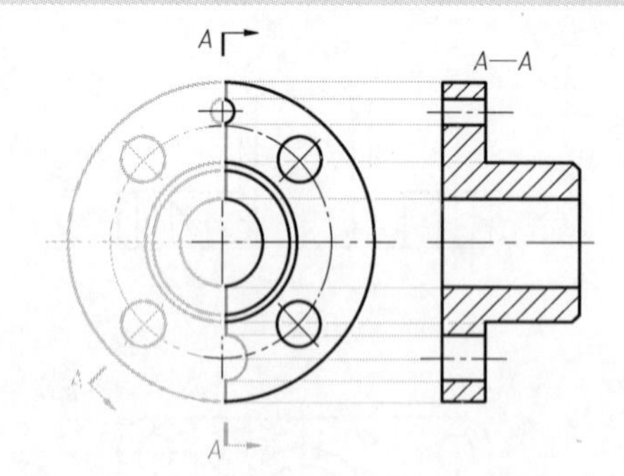

第四步：将假想剖切且旋转后的结构向投影面 *W* 投射，并绘制得到的剖视图。

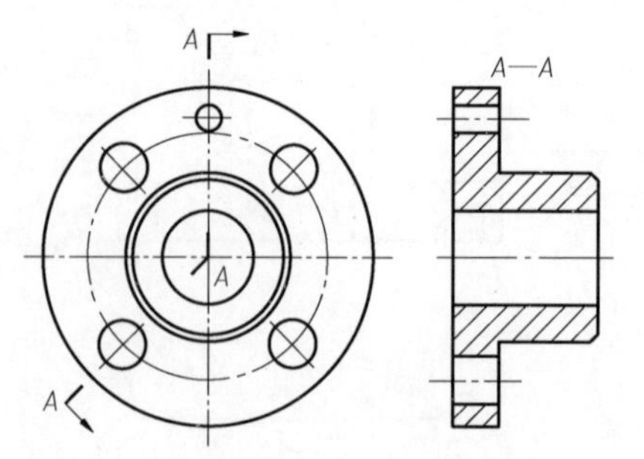

第五步：擦除辅助作图线，加深、加粗图线。

说明：选择相交的几个剖切面时，各剖切面通常应相交于回转体的轴线。绘制“旋转”得到的剖视图时，应先假想按剖切位置剖开物体，然后将被剖切面剖开的结构及其相关结构旋转至与选定的基本投影面平行的位置再投射。

图 4.22　使用几个相交的剖切平面得到的剖视图及其基本画法与标注方法

第一步：假想使用两个相交的剖切平面剖开物体。

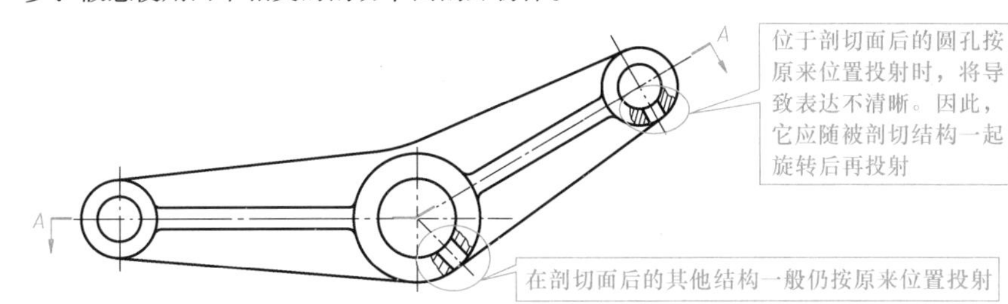

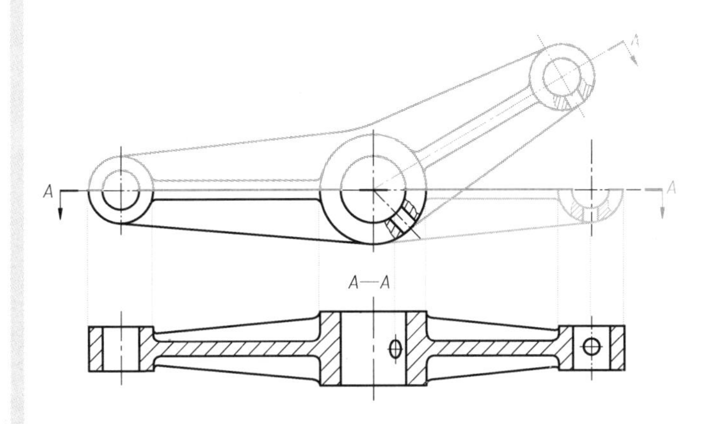

第二步：假想移去剖切面之前的部分，并将被剖切面剖开的结构旋转至与投影面 H 平行的位置再投射。

第三步：绘制在投影面 H 上得到的剖视图。

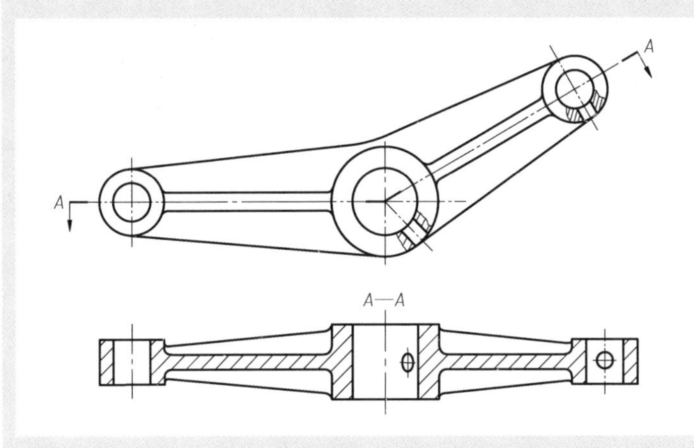

第四步：擦除辅助作图线，加深、加粗图线，完成物体的表达。

图 4.23　剖切平面后其他结构的处理

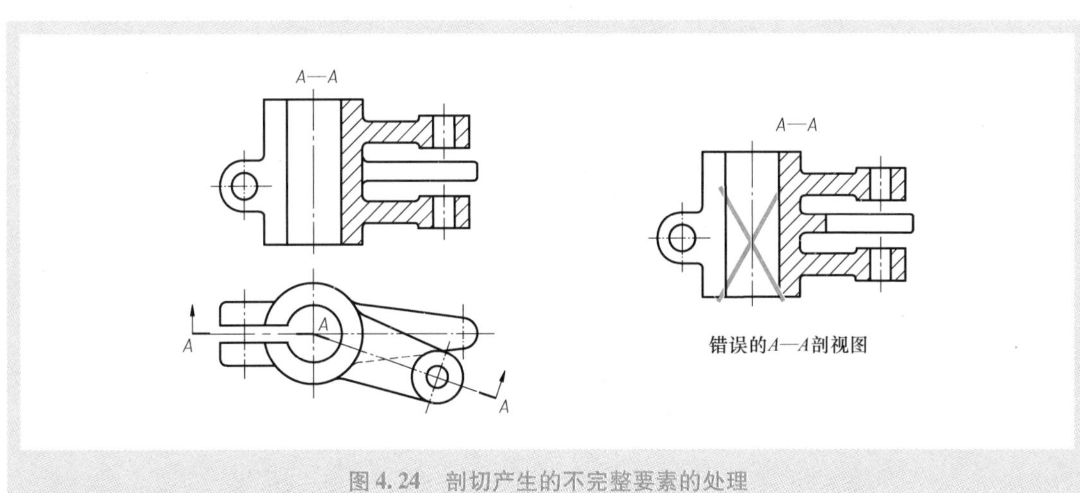

图 4.24　剖切产生的不完整要素的处理

4.6 剖视图的其他规定画法

在使用剖视图表达物体时，还应遵循国家标准的以下常用规定：

(1) 局部放大图可以采用剖视图形式绘制（见3.9节的图3.46）。

(2) 零件上的肋、轮辐等结构，其纵向剖视图通常按不剖绘制（见图4.25）。

(3) 带有规则分布结构要素的回转零件，需要绘制剖视图时，应将其上规则分布的结构要素旋转到剖切面上绘制（见图4.26）。

(4) 当只需剖切绘制物体的部分结构时，应使用细点画线将剖切符号相连，剖切面可位于实体之外（见图4.27）。

(5) 在需要表示位于剖切平面前的结构时，这些结构按假想投影的轮廓线绘制（即使用细双点画线绘制，如图4.28所示）。

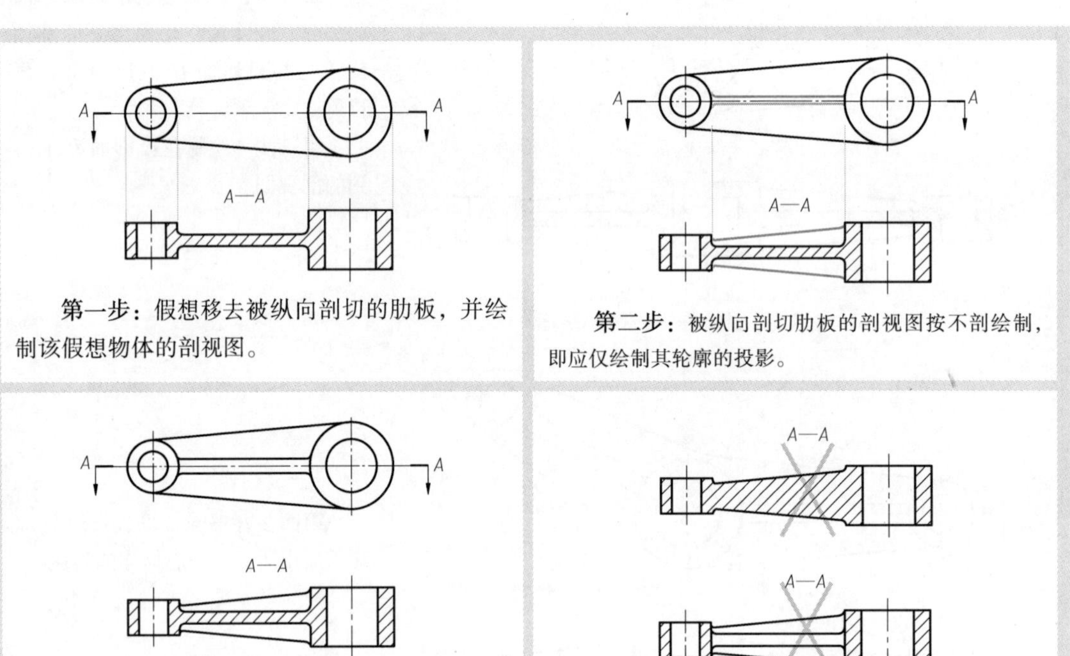

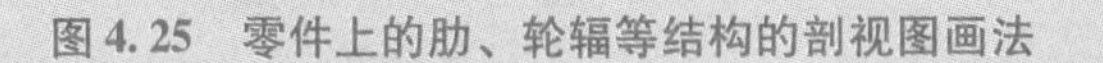
图4.25　零件上的肋、轮辐等结构的剖视图画法

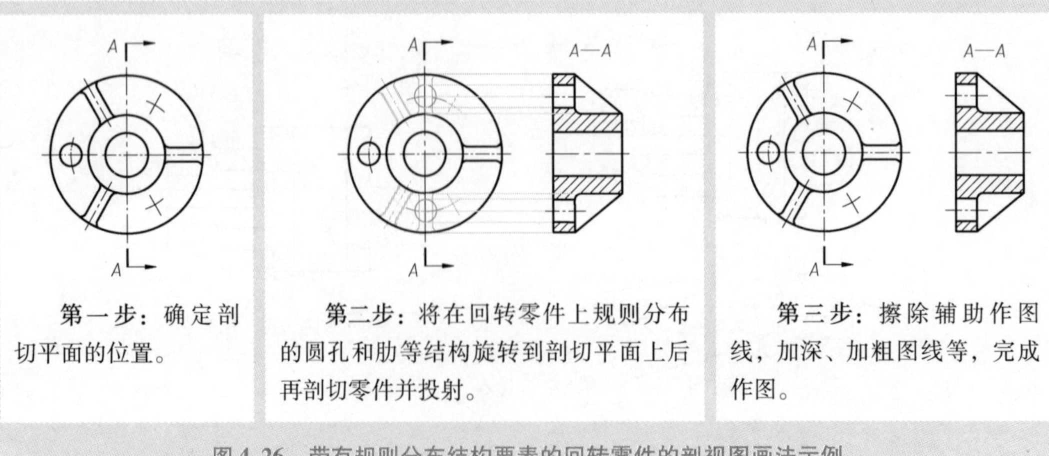

图4.26　带有规则分布结构要素的回转零件的剖视图画法示例

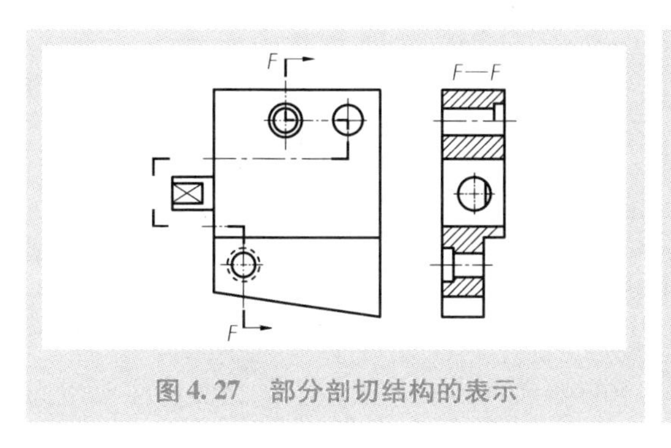

图4.27 部分剖切结构的表示

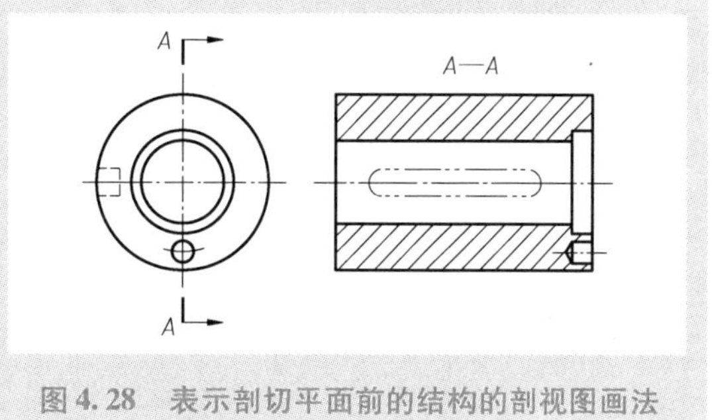

图4.28 表示剖切平面前的结构的剖视图画法

4.7 剖视图的简化标注方法

标注剖切位置、投射方向以及剖视图名称时，国家标准还规定了以下简化标注方法：

（1）当剖视图按投影关系配置，中间又没有其他图形隔开时，可省略箭头（见图4.29）。

（2）当单一剖切面通过物体的对称平面或基本对称平面，且剖视图按投影关系配置，中间又没有其他图形隔开时，不必标注（见图4.30的主视图）。

（3）当单一剖切平面的剖切位置明确时，局部剖视图不必标注（见图4.30的俯视图）。

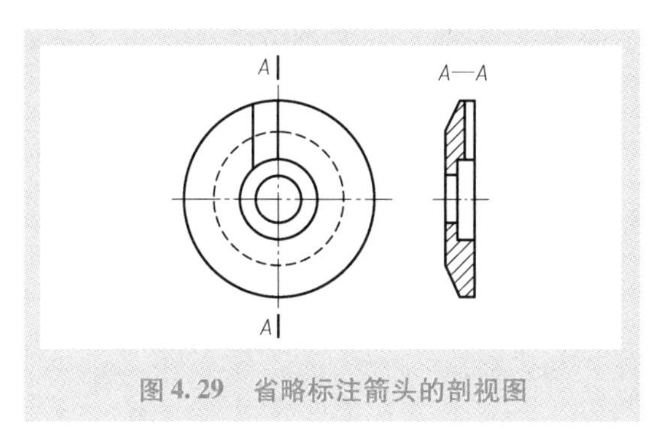

图4.29 省略标注箭头的剖视图

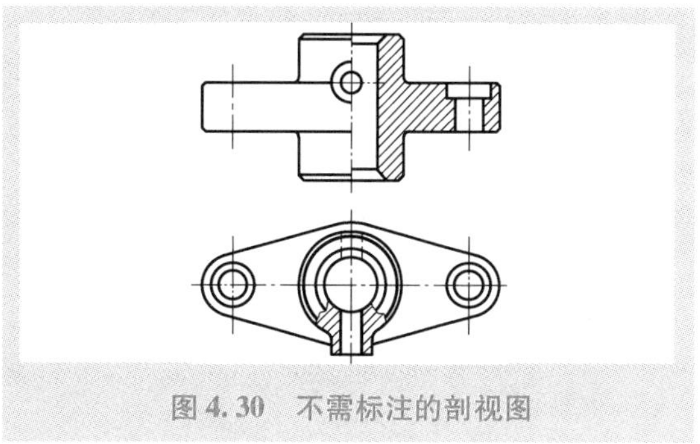

图4.30 不需标注的剖视图

4.8 断面图

所谓**断面图**（*cut*），就是假想用剖切面将物体的某处切断、仅画出该剖切面与物体接触部分的图形（见图4.31）。

得到断面图的方法与剖视图相同（见图4.31a）。绘制断面图时，只需画出剖面区域的投影，并在剖面区域内绘制剖面线即可（其剖面线的绘制要求与剖视图相同，如图4.31b所示），而不必像剖视图那样还需要画出剖切面后的轮廓或棱边的投影。

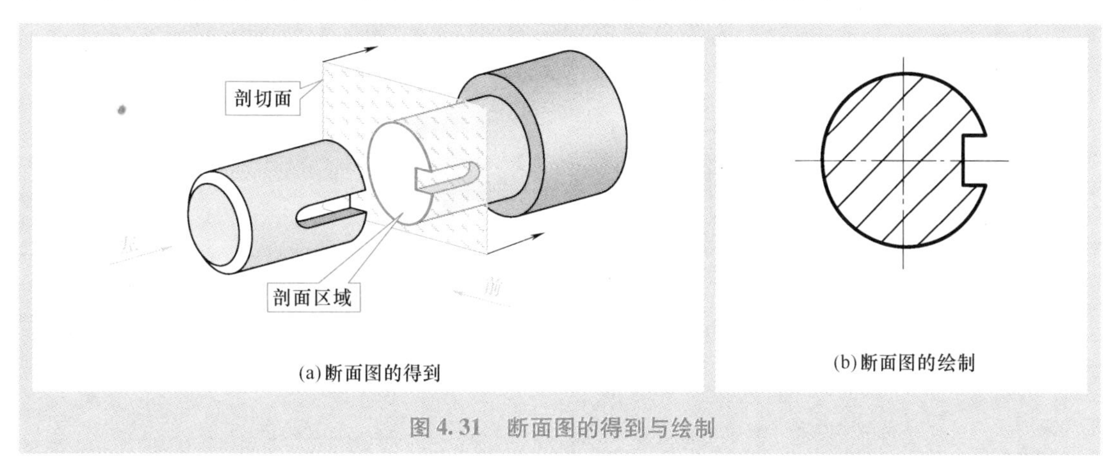

(a)断面图的得到　(b)断面图的绘制

图4.31 断面图的得到与绘制

断面图可分为**移出断面图**和**重合断面图**两类，国家标准对这两类断面图的画法、配置方式和标注方法作出了不同的规定。

4.8.1 移出断面图

移出断面图的轮廓线应使用粗实线绘制，且通常配置在剖切线的延长线上（见图4.32）。当移出断面图的图形对称时，也可画在视图的中断处（见图4.33）；必要时也可配置在其他适当的位置（见图4.34）。

标注移出断面图时，一般应标注出断面图的名称、剖切位置与投射方向，其标注要求与剖视图相同（见图4.34中的*B—B*断面图），必要时可采用下述简化方法标注：

（1）配置在剖切符号延长线上的不对称移出断面图不必标注字母（见图4.32）。

（2）未配置在剖切符号延长线上的对称移出断面图，以及按投影关系配置的移出断面图一般不必标注箭头（见图4.34中的*C—C*、*D—D*断面图）。

（3）配置在剖切符号延长线上的对称移出断面图不必标注字母和箭头（见图4.35右边的两个断面图）。

（4）配置在视图中断处的对称移出断面图不必标注（见图4.33）。

（5）当剖切平面通过以回转方式形成的孔或凹坑的轴线时，则这些结构应按剖视图要求绘制（见图4.36a、b、c）。当剖切平面通过非圆孔、且导致出现完全分离的断面时，则这些结构应按剖视图要求绘制（见图4.36d）。

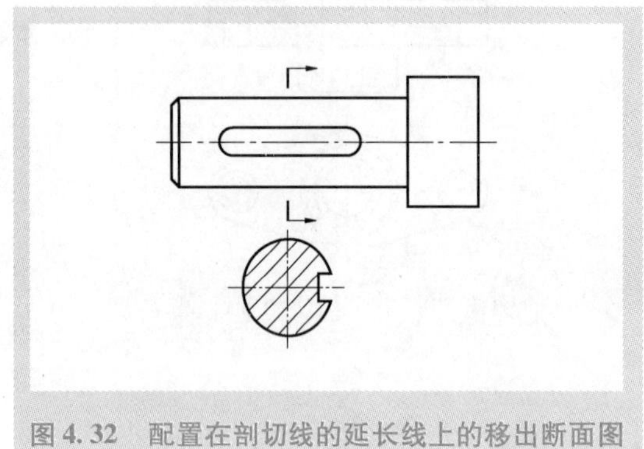

图4.32 配置在剖切线的延长线上的移出断面图

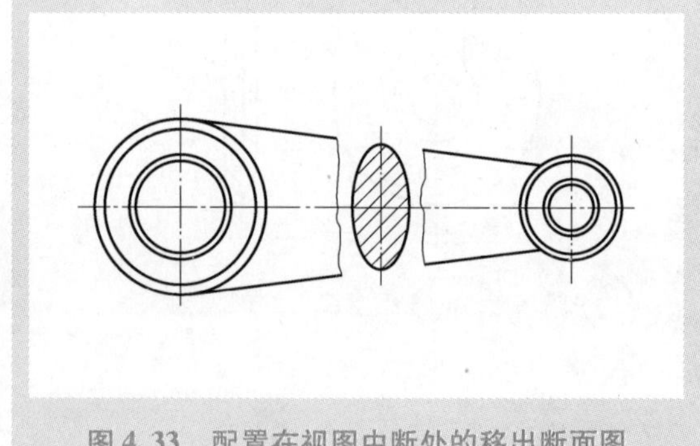

图4.33 配置在视图中断处的移出断面图

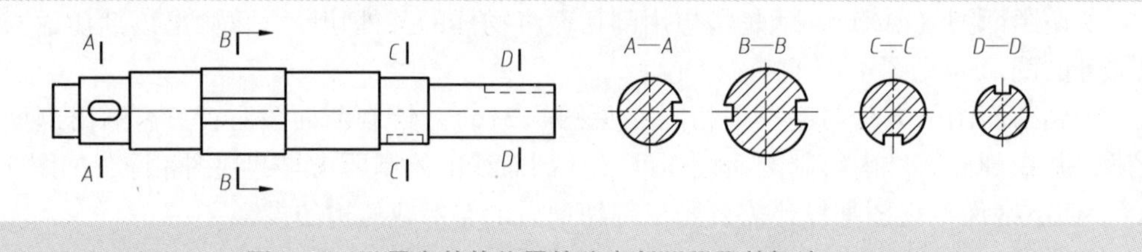

图4.34 配置在其他位置的移出断面图及其标注

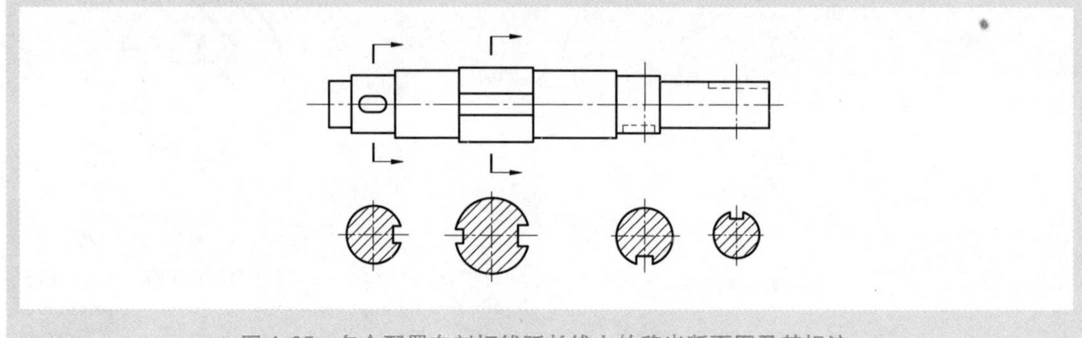

图4.35 多个配置在剖切线延长线上的移出断面图及其标注

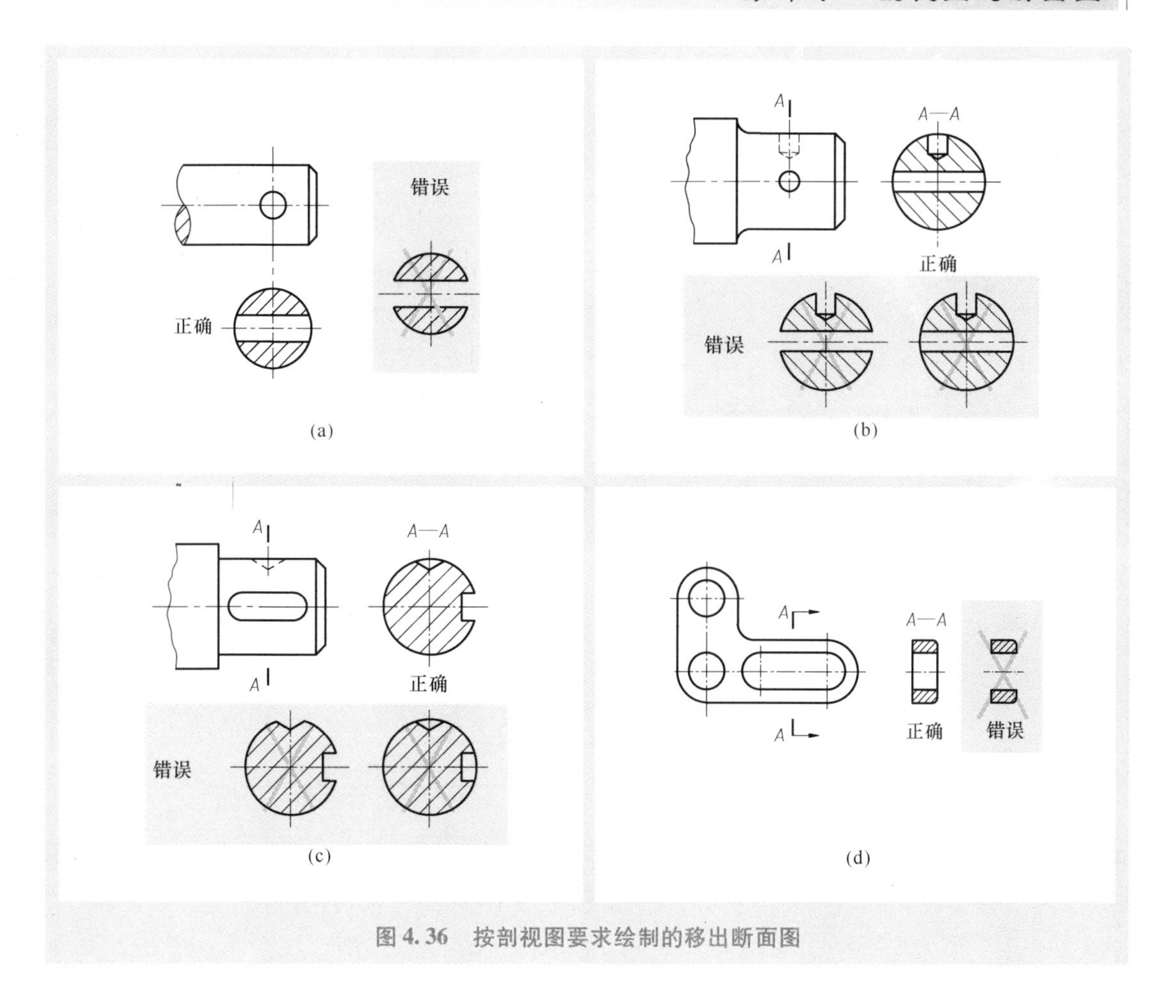

图4.36　按剖视图要求绘制的移出断面图

4.8.2　重合断面图

绘制重合断面图时，重合断面图的图形应画在视图之内，断面轮廓应使用实线（通常机械类制图用细实线，如图4.37所示。建筑类制图用粗实线）绘制。当视图中轮廓线与重合断面图的图形重叠时，视图中的轮廓线仍应连续画出，不可间断（见图4.37b）。对称的重合断面图不必标注（见图4.37a），不对称的重合断面图可省略标注（见图4.37b）。

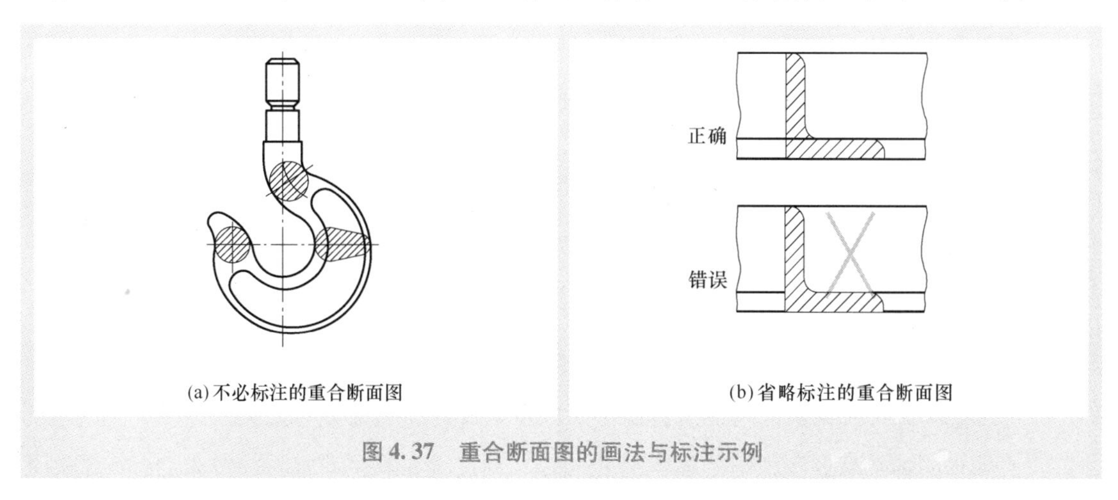

(a)不必标注的重合断面图　　(b)省略标注的重合断面图

图4.37　重合断面图的画法与标注示例

第5章 斜视图

本章目标

通过本章的学习，学习者应能够：

☺ 理解、掌握并描述辅助投影面与斜视图的定义。

☺ 理解并掌握斜视图的得到方法与选择原则。

☺ 理解并掌握斜视图的基本画法。

☺ 理解并掌握曲线的斜视图画法。

☺ 理解并掌握局部斜视图、斜剖视图与斜断面图画法。

☺ 理解并掌握利用斜视图绘制基本视图的方法。

☺ 具备绘制、配置与标注各类斜视图的能力。

5.1 辅助投影面与斜视图

在需要清晰表达物体上的某个垂直表面、但从任何基本投射方向都无法显示该垂直表面的真实形状（例如，图5.1a的三个基本视图都无法表达垂直表面*M*的真实形状）时，必须使用斜视图。

得到斜视图的投射方向（以下简称为**斜视方向**）不同于六个基本投射方向，它应垂直于物体上的某个垂直表面（例如，在图5.1b中，斜视方向*A*应垂直于表面*M*）。相应地，与斜视方向垂直的投影面称为**辅助投影面**（如图5.1b所示的辅助投影面*P*）。**斜视图**就是沿着斜视方向采用正投影法投射物体并在相应的辅助投影面上得到的视图（见图5.1b）。

在使用斜视图表达物体时，应注意以下几个要点：

（1）按照斜视图的得到方法，辅助投影面应平行于物体上的某个垂直表面。这就意味着在该辅助投影面上得到的斜视图必然能够显示该垂直表面的真实形状。

（2）辅助投影面及其上的斜视图采用与基本视图相同的展开方法展开，即应向基本投影面*V*面展开（见图5.2），并且，辅助投影面在展开时应向*V*面旋转90°或90°的倍角。

（3）辅助投影面应与三个主要的基本投影面*H*、*V*、*W*中的一个垂直（例如，图5.1b中的辅助投影面*P*垂直于基本投影面*V*、且倾斜于投影面*H*、*W*）。因此，斜视图通常用于表达物体上某个垂直表面的真实形状，而不能直接用于表达物体上的某个倾斜表面的真实形状。在需要表达物体上某个倾斜表面的真实形状时，可以使用两个（或两个以上）的辅助投影面（见6.5节）或采用旋转法（见6.6节）。

（4）绘制斜视图的图线与绘制基本视图的图线具有相同的规定。

（5）斜视图通常按照向视图的配置形式配置并标注（见图5.3）。必要时，允许将斜视图旋转配置（见图5.4）。旋转配置时，表示该斜视图名称的大写拉丁字母应靠近旋转符号的箭头端（见图5.4a），也允许将旋转角度标注在字母之后（见图5.4b）。

（6）在表达物体的形状时，斜视图是一个“辅助”视图（斜视图在国外通常称为辅助视图），它只有与多个基本视图共同配合在一起，才能完整、清晰地表达物体（见图5.3）。

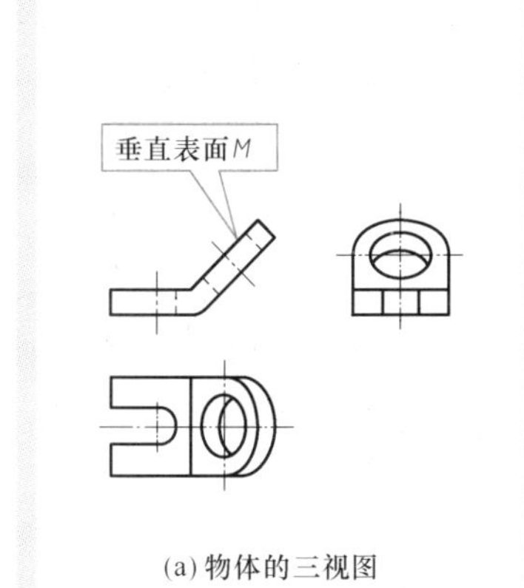

(a) 物体的三视图

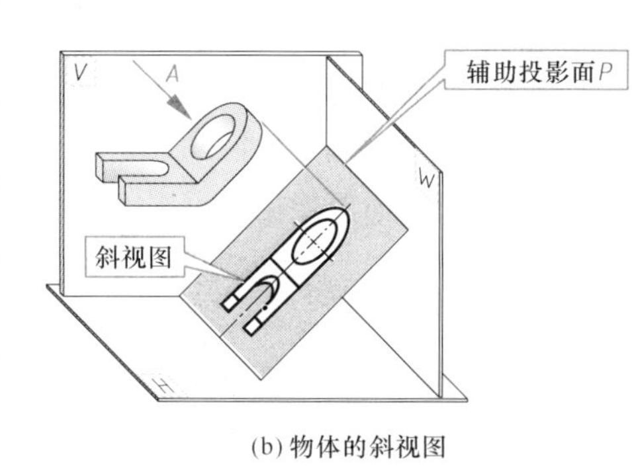

(b) 物体的斜视图

说明：斜视方向 *A* 垂直于表面 *M* 和辅助投影面 *P*。

图 5.1　物体的基本视图与斜视图

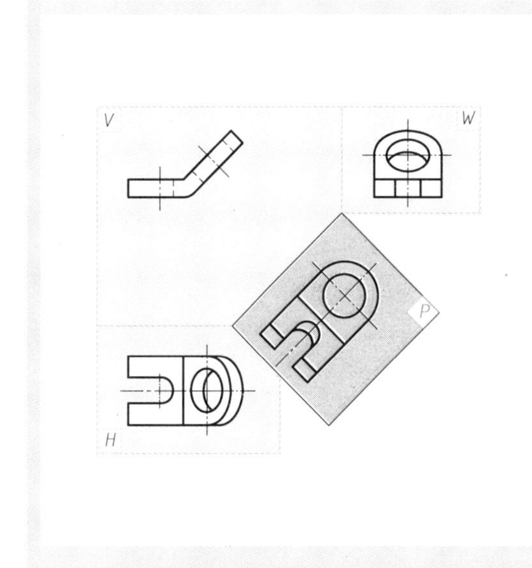

图 5.2　辅助投影面与斜视图的展开

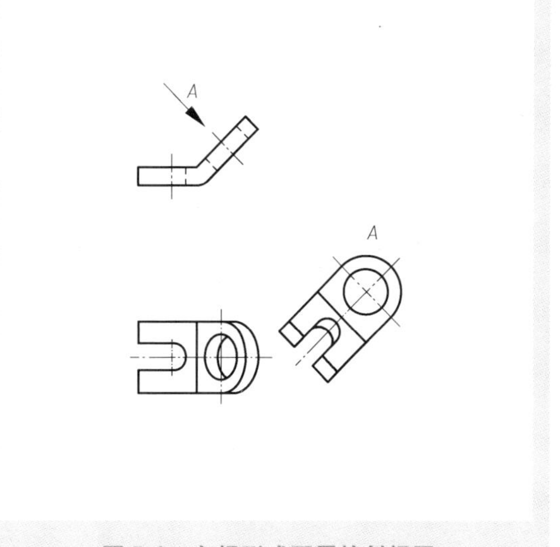

图 5.3　向视形式配置的斜视图

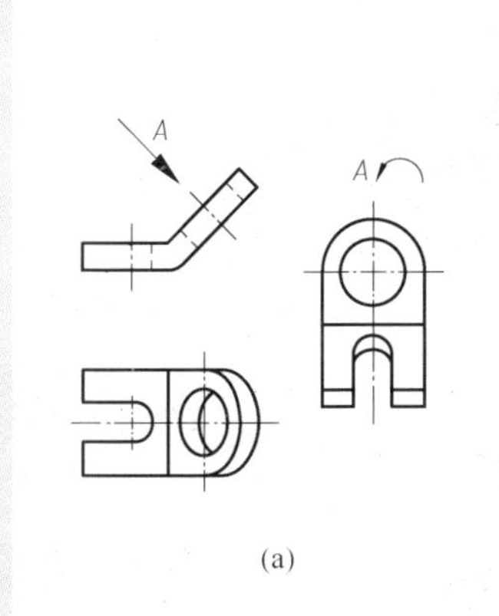

(a)

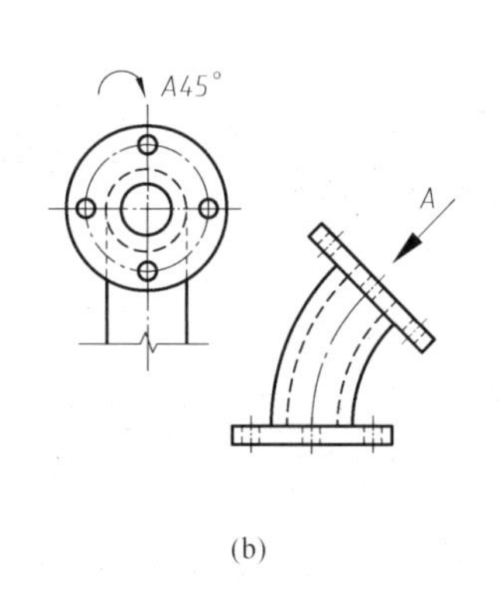

(b)

旋转符号的尺寸与比例

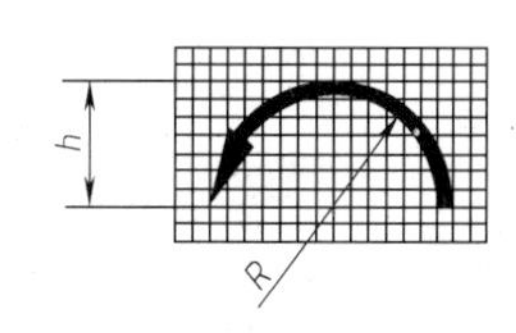

h=符号与字体的高度

$h=R$

符号笔画宽度$=\frac{1}{10}h$或$\frac{1}{14}h$

(c)

图 5.4　旋转配置的斜视图

5.2 斜视图的基本画法

物体上的某个垂直表面可能是一个垂直于基本投影面 H（或 V、或 W）的表面，相应地，得到该垂直表面真实形状的辅助投影面也应是一个垂直于该基本投影面 H（或 V、或 W）的投影面。也就是说，辅助投影面可根据垂直表面的种类分为三种类型，分别为垂直于基本投影面 H、V 和 W 的辅助投影面。在这三种辅助投影面上得到的斜视图的基本画法及其相关说明分别如图 5.5～图 5.7 所示。

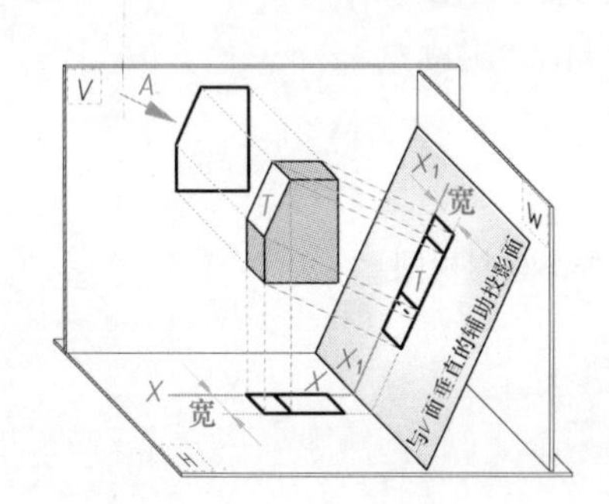

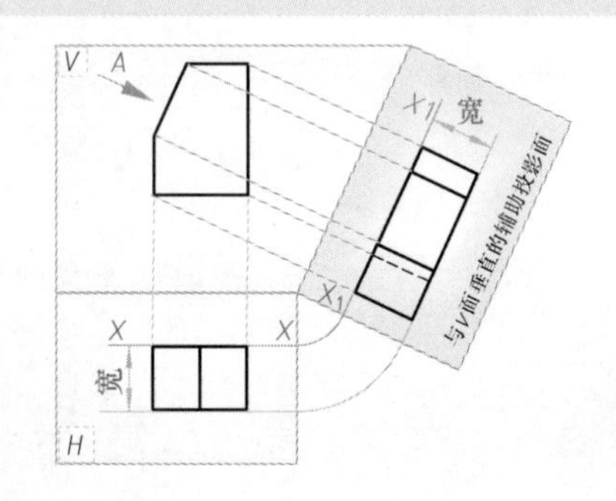

第一步：确定斜视方向 A 和辅助平行线 X_1X_1 的位置。其中，在展开后的多面视图上，斜视方向 A 应垂直于表面 T 在投影面 V 上的投影、且垂直于辅助平行线 X_1X_1。

第二步：绘制主视图、俯视图和辅助线 XX。

第三步：绘制辅助平行线 X_1X_1。其位置可根据布局需要自行确定，但应垂直于表示斜视方向 A 的箭头、且平行于轮廓线 1-2。

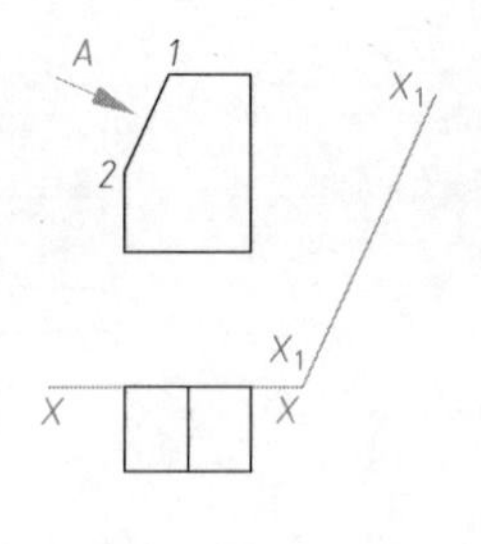

第五步：采用相同方法绘制物体的其他表面或棱边在辅助投影面上的投影。

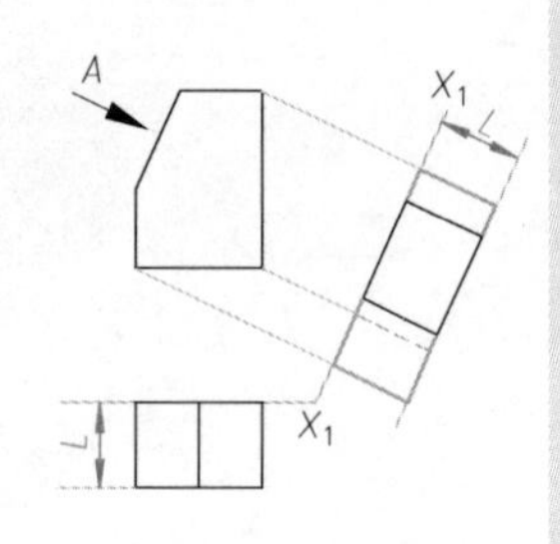

第四步：作表面 T 在辅助投影面上的投影。分别作直线 X_1X_1 的垂直线①、②。作直线③，使其与 X_1X_1 平行且相距 L（尺寸 L 在俯视图中量取）。依次将交点 3、4、6、5 两两连接。

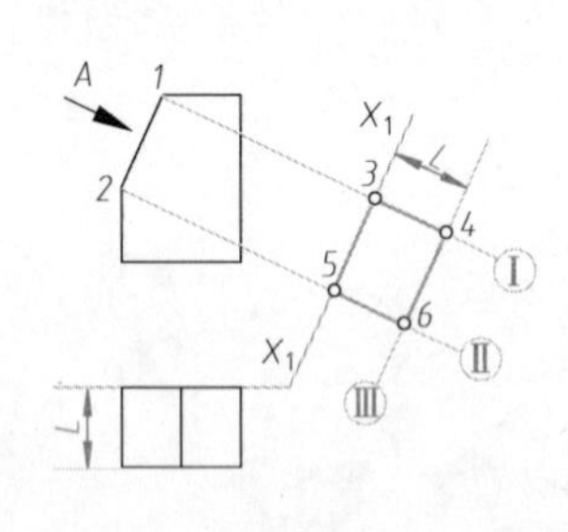

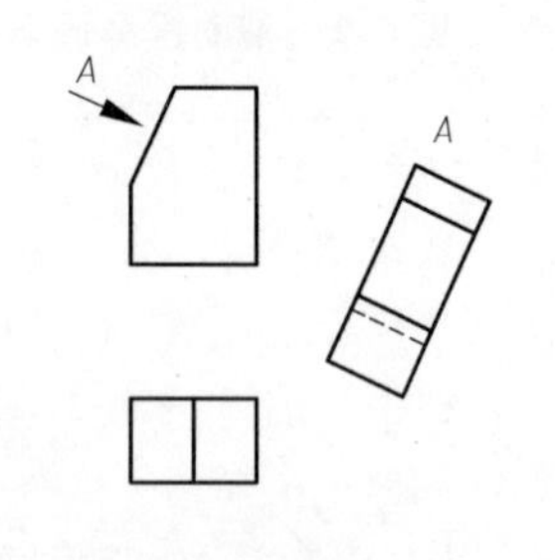

第六步：擦除、加粗与标注。

说明：绘制斜视图的辅助平行线法

显然，辅助投影面向投影面 V 旋转 90°展开后，其上的辅助平行线 X_1X_1 应平行于垂直表面 T 在投影面 V 上的投影。而且，展开后的斜视图与俯视图在宽度方向上是对齐的。

因此，绘制斜视图时，可先绘制出辅助平行线 X_1X_1，再依据宽度对齐这一特点绘制物体上各个表面或棱边在辅助投影面上的投影。具体绘制方法见本例的第二步～第六步。

图 5.5　辅助投影面（垂直于投影面 V）上得到的斜视图画法示例

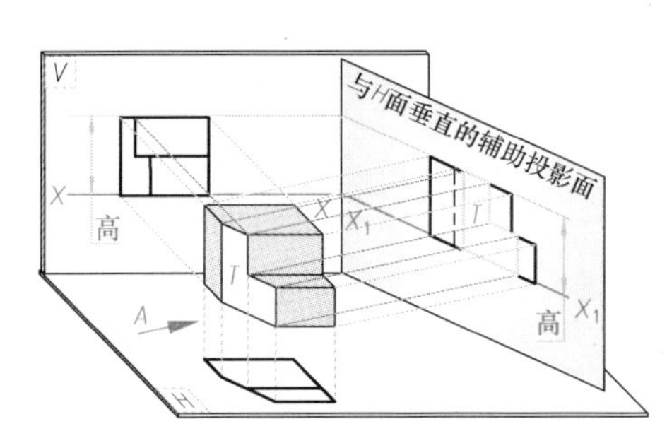

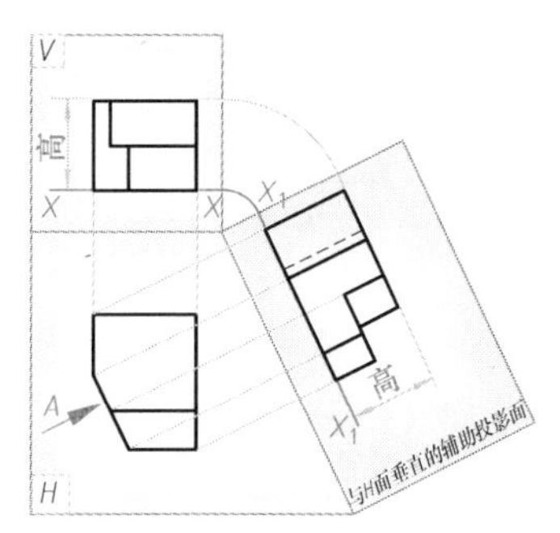

第一步：确定斜视方向 A 和辅助平行线 X_1X_1 的位置。

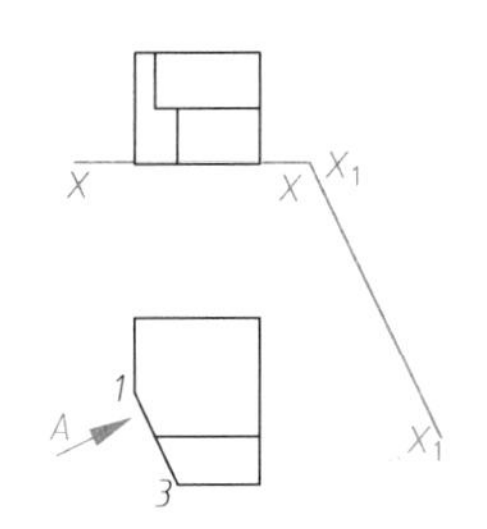

第二步：绘制主视图、俯视图和辅助线 XX。

第三步：绘制辅助平行线 X_1X_1。应垂直于表示斜视方向 A 的箭头、且平行于轮廓线1-3。

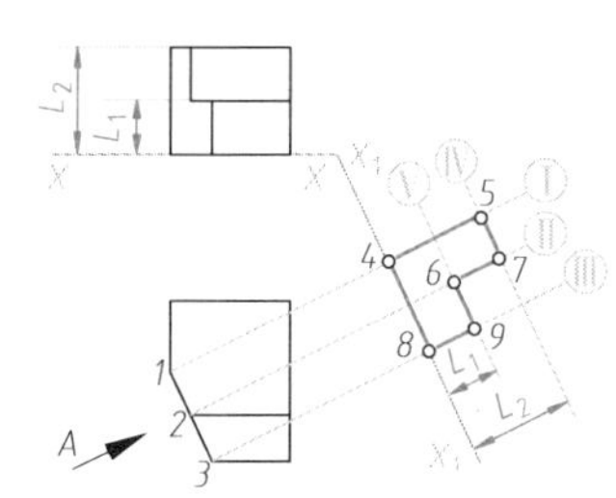

第四步：作表面 T 在辅助投影面上的投影。分别作直线 X_1X_1 的垂直线①、Ⅱ、Ⅲ。作直线Ⅳ和Ⅴ，使其均与 X_1X_1 平行且分别相距 L_2 和 L_1（尺寸 L_2 和 L_1 在主视图中量取）。依次将交点4、5、7、6、9、8两两连接。

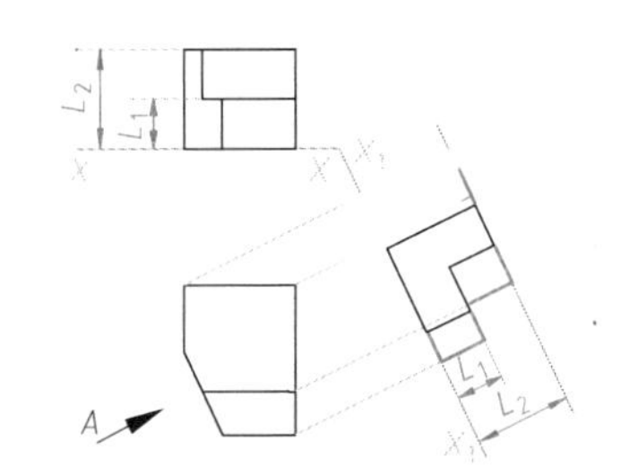

第五步：采用相同方法绘制物体的其他表面或棱边在辅助投影面上的投影。

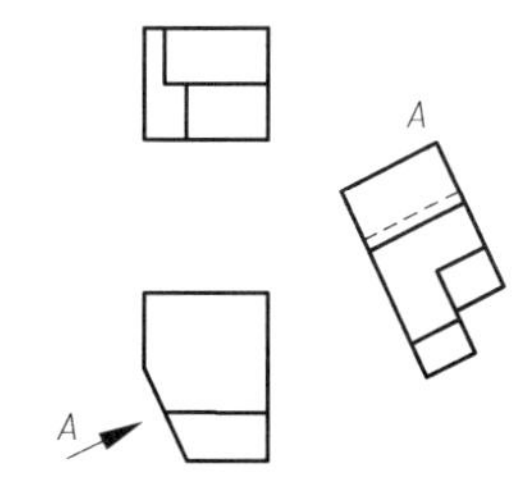

第六步：擦除、加粗与标注。

说明：与投影面 H 垂直的辅助投影面的展开及其上的斜视图与辅助平行线

与投影面 H 垂直的辅助投影面的展开方式为，先向投影面 H 旋转90°展开后，再随同投影面 H 一起向投影面 V 旋转展开。

展开后的斜视图与主视图在高度方向上是对齐的。

在展开后的斜视图上，辅助平行线 X_1X_1 平行于表面 T 在投影面 H 上的投影、且垂直于斜视方向 A。

图5.6 辅助投影面（垂直于投影面 H）上得到的斜视图画法示例

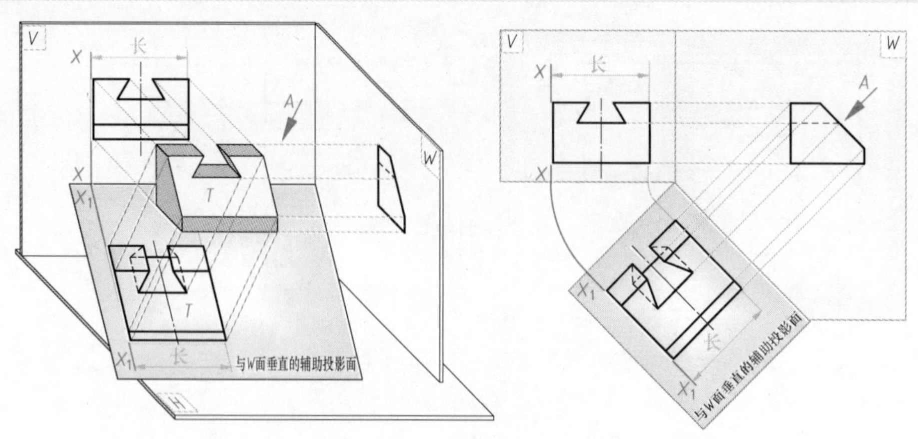

第一步：确定斜视方向 A 和辅助平行线 X_1X_1 的位置。

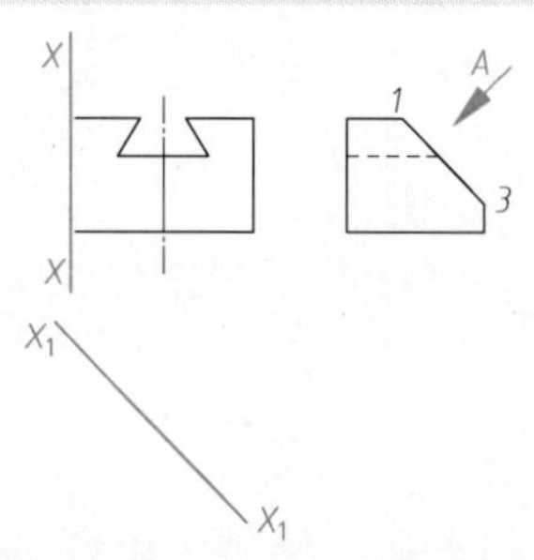

第二步：绘制主视图、左视图和辅助线 XX。

第三步：绘制辅助平行线 X_1X_1。应垂直于表示斜视方向 A 的箭头、且平行于轮廓线 1-3。

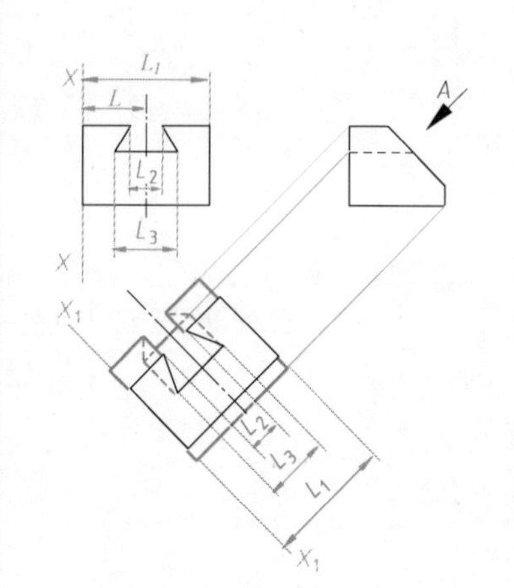

第五步：绘制其他表面或棱边在辅助投影面上的投影。

D]

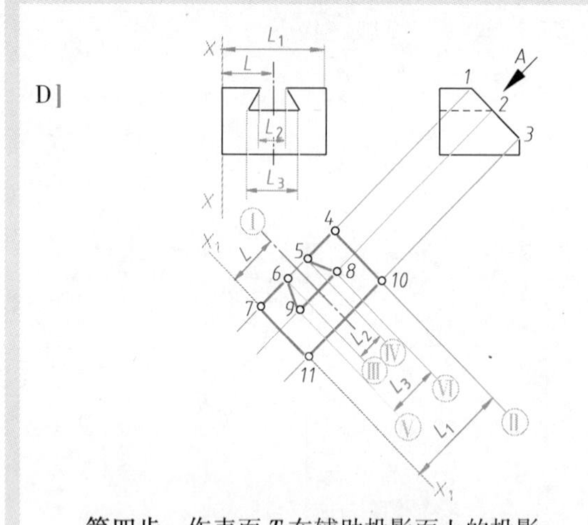

第四步：作表面 T 在辅助投影面上的投影。

量取尺寸 L。作轴线①。分别量取尺寸 $L_1 \sim L_3$，作直线 Ⅱ ~ Ⅳ。将相关交点连接为轮廓线 4-5-8-9-6-7-11-10。

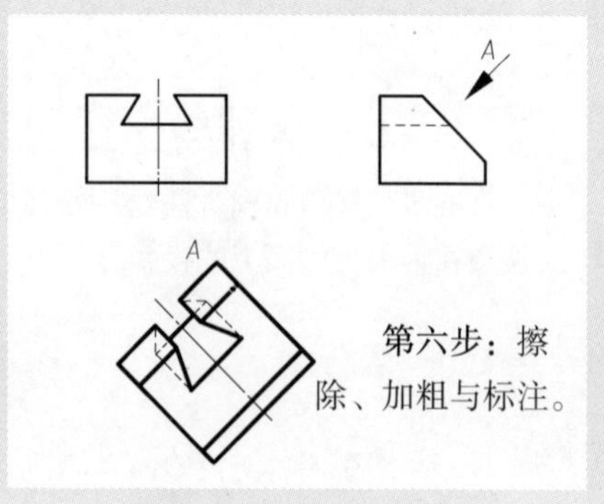

第六步：擦除、加粗与标注。

说明：与投影面 W 垂直的辅助投影面的展开及其上的斜视图与辅助平行线

与投影面 W 垂直的辅助投影面的展开方式为，先向投影面 W 旋转 90°展开后，再随同投影面 W 一起向投影面 V 旋转展开。

展开后的斜视图与主视图在长度方向上是对齐的。

在展开后的斜视图上，辅助平行线 X_1X_1 平行于表面 T 在投影面 W 的投影、且垂直于斜视方向 A。

图 5.7　辅助投影面（垂直于投影面 W）上得到的斜视图画法示例

5.3 曲面的斜视图

对于物体上由曲线围成的垂直表面，可以采用取点法绘制其斜视图（见图5.8）。

第一步：分别根据曲线上各点 $A \sim E$ 在投影面 H 和 V 上的投影，作该点在辅助投影面上的投影。例如，根据点 A 的两个已知投影点3和6，可作出其在辅助投影面上的投影点13；根据点 D 的两个已知投影点2和5，可作出其在辅助投影面上的投影点11。

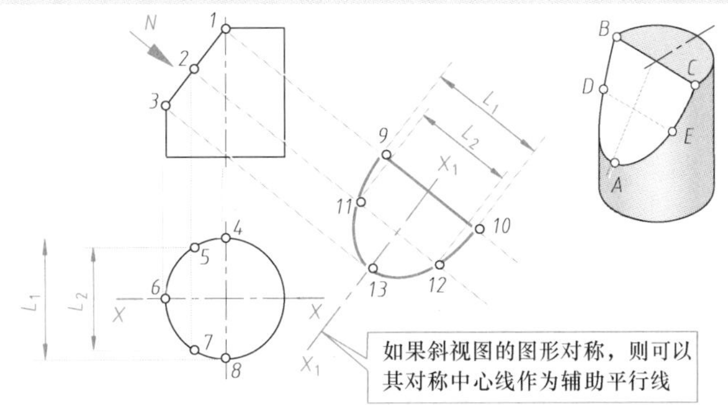

第二步：连接所得作图点为轮廓线9-10-12-13-11。该轮廓线围成的几何图形表达了图示垂直表面的真实形状。

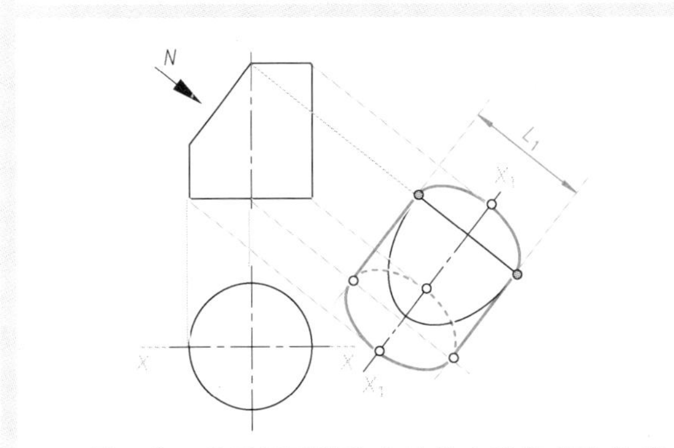

第三步：采用相同的取点法作出物体其他轮廓或棱边在辅助投影面上的投影。

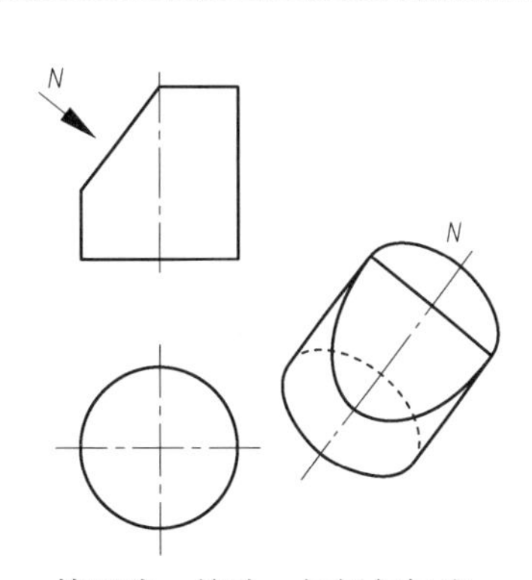

第四步：擦除、加粗与标注。

图5.8 曲面的斜视图画法示例

5.4 局部斜视图

为了更为清晰地表达具有倾斜结构的物体，通常使用局部斜视图（见图5.9）。绘制局部斜视图时，除了应遵循斜视图的各类画法之外，还应遵循局部视图的绘制要求。

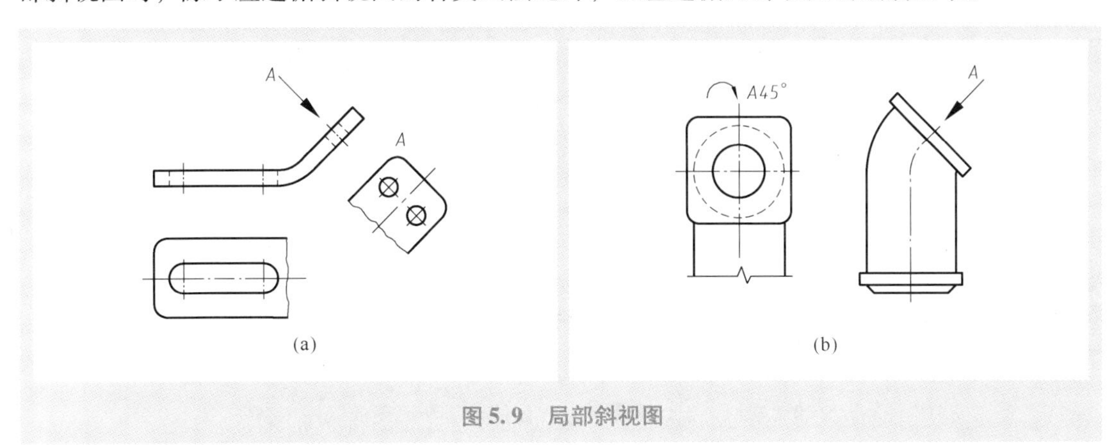

图5.9 局部斜视图

5.5 斜剖视图与斜断面图

必要时，斜视图可以剖视图形式（见图5.10）或断面图形式（见图5.11～图5.13）画出。绘制斜剖视图或斜断面图时，应注意以下几个要点：

（1）无论斜剖视图还是斜断面图，其剖切平面都是一个与所有基本投影面均不平行、且与某一个基本投影面垂直的平面，与该剖切平面垂直的投射方向才是得到斜剖视图（或斜断面图）的斜视方向（见图5.10a）。

（2）斜剖视图和斜断面图的绘制、配置与标注等都应同时遵守斜视图和剖视图的相关规定。

（3）斜剖视图可以是全剖视图、半剖视图或局部剖视图（见图5.10）。

（4）斜断面图可以全剖或局部剖形式绘制（见图5.11～图5.13）。

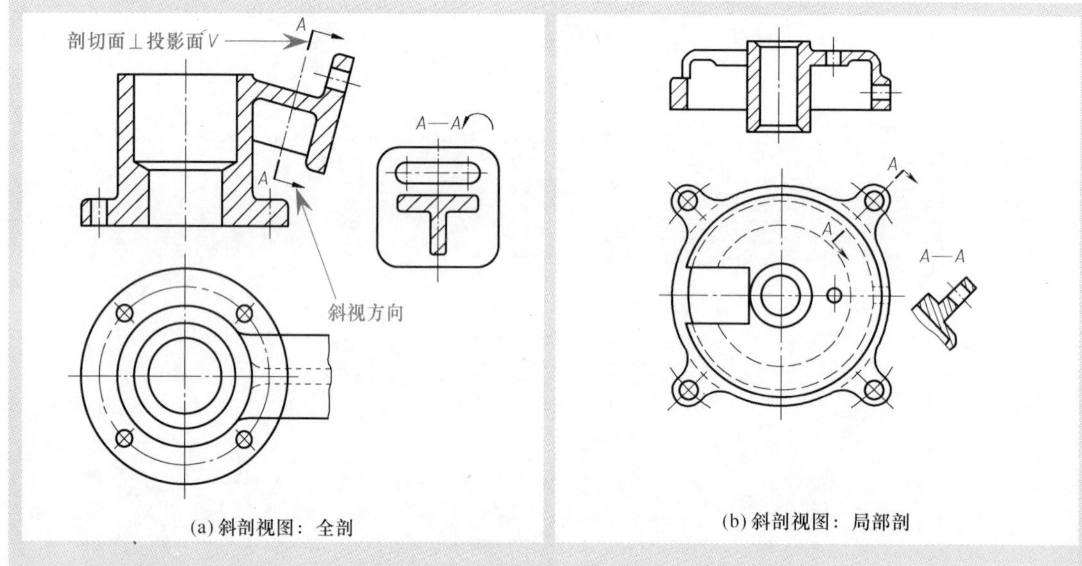

图5.10　使用斜剖视图表达物体的示例

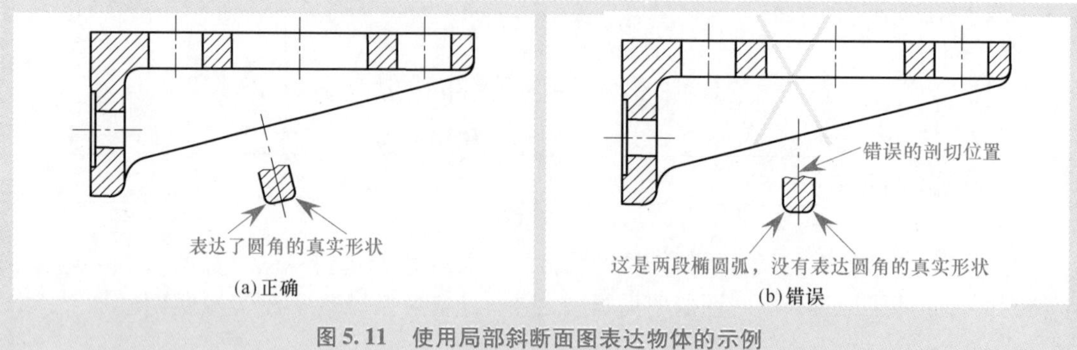

图5.11　使用局部斜断面图表达物体的示例

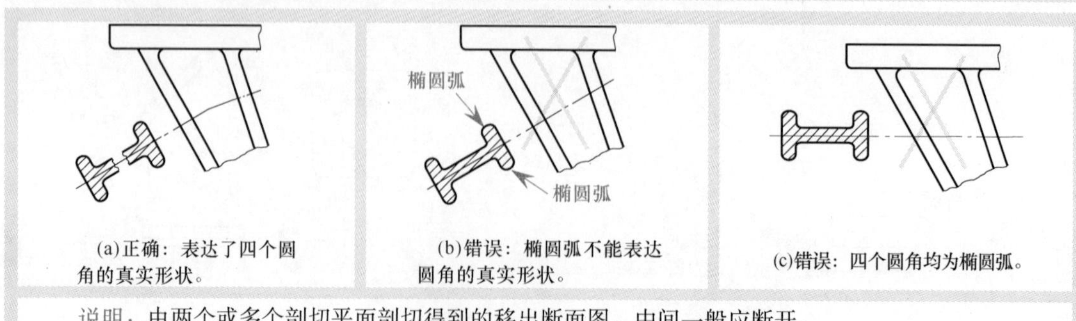

图5.12　由两个剖切平面剖切得到的移出断面图的画法示例

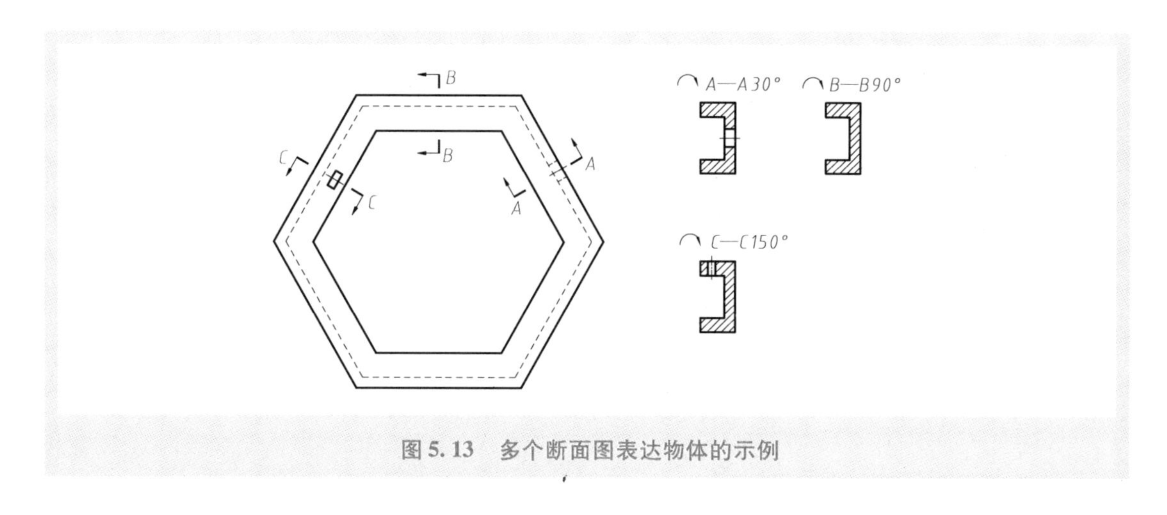

图5.13 多个断面图表达物体的示例

5.6 利用斜视图绘制基本视图

有时需要利用斜视图绘制一个完整的基本视图。例如，在图5.14中，根据主视图直接绘制一个完整的俯视图较为困难，可先画出一个局部斜视图，然后再根据斜视图与俯视图在宽度方向的对齐关系完成俯视图的作图。

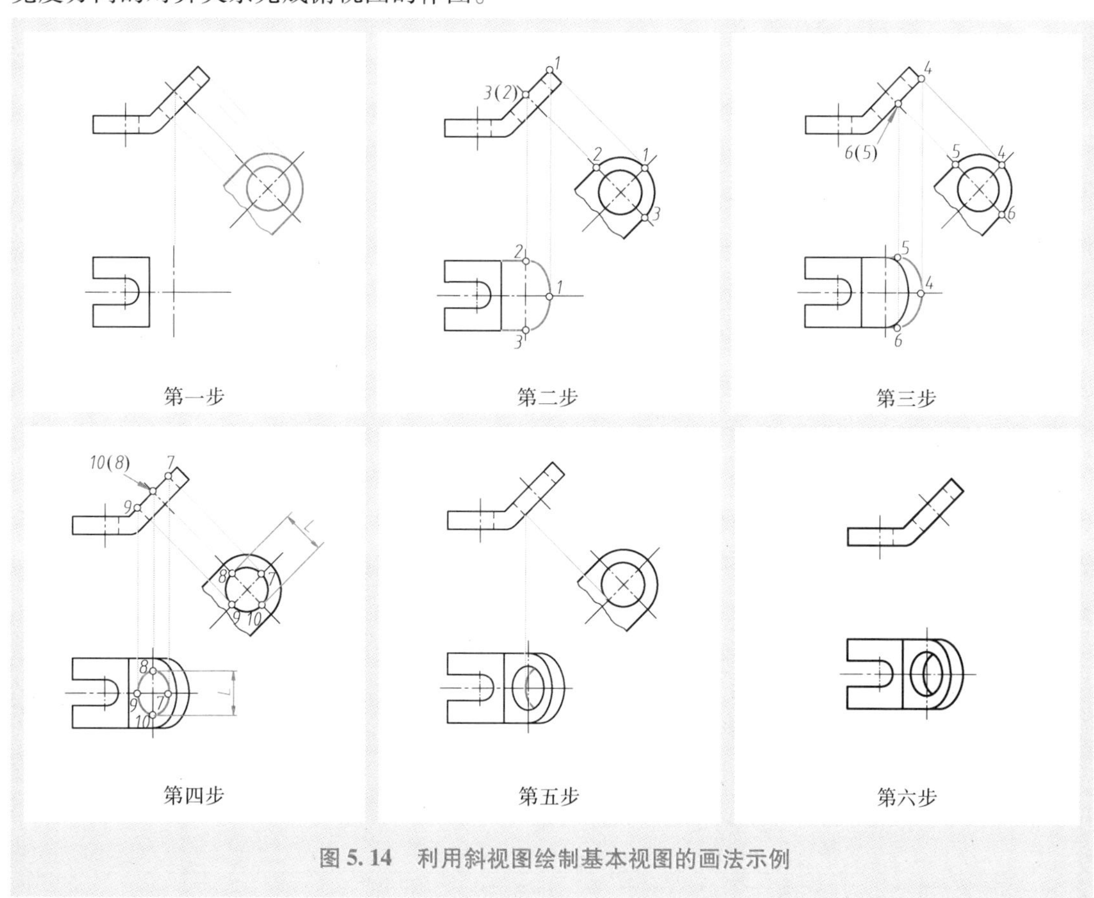

图5.14 利用斜视图绘制基本视图的画法示例

第6章 画法几何基础

本章目标

通过本章的学习，学习者应能够：

☺ 理解、掌握并描述几何要素、几何体的定义，了解画法几何的基本内容。

☺ 理解并掌握点、线（直线或曲线）和面（平面或曲面）的多面正投影图的特点及其基本画法。

☺ 理解并掌握点、线、面之间的各种位置关系及其相关的几何条件，掌握依据这些几何条件绘制和阅读其多面正投影图的方法，具备依据几何条件绘制和阅读点、线、面的多面正投影图的能力。

☺ 理解并掌握几何体多面视图的画法，具备依据画法几何的基本方法绘制和阅读几何体多面视图的能力。

☺ 理解、掌握并描述第一个辅助投影面和第二辅助投影面的定义，掌握换面法的基本原理和方法，掌握点的一次和二次换面画法，具备依据换面法求解一般位置直线的实长，一般位置平面的实形，点、线、面之间的距离，线、面之间的夹角等空间几何问题的能力。

☺ 掌握旋转法的基本原理和方法，掌握点的旋转画法，具备依据旋转法求解一般位置直线的实长和一般位置平面的实形等空间几何问题的能力。

6.1 几何要素、几何体与画法几何

投影法规定，物体的视图应当是一个由物体上所有轮廓与棱边的投影构成的几何图形，轮廓与棱边的投影可通过点的投影得到（见1.2节）。这就意味着，投影法事实上将物体看做是一个由点、线（直线或曲线）和面（平面或曲面）构成的**几何体**，这些构成几何体的点、线和面被统称为**几何要素**（*geometrical feature*）。

画法几何（*descriptive geometry*）主要包括两部分内容，一是几何要素与几何体的各种投影图形（主要指多面正投影图，也包括轴测投影图、标高投影图和透视投影图等）的绘制原理与方法，二是利用投影图形解决求实长、实形等空间几何问题的方法。这两部分内容的掌握不仅可丰富和提高学习者表达物体形状的技巧，更重要的是可利用投影图形求出一些工程实际中需要知道而又难以测量的空间距离等。

6.2 几何要素的多面正投影图及其基本画法

由于点、线（直线或曲线）和面（平面或曲面）等几何要素或者具有不同的形状、或者与基本投影面具有不同的位置关系，因此，其多面正投影图（通常是三面正投影图，即在三个主要的基本投影面 H、V、W 上得到的正投影图形）的画法通常是不同的。

6.2.1　点

如果按照与基本视图相同的方法得到并展开一个空间点的三面正投影图（见图6.1a），则该点的三个投影之间在长、宽、高三个方向存在着一定的位置对齐关系，这种对齐关系可用三个几何关系描述（见图6.1b）。依据这三个几何关系，可以得到点的三面正投影图的作图方法（见图6.1c）。

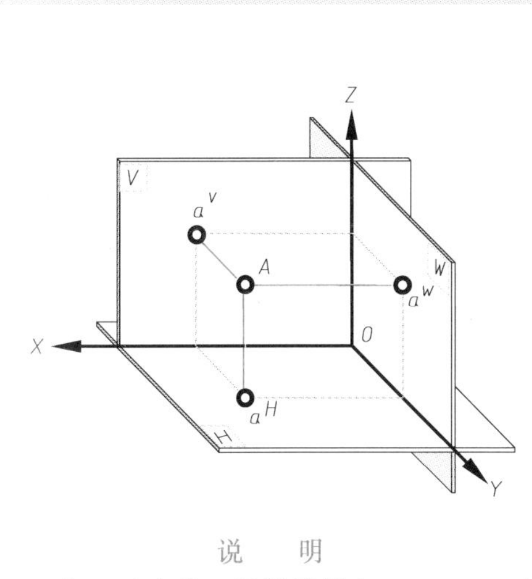

说　明

相互垂直的三根**投影轴**（*projection axes*）分别使用 OX、OY、OZ 表示，它们分别表示了长、宽、高三个方向。

空间点 A 在三个基本投影面 H、V、W 上的投影分别使用 a^H、a^V、a^W 表示。

（a）置于第一分角的点及其三面正投影

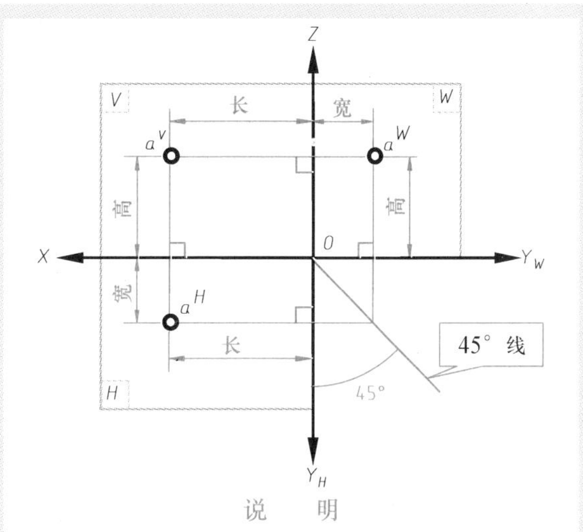

说　明

展开后，点的三个投影在 OX、OY、OZ 方向上分别存在着相互对齐的关系，这种对齐关系可用以下三个几何关系描述：

（1）a^H 与 a^V 的连线应垂直于 OX 轴。

（2）a^V 与 a^W 的连线应垂直于 OZ 轴。

（3）若过点 a^H 和 a^W 分别作 OY 轴的垂直线，则所作两条垂直线的交点在45°线上。

（b）展开后的基本投影面及其上点的投影

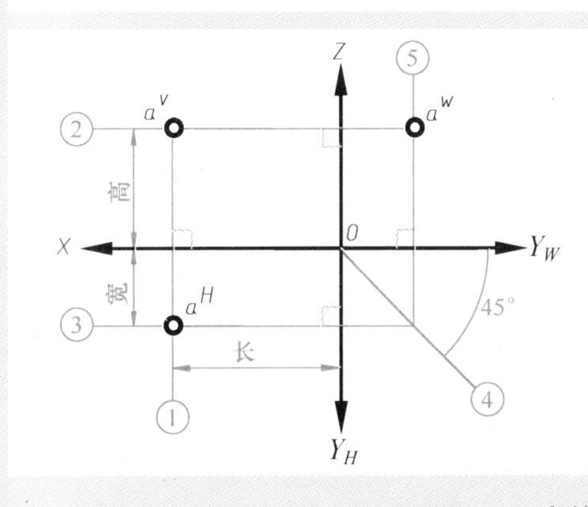

第一步：作轴线 OX、OY、OZ。

第二步：依据点在长、宽、高方向上的尺寸分别作 OX、OZ 和 OY 轴的垂直线①~③。

第三步：作45°线④。

第四步：作与 OY 轴垂直的直线⑤。

第五步：相关图线的交点即为点的三个投影 a^H、a^V、a^W。

（c）点的三面正投影图的画法

图6.1　点的三面正投影图及其画法

6.2.2　直线

直线作图的几何条件为“直线可由两点确定、且其投影一般仍为直线”，依据该条件可得到直线的基本画法（见图6.2）。

根据与基本投影面位置关系的不同，直线通常被分为三类，分别称为**投影面平行线**（与某一基本投影面平行、且与其他两个基本投影面倾斜的直线）、**投影面垂直线**（与某一基本投影面垂直、且与其他两个基本投影面平行的直线）和**一般位置直线**(与三个基本投影面均倾斜的直线)。其中，与 *H*、*V*、*W* 投影面平行的直线通常分别称为水平线、正平线和侧平线，与 *H*、*V*、*W* 投影面垂直的直线通常分别称为铅垂线、正垂线和侧垂线。

不同类型的直线，其三面正投影图具有不同的特点（见表 6.1），这些特点是直线作图和读图的依据。一方面，绘图时所绘直线的多个正投影图应清晰、准确地表达出该直线与投影面的位置关系是平行关系还是垂直或倾斜关系，而且，对于那些反映直线实际长度的投影，还应按照其实长和绘图比例准确绘制；另一方面，在进行直线的读图时，可依据这些特点判断直线与投影面的位置，并进而想象出直线的空间位置及其实际长度等。

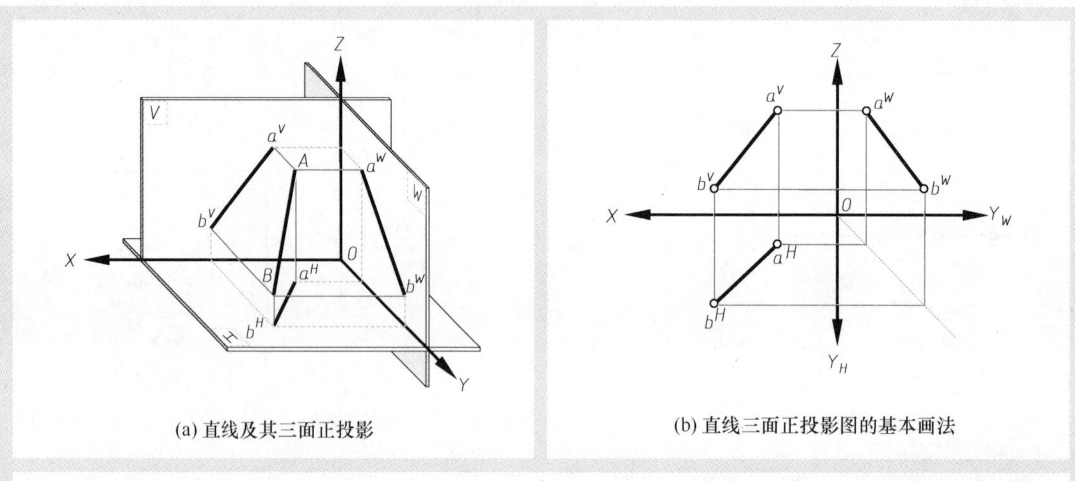

(a) 直线及其三面正投影

(b) 直线三面正投影图的基本画法

直线的三面正投影图的基本画法：先根据点的作图方法作出直线上两个端点 *A*、*B* 的三面正投影，再将两点的同面投影连为直线，即可得到直线的三面正投影图。根据该画法，如果已知直线的任意两面投影，则可以作出其第三面投影。

图 6.2　直线的三面正投影图及其画法

表 6.1　直线的类型及其三面正投影图的特点

直线的类型		三面正投影图的特点	三面正投影图示例
投影面平行线	水平线	*H* 面上的投影：长度等于实长的倾斜直线 *V*、*W* 面上的投影：分别为一条长度小于实长、且垂直于 *OZ* 轴的直线	Z, X, O, Y_W, Y_H, a^V, b^V, a^W, b^W, a^H, b^H （正平线）
	正平线	*V* 面上的投影：长度等于实长的倾斜直线 *H*、*W* 面上的投影：分别为一条长度小于实长、且垂直于 *OY* 轴的直线	
	侧平线	*W* 面上的投影：长度等于实长的倾斜直线 *H*、*V* 面上的投影：分别为一条长度小于实长、且垂直于 *OX* 轴的直线	
投影面垂直线	铅垂线	*H* 面上的投影：一个点 *V*、*W* 面上的投影：分别为一条长度等于实长、且平行于 *OZ* 轴的直线	Z, X, O, Y_W, Y_H, b^V, a^V, $b^W(a^W)$, b^H, a^H （侧垂线）
	正垂线	*V* 面上的投影：一个点 *H*、*W* 面上的投影：分别为一条长度等于实长、且平行于 *OY* 轴的直线	
	侧垂线	*W* 面上的投影：一个点 *H*、*V* 面上的投影：分别为一条长度等于实长、且平行于 *OX* 轴的直线	
一般位置直线		均为一条长度小于实长的倾斜直线	见图 6.2b

6.2.3　平面

根据平面作图的基本几何条件“不在同一直线上的三点可确定一个平面”，通常使用一个由三点确定的三角形表示一个平面（见图6.3a），其多面正投影图的画法如图6.3b所示。另外，也可以用多种形式表示一个平面，如使用直线和直线外一点、相交两直线、平行两直线、平面多边形等。

根据与基本投影面位置关系的不同，平面通常被分为三类，分别称为**投影面平行面**（与某一基本投影面平行、且与其他两个基本投影面垂直的平面）、**投影面垂直面**（与某一基本投影面垂直、且与其他两个基本投影面倾斜的平面）和**一般位置平面**（与三个基本投影面均倾斜的平面）。其中，与 *H*、*V*、*W* 投影面平行的平面通常分别称为水平面、正平面和侧平面，与 *H*、*V*、*W* 投影面垂直的平面通常分别称为铅垂面、正垂面和侧垂面。

不同类型的平面，其三面正投影图具有不同的特点（见表6.2）。与直线类似，这些特点同样是平面作图和读图的依据。

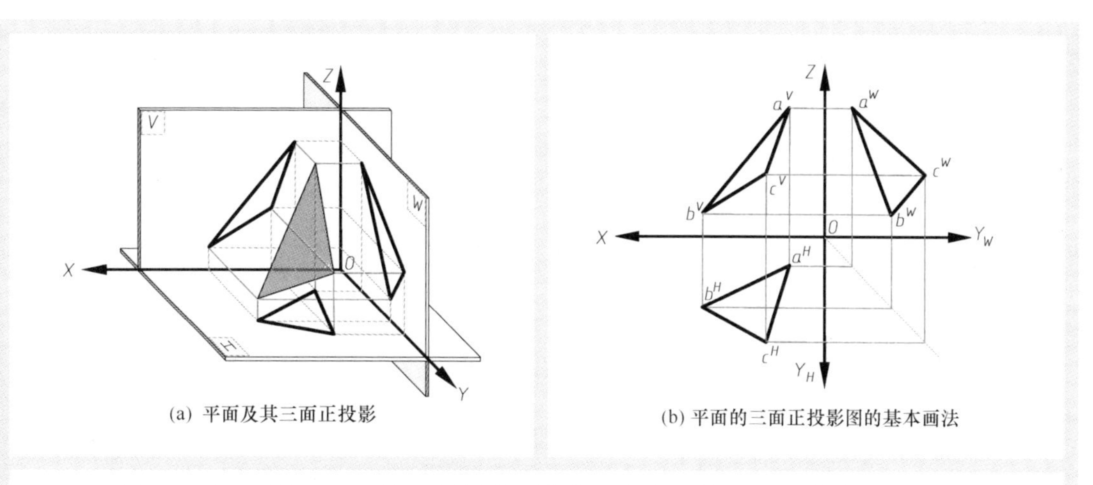

(a) 平面及其三面正投影　　(b) 平面的三面正投影图的基本画法

平面的三面正投影图的基本画法：先根据点的作图方法作出平面上三个端点 *A*、*B*、*C* 的三面正投影，再依次将三个点的同面投影两两连为直线，即可得到三角形平面 *ABC* 的三面正投影图。根据该画法，如果已知三角形平面的任意两面投影，则可以作出其第三面投影。

图6.3　平面的三面正投影图及其基本画法

表6.2　平面的类型及其三面正投影图的特点

平面的类型		三面正投影图的特点	三面正投影图示例
投影面平行面	水平面	*H* 面上的投影：反映平面实际形状的多边形 *V*、*W* 面上的投影：均为垂直于 *OZ* 轴的直线	Y_H（水平面）
	正平面	*V* 面上的投影：反映平面实际形状的多边形 *H*、*W* 面上的投影：均为垂直于 *OY* 轴的直线	
	侧平面	*W* 面上的投影：反映平面实际形状的多边形 *H*、*V* 面上的投影：均为垂直于 *OX* 轴的直线	
投影面垂直面	铅垂面	*H* 面上的投影：为一条倾斜直线 *V*、*W* 面上的投影：缩小的与实形类似的多边形	Y_H（铅垂面）
	正垂面	*V* 面上的投影：为一条倾斜直线 *H*、*W* 面上的投影：缩小的与实形类似的多边形	
	侧垂面	*W* 面上的投影：为一条倾斜直线 *H*、*V* 面上的投影：缩小的与实形类似的多边形	
一般位置平面		均为缩小的与实形类似的多边形	见图6.3b

6.2.4　曲线与曲面

一般而言，曲线的多面正投影图不可能被精确地画出，通常采用如图 6.4 所示的近似画法。对于工程上经常需要绘制的圆的正投影图，当圆与基本投影面平行时，其三面正投影图应依据其实际半径或直径准确画出；当圆与基本投影面垂直时，其三视图中的两个视图为椭圆、另外一个视图为倾斜直线，这时，椭圆可利用斜视图法近似画出（见图 6.5a）或采用四心法等近似画法绘制（见图 6.5b）。

工程中常用的曲面有圆柱面、圆锥面、圆球面和圆环面等，其多面正投影图的画法可参见 3.5 节。

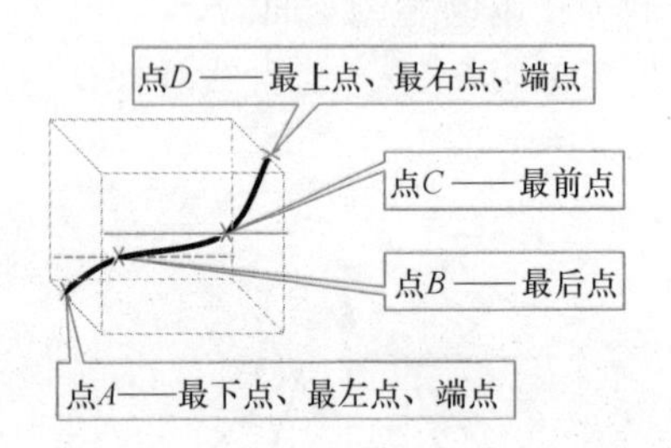

说明：曲线上的特殊点

曲线作图时，通常应先测量出曲线上一些特殊点的空间位置尺寸。这些特殊点包括端点、最上与最下点、最左与最右点、最前与最后点等，它们共同确定了曲线占据的空间。

第一步：分析曲线占据的空间位置及其上的特殊点。

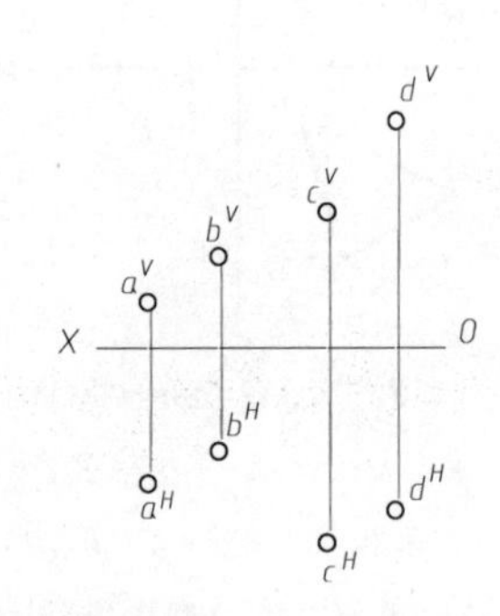

第二步：根据测量尺寸绘制曲线上特殊点的两面投影。

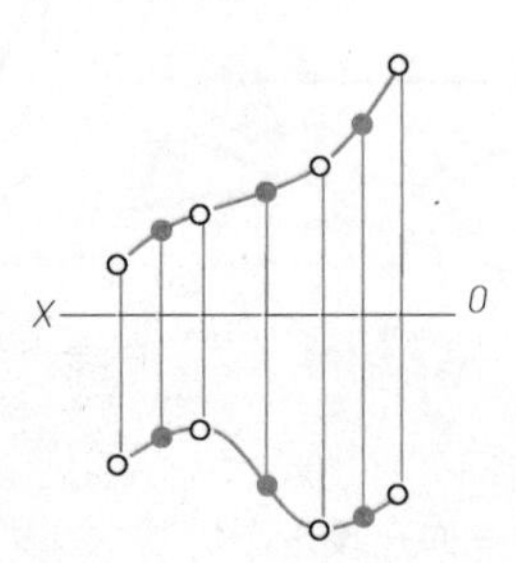

第三步：在特殊点之间任取若干点，依据其空间尺寸绘制其两面投影。

第四步：光滑连接各作图点。

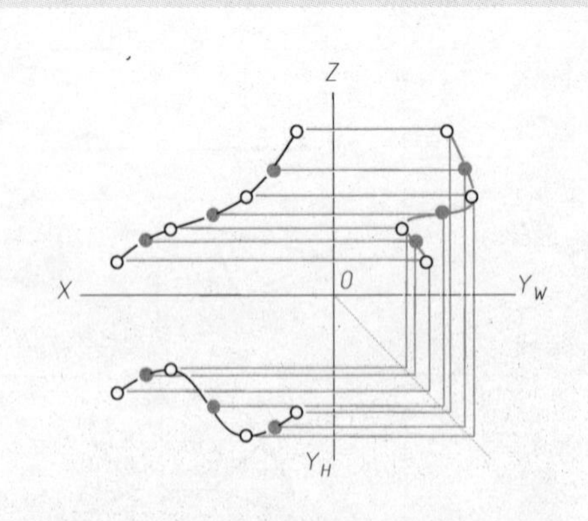

第五步：根据两面投影作出其第三面投影。

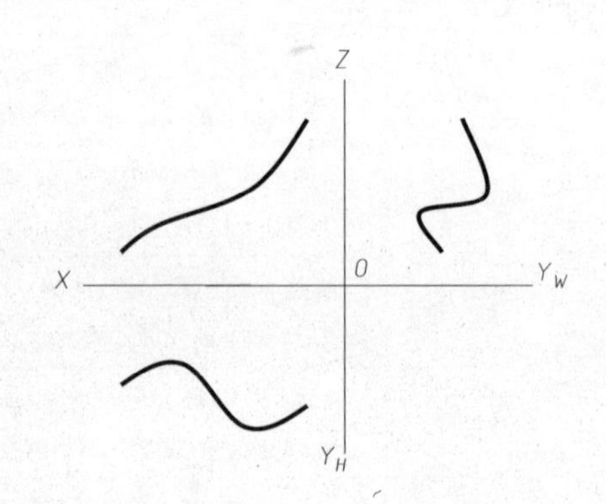

第六步：擦除、加粗，完成作图。

图 6.4　曲线三面正投影图的近似画法

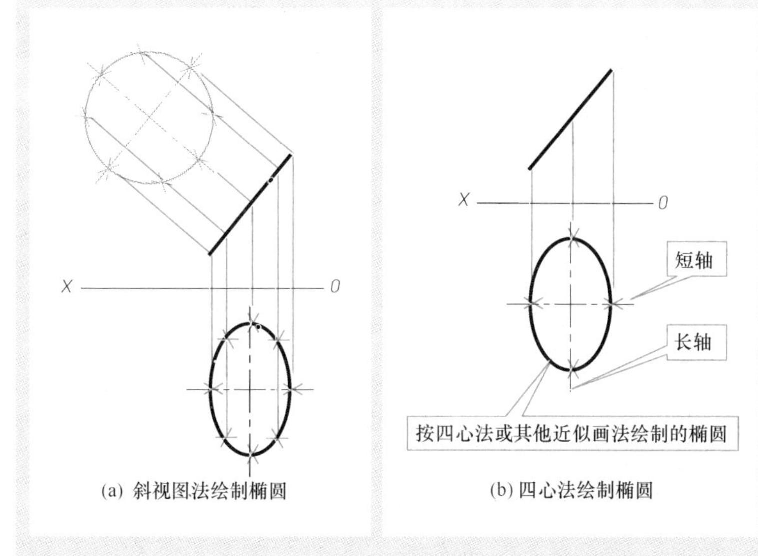

说明：投影面垂直圆及其多面正投影的绘制方法

投影面垂直圆可分为三类，分别是铅垂圆、正垂圆和侧垂圆，它们分别与基本投影面 H、V、W 垂直。当其某个正投影为椭圆时，该椭圆可利用斜视图法或四心法画出。其中，利用四心法画椭圆时，椭圆长轴上的点应通过圆的实际半径确定，短轴上的点应通过作图确定。

图 6.5　投影面垂直圆的多面正投影图画法示例

6.3　几何要素的位置关系、几何条件及其基本作图和读图方法

构成几何体的点、直线和平面之间可能存在着多种不同的位置关系。不同的位置关系具有不同的几何条件，依据这些几何条件可得到多种多面正投影图的作图和读图方法。

6.3.1　两点的位置关系

当两点的同面投影重合时（见图 6.6a），需要判断点的可见性（见图 6.6b ~ d）。

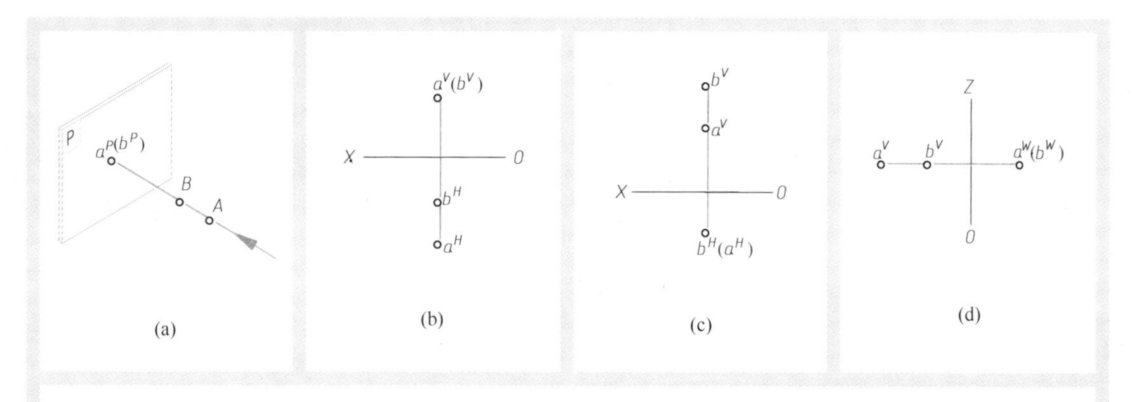

说明：点的可见性判断方法

多面正投影图可显示两点之间的上下、前后和左右位置关系，依据这种位置关系即可判断出点的可见性。例如，在图 b 中，点 A 和点 B 的 V 面投影相互重合，这时，可根据其 H 面投影判断出点 A 在点 B 之前，即点 A 的 V 面投影挡住了点 B 的 V 面投影，故 a^V 可见、b^V 不可见。通常对点的不可见投影加注圆括号表示，即注写为 (b^V)。类似地，根据两点之间的上下、左右位置关系可分别判断点的 H、W 面投影的可见性（见图 c、d）。

图 6.6　两点投影的重合及点的可见性判断

6.3.2　点与直线的位置关系

构成几何体的点与直线之间存在着点在直线上和点不在直线上两种位置关系。其中，点

在直线上的几何条件有两个（见图 6.7），依据这两个几何条件得到的基本作图和读图方法分别如图 6.8～图 6.10 所示。

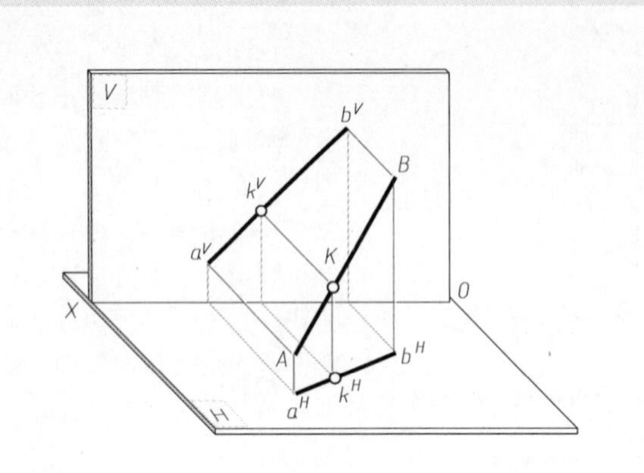

说明：点在直线上的几何条件

（1）若点在直线上，则点的投影必在直线的同面投影上。即若点 K 在直线 AB 上，则点 K 的投影 k^H、k^V 必分别在直线 AB 的同面投影 a^Hb^H、a^Vb^V 上。

（2）定比分割定理：点分割线段之比在投影中保持不变。即 $AK:KB = a^Hk^H:k^Hb^H = a^Vk^V:k^Vb^V$。

图 6.7　点在直线上的几何条件

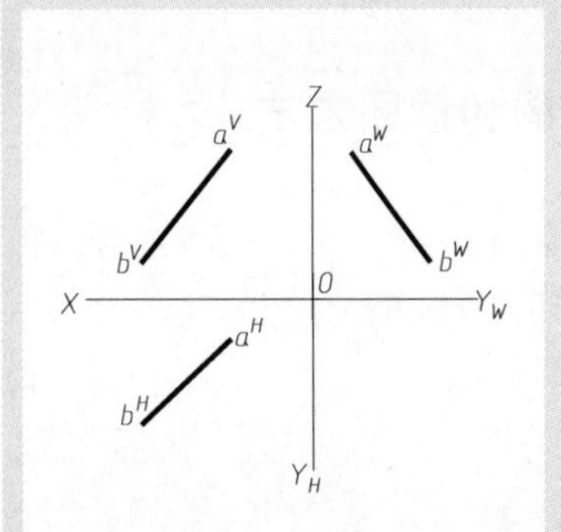

例 6.1：在直线 AB 上取一点 K，使其与 W 投影面的距离为 26mm。

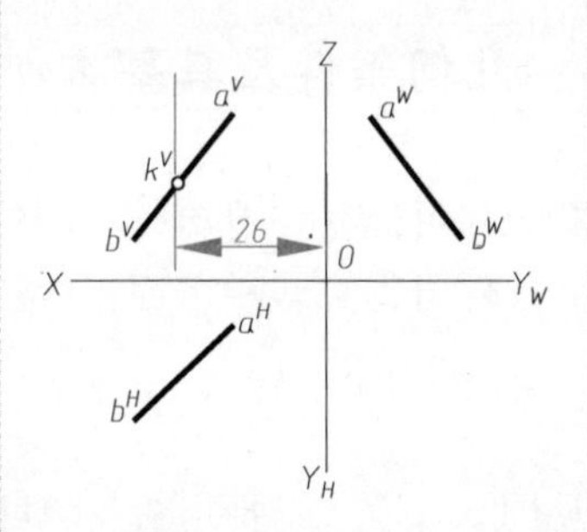

题解步骤一：作与 OZ 轴平行且与之相距 26mm 的辅助线，得到点 k^V。

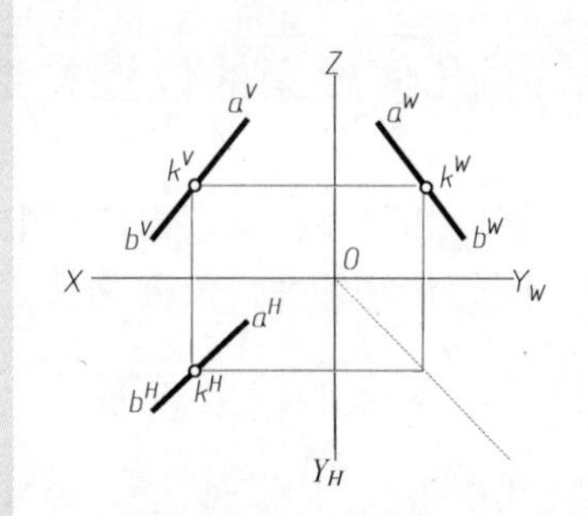

题解步骤二：根据点在直线上的几何条件和已知点 k^V 作出点 k^H 和 k^W。

图 6.8　直线上取点画法之一：利用点在直线上的几何条件

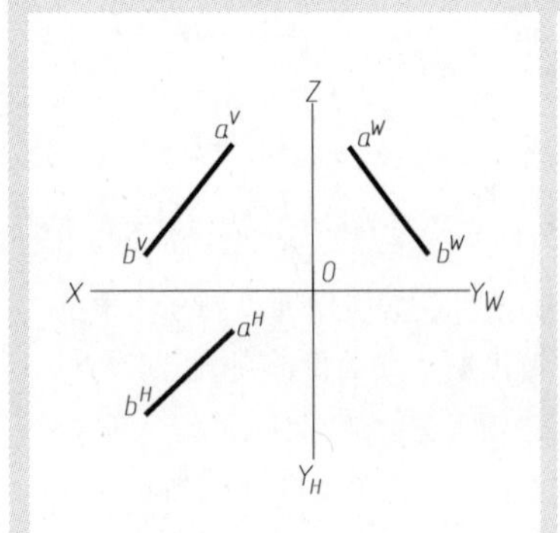

例 6.2：在直线 AB 上取一点 K，使 $AK:KB = 3:1$。

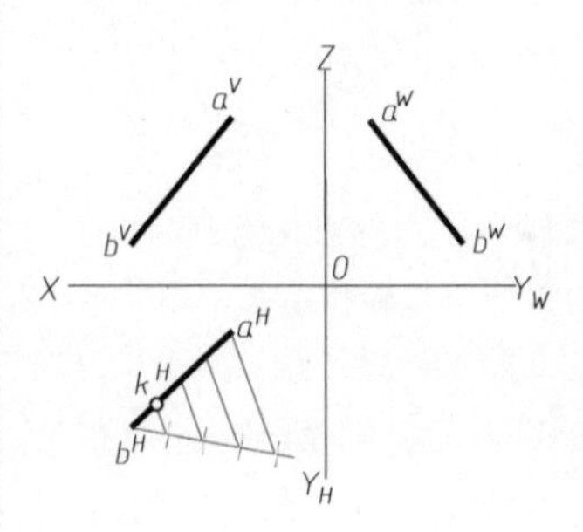

题解步骤一：将 a^Hb^H 四等分，得到点 k^H。

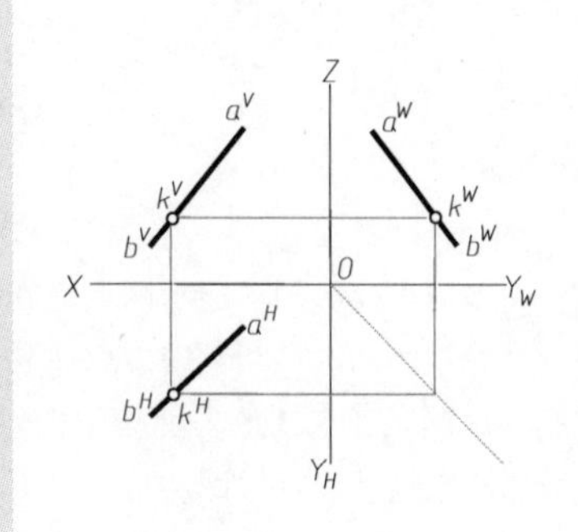

题解步骤二：根据点 k^H 作出点 k^V 和 k^W。

图 6.9　直线上取点画法之二：利用定比分割定理

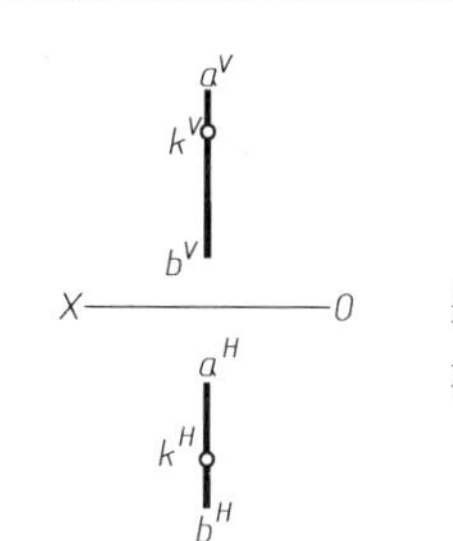

例 6.3：试判断点 K 是否在直线 AB 上。

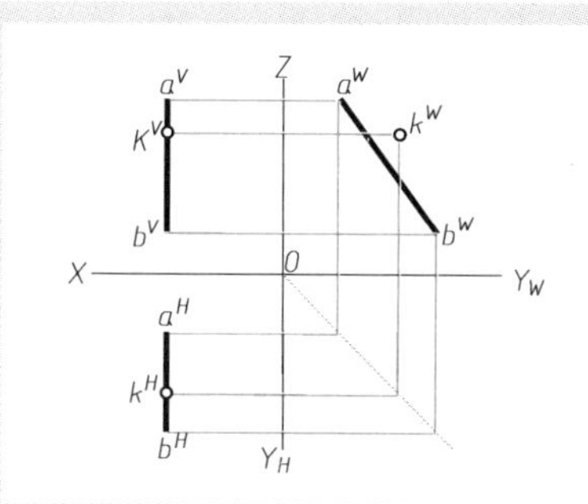

判断方法一：作出直线与点的第三面投影，则可判断出点 K 不在直线 AB 上。

判断方法二：从投影图中可直接看出，$a^Hk^H:k^Hb^H \neq a^Vk^V:k^Vb^V$，故点 K 不在直线 AB 上。

图 6.10　读图方法：判断点是否在直线上

6.3.3　直线与直线的位置关系

构成几何体的两直线之间存在着平行、相交和交叉三种位置关系。其中：

（1）两直线平行的几何条件为"若两直线平行，则其同面投影必相互平行"，依据该条件得到的基本作图和读图方法分别如图 6.11 和图 6.12 所示。

（2）两直线相交的几何条件为"相交两直线必相交于一点（称为交点），该交点同时在两直线上"，依据该几何条件得到的基本作图方法如图 6.13 所示。同时，依据该几何条件还可以在读图时判断两直线的相交或交叉情况（见图 6.14）。

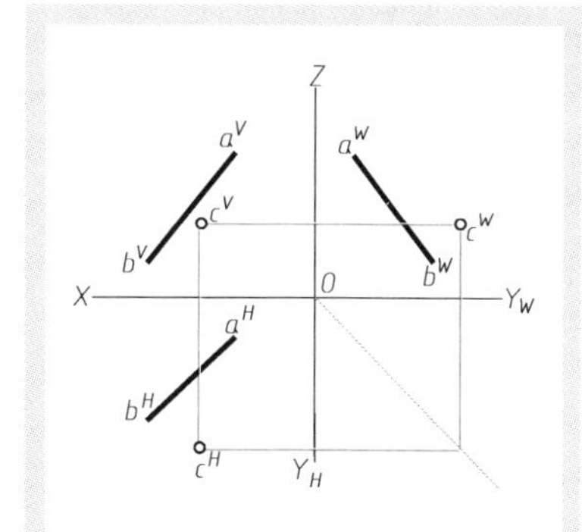

例 6.4：过点 C 任作一直线 CD，使之与直线 AB 平行。

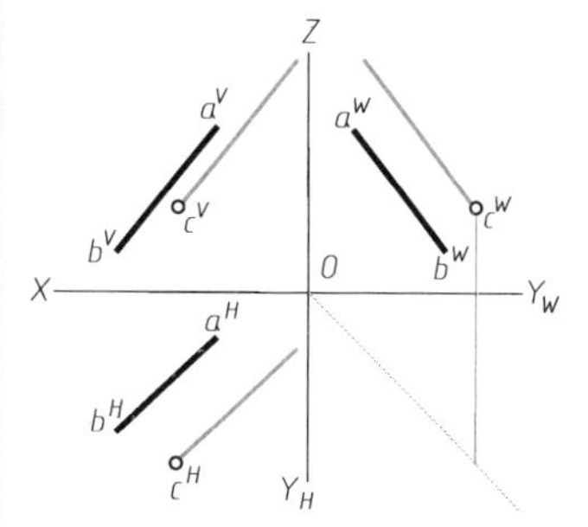

题解步骤一：过 c^H、c^V、c^W 分别作 a^Hb^H、a^Vb^V、a^Wb^W 的平行线。

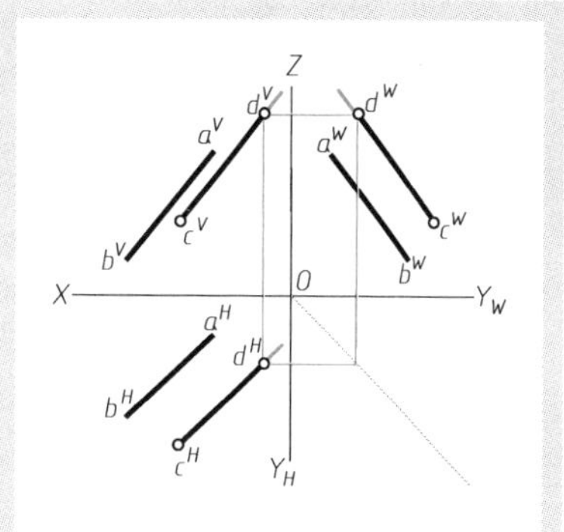

题解步骤二：作平行线上任一点 D 的三面投影。

图 6.11　平行线的基本作图方法

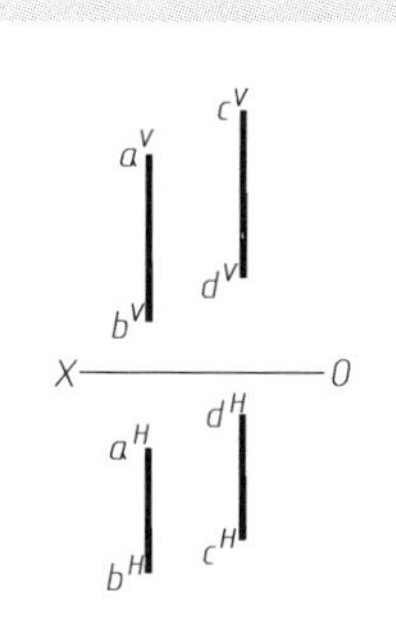

例 6.5：试判断两直线是否平行。

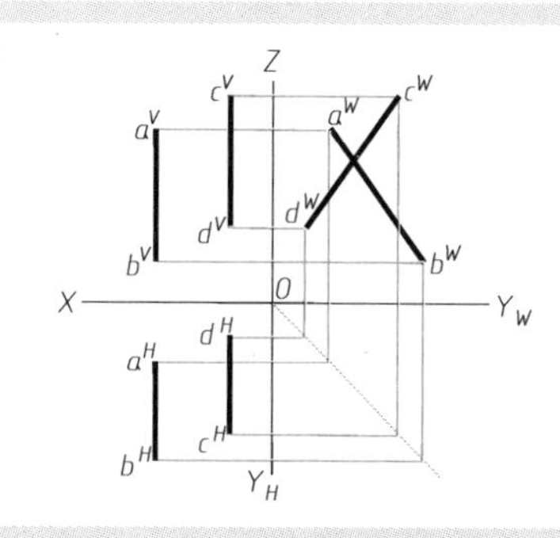

判断方法：作出两直线的第三面投影，则可判断出两直线不平行。即平行两直线，其在三个投影面上的同面投影均应相互平行。

图 6.12　读图方法：判断两直线是否平行

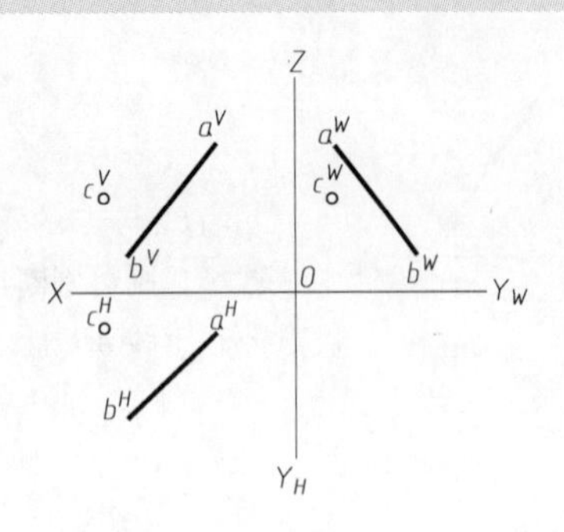

例6.6：过点 C 作一水平线 CD，使直线 CD 与直线 AB 相交。

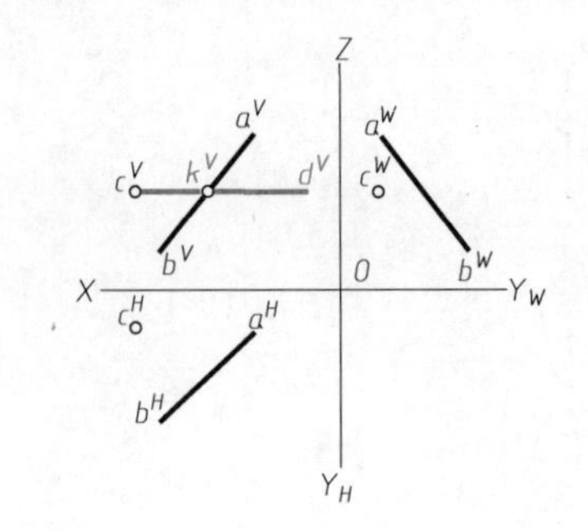

题解步骤一：过 c^V 作与 OX 轴平行的直线 c^Vd^V，得到作图点 k^V。

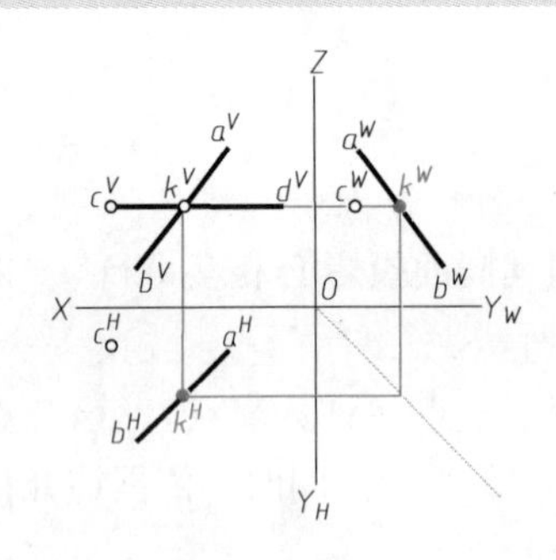

题解步骤二：根据点 k^V 作出点 k^H 和 k^W（即点 K 在直线 AB 上）。

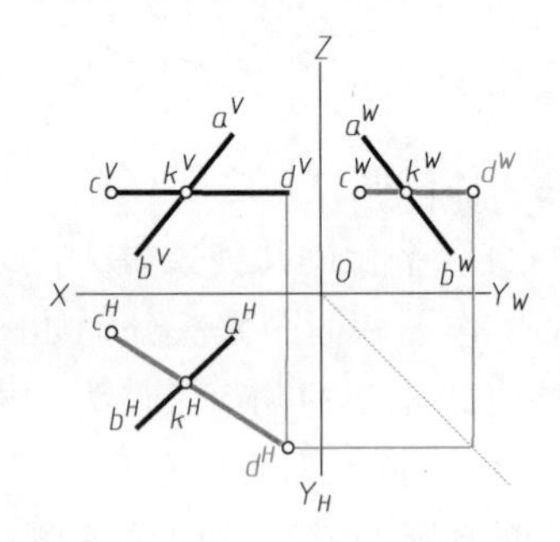

题解步骤三：连接点 C 和点 K 的同面投影并延长，作出点 D 的其他两面投影。

图6.13　直线相交的基本作图方法

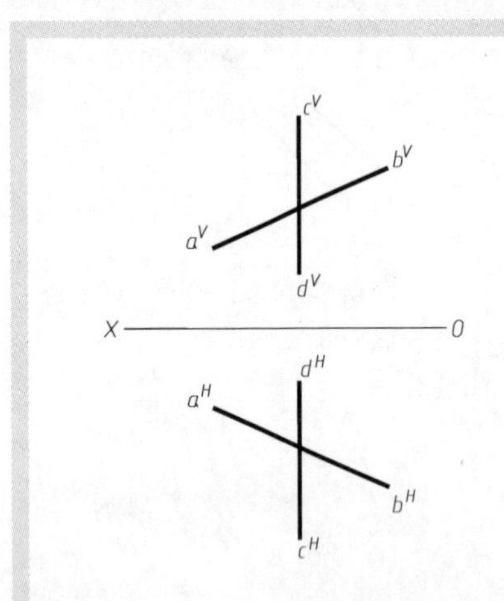

例 6.7：试判断两直线是否相交。

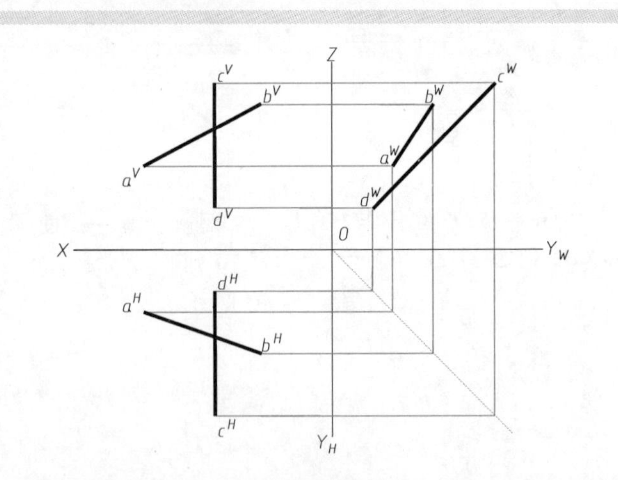

判断方法：作出两直线的第三面投影，则可判断出两直线既不相交，也不平行，而是相互交叉。

说明：所谓交叉，就是两直线既不平行也不相交。读图时可根据“交叉两直线之间没有共有点”并结合两直线相交的几何条件共同判断直线的相互位置关系。

图6.14　读图方法：判断两直线是否相交或交叉

（3）相交或交叉的两直线还可能相互垂直，两直线垂直的相关几何条件及其基本作图方法分别如图6.15和图6.16所示。

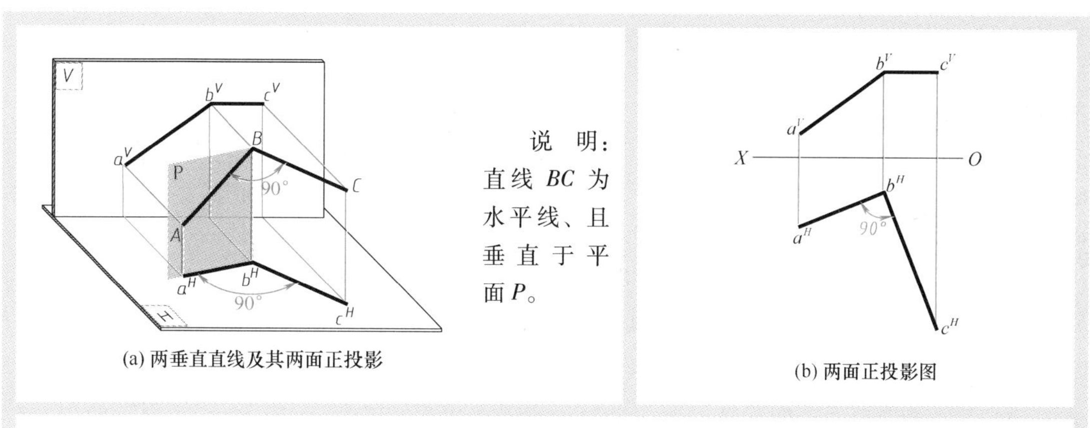

(a) 两垂直直线及其两面正投影

(b) 两面正投影图

说明：直角投影定理

两直线垂直的相关几何条件为直角投影定理，即若两直线垂直、且其中的一条直线与某一投影面平行，则两直线在该投影面上的投影也相互垂直。

例如，在图 a 中，直线 AB 与 BC 相互垂直、且直线 BC 与基本投影面 H 平行，则两直线在投影面 H 上的投影 a^Hb^H 和 b^Hc^H 也相互垂直。

事实上，由于直线 BC 垂直于平面 P，则直线 BC 垂直于平面 P 内的任意一条直线（这些直线可能与直线 BC 相交或交叉）。也就是说，平面 P 内的一条直线，无论其与直线 BC 是相交还是交叉，其与直线 BC 在投影面 H 上的投影都是相互垂直的。因此，直角投影定理适用于相交或交叉两直线的垂直情况。

图 6.15 两直线垂直的相关几何条件及其说明

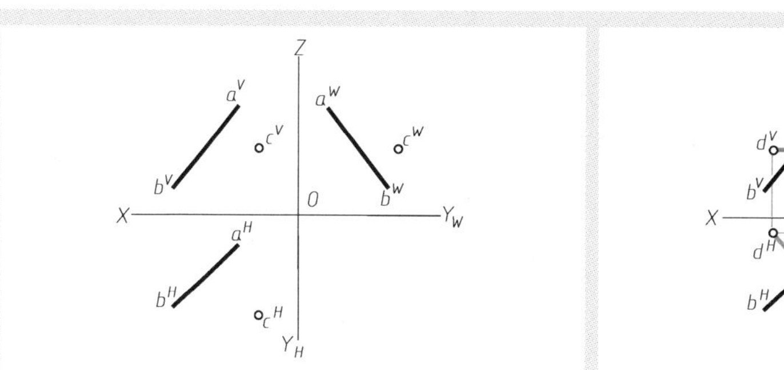

例 6.8：过点 C 作直线 AB 的垂直线 CD。

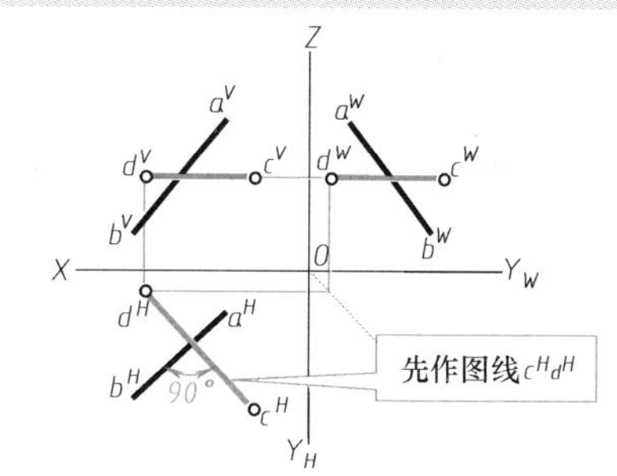

画法一：作与直线 AB 垂直的水平线 CD。

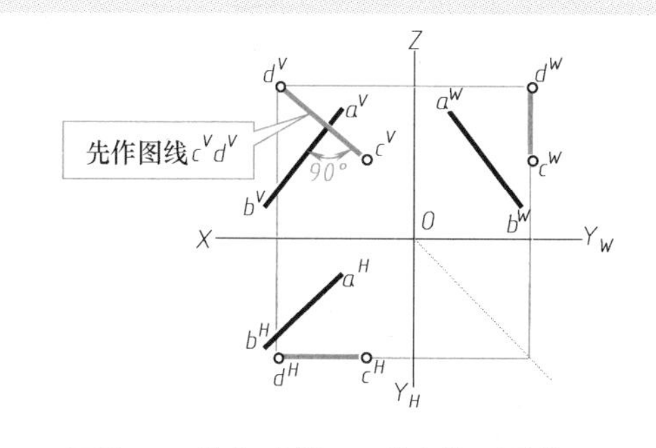

画法二：作与直线 AB 垂直的正平线 CD。

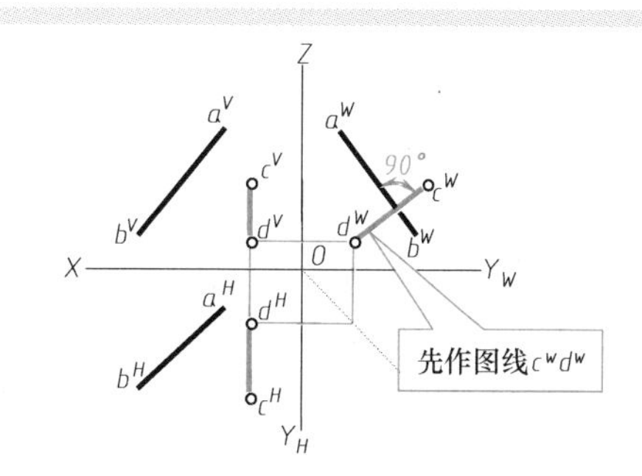

画法三：作与直线 AB 垂直的侧平线 CD。

图 6.16 一般位置直线的垂直线的基本作图方法

6.3.4 直线与平面的位置关系

构成几何体的直线和平面之间存在着直线在平面上、直线与平面平行、直线与平面相交三种位置关系。其中：

（1）直线在平面上的几何条件为“若直线在平面上，则直线必通过平面上的两点”，依据该条件得到的基本作图方法如图 6. 17 所示。

（2）直线与平面平行的几何条件为“若平面外的一条直线与平面内的一条直线平行，则平面外的这条直线必与该平面平行”，依据该条件得到的基本作图和读图方法如图 6. 18 所示。

（3）直线与平面若不平行，则必定相交，其相交的几何条件为“若直线与平面相交，则其交点是一个为直线和平面所共有的点”，依据该条件得到的基本作图方法如图 6. 19 ~ 图 6. 21 所示。

（4）相交的直线与平面还可能相互垂直，其相关几何条件为“若一条直线与平面内的两条相交直线都垂直，则该直线必与平面垂直”，依据该条件得到的作图方法如图 6. 22 所示。

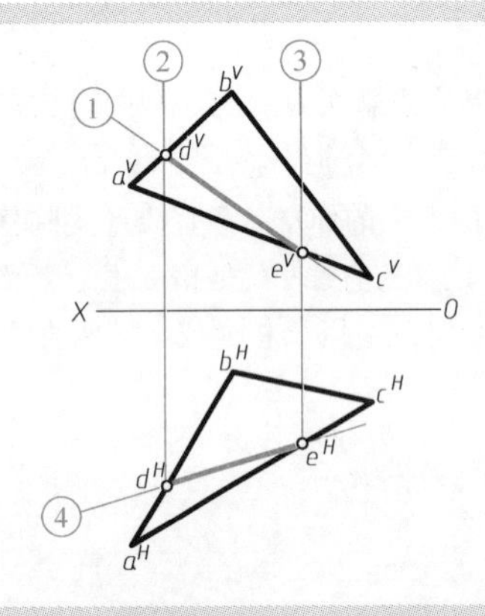

第一步：任作辅助线①，得直线 d^Ve^V。

第二步：作辅助线② ~ ④，得直线 d^He^H。

（a）在平面内任取一直线 *DE* 的作图方法之一

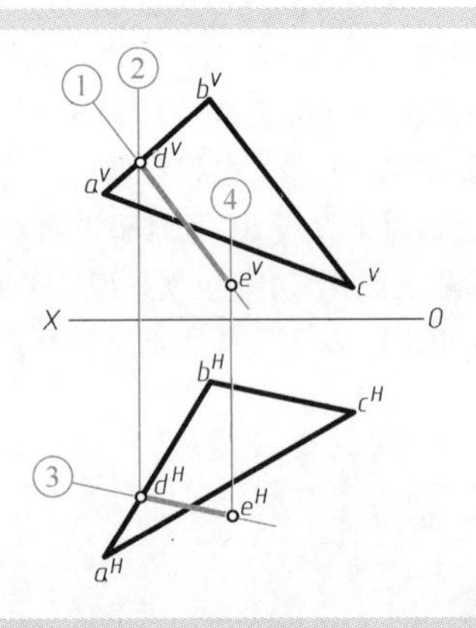

第一步：任作辅助线①与 b^Vc^V 平行，得点 d^V。

第二步：过 d^V 作辅助线②，得点 d^H。

第三步：过 d^H 作辅助线③与 b^Hc^H 平行。

第四步：作辅助线④，得点 e^V、e^H。

（b）在平面内任取一直线 *DE* 的作图方法之二

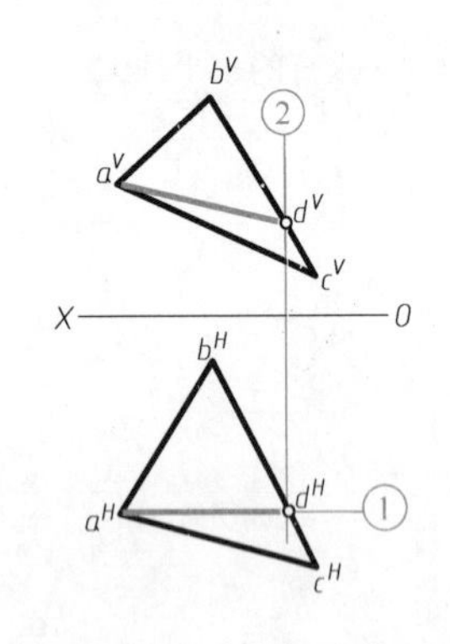

作图步骤：过 a^H 作与 *OX* 轴平行的直线①，得点 d^H。过 d^H 作直线②，得点 d^V。

（c）作平面内的正平线 *AD*

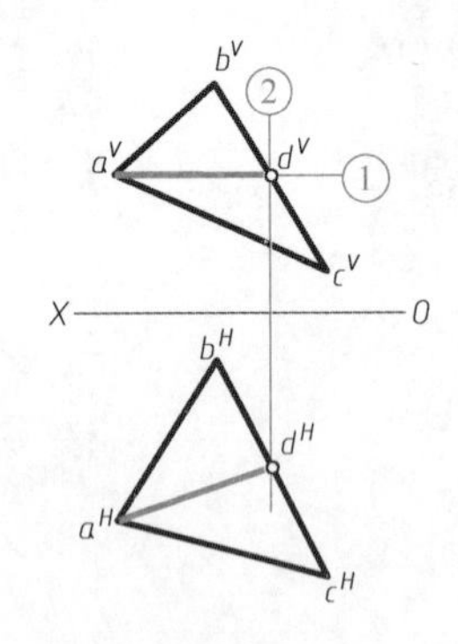

作图步骤：过 a^V 作与 *OX* 轴平行的直线①，得点 d^V。过 d^V 作直线②，得点 d^H。

（d）作平面内的水平线 *AD*

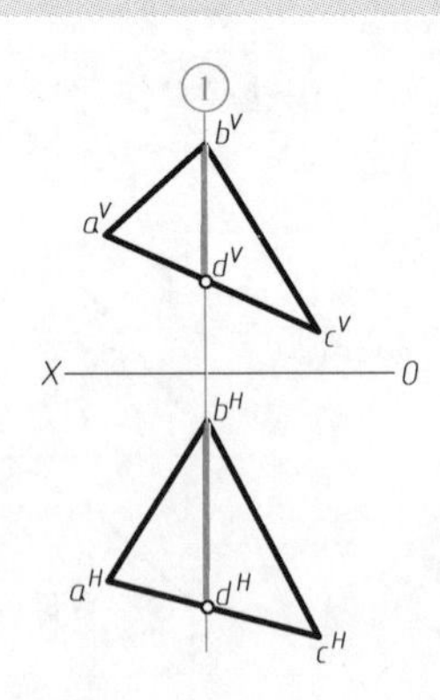

作图步骤：过 b^V 作与 *OX* 轴垂直的直线①，得点 d^V 和 d^H。

（e）作平面内的侧平线 *BD*

图 6. 17　平面内取直线的基本画法

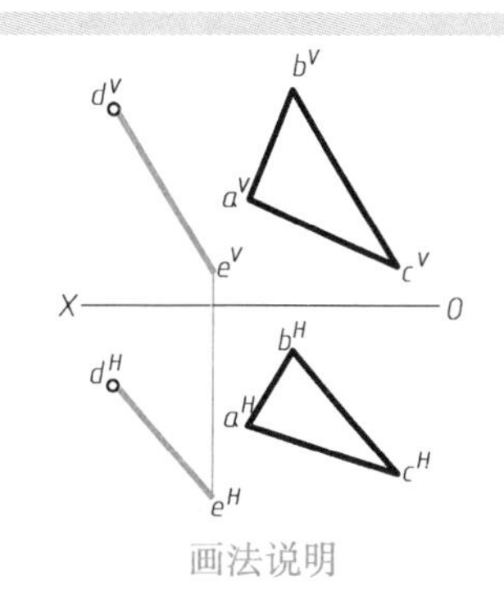

画法说明

过点 D 作一般位置平面 ABC 的平行线时，所作直线应与平面内的一条直线平行，即 $DE /\!/ BC$。也可作直线与直线 AB、AC 或平面内的任一直线平行。

（a）绘制一般位置平面的平行线

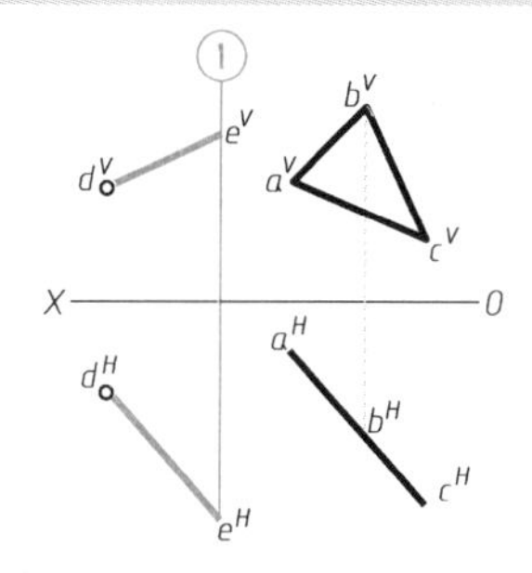

画法说明

过点 D 作铅垂面 ABC 的平行线时，应先过点 d^H 作与直线 a^Hc^H 平行的直线 d^He^H，再作出直线 d^Ve^V。其中，点 e^V 可在图线①上任取。

（b）绘制投影面垂直面的平行线

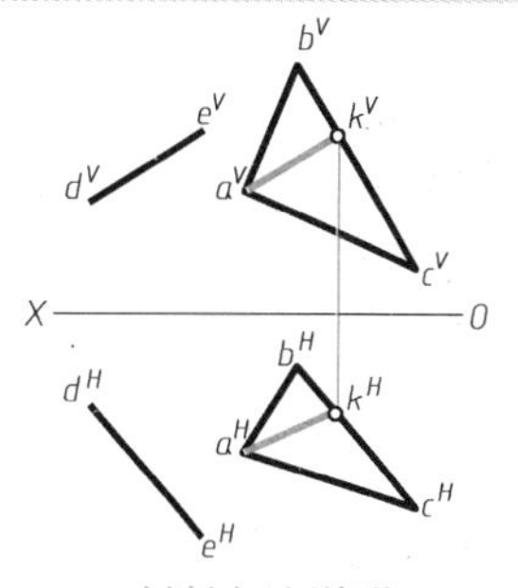

判断方法说明

判断直线 DE 是否与平面 ABC 平行时，可过点 a^V 作与直线 d^Ve^V 平行的直线 a^Vk^V，并得到直线 a^Hk^H。若直线 a^Hk^H 与直线 d^He^H 平行，则直线与平面平行，反之则不平行。也可过平面上的其他点用相同作图方法判断。

（c）读图：判断直线是否与平面平行

图 6.18　直线与平面平行的基本作图与读图方法

点S在直线AC上，点M在直线DE上

作图原理说明：交点的画法

由于铅垂面 ABC 在投影面 H 上的投影为一直线 b^Hc^H，因此，轮廓线 b^Hc^H 和 d^He^H 的交点 k^H 即为空间点 K 在投影面 H 上的投影。

根据点 K 在直线 DE 上，则可由点 k^H 得到点 k^V。

作图原理说明：直线投影的可见性及其判断方法

在向 V 面投射直线 DE 和平面 ABC 时，直线 DE 上的线段 KM 被平面挡住，其在 V 面上的投影 k^Vm^V 是不可见的，应使用虚线表示。

根据多面正投影图判断 k^Vm^V 的可见性时，可在主视图上找到点 s^V（m^V），并由点 s^V（m^V）得到点 m^H 和 s^H，则根据点 s^H 位于点 m^H 之前，可判断出在向 V 面投射时，直线 AC 上的点 S 挡住了直线 DE 上的点 M，即点 M 在 V 面上的投影 m^V 是不可见的，因此，k^Vm^V 是不可见的，应使用虚线表示。也可以采用相同的方法判断直线 DE 上的点 N 的可见性，并可据此判断出 k^Vn^V 是可见的。

显然，若 KM 可见，则 KN 就不可见。反之亦然，它们不可能同时可见或同时不可见。因此，实际绘图时，通常只需判断 KM、或者判断 KN 的可见性即可。

图 6.19　直线与投影面垂直面相交时的作图原理说明

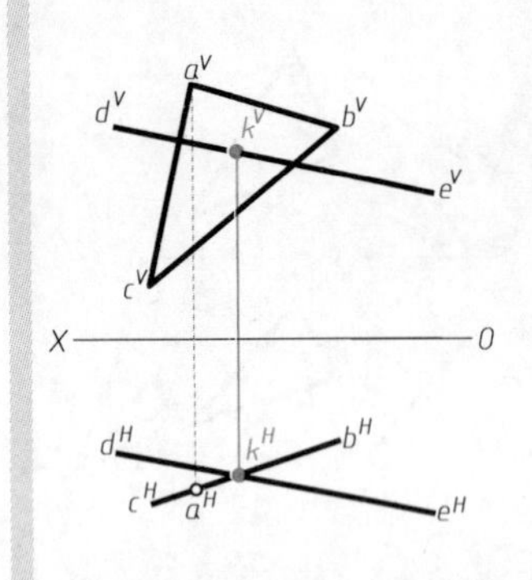

第一步：作直线 DE 和平面 ABC 的两面投影，则得到点 k^H。

第二步：根据点 k^H 得到点 k^V。

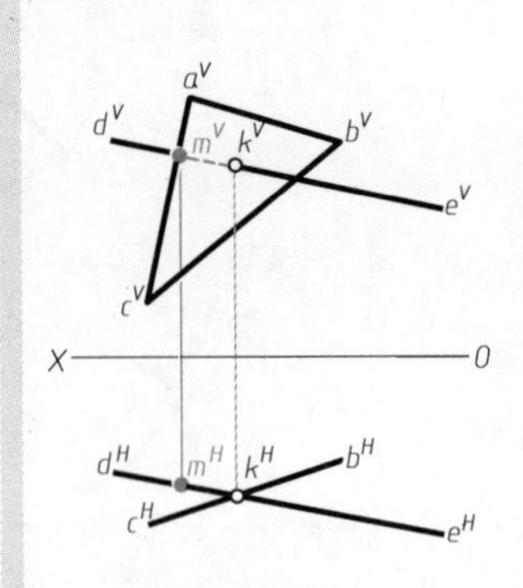

第三步：根据点 m^V 得到点 m^H。

第四步：根据 k^Hm^H 位于 b^Hc^H 之后判断 k^Vm^V 是不可见的。

第五步：将直线 d^Ve^V 上的线段 k^Vm^V 画成细虚线。

图 6.20　直线与投影面垂直面相交时的作图方法

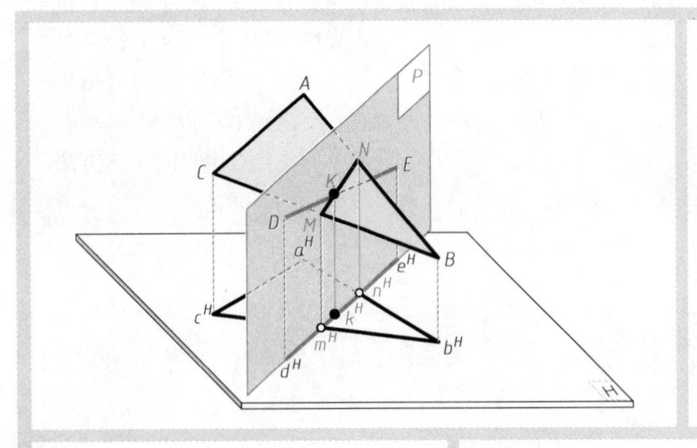

作图原理说明：求一般位置直线和一般位置平面交点的辅助平面法

可过直线 DE 作一铅垂面 P（辅助平面），并分别求出直线 BC 和 AB 与铅垂面 P 的交点 M 和 N，则直线 MN 与 DE 的交点 K 就是一般位置直线 DE 和一般位置平面 ABC 的交点。

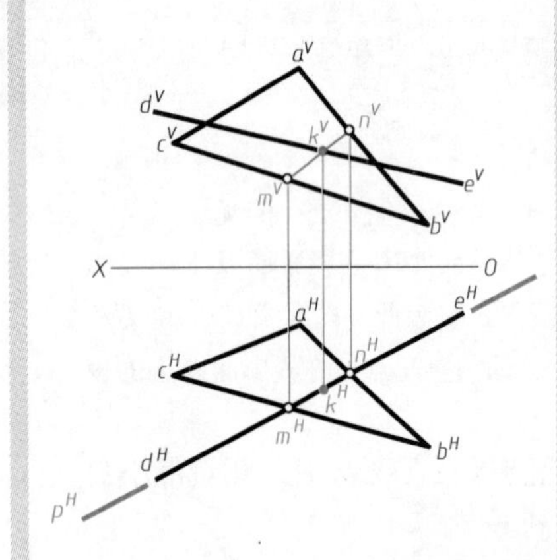

第一步：求交点 K 的两面投影。

先作辅助平面 P 在 H 面上的投影。

再分别作直线 BC 和 AB 与辅助平面 P 的交点 M、N 的两面投影（即分别根据点 m^H、n^H 得到点 m^V、n^V）。

最后连接 m^Vn^V，得到与直线 d^Ve^V 的交点 k^V，并根据点 k^V 得到点 k^H。

第二步：判断直线 DE 在 V 面投影的可见性。由点 1^V（2^V）得到点 1^H 和点 2^H。因点 1^H 位于点 2^H 之前，故点 1^V 可见，即 1^Vk^V 可见、3^Vk^V 不可见。

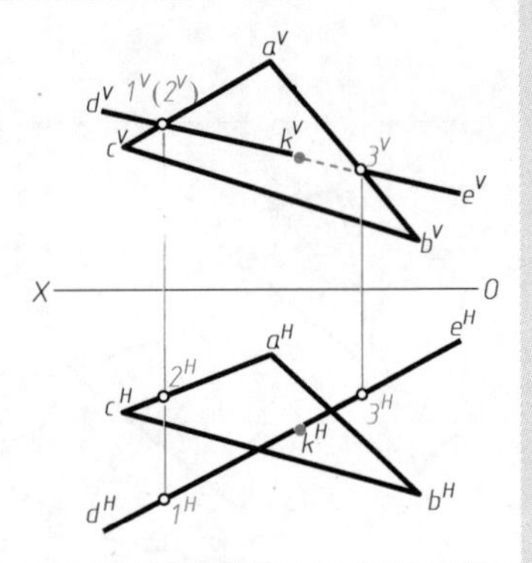

第三步：判断直线 DE 在 H 面投影的可见性。由点 4^H（5^H）得到点 4^V 和点 5^V。因点 4^V 位于点 5^V 之上，故点 4^H 可见，即 4^Hk^H 可见、6^Hk^H 不可见。

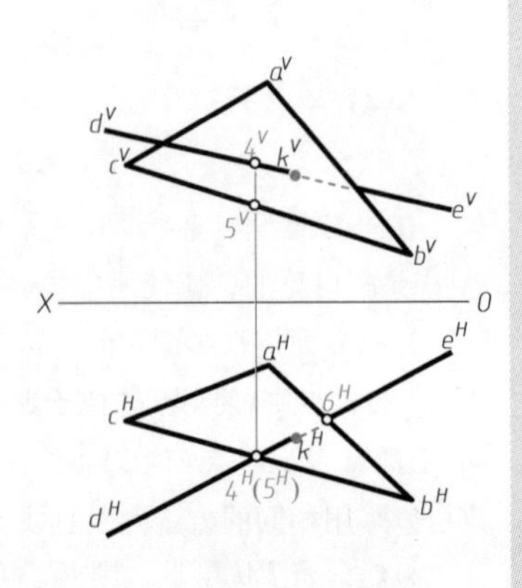

图 6.21　求一般位置直线和一般位置平面交点的辅助平面法及其说明

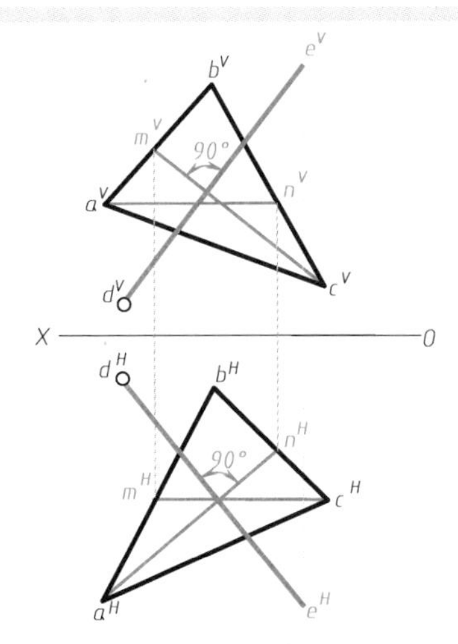

作图原理说明

可先作平面 ABC 内两条相交且与投影面平行的直线 AN、CM 的两面投影，再分别过点 d^H 和点 d^V 作 d^He^H（$\perp a^Hn^H$）和 d^Ve^V（$\perp c^Vm^V$）。则根据直角投影定理，所作直线 DE 必垂直于直线 AN 与 CM，且同时垂直于平面 ABC。

（a）过点作一般位置平面的垂线

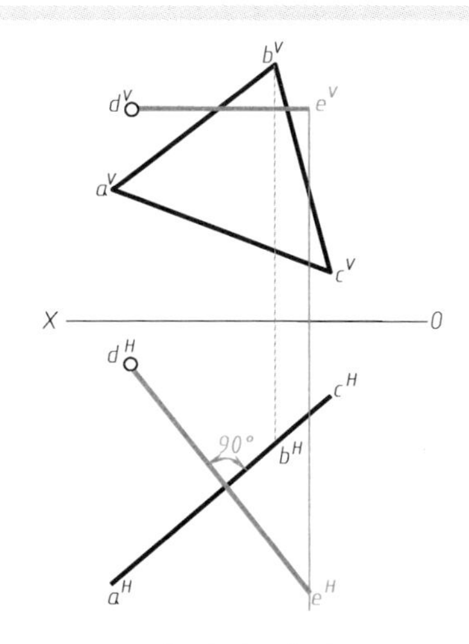

作图原理说明

可过点 d^H 作与直线 a^Hc^H 垂直的直线 d^He^H，过点 d^V 作与 OX 轴平行的直线 d^Ve^V，则所作直线 DE 必垂直于平面 ABC。也就是说，一个与投影面垂直面垂直的直线必是一个投影面平行线（如 DE 就是一个水平线）。

（b）过点作投影面垂直面（或平行面）的垂线

图6.22　过点作平面的垂线

6.3.5　点与平面的位置关系

构成几何体的点和平面之间存在着点在平面上和点不在平面上两种位置关系。其中，点在平面上的几何条件为，**“若点在平面上，则点必在平面内的某一直线上”**，依据该条件得到的基本作图和读图方法分别如图6.23和图6.24所示。

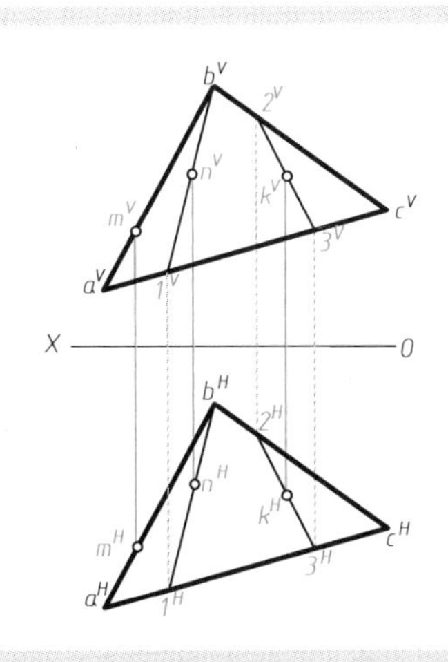

说明：可在平面的已知直线上取点（如在 AB 上任取一点 M）。也可在平面上任作一直线，并在该直线上取点（如作直线 $B1$、23，并在其上取任意点 N、K）。

图6.23　平面上取点的作图方法

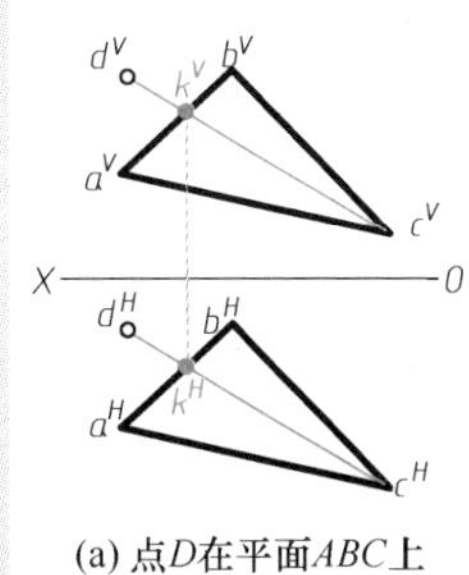

(a) 点D在平面ABC上

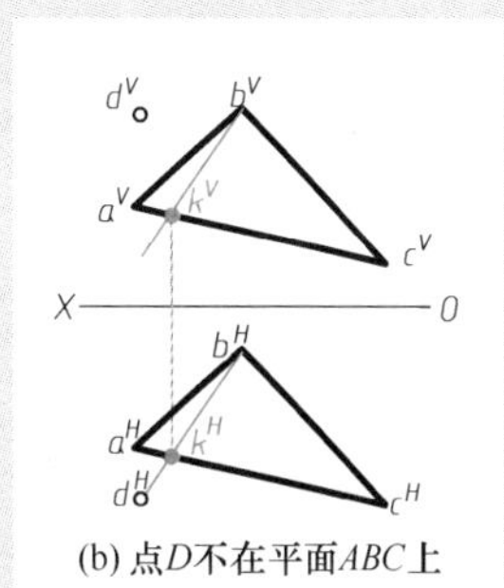

(b) 点D不在平面ABC上

判断方法

可过 d^V（见图a）或 d^H（见图b）作直线 d^Vc^V（或 d^Hb^H），并得到平面内的直线 CK（或直线 BK），则可根据 d^H（或 d^V）是否在直线 c^Hk^H（或直线 b^Vk^V）上判断点 D 是否在直线 CK（或直线 BK）上。若点 D 在直线 CK（或直线 BK）上，则点 D 在平面 ABC 上。反之，则不在平面上。

图6.24　读图方法：判断点是否在平面上

6.3.6 平面与平面的位置关系

构成几何体的平面和平面之间存在着平行或相交的位置关系。其中：

（1）两平面平行的几何条件为“**若一个平面内的两条相交直线分别与另一个平面内的两条相交直线平行，则这两个平面必平行**”，依据该条件得到的基本作图方法如图6.25所示。

（2）不平行的两平面必定相交，其交线的作图原理与方法如图6.26所示。

（3）相交的两平面还可能相互垂直，其相关几何条件为“**若一直线与一平面垂直，则过该直线的所有平面均与该平面垂直**”，依据该条件得到的基本作图方法如图6.27所示。

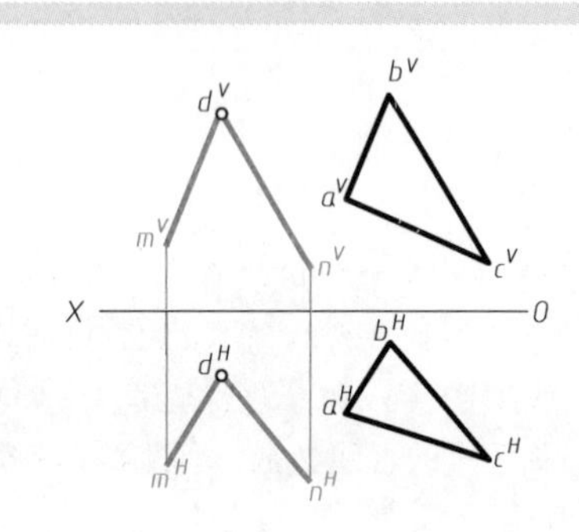

画法说明

过点 *D* 作直线 *DM*、*DN* 分别与平面内的直线 *AB*、*BC* 平行，则所作平面 *DMN* 与已知平面 *ABC* 平行。

（a）过点作一般位置平面的平行面

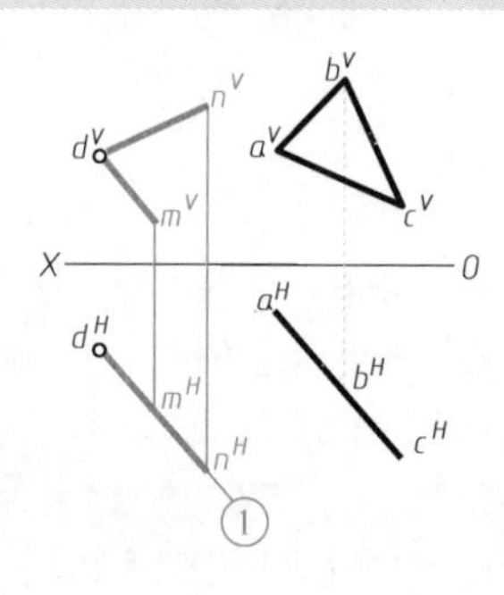

画法说明

过点 *D* 作与铅垂面 *ABC* 平行的平面 *DMN*，其在 *H* 面的投影 $d^H n^H$ 应在与轮廓线 $a^H c^H$ 平行的直线①上。

（b）过点作投影面垂直面（或平行面）的平行面

图6.25 过点作平面的平行面的方法

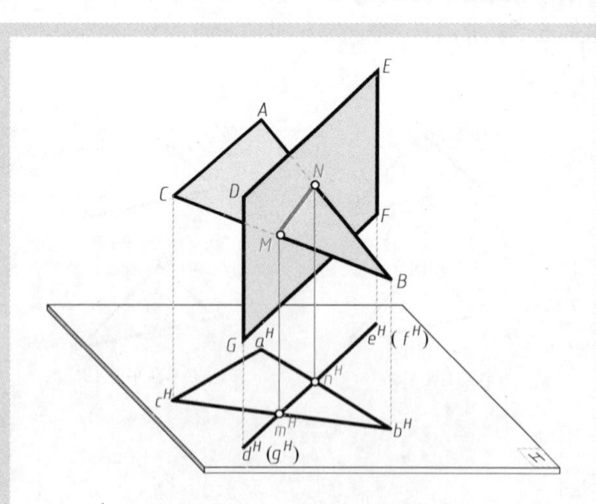

作图原理：两平面的交线

两平面的交线 *MN* 可通过求直线和平面交点（见图6.19～6.21）的方法作出。即只要分别求出直线 *BC*、*AB* 与平面 *DEFG* 的交点 *M* 和 *N*，则连接点 *M* 和点 *N* 就得到了交线 *MN*。

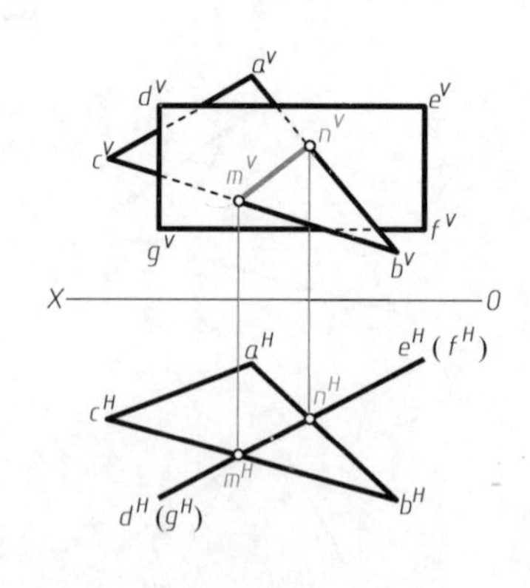

作图步骤

第一步：作两平面的两面投影。

第二步：求交线 *MN* 的两面投影。

第三步：判断可见性。应判断主视图中所有两个平面投影区域内的轮廓线的可见性。

图6.26 求平面与平面交线的作图原理和方法

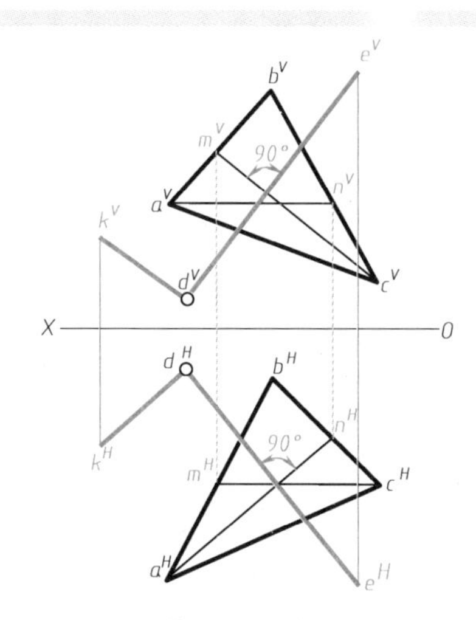

作图原理说明

可按图 a 所示方法过点 D 作平面 ABC 的垂直线 DE，再过点 D 任作一直线 DK，则所作平面 DEK 必垂直于平面 ABC。

（a）过点作一般位置平面的垂直面

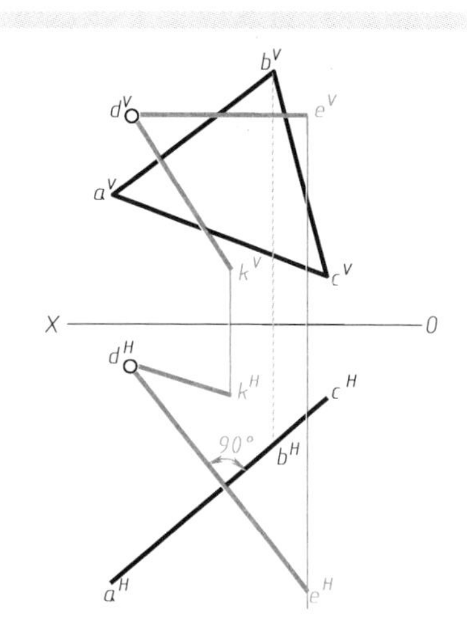

作图原理说明

可按图 b 所示方法过点 D 作平面 ABC 的垂直线 DE（在图中应为一水平线），再过点 D 任作一直线 DK，则所作平面 DEK 必垂直于平面 ABC。

（b）过点作投影面垂直面（或平行面）的垂直面

图 6.27 过点作平面的垂直面

6.3.7 几何条件及其相关画法的应用

在绘制物体（或几何体）的多面视图时，经常需要利用 6.3.1 ~6.3.5 节所述的几何条件及其相关画法绘制一些必要的辅助直线（或辅助圆等）或辅助平面（甚至辅助圆柱面或辅助球面等），以得到所需点或直线的投影。例如，在绘制一个多边形平面的三面正投影图时，通常必须绘制一些必要的辅助直线（见图 6.28）。

事实上，上述作图条件、原理与画法更多地应用在几何体多面视图的作图中（见 6.4 节）。

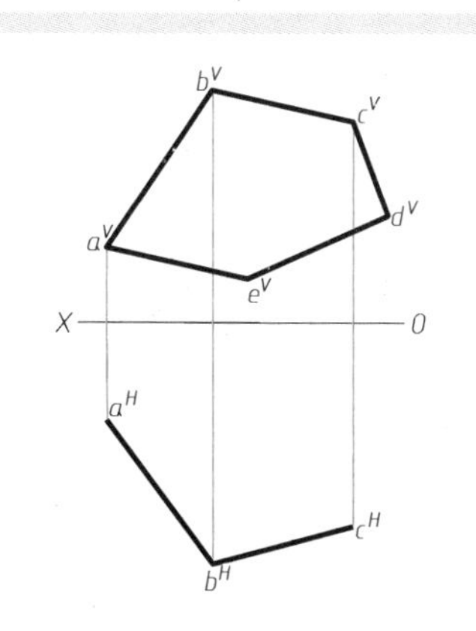

第一步：根据各端点的高度尺寸作出其主视图。

第二步：根据三个端点 A、B、C 的宽度尺寸作出其在 H 面的投影。

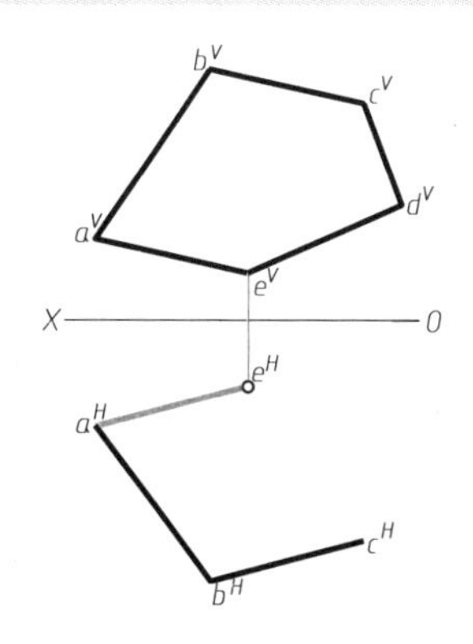

第三步（假设 AE 与 BC 平行）：过点 a^H 作 b^Hc^H 的平行线，则可由点 e^V 得点 e^H。连接 a^He^H。

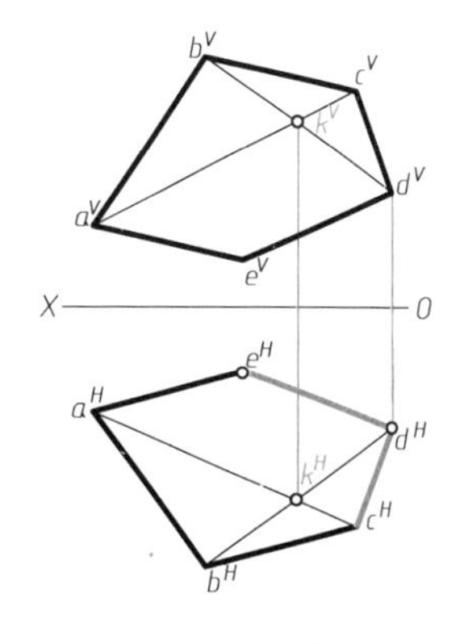

第四步：连接 b^Vd^V 和 a^Vc^V，得点 k^V。连接 a^Hc^H，并由点 k^V 得点 k^H。连接 b^Hk^H 并延长，则可由点 d^V 得点 d^H。

第五步：连接 d^Hc^H 和 d^He^H。

图 6.28 多边形平面的基本作图方法

6.4 几何体的多面视图及其画法

通常把棱柱（如长方体）、棱锥（如三棱柱，见图 6.29）、圆柱、圆锥、圆球和圆环等一些形状简单的几何体称为基本几何体，基本几何体多面视图的画法如图 6.29 所示。

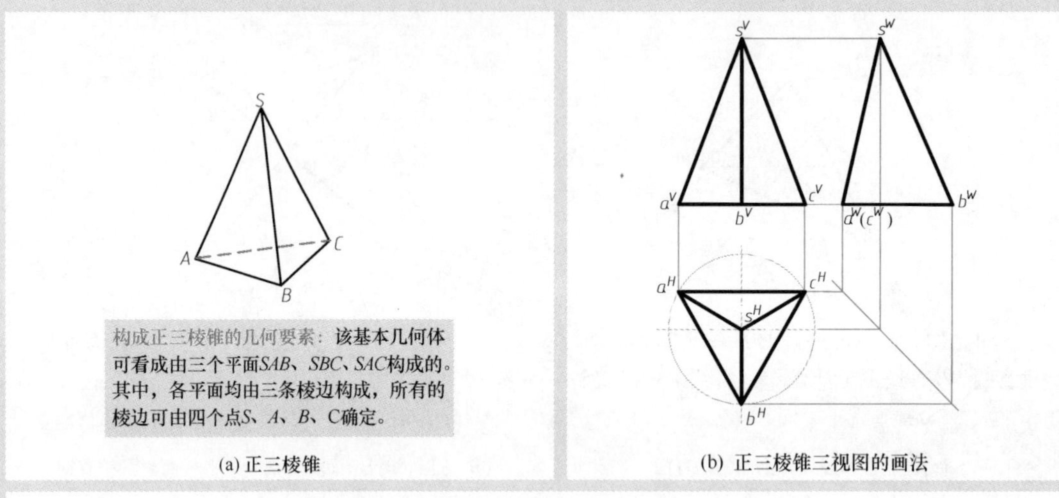

(a) 正三棱锥　　(b) 正三棱锥三视图的画法

说明：基本几何体多面视图的基本画法

一般而言，只需画出基本几何体上若干点的投影，再将这些点的同面投影连接为所需的轮廓线，即可完成基本几何体多面视图的绘制。

例如，在绘制图示正三棱锥的三视图时，可先绘制四个点 S、A、B、C 的三面正投影，再将这四个点的同面投影连接为所需的轮廓线，即可完成绘图工作（见图 b）。

图 6.29　基本几何体多面视图的画法示例与说明

对于一个形状复杂的几何体，通常将其看做是通过切割一个基本几何体或叠加多个基本几何体形成的。绘图时，一般应根据几何体的形成方式绘制，即通常应先绘制一个（或多个）基本几何体的多面视图，再应用上述点、线、面的几何条件及其相关画法绘制一些所需点、线、面的投影，即可完成一个形状复杂的几何体的多面视图的绘制（见图 6.30 ~ 图 6.34）。

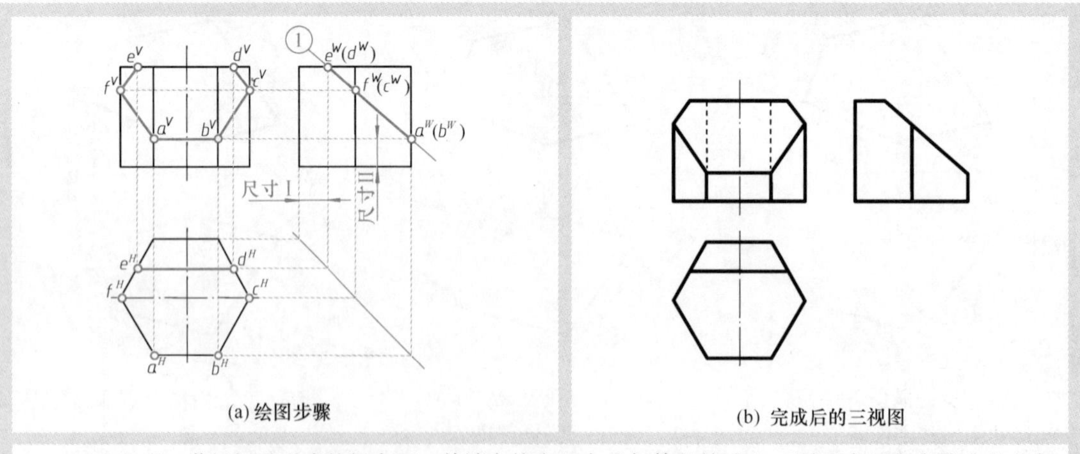

(a) 绘图步骤　　(b) 完成后的三视图

画法说明：若切割后形成的新表面，其端点均在基本几何体的棱边上，则可应用点在线上的几何条件及其相关画法直接绘制这些端点的投影。例如，在图 a 中，可先根据测量尺寸Ⅰ、Ⅱ绘制图线①，并得到新表面六个端点 $A \sim F$ 的 W 面投影 $a^W \sim f^W$，再应用点在线上的几何条件和画法即可做出端点 $A \sim F$ 在 H、V 面的投影，最后，依次连接各端点的同面投影即可得到新表面的三面正投影。

图 6.30　应用点在线上的基本画法绘制切割几何体的示例

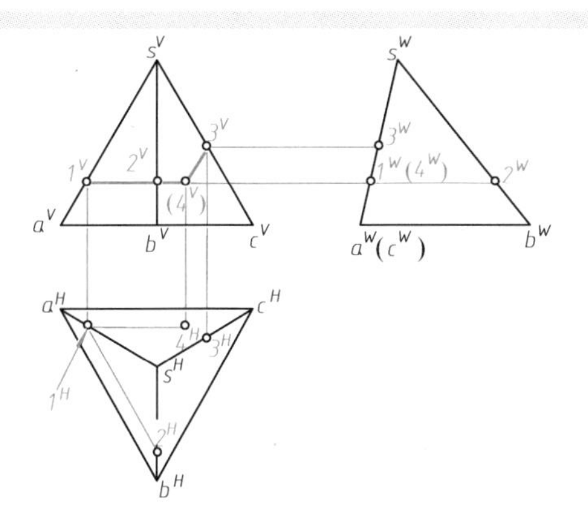

第一步：绘制正三棱锥的三视图。

第二步：根据端点1～4的 V 面投影作出其在 H、W 面的投影。其中，$1^H2^H // a^Hb^H$、$1^H4^H // a^Hc^H$。

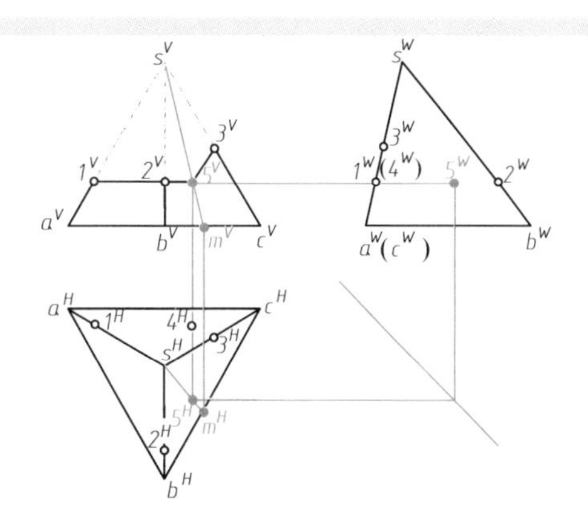

第三步：连接点 S 和点5并延长，则得到交点 M。可过 5^V 作辅助线 s^Vm^V，则得 s^Hm^H，且可由 5^V 得 5^H、5^W。

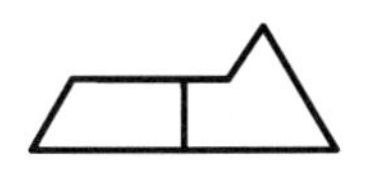
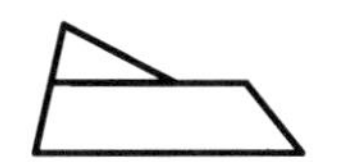
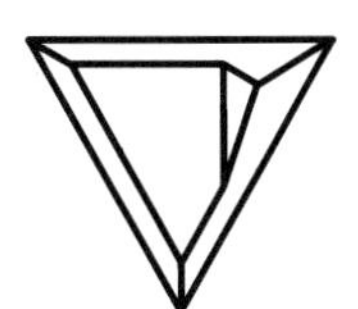

第四步：依次连接各端点的同面投影，擦除多余的图线并加粗，完成作图。

画法说明

切割后形成的新表面，若其端点在基本几何体的某个平表面上，则可应用平面上取点的相关画法（见图6.23）绘制这些端点的投影。例如，图中的点4和点5分别在三棱锥的表面 SAC 和 SBC 上，则其 H、W 面投影可作辅助线由 V 面投影求得。

图6.31　综合应用多个基本画法绘制切割几何体示例之一

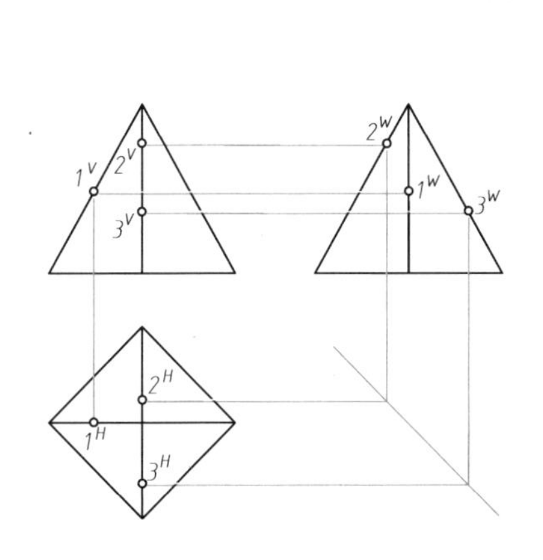

第一步：绘制正四棱锥的三视图。

第二步：根据端点1～3的高度尺寸作出其 V 面投影。

第三步：根据端点1～3的 V 面投影分别作出其在 H、W 面的投影。

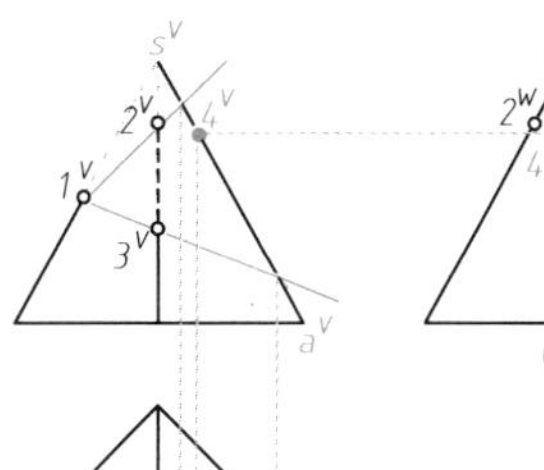

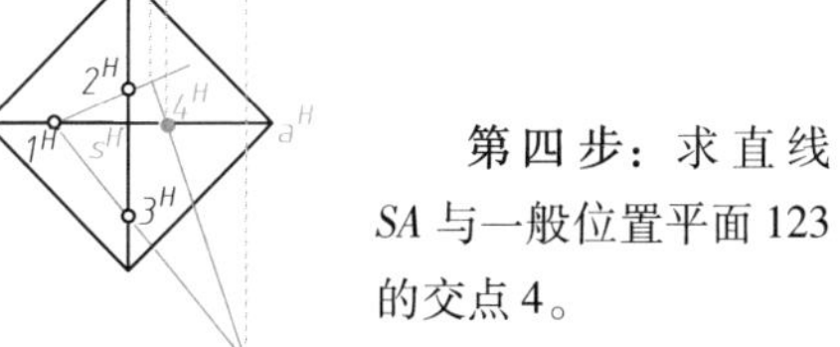

第四步：求直线 SA 与一般位置平面123的交点4。

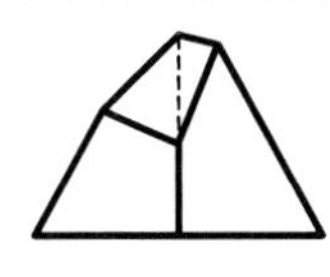
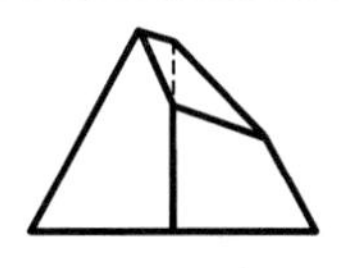
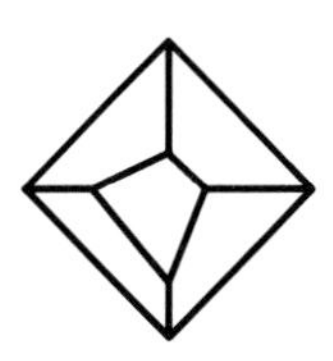

第五步：依次连接各端点的同面投影，擦除多余的图线并加粗。

图6.32　综合应用多个基本画法绘制切割几何体示例之二

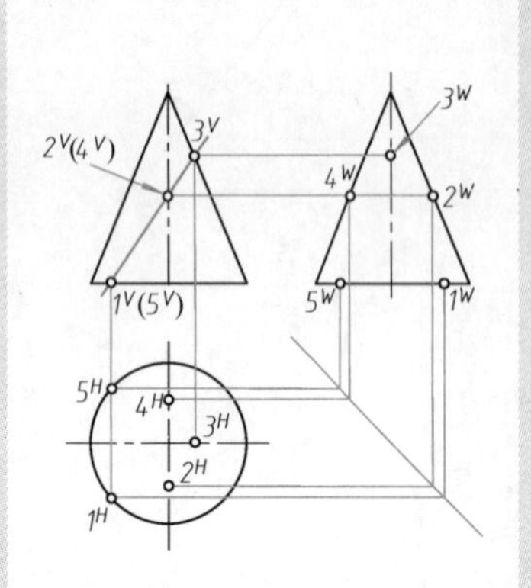

第一步：绘制正圆锥的三视图。

第二步：根据端点 1 ~ 5 的 V 面投影作出其在 H、W 面的投影（其中，点2、3、4 分别在圆锥面的某条轮廓素线上，点1、5 在底圆上，点1 ~ 5 均为特殊点）。

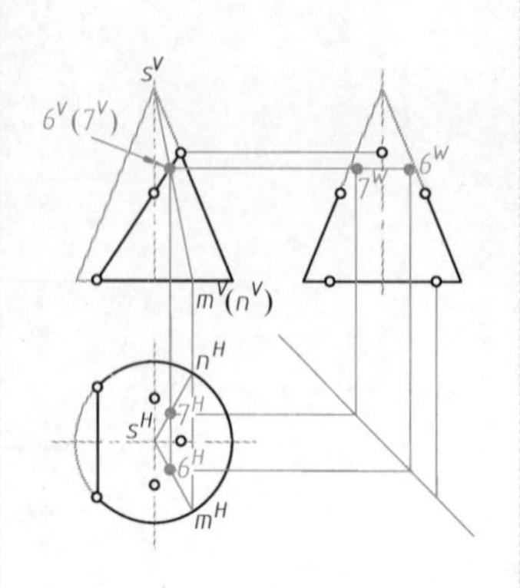

第三步：辅助素线法求点 6、7 的投影。在点 2^V 和 3^V 间任取一点 6^V，连接 s^V 和 6^V 并延长得 m^V，根据 m^V 可得 m^H，连接点 s^H 和 m^H，则可由 6^V 得 6^H（即所作辅助素线 SM 在圆锥面上，点6 在 SM 上，则点6 在圆锥面上）。点 7 的投影可由相同方法得到。

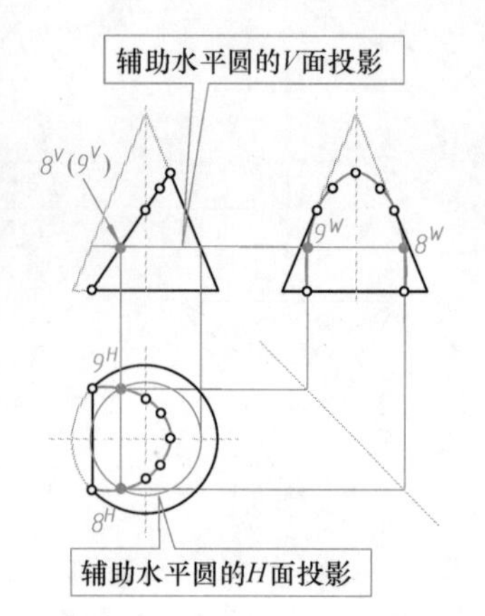

第四步：辅助圆法求点 8、9 的投影。在点 1^V 和 2^V 间任取一点 8^V。过点 8 作圆锥面上水平圆的两面投影，则可由 8^V 得 8^H 和 8^W，并可得到点 9 的三面正投影。

第五步：依次连线各端点的同面投影。

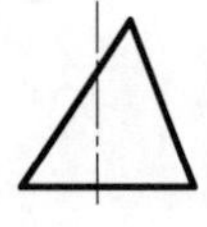
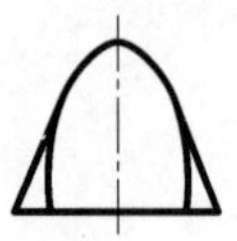
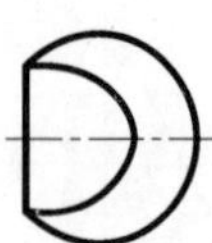

第六步：擦除多余图线并加粗等。

画法说明

切割后形成的曲线型棱边，其多面正投影图一般应采用图 6.4 所示的近似画法，并通常需要绘制一些必要的辅助素线或辅助圆，以得到所需点的投影。例如，图中的点 6 ~ 9，其多面正投影既可以使用辅助素线法、也可以使用辅助圆法得到。

图 6.33　综合应用多个基本画法绘制切割几何体示例之三

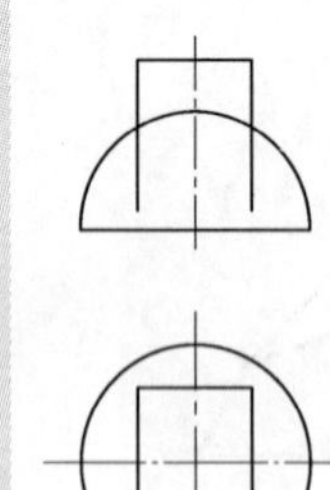

第一步：绘制四棱柱和半圆球的两面视图。

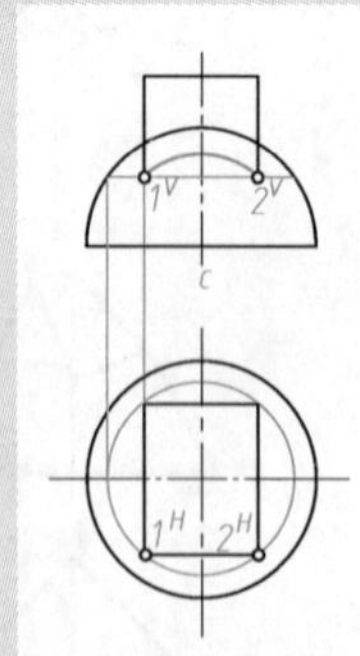

第二步：过点 1^H 作球面上的水平圆，则可得 1^V。使用相同方法得到点 2^V。

第三步：以点 c 为圆心，以线段 $c1^V$ 为半径画圆弧 1^V2^V。

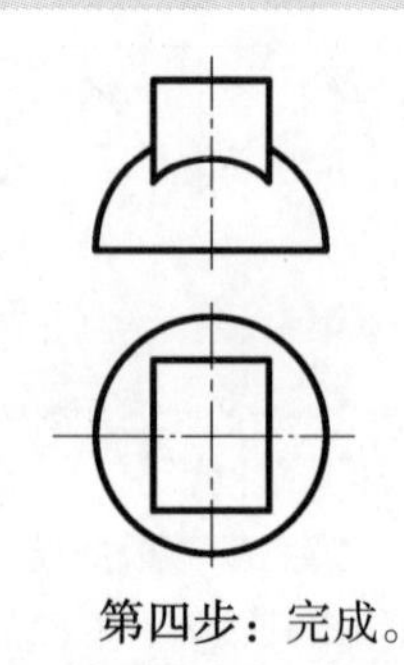

第四步：完成。

画法说明：球面上的点一定在球面上某个与投影面平行的圆上。根据这一几何原理，可过球面上的一点作一个球面上的水平圆（或正平圆、或侧平圆），根据该圆的投影即可得到该点的投影。

图 6.34　综合应用基本画法绘制叠加几何体的示例

6.5　图解空间几何问题的换面法

根据点在基本投影面和辅助投影面上投影的对应关系，可以得到点的换面画法。根据点的换面画法，可以在多面视图的基础上以图的形式解决各类工程中所需的如一般位置直线的实长、一般位置平面的实形、点线面之间的距离、线面之间的夹角等空间几何问题，这类图解方法称为**换面法**。

6.5.1　点的换面法

点在基本投影面和辅助投影面上的投影的对应关系如图 6.35 所示。依据这一关系，可以得到点在辅助投影面上的投影的画法，即只要得到一个点在多个基本投影面上的投影，就可以作出该点在辅助投影面上的投影（见图 6.36），这一画法通常称为“点的换面法”。

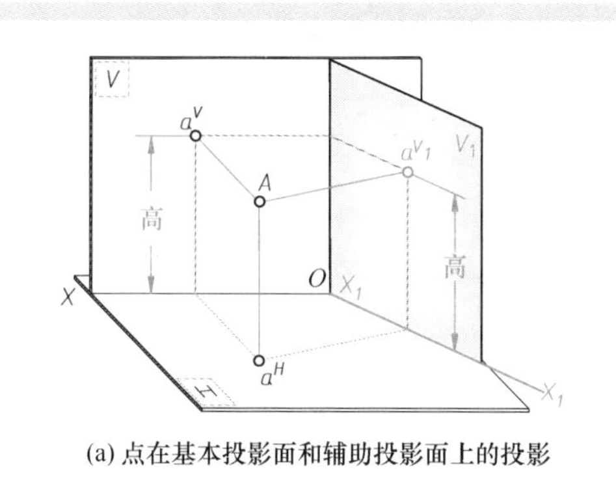

(a) 点在基本投影面和辅助投影面上的投影

(b) 展开后的投影面及其上点的投影

说明：点在基本投影面和辅助投影面上的投影的对应关系

如图 b 所示，展开后，点在与 H 面垂直的辅助投影面 V_1 上的投影与其在 H、V 投影面上的投影存在的位置对应关系为，一是 a^{V_1} 与 a^H 的连线垂直于 X_1X_1 轴，二是 a^{V_1} 至 X_1X_1 轴的距离等于 a^V 至 OX 轴的距离。点在与 V 面垂直的辅助投影面上的投影也与其在基本投影面上的投影存在着类似的位置对应关系。根据这种对应关系，可得到点在辅助投影面上的投影的画法（见图 6.36）。

图 6.35　点在基本投影面和辅助投影面上的投影的对应关系

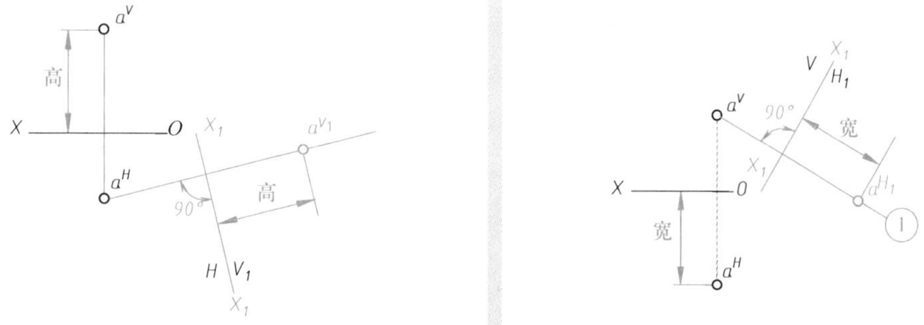

(a) 在与 H 面垂直的辅助投影面上投影的画法

(b) 在与 V 面垂直的辅助投影面上投影的画法

绘图步骤

第一步：绘制点的 H、V 面投影。**第二步**：确定 X_1X_1 轴的位置，并绘制 X_1X_1 轴。**第三步**：过 a^H（或 a^V）作 X_1X_1 轴的垂直线，并按点的高度（或宽度）尺寸在该垂直线上量取 a^{V_1}（或 a^{H_1}）。

图 6.36　点在辅助投影面上的投影的画法

6.5.2 换面法求一般位置直线的实长

如果需要求解一般位置直线的实长，则应建立一个与该直线平行的辅助投影面（见图6.37a），并采用点的换面法作出该直线在辅助投影面上的投影（见图6.37b）。还可以利用点的换面法根据已知实长求一般位置直线上的点（见图6.38）。

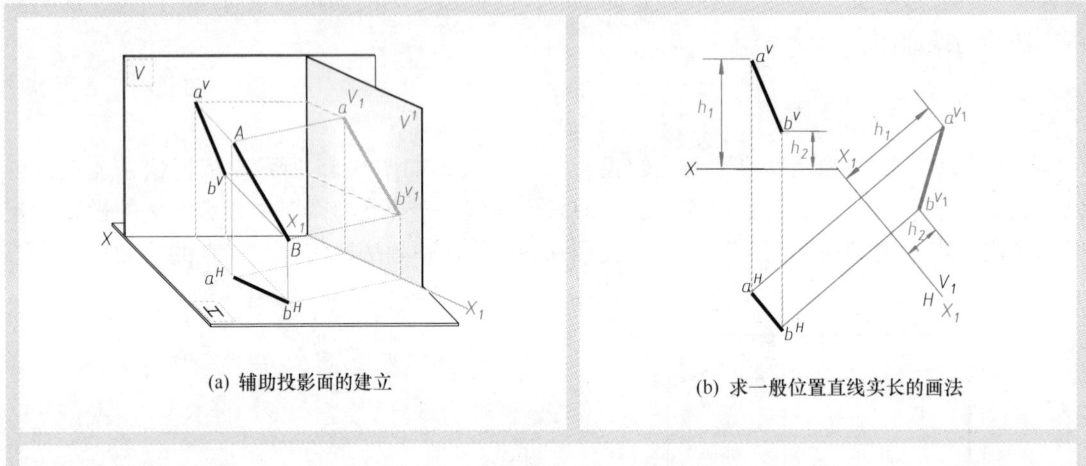

(a) 辅助投影面的建立

(b) 求一般位置直线实长的画法

说明：辅助投影面 V_1 与直线 AB 平行，即轴线 X_1X_1 平行于 a^Hb^H，则直线 AB 在 V_1 面的投影 $a^{V_1}b^{V_1}$ 显示了其实际长度。

图6.37 换面法求一般位置直线的实长

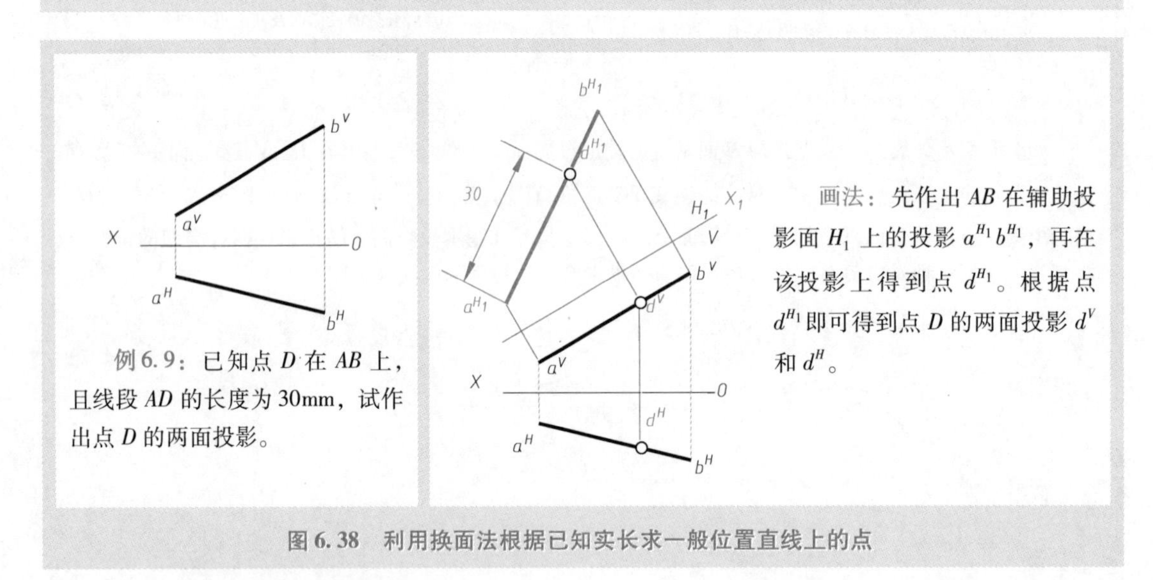

例6.9：已知点 D 在 AB 上，且线段 AD 的长度为30mm，试作出点 D 的两面投影。

画法：先作出 AB 在辅助投影面 H_1 上的投影 $a^{H_1}b^{H_1}$，再在该投影上得到点 d^{H_1}。根据点 d^{H_1} 即可得到点 D 的两面投影 d^V 和 d^H。

图6.38 利用换面法根据已知实长求一般位置直线上的点

6.5.3 第二辅助投影面与二次换面法

在利用点的换面法求解许多空间几何问题时，有时需要使用两个辅助投影面，这两个辅助投影面分别称为**第一辅助投影面**和**第二辅助投影面**（见图6.39）。其中，第二辅助投影面是在第一辅助投影面的基础上建立的。例如，在图6.39中，与一般位置直线 AB 垂直的辅助投影面 H_2 是不能直接建立的，必须先建立一个与直线 AB 平行的辅助投影面 V_1。

点在一个辅助投影面上的换面法通常又称为**一次换面法**，采用与一次换面法类似的方法可以得到点在第二辅助投影面上的投影（见图6.40中求 a^{H_2}、b^{H_2} 和 d^{H_2} 的方法）。使用两个辅助投影面图解空间几何问题的方法通常称为**二次换面法**。

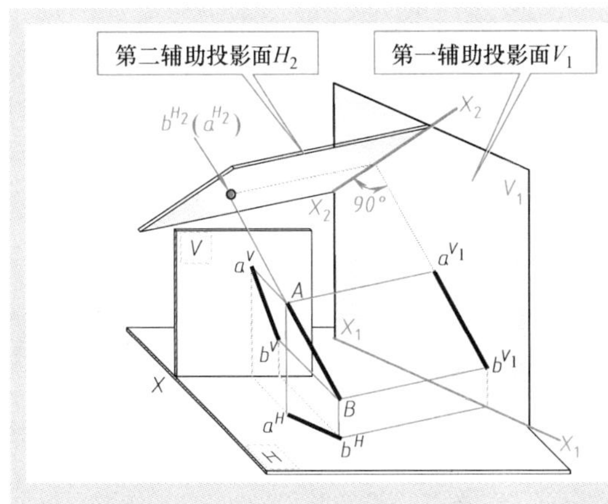

说　明

第一辅助投影面 V_1 与直线 AB 平行，即轴线 X_1X_1 平行于 a^Hb^H。

第二辅助投影面 H_2 垂直于第一辅助投影面 V_1、且垂直于直线 AB（即轴线 X_2X_2 垂直于 $a^{V_1}b^{V_1}$）。则直线 AB 在第二辅助投影面 H_2 上的投影为一个点。

点在第二辅助投影面上的投影画法如图 6.40 所示。

图 6.39　一般位置直线在第一、第二辅助投影面上的投影

6.5.4　二次换面法求点到直线的距离

根据几何体的多面视图并利用二次换面法可以求得点到一般位置直线的实际距离并求出垂足在基本投影面上的投影（见图 6.40）。

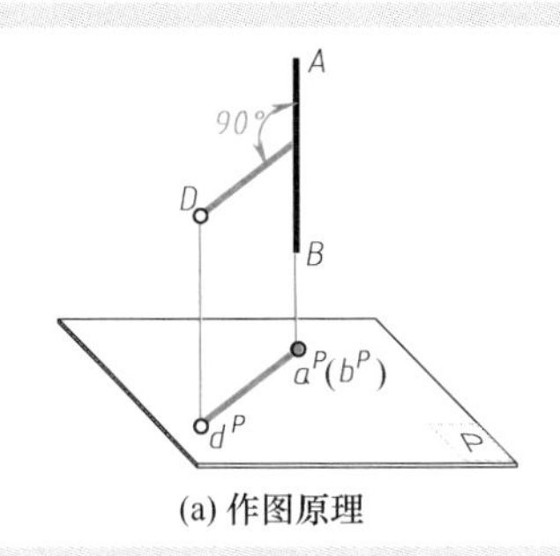

(a) 作图原理

说　明

当直线 AB 与投影面 P 垂直时，可在投影面 P 上显示点 D 与直线 AB 的实际距离。因此，根据多面视图求点到一般位置直线的距离时，必须按图 6.39 所示的方式建立两个辅助投影面分别与该直线平行和垂直。

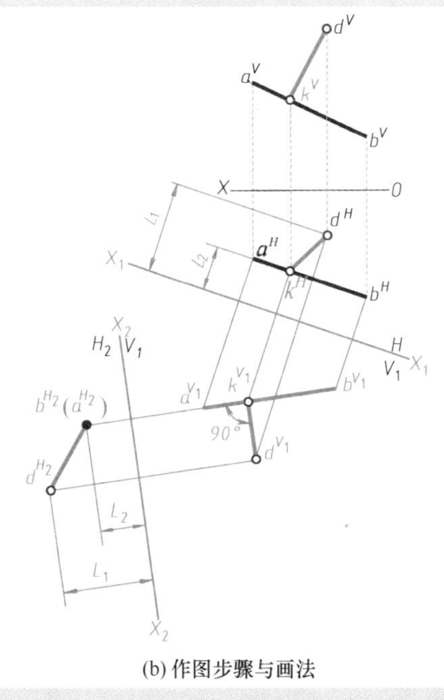

(b) 作图步骤与画法

画图步骤

第一步：作出点 D 与直线 AB 在第一辅助投影面 V_1 上的投影（其中，轴线 X_1X_1 平行于 a^Hb^H）。

第二步：作出点 D 与直线 AB 在第二辅助投影面 H_2 上的投影（其中，轴线 X_2X_2 垂直于 $a^{V_1}b^{V_1}$）。则轮廓线 $d^{H_2}b^{H_2}$ 的长度即为点 D 到直线 AB 的实际距离。

第三步：过 d^{V_1} 作 $a^{V_1}b^{V_1}$ 的垂线，得 k^{V_1}。根据 k^{V_1} 可得垂足 K 的 H、V 面投影 k^H、k^V。

图 6.40　二次换面法求点到直线的距离以及垂足的投影

6.5.5　二次换面法求两异面直线的距离

根据几何体的多面视图并利用二次换面法可以求得两异面直线的实际距离（见图

6.41）。

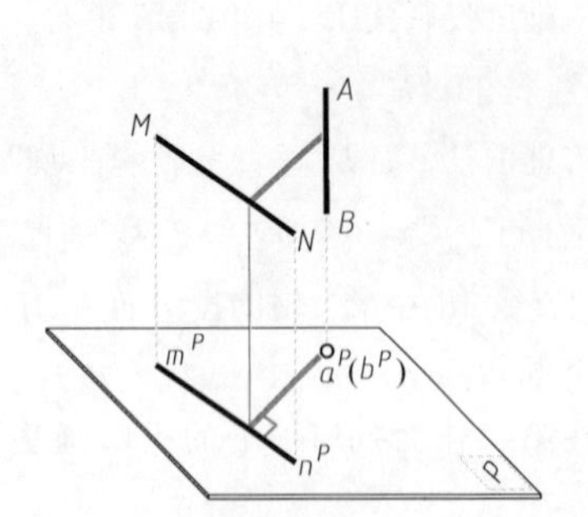

说明：当两异面直线中的一条与投影面P垂直时，可在投影面P上显示两异面直线的实际距离。因此，根据多面视图求两异面直线的实际距离时，必须按图6.39所示的方式建立两个辅助投影面分别与某条直线（例如直线AB）平行和垂直。

（a）作图原理

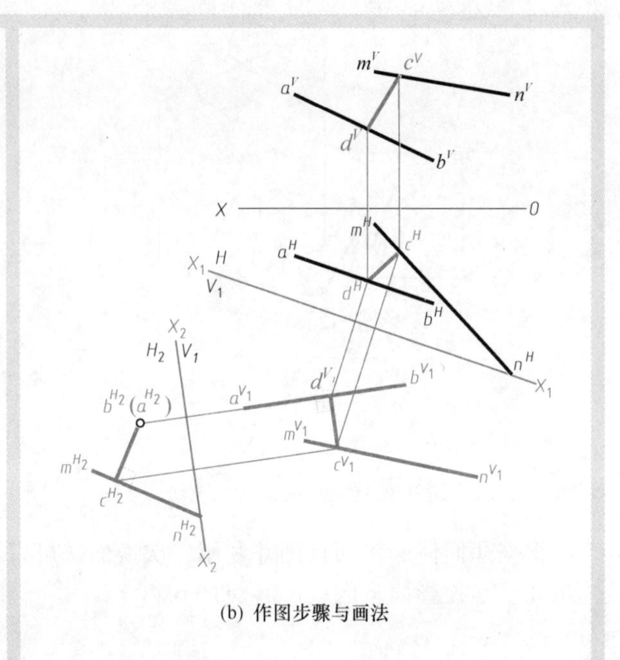

（b）作图步骤与画法

画图步骤（见图b）

第一步：作出直线AB与MN在第一辅助投影面V_1上的投影（其中，轴线X_1X_1平行于a^Hb^H）。

第二步：作出直线AB与MN在第二辅助投影面H_2上的投影（其中，轴线X_2X_2垂直于$a^{V_1}b^{V_1}$）。

第三步：过b^{H_2}作$m^{H_2}n^{H_2}$的垂线，则轮廓线$b^{H_2}c^{H_2}$的长度即为两异面直线的实际距离。

第四步：根据c^{H_2}可得c^{V_1}。过c^{V_1}作$a^{V_1}b^{V_1}$的垂线得d^{V_1}。根据c^{V_1}和d^{V_1}可得两异面直线的公垂线CD在H、V面上的投影。

图6.41　二次换面法求两异面直线的实际距离及其公垂线

6.5.6　二次换面法求平面的实形

如图6.42所示，求解一般位置平面的实际形状时需要利用二次换面法（其画法如图6.43所示），其中：

第一辅助投影面V_1应垂直于平面ABC内的某条直线（如水平线AD，即X_1轴垂直于直线AD的H面投影a^Hb^H），则平面ABC与V_1面垂直、且在V_1面的投影为一条直线。

第二辅助投影面H_2应垂直于第一辅助投影面V_1、且与平面ABC平行，即X_2轴平行于平面ABC在V_1面的投影$b^{V_1}c^{V_1}$，则平面ABC在H_2面的投影显示其实际形状。

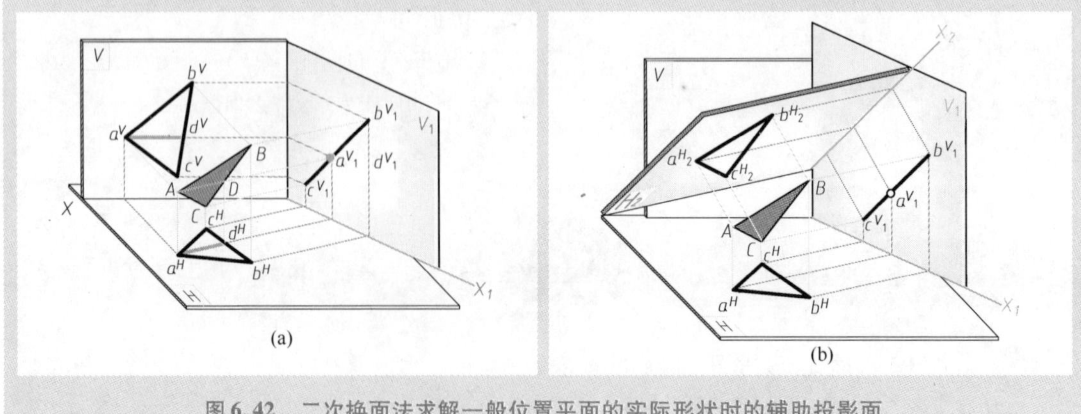

图6.42　二次换面法求解一般位置平面的实际形状时的辅助投影面

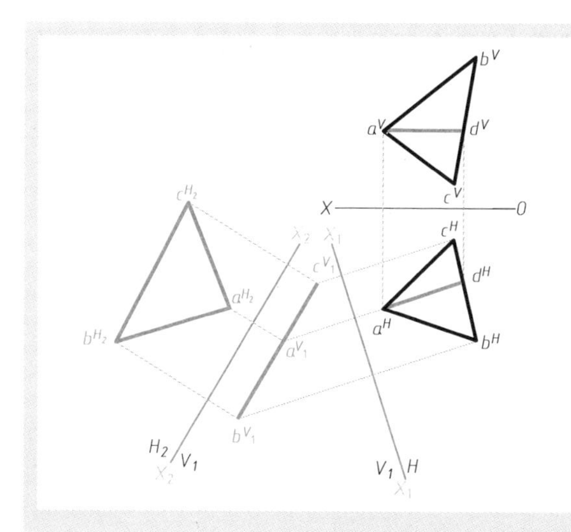

画图步骤

第一步：作出平面 *ABC* 内水平线 *AD* 的两面投影。

第二步：作出平面 *ABC* 在第一辅助投影面 V_1 上的投影（其中，轴线 X_1X_1 垂直于 $a^H d^H$）。

第三步：作出平面 *ABC* 在第二辅助投影面 H_2 上的投影（其中，轴线 X_2X_2 平行于 $b^{V_1} c^{V_1}$）。

图 6.43 二次换面法求解一般位置平面的实际形状

6.5.7 二次换面法求两一般位置平面的夹角

利用二次换面法可以求得两一般位置平面的实际夹角（见图 6.44）。

例 6.10：已知一般位置平面 *ABC* 的两面投影，试作一平面 *BCD*，使之与平面 *ABC* 的夹角为 75°、且相交于 *BC* 直线。

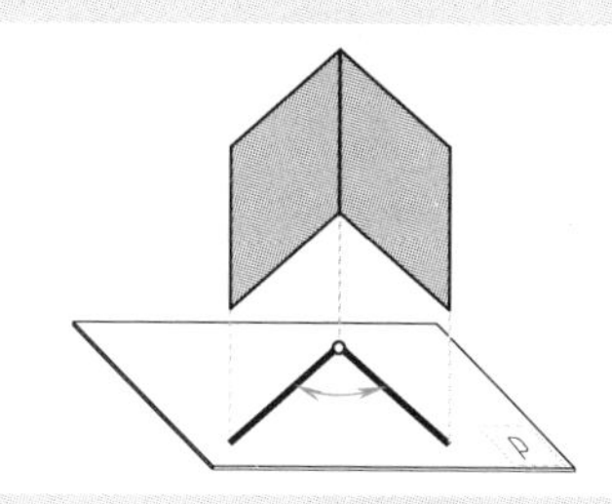

题解步骤一：作图原理分析

只有当两个平面都垂直于辅助投影面 *P* 时，其在辅助投影面 *P* 上的投影才能显示其夹角。此时，两个平面的交线与辅助投影面 *P* 垂直。

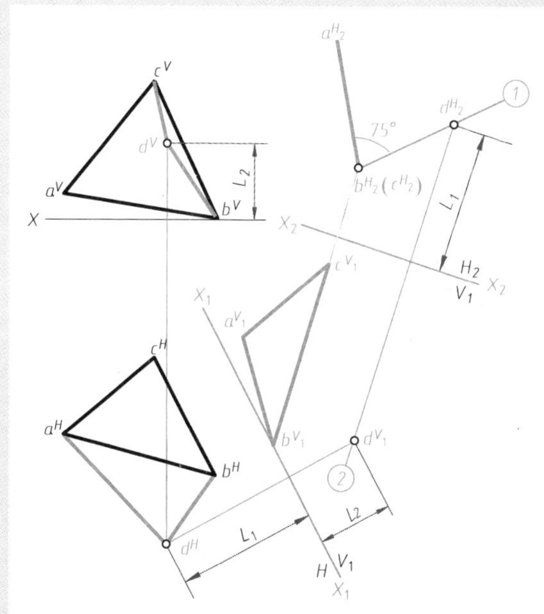

题解步骤二：绘图方法

第一步：作出平面 *ABC* 在第一辅助投影面 V_1 上的投影（其中，轴线 X_1X_1 平行于 $b^H c^H$，即 V_1 面与直线 *BC* 平行）。

第二步：作出平面 *ABC* 在第二辅助投影面 H_2 上的投影（其中，轴线 X_2X_2 垂直于 $b^{V_1} c^{V_1}$，即 H_2 面与直线 *BC* 垂直）。

第三步：过 b^{H_2} 作与 $a^{H_2} b^{H_2}$ 的夹角为 75° 的直线①，并在该直线上任取一点作为 d^{H_2}。

第四步：过 d^{H_2} 作与 X_2 轴垂直的直线②，并在该直线上任取一点作为 d^{V_1}。

第五步：根据尺寸 L_1、L_2 作出点 d^H 和 d^V。

第六步：连接 $b^H d^H$、$c^H d^H$、$b^V d^V$、$c^V d^V$ 求得平面 *BCD* 的投影。

图 6.44 二次换面法求两一般位置平面的实际夹角

6.6 图解空间几何问题的旋转法

工程中也常使用旋转法求解各类空间几何问题。所谓**旋转法**（*revolutions*），如图 6.45 所示，就是假想先使物体绕着一根旋转轴旋转、且使其表面 A 旋转到与基本投影面 V 平行的位置，再将旋转后的物体向基本投影面 V 投射，则物体的主视图将显示表面 A 的实际形状和大小。

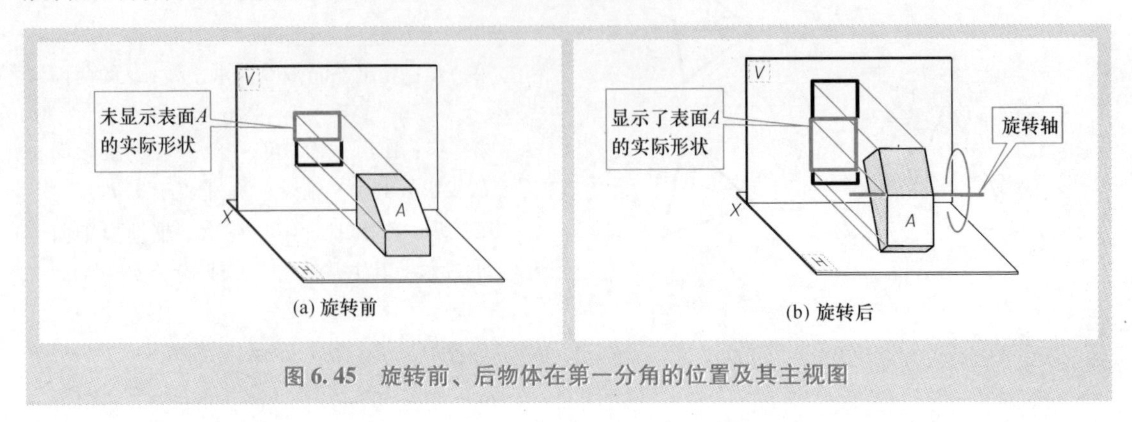

(a) 旋转前　(b) 旋转后

图 6.45　旋转前、后物体在第一分角的位置及其主视图

6.6.1　点的旋转画法

旋转法使用的旋转轴有三种，分别为与基本投影面垂直、平行和倾斜的旋转轴。工程中经常使用与基本投影面 H、V、W 垂直的旋转轴，分别称为铅垂轴、正垂轴与侧垂轴。

点绕铅垂轴（或正垂轴、或侧垂轴）旋转一周形成的轨迹是一个与基本投影面 H（或 V、或 W）平行的圆（分别如图 6.46a、图 6.47a、图 6.48a 所示），可根据该圆的多面正投影得到旋转后的点的多面正投影画法（分别如图 6.46b、图 6.47b、图 6.48b 所示）。

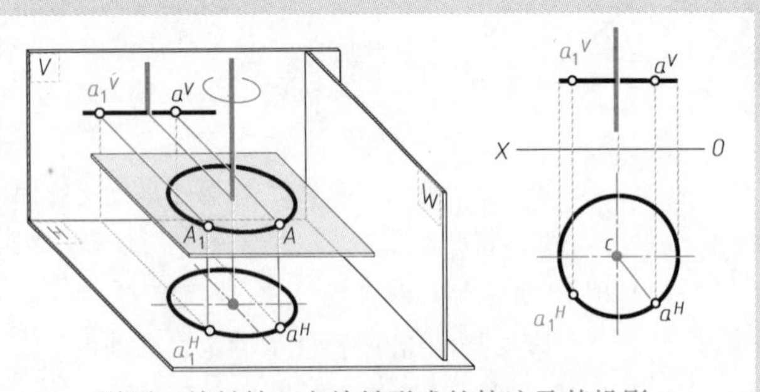

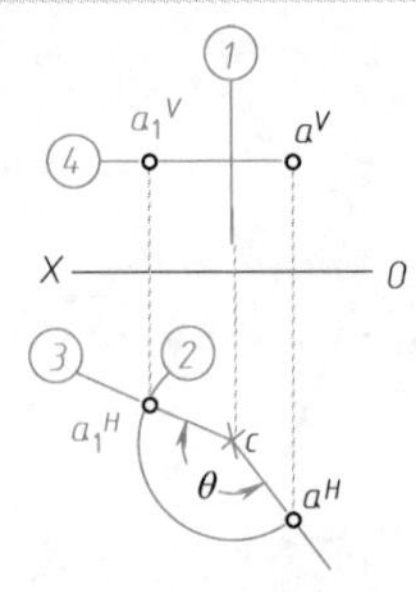

说明：旋转轴、点旋转形成的轨迹及其投影

铅垂轴在 H 面的投影为点 c。

点 A 绕铅垂轴旋转形成的轨迹是一个水平圆，该圆在 H 面的投影是一个以点 c 为圆心、以 ca^H 为半径的圆，该圆在 V 面的投影是一条过点 a^V 的水平线。

点 A 绕铅垂轴旋转至任意位置（如 A_1 位置）后，其投影（如 a_1^H、a_1^V）必在其轨迹的同面投影上。

(a) 点绕铅垂轴旋转形成的轨迹及其两面正投影

画图步骤

第一步：任作一铅垂轴的两面投影，即绘制图线①和点 c。

第二步：连接点 c 和点 a^H。

第三步：以点 c 为圆心、以 ca^H 为半径画圆弧②。

第四步：过点 c 作与直线 ca^H 夹角为 θ 的直线③，得点 a_1^H。

第五步：过点 a^V 作水平线④，则可由点 a_1^H 得到点 a_1^V。

(b) 旋转画法

图 6.46　绕铅垂轴旋转的点及其旋转画法

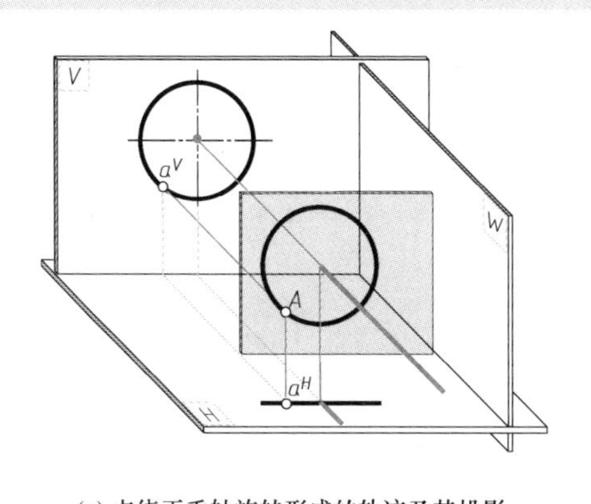

(a) 点绕正垂轴旋转形成的轨迹及其投影

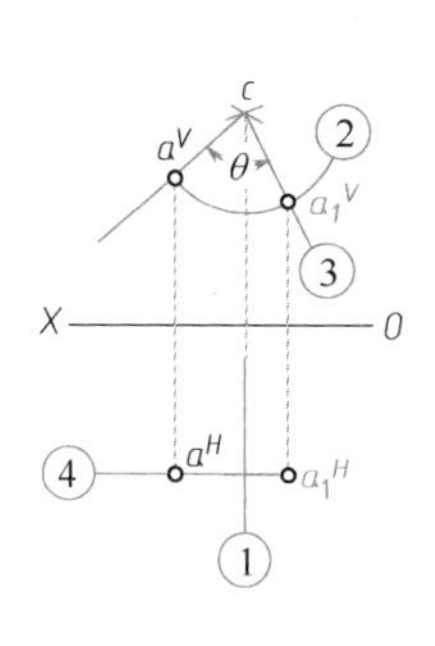

(b) 旋转画法

画法说明：点 A 绕正垂轴旋转形成的轨迹是一个正平圆（见图 a）。因此，可采用与图 6.46b 所示类似的画法绘制点 A 绕正垂轴旋转至任意位置后的多面正投影（见图 b）。

图 6.47　绕正垂轴旋转的点及其旋转画法

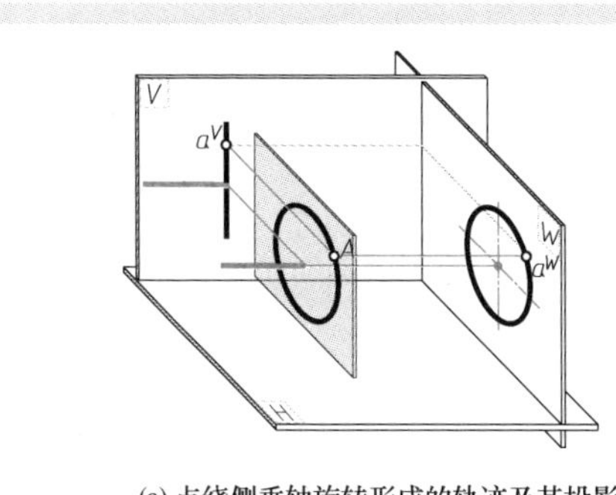

(a) 点绕侧垂轴旋转形成的轨迹及其投影

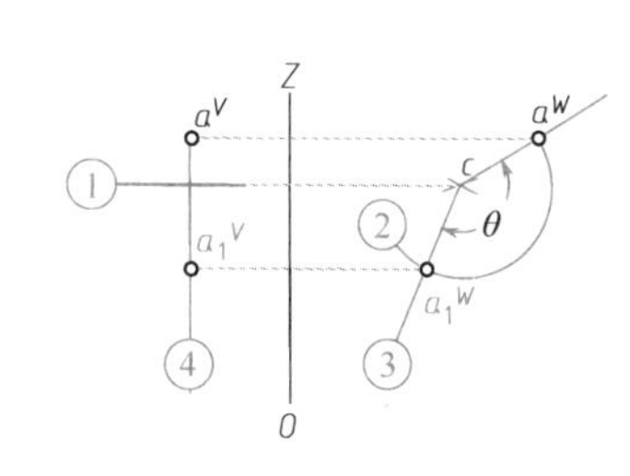

(b) 旋转画法

画法说明：点 A 绕侧垂轴旋转形成的轨迹是一个侧平圆（见图 a）。因此，可采用与图 6.46b 所示类似的画法绘制点 A 绕侧垂轴旋转至任意位置后的多面正投影（见图 b）。

图 6.48　绕侧垂轴旋转的点及其旋转画法

6.6.2　旋转法的应用

旋转法可用于求解各类空间几何问题。例如，工程中经常使用旋转法求解一般位置直线的实长（见图 6.49）和一般位置平面的实形（见图 6.50）。

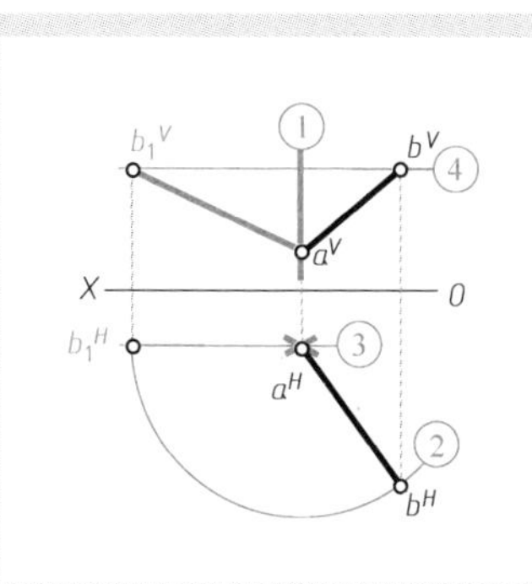

画法说明

如果把一般位置直线 AB 旋转至与基本投影面平行的位置，则可得到其实长。具体绘图步骤为：

第一步：过点 A 作铅垂轴①。

第二步：以点 a^H 为圆心、以 a^Hb^H 为半径画圆弧②。

第三步：过点 a^H 作水平线③，得点 b_1^H。

第四步：过 b^V 作水平线④，则可由点 b_1^H 得到点 b_1^V。则 $a^Vb_1^V$ 显示了直线 AB 的实长。

图 6.49　旋转法求一般位置直线的实长

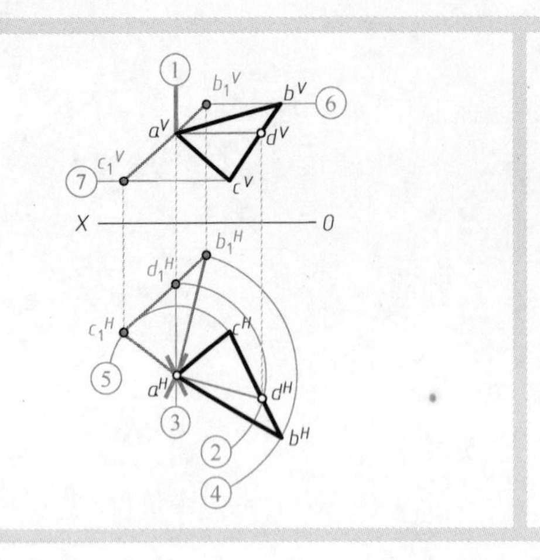

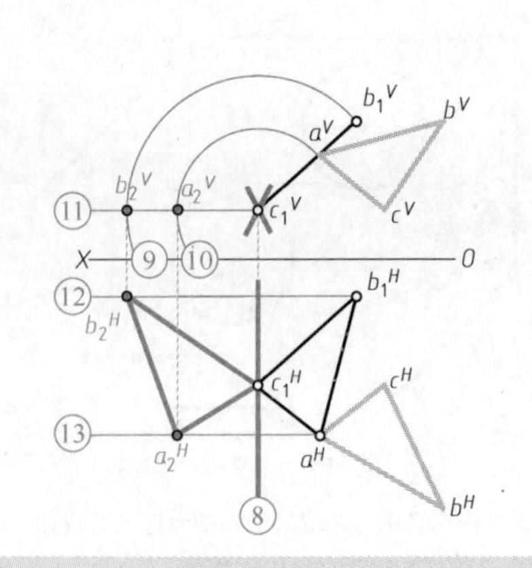

说明：求一般位置平面实形时的旋转方法

求一般位置平面的实形需将其旋转到与基本投影面平行的位置。但需旋转两次，即先将其旋转为投影面垂直面，再将其旋转为投影面平行面。

说明：绘图步骤

第一步：作平面 *ABC* 内水平线 *AD* 的两面投影。

第二步：过点 *A* 作铅垂轴①。

第三步：将 *AD* 旋转为正垂线。以点 a^H 为圆心、以 a^Hd^H 为半径画圆弧②。过点 a^H 作垂直线③，则可得点 d_1^H。

第四步：旋转点 *B*、*C* （其旋转角度应与点 *D* 相同）。以点 a^H 为圆心、以 a^Hb^H 为半径画圆弧④。过点 a^H 作直线 $a^Hb_1^H$，使 b_1^H 在圆弧④上、且 $\angle b_1^Ha^Hb^H = \angle d_1^Ha^Hd^H$。采用相同的旋转画法可得到点 c_1^H。

第五步：分别过 b^V、c^V 作水平线⑥、⑦，可得点 b_1^V、c_1^V。

第六步：过点 C_1 作正垂轴⑧。

第七步：将平面 *ABC* 绕所作正垂轴旋转，并将其旋转为水平面。即采用与第三~第五步相同的旋转画法绘制图线⑨~⑬。则三角形 $a_2^Hb_2^Hc_1^H$ 显示了平面 *ABC* 的实形。

图 6.50　旋转法求一般位置平面的实形

第7章 尺寸标注

本章目标

通过本章的学习，学习者应能够：

☺ 理解、掌握并描述尺寸的类型及其含义。
☺ 了解并理解尺寸标注的目的。
☺ 理解并掌握尺寸标注的基本规定，具备正确标注线性距离尺寸、圆与圆弧的尺寸、非圆曲线的尺寸、夹角的尺寸的能力。
☺ 理解并掌握尺寸标注的习惯方法，具备清晰、美观地在视图上标注各类尺寸的能力。
☺ 理解并掌握物体尺寸标注的基本规则。
☺ 理解并掌握定形尺寸、定位尺寸与总体尺寸的含义。
☺ 理解并掌握常见基本几何体的尺寸标注方法，具备相应的尺寸标注能力。
☺ 理解并掌握切割平面体的尺寸标注方法，具备相应的尺寸标注能力。
☺ 理解并掌握切割圆柱体的尺寸标注方法，具备相应的尺寸标注能力。
☺ 理解并掌握切割圆柱孔的尺寸标注方法，具备相应的尺寸标注能力。
☺ 理解并掌握叠加结构的尺寸标注方法，具备相应的尺寸标注能力。
☺ 理解并掌握相切结构的尺寸标注方法，具备相应的尺寸标注能力。
☺ 理解并掌握相贯结构的尺寸标注方法，具备相应的尺寸标注能力。
☺ 理解并掌握倾斜结构的尺寸标注方法，具备相应的尺寸标注能力。
☺ 理解并掌握对称结构的尺寸标注方法，具备相应的尺寸标注能力。
☺ 理解并掌握斜面与锥面的尺寸标注方法，具备相应的尺寸标注能力。
☺ 理解并掌握圆角、倒角和滚花的尺寸标注方法，具备相应的尺寸标注能力。
☺ 理解并掌握国家标准规定的各种简化尺寸标注，具备相应的尺寸标注能力。
☺ 具备查阅相关国家标准的能力。

7.1 物体的真实大小与尺寸标注

如果需要将描述物体真实形状的多面视图用于指导物体的生产，则必须给出完整、清晰的关于物体真实大小（*true size*）的描述，即必须在该多面视图中标注尺寸（*dimensioning*）。

例如，对于图7.1a所示的物体，图7.1b中的两面视图表达了它的真实形状，但如果不在该两面视图上标注尺寸，则制造者无法得知物体的大小，也就不可能制造该物体。反之，如果在显示了表面Ⅰ真实形状的主视图上标注了描述表面Ⅰ真实大小的尺寸，在左视图上标注了描述该物体真实宽度的尺寸，则图7.1a所示物体的真实大小就得以完整与清晰地描述，制造者也就可以根据这一尺寸描述制造出大小完全符合设计要求的物体。

尺寸（*dimension*）通常以线性距离、角度或注释的形式标注在视图上（见图7.1b）。其中：

（1）线性距离是指两点之间的距离，它可描述视图上直线段的长度（见图7.2a）、点与直线或两平行直线之间的距离（见图7.2b，c）、圆的直径（见图7.2d）或圆弧的半径（见图7.2e）。

（2）角度是指视图上两相交直线（轮廓线或中心线）之间的夹角。

（3）注释是指在视图中用文字、符号等形式给出的某些线性距离或角度。

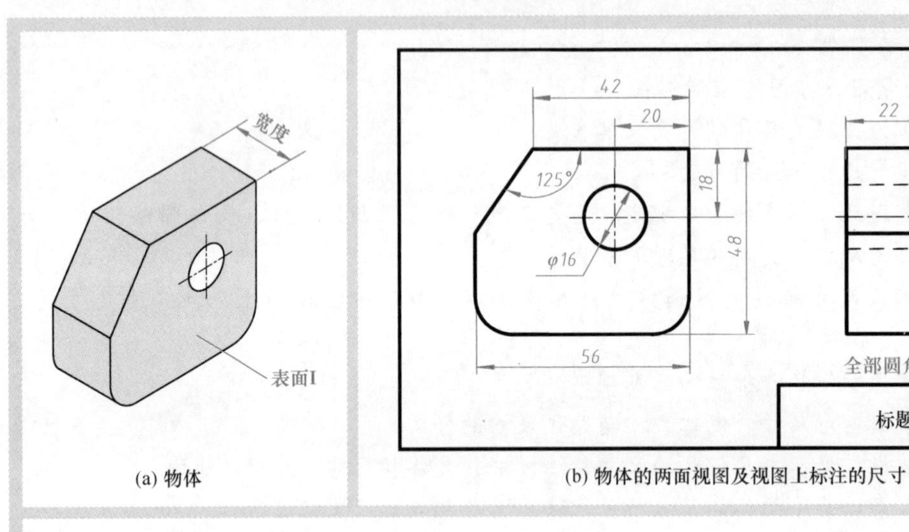

(a) 物体　　(b) 物体的两面视图及视图上标注的尺寸

说　明

表面Ⅰ的真实大小使用线性距离尺寸（包括尺寸42、48、56、18、20和$\phi16$）、角度尺寸（125°）和注释（全部圆角$R10$）描述。其中，尺寸42描述了直线段的长度，尺寸48和56分别描述了两平行线间的距离，尺寸18和20分别描述了圆心至直线的距离，尺寸$\phi16$描述了圆的直径（符号ϕ表示直径），尺寸125°描述了两相交直线间的夹角，“全部圆角$R10$”描述了圆弧A与B的半径（符号R表示半径）。

物体的真实宽度使用线性距离尺寸22描述。

图7.1　物体的真实大小与尺寸标注

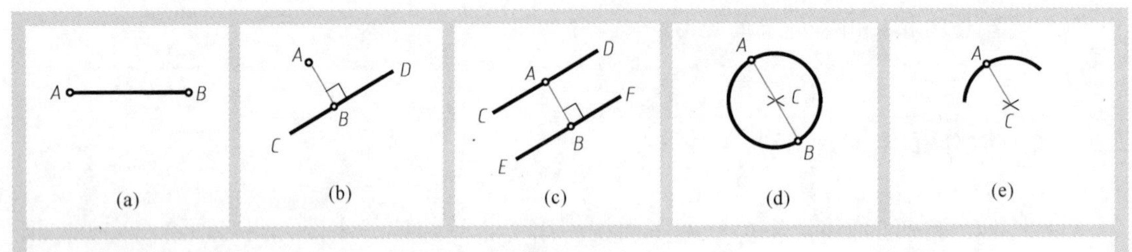

(a)　(b)　(c)　(d)　(e)

说　明

在图a中，点A、B之间的距离就是直线段AB的长度。

在图b中，点A、B之间的距离就是点A到直线CD的距离。

在图c中，点A、B之间的距离就是两平行直线CD、EF之间的距离。

在图d中，点A、B之间的距离就是圆的直径。

在图e中，点A、C之间的距离就是圆弧的半径。

图7.2　线性距离的说明

7.2 尺寸标注的基本规定

国家标准（GB/T 4458.4—2003）对线性距离尺寸、角度尺寸的标注给出了不同的规定，并同时给出了使用线性距离和角度描述非圆曲线大小的尺寸标注方法。

7.2.1 线性距离——长度与距离的尺寸标注

长度是指直线段的长度，距离是指两点之间（或点与直线之间、或两平行直线之间）的距离。国家标准规定，在标注长度或距离这一类线性距离尺寸时，应绘制尺寸线与尺寸界线、并注写尺寸数字（见图7.3）。其中：

（1）尺寸线用于指明尺寸的方向，应使用细实线绘制。绘制尺寸线时应注意以下三点：一是尺寸线的终端一般采用箭头形式（见图7.4a，箭头应徒手画出），也可采用斜线形式（见图7.4b）。但在同一张图样中只能采用一种终端形式。机械图样中一般采用箭头作为尺寸线终端；二是尺寸线所指明的尺寸方向有两种，一种尺寸方向是倾斜方向（见图7.5），另一种尺寸方向是水平（或垂直）的方向（见图7.6）；三是尺寸线不能用其他图线代替，一般也不得与其他图线重合或画在其延长线上（见图7.7）。

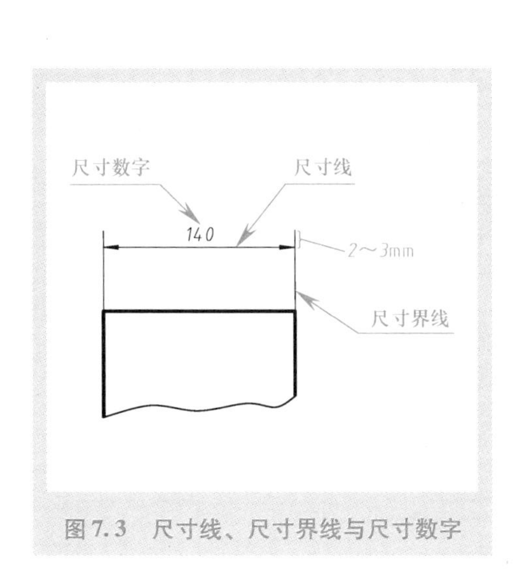

图7.3 尺寸线、尺寸界线与尺寸数字

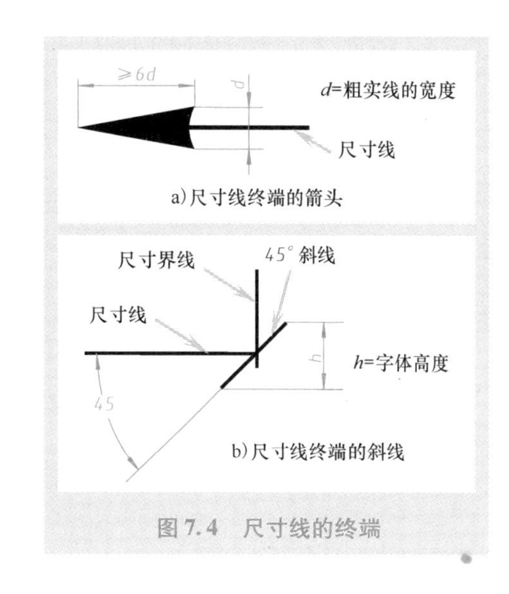

图7.4 尺寸线的终端

（2）尺寸界线用于界定尺寸线的范围，应使用细实线绘制。绘制尺寸界线时应注意以下四点：一是尺寸界线应由图形的轮廓线或中心线处引出，并习惯上超出尺寸线2～3mm左右（见图7.3）；二是尺寸界线一般应与尺寸线垂直（见图7.3～7.6），但必要时允许尺寸界线与尺寸线倾斜（见图7.8）；三是在光滑过渡处标注尺寸时，应使用细实线将轮廓线延长，并从它们的交点处引出尺寸界线（见图7.8）；四是也可以利用中心线或轮廓线作为尺寸界线（见图7.5b的尺寸24和图7.6a的尺寸32）。

（3）尺寸数字给出了长度或距离的具体数值。注写尺寸数字时应注意以下五点：一是尺寸数字通常采用3.5号字；二是尺寸数字一般应注写在尺寸线的上方，也允许注写在尺寸线的中断处（见图7.9）；三是尺寸数字的标注方法有两种（见图7.10），一般应采用方法一注写，在不致引起误解时，也允许采用方法二。但在同一张图样中，应尽可能采用同一种方法；四是尺寸数字不可被任何图线所通过，否则必须将该图线断开（见图7.11）；五是注写尺寸数字是尺寸标注中最重要的内容，应按照国家标准的要求认真注写，任何缭乱或不正确的注写都有可能引起误解，从而导致生产或施工中的错误。

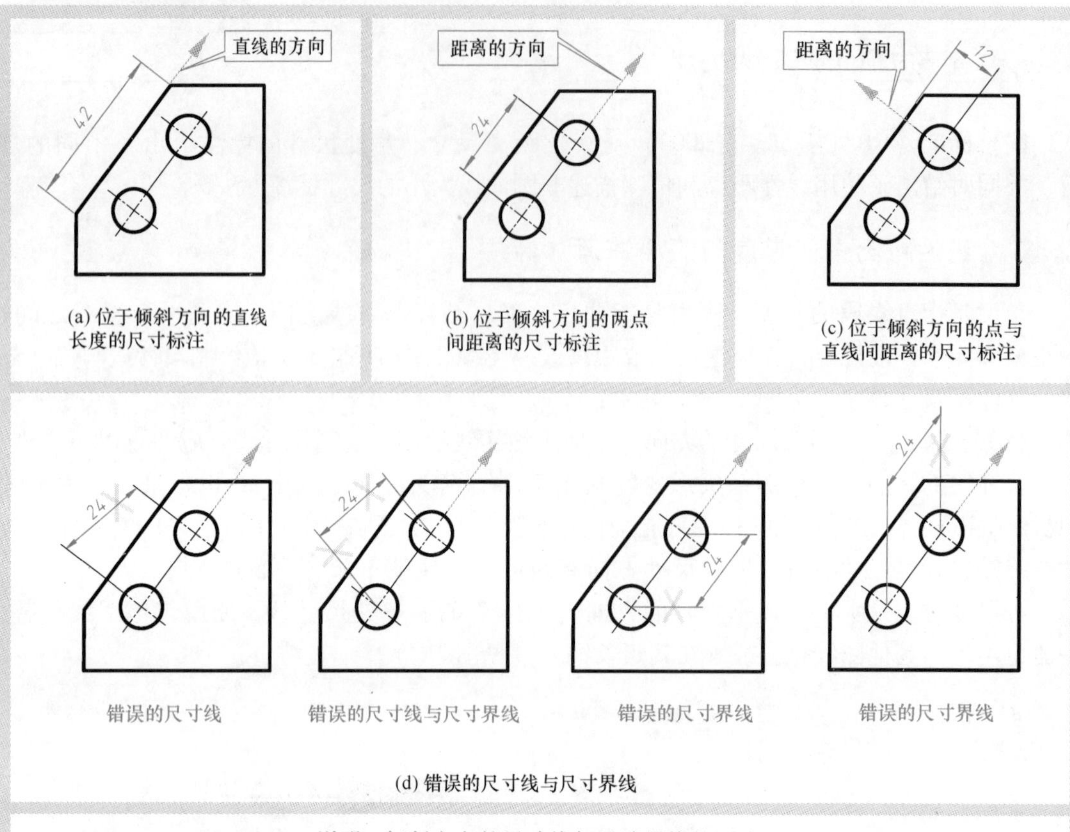

(a) 位于倾斜方向的直线长度的尺寸标注

(b) 位于倾斜方向的两点间距离的尺寸标注

(c) 位于倾斜方向的点与直线间距离的尺寸标注

错误的尺寸线　错误的尺寸线与尺寸界线　错误的尺寸界线　错误的尺寸界线

(d) 错误的尺寸线与尺寸界线

说明：倾斜方向的尺寸线与尺寸界线的画法

在标注一个位于倾斜方向的长度或距离的尺寸时，所绘制的尺寸线应平行于该倾斜方向，所绘制的尺寸界线一般应垂直于该倾斜方向，这时，尺寸线与尺寸界线相互垂直（见图 a ~ c）。一般而言，与该倾斜方向不平行的尺寸线及不垂直的尺寸界线都是错误的（见图 d）。

图 7.5　尺寸线与尺寸界线的画法之一：倾斜方向的尺寸线与尺寸界线

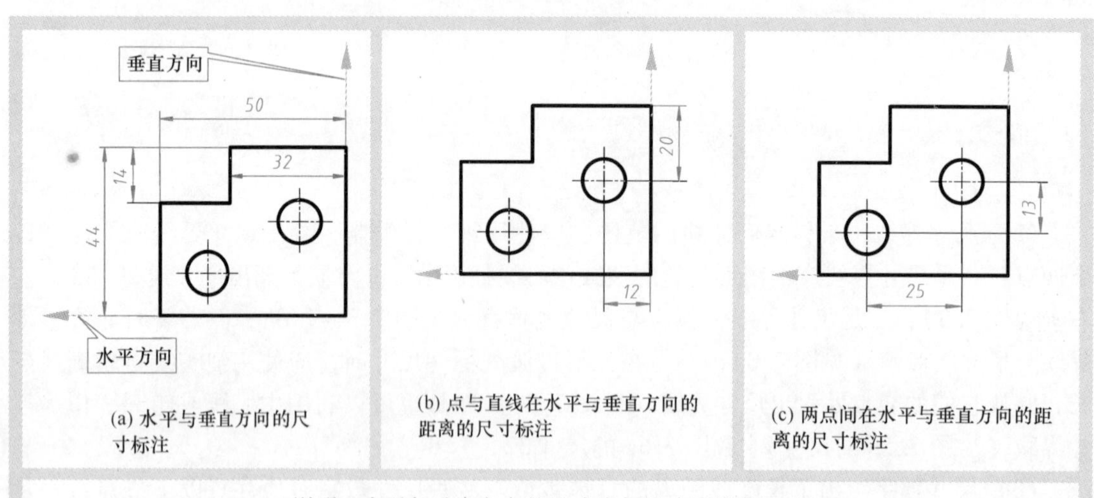

(a) 水平与垂直方向的尺寸标注

(b) 点与直线在水平与垂直方向的距离的尺寸标注

(c) 两点间在水平与垂直方向的距离的尺寸标注

说明：水平与垂直方向的尺寸线与尺寸界线的画法

在标注一个位于水平（或垂直）方向的长度或距离的尺寸时，所绘制的尺寸线应平行于水平（或垂直）方向，所绘制的尺寸界线一般应垂直于水平（或垂直）方向，这时，尺寸线与尺寸界线相互垂直（见图 a ~ c）。

图 7.6　尺寸线与尺寸界线的画法之二：水平与垂直方向的尺寸线与尺寸界线

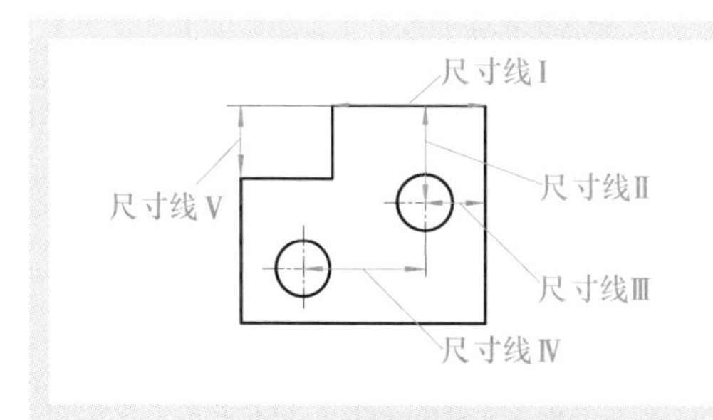

说明：错误的尺寸线

尺寸线Ⅰ错误：与轮廓线重合。

尺寸线Ⅱ、Ⅲ、Ⅳ错误：与中心线重合。

尺寸线Ⅴ错误：画在轮廓线的延长线上。

图7.7　尺寸线与尺寸界线的画法之三：错误的尺寸线示例

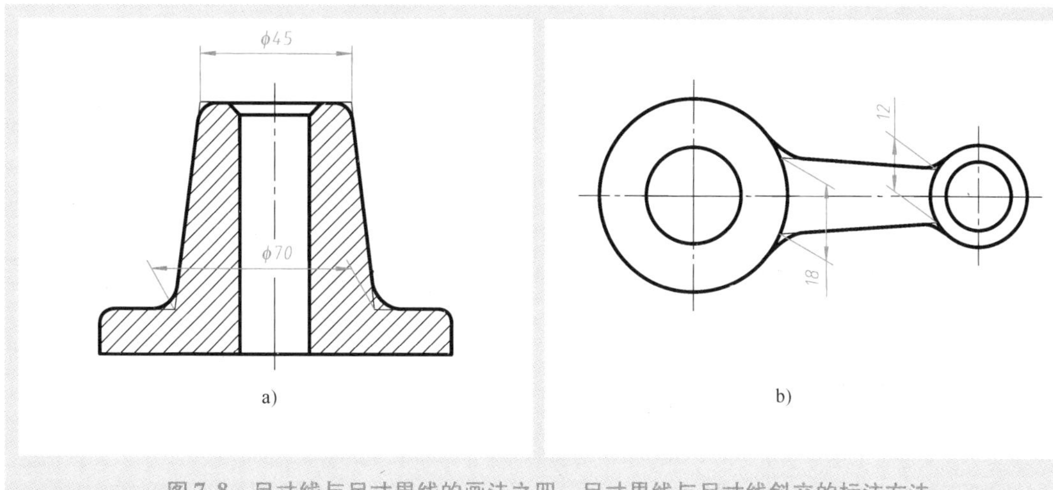

图7.8　尺寸线与尺寸界线的画法之四：尺寸界线与尺寸线斜交的标注方法

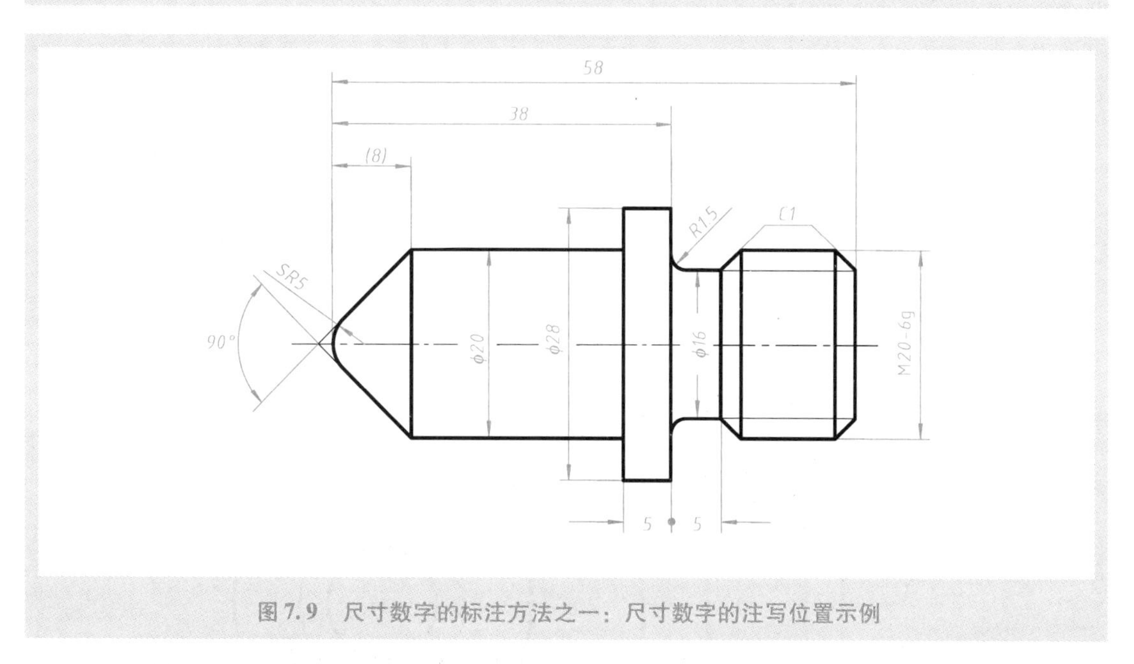

图7.9　尺寸数字的标注方法之一：尺寸数字的注写位置示例

（4）其他标注要点有以下四点：一是当直线段或距离的方向是一个水平或垂直方向时，可按图7.6a所示的方法标注其尺寸；二是当直线段或距离的方向是一个倾斜方向时，可根据需要采取两种尺寸标注方法，一种方法是按图7.5所示的方法沿着其倾斜方向标注尺寸，另一种方法是按照图7.6b、c所示的方法同时在水平和垂直方向标注尺寸；三是当需要标注一段弦长的尺寸时，应按照图7.12所示的方法标注；四是当需要标注较小长度或距离的尺寸时，应按照图7.13所示的方法标注。

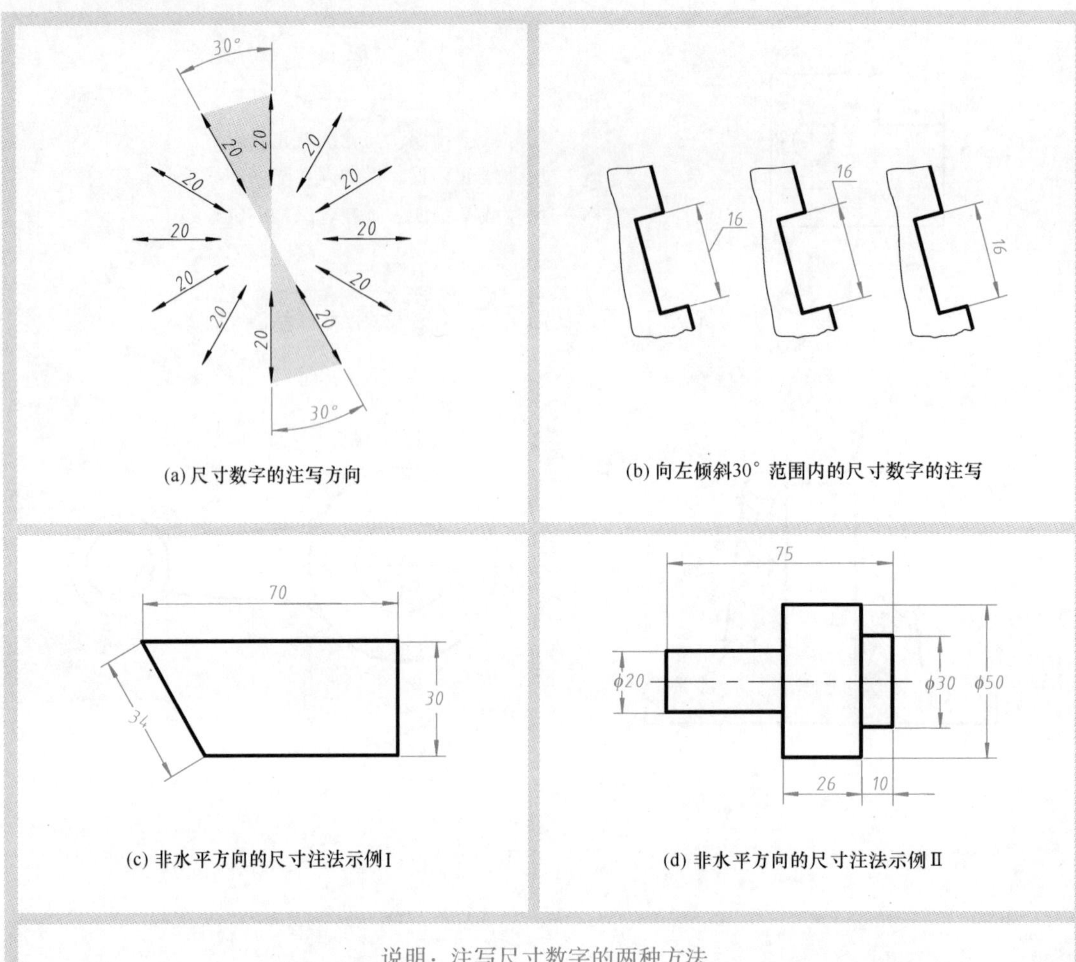

(a) 尺寸数字的注写方向

(b) 向左倾斜30°范围内的尺寸数字的注写

(c) 非水平方向的尺寸注法示例Ⅰ

(d) 非水平方向的尺寸注法示例Ⅱ

说明：注写尺寸数字的两种方法

方法一：尺寸数字应按图a所示的方向注写，并尽可能避免在图示30°范围内标注尺寸，当无法避免时，可按图b所示的形式标注。

方法二：对于非水平方向的尺寸，其数字可水平地注写在尺寸线的中断处（见图c和图d的示例）。

图7.10　尺寸数字的标注方法之二：尺寸数字的注写方法及其说明

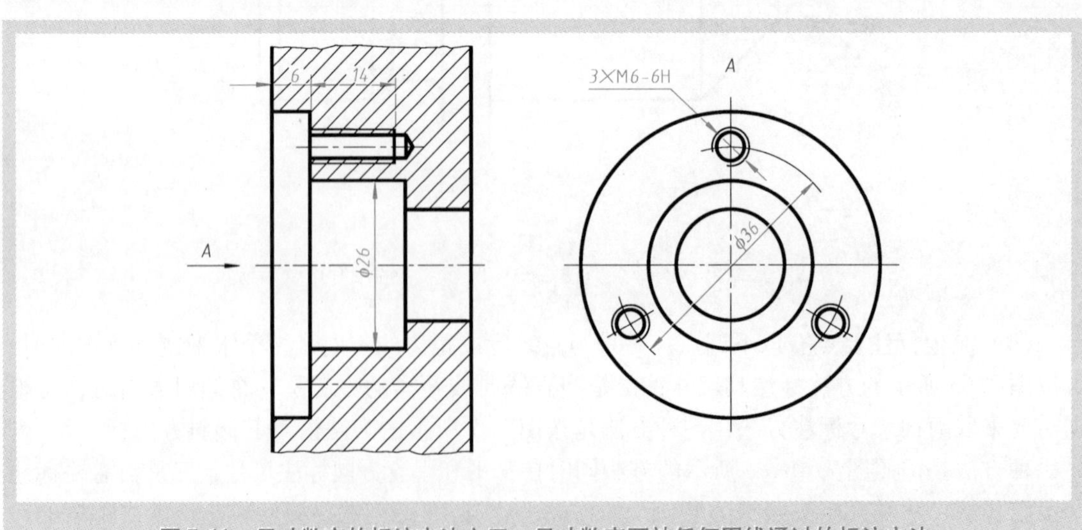

图7.11　尺寸数字的标注方法之三：尺寸数字不被任何图线通过的标注方法

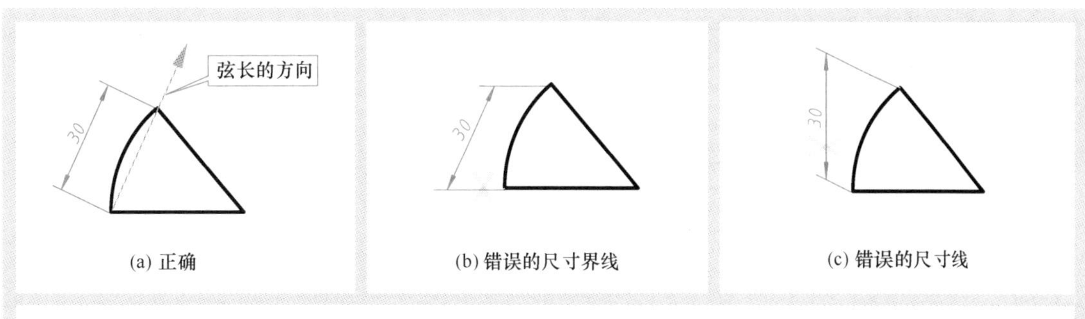

说明：弦长的尺寸标注方法

弦长是指一段圆弧的两个端点之间的直线距离（或连接圆弧两个端点之间的直线距离）。因此，标注弦长尺寸时，应遵循距离的尺寸标注方法，即所绘制的尺寸线应平行于弦长方向，所绘制的尺寸界线一般应垂直于弦长方向，尺寸线与尺寸界线一般应相互垂直。

图 7.12　弦长的尺寸标注方法

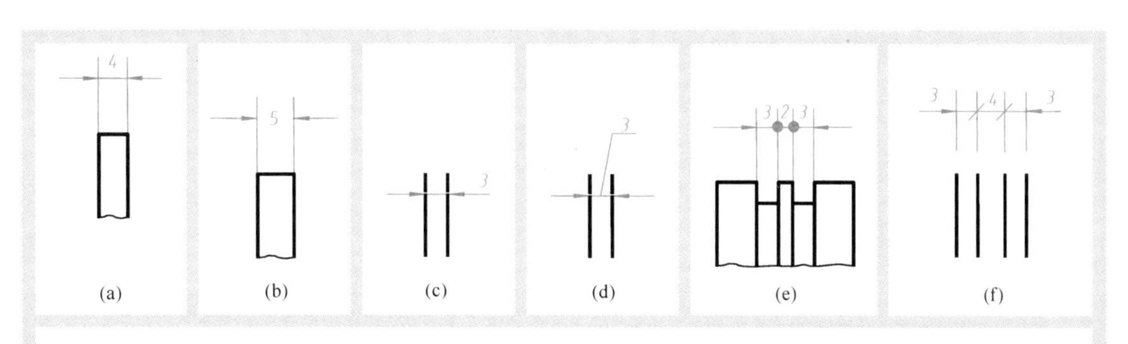

说明：较小长度或距离的尺寸标注方法

方法 1：在没有足够的位置画箭头时，可按照图 a、b 所示的形式画箭头与书写尺寸数字。

方法 2：在没有足够的位置书写尺寸数字时，可按照图 c 或图 d 所示的形式书写尺寸数字。

方法 3：如果需要在同一个方向连续标注较小的尺寸时，可按照图 e（或图 f）所示的形式用圆点（或斜线）代表箭头。

图 7.13　较小长度或距离的尺寸标注方法

7.2.2　线性距离——直径与半径的尺寸标注

一般情况下，圆的大小使用直径描述，圆弧的大小使用半径描述，国家标准对直径与半径的尺寸标注主要规定了以下六点：

（1）圆一般应标注直径。标注直径时，应在表示直径的尺寸数字前加注符号“ϕ”（见图 7.14）。

（2）**大于半圆的圆弧**一般标注直径，其直径的尺寸标注方法如图 7.15 所示。

（3）**同一圆心的两段（或多段）圆弧**一般标注直径，其直径的尺寸标注方法如图 7.16 所示。

（4）**半圆或小于半圆的圆弧**一般应标注半径。标注半径时，应在表示半径的尺寸数字前加注符号“R”（见图 7.17）。

（5）如果需要标注**圆弧的弧长**（即通常情况下，圆弧的弧长可由其他图线的尺寸和圆弧的半径确定，其弧长尺寸不需要标注。但在弧长不能由其他图线的尺寸确定时，通常需要标注弧长的尺寸），则应在表示弧长的尺寸数字左方加注符号“⌒”（符号“⌒”的比例画法见 7.13 节的表 7.3），其具体的尺寸标注方法如图 7.18 所示。

（6）标注球面的直径或半径时，应在符号“ϕ”或“R”前再加注符号“S”，其尺寸标注方法如图 7.19 所示。

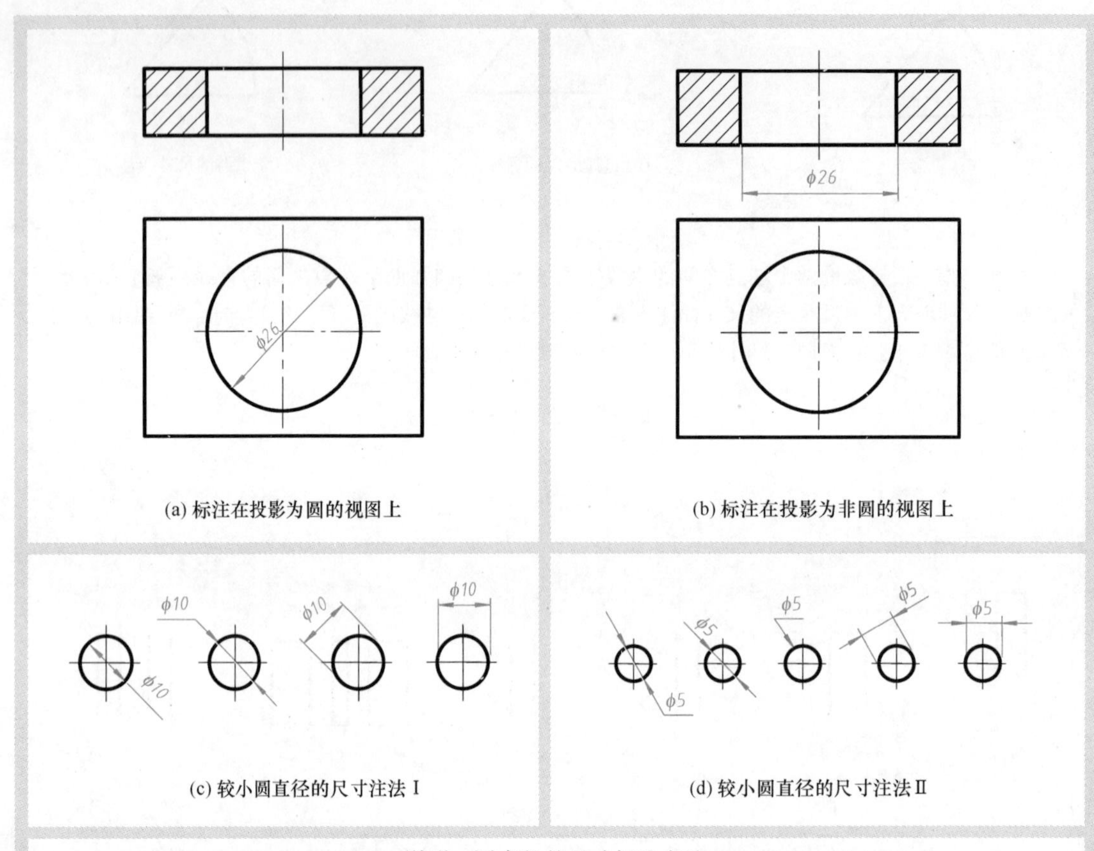

(a) 标注在投影为圆的视图上

(b) 标注在投影为非圆的视图上

(c) 较小圆直径的尺寸注法 Ⅰ

(d) 较小圆直径的尺寸注法 Ⅱ

说明：圆直径的尺寸标注方法

圆的直径尺寸可以标注在投影为圆的视图上（见图 a），也可以标注在投影为非圆的视图上（见图 b）。其中：

（1）表示直径的尺寸数字与符号应按照图 7.10 所示的方法 Ⅰ 注写（见图 a ~ d）。

（2）在投影为圆的视图上标注圆的直径尺寸时，通常应按图 a 所示的形式标注（这时，尺寸线应通过圆心）。在没有足够的位置注写数字时，可按照图 c 所示的形式标注。如果既没有足够的位置注写数字、又没有足够的位置画箭头时，可按照图 d 所示的形式标注。

（3）在投影为非圆的视图上标注圆的直径尺寸时，应按照距离与直线段实长的相关尺寸标注规定绘制尺寸线与尺寸界线（见图 b）。

图 7.14　圆直径的尺寸标注方法

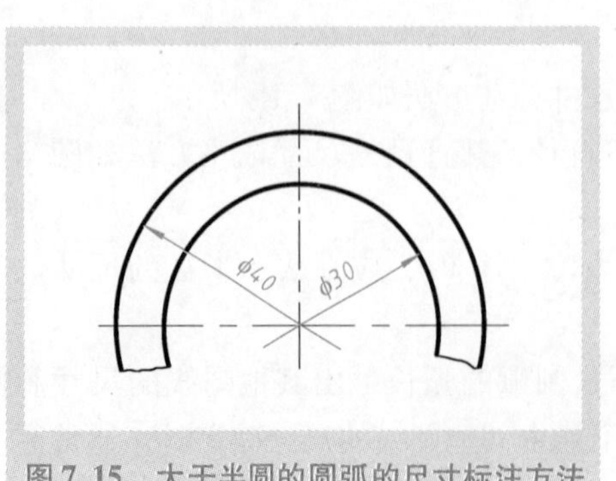

图 7.15　大于半圆的圆弧的尺寸标注方法

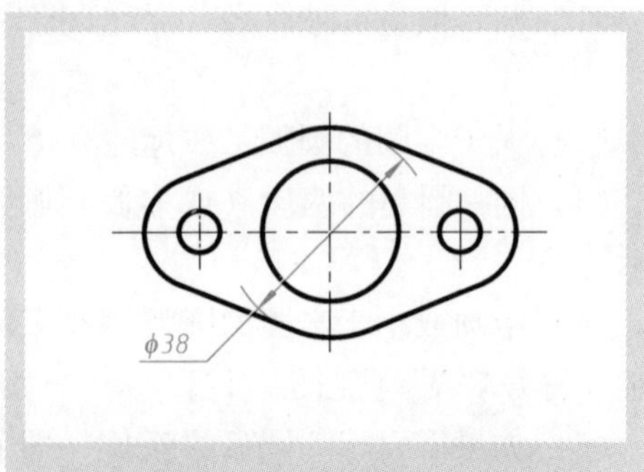

图 7.16　同一圆心的两段圆弧的尺寸标注方法

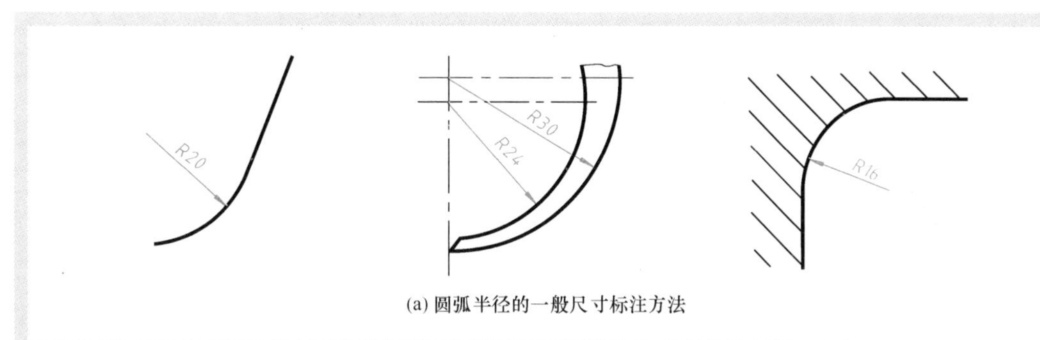

(a) 圆弧半径的一般尺寸标注方法

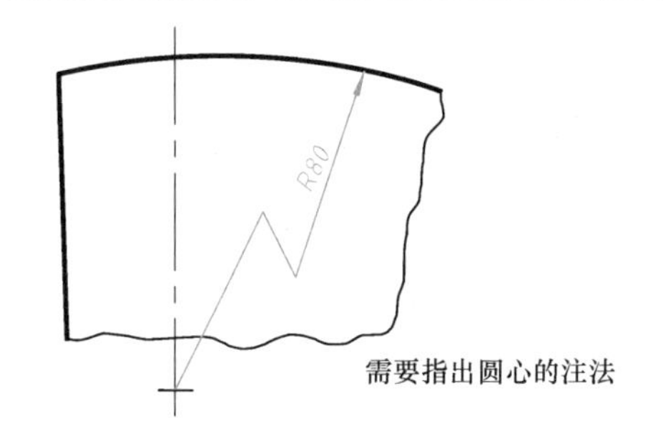

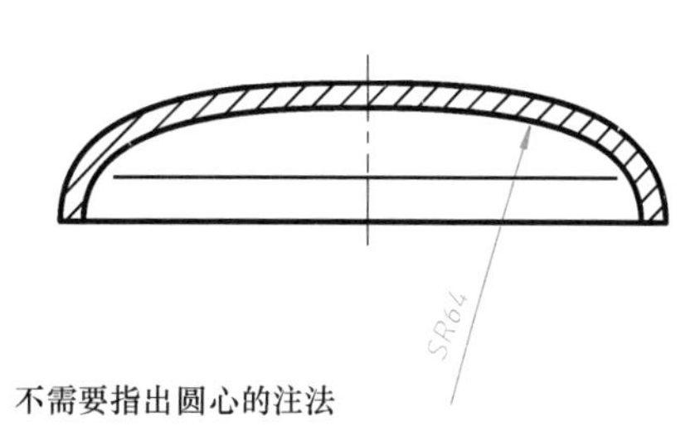

(b) 圆弧半径较大时的尺寸标注方法

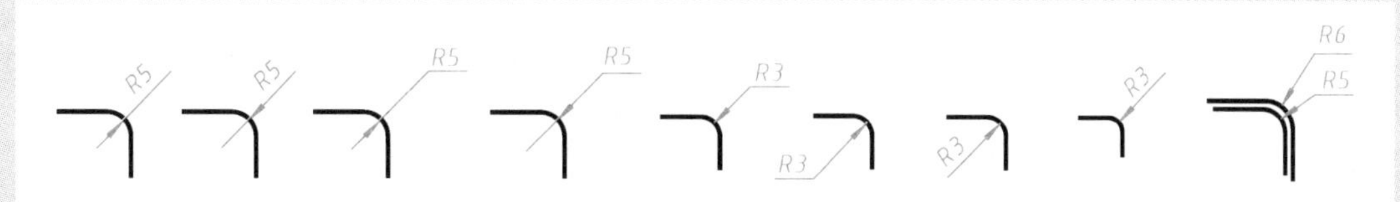

(c) 圆弧半径较小时的尺寸标注方法

说明：圆弧半径的尺寸标注方法

方法1：表示半径的尺寸数字与符号应按照图7.10所示的方法Ⅰ注写（见图a～c）。

方法2：一般情况下，应按照图a所示的形式标注（即尺寸线从圆心开始绘制，尺寸线的箭头端指向圆弧）。

方法3：当圆弧的半径过大或在图纸范围内无法标出其圆心位置时，可按图b所示的形式标注。

方法4：在没有足够的位置注写数字或画箭头时，可按照图c所示的形式标注。

图7.17　圆弧半径的尺寸标注方法

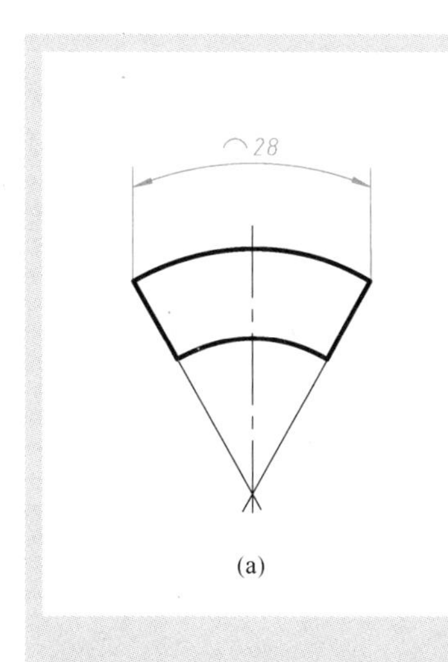

(a)

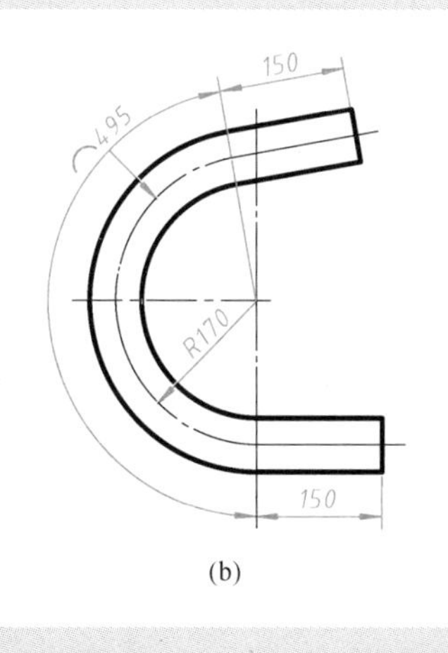

(b)

说　明

标注弧长的尺寸界线应平行于该圆弧所对圆心角的角平分线（见图a），但当弧度较大时，可沿径向引出标注（见图b）。

标注弧长的尺寸线应按角度的尺寸线画法绘制（见图a、b）。

图7.18　弧长的尺寸标注方法

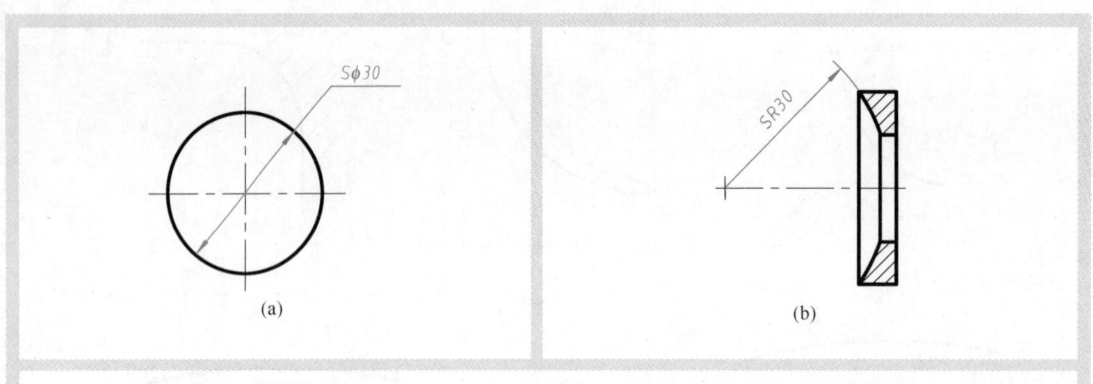

(a) (b)

说明：由于球面的多个正投影图形均为一个圆或圆弧，因此，其尺寸应按照圆或圆弧的尺寸注法标注（分别见图 a 和图 b）。

图 7.19　球面尺寸的标注方法

7.2.3　角度的尺寸标注

国家标准规定，在视图上标注角度时，应绘制尺寸线与尺寸界线、并书写角度数字，其中：

（1）角度的尺寸线应画成细实线圆弧，该圆弧的圆心为角的顶点、两端为箭头（见图 7.20a）。

（2）角度的尺寸界线应采用细实线绘制，并应沿着形成夹角的两条图线引出，引出后的尺寸界线习惯上超出尺寸线 2～3mm 左右（见图 7.20a），也可利用中心线与轮廓线作为角度的尺寸界线（见图 7.20b、c）。

（3）角度的数字一律水平书写，一般应注写在尺寸线的中断处（见图 7.21a）。必要时，也可按图 7.21b 所示的形式标注。

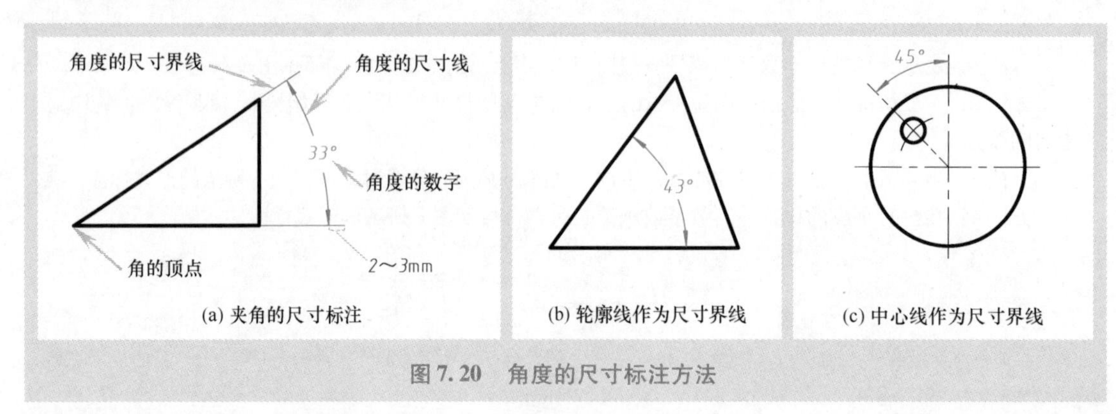

(a) 夹角的尺寸标注　(b) 轮廓线作为尺寸界线　(c) 中心线作为尺寸界线

图 7.20　角度的尺寸标注方法

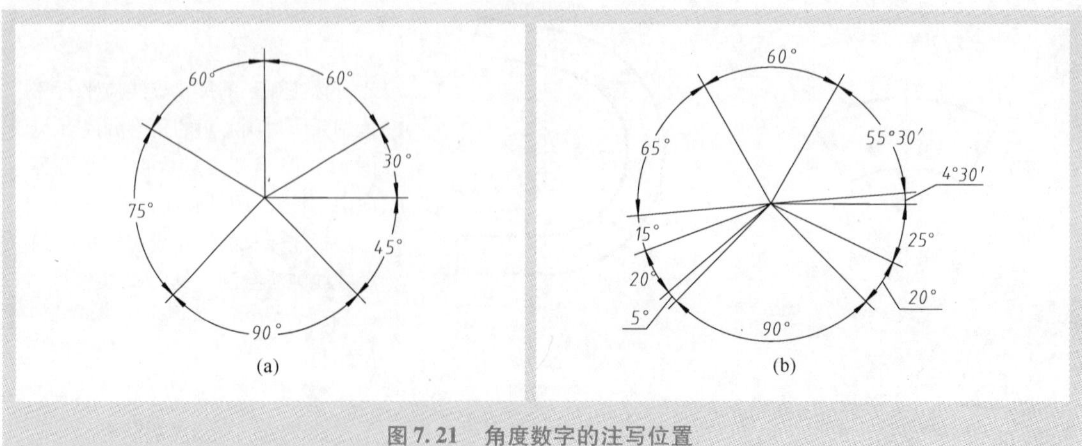

(a) (b)

图 7.21　角度数字的注写位置

7.2.4 非圆曲线的尺寸标注

非圆曲线的大小通常可以采用两种方法描述，一种方法是标注出其上若干点在水平和垂直方向的距离（见图7.22a）；另一种方法是标注出其上若干点与某一定点之间的距离，并标注出各个距离所位于的倾斜方向的角度（见图7.22b）。在这两种方法中，都可以尺寸线或尺寸线的延长线作为尺寸界线。

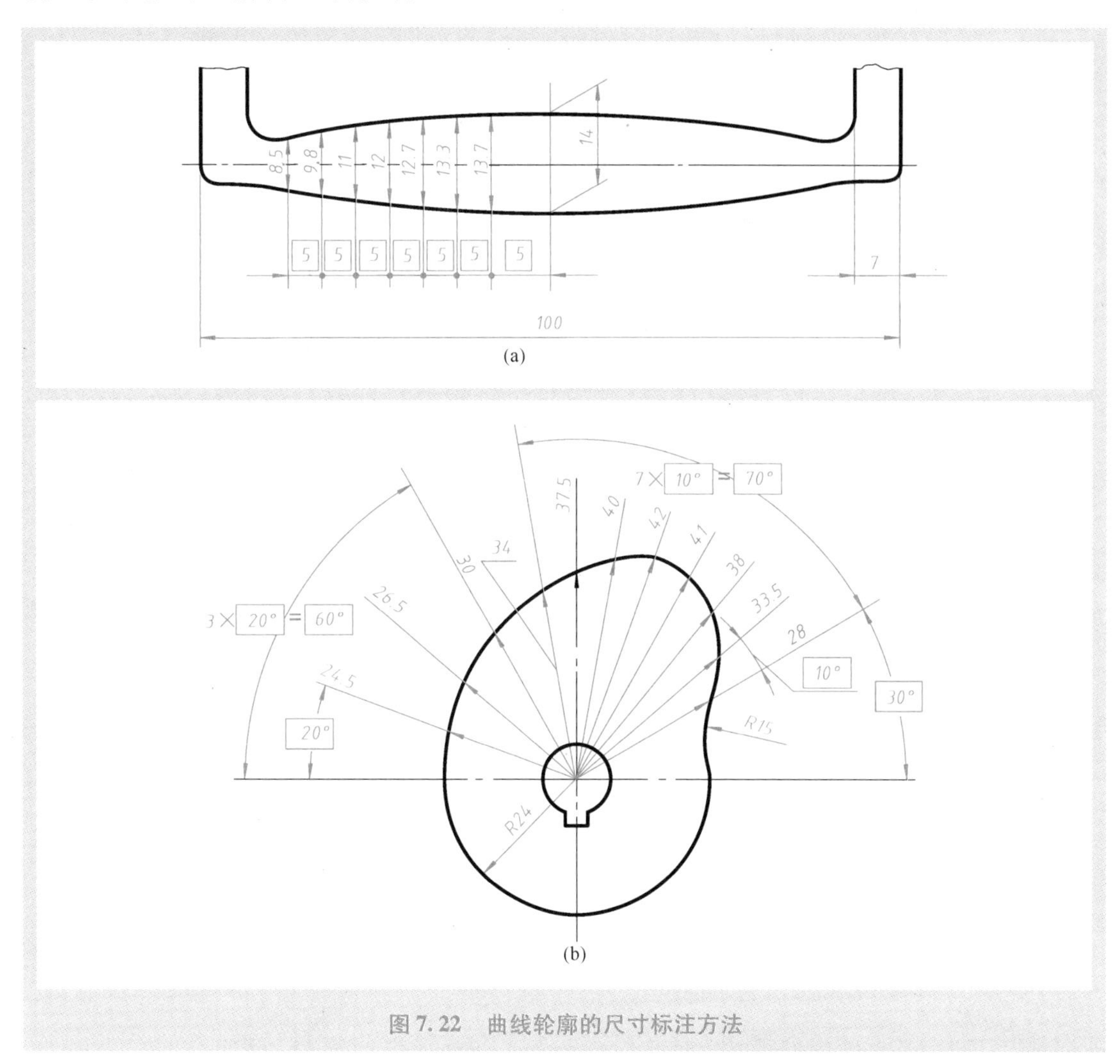

图7.22 曲线轮廓的尺寸标注方法

7.3 尺寸标注的习惯方法

为了使尺寸能够更加清晰、美观地标注在视图上，习惯上按以下方法标注尺寸：

（1）应尽量在视图的外部标注尺寸，并使尺寸线与视图的最外层轮廓线相距8mm左右，以保证所标注尺寸的清晰性和易读性（见图7.23）。

（2）尺寸界线不能穿越尺寸线，应将小尺寸画在内，大尺寸画在外（见图7.24）。

（3）当一个方向有多个相互平行的尺寸线时，这些尺寸线应相距8mm左右，并应在同一张图样中保持间距一致（见图7.24）。

（4）尺寸线应尽量排列整齐（见图7.25）。

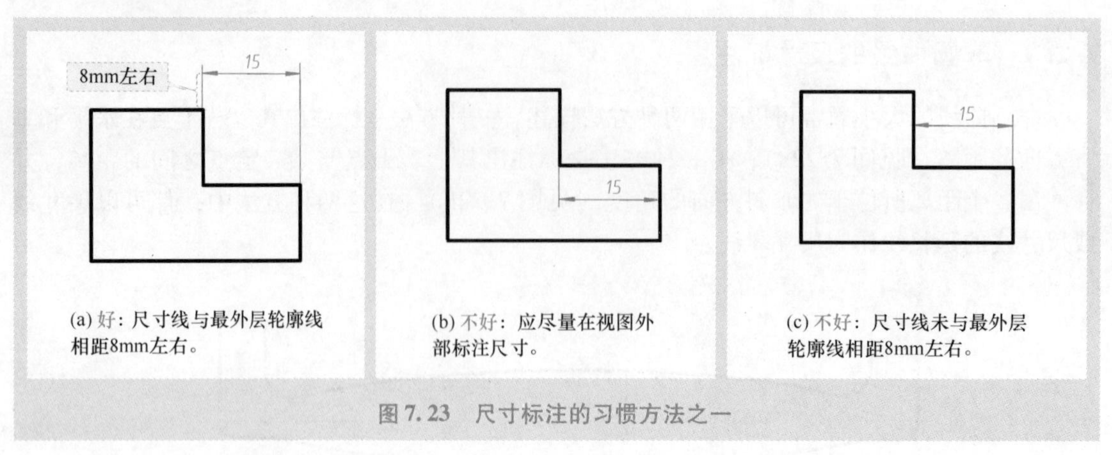

图 7.23　尺寸标注的习惯方法之一

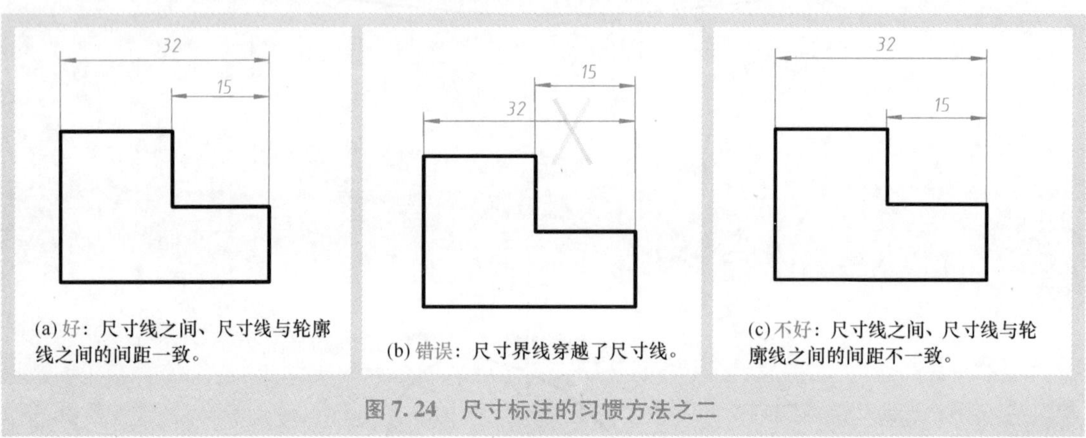

图 7.24　尺寸标注的习惯方法之二

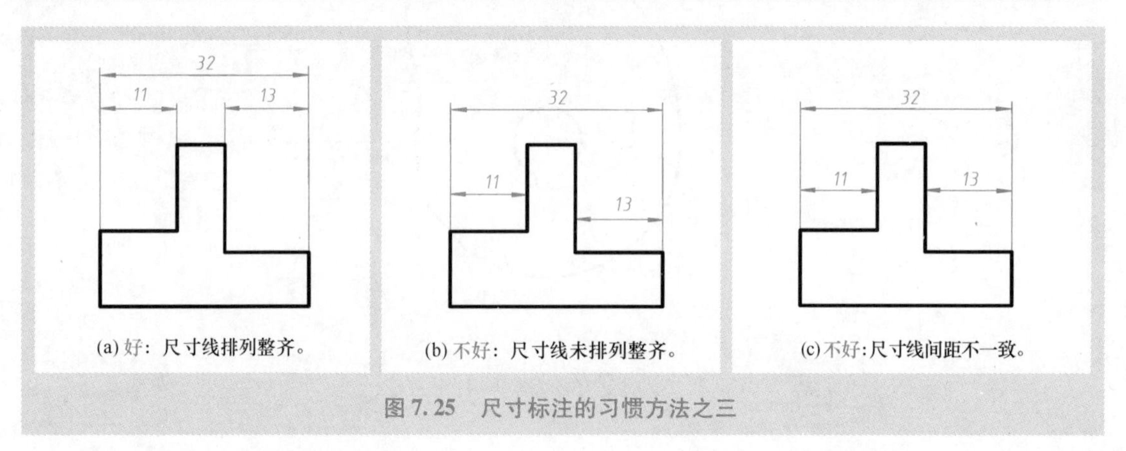

图 7.25　尺寸标注的习惯方法之三

7.4　物体的尺寸标注

在物体的多面视图上标注尺寸时，除了必须遵循尺寸标注的基本规定和一些习惯方法之外，还必须遵循一些基本规则和方法（见 7.4 节），并掌握各类常见物体（或结构）的尺寸标注（见 7.5 ~ 7.12 节）和尺寸的简化标注（见 7.13 节）。

7.4.1　尺寸标注的基本规则

国家标准（GB/T 4458.4—2003）给出了尺寸标注的四个基本规则，分别为：

规则一：物体的真实大小应以图样上所注的尺寸数值为依据，与图形的大小及绘图的准确度无关。应从以下三个方面理解该规则：

(1) 图样上所注的尺寸数值与作图比例无关，即作图比例不同，则图形的大小就不同，但无论采用何种作图比例，在所绘图样上都应标注表示物体真实大小的尺寸，而不应在视图上标注按照作图比例计算得到的作图尺寸（见图7.26）。

（2）图样上所注的尺寸数值与绘图的准确性无关，即无论图样绘制得多么准确，都不能在图样上直接量取尺寸，而应该以图样上所注的尺寸数值作为生产或施工的依据。

（3）图样上所注的每一个尺寸数值，其目的都是为了描述物体的真实大小（见图7.1及其相关说明）。

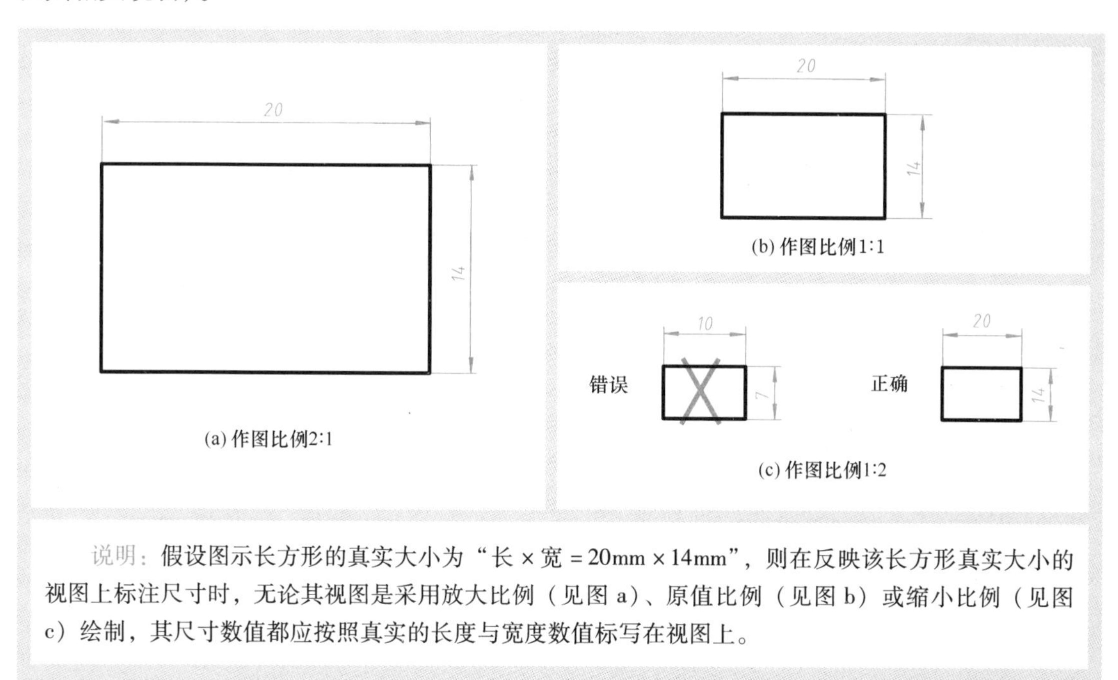

图7.26　尺寸数值与作图比例

规则二：图样中的尺寸，以毫米为单位时，不需标注单位符号（或名称）。如采用其他单位，则应注明相应的单位符号。应从以下两个方面理解该规则：

（1）在我国，图样中的尺寸通常以毫米为单位，这时，尺寸数字后不需标注表示毫米的单位符号“mm”（见图7.26）。

（2）如果图样中的尺寸采用其他单位，则应在尺寸数字后标注相应的单位符号（见图7.27）。

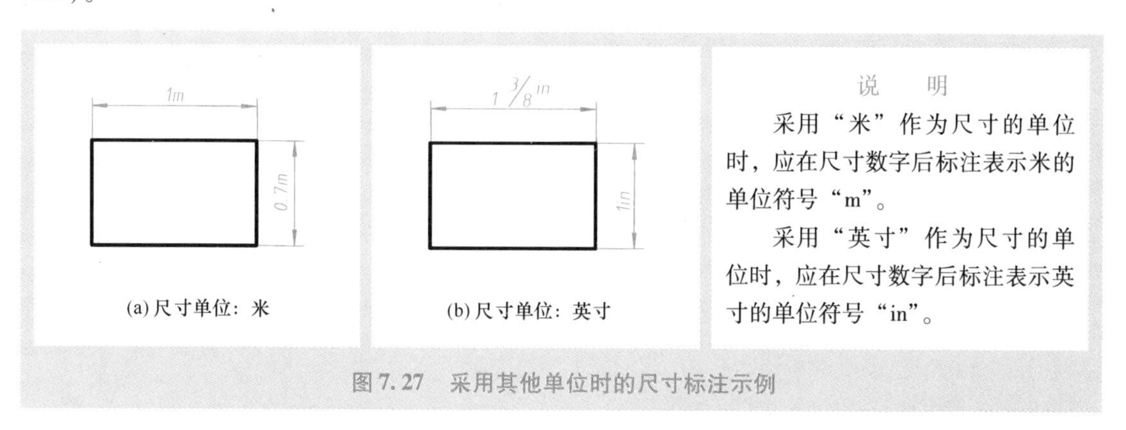

图7.27　采用其他单位时的尺寸标注示例

规则三：图样中所标注的尺寸，为该图样所示物体的最后完工尺寸，否则应另加说明。应从以下两个方面理解该规则：

（1）一是通常需要经过多个连续的加工过程才能制造出形状和大小符合图样要求的物体［例如，为了加工出一个形状和大小符合要求的表面，通常采用粗车→半粗车→精车

(或粗铣→半粗铣→精铣）等多个连续的加工过程］，每个加工过程（通常使用如车、铣、刨、磨等去除材料的加工方法）完成后，工件的尺寸是不同的，只有当所有加工过程完成后零件的尺寸才称为最后完工尺寸。

（2）最后完工尺寸是否合格应以图样中所标注的尺寸作为检测依据（常用的尺寸检测工具与检测方法如图 7.28 所示）。

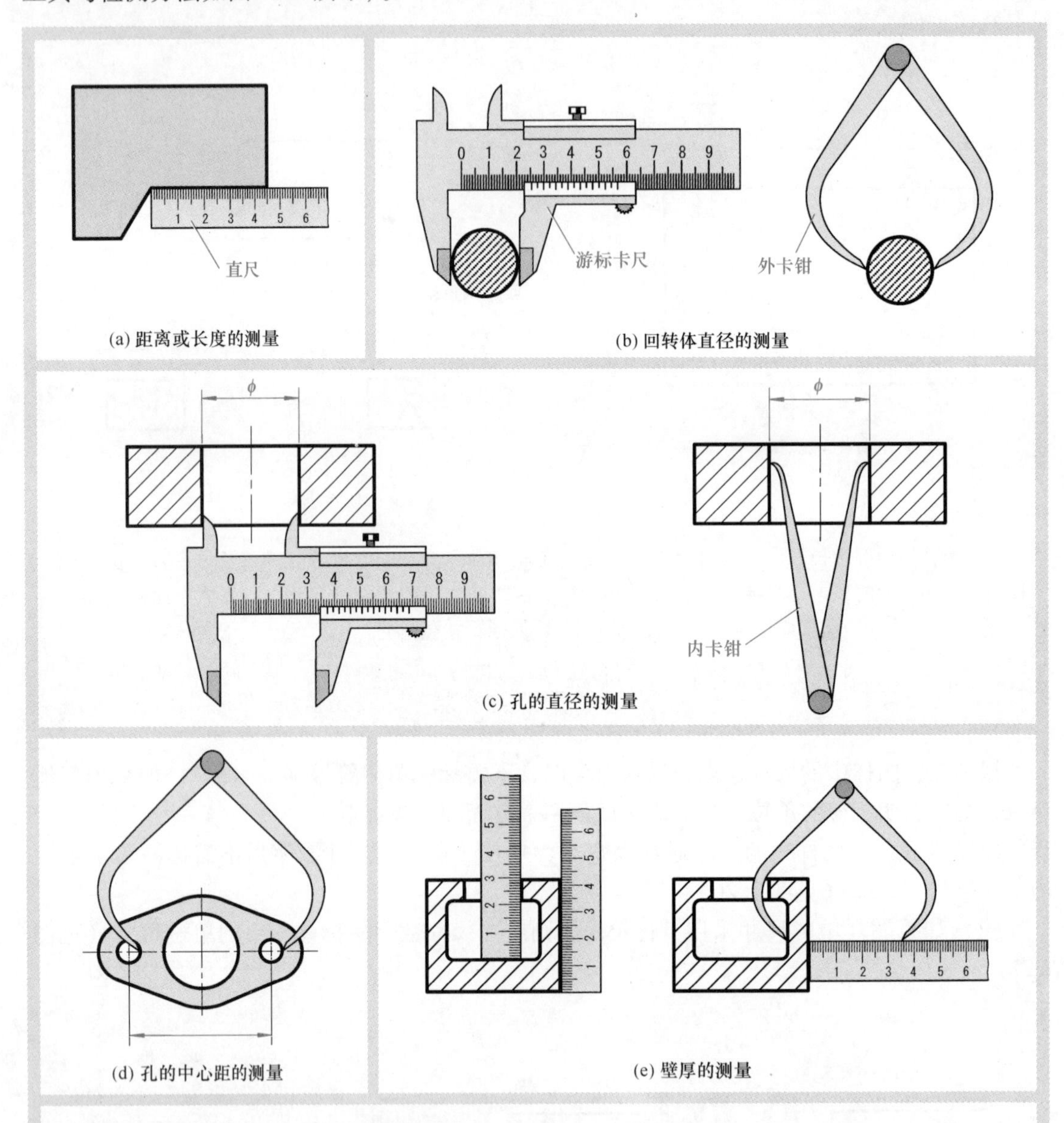

说明：通常可使用直尺测量长度或距离（见图 a)，使用游标卡尺或外卡钳测量回转体的直径（见图 b)，使用游标卡尺或内卡钳测量孔的直径（见图 c)，使用外卡钳测量孔的中心距（见图 d)，使用外卡钳与直尺测量零件的壁厚（见图 e)。

图 7.28　常用的尺寸检测工具与检测方法

规则四：物体的每一尺寸，一般只标注一次，并应标注在反映该结构最清晰的图形上。应从以下三个方面理解该规则：

（1）与平面图形不同，标注物体的尺寸时，不需要完整地表达每个视图的大小，应只标注那些制造物体所需的、能够表达物体真实大小的尺寸（见图 7.29)。

（2）同一个尺寸，一般应只标注一次，而不能多次重复标注在多个视图上（见图 7.29b)。

(3) 为了保证尺寸标注的清晰性，尺寸应标注在能够清晰反映物体结构形状的图形上（见图7.30）。

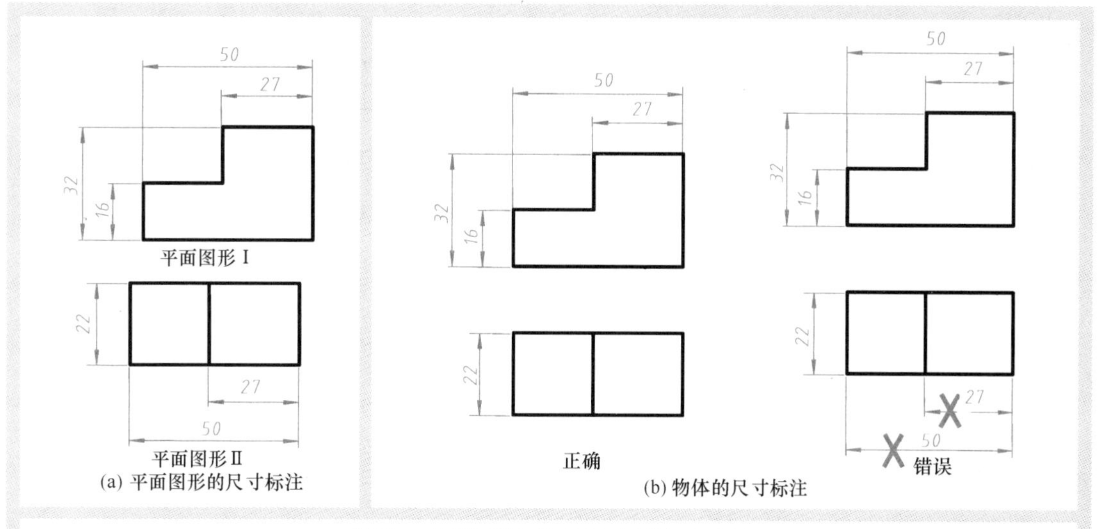

说明：平面图形与物体尺寸标注的区别

为了完整准确地绘制一个平面图形，需要完整地标注出描述该图形大小的全部尺寸（见图a）。

对于一个需要制造的物体，在视图上只需标注那些能够完整、清晰地表达其真实大小的尺寸，并不需要标注出描述每个视图大小的全部尺寸（见图b）。

同一个尺寸，一般应只标注一次（见图b中的尺寸50和27）。

图7.29　平面图形与物体的尺寸标注

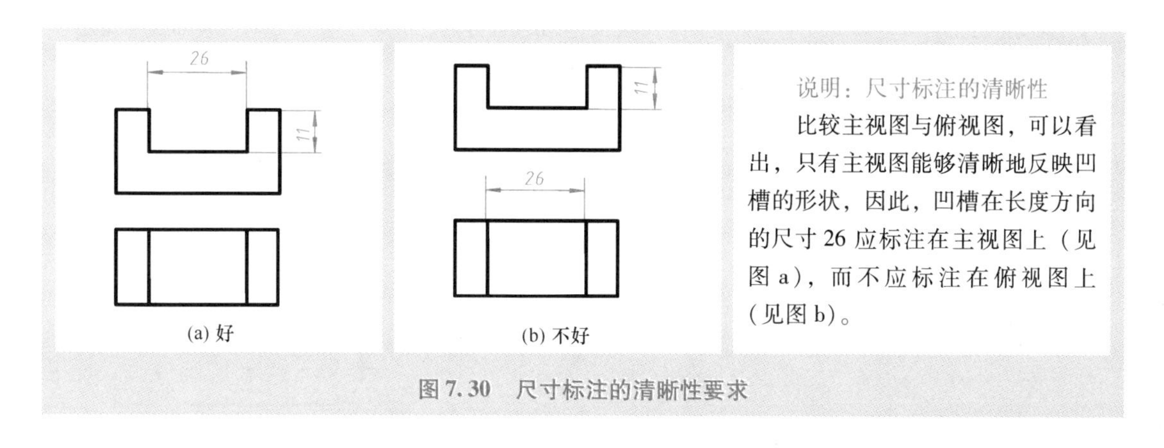

图7.30　尺寸标注的清晰性要求

7.4.2　尺寸标注的基本方法：标注定形尺寸、定位尺寸与总体尺寸

为了完整、清晰地标注物体的尺寸，通常把一个形状复杂的物体看做是切割一个基本几何体形成的，或是多个基本几何体相交形成的。这时，只需先标注出描述各基本几何体大小的尺寸（这类尺寸称为**定形尺寸**），再标注出描述各基本几何体相互位置（或切割面位置）的尺寸（这类尺寸称为**定位尺寸**），就可以完整地描述该形状复杂物体的大小（见图7.31）。

标注物体的尺寸时应注意以下四个要点：

(1) 定位尺寸不是用来描述基本几何体上某一表面或某一直线位置的，否则，所有的尺寸都可以被看做是定位尺寸。

(2) 通常需要在图样中直接标注出**总体尺寸**（即描述物体的总长、总宽和总高的尺寸），这时，应省略一些尺寸（定形或定位尺寸）的标注（见图7.31）。

(3) 不允许标注多余的尺寸（见图 7.32a），需要时可标注参考尺寸（见图 7.32b）。

(4) 半径尺寸有特殊要求时的标注方法如图 7.32c 所示。

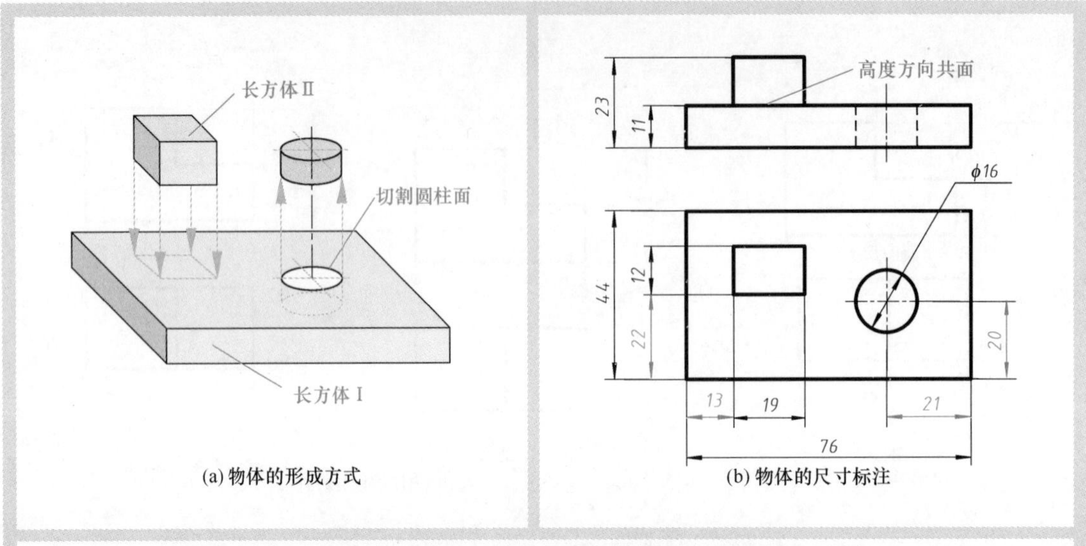

(a) 物体的形成方式　　(b) 物体的尺寸标注

说明：定形尺寸、定位尺寸与总体尺寸的标注

通常可根据物体的形成方式（见图 a），标注物体在长、宽、高三个方向上的定形尺寸、定位尺寸与总体尺寸（见图 b）。其中：

长方体Ⅰ的定形尺寸为 76×44×11（长×宽×高），它不必定位，故其定位尺寸无需标注。

长方体Ⅱ的定形尺寸为 19×12×12（为了标注总高尺寸 23，省略了长方体Ⅱ的高度尺寸 12 的标注，即可根据已标注的尺寸计算出长方体Ⅱ的高度 = 总高 - 长方体Ⅰ的高度 = 23 - 11 = 12），其长度方向的定位尺寸为 13，其宽度方向的定位尺寸为 22，其高度方向的定位尺寸不必标注（因为与长方体Ⅰ在高度方向共面）。

圆孔的定形尺寸为 ϕ16×11（直径×高），其轴线在长度方向上的定位尺寸为 21，其轴线在宽度方向上的定位尺寸为 20，其轴线在高度方向上不必标注定位尺寸。

物体的总体尺寸为 76×44×23（总长×总宽×总高）。

图 7.31　物体的形成方式及其定形、定位与总体尺寸

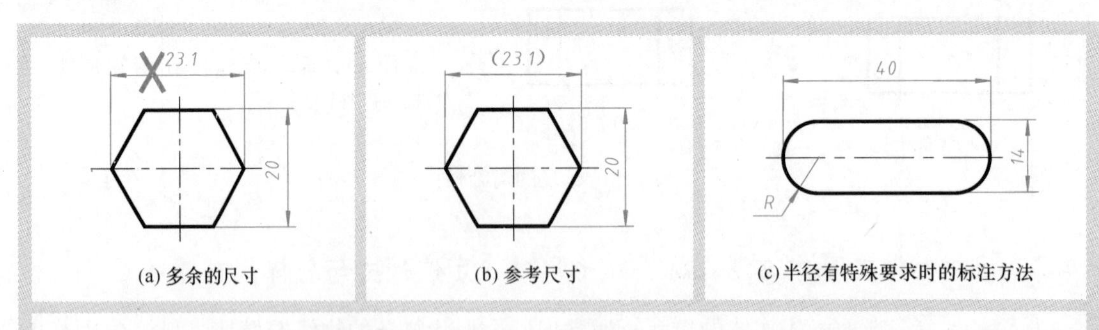

(a) 多余的尺寸　　(b) 参考尺寸　　(c) 半径有特殊要求时的标注方法

说明：多余的尺寸、参考尺寸及特殊的半径尺寸的标注方法

多余的尺寸是指那些可以由其他已知尺寸确定的尺寸。例如，在图 a 中，尺寸 20 指明了该正六边形内切圆的直径（根据该尺寸可唯一确定一个正六边形），则根据几何关系可计算出其外接圆直径为 23.1mm，因此，尺寸 23.1 就是一个多余的尺寸。反之，若标注了尺寸 23.1，则尺寸 20 就是一个多余的尺寸。

参考尺寸是供制造时参考的尺寸，需要时可在尺寸数字上加注圆括号表示（见图 b）。

特殊的半径尺寸的标注方法：如果需要指明某一段曲线为圆弧（或指明圆弧的半径尺寸由其他尺寸确定），则应使用尺寸线和符号“*R*”标出，但不要注写尺寸数字（见图 c）。

图 7.32　多余的尺寸、参考尺寸及特殊的半径尺寸的标注方法

7.5 基本几何体的尺寸标注

对于一个基本几何体，描述其真实大小的尺寸称为定形尺寸。常见基本几何体定形尺寸的标注方法为：

（1）对于常见基本平面体，通常可通过标注描述其底面真实大小的尺寸和高度尺寸的方式表达其真实大小（见图7.33a～e）。

（2）对于常见基本回转体，通常可通过标注描述其上、下底圆的直径尺寸和高度尺寸的方式表达其真实大小（见图7.33f～k）。其中，圆柱体和圆锥体的直径尺寸一般应标注在投影为非圆的视图上（见图7.33f、h、i），圆孔的直径尺寸一般应标注在投影为圆的视图上（见图7.33g）。

（3）有些基本几何体的定形尺寸通常可以采用多种标注方法（见图7.33d、i）。在这种情况下，应直接标出那些对零件或产品的功能具有较大作用的重要尺寸。在不清楚哪些尺寸是重要尺寸的情况下（本书的图例及习题多数均为这种情况），可任取一种尺寸注法。

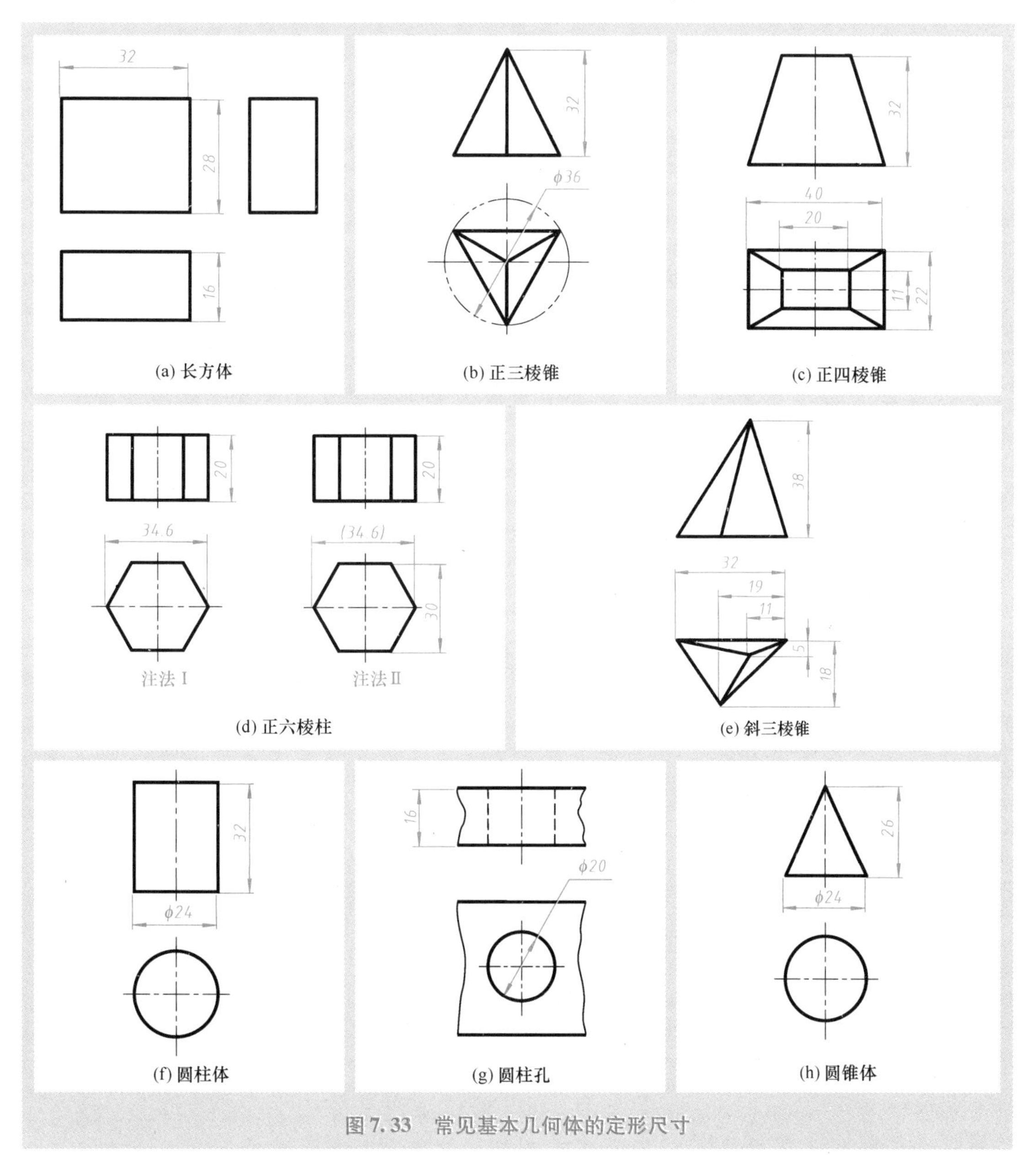

图7.33 常见基本几何体的定形尺寸

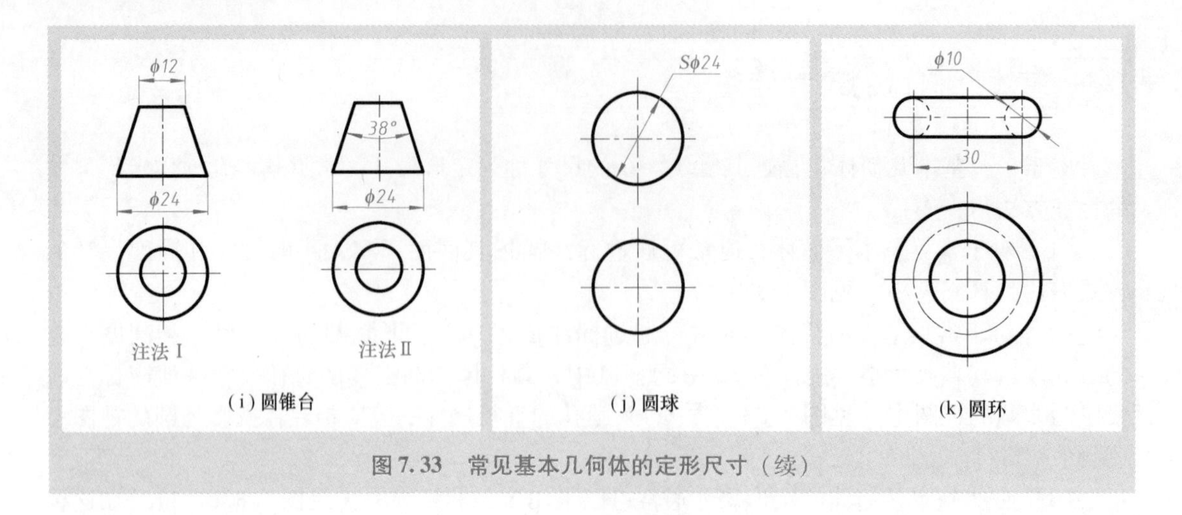

图 7.33 常见基本几何体的定形尺寸（续）

7.6 切割体的尺寸标注

切割一个基本几何体（通常为长方体或圆柱体）形成的物体通常被简称为**切割体**。常用的切割面有平面和圆柱面。各类常见切割体的尺寸标注分别见 7.6.1 节 ~7.6.4 节。

7.6.1 切割平面体的尺寸标注

切割长方体是最常见的切割平面体，其尺寸标注方法如图 7.34 ~ 图 7.36 所示。标注切割平面体的尺寸时，应注意以下四点：

（1）平行（或垂直）切割面的定位尺寸可使用该切割面与基本几何体某一平行表面的距离尺寸表示。例如，在图 7.34a 中，定位尺寸 16 表示了平行切割面 Ⅰ 与长方体底面之间的距离为 16mm。

（2）倾斜切割面的定位尺寸可使用水平与垂直方向的距离尺寸表示（见图 7.35a）、或使用距离和角度尺寸共同表示（见图 7.35b）。

（3）定位尺寸通常有多种标注方法（例如，图 7.34a、b 给出了其中的两种），在不清楚用途和功能时，可任取一种尺寸标注方法。

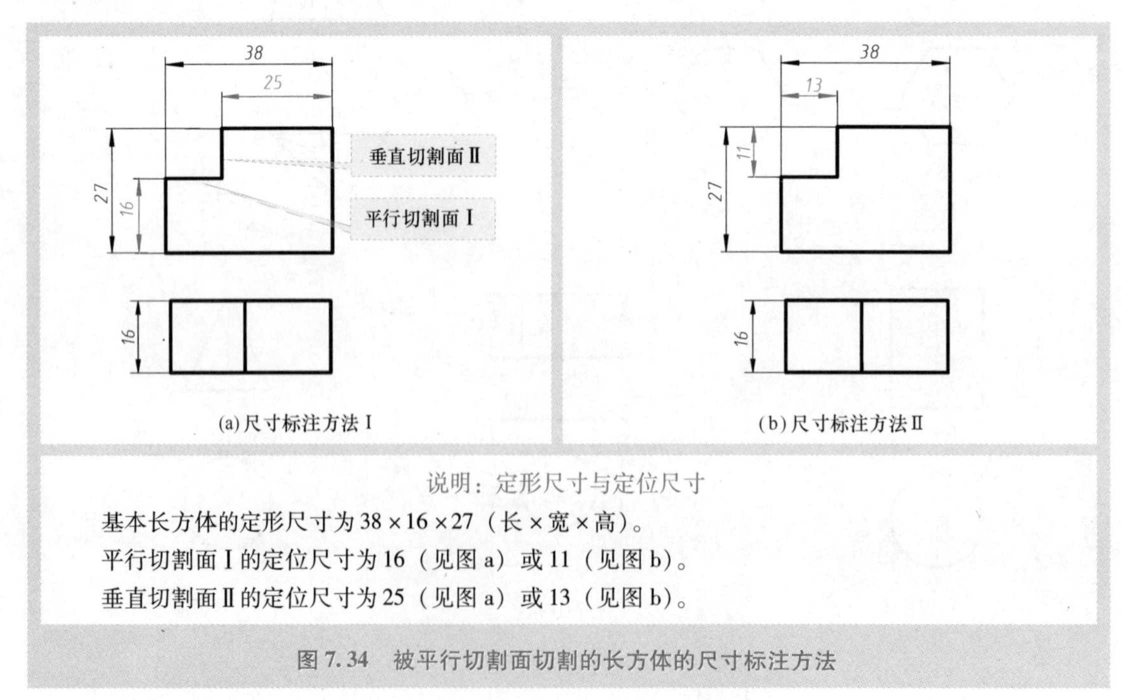

说明：定形尺寸与定位尺寸

基本长方体的定形尺寸为 38 × 16 × 27（长 × 宽 × 高）。

平行切割面Ⅰ的定位尺寸为 16（见图 a）或 11（见图 b）。

垂直切割面Ⅱ的定位尺寸为 25（见图 a）或 13（见图 b）。

图 7.34 被平行切割面切割的长方体的尺寸标注方法

（4）对于使用切割平面得到的各类切割槽，其尺寸应按图 7. 36 所示的方法标注。

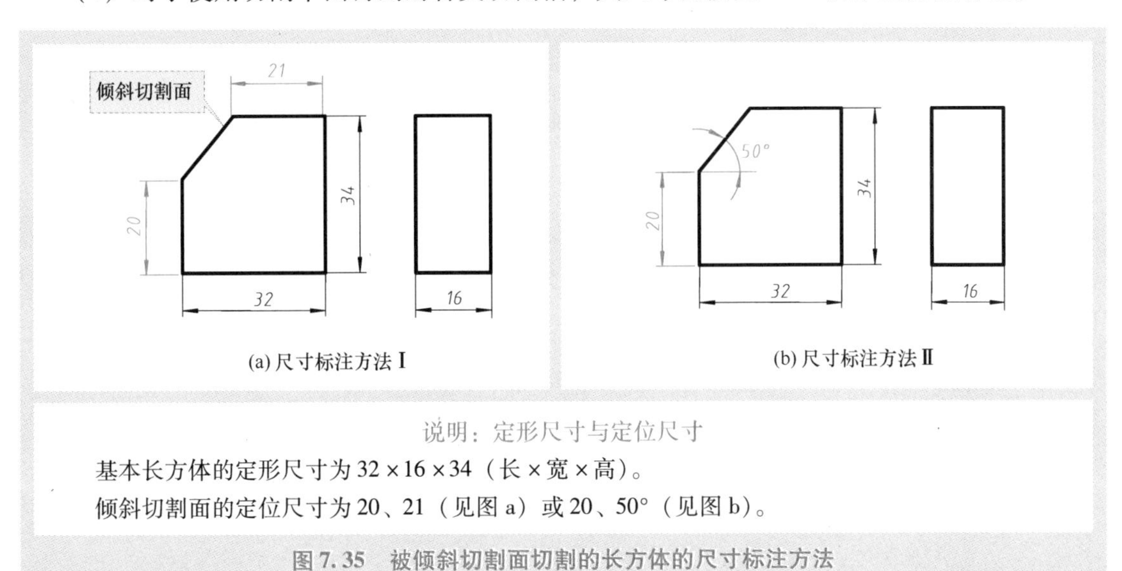

(a) 尺寸标注方法 Ⅰ

(b) 尺寸标注方法 Ⅱ

说明：定形尺寸与定位尺寸

基本长方体的定形尺寸为 32 × 16 × 34（长 × 宽 × 高）。

倾斜切割面的定位尺寸为 20、21（见图 a）或 20、50°（见图 b）。

图 7. 35　被倾斜切割面切割的长方体的尺寸标注方法

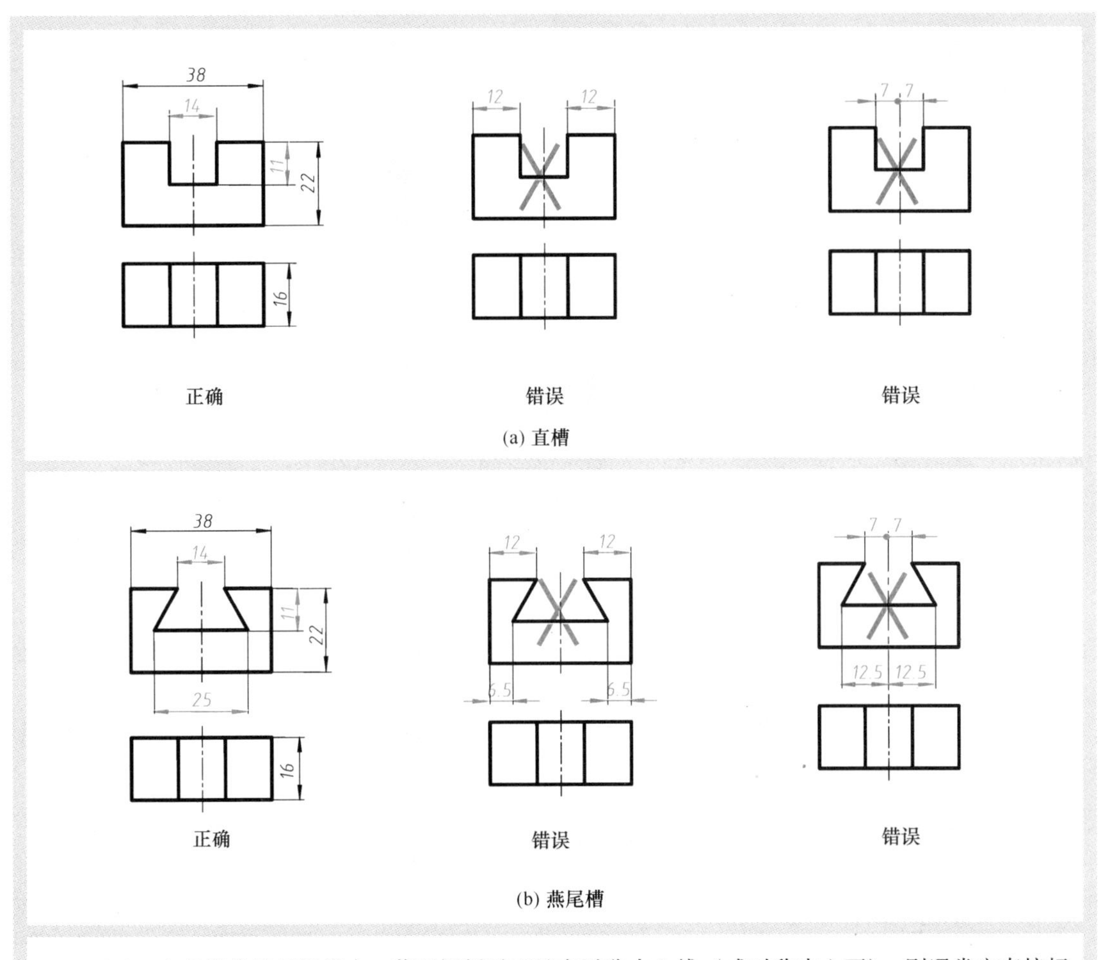

(a) 直槽

(b) 燕尾槽

说明：在各类常见切割槽中，若两切割平面具有对称中心线（或对称中心面），则通常应直接标注出这两个切割平面之间的距离尺寸（见图 a 中的尺寸 14，图 b 中的尺寸 14 和 25）。若两切割平面没有对称中心线（或对称中心面），则可按图 7. 34 或图 7. 35 所示的方法标注。

图 7. 36　常见切割槽的尺寸标注方法

7.6.2 切割回转体的尺寸标注

切割圆柱体为最常见的切割回转体，其尺寸标注方法如图 7.37 所示。应注意在标注切割回转体的尺寸时，由于不便测量，切割平面与圆心之间的距离通常不能作为定位尺寸(见图 7.37a、b)。

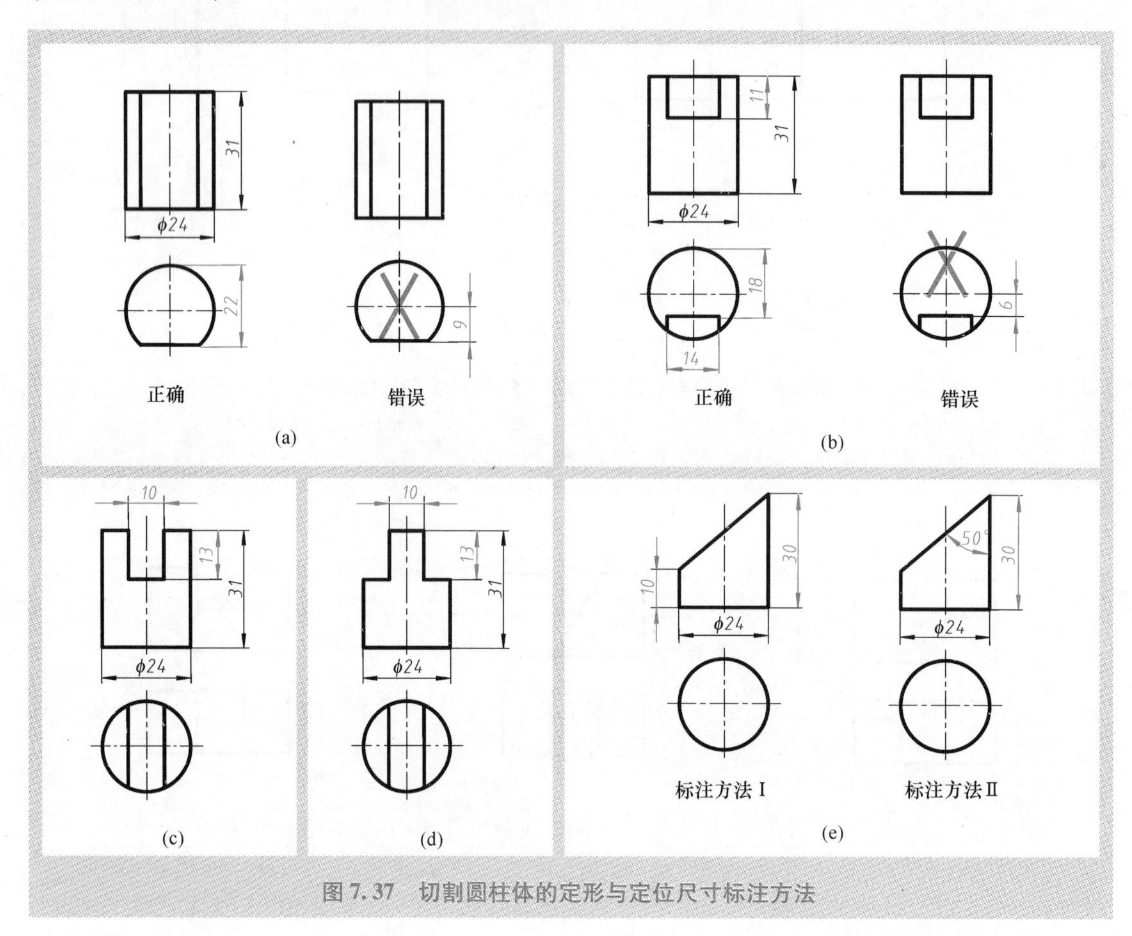

图 7.37 切割圆柱体的定形与定位尺寸标注方法

7.6.3 圆孔的尺寸标注

使用圆柱面切割基本几何体内部形成圆孔。单个圆孔的尺寸标注方法如图 7.38 所示，多个圆孔的尺寸标注方法如图 7.39 所示，多个沿圆周分布的圆孔的尺寸标注方法如图 7.40 所示，常见机加工圆孔的尺寸简化标注方法见表 7.1。

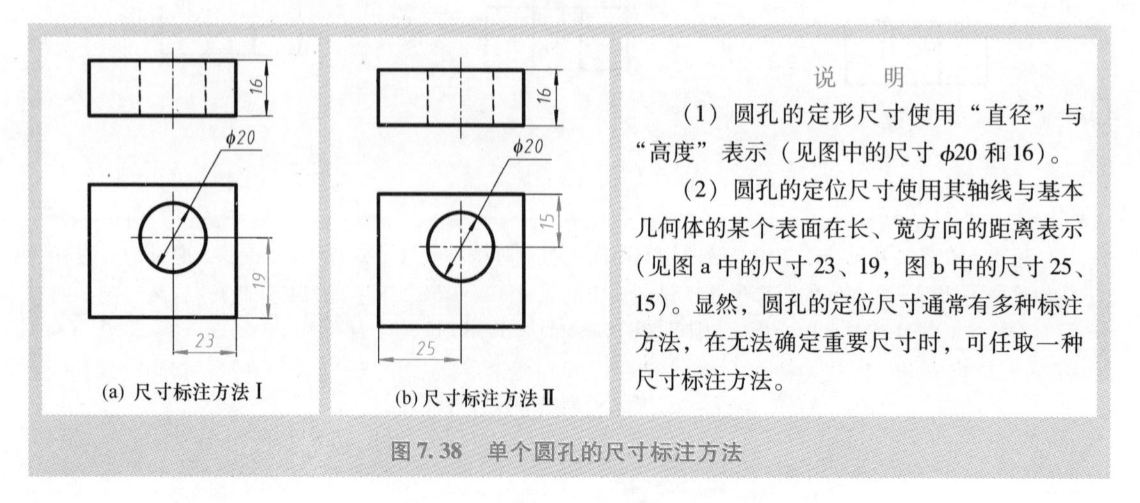

图 7.38 单个圆孔的尺寸标注方法

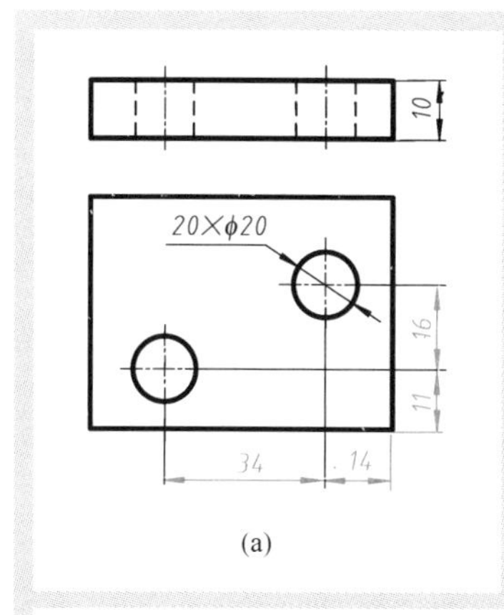

(a)

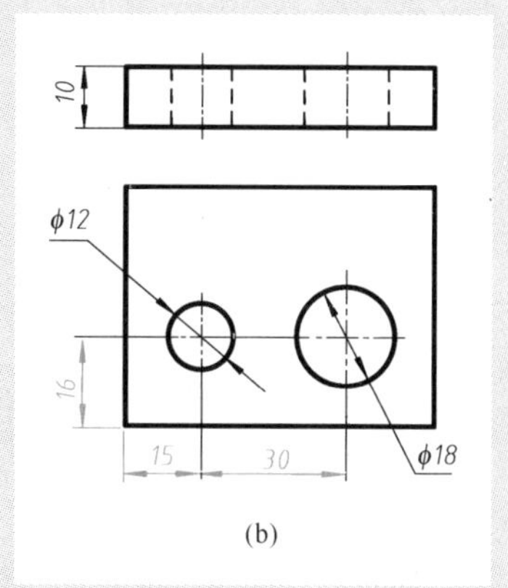

(b)

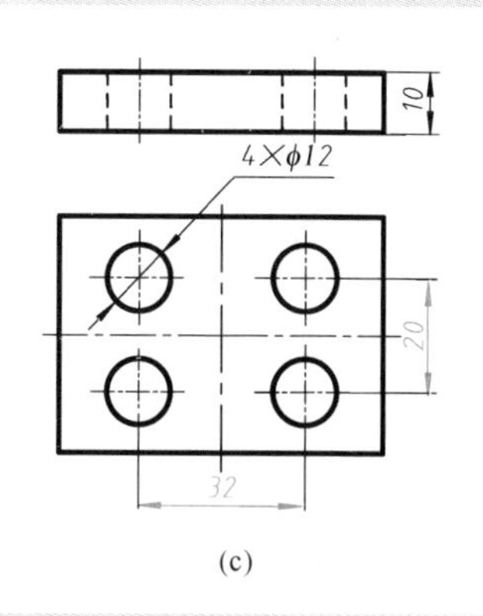

(c)

说　明

（1）多个直径相同的圆孔，可仅标注一个圆孔的直径，并以“数量×ϕ 直径数字”表示（见图 a 中的尺寸 2×ϕ12，图 c 中的尺寸 4×ϕ12）。

（2）圆心连线为倾斜方向的多个圆孔，其定位尺寸的标注方法如图 a 所示。

（3）圆心连线位于水平方向（或垂直方向）的多个圆孔，其定位尺寸的标注方法如图 b、c 所示。

图 7.39　多个圆孔的尺寸标注方法

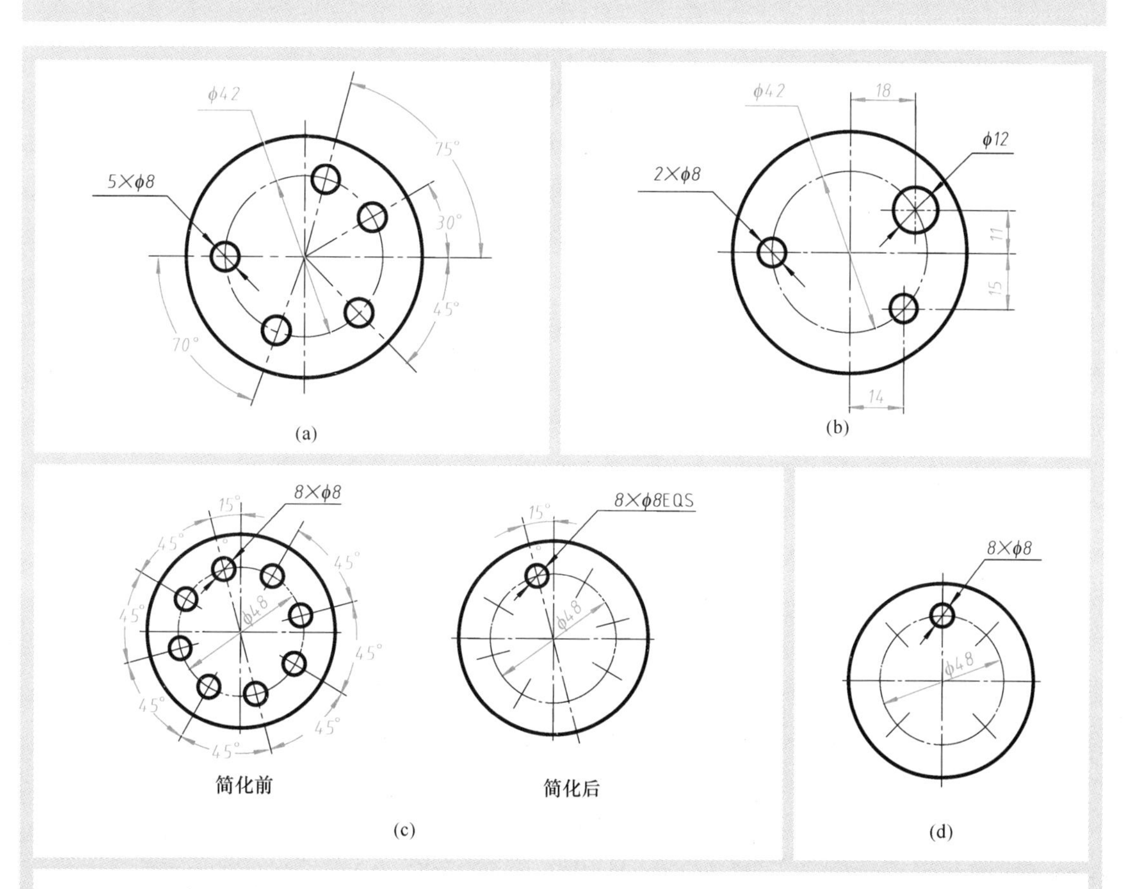

说　明

沿圆周非均匀分布的多个圆孔，其定位尺寸一般应图 a 或图 b 所示的形式标注。

沿圆周均匀分布的多个圆孔，其定位尺寸通常图 c 所示的简化后的形式标注（其中，缩写词“EQS”为“均布”的含义），但当多个圆孔的定位和分布情况在图形中已明确时，可不标注其角度，并省略缩写词“EQS”（见图 d）。

图 7.40　沿圆周分布的多个圆孔的尺寸标注方法

表 7.1　常见机加工圆孔的尺寸简化标注方法

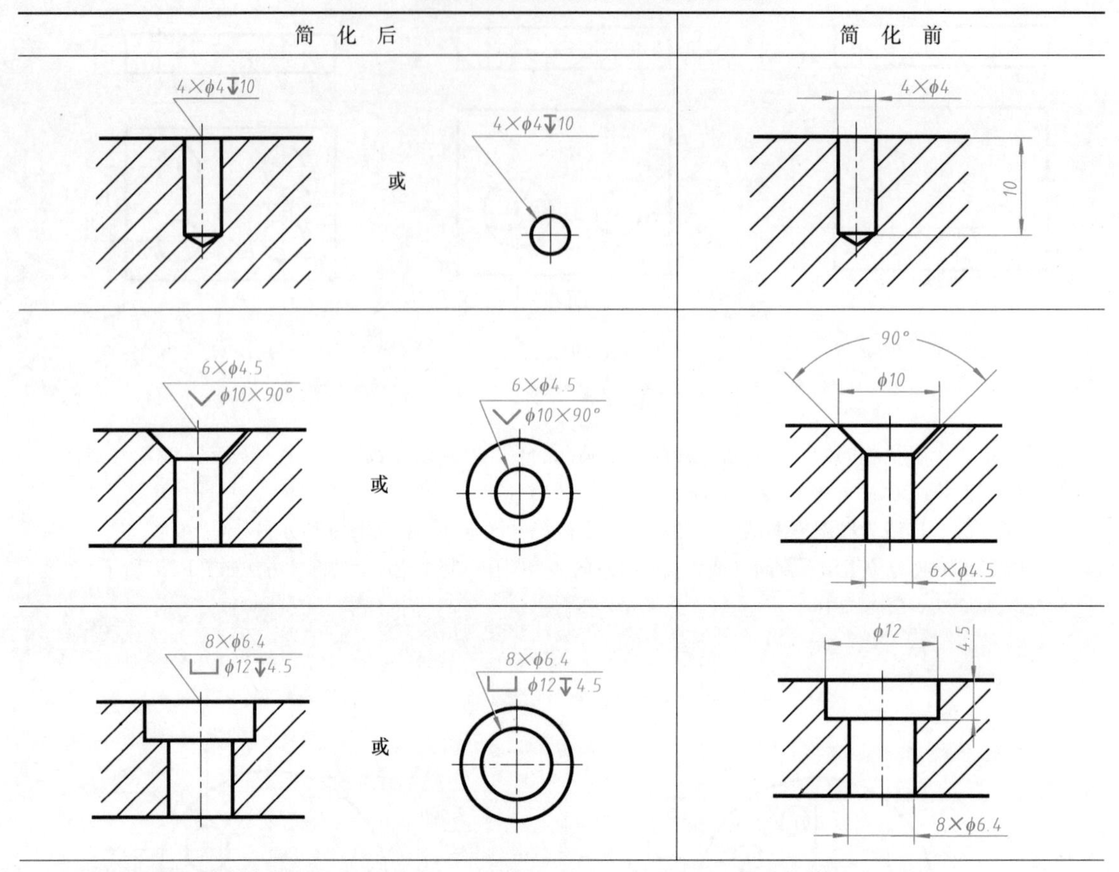

说明：各类常见的机加工圆孔通常采用本表所示的简化后的尺寸标注方法。其中，符号“↧”、“⌵”、“⌴”的含义分别为“深度”、“埋头孔”、“沉孔或锪平”，各符号的比例画法见 7.13 节中的表 7.3。

7.6.4　半圆槽的尺寸标注

常见半圆槽的类型及其尺寸标注方法如图 7.41 所示。

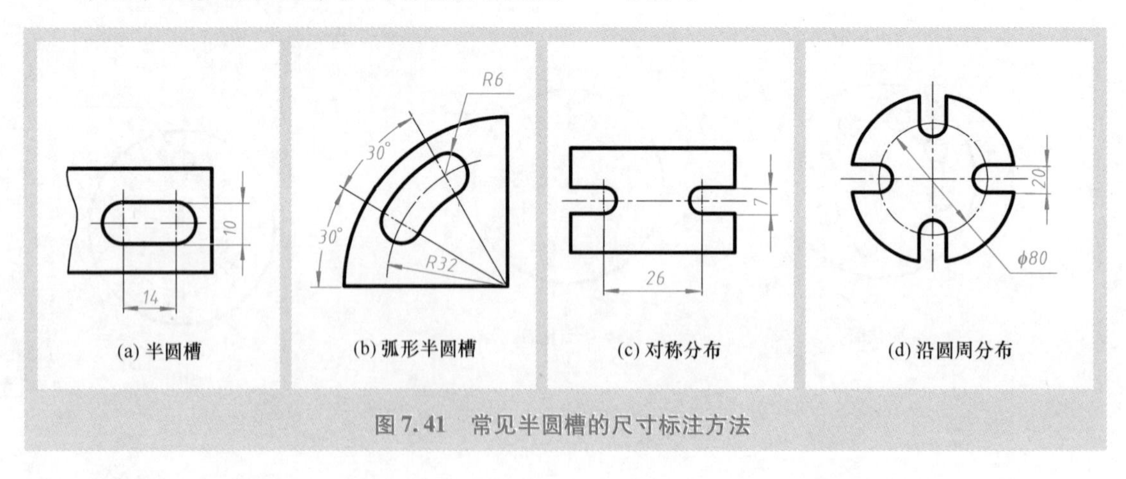

图 7.41　常见半圆槽的尺寸标注方法

7.7　相交结构的尺寸标注

基本几何体相交的方式有三种，分别为叠加、相切和相贯。

7.7.1　叠加结构的尺寸标注

叠加结构是指一个基本几何体的表面与另一个基本几何体的表面重合的结构。叠加结构的尺寸标注方法如图 7.42 和图 7.43 所示。

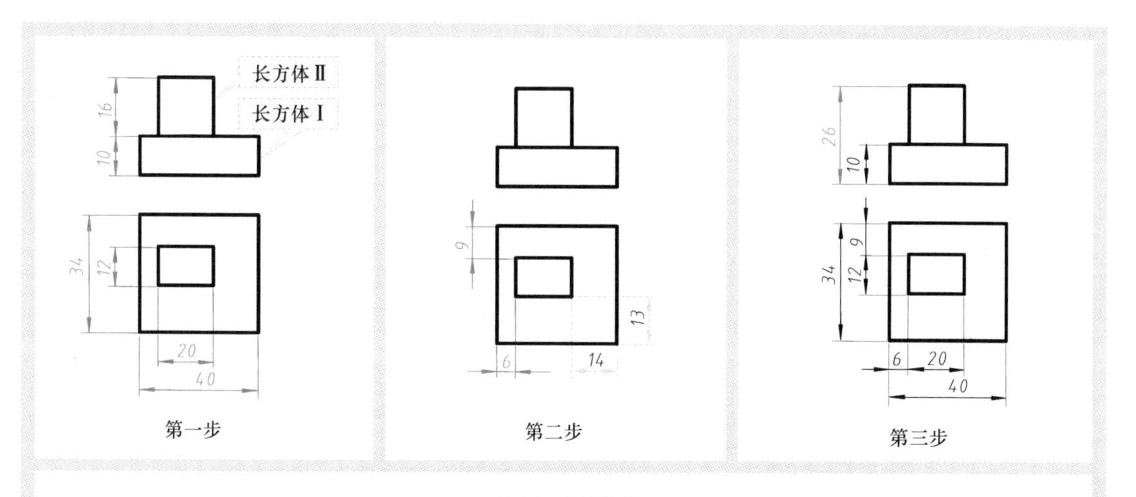

绘图步骤说明

第一步：标注定形尺寸。分别标注长方体Ⅰ、Ⅱ的定形尺寸 40×34×10 和 20×12×16（参见图 7. 33a 给出的方法）。

第二步：标注定位尺寸。标注长方体Ⅱ在长、宽方向的定位尺寸 6、9（由于在高度方向与长方体Ⅰ的表面重合，故不必标注长方体Ⅱ在高度方向的定位尺寸）。应注意，长方体Ⅱ的定位尺寸有多种标注方法，如可标注尺寸 14、13 等。在无法确定重要尺寸时，可任取一种定位尺寸标注。

第三步：标注总体尺寸。调整高度方向的尺寸，即在主视图上直接标出总高尺寸 26，这时，应不标注长方体Ⅱ的高度尺寸 16（或不标注长方体Ⅰ的高度尺寸 10）。

图 7. 42　叠加结构的基本尺寸标注方法

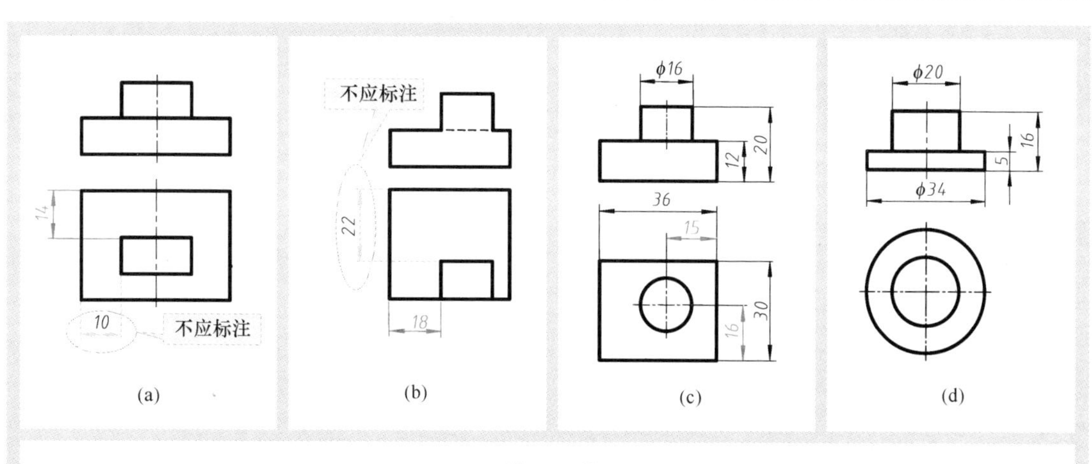

说　明

（1）对称叠加时，不应标注与对称中心线垂直方向的定位尺寸（见图 a）。

（2）共面叠加时，不应标注与共同表面垂直方向的定位尺寸（见图 b）。

（3）长方体与圆柱体叠加形成的物体，其尺寸标注方法如图 c 所示。

（4）两圆柱体同轴叠加形成的物体，其尺寸标注方法如图 d 所示。

图 7. 43　常见叠加结构的尺寸标注方法

7.7.2 相切结构的尺寸标注

相切结构是指一个基本几何体的表面与另一个基本几何体的表面相切的结构，标注其尺寸时，应注意以下四点：

（1）在相切结构中，平面与圆柱面相切或两圆柱面相切的情况较为常见，标注这类结构的尺寸时，由于总体尺寸可由其他尺寸确定，因此通常不应标出（见图 7.44）。

（2）通常可以采用多种尺寸标注方法标注相切结构（见图 7.45a），在无法确定重要尺寸时，可任取一种尺寸标注方法。

（3）一端为圆形的相切结构的尺寸标注方法如图 7.45a ~ c 所示，两端为圆形的相切结构的尺寸标注方法如图 7.45d ~ i 所示。

（4）半圆柱面应标注半径尺寸（见图 7.45a ~ f），圆柱面应标注直径尺寸（见图 7.45g ~ i）。

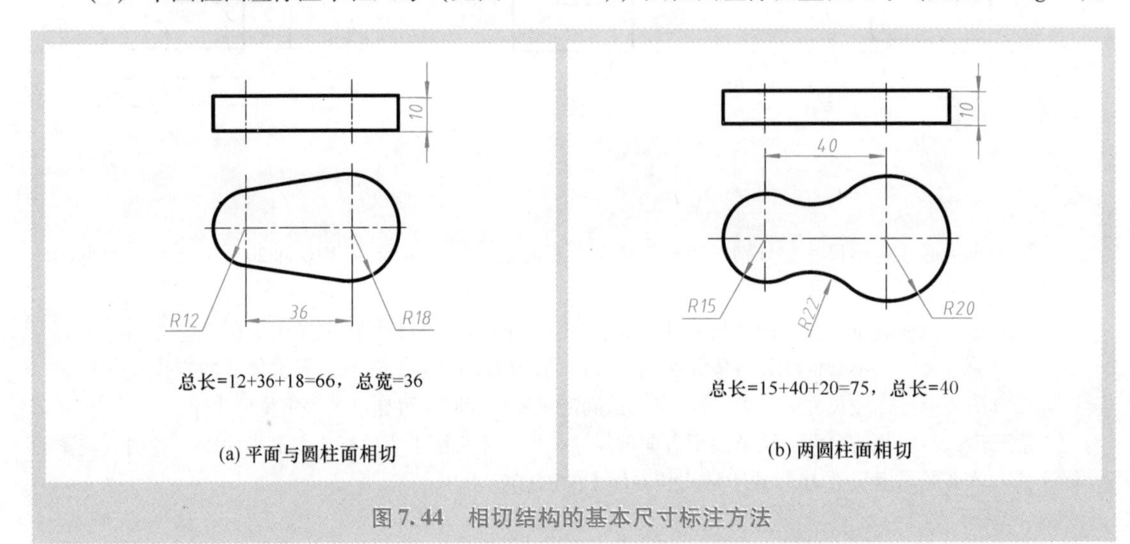

(a) 平面与圆柱面相切

(b) 两圆柱面相切

图 7.44　相切结构的基本尺寸标注方法

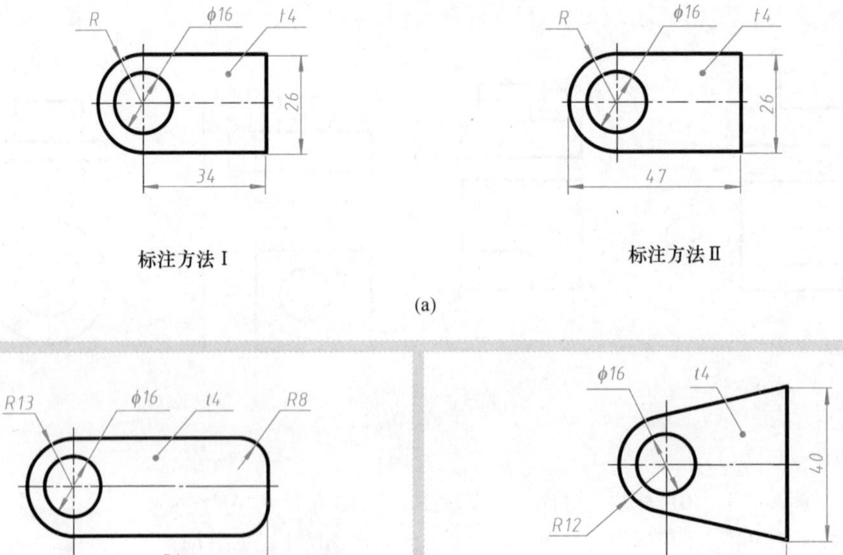

标注方法 I

标注方法 II

(a)

(b)

(c)

图 7.45　常见相切结构的尺寸标注方法

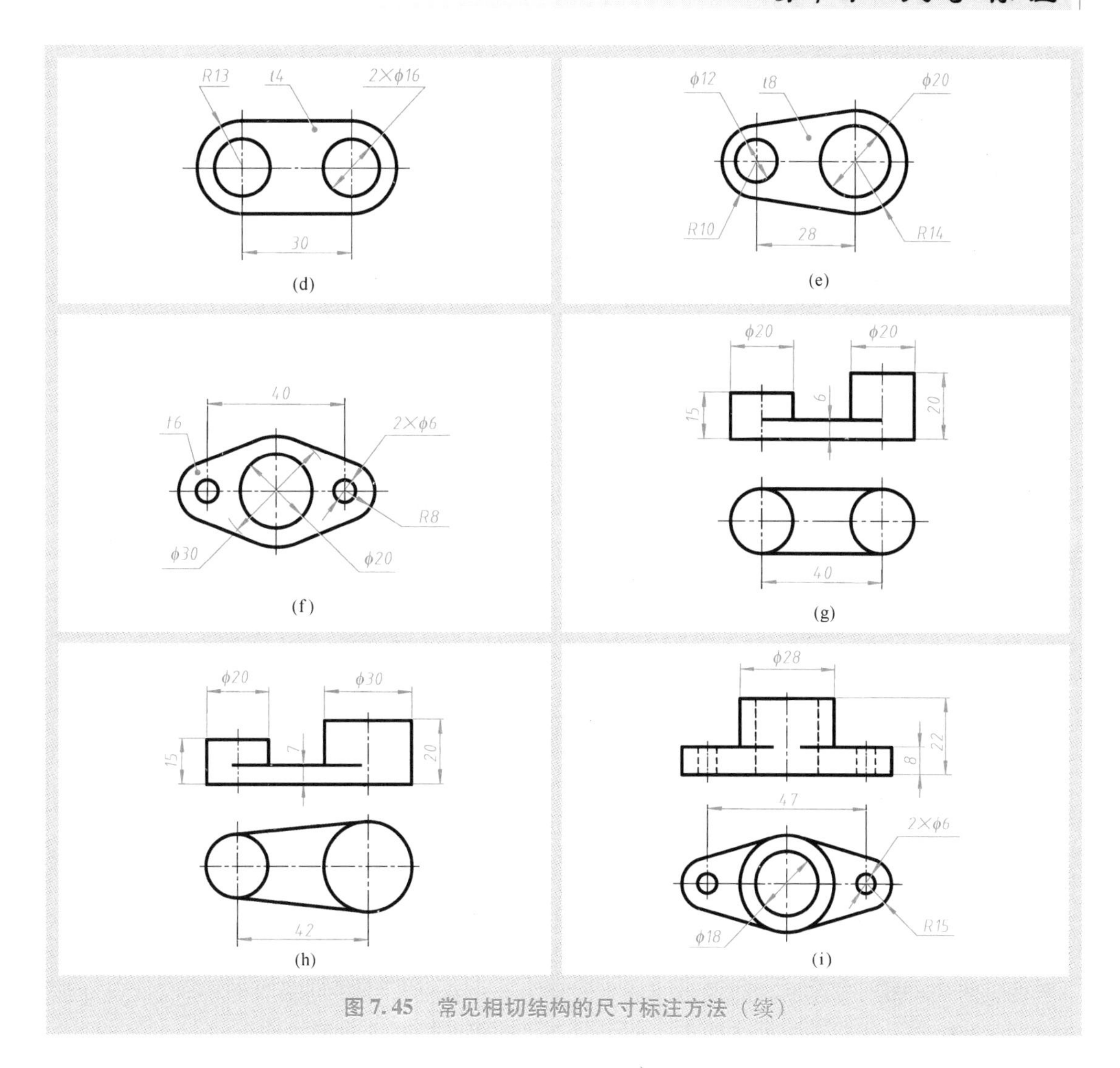

图 7.45 常见相切结构的尺寸标注方法（续）

7.7.3 相贯结构的尺寸标注

相贯结构是指一个基本几何体的表面与另一个基本几何体的表面相交形成的结构，其表面的交线称为相贯线。相贯结构的尺寸标注方法如图 7.46 所示。

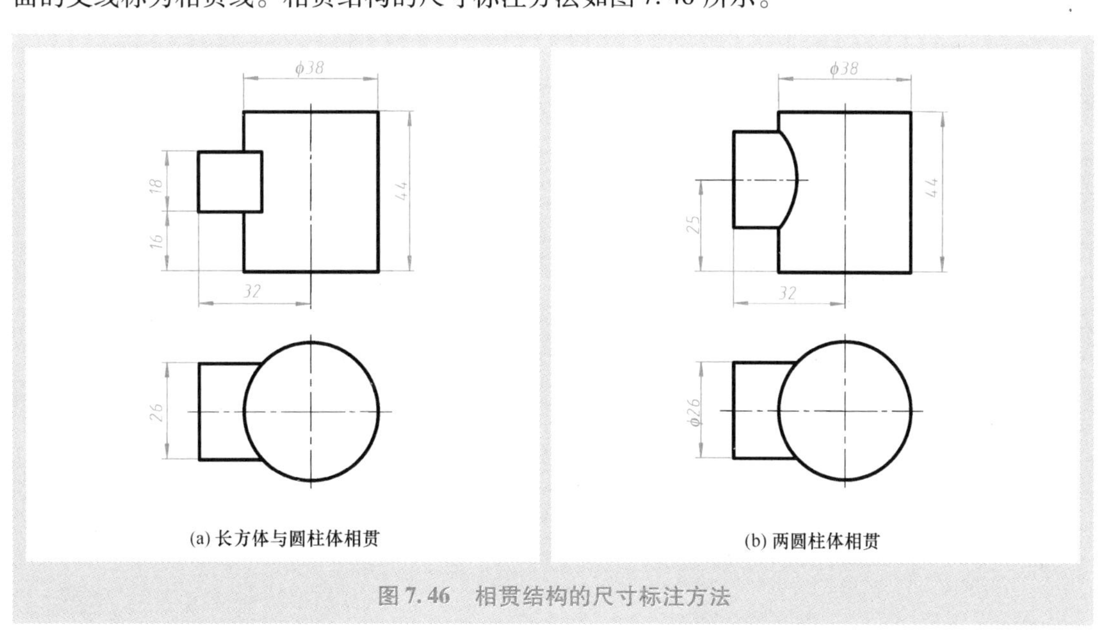

图 7.46 相贯结构的尺寸标注方法

7.8　倾斜结构的尺寸标注

在表达倾斜结构的真实大小时，通常需要在反映该结构真实形状的斜视图上标注一些必要的、描述其真实大小的尺寸（见图 7.47 中标注在斜视图上的尺寸）。

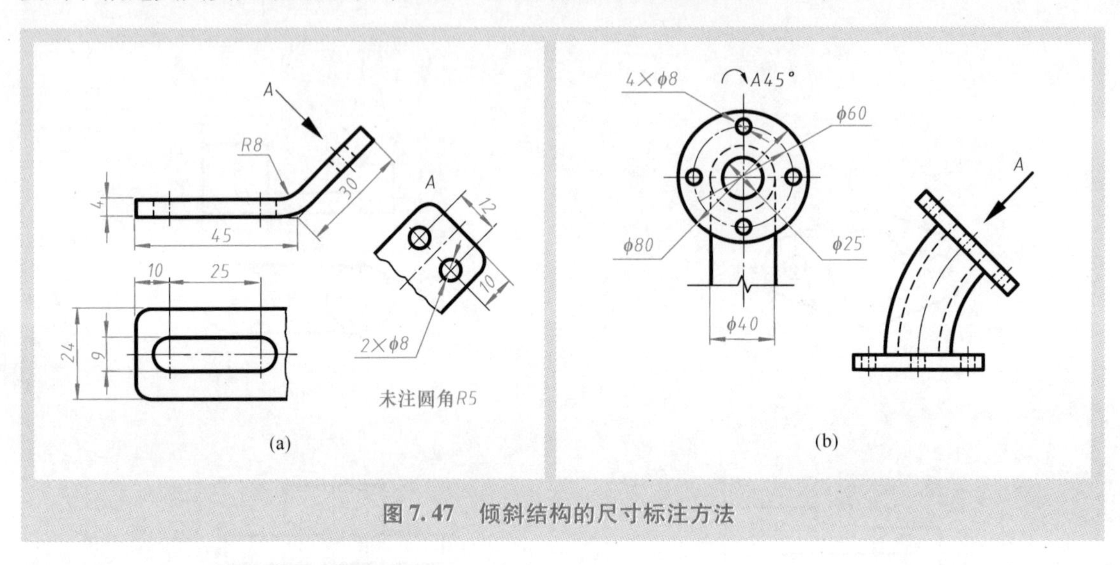

图 7.47　倾斜结构的尺寸标注方法

7.9　对称结构的尺寸标注

标注对称物体的尺寸时，对于分布在对称中心线两边的相同结构，可仅标注其中一边的结构的尺寸（见图 7.48a 中的尺寸 *R*64、12、*R*9、*R*5、*R*3、24）。当对称物体的图形只画出一半（见图 7.48b）或在局部剖视图（或半剖视图）上标注尺寸（见图 7.48c）时，尺寸线应略超过对称中心线或断裂处的边界，此时仅在尺寸线的一端画出箭头。

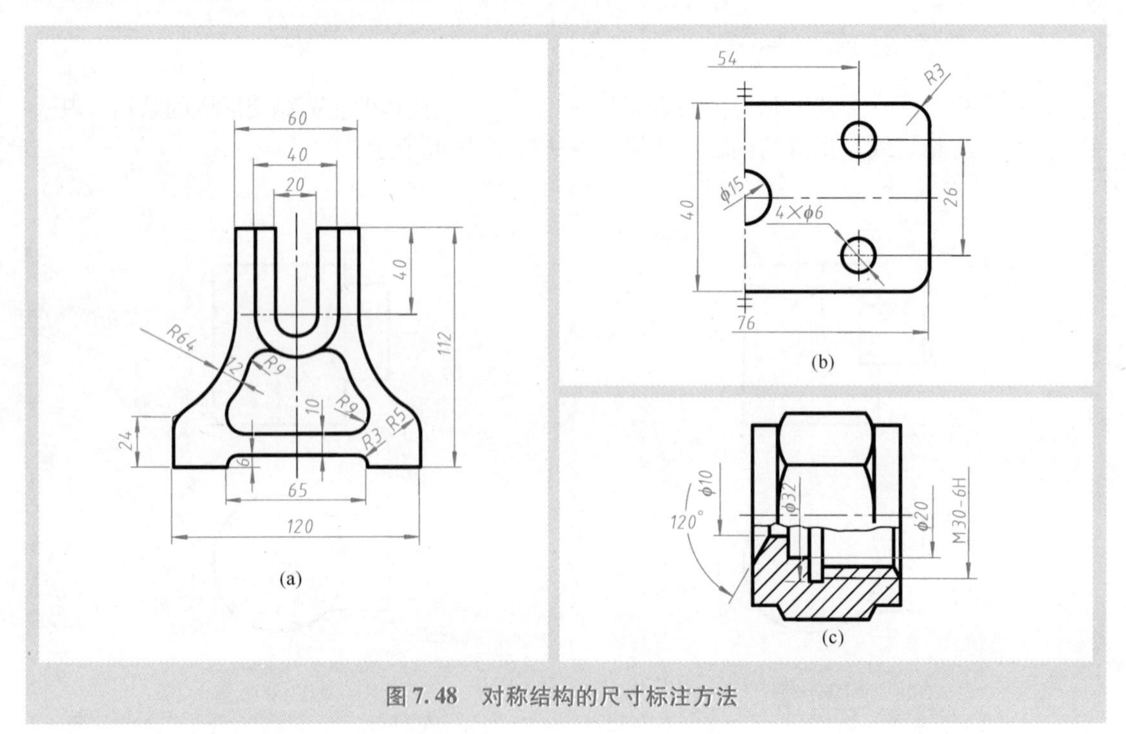

图 7.48　对称结构的尺寸标注方法

7.10 斜面与锥面的尺寸标注

斜面一般采用图7.35所示的尺寸标注方法，锥面一般采用图7.33h、i所示的尺寸标注方法。但如果一个斜面的斜度较大时，则通常采用标注斜度的方法标注尺寸（见图7.49）。类似地，如果一个锥面的锥度较大时，则通常采用标注锥度的方法标注尺寸（见图7.50）。

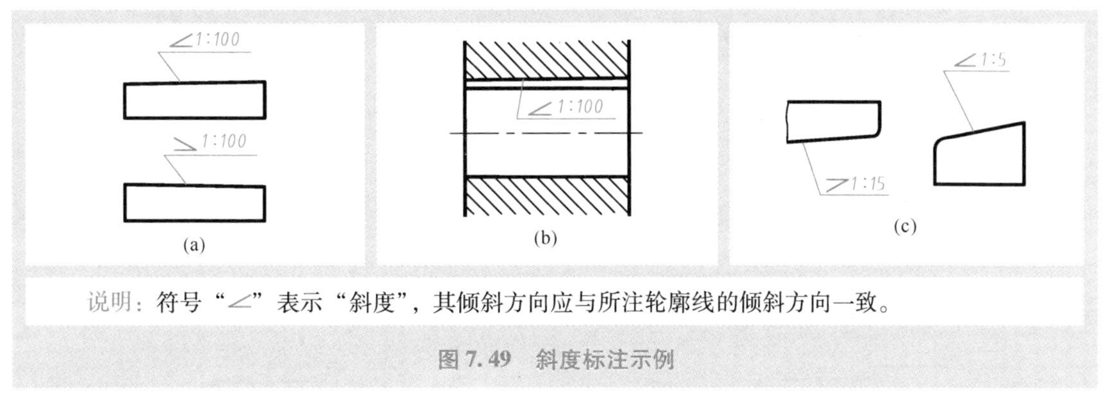

说明：符号“∠”表示“斜度”，其倾斜方向应与所注轮廓线的倾斜方向一致。

图7.49 斜度标注示例

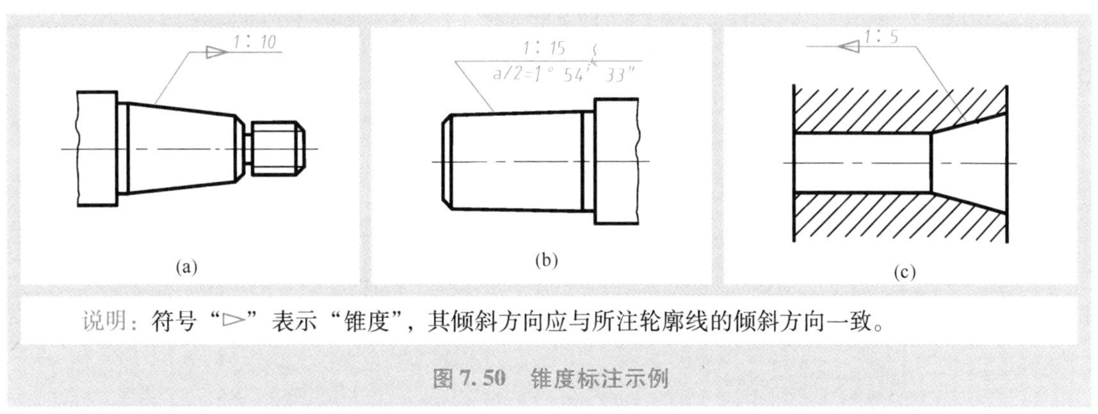

说明：符号“▷”表示“锥度”，其倾斜方向应与所注轮廓线的倾斜方向一致。

图7.50 锥度标注示例

7.11 圆角与倒角的尺寸标注

圆角应标注半径（见图7.51a～c中的尺寸$R6$、$R7$、$R4$、$R3$）。当图形中所有圆角的尺寸相同（或多数圆角的尺寸相同）时，通常以注释的形式在图样空白处作出说明（见图7.51d）。

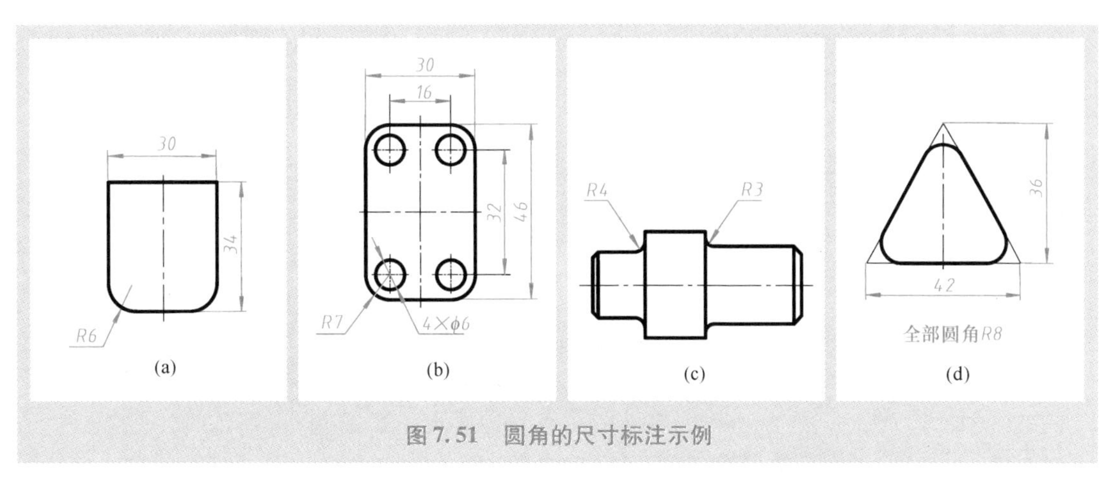

图7.51 圆角的尺寸标注示例

倒角应按图 7.52 所示的形式标注。在标注 45°倒角尺寸时，通常还可按照图 7.53 所示的各种简化标注方法标注。与圆角类似，当图形中所有倒角的尺寸相同（或多数倒角的尺寸相同）时，通常可以注释的形式在图样空白处作出说明。

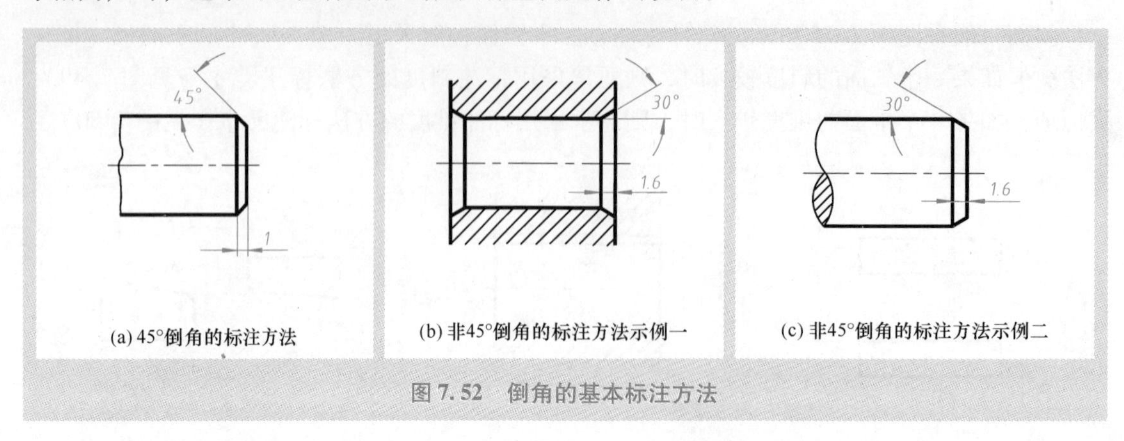

图 7.52　倒角的基本标注方法

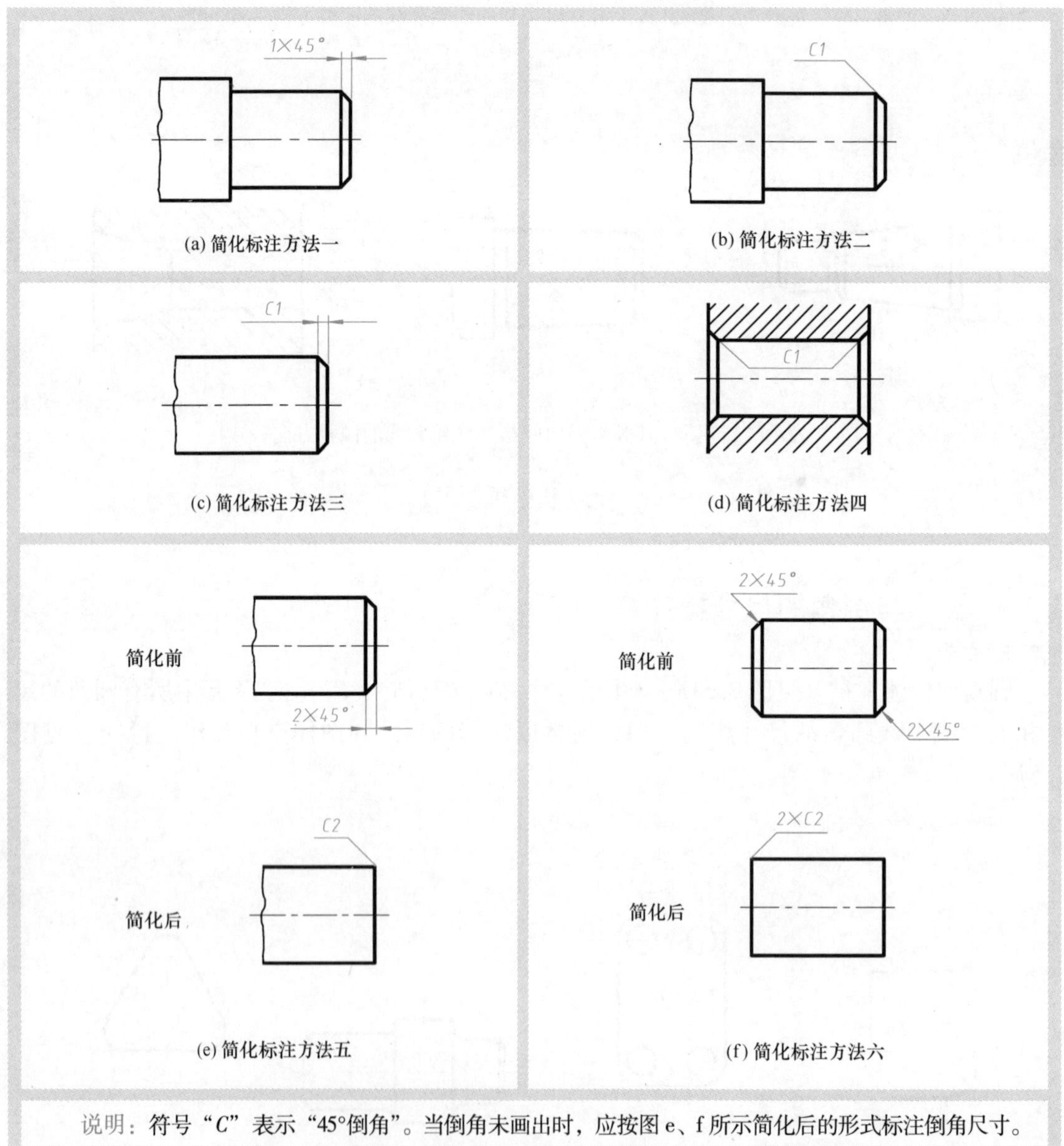

说明：符号“C”表示“45°倒角”。当倒角未画出时，应按图 e、f 所示简化后的形式标注倒角尺寸。

图 7.53　45°倒角的多种简化标注方法

7.12 滚花的尺寸标注

滚花通常加工在圆柱表面上，其型式有直纹和网纹两种，其尺寸应按照表 7.2 给出的形式标注（表 7.2 中的“m0.4”和“m0.3”表示滚花的尺寸规格，详见 GB/T 6403.3—2008）。注写了尺寸的滚花结构可采用简化后的画法（见表 7.2）。

表 7.2 滚花的简化画法及其尺寸标注方法

简 化 后	简 化 前
网纹 m0.4 GB/T 6403.3—2008	网纹 m0.4 GB/T 6403.3—2008
直纹 m0.3 GB/T 6403.3—2008	直纹 m0.3 GB/T 6403.3—2008

7.13 尺寸的简化标注

国家标准（GB/T 16675.2—1996）规定，尺寸标注的简化原则为，在保证简化不致引起误解和不会产生理解的多意性的前提下应力求制图简便，并应便于识图和绘制。同时，该标准还给出了以下主要的尺寸简化标注方法：

（1）标注尺寸时应尽可能使用符号和缩写词（见表 7.3）以简化尺寸标注（或减少视图的数量）。

（2）对于尺寸相同的重复结构或形状，可仅在一个结构或形状上注出其尺寸和数量（见图 7.54）。

（3）标注板状零件时，可在表示厚度的尺寸数字前加注符号“t”（见图 7.55）。

（4）标注剖面为正方形结构的尺寸时，可在正方形边长尺寸数字前加注符号“□”（见图 7.56a、c）或用“$B \times B$”的形式注出（见图 7.56b、d，其中 B 为正方形的边长）。

（5）对于几种尺寸数值相近而又重复的结构或形状，可采用标记（如涂色）或用标注字母的方法来区别（见图 7.57）。

（6）多个定位尺寸相同的结构可采用图 7.58 所示的简化标注方法。

（7）阶梯轴的直径尺寸可采用图 7.59 所示的简化标注方法。

（8）在一个图形上标注多个直径或半径尺寸时，可采用表 7.4 给出的简化标注方法。

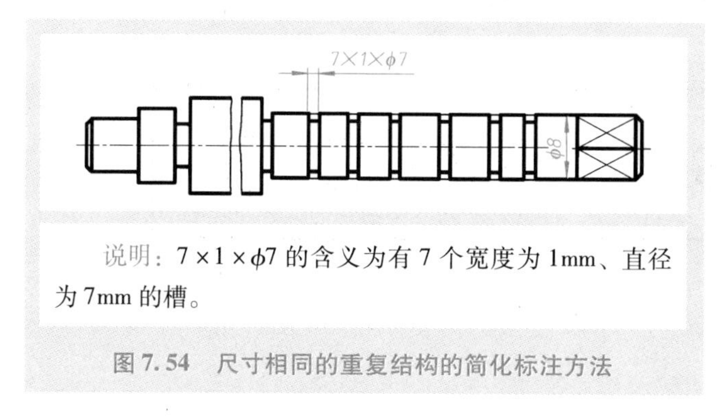

说明：7×1×ϕ7 的含义为有 7 个宽度为 1mm、直径为 7mm 的槽。

图 7.54 尺寸相同的重复结构的简化标注方法

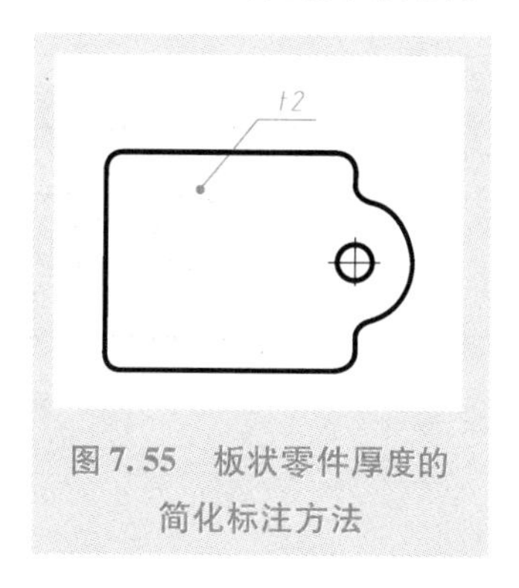

图 7.55 板状零件厚度的简化标注方法

表 7.3　标注尺寸的符号、缩写词及其相关符号的比例画法

序　号	名　称	符号或缩写词	序　号	名　称	符号或缩写词
1	直径	ϕ	8	正方形	□
2	半径	R	9	深度	↧
3	球直径	$S\phi$	10	沉孔或锪平	⌴
4	球半径	SR	11	埋头孔	∨
5	厚度	t	12	弧长	⌒
6	均布	EQS	13	斜度	∠
7	45°倒角	C	14	锥度	▷

相关符号的比例画法

（说明：图中符号的线宽为 $h/10$，h 为字体高度）

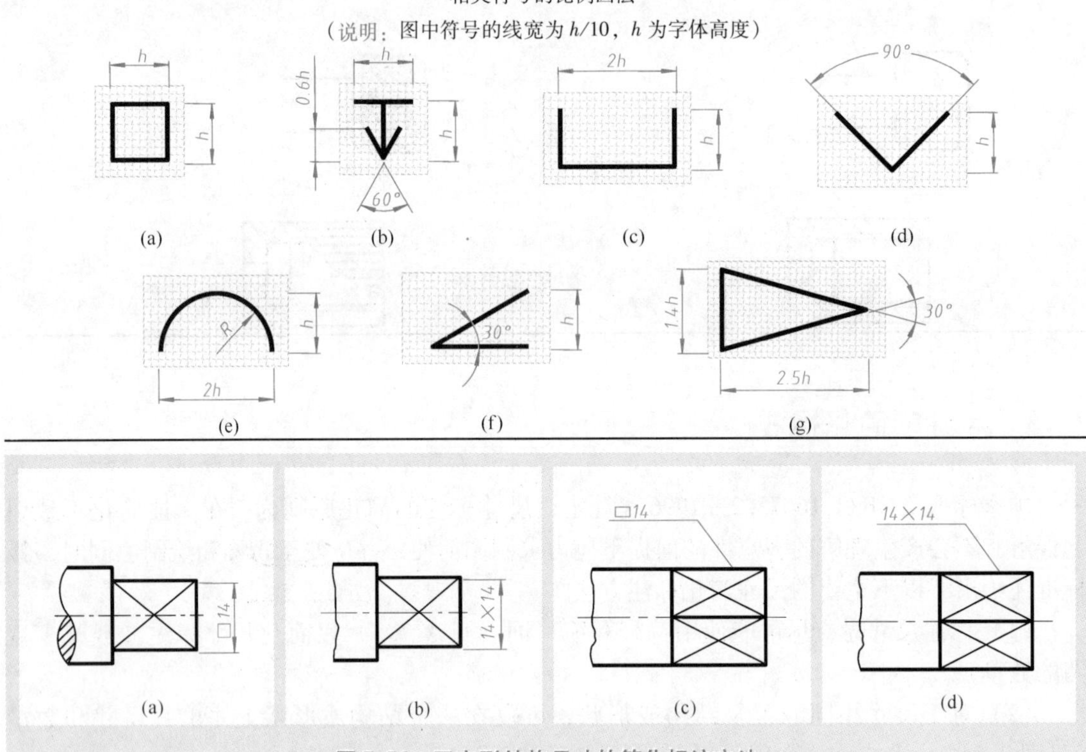

图 7.56　正方形结构尺寸的简化标注方法

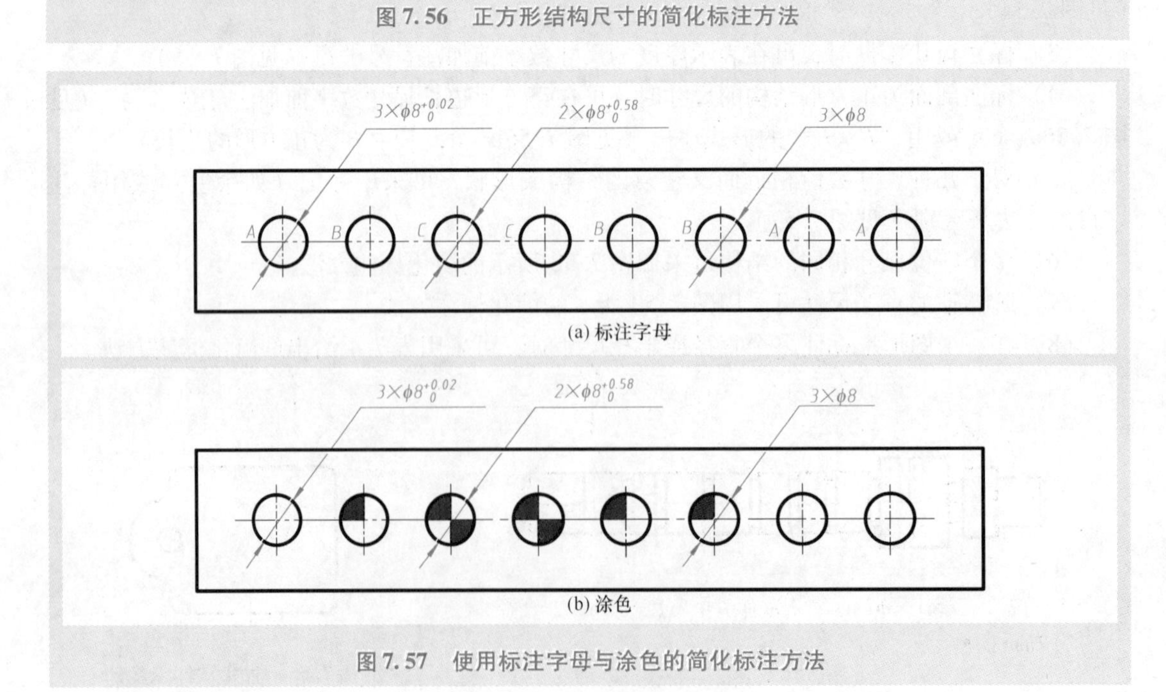

图 7.57　使用标注字母与涂色的简化标注方法

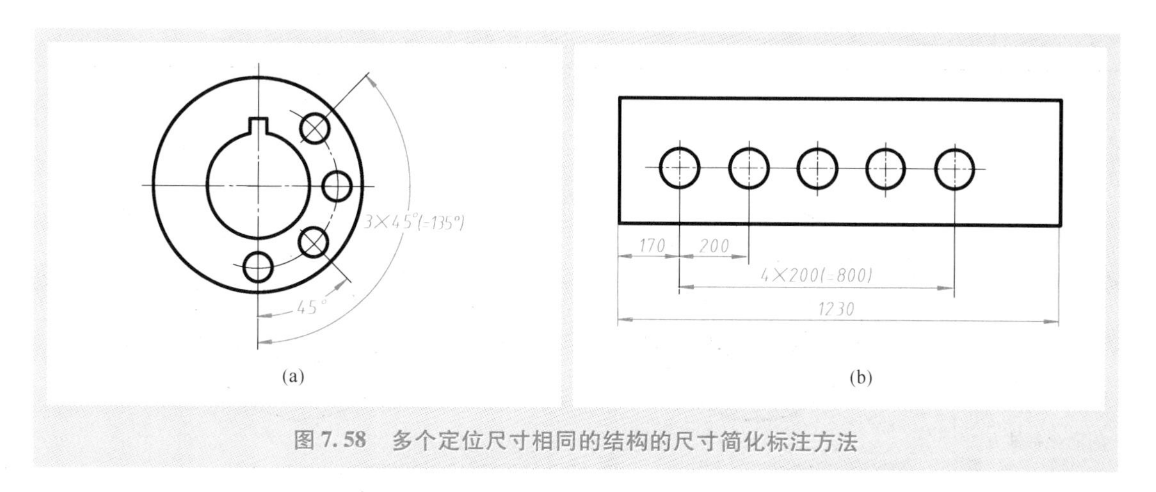

图7.58 多个定位尺寸相同的结构的尺寸简化标注方法

(9) 对于不连续的同一表面，可用细实线连接后标注一次尺寸（见图7.60）。

(10) 标注尺寸时，还可以使用坐标法（见图7.61、图7.62。图7.60中的轴向尺寸也采用了坐标法标注）、网格法（见图7.63）或列表法（见图7.64）等简化标注方法。

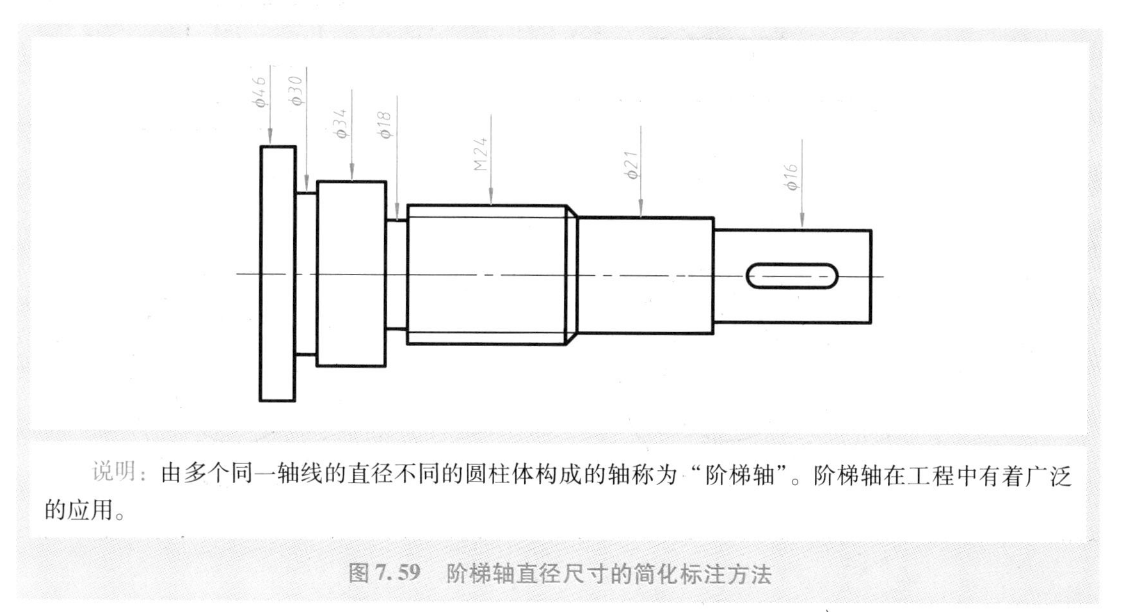

说明：由多个同一轴线的直径不同的圆柱体构成的轴称为“阶梯轴”。阶梯轴在工程中有着广泛的应用。

图7.59 阶梯轴直径尺寸的简化标注方法

表7.4 多个直径或半径尺寸的简化标注方法

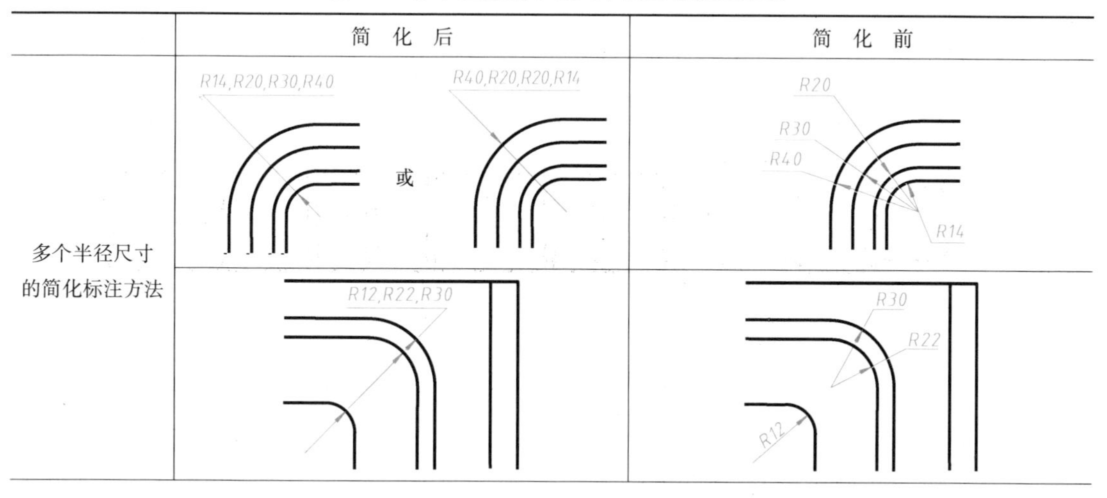

	简 化 后	简 化 前
多个半径尺寸的简化标注方法		

（续）

	简 化 后	简 化 前
多个直径尺寸的简化标注方法	φ60, φ100, φ120	φ60 φ120 φ100
	φ5, φ9, φ12	φ12 φ9 φ5
多个直径尺寸的简化标注方法	16×φ2.5 φ120 φ70 φ100	16×φ2.5 φ100 φ120 φ70

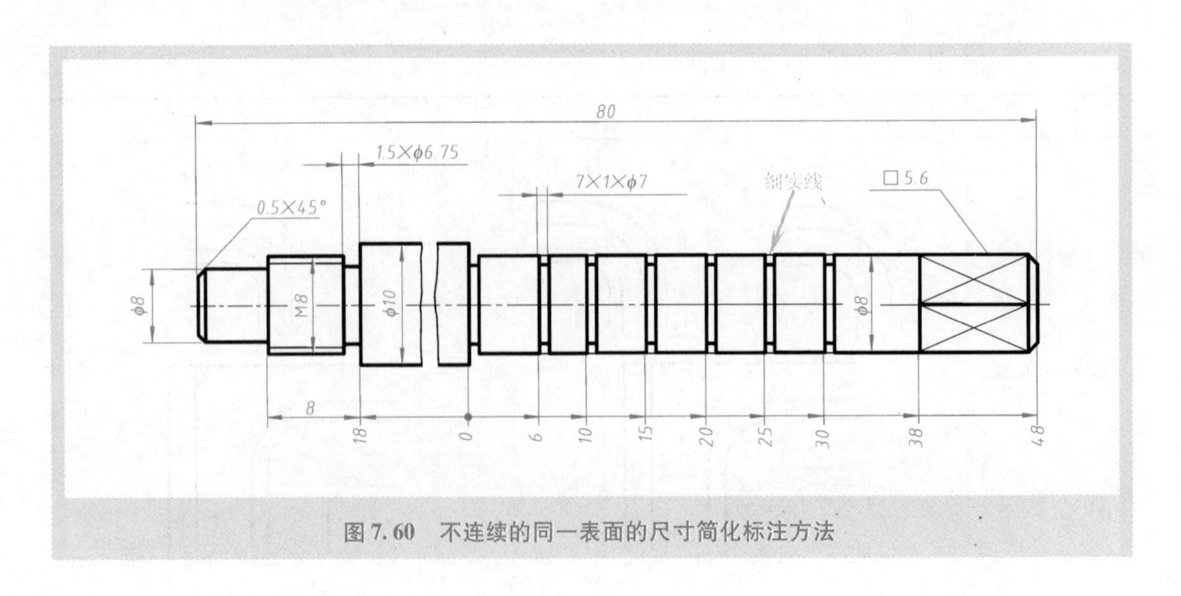

图 7.60　不连续的同一表面的尺寸简化标注方法

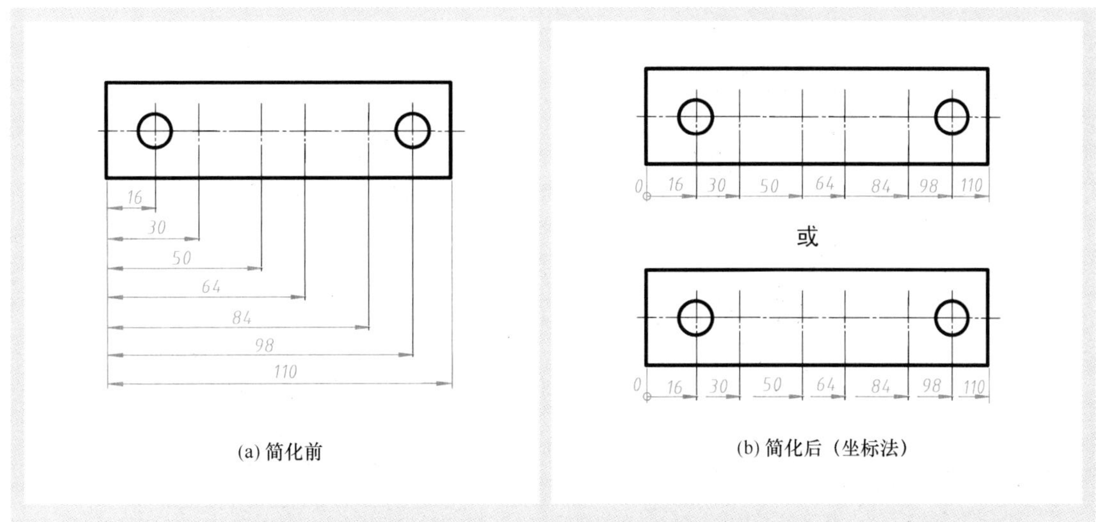

图 7. 61 尺寸的简化标注方法——坐标法（示例一）

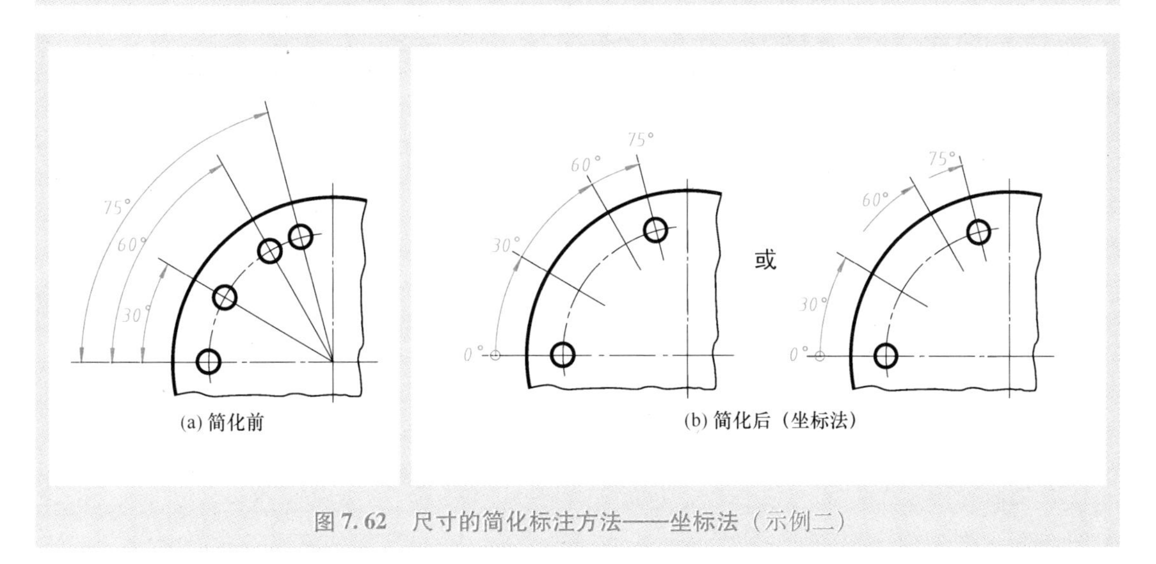

图 7. 62 尺寸的简化标注方法——坐标法（示例二）

8×100（=800）

12×100（=1200）

图 7. 63 尺寸的简化标注方法——网格法示例

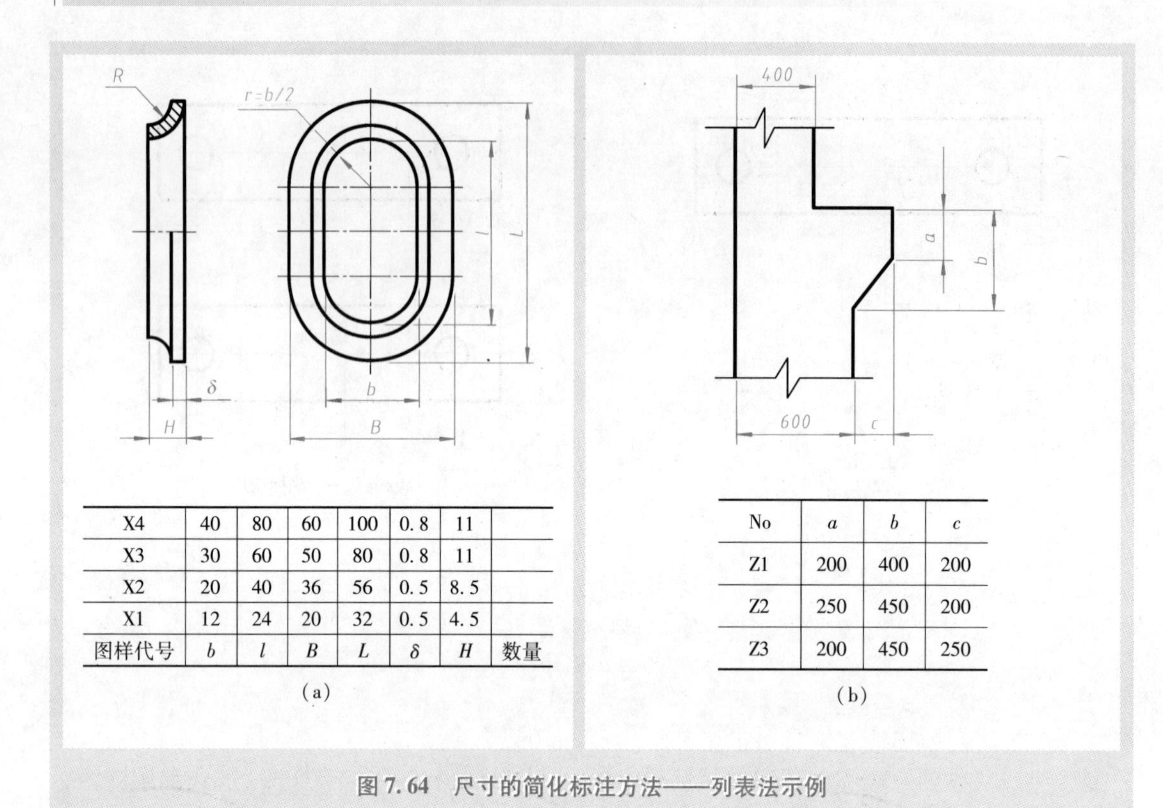

X4	40	80	60	100	0.8	11	
X3	30	60	50	80	0.8	11	
X2	20	40	36	56	0.5	8.5	
X1	12	24	20	32	0.5	4.5	
图样代号	b	l	B	L	δ	H	数量

(a)

No	a	b	c
Z1	200	400	200
Z2	250	450	200
Z3	200	450	250

(b)

图 7.64　尺寸的简化标注方法——列表法示例

第8章 公 差

本章目标

通过本章的学习，学习者应能够：

☺ 理解、掌握并描述互换性、加工误差与公差等基本概念及其含义。
☺ 理解、掌握并描述轴与孔的定义及其含义。
☺ 理解、掌握并描述公称尺寸的含义，了解公称尺寸与优先数和优先数系之间的关系。
☺ 理解、掌握并描述偏差与极限尺寸的相关概念及其含义。
☺ 理解、掌握并描述尺寸公差的概念及其含义。
☺ 理解并掌握尺寸公差的一般标注方法，具备相应的尺寸公差标注能力。
☺ 理解、掌握并描述公差带的概念及其含义，了解并理解公差带的重要性，具备绘制公差带图、选择公差带并在视图中标注公差带代号的能力。
☺ 理解、掌握并描述标准公差与基本偏差的概念及其含义，了解并理解标准公差与基本偏差与加工方法的关系。
☺ 理解并掌握标准公差与基本偏差的计算与标注方法，具备相应的计算与标注能力。
☺ 理解并掌握配合与配合制度的概念与含义，了解并理解配合的类型，理解配合制度与配合的选择方法，具备相应的配合标注能力。
☺ 了解并理解尺寸公差的累加对尺寸公差标注的影响。
☺ 理解并掌握一般公差和未注尺寸公差的含义。
☺ 理解并掌握几何要素及其几何特征的相关术语和符号等的含义。
☺ 理解、掌握并描述几何误差与几何公差之间的区别与联系。
☺ 理解并掌握几何公差的基本标注方法，具备基本的几何公差标注能力。
☺ 理解并掌握形状公差的相关概念及相关标注方法。
☺ 理解并掌握方向公差的相关概念及相关标注方法。
☺ 理解并掌握位置公差的相关概念及相关标注方法。
☺ 理解并掌握跳动公差的相关概念及相关标注方法。
☺ 理解并掌握轮廓度公差的相关概念及相关标注方法。
☺ 理解并掌握几何公差的其他规定标注方法，如分离要素、限定性要求的规定标注方法等。
☺ 理解并掌握最大/最小实体及其要求的概念与含义，了解并理解其相应的标注方法。
☺ 理解并掌握表面轮廓和表面结构特征的概念与含义。
☺ 理解、掌握并描述传输带、评定长度、取样长度等概念的含义。
☺ 理解并掌握表面结构参数（*P* 参数、*R* 参数和 *W* 参数）的定义与代号，了解并理解 *R* 参数的选择方法。
☺ 了解并理解表面结构参数对零件性能的影响。
☺ 了解并理解表面结构参数的影响因素及其测量条件。
☺ 理解并掌握表面结构要求的表达方法，具备表达表面结构要求的能力。
☺ 理解并掌握表面结构要求在图样中的标注方法，具备在视图中标注表面结构要求的能力。
☺ 具备查阅相关国家标准的能力。

8.1　互换性、轴与孔、加工误差与公差

现代规模生产对零件的加工提出了**可互换**（*interchangeable*）的要求，即要求将任意一个按同一工程图样批量生产的零件装配在产品或机器上，都能保证该产品或机器的使用功能，也就是说，这批零件是可以任意相互更换的，这种可互换的性质称为**互换性**。可互换要求主要针对相互配合的**轴与孔**（见图8.1）。

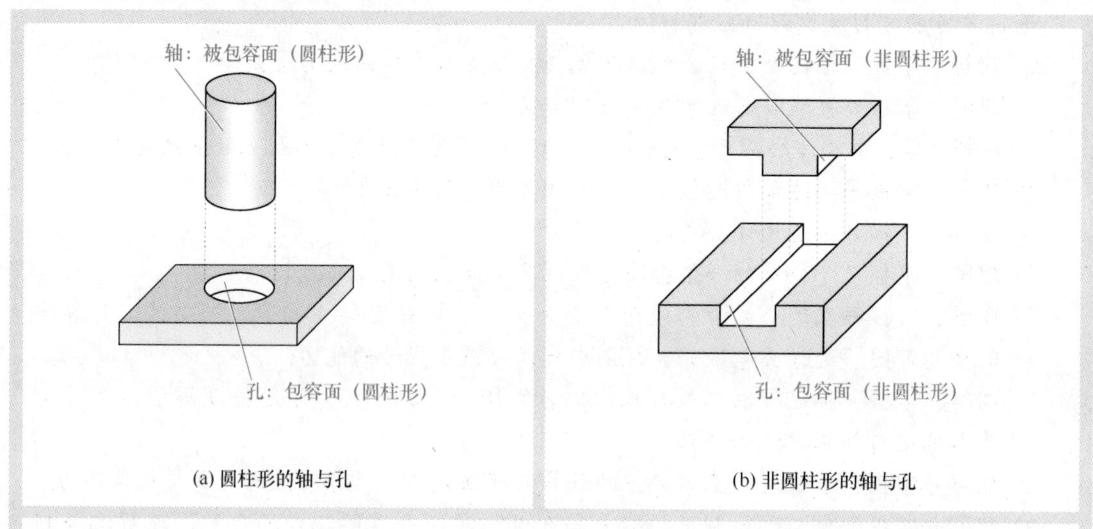

(a) 圆柱形的轴与孔　　(b) 非圆柱形的轴与孔

说明：轴与孔的定义

在相互配合的两个零件中，一个零件的表面被另一个零件的表面所包容，被包容的表面称为“被包容面”，包容被包容表面的表面称为“包容面”。其中：

轴：通常指由被包容面形成的结构，它可以是圆柱形的（见图a），也可以是非圆柱形的（见图b）。

孔：通常指由包容面形成的结构，它可以是圆柱形的（见图a），也可以是非圆柱形的（见图b）。

图8.1　相互配合的轴与孔

然而，在实际制造过程中，由于存在着机床与刀具等的制造误差及磨损、装夹与测量误差以及加工中的各种力和热所引起的误差等，因此，加工完成后，实际零件的尺寸与形状与其理想参数之间存在着一定程度的偏离，即出现**加工误差**。例如，假设要求零件的理想尺寸应为30mm，但某一实际零件的尺寸却为30.08mm，出现了0.08mm的尺寸误差。又如，假设要求零件的棱边应为一条理想的直线，但某一实际零件的棱边却为一曲线，即出现了形状误差。

显然，具有较大加工误差的轴或孔是不具备可互换性的。因此，为了使批量生产的零件具备可互换性，工程师必须在设计零件时对零件的加工误差提出控制要求，即对零件的尺寸或形状给出一个允许的较小变动量，这一允许的较小变动量就称为**公差**（*tolerance*）。

8.2　尺寸公差与配合

为了使批量生产的零件具备可互换性，合理的尺寸控制是其中最为核心的内容之一。为此，通常必须给出一个合适的尺寸公差及其配合要求（见8.2.1～8.2.12节）。

8.2.1　公称尺寸、偏差及极限尺寸

一般而言，工程图样中给出的尺寸被认为是理想的尺寸，通常称为公称尺寸

(*nominal size*，如图 8.2a 所示)。公称尺寸可以是一个整数或小数，应尽量采用国家标准(GB/T 321—2005) 中给出的数值 (见表 8.1)。

表 8.1 优先数和优先数系 (GB/T 321—2005)

基本系列 (常用值)					补充系列									
1.00	1.60	2.50	4.00	6.30	1.00	1.25	1.60	2.00	2.50	3.15	4.00	5.00	6.30	8.00
1.06	1.70	2.65	4.25	6.70	1.03	1.28	1.65	2.06	2.58	3.25	4.12	5.15	6.50	8.25
1.12	1.80	2.80	4.50	7.10	1.06	1.32	1.70	2.12	2.65	3.35	4.25	5.30	6.70	8.50
1.18	1.90	3.00	4.75	7.50	1.09	1.36	1.75	2.18	2.72	3.45	4.37	5.45	6.90	8.75
1.25	2.00	3.15	5.00	8.00	1.12	1.40	1.80	2.24	2.80	3.55	4.50	5.60	7.10	9.00
1.32	2.12	3.35	5.30	8.50	1.15	1.45	1.85	2.30	2.90	3.65	4.62	5.80	7.30	9.25
1.40	2.24	3.55	5.60	9.00	1.18	1.50	1.90	2.35	3.00	3.75	4.75	6.00	7.50	9.50
1.50	2.36	3.75	6.00	9.50	1.22	1.55	1.95	2.43	3.07	3.85	4.87	6.15	7.75	9.75

说明：(1) 国家标准 (GB/T 321—2005) 以基本系列和补充系列的形式在 1 ~ 10 的范围内给出了一系列的数，称为优先数，这些优先数组成了一个优先数系。(2) 上述两个系列所给出的优先数系可向两个方向无限延伸，表中值乘以 10 的正整数幂或负整数幂后即可得其他十进制项值。(3) 该标准要求工业产品的技术参数应尽可能采用其规范的数及数系。零件的尺寸作为一个重要的产品参数也应尽可能遵循并采用这一标准，即零件的公称尺寸应尽可能采用基本系列中的优先数，仅在基本系列中的优先数不能适应实际情况时，才可以考虑采用补充系列中的优先数。

显然，由于加工误差将引起尺寸的**偏差** (*deviation*，是指完工零件的实际尺寸与其公称尺寸之间的代数差，即偏差 = 完工零件的实际尺寸 - 零件的公称尺寸，如图 8.2b 所示)，因此，为了控制偏差的大小以保证批量生产的零件具备可互换性，必须明确给出实际尺寸的允许值，即通常必须给出允许的最大与最小的实际尺寸数值 (见图 8.2c)。其中，允许的最大实际尺寸称为**上极限尺寸** (*upper limit of size*)，允许的最小实际尺寸称为**下极限尺寸** (*lower limit of size*)，上极限尺寸与下极限尺寸又统称为**极限尺寸** (*limits of size*)。

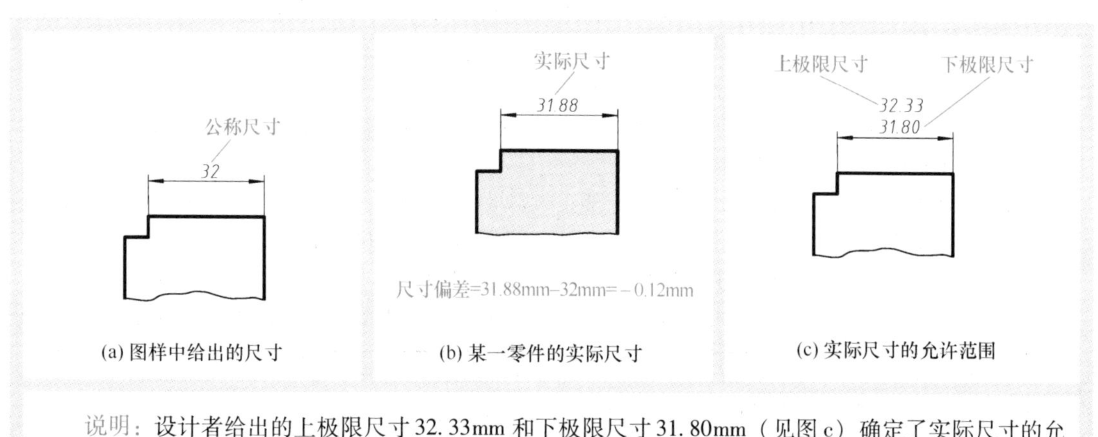

说明：设计者给出的上极限尺寸 32.33mm 和下极限尺寸 31.80mm (见图 c) 确定了实际尺寸的允许值，即要求所有按照图 a 所示制造的零件，其实际尺寸都应处于 31.80 ~ 32.33mm 这一允许的尺寸范围内。否则，零件的尺寸就是不合格的。

图 8.2 公称尺寸、偏差及极限尺寸

极限尺寸的重要性在于，它是指导零件生产的主要依据之一，对于包括制造者与检验者等在内的生产者而言，只要给出了极限尺寸，就可以确定某一完工零件的尺寸是否合格 (见图 8.2 及其说明)。

8.2.2 尺寸公差、极限偏差、公差带、配合及其类型

在给定公称尺寸的情况下，根据上、下极限尺寸可以得到三个重要数据，即尺寸公差、上极限偏差和下极限偏差。根据这三个重要数据中的任意两个即可确定一个公差带的大小和位置（见图8.3）。相互结合的孔和轴的配合及其类型可以使用公差带这一概念来描述（见图8.4）。

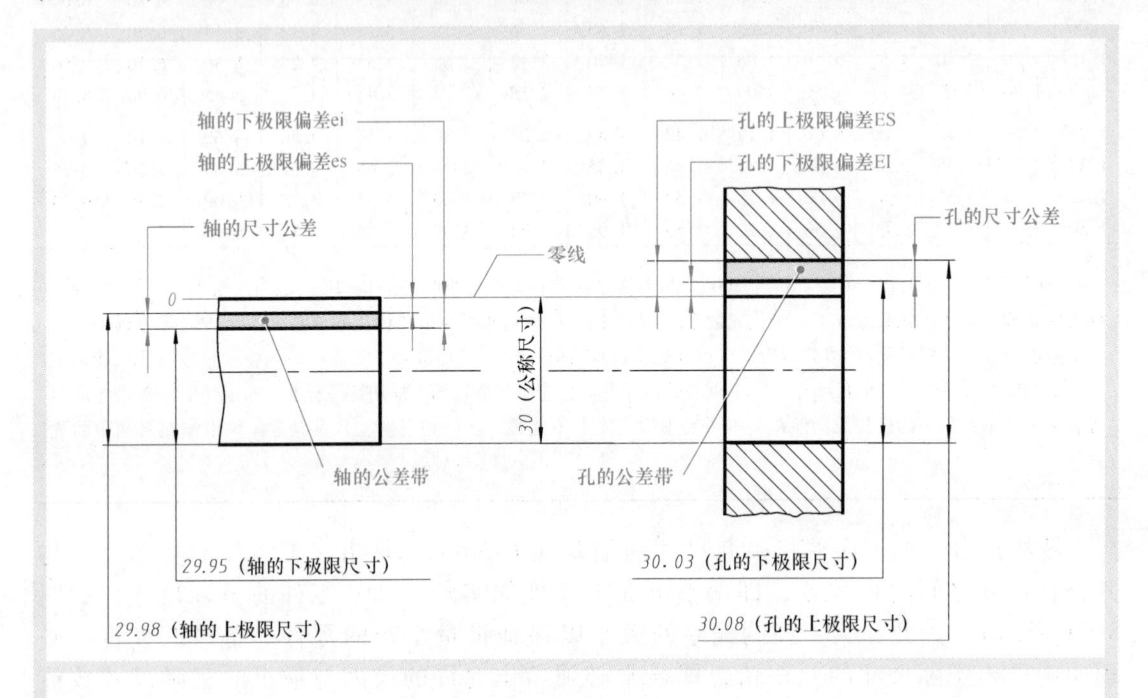

说明：尺寸公差、极限偏差、公差带的定义

（1）**极限偏差**（*limit deviations*）被定义为极限尺寸与公称尺寸的差值，包括上极限偏差（*upper limit deviation*）和下极限偏差（*lower limit deviation*），其中，上极限偏差 = 上极限尺寸 - 公称尺寸，下极限偏差 = 下极限尺寸 - 公称尺寸。习惯上，轴的上、下极限偏差代号使用小写字母 es、ei 表示，孔的上、下极限偏差代号使用大写字母 ES、EI 表示。

（2）**尺寸公差**（*size tolerance*）被定义为两极限尺寸的差值，即尺寸公差 = 上极限尺寸 - 下极限尺寸，它给出了一个允许的实际尺寸的变动量。显然，根据上、下极限偏差也可以得到尺寸公差，即，尺寸公差 = 上极限偏差 - 下极限偏差。

（3）**公差带**（*tolerance zone*）被定义为由代表上极限尺寸与下极限尺寸的两条直线所限定的一个带状区域（即图8.3所示公差带示意图中的阴影区）。显然，尺寸公差确定了公差带的大小（即公差带的宽度），任意一个极限偏差确定了公差带的位置（即公差带距零线的距离）。其中，零线（*zero line*）是指公差带示意图中表示公称尺寸的一条直线，以其作为基准确定极限偏差和尺寸公差。

根据图中给出的上、下极限尺寸，可分别计算出轴与孔的极限偏差和尺寸公差，并可得到描述其公差带大小和位置的尺寸，计算过程与结果如下：

	极限偏差		尺寸公差	公差带	
	上极限偏差	下极限偏差		大小	距零线的距离
轴	-0.02（=29.98-30）	-0.05（=29.95-30）	0.03（=29.98-29.95）	0.03	-0.02（或-0.05）
孔	+0.08（=30.08-30）	+0.03（=30.03-30）	0.05（=30.08-30.03）	0.05	+0.08（或+0.03）

注意：尺寸公差还可以根据上、下极限偏差得到，其中，轴的尺寸公差 = -0.02 -（-0.05）=0.03，孔的尺寸公差 = +0.08 -（+0.03）=0.05。

图8.3　尺寸公差、极限偏差、公差带及其示意图

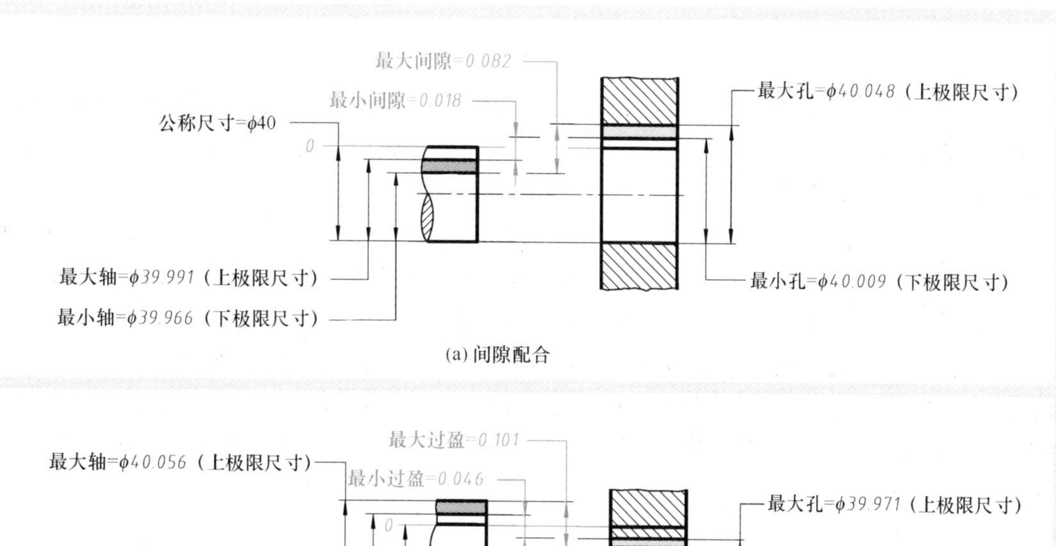

(a) 间隙配合

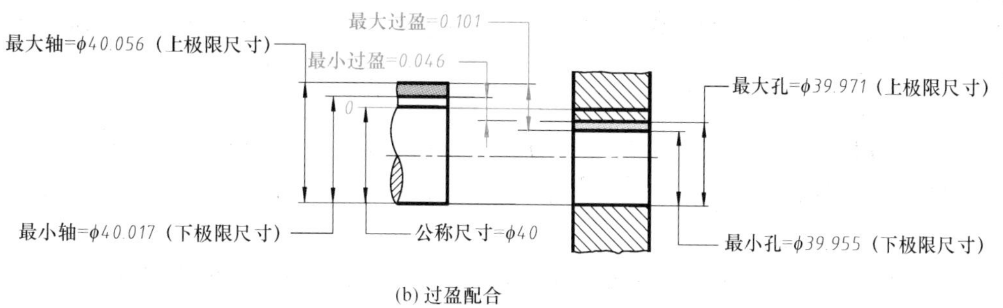

(b) 过盈配合

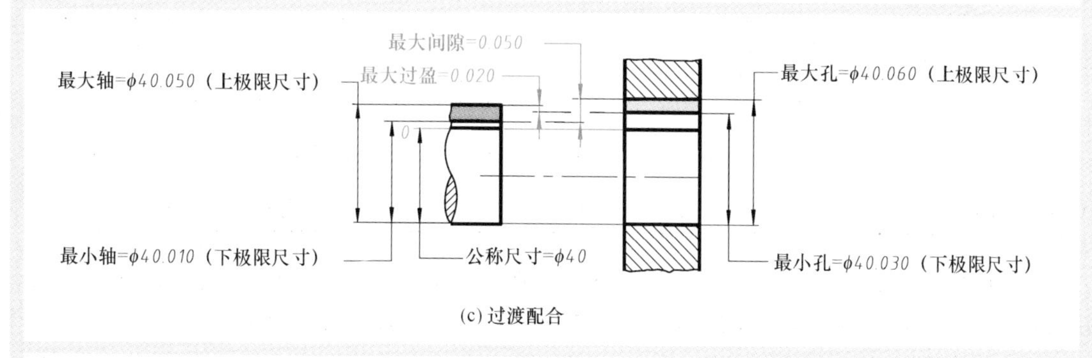

(c) 过渡配合

说明：配合的定义及其类型

配合（*fit*）用于表示公称尺寸相同的相互结合的孔和轴公差带之间的关系。这种关系可分为三类，分别称为间隙配合、过盈配合和过渡配合。其中：

（1）**间隙配合**（*clearance fit*）是指一对公称尺寸相同的孔和轴在相互结合时总是存在着间隙，即孔的实际尺寸总是大于轴的实际尺寸。例如，在满足图 a 所示公差要求的一批孔和轴中，任选一个轴与孔进行配合，它们之间总是存在着间隙，其中，最大间隙（ = 最大孔 - 最小轴）为0.082mm，最小间隙（ = 最小孔 - 最大轴）为0.018mm。应注意，间隙配合也包括最小间隙为零的配合。

（2）**过盈配合**（*interference fit*）是指一对公称尺寸相同的孔和轴在相互结合时总是存在着过盈，即孔的实际尺寸总是小于轴的实际尺寸。例如，在满足图 b 所示公差要求的一批孔和轴中，任选一个轴与孔进行配合，它们之间总是存在着过盈，其中，最大过盈（ = 最大轴 - 最小孔）为0.101mm，最小过盈（ = 最小轴 - 最大孔）为0.046mm。

（3）**过渡配合**（*transition fit*）是指一对公称尺寸相同的孔和轴在相互结合时可能是一个过盈配合也可能是一个间隙配合，即孔的实际尺寸可能大于或小于轴的实际尺寸。例如，在满足图 c 所示公差要求的一批孔和轴中，任选一个轴与孔进行配合，它们之间可能存在着过盈，也可能存在着间隙，其中，最大过盈（ = 最大轴 - 最小孔）为0.02mm，最大间隙（ = 最大孔 - 最小轴）为0.05mm。

图8.4 配合的定义及其类型

8.2.3 公差带的重要性

公差带是决定零件互换性与配合的关键。具体地说，如果公差带大小不同，则零件的互换性就可能不同（见例8.1）；如果公差带位置不同，即使公差带大小相同，其配合的类型也可能不同（见例8.2）。

因此，为了使批量生产的零件具备一个合理的可互换性，并使相互配合的零件之间形成一个满足产品性能的配合类型，设计者在提出尺寸误差控制要求时，必须优先考虑如何确定一个合适的公差带（即确定一个公差带的大小和位置）。

确定公差带的实质就是必须给出一个尺寸公差和一个上（或下）极限偏差，这样就可以得到生产所需的极限尺寸（见例8.3和例8.4），这就意味着设计者在满足零件互换性与配合的基础上提出了一个完整的尺寸公差要求（即通常认为，所谓“尺寸公差要求”就是指给出生产所需的极限尺寸）。

【例8.1】 对于一个公称尺寸为 ϕ22.4mm 的孔，设计者给定的下极限偏差为 +0.01mm。在这种情况下，试比较该孔在公差带大小分别为0.05mm、0.5mm和5mm时的互换性。

解：根据定义有：上极限偏差 = 下极限偏差 + 尺寸公差，上极限尺寸 = 上极限偏差 + 公称尺寸，下极限尺寸 = 下极限偏差 + 公称尺寸。则可计算出以下数据：

	公差带大小为0.05mm时	公差带大小为0.5mm时	公差带大小为5mm时
上极限偏差	+0.06mm(= +0.01mm +0.05mm)	+0.51mm(= +0.01mm +0.5mm)	+5.01mm(= +0.01mm +5mm)
上极限尺寸	22.46mm(= +0.06mm +22.4mm)	22.91mm(= +0.51mm +22.4mm)	27.41mm(= +5.01mm +22.4mm)
下极限尺寸	22.41mm(= +0.01mm +22.4mm)	22.41mm(= +0.01mm +22.4mm)	22.41mm(= +0.01mm +22.4mm)

根据以上数据可知，在公差带大小分别为0.05mm、0.5mm和5mm时，该孔实际直径的允许值范围分别为 ϕ22.41 ~ ϕ22.46mm、ϕ22.41 ~ ϕ22.91mm 和 ϕ22.41 ~ ϕ27.41mm。对于公差带大小为0.05mm的孔，在批量生产的满足其公差要求的一批孔中，任意两个孔的直径差最大为0.05 mm，因此，这批孔具有良好的互换性。同理可知，公差带大小为0.5mm的孔，其互换性一般；公差带大小为5mm的孔，基本就不具备可互换的性能。

【例8.2】 对于相互配合的公称尺寸同为 ϕ30mm 的轴与孔，已知孔的公差带（尺寸公差 =0.04 mm，下极限偏差 = +0.02mm），试画出三种公差带大小同为0.06mm、下极限偏差分别为 −0.08mm、−0.025mm 和 +0.07mm 的轴与该孔配合的公差带示意图，并说明配合的类型、最大间隙和最大过盈。

解：根据已知，可画出其配合的公差带示意图（分别见图a、b、c）。

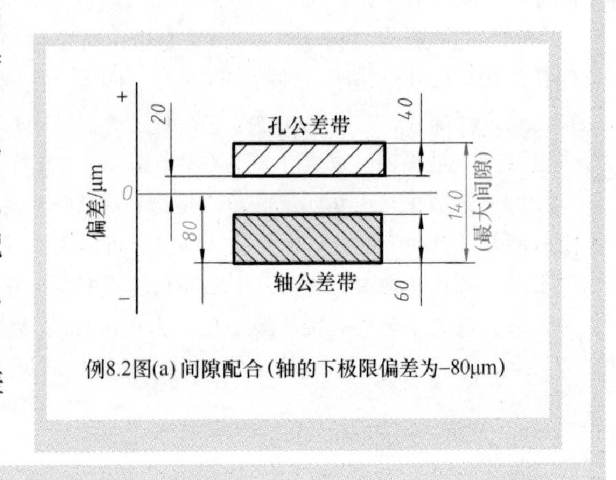

例8.2图(a) 间隙配合（轴的下极限偏差为−80μm）

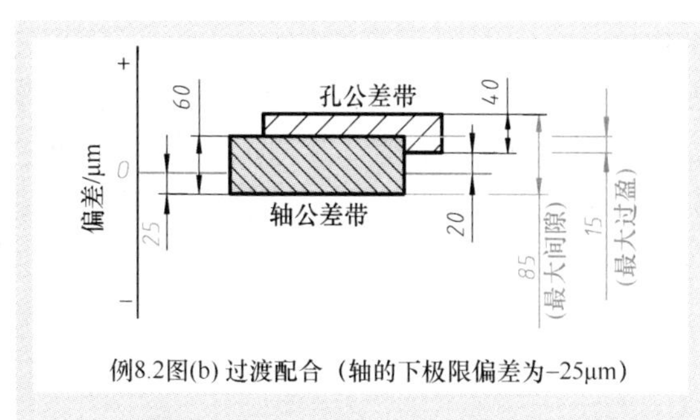

例8.2图(b) 过渡配合（轴的下极限偏差为−25μm）

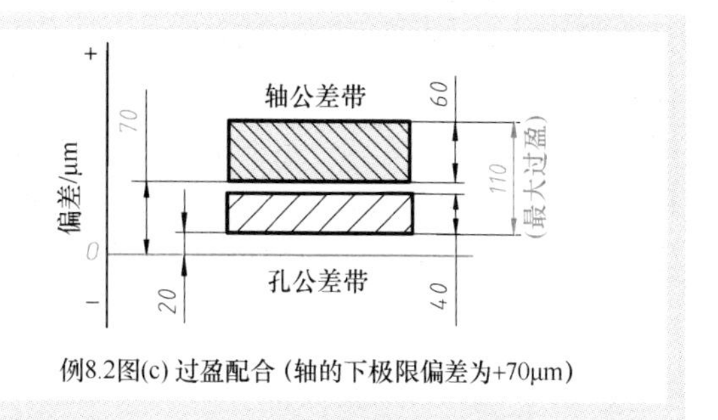

例8.2图(c) 过盈配合（轴的下极限偏差为+70μm）

【例 8.3】 对于一根公称尺寸为 ϕ40mm 的轴，假设为了满足其互换性与配合要求，设计者给定的尺寸公差为 0.05mm，上极限偏差为 −0.03mm，试计算其上极限尺寸和下极限尺寸。

解：下极限偏差 = 上极限偏差 − 尺寸公差 = −0.03mm − 0.05mm = −0.08mm

上极限尺寸 = 上极限偏差 + 公称尺寸 = −0.03mm + 40mm = 39.97mm

下极限尺寸 = 下极限偏差 + 公称尺寸 = −0.08mm + 40mm = 39.92mm

答：其上、下极限尺寸分别为 ϕ39.97mm 和 ϕ39.92mm。其尺寸公差要求对于批量生产的一批轴，其实际直径应处于 ϕ39.92mm ~ ϕ39.97mm 的范围内。

【例 8.4】 对于一个公称尺寸为 ϕ40mm 的孔，假设为了满足其互换性与配合要求，设计者给定的尺寸公差为 0.05mm，下极限偏差为 −0.03mm，试计算其上极限尺寸和下极限尺寸。

解：上极限偏差 = 下极限偏差 + 尺寸公差 = −0.03mm + 0.05mm = +0.02mm

上极限尺寸 = 上极限偏差 + 公称尺寸 = +0.02mm + 40mm = 40.02mm

下极限尺寸 = 下极限偏差 + 公称尺寸 = −0.03mm + 40mm = 39.97mm

答：其上、下极限尺寸分别为 ϕ40.02mm 和 ϕ39.97mm。其尺寸公差要求对于批量生产的一批孔，其实际直径应处于 ϕ39.97mm ~ ϕ40.02mm 的范围内。

8.2.4 尺寸公差的一般标注

如果确定了公差带，则通常应计算出另一极限偏差的具体数值（见例 8.3 和例 8.4），并采用在公称尺寸后标注其上、下极限偏差的方式表达尺寸公差要求（见图 8.5）。采取这一表达方式可以非常清晰和简明地表达一个尺寸公差要求（即通过给出的公称尺寸和上、下极限偏差，可清晰和简明地得到尺寸公差和上、下极限尺寸）。

8.2.5 标准公差与基本偏差

在设计零件时，对于公差带的大小和位置尺寸应该分别为何值才是合适的这一问题，不同的设计者可能有着不同的理解，也就可能给出不同的尺寸公差和上（或下）极限偏差。

为了使对互换性和配合的理解更加统一和规范，并满足实际生产中各种不同类型的互换性和配合要求，国家标准对尺寸公差和上（或下）极限偏差的取值进行了标准化，即给出了标准公差和基本偏差。

1. 标准公差（*standard tolerance*）

标准公差是指国家标准规定的尺寸公差数值（见表 8.2）。国家标准给出标准公差数值的方法是：首先，规定了20个标准公差等级（standard tolerance grades），并分别使用符号IT01，IT0，IT1～IT18表示（字母IT为“国际公差”的英文缩略词），这些符号被称为“标准公差等级代号”；其次，按照一定的方法将公称尺寸分成各个公称尺寸段（如分成3～6mm，6～10mm，…，2500～3150mm等公称尺寸段，见表8.2）；最后，根据公称尺寸段的几何平均值按一定计算方法分别计算出各公称尺寸段的每个标准公差等级所对应的标准公差数值（见表8.2）。

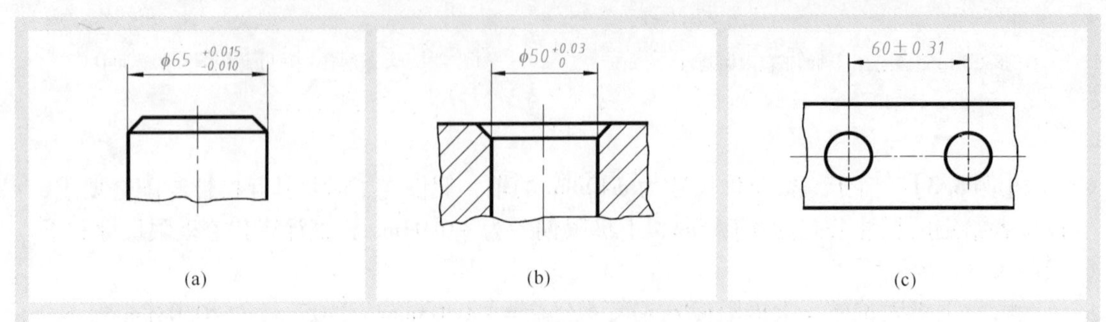

说明：尺寸公差的一般标注

标注尺寸公差时，除了字体的写法（见第2章的2. 2节）和尺寸标注（见第7章）应符合相关规定之外，还应遵循国家标准（GB/T 4458. 5—2003）的下述规定：

（1）上极限偏差应标注在公称尺寸的右上方，下极限偏差应与公称尺寸注在同一底线上，上、下极限偏差的数字的字号应比公称尺寸的数字的字号小一号，并且，上下极限偏差的小数点必须对齐，小数点后右端的“0”一般不予注出，但如果为了使上、下极限偏差值的小数点后的位数相同，可以用“0”补齐（见图a）。

（2）若上极限偏差或下极限偏差为“零”时，用数字“0”标出，并与下极限偏差或上极限偏差的小数点前的个位数对齐（见图b）。

（3）若上极限偏差与下极限偏差的绝对值相同时，偏差数字可只注写一次，并应在偏差数字与公称尺寸中间注出符号“±”，且两者数字高度相同（见图c）。

图8.5　尺寸公差的一般标注

表8.2　公称尺寸至3150mm的标准公差数值（GB/T 1800. 1—2009）

公称尺寸/mm		标准公差等级																			
		IT01	IT0	IT1	IT2	IT3	IT4	IT5	IT6	IT7	IT8	IT9	IT10	IT11	IT12	IT13	IT14	IT15	IT16	IT17	IT18
大于	至	μm													mm						
—	3	0. 3	0. 5	0. 8	1. 2	2	3	4	6	10	14	25	40	60	0. 1	0. 14	0. 25	0. 4	0. 6	1	1. 4
3	6	0. 4	0. 6	1	1. 5	2. 5	4	5	8	12	18	30	48	75	0. 12	0. 18	0. 3	0. 48	0. 75	1. 2	1. 8
6	10	0. 4	0. 6	1	1. 5	2. 5	4	5	9	15	22	36	58	90	0. 15	0. 22	0. 36	0. 58	0. 9	1. 5	2. 2
10	18	0. 5	0. 8	1. 2	2	3	5	8	11	18	27	43	70	110	0. 18	0. 27	0. 42	0. 7	1. 1	1. 8	2. 7
18	30	0. 6	1	1. 5	2. 5	4	6	9	13	21	33	52	84	130	0. 21	0. 33	0. 52	0. 84	1. 3	2. 1	3. 3
30	50	0. 6	1	1. 5	2. 5	4	7	11	16	25	39	62	100	160	0. 25	0. 39	0. 62	1	1. 6	2. 5	3. 9
50	80	0. 8	1. 2	2	3	5	8	13	19	30	46	74	120	190	0. 3	0. 46	0. 74	1. 2	1. 9	3	4. 6
80	120	1	1. 5	2. 5	4	6	10	15	22	35	54	87	140	220	0. 35	0. 54	0. 87	1. 4	2. 2	3. 5	5. 4
120	180	1. 2	2	3. 5	5	8	12	18	25	40	63	100	160	250	0. 4	0. 63	1	1. 6	2. 5	4	6. 3
180	250	2	3	4. 5	7	10	14	20	29	46	72	115	185	290	0. 46	0. 72	1. 15	1. 85	2. 9	4. 6	7. 2
250	315	2. 5	4	6	8	12	16	23	32	52	81	130	210	320	0. 52	0. 81	1. 3	2. 1	3. 2	5. 2	8. 1
315	400	3	5	7	9	13	18	25	36	57	89	140	230	360	0. 57	0. 89	1. 4	2. 3	3. 6	5. 7	8. 9
400	500	4	6	8	10	15	20	27	40	63	97	155	250	400	0. 63	0. 97	1. 55	2. 5	4	6. 3	9. 7
500	630	—	—	9	11	16	22	32	44	70	110	175	280	440	0. 7	1. 1	1. 75	2. 8	4. 4	7	11
630	800	—	—	10	13	18	25	36	50	80	125	200	320	500	0. 8	1. 25	2	3. 2	5	8	12. 5
800	1000	—	—	11	15	21	28	40	56	90	140	230	360	560	0. 9	1. 4	2. 3	3. 6	5. 6	9	14

（续）

公称尺寸/mm		标准公差等级																			
		IT01	IT0	IT1	IT2	IT3	IT4	IT5	IT6	IT7	IT8	IT9	IT10	IT11	IT12	IT13	IT14	IT15	IT16	IT17	IT18
大于	至	μm													mm						
1000	1250	—	—	13	18	24	33	47	66	105	165	260	420	660	1.05	1.65	2.6	4.2	6.6	10.5	16.5
1250	1600	—	—	15	21	29	39	55	78	125	195	310	500	780	1.25	1.95	3.1	5	7.8	12.5	19.5
1600	2000	—	—	18	25	35	46	65	92	150	230	370	60	920	1.5	2.3	3.7	6	9.2	15	23
2000	2500	—	—	22	30	41	55	78	110	175	280	440	700	1100	1.75	2.8	4.4	7	11	17.5	28
2500	3150	—	—	26	36	50	68	96	135	210	330	540	860	1350	2.1	3.3	5.4	8.6	13.5	31	33

说明：（1）公称尺寸大于500mm的IT1～IT5的标准公差数值为试行的。（2）公称尺寸小于或大于1mm时，无IT14～IT18。（3）标准公差等级IT01和IT0在工业中很少用到，所以标准附录A给出了标准公差数值，本表予以摘录供选用。（4）公称尺寸大于3150～10000mm的标准公差数值在GB/T 1801—2009附录C中给出。

标准公差等级及标准公差数值具有以下重要意义：

首先，在公称尺寸一定的情况下，标准公差数值越小，则允许的实际尺寸的变动量就越小，这就意味着要求的加工精度（指完工零件的实际尺寸与其公称尺寸的符合程度）就越高，这也同时意味着加工难度也就越大。

其次，在相同的加工条件下，虽然加工误差会随着公称尺寸的增大而增大，但其加工的难易程度是相同的，这就意味着**同一标准公差等级对所有公称尺寸的一组标准公差数值被认为具有同等精确程度**（例如，等级IT6所对应的一组标准公差数值6μm、8μm、…、135μm，对于任一公称尺寸的零件，在相同的加工条件下其加工的难易程度是相同的，即其要求的加工精度是相同的。该组标准公差数值被认为，在相同的加工条件下对于任一公称尺寸均具有同等精确程度）。

再次，标准公差等级还揭示了所有公称尺寸的一组标准公差数值与各类加工方法之间的密切关系，即不同的加工方法所能达到的标准公差等级是不同的（见表8.3）。

最后，在给出公称尺寸的情况下，可根据标准公差等级代号在表8.2中得到其相应的标准公差数值。

表8.3　常见传统加工方法可能达到的标准公差等级

加工方法	标准公差等级																			
	IT01	IT0	IT1	IT2	IT3	IT4	IT5	IT6	IT7	IT8	IT9	IT10	IT11	IT12	IT13	IT14	IT15	IT16	IT17	IT18
研磨																				
磨削																				
铣削																				
车削																				
刨削																				
镗孔																				
铰孔																				
钻孔																				
冲压																				
锻造																				
压铸																				
砂型铸造																				

2. 基本偏差（*fundamental deviation*）

基本偏差是指上、下极限偏差中最接近公称尺寸的那个偏差，它可能是上极限偏差，也可能是下极限偏差（见图8.6）。

国家标准规定基本偏差的方法是，首先规定了孔和轴各有28种基本偏差，并规定使用28个大写字母A、…、ZC分别作为孔的28种基本偏差代号，使用28个小写字母a、…、zc分别作为轴的28种基本偏差代号（见图8.7）；其次，根据公称尺寸段的几何平均值按一定

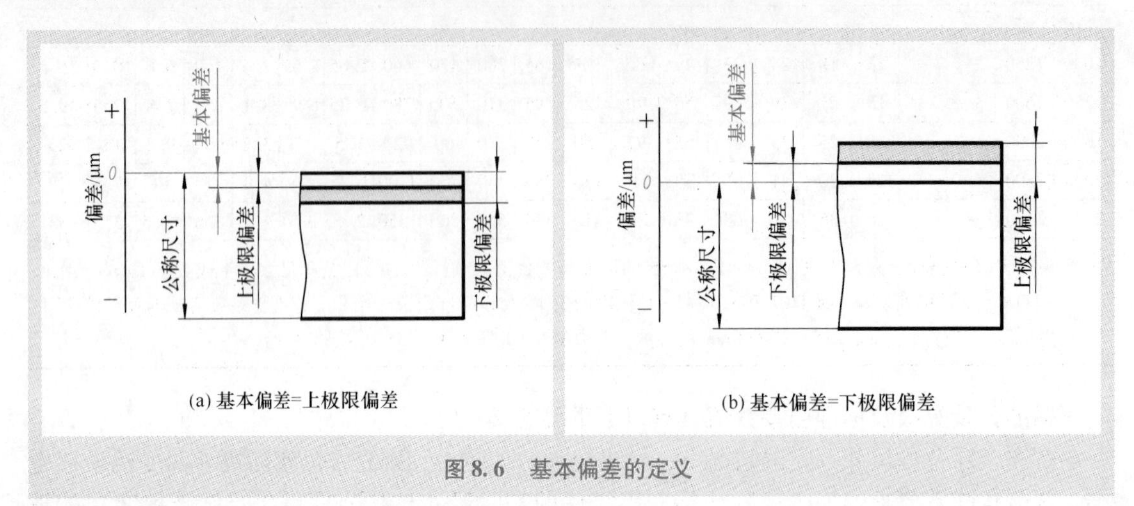

图8.6　基本偏差的定义

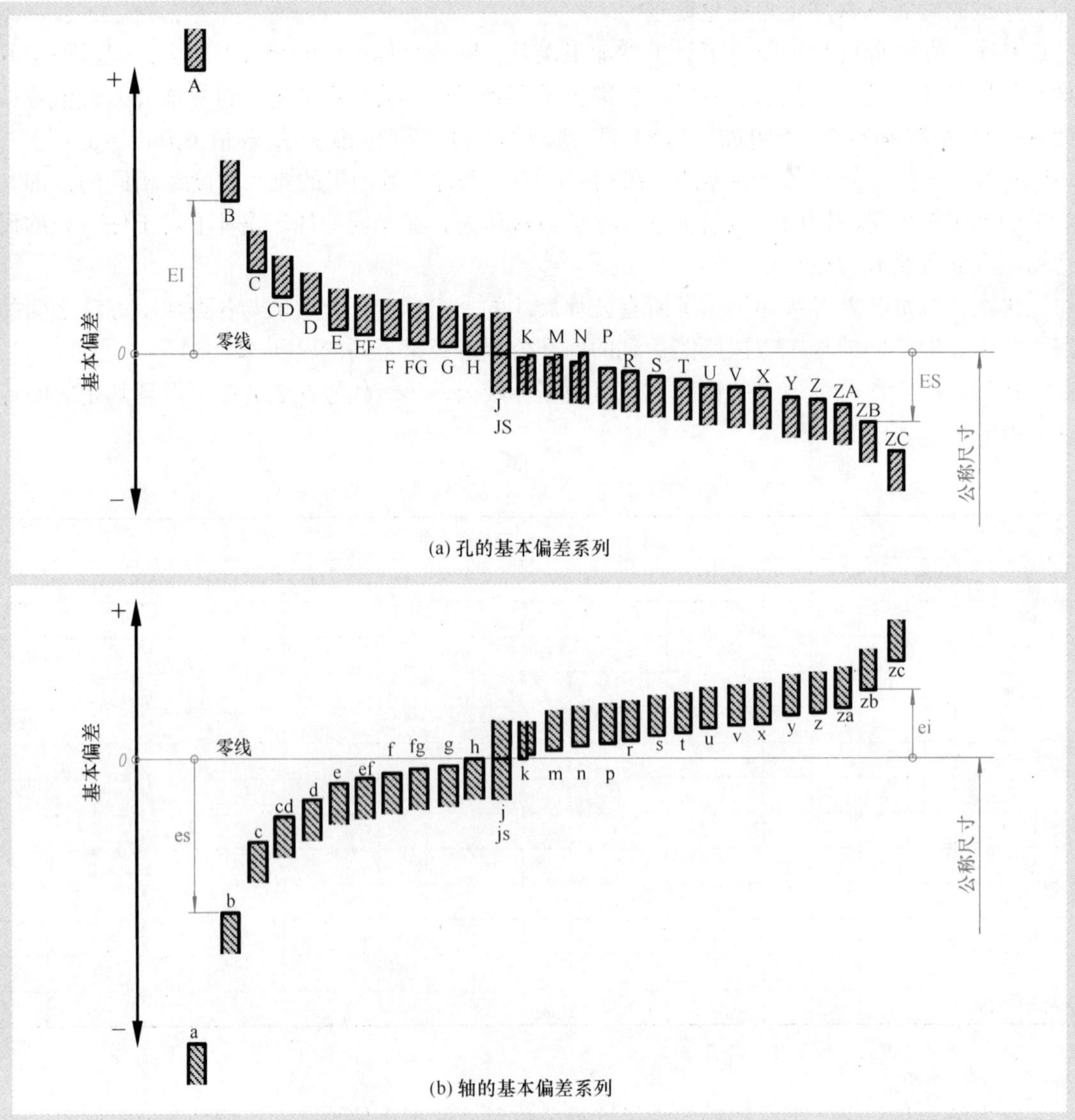

(a) 孔的基本偏差系列

(b) 轴的基本偏差系列

图8.7　基本偏差系列的示意图

计算方法分别计算出各公称尺寸段的轴与孔的 28 种基本偏差所对应的基本偏差数值（见附录 1 中的附表 1.1 ~ 附表 1.3）。基本偏差代号及其数值具有以下重要意义：

首先，如果给出了一个基本偏差数值，则意味着确定了一个公差带的位置（见图 8.7）。

其次，在给出公称尺寸的情况下，可根据孔或轴的基本偏差代号在附表 1.1 ~ 附表 1.3 中得到其相应的基本偏差数值。

最后，基本偏差与标准公差可共同确定一个公差带。

8.2.6 公差带及其表示与选择

由标准公差和基本偏差组成的公差带，可以使用公差带代号表示，公差带代号由基本偏差的字母和标准公差等级的数字组成（见图 8.8）。

就设计者而言，在设计零件时应尽量选择标准公差带。然而，虽然理论上任一标准公差和任一基本偏差都能组成一个不同的公差带，但很多组合在实际生产中很少用到或没有实际应用意义，因此，国家标准对孔与轴的公差带的选择作出了规定（分别见图 8.9 和图 8.10）。

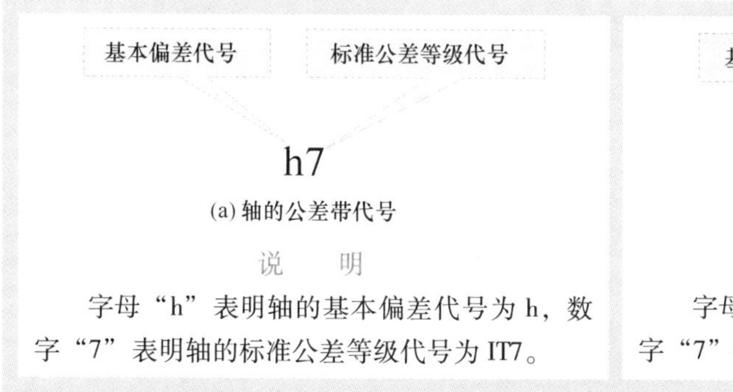

(a) 轴的公差带代号

说　明

字母“h”表明轴的基本偏差代号为 h，数字“7”表明轴的标准公差等级代号为 IT7。

基本偏差代号　　标准公差等级代号

H7

(b) 孔的公差带代号

说　明

字母“H”表明孔的基本偏差代号为 H，数字“7”表明孔的标准公差等级代号为 IT7。

图 8.8 轴与孔的公差带代号示例及其说明

A	B	C	D	E	F	G	H	J	JS	K	M	N	P	R	S	T	U	V	X	Y	Z
							H1		JS1												
							H2		JS2												
							H3		JS3												
							H4		JS4	K4	M4										
						G5	H5		JS5	K5	M5	N5	P5	R5	S5						
					F6	G6	H6	J6	JS6	K6	M6	N6	P6	R6	S6	T6	U6	V6	X6	Y6	Z6
			D7	E7	F7	G7	H7	J7	JS7	K7	M7	N7	P7	R7	S7	T7	U7	V7	X7	Y7	Z7
		C8	D8	E8	F8	G8	H8	J8	JS8	K8	M8	N8	P8	R8	S8	T8	U8	V8	X8	Y8	Z8
A9	B9	C9	D9	E9	F9		H9		JS9			N9	P9								
A10	B10	C10	D10	E10			H10		JS10												
A11	B11	C11	D11				H11		JS11												
A12	B12	C12					H12		JS12												
							H13		JS13												

(a) 公称尺寸至 500mm 的孔的公差带

D	E	F	G	H	JS	K	M	N
			G6	H6	JS6	K6	M6	N6
		F7	G7	H7	JS7	K7	M7	N7
D8	E8	F8		H8	JS8			
D9	E9	F9		H9	JS9			
D10				H10	JS10			
D11				H11	JS11			
D12				H12	JS12			

(b) 公称尺寸大于 500~3150mm 的孔的公差带

说　明

公称尺寸至 500mm 的孔的公差带规定如图 a 所示。选择时，应优先选用圆圈中的公差带，其次选用方框中的公差带，最后选用其他的公差带。

公称尺寸大于 500 ~ 3150mm 的孔的公差带规定如图 b 所示。选择时，应按需要选用适合的公差带。

图 8.9 孔的公差带的选择

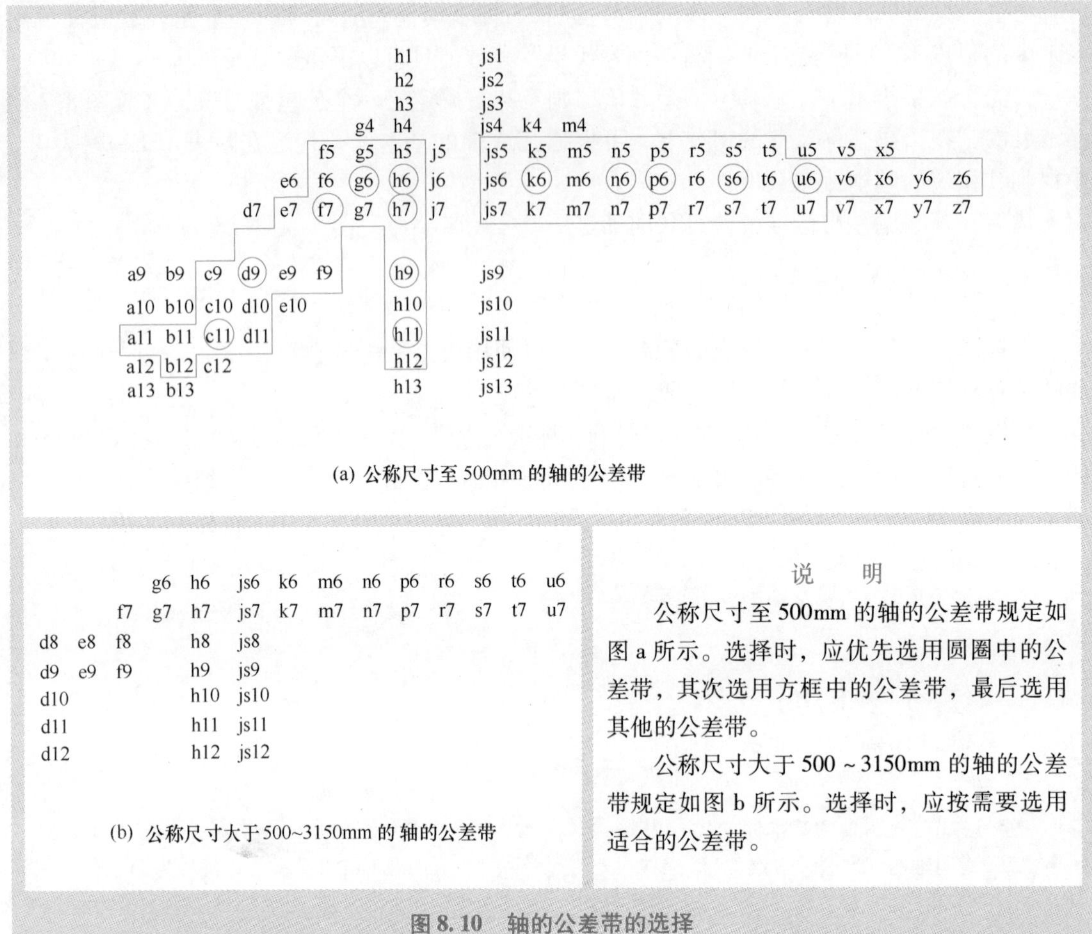

图8.10 轴的公差带的选择

8.2.7 标准公差与基本偏差的计算与标注

如果设计者给出了一个公差带代号，则意味着可根据表8.2和附表1.1～附表1.3查出其所给定的标准公差和基本偏差数值，并可计算出零件的极限偏差和极限尺寸（见例8.5～8.8）。

线性尺寸标准公差和基本偏差的标注有三种方法，第一种方法是采用图8.5所示的一般标注方法，第二种方法是采用标注公差带代号的方法（见图8.11a），第三种方法是采用同时标注公差带代号及其相应的极限偏差的方法（见图8.11b）。

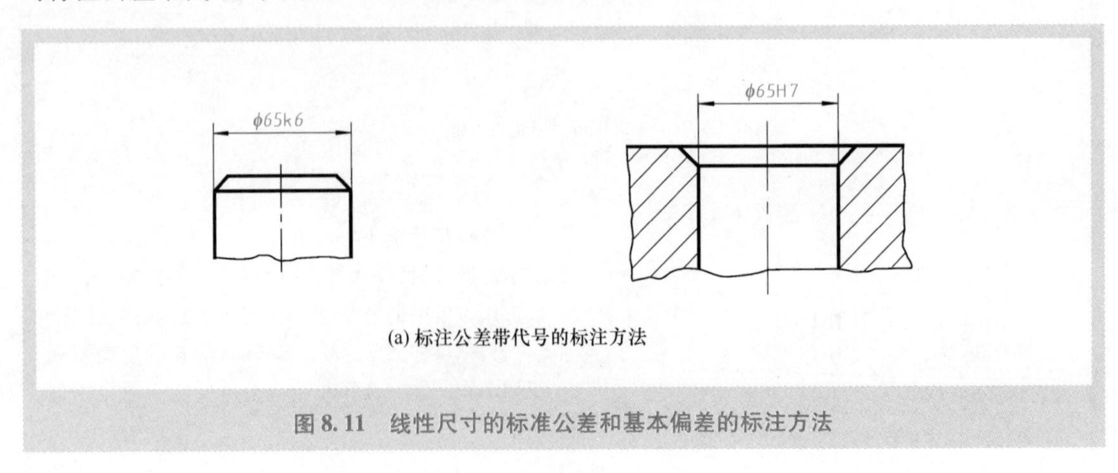

图8.11 线性尺寸的标准公差和基本偏差的标注方法

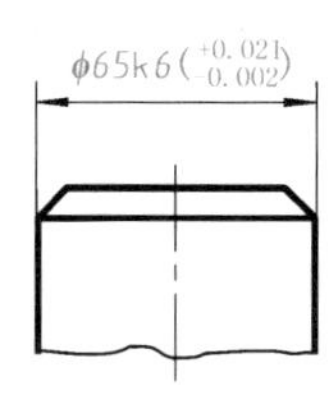

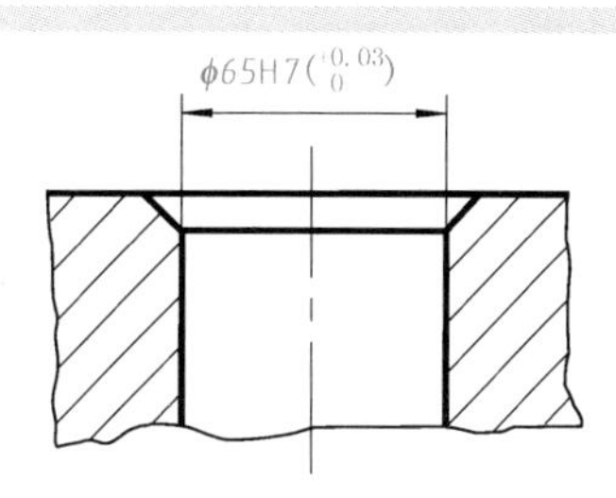

(b) 同时标注公差带代号及其相应的极限偏差的标注方法

图8.11 线性尺寸的标准公差和基本偏差的标注方法（续）

【例8.5】 试分别确定轴ϕ40g11、轴ϕ80r12的极限偏差和极限尺寸。

解：

	轴ϕ40g11	轴ϕ80r12
公称尺寸段	30～40mm（见附表1.1）	65～80mm（见附表1.1）
标准公差	160μm（见表8.2）	0.3mm（见表8.2）
基本偏差	−9μm（见附表1.1）	+43μm（见附表1.1）
上极限偏差	=基本偏差=−9μm	=下极限偏差+标准公差= +43μm+300μm=343μm
下极限偏差	=上极限偏差−标准公差= −9μm−160μm=−169μm	=基本偏差=+43μm
上极限尺寸	=40mm−0.009mm=39.991mm	=80mm+0.343mm=80.343mm
下极限尺寸	=40mm−0.169mm=39.831mm	=80mm+0.043mm=80.043mm

【例8.6】 试分别确定轴ϕ40js7、轴ϕ160js10的极限偏差和极限尺寸。

解：

	轴ϕ40js7	轴ϕ160js10
公称尺寸段	30～40mm（见附表1.1）	140～160mm（见附表1.1）
标准公差	25μm（见表8.2）	160μm（见表8.2）
基本偏差	$=\pm(IT_n-1)/2=\pm(25\mu m-1)/2=12\mu m$(见附表1.1)	$=\pm IT_n/2=\pm160\mu m/2=\pm80\mu m$(见附表1.1)
上极限偏差	=+基本偏差=+12μm	=+基本偏差=+80μm
下极限偏差	=−基本偏差=−12μm	=−基本偏差=−80μm
上极限尺寸	=40mm+0.012mm=40.012mm	=160mm+0.08mm=160.08mm
下极限尺寸	=40mm−0.012mm=39.988mm	=160mm−0.08mm=159.92mm

【例8.7】 试分别确定孔ϕ40G11、孔ϕ80H12的极限偏差和极限尺寸。

解：

	孔ϕ40G11	孔ϕ80H12
公称尺寸段	30～40mm（见附表1.2）	65～80mm（见附表1.2）
标准公差	160μm（见表8.2）	0.3mm（见表8.2）
基本偏差	+9μm（见附表1.2）	0（见附表1.2）
上极限偏差	=下极限偏差+标准公差=+9μm+160μm=169μm	=下极限偏差+标准公差=0μm+300μm=300μm
下极限偏差	=基本偏差=+9μm	=基本偏差=0
上极限尺寸	=40mm+0.169mm=40.169mm	=80mm+0.300mm=80.300mm
下极限尺寸	=40mm+0.009mm=40.009mm	=80mm+0mm=80.000mm

【例 8.8】 试分别确定孔 ϕ130N4、孔 ϕ24S6 的极限偏差和极限尺寸。

解:

	孔 ϕ130N4	孔 ϕ24S6
公称尺寸段	120mm ~ 140mm（见附表 1.2）	18mm ~ 24mm（见附表 1.2）
标准公差	12μm（见表 8.2）	13μm（见表 8.2）
基本偏差	= −27μm + △（见附表 1.2） = −27μm + 4μm = −23μm	= −35 + △（见附表 1.2） = −35μm + 4μm = −31μm
上极限偏差	= 基本偏差 = −23μm	= 基本偏差 = −31μm
下极限偏差	= 上极限偏差 − 标准公差 = −23μm − 12μm = −35μm	= 上极限偏差 − 标准公差 = −31μm − 13μm = −44μm
上极限尺寸	= 130mm + (−0.023mm) = 129.977mm	= 24mm + (−0.031mm) = 23.969mm
下极限尺寸	= 130mm + (−0.035mm) = 129.965mm	= 24mm + (−0.044mm) = 23.956mm

8.2.8 尺寸公差的其他规定标注

有些零件只需给出一个极限尺寸就可以保证实现零件的可互换性及零件之间的相互配合，而不需要给出两个极限尺寸，这类极限尺寸称为**单向极限尺寸**。标注单向极限尺寸时，应在该极限尺寸的右边加注符号“max”或“min”（见图 8.12a）。

有时同一公称尺寸的表面有不同的公差要求，这时应用细实线将其分开，并按上述规定的形式分别标注其公差（见图 8.12b）。

有时需要对一个角度的尺寸公差提出要求，这时可按图 8.12c 所示的形式标注。

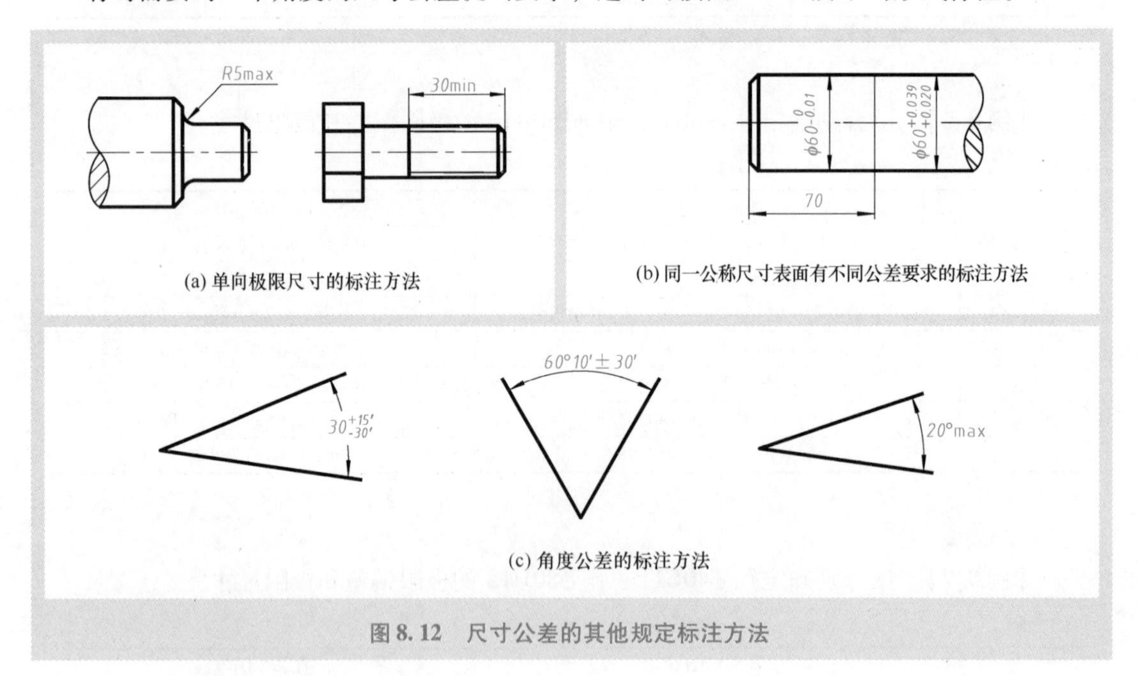

图 8.12 尺寸公差的其他规定标注方法

8.2.9 尺寸公差的累加

在标注公差时，必须考虑到一个公差可能会对其他公差产生影响。例如，如果在某个尺寸方向上，一个尺寸要素（*feature of size*，即由一定大小的线性尺寸或角度尺寸确定的几何形状，它可能是点、线或面）的位置受到两个或两个以上公差的控制，则公差是累加的（见图 8.13）。

图 8.13 所示的尺寸标注与公差控制的示例还表明，为了满足零件的功能，如果需要在长度方向上控制零件的总体尺寸和两个尺寸要素间的尺寸 B_1 和 B_2，并忽略对尺寸 B_3 的控

制，这时，尺寸 B_3 不应标出。

图 8.14 所示为另一种情况，即为了满足零件的功能可能需要在某个尺寸方向上控制零件所有尺寸要素间的尺寸 B_1、B_2 和 B_3，并忽略对总体尺寸的控制，这时，总体尺寸不应标出，并且，总体尺寸的公差将是三个尺寸公差的累加。

为了避免尺寸公差的累加并对尺寸实施有效的控制，尺寸标注最好的方法是，使每个尺寸仅受到一个公差的控制。例如，可采用图 8.15 所示的方法，使所有尺寸都指向一个单一的基准面（如图中的基准面 P）。

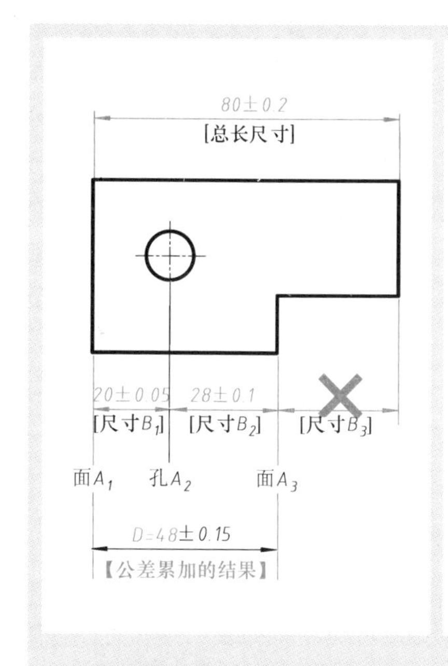

说明：尺寸公差的累加

本图中，孔 A_2 轴线与面 A_1 之间的距离受到尺寸 B_1 的公差的控制，面 A_3 与孔 A_2 轴线之间的距离受到尺寸 B_2 的公差的控制，而面 A_3 与面 A_1 之间的距离（在图中设为尺寸 D）却同时受到尺寸 B_1 的公差和 B_2 的公差共两个公差的控制。根据图中给出的尺寸及其公差，可以计算出：

（1）尺寸 D 的公称尺寸 = 48mm。

（2）允许的最小尺寸 D 值 = 19.95mm + 27.90mm = 47.85mm（即等于允许的最小尺寸 B_1 值与允许的最小尺寸 B_2 值的和）。

（3）允许的最大尺寸 D 值 = 20.05mm + 28.10mm = 48.15mm。

（4）则尺寸 D 的公差 = 48.15mm − 47.85mm = 0.3mm。

显然，尺寸 D 的公差（0.3mm = 2 × 0.15mm）是尺寸 B_1 的公差（0.10mm = 2 × 0.05mm）和尺寸 B_2 的公差（0.20mm = 2 × 0.01mm）的和，即是两个公差的累加。

图 8.13 尺寸公差的累加

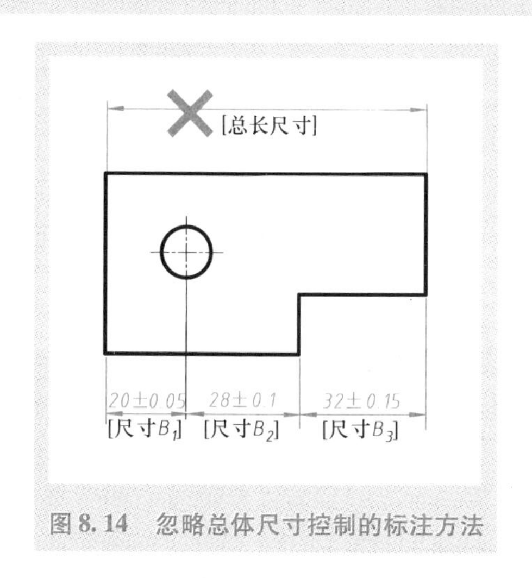

图 8.14 忽略总体尺寸控制的标注方法

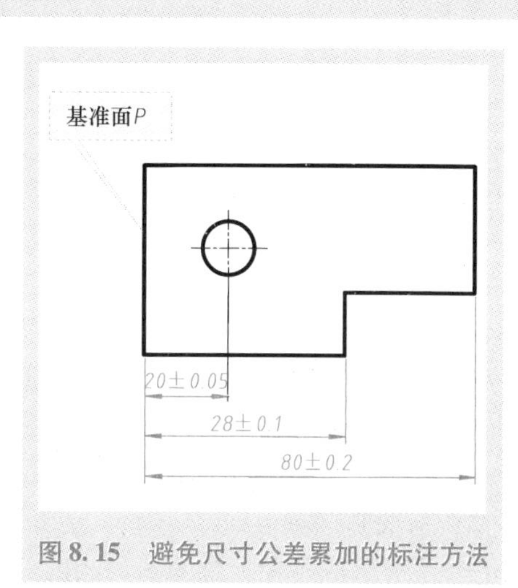

图 8.15 避免尺寸公差累加的标注方法

8.2.10 配合的表示与标注

配合用相同公称尺寸后跟孔、轴的公差带代号表示。孔、轴的公差带代号写成分数形式，分子为孔的公差带代号，分母为轴的公差带代号。例如：

$$52\mathrm{H7/g6} \quad 或 \quad 52\frac{\mathrm{H7}}{\mathrm{g6}}$$

在装配图中标注线性尺寸的配合代号时，一般应按图 8.16a 所示的形式标注，必要时也允许按图 8.16b 或图 8.16c 所示的形式标注。

在装配图中标注相配零件（即相互配合的零件）的极限偏差时，一般应按图 8.17a 所示的形式标注，也允许按图 8. 17b 所示的形式标注。若需要明确指出装配件的代号时，可按图 8. 17c 所示的形式标注。

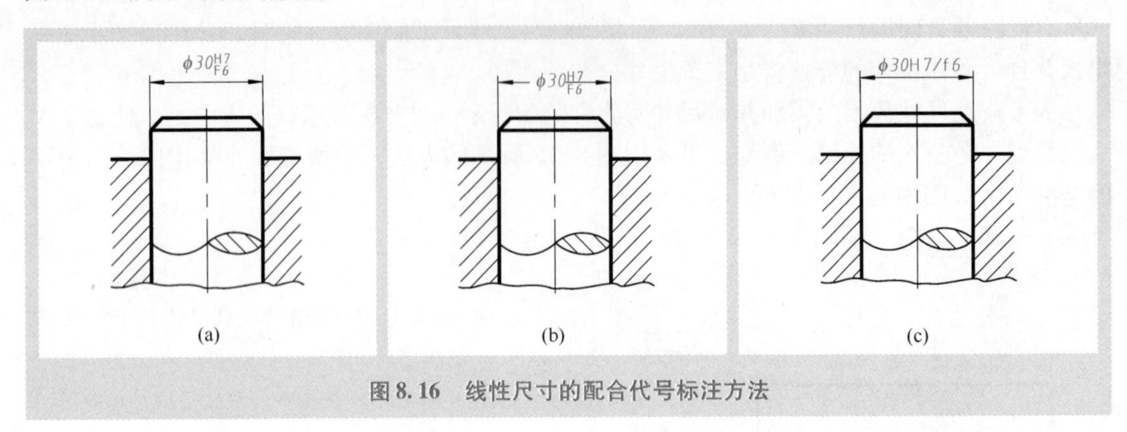

图 8. 16　线性尺寸的配合代号标注方法

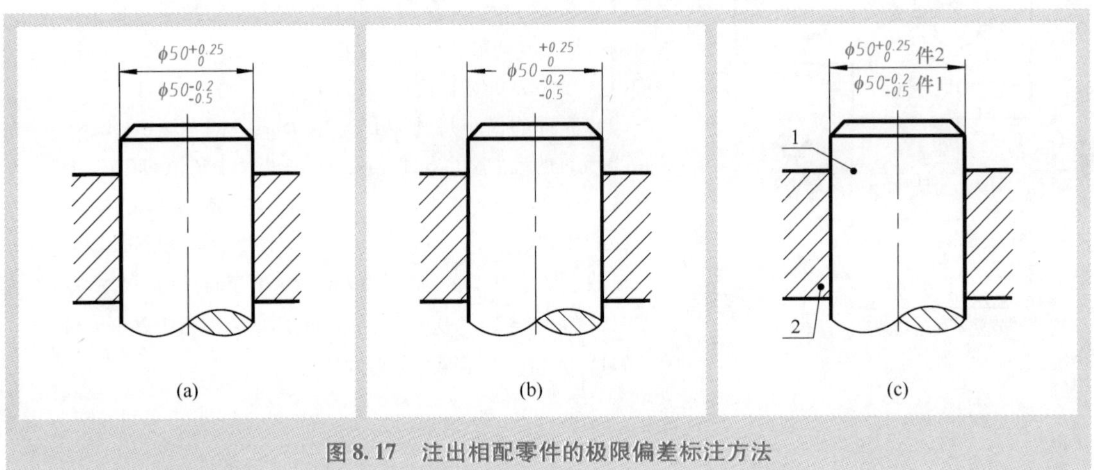

图 8. 17　注出相配零件的极限偏差标注方法

8. 2. 11　配合制度与配合的选择

配合分基孔制配合和基轴制配合两种。其中：

（1）**基孔制**（*hole-basis system of fits*）是指基本偏差一定的孔的公差带与不同基本偏差的轴的公差带形成各种配合的一种制度。在国家标准规定的基孔制中，规定应以基本偏差代号为 H 的孔作为**基准孔**（*basic hole*，显然，该基准孔的下极限偏差为零，下极限尺寸与公称尺寸相等），并可选用不同基本偏差的轴的公差带与该基准孔的公差带组成各种所需的配合（见图 8. 18a 中的示例）。基孔制配合中，基本偏差为 a ~ h 的轴可与基准孔组成各种间隙配合，基本偏差为 j ~ zc 的轴可与基准孔组成各种过渡配合或过盈配合。

（2）**基轴制**（*shaft-basis system of fits*）是指基本偏差一定的轴的公差带与不同基本偏差的孔的公差带形成各种配合的一种制度。在国家标准规定的基轴制中，规定应以基本偏差代号为 h 的轴作为**基准轴**（*basic shaft*，显然，该基准轴的上极限偏差为零，上极限尺寸与公称尺寸相等），并可选用不同基本偏差的孔的公差带与该基准轴的公差带组成各种所需的配合（见图 8. 18b 中的示例）。基轴制配合中，基本偏差为 A ~ H 的孔可与基准轴组成各种间隙配合，基本偏差为 J ~ ZC 的孔可与基准轴组成各种过渡配合或过盈配合。

配合的选择有以下四个要点：

（1）一般情况下，应优先选用基孔制配合。这是因为孔的加工与尺寸检验较为复杂（例如，通常需要使用多种加工工艺才能得到一个孔），而轴的加工相对较为容易（如可通过各类切削加工方式得到），因此，选用基孔制将使零件的加工与尺寸检验工作得以简化。

（2）如有特殊需要，允许将任一孔、轴的公差带组成配合。例如，如果一个轴需要与几个孔配合，而且根据产品的使用性能，该轴与不同孔之间应具有不同的配合类型，这时，采用基轴制就具有明显的优势。

（3）理论上讲，可供选择的配合非常多（即任一孔、轴公差带都可以组成一个不同的配合），而在生产实践中，很多配合很少用到或没有实际应用意义，因此，国家标准给出了一般用途的优先配合与常用配合（见表8.4和表8.5）。

（4）根据表8.4和表8.5选择配合时，对于公称尺寸小于或等于500mm的配合，首先应选用表中的优先配合，其次选用常用配合；对于公称尺寸在500～3150mm的配合，一般应采用基孔制的同级配合。

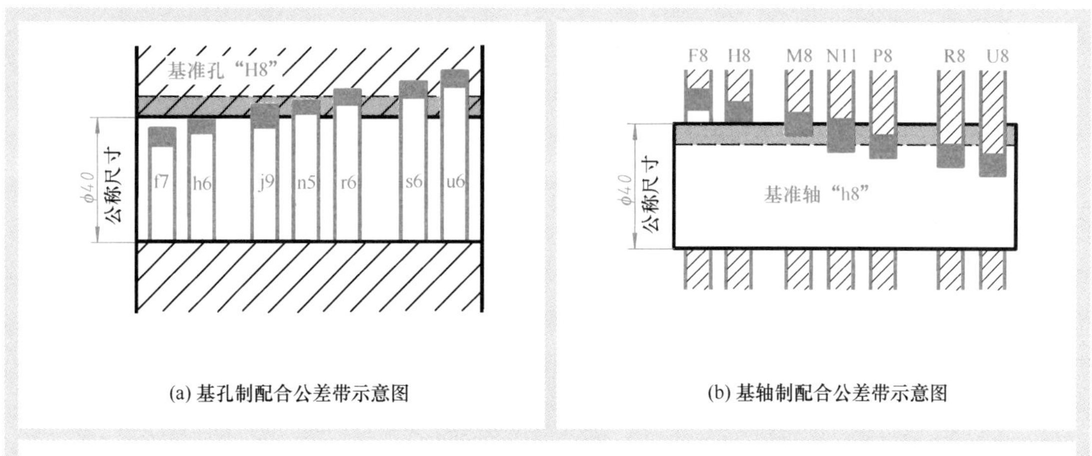

(a) 基孔制配合公差带示意图

(b) 基轴制配合公差带示意图

说　明

图a给出的基孔制示例表明，公称尺寸ϕ40、公差带为H8的孔为基准孔；公差带为f7、h6的两个轴分别与该基准孔形成间隙配合；公差带为j9、h5和r6的三个轴分别与该基准孔形成过渡配合；公差带为s6、u6的两个轴与该基准孔形成过盈配合。

图b给出的基轴制示例表明，公称尺寸ϕ40、公差带为h8的轴为基准轴；公差带为F8、H8的两个孔分别与该基准轴形成间隙配合；公差带为M8、N11和P8的三个孔分别与该基准轴形成过渡配合；公差带为R8、U8的两个孔分别与该基准轴形成过盈配合。

图8.18　基孔制与基轴制配合的公差带示意图

表8.4　基孔制优先、常用配合

基准孔	轴																				
	a	b	c	d	e	f	g	h	js	k	m	n	p	r	s	t	u	v	x	y	z
	间隙配合								过渡配合			过盈配合									
H6						H6/f5	H6/g5	H6/h5	H6/js5	H6/k5	H6/m5	H6/n5	H6/p5	H6/r5	H6/s5	H6/t5					
H7						H7/f6	H7/g6	H7/h6	H7/js6	H7/k6	H7/m6	H7/n6	H7/p6	H7/r6	H7/s6	H7/t6	H7/u6	H7/v5	H7/x6	H7/y6	H7/z6
H8					H8/e7	H8/f7	H8/g7	H8/h7	H8/js7	H8/k7	H8/m7	H8/n7	H8/p7	H8/r7	H8/s7	H8/t7	H8/u7				
				H8/d8	H8/e8	H8/f8		H8/h8													
H9			H9/c9	H9/d9	H9/e9	H9/f9		H9/h9													

（续）

基准孔	轴																				
	a	b	c	d	e	f	g	h	js	k	m	n	p	r	s	t	u	v	x	y	z
	间隙配合								过渡配合			过盈配合									
H10			H10/c10	H10/d10				H10/h10													
H11	H11/a11	H11/b11	H11/c11	H11/d11				H11/h11													
H12		H12/b12						H12/h12													

说明：（1）H6/n5、H7/p6 在公称尺寸小于或等于 3mm 时，为过渡配合。（2）H8/r7 在公称尺寸小于或等于 100mm 时，为过渡配合。（3）涂色的配合为优先配合。

表 8.5　基轴制优先、常用配合

基准轴	孔																				
	A	B	C	D	E	F	G	H	JS	K	M	N	P	R	S	T	U	V	X	Y	Z
	间隙配合								过渡配合			过盈配合									
h5						F6/h5	G6/h5	H6/h5	JS6/h5	K6/h5	M6/h5	N6/h5	P6/h5	R6/h5	S6/h5	T6/h5					
h6						F7/h6	G7/h6	H7/h6	JS7/h6	K7/h6	M7/h6	N7/h6	P7/h6	R7/h6	S7/h6	T7/h6	U7/h6				
h7					E8/h7	F8/h7		H8/h7	JS8/h7	K8/h7	M8/h7	N8/h7									
h8				D8/h8	E8/h8	F8/h8		H8/h8													
h9				D9/h9	E9/h9	F9/h9		H9/h9													
h10				D11/h10				H11/h10													
h11	A11/h11	B11/h11	C11/h11	D11/h11				H11/h11													
h12		B12/h12						H12/h12													

说明：涂色的配合为优先配合。

8.2.12　未注尺寸公差

为保证零件的使用功能，必须对零件所有尺寸要素的尺寸误差加以限制，否则，将损害零件的功能。因此，在表达零件的图样中，所有的尺寸要素都应当有一定的尺寸公差要求。

通常情况下，对于一些具有配合功能或具有特殊要求的尺寸要素，应当给出一个合理的尺寸公差，并标注在表达零件的图样中；对于一些没有配合功能或没有特殊要求的尺寸要素，可给出一般公差。

一般公差（*general tolerances*，见 GB/T 1804—2000）是在车间普通工艺条件下，机床设备可保证的公差。在正常维护和操作的情况下，它代表车间通常的加工精度。在给出一般公差时，应注意以下几个要点：①一般公差仅适用于某些未注公差的尺寸，这些尺寸包括线性尺寸（例如直线段与距离尺寸，直径，半径，倒圆半径和倒角高度尺寸）、角度尺寸（包括通常不注出角度值的角度尺寸，例如 90°直角）、机加工组装件的线性和角度尺寸；②一般公差分精密 f、中等 m、粗糙 c、最粗 v 共4个公差等级，表8.6给出了未注公差的线性尺寸的极限偏差数值，表8.7给出了未注公差的倒圆半径和倒角高度尺寸的极限偏差数值，表8.8给出了角度尺寸的极限偏差数值；③采用一般公差的尺寸在正常加工精度条件下，一般可不检验；④线性尺寸的一般公差主要用于低精度的非配合尺寸；⑤加大公差通常在制造上并不会经济（例如，假设某车间在加工一根公称直径为35mm的轴时，其设备通常所能保证的加工精度为"中等精度"，如果规定±1mm的极限偏差值通常在制造上不会带来更大的利益，而选用中等精度的±0.3mm的一般公差的极限偏差值就足够）；⑥一般公差不必单独注出，应在图样标题栏附近或技术要求、技术文件（如企业标准）中注出其标准号及公差等级代号（例如，选取中等级时，标注为：GB/T 1804-m）。

表8.6 线性尺寸的极限偏差数值 （单位：mm）

公差等级	公称尺寸分段							
	0.5~3	>3~6	>6~30	>30~120	>120~400	>400~1000	>1000~2000	>2000~4000
精密 f	±0.05	±0.05	±0.1	±0.15	±0.2	±0.3	±0.5	—
中等 m	±0.1	±0.1	±0.2	±0.3	±0.5	±0.8	±1.2	±2
粗糙 c	±0.2	±0.3	±0.5	±0.8	±1.2	±2	±3	±4
最粗 v	—	±0.5	±1	±1.5	±2.5	±4	±6	±8

表8.7 倒圆半径和倒角高度尺寸的极限偏差数值 （单位：mm）

公差等级	公称尺寸分段			
	0.5~3	>3~6	>6~30	>30
精密 f	±0.2	±0.5	±1	±2
中等 m				
粗糙 c	±0.4	±1	±2	±4
最粗 v				

注：倒圆半径和倒角高度的含义参见 GB/T 6403.4—2008。

表8.8 角度尺寸的极限偏差数值

公差等级	长度分段/mm				
	~10	>10~50	>50~120	>120~400	>400
精密 f	±1°	±30′	±20′	±10′	±5′
中等 m					
粗糙 c	±1°30′	±1°	±30′	±15′	±10′
最粗 v	±3°	±2°	±1°	±30′	±20′

注：角度尺寸的极限偏差数值按角度的短边长度确定，对圆锥角按圆锥素线的长度确定。

8.3 几何公差

为了使批量生产的零件具备必要的互换性和形成所需的配合，以保证其产品的性能，不仅需要提出一个合理的尺寸控制要求，而且还需要提出一个合理的几何公差要求。几何公差的相关概念见8.3.1节和8.3.2节，几何公差标注的基本规定见8.3.3节，不同类型的几何公差的定义及其标注见8.3.4~8.3.8节，几何公差的其他标注规定见8.3.9节。

8.3.1 几何要素及其类型

投影学将实际物体（或零件）看做是由点、线、面构成的几何体，这些构成几何体的点、线、面称为**几何要素**（*geometrical feature*），通常被简称为要素。几何要素可分为以下四种类型：

（1）**理想要素**：图样上给出的点、线、面等几何要素称为理想要素，即它们的几何形状及其之间的几何位置都是理想的。例如，图 8.19a 中的理想圆柱面 A 和理想中心线 B 均为理想要素。

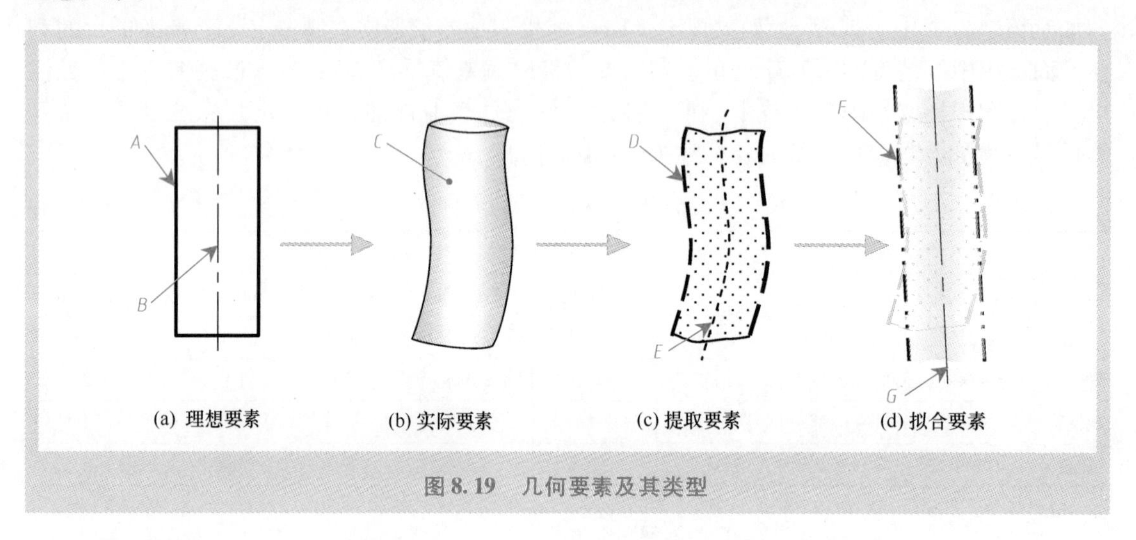

图 8.19　几何要素及其类型

（2）**实际要素**：实际零件上的点、线、面等几何要素称为实际要素。例如，图 8.19b 中的实际圆柱面 C 就是一个实际要素。

（3）**提取要素**：将提取组成要素与提取导出要素统称为提取要素。其中：使用规定的方法从零件的实际要素上提取若干点，这些点所构成的几何线或面称为提取线或提取面（如图 8.19c 所示的提取圆柱面 D），它们被统称为**提取组成要素**。由一个或几个提取点、提取线或提取面等提取组成要素得到的中心点、中心线或中心面分别称为提取中心点、提取中心线和提取中心面（如图 8.19c 所示，根据提取圆柱面 D 可得到其轴线 E，该轴线 E 称为提取中心线），它们被统称**提取导出要素**。

（4）**拟合要素**：将拟合组成要素与拟合导出要素统称为拟合要素。其中：使用规定的数学拟合方法由提取组成要素形成的、且具有理想形状的几何要素称为**拟合组成要素**（如图 8.19d 所示的拟合圆柱面 F）。由一个或几个拟合组成要素导出的中心点、轴线或中心平面统称为**拟合导出要素**（如图 8.19d 所示的拟合轴线 G）。

8.3.2　几何特征、几何误差与几何公差

由于加工误差的存在，零件的实际要素通常表现为中凹、中凸或锥形等误差，因此，对于在实际要素基础上得到的提取要素或拟合要素，其**几何特征**（*geometric characteristic*，包括几何形状特征和几何方位特征）与图样上给出的理想形状或理想方位之间存在着一定程度的偏离，即存在着**几何误差**。国家标准将要素的几何特征分为 15 种类型（见表 8.9），并分别定义为直线度、平面度、圆度、圆柱度等（具体的定义将在 8.3.4 ~ 8.3.8 节论述）。各类几何特征所定量描述的几何误差分别称为直线度误差、平面度误差、圆度误差、圆柱度误差等。

显然，为了保证零件的使用功能，必须对其上的各几何要素的几何误差加以限制，否则，将会损害零件的功能。也就是说，对实际零件上各几何要素的几何误差给出一个允许的变动范围就十分必要，这一允许的变动范围称为**几何公差**（*geometrical tolerances*）。几何公差有形状公差、方向公差、位置公差与跳动公差四种类型，它们分别用于控制直线度、平面度、圆度、圆柱度等各类几何特征（见表 8.9）。

表 8.9 几何特征及其符号与比例画法

公差类型	几何特征	符号	公差类型	几何特征	符号
形状公差	直线度	⏤	位置公差	位置度	⌖
	平面度	⏥		同心度或同轴度	◎
	圆度	○		对称度	⌯
	圆柱度	⌭	跳动公差	圆跳动	↗
方向公差	平行度	∥		全跳动	⌰
	垂直度	⊥	形状（或方向、或位置）公差	线轮廓度	⌒
	倾斜度	∠		面轮廓度	⌓

说明：形状、方向和位置公差均可用于控制线（或面）轮廓度，同心度用于中心点，同轴度用于轴线。

几何特征符号的比例画法

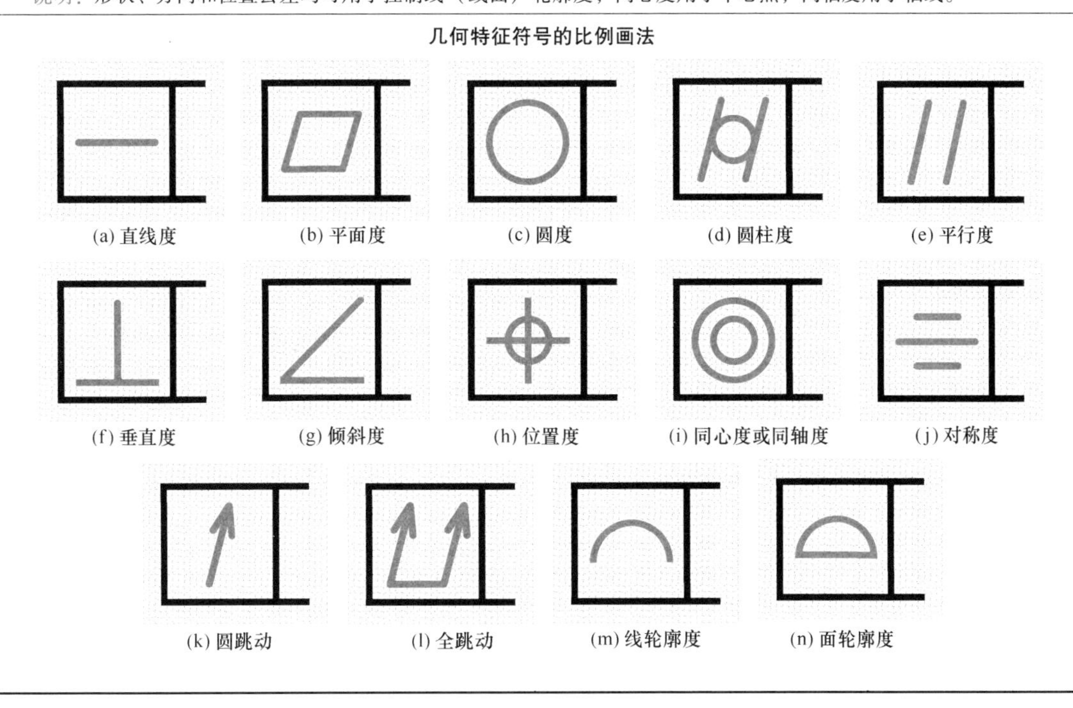

8.3.3 几何公差标注的基本规定

如图 8.20 所示，在图样中给出一个几何公差要求时，通常应先绘制**公差框格**，然后再绘制连接公差框格和**被测要素**的**指引线**，并标注**基准**。其中：

（1）**公差框格**是一个划分为两格或多格的矩形框格（其画法如图 8.21 所示），其各格内应自左至右顺序标注**几何特征符号**（各符号的画法见表 8.9）、公差值和基准字母。

（2）**被测要素**是指图样上给出几何公差要求的几何要素，是检测的对象（如图 8.20 所示的被测平面 *B*）。

（3）**指引线**用于连接公差框格和被测要素，应使用细实线绘制，并引自公差框格的任意一侧，终端带箭头、且箭头应指向被测要素。指引线的绘制方式如图 8.22 所示。

（4）**基准**（*datum*）是用来定义被测要素的位置和/或方向公差的一个（或一组）理想点、线、面。常用的基准有基准平面和基准轴线，它们是以**基准要素**（*datum feature*）为基础建立的（见图 8.23）。基准的表示方法一是与被测要素相关的基准通常用一个大写拉丁字母表示，该字母称为**基准字母**。建议不要用字母 *I*、*O*、*Q* 和 *X* 作为基准字母，如果一个大的图样用完了字母表中的字母，或如果对图的理解有益，也可连续重复使用同样的字母，例如：*BB*，*CCC* 等。二是基准字母不仅应标注在公差框格内，而且还应标注在基准符号内；基准符号（见图 8.24）用于指明基准，并应按照图 8.25 所示的规定放置在图样中。三是如果只以要素的某一局部作基准，则应使用粗点画线示出该部分并加注尺寸（见图 8.26）。

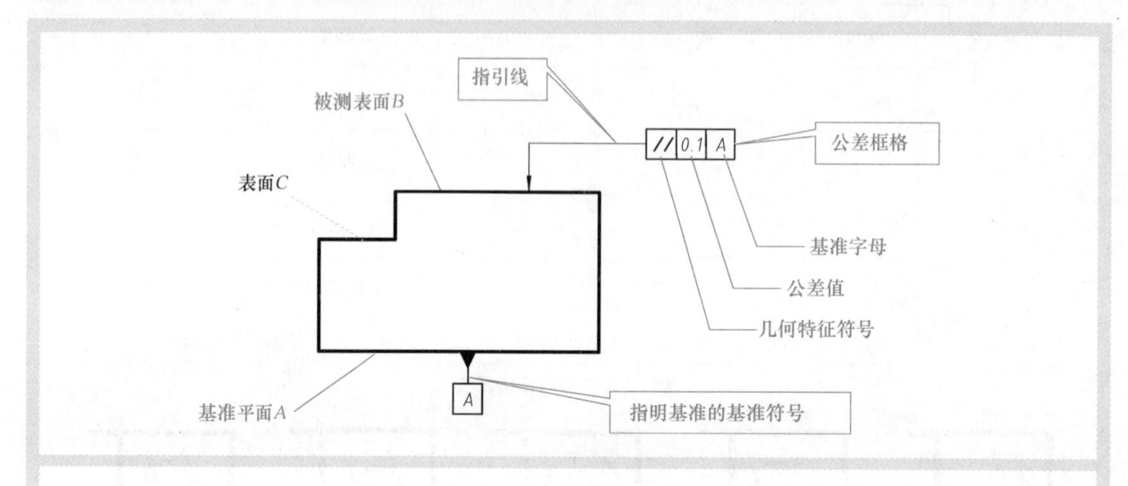

说　明

指引线指明了几何公差控制的对象是被测表面 *B*。

几何特征符号“//”指明了所注几何公差用于控制被测表面 *B* 的平行度。

公差值“0.1”指明了被测表面 *B* 平行度的控制要求，即要求被测表面 *B* 的平行度的最大允许值应为 0.1mm。

基准符号与基准字母 *A* 共同指明，检测被测表面 *B* 的平行度时，应以基准平面 *A* 作为平行参照方向，而不能以其他点、线、面（如表面 *C*）作为平行参照方向。

图 8.20　几何公差的标注形式与内容

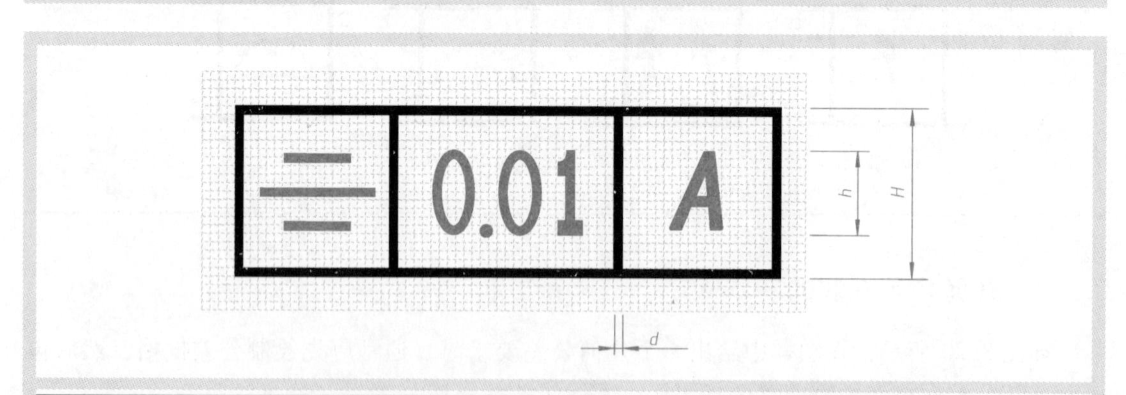

特征	推荐尺寸/mm						
框格高度 *H*	5	7	10	14	20	28	40
字体高度 *h*	2.5	3.5	5	7	10	11	20
线条粗细 *d*	0.25	0.35	0.5	0.7	1	1.4	2

注意：框格的竖画线与标注内容之间的距离应至少为线条粗细的两倍，且不得少于 0.7mm

公差框格的推荐宽度

第一格的宽度应等于框格的高度，第二格的宽度应与标注内容的长度相适应，第三格及以后各格（如属需要）的宽度需与有关字母的宽度相适应

图 8.21　公差框格的比例画法

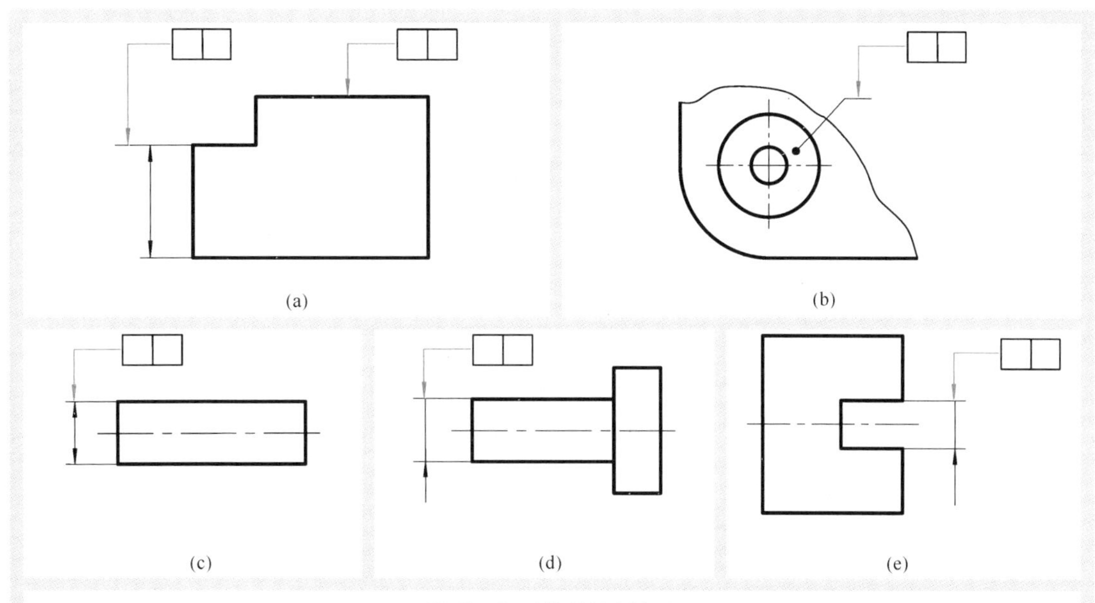

说明：指引线的绘制方式

当被测要素是提取线或提取面时，指引线的箭头应指向该要素的轮廓线或延长线（应与尺寸线明显错开，如图 a 所示），或指向引出线的水平线（引出线引自被测面，如图 b 所示）。

当被测要素是提取中心线、提取中心面或提取中心点时，指引线的箭头应位于相应尺寸线的延长线上（见图 c ~ e）。

图 8.22 指引线的绘制方式

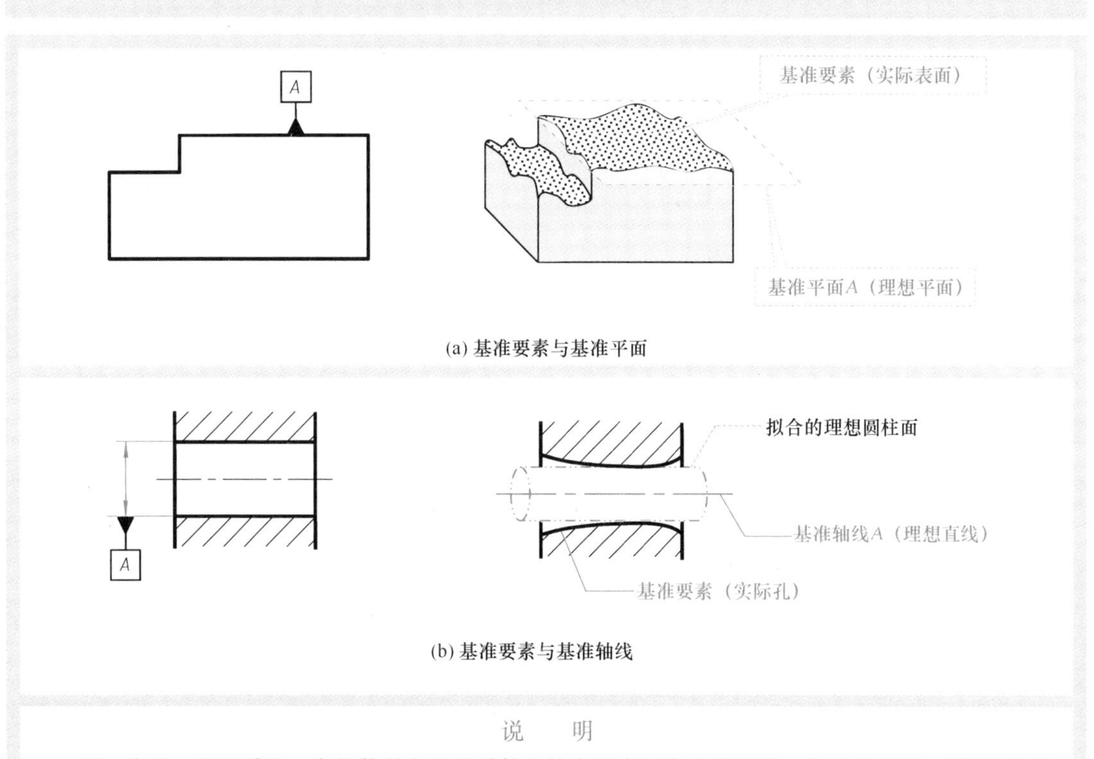

说 明

图 a 表明，可以采取一定的数学方法以零件上的实际表面为基础得到一个理想平面，所得理想平面就称为基准平面，该实际表面就称为基准要素。

图 b 表明，可采取一定的数学拟合方法以零件上的实际孔为基础拟合出一个理想圆柱面，所得理想圆柱面的轴线就称为基准轴线，该实际孔就称为基准要素。

图 8.23 基准与基准要素

说　　明

基准符号由基准三角形和基准字母组成，它用于指明与被测要素相关的基准。基准符号中的基准三角形可以是一个涂黑的三角形（见图 a），也可以是一个空白的三角形（见图 b），涂黑与空白的三角形含义相同。

图 8.24　基准符号的组成

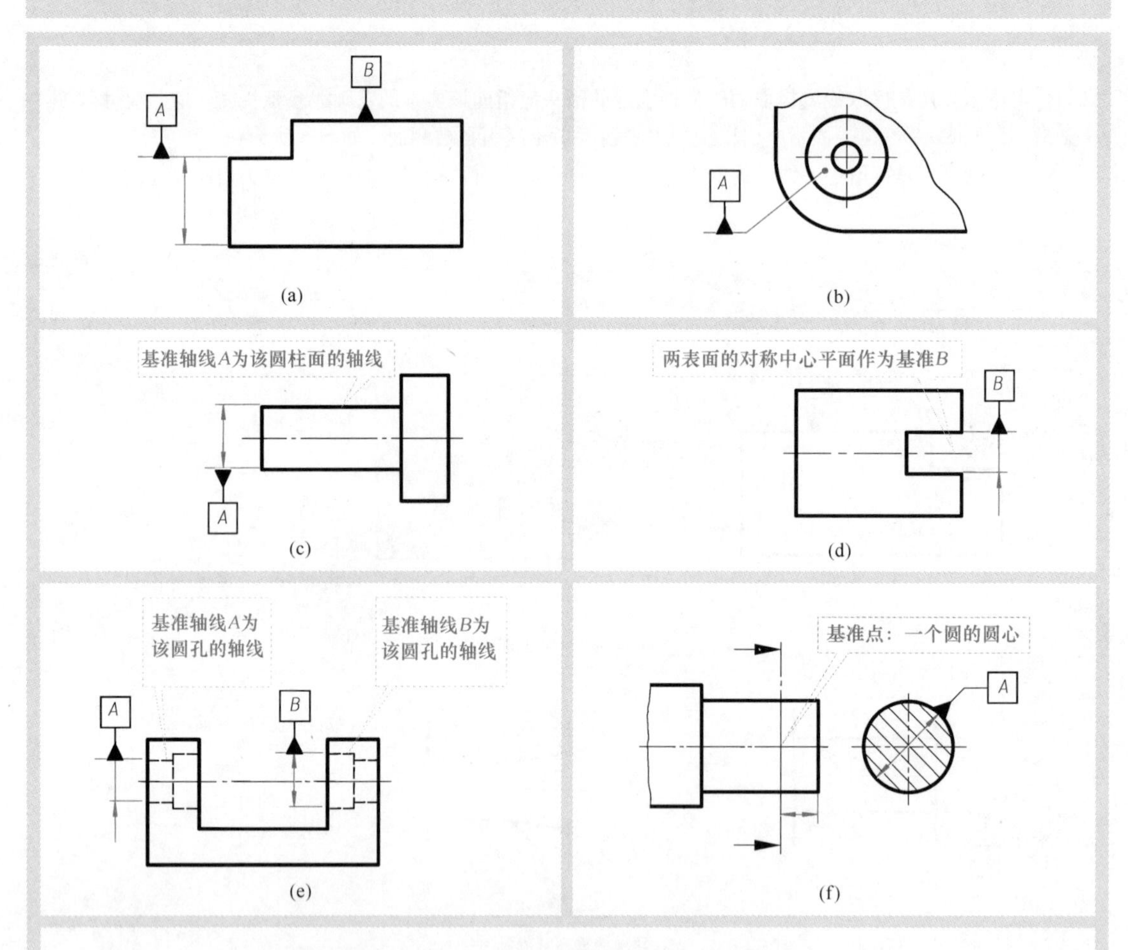

说明：带基准字母的基准三角形的放置规定

当基准要素是轮廓线或轮廓面时，基准三角形应放置在要素的轮廓线或其延长线上，但必须与尺寸线明显错开（见图 a）；基准三角形也可放置在该轮廓面引出线的水平线上（见图 b）。

当基准要素是尺寸要素确定的轴线、中心平面或中心点时，基准三角形应放置在该尺寸线的延长线上（见图 c ~ f）。如果没有足够的位置绘制基准要素尺寸的两个尺寸箭头，则其中的一个箭头可用基准三角形代替（见图 d 和图 e）。

图 8.25　带基准字母的基准三角形在图样中的放置

其他基本标注规定主要有以下四点：一是无基准时，其公差框格为两格（见图8.27）；二是以单个要素作基准时，用一个大写字母表示，并将字母注写在公差框格的第三格内（见图8.28）；三是以两个要素建立**公共基准**（见图8.29a）时，用中间加连字符的两个大写字母表示，并将字母注写在公差框格的第三格内（见图8.29b）；四是以两个或三个基准建立**基准体系**（见图8.30a）时，表示基准的大写字母按基准的优先顺序自左至右填写在公差框格的第三格及其以后的各格内（见图8.30b）。

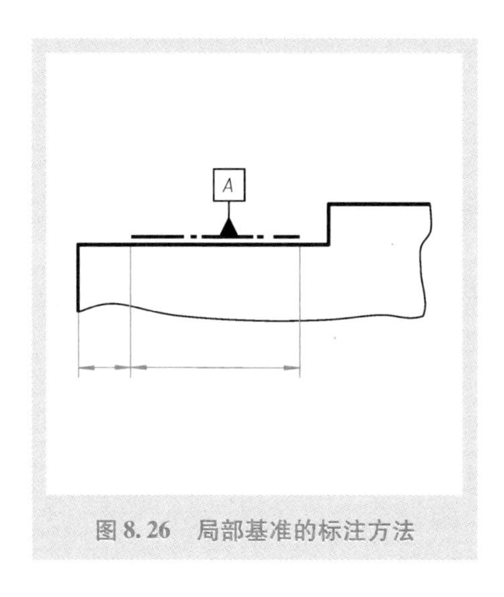

图8.26　局部基准的标注方法

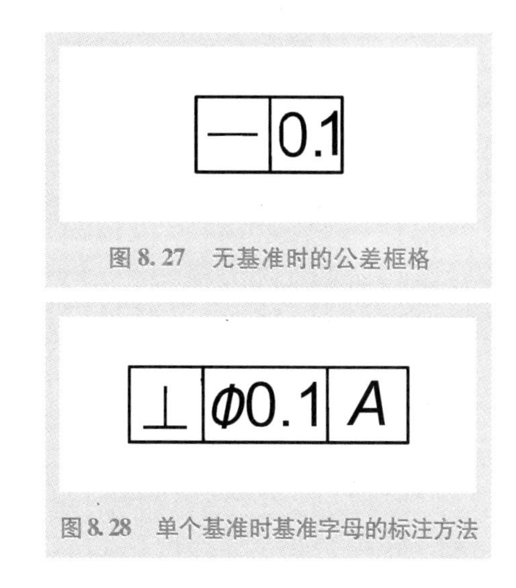

图8.27　无基准时的公差框格

图8.28　单个基准时基准字母的标注方法

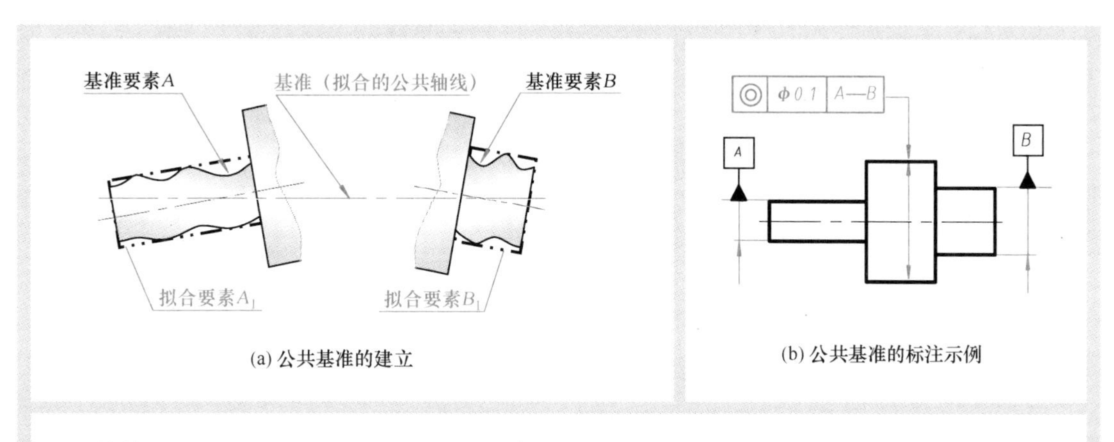

(a) 公共基准的建立

(b) 公共基准的标注示例

说明：图a表明，可以采取一定的数学拟合方法在基准要素A、B的基础上得到拟合要素A_1、B_1（即拟合出两个理想的圆柱面），再采取一定的数学拟合方法，可在拟合要素A_1、B_1的基础上得到其公共轴线，这条理想的公共轴线就称为公共基准。图b所示为其公共基准标注的示例。

图8.29　公共基准的建立与标注

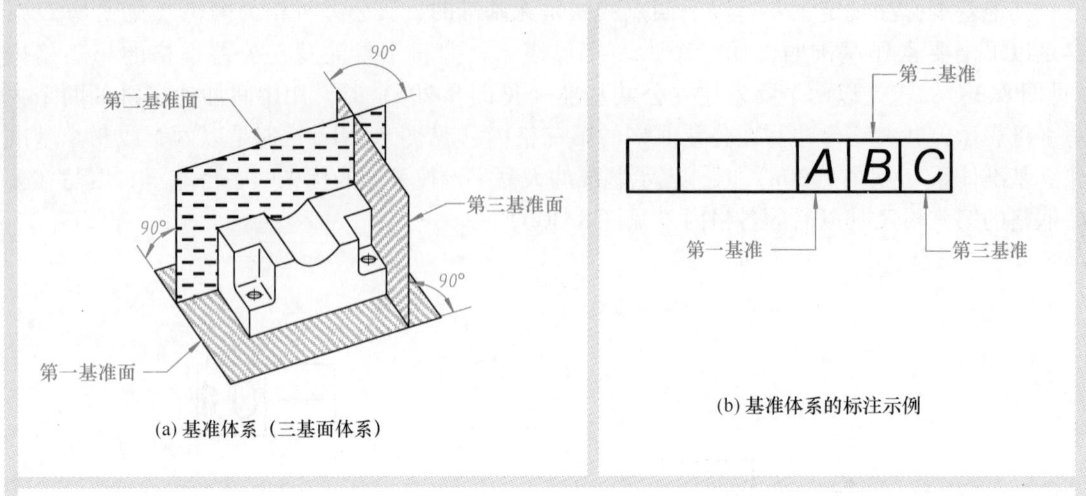

(a) 基准体系（三基面体系）

(b) 基准体系的标注示例

说　明

在提出位置公差要求时，通常需要给出一个由三个相互垂直的基准平面组成的**基准体系**（见图a）。在提出方向公差要求时，可能需要一个基准，也可能需要一个基准体系。

当一个基准体系由两个或三个基准要素建立时，应先根据零件的功能确定各基准的先后顺序，再将各基准的基准字母按各基准的优先顺序在公差框格的第三格至第五格内依次标注（见图b）。应注意，在图样上标注的基准的顺序对实际几何误差控制结果有很大影响。

图8.30　基准体系及其标注

8.3.4　形状公差及其标注

形状公差是控制要素的形状误差的各类几何公差的总称，包括直线度公差、平面度公差、圆度公差和圆柱度公差。

8.3.4.1　直线度及其公差

直线度公差用于控制提取线的直线度误差。提取线通常有三种类型，分别为表面上的提取线、提取棱边或素线、提取中心线。各类提取线的直线度定义及其公差标注，如图8.31~图8.34所示。

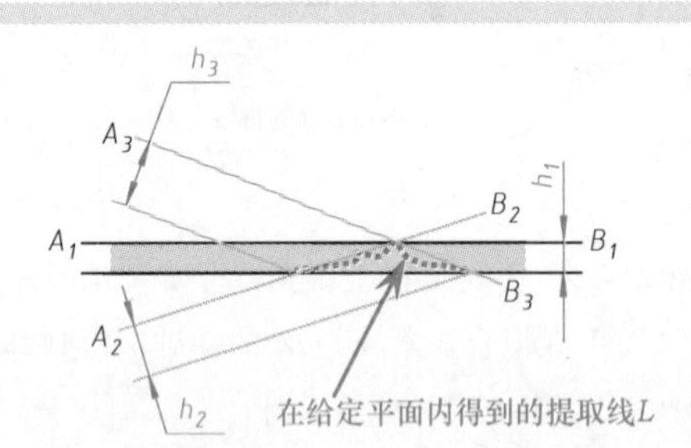

两平行直线可能的方向	A_1-B_1	A_2-B_2	A_3-B_3
相应距离	h_1	h_2	h_3

在本图所示的情况下，$h_1<h_2<h_3$。据此，两平行直线恰当的方向应该是 A_1-B_1。则 h_1 就是被测要素 L 的直线度。

给定平面内提取线的直线度：如图所示，对于一条在给定平面内得到的提取线 L，可以从不同的方向用两平行直线包容它（包容是指提取线 L 上的所有点都应处于两平行直线所限定的区域内）。从表中可以看出，在多个包容提取线 L 的两平行直线中，总能找到一个间距尽可能小的两平行直线，则这个尽可能小的间距值（见图中的 h_1）就被定义为提取线 L 的直线度。

(a) 在给定平面内得到的提取线的直线度

图8.31　表面上的提取线的直线度定义及其公差标注

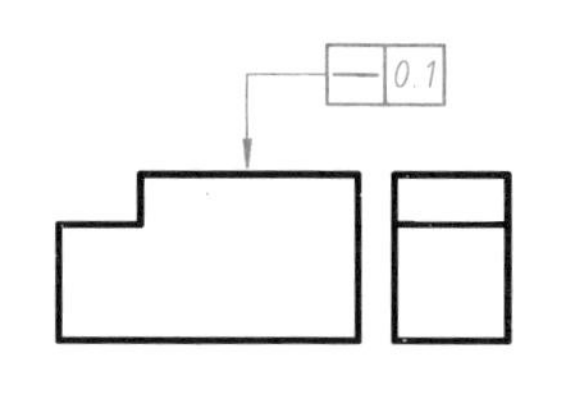
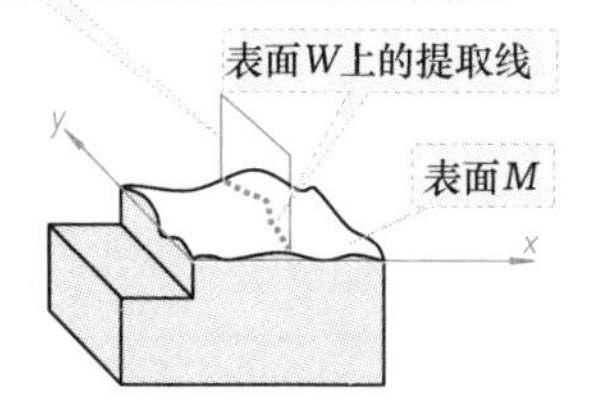

标注的含义

标注在左视图上的几何公差表明，应在给定平面、沿着给定方向从被测表面 *M* 上得到提取线，所得的任一提取线的直线度应按照图 a 所示的方式测定、且应小于或等于所给出的允许值 0.1mm。其中，所给定的平面为平行于投影面 *W*（即得到左视图的投影面）的任一平面，给定方向为指引线所指轮廓线方向（即图中所示的 *y* 方向）。

公差值 0.1mm 在事实上给出了一个由距离为 0.1mm 的两平行直线所限定的区域，该区域称为直线度的公差带，即也可将图中所示公差要求理解为，在给定平面、沿着给定方向、按照图 a 所示方式测定的被测表面 *M* 上的提取线应限定在间距等于 0.1mm 的两平行直线之间。

（b）标注在左视图上的直线度公差及其含义

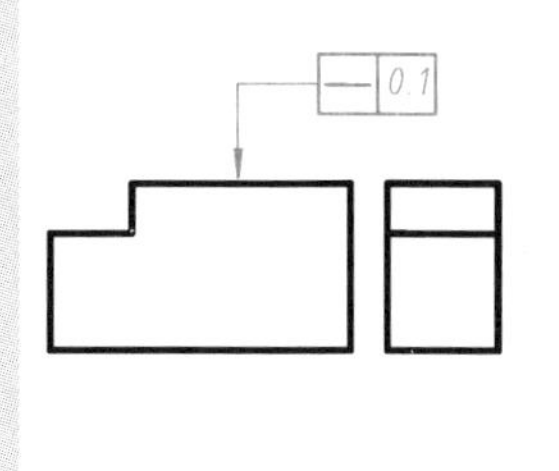
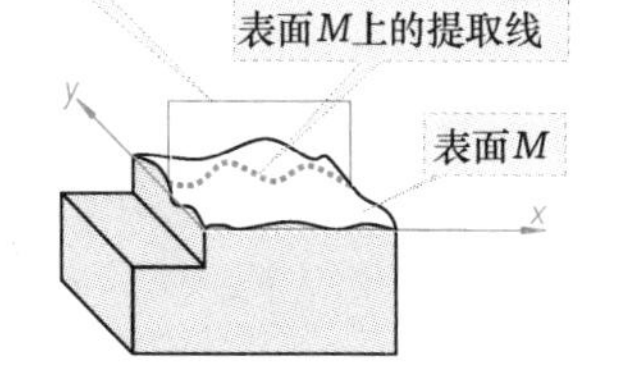

标注的含义

标注在主视图上的几何公差表明，应在给定平面、沿着给定方向从被测表面 *M* 上得到提取线，任一提取线的直线度应按照图 a 所示的方式测定、且应小于或等于所给出的允许值 0.1mm。其中，所给定的平面为平行于投影面 *V*（即得到主视图的投影面）的任一平面，给定方向为指引线所指轮廓线方向（即图中所示的 *x* 方向）。

图中所示公差要求还可理解为给出了一个公差带，该公差带为在给定平面和给定方向、按照图 a 所示方式测定的间距等于公差值 0.1mm 的两平行直线所限定的区域。

（c）标注在主视图上的直线度公差及其含义

图 8.31 表面上的提取线的直线度定义及其公差标注（续）

8.3.4.2 平面度及其公差

平面度公差用于控制提取面的平面度误差。平面度的定义及其公差标注如图 8.35 所示。

8.3.4.3 圆度及其公差

圆度公差用于控制提取圆周线的圆度误差。圆度的定义及其公差标注如图 8.36 所示。

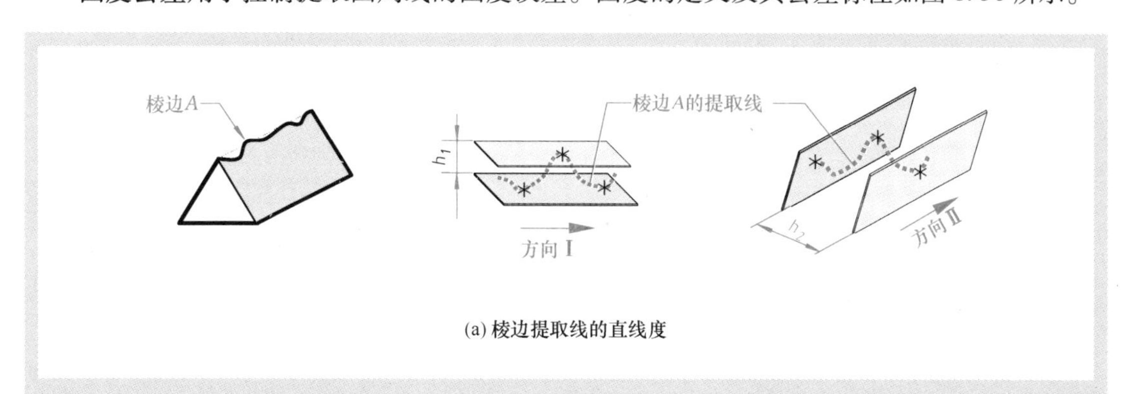

(a) 棱边提取线的直线度

图 8.32 棱边与素线的直线度定义及其公差标注

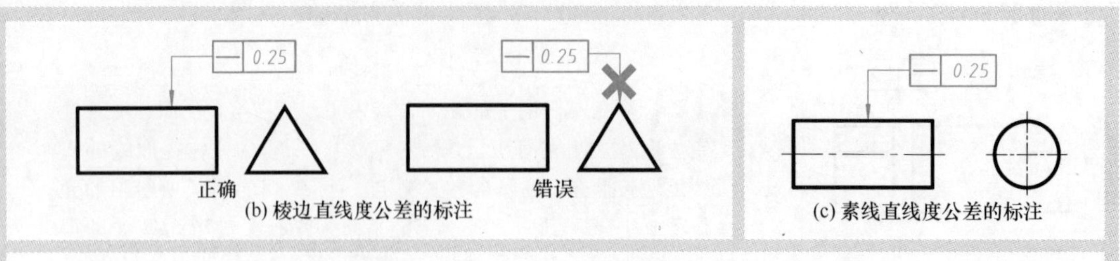

(b) 棱边直线度公差的标注

(c) 素线直线度公差的标注

说　明

棱边提取线的直线度：如图 a 所示，对于棱边 *A* 的提取线，可以从不同的方向用两平行平面包容它。在多个包容该提取线的两平行平面中，总能找到一个间距尽可能小的两平行平面，则这个尽可能小的间距值就被定义为棱边 *A* 的提取线的直线度。例如，在图 a 所示的情况下，$h_1 < h_2$。据此，两平行平面恰当的方向应该是方向Ⅰ。则 h_1 就是被测棱边的直线度。

标注在图 b 上的几何公差表明，对于被测棱边的提取线，其直线度应按照图 a 所示的方式测定、且应小于或等于所给出的允许值 0.25mm，即给出了一个公差带，该公差带为按图 a 所示方式测定的、间距等于公差值 0.25mm 的两平行平面所限定的区域，被测棱边的提取线应位于该区域内。标注时应注意，指引线的箭头应指向直线，而不能指向一个点。

标注在图 c 上的几何公差表明：对于被测素线的提取线，其直线度的公差要求与图 b 相同。但应注意，被测素线的直线度公差不是只针对一条素线，而是针对所有素线。

图 8.32　棱边与素线的直线度定义及其公差标注（续）

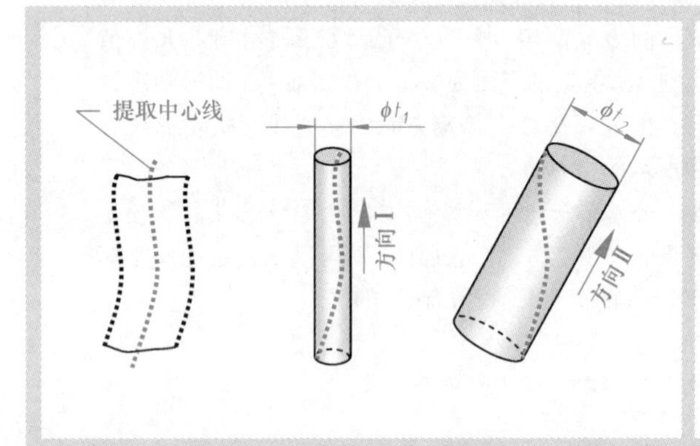

说明：提取中心线的直线度

对于图中所示的提取中心线，可以从不同的方向用一个理想圆柱面包容它。在多个包容该提取中心线的理想圆柱面中，总能找到一个直径尽可能小的理想圆柱面，则这个尽可能小的直径值就被定义为该提取中心线的直线度。在本图所示的情况下，$\phi t_1 < \phi t_2$，据此，恰当的方向应该是方向Ⅰ，则直径 ϕt_1 就是被测提取中心线的直线度。

图 8.33　提取中心线的直线度定义

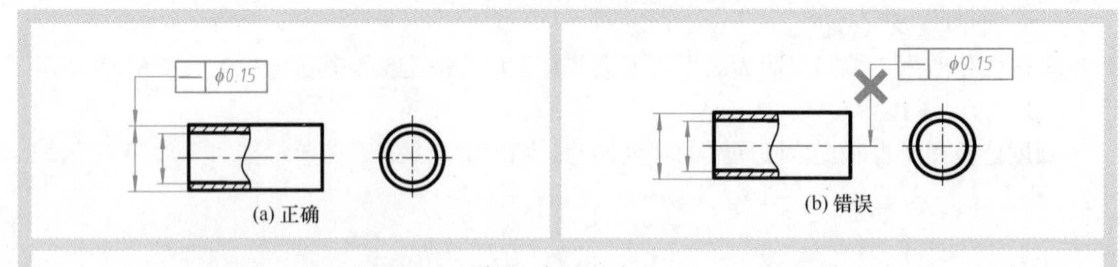

(a) 正确

(b) 错误

说明：标注的含义

标注在图 a 上的几何公差表明，对于被测提取中心线，其直线度应按照图 8.33 所示的方式测定、且应小于或等于所给出的允许值 0.15mm，即给出了一个公差带，该公差带为按照图 8.33 所示方式测定的、直径值等于公差值 0.15mm 的理想圆柱面所限定的区域，被测提取中心线应位于该区域内。

标注时应在公差数值前注写符号“ϕ”，以表明被测外圆柱面的提取中心线应限定在一个直径为 0.15mm 的理想圆柱面内。并应注意避免图 b 所示的错误。

图 8.34　提取中心线的直线度公差标注

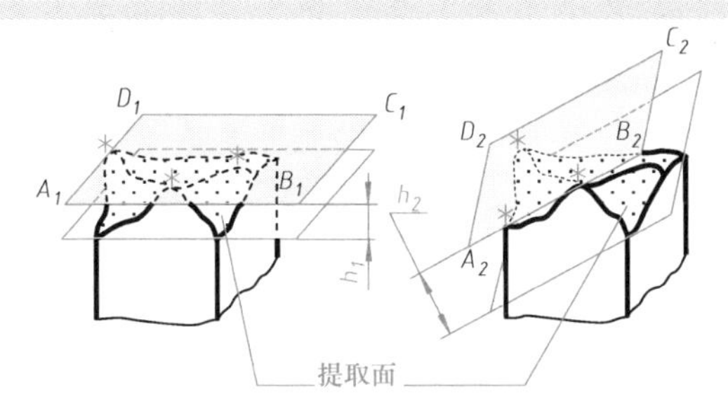

(a) 平面度的定义

两平行平面可能的方向	$A_1-B_1-C_1-D_1$	$A_2-B_2-C_2-D_2$
相应距离	h_1	h_2

在本图所示的情况下，$h_1<h_2$。据此，两平行平面恰当的方向应该是 $A_1-B_1-C_1-D_1$。则 h_1 就是被测表面的**平面度**

说明：平面度

如图所示，对于一个被测表面的提取面，可以从不同的方向用两平行平面包容它。从表中可以看出，在多个包容该提取面的两平行平面中，总能找到一个间距尽可能小的两平行平面，则这个尽可能小的间距值（见图中的 h_1）就被定义为被测平面的**平面度**。

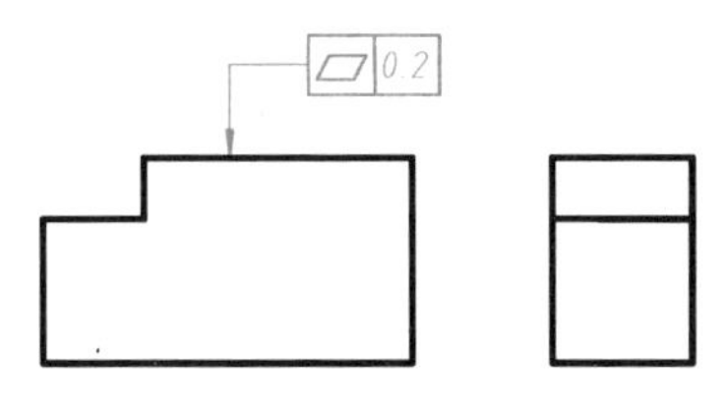

(b) 平面度公差的标注

说明：标注的含义

所注几何公差表明，对于被测提取面，其平面度应按照图 a 所示的方式测定、且应小于或等于所给出的允许值 0.2mm，即给出了一个公差带，该公差带为按图 a 所示方式测定的、间距等于公差值 0.2mm 的两平行平面所限定的区域，被测提取面应位于该区域内。

图 8.35 平面度的定义及其公差标注

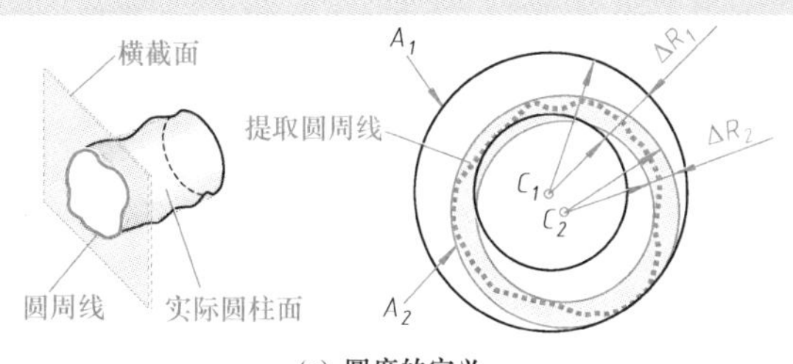

(a) 圆度的定义

两同心圆圆心的可能位置	C_1	C_2
最小半径差	ΔR_1	ΔR_2

在本图所示的情况下，$\Delta R_2<\Delta R_1$。据此，两同心圆圆心恰当的位置应该是 C_2。则 ΔR_2 就是被测圆周的**圆度**

说明：圆度的定义

如图所示，对于一个被测提取圆周线，可以用圆心位于不同位置的两理想同心圆包容它。从表中可以看出，在多个包容该提取圆周线的两理想同心圆中，总能找到一个半径差尽可能小的两理想同心圆，则这个尽可能小的半径差（见图中的 ΔR_2）就被定义为被测提取圆周线的**圆度**。

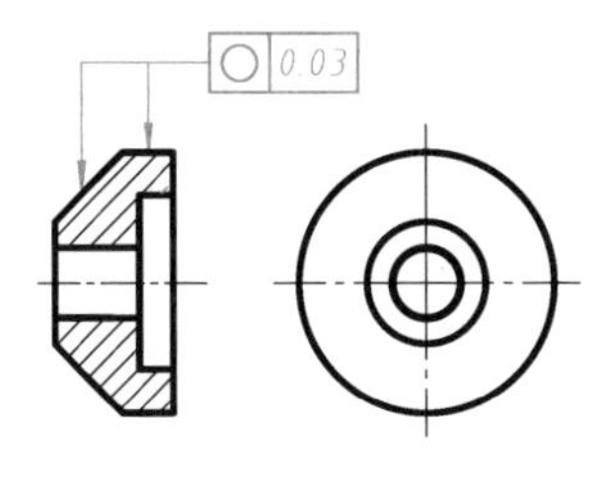

(b) 圆度公差的标注

说明：标注的含义

所注几何公差表明，对于在任意横截面内提取的被测提取圆周线，其圆度应按照图 a 所示的方式测定、且应小于或等于所给出的允许值 0.03mm，即给出了一个公差带，该公差带为按图 a 所示方式测定的、半径差等于公差值 0.03mm 的两共面同心圆所限定的区域，被测提取圆周线应位于该区域内。

图 8.36 圆度的定义及其公差标注

8.3.4.4 圆柱度及其公差

圆柱度公差用于控制提取圆柱面的圆柱度误差。圆柱度的定义及其公差标注分别如图 8.37 和图 8.38 所示。

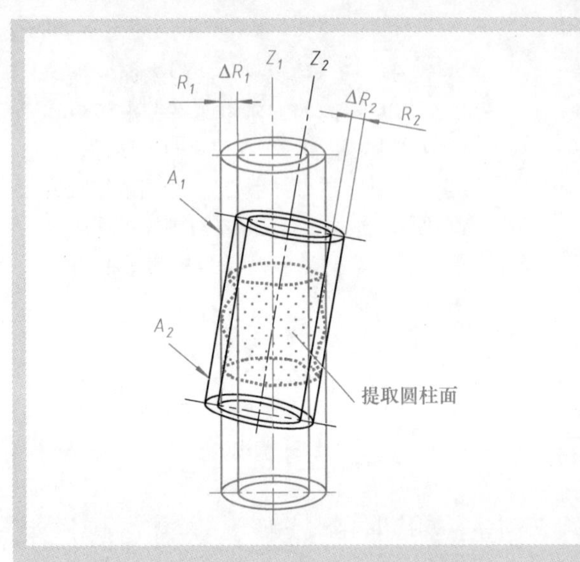

两同轴圆柱面轴线的可能位置	Z_1	Z_2
最小半径差	ΔR_1	ΔR_2

在本图所示的情况下，$\Delta R_2 < \Delta R_1$。据此，两同轴圆柱面轴线恰当的位置应该是 Z_2。则 ΔR_2 就是被测圆柱面的**圆柱度**

说明：圆柱度

如图所示，对于一个被测提取圆柱面，可以用轴线位于不同位置的两理想同轴圆柱面包容它。从表中可以看出，在多个包容该提取圆柱面的两理想同轴圆柱面中，总能找到一个半径差尽可能小的两理想同轴圆柱面，则这个尽可能小的半径差（见图中的 ΔR_2）就被定义为被测提取圆柱面的**圆柱度**。

图 8.37　圆柱度的定义

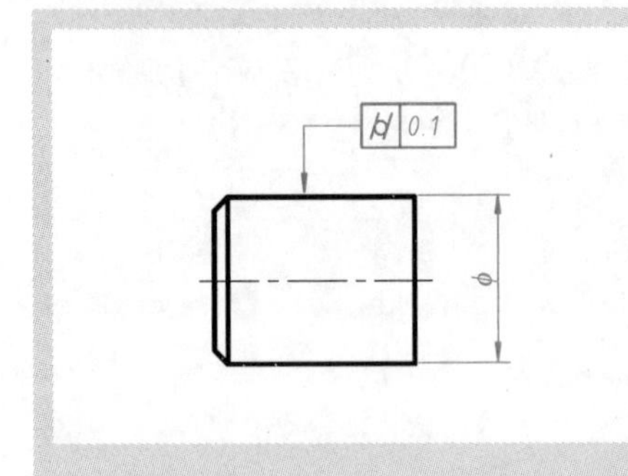

说明：标注的含义

所注几何公差表明，对于被测提取圆柱面，其圆柱度应按照图 8.37 所示的方式测定、且应小于或等于所给出的允许值 0.1mm，即给出了一个公差带，该公差带为半径差等于公差值 0.1mm 的两理想同轴圆柱面所限定的区域，被测提取圆柱面应位于该区域内。

图 8.38　圆柱度公差的标注

8.3.5 方向公差及其标注

方向公差是控制要素的方位误差的各类几何公差的总称，包括平行度公差、垂直度公差和倾斜度公差。

8.3.5.1 平行度及其公差

平行度公差用于控制线、面之间的平行度误差。线、面之间的平行关系有线与线平行、线与面平行、面与面平行三种。各种平行关系的平行度定义及其公差标注分别如图 8.39 ~ 图 8.42 所示，提取线与提取面对基准体系的平行度公差的标注示例如图 8.43 ~ 图 8.46 所示。

除非另有说明或规定，确定被测要素平行度的两平行平面的宽度方向为指引线箭头方向，与基准成 0°（见图 8.43）或 90°（见图 8.44）。当在同一基准体系中规定两个方向的公差时，确定被测要素平行度的两组平行平面之间是互相垂直的（见图 8.45）。其他方向公差的标注也应遵循这一规定。

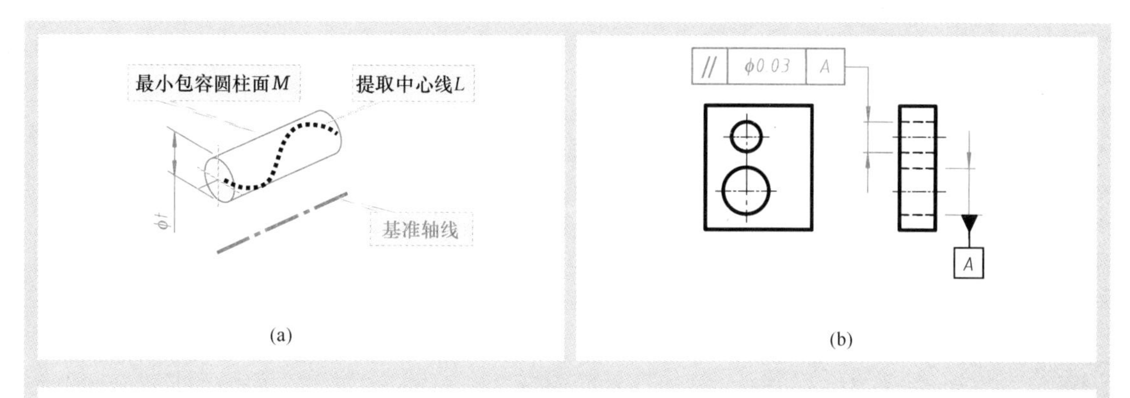

说明：线对基准线的平行度定义及其公差标注

图 a 表明：在多个轴线与基准轴线平行的、包容提取中心线 L 的理想圆柱面中，总能找到一个直径尽可能小的理想圆柱面（即图中的最小包容圆柱面 M），则这个尽可能小的直径值 ϕt 就被定义为该提取中心线对基准线的平行度。

标注在图 b 中的几何公差表明：对于被测轴线的提取中心线，其对基准轴线 A 的平行度应按照图 a 所示的方式测定、且应小于或等于所给出的允许值 ϕ0. 03mm，即给出了一个公差带，该公差带为轴线与基准轴线 A 平行的、直径等于公差值 ϕ0. 03mm 的理想圆柱面所限定的区域，被测提取中心线应位于该区域内。标注时应在公差数值前注写符号“ϕ”。

图 8. 39　线对基准线的平行度定义及其公差标注

说明：线对基准面的平行度定义及其公差标注

图 a 表明：与基准平面平行、包容提取线 L 的两平行平面的间距 t 被定义为该提取线对基准平面的平行度。

标注在图 b 中的几何公差表明：对于被测轴线的提取中心线，其对基准面 B 的平行度应按照图 a 所示的方式测定、且应小于或等于所给出的允许值 0. 01mm，即给出了一个公差带，该公差带为与基准平面 B 平行、间距等于公差值 0. 01mm 的两理想平行平面所限定的区域，被测提取中心线应位于该区域内。

图 8. 40　线对基准面的平行度定义及其公差标注

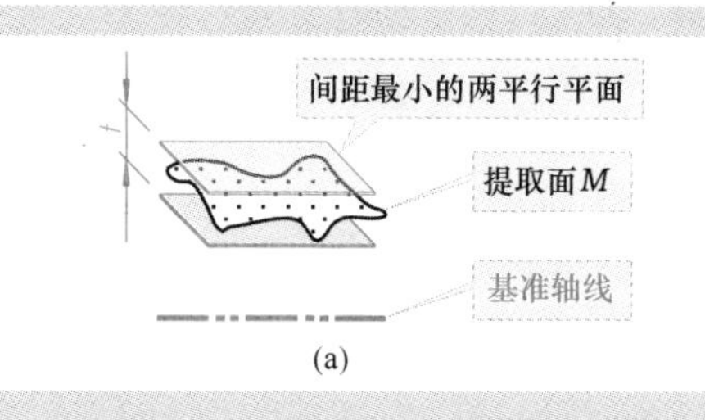

说明：面对基准线的平行度定义及其公差标注

图 a 表明：在多个与基准轴线平行、包容提取面 M 的两平行平面中，总能找到一个间距尽可能小的两平行平面，则这个尽可能小的间距值 t 就被定义为该提取面对基准轴线的平行度。

图 8. 41　面对基准线的平行度定义及其公差标注

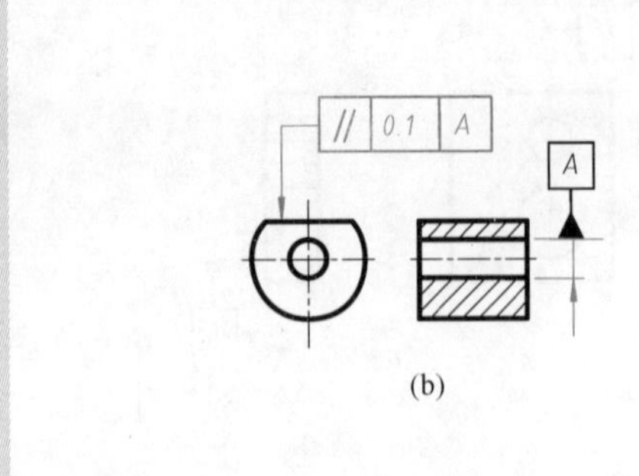

(b)

标注在图 b 中的几何公差表明：对于被测提取面，其对基准轴线 A 的平行度应按照图 a 所示的方式测定、且应小于或等于所给出的允许值 0.1mm，即给出了一个公差带，该公差带为与基准轴线 A 平行、间距等于公差值 0.1mm 的两理想平行平面所限定的区域，被测提取面应位于该区域内。

图 8.41 面对基准线的平行度定义及其公差标注（续）

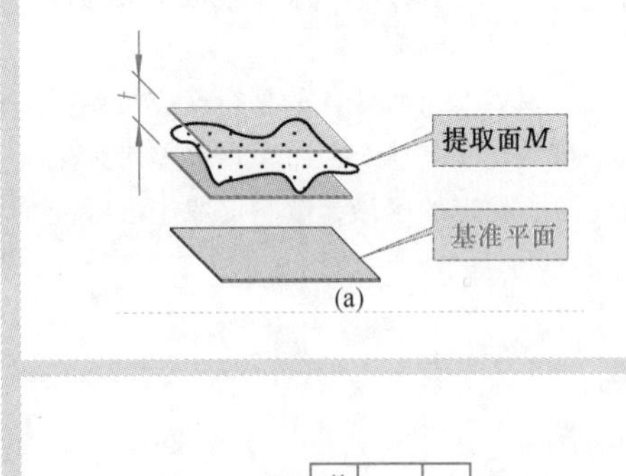

(a)

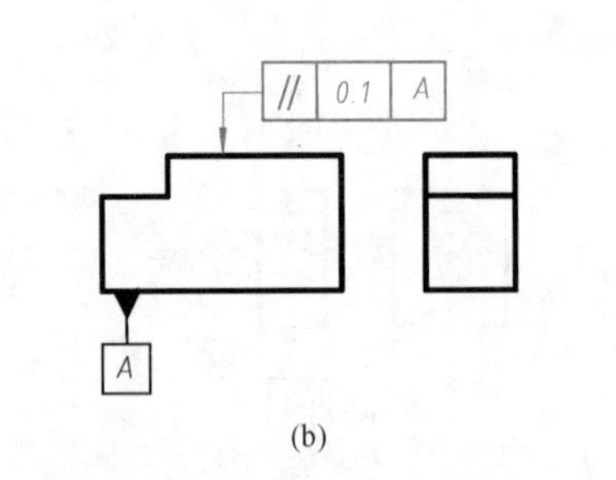

(b)

说明：面对基准面的平行度定义及其公差标注

图 a 表明：与基准平面平行，包容提取面 M 的两平行平面的间距 t 被定义为该提取面 M 对基准平面的平行度。

标注在图 b 中的几何公差表明：对于被测提取面，其对基准平面 A 的平行度应按照图 a 所示的方式测定、且应小于或等于所给出的允许值 0.1mm，即给出了一个公差带，该公差带为与基准平面 A 平行、间距等于公差值 0.1mm 的两理想平行平面所限定的区域，被测提取面应位于该区域内。

图 8.42 面对基准面的平行度定义及其公差标注

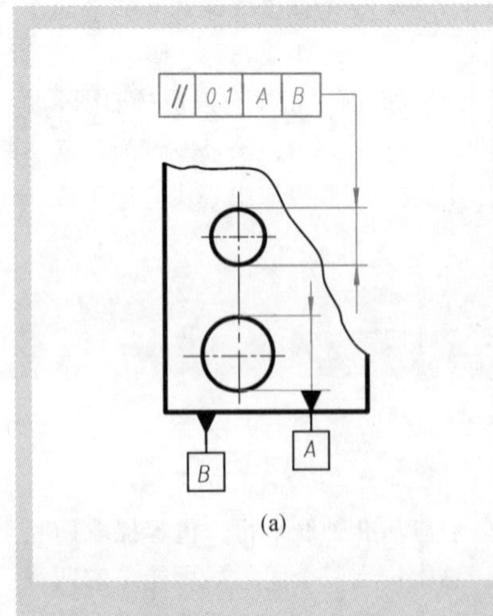

(a)

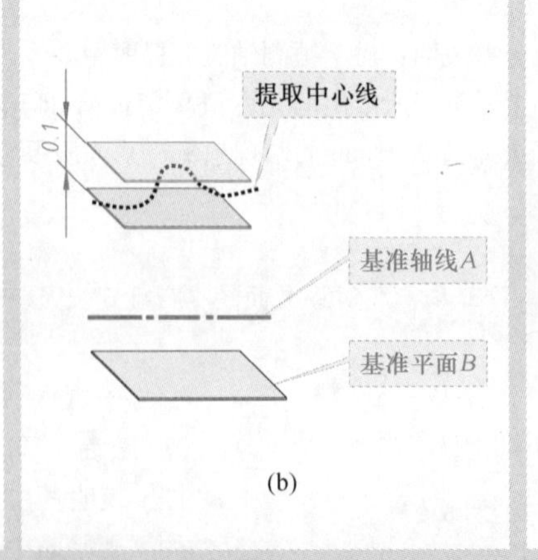

(b)

说 明

标注在图 a 中的几何公差表明，被测轴线的提取中心线应限定在间距为 0.1mm、平行于基准轴线 A 和基准平面 B 的两平行平面之间（见图 b）。

图 8.43 线对基准体系的平行度公差的标注示例一

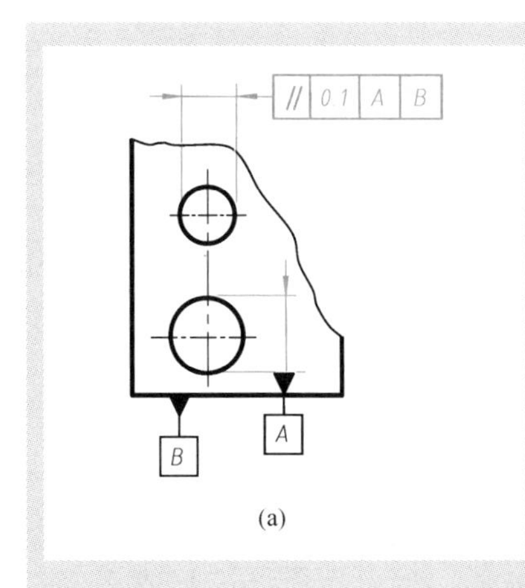

(a)

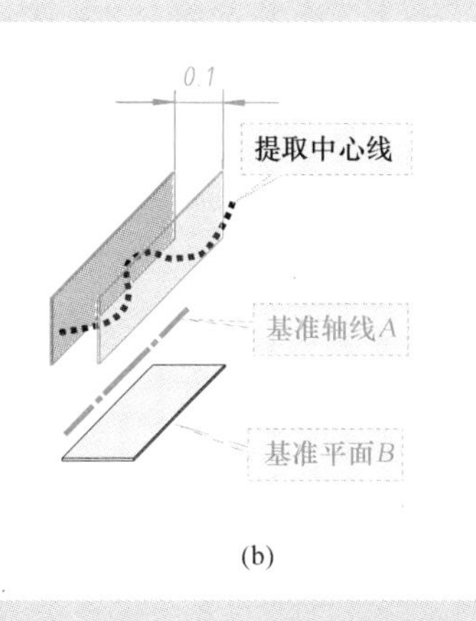

(b)

说　明

标注在图 a 中的几何公差表明，被测轴线的提取中心线应限定在间距为 0.1mm、平行于基准轴线 *A* 且垂直于基准平面 *B* 的两平行平面之间（见图 b）。

图 8.44　线对基准体系的平行度公差的标注示例二

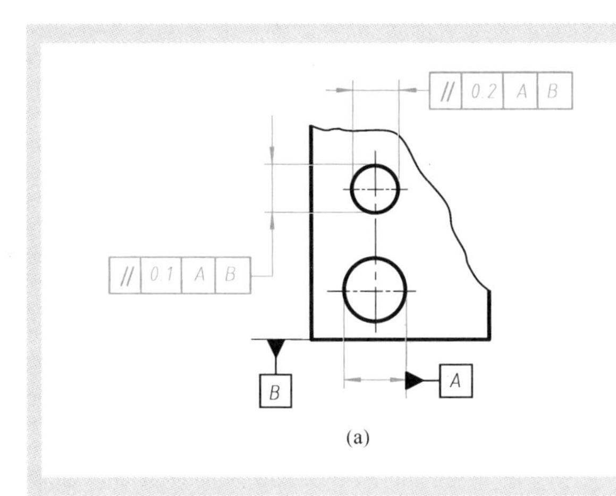

(a)

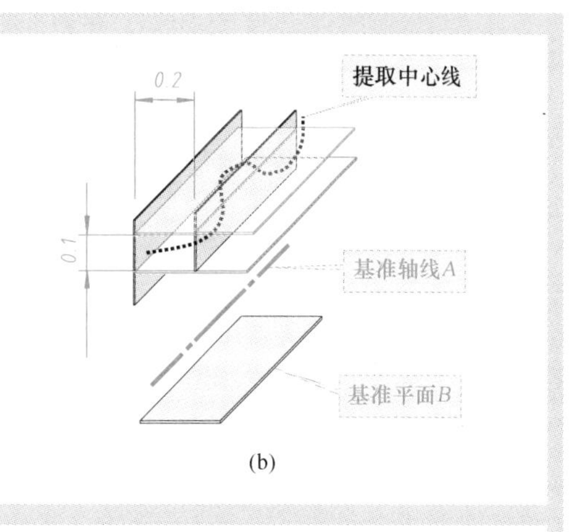

(b)

说明：标注在图 a 中的几何公差表明，被测轴线的提取中心线应限定在与基准轴线 *A* 平行的两组平行平面之间，其中，一组平行平面的间距为 0.1mm 且平行于基准平面 *B*；另一组平行平面的间距为 0.2mm 且垂直于基准平面 *B*（见图 b）。

图 8.45　线对基准体系的平行度公差的标注示例三

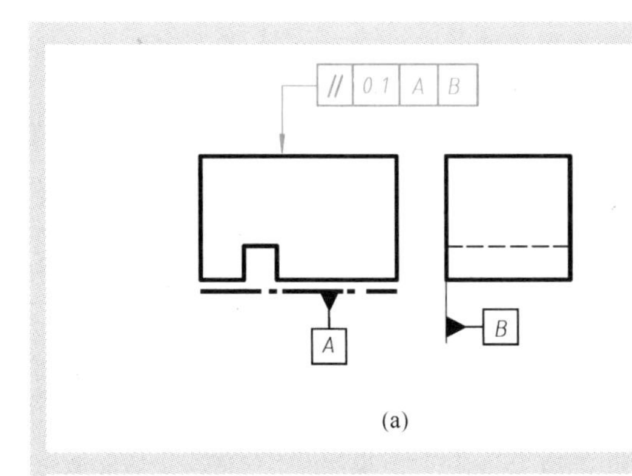

(a)

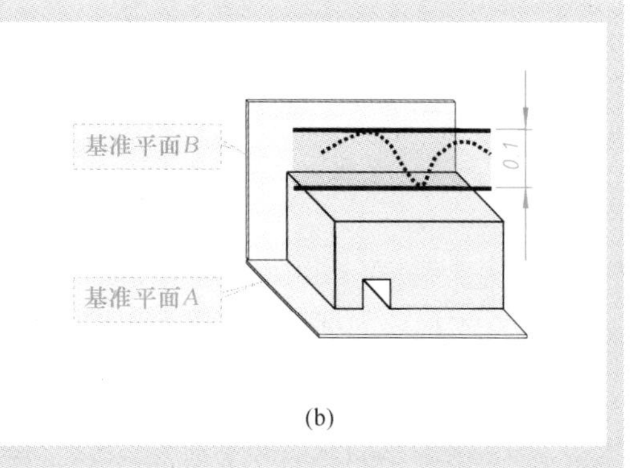

(b)

说　明

标注在图 a 中的几何公差表明，被测表面上的提取线应限定在间距为 0.1mm 的两平行直线之间。该两平行直线与基准平面 *A* 平行、且位于平行于基准平面 *B* 的平面内（见图 b）。

图 8.46　线对基准体系的平行度公差的标注示例四

8.3.5.2　垂直度及其公差

垂直度公差用于控制线、面之间的垂直度误差。线、面之间的垂直关系有线与线垂直、线与面垂直、面与面垂直三种。各种垂直关系的垂直度定义及其公差的标注如图 8.47 ~ 图 8.50 所示，提取线与提取面对基准体系的垂直度公差的标注如图 8.51 所示。

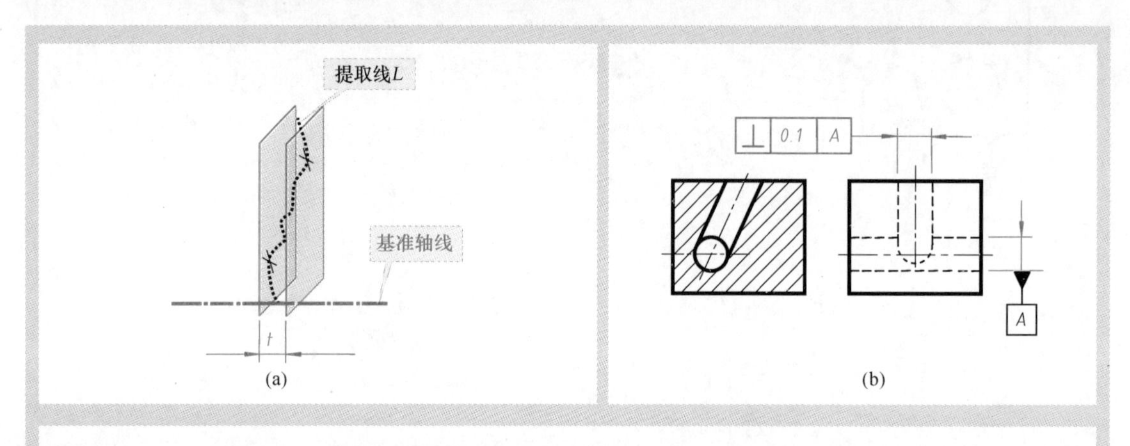

说明：线对基准线的垂直度定义及其公差标注

图 a 表明：提取线 L 对基准轴线的垂直度可以定义为与基准轴线垂直、包容提取线 L 的两平行平面的间距 t。

标注在图 b 中的几何公差表明：对于被测提取中心线，其对基准轴线 A 的垂直度应按照图 a 所示的方式测定、且应小于或等于所给出的允许值 0.1mm，即给出了一个公差带，该公差带为与基准轴线 A 垂直、间距等于公差值 0.1mm 的两理想平行平面所限定的区域，被测提取中心线应位于该区域内。

图 8.47　线对基准线的垂直度定义及其公差标注

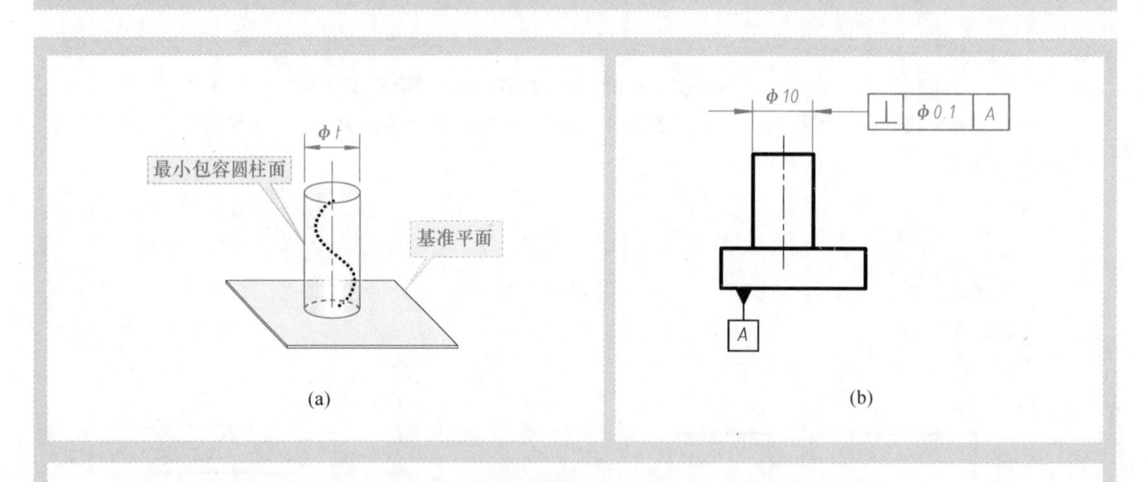

说明：线对基准面的垂直度定义及其公差标注

图 a 表明：在多个轴线与基准平面垂直、包容提取中心线 L 的理想圆柱面中，总能找到一个直径尽可能小的理想圆柱面，则这个尽可能小的直径值 ϕt 就被定义为该提取中心线对基准平面的垂直度。

标注在图 b 中的几何公差表明：对于被测提取中心线，其对基准平面 A 的垂直度应按照图 a 所示的方式测定、且应小于或等于所给出的允许值 ϕ0.1mm，即给出了一个公差带，该公差带为轴线与基准平面 A 垂直、直径等于公差值 ϕ0.1mm 的理想圆柱面所限定的区域，被测提取中心线应位于该区域内。标注时应注意，必须在公差数值前注写符号“ϕ”。

图 8.48　线对基准面的垂直度定义及其公差标注

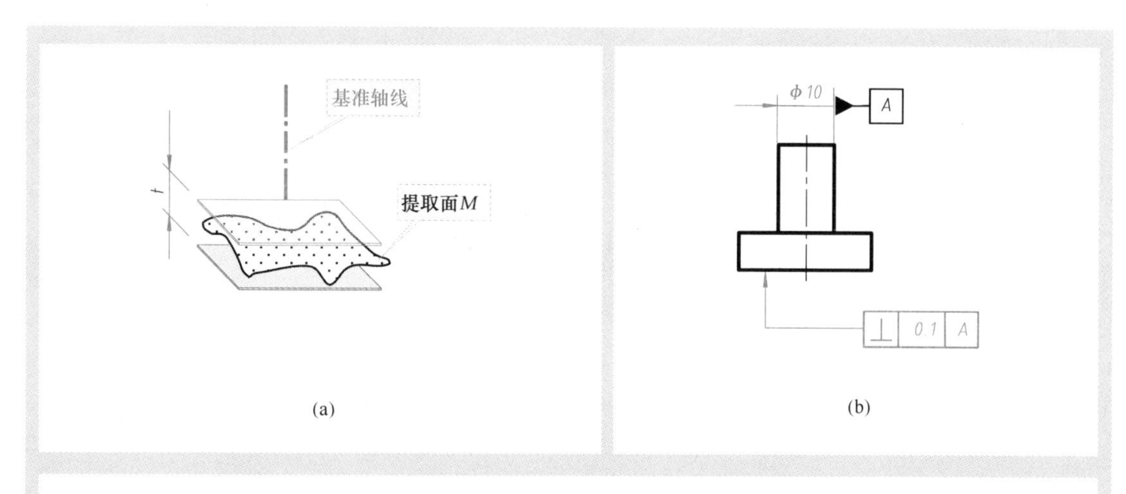

说明：面对基准线的垂直度定义及其公差标注

图 a 表明：提取面 M 对基准轴线的垂直度可以定义为与基准轴线垂直、包容提取面 M 的两平行平面的间距 t。

标注在图 b 中的几何公差表明：对于被测提取面，其对基准轴线 A 的垂直度应按照图 a 所示的方式测定、且应小于或等于所给出的允许值 0.1mm，即给出了一个公差带，该公差带为与基准轴线 A 垂直、间距等于公差值 0.1mm 的两平行平面所限定的区域，被测提取面应位于该区域内。

图 8.49 面对基准线的垂直度定义及其公差标注

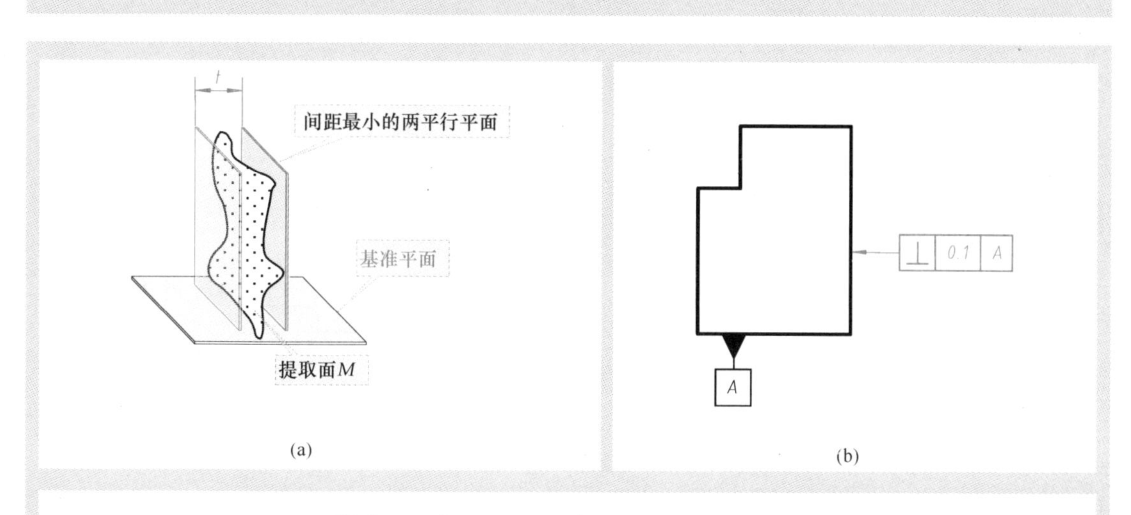

说明：面对基准面的垂直度定义及其公差标注

图 a 表明：在多个与基准平面垂直、包容提取面 M 的两平行平面中，总能找到一个间距尽可能小的两平行平面，则这个尽可能小的间距值 t 就被定义为该提取面对基准面的垂直度。

标注在图 b 中的几何公差表明：对于被测提取面，其对基准平面 A 的垂直度应按照图 a 所示的方式测定、且应小于或等于所给出的允许值 0.1mm，即给出了一个公差带，该公差带为与基准平面 A 垂直、间距等于公差值 0.1mm 的两平行平面所限定的区域，被测提取面应位于该区域内。

图 8.50 面对基准面的垂直度定义及其公差标注

8.3.5.3 倾斜度及其公差

倾斜度公差用于控制线、面之间的倾斜度误差。线、面之间的倾斜关系有线与线倾斜、线与面倾斜、面与面倾斜三种。各种倾斜关系的倾斜度定义及其公差标注分别如图 8.52 ~ 图 8.56 所示。

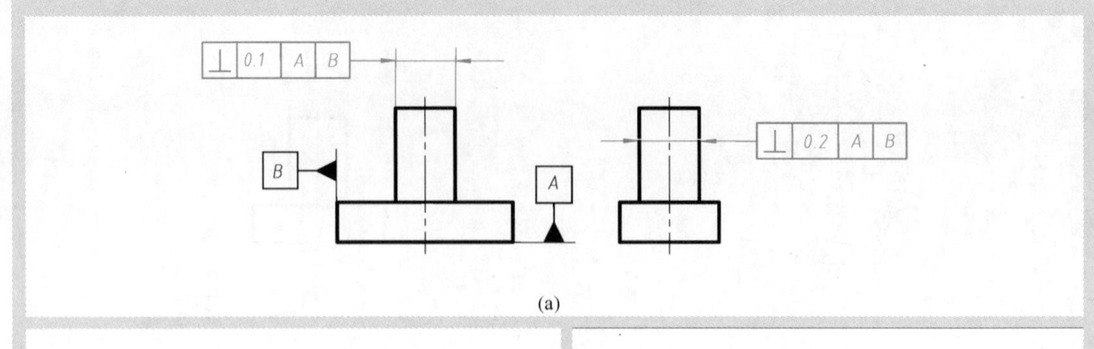

(a)

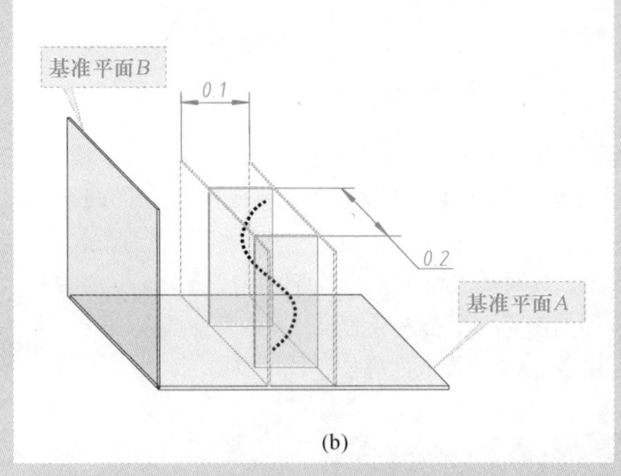

(b)

说　明

图 a 中的几何公差表明，被测提取中心线应限定在与基准平面 *A* 垂直的两组平行平面之间。其中，一组平行平面的间距为 0.1mm 且平行于基准平面 *B*；另一组平行平面的间距为 0.2mm 且垂直于基准平面 *B*（见图 b）。

图 8.51　线对基准体系的垂直度公差的示例

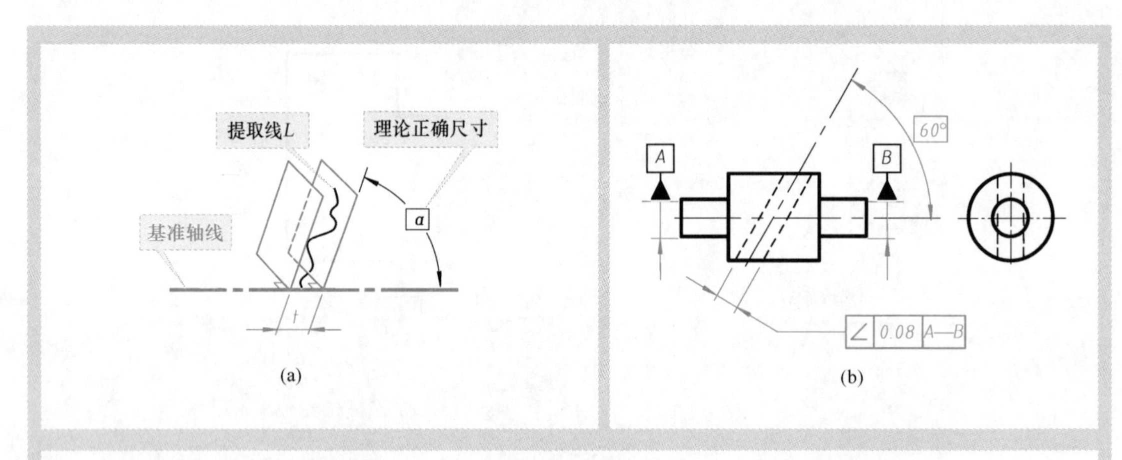

说明：理论正确尺寸、线对基准线的倾斜度定义及其公差标注

理论正确尺寸(TED) 是指用来在理论上确定几何要素的理想位置、方向或轮廓的尺寸，它应与相应的几何公差项目联合使用才有意义。例如，在图 a 中，理论正确角度 α 就是一个用来在理论上确定两平行平面与基准轴线相互方向关系的尺寸，它指出了这两者之间理想的倾斜角度应为 α。TED 没有公差，并应标注在一个方框中（如图 b 所示的 60° ）。

图 a 表明：提取线 *L* 对基准轴线的倾斜度可以定义为按理论正确角度 α 倾斜于基准轴线、包容提取线 *L* 的两平行平面的距离 *t*。

标注在图 b 中的几何公差表明：对于被测提取中心线，其对公共基准轴线 *A*—*B* 的倾斜度应按照图 a 所示的方式测定、且应小于或等于所给出的允许值 0.08mm，即给出了一个公差带，该公差带为按理论正确角度 60°倾斜于公共轴线 *A*—*B*、间距等于公差值 0.08mm 的两平行平面所限定的区域，被测提取中心线应位于该区域内。

图 8.52　理论正确尺寸、线对基准线的倾斜度定义及其公差标注

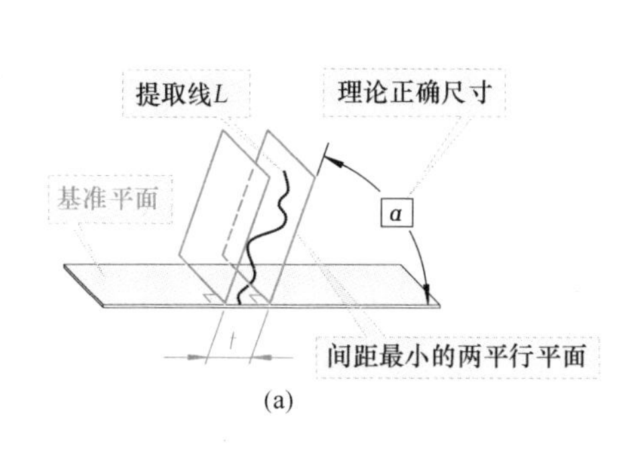

(a)

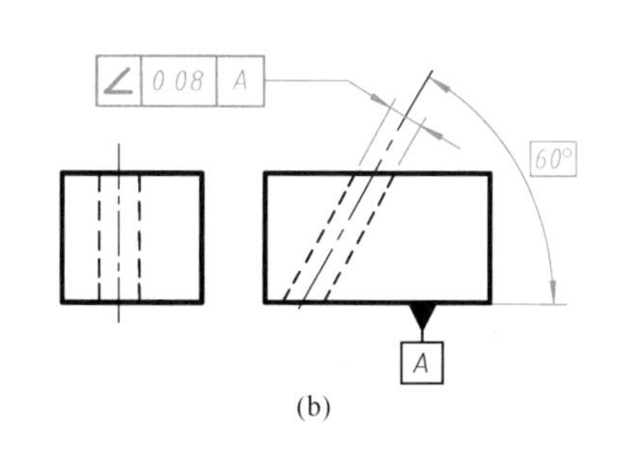

(b)

说明：线对基准面的倾斜度定义及其公差标注

图 a 表明：在多个按理论正确角度 α 倾斜于基准平面、包容提取线 *L* 的两平行平面中，总能找到一个间距尽可能小的两平行平面，则这个尽可能小的间距值 *t* 就被定义为该提取线 *L* 对基准面的**倾斜度**。

标注在图 b 中的几何公差表明：对于被测提取中心线，其倾斜度应按照图 a 所示的方式测定、且应小于或等于所给出的允许值 0.08mm，即给出了一个公差带，该公差带为按理论正确角度 60°倾斜于基准平面 *A*、间距等于公差值 0.08mm 的两平行平面所限定的区域，被测提取中心线应位于该区域内。

图 8.53 线对基准面的倾斜度定义及其公差标注之一

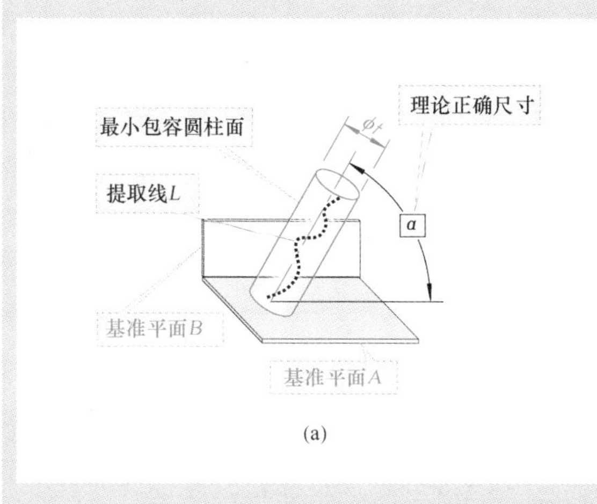

(a)

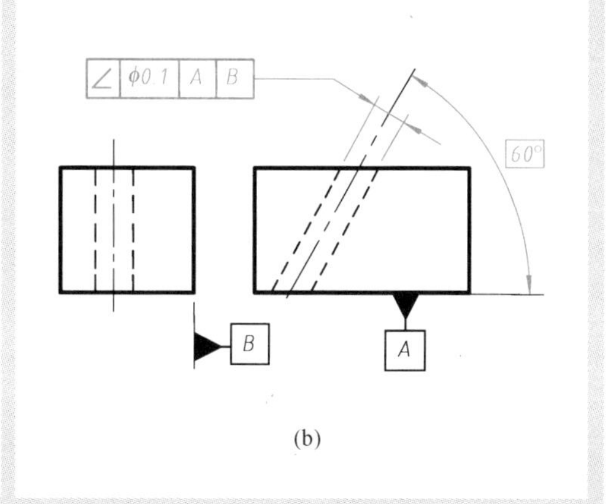

(b)

说明：线对基准面的倾斜度定义及其公差标注

图 a 表明：在多个轴线按理论正确角度 α 倾斜于基准平面 *A* 且平行于基准平面 *B*、包容提取线 *L* 的圆柱面中，总能找到一个直径尽可能小的包容圆柱面，则这个尽可能小的直径值 ϕt 就被定义为该提取线 *L* 对基准面的**倾斜度**。

标注在图 b 中的几何公差表明：对于被测提取中心线，其倾斜度应按照图 a 所示的方式测定、且应小于或等于所给出的允许值 ϕ0.1mm，即给出了一个公差带，该公差带为按理论正确角度 60°倾斜于基准平面 *A* 且平行于基准平面 *B*、直径等于公差值 ϕ0.1mm 的理想圆柱面所限定的区域，被测提取中心线应位于该区域内。标注时应在公差数值前注写符号“ϕ”。

图 8.54 线对基准面的倾斜度定义及其公差标注之二

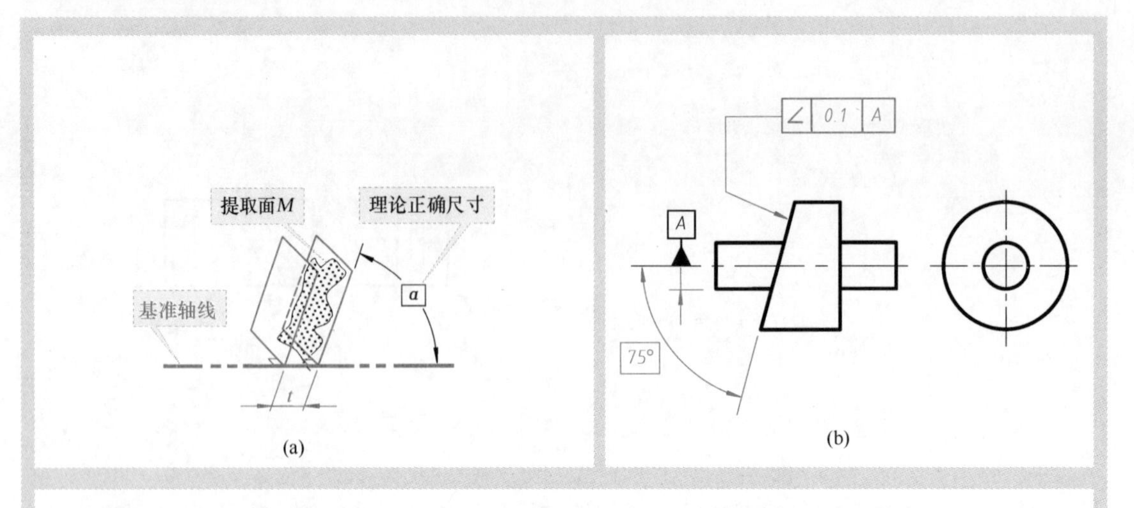

说明：面对基准线的倾斜度定义及其公差标注

图 a 表明：提取面 *M* 对基准轴线的**倾斜度**可以定义为按理论正确角度 α 倾斜于基准线、包容提取面 *M* 的两平行平面的距离 *t*。

标注在图 b 中的几何公差表明：对于被测提取面，其倾斜度应按照图 a 所示的方式测定、且应小于或等于所给出的允许值 0.1mm，即给出了一个公差带，该公差带为按理论正确角度 75°倾斜于基准轴线 *A*、间距等于公差值 0.1mm 的两平行平面所限定的区域，被测提取面应位于该区域内。

图 8.55　面对基准线的倾斜度定义及其公差标注

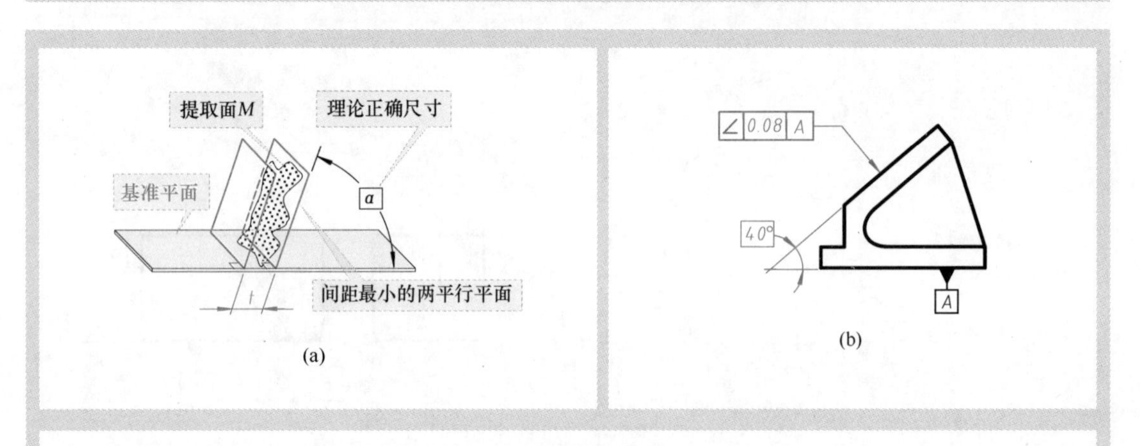

说明：面对基准面的倾斜度定义及其公差标注

图 a 表明：在多个按理论正确角度 α 倾斜于基准平面、包容提取面 *M* 的两平行平面中，总能找到一个间距尽可能小的两平行平面，则这个尽可能小的间距值 *t* 就被定义为该提取面 *M* 对基准面的**倾斜度**。

标注在图 b 中的几何公差表明：对于被测提取面，其倾斜度应按照图 a 所示方式测定、且应小于或等于所给出的允许值 0.08mm，即给出了一个公差带，该公差带为按理论正确角度 40°倾斜于基准轴平面 *A*、间距等于公差值 0.08mm 的两平行平面所限定的区域，被测提取面应位于该区域内。

图 8.56　面对基准面的倾斜度定义及其公差标注

8.3.6　位置公差及其标注

位置公差是控制要素的位置误差的各类几何公差的总称，包括位置度公差、同心度公差、同轴度和对称度公差。

8.3.6.1 位置度及其公差

位置度公差用于控制点、线、面的位置度误差。描述点、线、面与其理想位置偏离特征的位置度的定义及其公差标注，如图 8.57 ~ 图 8.59 所示。

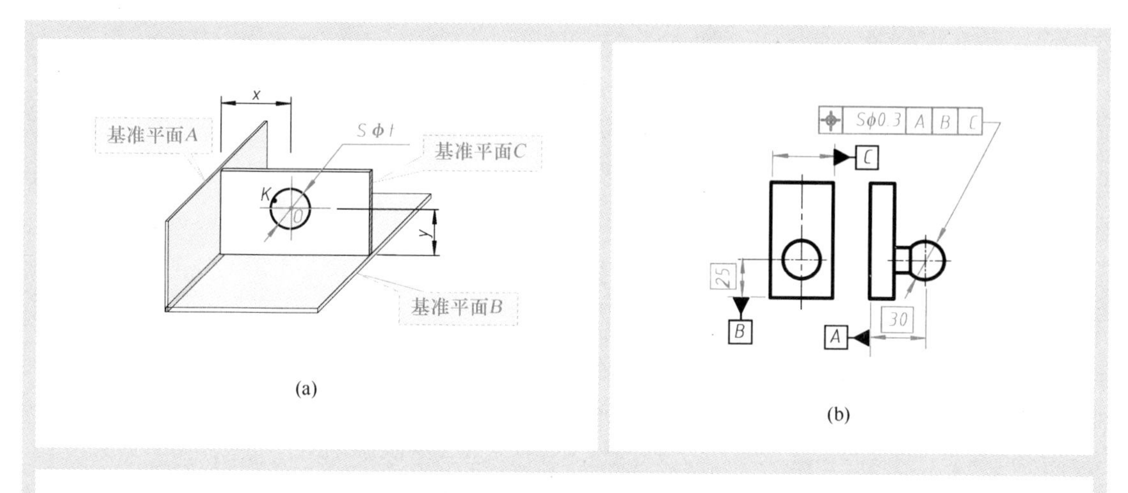

说明：点的位置度定义及其公差标注

图 a 表明：提取点 K 的位置度可以定义为以理论正确位置点 O 为球心、包容提取点 K 的理想圆球面的直径 t。其中，点 O 的位置由基准平面 A、B、C 和理论正确尺寸 x、y 确定。

标注在图 b 中的几何公差表明：对于被测提取球心，其位置度应按照图 a 所示的形式测定、且应小于或等于所给出的允许值 $S\phi0.3$mm，即给出了一个公差带，该公差带为直径等于公差值 $S\phi0.3$mm 的理想圆球面（该圆球面的中心由基准平面 A、B、C 和理论正确尺寸 25、30 确定）所限定的区域，被测提取球心应位于该区域内。标注时，公差值前应加注符号“$S\phi$”。

图 8.57 点的位置度定义及其公差标注

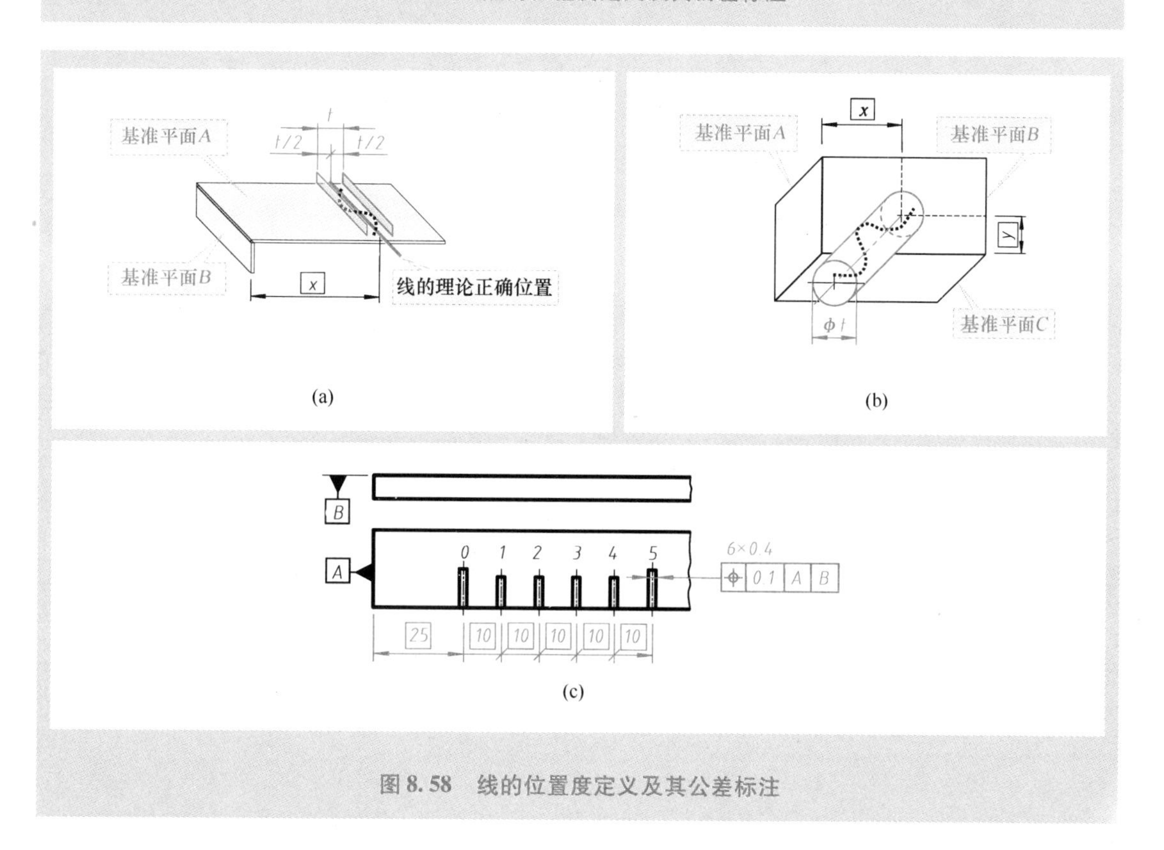

图 8.58 线的位置度定义及其公差标注

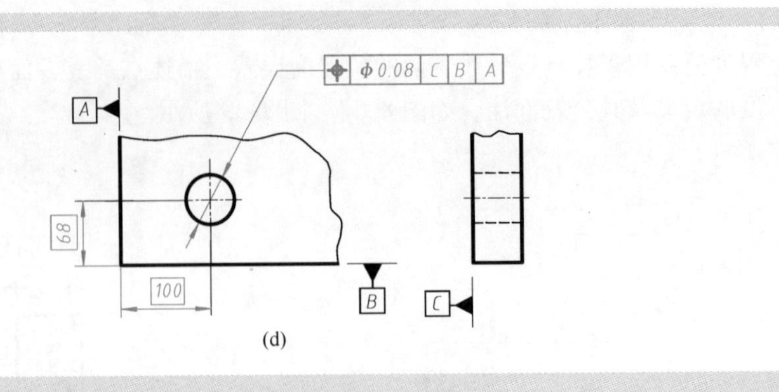

(d)

说明：线的位置度定义及其公差标注

图 a 表明：提取线的位置度可以定义为对称于线的理论正确位置、包容该提取线的两平行平面的距离 t。其中，线的理论正确位置由基准平面 A、B 和理论正确尺寸 x 确定。

图 b 表明：提取线的位置度还可以定义为其包容圆柱面的直径 ϕt。其中，包容圆柱面的轴线的理论正确（理想）位置由基准平面 A、B、C 和理论正确尺寸 x、y 确定。

标注在图 c 中的几何公差表明：当只给定一个位置度公差时，对于各条刻线的提取中心线，其位置度应按照图 a 所示的形式测定、且应小于或等于所给出的允许值 0.1mm，即给出了一个公差带，该公差带为间距等于公差值 0.1mm 的两平行平面所限定的区域，该两平行平面的对称线的理论正确位置由基准平面 A、B 和理论正确尺寸 25、10 确定。

标注在图 d 中的几何公差表明：对于被测提取中心线，其位置度应按照图 b 所示的形式测定、且应小于或等于所给出的允许值 ϕ0.08mm，即给出了一个公差带，该公差带为直径等于公差值 ϕ0.08mm 的理想圆柱面所限定的区域，该理想圆柱面的轴线的位置应处于由基准平面 C、B、A 和理论正确尺寸 100、68 确定的理论正确位置上。

图 8.58　线的位置度定义及其公差标注（续）

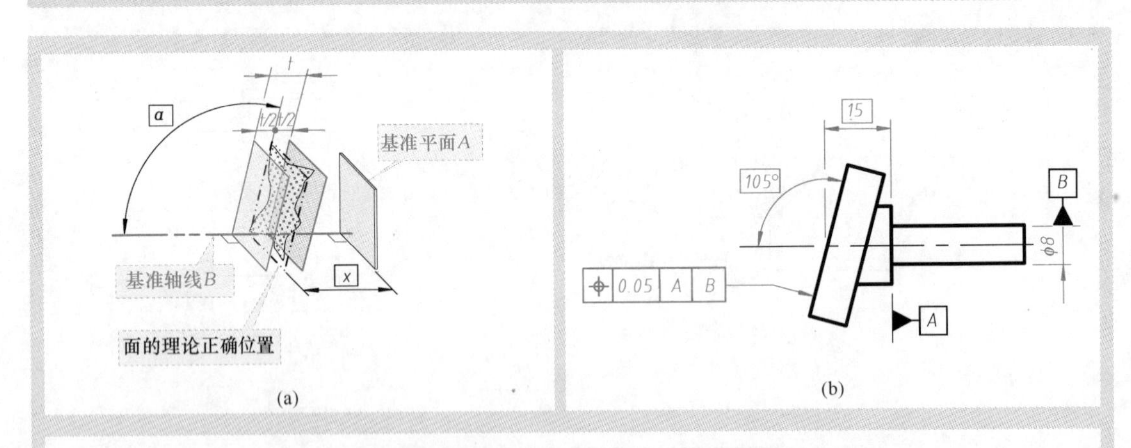

(a)　　(b)

说明：轮廓平面（或中心平面）的位置度定义及其公差标注

图 a 表明：提取面的位置度可以定义为对称于被测提取面理论正确位置、包容该提取面的两平行平面的距离 t。提取面的理论正确位置由基准平面 A、基准轴线 B 和理论正确尺寸 x 确定。

标注在图 b 中的几何公差表明：对于被测提取面，其位置度应按照图 a 所示的形式测定、且应小于或等于所给出的允许值 0.05mm，即给出了一个公差带，该公差带为间距等于公差值 0.05mm 的两平行平面所限定的区域，该两平行平面对称于由基准平面 A、基准轴线 B 和理论正确尺寸 15、105°确定的被测提取面的理论正确位置。

图 8.59　轮廓平面（或中心平面）的位置度定义及其公差标注

8.3.6.2 同心度及其公差

同心度公差用于控制点的同心度误差。描述点与基准点偏离特征的同心度的定义及其公差标注如图 8.60 所示。

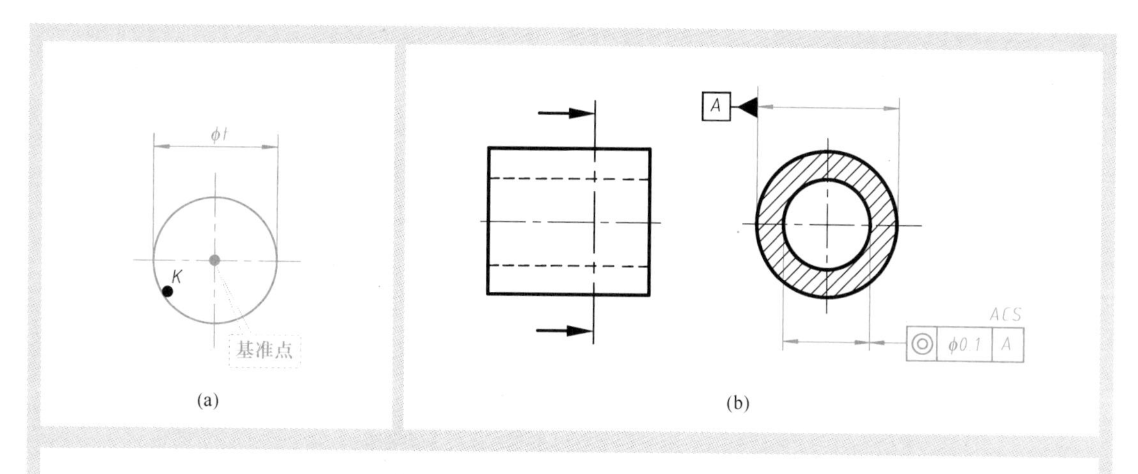

说明：点的同心度定义及其公差标注

图 a 表明：提取中心点 K 对基准点的**同心度**可以定义为以基准点为圆心、包容提取中心点 K 的圆周线的直径 ϕt。

标注在图 b 中的几何公差表明：对于在任意横截面内提取的被测内圆的提取圆心，其同心度应按照图 a 所示的方式测定、且应小于或等于所给出的允许值 $\phi 0.1$mm，即给出了一个公差带，该公差带为以基准点 A 为圆心的、直径等于公差值 $\phi 0.1$mm 的圆周所限定的区域。其中，基准点 A 是以任一横截面上的外圆周为基准要素而得到的一个理想圆的圆心，附加符号“ACS”表示“任意横截面”。

图 8.60 点的同心度定义及其公差标注

8.3.6.3 同轴度及其公差

同轴度公差用于控制提取中心线的同轴度误差。描述提取中心线与基准轴线偏离特征的同轴度的定义及其公差标注如图 8.61 所示。

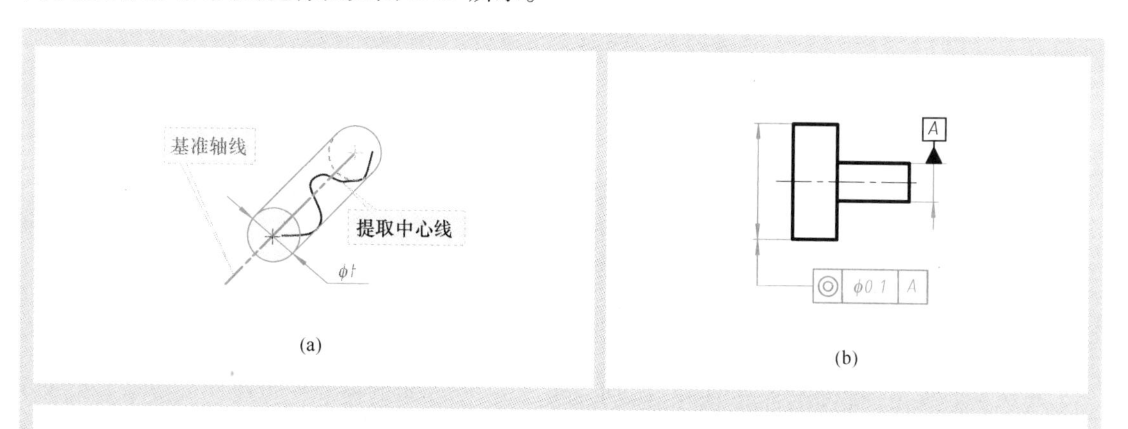

说明：轴线的同轴度定义及其公差标注

图 a 表明：提取中心线对基准轴线的**同轴度**可以定义为以基准轴线为轴线的、包容提取中心线的圆柱面的直径 ϕt。

标注在图 b 所示中的几何公差表明：对于大圆柱面上的被测提取中心线，其与基准轴线 A 的同轴度应按照图 a 所示的方式测定、且应小于或等于所给出的允许值 $\phi 0.1$mm，即给出了一个公差带，该公差带为以基准轴线 A 为轴线、直径等于公差值 $\phi 0.1$mm 的圆柱面所限定的区域。

图 8.61 轴线的同轴度定义及其公差标注

8.3.6.4　对称度及其公差

对称度公差用于控制提取中心面的对称度误差。描述提取中心面与基准平面偏离特征的对称度的定义及其公差标注如图 8.62 所示。

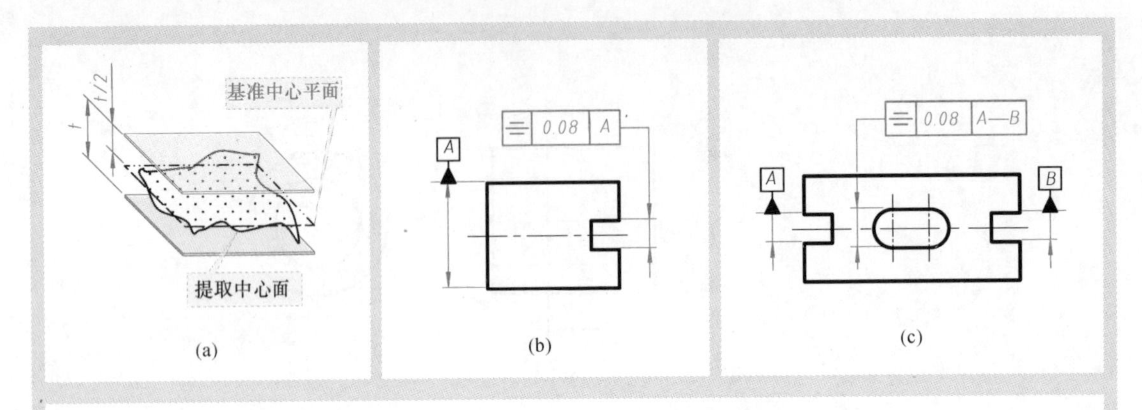

说明：中心平面的对称度定义及其公差标注

图 a 表明：提取中心面的对称度可以定义为对称于基准中心平面、包容提取中心面的两平行平面的距离 t。

标注在图 b 中的几何公差表明：对于被测提取中心平面，其与基准中心平面 A 的对称度应按照图 a 所示的方式测定、且应小于或等于所给出的允许值 0.08mm，即给出了一个公差带，该公差带为对称于基准中心平面 A、间距等于 0.08mm 的两平行平面所限定的区域。

标注在图 c 中的几何公差表明：对于被测提取中心平面，其与公共基准中心平面 A—B 的对称度应按照图 a 所示的方式测定、且应小于或等于所给出的允许值 0.08mm，即给出了一个公差带，该公差带为对称于公共基准中心平面 A—B、间距等于 0.08mm 的两平行平面所限定的区域。

图 8.62　中心平面的对称度定义及其公差标注

8.3.7　跳动公差及其标注

跳动公差是控制提取线或提取面的跳动误差的各类几何公差的总称，包括圆跳动公差和全跳动公差等。其中：

（1）**圆跳动公差**用于控制提取圆周线的圆跳动误差。圆跳动有三种，分别为径向圆跳动、轴向圆跳动和斜向圆跳动，各种圆跳动定义及其公差标注，如图 8.63 ~ 图 8.65 所示。

（2）**全跳动公差**用于控制提取圆柱面的全跳动误差。全跳动有两种，分别为径向全跳动与轴向全跳动，各种全跳动定义及其公差标注如图 8.66 ~ 图 8.67 所示。

8.3.8　轮廓度公差及其标注

轮廓度公差是控制物体上的曲线（或曲面）等实际要素的提取轮廓线（或提取轮廓面）的轮廓度误差的各类几何公差的总称，它包括线轮廓度公差和面轮廓度公差。其中：

（1）**线轮廓度**公差用于控制提取轮廓线的线轮廓度误差。线轮廓度分为无基准和有基准两种情况，线轮廓度定义及其公差标注如图 8.68 ~ 图 8.69 所示。

（2）**面轮廓度**公差用于控制提取轮廓面的面轮廓度误差。面轮廓度分为无基准和有基准两种情况，面轮廓度定义及其公差标注如图 8.70 ~ 图 8.71 所示。

（3）标注轮廓度公差时还应注意，如果轮廓度特征适用于横截面的整周轮廓或由该轮廓所示的整周表面时，应在图样中使用表示“全周”的符号“○”（见图 8.72）。

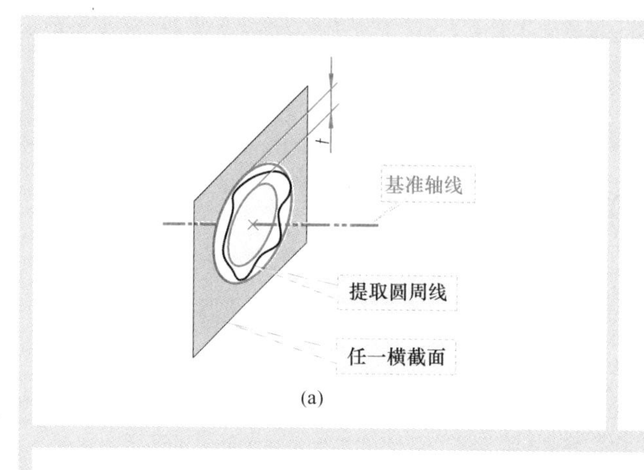

(a)

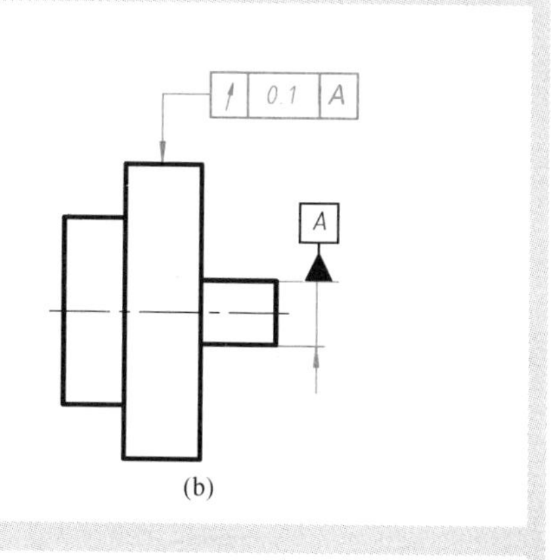

(b)

说明：径向圆跳动定义及其公差标注

图 a 表明：提取圆周线的**径向圆跳动**可以定义为在任一垂直于基准轴线的横截面内、圆心在基准轴线上、包容提取圆周线的两同心圆的半径差 t。

标注在图 b 中的几何公差表明：对于在任一垂直于基准轴线 A 的横截面内得到的被测提取圆周线，其径向圆跳动量应按照图 a 所示的方式测定、且应小于或等于所给出的允许值 0.1mm，即给出了一个公差带，该公差带为圆心在基准轴线 A 上、半径差等于 0.1mm 的两同心圆所限定的区域。

应注意径向圆跳动与圆度的区别。测量径向圆跳动所要求的圆心是固定的（已由基准轴线 A 确定），而测量圆度所要求的圆心是可以变动的（由于要找最小的半径差）。因此，从本质上讲，径向圆跳动描述的是一个以固定点为圆心的被测圆周线沿着与基准轴线垂直方向（即径向）的波动（或跳动）情况，而圆度描述的是一个被测圆周线与理想圆的偏离程度。

图 8.63　径向圆跳动定义及其公差标注

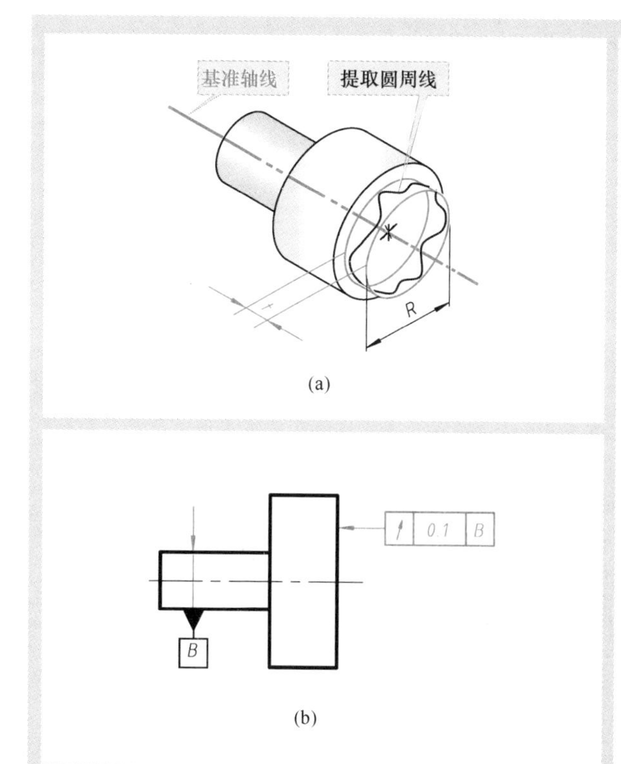

(a)

(b)

说明：轴向圆跳动定义及其公差标注

图 a 表明：提取圆周线的**轴向圆跳动**可以定义为与基准轴线同轴的任一半径的圆柱截面上、包容提取圆周线的两理想圆在基准轴线方向上的距离 t。应注意，与径向圆跳动不同，轴向圆跳动描述的是一个以固定点为圆心的被测圆周（任意直径）沿着与其基准轴线平行方向的波动（或跳动）情况。

标注在图 b 中的几何公差表明：对于在与基准轴线 B 同轴的任一圆柱形截面上得到的提取圆周线，其轴向圆跳动量应按照图 a 所示的方式测定、且应小于或等于所给出的允许值 0.1mm，即给出了一个公差带，该公差带为轴向距离等于 0.1mm 的两个等直径理想圆所限定的区域。

图 8.64　轴向圆跳动定义及其公差标注

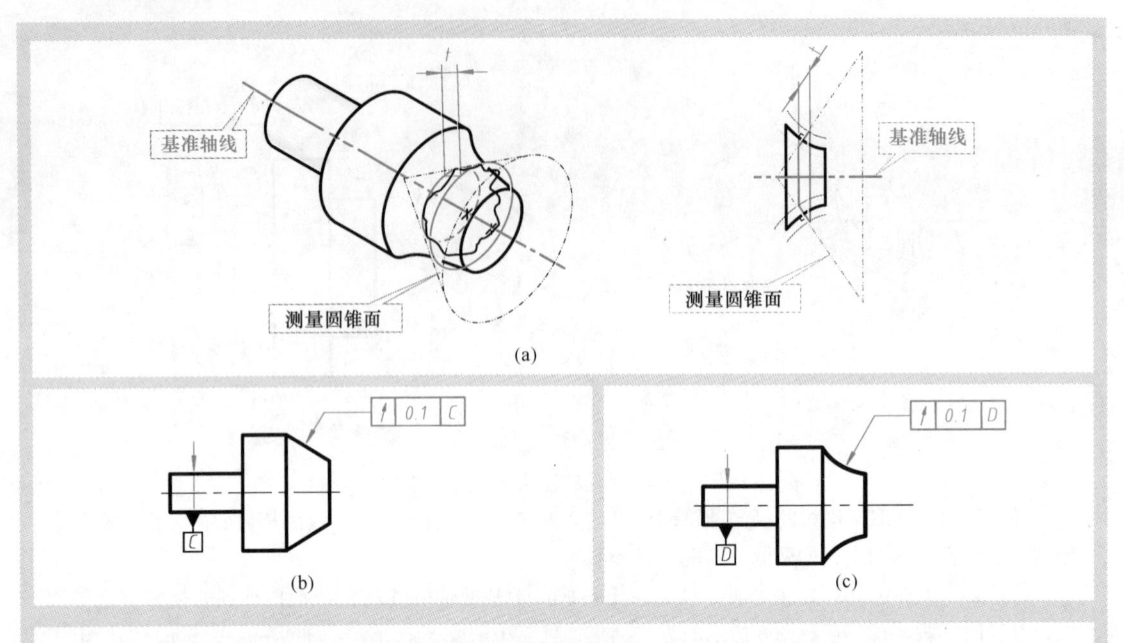

(a)

(b)

(c)

说明：斜向圆跳动定义及其公差标注

图 a 表明：提取圆周线的斜向圆跳动可以定义为在与基准轴线同轴的任一测量圆锥面上、包容提取圆周线的两理想圆在沿测量圆锥面素线方向上的距离 t。其中，除非另有规定，测量方向应沿被测表面的法向（即测量圆锥面的素线应与被测表面垂直）。

标注在图 b 中的几何公差表明：对于在与基准轴线 C 同轴的任一圆锥截面上得到的提取圆周线，其斜向圆跳动量应按照图 a 所示的方式测定、且应小于或等于所给出的允许值 0.1mm，即给出了一个公差带，该公差带为测量圆锥面素线方向的间距等于公差值 0.1mm 的两个不等圆所限定的区域。

图 c 表明：当标注公差的素线不是直线时，测量圆锥截面的锥角要随所测圆的实际位置而改变。

图 8.65　斜向圆跳动定义及其公差标注

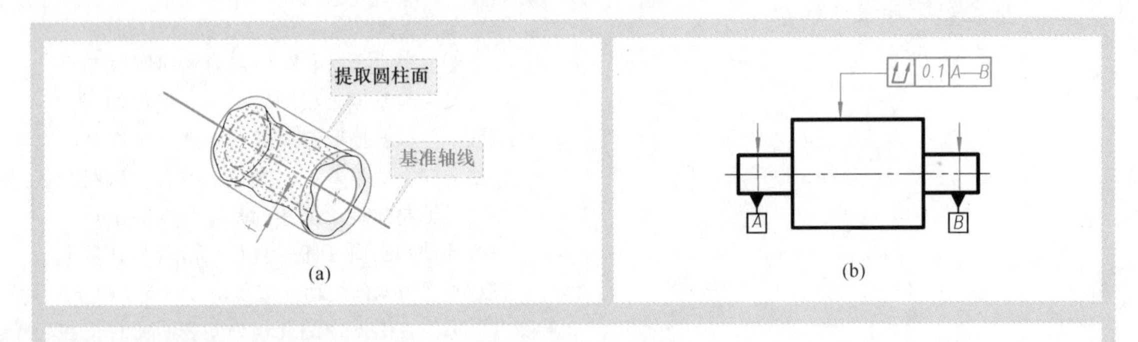

(a)

(b)

说明：径向全跳动定义及其公差标注

图 a 表明：提取圆柱面的径向全跳动可以定义为与基准轴线同轴的、包容提取圆柱面的两理想圆柱面的半径差 t。

标注在图 b 中的几何公差表明：对于被测提取圆柱面，其径向全跳动量应按照图 a 所示的方式测定、且应小于或等于所给出的允许值 0.1mm，即给出了一个公差带，该公差带为与公共基准轴线 A—B 同轴、半径差等于公差值 0.1mm 的两理想圆柱面所限定的区域。

径向全跳动与圆柱度的区别在于，测量径向全跳动所要求的轴线是固定的（已由基准轴线确定），而测量圆柱度所要求的轴线是可以变动的（由于要找最小的半径差）。因此，径向全跳动描述的是一个以固定轴线为轴线的被测圆柱面沿着与基准轴线垂直方向（即径向）的波动（或跳动）情况，而圆柱度描述的是一个提取圆柱面与理想圆柱面的偏离程度。

图 8.66　径向全跳动定义及其公差标注

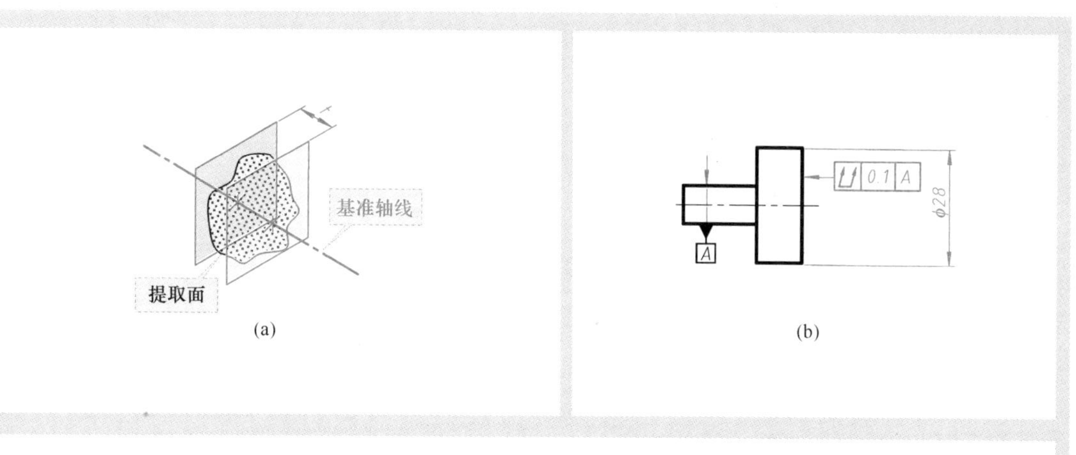

说明：轴向全跳动定义及其公差标注

图 a 表明：提取表面的轴向全跳动可以定义为垂直于基准轴线、包容提取表面的两平行平面之间的距离 t。

标注在图 b 中的几何公差表明：对于被测提取表面，其轴向全跳动应按照图 a 所示的方式测定、且应小于或等于所给出的允许值 0.1mm，即给出了一个公差带，该公差带为垂直于基准轴线 A、间距等于公差值 0.1mm 的两平行平面所限定的区域。

图 8.67 轴向全跳动定义及其公差标注

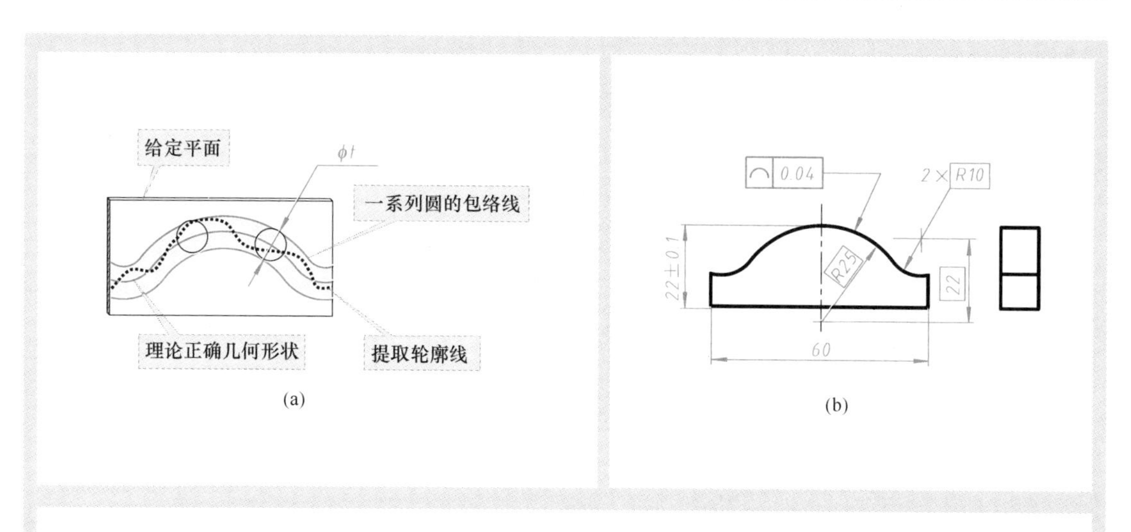

说明：无基准的线轮廓度定义及其公差标注

图 a 表明：提取轮廓线的**线轮廓度**可以定义为包容提取轮廓线、圆心位于具有理论正确几何形状上的一系列圆的两包络线的间距 t。

标注在图 b 中的几何公差表明：对于在任一平行于图示投影面（即投影面 V）的截面内得到的提取轮廓线，其线轮廓度应按照图 a 所示的方式测定、且应小于或等于所给出的允许值 0.04mm，即给出了一个公差带，该公差带为圆心位于被测要素理论正确几何形状上、直径等于公差值 0.04mm 的一系列圆的两包络线所限定的区域。其中，理论正确几何形状由理论正确尺寸 22、$R25$ 和 $R10$ 确定。

图 8.68 无基准的线轮廓度定义及其公差标注

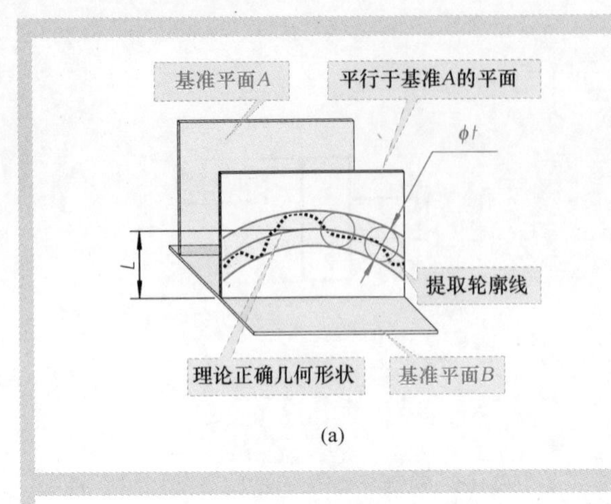

(a)

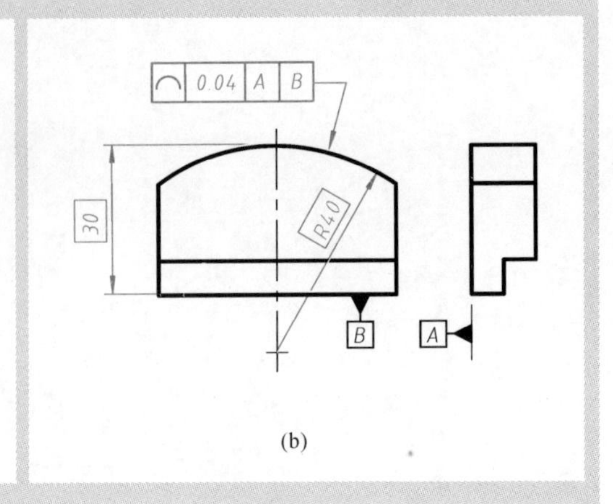

(b)

说明：相对于基准体系的线轮廓度定义及其公差标注

图 a 表明：提取轮廓线的**线轮廓度**可以定义为包容提取轮廓线、圆心位于由基准平面 *A* 和基准平面 *B* 确定的被测要素理论正确几何形状上的一系列圆的两包络线的间距 *t*。

标注在图 b 中的几何公差表明：对于在任一平行于图示投影面（即投影面 *V*）的截面内得到的提取轮廓线，其线轮廓度应按照图 a 所示的方式测定、且应小于或等于所给出的允许值 0.04mm，即给出了一个公差带，该公差带为圆心位于由基准平面 *A* 和基准平面 *B* 确定的被测要素理论正确几何形状上、直径等于公差值 0.04mm 的一系列圆的两包络线所限定的区域。其中，理论正确几何形状由理论正确尺寸 30 和 *R*40 确定。

图 8.69　相对于基准体系的线轮廓度定义及其公差标注

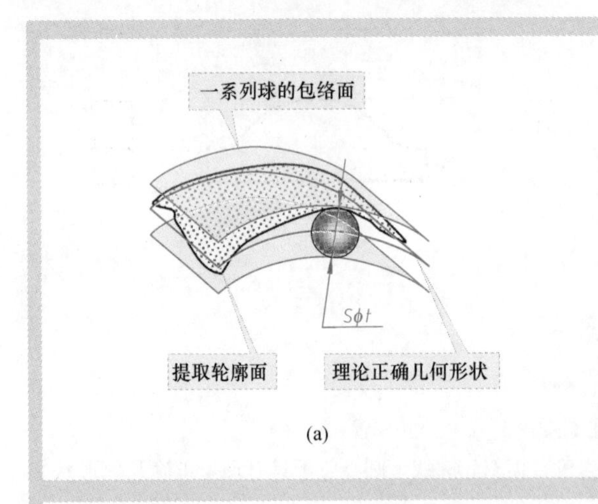

(a)

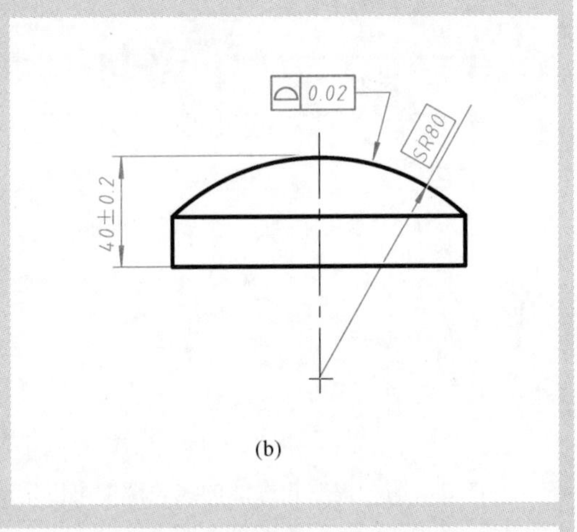

(b)

说明：无基准的面轮廓度定义及其公差标注

图 a 表明：提取轮廓面的**面轮廓度**可以定义为包容提取轮廓面、球心位于被测要素理论正确几何形状上的一系列圆球的两包络面的间距 *t*。

标注在图 b 中的几何公差表明：提取轮廓面的面轮廓度应按照图 a 所示的方式测定、且应小于或等于所给出的允许值 0.02mm，即给出了一个公差带，该公差带为球心位于被测要素理论正确几何形状上、直径等于公差值 0.02mm 的一系列圆球的两包络面所限定的区域。其中，提取轮廓面的理论正确几何形状由理论正确尺寸 *SR*80 确定。

图 8.70　无基准的面轮廓度定义及其公差标注

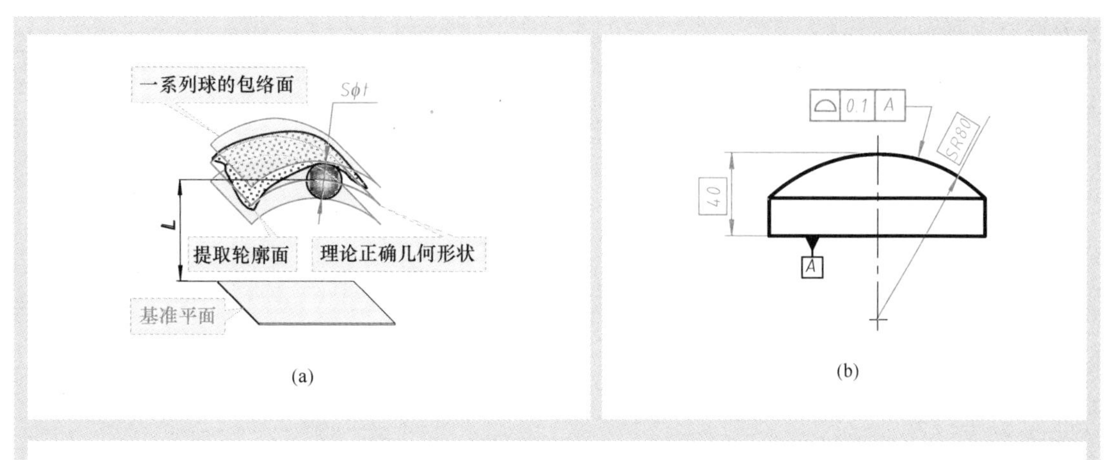

说明：相对于基准的面轮廓度定义及其公差标注

图 a 表明：提取轮廓面的**面轮廓度**可以定义为包容提取轮廓面、球心位于由基准平面确定的被测要素理论正确几何形状上的一系列圆球的两包络面的间距 t。

标注在图 b 中的几何公差表明：提取轮廓面的面轮廓度应按照图 a 所示的方式测定、且应小于或等于所给出的允许值0.1mm，即给出了一个公差带，该公差带为球心位于由基准平面 A 确定的被测要素理论正确几何形状上、直径等于公差值 0.1mm 的一系列圆球的两包络面所限定的区域。其中，提取轮廓面的理论正确几何形状由理论正确尺寸 $SR80$ 确定。

图 8.71　相对于基准的面轮廓度定义及其公差标注

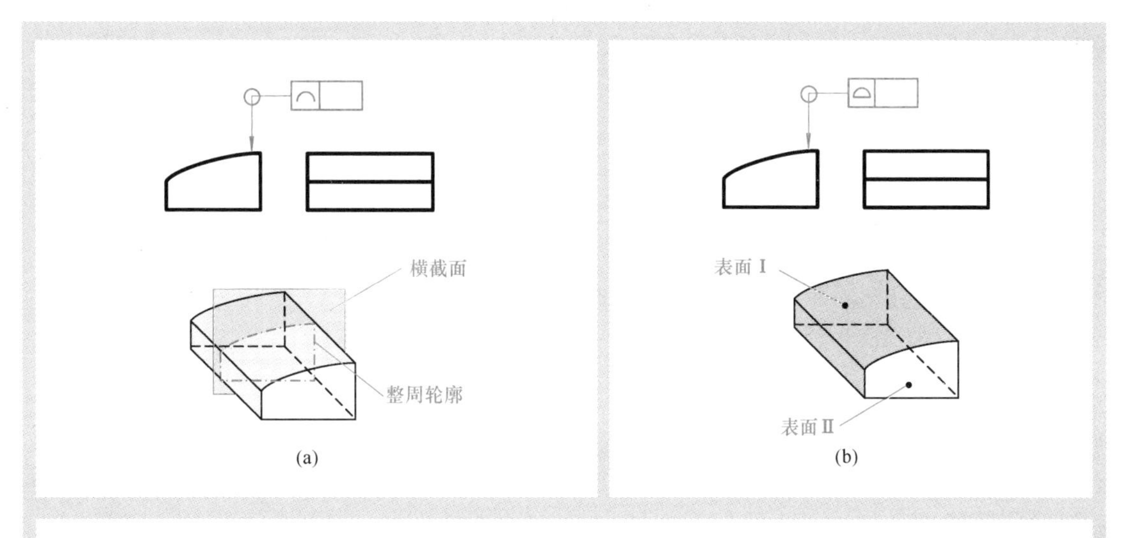

说明：图 a 中的线轮廓度特征适用于横截面的整周轮廓（即横截面与零件表面相交形成的轮廓）。图 b 中的面轮廓度特征适用于由该轮廓所示的整周表面。

图 8.72　全周符号“○”的标注

8.3.9　几何公差标注的其他规定

除了 8.3.1 ~8.3.8 节所述的各类标注方法外，国家标准还对分离要素的标注、常用限定性标注、最大/最小实体要求及其标注、未注几何公差以及各类几何公差之间的关系等作出了规定。

8.3.9.1　分离要素的规定标注

当需要对若干个具有相同几何特征的分离要素给出相同的几何公差值时，可以使用一个公差框格（见图 8.73a）。

当需要对若干个处于同一个轮廓面或轮廓线上的分离要素给出单一几何公差值时，可以在公差框格内公差值的后面加注公共公差带的符号“CZ”（见图 8.73b）。

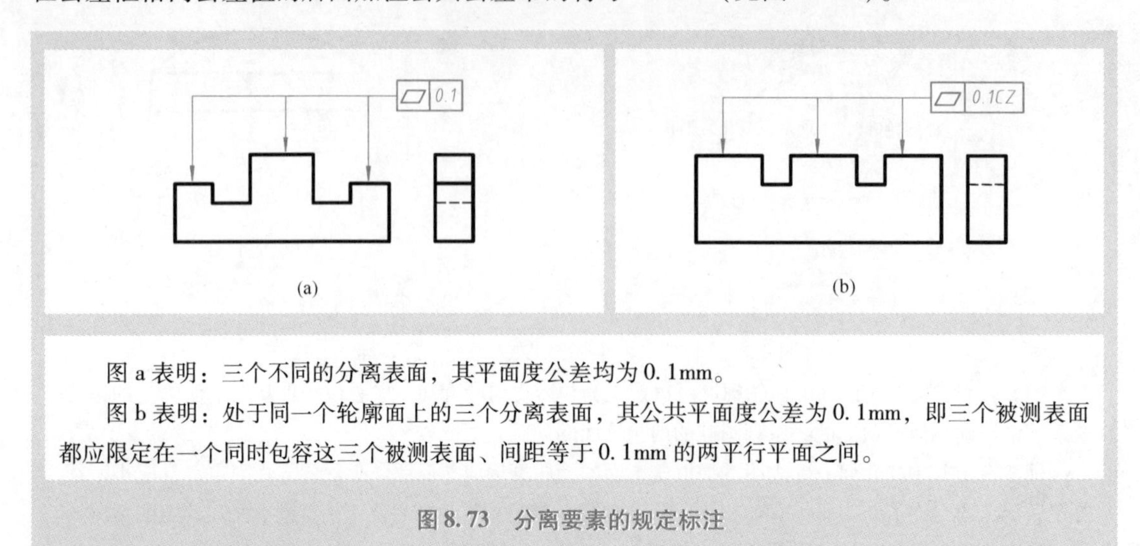

图 a 表明：三个不同的分离表面，其平面度公差均为 0.1mm。

图 b 表明：处于同一个轮廓面上的三个分离表面，其公共平面度公差为 0.1mm，即三个被测表面都应限定在一个同时包容这三个被测表面、间距等于 0.1mm 的两平行平面之间。

图 8.73　分离要素的规定标注

8.3.9.2　常用限定性标注

如果需要对整个被测要素上任意限定范围标注同样几何特征的公差，可在公差值的后面加注限定范围的线性尺寸值，并在两者间用斜线隔开（见图 8.74a）。

如果需要就某个要素标注两项或两项以上同样几何特征的几何公差，则可直接在整个要素公差框格的下方放置另一个公差框格（见图 8.74b）。

如果需要就某个要素标注几种几何特征的公差，可将一个公差框格放置在另一个的下面（见图 8.74c）。

当某项公差应用于几个相同要素时，应在公差框格的上方被测要素的尺寸之前注明要素的个数，并在两者之间加上符号“×”（见图 8.74d、e）。

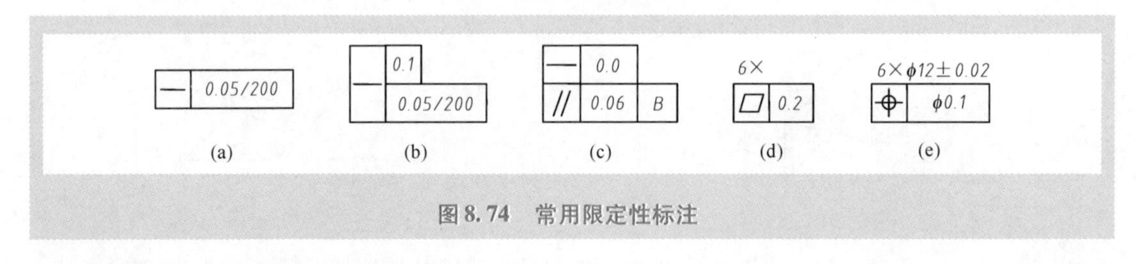

图 8.74　常用限定性标注

8.3.9.3　最大/最小实体要求及其标注

设计零件时，在零件的尺寸与几何公差需要彼此相关以满足其特殊功能要求的情况下，设计者可能需要以最大/最小实体状态（见图 8.75）、最大/最小实体实效状态（见图 8.76）及其相关尺寸为基础提出最大/最小实体要求。其中：

最大实体要求（*Maximum Material Requirement*，MMR）就是要求尺寸要素的非理想要素应不违反其最大实体实效状态。标注时应注意以下几个要点：一是最大实体要求可以应用于注有公差的要素，这时，应在图样上使用符号Ⓜ（符号Ⓜ的含义为“最大实体要求”）标注在要素的几何公差值之后（见图 8.77a），并应清楚所注最大实体要求对尺寸要素的表面规定的具体规则（见表 8.10，图 8.78 给出了相关的标注示例与规则说明）；二是最大实体要求也可以应用于基准要素，这时，应在图样上使用符号Ⓜ标注在基准字母之后（见图 8.77b），并应清楚所注最大实体要求对基准要素的表面规定的具体规则（见表 8.10，图 8.79给出了相关标注示例与规则说明）；三是当最大实体要求同时应用于注有公差的要素和基准要素时，符号Ⓜ应同时标注在要素的几何公差值和基准字母之后（见图8.77c）。

最小实体要求（*Least Material Requirement*，LMR）就是要求尺寸要素的非理想要素应不违反其最小实体实效状态（LMVC）。标注时应注意以下几个要点：一是最小实体要求可以应用于注有公差的要素，这时，应在图样上使用符号Ⓛ（符号Ⓛ的含义为“最小实体要求”）标注在要素的几何公差值之后（见图8.80a），并应清楚所注最小实体要求对尺寸要素的表面规定的具体规则（见表8.11，图8.81给出了相关标注示例与规则说明）；二是最小实体要求也可以应用于基准要素，这时，应在图样上使用符号Ⓛ标注在基准字母之后（见图8.80b），并应清楚所注最小实体要求对基准要素的表面规定的具体规则（见表8.11）；三是当最小实体要求同时应用于注有公差的要素和基准要素时，符号Ⓛ应同时标注在要素的几何公差值和基准字母之后（见图8.80c）。

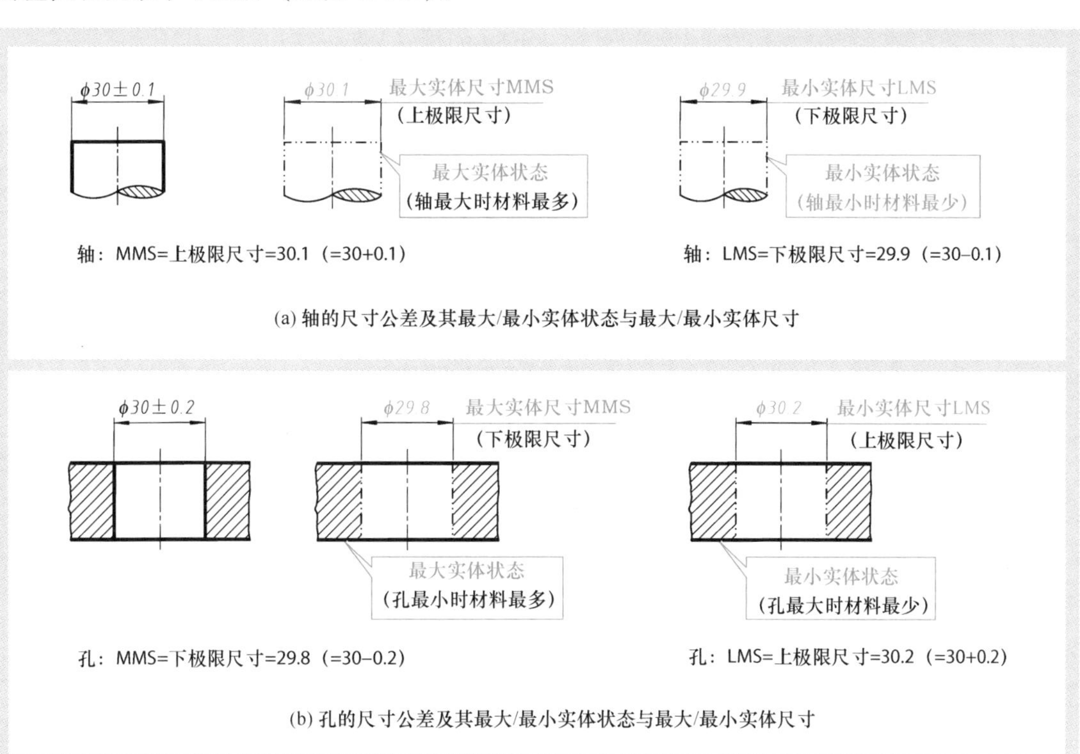

(a) 轴的尺寸公差及其最大/最小实体状态与最大/最小实体尺寸

(b) 孔的尺寸公差及其最大/最小实体状态与最大/最小实体尺寸

说　明

最大实体状态（*Maximum Material Condition*，MMC）是指零件提取要素的局部尺寸处处位于极限尺寸且使其具有实体最大（即具有最多的材料）时的状态。对于轴（或凸槽，或其他外尺寸要素）类零件，当其提取要素的局部尺寸处处等于其上极限尺寸时，该零件材料最多，处于最大实体状态。对于孔（或凹槽，或其他内尺寸要素）类零件，当其提取要素的局部尺寸处处等于下极限尺寸时，该零件材料最多，处于最大实体状态。

最大实体尺寸（*Maximum Material Size*，MMS）是指处于最大实体状态时零件的尺寸，即为轴类零件的上极限尺寸或孔类零件的下极限尺寸。

最小实体状态（*Least Material Condition*，LMC）是指零件提取要素的局部尺寸处处位于极限尺寸且使其具有实体最小（即具有最少的材料）时的状态。对于轴类零件，当其提取要素的局部尺寸处处等于其下极限尺寸时，该零件材料最少，处于最小实体状态。对于孔类零件，当其提取要素的局部尺寸处处等于上极限尺寸时，该零件材料最少，处于最小实体状态。

最小实体尺寸（*Least Material Size*，LMS）是指处于最小实体状态时零件的尺寸，即为轴类零件的下极限尺寸或孔类零件的上极限尺寸。

图8.75　最大/最小实体状态与最大/最小实体尺寸

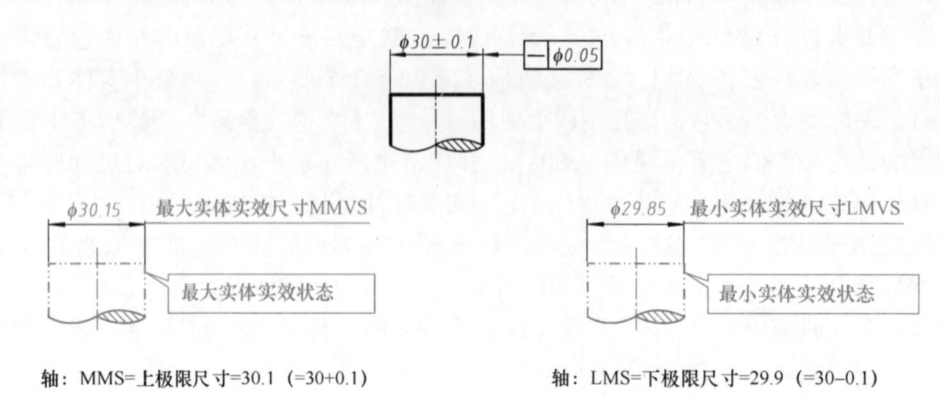

轴：MMS=上极限尺寸=30.1（=30+0.1）

MMVS=MMS+几何公差=30.15（=30.1+0.05）

轴：LMS=下极限尺寸=29.9（=30−0.1）

LMVS=LMS−几何公差=29.85（=29.9−0.05）

(a) 轴的尺寸公差、几何公差及其最大/最小实体实效尺寸与状态

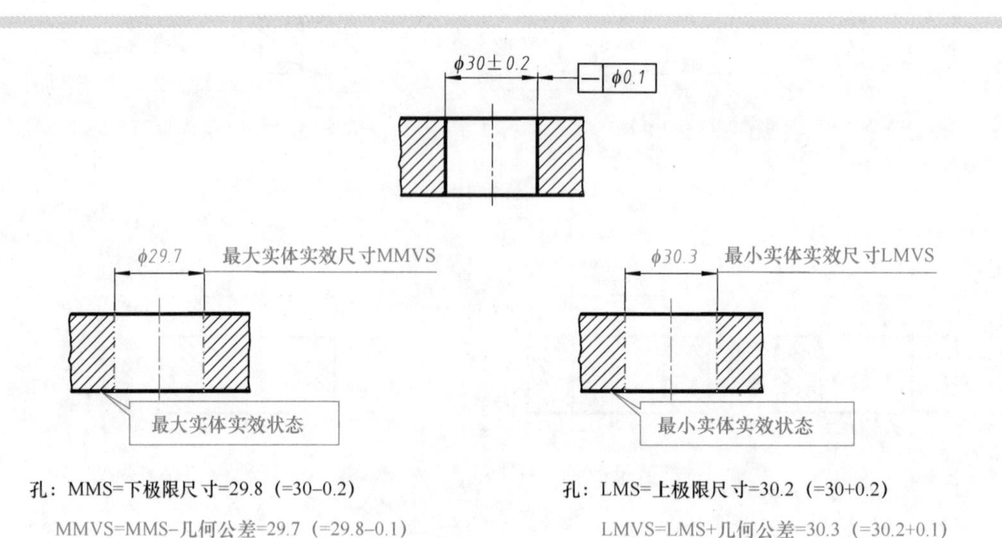

孔：MMS=下极限尺寸=29.8（=30−0.2）

MMVS=MMS−几何公差=29.7（=29.8−0.1）

孔：LMS=上极限尺寸=30.2（=30+0.2）

LMVS=LMS+几何公差=30.3（=30.2+0.1）

(b) 孔的尺寸公差、几何公差及其最大/最小实体实效尺寸与状态

说　明

最大实体实效尺寸（*Maximum Material Virtual Size*，MMVS）是指尺寸要素的最大实体尺寸与其导出要素的几何公差（形状、方向或位置）共同作用产生的尺寸。对于外尺寸要素，MMVS = MMS + 几何公差。对于内尺寸要素，MMVS = MMS − 几何公差。

最大实体实效状态（*Maximum Material Virtual Condition*，MMVC）是指拟合要素的尺寸为最大实体实效尺寸（MMVS）时的状态。最大实体实效状态对应的极限包容面称为**最大实体实效边界**（*Maximum Material Virtual Boundary*，MMVB）。

最小实体实效尺寸（*Least Material Virtual Size*，LMVS）是指尺寸要素的最小实体尺寸与其导出要素的几何公差（形状、方向或位置）共同作用产生的尺寸。对于外尺寸要素，LMVS = LMS − 几何公差。对于内尺寸要素，LMVS = LMS + 几何公差。

最小实体实效状态（*Least Material Virtual Condition*，LMVC）是指拟合要素的尺寸为最小实体实效尺寸（LMVS）时的状态。最小实体实效状态对应的极限包容面称为**最小实体实效边界**（*Least Material Virtual Boundary*，LMVB）。

图 8.76　最大/最小实体实效尺寸及其状态与边界

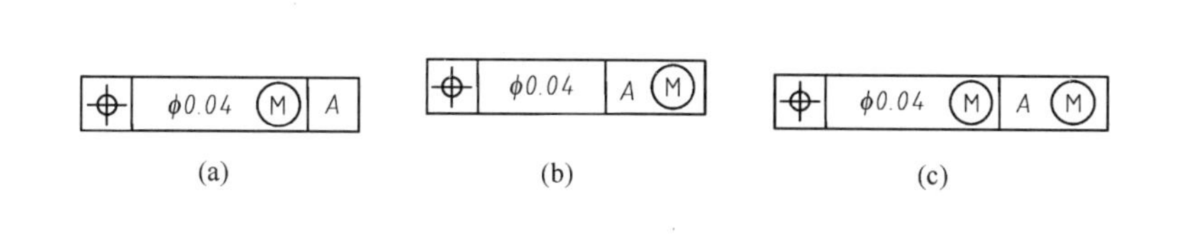

图 8.77 附件符号Ⓜ的标注方法

表 8.10 最大实体要求规定的具体规则

最大实体要求（MMR）应用于注有公差的要素时，对尺寸要素的表面规定了以下规则：

规则 A 注有公差的要素的提取局部尺寸要：

（1）对于外尺寸要素，等于或小于最大实体尺寸（MMS）。

（2）对于内尺寸要素，等于或大于最大实体尺寸（MMS）。

规则 B 注有公差的要素的提取局部尺寸要：

（1）对于外尺寸要素，等于或大于最小实体尺寸（LMS）。

（2）对于内尺寸要素，等于或小于最小实体尺寸（LMS）。

规则 C 注有公差的要素的提取要素不得违反其最大实体实效状态或其最大实体实效边界。

规则 D 当一个以上注有公差的要素用同一公差标注，或者是注有公差的要素的提取要素标注方向或位置公差时，其最大实体实效状态或最大实体实效边界要与各自基准的理论正确方向或位置一致。

最大实体要求（MMR）应用于基准要素时，对基准要素的表面规定了以下规则：

规则 E 基准要素的提取要素不得违反基准要素的最大实体实效状态或最大实体实效边界。

规则 F 当基准要素的提取要素没有标注几何公差要求，或者注有几何公差但其后没有符号Ⓜ时，基准要素的最大实体实效尺寸（MMVS）为最大实体尺寸（MMS）。

规则 G 当基准要素的提取要素注有形状公差，且其后有符号Ⓜ时，基准要素的最大实体实效尺寸由 MMS 加上（对外部要素）或减去（对内部要素）该形状公差值。

表 8.11 最小实体要求规定的具体规则

最小实体要求（LMR）应用于注有公差的要素时，对尺寸要素的表面规定了以下规则：

规则 H 注有公差的要素的提取局部尺寸要：

（1）对于外尺寸要素，等于或大于最小实体尺寸（LMS）。

（2）对于内尺寸要素，等于或小于最小实体尺寸（LMS）。

规则 I 注有公差的要素的提取局部尺寸要：

（1）对于外尺寸要素，等于或小于最大实体尺寸（MMS）。

（2）对于内尺寸要素，等于或大于最大实体尺寸（MMS）。

规则 J 注有公差的要素的提取要素不得违反其最小实体实效状态或其最小实体实效边界。

规则 K 当一个以上注有公差的要素用同一公差标注，或者是注有公差的要素的提取要素标注方向或位置公差时，其最小实体实效状态或最小实体实效边界要与各自基准的理论正确方向或位置一致。

最小实体要求（LMR）应用于基准要素时，对基准要素的表面规定了以下规则：

规则 L 基准要素的提取要素不得违反基准要素的最小实体实效状态或最小实体实效边界。

规则 M 当基准要素的提取要素没有标注几何公差要求，或者注有几何公差但其后没有符号Ⓛ时，基准要素的最小实体实效尺寸（LMVS）为最小实体尺寸（LMS）。

规则 N 当基准要素的提取要素注有形状公差，且其后有符号Ⓛ时，基准要素的最小实体实效尺寸由 LMS 减去（对外部要素）或加上（对内部要素）该形状公差值。

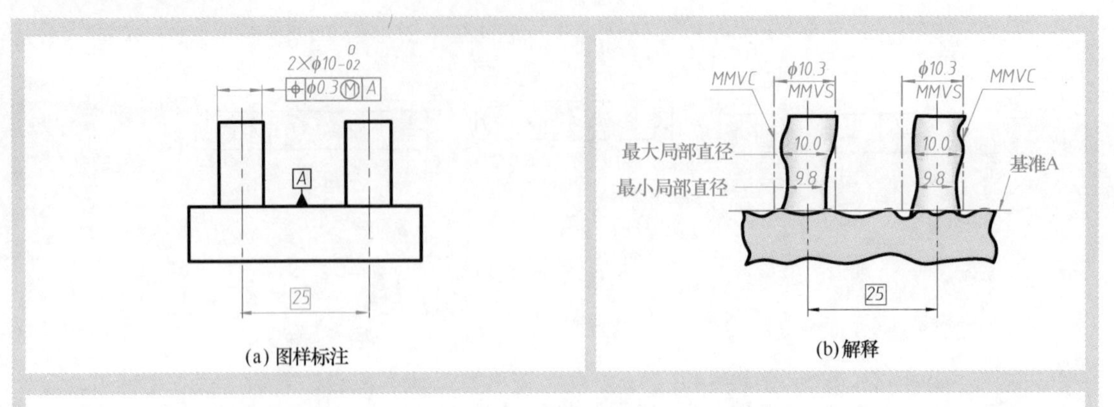

说明：图 a 所示零件的预期功能是两销柱要与一个板类零件上的两个公称尺寸均为 ϕ10mm 的孔装配，该两个孔的轴线相距 25mm，同时，两销柱要与平面 A 垂直。图 b 解释了图 a 中标注的最大实体要求的含义，具体为：

1）两销柱的提取要素各处的局部直径均应等于或小于 MMS = 10.0mm（见规则 A），且均应等于或大于 LMS = 9.8mm（见规则 B）。

2）两销柱的提取要素不得违反其最大实体实效状态（MMVC），其直径为 MMVS = 10.3mm，即两个提取圆柱面均应限制在其最大实体实效边界（MMVB）所界定的范围内（见规则 C）。

3）两个 MMVC 应处于其轴线彼此相距为理论正确尺寸 25mm，且与基准 A 保持理论正确垂直的位置（见规则 D）。

图 8.78　两外圆柱要素具有尺寸要求和对其轴线具有位置度要求的 MMR 示例

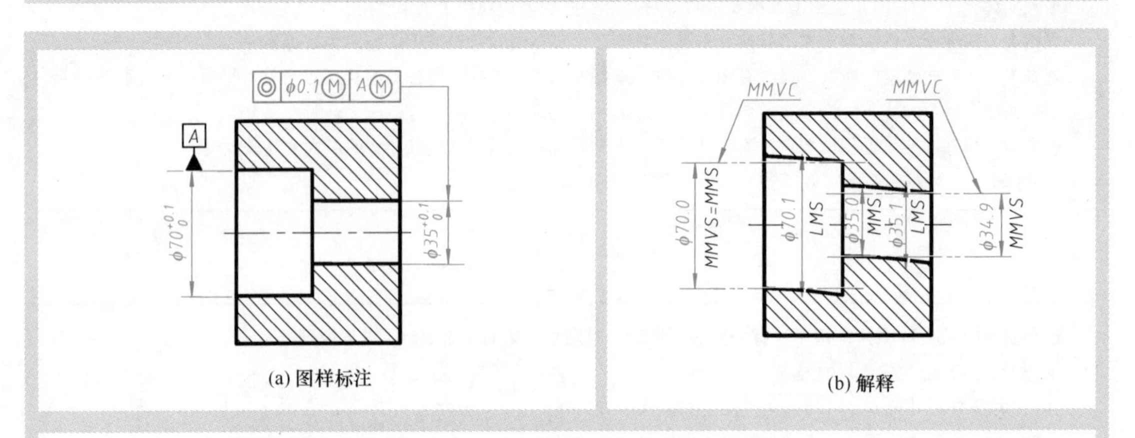

说明：图 b 解释了图 a 中标注的最大实体要求的含义，具体为。

1）公称尺寸为 ϕ35mm 的内尺寸要素的提取要素不得违反其最大实体实效状态（MMVC），其直径为 MMVS = 34.9mm，即公称尺寸为 ϕ35 的提取圆柱孔均应限制在其最大实体实效边界（MMVB）所界定的范围外（见规则 C）。

2）公称尺寸为 ϕ35mm 的内尺寸要素的提取要素各处的局部直径应等于或大于 MMS = 35.0mm（见规则 A），且应等于或小于 LMS = 35.1mm（见规则 B）。

3）MMVC 的位置与基准要素的 MMVC 同轴（见规则 D）。

4）基准要素的提取要素不得违反其最大实体实效状态（MMVC），其直径为 MMVS = MMS = 70.0mm（见规则 E 和规则 F）。

5）基准要素的提取要素各处的局部直径应等于或小于 LMS = 70.1mm（见规则 B）。

图 8.79　一个内尺寸要素具有尺寸要求和对其轴线具有位置度要求（同轴度）用 MMR 和作为基准的尺寸要素具有尺寸要求同时也用 MMR 的示例

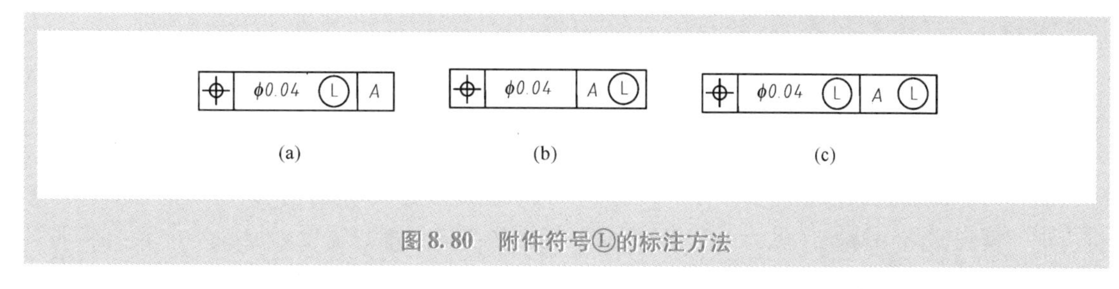

图 8.80 附件符号Ⓛ的标注方法

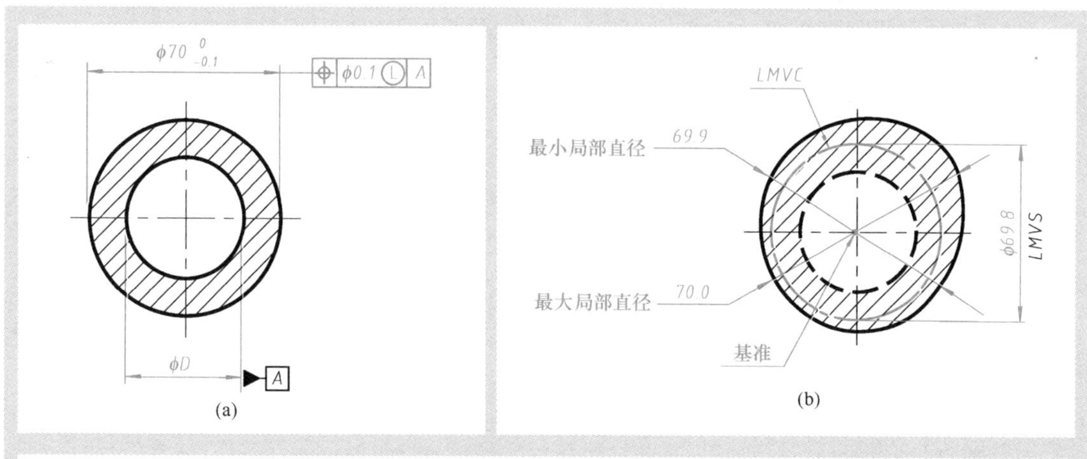

说 明

图 a 仅用来说明最小实体要求的一些原则（该图样标注不全，在其他要素上缺少最小实体要求，不能控制最小壁厚）。其中，可以使用位置度、同轴度或同心度标注，其意义均相同。

图 b 解释了图 a 中标注的最小实体要求的含义，具体为：

1）外圆柱面的提取要素各处的局部直径应等于或小于 MMS = 70.0mm（见规则 I），并应等于或大于 LMS = 69.9mm（见规则 H）。

2）外圆柱面的提取要素不得违反其最小实体实效状态（LMVC），其直径为 LMVS = 69.8mm，即外圆柱面的提取要素应限制在其最小实体实效边界（LMVB）所界定的范围内（见规则 J）。

3）LMVC 的方向与基准 A 相平行，并且其位置在与基准 A 同轴的理论正确位置上（见规则 K）。

图 8.81 一个外尺寸要素与一个作为基准的同心内尺寸要素具有位置度要求的 LMR 示例

8.3.9.4 未注几何公差

为保证零件的使用功能，就必须对零件所有几何要素的几何误差加以限制，否则，将损害零件的功能。因此，在表达零件的图样中，所有的几何要素都应当有一定的几何公差要求。

通常情况下，对于一些具有配合功能或具有特殊要求的几何要素，应当按照 8.3.3 节 ~ 8.3.8 节的相关规定给出一个合理的几何公差，并标注在表达零件的图样中；对于一些没有配合功能或没有特殊要求的几何要素，其几何公差可采用国家标准（GB/T 1184—1996）规定的未注公差值，并按该标准的要求在图样上标注（即所有几何要素的未注公差值均不必单独注出，应在图样标题栏附近或技术要求、技术文件中注出其标准号及公差等级代号，例如，选取的公差等级代号为 H 时，标注为：GB/T 1184- H），详见 GB/T 1184—1996。

8.3.9.5 各类几何公差之间的关系

就一个几何公差而言，它在限定几何要素某种类型的几何误差的同时，也可能同时能够限制该几何要素其他类型的几何误差。具体地说，一是要素的位置公差可同时控制该要素的位置误差、方向误差和形状误差；二是要素的方向公差可同时控制该要素的方向误差和形状误差；三是要素的形状公差只能控制该要素的形状误差。

另外，如果功能需要，对于一个几何要素，可以规定一种或多种几何特征的公差以限定该要素的几何误差。

8.4　表面结构要求及其标注

就实际零件而言，由于加工误差的存在，不仅会出现尺寸误差和几何误差，其表面通常还将出现非理想的结构特征（见 8.4.1 节）。为了保证产品的性能，需要对反映零件表面非理想结构特征的表面结构参数给出一个控制要求。其中，被评定轮廓及其表面结构参数见 8.4.2 节~8.4.5 节，控制要求的具体内容、表达方法和在图样中的标注分别见 8.4.6 节~8.4.8 节。

8.4.1　表面结构特征

如图 8.82a 所示，实际表面的结构特征表现为：

（1）**表面轮廓**（*surface profile*）是由一个指定平面（如无特别说明，该指定平面应与加工纹理方向垂直，即与图 8.82a 中的坐标平面 *OXZ* 平行）与实际表面相交所得的轮廓。它由粗糙度轮廓、波纹度轮廓和形状轮廓构成，其形状呈现不规则“波动”且波长大小不一的特征。

（2）表面上会出现**加工纹理**（*Lay of Processing*）。这些加工纹理表明了由加工方法所决定的加工痕迹的方向。

（3）表面上会出现各类**缺陷**（*flaws*），如裂纹、气孔、划痕和结疤等。

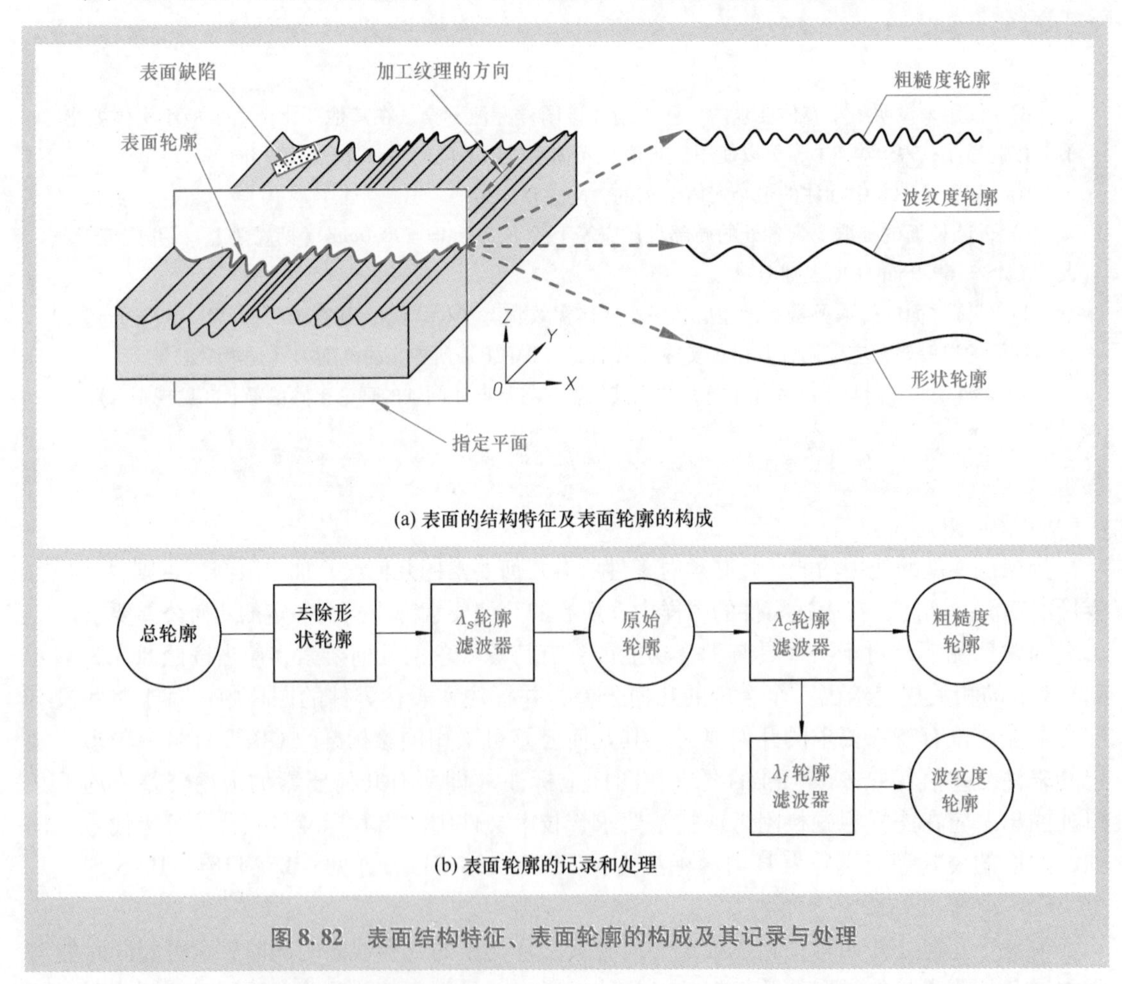

图 8.82　表面结构特征、表面轮廓的构成及其记录与处理

8.4.2　被评定轮廓及其传输带

使用专用仪器沿着图 8.82a 所示的 *X* 轴方向记录表面轮廓，可得到其**总轮廓**（见图 8.82b）。

对于总轮廓，使用一个预处理过程消除该轮廓的形状部分（即去除形状轮廓），并采用 λ_s 轮廓滤波器抑制短波成分后，即可得到**原始轮廓**(*primary profile*)（见图 8.82b）。其中，λ_s 轮廓滤波器的截止波长值的代号使用“λ_s”表示，该截止波长值“λ_s”抑制波长值小于 λ_s 的短波信号，而保留波长值大于 λ_s 的长波信号成分。

对原始轮廓采用 λ_c 轮廓滤波器抑制长波成分以后形成的轮廓称为**粗糙度轮廓**(*roughness profile*)（见图 8.82b）。其中，λ_c 轮廓滤波器的截止波长值的代号使用“λ_c”表示，该截止波长值“λ_c”抑制波长值大于 λ_c 的长波信号，而保留波长值小于 λ_c 的短波信号成分。

对原始轮廓连续使用 λ_c 和 λ_f 两个轮廓滤波器以后形成的轮廓称为**波纹度轮廓**(*waviness profile*)（见图 8.82b）。其中，λ_f 轮廓滤波器的截止波长值的代号使用“λ_f”表示。截止波长值“λ_c”抑制波长值小于 λ_c 的短波信号，而保留波长值大于 λ_c 的长波信号成分（即与得到粗糙度轮廓的处理过程相反）；截止波长值“λ_f”抑制波长值大于 λ_f 的长波信号，而保留波长值小于 λ_f 的短波信号成分。

所得的**原始轮廓**(*P* 轮廓)、**粗糙度轮廓**(*R* 轮廓）和**波纹度轮廓**(*W* 轮廓）被统称为**被评定轮廓**。三种被评定轮廓的截止波长值所界定的波长范围称为轮廓的**传输带**(*transmission band*)。其中，被评定轮廓的传输带可使用其相应的短波滤波器和长波滤波器截止波长值的代号表示（即 *P* 轮廓的传输带可表示为“λ_s—”，*R* 轮廓的传输带可表示为“λ_s—λ_c”，*W* 轮廓的传输带可表示为“λ_c—λ_f”），各截止波长值应按照表 8.12 给出的规定选择。

表 8.12 轮廓传输带的截止波长值及其选择

λ_c/mm	0.08	0.25	0.8	2.5	8
λ_s/μm	2.5	2.5	2.5	8	25
λ_c/λ_s	30	100	300	300	300

说明：轮廓传输带的截止波长值的选择

1）轮廓滤波器截止波长的标称值应从下面系列值中获得：

…，0.08mm，0.25mm，0.8mm，2.5mm，8mm，…

2）粗糙度轮廓截止波长值 λ_c 应在表中的数值中选取。如果没有其他规定，粗糙度截止波长比率 λ_c/λ_s 应符合表中的关系（即在选定 λ_c 的情况下，λ_s 应是表中与该 λ_c 相对应的数值）。如果认为其他截止波长比率是满足应用所必需的，则必须指定这个截止波长比率。

3）对于波纹度轮廓，其短波滤波器的截止波长值可根据同一表面的粗糙度截止波长值 λ_c 确定，其长波滤波器的截止波长值可选取为 $n \times \lambda_c$（n 的值由设计者选择）。

4）原始轮廓截止波长值 λ_s 通常应在表中的数值中选取，也可以在所给出的标称值的系列值中选取。

8.4.3 取样长度、评定长度与表面结构参数

用于判别被评定轮廓不规则“波动”特征的 *X* 轴方向的长度被定义为**取样长度**(*sampling length*，*lp*、*lr*、*lw*)。国家标准规定，粗糙度轮廓和波纹度轮廓的取样长度 *lr* 和 *lw* 在数值上分别与 λ_c 和 λ_f 轮廓滤波器的截止波长相等，原始轮廓的取样长度 *lp* 等于其评定长度。

用于评定被评定轮廓的 *X* 轴方向的长度被定义**评定长度**(*evaluation length*，*ln*)，评定长度包含一个或几个取样长度。对于粗糙度轮廓，一般情况下，应选择 $ln = 5 \times lr$（即包含 5 个取样长度）。如被测表面均匀性较好，则测量时可选用小于 $5 \times lr$ 的评定长度；均匀性较差的表面可选用大于 $5 \times lr$ 的评定长度。原始轮廓的评定长度等于测量长度。波纹度轮廓的评定长度的选择方法可参考粗糙度轮廓。

在一段长度等于给定的取样长度（或评定长度）的原始轮廓、粗糙度轮廓和波纹度轮廓上定义的参数分别称为**原始轮廓参数**(*P* 参数，*P-parameter*)、**粗糙度参数**(*R* 参数，*R-parameter*）和**波纹度参数**(*W* 参数，*W-parameter*)（具体参数的定义及其代号见表 8.13）。这三类参数被统称为**表面结构参数**(*surface texture parameter*)。

表 8.13　常用表面结构参数的定义及其代号

参数的定义		参数代号		
		P 轮廓	*R* 轮廓	*W* 轮廓
幅度参数	**最大轮廓峰高**(见图 8.83)：在一个取样长度内最大的轮廓峰高 *Zp*	*Pp*	*Rp*	*Wp*
	最大轮廓谷深(见图 8.83)：在一个取样长度内最大的轮廓谷深 *Zv*	*Pv*	*Rv*	*Wv*
	轮廓最大高度(见图 8.83)：在一个取样长度内，最大轮廓峰高与最大轮廓谷深之和	*Pz*	*Rz*	*Wz*
	评定轮廓的算术平均偏差(见图 8.83)：在一个取样长度内，纵坐标值 $Z(x)$ 绝对值的算术平均值，即：$Pa、Ra、Wa = \frac{1}{l}\int_0^l \lvert Z(x) \rvert dx(l = lp、lr 或 lw)$	*Pa*	*Ra*	*Wa*
	轮廓总高度(见图 8.83)：在评定长度内最大轮廓峰高与最大轮廓谷深之和。	*Pt*	*Rt*	*Wt*
间距参数	**轮廓单元的平均宽度**(见图 8.84)：在一个取样长度内轮廓单元宽度 *Xs* 的平均值，即 $Psm、Rsm、Wsm = \frac{1}{m}\sum_{i=1}^{m} Xs_i$	*Psm*	*Rsm*	*Wsm*

说明：绝大多数参数都是在取样长度上定义的，但参数 *Pt*、*Rt* 和 *Wt* 却是在评定长度上定义的。对于任何轮廓，都有 *Rt*≥*Rz*、*Wt*≥*Wz*、*Pt*≥*Pz*（在未规定的情况下，*Pz* 和 *Pt* 是相等的，此时建议采用 *Pt*)。

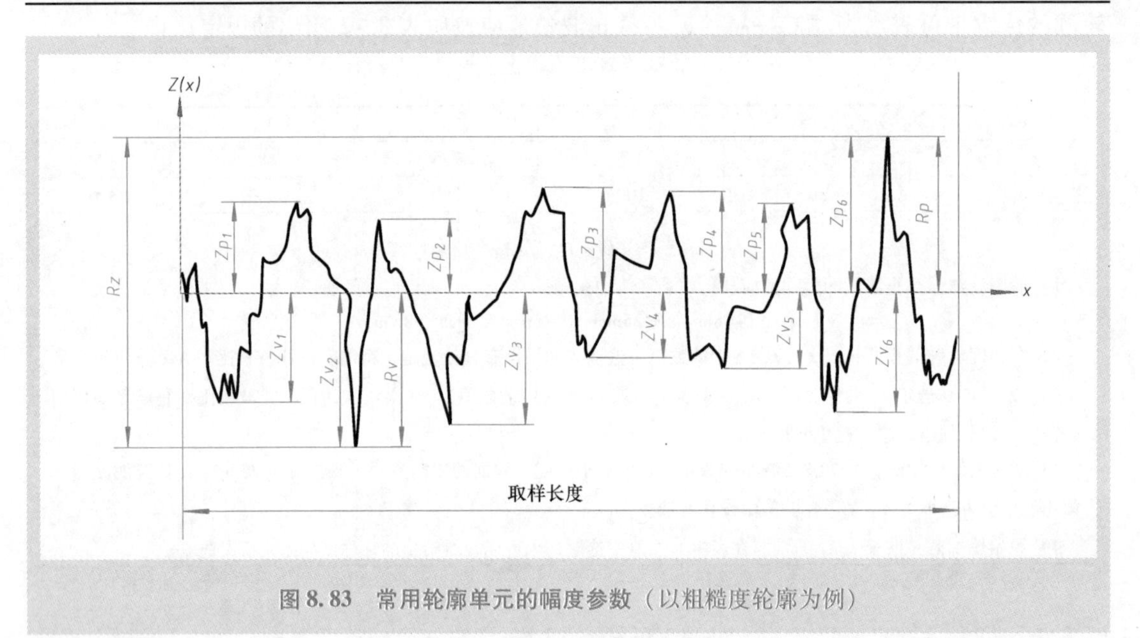

图 8.83　常用轮廓单元的幅度参数（以粗糙度轮廓为例）

图 8.84　常用轮廓单元的间距参数

8.4.4 表面结构参数对零件性能的影响

与表面上提取线的形状误差相比，表面结构参数在更加微观的层面上表达了表面的几何不规则特征，这一特征通常称为微观几何特征（或微观几何误差）。与波纹度参数相比，粗糙度参数所表达的几何不规则特征更加微观。表面的微观几何特征对零件性能有着非常重大的影响。

表面粗糙度影响零件的以下性能：①零件的耐磨性。粗糙度参数越大，则表面越粗糙，配合表面间的有效接触面积越小，压强越大，磨损越快；②配合性质的稳定性。对于用于间隙配合的粗糙表面，随着磨损的加剧，其间隙也将逐渐增大；对于用于过盈配合的粗糙表面，由于实际有效过盈的减小，因此将降低联接的强度；③零件的密封性。粗糙的表面之间无法严密地贴合，气体或液体通过接触面间的缝隙渗漏；④零件的抗腐蚀性。粗糙的表面会积聚更多的腐蚀性气体或液体，造成表面腐蚀，从而降低零件的抗腐蚀性；⑤表面粗糙度还影响零件的疲劳强度等多种性能。

表面波纹度对零件工作时的振动、噪声等影响较大。波纹度参数越大，零件（特别是高速旋转零件）工作时的振动与噪声就越大。

8.4.5 表面结构参数的影响因素及其测量条件

表面结构参数的影响因素主要有取样长度、评定长度、加工工艺和加工纹理。其中：

（1）若选取的取样长度不同，则得到的表面结构参数值不同。规定在一个取样长度上（而不是在整个粗糙度轮廓或波纹度轮廓上）得到表面结构参数，其目的在于限制和减弱被测表面其他轮廓的几何误差对表面测量结果的影响。例如，规定 λc 轮廓滤波器的截止波长值作为粗糙度轮廓的取样长度，其目的就在于限制和减弱表面上的波纹度轮廓对粗糙度测量值的影响。

（2）对于绝大多数基于取样长度定义的参数而言，在评定长度内的取样长度的个数是非常重要的。由于零件表面的加工不一定均匀，在一个取样长度上得到的表面结构参数通常无法合理而可靠地评判整个表面的微观几何特征（或微观几何误差），即评判的可靠性较低。因此，需规定一段最小长度作为评定长度（即需规定一个合适的取样长度个数），才能使评判具有较高的可靠性，并提高由同一表面获得的表面结构参数平均值的精度。

（3）评定长度的个数（即对同一表面的测量次数）也非常重要。显然，测量的次数越多，则判定被检表面是否符合其微观几何误差控制要求的可靠性就越高，测量参数平均值的不确定性也就越小。事实上，国家标准规定，为了判定零件表面是否符合其微观几何误差控制要求，必须采用表面结构参数的一组测量值，其中的每组数值是在一个评定长度上测定的（对于测量次数的具体选择方法，必要时请查阅 GB/T 10610—2009）。

（4）采用不同的加工工艺，其得到的表面结构参数值将可能有较大的差异。例如，当采用两种不同的加工工艺时，为了得到相同的表面功能，表面的测量参数值的差异可能会超过 100%。

（5）常见的加工纹理有多种（见表8.14）。加工纹理不同，则不仅表面轮廓的形状可能不同，而且表面的测量参数值也可能不同。

因此，对两个或多个表面结构参数值作比较时，只有在这些值有相同的测量条件时才有意义。相同的测量条件是指传输带（即传输带相同，则轮廓的得到方式、取样长度相同）、评定长度、加工工艺和表面加工纹理相同。

表 8.14　常见表面纹理及其符号与标注示例

符　号	纹理方向的解释和标注示例	
=	纹理平行于视图所在的投影面	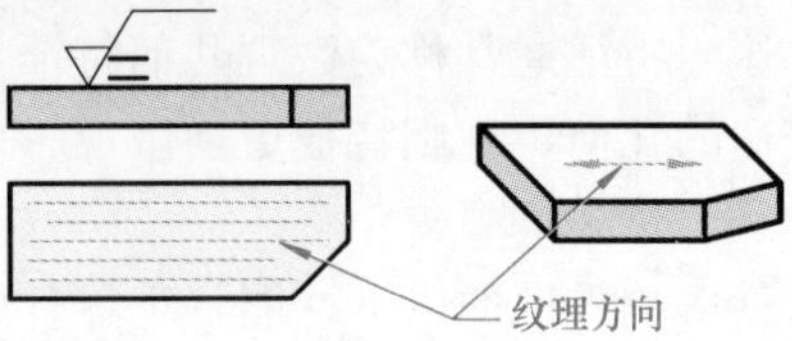 纹理方向
⊥	纹理垂直于视图所在的投影面	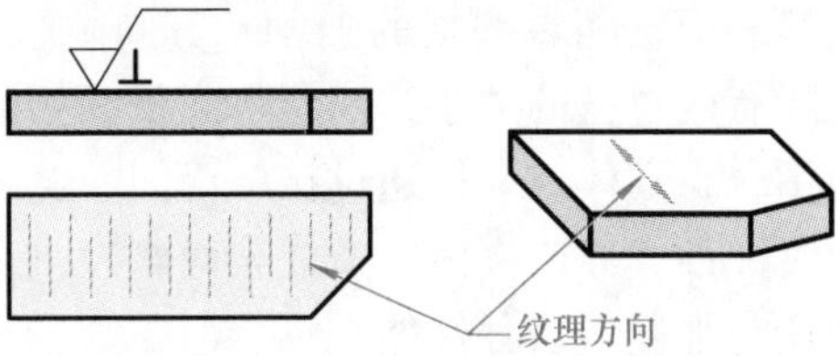 纹理方向
X	纹理呈两斜向交叉且与视图所在的投影面相交	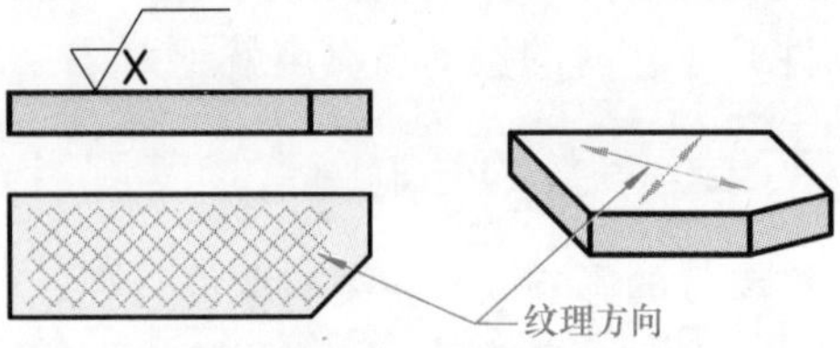 纹理方向
M	纹理呈多方向	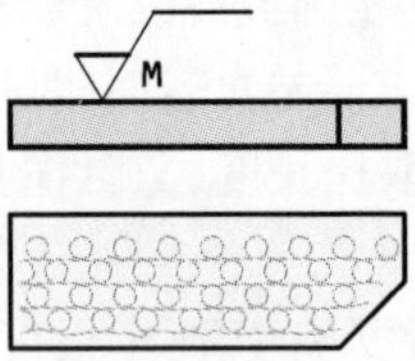
C	纹理呈近似同心圆且圆心与表面中心相关	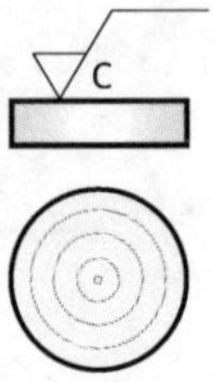
R	纹理呈近似放射状且与表面圆心相关	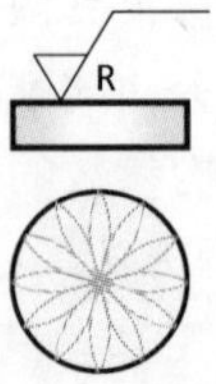
P	纹理呈微粒、凸起，无方向	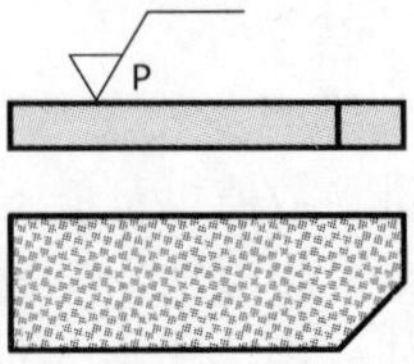

注：如果表面纹理不能清楚地用这些符号表示，必要时，可以在图样上加注说明。各符号的比例画法如图 8.86 所示。

8.4.6 表面结构要求

设计者在提出表面结构要求时，应给出表面结构参数的允许值和测量条件，但不包括表面缺陷。其中：

（1）表面结构参数的允许值是一个极限值。规定表面结构参数的极限值时，应注意以下两点：一是所给出的极限值应是一个上限值或是一个下限值，并且，设计者在给出该极限值的同时还应给出一个极限值的判断规则（见表8.15）；二是表面粗糙度参数应按照表8.16给出的规定选择。

（2）表面结构参数的测量条件主要包括传输带、评定长度、加工工艺和表面纹理。

（3）在检验表面结构时，除非另有说明，否则不应考虑表面缺陷。

表8.15 极限值的判断规则

极限值判断规则包括最大规则和16%规则两种，它们均适用于 *P* 参数、*R* 参数和 *W* 参数等表面轮廓参数的评判	
16%规则	当极限值是上限值时，如果所选参数在同一评定长度上的全部实测值中，大于图样或技术产品文件中规定的极限值的个数不超过实测值总数的16%，则该表面合格 当极限值是下限值时，如果所选参数在同一评定长度上的全部实测值中，小于图样或技术产品文件中规定的极限值的个数不超过实测值总数的16%，则该表面合格
最大规则	当极限值为最大值，则在被检表面的全部区域内测得的参数值一个也不应超过图样或技术产品文件中的规定的极限值

表8.16 表面粗糙度参数的选择 （单位：μm）

Ra						*Rz*						
基本系列值		补充系列值				基本系列值		补充系列值				
0.012	3.2	0.008	0.125	2.0	32	0.025	6.3	1600	0.032	0.50	8.0	125
0.025	6.3	0.010	0.160	2.5	40	0.05	12.5		0.040	0.63	10.0	160
0.05	12.5	0.016	0.25	4.0	63	0.1	25		0.063	1.00	16.0	250
0.1	25	0.020	0.32	5.0	80	0.2	50		0.080	1.25	20	320
0.2	50	0.032	0.50	8.0		0.4	100		0.125	2.0	32	500
0.4	100	0.040	0.63	10.0		0.8	200		0.160	2.5	40	630
0.8		0.063	1.00	16.0		1.6	400		0.25	4.0	63	1000
1.6		0.080	1.25	20		3.2	800		0.32	5.0	80	1250

说明：表面粗糙度参数的选择

1）表面粗糙度参数应从 *Ra* 和 *Rz* 这两项参数中选择，并且 *Ra* 和 *Rz* 的数值应从本表给出的基本系列值中选取。

2）根据表面功能和生产的经济合理性，当本表中的基本系列值不能满足要求时，可选取补充系列值。

3）当 *Ra* 在0.025μm ~ 6.3μm（或 *Rz* 在0.1μm ~ 25μm）范围内时，推荐优先选用 *Ra*。

4）根据表面功能的需要，除表面粗糙度高度参数（*Ra*、*Rz*）外可选用 *Rsm* 等附加参数（更多的细节可查阅GB/T 1031—2009）。

8.4.7 表面结构要求的表达

表达表面结构要求时，应遵循以下规定：

（1）表面结构要求的基本表达方法如图8.85所示。表8.17 ~ 表8.20和图8.86分别给出了其相关规定。

（2）若同一表面只有一个表面结构要求，应按照基本表达方法表达。

（3）若同一表面有两个表面结构要求、且所要求的参数极限值均为上限值时，应按照图8.87所示的形式表达。

（4）若同一表面需要标注双向极限（即有两个表面结构要求，一个要求给出的参数极限值是上限值，另一个要求给出的参数极限值是下限值），则上限值在上方用符号“U”表示，下限值在下方用符号“L”表示（见图 8.88）。

（5）若同一表面有三个或更多的表面结构要求，图形符号应在垂直方向扩大，以空出足够的空间来标注第三个或更多个表面结构要求（见图 8.89）。

（6）必要时，可在表面结构要求的图形符号上加注加工余量（见图 8.90）。

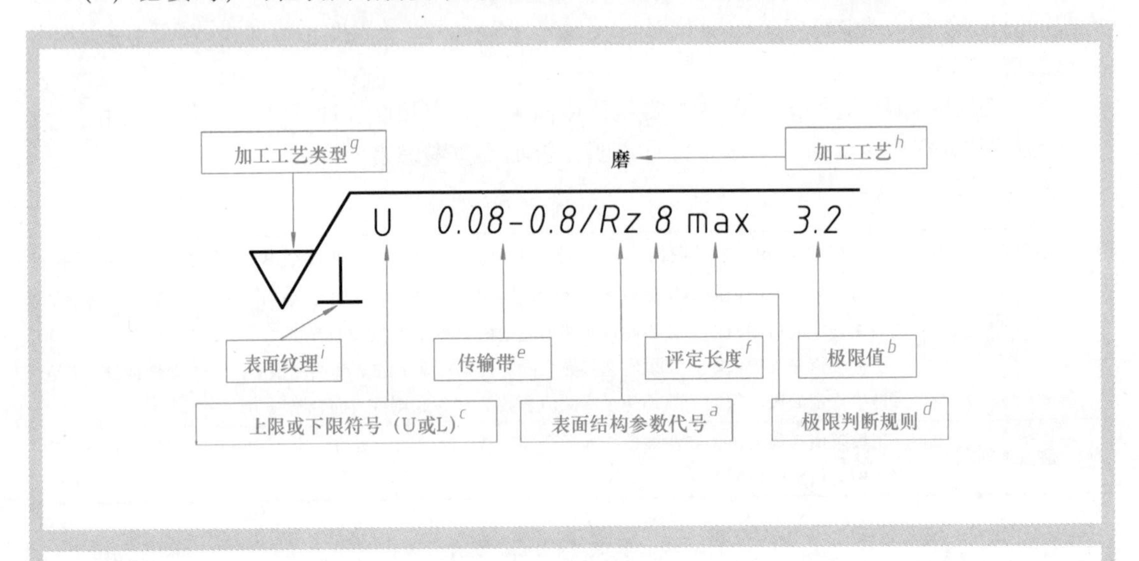

说明：表面结构要求的基本表达方法

a 表面结构参数代号。它指明了所评定的轮廓（应是 *R*、*W*、*P* 三种轮廓中的一种）及其特征。例如，本图中代号“*Rz*”表示应评定 *R* 轮廓的轮廓最大高度。

b 表面结构参数的极限值。单位是 μm。例如，本图中给出了 *Rz* 参数的极限值是 3.2μm。

c 上限或下限符号 U 或 L（例如，本图中符号“U”表明极限值 3.2μm 是一个上限值）。当所给出的极限值是上限值时，符号“U”可以不必注出（即没有标注符号“U”时，所注极限值应默认为上限值）。当所给出的极限值是下限值时，则必须注出符号“L”。

d 极限判断规则。如果最大规则应用于表面结构要求，则应注写符号“max”（见本图）。16% 规则是所有表面结构要求标注的默认规则，如果在表面结构要求中没有注写符号“max”，则默认为采用 16% 规则作为评判被检表面是否合格的极限判断规则。

e 传输带。传输带的标注规则见表 8.17 和表 8.18。

f 评定长度用取样长度的个数表示（例如，本图中数字“8”表示评定长度为 8 个取样长度）。评定长度的标注规则见表 8.19。

g 加工工艺类型。加工工艺类型可用几种不同的图形符号表示，每种图形符号都有特定含义（见表 8.20 和图 8.86）。

h 加工工艺。加工工艺在很大程度上决定了轮廓曲线的特征，因此，一般应使用文字在本图所示的位置注明加工工艺。

i 表面纹理。表面纹理及其方向应按照表 8.14 给出的符号标注在本图所示的位置。

【注意：注写时，上限或下限符号 U 或 L 与传输带之间应插入空格，传输带与参数代号之间应有一斜线“/”，参数代号、评定长度与极限值判断规则应连续书写，它们与极限值之间应插入空格。】

图 8.85　表面结构要求的基本表达方法

表 8.17 传输带的标注规则

总则	（1）标注传输带时，应标注其轮廓滤波器的截止波长值（以 mm 为单位），短波滤波器的截止波长值在前，长波滤波器的截止波长值在后，并用连字号“-”隔开。传输带应标注在参数代号的前面，并用斜线“/”与之隔开（见图 8.85） （2）如果只标注一个滤波器，则应保留连字号“-”来区分是短波滤波器还是长波滤波器（见示例 1 和示例 2） 示例 1：0.008 -　短波滤波器标注 示例 2：-0.25　长波滤波器标注
R 轮廓的标注规则	（1）如果表面结构要求中没有标注 *R* 轮廓的传输带（例如，标注为“*Ra* 8max 3.2”），则 *R* 轮廓的长波滤波器 λ_c 的截止波长采用表 8.18 给出的默认值，其短波滤波器 λ_s 的截止波长值由表 8.12 给定，即 *R* 参数的默认传输带由表 8.18 和表 8.12 共同确定 （2）如果表面结构要求中只标注了 *R* 轮廓的长波滤波器 λ_c 的截止波长值（例如，标注为“-0.8/*Ra*8 max 3.2”），则短波滤波器 λ_s 的截止波长值由表 8.12 给定 （3）如果要求控制用于粗糙度参数的传输带内的短波滤波器和长波滤波器，则应标注出传输带的两个截止波长值。例如，标注为“0.08-0.8/*Ra* 8max 3.2”
W 轮廓的标注规则	波纹度轮廓应标注传输带，即给出两个截止波长值。波纹度轮廓的传输带可表示为 $\lambda_c - n \times \lambda_c$（*n* 的值由设计者选择），例如，标注为“$\lambda_c - 12 \times \lambda_c$/*Wz* 125”
P 轮廓的标注规则	（1）*P* 轮廓应标注其短波滤波器 λ_s 的截止波长值，例如，标注为“0.008-/*Pt* max 25” （2）如果对零件的功能有要求，对 *P* 参数可以标注长波滤波器（取样长度），例如，标注为“-25/*Pz* 225”

表 8.18 *Ra* 参数与取样长度 *lr* 值的对应关系

Ra /μm	粗糙度取样长度 *lr*/mm	说明
0.008 < *Ra* ≤ 0.02	0.08	说明：若表面结构要求中没有规定 *Ra* 参数的取样长度，则应按照本表中给出的方法选定截止波长值。其基本方法为，先按本表预选一个取样长度，再以该取样长度测量 *Ra* 参数。若测得值超出了该取样长度对应的 *Ra* 数值范围，应重新选择取样长度并测量 *Ra* 参数，直至取样长度与 *Ra* 参数的测得值满足本表中的对应关系，则这时的取样长度即被选定为长波滤波器 λc 的截止波长值（即默认的截止波长）。更详细的方法（包括其他粗糙度参数 *Rz*、*Rsm* 与其取样长度的对应关系等）可查阅 GB/T 10610—2009。
0.02 < *Ra* ≤ 0.1	0.25	
0.1 < *Ra* ≤ 2.0	0.8	
2.0 < *Ra* ≤ 10.0	2.5	
10.0 < *Ra* ≤ 80.0	8.0	

表 8.19 评定长度的标注规则及其相关标注示例

评定长度的标注规则为：对于 *R* 轮廓，如果评定长度内的取样长度个数不等于 5，应在参数代号后注写其个数（见示例 3）；如果评定长度内的取样长度个数等于 5（默认值），则不必注出其个数（见示例 4）。对于 *W* 轮廓，取样长度个数应在波纹度参数代号后标注（见示例 5）。对于 *P* 轮廓，由于其取样长度等于评定长度，并且评定长度等于测量长度，因此，在参数代号后无需标注取样长度个数（见示例 6）。

示例 3： L -0.8/ *Ra*3 3.2	含义：下限值，传输带为 0.0025～0.8mm（λ_s 默认为 0.0025mm），*R* 轮廓，算术平均偏差 3.2μm，评定长度包含 3 个取样长度，“16% 规则”（默认）
示例 4： *Ra* max 3.2	含义：上限值，默认传输带，*R* 轮廓，算术平均偏差 3.2μm，评定长度包含 5 个取样长度（默认），“最大规则”
示例 5： 0.8-25/ *Wz*3 10	含义：上限值，传输带为 0.8～25mm，*W* 轮廓，波纹度最大高度 10μm，评定长度包含 3 个取样长度，“16% 规则”（默认）
示例 6： 0.008-/*Pt* max 25	含义：上限值，传输带为 λ_s=0.008mm，无长波滤波器，*P* 轮廓，轮廓总高度 25μm，评定长度等于零件长度（默认），“最大规则”

表 8.20　表面结构要求的图形符号及其标注要求

基本图形符号	扩展图形符号		完整图形符号		
	去除材料	不去除材料	允许任何工艺	去除材料	不去除材料

说明：表面结构要求的图形符号及其标注要求

表示加工工艺类型的**基本图形符号**由两条不等边的与标注表面成60°夹角的直线构成。扩展图形符号有两种：在基本图形符号上加一短横线，表示指定表面是用去除材料的加工方法获得；在基本图形符号上加一个圆圈，表示指定表面是用不去除材料的加工方法获得。**完整图形符号**是在基本或扩展图形符号的长边上加一横线。各类图形符号的比例画法如图 8.86 所示。

标注表面结构要求时，应使用完整图形符号表达对加工工艺类型的要求，并在完整图形符号附近的规定位置标注所给定的表面结构参数极限值及其相关测量条件等（见图 8.85）。

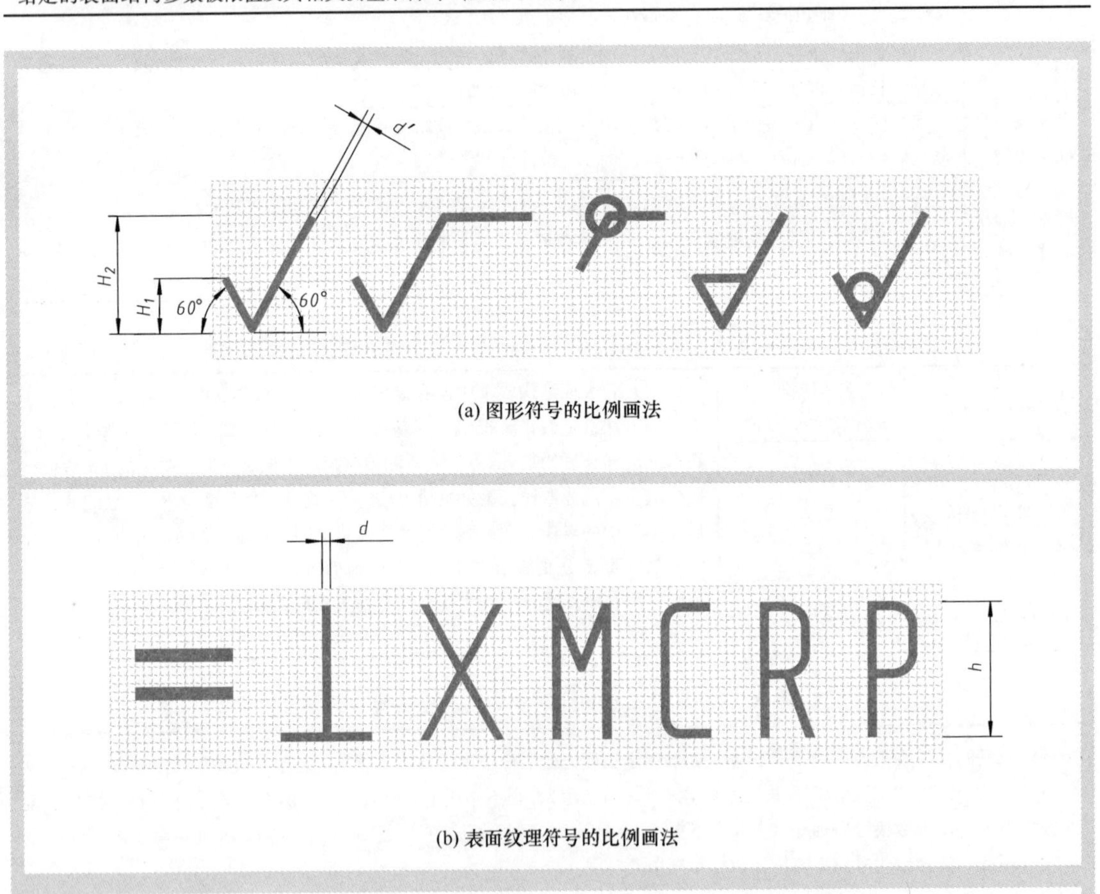

(a) 图形符号的比例画法

(b) 表面纹理符号的比例画法

说明：表面结构要求的图形符号和表面纹理符号的尺寸见下表。（单位：mm）

数字和字母的高度 h	2.5	3.5	5	7	10	14	20
符号线宽 d' 字母线宽 d	0.25	0.35	0.5	0.7	1	1.4	2
高度 H_1	3.5	5	7	10	14	20	28
高度 H_2（最小值）	7.5	10.5	15	21	30	42	60

注：1. 高度 H_2 取决于标注内容。2. 数字和字母的高度 h 通常取 3.5mm。

图 8.86　图形符号和表面纹理符号的比例画法

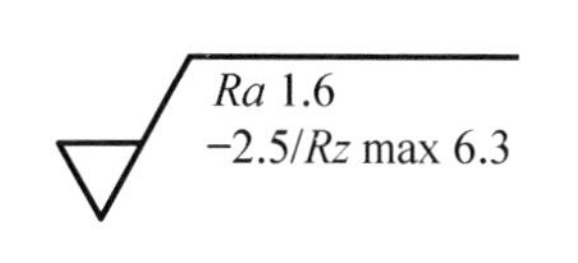

标注的含义：表示去除材料，两个单向的上限值，*R* 轮廓。其中：

第一个上限值 Ra = 1.6μm，默认传输带，评定长度为 5 个取样长度（默认），“16% 规则”（默认）。

第二个上限值 Rz = 6.3μm，传输带为 0.008 ~ 2.5mm（λ_s 默认 0.008mm），评定长度为 5 个取样长度（默认），“最大规则”。

图 8.87 同一表面有两个表面结构要求时的标注方法

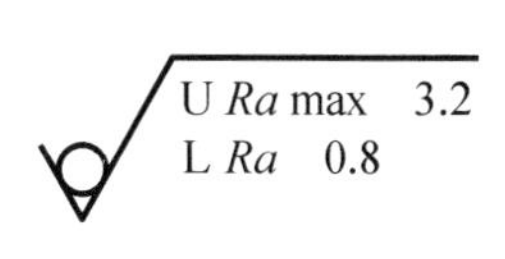

标注的含义：表示不允许去除材料，双向极限值，两极限值均使用默认传输带，*R* 轮廓。其中：

上限值：算术平均偏差 3.2μm，评定长度为 5 个取样长度（默认），“最大规则”。

下限值：算术平均偏差 0.8μm，评定长度为 5 个取样长度（默认），“16% 规则”（默认）。

图 8.88 双向极限的标注方法

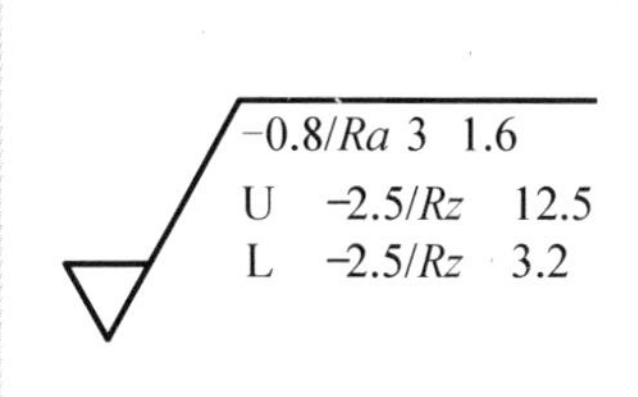

标注的含义：表示去除材料，一个单向上限值和一个双向极限值，*R* 轮廓。其中：

单向上限值 Ra = 1.6μm，传输带为 0.0025 ~ 0.8mm（λ_s 默认 0.0025mm），评定长度为 3 × 0.8 = 2.4mm，“16% 规则”（默认）。

双向 Rz，上限值 Rz = 12.5μm，下限值 Rz = 3.2μm，上下极限传输带均为 0.008 ~ 2.5mm（λ_s 默认 0.008mm），评定长度均为 5 × 2.5 = 12.5mm，“16% 规则”（默认）。

图 8.89 同一表面有三个或更多的表面结构要求时的标注方法

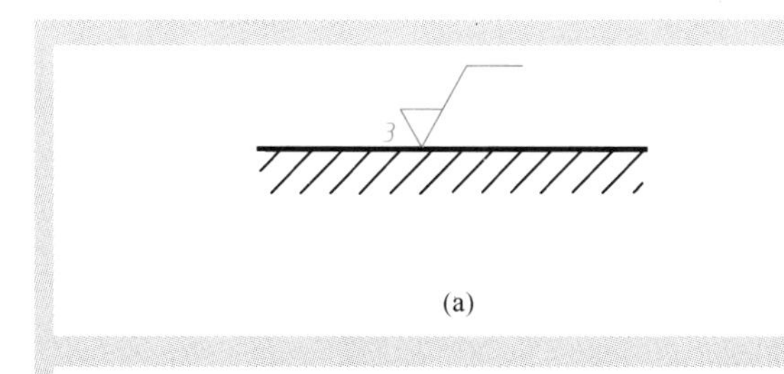

(a)

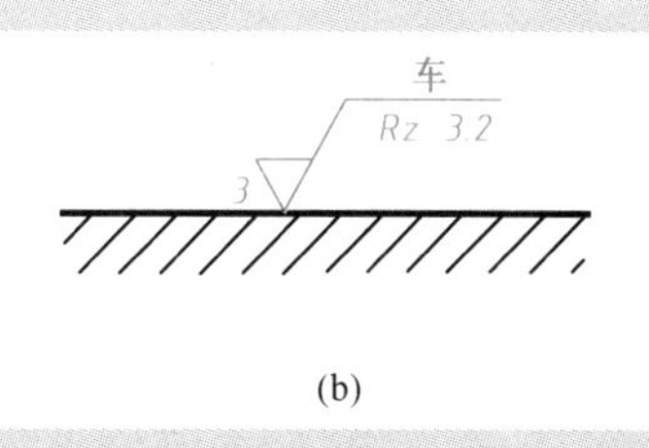

(b)

说明：在同一图样中，有多个加工工序的表面可标注加工余量（*machining allowance*）。加工余量可以是加注在完整图形符号上的唯一要求（见图 a），也可以与表面结构要求一起标注（见图 b）。图 a 和图 b 还给出表示加工余量的数字（见图中的数字“3”）所应标注的位置。

图 8.90 加工余量的标注方法

8.4.8 表面结构要求在图样中的标注

在图样中标注表面结构要求时，对每个表面一般只标注一次，并尽可能注在相应的尺寸及其公差的同一视图上。除非另有说明，所标注的表面结构要求是对完工零件表面的要求。

表面结构要求的标注原则为，应使表面结构要求的注写和读取方向与尺寸的注写和读取方向一致（见图 8.91）。

国家标准规定的表面结构要求标注方法主要有以下九个：

（1）表面结构要求可标注在轮廓线上（图形符号应从零件外指向并接触表面，如图 8.92 所示）。必要时，表面结构符号也可用带箭头或黑点的指引线引出标注（见图 8.93）。

（2）在不致引起误解时，表面结构要求可标注在给定尺寸的尺寸线上（见图 8.94）。

（3）表面结构要求可标注在几何公差框格的上方（见图 8.95）。

（4）表面结构要求可直接标注在轮廓线的延长线上，或用带箭头的指引线引出标注（见图 8.92 和图 8.96）。

（5）表面结构要求可标注在表示圆柱和棱柱特征的轮廓线或轮廓线的延长线上，但圆柱和棱柱的表面结构要求只标注一次（见图 8.96）。如果每个棱柱表面有不同的表面结构要求，则各表面应分别单独标注（见图 8.97）。

（6）当在图样某个视图上构成封闭轮廓的各表面有相同的表面结构要求时，应在完整图形符号上加一圆圈（该圆圈的比例画法如图 8.86 所示），标注在图样中零件的封闭轮廓线上（见图 8.98）。如果标注会引起歧义时，则各表面应分别标注。

（7）当零件的多数表面有相同的表面结构要求时，可采用图 8.99 所示的简化标注方法。

（8）当多个表面具有相同的表面结构要求时，可采用图 8.100 所示的简化标注方法。

（9）对于由两种或多种工艺获得的同一表面，当需要明确每种工艺方法的表面结构要求时，可按图 8.101 所示的方法标注。

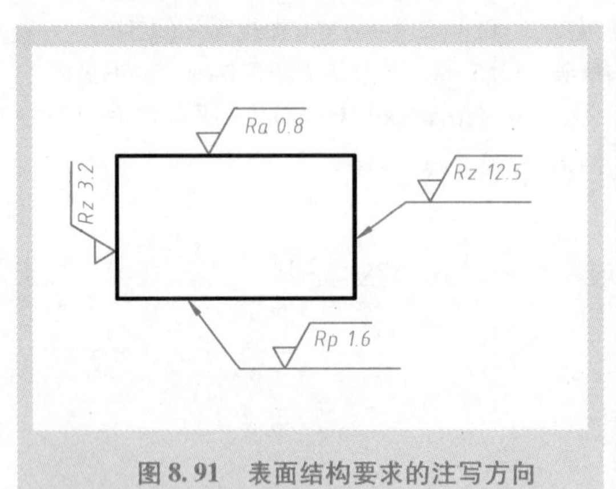

图 8.91　表面结构要求的注写方向

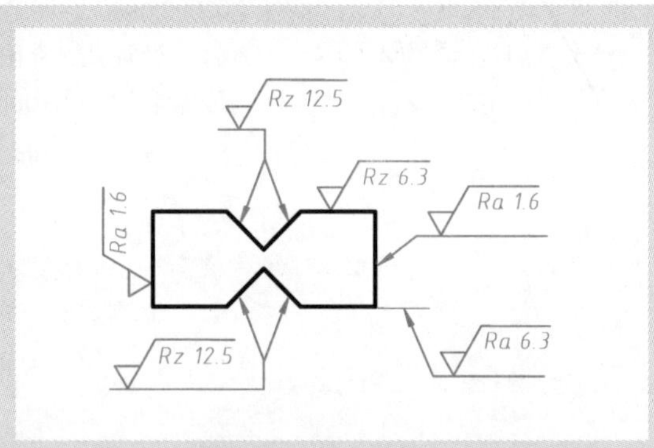

图 8.92　表面结构要求在轮廓线上的标注

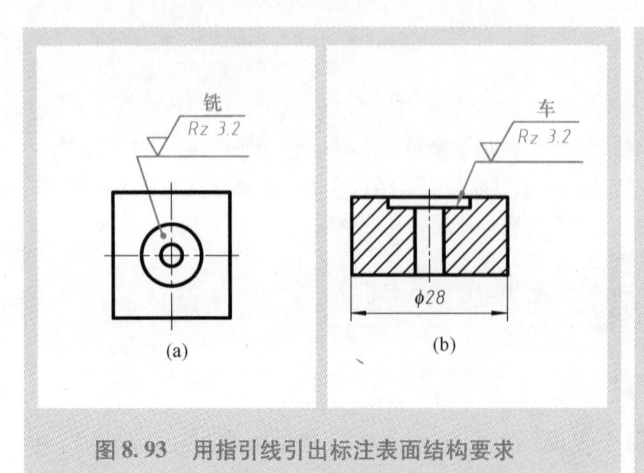

图 8.93　用指引线引出标注表面结构要求

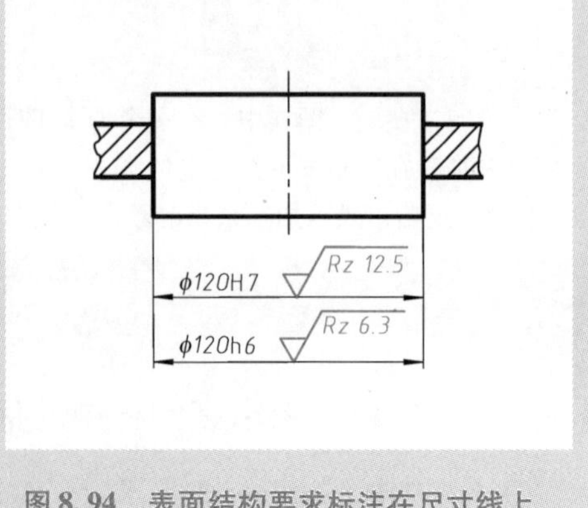

图 8.94　表面结构要求标注在尺寸线上

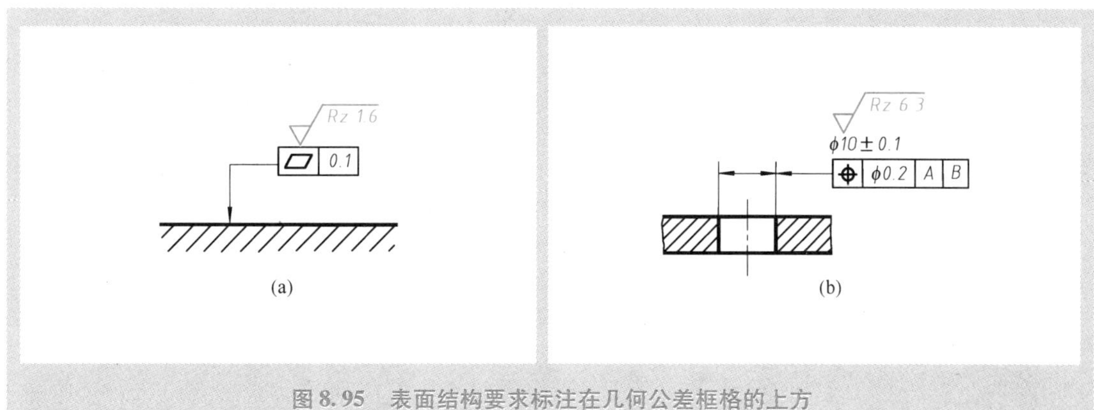

图 8.95 表面结构要求标注在几何公差框格的上方

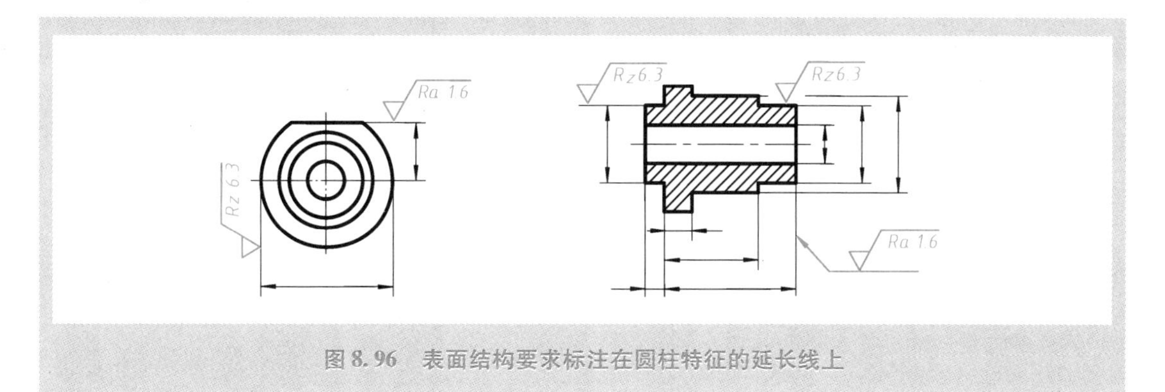

图 8.96 表面结构要求标注在圆柱特征的延长线上

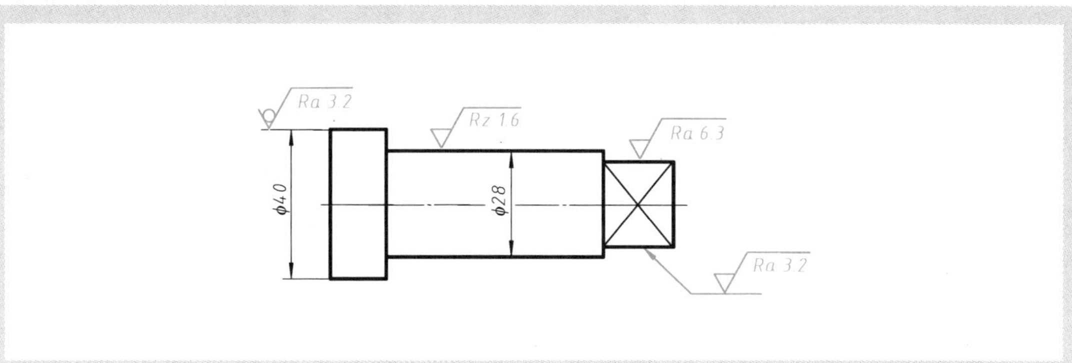

图 8.97 圆柱和棱柱的表面结构要求的标注方法

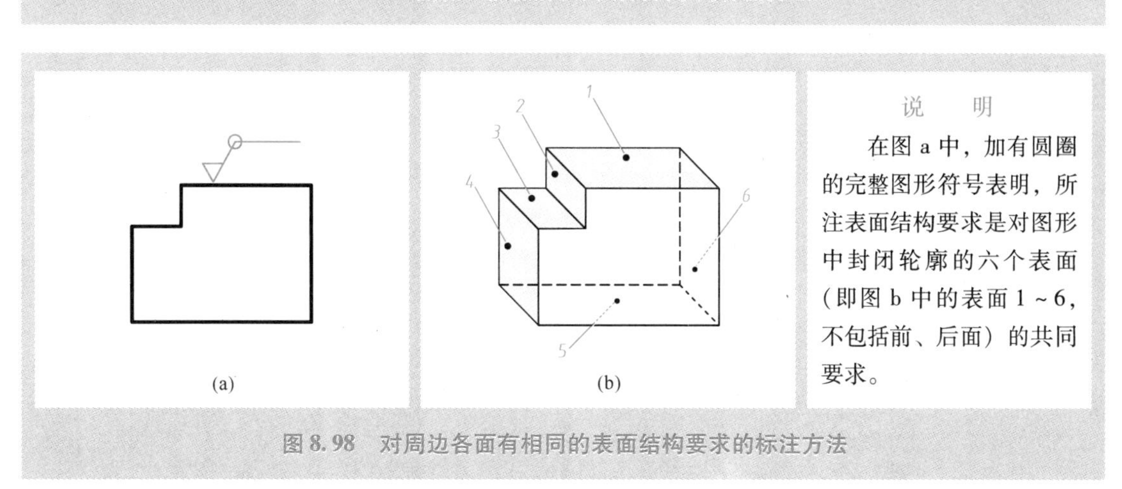

说 明

在图 a 中，加有圆圈的完整图形符号表明，所注表面结构要求是对图形中封闭轮廓的六个表面（即图 b 中的表面 1 ~ 6，不包括前、后面）的共同要求。

图 8.98 对周边各面有相同的表面结构要求的标注方法

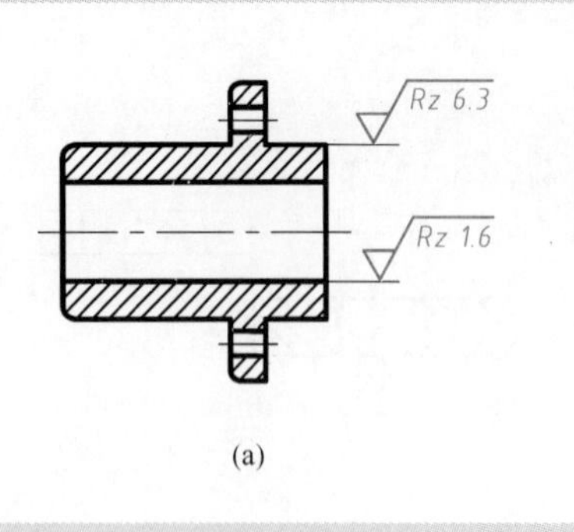

(a)

(b) 规定的统一标注形式 I

(c) 规定的统一标注形式 II

说　明

如果对零件的多数（包括全部）表面有相同的表面结构要求，则相同的表面结构要求可统一标注在图样的标题栏附近。例如，在图 a 中，除两个表面外，假设其他表面的表面结构要求均为 *Ra* 3.2（要求去除材料），则该要求可按图 b 或图 c 所示的形式统一标注在图样的标题栏附近。应注意以下三点：

（1）不同的表面结构要求应直接标注在图形中（见图 a 中的 *Rz* 1.6 和 *Rz* 6.3）。

（2）统一标注的表面结构要求的后面应加注圆括号，并在圆括号内分别给出那些不同的表面结构要求（见图 b），或在圆括号内给出无任何其他标注的基本符号（见图 c）。

（3）若全部表面有相同的表面结构要求，则统一标注时无需加注圆括号。

图 8.99　大多数表面有相同表面结构要求的简化标注方法

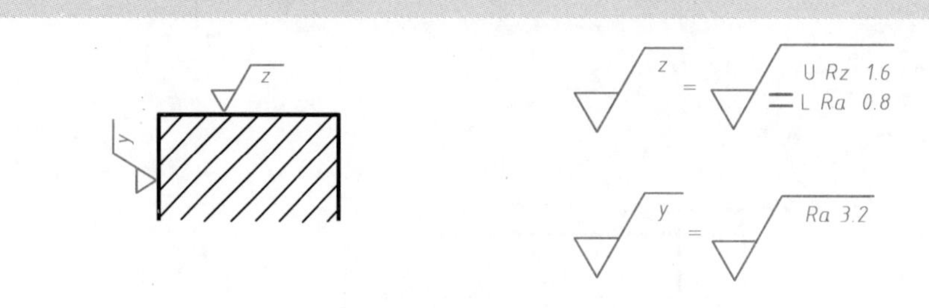

(a) 使用带字母的完整符号的简化标注方法

(b.1) 未指定工艺方法　　(b.2) 要求去除材料　　(b.3) 不允许去除材料

(b) 只用表面结构符号的简化标注方法

说　明

当工件的多个（即不是大多数）表面具有相同的表面结构要求或图纸空间有限时，可以用带字母的完整符号，以等式的形式，在图形或标题栏附近，对有相同表面结构要求的表面进行简化标注（见图 a），也可以采用只用表面结构符号的简化标注方法（见图 b）。

图 8.100　多个表面具有相同的表面结构要求或图纸空间有限时的简化标注方法

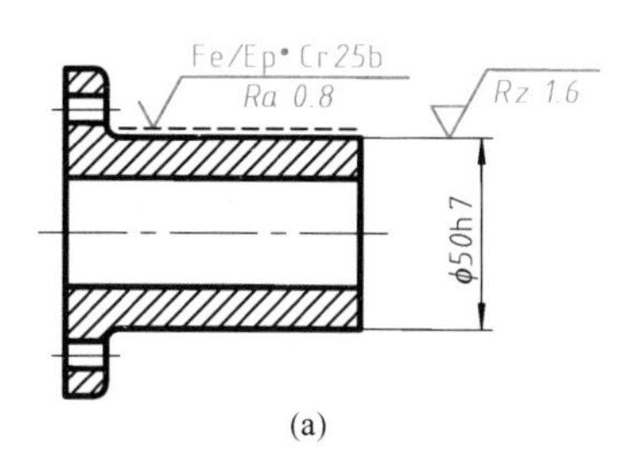

(a)

标注的含义：该示例是两个连续的加工工序。其中：

第一道工序：参数 Rz 的极限值为 1.6μm，为上限值（默认）；采用 16% 规则（默认）；默认评定长度（$5\times\lambda_c$）；默认传输带；表面纹理没有要求；要求使用去除材料的工艺。

第二道工序：参数 Ra 的极限值为 0.8μm，为上限值（默认）；采用 16% 规则（默认）；默认评定长度（$5\times\lambda_c$）；默认传输带；表面纹理没有要求；要求使用镀铬加工工艺。

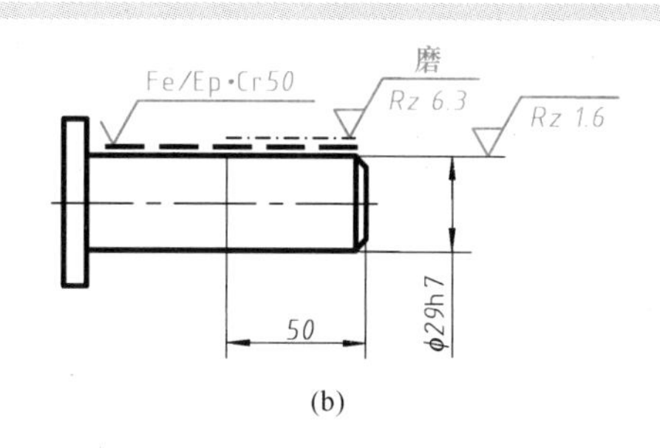

(b)

标注的含义：该示例是三个连续的加工工序。其中：

第一道工序：参数 Rz 的极限值为 1.6μm，为上限值（默认）；采用 16% 规则（默认）；默认评定长度（$5\times\lambda_c$）；默认传输带；表面纹理没有要求；要求使用去除材料的工艺。

第二道工序：镀铬，无其他表面结构要求。

第三道工序：参数 Rz 的极限值为 6.3μm，为上限值（默认），仅对长为 50mm 的圆柱表面有效；采用 16% 规则（默认）；默认评定长度（$5\times\lambda_c$）；默认传输带；表面纹理没有要求；要求使用磨削加工工艺。

图 8.101　同时给出多种加工工艺的表面结构要求的标注方法

第9章 工程常用零件

本章目标

通过本章的学习，学习者应能够：

☺ 了解螺纹的形成，理解并掌握描述螺纹形状和大小的主要专用术语、尺寸和参数的定义，了解螺纹的种类。

☺ 理解并掌握普通螺纹的基本牙型、尺寸、公差带、配合与旋合长度等基本概念的定义，理解并掌握普通螺纹的标记方法。

☺ 理解并掌握统一螺纹的设计牙型、尺寸、公差带、配合与旋合长度等基本概念的定义，理解并掌握统一螺纹的标记方法。

☺ 了解管螺纹的类型，理解并掌握非密封管螺纹和密封管螺纹的基本牙型、尺寸、公差带等基本概念的定义，理解并掌握其标记方法。

☺ 理解并掌握锯齿形螺纹和梯形螺纹的基本牙型、尺寸、公差带等基本概念的定义，理解并掌握其标记方法。

☺ 理解并掌握螺纹的规定画法，具备绘制满足相关国家标准要求的螺纹的能力。

☺ 理解并掌握螺纹的规定标注画法，具备按照国家标准规定的标记和标注方法在图形中标注螺纹的能力。

☺ 理解并掌握各类常用标准螺纹紧固件的比例画法和联接画法，具备按国家标准绘制各类螺纹紧固件及其联接图的能力。

☺ 了解并理解普通平键、半圆键、钩头楔键和矩形花键等标准键在形状和尺寸方面的规定，理解并掌握其标记方法，具备在图样中标注标准键的能力。

☺ 了解并理解圆柱销和圆锥销等标准销在形状和尺寸方面的规定，理解并掌握其标记方法，具备在图样中标注标准销的能力。

☺ 理解并掌握描述齿轮形状和大小的主要专用术语、尺寸或参数的定义，了解齿轮的种类，具备绘制圆柱齿轮、锥齿轮和蜗杆蜗轮的投影图及其啮合图的能力。

☺ 了解弹簧的种类，理解并掌握描述弹簧形状和大小的主要专用术语、尺寸或参数的定义，具备绘制螺旋压缩弹簧、螺旋拉伸弹簧、螺旋扭转弹簧、涡卷弹簧和碟形弹簧等弹簧的投影图的能力。

☺ 理解并掌握螺纹、齿轮与花键的几何公差的标注规定，具备在图样中标注其几何公差的能力。

☺ 具备查阅相关国家标准的能力。

在机器或工程结构中，螺纹紧固件（如螺栓与螺钉等）、键与销、齿轮和弹簧等零件得到了大量与广泛的应用。

随着工业的发展，螺纹紧固件、键与销等工程常用零件已标准化，其形状、尺寸、名称、画法与标注方法等都已经在国家标准和行业标准中具有了统一的规范，并由专业厂家批量生产。这类工程常用零件通常称为**标准件**。标准化意味着，通常情况下，企业不需要为其产品专门设计与生产这类零件，只需选择并在市场上购买，这将极大地降低企业的生产成本。

9.1　螺纹

螺纹及其紧固件（如常见的螺栓、螺钉和螺母等）具有制造容易（见9.1.1节）、能够实现“可拆卸装配”等优势，在工业与工程领域有着最广泛的应用，是最主要的联接与紧固装置之一。

螺纹的结构和大小使用多个专用术语、尺寸和参数描述（见9.1.2节～9.1.3节）。螺纹可分为标准螺纹和非标准螺纹两类（见9.1.4节）。各类标准螺纹的牙型、尺寸、公差和标记方法等分别见9.1.5节～9.1.9节，螺纹画法与标注方法见9.1.10节～9.1.11节。

9.1.1　螺纹的形成

螺纹(*screw thread*) 是在圆柱或圆锥表面上沿着**螺旋线**(螺旋线的相关说明如图9.1所示) 所形成的连续凸起（见图9.2）。以车削加工为例，使工件作绕轴的旋转运动，使车刀作轴向的平移运动，就可以在圆柱或圆锥表面上制造出螺纹（见图9.3）。其中：

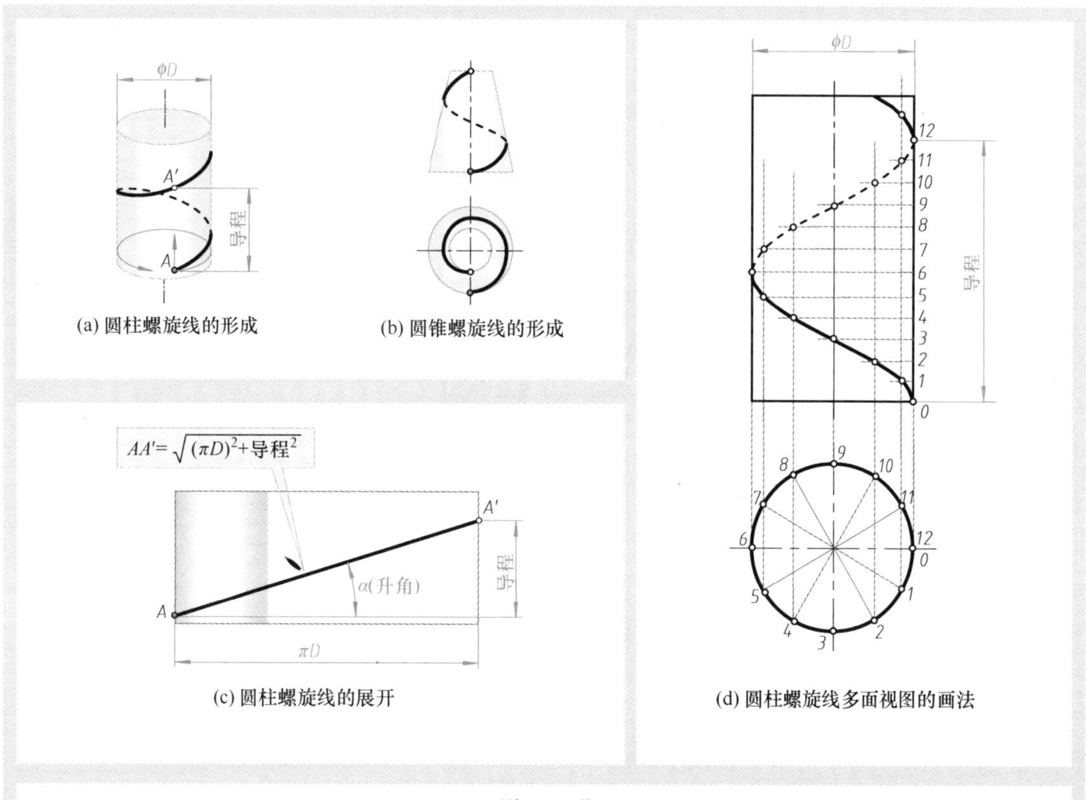

(a) 圆柱螺旋线的形成　(b) 圆锥螺旋线的形成

(c) 圆柱螺旋线的展开　(d) 圆柱螺旋线多面视图的画法

说　明

（1）若圆柱表面上的一点在绕着该圆柱轴线以一定的角速度匀速旋转的同时，又以一定的线速度沿着该圆柱表面作与轴线平行方向的匀速直线运动，则该点运动形成的轨迹称为**螺旋线**(*helix*，见图a)。类似地，螺旋线还可以在一个圆锥表面上形成（见图b）。其中，点绕轴旋转一周（即360°）时，该点沿轴线方向运动的距离称为**导程**。

（2）若将圆柱面展开为平面，则该圆柱面上的螺旋线是一条倾斜的直线（见图c），该斜线与水平方向的夹角称为螺旋线的**升角**，可根据周长 πD 和导程计算出圆柱螺旋线的实长 AA'。

（3）圆柱螺旋线多面视图的画法如图d所示。

图9.1　螺旋线的形成及其画法

(1) 在圆柱表面上形成的螺纹称为**圆柱螺纹**(*parallel screw thread*)。

(2) 在圆锥表面上形成的螺纹称为**圆锥螺纹**(*taper screw thread*)。

(3) 在圆柱或圆锥外表面上形成的螺纹称为**外螺纹**(*external thread*),例如在一个轴上。

(4) 在圆柱或圆锥内表面上形成的螺纹称为**内螺纹**(*internal thread*),例如在一个孔内。

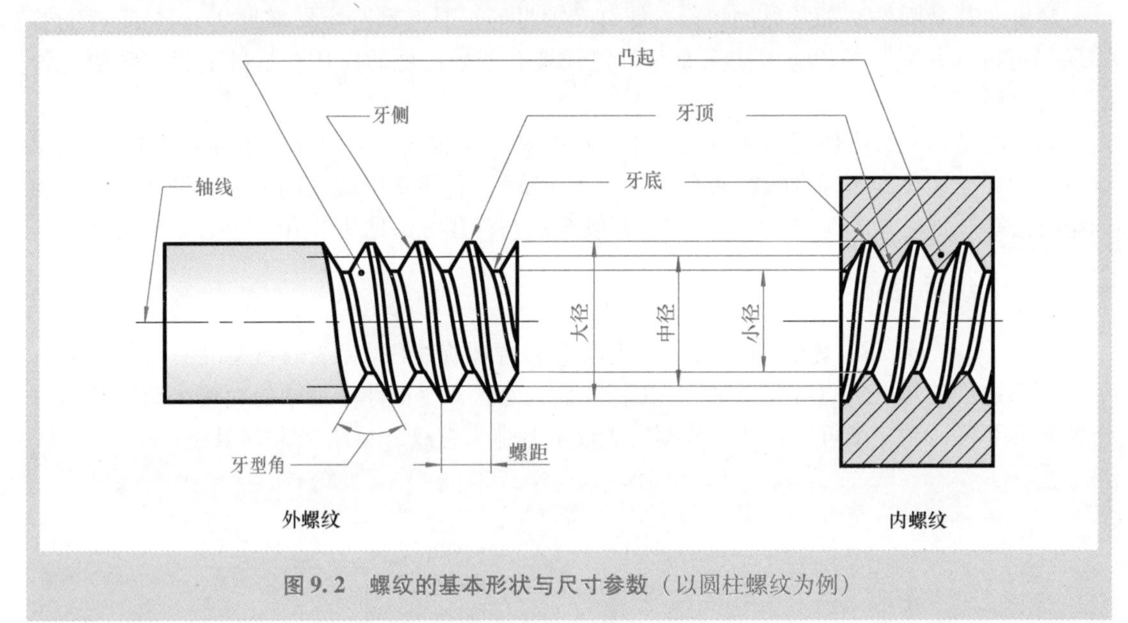

图 9.2 螺纹的基本形状与尺寸参数(以圆柱螺纹为例)

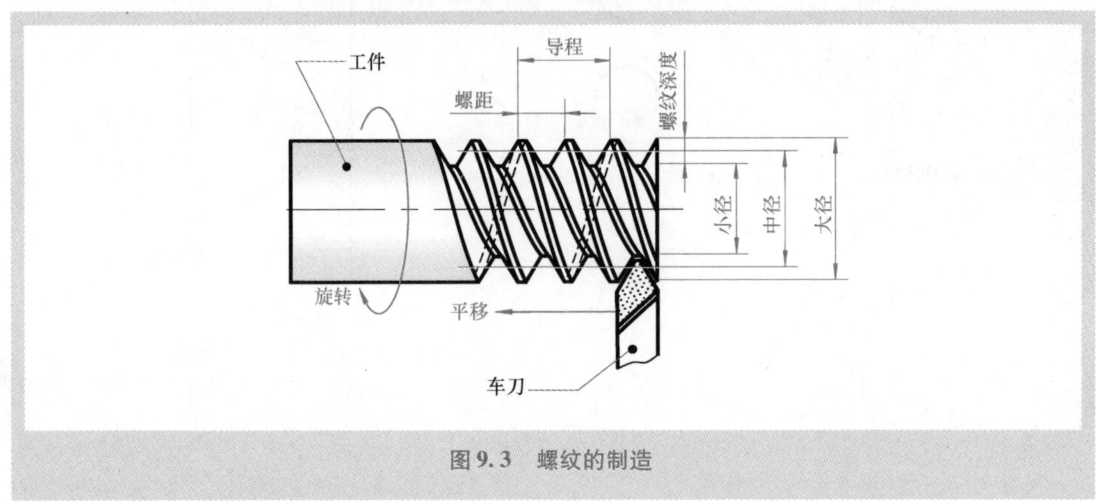

图 9.3 螺纹的制造

9.1.2 螺纹的结构

螺纹的结构由其牙型、线数和旋向确定。其中:

(1) **牙型**(*form of thread*) 是在通过螺纹轴线的剖面上的螺纹的轮廓形状(见图 9.2 和图 9.6),它由牙顶、牙底和牙侧构成。如图 9.2 所示,**牙顶**(*crest*) 是位于螺纹凸起的顶部、连接相邻两个牙侧的螺纹表面,**牙底**(*root*) 是位于螺纹沟槽的底部、连接相邻两个牙侧的螺纹表面,**牙侧**(*flank*) 是牙顶和牙底之间的那部分螺纹表面。牙型是螺纹最主要的形状特征。牙型不同,则制造螺纹的刀具形状就不同。

(2) **线数**:螺纹有单线螺纹和多线螺纹之分。**单线螺纹**(*single-start thread*) 是指沿着一条螺旋线所形成的螺纹,**多线螺纹**(*multi-start thread*) 是指沿着两条或两条以上的螺旋线所形成的螺纹(见图 9.4)。多线螺纹中的各螺纹的牙型相同。一般使用符号“*n*”表示螺纹的线数。

(3) **旋向**:螺纹有右旋螺纹和左旋螺纹之分。如图 9.5 所示,顺时针旋转时旋入的螺纹称为**右旋螺纹**(*right-hand thread*)，使用符号“RH”表示；逆时针旋转时旋入的螺纹称为**左旋螺纹**(*left-hand thread*)，使用符号“LH”表示。螺纹的旋向不同，则制造螺纹时工件的旋转方向就不同。相比而言，右旋螺纹更为常用。

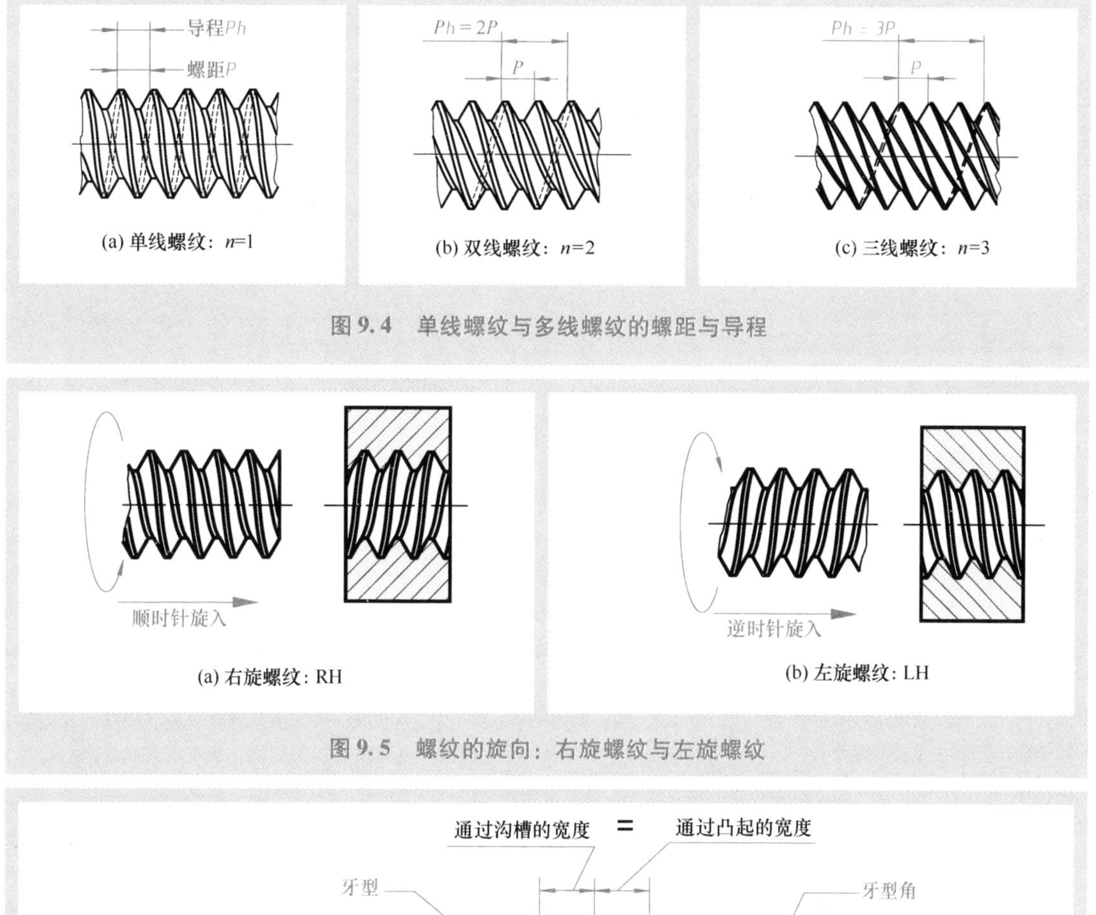

图9.4 单线螺纹与多线螺纹的螺距与导程

图9.5 螺纹的旋向：右旋螺纹与左旋螺纹

通过沟槽的宽度 = 通过凸起的宽度

牙型

牙型角

中径圆柱母线

螺距P

中径

图9.6 螺纹的牙型、中径与螺距

9.1.3 螺纹的尺寸

牙型角、螺距和导程、基本直径等尺寸可确定螺纹的大小。其中：

(1) **牙型角**(*thread angle*) 是牙型上两相邻牙侧间的夹角（见图9.2与图9.6）。制造螺纹的刀具的形状需要根据牙型角确定（见图9.3）。

(2) **基本直径**包括大径、中径和小径。**大径**(*major diameter*) 是与外螺纹牙顶或内螺纹牙底相切的假想圆柱或圆锥的直径（见图9.2），**小径**(*minor diameter*) 是与外螺纹牙底或内螺纹牙顶相切的假想圆柱或圆锥的直径（见图9.2），**中径**(*pitch diameter*) 是一个母线通过牙型上沟槽和凸起宽度相等的地方的假想圆柱或圆锥的直径（见图9.6）。与外螺纹或内螺纹牙顶相切的假想圆柱或圆锥的直径（即外螺纹的大径或内螺纹的小径）称为**顶径**(*crest diameter*)，与外螺纹或内螺纹牙底相切的假想圆柱或圆锥的直径（即外螺纹的小径或内螺纹的大径）称为底径（*root diameter*）。工件的直径由给定的大径确定，车刀深入到工件的深度由给定的中径和小径确定（见图9.3）。

（3）**螺距**（*Pitch*）是相邻两牙在中径线上对应两点间的轴向距离（见图9.2与图9.6）。使用符号“P”表示螺距。螺纹的螺距不同，则制造螺纹时刀具沿轴线方向运动的速度就不同。

（4）**导程**（*Lead*）是一条螺纹在沿着螺旋线旋转一周的时段内所移动的轴向距离。导程也可以表示为，是在同一条螺纹上相邻两牙的对应两点之间的轴向距离。一般使用符号“Ph”表示导程（见图9.4）。导程与螺距的区别在于，导程所谓的“相邻两牙”是在同一条螺纹上，而螺距所谓的“相邻两牙”却未必在同一条螺纹上（例如，对于图9.4b所示的双线螺纹，其相邻的两牙分别在两条螺纹上）。因此，显然有，$Ph = n \times P$（即螺纹导程 Ph 等于其线数 n 与螺距 P 的乘积）。

9.1.4 螺纹的种类

螺纹可分为标准螺纹和非标准螺纹两类。**标准螺纹**是指牙型、基本直径和螺距符合国家标准规范的螺纹。**非标准螺纹**是指牙型不符合国家标准规范（即没有使用国家标准规定的牙型）的螺纹。

根据用途，常用的标准螺纹可分为一般用途螺纹、管螺纹和传动螺纹（见表9.1）。标准螺纹的应用领域非常广泛，大多数情况下企业会选择使用标准螺纹，只有在标准螺纹无法满足产品的一些特殊功能要求时才会自行设计与制造非标准螺纹。

表9.1 常用螺纹的种类、名称、代号、用途及尺寸单位

螺纹的种类	名称	代号	用途与尺寸单位
一般用途螺纹	一般用途米制螺纹（普通螺纹）	M	在我国，一般用途的米制和寸制螺纹通常分别称为普通螺纹和统一螺纹，它们均用于一般情况下的螺纹连接与紧固，而不需要利用螺纹实现密封、传动等特别功能。普通螺纹和统一螺纹分别以mm和in作为尺寸单位
	一般用途寸制螺纹（统一螺纹）	UN	
管螺纹	55°非密封管螺纹	G	管螺纹适用于管子、阀门、管接头、旋塞及其他管路附件的螺纹联接。对于非密封管螺纹，其螺纹联接本身不具有密封性；对于密封管螺纹，其螺纹联接本身具有密封性。55°管螺纹为寸制管螺纹（即采用ISO国际标准），60°管螺纹为美制管螺纹（即基本采用ASME美国标准），它们的尺寸单位均为in。米制密封螺纹的尺寸单位为mm
	55°密封管螺纹	R	
	60°密封管螺纹	NPSC，NPT	
	米制密封螺纹	ZM	
传动螺纹	锯齿形螺纹	B	这两种螺纹均适用于一般用途机械传动的螺纹联接，其尺寸单位均为mm
	梯形螺纹	Tr	

9.1.5 普通螺纹

9.1.5.1 普通螺纹的基本牙型和基本尺寸

普通螺纹的基本牙型如图9.7所示（图中的粗实线代表基本牙型），其牙型角规定为60°，其牙型大小可由螺距（P）确定。

普通螺纹的基本尺寸包括螺距（P）和基本直径（包括基本大径 D 或 d、基本中径 D_2 或 d_2、基本小径 D_1 或 d_1），其确定方法是，先在表9.2给出的公称直径与螺距标准组合系列中选取其公称直径（D 或 d）和螺距（P），然后再根据附表2.1（见附录）得到其相应的基本中径（D_2 或 d_2）和基本小径（D_1 或 d_1）。例如，对于公称直径（即基本大径 D 或 d）为8mm的普通螺纹，可供选择的螺距（P）为0.75mm、1mm和1.25mm，若选择螺距（P）为0.75mm，则可依据附表2.1得到其基本中径为7.513mm、基本小径为7.188mm。

显然，根据螺距（P）就可以得到基本牙型相关的宽度尺寸（包括 P、$P/2$、$P/4$、$P/$

8）和高度尺寸（包括 H、$H/4$、$3H/8$、$5H/8$）。其中，基本牙型相关的高度尺寸应是附表2.2（见附录）中相应螺距所对应的数值，而不应是根据公式（$H=\sqrt{3}P/2$）自行计算得到的数值。

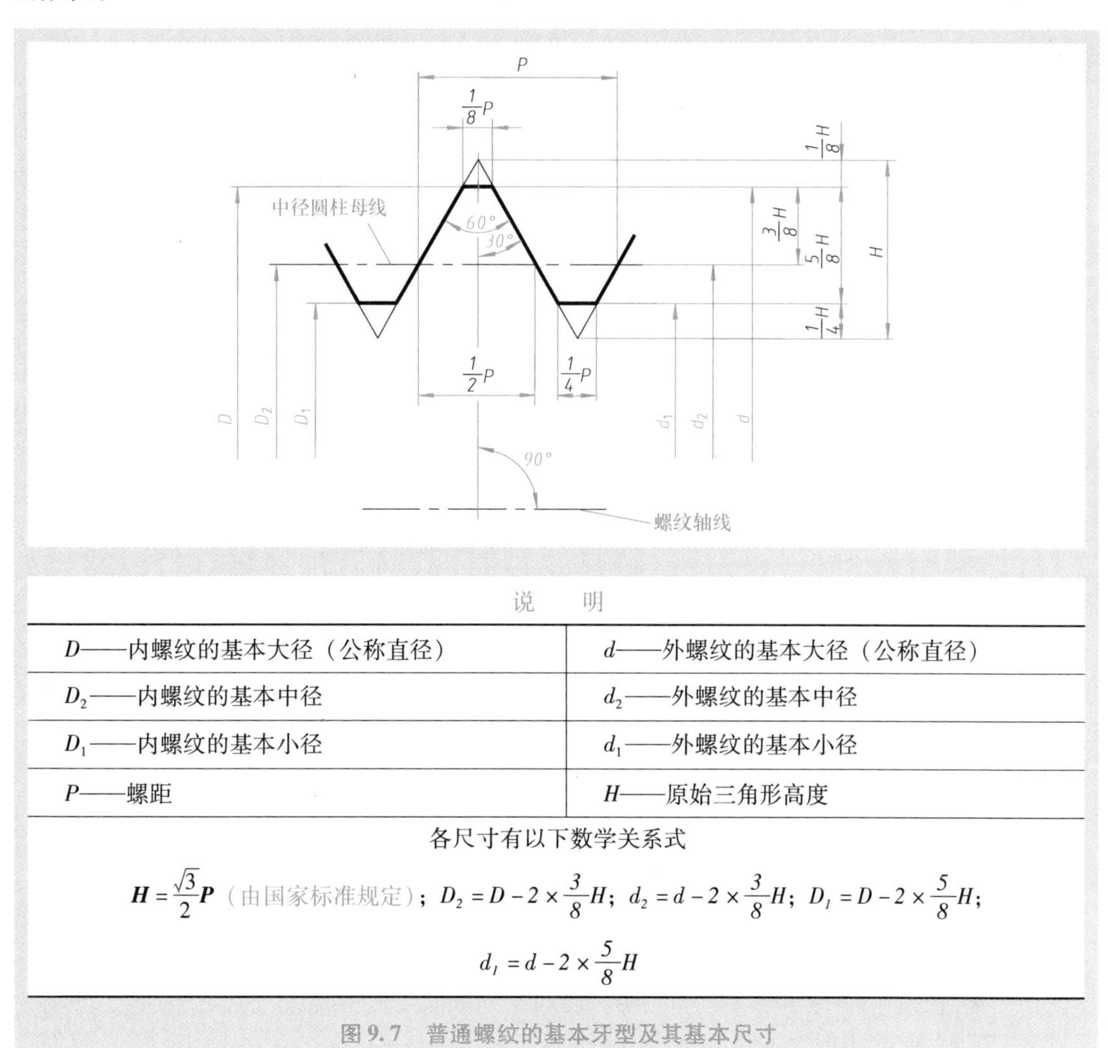

说明	
D——内螺纹的基本大径（公称直径）	d——外螺纹的基本大径（公称直径）
D_2——内螺纹的基本中径	d_2——外螺纹的基本中径
D_1——内螺纹的基本小径	d_1——外螺纹的基本小径
P——螺距	H——原始三角形高度

各尺寸有以下数学关系式

$$\boldsymbol{H}=\frac{\sqrt{3}}{2}\boldsymbol{P}\ \text{（由国家标准规定）};\ D_2=D-2\times\frac{3}{8}H;\ d_2=d-2\times\frac{3}{8}H;\ D_1=D-2\times\frac{5}{8}H;$$

$$d_1=d-2\times\frac{5}{8}H$$

图9.7 普通螺纹的基本牙型及其基本尺寸

表9.2 普通螺纹的公称直径与螺距标准组合系列（GB/T 193—2003）（单位：mm）

公称直径 D、d			螺距 P		公称直径 D、d			螺距 P		公称直径 D、d			螺距 P	
第一系列	第二系列	第三系列	粗牙	细牙	第一系列	第二系列	第三系列	粗牙	细牙	第一系列	第二系列	第三系列	粗牙	细牙
					5			0.8	0.5		22		2.5	1, 1.5, 2
1			0.25	0.2			5.5		0.5	24			3	1, 1.5, 2
					6			1	0.75			25		1, 1.5, 2
	1.1		0.25	0.2		7		1	0.75			26		1.5
1.2			0.25	0.2	8			1.25	0.75, 1		27		3	1, 1.5, 2
	1.4		0.3	0.2			9	1.25	0.75, 1			28		1, 1.5, 2
1.6			0.35	0.2	10			1.5	0.75, 1, 1.25	30			3.5	1, 1.5, 2, (3)
	1.8		0.35	0.2			11	1.5	0.75, 1, 1.5			32		1.5, 2
2			0.4	0.25	12			1.75	1, 1.25		33		3.5	1.5, 2, (3)
	2.2		0.45	0.25		14		2	1, 1.25, 1.5			35		1.5
2.5			0.45	0.35			15		1, 1.5	36			4	1.5, 2, 3
3			0.5	0.35	16			2	1, 1.5			38		1.5

（续）

公称直径 D、d			螺距 P		公称直径 D、d			螺距 P		公称直径 D、d			螺距 P	
第一系列	第二系列	第三系列	粗牙	细牙	第一系列	第二系列	第三系列	粗牙	细牙	第一系列	第二系列	第三系列	粗牙	细牙
	3.5		0.6	0.35			17		1, 1.5		39		4	1.5, 2, 3
4			0.7	0.5		18		2.5	1, 1.5, 2			40		1.5, 2, 3
	4.5		0.75	0.5	20			2.5	1, 1.5, 2	42			4.5	1.5, 2, 3, 4
	45		4.5	1.5,2,3,4		95			2,3,4,6	200				3,4,6,8
48			5	1.5,2,3,4	100				2,3,4,6			205		3,4,6
		50		1.5,2,3		105			2,3,4,6		210			3,4,6.8
	52		5	1.5,2,3,4	110				2,3,4,6			215		3,4,6
		55		1.5,2,3,4		115			2,3,4,6	220				3,4,6,8
56			5.5	1.5,2,3,4		120			2,3,4,6			225		3,4,6
		58		1.5,2,3,4	125				2,3,4,6,8			230		3,4,6,8
	60		5.5	1.5,2,3,4		130			2,3,4,6,8			235		3,4,6
		62		1.5,2,3,4			135		2,3,4,6		240			3,4,6,8
64			6	1.5,2,3,4	140				2,3,4,6,8			245		3,4,6
		65		1.5,2,3,4			145		2,3,4,6	250				3,4,6,8
	68		6	1.5,2,3,4		150			2,3,4,6,8			255		4,6
		70		1.5,2,3,4,6			155		3,4,6		260			4,6,8
72				1.5,2,3,4,6	160				3,4,6,8			265		4,6
		75		1.5,2,3,4			165		3,4,6			270		4,6,8
	76			1.5,2,3,4,6			170		3,4,6,8			275		4,6
		78		2			175		3,4,6	280				4,6,8
80				1.5,2,3,4,6	180				3,4,6,8			285		4,6
		82		2			185		3,4,6			290		4,6,8
	85			2,3,4,6		190			3,4,6,8			295		4,6
90				2,3,4,6			195		3,4,6		300			4,6,8

说　明

（1）本表规定的细牙螺距系列为 0.2mm、0.25mm、0.35mm、0.5mm、0.75mm、1mm、1.25mm、1.5mm、2mm、3mm、4mm、8mm。

（2）按照本表选择公称直径时，应优先选用第一系列直径，其次选择第二系列直径，最后选择第三系列直径。

（3）按照本表选择螺距时，应选择与公称直径处于同一行的螺距。

（4）根据螺距的不同，普通螺纹分为粗牙和细牙两类。与相同公称直径的细牙普通螺纹相比，粗牙普通螺纹的螺距是最大的（即牙较“粗”），且其螺距值与公称直径有一一对应关系。

（5）对于螺距为 0.5mm、0.75mm、1mm、1.5mm、2mm、3mm 的普通螺纹，其最大公称直径分别被规定为 22mm、33mm、80mm、150mm、200mm、300mm。

（6）为了使普通螺纹的选用与应用更加规范、方便和高效，国家标准制定部门从本表所规范的普通螺纹标准组合系列中挑选出一些组合分别作为**优选系列**（适用于一般工程联接或紧固，如螺栓、螺钉和螺母等，详见 GB/T 9144—2003）和**管路系列**（适用于不具有密封功能的一般管路系统的联接或紧固，详见 GB/T 1414—2003）。

（7）公称直径范围 0.3～1.4mm 的小螺纹（S）由国家标准 GB/T 15054—1994 规范。

9.1.5.2　普通螺纹的公差带

螺纹顶径（即外螺纹的大径或内螺纹的小径）和中径的尺寸误差对内外螺纹的配合影响较大。为此，国家标准规定了普通螺纹顶径和中径的公差带（见图 9.8 和图 9.9）及其选择方法（见表 9.3）。

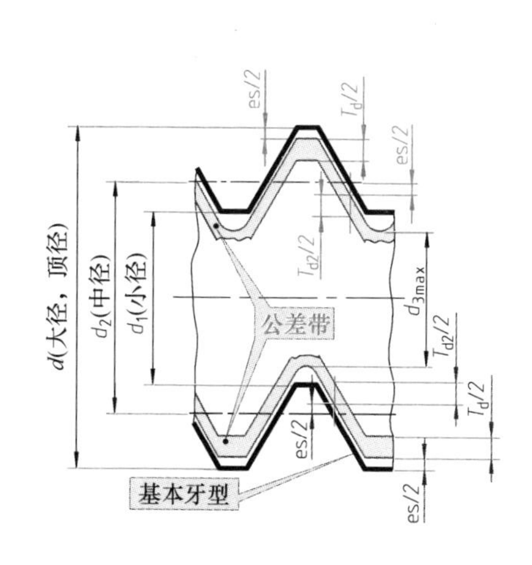

说　明
d_{3max}——实际完工外螺纹小径的最大值。由于刀具的头部为小圆弧形，因此完工后外螺纹的牙底轮廓也是一小圆弧形。为了保证内、外螺纹能够良好配合，需要对 d_{3max} 提出尺寸控制要求。
es——外螺纹直径的基本偏差（上偏差）
T_d——外螺纹顶径（大径）公差
T_{d2}——外螺纹中径公差

各尺寸有以下数学关系式	
外螺纹顶径的最大值 $d_{max}=d+es$	外螺纹中径的最大值 $d_{2max}=d_{max}-3/4H$
外螺纹顶径的最小值 $d_{min}=d_{max}-T_d$	内螺纹中径的最小值 $d_{2min}=d_{2max}-T_{d2}$
实际完工外螺纹小径的最大值 $d_{3max}=d_{max}-1.226\,869P$（由国家标准规定）	

图9.8　普通外螺纹的公差带示意图

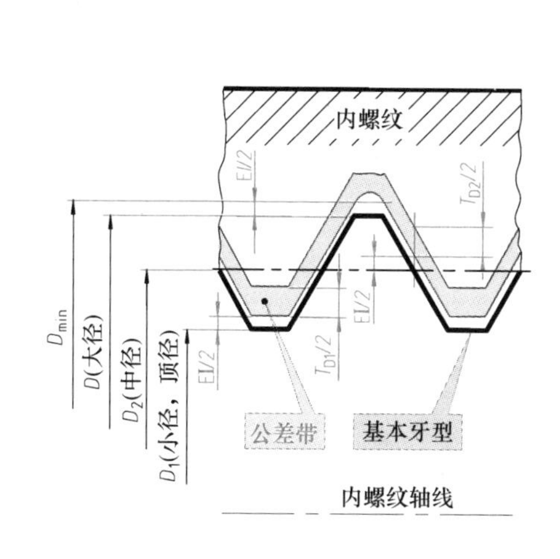

说　明
D_{min}——实际完工内螺纹大径的最小值。由于刀具的头部为小圆弧形，因此完工后内螺纹的牙底轮廓也是一个小圆弧形。为了保证内外螺纹能够良好配合，需要对 D_{min} 提出尺寸控制要求。
EI——内螺纹直径的基本偏差（下偏差）
T_{D1}——内螺纹顶径（小径）公差
T_{D2}——内螺纹中径公差

各尺寸有以下数学关系式	
实际完工内螺纹大径的最小值 $D_{min}=D+EI$	
内螺纹顶径的最小值 $D_{1min}=D_{min}-5/4H$	内螺纹中径的最大值 $D_{2min}=D_{min}-3/4H$
内螺纹顶径的最大值 $D_{1max}=D_{1min}+T_{D1}$	内螺纹中径的最大值 $D_{2max}=D_{2min}+T_{D2}$

图9.9　普通内螺纹的公差带示意图

表 9.3　普通螺纹规定选取的公差带（GB/T 197—2003）

外螺纹的公差带			内螺纹的公差带		
基本偏差	公差等级		基本偏差	公差等级	
	顶径（大径）d	中径 d_2		顶径（小径）D_1	中径 D_2
e，f，g，h	4，6，8	3，4，5，6 7，8，9	G，H	4，5，6，7，8	
注：e，f，g 的基本偏差为负值，h 的基本偏差为零。			注：G 的基本偏差为正值，H 的基本偏差为零。		

说　明

（1）对于普通螺纹，其内、外螺纹的公差带应从本表规定的公差带中选取。

（2）本表中规定的基本偏差和公差的数值详见 GB/T 197—2003。

（3）依据 GB/T 197—2003 规定的基本偏差和公差，GB/T 2516—2003 规定了普通螺纹中径和顶径的极限偏差，GB/T 15756—2008 规定了普通螺纹的极限尺寸。

9.1.5.3　普通螺纹的配合与旋合长度

只有牙型、基本直径（包括大径、中径与小径）、螺距、导程、线数和旋向都相同的一对普通内、外螺纹才能形成配合。两个相互配合的螺纹沿螺纹轴线方向相互旋合部分的长度称为**旋合长度**（*length of thread engagement*，见图 9.10）。

内、外螺纹相互旋合形成的联接又称为**螺纹副**（*screw thread pair*）。为了保证螺纹副联接的可靠性，应确定一个合适的旋合长度。过短的旋合长度很可能导致无法形成可靠的紧固，过长的旋合长度将增加不必要的生产成本（如加工与装配成本等）。

国家标准（GB/T 197—2003）将基本大径（公称直径）为 1～355mm、不同螺距的普通螺纹所应选取的旋合长度分为三组，分别为短旋合长度组（S）、中等旋合长度组（N）和长旋合长度组（L），并规定了各组的长度范围（见表 9.4）。

表 9.4　普通螺纹的旋合长度（GB/T 197—2003）　　　　（单位：mm）

基本大径 D、d		螺距 P	旋合长度			
			S	N		L
>	≤		≤	>	≤	>
0.99	1.4	0.2	0.5	0.5	1.4	1.4
		0.25	0.6	0.6	1.7	1.7
		0.3	0.7	0.7	2	2
1.4	2.8	0.2	0.5	0.5	1.5	1.5
		0.25	0.6	0.6	1.9	1.9
		0.3	0.8	0.8	2.6	2.6
		0.35	1	1	3	3
		0.4	1.3	1.3	3.8	3.8
2.8	5.6	0.35	1	1	3	3
		0.5	1.5	1.5	4.5	4.5
		0.6	1.7	1.7	5	5
		0.7	2	2	6	6
		0.75	2.2	2.2	6.7	6.7
		0.8	2.5	2.5	7.5	7.5
5.6	11.2	0.75	2.4	2.4	7.1	7.1
		1	3	3	9	9
		1.25	4	4	12	12
		1.5	5	5	15	15
11.2	22.4	1	3.8	3.8	11	11
		1.25	4.5	4.5	13	13
		1.5	5.6	5.6	16	16
		1.75	6	6	18	18
		2	8	8	24	24
		2.5	10	10	30	30

基本大径 D、d		螺距 P	旋合长度			
			S	N		L
>	≤		≤	>	≤	>
22.4	45	1	4	4	12	12
		1.5	6.3	6.3	19	19
		2	8.5	8.5	25	25
		3	12	12	36	36
		3.5	15	15	45	45
		4	18	18	53	53
		4.5	21	21	63	63
45	90	1.5	7.5	7.5	22	22
		2	9.5	9.5	28	28
		3	15	15	45	45
		4	19	19	56	56
		5	24	24	71	71
		5.5	28	28	85	85
		6	32	32	95	95
90	180	2	12	12	36	36
		3	18	18	53	53
		4	24	24	71	71
		6	36	36	106	106
		8	45	45	132	132
180	355	3	20	20	60	60
		4	26	26	80	80
		6	40	40	118	118
		8	50	50	150	150

9.1.5.4 普通螺纹的推荐公差带

国家标准规定，在选择普通螺纹顶径和中径的公差带时，应按照以下五个主要原则选择其推荐的公差带：

（1）宜优先按表9.5中的规定选取普通螺纹的公差带。除特殊情况外，表9.5以外的其他公差带不宜选用。

（2）表9.5中推荐公差带的优先选用顺序为：粗字体公差带、一般字体公差带、括号内公差带。带方框的粗字体公差带用于大量生产的紧固件螺纹。

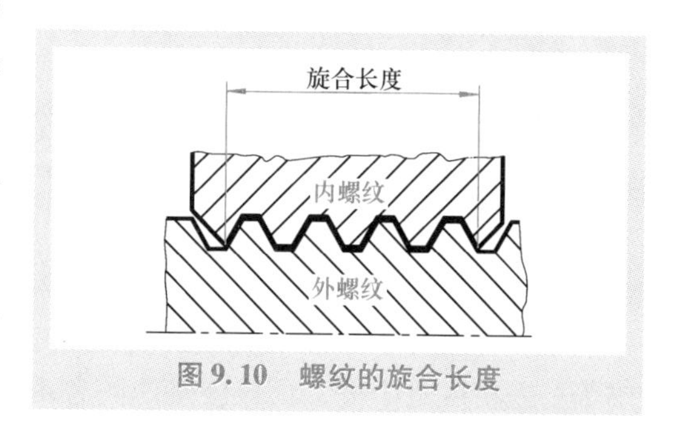

图9.10 螺纹的旋合长度

（3）推荐完工后的螺纹零件宜优先组成H/g、H/h或G/h配合。对公称直径小于或等于1.4mm的螺纹，应选用5H/6h、4H/6h或更精密的配合。

（4）如果不知道螺纹旋合长度的实际值（例如标准螺栓），推荐按中等旋合长度（N）选取螺纹公差带。

（5）鉴于中等旋合长度组、优选系列的普通螺纹在工程中的应用更加广泛，国家标准还对这类常用普通螺纹的极限尺寸规定了所应选用的数值系列。其中，GB/T 9145—2003规定了中等旋合长度组、公差精度为中等级别（内螺纹公差带为5H和6H，外螺纹公差带为6g和6h）、优选系列普通螺纹（公称直径为1～64mm）顶径和中径的极限尺寸，GB/T 9146—2003规定了中等旋合长度组、公差精度为粗糙级别（内螺纹公差带为7H，外螺纹公差带为8g）、优选系列普通螺纹（公称直径为3～64mm）顶径和中径的极限尺寸。

表9.5 普通螺纹的推荐公差带（GB/T 197—2003）

公差精度	内螺纹的推荐公差带						外螺纹的推荐公差带											
	公差带位置G			公差带位置H			公差带位置e			公差带位置f			公差带位置g			公差带位置h		
	S	N	L	S	N	L	S	N	L	S	N	L	S	N	L	S	N	L
精密	—	—	—	4H	5H	6H	—	—	—	—	—	—	—	(4g)	(5g4g)	(3h4h)	**4h**	(5h4h)
中等	(5G)	**6G**	(7G)	**5H**	**[6H]**	**7H**	—	**6e**	(7e6e)		**6f**	—	(5g6g)	**[6g]**	(7g6g)	(5h6h)	6h	(7h6h)
粗糙	—	(7G)	(8G)	—	7H	8H	—	(8e)	(9e8e)	—	—	—		8g	(9g8g)	—	—	—

说明：普通螺纹的公差精度

不同的公差带意味着不同的公差要求。较大的公差带表明设计者允许一个较大的尺寸误差，也就是说，该公差带所要求的“精确度”较低，满足该公差带要求的普通螺纹是较为“粗糙”的；反之，较小的公差带则意味着要求的“精确度”较高，满足其公差要求的螺纹是较为“精密”的。

国家标准（GB/T 197—2003）将普通螺纹所用的公差带分为三个等级的公差精度，分别为精密级别（用于需要精密螺纹配合的场合）、中等级别（用于一般用途螺纹，如用于一般工程中的紧固件）和粗糙级别（用于制造螺纹有困难的场合，如在热轧棒料上和深不通孔内加工螺纹）。

9.1.5.5 普通螺纹的标记

国家标准（GB/T 197—2003）规定，在技术文件或图样中标记标准螺纹时，应标记完整的螺纹标记。完整的螺纹标记由螺纹特征代号、尺寸代号、公差带代号及其他必要的信息（如旋合长度和旋向等）组成。其中：

（1）特征代号。普通螺纹的特征代号规定使用大写字母“**M**”表示。

（2）尺寸代号。对于单线细牙普通螺纹，其尺寸代号为“公称直径×螺距”，公称直径和螺距数值的单位为mm（见表9.6中的示例1）。对于单线粗牙普通螺纹，其尺寸代号中可省略螺距的标记（见表9.6中的示例2）。对于多线普通螺纹，其尺寸代号为“公称直径×

Ph 导程 P 螺距”，公称直径、导程和螺距数值的单位为 mm，（见表 9.6 中的示例 3）。

（3）**公差带代号**。普通螺纹的公差带代号包含中径公差带代号和顶径公差带代号。各直径的公差带代号由表示公差等级的数值和表示公差带位置的字母（内螺纹用大写字母，外螺纹用小写字母）组成。标记时，中径公差带代号在前，顶径公差带代号在后，应标记在螺纹尺寸代号之后并与其用“-”分开（见表 9.6 中的示例 4 和示例 5）。如果中径公差带代号和顶径公差带代号相同，则应只标记一个公差带代号（见表 9.6 中的示例 6 和示例 7）。对于中等公差精度且中径、顶径公差带同为 5H（或 6h）的普通内螺纹（或外螺纹），当其公称直径小于或等于 1.4mm 时，不标记其公差带代号（见表 9.6 中的示例 8 和示例 9）。对于中等公差精度且中径、顶径公差带同为 6H（或 6g）的普通内螺纹（或外螺纹），当其公称直径大于或等于 1.6mm 时，不标记其公差带代号（见表 9.6 中的示例 10 和示例 11）。表示内、外螺纹配合时，内螺纹公差带代号在前，外螺纹公差带代号在后，中间用斜线分开（见表 9.6 中的示例 12）。

（4）**其他必要的信息**：主要包括旋合长度和旋向。对于短旋合长度组和长旋合长度组的普通螺纹，应在公差带代号后分别标记其相应的旋合长度组代号“S”和“L”，旋合长度组代号与公差带代号之间用“-”分开（见表 9.6 中的示例 13 和示例 14）。中等旋合长度组的普通螺纹不标记其旋合长度组代号“N”（见表 9.6 中的示例 15）。对于左旋螺纹，应在旋合长度组代号后标记表示“左旋”的代号“LH”，代号“LH”与旋合长度组代号之间应用“-”分开（见表 9.6 的示例 16）。右旋螺纹不标记旋向代号（见表 9.6 中的示例 1 ~ 示例 15）。

表 9.6 普通螺纹的标记示例及其含义

标记示例	标记的含义
示例 1：M1.6×0.2	公称直径为 1.6mm、螺距为 0.2mm 的单线细牙普通螺纹
示例 2：M10	公称直径为 10mm、螺距为 1.5mm 的单线粗牙普通螺纹
示例 3：M16×Ph3P1.5	公称直径为 16mm、螺距为 1.5mm、导程为 3mm 的双线普通螺纹
示例 4：M10×1-5g6g	公称直径为 10mm、螺距为 1mm、中径公差带为 5g、顶径公差带 6g 的单线普通外螺纹
示例 5：M10×1-5H6H	公称直径为 10mm、螺距为 1mm、中径公差带为 5H、顶径公差带 6H 的单线普通内螺纹
示例 6：M10-6g	公称直径为 10mm、螺距 1.5mm、中径公差带和顶径公差带均为 6g 的单线粗牙普通外螺纹
示例 7：M10-5H	公称直径为 10mm、螺距 1.5mm、中径公差带和顶径公差带均为 5H 的单线粗牙普通内螺纹
示例 8：M1.4	公称直径为 1.4mm、螺距 0.3mm、中径公差带和顶径公差带均为 5H、中等公差精度的单线粗牙普通螺纹
示例 9：M1.2×0.2	公称直径为 1.2mm、螺距 0.2mm、中径公差带和顶径公差带均为 6h、中等公差精度的单线细牙普通螺纹
示例 10：M10×1	公称直径为 10mm、螺距 1mm、中径公差带和顶径公差带均为 6H、中等公差精度的单线细牙普通螺纹
示例 11：M1.6	公称直径为 1.6mm、螺距 0.35mm、中径公差带和顶径公差带均为 6g、中等公差精度的单线粗牙普通螺纹
示例 12：M8×1-6H/5g6g	公差带为 6H 的内螺纹与公差带为 5g6g 的外螺纹组成配合（内、外螺纹的公称直径为 8mm、螺距为 1mm）
示例 13：M8×1-5H-S	短旋合长度的普通内螺纹
示例 14：M6-7H/7g6g-L	长旋合长度的相互配合的普通内、外螺纹
示例 15：M6	中等旋合长度的普通螺纹（粗牙、中等公差精度、公差带为 6g）
示例 16：M14×Ph6P2-7H-L-LH	公称直径为 14mm、螺距为 2mm、导程为 6mm、中径公差带和顶径公差带均为 7H、长旋合长度的三线左旋普通内螺纹

9.1.6 统一螺纹

9.1.6.1 统一螺纹的基本牙型和设计牙型

统一螺纹的基本牙型与图9.7所示的普通螺纹的基本牙型相同。

统一螺纹的内螺纹的设计牙型与基本牙型基本相同（见图9.11a），两者的区别为：设计牙型的牙底一般为圆弧状，它取决于刀具牙顶形状；而基本牙型的牙底则为平底。内螺纹设计牙型的最大牙底圆弧半径为0.07216878P。

统一螺纹的外螺纹的设计牙型如图9.11b所示，其设计牙型的牙底为圆弧状，最大牙底圆弧半径为0.14433757P。当对最小牙底圆弧半径没有具体要求时，其牙底圆弧取决于刀具牙顶形状；当要求最小牙底圆弧半径不小于0.10825318P时，则应选用满足牙底圆弧半径要求的刀具加工螺纹。

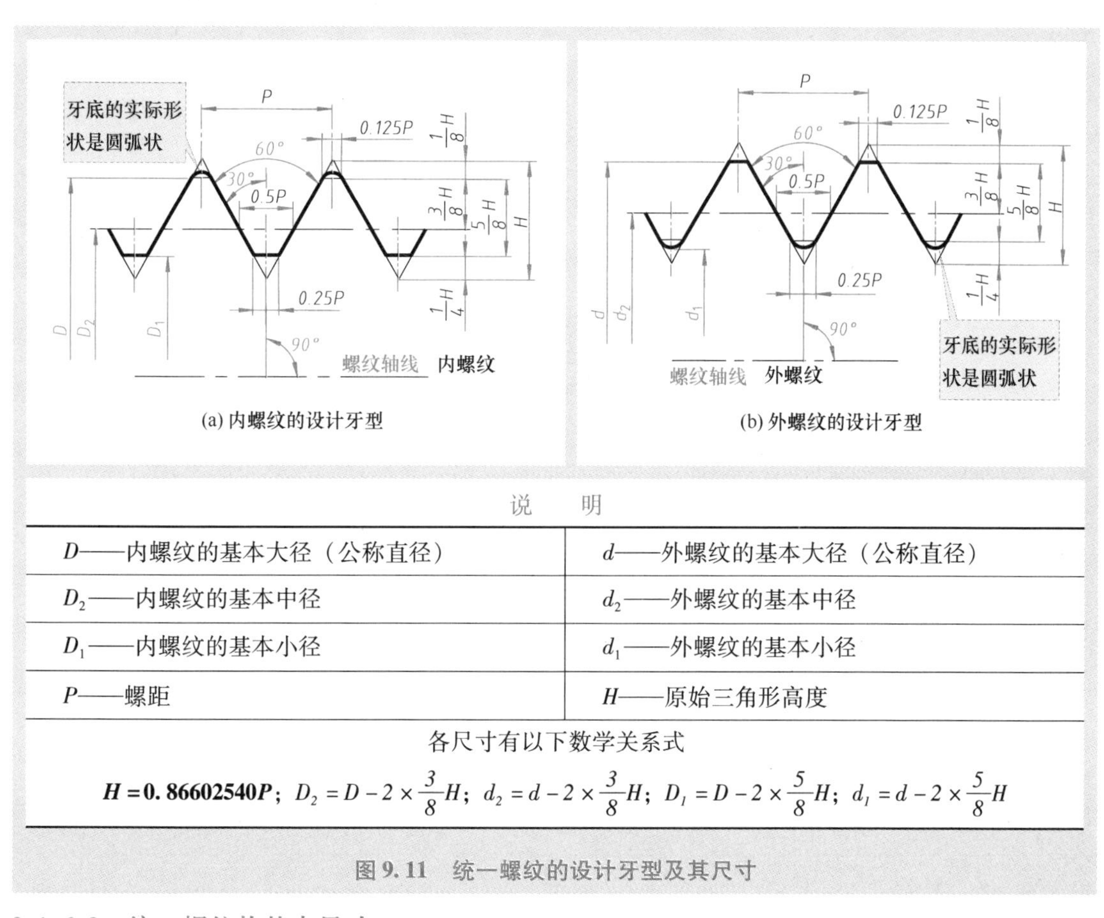

说　　明	
D——内螺纹的基本大径（公称直径）	d——外螺纹的基本大径（公称直径）
D_2——内螺纹的基本中径	d_2——外螺纹的基本中径
D_1——内螺纹的基本小径	d_1——外螺纹的基本小径
P——螺距	H——原始三角形高度

各尺寸有以下数学关系式

$$H=0.86602540P;\ D_2=D-2\times\frac{3}{8}H;\ d_2=d-2\times\frac{3}{8}H;\ D_1=D-2\times\frac{5}{8}H;\ d_1=d-2\times\frac{5}{8}H$$

图9.11　统一螺纹的设计牙型及其尺寸

9.1.6.2 统一螺纹的基本尺寸

统一螺纹的基本尺寸包括螺距（P）和基本直径（包括基本大径D或d、基本中径D_2或d_2、基本小径D_1或d_1），其尺寸单位为in。其中，螺距（P）可由规定的参数n（n为1in轴向长度内所包含的牙数）得到，即$P=1/n$。

确定统一螺纹基本尺寸的方法是，先在表9.7中选取所需的公称直径（D或d）和参数n（牙数/in），然后再根据GB/T 20668—2006（表9.8摘录了其中的一部分）得到其相应的基本中径（D_2或d_2）和基本小径（D_1或d_1）。例如，对于公称直径代码为“1”的统一螺纹的内螺纹，可供选择的参数n为64和72，若选择参数n为72，则依据表9.8可知，其基本大径为0.073in，其基本中径为0.064in，其基本小径为0.058in。

在确定参数n（牙数/in）后，可根据GB/T 20669—2006（表9.9摘录了其中的一部分）得到统一螺纹设计牙型的相关宽度尺寸（包括P、0.5P、0.25P、0.125P）和高度尺寸（包

括 H、$H/4$、$H/8$、$3H/8$、$5H/8$）。例如，若确定参数 $n=72$，则螺距 P 为 0.01388889in。

表 9.7　统一螺纹的公称直径与牙数标准组合系列（GB/T 20670—2006）（单位：in）

公称直径		基本大径 D、d/in	n（牙数/in）——即 1 英寸（25.4mm）轴向长度内所包含的牙数										
			分类螺距系列			恒定螺距系列							
第一系列	第二系列		粗牙 UNC UNRC	细牙 UNF UNRF	超细牙 UNEF UNREF	4 UN UNR	6 UN UNR	8 UN UNR	12 UN UNR	16 UN UNR	20 UN UNR	28 UN UNR	32 UN UNR
0		0.0600		80									
	1	0.0730	64	72									
2		0.0860	56	64									
	3	0.0990	48	56									
4		0.1120	40	48									
5		0.1250	40	44									
6		0.1380	32	40									UNC
8		0.1640	32	36									UNC
10		0.1900	24	32									UNF
	12	0.2160	24	28	32							UNF	UNEF
1/4		0.2500	20	28	32						UNC	UNF	UNEF
5/16		0.3125	18	24	32						20	28	UNEF
3/8		0.3750	16	24	32					UNC	20	28	UNEF
7/16		0.4375	14	20	28					16	UNF	UNEF	32
1/2		0.5000	13	20	28					16	UNF	UNEF	32
9/16		0.5625	12	18	24				UNC	16	20	28	32
5/8		0.6250	11	18	24				12	16	20	28	32
	11/16	0.6875			24				12	16	20	28	32
3/4		0.7500	10	16	20				12	UNF	UNEF	28	32
	13/16	0.8125			20				12	16	UNEF	28	32
7/8		0.8750	9	14	20				12	16	UNEF	28	32
	15/16	0.9375			20				12	16	UNEF	28	32
1		1.0000	8	12	20			UNC	UNF	16	UNEF	28	32
	1 1/16	1.0625			18			8	12	16	20	28	
1⅛		1.125	7	12	18			8	UNF	16	20	28	
	1 3/16	1.1875			18			8	12	16	20	28	
1¼		1.2500	7	12	18			8	UNF	16	20	28	
	1 5/16	1.3125			18			8	12	16	20	28	
1⅜		1.3750	6	12	18		UNC	8	UNF	16	20	28	
	1 7/16	1.4375			18		6	8	12	16	20	28	
1½		1.5000	6	12	18		UNC	8	UNF	16	20	28	
	1 9/16	1.5625			18		6	8	12	16	20		
1⅝		1.6250			18		6	8	12	16	20		
	1 11/16	1.6875			18		6	8	12	16	20		
1¾		1.7500	5				6	8	12	16	20		
	1 13/16	1.8125					6	8	12	16	20		
1⅞		1.8750					6	8	12	16	20		
	1 15/16	1.9375					6	8	12	16	20		
2		2.0000	4½				6	8	12	16	20		
	2⅛	2.1250					6	8	12	16	20		

（续）

公称直径		基本大径 D、d/in	n（牙数/in）——即1英寸（25.4mm）轴向长度内所包含的牙数										
			分类螺距系列			恒定螺距系列							
第一系列	第二系列		粗牙 UNC UNRC	细牙 UNF UNRF	超细牙 UNEF UNREF	4 UN UNR	6 UN UNR	8 UN UNR	12 UN UNR	16 UN UNR	20 UN UNR	28 UN UNR	32 UN UNR
2¼		2.2250	4½				6	8	12	16	20		
	2⅜	2.3750					6	8	12	16	20		
2½		2.5000	4			UNC	6	8	12	16	20		
	2⅝	2.6250				(4)	6	8	12	16	20		
2¾		2.7500	4			UNC	6	8	12	16	20		
	2⅞	2.8750				(4)	6	8	12	16	20		
3		3.0000	4			UNC	6	8	12	16	20		
	3⅛	3.1250				(4)	6	8	12	16			
3¼		3.2500	4			UNC	6	8	12	16			
	3⅜	3.3750				(4)	6	8	12	16			
3½		3.5000	4			UNC	6	8	12	16			
	3⅝	3.6250				(4)	6	8	12	16			
3¾		3.7500	4			UNC	6	8	12	16			
	3⅞	3.8750				(4)	6	8	12	16			
4		4.0000	4			UNC	6	8	12	16			
	4⅛	4.1250				(4)	6	8	12	16			
4¼		4.2500				4	6	8	12	16			
	4⅜	4.3750				(4)	6	8	12	16			
4½		4.5000				4	6	8	12	16			
	4⅝	4.6250				(4)	6	8	12	16			
4¾		4.7500				4	6	8	12	16			
	4⅞	4.8750				(4)	6	8	12	16			
5		5.0000				4	6	8	12	16			
	5⅛	5.1250				(4)	6	8	12	16			
5¼		5.2500				4	6	8	12	16			
	5⅜	5.3750				(4)	6	8	12	16			
5½		5.5000				4	6	8	12	16			
	5⅝	5.6250				(4)	6	8	12	16			
53/4		5.7500				4	6	8	12	16			
	5⅞	5.8750				(4)	6	8	12	16			
6		6.0000				4	6	8	12	16			

说　明

（1）对于基本大径小于1/4in的前10个螺纹，其公称直径栏内所列出的自然数是公称直径代码，不是公称直径的英寸值。

（2）统一螺纹的代号为“UN”。其中，分类螺距系列中的粗牙、细牙和超细牙的代号分别为“UNC”、“UNF”和“UNEF”；对于最小牙底圆弧半径为0.10825318P的外螺纹，其螺纹代号中应包含字母“R”，如“UNRC、UNRF、UNREF、UNR”等。

（3）在恒定螺距系列栏内如出现分类螺距系列代号（UNC、UNF、UNEF），则表示此规格已纳入分类螺距系列之中，它们也适用于有最小牙底圆弧半径要求的螺纹（UNRC、UNRF、UNREF）。

（4）对于一般工程紧固件，应优先选择分类螺距系列中的粗牙或细牙系列，如需要更小螺距的螺纹，则选择超细牙系列。

（5）当分类螺距系列无法满足使用要求时，可在8个恒定螺距系列中优先选取8牙、12牙和16牙系列，不推荐选用括号内的牙数（4牙）。

表 9.8 统一螺纹的基本尺寸（GB/T 20668—2006） （单位：in）

公称直径	基本大径 D、d	牙数/in n	系列代号	基本中径 D_2、d_2	内螺纹基本小径 D_1	外螺纹基本小径（参考）d_1
0	0.060 0	80	UNF	0.051 9	0.046 5	0.045 1
1	0.073 0	64	UNC	0.062 9	0.056 1	0.054 4
1	0.073 0	72	UNF	0.064 0	0.058 0	0.056 5
2	0.086 0	56	UNC	0.074 4	0.066 7	0.064 7
2	0.086 0	64	UNF	0.075 9	0.069 1	0.067 4
…	…	…	…	…	…	…

说明：GB/T 20668—2006 规定了 0.06 ~ 6.00in 的基本大径与其牙数的标准组合系列所对应的中径与小径的尺寸数值系列，其数值的计算公式详见 GB/T 20668—2006。

表 9.9 统一螺纹的基本牙型尺寸（GB/T 20669—2006） （单位：in）

n（牙数/in）	螺距 P	H	$\frac{5}{8}H$	$\frac{3}{8}H$	$\frac{1}{4}H$	$\frac{1}{8}H$
80	0.012 500 00	0.010 825	0.006 766	0.004 059	0.002 706	0.001 353
72	0.013 888 89	0.012 028	0.007 518	0.004 511	0.003 007	0.001 504
64	0.015 625 00	0.013 532	0.008 457	0.005 074	0.003 383	0.001 691
…	…	…	…	…	…	…

说明：GB/T 20669—2006 规定了牙数为 4 ~ 80 的统一螺纹的螺距 P 及其基本牙型尺寸。其中，螺距 P 根据公式 $P=1/n$ 计算。

9.1.6.3 统一螺纹的公差带

国家标准（GB/T 20666—2006）规定了统一螺纹的公差带及其选用原则（见表 9.10）。

表 9.10 统一螺纹规定的公差带（GB/T 20666—2006）

规定的公差带		统一螺纹公差带的选用原则		
外螺纹公差带	内螺纹公差带	公差带	用　途	备　注
1A、2A、3A	1B、2B、3B	1A 和 1B	用于要求容易装配、基本大径不小于 0.25in 的粗牙和细牙系列螺纹	螺纹的公差较大，外螺纹的基本偏差不能用于容纳涂镀层
		2A 和 2B	使用最多、最广的公差带，包括螺纹紧固件	外螺纹的基本偏差可以用于容纳涂镀层
		3A 和 3B	用于形成螺纹紧配合	对螺纹的螺距和压侧角单项要素精度有较高要求

注：1A 和 2A 螺纹的基本偏差 es 为负值，3A 螺纹的基本偏差 es 为零。内螺纹的基本偏差 EI 为零。

说　明

（1）对于统一螺纹，其内、外螺纹的公差带应从本表规定的公差带中选取。

（2）对于本表中规定的公差带，其相关基本偏差以及中径和顶径公差的英寸值可查阅 GB/T 20666—2006。

9.1.6.4 统一螺纹的旋合长度

相互配合的统一螺纹通常采用标准旋合长度。对于粗牙和细牙统一螺纹以及恒定螺距系列内牙数少于 12 牙的统一螺纹，其标准旋合长度范围为：大于 $5P$，小于和等于 $1.5D$。对于超细牙统一螺纹以及恒定螺距系列内牙数多于和等于 12 牙的统一螺纹，其标准旋合长度范围为：大于 $5P$，小于和等于 $15P$。

统一螺纹的其他旋合长度（如超短旋合长度、短旋合长度、长旋合长度等）的相关规定，详见 GB/T 20666—2006。

9.1.6.5 统一螺纹的基本标记

对具有标准系列、标准旋合长度和标准公差的右旋螺纹，其标记由公称直径或基本大径的英寸值、牙数、螺纹代号和公差带代号四项内容组成（见图 9.12a）。对左旋螺纹，在公差带代号后添加左旋代号“LH”（见图 9.12b）。

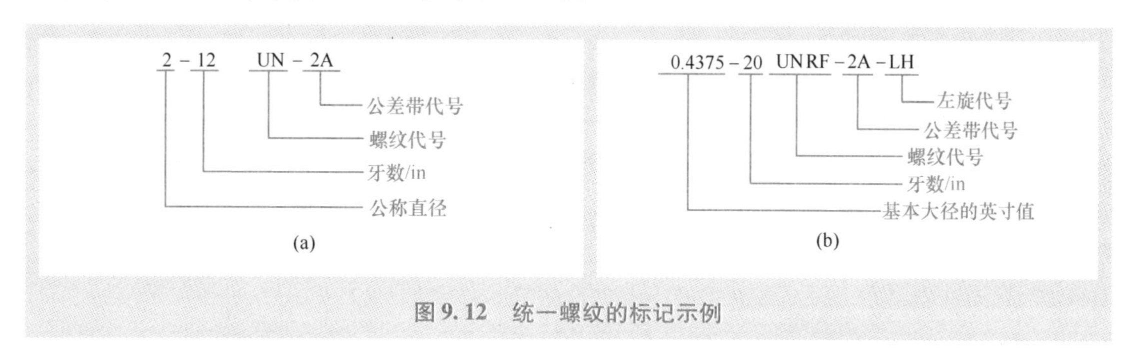

图 9.12 统一螺纹的标记示例

9.1.7 55°非密封管螺纹

标准非密封管螺纹的牙型角为 55°，通常称这种管螺纹为“55°非密封管螺纹”。该管螺纹用于没有密封要求的管路联接，其螺纹副本身没有密封性。若要求其螺纹联接具有密封性，则应在螺纹以外设计密封面结构（例如圆锥面、平端面等）。国家标准（GB/T 7307—2001）规定了该管螺纹的牙型（见图 9.13）、基本尺寸与公差（见表 9.11）。

55°非密封管螺纹的标记由螺纹特征代号、尺寸代号、公差等级代号和旋向代号组成。其中：

（1）螺纹特征代号用字母“G”表示（见表 9.12 中的标记示例）。

（2）螺纹尺寸代号为表 9.11 中第一栏所规定的分数或整数（见表 9.12 中的标记示例）。

（3）公差等级代号：对外螺纹，分 A、B 两级进行标记（见表 9.12 中的示例 2 ~ 示例 5）；对内螺纹，不标记公差等级代号（见表 9.12 中的示例 1 和示例 6）。

（4）旋向代号：当螺纹为左旋时，应在外螺纹的公差等级代号或内螺纹的尺寸代号之后加注“LH”（见表 9.12 中的示例 4 ~ 示例 6）；当螺纹为右旋时，不标注旋向代号（见表 9.12 中的示例 1 ~ 示例 3）。

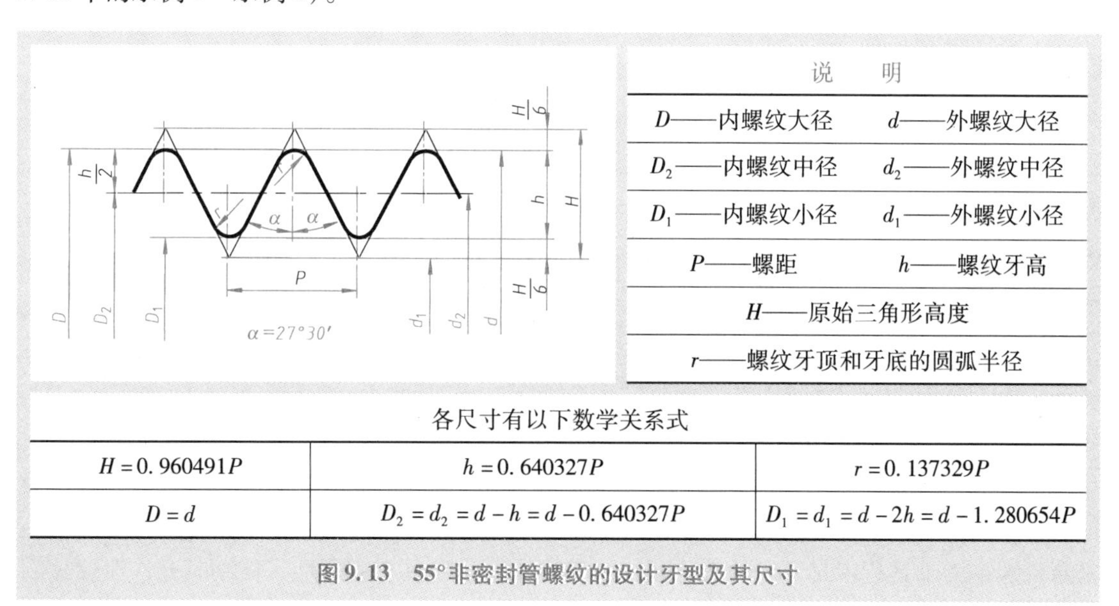

说明	
D——内螺纹大径	d——外螺纹大径
D_2——内螺纹中径	d_2——外螺纹中径
D_1——内螺纹小径	d_1——外螺纹小径
P——螺距	h——螺纹牙高
H——原始三角形高度	
r——螺纹牙顶和牙底的圆弧半径	

各尺寸有以下数学关系式		
$H=0.960491P$	$h=0.640327P$	$r=0.137329P$
$D=d$	$D_2=d_2=d-h=d-0.640327P$	$D_1=d_1=d-2h=d-1.280654P$

图 9.13 55°非密封管螺纹的设计牙型及其尺寸

表 9.11　55°非密封管螺纹的基本尺寸及其公差（GB/T 7307—2001）

尺寸代号	每25.4mm内所包含的牙数 n	螺距 P /mm	牙高 h /mm	基本直径			中径公差					小径公差		大径公差	
				大径 $d=D$ /mm	中径 $d_2=D_2$ mm	小径 $d_1=D_1$ /mm	内螺纹		外螺纹			内螺纹		外螺纹	
							下偏差 /mm	上偏差 /mm	下偏差/mm A级	下偏差/mm B级	上偏差 mm	下偏差 /mm	上偏差 /mm	下偏差 /mm	上偏差 /mm
1/16	28	0.907	0.581	7.723	7.142	6.561	0	+0.107	-0.107	-0.214	0	0	+0.282	-0.214	0
1/8	28	0.907	0.581	9.728	9.147	8.566	0	+0.107	-0.107	-0.214	0	0	+0.282	-0.214	0
1/4	19	1.337	0.856	13.157	12.301	11.445	0	+0.125	-0.125	-0.250	0	0	+0.445	-0.250	0
3/8	19	1.337	0.856	16.662	15.806	14.950	0	+0.125	-0.125	-0.250	0	0	+0.445	-0.250	0
1/2	14	1.814	1.162	20.955	19.793	18.631	0	+0.142	-0.142	-0.284	0	0	+0.541	-0.284	0
5/8	14	1.814	1.162	22.911	21.749	20.587	0	+0.142	-0.142	-0.284	0	0	+0.541	-0.284	0
3/4	14	1.814	1.162	26.441	25.279	24.117	0	+0.142	-0.142	-0.284	0	0	+0.541	-0.284	0
7/8	14	1.814	1.162	30.201	29.039	27.877	0	+0.142	-0.142	-0.284	0	0	+0.541	-0.284	0
1	11	2.309	1.479	33.249	31.770	30.291	0	+0.180	-0.180	-0.360	0	0	+0.640	-0.360	0
1⅛	11	2.309	1.479	37.897	36.418	34.939	0	+0.180	-0.180	-0.360	0	0	+0.640	-0.360	0
1¼	11	2.309	1.479	41.910	40.431	38.952	0	+0.180	-0.180	-0.360	0	0	+0.640	-0.360	0
1½	11	2.309	1.479	47.803	46.324	44.845	0	+0.180	-0.180	-0.360	0	0	+0.640	-0.360	0
1¾	11	2.309	1.479	53.746	52.267	50.788	0	+0.180	-0.180	-0.360	0	0	+0.640	-0.360	0
2	11	2.309	1.479	59.614	58.135	56.656	0	+0.180	-0.180	-0.360	0	0	+0.640	-0.360	0
2¼	11	2.309	1.479	65.710	64.231	62.752	0	+0.217	-0.217	-0.434	0	0	+0.640	-0.434	0
2½	11	2.309	1.479	75.184	73.705	72.226	0	+0.217	-0.217	-0.434	0	0	+0.640	-0.434	0
2¾	11	2.309	1.479	81.534	80.055	78.576	0	+0.217	-0.217	-0.434	0	0	+0.640	-0.434	0
3	11	2.309	1.479	87.884	86.405	84.926	0	+0.217	-0.217	-0.434	0	0	+0.640	-0.434	0
3½	11	2.309	1.479	100.330	98.851	97.372	0	+0.217	-0.217	-0.434	0	0	+0.640	-0.434	0
4	11	2.309	1.479	113.030	111.551	110.072	0	+0.217	-0.217	-0.434	0	0	+0.640	-0.434	0
4½	11	2.309	1.479	125.730	124.251	122.772	0	+0.217	-0.217	-0.434	0	0	+0.640	-0.434	0
5	11	2.309	1.479	138.430	136.951	135.472	0	+0.217	-0.217	-0.434	0	0	+0.640	-0.434	0
5½	11	2.309	1.479	151.130	149.651	148.172	0	+0.217	-0.217	-0.434	0	0	+0.640	-0.434	0
6	11	2.309	1.479	163.830	162.351	160.872	0	+0.217	-0.217	-0.434	0	0	+0.640	-0.434	0

说　明

（1）螺距 P 的计算公式为：$P=25.4/n$。

（2）规定内螺纹的下极限偏差（EI）和外螺纹的上极限偏差（es）为基本偏差、且该基本偏差为零。

（3）对内螺纹的中径和小径（顶径）规定了一种公差等级；对外螺纹的中径规定了 A 级和 B 级两种公差等级，对外螺纹的大径（顶径）规定了一种公差等级。对内、外螺纹的底径未规定公差等级。

（4）在顶径公差带范围内，允许将圆弧牙顶削平。

表 9.12　55°非密封管螺纹的标记示例及其含义

标 记 示 例	标记的含义
示例1：G2	尺寸代号为 2 的右旋圆柱内螺纹
示例2：G3 A	尺寸代号为 3 的 A 级右旋圆柱外螺纹
示例3：G3 B	尺寸代号为 4 的 B 级右旋圆柱外螺纹
示例4：G1/8A-LH	尺寸代号为 1/8 的 A 级左旋圆柱外螺纹
示例5：G3B-LH	尺寸代号为 3 的 B 级左旋圆柱外螺纹
示例6：G1/4 LH	尺寸代号为 1/4 的左旋圆柱内螺纹

9.1.8　密封管螺纹

常用的密封管螺纹有三种，分别为 55°密封管螺纹、60°密封管螺纹和米制密封螺纹。密封管螺纹用于具有密封要求的管路联接，其螺纹副本身具有密封性，使用时允许在螺纹副内添加合适的密封介质，例如在螺纹表面缠胶带、涂密封胶等。

三种常用的密封管螺纹，其内螺纹有圆柱内螺纹和圆锥内螺纹两种，其外螺纹仅有圆锥外螺纹一种，其内、外螺纹可组成两种密封配合形式，圆柱内螺纹和圆锥外螺纹组成“柱/锥”配合（见图 9. 14a），圆锥内螺纹和圆锥外螺纹组成“锥/锥”配合（见图 9. 14b）。

9. 1. 8. 1　55°密封管螺纹

对于 55°密封管螺纹，其圆柱内螺纹的牙型及牙型尺寸与 55°非密封管螺纹相同（见图 9. 13），其圆锥内、外螺纹的设计牙型及其主要尺寸如图 9. 15 和图 9. 16 所示（其左右两牙侧的牙侧角相同，螺纹锥度为 1∶16）。

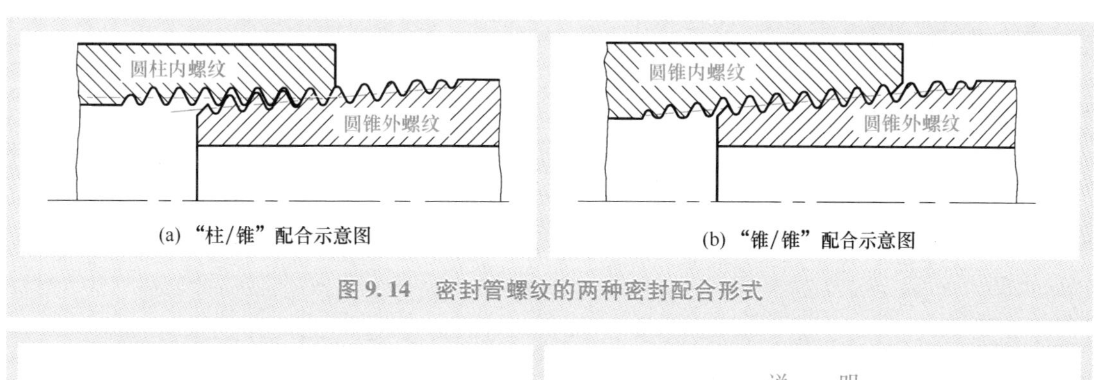

图 9. 14　密封管螺纹的两种密封配合形式

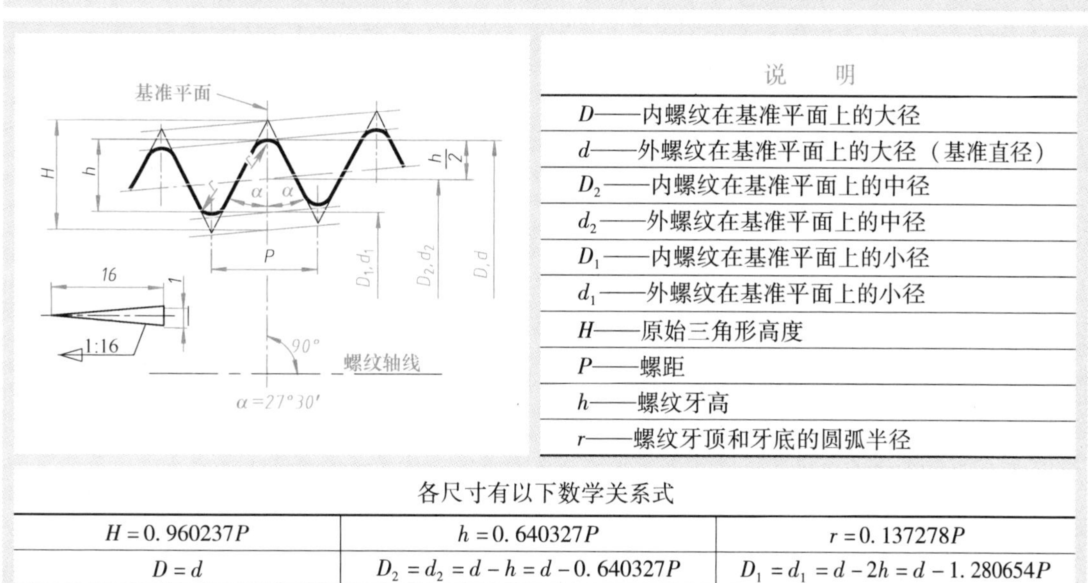

说　　明
D——内螺纹在基准平面上的大径
d——外螺纹在基准平面上的大径（基准直径）
D_2——内螺纹在基准平面上的中径
d_2——外螺纹在基准平面上的中径
D_1——内螺纹在基准平面上的小径
d_1——外螺纹在基准平面上的小径
H——原始三角形高度
P——螺距
h——螺纹牙高
r——螺纹牙顶和牙底的圆弧半径

各尺寸有以下数学关系式		
$H=0.960237P$	$h=0.640327P$	$r=0.137278P$
$D=d$	$D_2=d_2=d-h=d-0.640327P$	$D_1=d_1=d-2h=d-1.280654P$

图 9. 15　55°密封圆锥内、外管螺纹的设计牙型及其尺寸

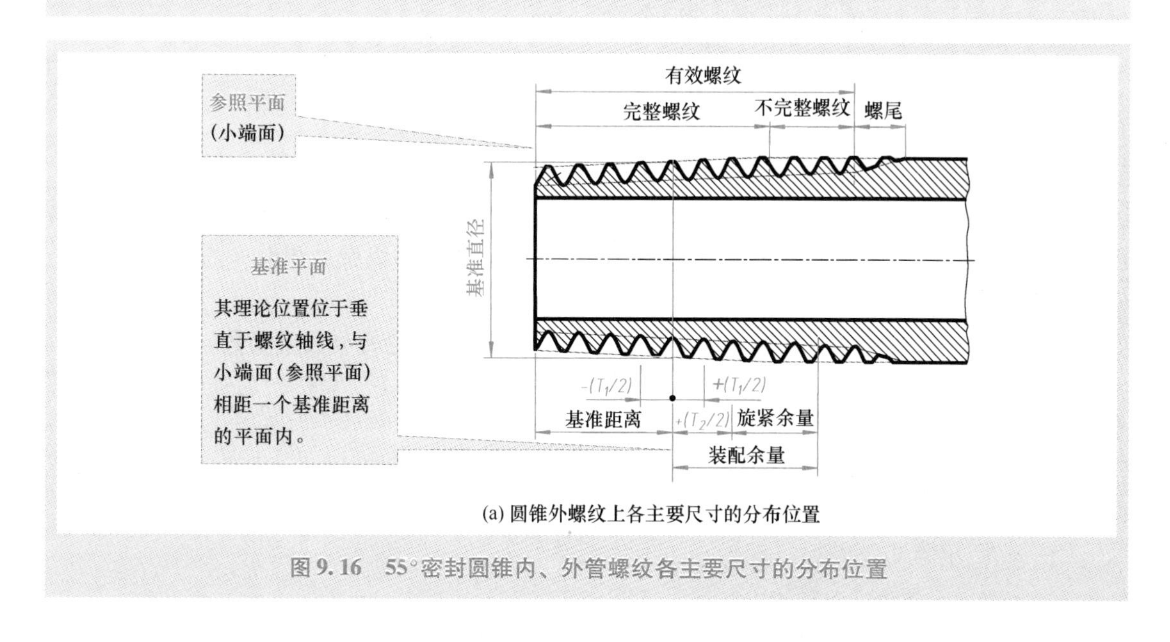

(a) 圆锥外螺纹上各主要尺寸的分布位置

图 9. 16　55°密封圆锥内、外管螺纹各主要尺寸的分布位置

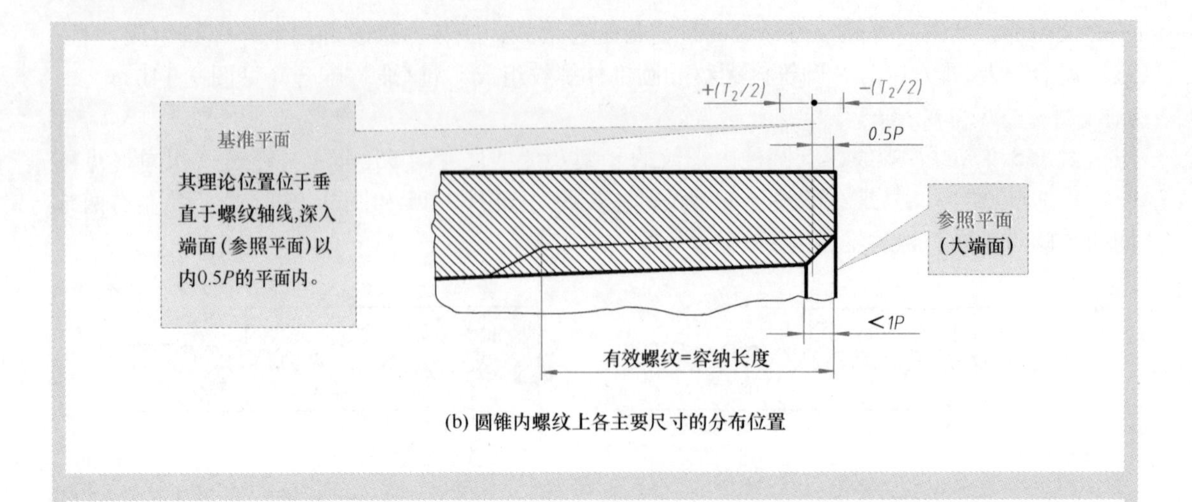

(b) 圆锥内螺纹上各主要尺寸的分布位置

说　明

有效螺纹(*useful thread*)：由完整螺纹和不完整螺纹组成的螺纹，不包括螺尾。其中，**完整螺纹**(*complete thread*) 是指牙顶和牙底均具有完整形状的螺纹，**不完整螺纹**(*incomplete thread*) 是指牙底完整而牙顶不完整的螺纹，**螺尾**(*washoutl thread*) 是指向光滑表面过渡的牙底不完整的螺纹。

基准直径(*gauge diameter*)：设计给定的圆锥内螺纹（或圆锥外螺纹）的基本大径（*D* 或 *d*）。

参照平面(*reference plane*)：基准平面的理论位置所参照的平面，它是圆锥内螺纹的大端面或圆锥外螺纹的小端面。

基准平面(*gauge plane*)：垂直于螺纹轴线、具有基准直径的平面。

基准距离(*gauge length*)：从基准平面到参照平面的距离。

装配余量(*fitting allowance*)：在圆锥外螺纹基准平面之后的有效螺纹长度。它提供了与最小实体状态下的内螺纹配合时的余量。

旋紧余量(*wrenching allowance*)：圆锥内、外螺纹用手旋合后所余下的有效螺纹长度。它提供了与最小实体状态下的内螺纹手旋合之后的旋紧量。其中，“手旋合”的理想状态是指圆锥内、外螺纹的配合处于间隙和过盈均为零的状态。

容纳长度(*accommodation length*)：从圆锥内螺纹大端面到妨碍外螺纹旋入的第一个障碍物间的轴向距离。

图 9.16　55°密封圆锥内、外管螺纹各主要尺寸的分布位置（续）

国家标准（GB/T 7306—2000）规定了55°密封管螺纹（包括圆柱内螺纹、圆锥内螺纹和圆锥外螺纹）的基本尺寸及其公差（见表 9.13）和标记方法。

55°密封管螺纹的标记由螺纹特征代号、尺寸代号和旋向代号组成。其中：

（1）螺纹特征代号。螺纹特征代号使用符号“R”表示。其中，使用“Rp”表示圆柱内螺纹，使用“Rc”表示圆锥内螺纹，使用“R_1”表示与圆柱内螺纹相配合的圆锥外螺纹，使用“R_2”表示与圆锥内螺纹相配合的圆锥外螺纹。

（2）螺纹尺寸代号。螺纹尺寸代号为表 9.13 第一栏所规定的分数或整数。

（3）旋向代号。当螺纹为左旋时，应在尺寸代号之后加注“LH”；当螺纹为右旋时，不标注旋向代号。

（4）表示螺纹副时，螺纹的特征代号为“Rp / R_1”或“Rc / R_2”。前面为内螺纹的特征代号，后面为外螺纹的特征代号，中间用斜线分开。

（5）标记示例见表 9.13。

表9.13 55°密封管螺纹的基本尺寸及其公差（GB/T 7306—2000）

1	2	3	4	5	6	7	8	9	10	11	12	13	14	15	16	17	18	19	20	21
尺寸代号	25.4mm内的牙数	螺距 P	牙高 h	基准平面内的基本直径			基准距离					装配余量		外螺纹的有效螺纹不小于			圆柱内螺纹直径的极限偏差 ±		圆锥内螺纹基准平面轴向位置的极限偏差 $\pm T_2/2$	
				大径 $d=D$	中径 $d_2=D_2$	小径 $d_1=D_1$	基本	极限偏差 $\pm T_1/2$		最大	最小			基准距离分别为						
														基本	最大	最小	径向	轴向圈数 $T_2/2$		
	n	/mm	/mm	/mm	/mm	/mm	/mm	/mm	圈数	/mm	/mm	/mm	圈数	/mm	/mm	/mm	/mm		/mm	圈数
1/16	28	0.907	0.581	7.723	7.142	6.561	4	0.9	1	4.9	3.1	2.5	2¾	6.5	7.4	5.6	0.071	1¼	1.1	1¼
1/8	28	0.907	0.581	9.728	9.147	8.566	4	0.9	1	4.9	3.1	2.5	2¾	6.5	7.4	5.6	0.071	1¼	1.1	1¼
1/4	19	1.337	0.856	13.157	12.301	11.445	6	1.3	1	7.3	4.7	3.7	2¾	9.7	11	8.4	0.104	1¼	1.7	1¼
3/8	19	1.337	0.856	16.662	15.806	14.950	6.4	1.3	1	7.7	5.1	3.7	2¾	10.1	11.4	8.8	0.104	1¼	1.7	1¼
1/2	14	1.814	1.162	20.955	19.793	18.631	8.2	1.8	1	10.0	6.4	5.0	2¾	13.2	15	11.4	0.142	1¼	2.3	1¼
3/4	14	1.814	1.162	26.441	25.279	24.117	9.5	1.8	1	11.3	7.7	5.0	2¾	14.5	16.3	12.7	0.142	1¼	2.3	1¼
1	11	2.309	1.479	33.249	31.770	30.291	10.4	2.3	1	12.7	8.1	6.4	2¾	16.8	19.1	14.5	0.180	1¼	2.9	1¼
1¼	11	2.309	1.479	41.910	40.431	38.952	12.7	2.3	1	15.0	10.4	6.4	2¾	19.1	21.4	16.8	0.180	1¼	2.9	1¼
1½	11	2.309	1.479	47.803	46.324	44.845	12.7	2.3	1	15.0	10.4	6.4	2¾	19.1	21.4	16.8	0.180	1¼	2.9	1¼
2	11	2.309	1.479	59.614	58.135	56.656	15.9	2.3	1	18.2	13.6	7.5	3¼	23.4	25.7	21.1	0.180	1¼	2.9	1¼
2½	11	2.309	1.479	75.184	73.705	72.226	17.5	3.5	1½	21.0	14.	9.2	4	26.7	30.2	23.2	0.216	1½	3.5	1½
3	11	2.309	1.479	87.884	86.405	84.926	20.6	3.5	1½	24.1	17.1	9.2	4	29.8	33.3	26.3	0.216	1½	3.5	1½
4	11	2.309	1.479	113.030	111.551	110.072	25.4	3.5	1½	28.9	21.9	10.4	4½	35.8	39.3	32.3	0.216	1½	3.5	1½

（续）

1	2	3	4	5	6	7	8	9	10	11	12	13	14	15	16	17	18	19	20	21
尺寸代号	25.4mm 内的牙数	螺距 P	牙高 h	基准平面内的基本直径			基准距离					装配余量		外螺纹的有效螺纹不小于			圆柱内螺纹直径的极限偏差		圆锥内螺纹基准平面轴向位置的极限偏差	
				大径 $d=D$	中径 $d_2=D_2$	小径 $d_1=D_1$	基本	极限偏差 $\pm T_1/2$		最大	最小			基准距离分别为			±		$\pm T_2/2$	
														基本	最大	最小	径向	轴向圈数 $T_2/2$		
	n	/mm	/mm	/mm	/mm	/mm	/mm	/mm	圈数	/mm	/mm	/mm	圈数	/mm	/mm	/mm	/mm		/mm	圈数
5	11	2.309	1.479	138.430	136.951	135.472	28.6	3.5	1½	32.1	25.1	11.5	5	40.1	43.6	36.6	0.216	1½	3.5	1½
6	11	2.309	1.479	163.830	162.351	160.872	28.6	3.5	1½	32.1	25.1	11.5	5	40.1	43.6	36.6	0.216	1½	3.5	1½

说　明

（1）55°密封管螺纹，其圆锥内螺纹和圆锥外螺纹各主要尺寸的分布位置如图9.16所示，其基本尺寸应符合本表的规定。

（2）55°密封管螺纹，其圆柱内螺纹各直径的极限偏差应符合本表第18、19栏的规定，其圆锥外螺纹基准距离的极限偏差（$\pm T_1/2$）应符合本表第9、10栏的规定，其圆锥内螺纹基准平面轴向位置的极限偏差（$\pm T_2/2$）应符合本表第20、21栏的规定。

（3）55°密封管螺纹，其圆柱内螺纹外端面、圆锥内螺纹大端面和圆锥外螺纹小端面的倒角的轴向长度不得大于1P（见图9.16b）。

（4）55°密封管螺纹，其圆锥外螺纹的有效螺纹长度不应小于其基准距离的实际值与装配余量之和。对应基准距离为最大、基本和最小尺寸的三种条件，本表的第16、15和17栏分别给出了相应情况所需的最小有效螺纹长度。

（5）当圆柱内螺纹（或圆锥内螺纹）的尾部未采用退刀结构时，其最小有效螺纹长度应能容纳具有本表第16栏长度的圆锥外螺纹。

（6）当圆柱内螺纹（或圆锥内螺纹）的尾部采用退刀结构时，其容纳长度应能容纳具有本表第16栏长度的圆锥外螺纹，其最小有效螺纹长度应不小于本表第17栏规定长度的80%。

示例1：Rp 3/4：表示尺寸代号为3/4的右旋圆柱内螺纹。
示例2：Rc 3/4：表示尺寸代号为3/4的右旋圆锥内螺纹。
示例3：R_1 3或R_2 3：表示尺寸代号为3的右旋圆锥外螺纹。
示例4：Rp 3/4 LH：表示尺寸代号为3/4的左旋圆柱内螺纹。
示例5：Rc 3/4 LH：表示尺寸代号为3/4的左旋圆锥内螺纹。
示例6：Rp / $R_1$3：表示尺寸代号为3的右旋圆锥外螺纹与圆柱内螺纹所组成的螺纹副。
示例7：Rc / $R_2$3：表示尺寸代号为3的右旋圆锥外螺纹与圆锥内螺纹所组成的螺纹副。

9.1.8.2 60°密封管螺纹

60°密封管螺纹的设计牙型及其相关尺寸如图9.17所示，其基本尺寸及公差见表9.14。

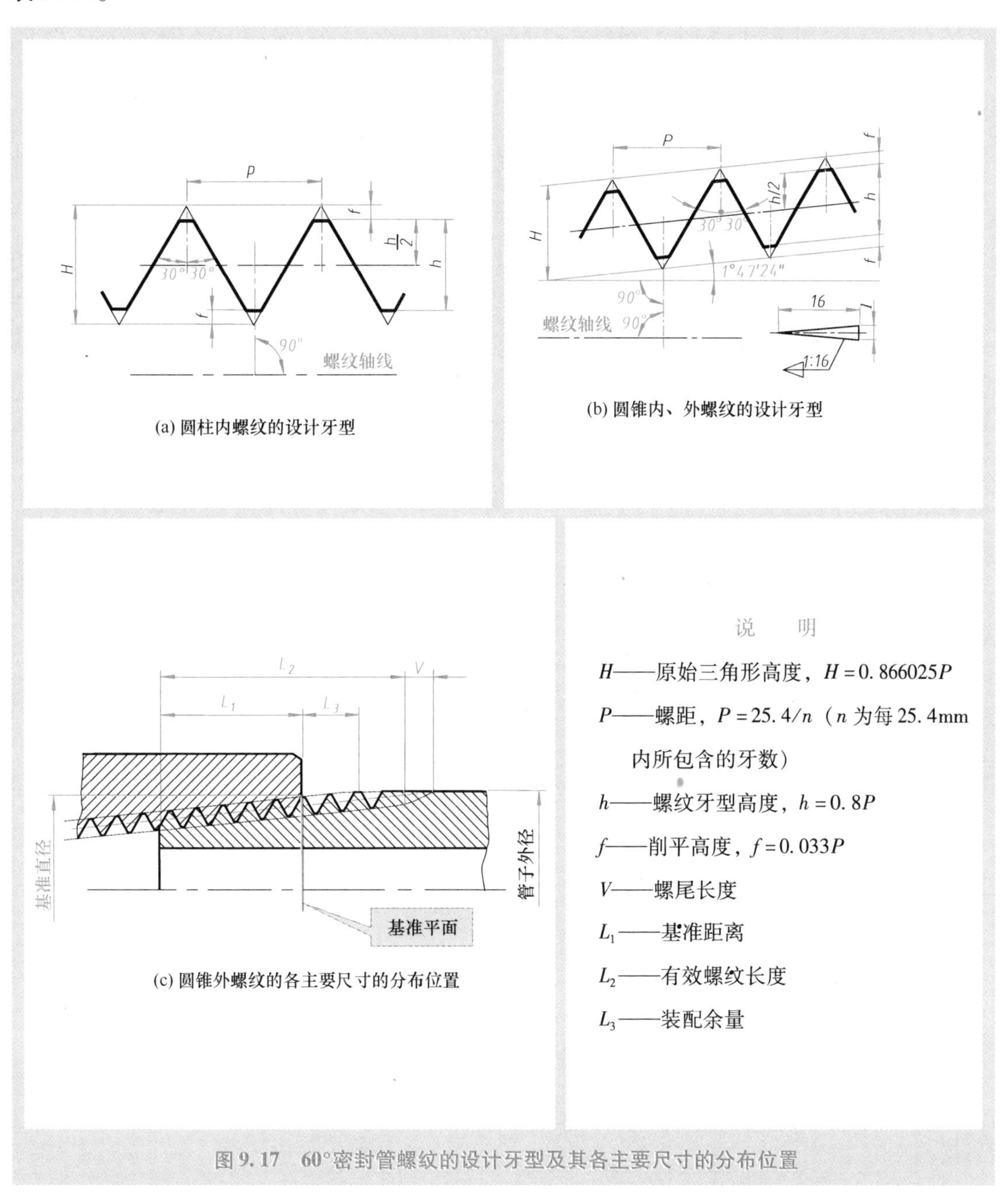

图9.17 60°密封管螺纹的设计牙型及其各主要尺寸的分布位置

60°密封管螺纹的标记由螺纹特征代号、尺寸代号、螺纹牙数和旋向代号组成（对标准螺纹，允许省略标记内的螺纹牙数项）。其中：

（1）**螺纹特征代号**。NPT表示圆锥管螺纹；NPSC表示圆柱内螺纹。

（2）**螺纹尺寸代号**。见表9.15第1列。

（3）**旋向代号**。对左旋螺纹，应在尺寸代号之后加注“LH”；对右旋螺纹，不标注旋向代号。

（4）标记示例见表9.14。

表 9.14　60°密封管螺纹的基本尺寸及其公差（GB/T 12716—2011）

圆锥管螺纹（NPT）的基本尺寸												圆柱内螺纹（NPSC）的极限尺寸				
1	2	3	4	5	6	7	8	9	10	11	12	13	14	15	16	17
尺寸代号	牙数 n	螺距 P/mm	牙型高度 h/mm	基准平面内的基本直径/mm			基准距离 L_1		装配余量 L_3		外螺纹小端面内的基本小径 /mm	尺寸代号	牙数	中径 /mm		小径/mm
				大径 D、d	中径 D_2、d_2	小径 D_1、d_1	/mm	圈数	/mm	圈数				max	min	min
1/16	27	0.941	0.753	7.895	7.142	6.389	4.064	4.32	2.822	3	6.137	1/8	27	9.578	9.401	8.636
1/8	27	0.941	0.753	10.242	9.489	8.736	4.102	4.36	2.822	3	8.481	1/4	18	12.619	12.355	11.227
1/4	18	1.411	1.129	13.616	12.487	11.358	5.786	4.10	4.234	3	10.996	3/8	18	16.058	15.794	14.656
3/8	18	1.411	1.129	17.055	15.926	14.797	6.096	4.32	4.234	3	14.417	1/2	14	19.942	19.601	18.161
1/2	14	1.814	1.451	21.223	19.772	18.321	8.128	4.48	5.443	3	17.813	3/4	14	25.288	24.948	23.495
3/4	14	1.814	1.451	26.568	25.117	23.666	8.611	4.75	5.443	3	23.127	1	11.5	31.669	31.255	29.489
1	11.5	2.209	1.767	33.228	31.461	29.694	10.160	4.60	6.627	3	29.060	1¼	11.5	40.424	40.010	38.252
1¼	11.5	2.209	1.767	41.985	40.218	38.451	10.668	4.83	6.627	3	37.785	1½	11.5	46.495	46.081	44.323
1½	11.5	2.209	1.767	48.054	46.287	44.520	10.668	4.83	6.627	3	43.853	2	11.5	58.532	58.118	56.363
2	11.5	2.209	1.767	60.092	58.325	56.558	11.074	5.01	6.627	3	55.867	2½	8	70.457	69.860	67.310
2½	8	3.175	2.540	72.699	70.159	67.619	17.323	5.46	6.350	2	66.535	3	8	86.365	85.771	83.236
3	8	3.175	2.540	88.608	86.068	83.528	19.456	6.13	6.350	2	82.311	3½	8	99.073	98.478	95.936
3½	8	3.175	2.540	101.316	98.776	96.236	20.853	6.57	6.350	2	94.933	4	8	111.730	111.135	108.585
4	8	3.175	2.540	113.973	111.433	108.893	21.438	6.75	6.350	2	107.554					
5	8	3.175	2.540	140.952	138.412	135.872	23.800	7.50	6.350	2	134.384					
6	8	3.175	2.540	167.792	165.252	162.712	24.333	7.66	6.350	2	161.191					

（续）

圆锥管螺纹（NPT）的基本尺寸												圆柱内螺纹（NPSC）的极限尺寸				
1	2	3	4	5	6	7	8	9	10	11	12	13	14	15	16	17
尺寸代号	牙数 n	螺距 P/mm	牙型高度 h/mm	基准平面内的基本直径/mm			基准距离 L_1		装配余量 L_3		外螺纹小端面内的基本小径 /mm	尺寸代号	牙数	中径 /mm		小径/mm
				大径 D、d	中径 D_2、d_2	小径 D_1、d_1	/mm	圈数	/mm	圈数				max	min	min
8	8	3.175	2.540	218.441	215.901	213.361	27.000	8.50	6.350	2	211.673					
10	8	3.175	2.540	272.312	269.772	267.232	30.734	9.68	6.350	2	265.311					
12	8	3.175	2.540	323.032	320.492	317.952	34.544	10.88	6.350	2	315.793					
14	8	3.175	2.540	354.905	352.365	349.825	39.675	12.50	6.350	2	347.345					
16	8	3.175	2.540	405.784	403.244	400.704	46.025	14.50	6.350	2	397.828					
18	8	3.175	2.540	456.565	454.025	451.485	50.800	16.00	6.350	2	448.310					
20	8	3.175	2.540	507.246	504.706	502.166	53.975	17.00	6.350	2	498.793					
24	8	3.175	2.540	608.608	606.068	603.528	60.325	19.00	6.350	2	599.758					

说明

（1）对于60°密封圆锥内、外管螺纹（NPT），其基本尺寸应符合本表第1~12栏的规定；其圆锥内螺纹基准平面的理论位置位于垂直于螺纹轴线的端面（参照平面）内，其圆锥外螺纹基准平面的理论位置位于垂直于螺纹轴线、与小端面（参照平面）相距一个基准距离的平面内；其基准平面的轴向位置极限偏差为±1P。

（2）对于60°密封圆柱内螺纹（NPSC），其大径、中径和小径的基本尺寸应分别与圆锥管螺纹（NPT）在基准平面内的大径、中径和小径的基本尺寸值（即本表中第5~7栏所列的数值）相等；其基准平面的理论位置位于垂直于螺纹轴线的端面（参照平面）内；其基准平面的轴向位置极限偏差为±1.5P。其中径在径向所对应的极限尺寸应符合本表第13~17栏的规定。

（3）可参照表中第12栏的数据选择攻螺纹前的麻花钻直径。

（4）螺纹收尾长度（V）为3.47P。

示例1：NPSC 3/4-14 或 NPSC 3/4 表示尺寸代号为3/4、14牙的右旋圆柱内螺纹。

示例2：NPT 6 表示尺寸代号为6的右旋圆锥内螺纹或圆锥外螺纹。

示例3：NPT 14-LH 表示尺寸代号为14的左旋圆锥内螺纹或圆锥外螺纹。

9.1.8.3 米制密封螺纹

对于米制密封螺纹，其圆柱内螺纹的牙型及其尺寸与普通螺纹的相同（见图9.7），其圆锥内、外螺纹的基本牙型及其主要尺寸如图9.18所示。

国家标准（GB/T 1415—2008）规定了米制密封螺纹（包括圆柱内螺纹、圆锥内螺纹和圆锥外螺纹）的基本尺寸（见表9.15）及其公差和标记方法。

米制密封螺纹的标记由螺纹特征代号、尺寸代号、基准距离组别代号和旋向代号组成。其中：

（1）螺纹特征代号。Mc表示圆锥内、外螺纹；Mp表示圆柱内螺纹。

（2）螺纹尺寸代号为“公称直径×螺距”，公称直径和螺距数值的单位为mm。

（3）基准距离组别代号。当采用标准型基准距离时，可以省略基准距离组别代号（N）；短型基准距离的组别代号为“S”。

（4）旋向代号。对左旋螺纹，应在尺寸代号之后加注“LH”；对右旋螺纹，不标注旋向代号。

（5）螺纹副的标注。对于“锥/锥”配合螺纹（标准型），其内螺纹、外螺纹和螺纹副三者的标注方法相同。对于“柱/锥”配合螺纹（短型），螺纹副的特征代号为“Mp / Mc”（前面为内螺纹的特征代号，后面为外螺纹的特征代号，中间用斜线分开）。

（6）标记示例见表9.15。

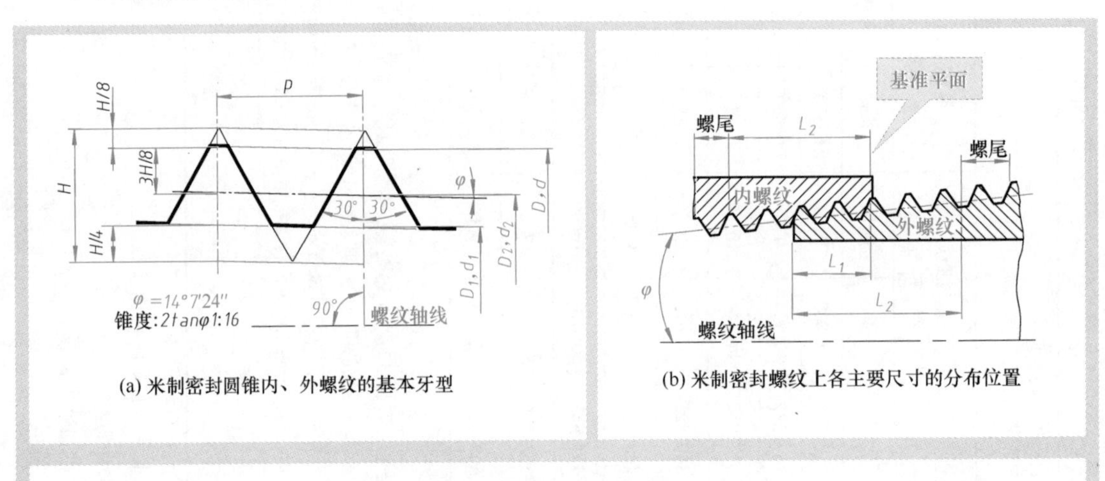

(a) 米制密封圆锥内、外螺纹的基本牙型

(b) 米制密封螺纹上各主要尺寸的分布位置

说　明

H——原始三角形高度，$H = 0.866025404P$

P——螺距

D——内螺纹在基准平面内的大径

d——外螺纹在基准平面内的大径

D_2——内螺纹在基准平面内的中径

d_2——外螺纹在基准平面内的中径，$d_2 = D_2 = d - 0.6495P$

D_1——内螺纹在基准平面内的小径

d_1——外螺纹在基准平面内的小径，$d_1 = D_1 = d - 1.0825P$

L_1——基准距离

L_2——有效螺纹长度

φ——圆锥螺纹锥角的一半，$\varphi = 1°24'47''$

图9.18 米制密封螺纹的基本牙型及其各主要尺寸的分布位置

表9.15　米制密封螺纹的基本尺寸（GB/T 1415—2008）　　（单位：mm）

公称直径 D、d	螺距 P	基准平面内的直径			基准距离		最小有效螺纹长度	
		大径 D、d	中径 D_2、d_2	小径 D_1、d_1	标准型 L_1	短型 $L_{1短}$	标准型 L_2	短型 $L_{2短}$
8	1	8.000	7.350	6.917	5.500	2.500	8.000	5.500
10	1	10.000	9.350	8.917	5.500	2.500	8.000	5.500
12	1	12.000	11.350	10.917	5.500	2.500	8.000	5.500
14	1.5	14.000	13.026	12.376	7.500	3.500	11.000	8.500
16	1	16.000	15.350	14.917	5.500	2.500	8.000	5.500
	1.5	16.000	15.026	14.376	7.500	3.500	11.000	8.500
20	1.5	20.000	19.026	18.376	7.500	3.500	11.000	8.500
27	2	27.000	25.701	24.835	11.000	5.000	16.000	12.000
33	2	33.000	31.701	30.835	11.000	5.000	16.000	12.000
42	2	42.000	40.701	39.835	11.000	5.000	16.000	12.000
48	2	48.000	46.701	45.835	11.000	5.000	16.000	12.000
60	2	60.000	58.701	57.835	11.000	5.000	16.000	12.000
72	3	72.000	70.051	68.752	16.500	7.500	24.000	18.000
76	2	76.000	74.701	73.835	11.000	5.000	16.000	12.000
90	2	90.000	88.701	87.835	11.000	5.000	16.000	12.000
	3	90.000	88.051	86.752	16.500	7.500	24.000	18.000
115	2	115.000	113.701	112.835	11.000	5.000	16.000	12.000
	3	115.000	113.051	111.752	16.500	7.500	24.000	18.000
140	2	140.000	138.701	137.835	11.000	5.000	16.000	12.000
	3	140.000	138.051	136.752	16.500	7.500	24.000	18.000
170	3	170.000	168.051	166.752	16.500	7.500	24.000	18.000

说　明

基准距离有标准型和短型两种型式，标准型基准距离 L_1 和标准型最小有效螺纹长度 L_2 适用于由圆锥内螺纹和圆锥外螺纹组成的“锥/锥”配合螺纹；短型基准距离 $L_{1短}$ 和短型最小有效螺纹长度 $L_{2短}$ 适用于由圆柱内螺纹和圆锥外螺纹组成的“柱/锥”配合螺纹。

其他相关规定详见 GB/ T 1415—2008。

示例1：Mc 12×1 表示公称直径为12mm、螺距为1mm、标准型基准距离、右旋的圆锥螺纹。

示例2：Mc 20×1.5-S 表示公称直径为20mm、螺距1.5mm、短型基准距离、右旋的圆锥外螺纹。

示例3：Mp 42×2-S 表示公称直径为42mm、螺距为2mm、短型基准距离、右旋的圆柱内螺纹。

示例4：Mc 12×1-LH 表示公称直径为12mm、螺距为1mm、标准型基准距离、左旋的圆锥螺纹。

示例5：Mc 12×1 表示公称直径为12mm、螺距为1mm、标准型基准距离、右旋的圆锥螺纹副。

示例6：Mp / Mc20×1.5-S 表示公称直径为20mm、螺距为1.5mm、短型基准距离、右旋的圆柱内螺纹和圆锥外螺纹组成的螺纹副。

9.1.9 传动螺纹

常用的传动螺纹有梯形螺纹（见 GB/T 5796—2005）和锯齿形螺纹（见 GB/T 13576—2008）两种（见表 9.1），它们适用于一般用途机械传动和紧固的螺纹联接。这两种标准传动螺纹的基本牙型及其尺寸分别如图 9.19a 和图 9.19b 所示，其公称直径与螺距的标准组合系列见表 9.16（该表摘自相关国家标准，表中蓝色字体的螺距应优先选用），其设计牙型、基本尺寸和公差带等详见相关国家标准。

锯齿形螺纹和梯形螺纹的完整标记均由螺纹特征代号、尺寸代号和旋向代号组成。其中：

（1）螺纹特征代号。锯齿形螺纹的特征代号为“B”，梯形螺纹的特征代号为“Tr”。

（2）尺寸代号。两者的尺寸代号均为“公称直径 × 导程（P 螺距值）”，公称直径、导程和螺距值的单位均为 mm。对于单线锯齿形螺纹和梯形螺纹，其标记应省略圆括号部分（即省略螺距代号“P”和螺距值）。

（3）旋向代号。对左旋螺纹，应在尺寸代号之后加注“LH”；对右旋螺纹，不标注旋向代号。

（4）标记示例见表 9.16。

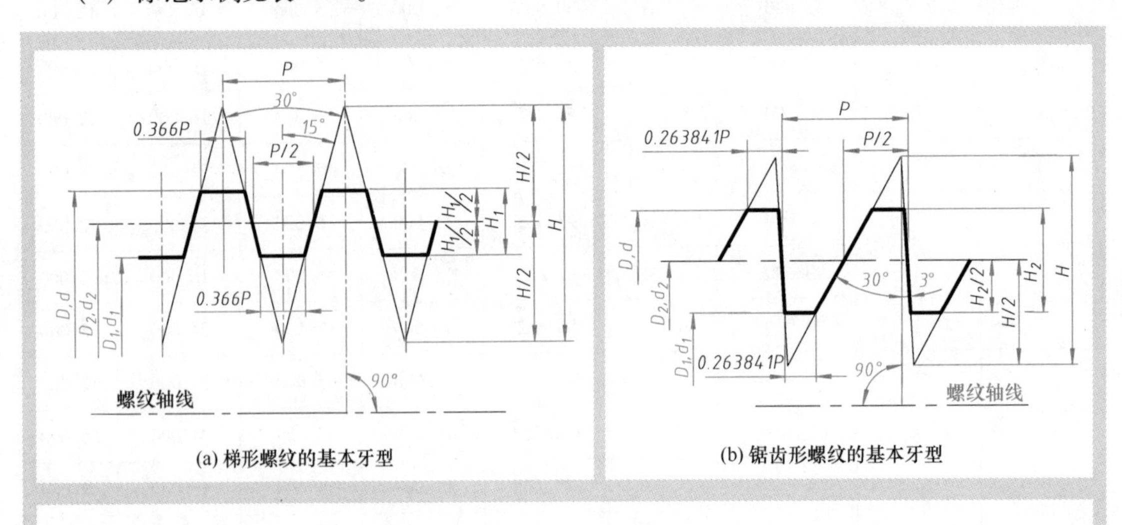

(a) 梯形螺纹的基本牙型　　(b) 锯齿形螺纹的基本牙型

说　明

P——螺距

H——原始三角形高度，$H = 1.866P$（梯形螺纹），$H = 1.587911P$（锯齿形螺纹）

H_1——梯形螺纹的牙高，$H_1 = 0.5P$

H_2——锯齿形螺纹的牙高，$H_2 = 0.75P$

D——内螺纹大径

d——外螺纹大径（公称直径）

D_2——内螺纹中径

d_2——外螺纹中径，$d_2 = D_2 = d - H_1 = d - 0.5P$（梯形螺纹），$d_2 = D_2 = d - H_2 = d - 0.75P$（锯齿形螺纹）

D_1——内螺纹小径

d_1——外螺纹小径

$d_1 = D_1 = d - 2H_1 = d - P$（梯形螺纹），$d_1 = D_1 = d - 2H_2 = d - 1.5P$（锯齿形螺纹）

图 9.19　锯齿形螺纹和梯形螺纹的基本牙型及其尺寸

表 9.16 梯形螺纹和锯齿形螺纹的公称直径与螺距的标准组合系列 （单位：mm）

梯形螺纹								锯齿形螺纹							
公称直径 D、d			螺距 P	公称直径 D、d			螺距 P	公称直径 D、d			螺距 P	公称直径 D、d			螺距 P
第一系列	第二系列	第三系列		第一系列	第二系列	第三系列		第一系列	第二系列	第三系列		第一系列	第二系列	第三系列	
8			1.5			125	6，14，22	10			2	140			6，14，24
	9		1.5，2		130		6，14，22	12			2，3			145	6，14，24
10			1.5，2			135	6，14，24		14		2，3		150		6，16，24
	11		2，3	140			6，14，24	16			2，4			155	6，16，24
12			2，3			145	6，14，24		18		2，4	160			6，16，28
	14		2，3		150		6，16，24	20			2，4			165	6，16，28
16			2，4			155	6，16，24		22		3，5，8		170		6，16，28
	18		2，4	160			6，16，28	24			3，5，8			175	8，16，28
20			2，4			165	6，16，28		26		3，5，8	180			8，18，28
	22		3，5，8		170		6，16，28	28			3，5，8			185	8，18，32
24			3，5，8			175	8，16，28		30		3，6，10		190		8，18，32
	26		3，5，8	180			8，18，28	32			3，6，10			195	8，18，32
28			3，5，8			185	8，18，32		34		3，6，10	200			8，18，32
	30		3，6，10		190		8，18，32	36			3，6，10		210		8，20，36
32			3，6，10			195	8，18，32		38		3，7，10	220			8，20，36
	34		3，6，10	200			8，18，32	40			3，7，10		230		8，20，36
36			3，6，10		210		8，20，36		42		3，7，10	240			8，22，36
	38		3，7，10	220			8，20，36	44			3，7，12		250		12，22，40
40			3，7，10		230		8，20，36		46		3，8，12	260			12，22，40
	42		3，7，10	240			8，22，36	48			3，8，12		270		12，24，40
44			3，7，12		250		12，22，40		50		3，8，12	280			12，24，40
	46		3，8，12	260			12，22，40	52			3，8，12		290		12，24，44
48			3，8，12		270		12，24，40		55		3，9，14	300			12，24，44
	50		3，8，12	280			12，24，40	60			3，9，14		320		12，44

（续）

梯形螺纹								锯齿形螺纹							
公称直径 D、d			螺距 P	公称直径 D、d			螺距 P	公称直径 D、d			螺距 P	公称直径 D、d			螺距 P
第一系列	第二系列	第三系列		第一系列	第二系列	第三系列		第一系列	第二系列	第三系列		第一系列	第二系列	第三系列	
52			3，8，12		290		12，24，44		65		4，10，16	340			12，44
	55		3，9，14	300			12，24，44	70			4，10，16		360		12
60			3，9，14						75		4，10，16	380			12
	65		4，10，16					80			4，10，16		400		12
70			4，10，16						85		4，12，18	420			18
	75		4，10，16					90			4，12，18		440		18
80			4，10，16						95		4，12，18	460			18
	85		4，12，18					100			4，12，20		480		18
90			4，12，18							105	4，12，20	500			18
	95		4，12，18						110		4，12，18		520		24
100			4，12，20							115	6，14，22	540			24
		105	4，12，20					120			6，14，22		560		24
	110		4，12，18									580			24
		115	6，14，22							125	6，14，22		600		24
120			6，14，22						130		6，14，22	620			24
										135	6，14，24		640		24

示例1：公称直径为40mm、导程和螺距为7mm的右旋单线锯齿形螺纹的标记为：B 40×7。

示例2：公称直径为40mm、导程为14mm、螺距为7mm的右旋双线锯齿形螺纹的标记为：B 40×14（P7）。

示例3：公称直径为40mm、导程和螺距为7mm的左旋单线锯齿形螺纹的标记为：B 40×7LH。

示例4：公称直径为40mm、导程和螺距为7mm的右旋单线梯形螺纹的标记为：Tr 40×7。

示例5：公称直径为40mm、导程为14mm、螺距为7mm的右旋双线梯形螺纹的标记为：Tr 40×14（P7）。

示例6：公称直径为40mm、导程和螺距为7mm的左旋单线梯形螺纹的标记为：Tr 40×7LH。

9.1.10　螺纹的规定画法

国家标准（GB/T 4459.1—1995）对螺纹的画法作出了以下规定：

（1）螺纹牙顶圆的投影用粗实线表示，牙底圆的投影用细实线表示，在螺杆的倒角或倒圆部分也应画出。在垂直于螺纹轴线的投影面的视图中，表示牙底圆的细实线只画约3/4圈（空出的约1/4圈的位置不作规定），此时，螺杆或螺孔上的倒角投影不应画出（见图9.20和图9.21a～c）。

（2）有效螺纹的终止界线（简称螺纹终止线）用粗实线表示。其中，外螺纹终止线的画法如图9.20所示，内螺纹终止线的画法如图9.21c的主视图所示。

（3）螺尾部分一般不必画出。当需要表示螺尾时，该部分用与轴线成30°的细实线画出（见图9.20a和图9.21c）。

（4）不可见螺纹的所有图线用细虚线绘制（见图9.21d）。

（5）无论是外螺纹还是内螺纹，其在剖视图或断面图中的剖面线都应画至粗实线（见图9.20b和图9.21b、c、e、f）。

（6）绘制不穿通的螺孔时，一般应将钻孔深度与螺纹部分的深度分别画出（见图9.21c）。

（7）当需要表示螺纹牙型时，可按图9.21g～i所示的形式绘制。

（8）圆锥外螺纹和圆锥内螺纹的画法如图9.22所示。

（9）以剖视图表示内、外螺纹的联接时，其旋合部分应按外螺纹的画法绘制，其余部分仍按各自的画法表示（见图9.23）。

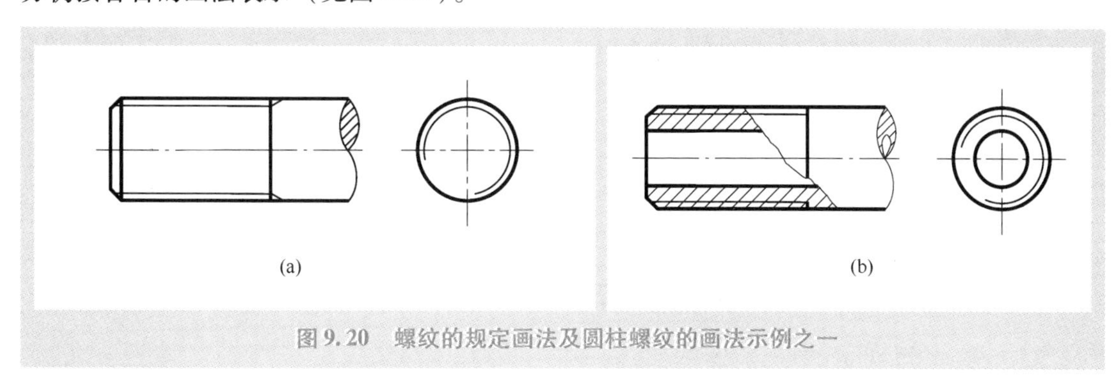

图9.20　螺纹的规定画法及圆柱螺纹的画法示例之一

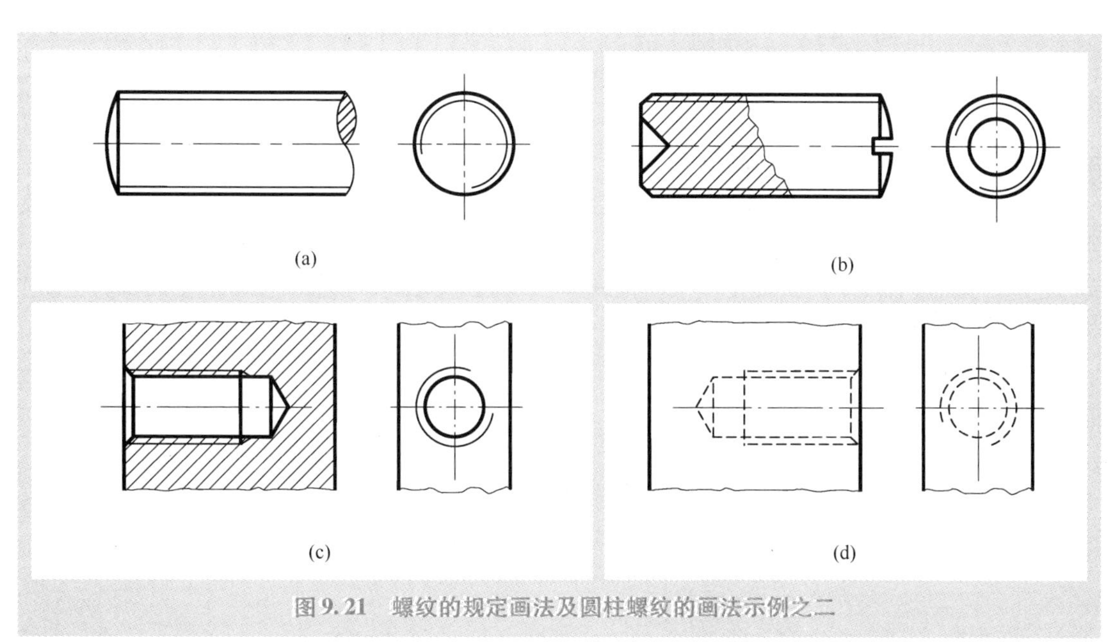

图9.21　螺纹的规定画法及圆柱螺纹的画法示例之二

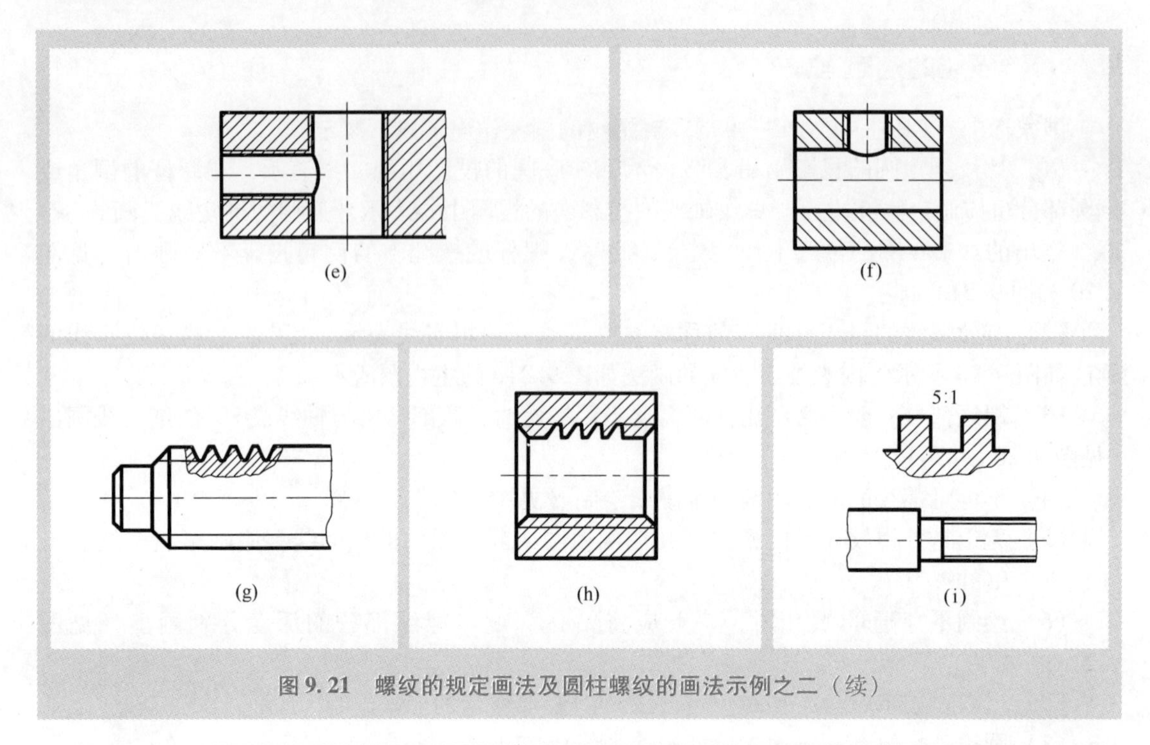

图 9.21　螺纹的规定画法及圆柱螺纹的画法示例之二（续）

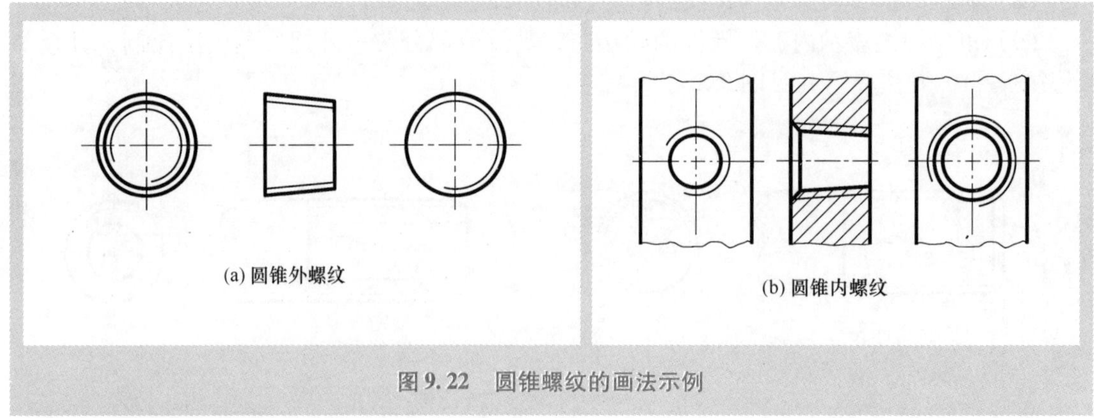

图 9.22　圆锥螺纹的画法示例

9.1.11　螺纹的规定标注方法

国家标准（GB/T 4459.1—1995）对螺纹的标注方法作出了以下规定：

（1）对于标准螺纹，应注出相应国家标准所规定的螺纹标记（见 9.1.5 ~ 9.1.9 节）。

（2）公称直径以 mm 为单位的螺纹，其标记应直接注在大径的尺寸线上（见图 9.24a）或其引出线上（见图 9.24b ~ d）。

（3）管螺纹，其标记一律注在引出线上，引出线应由大径处引出（见图 9.25 a ~ c）或由对称中心处引出（见图 9.25d）。

（4）米制密封螺纹，其标记一般应注在引出线上，引出线应由大径（见图 9.26a）或对称中心处引出。也可以直接标注在从基准平面处画出的尺寸线上（见图 9.26b）。

（5）非标准的螺纹，应画出螺纹的牙型，并注出所需要的尺寸及有关要求（见图 9.27）。

（6）图样中标注的螺纹长度，均指不包括螺尾在内的有效螺纹长度（见图 9.28a、b）；否则，应另加说明或按实际需要标注（见图 9.28c、d）。

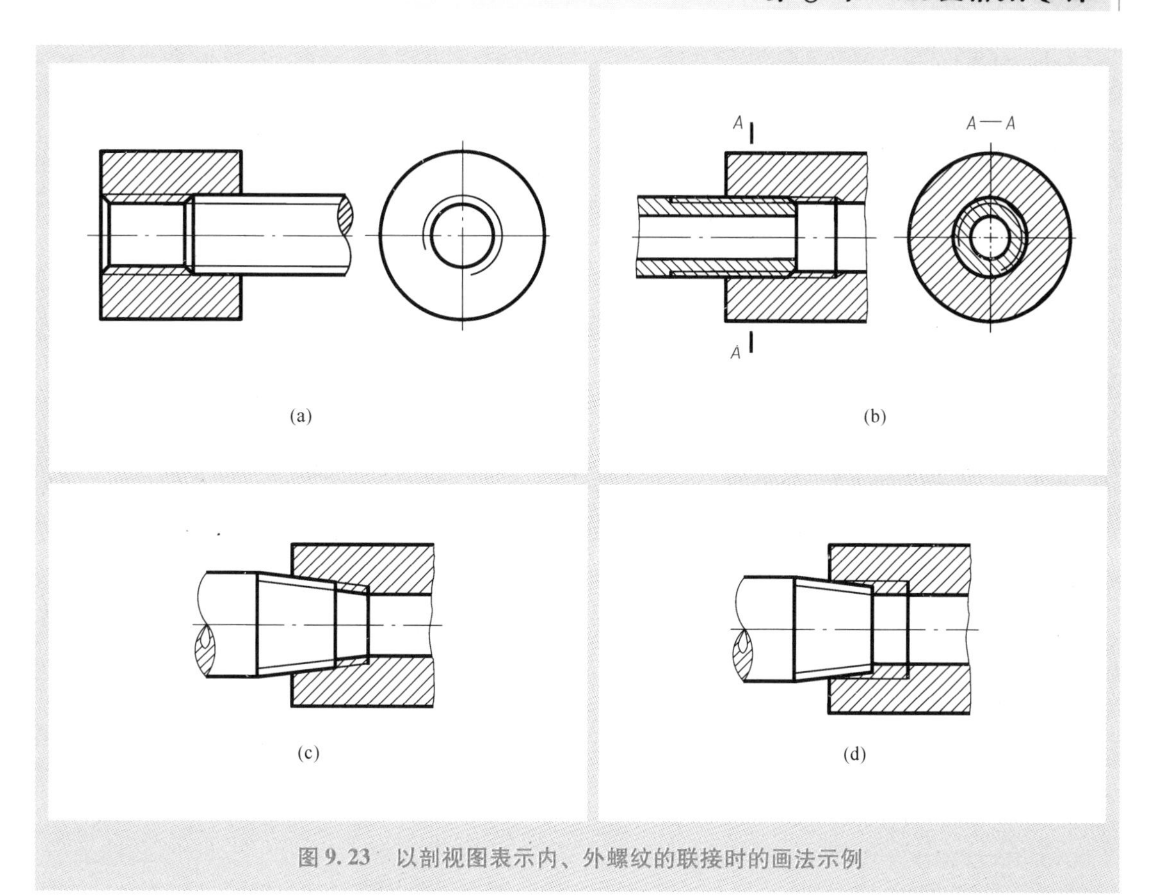

图9.23 以剖视图表示内、外螺纹的联接时的画法示例

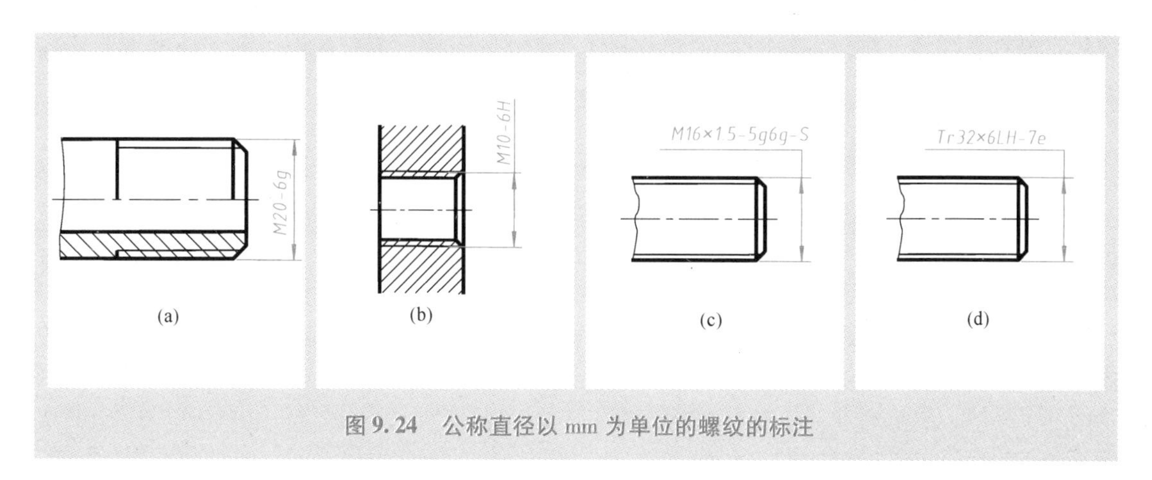

图9.24 公称直径以mm为单位的螺纹的标注

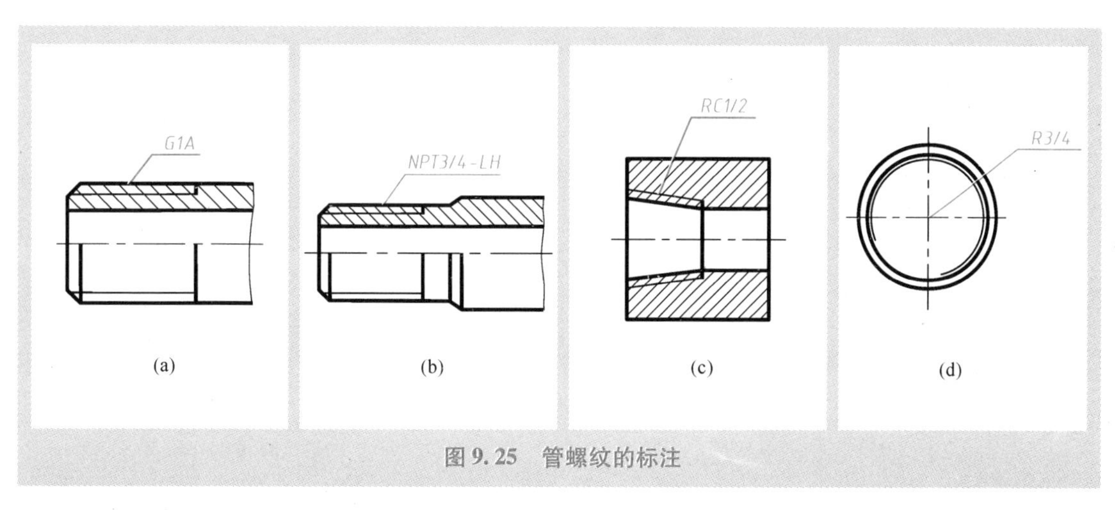

图9.25 管螺纹的标注

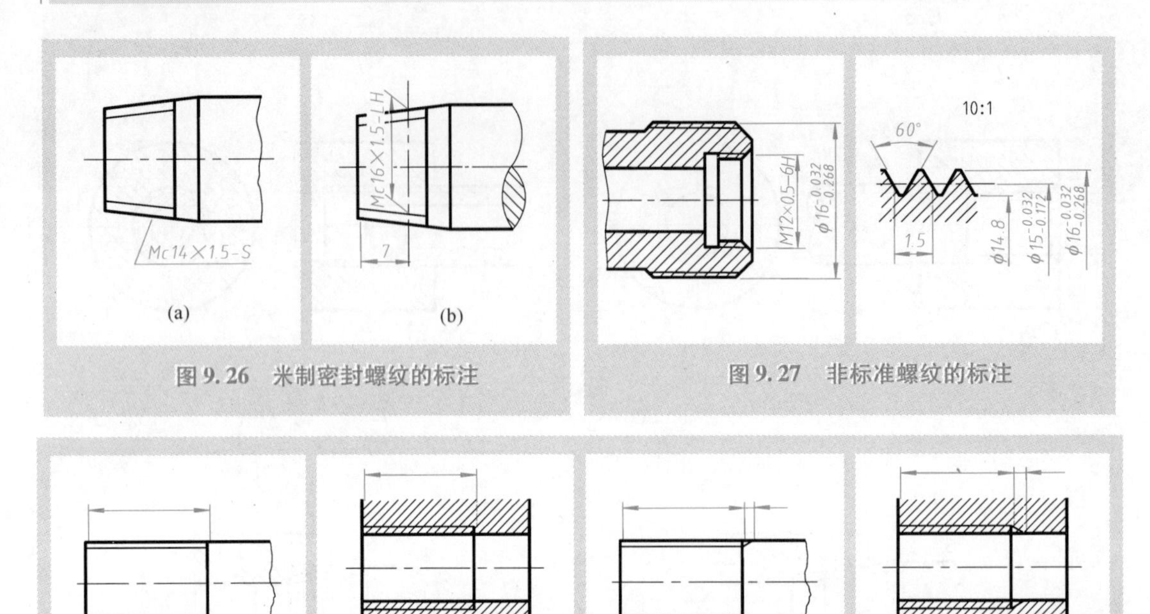

图 9.26　米制密封螺纹的标注

图 9.27　非标准螺纹的标注

图 9.28　螺纹长度的标注示例

9.2　螺纹紧固件

螺纹紧固件是采用螺纹联接方式实现“紧固”功能的零件。常用的标准螺纹紧固件有螺栓、螺柱、螺钉、螺母和垫圈，它们的形状与尺寸、画法与标记等已由国家标准规范，且通常由专业厂生产。

9.2.1　螺栓的形状、尺寸及其简化画法

螺栓是一类由头部和螺杆（带有外螺纹的圆柱体）两部分组成的零件（见图 9.29）。根据其头部形状不同，螺栓有多种类型，如六角头螺栓、圆头螺栓、方头螺栓、六角法兰面螺栓等，其中六角头螺栓最为常用。

对于六角头螺栓（见图 9.29），其形状和尺寸的规定见附录 3，其简化的比例画法如图 9.30 所示（在根据附表 3 选取了螺纹规格 d 与公称长度 l 后，六角头螺栓的其他作图尺寸可不按附表 3 给出的相应数值选取，而按与螺纹规格 d 成一定比例的数值选取，这样一种方便制图者并提高作图效率的简化作图方法称为“比例画法”。其他螺纹紧固件通常也采用这一比例画法）。

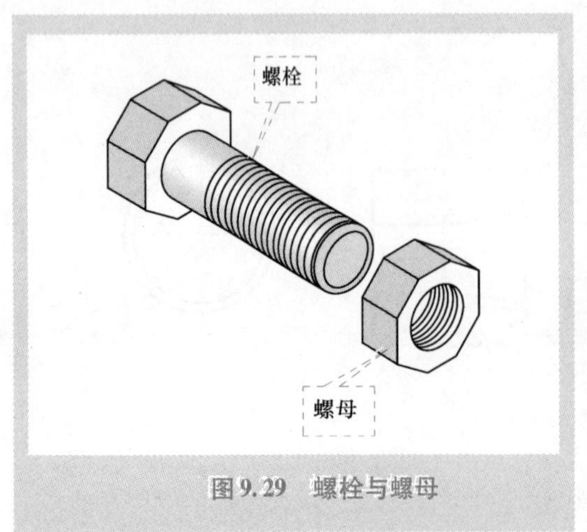

图 9.29　螺栓与螺母

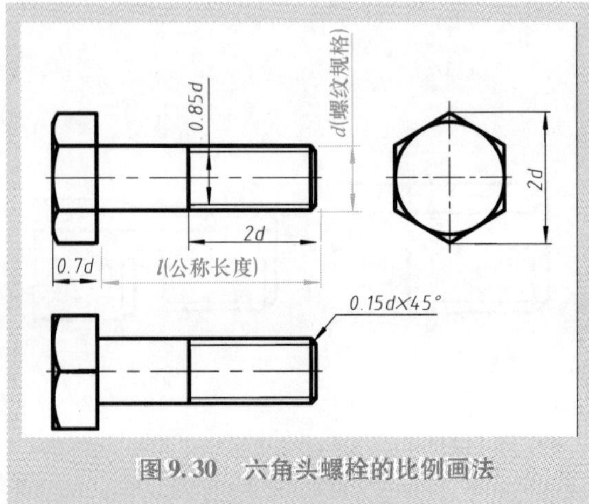

图 9.30　六角头螺栓的比例画法

9.2.2 螺母的形状、尺寸及其简化画法

螺母是一类具有内螺纹的零件（见图 9.29）。标准螺母有多种类型，如六角螺母、方头螺母、六角法兰面螺母、六角开槽螺母、蝶形螺母等，其中 1 型六角螺母较为常用。

对于 1 型六角螺母(见图 9.29)，其形状和尺寸的规定见附录 4，其简化的比例画法如图 9.31 所示（应先根据附表 4 选取其螺纹规格 D，再按图示比例作图）。

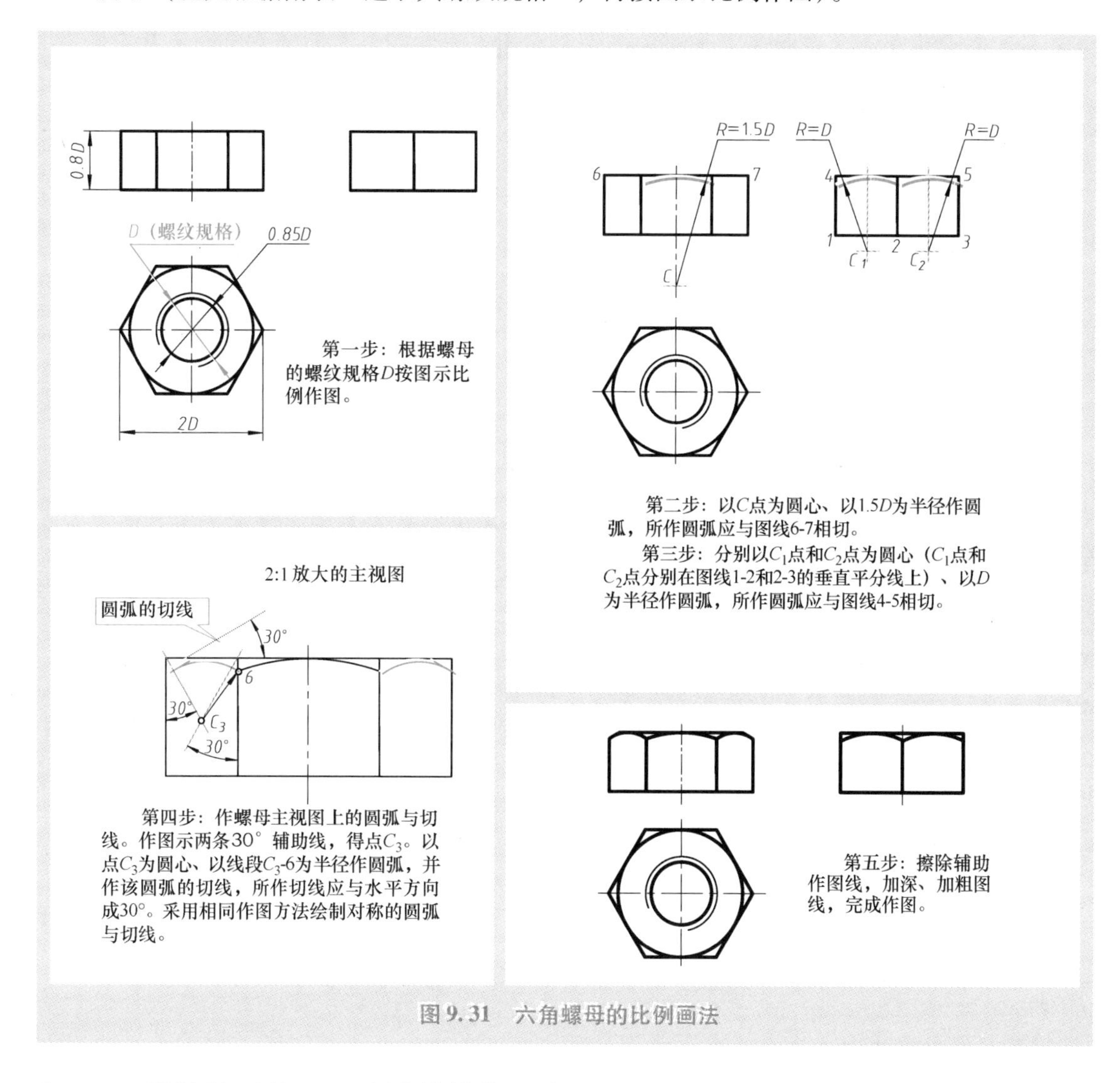

图 9.31 六角螺母的比例画法

9.2.3 螺柱的形状、尺寸及其简化画法

螺柱是一类两端均制有外螺纹的圆柱形零件（见图 9.32）。常用的螺柱为双头螺柱。

对于双头螺柱（见图 9.32），其形状和尺寸的规定见附表 5，其简化的比例画法如图 9.33 所示（应先根据附表 5 选取螺纹规格 d、公称长度 l、b 和 b_m 的数值，再按图示比例作图)。

9.2.4 螺钉的形状、尺寸及其简化画法

螺钉是一类一端带槽或凹窝的、且带有外螺纹的圆柱形或圆锥形零件（见图 9.34a)。螺钉的种类繁多，较为常用的有联接螺钉和紧定螺钉两类。

常用的联接螺钉有开槽圆柱头螺钉、开槽盘头螺钉和开槽沉头螺钉，其形状和尺寸分别见附录 6 ~ 附录 8，其简化的比例画法如图 9.34b ~ d 所示（应先根据附表 6 选取螺纹规格

d、公称长度 l 和螺纹长度 b 的数值，再按图示比例作图）。

紧定螺钉的多面视图通常应按照国家标准规定的形状和尺寸（见附录9）绘制。

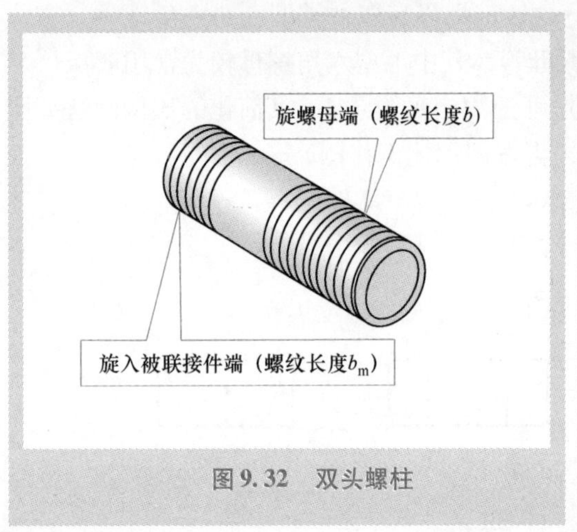

图 9.32 双头螺柱

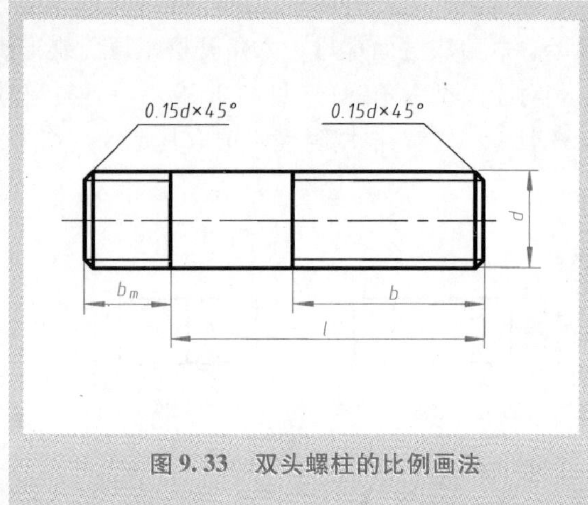

图 9.33 双头螺柱的比例画法

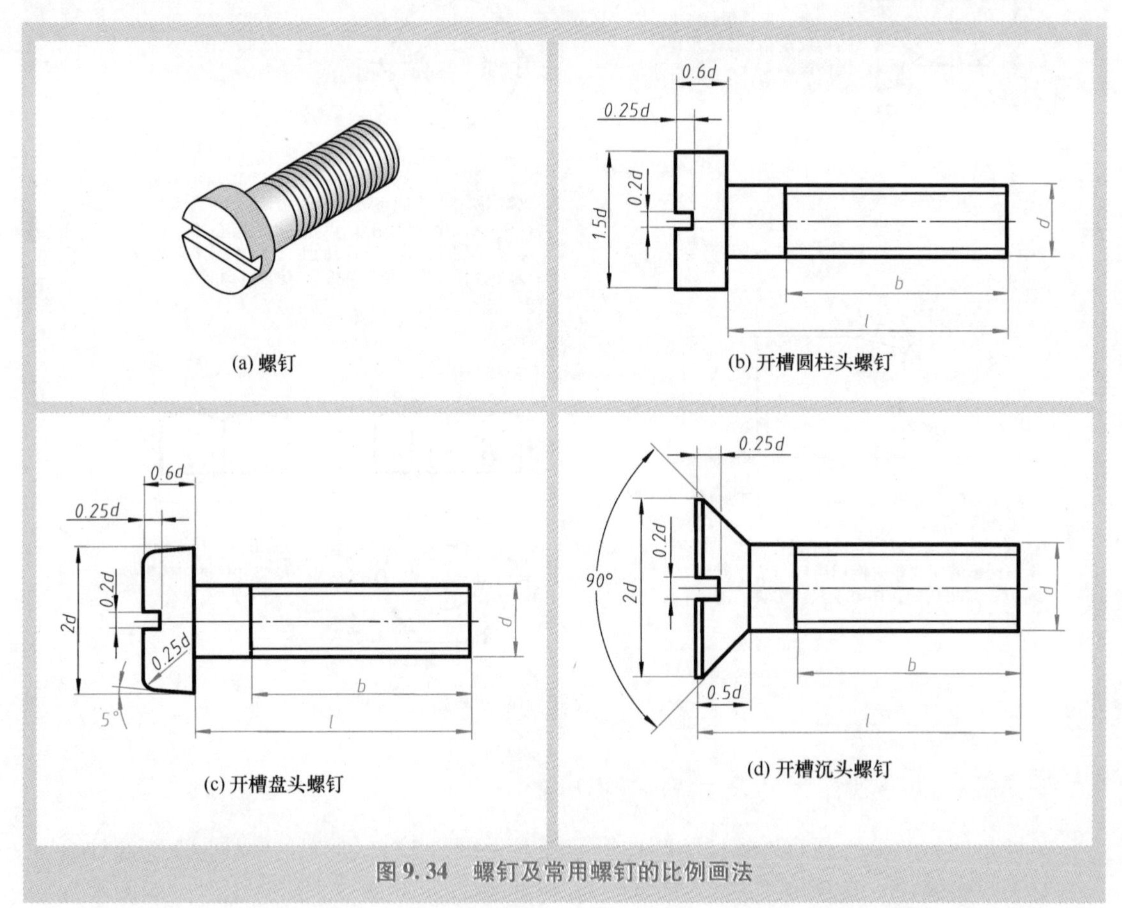

图 9.34 螺钉及常用螺钉的比例画法

9.2.5 垫圈的形状、尺寸及其简化画法

垫圈是一类扁平形的环状零件（见图 9.35a）。垫圈的种类繁多，有平垫圈、大垫圈、特大垫圈、小垫圈、标准型弹簧垫圈、轻型弹簧垫圈、重型弹簧垫圈等。其中，平垫圈和弹簧垫圈较为常用，这两类垫圈的形状和尺寸分别见附录 10 和附录 11，其简化的比例画法如图 9.35b、c 所示（图中的公称规格 d 的数值应在附录 10 或附录 11 中的相关附表中选取）。

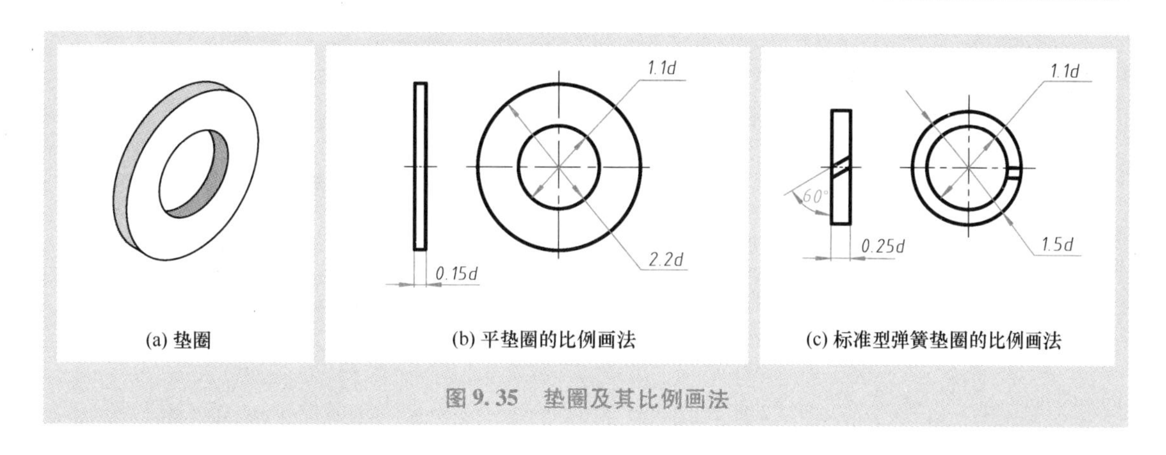

(a) 垫圈　　(b) 平垫圈的比例画法　　(c) 标准型弹簧垫圈的比例画法

图 9.35　垫圈及其比例画法

9.2.6　螺纹紧固件的标记

国家标准（GB/T 1237—2000）规定，各类紧固件产品（包括螺栓、螺母、螺柱、螺钉和垫圈等螺纹紧固件产品，还包括销、铆钉和挡圈等紧固件产品）的完整标记应按图 9.36 所示（图中主要内容的说明见表 9.17）的内容和顺序表示，且各内容的标记方法应遵循相关国家标准的规定。同时，该标准还规定了标记的简化原则。

（1）类别（产品名称）、标准年代号及其前面的“-”，允许全部或部分省略。省略年代号的标准应是现行标准。

（2）标记中的“-”允许全部或部分省略；标记中“其他直径或特性”前面的“×”允许省略。但省略后不应导致对标记的误解，一般以空格代替。

（3）当产品标准中只规定一种产品型式、性能等级（或硬度或材料）、产品等级、扳拧型式及表面处理时，允许全部或部分省略。

（4）当产品标准中规定两种及其以上的产品型式、性能等级（或硬度或材料）、产品等级、扳拧型式及表面处理时，应规定可以省略其中的一种，并在产品标准的标记示例中给出省略后的简化标记。

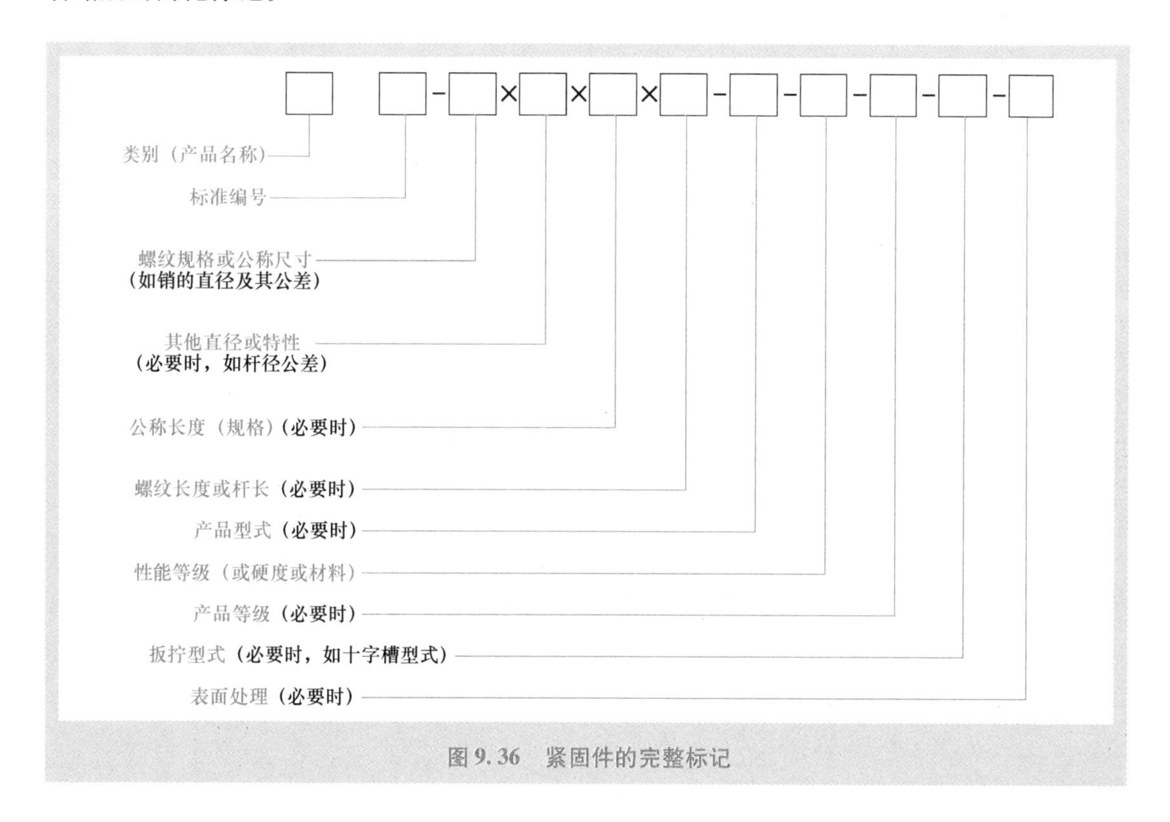

图 9.36　紧固件的完整标记

表 9.17　关于紧固件完整标记中主要内容的说明

主要内容	说　明
性能等级	紧固件可使用不同的材料制造，材料不同，则其强度、硬度等机械和物理性能就不同。相关国家标准将紧固件按其性能分成若干个等级，并规定了其性能等级的标记代号 例如，GB/T 3098.1—2010 规定，对于由碳钢或合金钢制造的螺栓、螺柱和螺钉，其性能等级共分为 9 级，分别使用代号“4.6”、“4.8”、“5.6”、“5.8”、“6.8”、“8.8”、“9.8”、“10.9”和“12.9”（点左边的一位或两位数字表示公称抗拉强度的 1/100，以 MPa 计。点右边的数字表示公称屈服强度与公称抗拉强度比值的 10 倍）标记；对于由铜或铝等有色金属制造的螺栓、螺柱和螺钉，其性能等级的代号为“CU1～CU7”和“AL1～CU7”（字母与有色金属材料化学元素符号的字母相同，数字表示性能等级序号）；对于由奥氏体（A）、马氏体（C）和铁素体（F）耐腐蚀不锈钢制造的螺栓、螺柱和螺钉，其性能等级代号为“钢的组别－性能等级”，如标记为“A2－70”（“A2”表示经冷加工的奥氏体钢，“70”表示最小抗拉强度为 700MPa）、“C4－70”（“C4”表示经淬火并回火处理的马氏体钢，“70”表示最小抗拉强度为 700MPa）等
产品等级	相关国家标准将紧固件产品按其主要尺寸分成若干个等级，并通常使用符号“A”、“B”、“C”等表示其产品等级。例如，GB/T 5782—2000 按螺纹规格 d 和公称长度 l 将六角头螺栓的产品等级分为 A 级和 B 级（见附录 3），GB/T 6170—2000 按螺纹规格 D 将六角螺母的产品等级分为 A 级和 B 级（见附录 4）
表面处理	表面处理的标记方法参见 GB/T 13911—2008 的规定

示例 1：螺纹规格 d = M12、公称长度 l = 80mm、性能等级为 10.9 级、产品等级为 A 级、表面氧化的六角头螺栓的标记：

螺栓　**GB/T 5782—2000-M12×80-10.9-A-O**（完整标记）

示例 2：螺纹规格 d = M12、公称长度 l = 80mm、性能等级为 8.8 级、产品等级为 A 级、表面氧化的六角头螺栓的标记：

螺栓　**GB/T 5782　M12×80**（简化标记）

说明：该标记省略了标准年代号和标记中的“-”。对于六角头螺栓，性能等级代号“8.8”、产品等级代号“A”和表面氧化处理代号“O”可在其标记中省略。

示例 3：螺纹规格 D = M12、性能等级为 10 级、产品等级为 A 级、表面氧化的 1 型六角螺母的标记：

螺母　**GB/T 6170—2000-M12-10-A-O**（完整标记）

示例 4：螺纹规格 D = M12、性能等级为 8 级、产品等级为 A 级、不经表面处理的 1 型六角螺母的标记：

螺母　**GB/T 6170　M12**（简化标记）

示例 5：两端均为粗牙普通螺纹、d = 10、l = 50mm、性能等级为 4.8 级、B 型、不经表面处理、$b_m = 1d$ 的双头螺柱的标记：

螺柱　**GB/T 897　M10×50**（简化标记）

说明：省略了标准年代号、标记中的“－”、性能等级代号“4.8”、产品等级代号“B”和表面处理代号。

示例 6：旋入被联接件一端为粗牙普通螺纹、旋螺母一端为螺距 P = 1mm 的细牙普通螺纹、d = 10mm、l = 50mm、性能等级为 4.8 级、A 型、不经表面处理、$b_m = 1d$ 的双头螺柱的标记：

螺柱　**GB/T 897　AM10-M10×1×50**（简化标记）

说明：省略了标准年代号、性能等级代号“4.8”和表面处理代号。

示例 7：旋入被联接件一端为过渡配合的第一种配合、旋螺母一端为粗牙普通螺纹、d = 10mm、l = 50mm、性能等级为 8.8 级、B 型、表面镀锌钝化、$b_m = 1d$ 的双头螺柱的标记：

螺柱　**GB/T897　GM10-M10×50-8.8-Zn · D**（简化标记：省略了标准年代号）

示例 8：螺纹规格 d = M5、公称长度 l = 20mm、性能等级为 CU2 级、表面简单处理的开槽沉头螺钉的标记：

螺钉　**GB/T68—2000-M5×20-CU2-**简单处理（完整标记）

示例 9：螺纹规格 d = M5、公称长度 l = 20mm、性能等级为 4.8 级、不经表面处理的开槽沉头螺钉的标记：

螺钉　GB/T 68　M5×20（简化标记）

示例 10：标准系列、公称规格 8mm、由钢制造的硬度等级为 300HV 级、产品等级为 A 级、表面氧化的平垫圈的标记：

垫圈　**GB/T 97.1—2002-8-300HV-A-O**（完整标记）

示例 11：标准系列、公称规格 8mm、由钢制造的硬度等级为 200HV 级、产品等级为 A 级、不经表面处理的平垫圈的标记：

垫圈　**GB/T 97.1　8**（简化标记）

示例 12：标准系列、公称规格 8mm、由 A2 组奥氏体不锈钢制造的硬度等级为 200HV 级、产品等级为 A 级、不经表面处理的平垫圈的标记：

垫圈　**GB/T 97.1　8　A2**（简化标记）

示例 13：标准系列、公称规格 8mm、由钢制造的硬度等级为 200HV 级、产品等级为 A 级、不经表面处理的倒角型平垫圈的标记：

垫圈　**GB/T 97.2　8**（简化标记）

示例 14：标准系列、公称规格 8mm、由 A2 组奥氏体不锈钢制造的硬度等级为 200HV 级、产品等级为 A 级、不经表面处理的倒角型平垫圈的标记：

垫圈　**GB/T 97.2　8　A2**（简化标记）

示例 15：规格 16mm、材料为 65Mn、表面氧化的标准型弹簧垫圈的标记：

垫圈　**GB/T 93　16**（简化标记）

9.2.7　螺纹紧固件的联接及其比例画法

螺栓通常与螺母和垫圈一起形成螺栓联接，该联接一般用于联接与紧固两个被钻成通孔的零件（见图9.37a），其联接的比例画法如图9.38所示。

螺柱通常与螺母和垫圈一起形成螺柱联接，该联接一般用于将一个被钻成通孔的零件联接紧固在另一个较厚或不允许钻成通孔的零件上（见图9.37b），其联接画法如图9.39所示。

联接螺钉通常用于不经常拆卸和受力较小的联接与紧固（见图9.37c），其联接的比例画法如图9.40所示。紧定螺钉有定位和固定作用，其联接画法如图9.41所示。

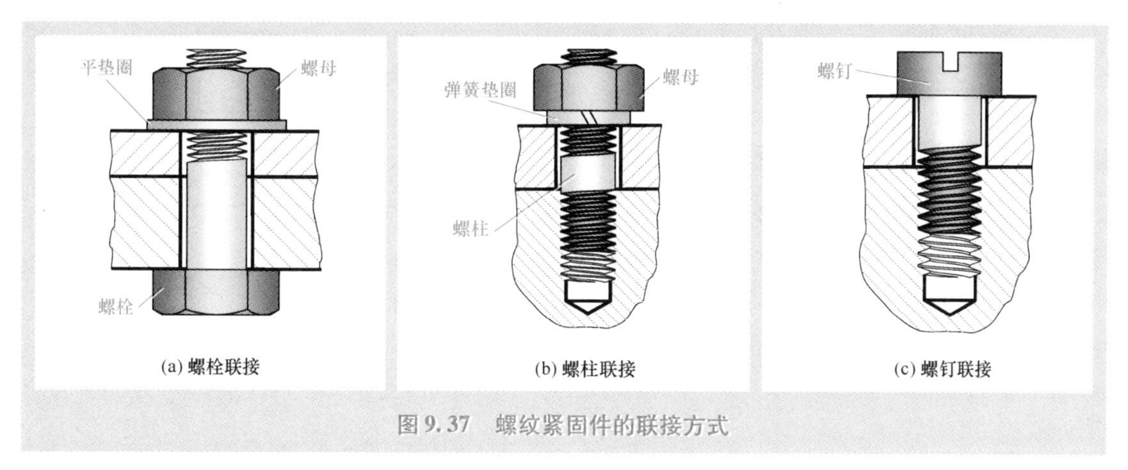

图9.37 螺纹紧固件的联接方式

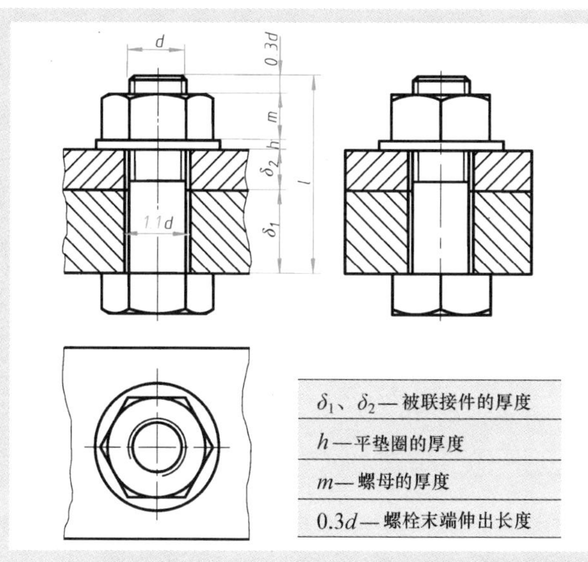

说　明

联接画法：螺栓、螺母、垫圈等均应按照各自的比例画法绘制，且均应按不剖绘制。被联接件上孔的直径应按1.1d绘制（见图a）。

公称长度l的确定：可先计算出公称长度l的近似值（根据公式$l \approx \delta_1 + \delta_2 + h + m + 0.3d$），再在附表3中选取与该计算值相近的$l$值。例如，假设公称直径$d = 10$mm，$\delta_1 = 20$mm，$\delta_2 = 40$mm，则可得$h = 2$mm，$m = 8.4$mm（依据附表4和附表10.1），则有$l \approx 20\text{mm} + 40\text{mm} + 2\text{mm} + 8.4\text{mm} + 0.3 \times 10\text{mm} = 73.4$mm，则得$l = 80$mm（依据附表3）。

图9.38 螺栓联接的比例画法

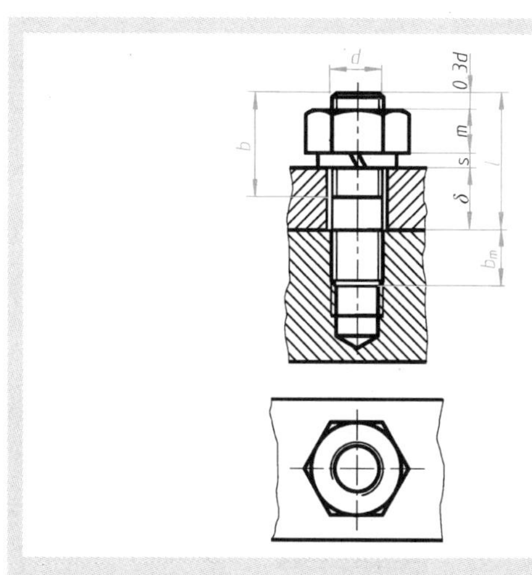

说　明

联接画法：螺柱、螺母、垫圈均应按各自的比例画法绘制，且均应按不剖绘制。

公称长度l的确定：与螺栓类似，可先计算出公称长度l的近似值（根据公式$l \approx \delta + s + m + 0.3d$，其中，$\delta$为被联接件的厚度，$s$、$m$分别为弹簧垫圈和螺母的厚度，0.3$d$为螺柱末端的伸出长度），再在附表5中选取与该计算值相近的l值。

图9.39 螺柱联接的比例画法

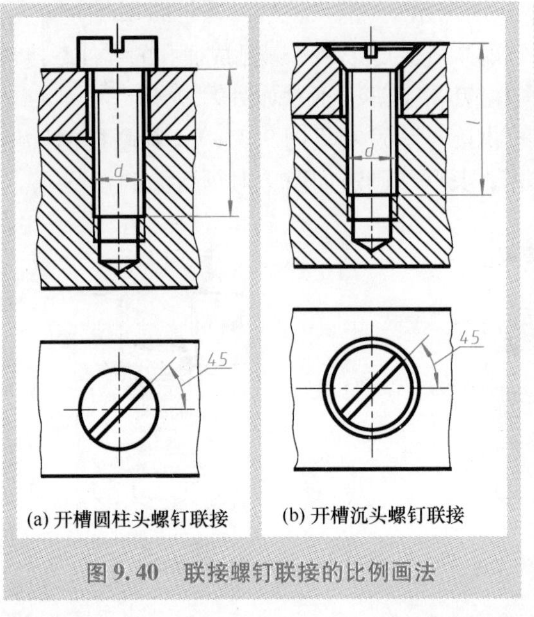

(a) 开槽圆柱头螺钉联接　(b) 开槽沉头螺钉联接

图 9.40　联接螺钉联接的比例画法

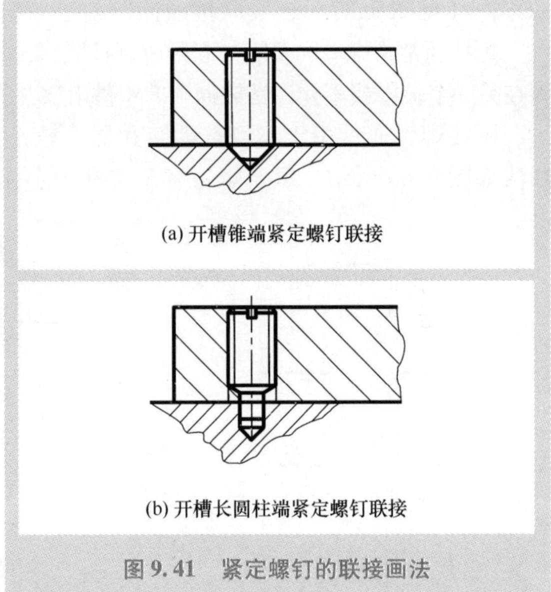

(a) 开槽锥端紧定螺钉联接

(b) 开槽长圆柱端紧定螺钉联接

图 9.41　紧定螺钉的联接画法

9.3　键与销

9.3.1　键

键在机器中用于联接轴和轴上的传动件（如齿轮、带轮和凸轮等），使轴上的传动件与轴一起转动（见图 9.42a）。常用的标准键有普通型平键、半圆键、钩头型楔键和矩形花键等，其形状、尺寸和标记分别由国家标准规定（见表 9.18），其联接画法分别如图 9.43～图 9.46 所示。

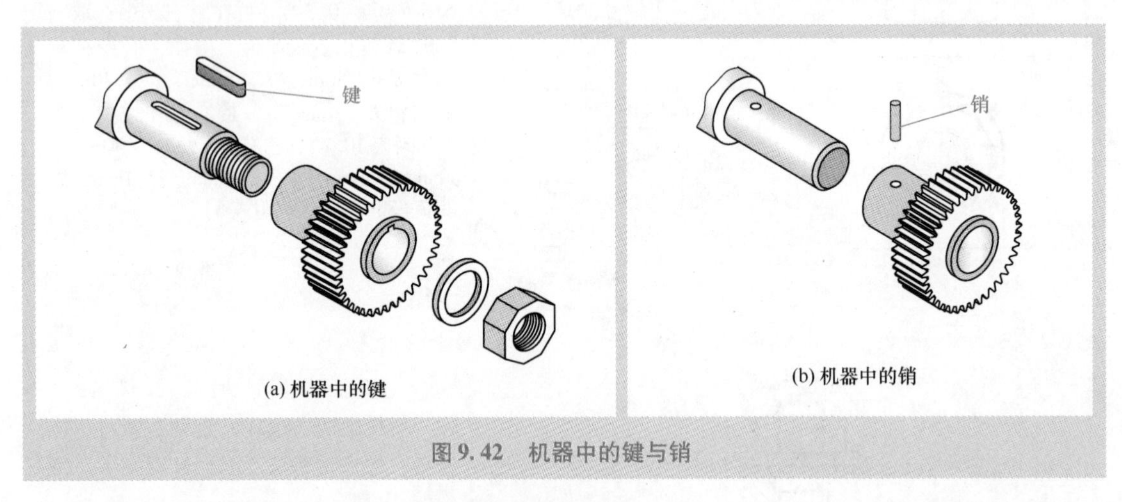

(a) 机器中的键　(b) 机器中的销

图 9.42　机器中的键与销

表 9.18　常用标准键的形状、尺寸和标记规定　（单位：mm）

名称	规定的形状、尺寸和标记方法	
普通型平键	型式	A　A　h　L　A—A　s　b/2　b　A 型　B 型　C 型

（续）

名称	规定的形状、尺寸和标记方法													
普通型平键	尺寸	b	2	3	4	5	6	8	10	12	14	16	18	20	22
		h	2	3	4	5	6	7	8	8	9	10	11	12	14
		s	0.16～0.25			0.25～0.40			0.40～0.60					0.60～0.80	
		L	6～20	6～36	8～45	10～56	14～70	18～90	22～110	28～140	36～160	45～180	50～200	56～220	63～250
		b	25	28	32	36	40	45	50	56	63	70	80	90	100
		h	14	16	18	20	22	25	28	32	32	36	40	45	50
		s	0.60～0.80			1.00～1.20				1.60～2.00			2.50～3.00		
		L	70～280	80～320	90～360	100～400	100～400	110～450	125～450	140～500	160～500	180～500	200～500	220～500	250～500

说　明

（1）长度 L 应是数值系列 6、8、10、12、14、16、18、20、22、25、28、32、36、40、45、50、56、63、70、80、90、100、110、125、140、160、180、200、220、250、280、320、360、400、450、500 中的一个。

（2）相关尺寸的公差参见 GB/T 1096—2003。

标记

由 GB/T 1096—2003 规定的普通型平键的标记方法见以下示例：

标记示例1　宽度 $b=16$mm、高度 $h=10$mm、长度 $L=100$mm 的普通 A 型平键的标记为：

GB/T 1096　键 16×10×100

标记示例2　宽度 $b=16$mm、高度 $h=10$mm、长度 $L=100$mm 的普通 B 型（或 C 型）平键的标记为：

GB/T 1096　键 B（或 C）16×10×100

普通型半圆键

型式	尺寸			
	$b\times h\times D$	s	$b\times h\times D$	s
	1×1.4×4	0.16～0.25	4×7.5×19	0.25～0.40
	1.5×2.6×7		5×6.5×16	
	2×2.6×7		5×7.5×19	
	2×3.7×10		5×9×22	
	2.5×3.7×10		6×9×22	
	3×5×13		6×10×25	
	3×6.5×16		8×11×28	0.40～0.60
	4×6.5×16	0.25～0.40	10×13×32	

标记

由 GB/T 1099.1—2003 规定的普通型半圆键的标记方法见以下示例：

标记示例　宽度 $b=6$mm、高度 $h=10$mm、直径 $D=25$mm 的普通型半圆键的标记为：

GB/T 1099.1　键 6×10×25

说　明

（1）相关尺寸的公差参见 GB/T 1099.1—2003。

（2）平底型半圆键参见 GB/T 1099.2—2003。

钩头型楔键

型式	标记
	由 GB/T 1565—2003 规定的钩头型楔键的标记方法见以下示例： 标记示例：宽度 $b=16$mm、高度 $h=10$mm、长度 $L=100$mm 的钩头型楔键的标记为： GB/T 1565　键 16×100

说明：相关尺寸及其公差参见 GB/T 1565—2003。

（续）

名称	规定的形状、尺寸和标记方法				
	型　式	尺　寸			
		轻　系　列		中　系　列	
		N（键数）×d×D×B	N（键数）×d×D×B	N（键数）×d×D×B	N（键数）×d×D×B
矩形花键		6×23×26×6	10×72×78×12	6×11×14×3	8×42×48×8
		6×26×30×6	10×82×88×12	6×13×16×3.5	8×46×54×9
		6×28×32×7	10×92×98×14	6×16×20×4	8×52×60×10
		6×32×36×6	10×102×108×16	6×18×22×5	8×56×65×10
		8×36×40×7	10×112×120×18	6×21×25×5	8×62×72×12
		8×42×46×8		6×23×28×6	10×72×82×12
		8×46×50×9		6×26×32×6	10×82×92×12
		8×52×58×10		6×28×34×7	10×92×102×14
		8×56×62×10		8×32×38×6	10×102×112×16
		8×62×68×12		8×36×42×7	10×112×125×18

标记规定：GB/T 1144—2001 规定，矩形花键的标记代号应按次序包括以下内容：键数 N，小径 d，大径 D，键宽 B，基本尺寸及其配合公差带代号和标准号。例如，若一对相互配合的内、外矩形花键的尺寸为 $N=6$、$d=\phi23$mm（H7/ f7 配合）、$D=\phi26$mm（H10/a11 配合）、$B=6$mm（H11/d10 配合），则其标记分别为：

内花键：6×23H7×26H10×6H11　GB/T 1144—2001

外花键：6×23f7×26a11×6d10　GB/T 1144—2001

花键副：$6\times23\dfrac{H7}{f7}\times26\dfrac{H10}{a11}\times6\dfrac{H11}{d10}$　GB/T 1144—2001

说明：花键键槽的截面尺寸、花键的尺寸公差等参见 GB/T 1144—2001。

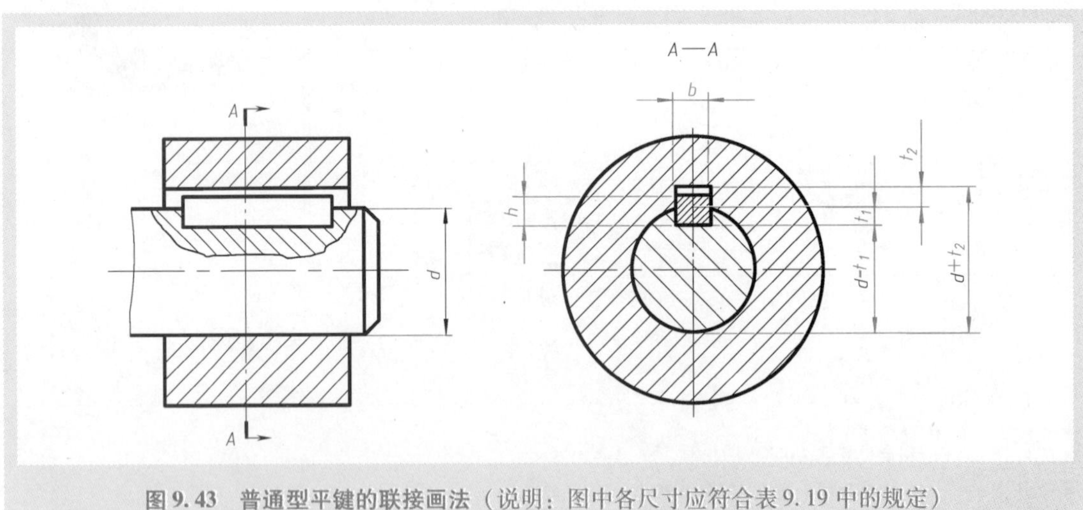

图 9.43　普通型平键的联接画法（说明：图中各尺寸应符合表 9.19 中的规定）

表 9.19　普通型平键键槽的尺寸（GB/T 1095—2003）　　（单位：mm）

键尺寸 $b\times h$		2×2	3×3	4×4	5×5	6×6	8×7	10×8	12×8	14×9	16×10	18×11	20×12	22×14
深度	t_1	1.2	1.8	2.5	3.0	3.5	4.0	5.0	5.0	5.5	6.0	7.0	7.5	9.0
	t_2	1.0	1.4	1.8	2.3	2.8	3.3	3.3	3.3	3.8	4.3	4.4	4.9	5.4
键尺寸 $b\times h$		25×14	28×16	32×18	36×20	40×22	45×25	50×28	56×32	63×32	70×36	80×40	90×45	100×50
深度	t_1	9.0	10.0	11.0	12.0	13.0	15.0	17.0	20.0	20.0	22.0	25.0	28.0	31.0
	t_2	5.4	6.4	7.4	8.4	9.4	10.4	11.4	12.4	12.4	14.4	15.4	17.4	19.5

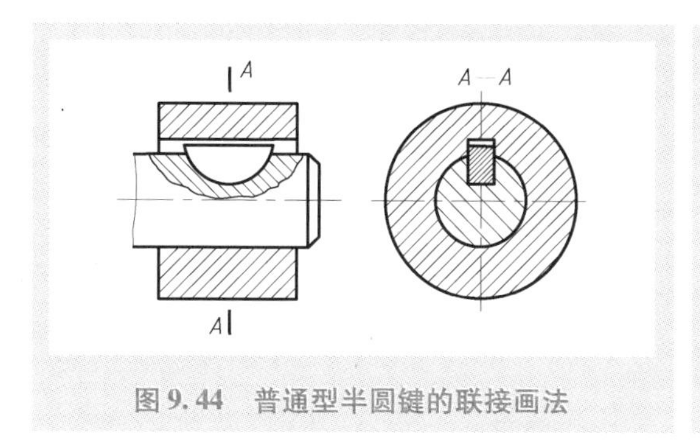

图 9.44 普通型半圆键的联接画法

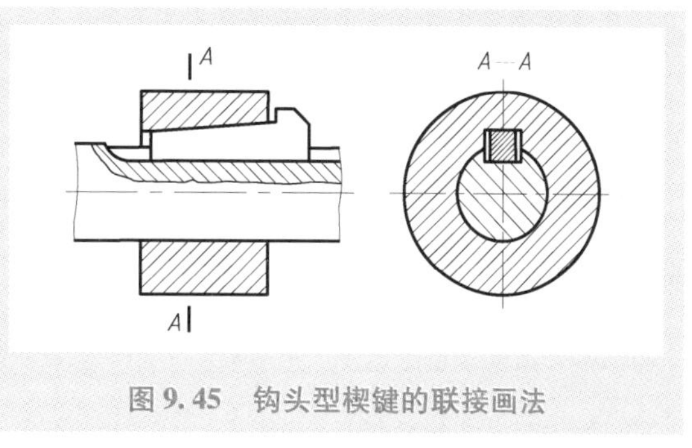

图 9.45 钩头型楔键的联接画法

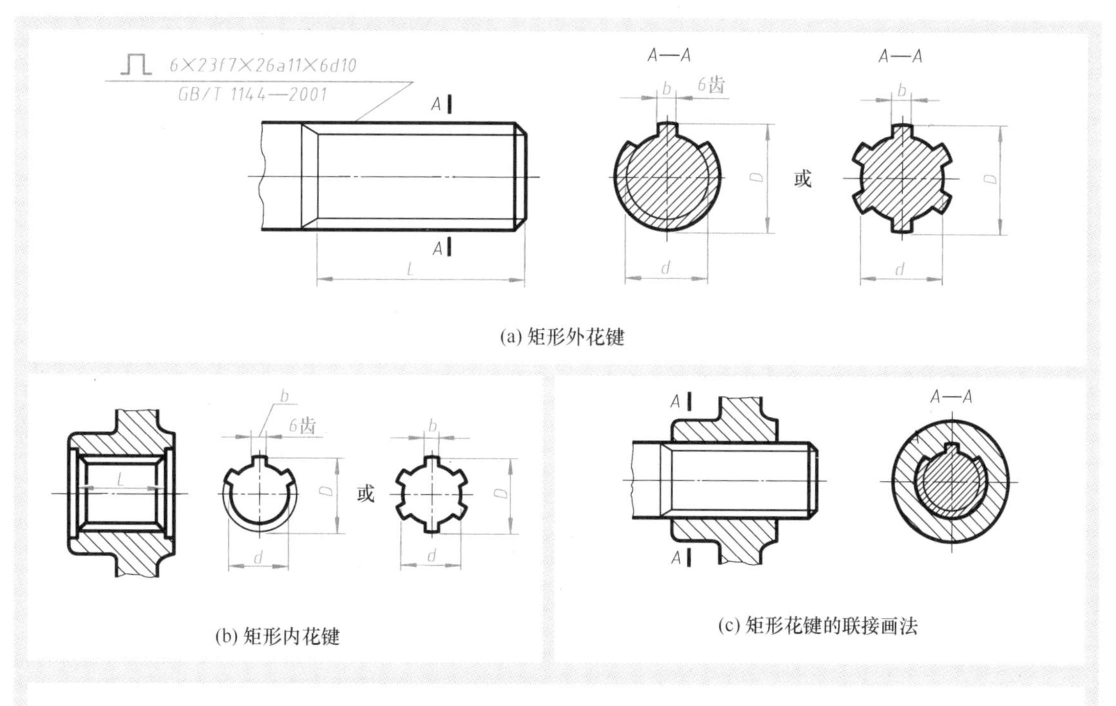

(a) 矩形外花键

(b) 矩形内花键

(c) 矩形花键的联接画法

说明：矩形花键的画法及其尺寸标注方法

国家标准（GB/T 4459.3—2000）规定了矩形花键的画法及其尺寸标注方法。其中：

（1）**规定画法**：在平行于花键轴线的投影面的视图中，外花键的大径用粗实线、小径用细实线绘制，并在断面图中画出一部分或全部齿形（见图 a）。在平行于花键轴线的投影面的剖视图中，内花键的大径和小径均用粗实线绘制，并在局部视图中画出一部分或全部齿形（见图 b）。绘制内、外花键的联接图时，其联接部分按外花键绘制（见图 c）。

（2）**尺寸标注方法**：花键的标记应注写在指引线的基准线上（见图 a，符号“⎍”是表示矩形花键的图形符号），其他必要的数据可在图中列表表示或在其他相关文件中说明。（其他类型花键的画法与尺寸标注方法详见 GB/T 4459.3—2000 的规定）

图 9.46 矩形花键的画法及其尺寸标注方法

9.3.2 销

销在机器中通常用于零件之间的定位和联接（见图 9.42b）。常用的标准销有圆柱销和圆锥销，其形状、尺寸和标记分别由国家标准规定（见表 9.20）。对于用销联接或定位的零件上的销孔，其加工方式通常为“配作”（即装配在一起加工），其尺寸应引出标注（见图 9.47a、b 和图 9.48a、b）。圆柱销和圆锥销的联接画法分别如图 9.47c 和图 9.48c 所示。

表 9.20　常用标准销的形状、尺寸和标记规定　　（单位：mm）

名称	规定的形状、尺寸和标记方法
圆柱销	

型式

说明：（1）本表中圆柱销的尺寸规定摘自 GB/T 119.1—2000，该标准规定了公称直径 $d=0.6\sim50$mm、公差为 m6 和 h8、材料为不淬硬钢和奥氏体不锈钢的圆柱销。（2）其他材料圆柱销的尺寸参见 GB/T 119.2—2000。

尺寸

d	0.6	0.8	1	1.2	1.5	2	2.5	3	4	5
$c\approx$	0.12	0.16	0.2	0.25	0.3	0.35	0.4	0.5	0.63	0.8
l	2~6	2~8	4~10	4~12	4~16	6~20	6~24	8~30	8~40	10~50
d	6	8	10	12	16	20	25	30	40	50
$c\approx$	1.2	1.6	2	2.5	3	3.5	4	5	6.3	8
l	12~60	14~80	18~95	22~140	26~180	35~200	50~200	60~200	80~200	95~200

注：公称长度 l 应在数值系列 2、3、4、5、6、8、10、12、14、16、18、20、22、24、26、28、30、32、35、40、45、50、55、60、65、70、75、80、85、90、95、100、120、140、160、180、200 中选取。公称长度 l 大于 200mm，按 20mm 递增。

标记

圆柱销的标记规定见 9.2.6 节，其简化标记的规定（由 GB/T 119.1—2000 规定）见以下示例：

标记示例　公称直径 $d=6$mm、公差为 m6、公称长度 $l=30$mm、材料为钢、不经淬火、不经表面处理的圆柱销的标记为：

销 GB/T 191.1　6 m6×30

名称	规定的形状、尺寸和标记方法
圆锥销	

型式

说明：本表中圆锥销的尺寸规定摘自 GB/T 117—2000，该标准规定了公称直径 $d=0.6\sim50$mm、A 型（磨削，锥面表面粗糙度 $Ra=0.8\mu$m）和 B 型（切削或冷镦，锥面表面粗糙度 $Ra=0.32\mu$m）的圆锥销。

尺寸

d	0.6	0.8	1	1.2	1.5	2	2.5	3	4	5
$a\approx$	0.08	0.1	0.12	0.16	0.2	0.25	0.3	0.4	0.5	0.63
l	4~8	5~12	6~16	6~20	8~24	10~35	10~35	12~45	14~55	18~60
d	6	8	10	12	16	20	25	30	40	50
$a\approx$	0.8	1	1.2	1.6	2	2.5	3	4	5	6.3
l	22~90	22~120	26~160	32~180	40~200	45~200	50~200	55~200	60~200	65~200

注：公称长度 l 应在数值系列 2、3、4、5、6、8、10、12、14、16、18、20、22、24、26、28、30、32、35、40、45、50、55、60、65、70、75、80、85、90、95、100、120、140、160、180、200 中选取。公称长度 l 大于 200mm，按 20mm 递增。

标记

圆锥销的标记规定见 9.2.6 节，其简化标记的规定（由 GB/T 117—2000 规定）见以下示例：

标记示例　公称直径 $d=6$mm、公称长度 $l=30$mm、材料为 35 钢、热处理硬度 28~38HRC、表面氧化处理的 A 型圆锥销的标记为：

销 GB/T 117　6×30

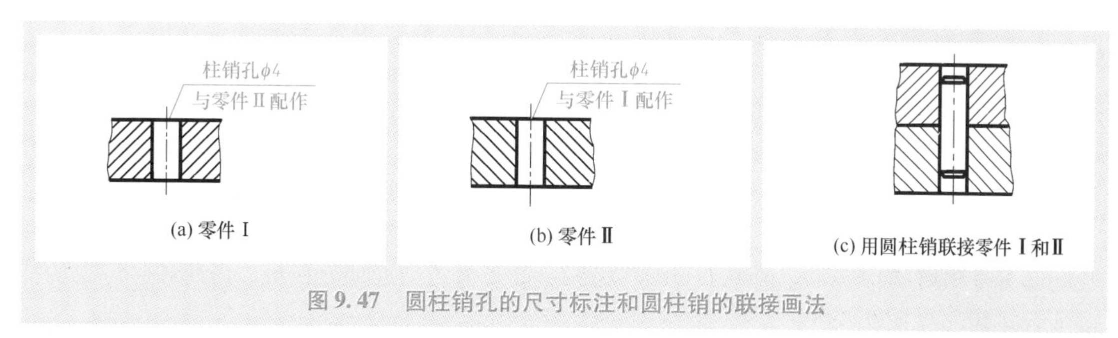

图 9.47　圆柱销孔的尺寸标注和圆柱销的联接画法

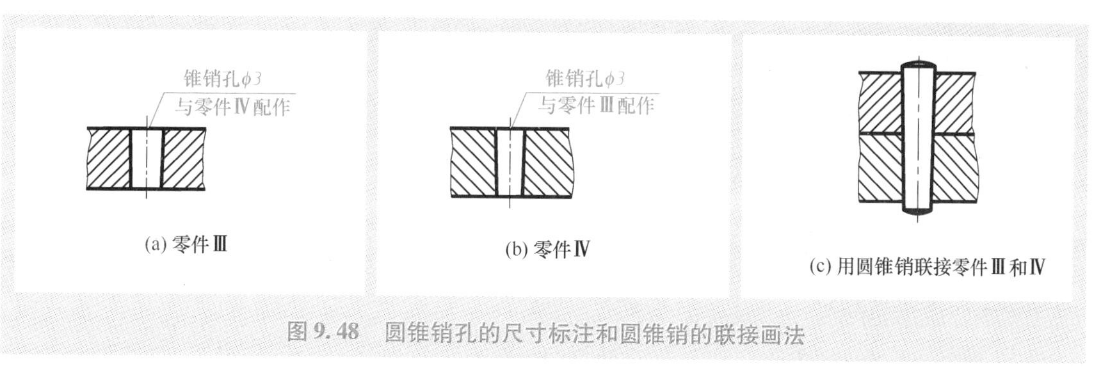

图 9.48　圆锥销孔的尺寸标注和圆锥销的联接画法

9.4　齿轮

在机器中，通常使用齿轮、带轮、凸轮和链轮等传递动力和运动。其中，齿轮是最常用的传动零件。一对相互配合的齿轮，其上的轮齿相互接触，由此导致齿轮的持续啮合运转，可完成改变旋转速度、旋转方向和方位等功能（见图 9.49）。根据功能的不同，常用的齿轮有圆柱齿轮、锥齿轮和蜗杆蜗轮等类型。

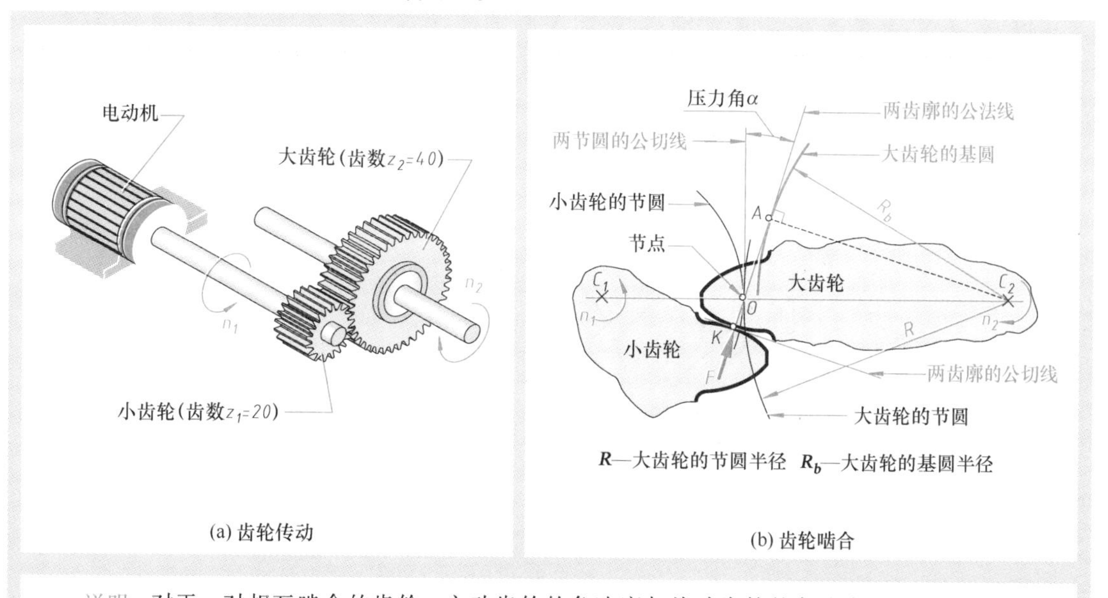

说明：对于一对相互啮合的齿轮，主动齿轮的角速度与从动齿轮的角速度之比值称为传动比（*transmission ratio*），使用符号“i”表示。当角速度为常数时，齿轮的传动比在数值上等于其转速 n 的比值或等于其齿数 z 的反比，即 $i_{12} = n_1/n_2 = z_2/z_1$。例如，在图 a 中，假设电动机的转速 n_1 = 1500r/min（转/分），小齿轮（主动齿轮）的齿数 $z_1 = 20$，大齿轮（从动齿轮）的齿数 $z_2 = 40$。则 $i_{12} = z_2/z_1 = 40/20 = 2$，$n_2 = n_1/i_{12}$ =（1500/2）r/min = 750r/min。

图 9.49　齿轮传动与啮合示意图

9.4.1 圆柱齿轮

9.4.1.1 圆柱齿轮的形状及其相关术语

在一个圆柱体的表面上加工出一些呈辐射状排列的、具有一定轮廓形状的凸起部分，即可制造出圆柱齿轮。圆柱齿轮各部分的形状通常使用以下专用术语描述：

轮齿(*tooth*)：齿轮上的每一个用于啮合的凸起部分，均被称为轮齿。一般说来，这些凸起部分呈辐射状排列，它被用于与配对齿轮上的类似的凸起部分接触，由此导致齿轮的持续啮合运转（见图9.49）。

齿数(*number of teeth*)：一个齿轮的轮齿总数，通常使用符号“z”表示（见图9.49a）。

齿槽(*tooth space*)：齿轮上两相邻轮齿之间的空间（见图9.50）。

齿顶(*crest*)：位于轮齿顶部的那一部分轮齿表面（见图9.50）。

齿根(*root*)：齿槽的底面（见图9.50）。

齿面(*tooth flank*)：位于齿顶和齿根之间的轮齿侧表面（见图9.50）。

齿廓(*tooth profile*)：齿轮轮齿的轮廓形状。齿廓通常设计为圆弧形、摆线形或渐开线形。相比而言，由于渐开线齿廓具有较好的传动性能，并便于制造、安装与测量，因此，它在工程中的应用也最为广泛（见图9.50）。

齿顶圆(*addendum circle*)：通过齿轮各齿顶表面的假想圆（见图9.50）。

齿根圆(*root circle*)：通过齿轮各齿根表面的假想圆（见图9.50）。

节点(*pitch point*) **与节圆**(*pitch circle*)：如图9.49b所示，节点O是指过K点（K点为相啮合齿轮的两齿廓的接触点）的两齿廓的公法线与直线C_1C_2（C_1C_2为两齿轮中心的连线）的交点；当齿轮绕其中心（C_1或C_2）旋转时，节点O的运动轨迹是一个圆，该圆称为节圆，其直径使用符号“d”表示。

基圆(*base circle*)：是指渐开线（或摆线）圆柱齿轮上的一个假想圆，它是渐开线齿廓的发生线。渐开线的形成与画法如图9.51所示。

齿线(*tooth trace*)：是指齿轮齿面与过节圆的圆柱面的交线（见图9.52）。齿线为直线、且与轴线平行的圆柱齿轮称为“直齿圆柱齿轮”，齿线为螺旋线的圆柱齿轮称为“斜齿圆柱齿轮”，齿线为人字形的圆柱齿轮称为“人字齿圆柱齿轮”。

压力角(*pressure angle*)：如图9.49b所示，压力角α（又称为啮合角）是指作用在点K处的两齿轮间相互作用力F的方向（位于两齿廓的公法线方向）与两齿轮节圆公切线的夹角。

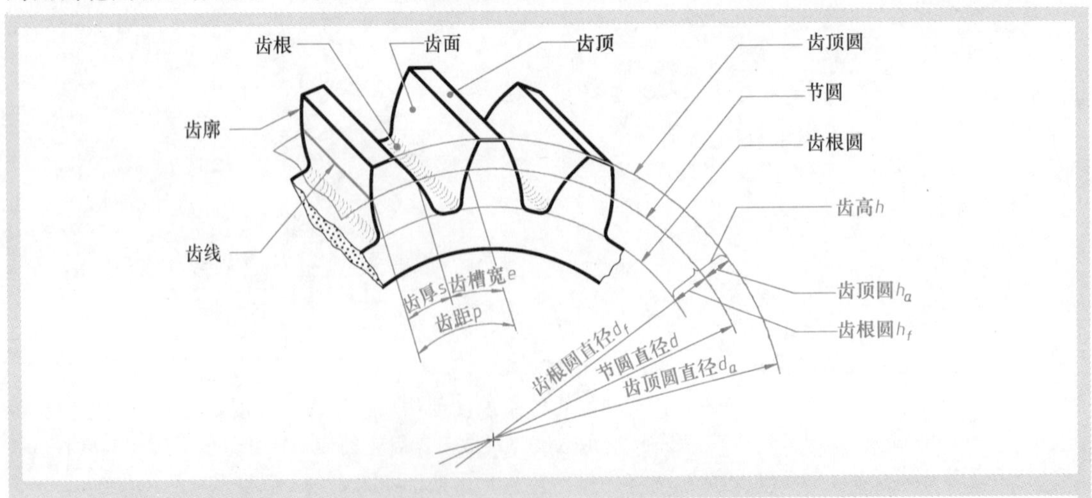

说明：各尺寸之间有以下数学关系，$d_a=d+2h_a$；$d_f=d-2h_f$；$h=h_a+h_f$；$p=s+e$；$pz=\pi d$（即齿距p乘以齿数z等于节圆的周长，而节圆直径d乘以圆周率π也等于节圆的周长）。

图9.50 圆柱齿轮（渐开线齿廓）的形状及其尺寸

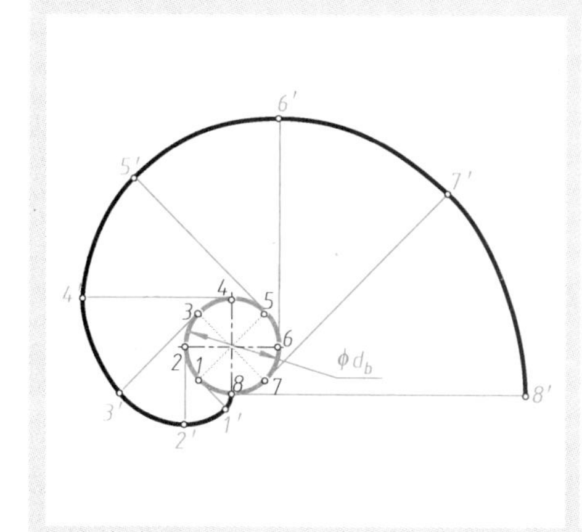

说　明

若将一根缠绕在圆周上的绳子以与圆周相切的方式拉开为一条直线，则绳子上任一点的运动轨迹就称为圆的渐开线(*involute*)，该圆周称为基圆。

圆的渐开线的画法为：第一步、将圆周分等分为若干等份（如8等份）；第二步、过圆周上各等分点作圆的切线；第三步、在各条切线上分别作点1′、2′、…、8′，使直线段1-1′、2-2′、…、8-8′的长度分别对于 $\pi d_b/8$、$2\pi d_b/8$、…、$8\pi d_b/8$（πd_b 为基圆的周长）；第四步、依次光滑连接点8、1′、2′、…、8′，得圆的渐开线。

图9.51　圆的渐开线

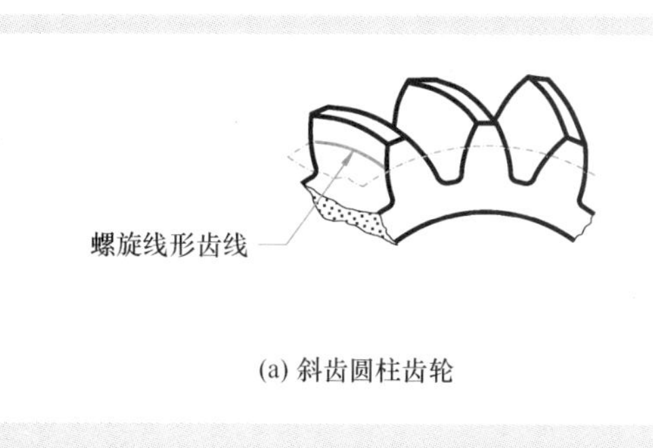

(a) 斜齿圆柱齿轮

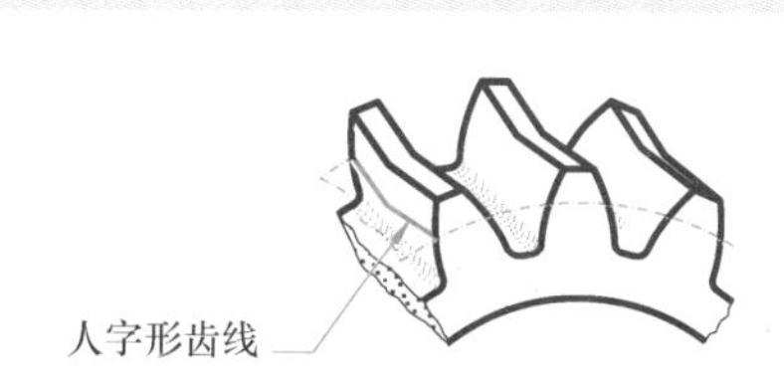

(b) 人字齿圆柱齿轮

图9.52　斜齿、人字齿圆柱齿轮的齿线

9.4.1.2　圆柱齿轮的大小、模数及其尺寸的计算

如图9.50所示，圆柱齿轮的大小使用以下尺寸表示：齿顶圆直径 d_a、齿根圆直径 d_f、**节圆直径** d、**齿顶高** h_a（齿顶圆到节圆的径向距离）、**齿根高** h_f（齿根圆到节圆的径向距离），**齿高** h（齿顶圆到齿根圆的径向距离）、**齿厚** s（节圆通过轮齿部分的弧长）、**齿槽宽** e（节圆通过齿槽部分的弧长）和**齿距** p（节圆上相邻两齿对应点之间的弧长）。其中：

（1）节圆直径 d 的大小是根据模数(module）和齿数确定的。模数被定义为齿距 p 与圆周率 π 的比值，通常使用符号“m”表示，即 $m=p/\pi$。根据这一定义，则有 $p=\pi m$，并可得 $d=(p/\pi)z=mz$（因为 $pz=\pi d$，如图9.50所示）。即在确定了模数 m 和齿数 z 的具体数值后，可计算出节圆直径 d 和齿距 p。

（2）在确定齿距 p 的基础上，可根据公式 $p=s+e$ 选择合适的齿厚 s 和齿槽宽 e。

（3）在确定 h_a 和 h_f 的基础上，可根据公式 $d_a=d+2h_a$、$d_f=d-2h_f$ 计算出齿顶圆直径 d_a 和齿根圆直径 d_f。

9.4.1.3　标准渐开线圆柱齿轮

标准渐开线圆柱齿轮，是指其齿廓的形状为渐开线，其模数 m、齿顶高 h_a、齿根高 h_f、齿厚 s、齿槽宽 e 和压力角 α 的数值由国家标准规定。即规定：

（1）模数 m 的数值应在表9.21所给出的数值中选取。

（2）齿顶高 h_a 的数值应为：$h_a=m$。

（3）齿根高 h_f 的数值应为：$h_f=1.25m$。

（4）齿厚 s 应与齿槽宽 e 相等，即 $s=e$。

（5）压力角 $\alpha=20°$。

根据上述规定，在确定了模数 m 和齿数 z 的具体数值后，即可计算出标准渐开线圆柱齿轮的其他所有尺寸。

应注意，由于标准渐开线圆柱齿轮的齿厚 s 与齿槽宽 e 相等，因此，在制造该类标准齿轮时，可根据齿数 z 将节圆的圆周等分为 z 等份，以确定其轮齿的加工位置（即分度）。其节圆也因而称为“分度圆”。

表 9.21　渐开线圆柱齿轮模数的标准数值（GB/T 1357—2008）　（单位：mm）

第Ⅰ系列	1	1.25	1.5	2	2.5	3	4	5	6	8	10	12	16
	20	25	32	40	50								
第Ⅱ系列	1.125	1.375	1.75	2.25	2.75	3.5	4.5	5.5	(6.5)	7	9	11	
	14	18	22	28	35	45							

注：1. 本表规定了直齿和斜齿渐开线圆柱齿轮的模数。
2. 应优先选用第Ⅰ系列的模数，应避免采用第Ⅱ系列的模数 6.5。

9.4.1.4　圆柱齿轮的画法

国家标准（GB/T 4459.2—2003）对圆柱齿轮的画法作出了以下规定：

（1）轮齿部分的画法（见图 9.53）为：齿顶圆和齿顶线用粗实线绘制；节圆（或分度圆）和节线（或分度线）用细点画线绘制；齿根圆和齿根线用细实线绘制，也可省略不画（在剖视图中，齿根线用粗实线绘制）。

（2）表示齿轮一般用两个视图（见图 9.53），或者用一个视图和一个局部视图。

（3）在剖视图中，当剖切平面通过齿轮的轴线时，轮齿一律按不剖处理（见图 9.53）。

（4）当需要表明齿线的形状特征时，可用三条与齿线方向一致的细实线表示（见图 9.54）。直齿则不需表示。

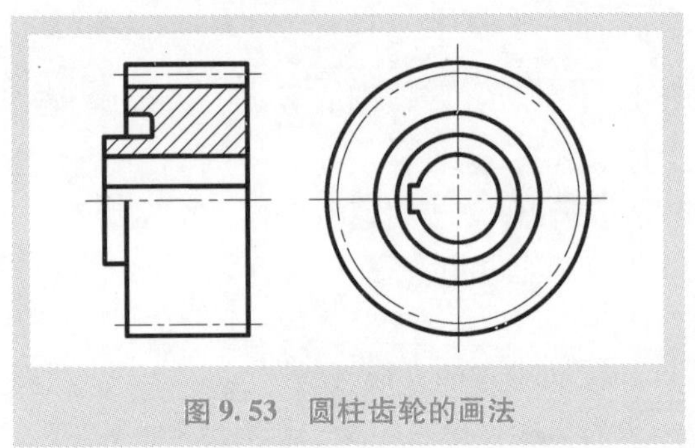

图 9.53　圆柱齿轮的画法

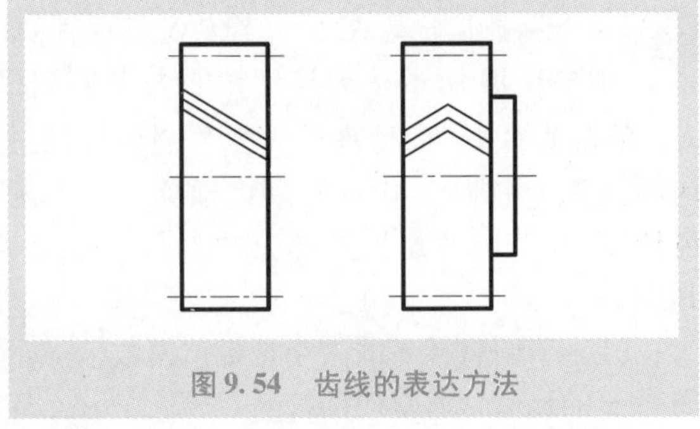

图 9.54　齿线的表达方法

9.4.1.5　圆柱齿轮的啮合画法

国家标准（GB/T 4459.2—2003）对圆柱齿轮的啮合画法作出了以下规定：

（1）在垂直于圆柱齿轮轴线的投影面的视图中，啮合区内的齿顶圆均用粗实线绘制（见图 9.55a 中的左视图），其省略画法如图 9.55b 所示。

（2）在平行于圆柱齿轮轴线的投影面的视图中，啮合区的齿顶线不需画出，节线（或分度线）用粗实线绘制，其他处的节线用细点画线绘制（见图 9.55c，d，e 的主视图）。

（3）在圆柱齿轮啮合的剖视图中，当剖切平面通过两啮合齿轮的轴线时，在啮合区内，将一个齿轮的轮齿用粗实线绘制，另一个齿轮的轮齿被遮挡的部分用细虚线绘制（见图 9.55a 和图 9.56）；也可省略不画（见图 9.57）。

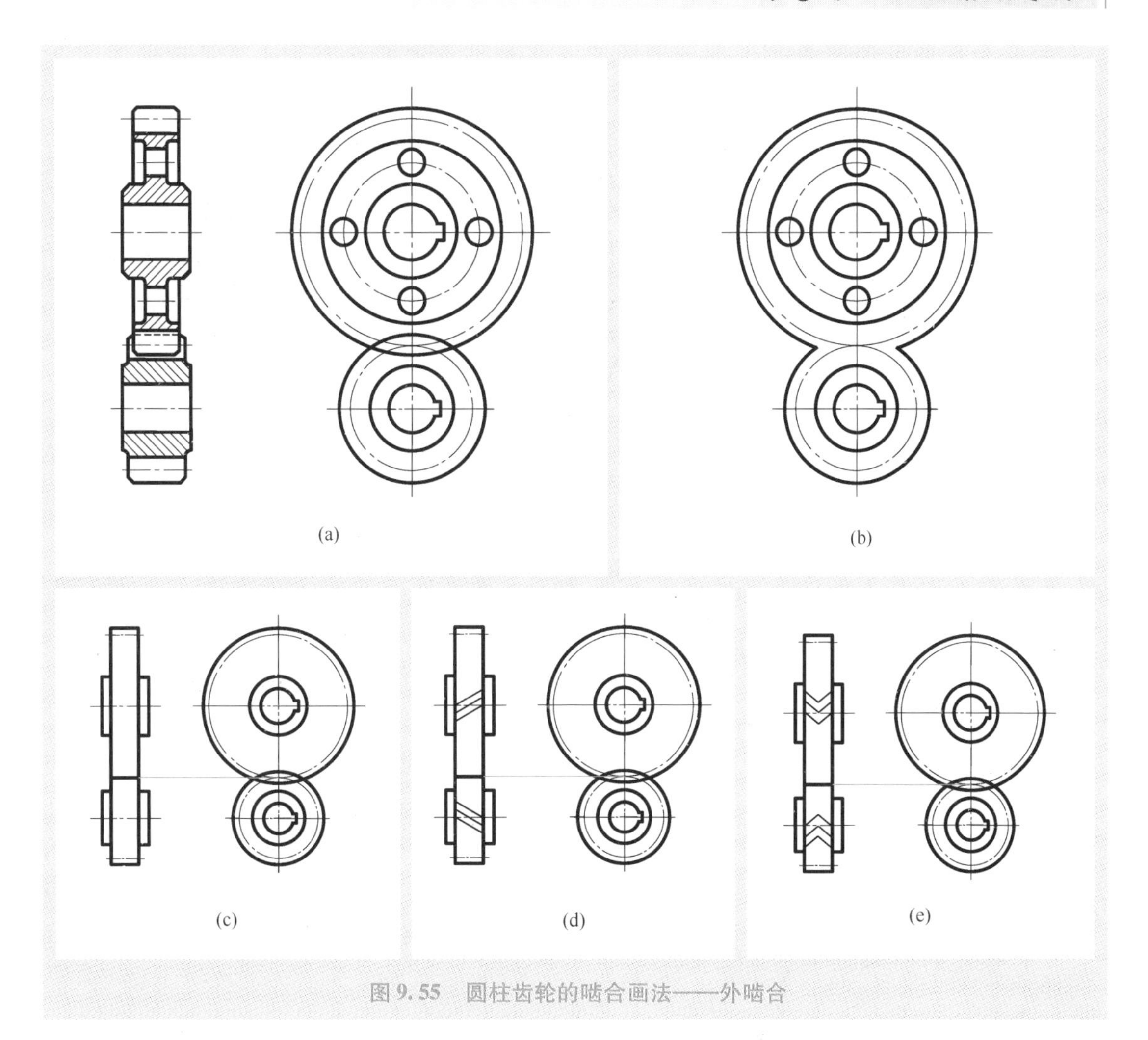

图 9.55 圆柱齿轮的啮合画法——外啮合

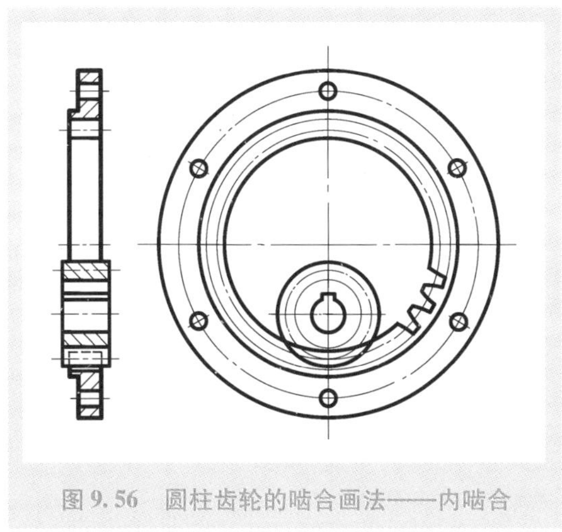

图 9.56 圆柱齿轮的啮合画法——内啮合

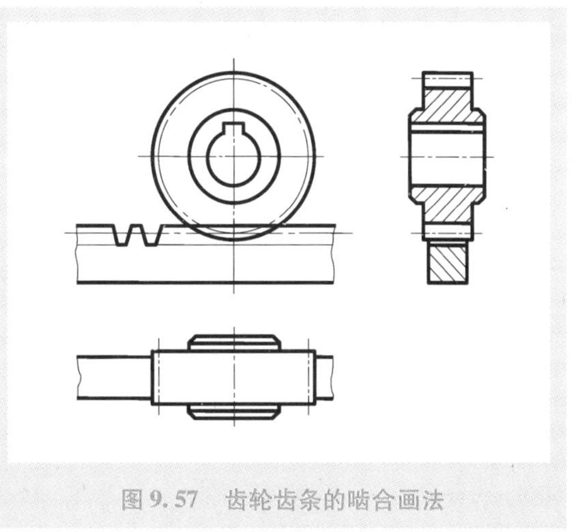

图 9.57 齿轮齿条的啮合画法

9.4.2 标准锥齿轮

标准锥齿轮的轮齿（见图 9.58a）位于圆锥面上，其轮齿一端大、一端小（其中，大的一端称为大端，小的一端称为小端）。标准锥齿轮的形状和大小使用图 9.58b 所示的相关术语、参数与尺寸描述，其画法及啮合画法采用与圆柱齿轮相同的规定（分别见图 9.59 和图 9.60）。

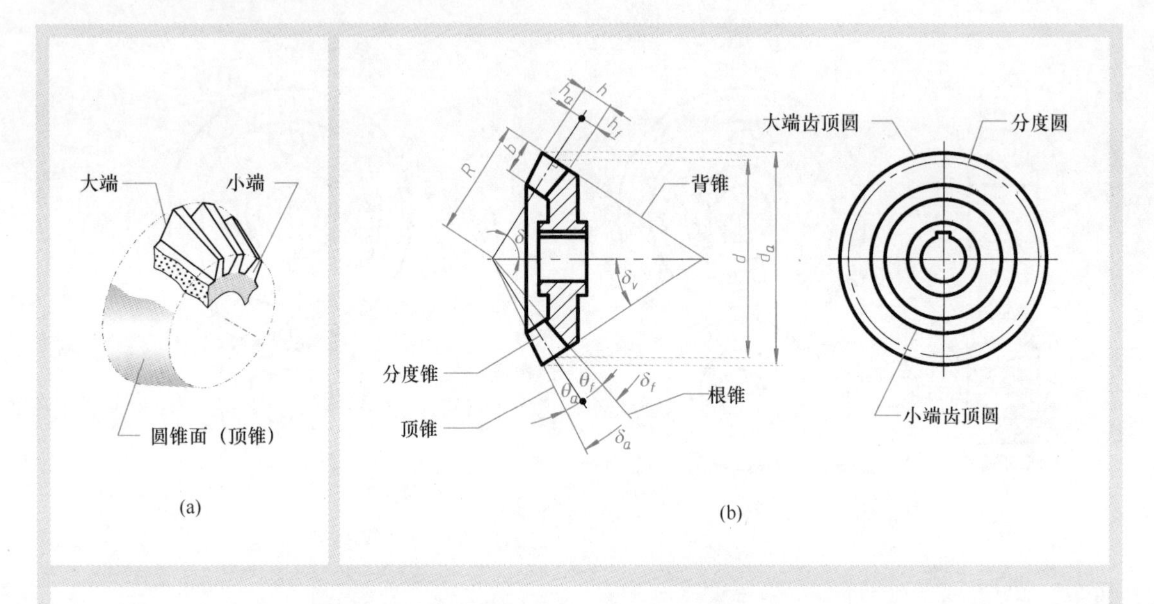

说明：标准锥齿轮的主要术语、参数及其尺寸的定义

顶锥与顶锥角：顶锥是包含锥齿轮各齿顶面的一假想圆锥面，其锥角为 $2\delta_a$，δ_a 称为顶锥角。

根锥与根锥角：根锥是包含锥齿轮各齿根面的一假想圆锥面，其锥角为 $2\delta_f$，δ_f 称为根锥角。

背锥与背锥角：背锥是形成锥齿大端端面的一假想圆锥面，其锥角为 $2\delta_V$，δ_V 称为背锥角。

分度锥与分锥角：分度锥是一个假想圆锥面，其锥角为 2δ，δ 称为分锥角。标准锥齿轮的压力角和模数是以分度圆锥面为基础定义的，且其模数、齿距、齿厚和齿槽宽沿着该分度圆锥面的素线方向由大端至小端逐渐变小。

分度圆：分度锥与背锥的交线，其直径使用符号“d”表示。

齿顶圆：顶锥与大端端面（即背锥面）和小端端面的交线分别称为大端齿顶圆和小端齿顶圆。

模数 m：分度圆上的齿距与圆周率 π 的比值被定义为模数 m，模数 m 应在数值系列（单位为 mm）0.1、0.12、0.15、0.2、0.25、0.3、0.35、0.4、0.5、0.6、0.7、0.8、0.9、1、1.125、1.25、1.375、1.5、1.75、2、2.25、2.5、2.75、3、3.25、3.5、3.75、4、4.5、5、5.5、6、6.5、7、8、9、10、11、12、14、16、18、20、22、25、28、30、32、36、40、45、50 中选取（见 GB 12368—1990）。

分锥角 δ：见图 9.60 中的说明。

齿顶高 $h_a = m$。

齿根高 $h_f = 1.2m$。

齿高 $h = h_a + h_f = 2.2m$。

分度圆直径 $d = mz$。

齿顶圆直径 $d_a = m(z + 2\cos\delta)$。

齿根圆直径 $d_f = m(z - 2.4\cos\delta)$。

齿顶角 θ_a：$\tan\theta_a = 2\sin\delta/z$。

齿根角 θ_f：$\tan\theta_f = 2.4\sin\delta/z$。

顶锥角 $\delta_a = \delta + \theta_a$。

根锥角 $\delta_f = \delta - \theta_f$。

外锥距 $R = 0.5mz/\sin\delta$。

齿宽 $b = (0.2 \sim 0.35)R$。

图 9.58 标准直齿锥齿轮的形状及其相关术语、参数与尺寸

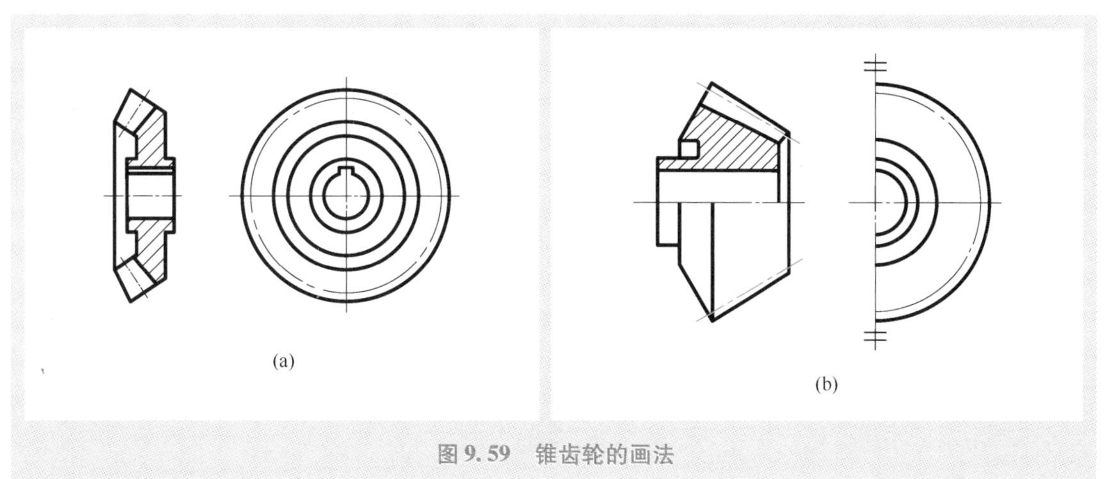

图9.59　锥齿轮的画法

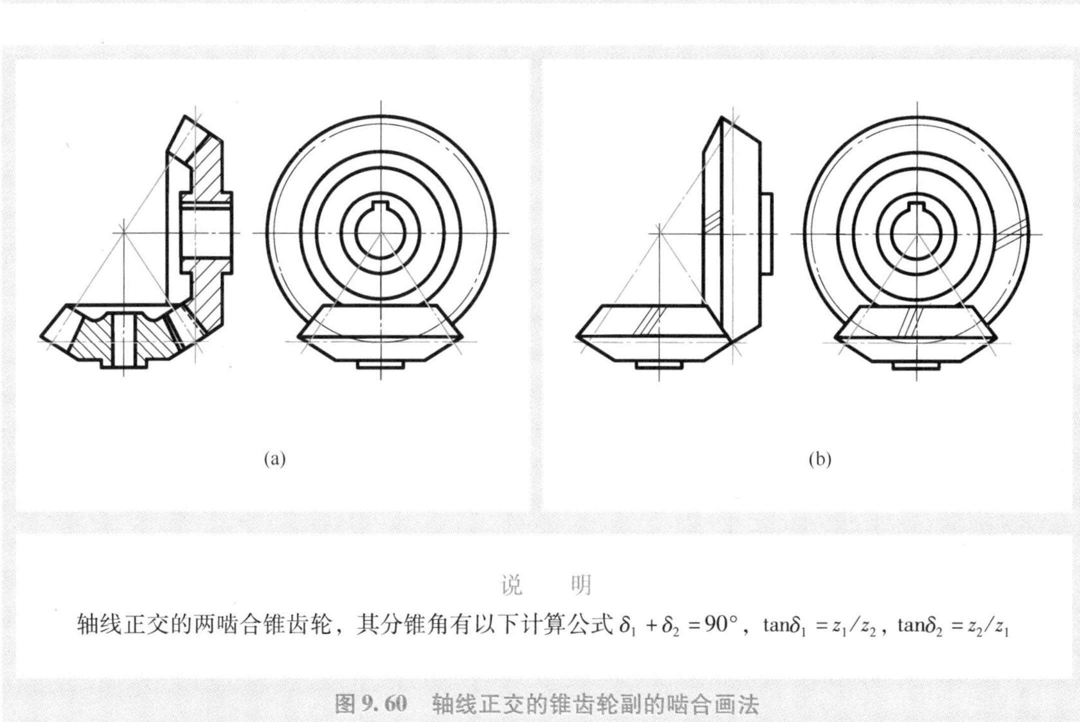

说　明

轴线正交的两啮合锥齿轮，其分锥角有以下计算公式 $\delta_1+\delta_2=90°$，$\tan\delta_1=z_1/z_2$，$\tan\delta_2=z_2/z_1$

图9.60　轴线正交的锥齿轮副的啮合画法

9.4.3　圆柱蜗杆与蜗轮

圆柱蜗杆与蜗轮都可看成一个斜齿圆柱齿轮（见图9.61）。其中：

（1）**圆柱蜗杆**与常见的斜齿圆柱齿轮的形状不同，其轮齿通常是沿着圆柱螺旋线连续形成的，其齿廓的形状与梯形螺纹相似，因此，圆柱蜗杆看起来似乎更像“螺纹”。标准圆柱蜗杆的形状和大小主要使用图9.62所示的术语、尺寸与参数描述，其基本尺寸和参数的选择与计算见表9.22，其画法采用与圆柱齿轮相同的规定（见图9.63）。

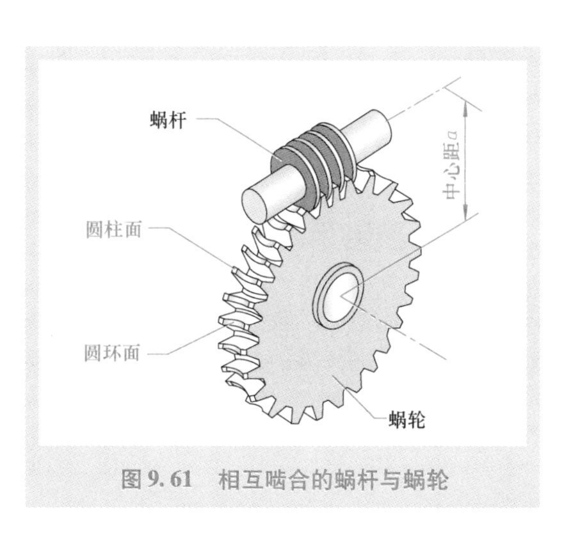

图9.61　相互啮合的蜗杆与蜗轮

（2）蜗轮的齿面能够与圆柱蜗杆的齿面形成线接触，从而达到传动的目的，其轮齿的形状和大小主要使用图 9.64 所示的术语、尺寸或参数描述，其画法采用与圆柱齿轮相同的规定（见图 9.65）。

（3）蜗杆传动常用于两轴交错、传动比较大、传递功率不太大或间歇工作的场合，其蜗杆、蜗轮参数的匹配规定见表 9.23。在蜗杆传动中，通常蜗杆为主动件、蜗轮为从动件，其啮合画法采用与圆柱齿轮相同的规定（见图 9.66）。

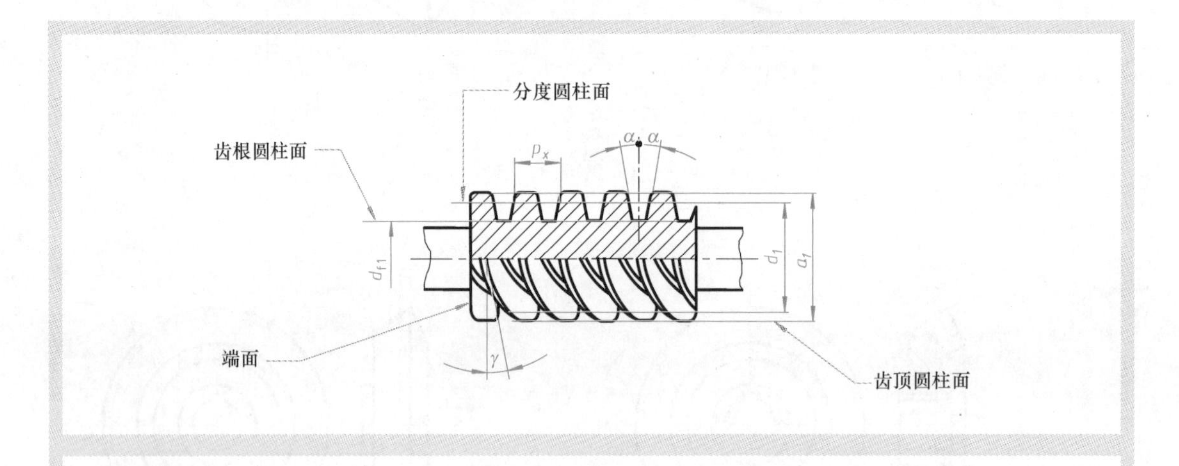

说明：蜗杆的主要术语、尺寸与参数的定义

头数 z_1：与螺纹有单线和多线类似，沿着一条螺旋线形成的蜗杆称为单头蜗杆（即其头数 $z_1=1$），沿着两条螺旋线形成的蜗杆称为双头蜗杆（即其头数 $z_1=2$）。单头蜗杆转一周，与之相配的蜗轮则转过一齿。双头蜗杆转一周，与之相配的蜗轮转过两个齿。

旋向：与螺纹类似，蜗杆有左旋蜗杆和右旋蜗杆两类。蜗杆的旋向通常采用右旋，这时，与之啮合的蜗轮的旋向也应采用右旋。

齿形角 α：标准蜗杆的齿形角为 $\alpha=20°$。

分度圆柱面、分度螺旋线与分度圆：分度圆柱面是过蜗杆轮齿的一个假想圆柱面，其与螺旋齿面的交线称为分度螺旋线，其与端平面的交线称为蜗杆的分度圆。其中：

1）分度螺旋线的导程角称为分度圆柱导程角，使用符号“γ”表示。

2）蜗杆分度圆直径使用符号“d_1”表示；蜗杆的模数是以分度圆为基础定义的。

齿顶圆柱面与齿顶圆：通过蜗杆各齿顶表面的圆柱面称为齿顶圆柱面，其与端平面的交线称为蜗杆齿顶圆，齿顶圆直径使用符号“d_{a1}”表示。

齿根圆柱面与齿根圆：通过蜗杆各齿根表面的圆柱面称为齿根圆柱面，其与端平面的交线称为蜗杆齿根圆，齿根圆直径使用符号“d_{f1}”表示。

齿顶高 h_{a1}：蜗杆齿顶圆到其分度圆的径向距离。

齿根高 h_{f1}：蜗杆齿根圆到其分度圆的径向距离。

齿高 h_1：蜗杆齿顶圆到其齿根圆的径向距离。

轴向齿距：蜗杆相邻的两同侧齿廓间的轴向距离，使用符号“p_x”表示。

模数 m：蜗杆的模数 m 被定义为轴向齿距 p_x 与圆周率 π 的比值，即 $m=p_x/\pi$。

直径系数 q：$q=d_1/m$。

图 9.62 蜗杆的形状及其主要术语、尺寸与参数的定义

表 9.22 蜗杆的基本尺寸和参数系列及其计算（GB/T 10085—1988）

模数 m/mm	轴向齿距 p_x/mm	分度圆直径 d_1/mm	头数 z_1	直径系数 q	齿顶圆直径 d_{a1}/mm	齿根圆直径 d_{f1}/mm	分度圆柱导程角 γ
1	3.141	18	1	18.000	20	15.6	3°10′47″
1.25	3.927	20	1	16.000	22.5	17	3°34′35″
		22.4	1	17.920	24.9	19.4	3°11′38″
…	…	…	…	…	…	…	…

说明：标准蜗杆的齿顶高和齿根高被规定为，$h_{a1}=m$，$h_{f1}=1.2m$。在根据本表确定了蜗杆的模数 m、分度圆直径 d_1 和头数 z_1 的具体数值后，蜗杆的其他尺寸或参数可根据以下公式得到

$p_x=\pi m$

$h_{a1}=m$

$h_{f1}=1.2m$

$h_1=h_{a1}+h_{f1}=2.2m$

$\tan\gamma=mz_1/d_1=z_1/q$

$d_{a1}=d_1+2h_{a1}=qm+2m=(q+2)\ m$

$d_{f1}=d_1-2h_{f1}=qm-2.4m=(q-2.4)\ m$

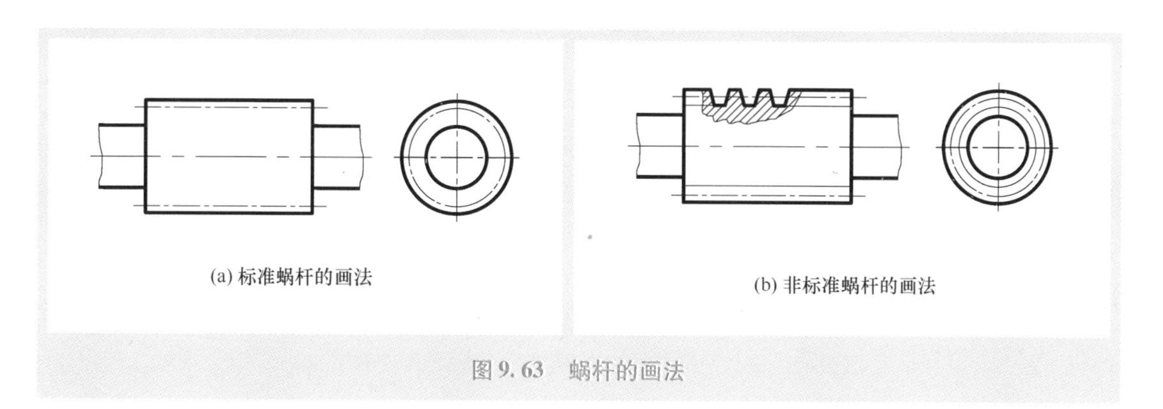

(a) 标准蜗杆的画法　　(b) 非标准蜗杆的画法

图 9.63　蜗杆的画法

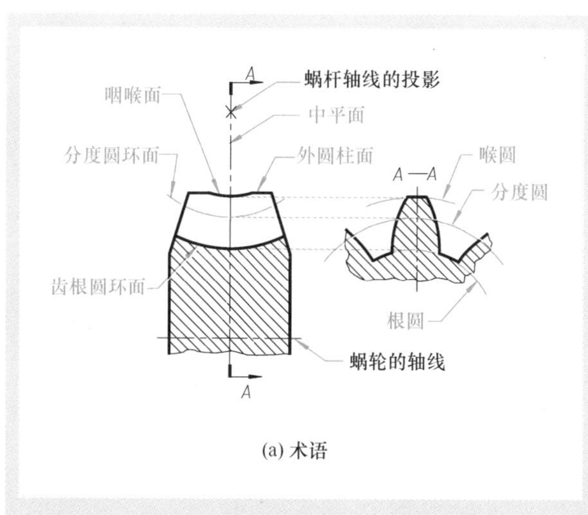

(a) 术语

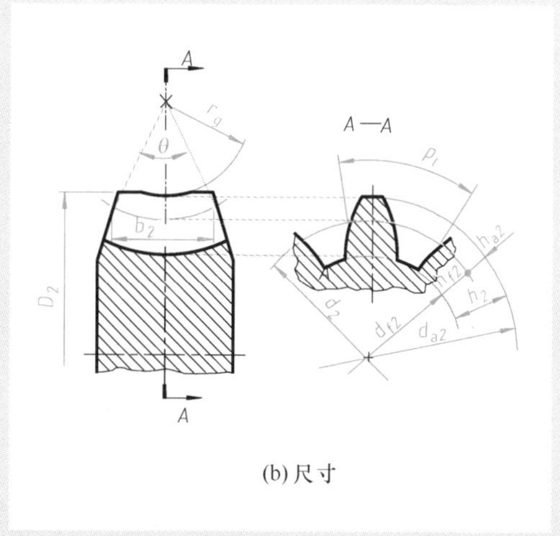

(b) 尺寸

图 9.64　蜗轮的形状及其主要术语、尺寸与参数

说明：蜗轮的主要术语、尺寸与参数的定义

中平面：垂直于蜗轮轴线并包含相啮合蜗杆轴线的平面。

分度圆环面与分度圆：蜗轮的分度曲面不是一个圆柱面，而是一个圆环面，该圆环面称为**分度圆环面**。形成分度圆环面的母圆的半径等于与其相啮合的蜗杆的分度圆的半径，且这个母圆圆心至分度圆环面中心的距离一般等于蜗轮与蜗杆之间的中心距 a。蜗轮齿顶上的分度圆环面与中平面的交线是一个圆，该圆称为**分度圆**。

外圆柱面、咽喉面与喉圆：蜗轮的齿顶表面由部分圆柱面和部分圆环面构成（见图 9.61），其中：构成蜗轮齿顶的圆柱面称为**外圆柱面**（其直径称为外径）；构成蜗轮齿顶的圆环面称为**咽喉面**（其母圆的半径称为喉形面半径）；咽喉面与中平面的交线称为**喉圆**。

齿根圆环面与根圆：与蜗轮各齿根表面相切的一个圆环面称为**齿根圆环面**。齿根圆环面与中平面的交线称为**根圆**。

z_2—蜗轮的齿数。

m—蜗轮的端面模数（为端面齿距 p_t 与圆周率 π 的比值，即 $m=p_t/\pi$。它相当于蜗杆的轴向模数）。

p_t—端面齿距（蜗轮相邻的两同侧齿廓间的节圆弧长。对于标准蜗轮，其节圆与分度圆是同一个圆；但非标准蜗轮的节圆与分度圆不是同一个圆），$p_t=\pi m$。

h_{a2}—齿顶高（蜗轮喉圆直径与其分度圆直径间差值的一半），$h_{a2}=m$。

h_{f2}—齿根高（蜗轮分度圆直径与其根圆直径间差值的一半），$h_{f2}=1.2m$。

h_2—齿高（蜗轮喉圆直径与其根圆直径间差值的一半），$h_2=h_{a2}+h_{f2}=2.2m$。

d_2—分度圆直径，$d_2=mz_2$。

d_{a2}—喉圆直径，$d_{a2}=d_2+2h_{a2}=m(z_2+2)$。

d_{f2}—根圆直径，$d_{f2}=d_2-2h_{f2}=m(z_2-2.4)$。

r_g—喉形面半径，$r_g=a-d_{a2}/2$（a 为蜗轮与蜗杆之间的中心距，其选取规定见表 9.23）。

D_2—外径，$D_2\leqslant d_{a2}+2m$（当 $z_1=1$ 时），或 $D_2\leqslant d_{a2}+1.5m$（当 $z_1=2\sim3$ 时），或 $D_2\leqslant d_{a2}+m$（当 $z_1=4$ 时）。

b_2—齿宽（分度圆环面与轮齿两端面的交线分别为两段圆弧，包容该两段圆弧的两平行平面间的距离被定义为齿宽），由设计确定。

θ—齿宽角，$\theta=2\arcsin(b_2/d_1)$。

图 9.64　蜗轮的形状及其主要术语、尺寸与参数（续）

表 9.23　蜗杆、蜗轮参数的匹配（GB/T 10085—1988）

中心距 a/mm	传动比 i	模数 m/mm	蜗杆分度圆直径 d_1/mm	蜗杆头数 z_1	蜗轮齿数 z_2
40	4.83	2	22.4	6	29
	7.25	2	22.4	4	29
	9.5	1.6	20	4	38
	14.5	3	22.4	2	29
	19	1.6	20	2	38
	29	2	22.4	1	29
	38	1.6	20	1	38
	49	1.25	20	1	49
	62	1	18	1	62
…	…	…	…	…	…

说　明

（1）一般圆柱蜗杆传动的减速装置的中心距 a 应按下列数值选取（单位为 mm）：40、50、63、80、100、125、160、（180）、200、（225）、250、（280）、315、（355）、400、（450）、500（括号中的数字尽可能不采用），其与蜗杆、蜗轮其他尺寸的关系为 $a=(d_1+d_2)/2=m(q+z_2)/2$。

（2）对于采用 GB/T 10085—1988 规定的中心距的蜗杆传动，其蜗杆、蜗轮参数的匹配应按本表的规定。

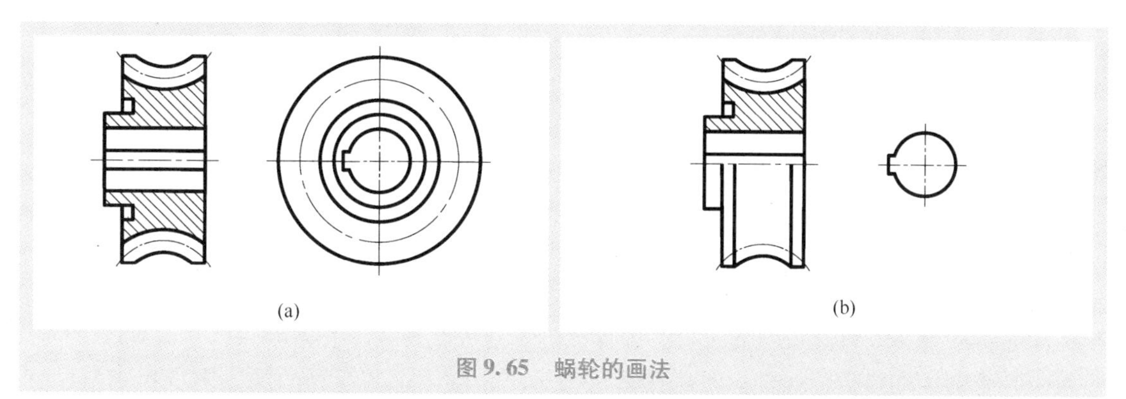

图 9.65　蜗轮的画法

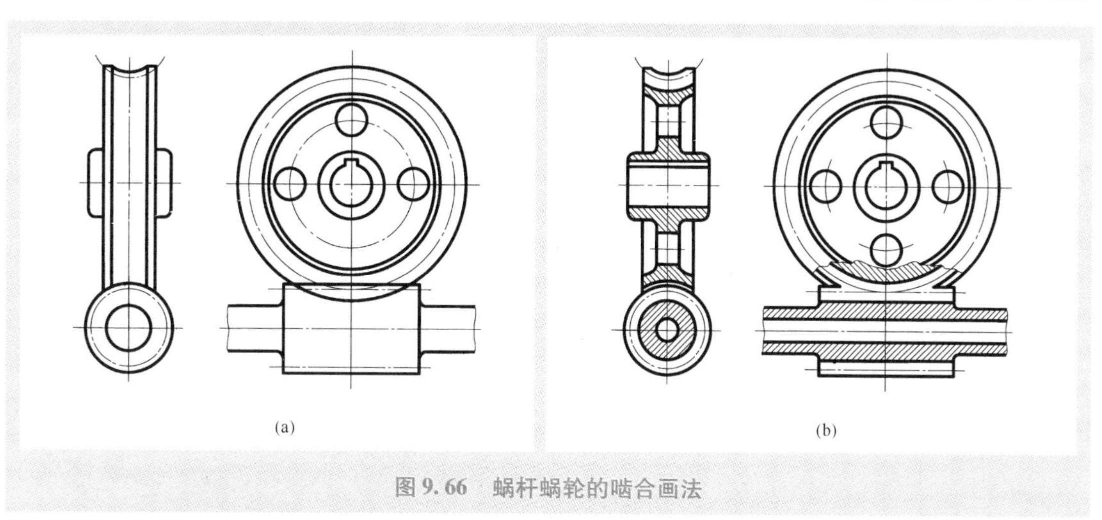

图 9.66　蜗杆蜗轮的啮合画法

9.5　弹簧

机器中的弹簧具有减振、夹紧、储存能量、测力和控制相关零件运动等功能，描述弹簧形状和大小的基本术语、尺寸或参数等如图 9.67 所示。

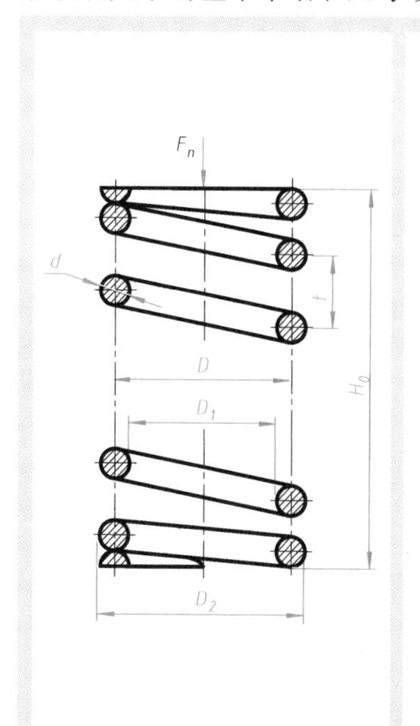

说　明

F_n——最大工作载荷

d——材料直径（制造弹簧的钢丝的直径）

D_2——弹簧外径

D_1——弹簧内径，$D_1 = D_2 - 2d$

D——弹簧中径（弹簧内、外径之和的平均值），$D = (D_1 + D_2)/2$

n_z——支承圈数（通常要求螺旋压缩弹簧两端圈的簧丝应并紧且磨平，以稳定支承其上的其他零件。螺旋压缩弹簧并紧且磨平的各圈称为支承圈。n_z 通常取 1.5、2.5 等值）

n——有效圈数（弹簧中可沿轴向伸缩工作的各圈）

n_1——总圈数（有效圈和支承圈的圈数之和），$n_1 = n + n_z$

t——节距（有效圈中相邻两圈对点间的轴向距离）

H_0——自由高度（不承受载荷时弹簧的高度）

L——展开长度（螺旋弹簧钢丝展开为直线后的长度），

$L \approx n_1 \sqrt{(\pi D)^2 + t^2}$

图 9.67　弹簧的基本术语、尺寸或参数及其符号（以圆柱螺旋压缩弹簧为例）

9.5.1 弹簧的画法

根据功能的不同，常用的弹簧有螺旋压缩弹簧、螺旋拉伸弹簧、螺旋扭转弹簧、涡卷弹簧和碟形弹簧等类型。弹簧的基本画法如图 9.68 所示。各类弹簧的规定画法见表 9.24 ~ 表 9.27。在按国家标准（GB/T 4459.4—2003）规定的画法绘制弹簧的投影图形时，还应注意以下要点：

（1）在平行于螺旋弹簧轴线的投影面的视图中，弹簧各圈的轮廓线应画成直线。

（2）螺旋弹簧均可画成右旋，对必须保证的旋向要求应在“技术要求”中注明。

（3）螺旋压缩弹簧，如要求两端并紧且磨平时，则不论支承圈的圈数多少和末端贴紧情况如何，均按图 9.68 所示的形式绘制。必要时也可按支承圈的实际结构绘制。

（4）对于有效圈数在四圈以上的螺旋弹簧，其中间部分可以省略。圆柱螺旋弹簧中间部分省略后，允许适当缩短图形的长度，截锥涡卷弹簧中间部分省略后用细实线相连。

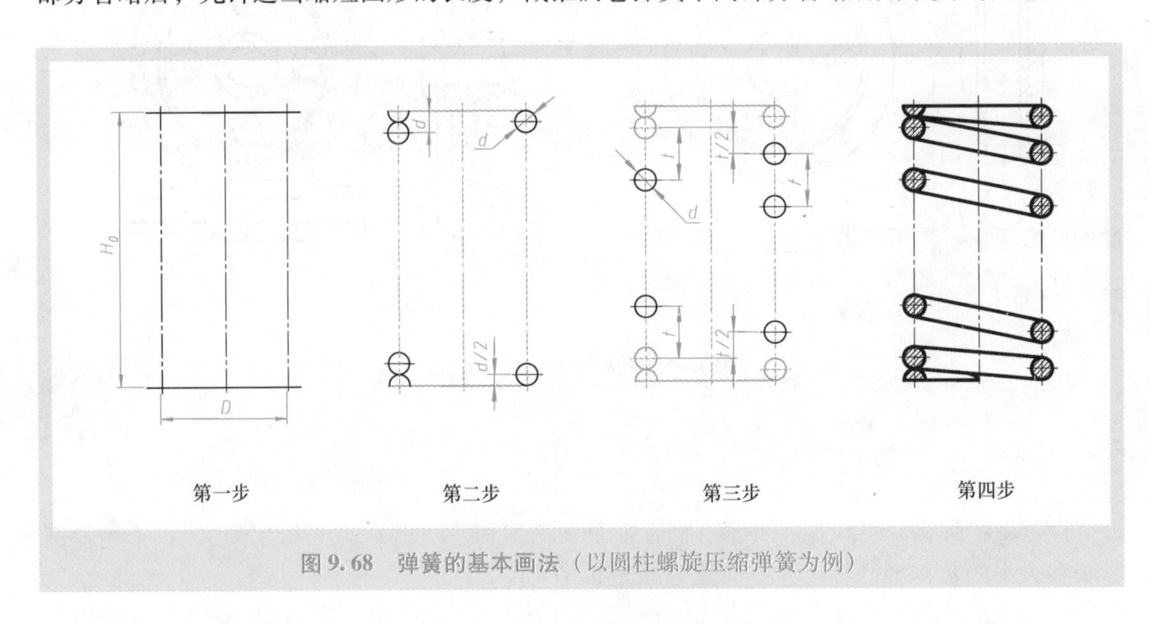

图 9.68　弹簧的基本画法（以圆柱螺旋压缩弹簧为例）

表 9.24　螺旋压缩弹簧的规定画法

名　称	视　图	剖　视　图	示　意　图
圆柱螺旋压缩弹簧	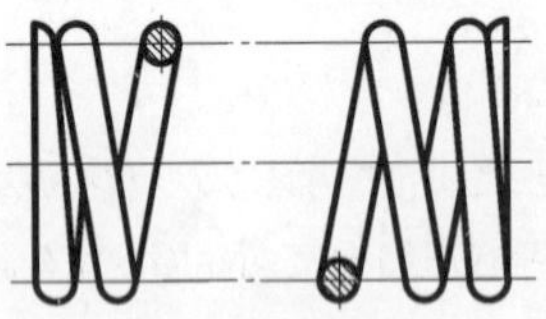	见图 9.68	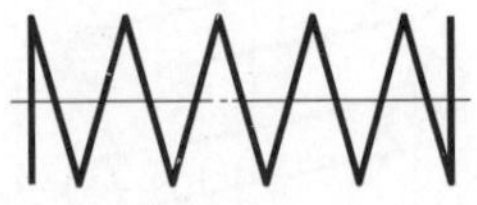
截锥螺旋压缩弹簧	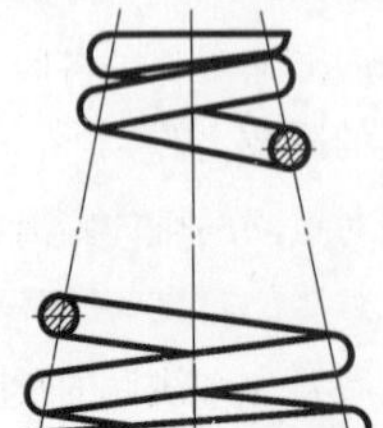	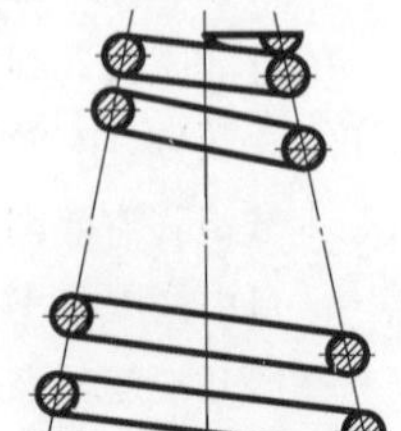	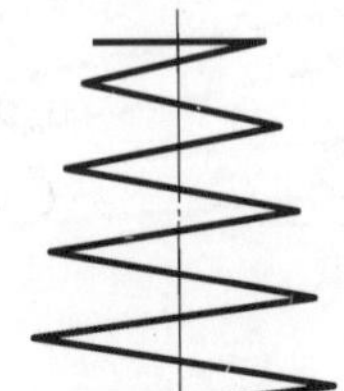

表 9.25　圆柱螺旋拉伸与扭转弹簧的规定画法

名　称	圆柱螺旋拉伸弹簧	圆柱螺旋扭转弹簧
视图	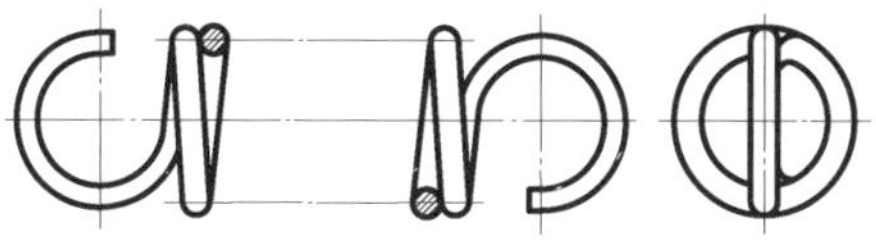	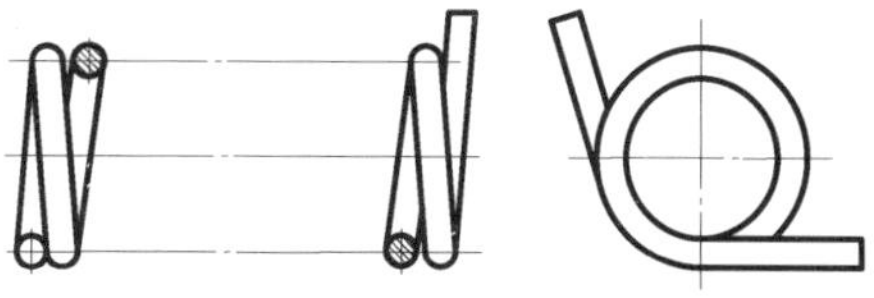
剖视图	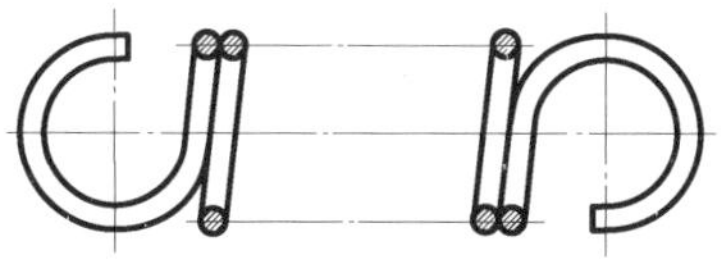	
示意图		

表 9.26　涡卷弹簧的规定画法

名　称	视　图	剖 视 图	示 意 图
平面涡卷弹簧	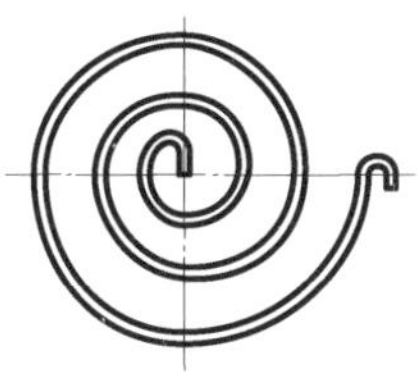	无需绘制	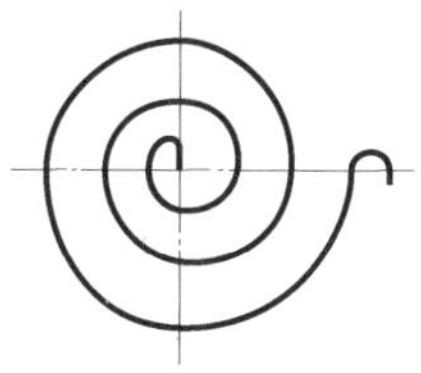
截锥涡卷弹簧	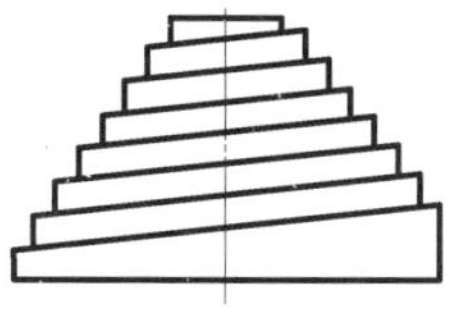	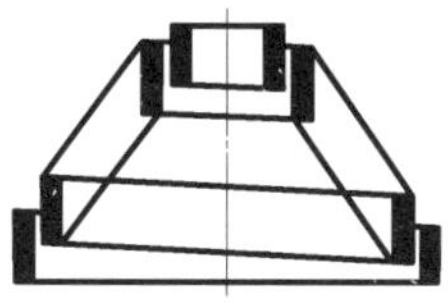	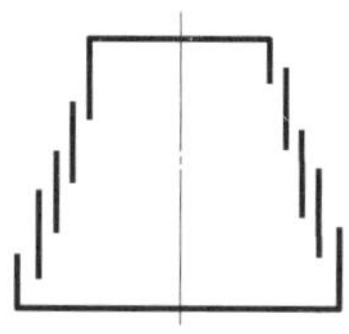

表 9.27　碟形弹簧的规定画法

视　图	剖 视 图	示 意 图
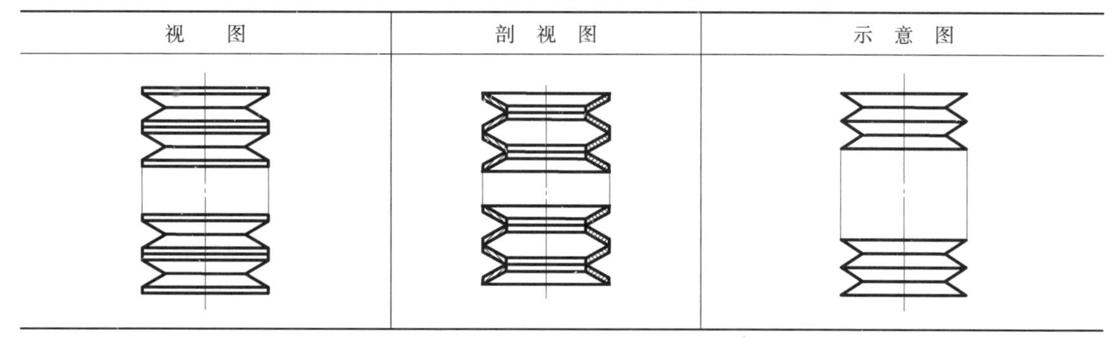		

9.5.2　标准弹簧的主要尺寸与参数的选择及其标记方法

机器中的弹簧通常使用标准弹簧。标准弹簧的各主要尺寸与参数的取值以及标记应符合相关国家标准的规定。

以普通圆柱螺旋压缩弹簧为例，国家标准（GB/T 2089—2009）规定了其主要尺寸与参数的取值系列（见表9.28），并规定了其标记方法（见图9.69）。

表9.28 普通圆柱螺旋压缩弹簧的主要尺寸与参数的取值系列（GB/T 2089—2009）

d/mm	D/mm	F_n/N	H_0/mm		
			n=2.5圈	n=4.5圈	n=6.5圈
0.5	3	14	4	7	10
	3.5	12	5	8	12
	4	11	6	9	14
	4.5	9.6	7	10	16
	5	8.6	8	12	18
0.8	…	…	…	…	…
1	…	…	…	…	…
…	…	…	…	…	…
60	…	…	…	…	…

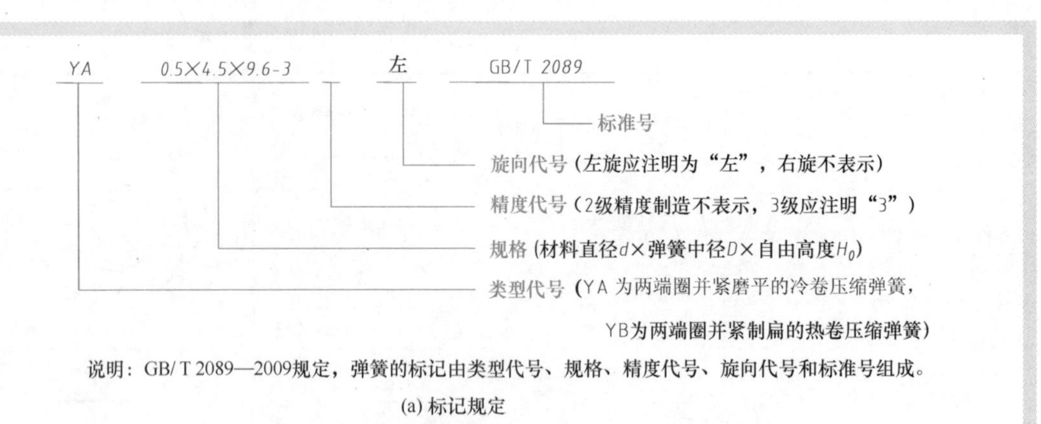

(a) 标记规定

示例1：YA型、材料直径为 $d=1.2$mm、弹簧中径为 $D=8$mm、自由高度为 $H_0=40$mm、精度等级为2级、左旋的两端圈并紧磨平的冷卷压缩弹簧的标记为“YA 1.2×8×40 左 GB/T 2089”。

示例2：YB型、材料直径为 $d=30$mm、弹簧中径为 $D=160$mm、自由高度为 $H_0=200$mm、精度等级为3级、右旋的两端圈并紧制扁的热卷压缩弹簧的标记为“YB 30×160×200-3 GB/T 2089”。

(b) 标记示例

图9.69 普通圆柱螺旋压缩弹簧的标记规定与示例

第10章 零件图与装配图

本章目标

通过本章的学习，学习者应能够：

☺ 了解与理解产品设计过程。

☺ 了解与理解零件图与装配图在产品设计过程中的作用。

☺ 了解与理解零件图的用途及其表达的内容，具备应用各种视图表达方法、尺寸标注方法完整、清晰地表达零件的形状和大小的能力，具备在零件图上标注尺寸公差、几何公差和表面结构要求的能力。

☺ 了解与理解装配图的用途及其表达的内容，具备正确、合理地在装配图中编注零件序号并绘制明细栏的能力，具备应用各种视图表达方法和各种装配图专用画法完整、清晰与合理地绘制装配图的能力，具备正确、合理地在装配图中标注尺寸的能力。

10.1 产品设计过程及设计图

我国著名科学家钱学森的博士生导师——西奥多·冯·卡门（Theodore von Kármán）教授曾说过一句名言："科学家研究已有的世界，工程师创造从未有的世界（*Scientists study the world as it is, engineers to create world that never has been*）"。工程师创造世界的过程通常称为产品设计过程，这一过程一般包含三个阶段，即构思设计、装配设计和零件设计阶段。其中：

（1）**构思设计阶段**是产品设计的首要阶段。在该阶段，工程师需要以需求分析为基础提出新产品的概念、创意和设想，并使用设计草图将这些创意和设想表现出来。设计草图中通常需要说明新产品的工作原理、功能等（见图10.1中的示例）。

（2）**装配设计阶段**是产品设计的核心阶段。在该阶段，工程师通常需要考虑应采用怎样的结构（如采用何种形状与大小的零件，零件之间如何连接、配合与传动等）以实现产品的功能，并保证产品的安全性、可靠性即其他使用性能（如使用的便利性、可维修性等）；同时，还必须考虑产品批量生产的经济性（如在保证产品各种性能的前提下，尽可能简化产品结构、简化装配工序、减少零件数量，尽量采用标准件等）。因此，装配设计又称为结构设计，它为创意产品设计一个可实现的具体结构，其设计成果表现为"设计装配图"（见图10.2中的示例）。

（3）**零件设计阶段**是产品设计不可或缺的重要阶段。完成装配设计后，工程师必须根据设计装配图设计组成产品的各个零件，以指导零件的制造与加工。在这一阶段，工程师不仅需要设计零件的形状和尺寸，还需要给出零件的公差与配合、表面结构等方面的制造与加工要求，并合理地给出各个零件的材料、加工方法、加工工序、加工量和重量等。零件设计阶段的主要成果表现为"零件图"（见图10.3～图10.8中的示例）。

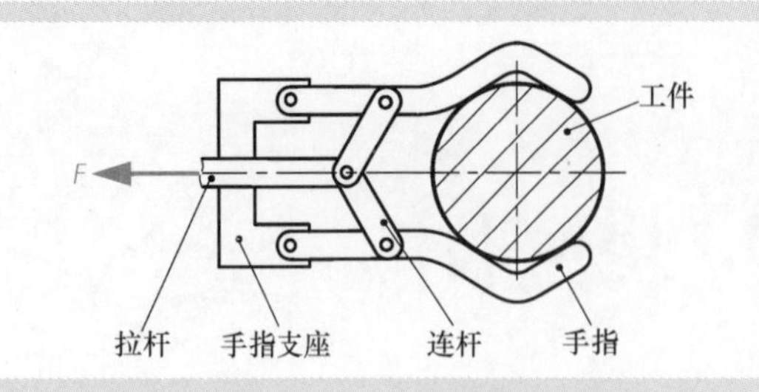

说明：连杆式机械手指的工作原理

当力 F 使拉杆沿其作用线方向左右移动时，将推拉连杆，并迫使手指完成夹紧和松开动作。连杆式机械手指可作为工业机器人的手抓。

图 10.1　连杆式机械手指的构思草图

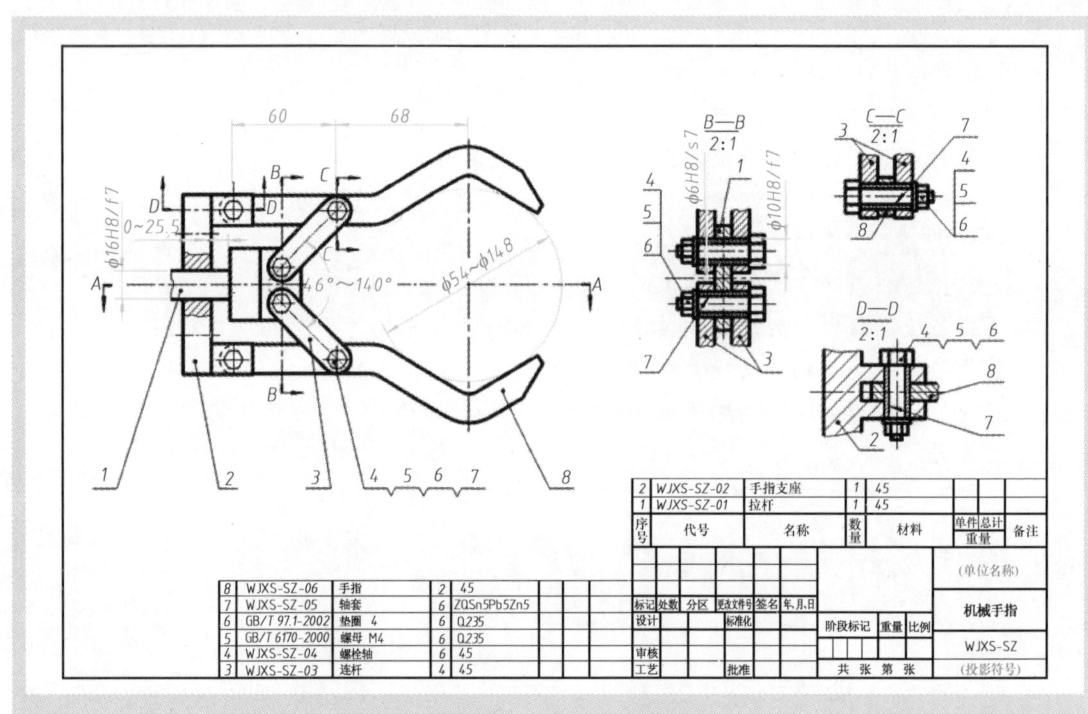

图 10.2　连杆式机械手指的装配图

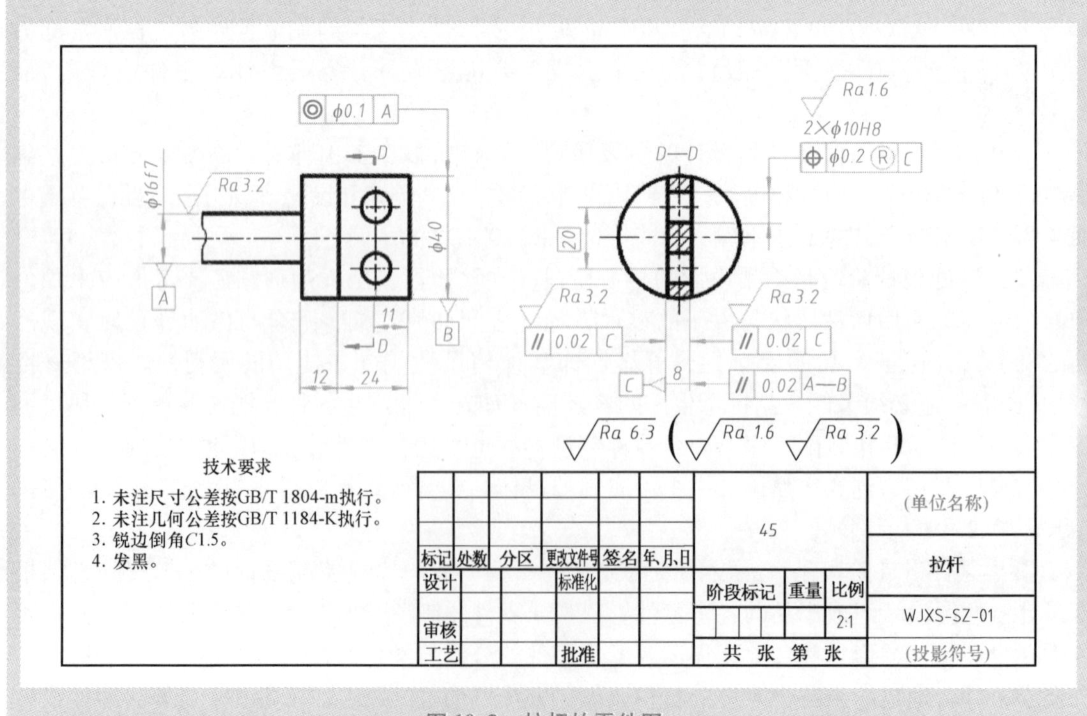

图 10.3　拉杆的零件图

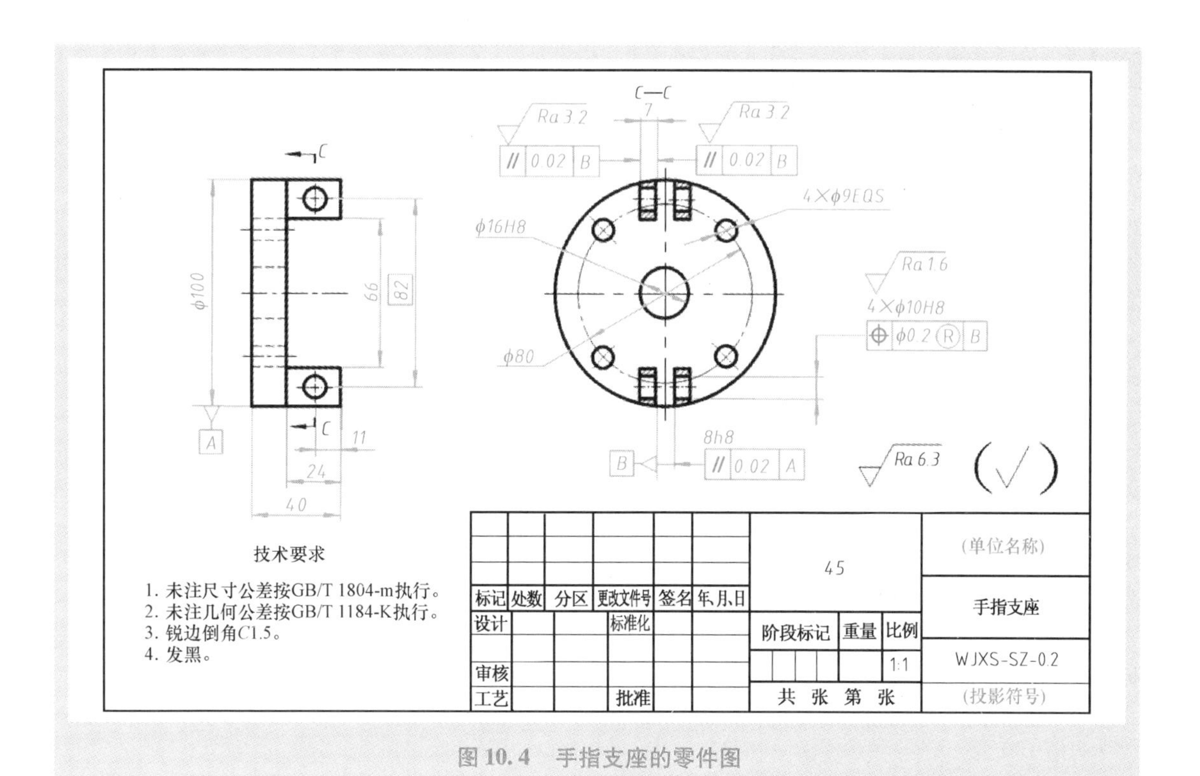

图 10.4　手指支座的零件图

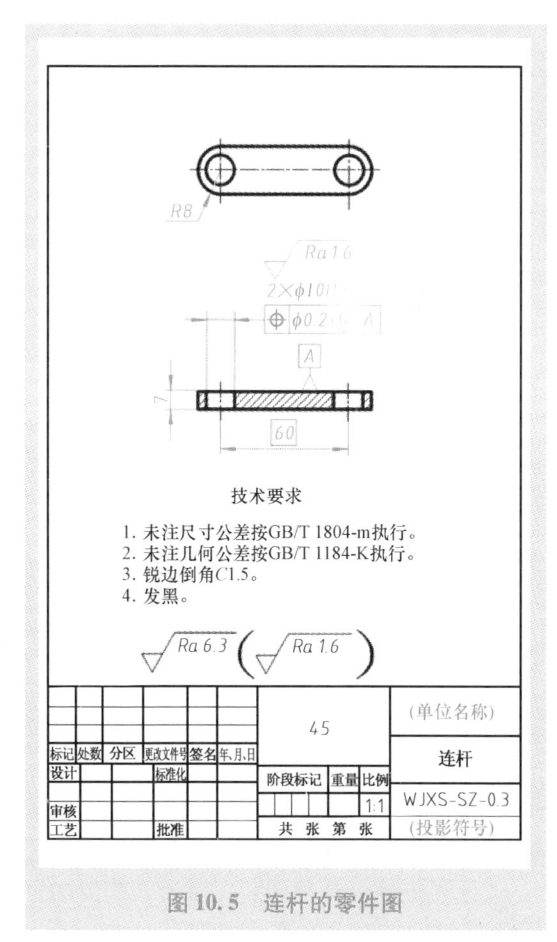

图 10.5　连杆的零件图

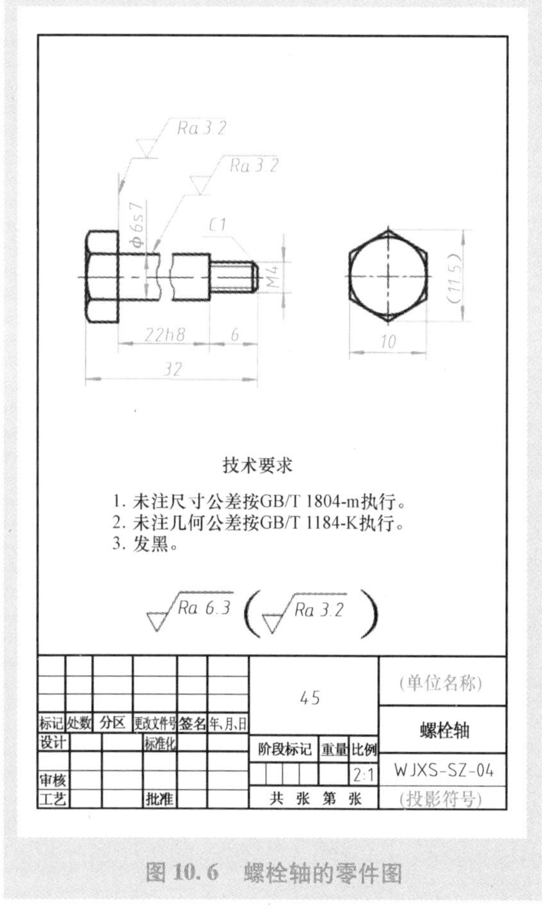

图 10.6　螺栓轴的零件图

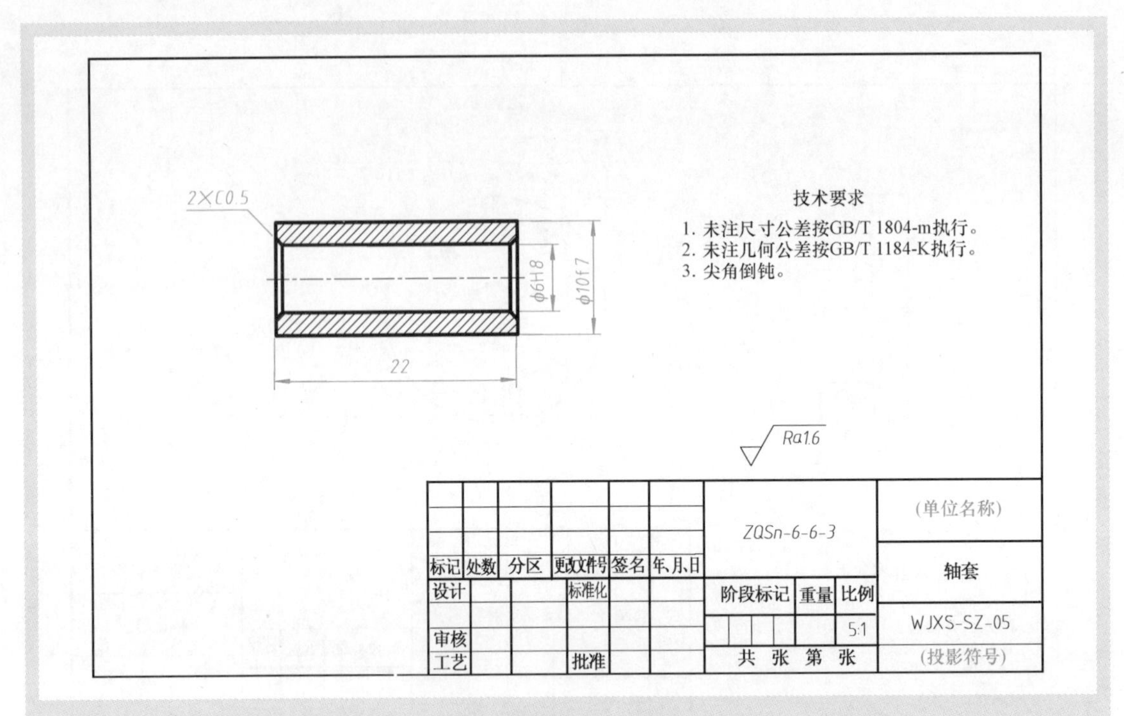

图 10.7 轴套的零件图

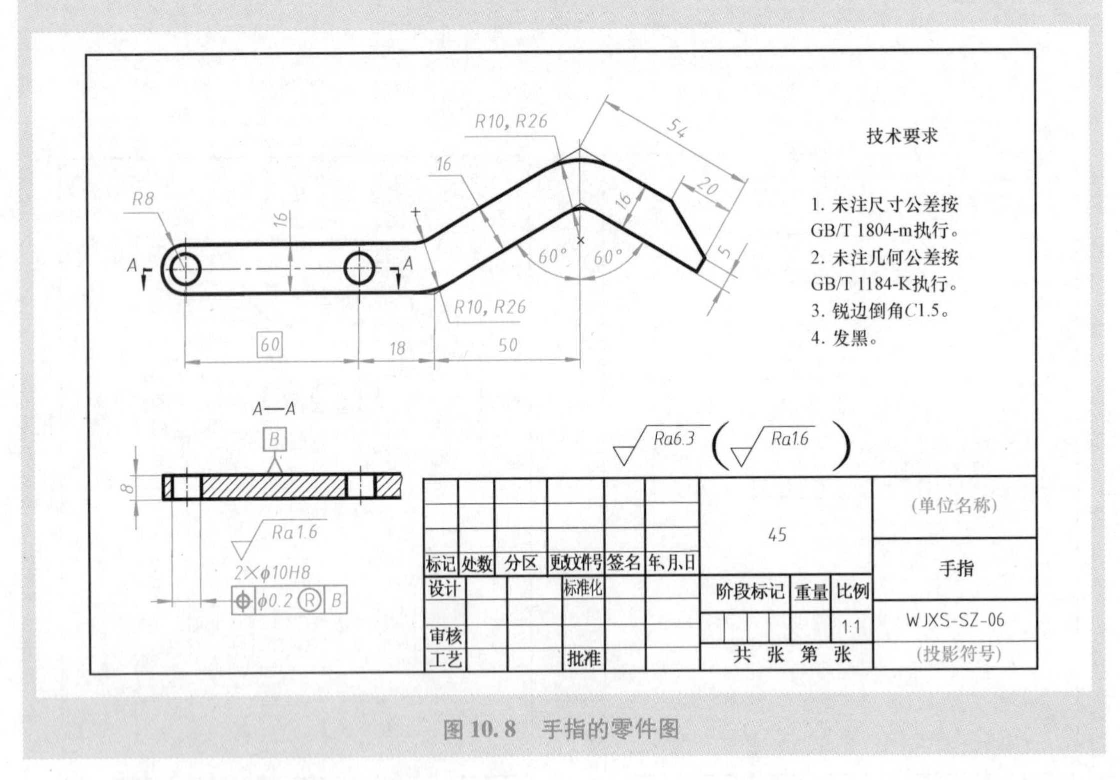

图 10.8 手指的零件图

10.2 零件图

小到如剪刀、铅笔刀和门锁，大到如汽车、飞机和轮船等，绝大多数工程产品都是由若干个或多或少的零件通过一定的方式组装而成的。组成工程产品的零件通常有两类，一类称为标准件，另一类称为非标准件。标准件如螺栓、螺母和垫圈等可根据其规格尺寸在市场上购买，企业不必绘制其零件图。非标准件有外购件和自制件之分，外购件是委托其他企业生产并购入的非标准件，自制件是企业自主设计、制造与生产的非标准件。

对于非标准件，为了指导其制造和检验等生产过程，工程师必须绘制零件图（*detail drawings*），以表达下述主要信息（见图10.3～图10.8中的示例）。

（1）**零件的形状信息**：通常使用多面视图表达零件的形状。绘制零件图时，应注意以下几个表达要点：一是在按照3.2.3节所述的原则确定主视图时，通常应使主视图能够反映零件在加工过程中所处的位置（或零件在产品中的工作位置）；二是第3章所述的其他必要视图的选择方法、视图选择原则及其配置方法同样适用于零件图；三是可采用第4章～第6章所述的各种表达方法绘制零件图；四是应考虑零件的加工方法，如结构对称的零件应绘制对称中心线以要求制造时保证零件的对称性，铸造件应表达其相应的铸造圆角、起模斜度和过渡线，机加工件应表达其相应的倒角、倒圆和退刀槽等。

（2）**零件的大小信息**：通常使用在多面视图上标注尺寸的形式表达零件的大小。标注零件的尺寸时应注意以下几个要点：一是所注尺寸应完整、清晰地表达零件的大小；二是应遵循相关国家标准规定的标注规则和标注方法（见7.2节～7.4节）；三是零件上不同的结构应采用不同的尺寸标注方法（见7.5节～7.12节）；四是重要尺寸（即有配合要求或直接影响产品工作性能和装配质量的尺寸等，如图10.10所示的尺寸16、20、24、72）应在图中直接标出；五是不允许标注多余的尺寸；六是尺寸标注不能导致公差的累加（见8.2.9节）；七是零件的制造、检验过程将影响尺寸的选择（见图10.9～图10.11中的示例）。

（3）**零件的技术要求**：即制造零件时的要求，一般包括尺寸公差、几何公差、表面结构要求和材料的热处理要求等。它是检验零件是否合格的依据。标注技术要求时，对于零件上一些需要给出控制要求的要素或表面，其相应的尺寸公差（或几何公差，或表面结构要求）应按照第8章所述的方法直接标注在视图上；一般公差（包括未注尺寸公差和未注几何公差）及材料的热处理要求等可以文字等形式说明，并书写在标题栏附近。

（4）**零件的基本信息**：包括企业或单位名称、零件名称、图样代号、绘图比例、材料、设计与更改信息（如设计者、审核者与批准者的姓名及其相关日期）等。

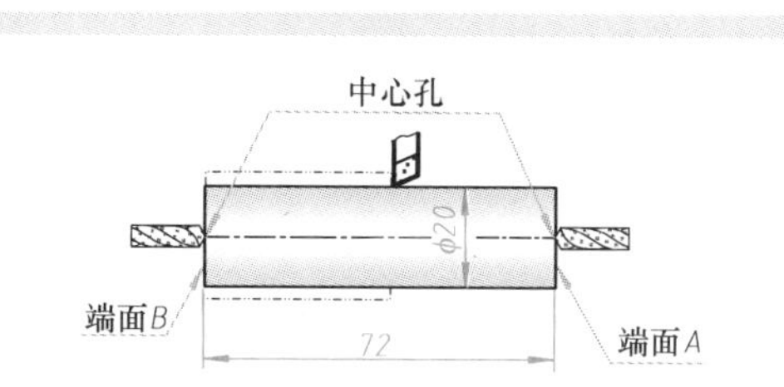

第一步：根据总长尺寸72mm车端面*A*、*B*，并分别打中心孔。车φ20mm的圆柱面。

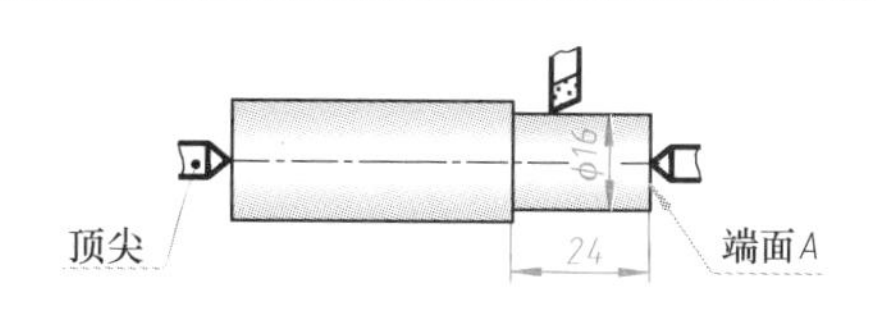

第二步：两端顶尖夹持与定位，车长度为24mm、直径为16mm的圆柱面。

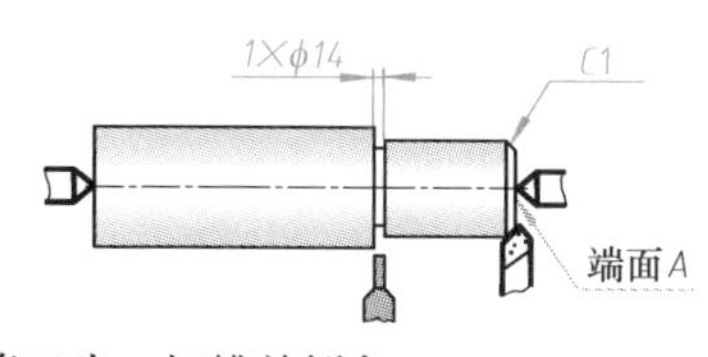

第三步：切槽并倒角。

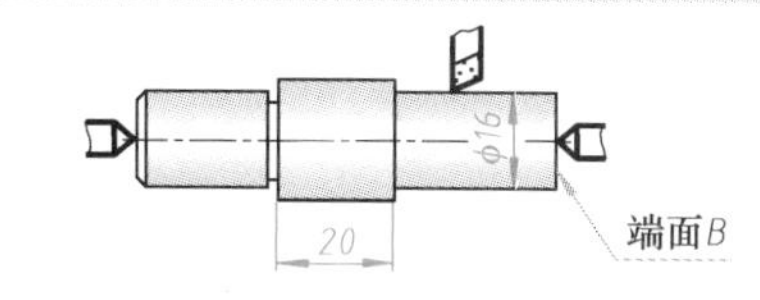

第四步：调头，车φ16mm的圆柱面，应保证尺寸20。

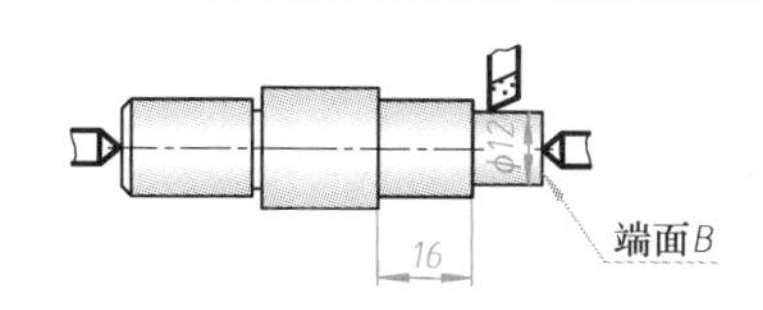

第五步：车φ12mm的圆柱面，应保证尺寸16。

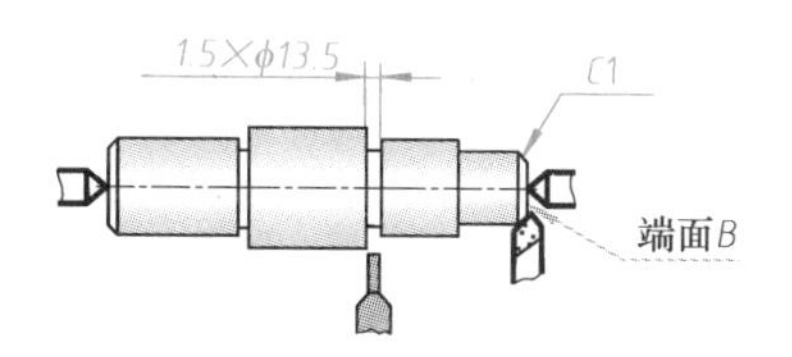

第六步：切槽并倒角。

图10.9　阶梯轴制造过程的示意图

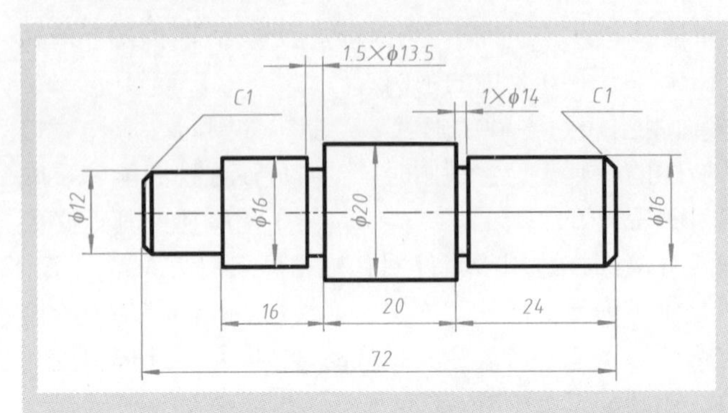

说明：制造过程对尺寸标注的影响

尺寸标注时应考虑零件的制造过程，通常应按照制造顺序标注尺寸，以方便制造者。例如，本图所示零件的尺寸就是按照图 10.9 所示的加工顺序标注的。

图 10.10　按制造过程标注阶梯轴的尺寸

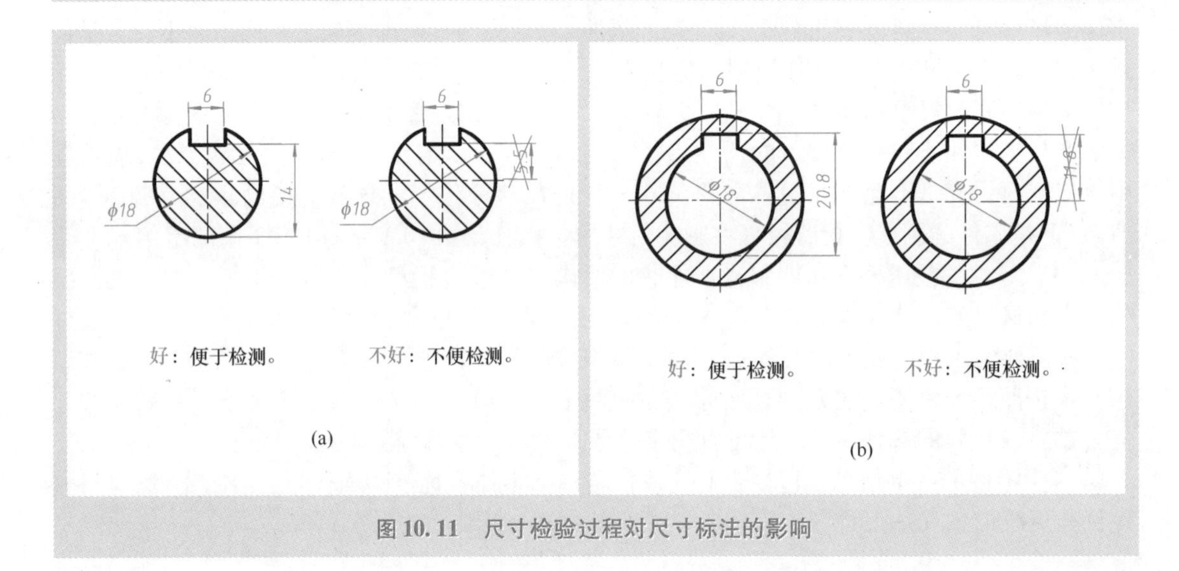

图 10.11　尺寸检验过程对尺寸标注的影响

10.3　装配图

完整、清晰地表达组成产品的所有零件的形状及其相互之间的连接、配合与传动关系等的图样称为装配图(*assembly drawings*，见图 10.2)。装配图是指导产品的组装、调试、检验、安装与维护等过程的主要技术依据，是企业最重要的技术文件之一。

在装配图中，通常需要给出一组必要的视图（即多面视图）、一组必要的尺寸、零件序号和明细栏。必要时，还可以用文字、符号等形式在“技术要求”中说明对产品的组装、调试、试验和检验、密封和润滑、安装等方面的要求。

10.3.1　装配图中的序号与明细栏

在装配图中，所有的零件均应编注序号，并应绘制明细栏。序号与明细栏共同表达了产品是由哪些具体零件组成的以及这些零件的一些基本信息。其中：

（1）规定的零件序号编注与排列方法如图 10.12 所示，其编排的基本要求为：同一装配图中相同的零、部件应使用一个序号，且一般只标注一次；多处出现的相同的零、部件，必要时也可重复标注；装配图中零、部件的序号，应与明细栏中的序号一致。

（2）规定的明细栏的配置方式、线型、字体、内容及其填写方法、尺寸与格式等如图 10.13 所示。

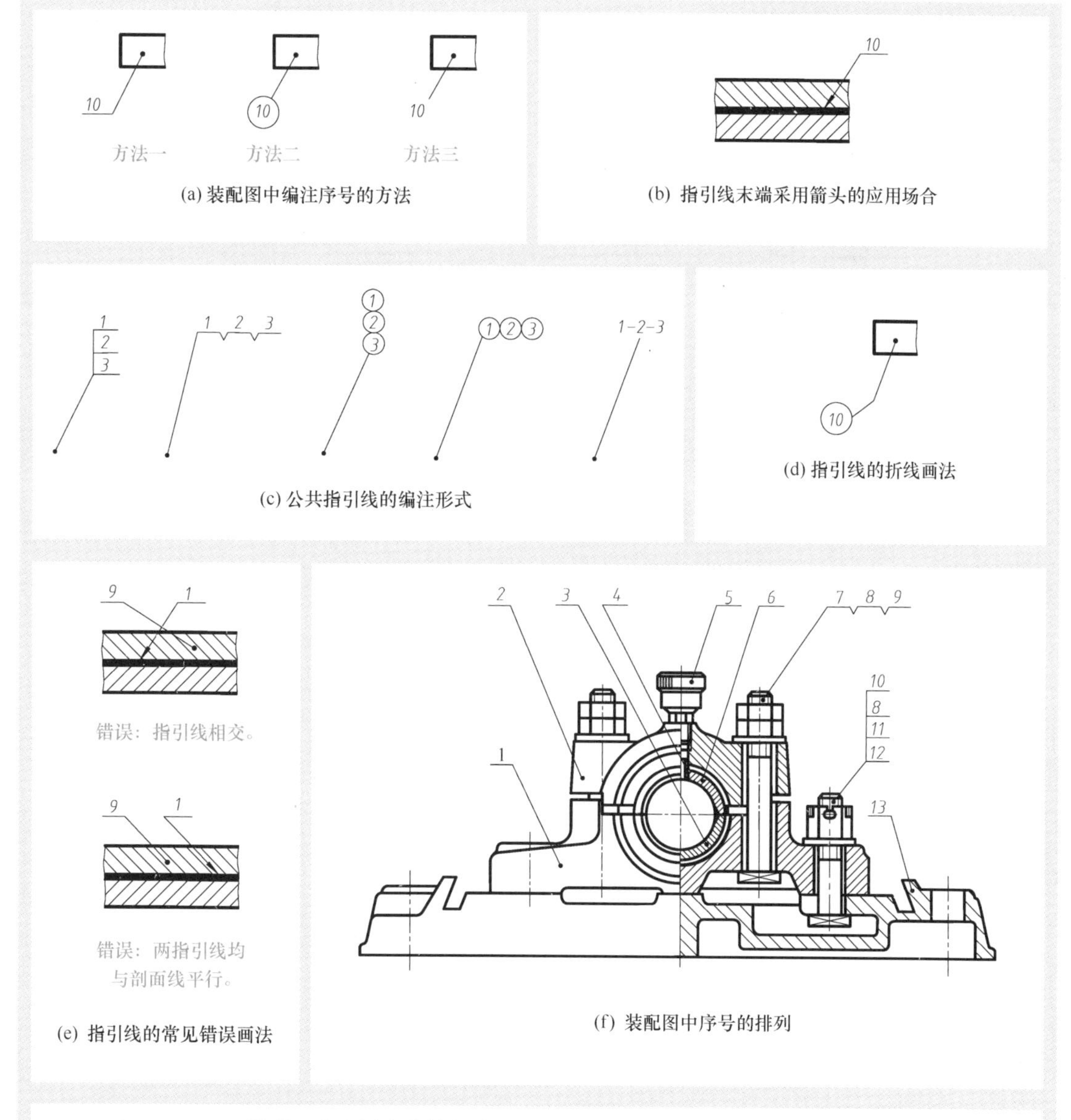

(a) 装配图中编注序号的方法

(b) 指引线末端采用箭头的应用场合

(c) 公共指引线的编注形式

(d) 指引线的折线画法

(e) 指引线的常见错误画法

(f) 装配图中序号的排列

说明：装配图中序号的编注、指引线的画法以及序号的排列

如图a所示，装配图中编注零、部件序号的方法有三种：方法一为在水平的基准（细实线）上注写序号；方法二为在圆（细实线）内注写序号；方法三为在指引线的非零件端的附近注写序号。但无论采用何种方法，所注序号的字号均应比该装配图中所注尺寸数字的字号大一号或两号（例如，假设装配图的尺寸数字采用3．5号字，则序号的字号应采用5号字或7号字），且同一装配图中编排序号的形式应一致（即序号的编注方法及序号的字号应一致）。

指引线应自所指部分的可见轮廓内引出，并在末端画一圆点（见图a）。若所指部分（很薄的零件或涂黑的剖面）内不便画圆点时，可在指引线的末端画出箭头，并指向该部分的轮廓（见图b）。一组紧固件以及装配关系清楚的零件组，可以采用公共指引线（见图c）。指引线可以画成折线，但只可曲折一次（见图d）。指引线不能相交（见图e）。当指引线通过有剖面线的区域时，它不应与剖面线平行（见图e）。

装配图中序号应按水平或竖直方向排列整齐，并应按以下两种方法排列：方法一是按顺时针或逆时针方向顺次排列，在整个图上无法连续时，可只在每个水平或竖直方向顺次排列（见图f）；方法二是必要时也可按明细表中的序号排列，但此时应尽量在每个水平或竖直方向顺次排列。

图10.12 装配图中的序号及其指引线

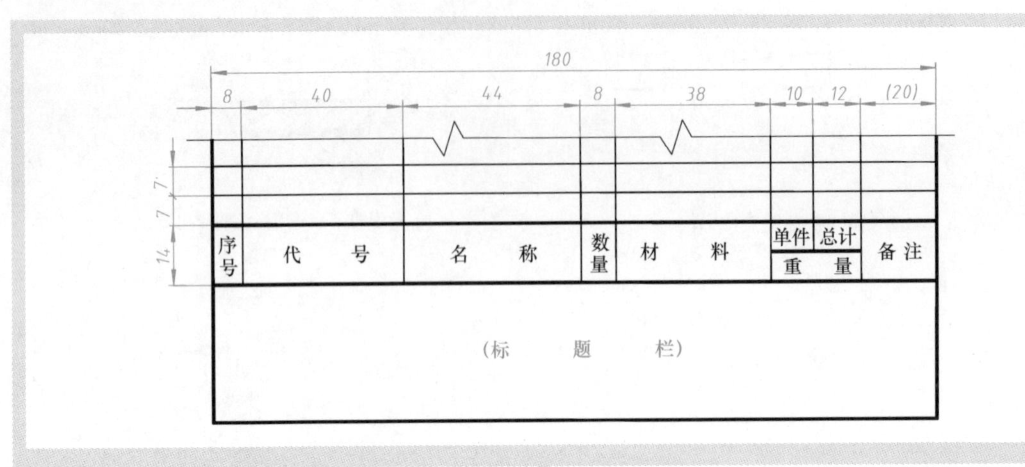

说明：明细栏的配置、线型、字体及组成

图中给出了常用明细栏的格式及其尺寸。其中：

(1) 明细栏一般应配置在装配图中标题栏的上方，按自下而上的顺序填写。当位置不够时，可紧靠标题栏的左边自下而上延续（见图10.2）。

(2) 明细栏的线型应按照国家标准规定的粗实线和细实线（见2.1节的表2.1）绘制。

(3) 明细栏中的字体应符合相关国家标准的要求（见2.2节）。

(4) 明细栏一般由序号、代号、名称、数量、材料、重量（单件、总计）、备注等组成。也可按实际需要增加或减少。

说明：明细栏的填写要求

序号：填写图样中相应零、部件的序号。

代号：填写图样中相应零、部件的图样代号或标准号。

名称：填写图样中相应零、部件的名称。必要时，也可写出其型式与尺寸。

数量：填写图样中相应零、部件在装配中所需要的数量。

材料：填写图样中相应零、部件的材料标记。

重量：填写图样中相应零、部件单件和总件数的计算重量，以千克（kg）为计量单位时，允许不写出其计量单位。

备注：填写该项的附加说明或其他内容。

图10.13　装配图中的明细栏

10.3.2　装配图的视图画法

为了完整、清晰地表达组成产品的所有零件的形状及其相互之间的连接、配合与传动关系等，装配图中一组必要视图的绘制，可采用第3章所述的视图选择方法（即确定主视图的原则和其他必要视图的选择方法）、选择原则及其配置方法，也可以采用第4章～第6章所述的各种表达方法。除此之外，国家标准还规定了以下装配图的专用或简化与省略画法：

(1) 在装配图中，表达产品各零件之间的连接或配合关系时，零件间相互配合或接触的表面应绘制一条轮廓线，零件间没有相互配合或接触的表面（即使间隙很小）应绘制两条轮廓线（见图10.14）。在这里应注意，装配图所表达的连接或配合关系不仅必须是可靠的（见图10.15～图10.17），而且还应便于零件的组装与拆卸（见图10.18）。

(2) 在装配图中，如果需要采用剖视图表示产品各零件之间的连接或配合关系，则相邻两零件的剖面线方向或间距应不同（见图10.19a）。当装配关系表达清楚时，较大面积的剖面可只沿周边画出部分剖面符号或沿周边涂色（见图10.19b）。

(3) 在装配图中，对于螺纹紧固件以及轴、连杆、球、钩子、键、销等实心零件，若按纵向剖切，且剖切平面通过其对称平面或轴线时，则这些零件均按不剖绘制。如果需要特别表明这些零件上的凹槽、键槽及销孔等局部结构，则可使用局部剖视图表示（见图10.20）。

（4）在装配图中，可假想将某些零件拆卸后（见图 10.21）或假想沿某些零件的结合面剖切（见图 10.22 中的 *A—A* 剖视图）绘制。需要说明时可加标注“拆去××等”（见图 10.21）。

（5）在装配图中，可以单独画出某一零件的视图，但必须在所画视图的上方注出该零件的视图名称，在相应视图的附近用箭头指明投射方向，并注上同样的字母（见图 10.22 中的泵盖 *B* 向视图）。

（6）在装配图中，运动零件的运动极限位置或状态，应使用细双点画线表示（见图 10.23）。

（7）在装配图中，供观察用的透明材料后的零件按可见轮廓线绘制（见图 10.24a），供观察用的刻度、字体、指针、液面等可按可见轮廓线绘制（见图 10.24b）。

（8）在装配图中，应尽量采用图 10.25 ~ 图 10.30 所示的各种常用简化或省略画法。

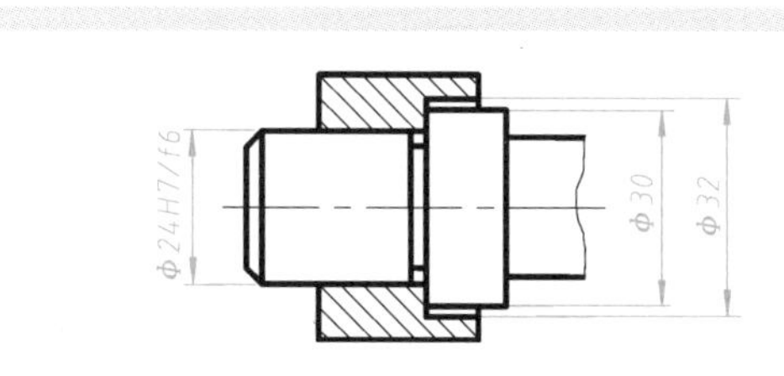

说明：ϕ24f6 的圆柱轴与 ϕ24H7 的圆柱孔相互配合的表面应绘制一条轮廓线。ϕ30 圆柱轴与 ϕ32 圆柱孔的表面间没有相互配合或接触，应绘制两条轮廓线。

（a）配合面与非配合面的画法

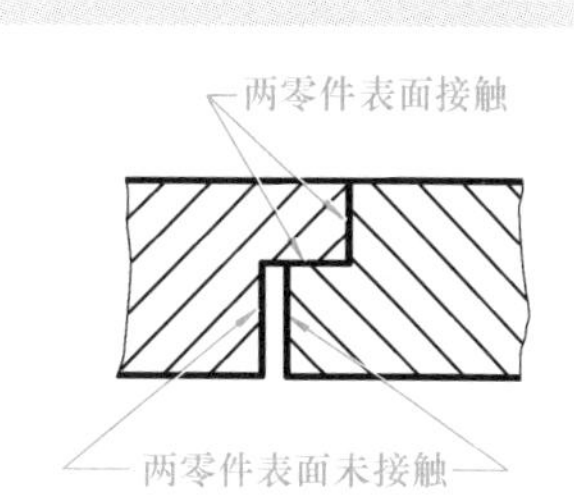

说明：零件 1 与零件 2 相互接触的表面应绘制一条轮廓线。零件 1 与零件 2 没有相互接触的表面应绘制两条轮廓线。

（b）接触面与非接触面的画法

图 10.14　装配图专用画法（一）：配合（或接触）面与非配合（或非接触）面的画法

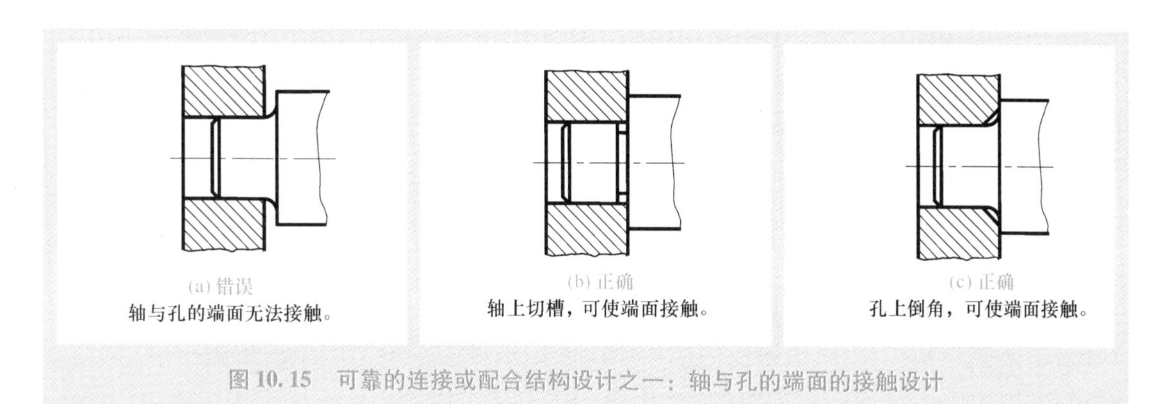

(a) 错误
轴与孔的端面无法接触。

(b) 正确
轴上切槽，可使端面接触。

(c) 正确
孔上倒角，可使端面接触。

图 10.15　可靠的连接或配合结构设计之一：轴与孔的端面的接触设计

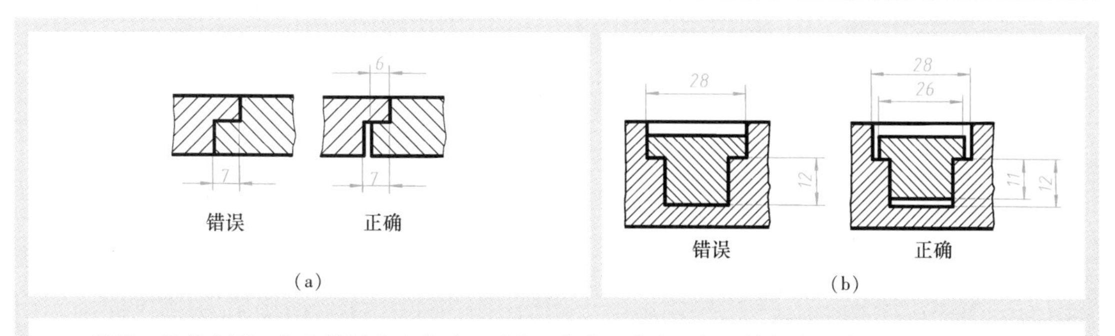

（a）

（b）

说明：零件在同一方向接触或配合时，通常只能有一个表面相互接触或配合，而不能同时有两个接触面或配合面（图示零件的锐边倒角均为 *C*1.5）。

图 10.16　可靠的连接或配合结构设计之二：零件接触面与非接触面的设计

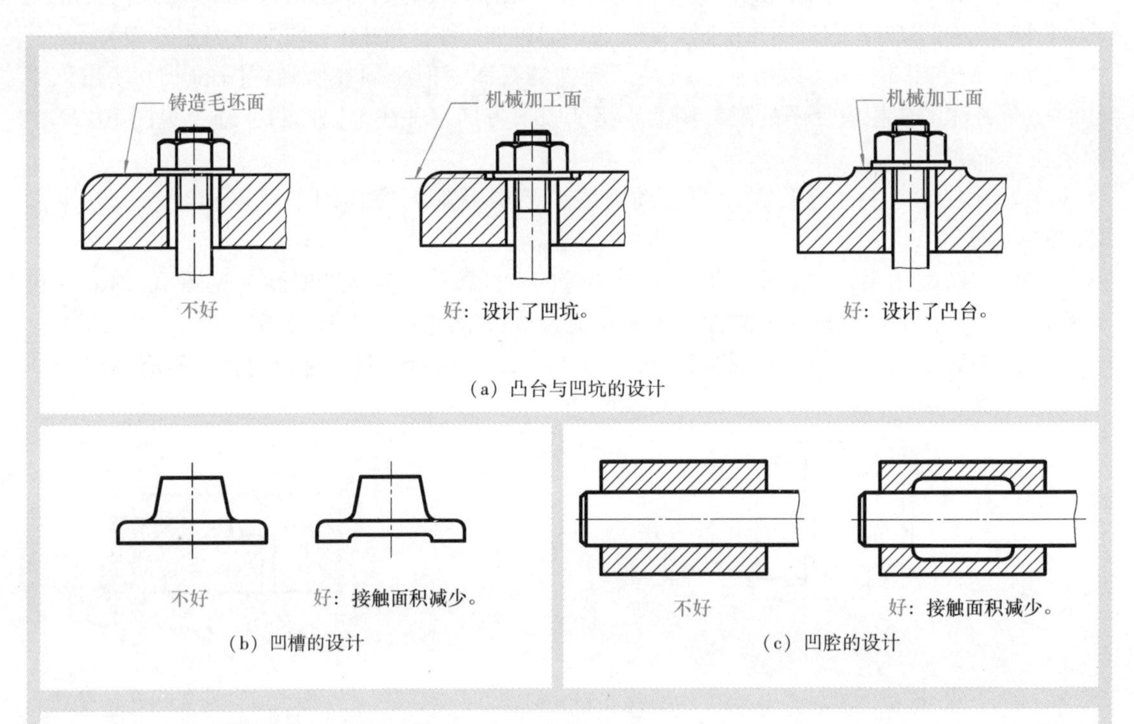

（a）凸台与凹坑的设计

（b）凹槽的设计

（c）凹腔的设计

说明：为了保证稳定与可靠的接触，接触面通常应采用各类机械加工方法得到。同时，减少接触面的面积，不仅可降低加工费用，而且还可以使接触更加稳定与可靠。

图 10.17　可靠的连接或配合结构设计之三：凸台与凹坑的设计

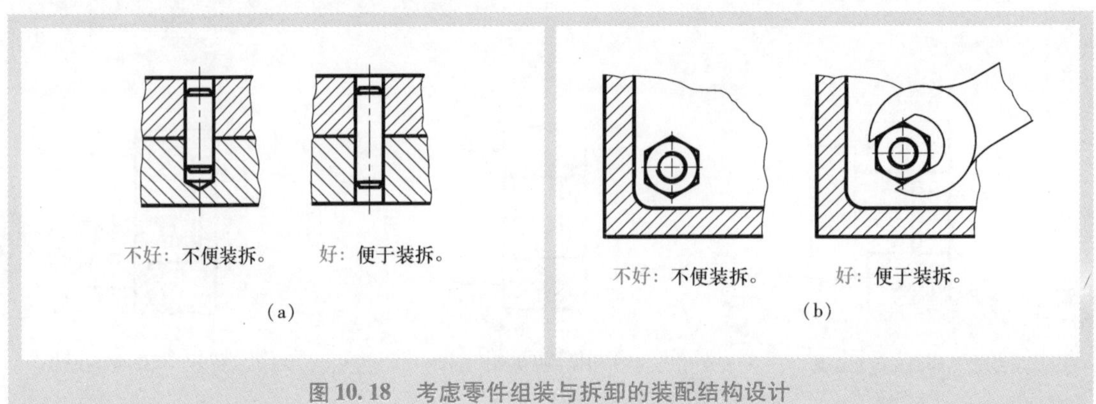

（a）

（b）

图 10.18　考虑零件组装与拆卸的装配结构设计

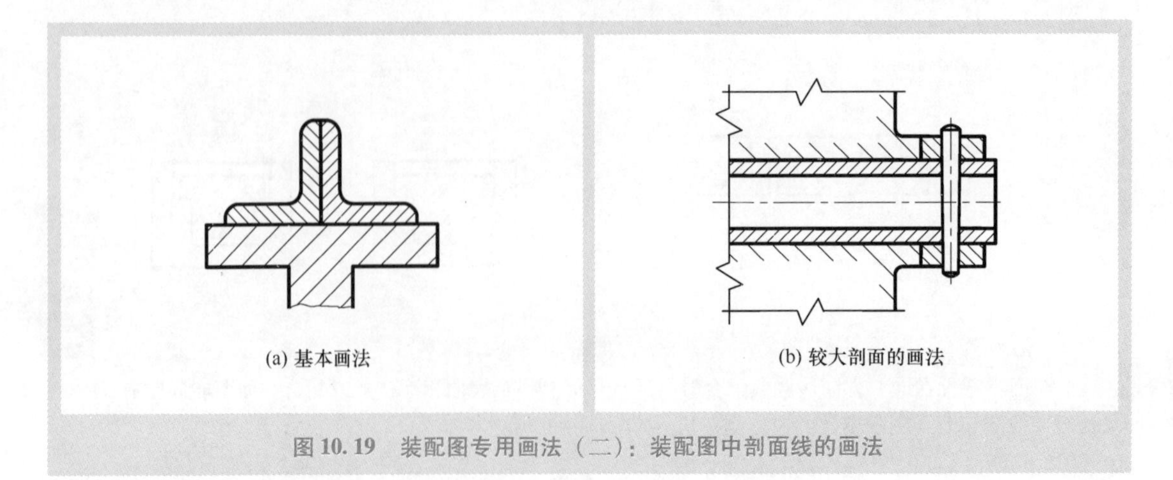

(a) 基本画法

(b) 较大剖面的画法

图 10.19　装配图专用画法（二）：装配图中剖面线的画法

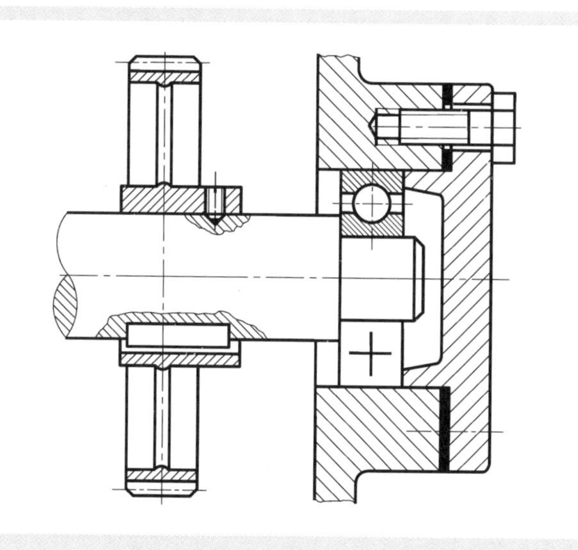

说　明

在本图中，剖切平面通过了螺钉、轴和紧定螺钉的轴线，且通过了键的纵向对称平面，这时，这些零件均应按不剖绘制。

图10.20 装配图专用画法（三）：装配图中螺纹紧固件、轴等实心零件纵向剖切时的画法

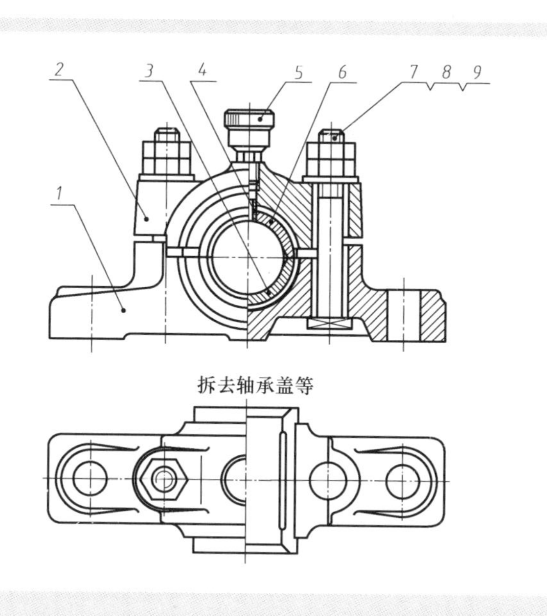

说　明

图示为滑动轴承装配图，其俯视图的左、右半边图形分别显示了未拆卸任何零件和拆卸零件2～9后的H面投影。其中：1—轴承座；2—轴承盖；3—下衬套；4—衬套固定套；5—油杯；6—上衬套；7～9—螺栓与螺母组成的紧固件组。

图10.21 装配图专用画法（四）：假想拆卸画法

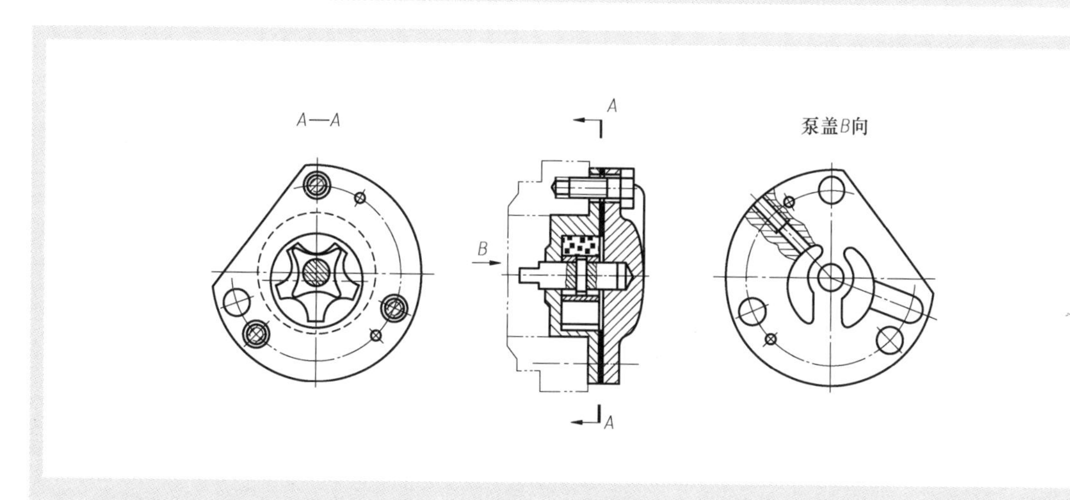

图10.22 装配图专用画法（五）：假想沿零件结合面剖切或单独画出某一零件视图的画法

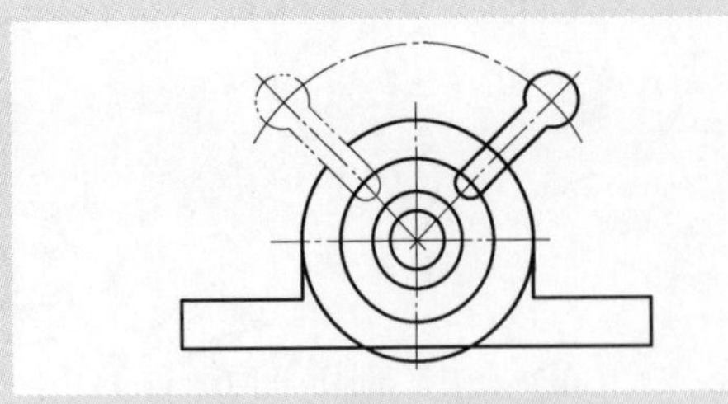

图 10.23　装配图专用画法（六）：装配图中运动件的表示法

(a)透明材料后的零件

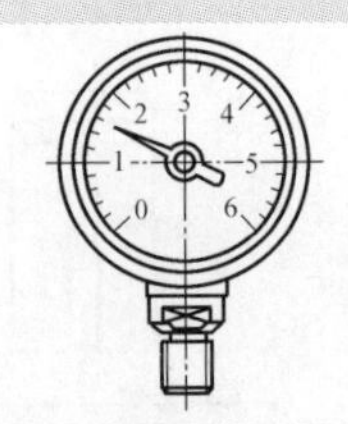

(b)供观察用的刻度等

图 10.24　装配图专用画法（七）：装配图中供观察用的透明材料后的零件和刻度等的表示法

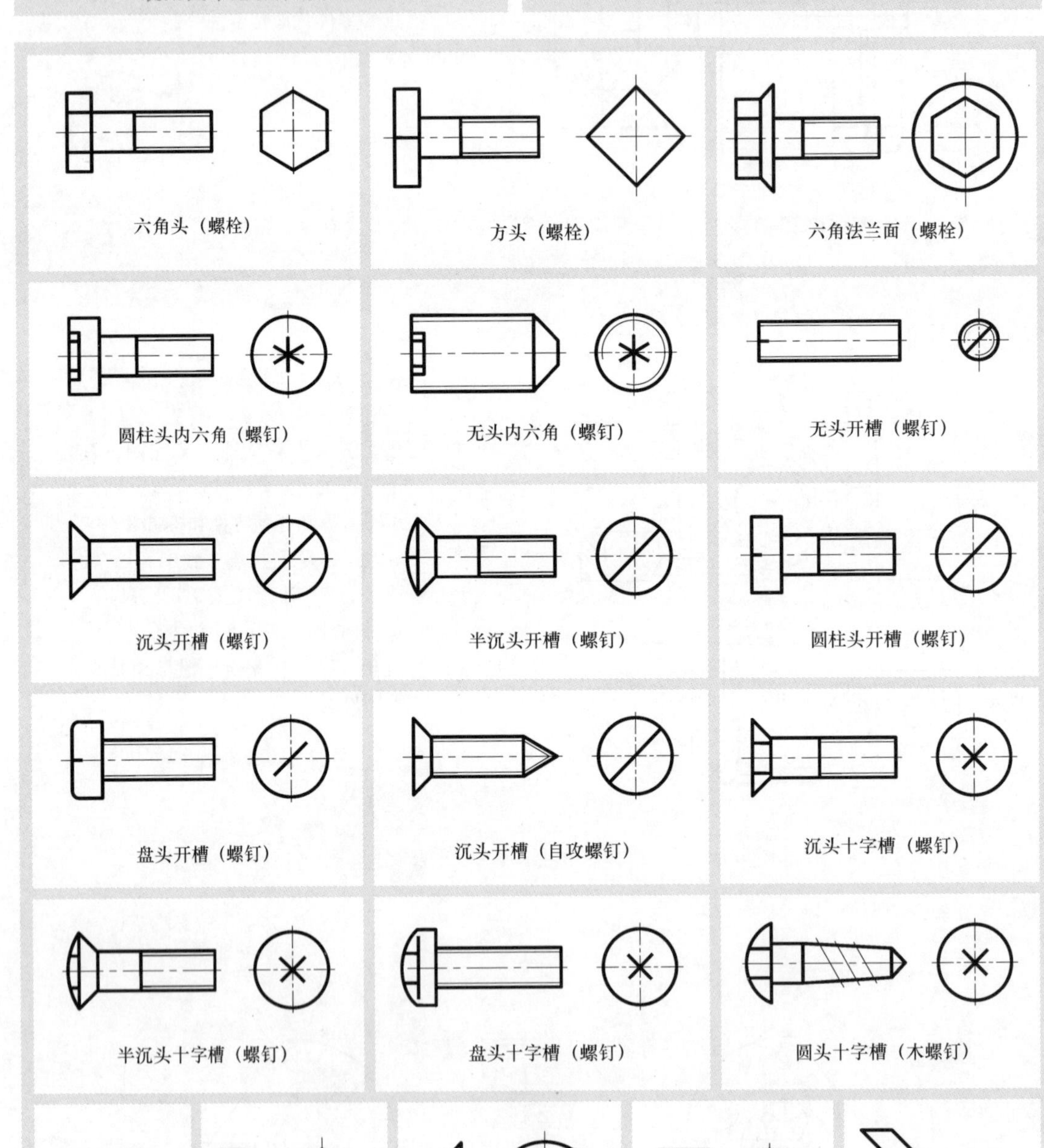

图 10.25　装配图的简化或省略画法（一）：装配图中螺栓、螺钉的头部及螺母的简化画法

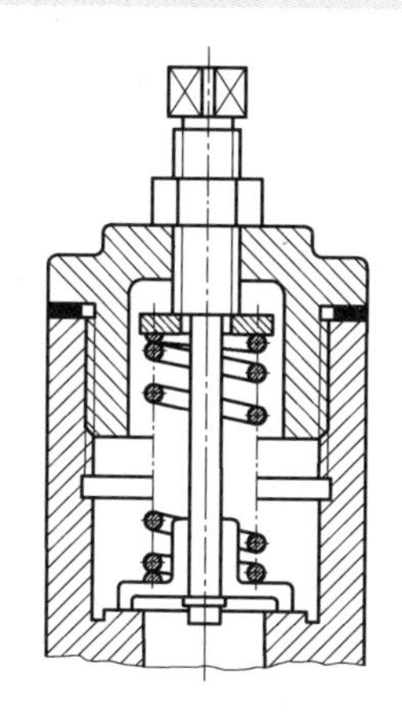

(a) 圆柱螺旋压缩弹簧的画法

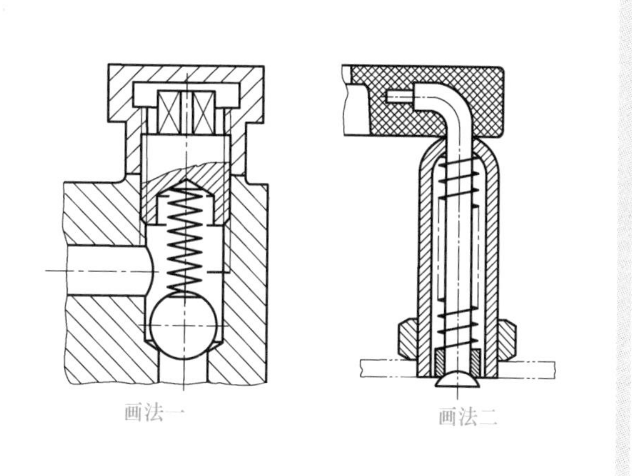

(b) 圆柱螺旋弹簧的示意画法

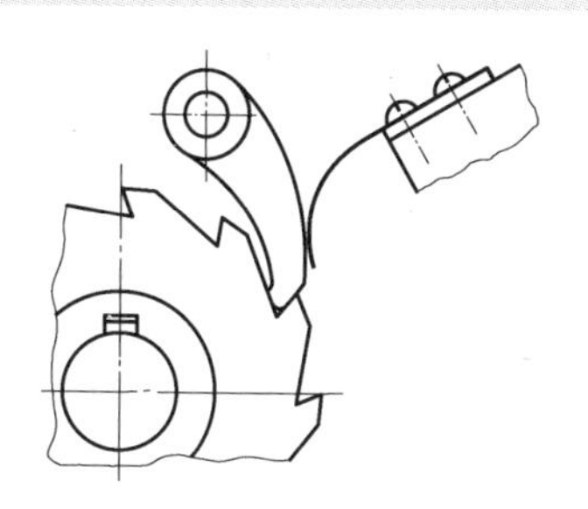

(c) 装配图中片弹簧的示意画法

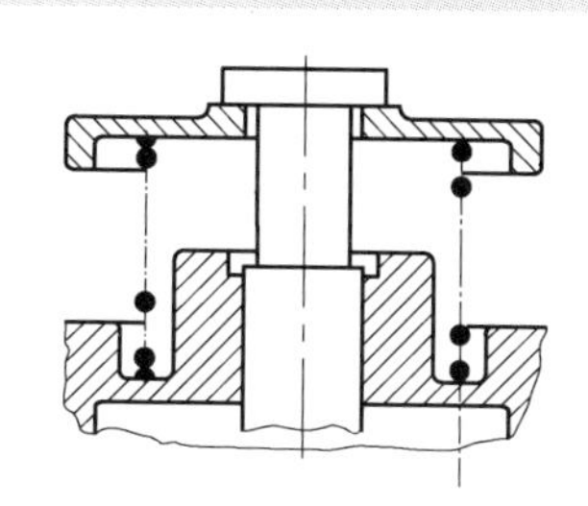

(d) 装配图中型材尺寸较小的弹簧的画法

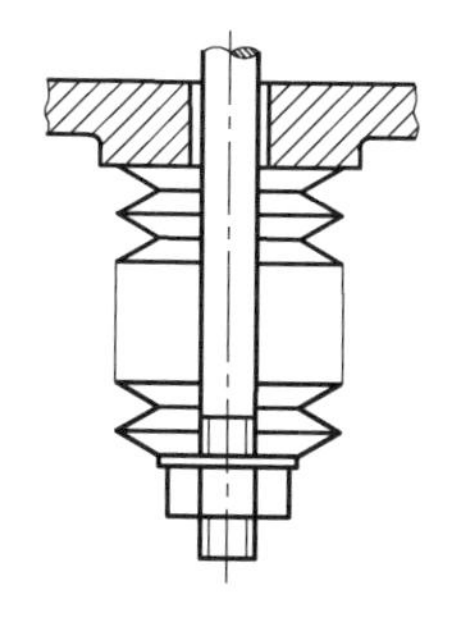

(e) 装配图中碟形弹簧的画法

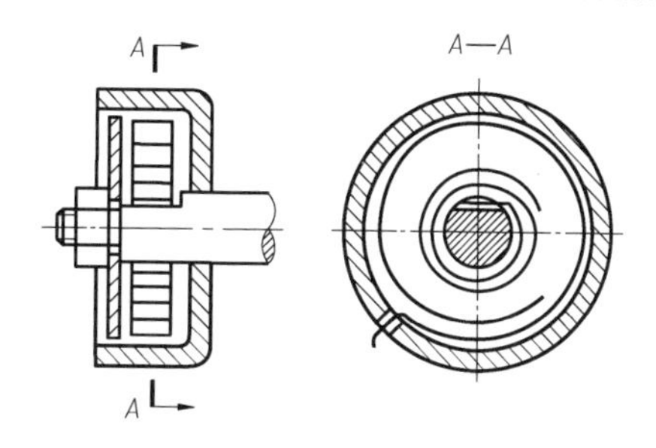

(f) 装配图中平面涡卷弹簧的画法

说明：在装配图中，被弹簧挡住的结构一般不画出，可见部分应从弹簧的外轮廓线或从弹簧钢丝剖面的中心线画起（见图a）。型材尺寸较小（直径或厚度在图形上等于或小于2mm）的螺旋弹簧、碟形弹簧、片弹簧允许用示意图表示（见图b、c、e。其中，若弹簧内部还有零件，可采用图b所示的画法二）。当弹簧被剖切时，也可用涂黑表示（见图d）。四束以上的碟形弹簧，中间部分省略后用细实线画出其轮廓范围（见图e）。平面涡卷弹簧的装配图画法如图f所示。

图10.26　装配图的简化或省略画法（二）：装配图中常用弹簧的简化画法

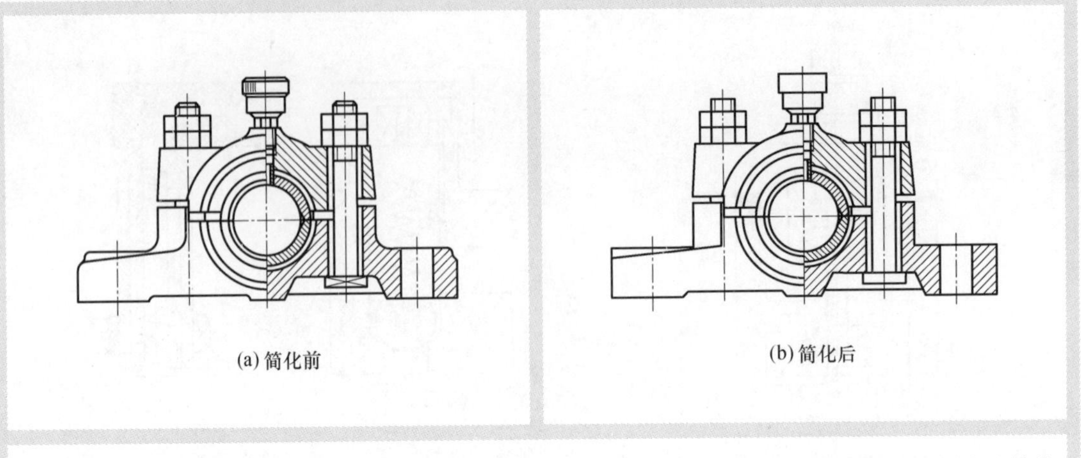

(a) 简化前　　(b) 简化后

说明：在装配图中，零件上的工艺结构，如倒角、圆角、凹坑、凸台、沟槽、滚花、刻线及其他细节等可省略不画（见图 b）。

图 10.27　装配图的简化或省略画法（三）：省略零件工艺结构

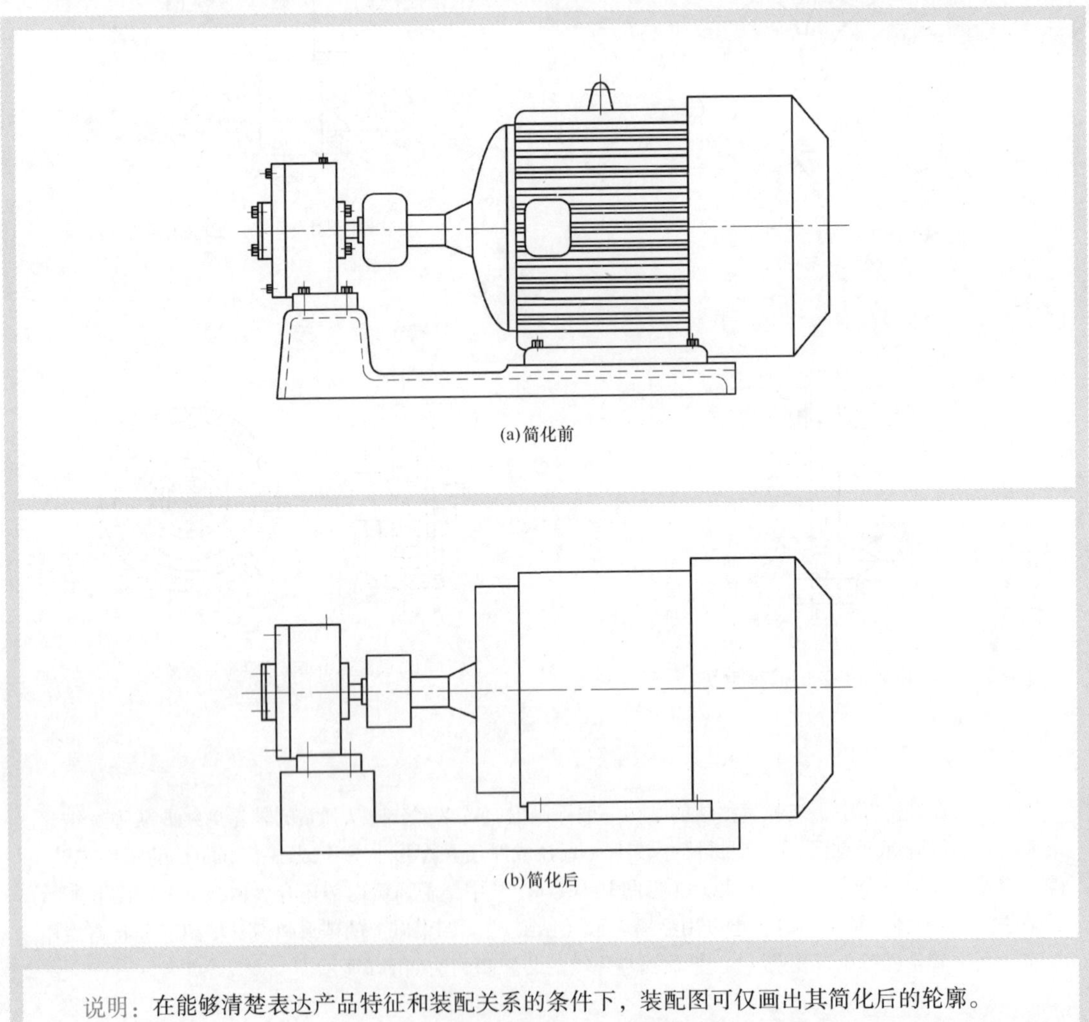

(a)简化前

(b)简化后

说明：在能够清楚表达产品特征和装配关系的条件下，装配图可仅画出其简化后的轮廓。

图 10.28　装配图的简化或省略画法（四）：仅画出简化后轮廓的简化画法

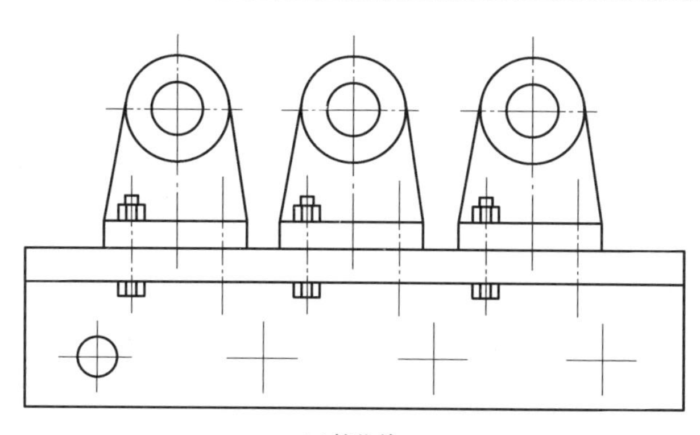

(a) 简化前

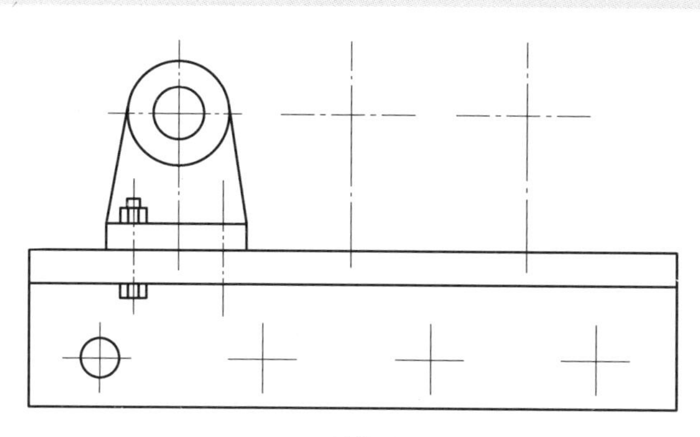

(b) 简化后

说明：对于装配图中若干相同的零、部件组，可仅详细地画出一组，其余只需用细点画线表示出其位置。

图 10.29　装配图的简化或省略画法（五）：若干相同的零、部件组的简化画法

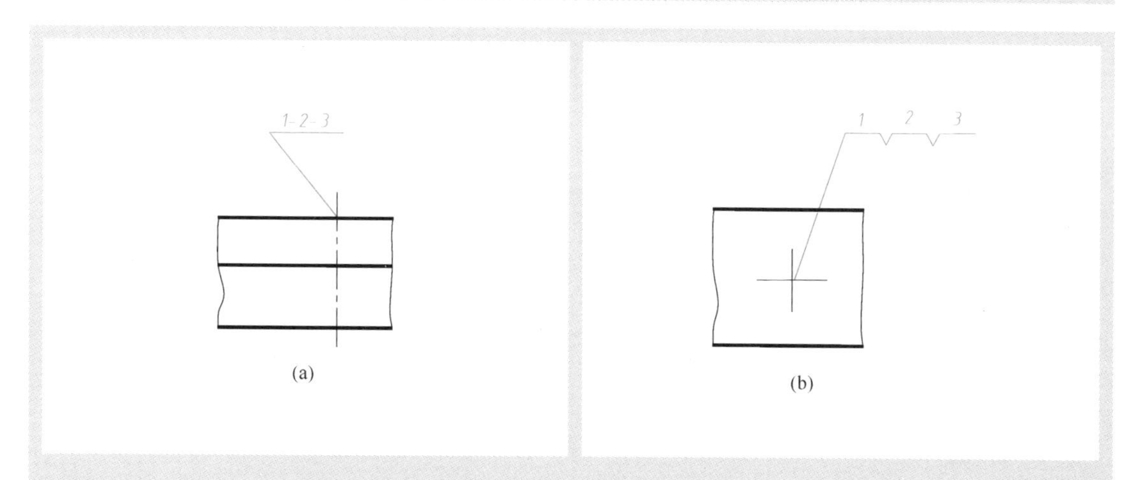

在装配图中可省略螺栓、螺母、销等紧固件的投影，而用点画线和指引线指明它们的位置。此时，表示紧固件组的公共指引线应根据其不同类型从被联接件的某一端引出，如螺钉、螺柱、销联接从其装入端引出，螺栓联接从其装有螺母的一端引出。

图 10.30　装配图的简化或省略画法（六）：紧固件组的省略画法

10.3.3 装配图的尺寸标注

一般而言，在任何产品的装配图中都需要标注一组必要的尺寸（装配图中的尺寸标注应符合相关国家标准的要求，见第7章），具体包括：

（1）性能尺寸，常称为规格尺寸。它定量地表达了产品的工作能力，是产品设计时必须首先确定的尺寸，也是产品零件设计的主要依据。例如，图10.2中的性能尺寸ϕ54～ϕ148表明，图中机械手指具有夹持直径为54～148mm的圆柱形工件的工作能力，并且，在设计图10.3～图10.8所示的零件的尺寸时，应保证这些零件装配后能够达到这一工作能力。

（2）配合尺寸。它表达了产品相配零件间的配合性质和相对运动情况，是设计零件和制订装配工艺的主要依据。例如，在图10.2中，尺寸ϕ16H8/f7表达了拉杆上ϕ16的轴与手指支座上ϕ16的孔之间的配合要求为H8/f7，为间隙配合，拉杆可沿轴向自由移动；尺寸ϕ6H8/s7表达了螺栓轴上ϕ6的轴与轴套上ϕ6的孔之间的配合要求为H8/s7，为过盈配合，两零件间不能相对运动；尺寸ϕ10H8/f7表达了轴套上ϕ10的轴与相关零件上ϕ10的孔之间的配合要求为H8/f7，为间隙配合，相关零件可自由转动。

（3）外形尺寸。它表达了产品的总长、总宽和总高，为包装、运输、安装产品时所占的空间大小提供了一组必要的数据。

（4）重要的设计尺寸。产品的设计过程是一个大量的、反复的分析和计算过程，在这一过程中，不仅需要确定产品的性能尺寸，同时还需要确定一些重要的设计尺寸。这些重要的设计尺寸是保证产品性能尺寸的前提，也是产品零件设计的主要依据。例如，在图10.2中，尺寸0～25.5、46°～140°、60、68都是在分析和计算过程中确定的重要尺寸，它们共同保证了该机械手指能够达到其设计的工作能力。

（5）其他重要尺寸：如安装尺寸（即一些需要安装的产品，通常需要标注出其安装孔、槽等的尺寸，以方便产品的安装与维修等工作）、功能零件的尺寸（即一些零件的定形或定位尺寸直接影响产品的性能，这时，其尺寸应在装配图中直接标出）、装配时需要保证的位置尺寸等。

第11章 轴测投影图

本章目标

通过本章的学习，学习者应能够：

☺ 理解并掌握轴测投影图的原理、应用、类型、相关术语与特点。

☺ 理解并掌握正等、斜二轴测投影图的画法，具备绘制各类常用物体正等、斜二轴测投影图的能力。

☺ 理解并掌握轴测剖视图的画法，具备轴测剖视图的绘制能力。

☺ 理解并掌握轴测图的标注方法，具备轴测图的尺寸标注能力。

11.1 轴测投影图概述

11.1.1 轴测投影图的原理及其应用

如图 11.1 所示，在平行投影中，如果投射线既垂直于投影面又垂直或平行于物体的多数表面，则在投影面上得到一个**正投影图**；如果投射线垂直于投影面但却与物体的所有表面倾斜，则在投影面上得到的平面图形称为**轴测投影图**(*axonometric projection*)；如果投射线与投影面和物体的表面均倾斜，则在投影面上得到的平面图形称为**斜投影图**(*oblique projection*)。在我国，“轴测投影图”和“斜投影图”分别称为“正轴测投影图”和“斜轴测投影图”，并被统称为“**轴测投影图**”(简称为“**轴测图**”)。

与多面正投影图相比，轴测投影图是“失真”的。它不仅不能表达物体的真实形状和大小，而且由于只使用一个图形表达物体，因此物体的某些局部形状或结构无法得到表达。

然而，由于轴测投影图具有多面正投影图所不具备的“立体感”，因此，在工程实践中，轴测投影图常广泛应用于产品构思及其表达与交流等产品构思与设计阶段。

11.1.2 轴测投影轴、轴向伸缩系数与轴间角

轴测投影轴(简称为“**轴测轴**”)就是一个建立在物体上的空间直角坐标系的各坐标轴在得到轴测图的投影面上的投影。例如，在图 11.2 中，轴测投影轴 ox、oy、oz 就分别是物体上的直角坐标轴 OX、OY、OZ 在投影面上的投影。

轴测轴相对其对应的空间坐标轴的缩短程度使用“轴向伸缩系数”描述，即轴测轴上的单位长度与其对应的空间坐标轴上的单位长度的比值被定义为**轴向伸缩系数**。三个轴测轴 ox、oy 和 oz 的轴向伸缩系数通常分别用符号 p、q 和 r 表示。在图 11.2 中，显然有

$$p = \frac{\overline{oa}}{\overline{OA}}, \qquad q = \frac{\overline{ob}}{\overline{OB}}, \qquad r = \frac{\overline{oc}}{\overline{OC}}$$

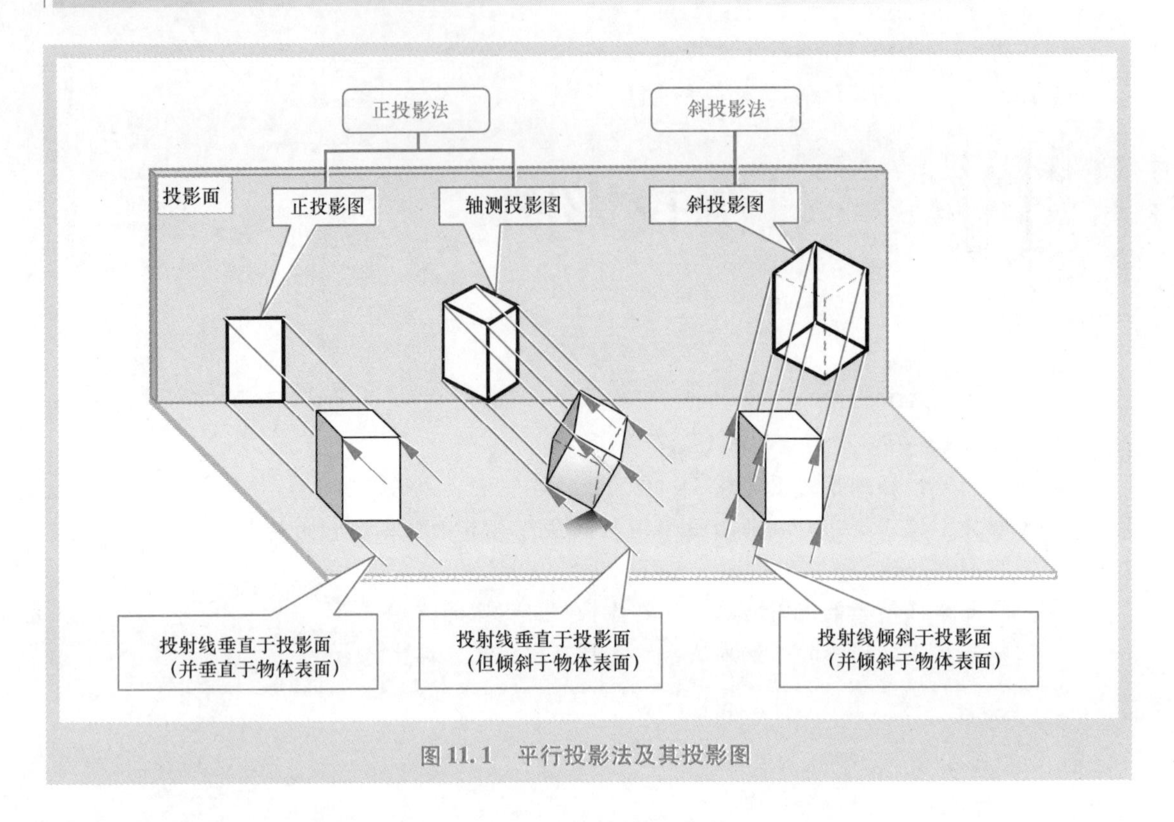

图 11.1　平行投影法及其投影图

三个轴测轴 ox、oy 和 oz 之间的夹角称为**轴间角**。在图 11.2 中，如果空间直角坐标系的各坐标轴 OX、OY、OZ 对投影面的倾斜程度发生变化，则其三个轴间角 $\angle xoy$、$\angle xoz$ 和 $\angle yoz$ 的大小也将随之发生改变。

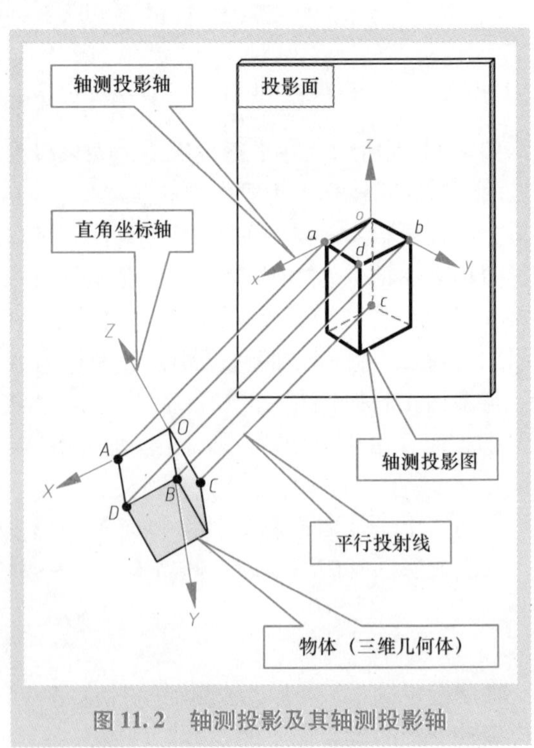

图 11.2　轴测投影及其轴测投影轴

11.1.3　轴测投影的特点

轴测投影图是采用平行投影法得到的，因此，它具有以下平行投影的特点（这些特点是绘制轴测投影图的依据）：

（1）直线的轴测投影一般仍为直线，特殊情况下为一个点。

（2）如果空间两直线平行，则它们的轴测投影也相互平行、且具有相同的轴向伸缩系数。例如，在图 11.2 中，如果轴向伸缩系数 $q=0.5$，则 $\overline{ob}=q\times\overline{OB}=0.5\times\overline{OB}$，$\overline{ad}=q\times\overline{AD}=0.5\times\overline{AD}$。

11.1.4　轴测投影法的类型及其在工程上的应用

显然，在图 11.2 中，空间坐标轴 OX、OY、OZ 与投影面倾斜程度不同，则其轴测轴就不同（即轴间角与轴向伸缩系数均不同）。根据三个轴向伸缩系数的关系，通常将轴测投影法分为正等测（或斜等测）、正二测（或斜二测）、正三测（或斜三测）三种轴测投影法（见图 11.3）。工程上常用的轴测投影法见表 11.1，其中正等测与斜二测投影法更为常用。

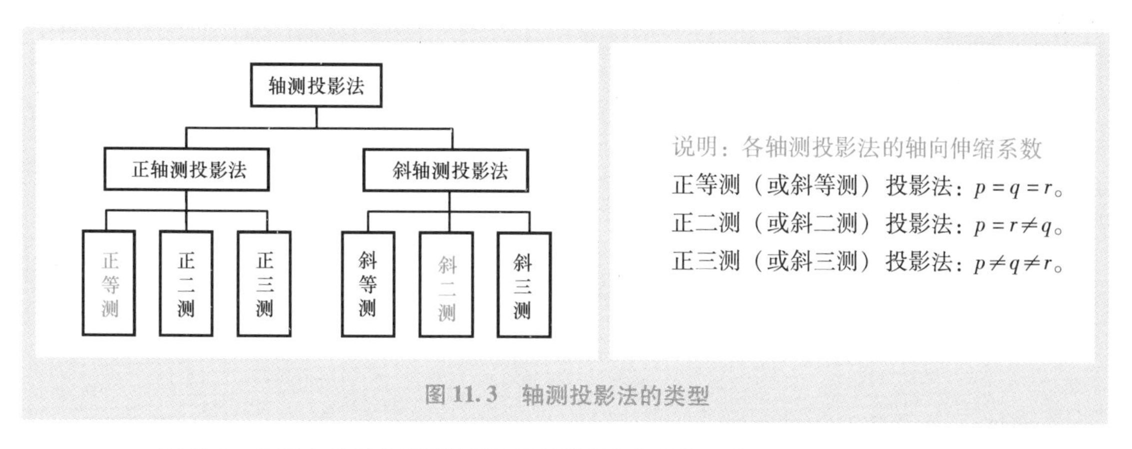

图 11.3　轴测投影法的类型

表 11.1　工程上常用的轴测投影法及其轴间角与伸缩系数（GB/T 14692—2008）

投影方法		正等测投影法	正二测投影法	斜二测投影法
轴测轴的伸缩系数	实际系数	$p_1=q_1=r_1=0.82$	$p_1=r_1=0.94$ $q_1=p_1/2=0.47$	$p_1=r_1=1$ $q_1=0.5$
	简化系数	$p=q=r=1$	$p=r=1$ $q=0.5$	无
轴间角		z, x, y, O; 120°, 120°, 120°	z, x, y, O; 97°, 131°, 132°	z, x, y, O; 90°, 135°, 135°
得到的投影图	名称	正等轴测图	正二轴测图	斜二轴测图
	图例	L, L, L	1, L/2, L	1, L/2, 1

11.1.5　轴测投影图的基本画法

根据轴测投影图的平行特点，如果物体上的某一棱边与空间坐标轴 OX（或 OY，或 OZ）平行，则该棱边的轴测投影也与轴测投影轴 ox（或 oy，或 oz）平行、且具有相同的轴向伸缩系数。轴测投影图的绘制正是以这一特点为依据，其基本绘制方法或步骤（见图 11.4）为：

第一步：在物体上建立空间直角坐标系。

第二步：根据所需绘制的轴测图的类型，确定三个轴间角的大小，并绘制轴测投影轴。

第三步：测量物体上与空间坐标轴 OX（或 OY，或 OZ）平行的棱边的实际长度，并根据其轴向伸缩系数 p（或 q，或 r）计算该棱边的投影的长度，则可得到轴测投影图上的作图点。

第四步：根据作图需要，采取与第三步类似的作图方法，即可完成轴测投影图的作图。

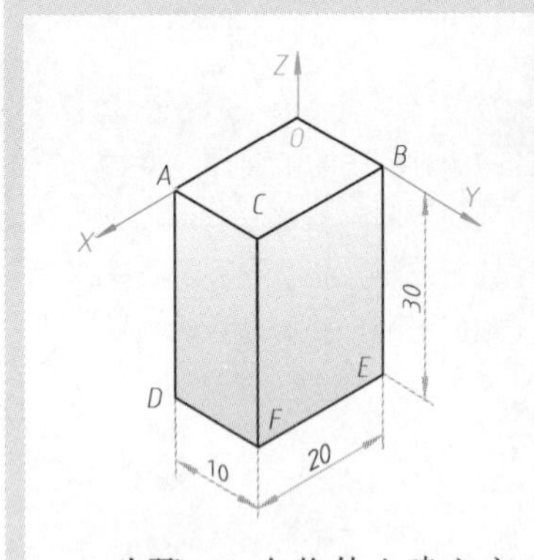

步骤一：在物体上建立空间直角坐标系 $OXYZ$。

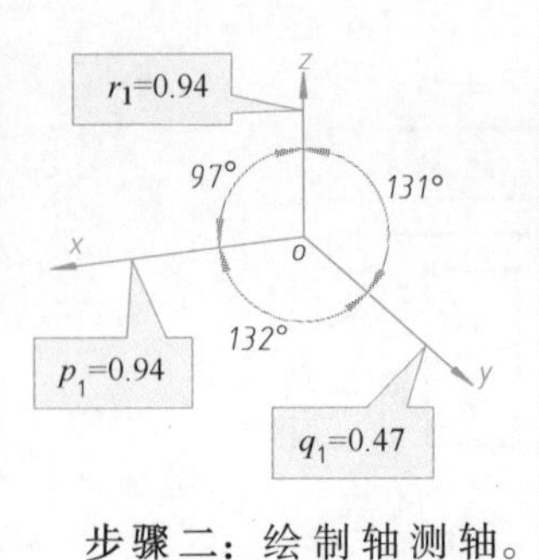

步骤二：绘制轴测轴。

【假设需绘制正二测轴测图】

$\overline{oa}=p_1\times\overline{OA}=0.94\times20\text{mm}=18.8\text{mm}$

$\overline{ob}=q_1\times\overline{OB}=0.47\times10\text{mm}=4.7\text{mm}$

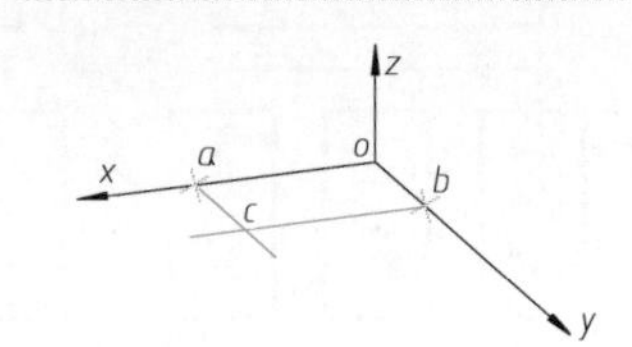

步骤三：分别在 ox、oy 轴上量取点 a 和点 b，使 oa = 18.8mm，ob =4.7mm。

$\overline{ad}=\overline{be}=\overline{cf}=r_1\times\overline{BE}=0.94\times30\text{mm}=28.2\text{mm}$

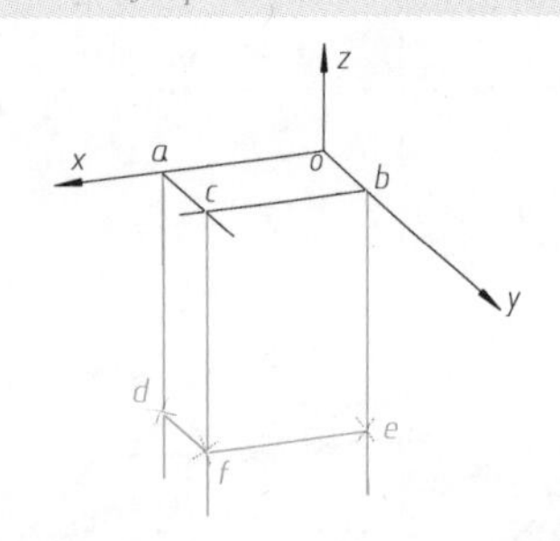

步骤四：分别过点 a、b、c 作 oz 轴的平行线，并在所作平行线上分别量取点 d、e、f，使 $\overline{ad}=\overline{be}=\overline{cf}$=28.2mm。

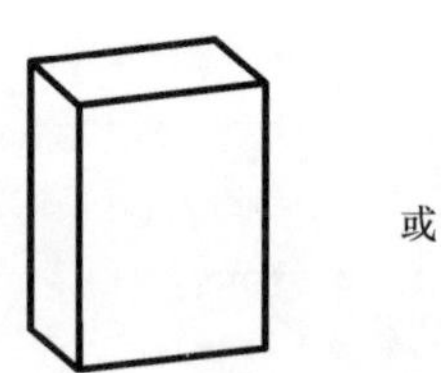

或

步骤五：擦除，加粗或加深，完成作图。

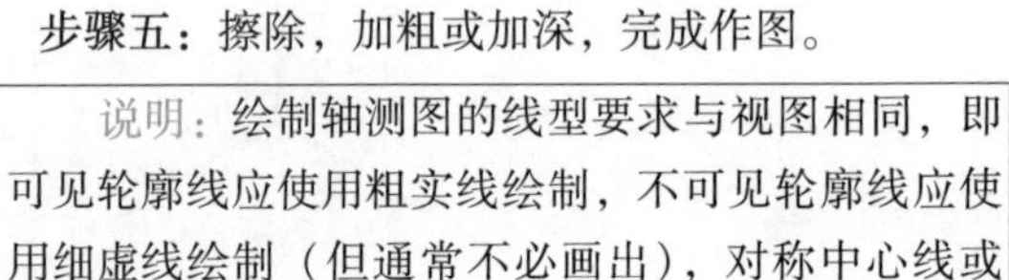

说明：绘制轴测图的线型要求与视图相同，即可见轮廓线应使用粗实线绘制，不可见轮廓线应使用细虚线绘制（但通常不必画出），对称中心线或轴线使用细点画线表示。

图 11.4　轴测投影图的基本画法

11.2　正等轴测图的画法

采用正轴测投影法中的正等测投影法得到的轴测图称为“正等轴测图”，正等轴测图的三个轴间角均为120°，三个轴测轴的实际伸缩系数均为0.82（即 $p_1=q_1=r_1=0.82$）。

在采用实际伸缩系数0.82绘制正等轴测图时，尺寸计算过程非常繁琐。为此，工程上一般采用简化伸缩系数 $p=q=r=1$ 绘制正等轴测图。但应注意，使用简化伸缩系数1绘制的正等轴测图并不是物体真实的轴测投影图形，而是一个“放大版”。显然，伸缩系数简化使正等轴测图的绘制工作更加简单、方便和快捷，也因而更具效率。

不同形状物体的正等轴测图，可在轴测图基本画法的基础上使用多种画法绘制（见11.2.1节~11.2.6节）。

11.2.1　平面体的正等轴测图画法

多数平面体可以被看成是以一定的切割方式切割一个长方体后形成的，其正等轴测图通常可采用“长方体切割法”绘制（见图11.5和图11.6）。

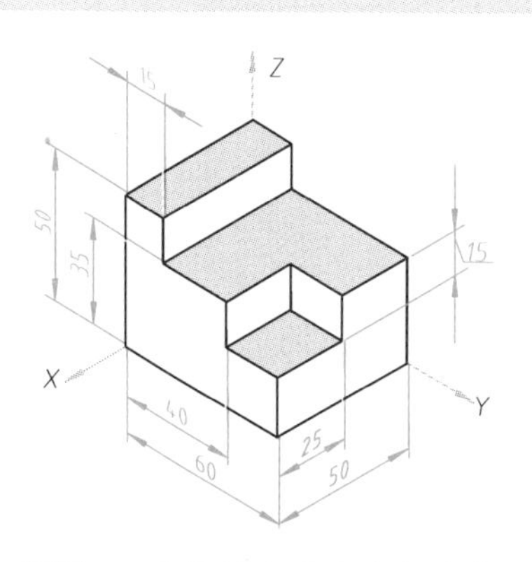

步骤一：在物体上建立空间直角坐标系 *OXYZ*。

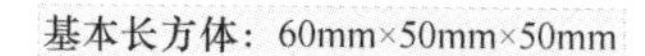

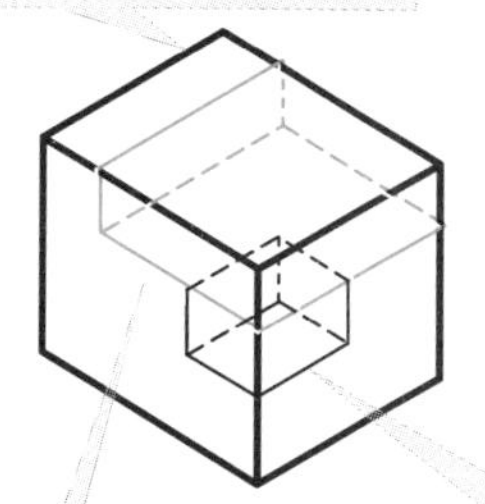

步骤二：切割过程分析。先在基本长方体上切割出长方体Ⅰ，然后再切割出长方体Ⅱ。

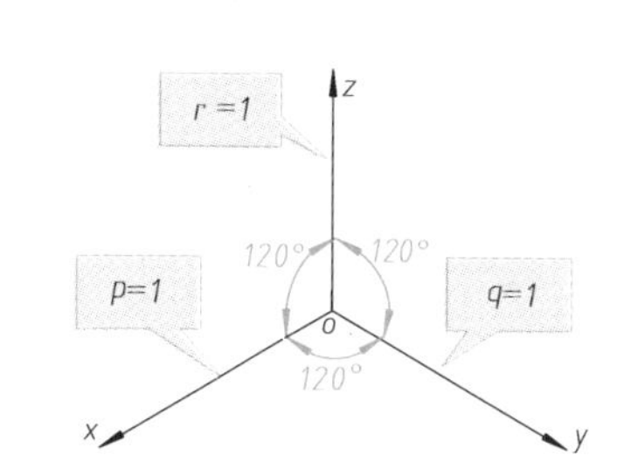

步骤三：绘制轴测轴。

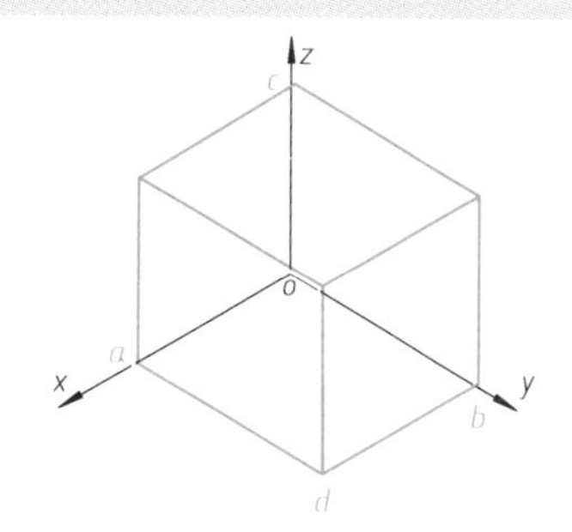

步骤四：采用与图 11.4 所示类似的方法绘制 60mm × 50mm × 50mm 的基本长方体（各轮廓线应与相应的轴测轴平行）。其中$\overline{oa} = p \times 50\text{mm} = 50\text{mm}$；$\overline{ob} = q \times 60\text{mm} = 60\text{mm}$；$\overline{oc} = r \times 50\text{mm} = 50\text{mm}$

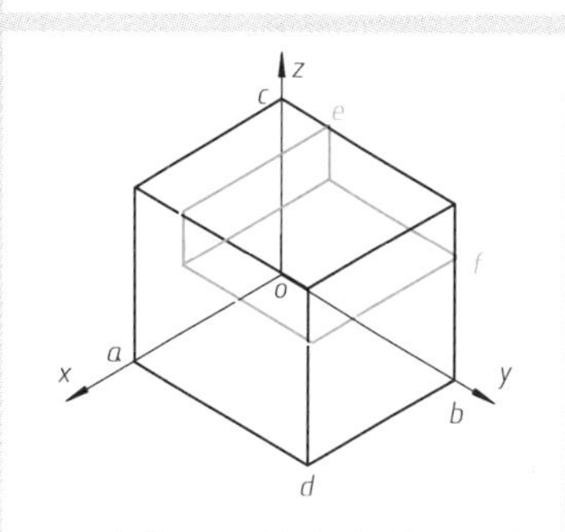

步骤五：作长方体Ⅰ。使 $\overline{ce} = q \times 15\text{mm} = 15\text{mm}$，$\overline{bf} = r \times 35\text{mm} = 35\text{mm}$。

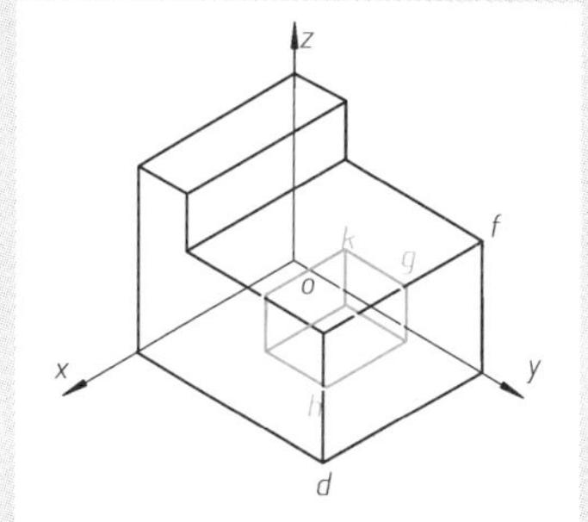

步骤六：作长方体Ⅱ。使 $\overline{fg} = p \times 25\text{mm} = 25\text{mm}$，$\overline{gk} = q \times 20\text{mm} = 20\text{mm}$，$\overline{dh} = r \times 20\text{mm} = 20\text{mm}$。

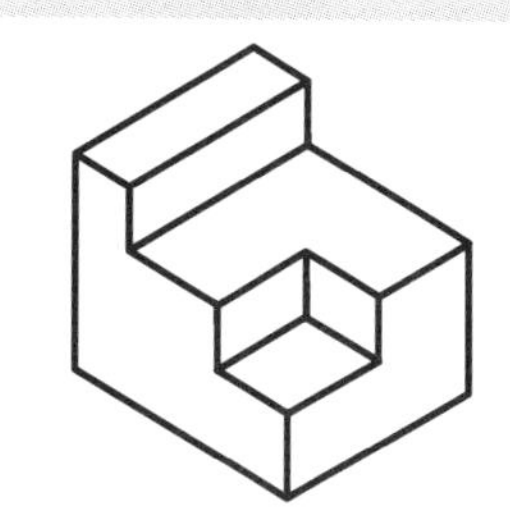

步骤七：擦除，加粗或加深，完成作图。

图 11.5　平面体正等轴测图的画法示例一

11.2.2　坐标面平行圆的正等轴测图画法

与三个基本投影面 *H*、*V*、*W* 平行的圆分别称为水平圆、正平圆的侧平圆，其正等轴测图均为椭圆（见图 11.7）。绘制投影面平行圆的正等轴测图时，通常应先绘制其外切正方形的轴测投影，再采用四心法绘制该圆的轴测投影图形（见图 11.8 ~ 图 11.10）。

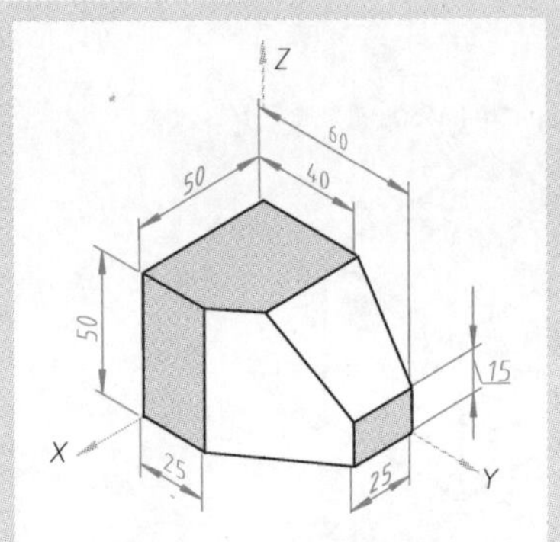

步骤一：在物体上建立空间直角坐标系 *XYZ*。

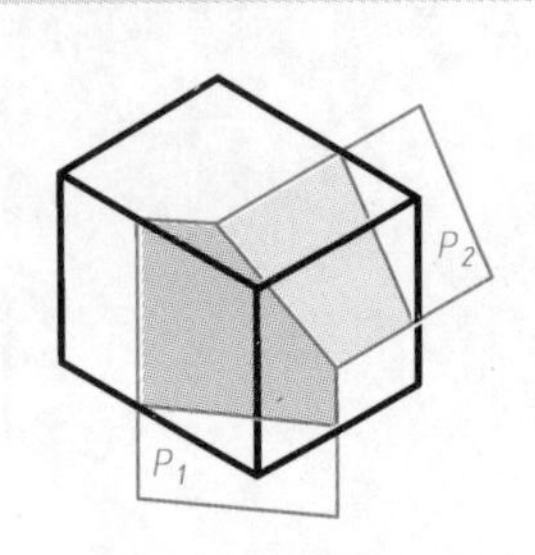

步骤二：切割过程分析。使用切割面 P_1 和 P_2 切割基本长方体后形成该物体。

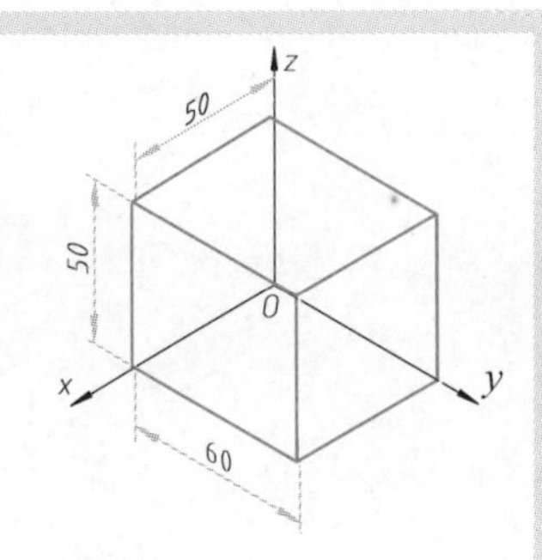

步骤三：绘制轴测轴。

步骤四：绘制 60mm×50mm×50mm 的基本长方体。

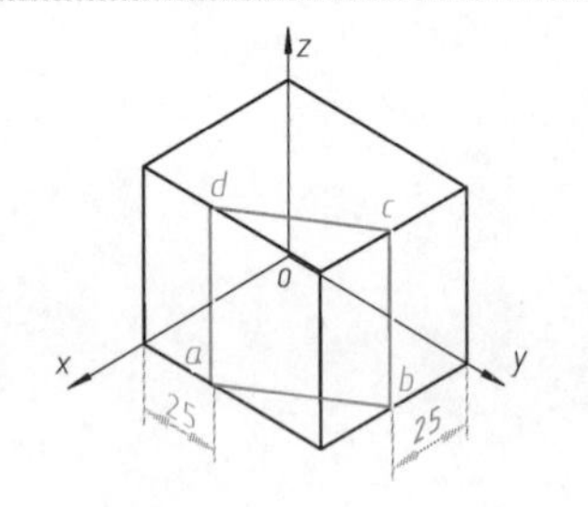

步骤五：以图示尺寸作平面 P_1 切割后形成的轮廓线。

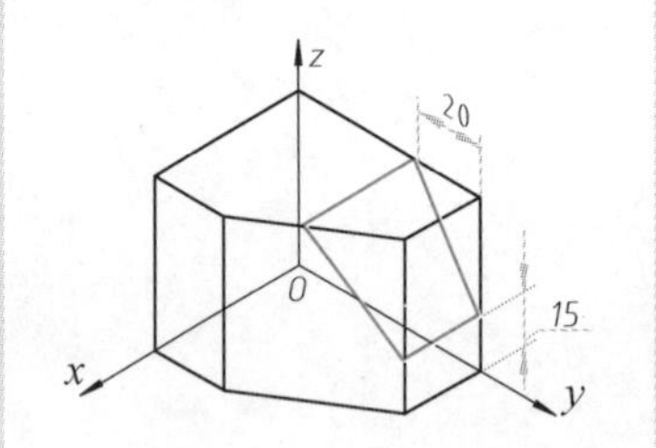

步骤六：以图示尺寸作平面 P_2 切割后形成的轮廓线。

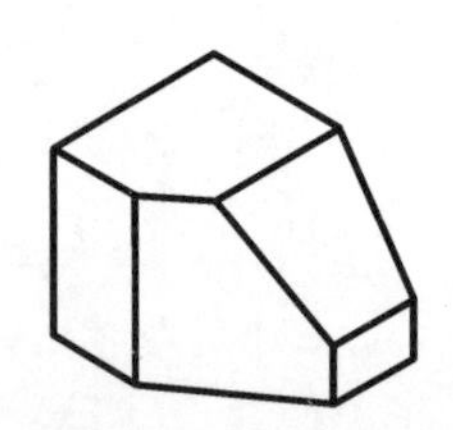

步骤七：擦除，加粗或加深，完成作图。

图 11.6　平面体正等轴测图的画法示例二

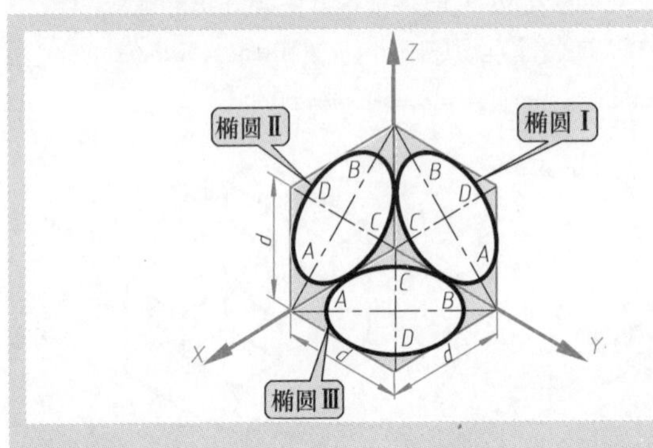

说明：

椭圆Ⅰ的长轴垂直于 *x* 轴。

椭圆Ⅱ的长轴垂直于 *y* 轴。

椭圆Ⅲ的长轴垂直于 *z* 轴。

各椭圆的长轴 $AB \approx 1.22d$。

各椭圆的短轴 $CD \approx 0.7d$。

图 11.7　坐标面平行圆的正等测投影图

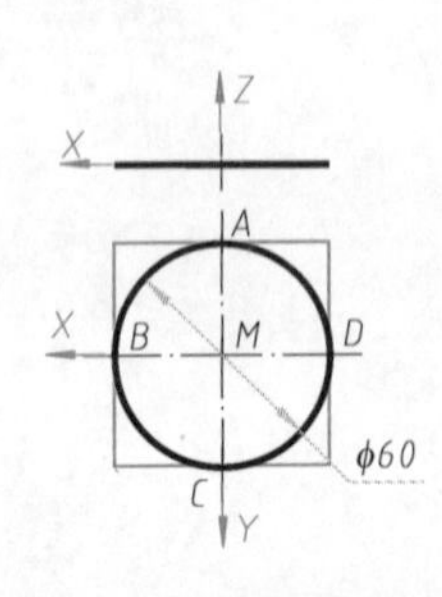

步骤一：建立空间坐标系，并作圆的外切正方形。

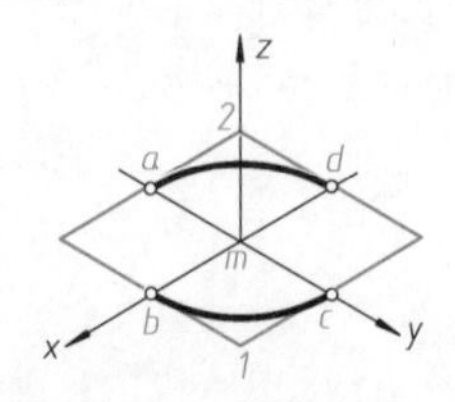

步骤二：在轴测轴上量取点 *a*～*d*，使各点到 *m* 点的距离均为 30mm。

步骤三：过点 *a*～*d* 分别作轴测轴的平行线，得圆的外切正方形的轴测投影。

步骤四：以 1 点为圆心、1*a* 为半径画圆弧 *ad*，以 2 点为圆心、2*b* 为半径画圆弧 *bc*。

图 11.8　水平圆的正等轴测图的画法

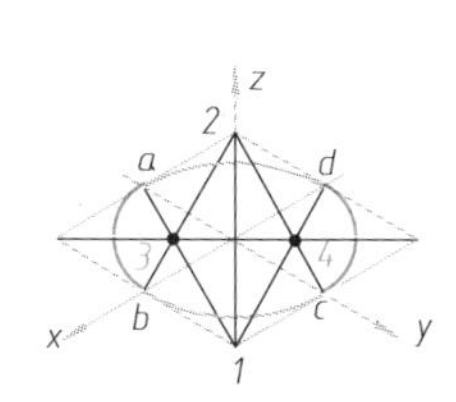

步骤五：连接$1a$，连接$2b$，得交点3。以3点为圆心、线段$3a$（或$3b$）为半径画圆弧。采用相同方法画出其对称圆弧。

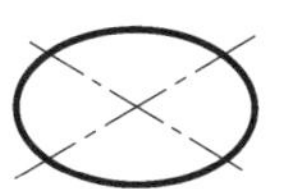

步骤六：擦除，加粗，绘制点画线，完成作图。

图11.8　水平圆的正等轴测图的画法（续）

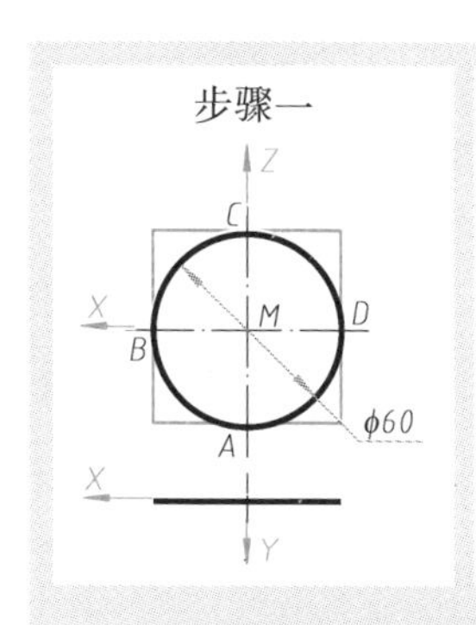

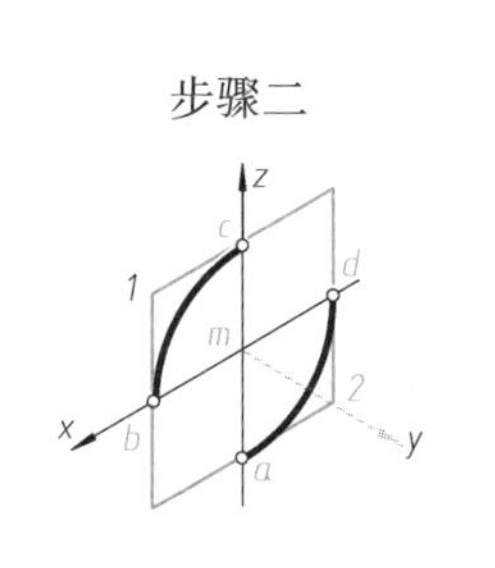

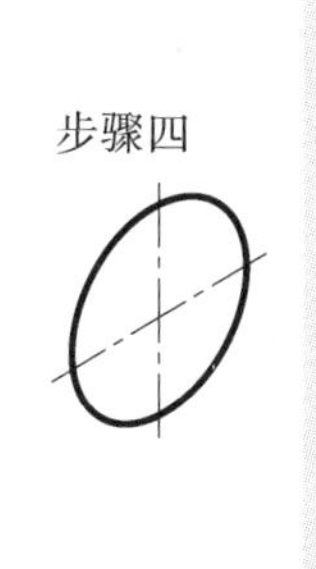

图11.9　正平圆的正等轴测图的画法

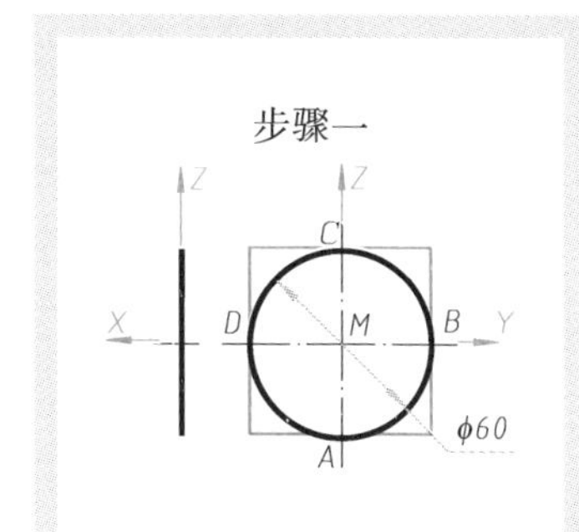

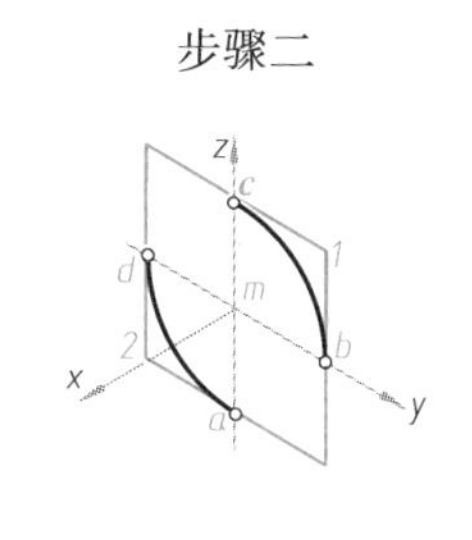

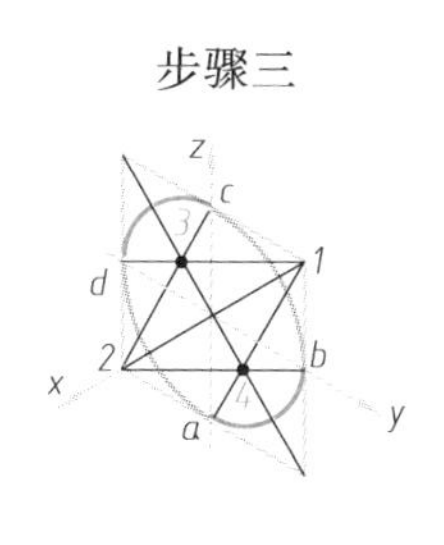

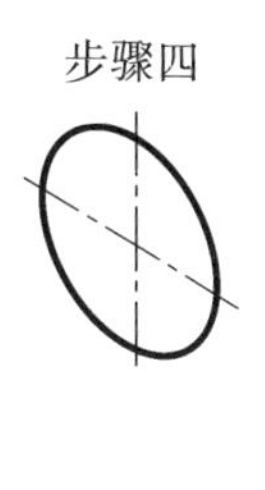

图11.10　侧平圆的正等轴测图的画法

11.2.3　平面图形的正等轴测图画法

除了平面多边形之外，工程中较为常见的平面图形有两类，一类是由圆弧连接形成的平面图形，另一类是由非圆曲线组成的平面图形。其中：

（1）对于由圆弧连接形成的平面图形，绘制其正等轴测图时，应以坐标面平行圆的正等轴测图画法为基础，并注意应在轴测图中表达出相切关系（见图11.11～图11.12）。

（2）对于由非圆曲线组成的平面图形，绘制其正等轴测图时，可采用“点的坐标法”，即通常应先求出非圆曲线上若干点的轴测投影，再将所得各点的轴测投影光滑连接（见图11.13）。

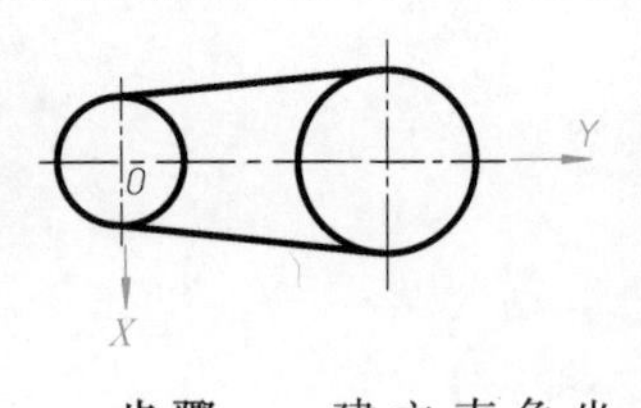

步骤一：建立直角坐标系。

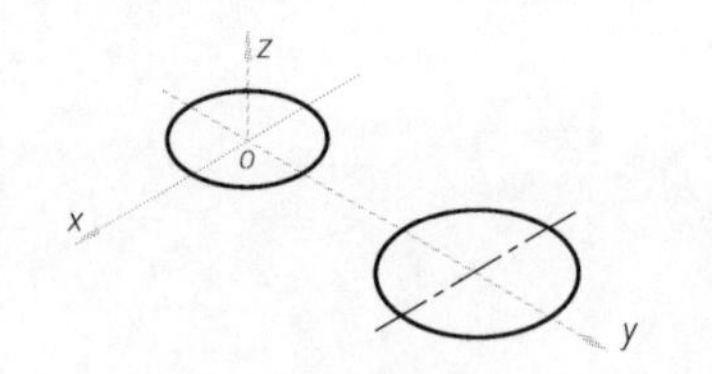

步骤二：绘制两被连接圆弧的轴测投影——椭圆。

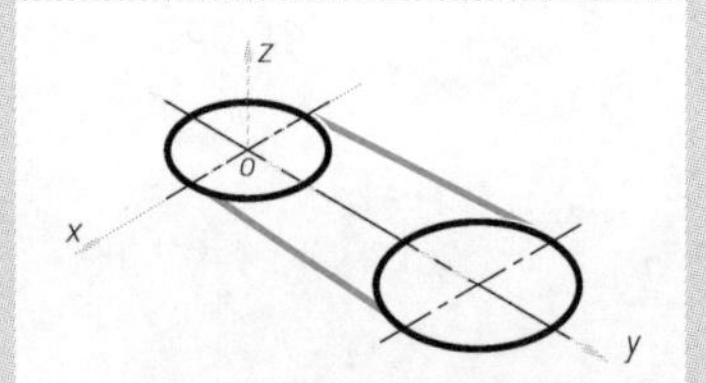

步骤三：绘制两椭圆的公切线，并绘制点画线。

图 11.11　以直线连接两圆弧的正等轴测图的画法

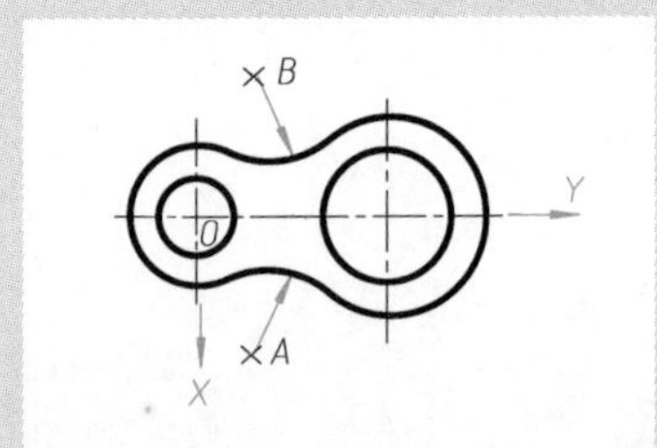

步骤一：建立直角坐标系。

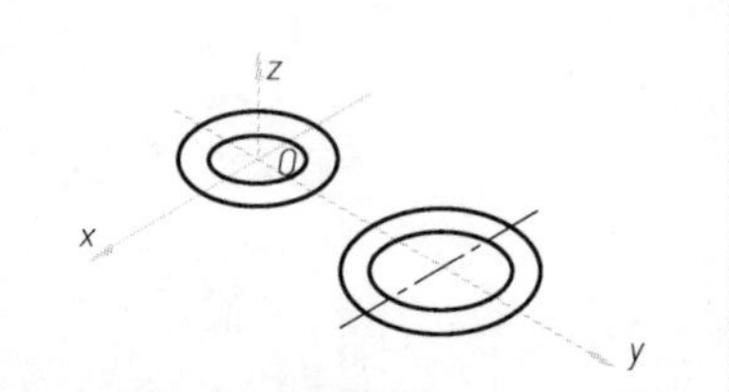

步骤二：绘制两被连接圆弧的轴测投影——椭圆。

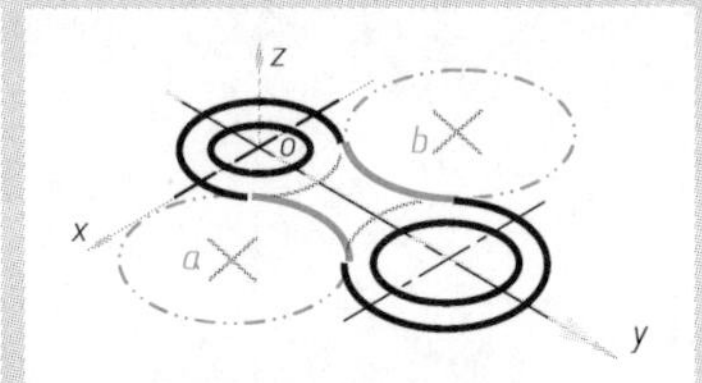

步骤三：绘制连接圆弧的轴测投影——椭圆，并画点画线。

图 11.12　以圆弧连接两圆弧的正等轴测图的画法

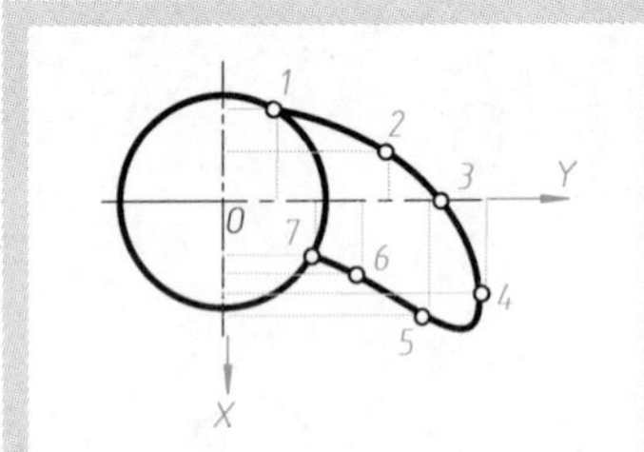

步骤一：建立直角坐标系。在曲线上取若干点。

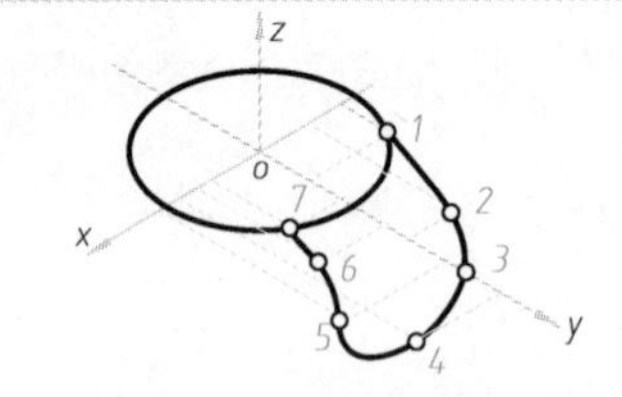

步骤二：绘制圆的轴测投影。

步骤三：依据各点坐标值作出其轴测投影，并依次光滑连接。

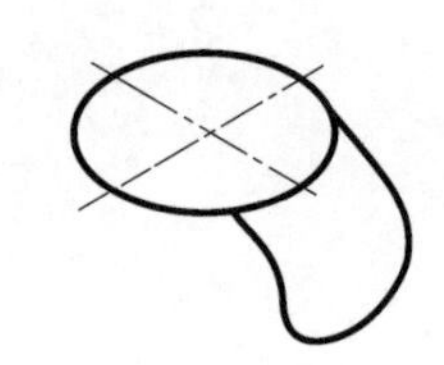

步骤四：擦除，加粗，绘制点画线，完成作图。

图 11.13　非圆曲线的正等轴测图画法

11.2.4　圆柱体与圆角的正等轴测图画法

圆柱体的正等轴测图通常采用“移心法”绘制（见图 11.14 中的示例）。

构成物体的圆角通常是 1/4 或部分圆柱面，其轴测图可采用与圆柱体相同的移心法绘制，但工程中为了提高作图效率，其正等轴测图通常采用“圆弧法”绘制，即用小圆弧近似椭圆弧（见图 11.15 中的示例）。

11.2.5　拉伸体的正等轴测图画法

在绘制一些物体的轴测图时，可以认为其形状是通过沿着某个固定方向拉伸一个平面图形的方式形成的，这类物体称为拉伸体。先画出形成拉伸体的平面图形的轴测投影，再按照与“移心法”类似的方法作图，即可得到拉伸体的轴测图（见图 11.16 中的示例）。

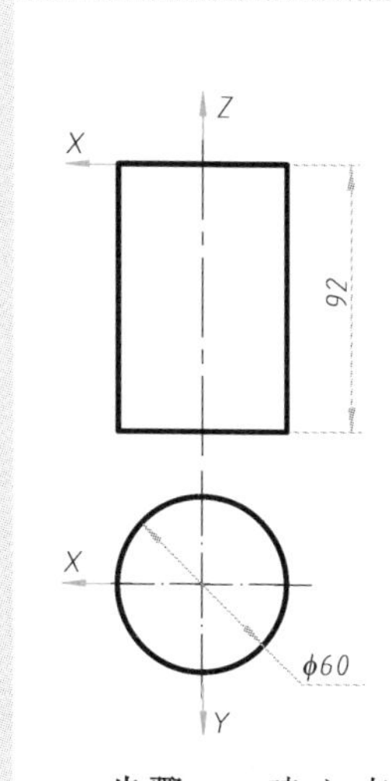

步骤一：建立直角坐标系。

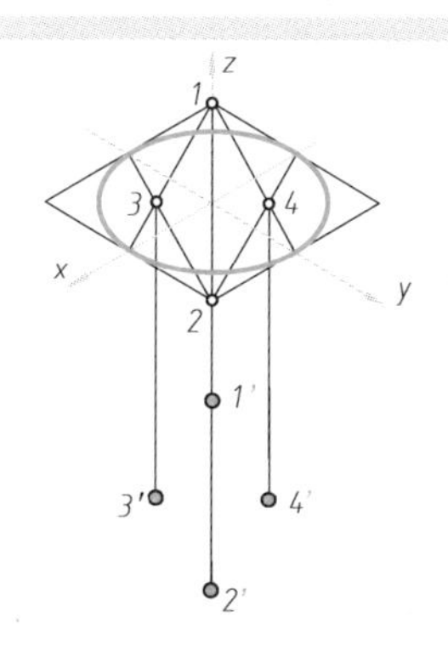

步骤二：采用四心法绘制 OXY 坐标平面内的圆的轴测投影。

步骤三：移心。将所画椭圆的四心 1 ~ 4 沿高度方向均平移 92mm，得到 1′ ~ 4′点。

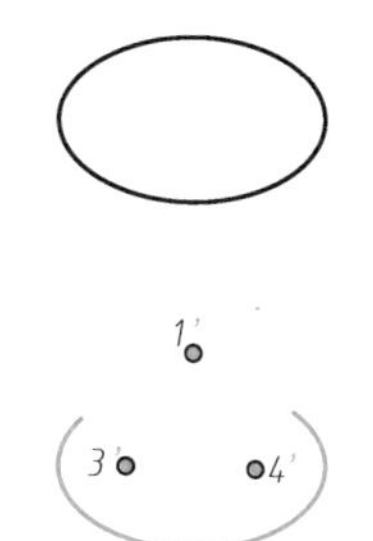

步骤四：分别以 1′、3′、4′点为圆心，以原椭圆的相应半径为半径画圆弧。

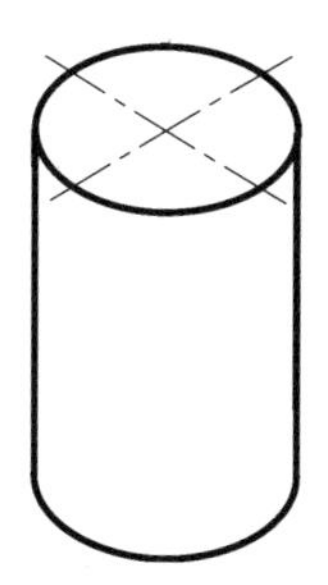

步骤五：作公切线。擦除、加粗，绘制点画线，完成轴测图。

图 11.14　圆柱体的正等轴测图画法示例

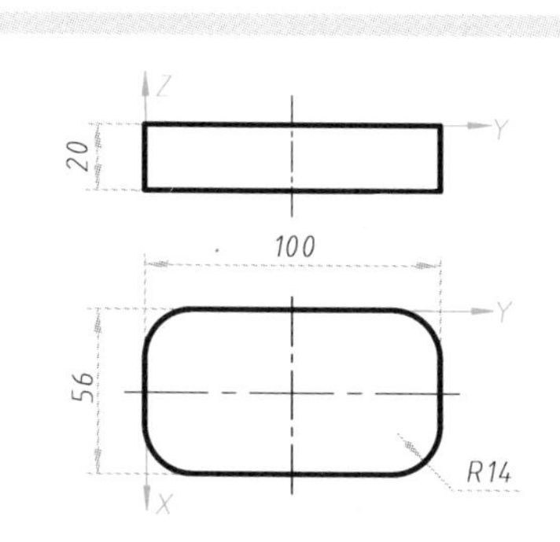

步骤一：建立直角坐标系。

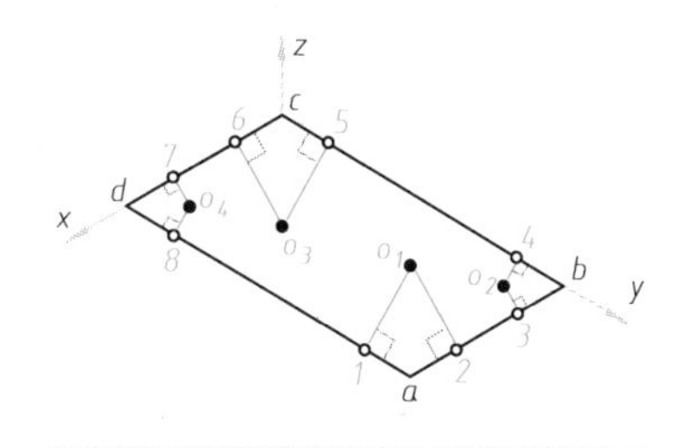

$1a=2a=3b=4b=5c=6c=7d=8d=14$mm

步骤二：作 100mm × 56mm 长方形的正等测轴测图 $abcd$。按图示尺寸取点 1 ~ 8。分别过点 1 ~ 8 作相应轮廓线的垂直线，得交点 o_1 ~ o_4。

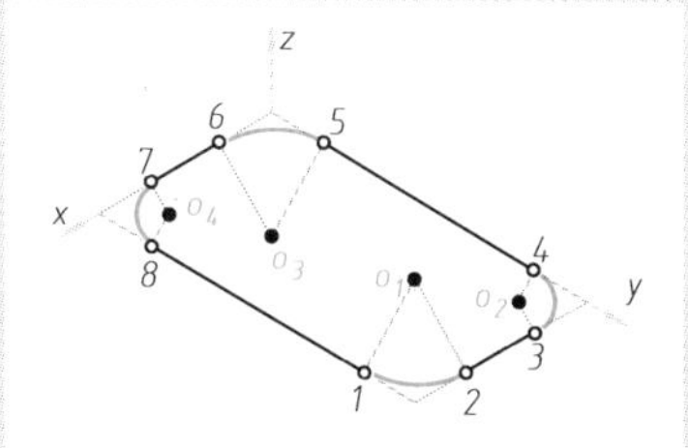

步骤三：以 o_1 为圆心，以线段 $1o_1$ 为半径画圆弧 12。用类似方法画圆弧 34、56 和 78。

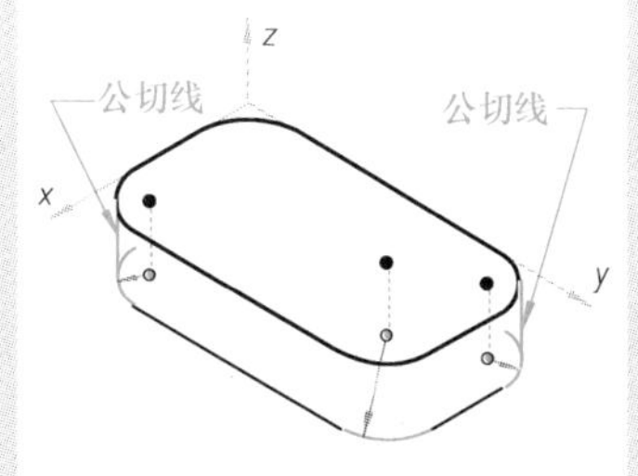

步骤四：移心法绘制圆弧，并画出各圆弧的公切线。

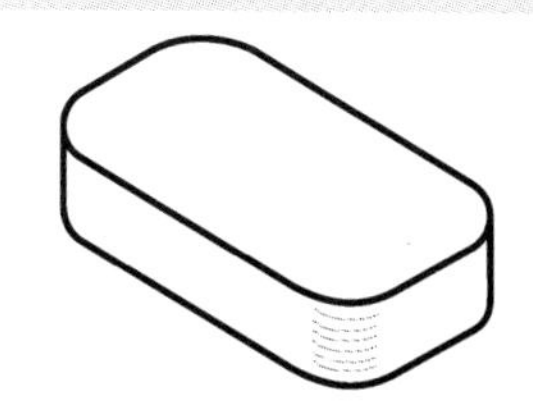

步骤五：可在圆角处徒手绘制一些小圆弧。

图 11.15　圆角的正等轴测图画法示例

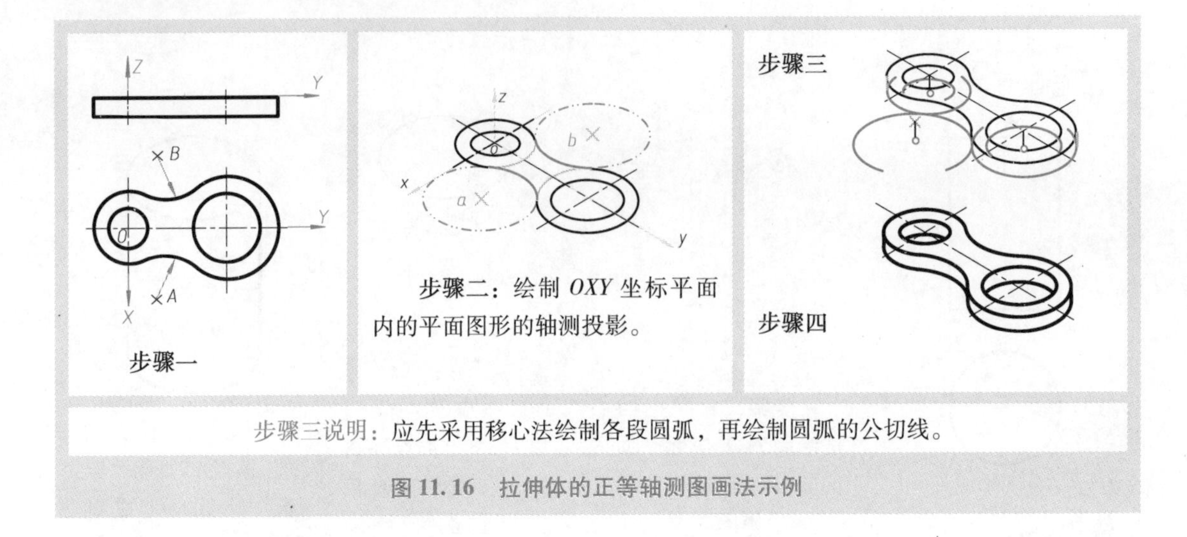

步骤三说明：应先采用移心法绘制各段圆弧，再绘制圆弧的公切线。

图 11.16　拉伸体的正等轴测图画法示例

11.2.6　组合体的正等轴测图画法

工程中使用的许多物体可以认为是由若干个形状简单的基本形体（如基本体、拉伸体或切割体等）通过叠加、相交等方式形成的，这类物体习惯上称为组合体。绘制组合体的正等轴测图时，应逐个绘制其基本形体的轴测投影图形，并应表达出各基本形体之间的位置关系（见图 11.17 中的示例）。

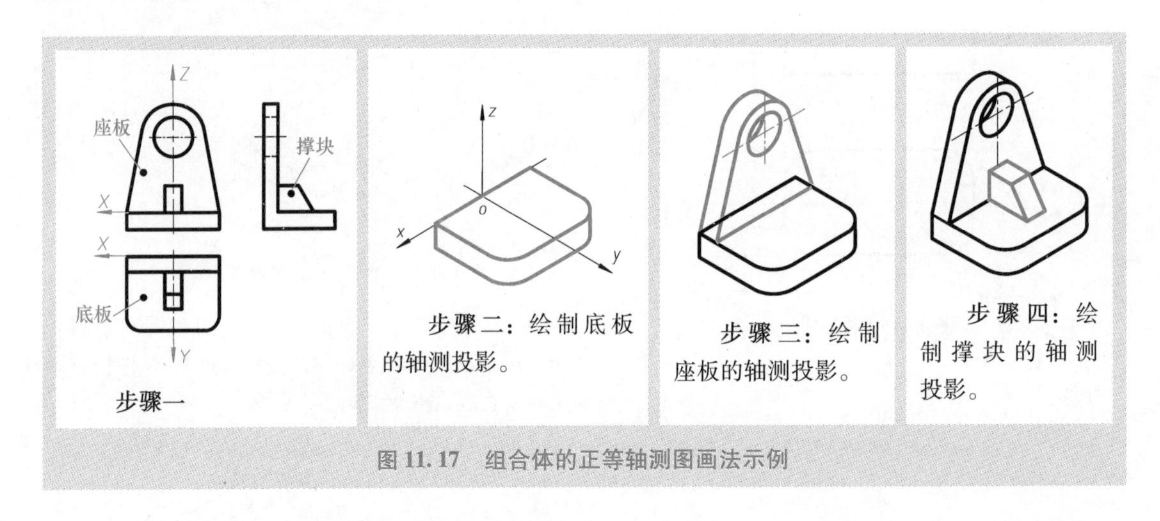

图 11.17　组合体的正等轴测图画法示例

11.3　斜二轴测图的画法

按照斜二测投影法（见表 11.1），其三个轴间角分别为 $\angle xoz = 90°$、$\angle xoy = \angle yoz = 135°$，其实际轴向伸缩系数分别为 $p = r = 1$、$q = 0.5$。这就意味着物体上所建的 OXZ 坐标平面与得到斜二测图形的投影面平行（见图 11.18）。

斜二轴测图的画法与正等轴测图的画法基本相同，但应注意以下几个绘图要点：一是与正等轴测图不同，绘制斜二轴测图时采用实际伸缩系数，且轴测图中 oy 方向的轮廓线长度比物体上相应实际棱边的长度缩短了一半（即 $q = 0.5$）；二是由于 OXZ 坐标平面与得到斜二测图形的投影平面平行且 $p = r = 1$，因此，物体上平行于 OXZ 坐标面的圆形棱边的斜二测投影图形是一个反映其实际形状和大小的圆（见图 11.19）；三是物体上与 OXY 和 OYZ 坐标平面平行的圆形棱边，其斜二测投影图形均为椭圆，这些椭圆的长、短轴不在其外切正方形的轴测投影的对角线上（见图 11.19），绘制这类椭圆时，可采用“点的坐标法”（见图

11.20)；四是如果物体上有较多与 OXZ 坐标平面平行的圆形棱边，则采用“移面法”绘制该物体的斜二轴测图将更有效率（见图 11.21）。

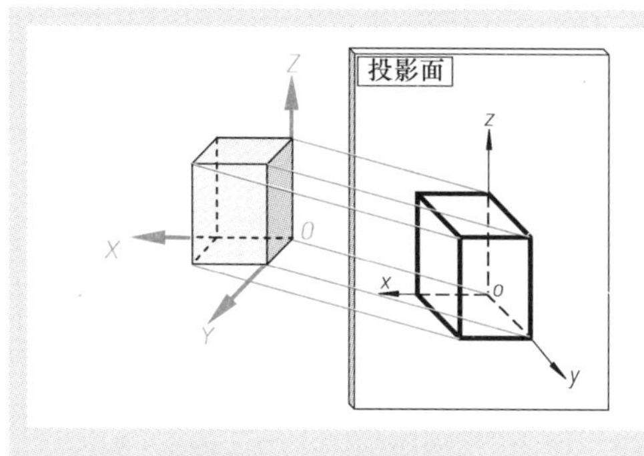

图 11.18　斜二测投影法

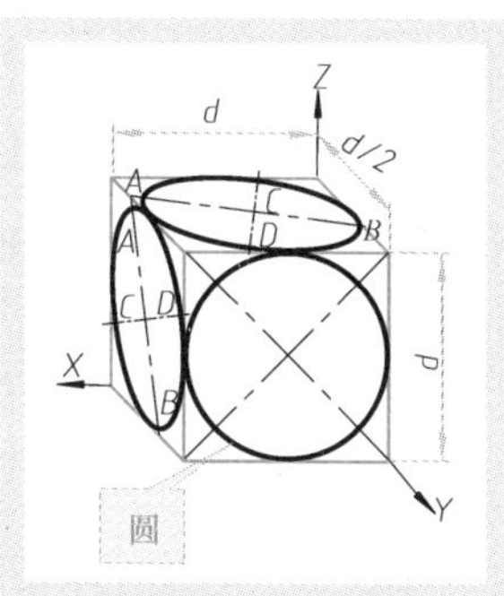

说明：与 oxy、oyz 坐标平面平行的椭圆的长轴分别与 x、z 轴约成 7°。其中

$\overline{AB} \approx 1.06d$

$\overline{CD} \approx 0.33d$

图 11.19　坐标面平行圆的斜二测投影

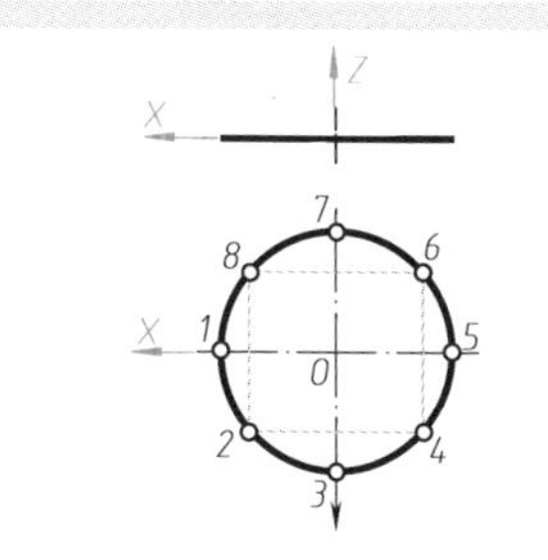

步骤一：建立直角坐标系。在圆上取若干点（点 1~8）。

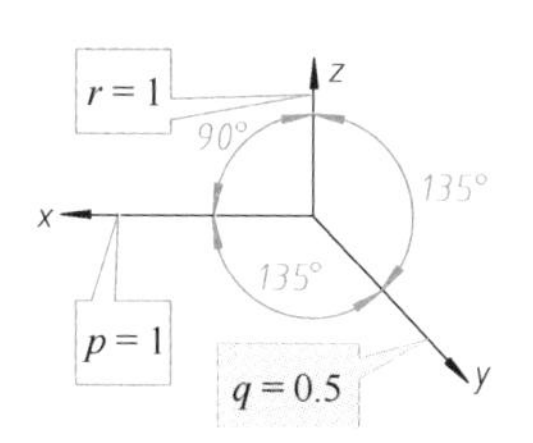

步骤二：作轴测轴。

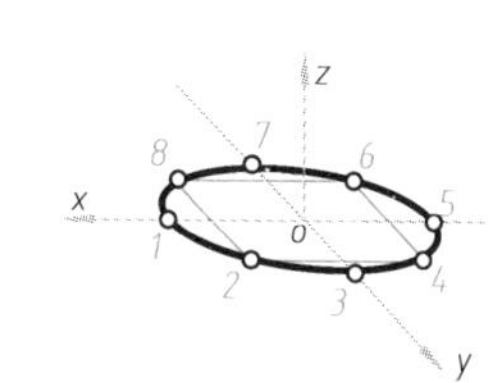

步骤三：作圆上各点的斜二测轴测投影，并光滑连接。

图 11.20　水平圆的斜二测投影图形的画法

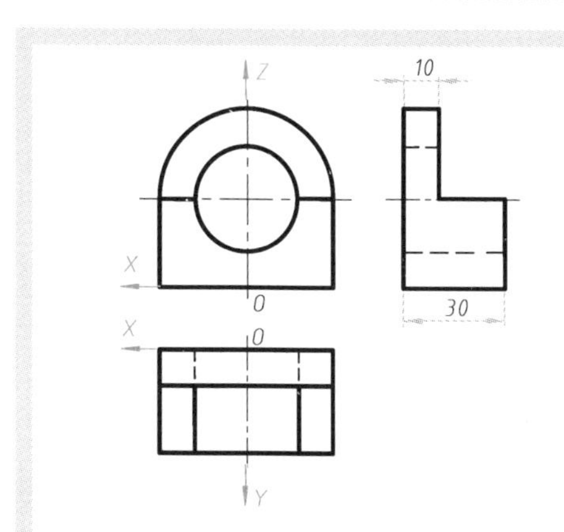

步骤一：在物体上建立直角坐标系。

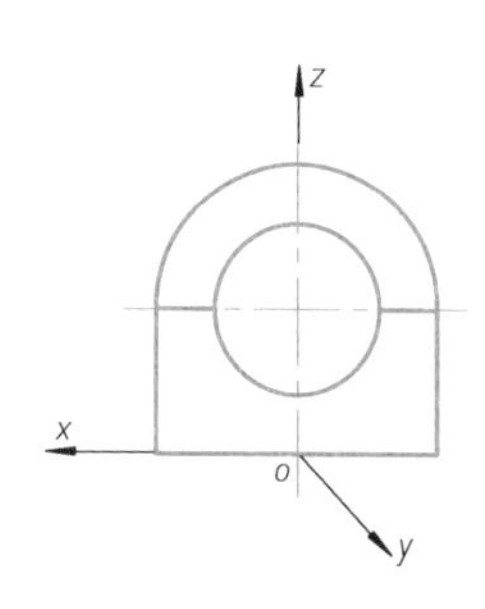

步骤二：作轴测轴。在轴测坐标平面 oxz 内按照主视图的形状绘制轴测投影图形。

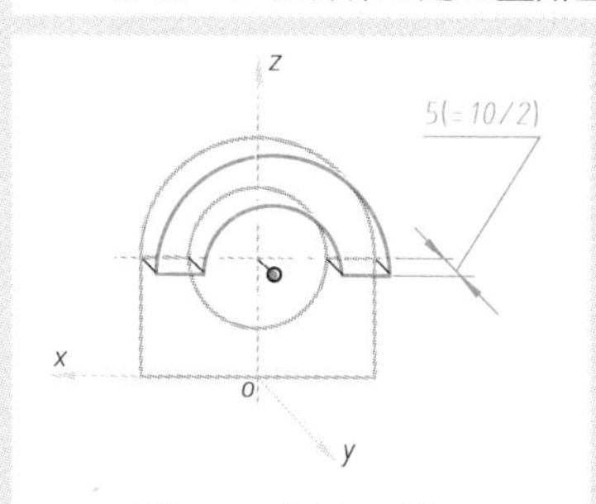

步骤三：按沿 y 轴方向平移图形上部 5mm 的方式绘图。

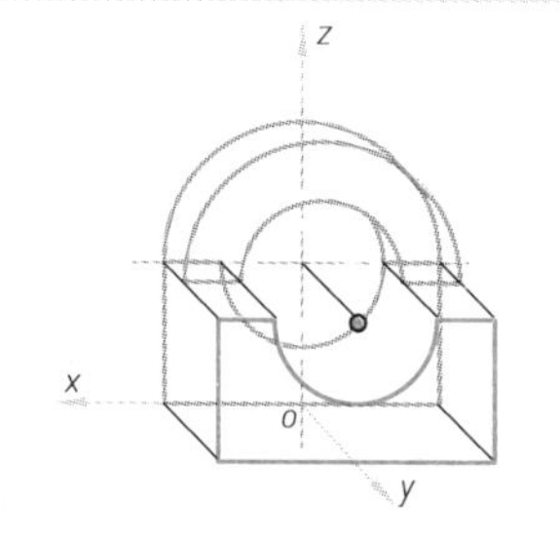

步骤四：按沿 y 轴方向平移图形下部 15mm 的方式绘图。

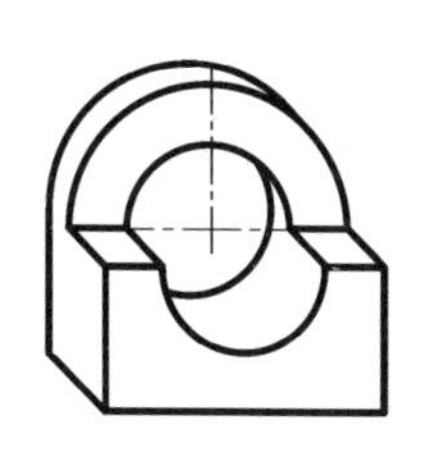

步骤五

图 11.21　“移面法”绘制物体的斜二测投影图形的画法示例

11.4 常用轴测投影图

得到立体斜二测投影图的投射线可以有多个角度。图 11.22 给出了工程上常用的四个投射角度（或观察方向），这四个角度都能够得到立体的斜二测投影。其中，投射角度不同，则 y 轴测轴与其他两个轴测轴之间的夹角就有所不同，要么是 135°，要么是 45°。

但是，在得到立体的正等测投影图时，由于投射线始终与投影面垂直，因此不能使用上述改变投射线投射角度的方法。这时，应将立体倾斜摆放（见图 11.1），并使得到的轴测轴之间的夹角均为 120°（或某几个轴间角是 60°）。一般而言，倾斜摆放的方式不同，则得到的正等测投影图就不同（见图 11.23）。

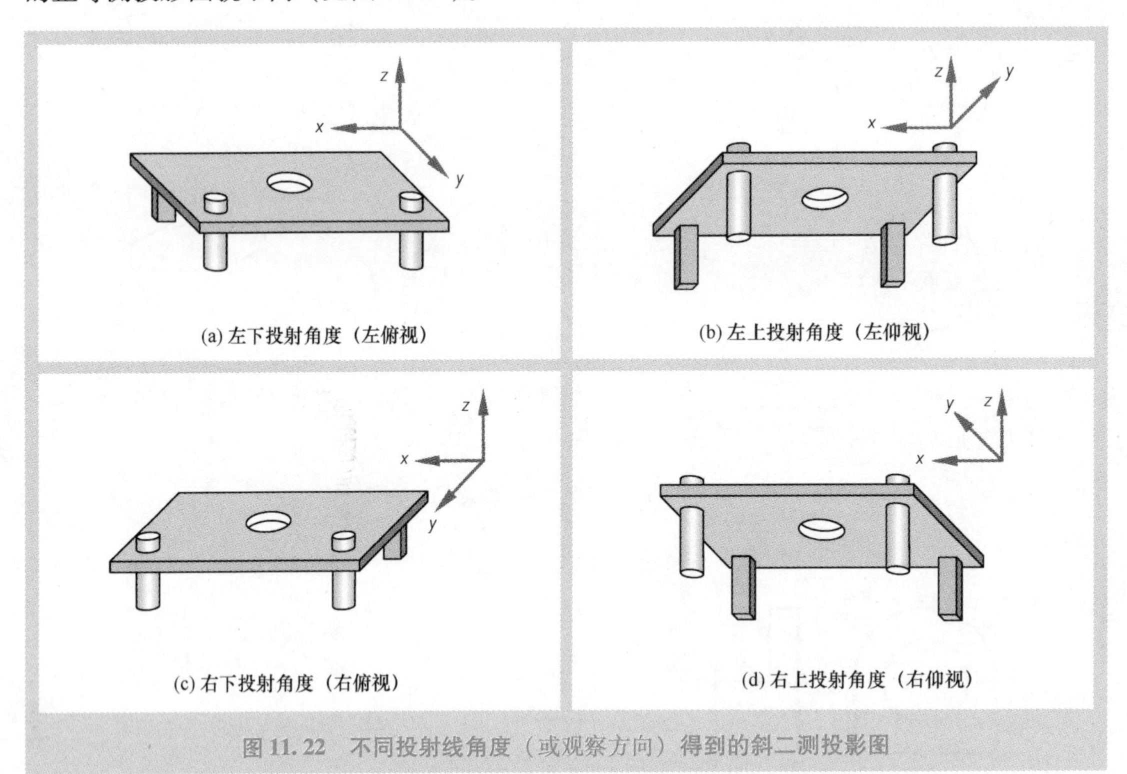

(a) 左下投射角度（左俯视）　(b) 左上投射角度（左仰视）

(c) 右下投射角度（右俯视）　(d) 右上投射角度（右仰视）

图 11.22　不同投射线角度（或观察方向）得到的斜二测投影图

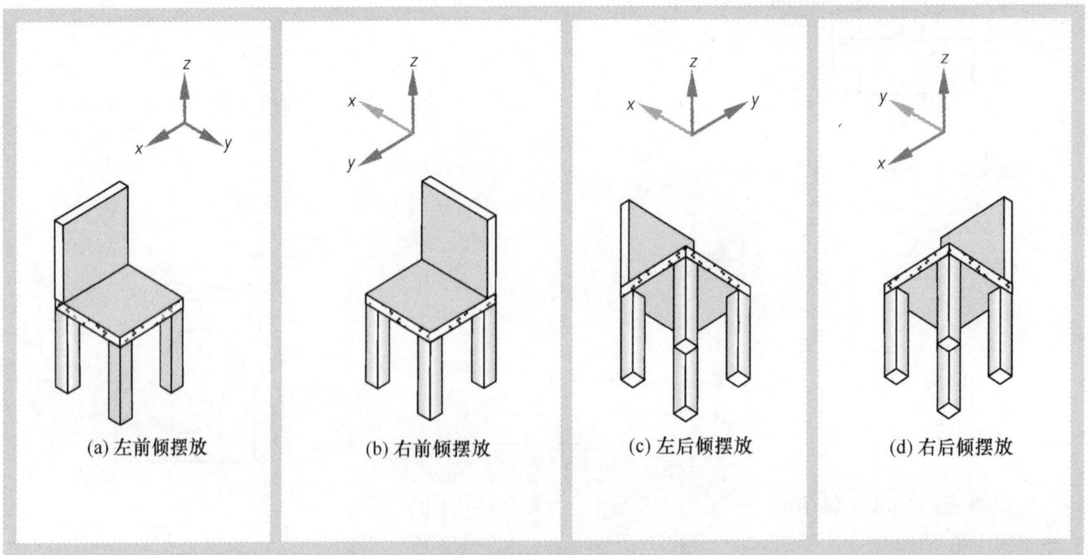

(a) 左前倾摆放　(b) 右前倾摆放　(c) 左后倾摆放　(d) 右后倾摆放

图 11.23　不同倾斜摆放方式得到的正等测投影图

11.5 轴测剖视图

如果需要使用轴测图表达物体的内部形状或结构，则可以用假想的剖切平面将物体的一部分剖去，这种轴测图称为“轴测剖视图”。在使用轴测剖视图表达物体的形状时，通常采用四分之一剖切（见图 11.24 ~ 图 11.27）或局部剖切（见图 11.28）等剖切方式。

国家标准（GB/T 4458.3—1984）对轴测剖视图的画法作出了以下规定：

（1）各种轴测剖视图中的剖面线应按照图 11.24 ~ 图 11.26 所示的规定画出。

（2）剖切平面通过零件的肋或薄壁等结构的纵向对称平面时，这些结构都不画剖面线，而用粗实线将其与邻接部分分开（见图 11.27a）；若图中的表达不够清晰时，也允许在肋或薄壁部分用细点表示被剖切部分（见图 11.27b）。

（3）表示零件中间折断或局部断裂时，断裂处的边界线应画波浪线，并在可见的断裂面内加画细点以代替剖面线（见图 11.28）。

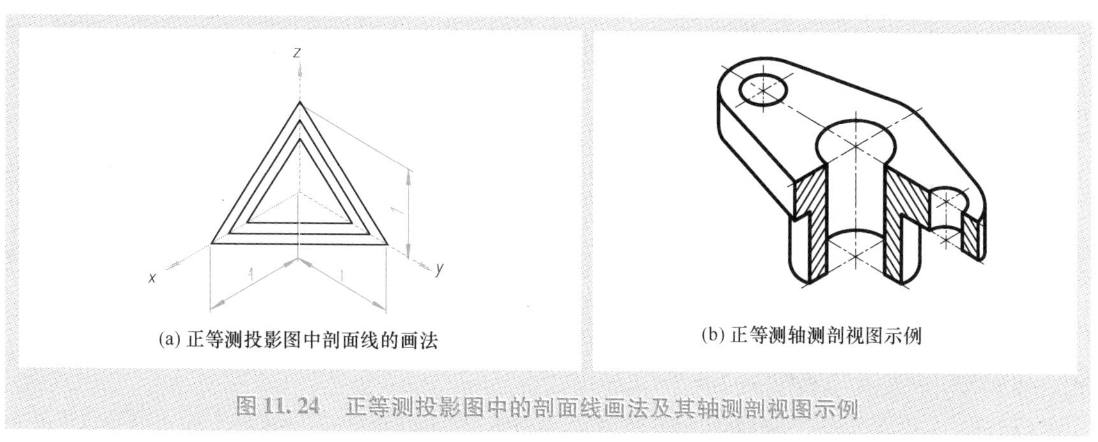

(a) 正等测投影图中剖面线的画法 (b) 正等测轴测剖视图示例

图 11.24 正等测投影图中的剖面线画法及其轴测剖视图示例

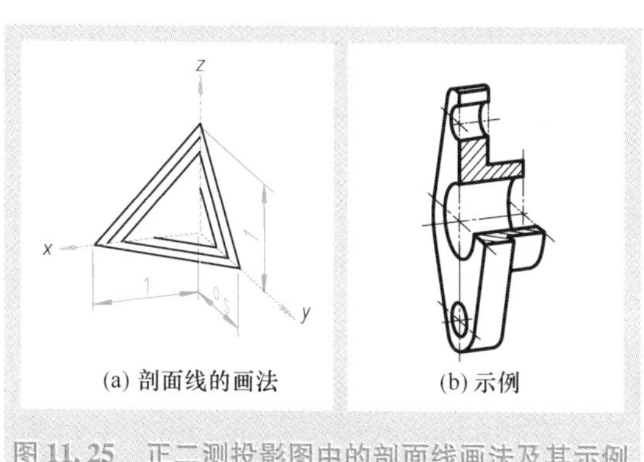

(a) 剖面线的画法 (b) 示例

图 11.25 正二测投影图中的剖面线画法及其示例

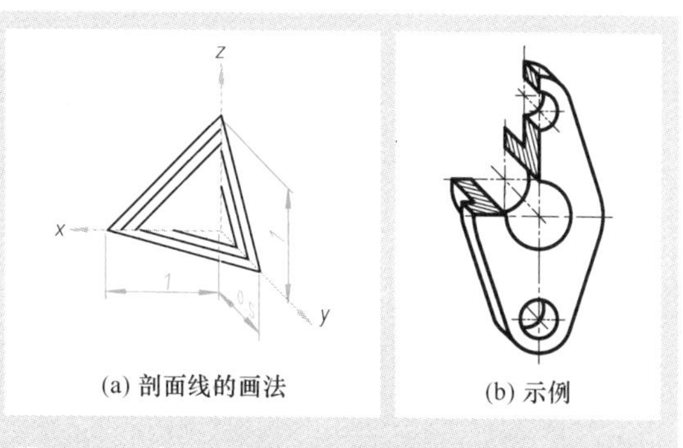

(a) 剖面线的画法 (b) 示例

图 11.26 斜二测投影图中的剖面线画法及其示例

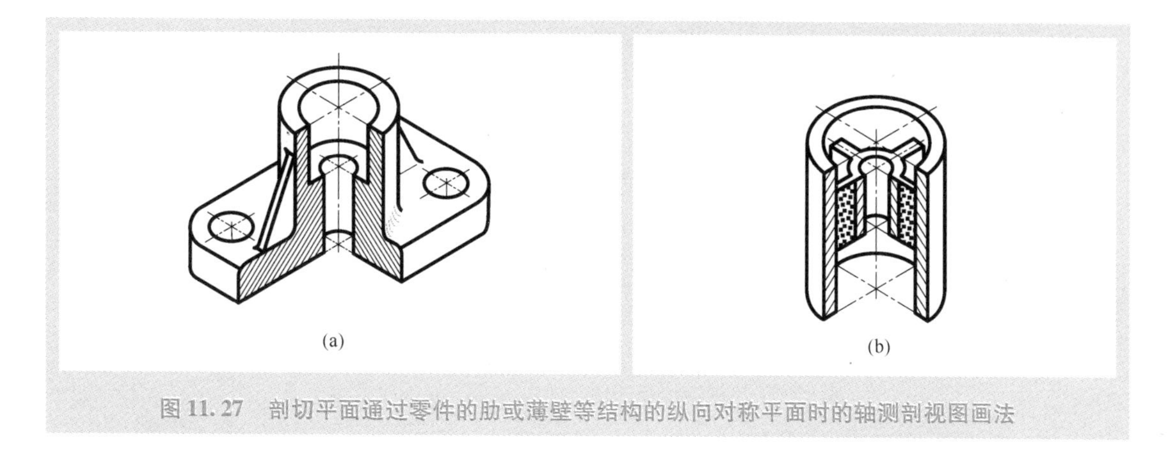

(a) (b)

图 11.27 剖切平面通过零件的肋或薄壁等结构的纵向对称平面时的轴测剖视图画法

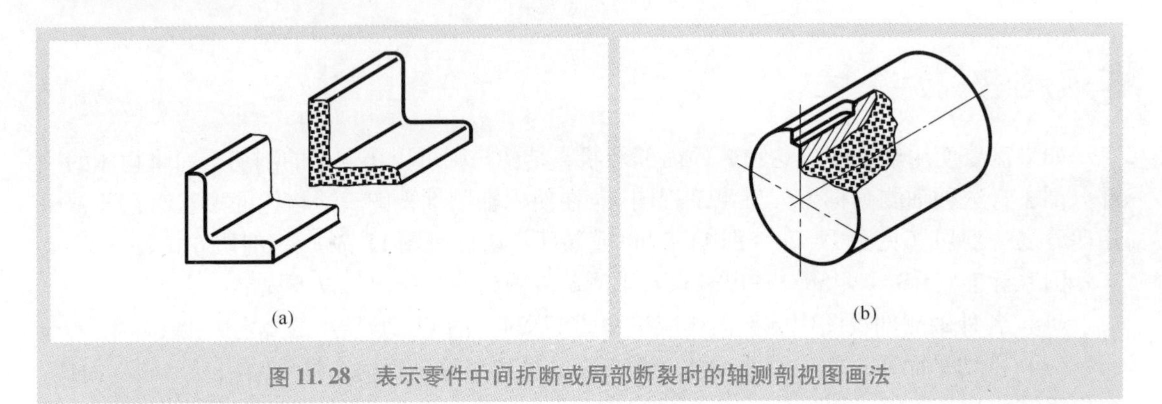

图 11.28　表示零件中间折断或局部断裂时的轴测剖视图画法

11.6　轴测图的尺寸标注

在物体的轴测图中标注其尺寸时，应遵循国家标准（GB/T 4458.3—1984）的以下规定：

（1）标注线性尺寸时，一般应沿轴测轴方向标注，尺寸数值为零件的公称尺寸。其中，尺寸线必须与所标注的线段平行；尺寸界线一般应平行于轴测轴；尺寸数字应按相应的轴测图形标注在尺寸线的上方；当在图形中出现字头向下时应引出标注，将数字按水平位置注写（见图 11.29）。

（2）标注圆的直径时，尺寸线和尺寸界线应分别平行于圆所在平面内的轴测轴。标注圆弧半径或较小圆的直径时，尺寸线可从（或通过）圆心引出标注，但注写尺寸数字的横线必须平行于轴测轴（见图 11.30）。

（3）标注角度的尺寸时，尺寸线应画成与该坐标平面相应的椭圆弧，角度数字一般写在尺寸线的中断处，字头向上（见图 11.31）。

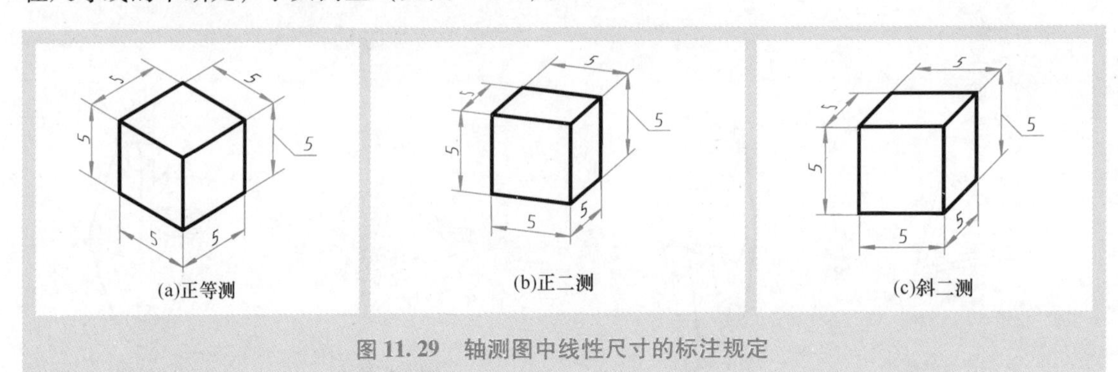

图 11.29　轴测图中线性尺寸的标注规定

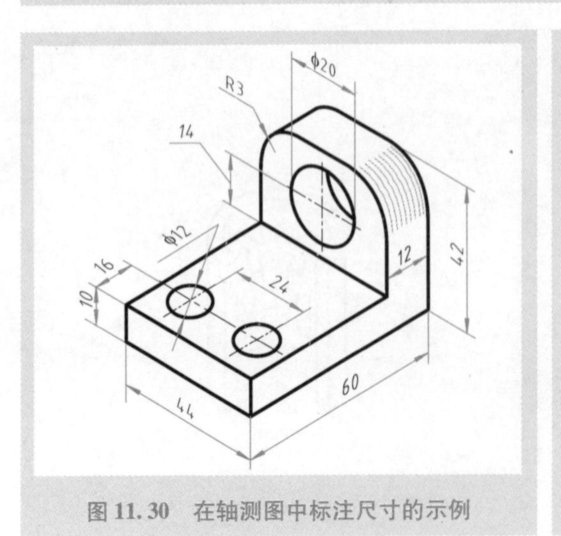

图 11.30　在轴测图中标注尺寸的示例

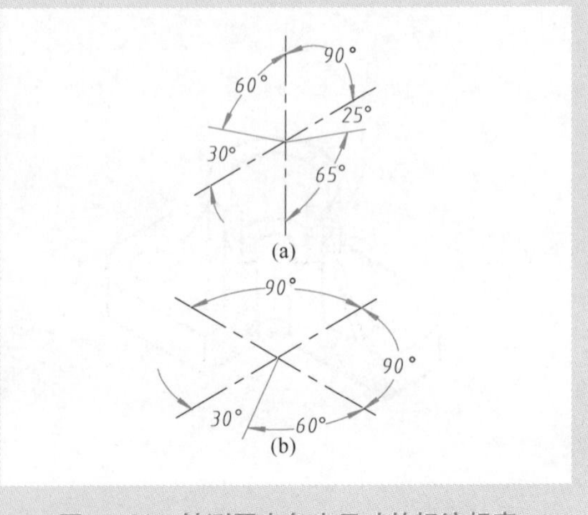

图 11.31　轴测图中角度尺寸的标注规定

附　录

附录 1　基本偏差数值

附表 1.1　公称尺寸至 3150mm 的轴的基本偏差数值（GB/T 1800.1—2009）

（单位：μm）

公称尺寸/mm		基本偏差数值（上极限偏差 es）											
		所有标准公差等级											
大于	至	a	b	c	cd	d	e	ef	f	fg	g	h	js
-	3	-270	-140	-60	-34	-20	-14	-10	-6	-4	-2	0	偏差 = ± $\frac{IT_n}{2}$，式中 IT_n 是 IT 值数
3	6	-270	-140	-70	-46	-30	-20	-14	-10	-6	-4	0	
6	10	-280	-150	-80	-56	-40	-25	-18	-13	-8	-5	0	
10	14	-290	-150	-95		-50	-32		-16		-6	0	
14	18												
18	24	-300	-160	-110		-65	-40		-20		-7	0	
24	30												
30	40	-310	-170	-120		-80	-50		-25		-9	0	
40	50	-320	-180	-130									
50	65	-340	-190	-140		-100	-60		-30		-10	0	
65	80	-360	-200	-150									

（续）

公称尺寸/mm		基本偏差数值（上极限偏差 es）											
		所有标准公差等级											
大于	至	a	b	c	cd	d	e	ef	f	fg	g	h	js
80	100	-380	-220	-170		-120	-72		-36		-12	0	偏差 = ± $\frac{IT_n}{2}$，式中 IT_n 是 IT 值数
100	120	-410	-240	-180									
120	140	-460	-260	-200		-145	-85		-43		-14	0	
140	160	-520	-280	-210									
160	180	-580	-310	-230									
180	200	-660	-340	-240		-170	-100		-50		-15	0	
200	225	-740	-380	-260									
225	250	-820	-420	-280									
250	280	-920	-480	-300		-190	-110		-56		-17	0	
280	315	-1 050	-540	-330									
315	355	-1 200	-600	-360		-210	-125		-62		-18	0	
355	400	-1 350	-680	-400									
400	450	-1 500	-760	-440		-230	-135		-68		-20	0	
450	500	-1 650	-840	-480									
500	560					-260	-145		-76		-22	0	
560	630												
630	710					-290	-160		-80		-24	0	
710	800												
800	900					-320	-170		-86		-26	0	
900	1 000												
1 000	1 120					-350	-195		-98		-28	0	
1 120	1 250												
1 250	1 400					-390	-220		-110		-30	0	
1 400	1 600												
1 600	1 800					-430	-240		-120		-32	0	
1 800	2 000												
2 000	2 240					-480	-260		-130		-34	0	
2 240	2 500												
2 500	2 800					-520	-290		-145		-38	0	
2 800	3 150												

（续）

公称尺寸/mm		基本偏差数值（下极限偏差 ei）																		
大于	至	IT5 和 IT6	IT7	IT8	IT4～IT7	≤IT3 >IT7	所有标准公差等级													
		j			k		m	n	p	r	s	t	u	v	x	y	z	za	zb	zc
–	3	−2	−4	−6	0	0	+2	+4	+6	+10	+14		+18		+20		+26	+32	+40	+60
3	6	−2	−4		+1	0	+4	+8	+12	+15	+19		+23		+28		+35	+42	+50	+80
6	10	−2	−5		+1	0	+6	+10	+15	+19	+23		+28		+34		+42	+52	+67	+97
10	14	−3	−6		+1	0	+7	+12	+18	+23	+28		+33		+40		+50	+64	+90	+130
14	18													+39	+45		+60	+77	+108	+150
18	24	−4	−8		+2	0	+8	+15	+22	+28	+35		+41	+47	+54	+63	+73	+98	+136	+188
24	30											+41	+48	+55	+64	+75	+88	+118	+160	+218
30	40	−5	−10		+2	0	+9	+17	+26	+34	+43	+48	+60	+68	+80	+94	+112	+148	+200	+274
40	50											+54	+70	+81	+97	+114	+136	+180	+242	+325
50	65	−7	−12		+2	0	+11	+20	+32	+41	+53	+66	+87	+102	+122	+144	+172	+226	+300	+405
65	80									+43	+59	+75	+102	+120	+146	+174	+210	+274	+360	+480
80	100	−9	−15		+3	0	+13	+23	+37	+51	+71	+91	+124	+146	+178	+214	+258	+335	+445	+585
100	120									+54	+79	+104	+144	+172	+210	+254	+310	+400	+525	+690
120	140	−11	−18		+3	0	+15	+27	+43	+63	+92	+122	+170	+202	+248	+300	+365	+470	+620	+800
140	160									+65	+100	+134	+190	+228	+280	+340	+415	+535	+700	+900
160	180									+68	+108	+146	+210	+252	+310	+380	+465	+600	+780	+1 000
180	200	−13	−21		+4	0	+17	+31	+50	+77	+122	+166	+236	+284	+350	+425	+520	+670	+880	+1 150
200	225									+80	+130	+180	+258	+310	+385	+470	+575	+740	+960	+1 250
225	250									+84	+140	+196	+284	+340	+425	+520	+640	+820	+1 050	+1 350
250	280	−16	−26		+4	0	+20	+34	+56	+94	+158	+218	+315	+385	+475	+580	+710	+920	+1 200	+1 550
280	315									+98	+170	+240	+350	+425	+525	+650	+790	+1 000	+1 300	+1 700

（续）

公称尺寸/mm		基本偏差数值（下极限偏差 ei）																		
		IT5 和 IT6	IT7	IT8	IT4 ~ IT7	≤IT3 >IT7	所有标准公差等级													
大于	至	j			k		m	n	p	r	s	t	u	v	x	y	z	za	zb	zc
315	355	−18	−28		+4	0	+21	+37	+62	+108	+190	+268	+390	+475	+590	+730	+900	+1 150	+1 500	+1 900
355	400									+114	+208	+294	+435	+530	+660	+820	+1 000	+1 300	+1 650	+2 100
400	450	−20	−32		+5	0	+23	+40	+68	+126	+232	+330	+490	+595	+740	+920	+1 100	+1 450	+1 850	+2 400
450	500									+132	+252	+360	+540	+660	+820	+1 000	+1 250	+1 600	+2 100	+2 600
500	560				0	0	+26	+44	+78	+150	+280	+400	+600							
560	630									+155	+310	+450	+660							
630	710				0	0	+30	+50	+88	+175	+340	+500	+740							
710	800									+185	+380	+560	+840							
800	900				0	0	+34	+56	+100	+210	+430	+620	+940							
900	1 000									+220	+470	+680	+1 050							
1 000	1 120				0	0	+40	+66	+120	+250	+520	+780	+1 150							
1 120	1 250									+260	+580	+840	+1 300							
1 250	1 400				0	0	+48	+78	+140	+300	+640	+960	+1 450							
1 400	1 600									+330	+720	+1 050	+1 600							
1 600	1 800				0	0	+58	+92	+170	+370	+820	+1 200	+1 850							
1 800	2 000									+400	+920	+1 350	+2 000							
2 000	2 240				0	0	+68	+110	+195	+440	+1 000	+1 500	+2 300							
2 240	2 500									+460	+1 100	+1 650	+2 500							
2 500	2 800				0	0	+76	+135	+240	+550	+1 250	+1 900	+2 900							
2 800	3 150									+580	+1 400	+2 100	+3 200							

注：公称尺寸小于或等于 1mm 时，基本偏差 a 和 b 均不采用。公差带 js7 ~ js11，若 IT_n 值数是奇数，则取偏差 = $\pm\frac{IT_n-1}{2}$。

附表 1.2 公称尺寸至 3150mm 的孔的基本偏差数值（GB/T 1800.1—2009） （单位：μm）

公称尺寸/mm		基本偏差数值																					
		下极限偏差 EI												上极限偏差 ES									
大于	至	所有标准公差等级												IT6	IT7	IT8	≤IT8	>IT8	≤IT8	>IT8	≤IT8	>IT8	≤IT7
		A	B	C	D	CD	E	EF	F	FG	G	H	JS	J			K		M		N		P 至 ZC
–	3	+270	+140	+60	+34	+20	+14	+10	+6	+4	+2	0	偏差 = $\pm\frac{IT_n}{2}$，式中 IT_n 是 IT 值数	+2	+4	+6	0	0	−2	−2	−4	−4	在大于 IT7 的相应数值上增加一个 Δ 值
3	6	+270	+140	+70	+46	+30	+20	+14	+10	+6	+4	0		+5	+6	+10	−1 + Δ		−4 + Δ	−4	−8 + Δ	0	
6	10	+280	+150	+80	+56	+40	+25	+18	+13	+8	+5	0		+5	+8	12	−1 + Δ		−6 + Δ	−6	−10 + Δ	0	
10	14	+290	+150	+95		+50	+32		+16		+6	0		+6	+10	+15	−1 + Δ		−7 + Δ	−7	−12 + Δ	0	
14	18																						
18	24	+300	+160	+110		+65	+40		+20		+7	0		+8	+12	+20	−2 + Δ		−8 + Δ	−8	−15 + Δ	0	
24	30																						
30	40	+310	+170	+120		+80	+50		+25		+9	0		+10	+14	+24	−2 + Δ		−9 + Δ	−9	−17 + Δ	0	
40	50	+320	+180	+130																			
50	65	+340	+190	+140		+100	+60		+30		+10	0		+13	+18	+28	−2 + Δ		−11 + Δ	−11	−20 + Δ	0	
65	80	+360	+200	+150																			
80	100	+380	+220	+170		+120	+72		+36		+12	0		+16	+22	+34	−3 + Δ		−13 + Δ	−13	−23 + Δ	0	
100	120	+410	+240	+180																			
120	140	+460	+260	+200		+145	+85		+43		+14	0		+18	+26	+41	−3 + Δ		−15 + Δ	−15	−27 + Δ	0	
140	160	+520	+280	+210																			
160	180	+580	+310	+230																			
180	200	+660	+340	+240		+170	+100		+50		+15	0		+22	+30	+47	−4 + Δ		−17 + Δ	−17	−31 + Δ	0	
200	225	+740	+380	+260																			
225	250	+820	+420	+280																			

（续）

公称尺寸/mm		基本偏差数值																					
		下极限偏差 EI												上极限偏差 ES									
大于	至	所有标准公差等级												IT6	IT7	IT8	≤IT8	>IT8	≤IT8	>IT8	≤IT8	>IT8	≤IT7
		A	B	C	D	CD	E	EF	F	FG	G	H	JS	J			K		M		N		P 至 ZC
250	280	+920	+480	+300		+190	+110		+56		+17	0		+25	+36	+55	−4+Δ		−20+Δ	−20	−34+Δ	0	
280	315	+1050	+540	+330																			
315	355	+1200	+600	+360		+210	+125		+62		+18	0		+29	+39	+60	−4+Δ		−21+Δ	−21	−37+Δ	0	
355	400	+1350	+680	+400																			
400	450	+1500	+760	+440		+230	+135		+68		+20	0		+33	+43	+66	−5+Δ		−23+Δ	−23	−40+Δ	0	
450	500	+1650	+840	+480																			
500	560					+260	+145		+76		+22	0					0		−26		−44		
560	630																						
630	710					+290	+160		+80		+24	0	偏差 = $\pm\frac{IT_n}{2}$，式中 IT_n 是 IT 值数				0		−30		−50		
710	800																						
800	900					+320	+170		+86		+26	0					0		−34		−56		
900	1 000																						
1 000	1 120					+350	+195		+98		+28	0					0		−40		−66		
1 120	1 250																						
1 250	1 400					+390	+220		+110		+30	0					0		−48		−78		
1 400	1 600																						
1 600	1 800					+430	+240		+120		+32	0					0		−58		−92		
1 800	2 000																						
2 000	2 240					+480	+260		+130		+34	0					0		−68		−110		
2 240	2 500																						
2 500	2 800					+520	+290		+145		+38	0					0		−76		−135		
2 800	3 150																						

（续）

公称尺寸/mm		基本偏差数值 上极限偏差 ES 标准公差等级大于 IT7												Δ值 标准公差等级					
大于	至	P	R	S	T	U	V	X	Y	Z	ZA	ZB	ZC	IT3	IT4	IT5	IT6	IT7	IT8
-	3	-6	-10	-14		-18		-20		-26	-32	-40	-60	0	0	0	0	0	0
3	6	-12	-15	-19		-23		-28		-35	-42	-50	-80	1	1.5	1	3	4	6
6	10	-15	-19	-23		-28		-34		-42	-52	-67	-97	1	1.5	2	3	6	7
10	14	-18	-23	-28		-33		-40		-50	-64	-90	-130	1	2	3	3	7	9
14	18						-39	-45		-60	-77	-108	-150						
18	24	-22	-28	-35		-41	-47	-54	-63	-73	-98	-136	-188	1.5	2	3	4	8	12
24	30				-41	-48	-55	-64	-75	-88	-118	-160	-218						
30	40	-26	-34	-43	-48	-60	-68	-80	-94	-112	-148	-200	-274	1.5	3	4	5	9	14
40	50				-54	-70	-81	-97	-114	-136	-180	-242	-325						
50	65	-32	-41	-53	-66	-87	-102	-122	-144	-172	-226	-300	-405	2	3	5	6	11	16
65	80		-43	-59	-75	-102	-120	-146	-174	-210	-274	-360	-480						
80	100	-37	-51	-71	-91	-124	-146	-178	-214	-258	-335	-445	-585	2	4	5	7	13	19
100	120		-54	-79	-104	-144	-172	-210	-254	-310	-400	-525	-690						
120	140	-43	-63	-92	-122	-170	-202	-248	-300	-365	-470	-620	-800	3	4	6	7	15	23
140	160		-65	-100	-134	-190	-228	-280	-340	-415	-535	-700	-900						
160	180		-68	-108	-146	-210	-252	-310	-380	-465	-600	-780	-1 000						
180	200	-50	-77	-122	-166	-236	-284	-350	-425	-520	-670	-880	-1 150	3	4	6	9	17	26
200	225		-80	-130	-180	-258	-310	-385	-470	-575	-740	-960	-1 250						
225	250		-84	-140	-196	-284	-340	-425	-520	-640	-820	-1 050	-1 350						
250	280	-56	-94	-158	-218	-315	-385	-475	-580	-710	-920	-1 200	-1 550	4	4	7	9	20	29
280	315		-98	-170	-240	-350	-425	-525	-650	-790	-1 000	-1 300	-1 700						

（续）

公称尺寸/mm		基本偏差数值												Δ值					
		上极限偏差 ES																	
		标准公差等级大于 IT7												标准公差等级					
大于	至	P	R	S	T	U	V	X	Y	Z	ZA	ZB	ZC	IT3	IT4	IT5	IT6	IT7	IT8
315	355	-62	-108	-190	-268	-390	-475	-590	-730	-900	-1 150	-1 500	-1 900	4	5	7	11	21	32
355	400		-114	-208	-294	-435	-530	-660	-820	-1 000	-1 300	-1 650	-2 100						
400	450	-68	-126	-232	-330	-490	-595	-740	-920	-1 100	-1 450	-1 850	-2 400	5	5	7	13	23	34
450	500		-132	-252	-360	-540	-660	-820	-1 000	-1 250	-1 600	-2 100	-2 600						
500	560	-78	-150	-280	-400	-600													
560	630		-155	-310	-450	-660													
630	710	-88	-175	-340	-500	-740													
710	800		-185	-380	-560	-840													
800	900	-100	-210	-430	-620	-940													
900	1 000		-220	-470	-680	-1 050													
1 000	1 120	-120	-250	-520	-780	-1 150													
1 120	1 250		-260	-580	-840	-1 300													
1 250	1 400	-140	-300	-640	-960	-1 450													
1 400	1600		-330	-720	-1 050	-1 600													
1 600	1 800	-170	-370	-820	-1 200	-1 850													
1 800	2 000		-400	-920	-1 350	-2 000													
2 000	2 240	-195	-440	-1 000	-1 500	-2 300													
2 240	2 500		-460	-1 100	-1 650	-2 500													
2 500	2 800	-240	-550	-1 250	-1 900	-2 900													
2 800	3 150		-580	-1 400	-2 100	-3 200													

注：1. 公称尺寸小于或等于 1mm 时，基本偏差 A 和 B 及大于 IT8 的 N 均不采用。公差带 JS7 至 JS11，若 IT_n 值数是奇数，则取偏差 = $\pm\frac{IT_n-1}{2}$。

2. 对小于或等于 IT8 的 K、M、N 和小于或等于 IT7 的 P 至 ZC，所需 Δ 值从表内右侧选取，例如：18～30mm 段的 K7，Δ = 8μm，所以 ES =（-2 + 8）μm = +6μm，18～30mm 段的 S6，Δ = 4μm，所以 ES =（-35 + 4）μm = -31μm。特殊情况：250～315mm 段的 M6，ES = -9μm（代替 -11μm）。

附表 1.3　公称尺寸 3150 ~ 10000mm 的轴、孔的基本偏差数值（GB/T 1801—2009）　（单位：μm）

轴的基本偏差		上极限偏差（es）						下极限偏差（ei）							
		d	e	f	g	h	js	k	m	n	p	r	s	t	u
公差等级		6 ~ 18													
公称尺寸/mm		符　号													
大于	至	−	−	−	−				+	+	+	+	+	+	+
3150	3550	580	320	160		0	偏差 = ± IT/2				290	680	1600	2400	3600
3550	4000											720	1750	2600	4000
4000	4500	640	350	175		0					360	840	2000	3000	4600
4500	5000											900	2200	3300	5000
5000	5600	720	380	190		0					440	1050	2500	3700	5600
5600	6300											1100	2800	4100	6400
6300	7100	800	420	210		0					540	1300	3200	4700	7200
7100	8000											1400	3500	5200	8000
8000	9000	880	460	230		0					680	1650	4000	6000	9000
9000	10000											1750	4400	6600	10000
大于	至	+	+	+	+				−	−	−	−	−	−	−
公称尺寸/mm		符　号													
公差等级		6 ~ 18													
孔的基本偏差		D	E	F	G	H	JS	K	M	N	P	R	S	T	U
		下极限偏差（EI）						上极限偏差（ES）							

附录 2　普通螺纹的基本尺寸及其基本牙型尺寸

附表 2.1　普通螺纹的基本尺寸（GB/T 196—2003）　（单位：mm）

公称直径（大径）D、d	螺距 P	中径	小径	公称直径（大径）D、d	螺距 P	中径	小径	公称直径（大径）D、d	螺距 P	中径	小径
1	0.25	0.838	0.729	3	0.5	2.675	2.459	9	1.25	8.188	7.647
	0.2	0.87	0.783		0.35	2.773	2.621		1	8.350	7.917
1.1	0.25	0.938	0.829	3.5	0.6	3.110	2.850		0.75	8.513	8.188
	0.2	0.97	0.883		0.35	3.273	3.121	10	1.5	9.026	8.376
1.2	0.25	1.038	0.929	4	0.7	3.545	3.242		1.25	9.188	8.647
	0.2	1.07	0.983		0.5	3.675	3.459		1	9.350	8.917
1.4	0.3	1.205	1.075	4.5	0.75	4.013	3.688		0.75	9.513	9.188
	0.2	1.270	1.183		0.5	4.175	3.959	11	1.5	10.026	9.376
1.6	0.35	1.373	1.221	5	0.8	4.448	4.134		1	10.350	9.917
	0.2	1.470	1.383		0.5	4.675	4.459		0.75	10.513	10.188
1.8	0.35	1.573	1.421	5.5	0.5	5.175	4.959	12	1.75	10.863	10.106
	0.2	1.670	1.583	6	1	5.35	4.917		1.5	11.026	10.376
2	0.4	1.740	1.567		0.75	5.513	5.188		1.25	11.188	10.647
	0.25	1.838	1.729	7	1	6.350	5.917		1	11.350	10.917
2.2	0.45	1.908	1.713		0.75	6.513	6.188	14	2	12.701	11.835
	0.25	2.038	1.929	8	1.25	7.188	6.647		1.5	13.026	12.376
2.5	0.45	2.208	2.013		1	7.350	6.917		1.25	13.188	12.647
	0.35	2.273	2.121		0.75	7.513	7.188		1	13.350	12.917

（续）

公称直径（大径）D、d	螺距 P	中径	小径
15	1.5	14.026	13.376
	1	14.350	13.917
16	2	14.701	13.835
	1.5	15.026	14.376
	1	15.350	14.917
17	1.5	16.026	15.376
	1	16.350	15.917
18	2.5	16.376	15.294
	2	16.701	15.835
	1.5	17.026	16.376
	1	17.350	16.917
20	2.5	18.376	17.294
	2	18.701	17.835
	1.5	19.026	18.376
	1	19.350	18.917
22	2.5	20.376	19.294
	2	20.701	19.835
	1.5	21.026	20.376
	1	21.350	20.917
24	3	22.051	20.752
	2	22.701	21.835
	1.5	23.026	22.376
	1	23.350	22.917
25	2	23.701	22.835
	1.5	24.026	23.376
	1	24.350	23.917
26	1.5	25.026	24.376
27	3	25.051	23.752
	2	25.701	24.835
	1.5	26.026	25.376
	1	26.350	25.917
28	2	26.701	25.835
	1.5	27.026	26.376
	1	27.350	26.917
30	3.5	27.727	26.211
	3	28.051	26.752
	2	28.701	27.835
	1.5	29.026	28.376
	1	29.350	28.917
32	2	30.701	29.835
	1.5	31.026	30.376
33	3.5	30.727	29.211
	3	31.051	29.752
	2	31.701	30.835
	1.5	32.026	31.376
35	1.5	34.026	33.376
36	4	33.402	31.670
	3	34.051	32.752
	2	34.701	33.835
	1.5	35.026	34.376

公称直径（大径）D、d	螺距 P	中径	小径
38	1.5	37.026	36.376
39	4	36.402	34.670
	3	37.051	35.752
	2	37.701	36.835
	1.5	38.026	37.376
40	3	38.051	36.752
	2	38.701	37.835
	1.5	39.026	38.376
42	4.5	39.077	37.129
	4	39.402	37.670
	3	40.051	38.752
	2	40.701	39.835
	1.5	41.026	40.376
45	4.5	42.077	40.129
	4	42.402	40.670
	3	43.051	41.752
	2	43.701	42.835
	1.5	44.026	43.376
48	5	44.752	42.587
	4	45.402	43.670
	3	46.051	44.752
	2	46.701	45.835
	1.5	47.026	46.376
50	3	48.051	46.752
	2	48.701	47.835
	1.5	49.026	48.376
52	5	48.752	46.587
	4	49.402	47.670
	3	50.051	48.752
	2	50.701	49.835
	1.5	51.026	50.376
55	4	52.402	50.670
	3	53.051	51.752
	2	53.701	52.835
	1.5	54.026	53.376
56	5.5	52.428	50.046
	4	53.402	51.670
	3	54.051	52.752
	2	54.701	83.835
	1.5	55.026	54.376
58	4	55.402	53.670
	3	56.051	54.752
	2	56.701	55.835
	1.5	57.026	56.376
60	5.5	56.428	54.046
	4	57.402	55.670
	3	58.051	56.752
	2	58.701	57.835
	1.5	59.026	58.376

公称直径（大径）D、d	螺距 P	中径	小径
62	4	59.402	57.670
	3	60.051	58.752
	2	60.701	59.835
	1.5	61.026	60.376
64	6	60.103	57.505
	4	61.402	59.670
	3	62.051	60.752
	2	62.701	61.835
	1.5	63.026	62.376
65	4	62.402	60.670
	3	63.051	61.752
	2	63.701	62.835
	1.5	64.026	63.376
68	6	64.103	61.505
	4	65.402	63.670
	3	66.051	64.752
	2	66.701	65.835
	1.5	67.026	66.376
70	6	66.103	63.505
	4	67.402	65.670
	3	68.051	66.752
	2	68.701	67.835
	1.5	69.026	68.376
72	6	68.103	65.505
	4	69.402	67.670
	3	70.051	68.752
	2	70.701	69.835
	1.5	71.026	70.376
75	4	72.402	70.670
	3	73.051	71.752
	2	73.701	72.835
	1.5	74.026	73.376
76	6	72.103	69.505
	4	73.402	71.670
	3	74.051	72.752
	2	74.701	73.835
	1.5	75.026	74.376
78	2	76.700	75.835
80	6	76.103	73.505
	4	77.402	75.670
	3	78.051	76.752
	2	78.701	77.835
	1.5	79.026	78.376
82	2	80.701	79.835
85	6	81.103	78.505
	4	82.402	80.670
	3	83.051	81.752
	2	83.701	82.835

（续）

公称直径（大径）*D*、*d*	螺距 *P*	中径	小径
90	6	86.103	83.505
	4	87.402	85.670
	3	88.051	86.752
	2	88.701	87.835
95	6	91.103	88.505
	4	92.402	90.670
	3	93.051	91.752
	2	93.701	92.835
100	6	96.103	93.505
	4	97.402	95.670
	3	98.051	96.752
	2	98.701	97.835
105	6	101.103	98.505
	4	102.402	100.670
	3	103.051	101.752
	2	103.701	102.835
110	6	106.103	103.505
	4	107.402	105.670
	3	108.051	106.752
	2	108.701	107.835
115	6	111.103	108.505
	4	112.402	110.670
	3	113.051	111.752
	2	113.701	112.835
120	6	116.103	113.505
	4	117.402	115.670
	3	118.051	116.752
	2	118.701	117.835
125	6	121.103	118.505
	4	122.402	120.670
	3	123.051	121.752
	2	123.701	122.835
130	6	126.103	123.505
	4	127.402	125.670
	3	128.051	126.752
	2	128.701	127.835
135	6	131.103	128.505
	4	132.402	130.670
	3	133.051	131.752
	2	133.701	132.835
140	6	136.103	133.505
	4	137.402	135.670
	3	138.051	136.752
	2	138.701	137.835
145	6	141.103	138.505
	4	142.402	140.670
	3	143.051	141.752
	2	143.701	142.835

公称直径（大径）*D*、*d*	螺距 *P*	中径	小径
150	8	144.804	141.340
	6	146.103	143.505
	4	147.402	145.670
	3	148.051	146.752
	2	148.701	147.835
155	6	151.103	148.505
	4	152.402	150.670
	3	153.051	151.752
160	8	154.804	151.340
	6	156.103	153.505
	4	157.402	155.670
	3	158.051	156.752
165	6	161.103	158.505
	4	162.402	160.670
	3	163.051	161.752
170	8	164.804	161.340
	6	166.103	163.505
	4	167.402	165.670
	3	168.051	166.752
175	6	171.103	168.505
	4	172.402	170.670
	3	173.051	171.752
180	8	174.804	171.340
	6	176.103	173.505
	4	177.402	175.670
	3	178.051	176.752
185	6	181.103	178.505
	4	182.402	180.670
	3	183.051	181.752
190	8	184.804	181.340
	6	186.103	183.505
	4	187.402	185.670
	3	188.051	186.752
195	6	191.103	188.505
	4	192.402	190.670
	3	193.051	191.752
200	8	194.804	191.340
	6	196.103	193.505
	4	197.402	195.670
	3	198.051	196.752
205	6	201.103	198.505
	4	202.402	200.670
	3	203.051	201.752
210	8	204.804	201.340
	6	206.103	203.505
	4	207.402	205.670
	3	208.051	206.752
215	6	211.103	208.505
	4	212.402	210.670
	3	213.051	211.752

公称直径（大径）*D*、*d*	螺距 *P*	中径	小径
220	8	214.804	211.340
	6	216.103	213.505
	4	217.402	215.670
	3	218.051	216.752
225	6	221.103	218.505
	4	222.402	220.670
	3	223.051	221.752
230	8	224.804	221.340
	6	226.103	223.505
	4	227.402	225.670
	3	228.051	226.752
235	6	231.103	228.505
	4	232.402	230.670
	3	233.051	231.752
240	8	234.804	231.340
	6	236.103	233.505
	4	237.402	235.670
	3	238.051	236.752
245	6	241.103	238.505
	4	242.402	240.670
	3	243.051	241.752
250	8	244.804	241.340
	6	246.103	243.505
	4	247.402	245.670
	3	248.051	246.752
255	6	251.103	248.505
	4	252.402	250.670
260	8	254.804	251.340
	6	256.103	253.505
	4	257.402	255.670
265	6	261.103	258.505
	4	262.402	260.670
270	8	264.804	261.340
	6	266.103	263.505
	4	267.402	265.670
275	6	271.103	268.505
	4	272.402	270.670
280	8	274.804	271.340
	6	276.103	273.505
	4	277.402	275.670
285	6	281.103	278.505
	4	282.402	280.670
290	8	284.804	281.340
	6	286.103	283.505
	4	287.402	285.670
295	6	291.103	288.505
	4	292.402	290.670
300	8	294.804	291.340
	6	296.103	293.505
	4	297.402	298.567

附表 2.2 普通螺纹的基本牙型尺寸（GB/T 192—2003）

（单位：mm）

螺距 P	H	$\frac{5}{8}H$	$\frac{3}{8}H$	$\frac{1}{4}H$	$\frac{1}{8}H$	螺距 P	H	$\frac{5}{8}H$	$\frac{3}{8}H$	$\frac{1}{4}H$	$\frac{1}{8}H$
0. 2	0. 173205	0. 108253	0. 067952	0. 043301	0. 021651	1. 25	1. 082532	0. 676582	0. 405949	0. 270633	0. 135316
0. 25	0. 216506	0. 135316	0. 081190	0. 054127	0. 027063	1. 5	1. 299038	0. 811899	0. 487139	0. 324760	0. 162380
0. 3	0. 259808	0. 162380	0. 097428	0. 064952	0. 032476	2	1. 732051	1. 082532	0. 649519	0. 433013	0. 216506
0. 35	0. 303109	0. 159443	0. 113666	0. 075777	0. 037889	2. 5	2. 165063	1. 353165	0. 811899	0. 541266	0. 270633
0. 4	0. 346410	0. 216506	0. 129904	0. 086603	0. 043301	3	2. 598076	1. 623798	0. 974279	0. 649519	0. 324760
0. 45	0. 389711	0. 243570	0. 146142	0. 097428	0. 048714	3. 5	3. 031089	1. 894431	1. 136658	0. 757772	0. 378886
0. 5	0. 433013	0. 270633	0. 162380	0. 108253	0. 054127	4	3. 464102	2. 165063	1. 299038	0. 866025	0. 433013
0. 6	0. 519615	0. 324760	0. 194856	0. 129904	0. 064952	4. 5	3. 897114	2. 435696	1. 461418	0. 974279	0. 487139
0. 7	0. 606218	0. 378886	0. 227332	0. 151554	0. 075777	5	4. 330127	2. 706329	1. 623798	1. 082532	0. 541266
0. 75	0. 649519	0. 405949	0. 243570	0. 162380	0. 081190	5. 5	4. 763140	2. 976962	1. 786177	1. 190785	0. 595392
0. 8	0. 692820	0. 433013	0. 259808	0. 173205	0. 086603	6	5. 196152	3. 247595	1. 948557	1. 299038	0. 649519
1	0. 866025	0. 541266	0. 324760	0. 216506	0. 108253	8	6. 928203	4. 330127	2. 598076	1. 732051	0. 866025

附录 3　六角头螺栓

六角头螺栓（*hexagon head bolts*）又称为外六角头螺栓。国家标准规定的六角头螺栓产品系列包括六角头铰制孔用螺栓（见 GB/T 27—1988）、六角头螺杆带孔铰制孔用螺栓（见 GB/T 28—1988）、六角头头部带槽螺栓（见 GB/T 29.1—1988）、十字槽凹穴六角头螺栓（见 GB/T 29.2—1988）、六角头螺杆带孔螺栓（见 GB/T 31—1988）、六角头头部带孔螺栓（见 GB/T 32—1988）、C 级六角头螺栓（见 GB/T 5780—2000）、全螺纹 C 级六角头螺栓（见 GB/T 5781—2000）、A 和 B 级六角头螺栓（见 GB/T 5782—2000）、全螺纹 A 和 B 级六角头螺栓（见 GB/T 5783—2000）、细杆 B 级六角头螺栓（见 GB/T 5784—2000）、细牙六角头螺栓（见 GB/T 5785—2000）、细牙全螺纹六角头螺栓（见 GB/T 5786—2000）、六角法兰面 B 级螺栓（见 GB/T 16674—2004）。其中，A 和 B 级的六角头螺栓应用较为广泛，其规定型式如附图 1 所示（图中，$\beta=15°\sim30°$；不完整螺纹长度 $u\leqslant2P$，P 为螺距；末端应倒角，螺纹规格 ≤ M4 的螺栓末端可辗制），其尺寸应符合附表 3 中的规定。

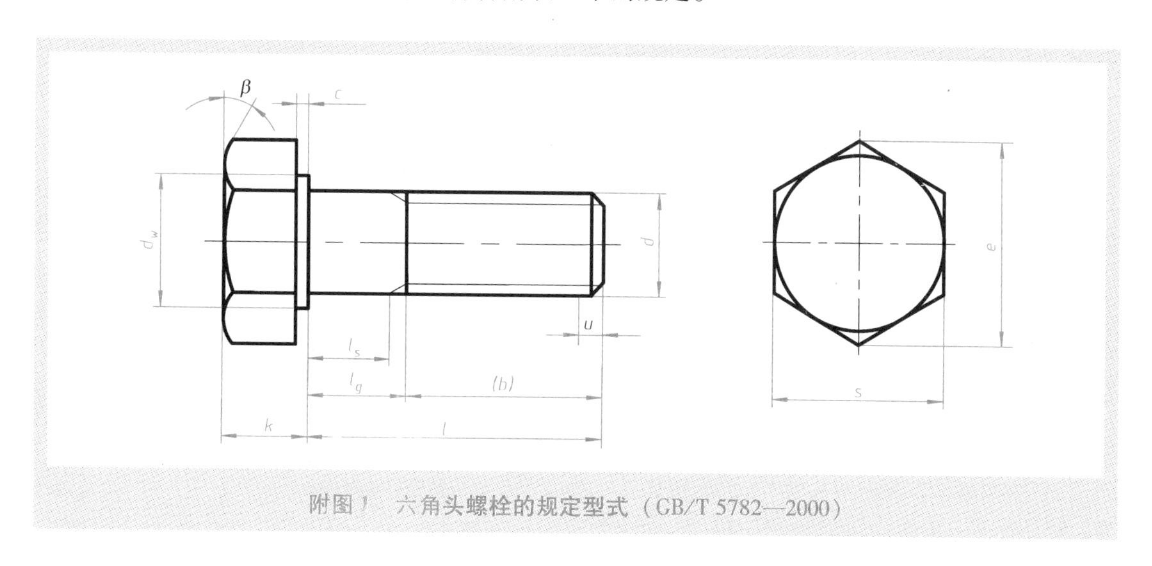

附图 1　六角头螺栓的规定型式（GB/T 5782—2000）

附表 3　六角头螺栓的规定尺寸（GB/T 5782—2000）　（单位：mm）

螺纹规格 d	螺距 P	c max	c min	$b_{参考}$ $l_{公称}\leqslant125$mm	$b_{参考}$ $125<l_{公称}\leqslant200$mm	$b_{参考}$ $l_{公称}>200$mm	d_w min 产品等级 A	d_w min 产品等级 B	e min 产品等级 A	e min 产品等级 B	$s_{公称}$	$k_{公称}$	$l_{公称}$
M1.6	0.35	0.25	0.1	9	15	28	2.27	2.3	3.41	3.28	3.20	1.1	12～16
M2	0.4	0.25	0.1	10	16	29	3.07	2.95	4.32	4.18	4.00	1.4	16～20
M2.5	0.45	0.25	0.1	11	17	30	4.07	3.95	5.45	5.31	5.00	1.7	16～25
M3	0.5	0.4	0.15	12	18	31	4.57	4.45	6.01	5.88	5.50	2	20～30
(M3.5)	0.6	0.4	0.15	13	19	32	5.07	4.95	6.58	6.44	6.00	2.4	20～35
M4	0.7	0.4	0.15	14	20	33	5.88	5.74	7.66	7.50	7.00	2.8	25～40
M5	0.8	0.5	0.15	16	22	35	6.88	6.74	8.79	8.63	8.00	3.5	25～50
M6	1	0.5	0.15	18	24	37	8.88	8.74	11.05	10.89	10.00	4	30～60
M8	1.25	0.6	0.15	22	28	41	11.63	11.47	14.38	14.20	13.00	5.3	40～80
M10	1.5	0.6	0.15	26	32	45	14.63	14.47	17.77	17.59	16.00	6.4	45～100
M12	1.75	0.6	0.15	30	36	49	16.63	16.47	20.03	19.85	18.00	7.5	50～120

（续）

螺纹规格 d	螺距 P	c		$b_{参考}$			$d_w$min		emin		$s_{公称}$	$k_{公称}$	$l_{公称}$
				$l_{公称}$ ≤125mm	125 < $l_{公称}$ ≤200mm	$l_{公称}$ > 200mm	产品等级		产品等级				
		max	min				A	B	A	B			
(M14)	2	0.6	0.15	34	40	53	19.64	19.15	23.36	22.78	21.00	8.8	60 ~ 140
M16	2	0.8	0.2	38	44	57	22.49	22	26.75	26.17	24.00	10	65 ~ 160
(M18)	2.5	0.8	0.2	42	48	61	25.34	24.85	30.14	29.56	27.00	11.5	70 ~ 180
M20	2.5	0.8	0.2	46	52	65	28.19	27.7	33.53	32.95	30.00	12.5	80 ~ 200
(M22)	2.5	0.8	0.2	50	56	69	31.71	31.35	37.72	37.29	34.00	14	90 ~ 220
M24	3	0.8	0.2	54	60	73	33.61	33.25	39.98	39.55	36.00	15	90 ~ 240
(M27)	3	0.8	0.2	60	66	79		38		45.2	41	17	100 ~ 260
M30	3.5	0.8	0.2	66	72	85		42.75		50.85	46	18.7	110 ~ 300
(M33)	3.5	0.8	0.2		78	91		46.55		76.95	50	21	130 ~ 320
M36	4	0.8	0.2		84	97		51.11		60.79	55.0	22.5	140 ~ 360
(M39)	4	1.0	0.3		90	103		38.38		66.44	60.0	25	150 ~ 380
M42	4.5	1.0	0.3		96	109		59.95		71.3	65.0	26	160 ~ 440
(M45)	4.5	1.0	0.3		102	115		64.7		76.95	70.0	28	180 ~ 440
M48	5	1.0	0.3		108	121		69.45		82.6	75.0	30	180 ~ 480
(M52)	5	1.0	0.3		116	129		74.2		88.25	80.0	33	200 ~ 480
M56	5.5	1.0	0.3			137		78.66		93.56	85.0	35	220 ~ 500
(M60)	5.5	1.0	0.3			145		83.41		99.21	90.0	38	240 ~ 500
M64	6	1.0	0.3			153		88.16		104.86	95.0	40	260 ~ 500

说　明

（1）表中不带括号的螺纹规格为优选系列，括号内的螺纹规格为非优选系列。

（2）公称长度 l 应在螺纹规格对应的公称长度范围内选取，且所选取的公称长度应是数值系列 12、16、20、25、30、35、40、45、50、55、60、65、70、80、90、100、110、120、130、140、150、160、180、200、220、240、260、280、300、320、240、360、380、400、420、440、460、480、500 中的一个。例如，若选取螺纹规格为 M2，则公称长度 l 应在 16 ~ 25mm 内选取，且可供选取的数值为 16、20 和 25 共三个。

（3）附图 1 中的尺寸 l_s、l_g 的规定数值以及尺寸 s、k、l 的最大值与最小值的规定详见 GB/T 5782—2000。

（4）GB/T 5782—2000 规定了螺纹规格为 M1.6 ~ M64、性能等级为 5.6、8.8、9.8、10.9、A2-70、A4-70、A2-50、A4-50、CU2、CU3 和 AL4 级、产品等级为 A 和 B 级的六角头螺栓。A 级用于 $d = 1.6 \sim 24$mm 和 $l \leq 10d$ 或 $l \leq 150$mm（按较小值）的螺栓；B 级用于 $d > 24$mm 或 $l > 10d$ 或 $l > 150$mm（按较小值）的螺栓。

附录 4　六角螺母

六角螺母按照厚度不同可分为 1 型、2 型和薄型三种，包括 1 型六角螺母（产品等级 A 和 B 级，见 GB/T 6170—2000）、C 级六角螺母（见 GB/T 41—2000）、细牙 1 型六角螺母（见 GB/T 6171—2000）、2 型六角螺母（见 GB/T 6175—2000）、细牙 2 型六角螺母（见 GB/T 6176—2000）、六角薄螺母（见 GB/T 6172.1—2000）、细牙六角薄螺母（见 GB/T 6173—2000）、无倒角六角薄螺母（见 GB/T 6174—2000）。此外，还有六角厚螺母、球面六角螺母、焊接六角螺母等不同用途的六角螺母。其中，1 型的六角螺母（*hexagon nuts*，*style* 1）应用最广，其规定型式如附图 2 所示，其尺寸应符合附表 4 中的规定。

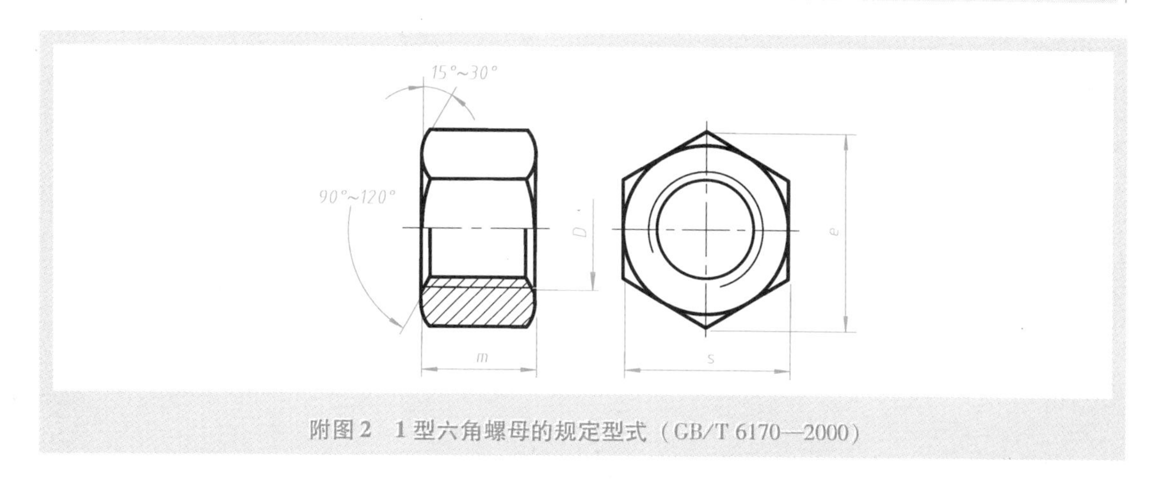

附图 2　1 型六角螺母的规定型式（GB/T 6170—2000）

附表 4　1 型六角螺母的规定尺寸（GB/T 6170—2000）　　（单位：mm）

螺纹规格 *D*		M1.6	M2	M2.5	M3	(M3.5)	M4	M5	M6	M8	M10
螺距 *P*		0.35	0.4	0.45	0.5	0.6	0.7	0.8	1	1.25	1.5
m	max	1.30	1.60	2.00	2.40	2.80	3.2	4.7	5.2	6.80	8.40
	min	1.05	1.35	1.75	2.15	2.55	2.9	4.4	4.9	6.44	8.04
s	公称 = max	3.20	4.00	5.00	5.50	6.00	7.00	8.00	10.00	13.00	16.00
	min	3.02	3.82	4.82	5.32	5.82	6.78	7.78	9.78	12.73	15.73
e	min	3.41	4.32	5.45	6.01	6.58	7.66	8.79	11.05	14.38	17.77
螺纹规格 *D*		M12	(M14)	M16	(M18)	M20	(M22)	M24	(M27)	M30	(M33)
螺距 *P*		1.75	2	2	2.5	2.5	2.5	3	3	3.5	3.5
m	max	10.80	12.8	14.8	15.8	18.0	19.4	21.5	23.8	25.6	28.7
	min	10.37	12.1	14.1	15.1	16.9	18.1	20.2	22.5	24.3	27.4
s	公称 = max	18.00	21.00	24.00	27.00	30.00	34	36	41	46	50
	min	17.73	20.67	23.67	26.16	29.16	33	35	40	45	49
e	min	20.03	23.36	26.75	29.56	32.95	37.29	39.55	45.2	50.85	55.37
螺纹规格 *D*		M36	(M39)	M42	(M45)	M48	(M52)	M56	(M60)	M64	
螺距 *P*		4	4	4.5	4.5	5	5	5.5	5.5	6	
m	max	31.0	33.4	34.0	36.0	38.0	42.0	45.0	48.0	51.0	
	min	29.4	31.8	32.4	34.4	36.4	40.4	43.4	46.4	49.1	
s	公称 = max	55.0	60.0	65.0	70.0	75.0	80.0	85.0	90.0	95.0	
	min	53.8	58.8	63.1	68.1	73.1	78.1	82.8	87.8	92.8	
e	min	60.79	66.44	71.3	76.95	82.6	88.25	93.56	99.21	104.86	

说　明

（1）表中不带括号的螺纹规格为优选系列，括号内的螺纹规格为非优选系列。

（2）GB/T 6170—2000 规定了螺纹规格为 M1.6 ~ M64、性能等级为 6、8、10、A2-50、A2-70、A4-50、A4-70、CU2、CU3 和 AL4 级、产品等级为 A 和 B 级的 1 型六角螺母。A 级用于 $D \leqslant 16$mm 的螺母；、B 级用于 $D > 16$mm 的螺母。

附录 5　双头螺柱

国家标准规定的双头螺柱有四类，分别为 $b_m = 1d$（见 GB/T 897—1988）、$b_m = 1.25d$（见 GB/T 898—1988）、$b_m = 1.5d$（见 GB/T 899—1988）和 $b_m = 2d$（见 GB/T 900—1988）的双头螺柱。$b_m = 1d$ 的双头螺柱（*double end studs—*$b_m = 1d$）的规定型式如附图 5 所示，其

尺寸应符合附表 5 中的规定。

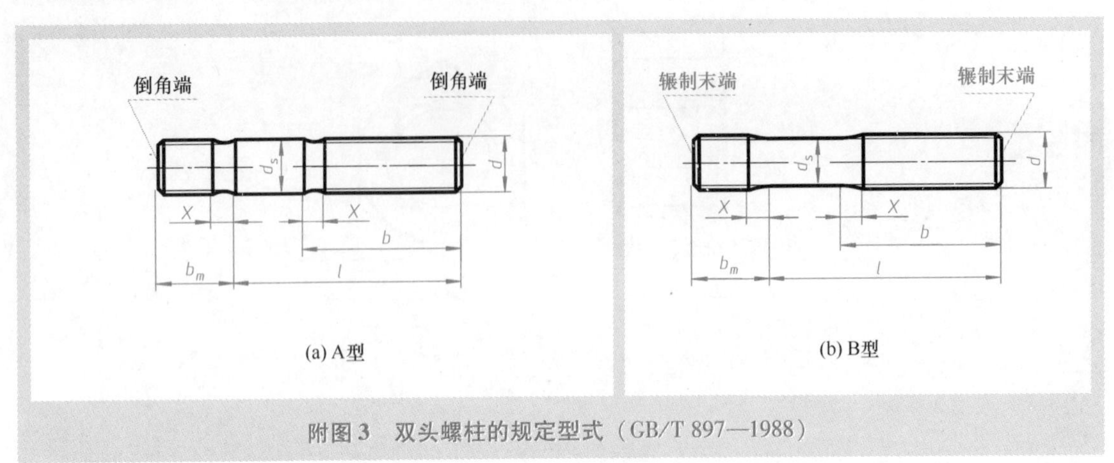

附图 3　双头螺柱的规定型式（GB/T 897—1988）

附表 5　双头螺柱（$b_m=1d$）的规定尺寸（GB/T 897—1988）　　　（单位：mm）

螺纹规格 d	b_m 公称	d_s max	d_s min	b	公称长度 l
M5	5	5	4.7	10	16 ~ 22
				16	25 ~ 50
M6	6	6	5.7	10	20 ~ 22
				14	25 ~ 30
				18	32 ~ 75
M8	8	8	7.64	12	20 ~ 22
				16	25 ~ 30
				22	32 ~ 90
M10	10	10	9.64	14	25 ~ 28
				16	30 ~ 38
				26	40 ~ 120
				32	130
M12	12	12	11.57	16	25 ~ 30
				20	32 ~ 40
				30	45 ~ 120
				36	130 ~ 180
(M14)	14	14	13.57	18	30 ~ 35
				25	38 ~ 45
				34	50 ~ 120
				40	130 ~ 180
M16	16	16	15.57	20	30 ~ 38
				30	40 ~ 55
				38	60 ~ 120
				44	130 ~ 200
(M18)	18	18	17.57	22	35 ~ 40
				35	45 ~ 60

螺纹规格 d	b_m 公称	d_s max	d_s min	b	公称长度 L
(M18)	18			42	65 ~ 120
				48	130 ~ 200
M20	20	20	19.48	25	35 ~ 40
				35	45 ~ 65
				46	70 ~ 120
				52	130 ~ 200
(M22)	22	22	21.48	30	40 ~ 45
				40	50 ~ 70
				50	75 ~ 120
				56	130 ~ 200
(M24)	24	24	23.48	30	45 ~ 50
				45	55 ~ 75
				54	80 ~ 120
				60	130 ~ 200
(M27)	27	27	26.48	35	50 ~ 60
				50	65 ~ 85
				60	90 ~ 120
				66	130 ~ 200
(M30)	30	30	29.48	40	60 ~ 65
				50	70 ~ 90
				66	95 ~ 120
				72	130 ~ 200
				85	210 ~ 250
(M33)	33	33	32.38	45	65 ~ 70
				60	75 ~ 95

螺纹规格 d	b_m 公称	d_s max	d_s min	b	公称长度 l
(M33)	33			72	100 ~ 120
				78	130 ~ 200
				91	210 ~ 300
M36	36	36	35.38	45	65 ~ 75
				60	80 ~ 110
				78	120
				84	130 ~ 200
				97	210 ~ 300
(M39)	39	39	38.38	50	70 ~ 80
				65	80 ~ 110
				84	120
				90	130 ~ 200
				103	210 ~ 300
M42	42	42	41.38	50	70 ~ 80
				70	80 ~ 110
				90	120
				96	130 ~ 200
				109	210 ~ 300
M48	48	48	47.38	60	75 ~ 90
				80	95 ~ 110
				102	120
				108	130 ~ 200
				121	210 ~ 300

（续）

说　明

（1）附图 3 中的尺寸 X 的最大值为 2.5P，即 $X_{max}=2.5P$，P 为粗牙螺距。允许采用细牙螺纹和过渡配合螺纹。

（2）公称长度 l 应在螺纹规格 d 和尺寸 b 对应的公称长度范围内选取，且所选取的公称长度应是数值系列 16、(18)、20、(22)、25、(28)、30、(32)、35、(38)、40、45、50、(55)、60、(65)、70、(75)、80、(85)、90、(95)、100、110、120、130、140、150、160、170、180、190、200、210、220、230、240、250、260、280、300 中的一个。例如，若选取的螺纹规格为 M10、尺寸 b 为 16mm，则公称长度 l 应在 30 ~ 38mm 内选取（即应在 30、32、35 和 38 这四个数中选取，且应尽可能不选用 32 和 38 这两个数）。

（3）尽可能不采用括号内的规格。

附录 6　开槽圆柱头螺钉

开槽圆柱头螺钉（*slotted cheese head screws*）的规定型式如附图 4 所示，其尺寸应符合附表 6 中的规定。

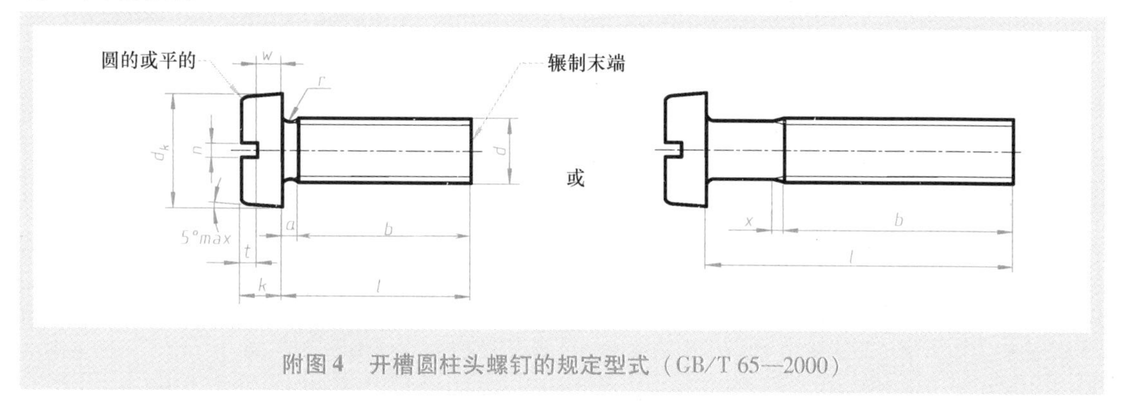

附图 4　开槽圆柱头螺钉的规定型式（GB/T 65—2000）

附表 6　开槽圆柱头螺钉的规定尺寸（GB/T 65—2000）　（单位：mm）

螺纹规格 d	M1.6	M2	M2.5	M3	(M3.5)	M4	M5	M6	M8	M10
螺距 P	0.35	0.4	0.45	0.5	0.6	0.7	0.8	1	1.25	1.5
a　max	0.7	0.8	0.9	1	1.2	1.4	1.6	2	2.5	3
b　min	25	25	25	25	38	38	38	38	38	38
d_k 公称	3.00	3.80	4.50	5.50	6.00	7.00	8.50	10.00	13.00	16.00
k 公称	1.10	1.40	1.80	2.00	2.40	2.60	3.30	3.9	5.0	6.0
n 公称	0.4	0.5	0.6	0.8	1	1.2	1.2	1.6	2	2.5
r　min	0.1	0.1	0.1	0.1	0.1	0.2	0.2	0.25	0.4	0.4
t　min	0.45	0.6	0.7	0.85	1	1.1	1.3	1.6	2	2.4
w　min	0.4	0.5	0.7	0.75	1	1.1	1.3	1.6	2	2.4
x　max	0.9	1	1.1	1.25	1.5	1.75	2	2.5	3.2	3.8
公称长度 l	2 ~ 16	3 ~ 20	3 ~ 25	4 ~ 30	5 ~ 35	5 ~ 40	6 ~ 50	8 ~ 60	10 ~ 80	12 ~ 80

说　明

（1）公称长度 l 应在数值系列 2、3、4、5、6、8、10、12、(14)、16、20、25、30、35、40、45、50、(55)、60、(65)、70、(75)、80 中选取。

（2）尽可能不采用括号内的规格。

（3）公称长度 $l \leqslant 30$mm、螺纹规格 d = M1.6 ~ M3 的螺钉，制出全螺纹（$b=l-a$）；公称长度 $l \leqslant 40$mm、螺纹规格 d = M3.5 ~ M10 的螺钉，制出全螺纹（$b=l-a$）。

附录 7　开槽盘头螺钉

开槽盘头螺钉（*slotted pan head screws*）的规定型式如附图 5 所示，其尺寸应符合附表 7 中的规定。

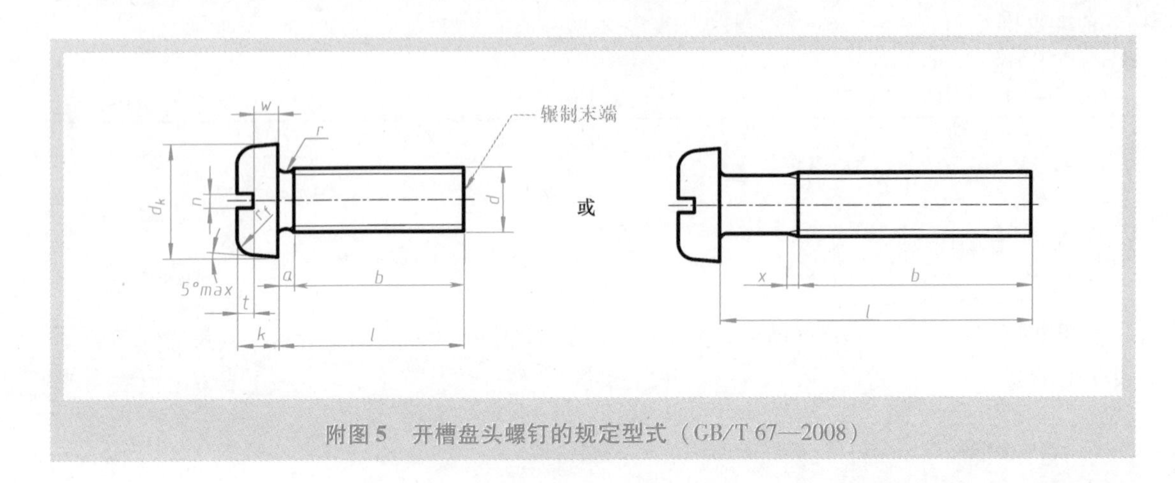

附图 5　开槽盘头螺钉的规定型式（GB/T 67—2008）

附表 7　开槽盘头螺钉的规定尺寸（GB/T 67—2008）　　（单位：mm）

螺纹规格 d	M1.6	M2	M2.5	M3	(M3.5)	M4	M5	M6	M8	M10
螺距 P	0.35	0.4	0.45	0.5	0.6	0.7	0.8	1	1.25	1.5
a　max	0.7	0.8	0.9	1	1.2	1.4	1.6	2	2.5	3
b　min	25	25	25	25	38	38	38	38	38	38
d_k 公称	3.2	4.0	5.0	5.6	7.00	8.00	9.50	12.00	16.00	20.00
k 公称	1.00	1.30	1.50	1.80	2.10	2.40	3.00	3.6	4.8	6.0
n 公称	0.4	0.5	0.6	0.8	1	1.2	1.2	1.6	2	2.5
r　min	0.1	0.1	0.1	0.1	0.1	0.2	0.2	0.25	0.4	0.4
r_f　参考	0.5	0.6	0.8	0.9	1	1.2	1.5	1.8	2.4	3
t　min	0.35	0.5	0.6	0.7	0.8	1	1.2	1.4	1.9	2.4
w　min	0.3	0.4	0.5	0.7	0.8	1	1.2	1.4	1.9	2.4
x　max	0.9	1	1.1	1.25	1.5	1.75	2	2.5	3.2	3.8
公称长度 l	2～16	2.5～20	3～25	4～30	5～35	5～40	6～50	8～60	10～80	12～80

说　明

（1）公称长度 l 应在数值系列 2、2.5、3、4、5、6、8、10、12、（14）、16、20、25、30、35、40、45、50、（55）、60、（65）、70、（75）、80 中选取。

（2）尽可能不采用括号内的规格。

（3）公称长度 $l \leqslant 30$mm、螺纹规格 d = M1.6～M3 的螺钉，制出全螺纹（$b = l - a$）；公称长度 $l \leqslant 40$mm、螺纹规格 d = M3.5～M10 的螺钉，制出全螺纹（$b = l - a$）。

附录 8　开槽沉头螺钉

开槽沉头螺钉（*slotted countersunk flat head screws*）的规定型式如附图 6 所示，其尺寸应符合附表 8 中的规定。

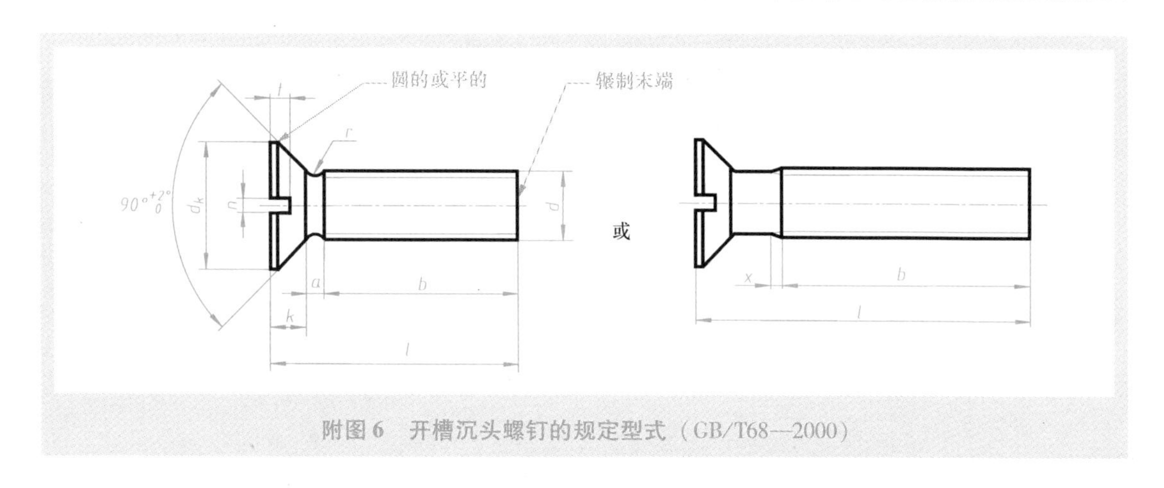

附图 6　开槽沉头螺钉的规定型式（GB/T68—2000）

附表 8　开槽沉头螺钉的规定尺寸（GB/T 68—2000）　　（单位：mm）

螺纹规格 d			M1.6	M2	M2.5	M3	(M3.5)	M4	M5	M6	M8	M10
螺距 P			0.35	0.4	0.45	0.5	0.6	0.7	0.8	1	1.25	1.5
a		max	0.7	0.8	0.9	1	1.2	1.4	1.6	2	2.5	3
b		min	25	25	25	25	38	38	38	38	38	38
d_k	理论值	max	3.6	4.4	5.5	6.3	8.2	9.4	10.4	12.5	17.3	20
	实际值	公称 = max	3.0	3.8	4.7	5.5	7.30	8.40	9.30	11.30	15.80	18.30
		min	2.7	3.5	4.4	5.2	6.94	8.04	8.94	10.87	15.37	17.78
k		公称 = max	1	1.2	1.5	1.65	2.35	2.7	2.7	3.3	4.65	5
n		公称	0.4	0.5	0.6	0.8	1	1.2	1.2	1.6	2	2.5
r		max	0.4	0.5	0.6	0.8	0.9	1	1.3	1.5	2	2.5
t		max	0.50	0.6	0.75	0.85	1.2	1.3	1.4	1.6	2.3	2.6
		min	0.32	0.4	0.50	0.60	0.9	1.0	1.1	1.2	1.8	2.0
x		max	0.9	1	1.1	1.25	1.5	1.75	2	2.5	3.2	3.8
公称长度 l			2.5 ~ 16	3 ~ 20	4 ~ 25	5 ~ 30	6 ~ 35	6 ~ 40	8 ~ 50	8 ~ 60	10 ~ 80	12 ~ 80

说　　明

（1）公称长度 l 应在数值系列 2.5、3、4、5、6、8、10、12、（14）、16、20、25、30、35、40、45、50、（55）、60、（65）、70、（75）、80 中选取。

（2）尽可能不采用括号内的规格。

（3）公称长度 $l \leqslant 30$mm、螺纹规格 d = M1.6 ~ M3 的螺钉，制出全螺纹（$b = l - a$）；公称长度 $l \leqslant 45$mm、螺纹规格 d = M3.5 ~ M10 的螺钉，制出全螺纹（$b = l - a$）。

附录 9　紧定螺钉

常用的紧定螺钉有开槽锥端紧定螺钉（*slotted set screws with cone point*，见 GB/T 71—1985）、开槽平端紧定螺钉（*slotted set screws with flat point*，见 GB/T 73—1985）和开槽长圆柱端紧定螺钉（*slotted set screws with long dog point*，见 GB/T 75—1985），其规定型式分别如附图 7a ~ c 所示，其尺寸应符合附表 9 中的规定。

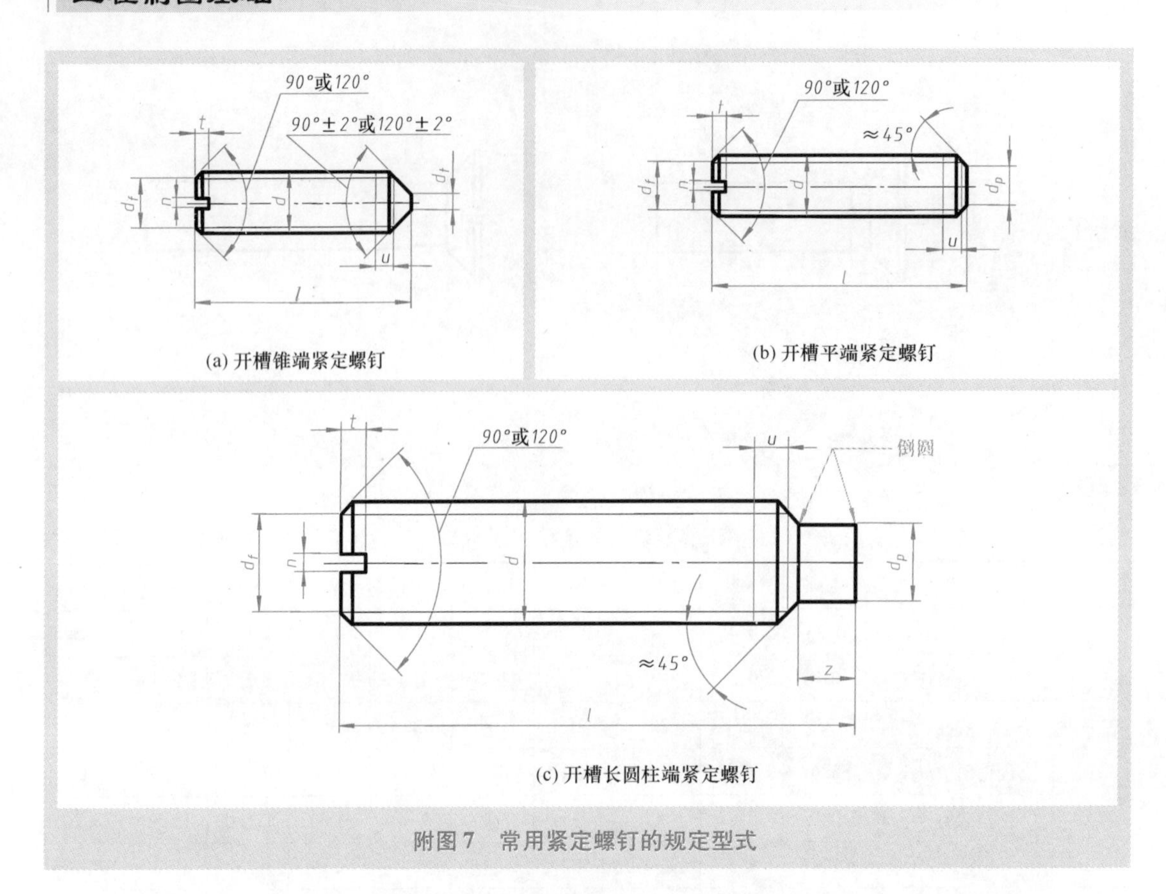

(a) 开槽锥端紧定螺钉

(b) 开槽平端紧定螺钉

(c) 开槽长圆柱端紧定螺钉

附图 7　常用紧定螺钉的规定型式

附表 9　常用紧定螺钉的规定尺寸　　(单位：mm)

螺纹规格 d		M1.2	M1.6	M2	M2.5	M3	M4	M5	M6	M8	M10	M12
螺距 P		0.25	0.35	0.4	0.45	0.5	0.7	0.8	1	1.25	1.5	1.75
n 公称		0.2	0.25	0.25	0.4	0.4	0.6	0.8	1	1.2	1.6	2
t	min	0.4	0.56	0.64	0.72	0.8	1.12	1.28	1.6	2	2.4	2.8
	max	0.52	0.74	0.84	0.95	1.05	1.42	1.63	2	2.5	3	3.6
d_f	max	≈螺纹小径										
d_t	max	0.12	0.16	0.2	0.25	0.3	0.4	0.5	1.5	2	2.5	3
d_p	min	0.35	0.55	0.75	1.25	1.75	2.25	3.2	3.7	5.2	6.64	8.14
	max	0.6	0.8	1	1.5	2	2.5	3.5	4	5.5	7	8.5
z	min	—	0.8	1	1.25	1.5	2	2.5	3	4	5	6
	max	—	1.05	1.25	1.5	1.75	2.25	2.75	3.25	4.3	5.3	6.3
公称长度 l	开槽锥端紧定螺钉	2 ~ 6	2 ~ 8	3 ~ 10	3 ~ 12	4 ~ 16	6 ~ 20	8 ~ 25	8 ~ 30	10 ~ 40	12 ~ 50	14 ~ 60
	开槽平端紧定螺钉	2 ~ 6	2 ~ 8	2 ~ 10	2.5 ~ 12	3 ~ 16	4 ~ 20	5 ~ 25	6 ~ 30	8 ~ 40	10 ~ 50	12 ~ 60
	开槽长圆柱端紧定螺钉	—	2.5 ~ 8	3 ~ 10	4 ~ 12	5 ~ 16	6 ~ 20	8 ~ 25	8 ~ 30	10 ~ 40	12 ~ 50	14 ~ 60

说　明

(1) 附图 7 中的尺寸 u（不完整螺纹的长度）$\leqslant 2P$（P 为螺距）。

(2) 公称长度 l 应在数值系列 2、2.5、3、4、5、6、8、10、12、(14)、16、20、25、30、35、40、45、50、(55)、60 中选取，并应尽可能不采用括号内的规格。

(3) 开槽长圆柱端紧定螺钉没有 M1.2 的螺纹规格。

附录 10　平垫圈

国家标准规定的平垫圈产品系列包括C 级平垫圈（见 GB/T 95—2002）、A 级大垫圈（见 GB/T 96.1—2002）、C 级大垫圈（见 GB/T 96.2—2002）、A 级平垫圈（见 GB/T 97.1—2002）、倒角型 A 级平垫圈（见 GB/T 97.2—2002）、销轴用平垫圈（见 GB/T 97.3—2002）、用于螺钉和垫圈组合件的平垫圈（见 GB/T 97.4—2002）、用于自攻螺钉和垫圈组合件的平垫圈（见 GB/T 97.5—2002）、A 级小垫圈（见 GB/T 848—2002）和C 级特大垫圈（见 GB/T 5287—2002）。

较为常用的平垫圈为A 级平垫圈（*plain washers-product grade A*）、倒角型 A 级平垫圈（*plain washers, chamfered -product grade A*）和A 级小垫圈（*plain washers-small series-product grade A*），其规定型式分如附图 8a ~ c 所示，其尺寸应符合附表 10.1 和附表 10.2 中的规定。

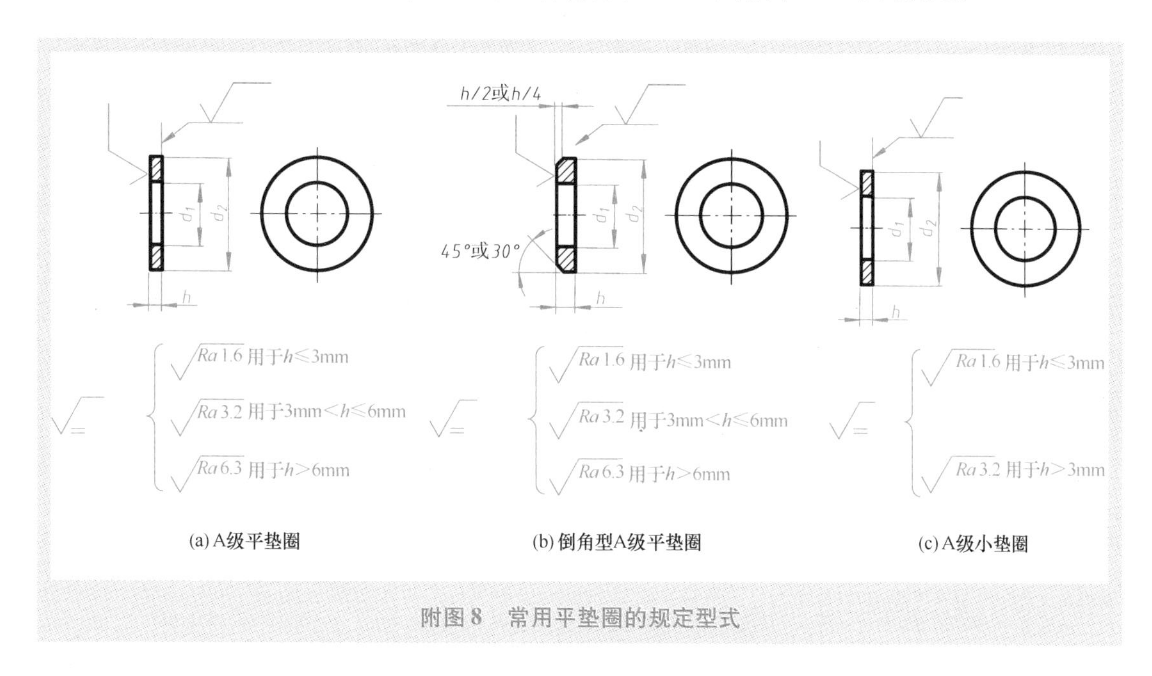

(a) A级平垫圈　(b) 倒角型A级平垫圈　(c) A级小垫圈

附图 8　常用平垫圈的规定型式

附表 10.1　常用平垫圈的规定尺寸——优选尺寸　（单位：mm）

公称规格（螺纹大径 d）	A 级平垫圈			倒角型 A 级平垫圈			A 级小垫圈		
	d_1 公称	d_2 公称	h 公称	d_1 公称	d_2 公称	h 公称	d_1 公称	d_2 公称	h 公称
1.6	1.7	4	0.3	—	—	—	1.7	3.5	0.3
2	2.2	5	0.3	—	—	—	2.2	4.5	0.3
2.5	2.7	6	0.5	—	—	—	2.7	5	0.5
3	3.2	7	0.5	—	—	—	3.2	6	0.5
4	4.3	9	0.8	—	—	—	4.3	8	0.5
5	5.3	10	1	5.3	10	1	5.3	9	1
6	6.4	12	1.6	6.4	12	1.6	6.4	11	1.6
8	8.4	16	1.6	8.4	16	1.6	8.4	15	1.6
10	10.5	20	2	10.5	20	2	10.5	18	1.6
12	13	24	2.5	13	24	2.5	13	20	2
16	17	30	3	17	30	3	17	28	2.5
20	21	37	3	21	37	3	21	34	3

（续）

公称规格（螺纹大径 d）	A级平垫圈			倒角型A级平垫圈			A级小垫圈		
	d_1 公称	d_2 公称	h 公称	d_1 公称	d_2 公称	h 公称	d_1 公称	d_2 公称	h 公称
24	25	44	4	25	44	4	25	39	4
30	31	56	4	31	56	4	31	50	4
36	37	66	5	37	66	5	37	60	5
42	45	78	8	45	78	8	—	—	—
48	52	92	8	52	92	8	—	—	—
56	62	105	10	62	105	10	—	—	—
64	70	115	10	70	115	10	—	—	—

附表 10.2　常用平垫圈的规定尺寸——非优选尺寸　（单位：mm）

公称规格（螺纹大径 d）	A级平垫圈			倒角型A级平垫圈			A级小垫圈		
	d_1 公称	d_2 公称	h 公称	d_1 公称	d_2 公称	h 公称	d_1 公称	d_2 公称	h 公称
3.5	—	—	—	—	—	—	3.7	7	0.5
14	15	28	2.5	15	28	2.5	15	24	2.5
18	19	34	3	19	34	3	19	30	3
22	23	39	3	23	39	3	23	37	3
27	28	50	4	28	50	4	28	44	4
33	34	60	5	34	60	5	34	56	5
39	42	72	6	42	72	6	—	—	—
45	48	85	8	48	85	8	—	—	—
52	56	98	8	56	98	8	—	—	—
60	66	110	10	66	110	10	—	—	—

附录 11　弹簧垫圈

标准弹簧垫圈有三种，分别为**标准型弹簧垫圈**（*single coil spring lock washers*，*normal type*，见 GB/T 93—1987）、**轻型弹簧垫圈**（*single coil spring lock washers*，*light type*，见 GB/T 859—1987）和**重型弹簧垫圈**（*single coil spring lock washers*，*heavy type*，见 GB/T 7244—1987），其规定型式如附图 9 所示，其尺寸应符合附表 11 中的规定。

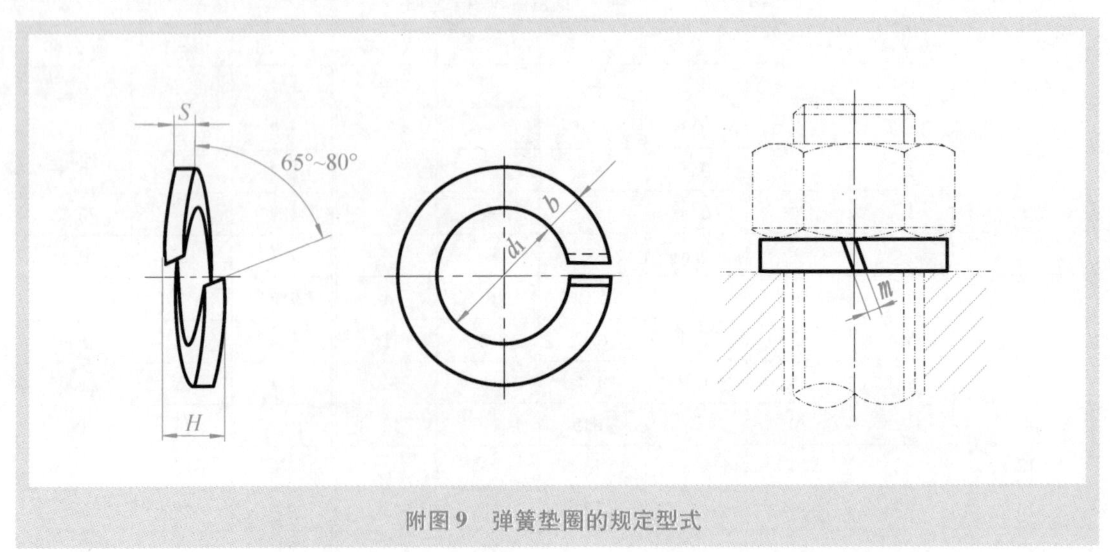

附图 9　弹簧垫圈的规定型式

附表 11　弹簧垫圈的规定尺寸　　（单位：mm）

规格（螺纹大径）	d		标准型弹簧垫圈				轻型弹簧垫圈					重型弹簧垫圈				
			S（b）公称	H		m≤	S 公称	b 公称	H		m≤	S 公称	b 公称	H		m≤
	min	max		min	max				min	Cmax				min	max	
2	2.1	2.35	0.5	1	1.25	0.25	—	—	—	—	—	—	—	—	—	—
2.5	2.6	2.85	0.65	1.3	1.63	0.33	—	—	—	—	—	—	—	—	—	—
3	3.1	3.4	0.8	1.6	2	0.4	0.6	1	1.2	1.5	0.3	—	—	—	—	—
4	4.1	4.4	1.1	2.2	2.75	0.55	0.8	1.2	1.6	2	0.4	—	—	—	—	—
5	5.1	5.4	1.3	2.6	3.25	0.65	1.1	1.5	2.2	2.75	0.55	—	—	—	—	—
6	6.1	6.68	1.6	3.2	4	0.8	1.3	2	2.6	3.25	0.65	1.8	2.6	3.6	4.5	0.9
8	8.1	8.68	2.1	4.2	5.25	1.05	1.6	2.5	3.2	4	0.8	2.4	3.2	4.8	6	1.2
10	10.2	10.9	2.6	5.2	6.5	1.3	2	3	4	5	1	3	3.8	6	7.5	1.5
12	12.2	12.9	3.1	6.2	7.75	1.55	2.5	3.5	5	6.25	1.25	3.5	4.3	7	8.75	1.75
(14)	14.2	14.9	3.6	7.2	9	1.8	3	4	6	7.5	1.5	4.1	4.8	8.2	10.25	2.05
16	16.2	16.9	4.1	8.2	10.25	2.05	3.2	4.5	6.4	8	1.6	4.8	5.3	9.6	12	2.4
(18)	18.2	19.04	4.5	9	11.25	2.25	3.6	5	7.2	9	1.8	5.3	5.8	10.6	13.25	2.65
20	20.2	21.04	5	10	12.5	2.5	4	5.5	8	10	2	6	6.4	12	15	3
(22)	22.5	23.34	5.5	11	13.75	2.75	4.5	6	9	11.25	2.25	6.6	7.2	13.2	16.5	3.3
24	24.5	25.5	6	12	15	3	5	7	10	12.5	2.5	7.1	7.5	14.2	17.75	3.55
(27)	27.5	28.5	6.8	13.6	17	3.4	5.5	8	11	13.75	2.75	8	8.5	16	20	4
30	30.5	31.5	7.5	15	18.75	3.75	6	9	12	15	3	9	9.3	18	22.5	4.5
(33)	33.5	34.7	8.5	17	21.25	4.25	—	—	—	—	—	9.9	10.2	19.8	24.75	4.95
36	36.5	37.7	9	18	22.5	4.5	—	—	—	—	—	10.8	11	21.6	27	5.4
(39)	39.5	40.7	10	20	25	5	—	—	—	—	—	—	—	—	—	—
42	42.5	43.7	10.5	21	23.25	5.25	—	—	—	—	—	—	—	—	—	—
(45)	45.5	46.7	11	22	27.5	5.5	—	—	—	—	—	—	—	—	—	—
48	48.5	49.7	12	24	30	6	—	—	—	—	—	—	—	—	—	—

说　明

（1）尽可能不采用括号内的规格。

（2）m 应不等于零。

（3）GB/T 93—1987 规定了规格为 2～48mm 的标准型弹簧垫圈，GB/T 859—1987 规定了规格为 3～30mm 的轻型弹簧垫圈，GB/T 7244—1987 规定了规格为 6～36mm 的重型弹簧垫圈。